ትዕድልቲ ቆራጽነት

ትዕድልቲ ቆራጽነት

ሰናይ ከሰተ

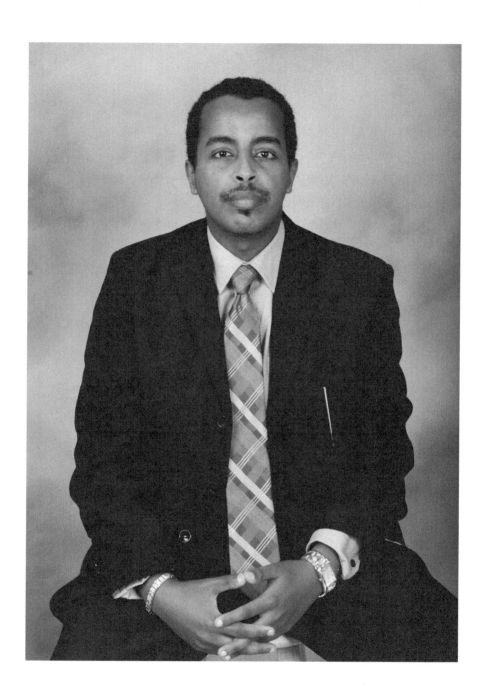

ሰናይ ከሰተ

ዝኽሪ

ካብ መስከረም 1976 ዓ.ም. ጀሚሩ ኣብ ኸተማ ናቅፋ ሽድሽተ ወርሒ ብጸላኢ ተኸቢብኹም መዘና ዘይብሉ ናይ ምክልኻል ተጋድሎ ዝፈጸምኹም ናይ 15ኛ ሻለቃ ኣባላትን ካብ ሰማይ ብጋንጽላ ናብ ናቅፋ ኣሊብኹም መሪር ናይ ምክልኻል ጥምጥም ዘካየድኹም ናይ ኣየር ወለድ ሰራዊት ይኹነለይ

ንትሸዓተ መዓልትን ለይትን <<ምጽዋ ወይም ሞት!>> ኢሉ ነቲ ዘጨንቕ ናይ ምጽዋ ምትሕንናቕ መሪሑ ኣብ መፈጸምታ ኣሰር ጀጋኑ ኣቦታቱ ዝሰዓበ ናይ ምጽዋ ቴዎድሮስ ብ/ጀነራል ተሾመ ተሰማን ኣሰሩ ስዒቦም ነብሶም ዝሰውኡ ናይ 6ይ ነበልባል ክ/ጦር ጀጋኑ ኣባላት ይኹን

መውጽኢ:

xiv

ምስጋና

ነዚ መጽሓፍ ጽሒፈ ኣብ ኢድ ኣንባቢ ክበጽሕ ዝሓገዘኒ ኹሉ ምግባር ዝኽእል ሓያል ኣምላኽ ከመስግኖ ይደሊ። ኣብ ሓንጎልኻ ዝኸዘንካዮ፣ ዘዋሕለልኻዮ ታሪኽ ንህዝቢ ንወገን ኣካፍል ኢልኩም ክጽሕፍ ዘተባባዕኹምኒ ወገናት ከመስግነኹም ይፈተው። *<<ፍልጠትኻ ንበይንኻ ጥራይ ድዩ>>* ብዝብል ኣሸሙር ጎጢኹም ካብ ምርምርን መጽናዕትን ዘዋህለልኩዎ ታሪኻዊ ርኽበትን ፍልጠትን ከይበቕቕ ብተደጋጋሚ ዘዘኻኸርኩምኒ ኢትዮጵያዉያን ወገናት ብሕሎኹም ሪዚን ስምዒት ከምዝገደፈለይ እንዳሓበርኩ ከመስግነኩም ይፈትው።

ዓንዲ ናይዚ መጽሓፍ ዝኾነ ወትሃደራዊ ታሪኽ ሙሉዕ ክኸዉን ሓበሬታን ዝርዝርን ብምልጋስ፣ ሪእቶ ብምሓብ፣ ድኻመይ ዘፍኮስኩምለይ፣ ጻዕረይ ዘወርጸጽኹምለይ ብፍላይ ናይ መሬት ቕ ማምጣን ናይ ሓይሊ ኣሰላልፋን ተንቲንኩም መጽሓፈይ ሙሉዕ ብምግባር ኣብ ኢድ ኣንባቢ ክበጽሕ ልዑል ደገፍ ዝገበርኩም ኢትዮጵያዉያን ወገናት ልባዊ ምስጋናይ ይብጻሕኩም።

ሰናይ ከሰተ

ሓምለ 2020 ዓ.ም.

መእተዊ

ወላዲት ሓገርና ኢትዮጵያ ኣብ ዓለም ጥንታውያን ካብ ዝበሃሉ ሓገራትን ንግስነታትን ሓንቲት፣ ኣዝዩ ገፊሕ ሕጡርን ፍርያምን መሬት ትውንን፣ ንግስቲ ባሕርን ዘኹርዕ ናይ ሓድነትን ተጋድሎን ታሪኽ ዝተዓደለት እንኮ ሓገር እኻ እንተኾነት ዕቑር ታሪኻ ተሰኒዱ ንህዝቢ ዓለም ክቐርብ እትረፍ ህዝቢ ኢትዮጵያ እኳ ጥዑይ ጌሩ ኣይፈልጦን።

ኣፍሪካዉያን ብሓፈሻ ኢትዮጵያዉያን ብፍላይ ብኣፈ-ታሪኽ ደኣምበር ከሳብ ቐረባ ጊዜ ዝተሰነደ ወይ ድማ ዝተጻሕፈ ታሪኽ የብልናን። ኢትዮጵያዉያን ናይ ገዛዕ ባዕልና ፊደል፣ ስቡሕ ቋንቋ ዝመሃዝና ህዝቢ እኻ እንተኾንና ህዝቢ ዓለም ኣብ ማእከላይ ዘመን(ሚድል-ኤጅ) ተጸዪኑ ዝራሕርሖ መስፍናዊ ስርዓት ኣብ ልዕሌና ንዘመናት ተኮዲሙ ዓይንና ቑልሕ ከይብል ብምድፋን፣ ሓንጎልና ከይመራመርን ከይራቐቕን ኣፍዚዙ ብምድንቋር መሓይምነት ስለዘግዘመና ዓለም ካብ ዝበጽሐሉ ኢኮኖምያዊ ርቐትን ናይ ሳይንስን ቴክኖሎጂ ርኽበትን ንድሕሪት ስለዝንሰሰና ምስ ስነ-ጽሑፍ'ዉን ሌላ ኣይነበራናን።

ብሰሪዚ ታሪኽና ንመሓረሉ ወይ ድማ ንፈልጠሉ መገዲ ኣቦታትና ካብ ዝሓደጉልና ናይ ታሪኽ ሰነድ ወይ ድማ መዘክር ዘይኮነ ኣብ ነንበይኑ እዋን ናብ ሓገርና ዝበጽሑ ናይ ደገ በጻሕቲ ትዕዝብቶም ንምግላጽ ኣብ መዘክሮም ዘስፈሩዎ እንዳገላበጥና ስለዝኾነ ታሪኽና ብጓኖት ክዝንተው ምርኣይን ምስማዕን ዘይንጾሮ ሕንከት ኣግዚሙናዩ።

ጥንታዊት ዓለም ናይ ሓያላትን ናይ ደንዳናትን ዓለም እያ ኔራ። ብጽፈት ስራዊቱን ብርቐት ኣጽዋሩ ትዕቢቱ ምጻር ዝሰዓነ ሓገር ወሰኑ ሓሊፉ ከስፋሕፍሕ፣ ንህዝቢ ከም ጊልያ ክዕምጽጽ ዘካይዶ ዕንደራ ምስ ስብእነትን ጅግንነትን ተጸብጺቡ <<ሓያል>> ኣብ ዝበሃለሉ ዘመን ድኹማን እትረፍ ሩፍታ ክረኽቡ ናይ ምንባር ተስፋ እዉን ኣይነበሮምን። ሓያላንን ደንዳናትን ኣብ ዝነገሱሉ ዘመን ክብረቶም ተገፊፉ፣ ከም ሓገር ሕላውነቶም ኣኽቲሙ፣ ሎሚ ዳግም ከም ሓገርን ህዝብን ካብ ዝሰረሩ ሓገራት ናይ ወረራን መግዛእትን ዕጫ ዘይገጠሞም ኣብ ሓደ ኢድ ብዘለው ኣጻብዕቲ ዝቑጸሩ፣ ጅግናን ዘይጻዓድን ህዝቢ ዝውንኑ ሓገራት ጥራይ እዮም። ናይ ወረራን ከበባን ዕጫ

ወሪዱዎም መግዛእቲ ዝጠዓሙ ሓገራት ብኣማኢት ምጽብጻብ ዝከኣል እኳ እንተኾነ ክልተ ሓገራት ክረቑሕ'የ።

ካብ መበል 18 ክፍለ-ዘመን ኣትሒዙ ናይ ዓለምና ርእሰ-ሓያል ዝነበረን ኣብ መላዕ ዓለም ኣስፋሕፊሑ *<<ኣብ ሕዛእተይ ጸሓይ ኣይትዓርብን>>* ብዝብል ትምክሕቱ ንፈልጦ ናይ ብሪታንያ ኢምፔሪያሊዝም ኣብ ጥንታዊ ዘመን ናይ ሮማ ቄሳራዊ መንግስቲ ግዝኣት ዝነበረ ክኸውን ሎሚ ናይ ዓለምና እንኮ ርእሰ-ሓያል ዝኾነ ናይ ሰሜን ኣሜሪካ ኢምፔሪያሊዝም ድማ ኣብ ቐረባ ናይ እንግሊዝ ግዝኣት ኔሩ። መግዛእቲ ዘይጠዓሙ ዘይጸዓድ ህዝብን መንፈስን ካብ ዝውንኑ ኣዝዮም ሒደት ጥንታዉያን ሓገራት ድማ ናትና ሓገር ኢትዮጵያ ሓንቲት እያ።

ኢትዮጵያ ብስትራቴጂካዊ ኣቐማምጣኣ፣ ብፍርያም ሓመዳ፣ ድንግል ናይ ከርሰ ምድሪ ሓፍታን ጥዑምን ጽሩይን ኣየራ ተጠማቲት ጥራይ ዘይኮነት ጥንታዉያን ግሪኽን ሮማዉያንን ካብ ዝፈተኑዎ ዕንደራ ብተወሳኺ ኣብ ነንበይኑ ጊዜያት መግዛእቲ ዝጸምኣም፣ ናይ ምስፍሕፋሕ ምንዮት ዝሰረሮም መስፋሕፋሕቲ ክትፋጠጥን ክትዋጠጥን ተፈሪዳያ። ህዝብና ነዚ ታሪኽ ክግንዘብን ብፍላይ ሓድሽ ወለዶ ታሪኹ ክፈልጥ ምእንቲ ናይ ጥንታውን ማዕከላይ ዘመን ታሪኽና ከምኡ'ውን ዘመነ-ኢምፔሪያሊዝም ተባሂሉ ዝጽዋዕ ናይ ቐረባ መዋዕል ድሕሪት ተመሊስካ ምጥማት ኣድላዩዩ።

ናይ መጽሓፍ ጸሓፍቲ፣ ናይ ታሪኽ ደረስቲ ብዓይኒ ኣንበብቲ ዝምዘኑ ብጣእሚ ስነ-ጽሑፍ፣ ብጽባቐ ቓላቶም ጥራይ ዘይኮነ ንኣንበብቲ ብዝሕቡዎ ትምህርቲ ከምዝኾነ ይኣምን'የ። *<<ትዕድልቲ ቖራጽነት>>* ኢለ ዝሰመኹዎ መጽሓፈይ ንኣንበብቲ ዝምሕሮ ትምህርቲ ብዝምልከት ፍርዲ ንኣንባቢ እንዳገደፍኩ ናይዚ መጽሓፍ ዕላማ ክገልጽ።

ነዚ መጽሓፍ ክጽሕፍ ናይ ምዝንታውን ምድራስን ክእለተ ኮነ ሞያ ስለዘይብለይ ብኣንበብቲ ክምስገን ወይ ድማ ንኣንባቢ ብደስታ ክምስጥ ዝጸሓፍኩዎ ዘይኮነ ኢትዮጵያዉያን ታሪኽና ብጽሑፍ ዓቒብና ብምስናድ ንተኸታታሊ ወለዶታት ዘይምስግጋርና ኣስተብሂሎም፡ ናይ መግዛእትን ዓሌትነትን ሓይላት፣ ኢምፔሪያሊዝም፣ ሓገርና ዘብቖለቶም ዓሌተኛታት ከምኡ'ውን ጨረምትን መባደምትን ሓገር ትማሊ ዝጨረሙዎ ሓገር ክይኣኽሎም ሎሚ ምስ ዓለምለኻዊ ኢምፔሪያሊዝም ዘርዮም ታሪኽ

እንዳደወኑን እንዳራኸሱን ብክሕደት ዝተሰነዐ ሓደሽቲ ናይ ታሪኽ ድርሳናት እንዳጸሓፉልና እዮም። ኢትዮጵያዊ መንነት ከጥፍኡ ብዝተበገሱ ናይ ደገ መጋበርያታት ታሪኽና ቀምሲሉ ከይተርፍ ምእንቲ ነዚ መጽሓፍ ምጽሓፍ ኣገዳሲ ጥራይ ዘይኮነ ብሕጹጽ ክፍጸም ዘለዎ ወሳኒ ተግባር ጌሩዎ'ሎ።

ንነብሱ *<<ወያኔ>>* ኢሉ ዝሰምየ ጨራሚ ሓገር ኣብ 1987 ዓም: *<<ቃልሲ ህዝቢ ኤርትራ ካበይ ናበይ>>* ብምባል ኣብ ዘቕረቦ ጽሑፍ: *<<ኢትዮጵያ ትበሃል ሓገር ሓጼ ሚኒሊክ ከም ሕድሞ ዝሓደማ ሓገር>>* ብምባል ናይ ኣሻሓት ዘመን ታሪክና ከቕብር ካብ ምፍታኑ ብተወሳኺ *<<ኢትዮጵያ ካብ ሚእቲ ዓመት ዘይሰግር ዕድመ ዘለዋ>>* ብምባል ጥንታዊ ታሪኽና ከቕናጽብ ፈቲኑዩ። በዚ ጥራይ ከይተሓጽረ ምስ ናይ ተፈጥሮ ኣቡኡ *<<ሻዕብያ>>* ማይን ጻባን ኮይኑ *<<ኣብ ኣፍሪካ ዝርከባ ሓገራት ከም ሓገር ሕላዉነት ዝረኸባ ናይ ኣውሮፓ ገዛእቲ ናብ ከባቢና ምስተቐልቀሉ እዩ>>* ብምባል ካብ ምድሪ ኢትዮጵያ ቡቒሎም ንገንጻሊ ዕላምኦም ከጥዕም ምእንቲ ናይ ክሕደት ልብወለዳት እንዳወለዱልና'ዮም።

በዞም ቅጥፈታትን ናይ ክሕደት ድርሳናትን ተሰሚሙ፣ ኣብ ፍጹም ምዉጅባር ጥሒሉ ድንግርግር ዝበሎ ህዝቢ ኢትዮጵያ: ገንጸልቲ ሓገር ከምዝብሉዎ ኢትዮጵያ ናይ ሚእቲ ዓመት ታሪኽ ዘይኮነ ልዕሊ ሰለስተ ሽሕ ዘመን ዝጽጋዕ ጥንታዊ ታሪኽ ከምዘለዋ ኣንፈቱ ናይ ኢትዮጵያ ኣፈጣጥራ፣ ሓገራዊ ሕልውናን ምስረታን መዓስ፣ ኣበይ፣ ከመይ ንዝብሉ ሕቶታት መልሲ ክሕብዩ።

ካብ ጥንታዊት ኢትዮጵያ ጀሚሩ ክሳብ ዘመነ- ኢምፔሪያሊዝም ዘሎ ናይ ጊዜ ክሊ ምስዳሕሰስ ቐጺሉ ካብ ዘመነ-ኢምፔሪያሊዝም ክሳብ ኢትዮጵያ ናይ ሰሜን ኣሜሪካ ኢምፔሪያሊዝም ናይ ኢድ-ኣዙር ግዝኣት ዝኾነትሉ ዘመነ-ወያነ ዘሎ ናይ ጊዜ ክሊ ብዕምቖት ኣዘንትዩ ከዛዝምዩ። ኣብዚ ናይ ጊዜ ክሊ ዓለም ናብ ክልተ ደምበ መቒሉ ዘሰቐቕ ናይ ባይሎጂካል፣ ኬሚካልን ኒዩክለርን ኣጽዋር ዝዓጠቑ ርዕሰ ሓያላን ዝተፋጠጡሉን ናይ ደርብን ስነ-ሓሳብን ርጽሞም ንምዕዋት ኣብ መላዕ ዓለም ዝኣጎዱዎ ወትሓደራዊ ቐልውላው ወይ ድማ ዝሑል ኹናት ነጸብራቕ ዝኾነ ናይ ሰላሳ ዓመት ናይ ዉክልና ኹናት ዓንዲ ናይዚ መጽሓፍዩ። ኣብ ሰሜናዊ ክፋል ሓገርና ኣዕራብ፣ ናይ ኢምፔሪያሊዝም ሓይላት ዝኣጎዱልናን ብተለምዶ *<<ናይ ሰላሳ ዓመት*

ዅናት>> ብምባል ንጽውዖ ናይ ዉክልና ዅናት መንቐሊኡ፣ መልክዑን መፈጸምቱኡን ብዝርዝር ምድሕሳስ ነቲ ኣብዪ ስዕሊ ዘርኢ ይመስለኒ።

ህዝቢ ኢትዮጵያ <<ትዕልድቲ ቖራጽነት>> ምንባብ ከይሕርብቶ ምእንቲ ኣብ ሰሜናዊ ክፋል ሓገርና ብስፍሓት ዝዝውተር ቋንቋ ትግርኛን ብዝለምዶም ቃላትን ክጽሕፍ ፈቲነየ። መላዕ ህዝብና ዝረዳድኣሉ ናይ ሓገርና ናይ ስራሕ ቋንቋ ኣምሓርኛ ስለዝዀነ ናይዚ መጽሓፍ ናይ ትርጉም ስራሕ ኣብ ምጽፋፍ ይርከብ። ዓውደ ኣዋርሕ ብዝምልከት ናይ ወጻእተኛታት ጸሓፍቲ መዘክር ብብዝሒ ክውከስ ስለዝተገደድኩ ዝተጠቐምኩሉ ዓውደ ኣዋርሕ ናይ ፈረንጂ ዓውደ ኣዋርሕ'ዩ።

ነዚ መጽሓፍ ንምጽሓፍ ዝወሰደ ጊዜ፣ ዝሓለኽ ጕልበት፣ ብፍላይ ኣብ ምጽሓፍ፣ ሓበሬታት ኣብ ምዉሕላል ከምኡውን ኣብ ምምስኻር ዝሓተተ ትግሓት ኣዝዩ ኣረብራቢ እኻ እንተዀነ ካብ ሕይወተይ ኣብሊጸ ንዝፈትዋ ወላዲት ሓገረይ ዝገበርኩዎ ስለዝዀነ ነቲ ድኻም ምስ ቑምነገር ኣይጽብጽቦን። ነዚ ታሪኽ ክጽሕፍ ወገናዉነት ከየጥቐዐኒ፣ ስምዒት ዓዚዙኒ ብምግናን ወይ ድማ ብምቁንጻብ ታሪኽ ከይድዉን ምእንቲ ምስ ነብሰይ ብዙሕ ተቓሊሰየ፣ ምስ ሕልናይ ተራጺመየ። ኮይኑ ግን ካብ ሰብ ጌጋ ስለዘይሰዓን ጌጋይ ነቒስኩም ብመርትዖ ተቐርቡለይ ወገናት ክዕረም ድልው'የ።

እዚ መጽሓፍ ናይ ሰላሳ ዓመት ናይ ዉክልና ዅናት ክልተ ገጻት ማለት ናይ ዉክልናን ናይ ሓድሕድን መልክዑ ብዕምቖት ስለዝገልጽ ናይ ሎሚ ወለዶ ናይ ዅናት ምረት ፈሊጡ፣ ጥንታዉያንን ታሪኻዉያንን ጸላእትና ዝድግሱልና ጥፍኣት ኣለልዩ፣ ካብዚ ክፉእ ጌጋ ነብሱ ከርሕቕ ኣገዳሲ ትምህርቲ ከምዝሕቦ ኣይጠራጠርን።

ክፍሊ-ሓደ

ጥንታዊት ኢትዮጵያ

ምዕራፍ ሓደ

ናይ ጥንታዊ ኩሻይት፣ ፑንት፣ ዳዕማት ንግስነታት: ናይ ጥንታዊት ኢትዮጵያ ምስረታ

ናይ ጥንታዊት ኢትዮጵያ ናይ ታሪኽ ክሊ *<<ዓመተ ዓለም>>* ተባሂሉ ካብ ዝፍለጥ ዓውደ ኣዋርሕ ጀሚሩ ድሕሪ ልደተ ክርስቶስ ድማ ካብ 1 ዓም ክሳብ 897ዓም ዘሎ ናይ ጊዜ ክሊ ዘጠቓልል እዩ። ኣብዚ ናይ ታሪኽ መዋዕል ኣርባዕተ መንግስታት ኣብ መንበረ ስልጣን ኢትዮጵያ ተበራርዮም እዮም። ንሰም እዉን: ኩሻይት፣ ፑንት፣ ዳዕማትን ኣኽሱምን ነበሩ። ዓመተ ዓለም ተባሂሉ ዝፍለጥ ናይ ጊዜ ኣቀጻጽራ ህዝቢ ዓለም ቅድሚ ልደተ ክርስቶስ ዝጥቀመሉ ንድሕሪት ዝቖጽር ዓውደ ኣዋርሕ ኮይኑ ኢትዮጵያ ትበሃል ሓገር ዝተፈጥረት ብፍላይ *<<ኢትዮጵያ>>* ዝብል ስም ዝረኸበት ኣብዚ መዋዕልዩ።

ናይ ኢትዮጵያ ኣፈጣጥራን ናይ ህዝብና ታሪኽ ኣዕሚቖምን ወዲኖምን ብምዝንታው ናይ ህዝቢ ኢትዮጵያ በዓል ዉዕለት ዝኾኑ ኣለቃ ታዬ: *<<የኢትዮጵያ ህዝብ ታሪኽ>>* ኣብ ዝብል መጽሓፎም ኢትዮጵያ ሎሚ ትጽወዐሉ ስም ዝረኸበት *<<ኢትዮጲስ>>*[1] ተሰምየ ናይ ዮቅጣን ዓሌት ተወላዲ ዝነበረ ንጉስ ካብ ሰለስተ ሽሕን ሽውዓተ ሚእቲን ክሳብ ሰለስተ ሽሕን ሽድሽተ ሚእትን ኣርብዓን ኣርባዕተን ዓመተ ዓለም ንኢትዮጵያ ከመሓድር እንከሎ ሓገርና ስም ናይዚ ንጉስ ከምዝወረሰት ይጠቅሱ።

ነዚ ሓቂ ግሪኻዊ ናይ ታሪኽ ምሁርን ናይ ታሪኽ ኣቦ ሄሮዳተስ ኣብ ኣርባዕተ ሚእትን ኢስራን ዓመተ ዓለም ክምስክር: ንሱ ቅድሚ ምውላዱ ወይ ድማ ቅድሚ ምፍጣሩ 18 ናይ ኢትዮጵያ ነገስታት ንስሪ(*ናይ ሎሚ ግብጺ*) ሓዊሱ ገፊሕ ሕዛእቲ የመሓድሩ ከምዝነበሩ ዝገለጸሉ መጽሓፉ ብምጥቃስ ኣለቃ ታዬ ኢትዮጵያ ናይ ነዊሕ ዘመን ዕድመን ገፊሕ ሕዛእቲ ከምዝነበራ ይገልጹ። ካብ ኣርባዕተ ሽሕን ሓሙሽተ ሚእትን ክሳብ ሓደ ሽሕን ትሽዓተን ዓመተ ዓለም ኣብ ዝነበረ ጊዜ ካብ ማእከላይ ምብራቕን ኢስያን ኣብ ነንበይኑ ጊዜያት ቀይሕ-ባሕሪ ሰጊሮም ብውልቕን ብእኩብን ኣብ ደንደስ ቀይሕ-ባሕሪ ምስዝነብር ህዝብና ብምልግጋብ፣ ብምትሕልላይ ምስተዋሰቡ ድሕሪኡ ካብ

---

1 ኣለቃ ታዬ፣ *የኢትዮጵያ ሕዝብ ታሪክ*

ጫፍ ቀይሕ-ባሕሪ ናብ ማዕከል ኢትዮጵያ ብምግስጋስ ነብሶም ወዲቦም፣ ገዛኢ ዝነበረ ናይ ኩሽ መንግስቲ ኣውዲቆም ናይ ፖለቲካ ስልጣን ሓዙ።

ካብዚ ብተወሳኺ እዞም ሓድሽ ዝመጹ ሰፈርቲ ምስ ኩሽ ሕብረተሰብ ተጸሚዶምን ተሓናፊጾምን ብርክት ዝበሉ ናይ ቋንቋ ስድራቤታት ዝሓቖፈ ሓድሽ ክሉስ መንግስቲ መስረቱ። ክሉስ ዝብል ቃል ኣነ ዝተጠቐምኩሉ ኣገላልጻ ክኸውን ብርክት ዝበሉ ሕብረተሰባትን ናይ ቋንቋ ስድራቤታትን ተሓናፊጾም፣ ናይ ኩሽ መንግስቲ ኣውዲቆም ዝመስረቱዎ መንግስቲ ንምግላጽ ዝተጠቐምኩሉ ቃል'ዩ። ናይ ኩሻይት መንግስቲ ኣውዲቆም ፖለቲካዊ ልዕልና ዝተጎናጸፉ ናይ ዮቅጣን ዓሌት ይበሃሉ። ኣብዚ ጊዜ ሓገርና ግፍሓታ ብሸነኽ ምዕራብ ጻዕዳ ኣባይ(*ዋይት ናይል*) ብሸነኽ ደቡብ ሲናር(*ናይ ሎሚ ሱዳን*) ብሸነኽ ሰሜን ቀይሕ-ባሕርን ደቡብ ዓረብያን ብሸነኽ ምብራቅ ድማ ህንዳዊ ዉቅያኖስ ነበረ።

ነገደ ዮቅጣን ክብ ኢሉ ብዝገለጽኩዎ መገዲ ንብዙሕ ዓመታት ዝሰረተ ጥንታዊ ናይ ኩሻይት መንግስቲ ኣውዲቆም ምስ ኩሻይት ሕብረተሰብ ተሓናፊጾም ናይ ፖለቲካ ስልጣን ምስጨበጡ መንግስቶም *<<ናይ ፑንት መንግስቲ>>* ዝብል ስም ሃቡዎ።

ናይ ፑንት ሓድሽ መንግስቲ ኣብ ልዕሊኡ ተቓውሞ ዘስመዐ ሕብረተሰብ ብሓይሊ ክረግጾን ከምበርክኾን ምስጀመረ ሎሚ ሰሜን ኢትዮጵያ ተባሂሉ ካብ ዝፍለጥ ግዝኣት እንዳሃደመ ብዙሕ ህዝቢ ናብ ደቡባዊ ጫፍ ሓገርና ማለት ሲዳሞ፣ ወለጋ፣ ከፋ ክፍላተ ሃገራት ክግዕዝ ጀመረ። ብዙሕ ከይደንጎየ እዚ ባዕሲ ብዕርቂ ተዓጽዩ ናብ ደቡብ ዝፈለሱ ኣሕዝባት ምስ ማዕከላዊ መንግስቲ(*ናይ ፑንት መንግስቲ*) ተሳንዮም ዓመታዊ ግብሪ እንዳኸፈሉ ዓዶም ከመሓድሩ ጀመሩ። እዞም ኣብ ደቡባዊ ጫፍ ዝነበሩ ኢትዮጵያዉያን ኣብቲ ጊዜ እኩብ ስሞም *<<ኣናሪያ>>* ይበሃል ነበረ።

ኣናርያዉያን ነብስኻ ናይ ምምሕዳር መሰል ካብ ፑንት መንግስቲ ምስተዋሕቦም ብሓንቲት ኢትዮጵያ ኣሚኖም ማይን ጸባን ኮይኖም ምንባር ጀመሩ። ኣብዚ ጊዜ ኣብ ኢትዮጵያ ዝነበሩ ስድራቤት ቋንቋታት ወይ ድማ ብዘመንና ቋንቋ *<<ብሄረሰባት>>* ኣርባዕተ ከምዝነበሩ ፕሮፌሰር ላፒሶ ዴሌቦ[2]

2 ላጲሶ ዴሌቦ፣ የኢትዮጵያ ረጅም የሕዝብና የመንግስት ታሪክ

<<የኢትዮጵያ ረጅም የመንግስትና የሕዝብ ታሪኽ>> ኣብ ዝብል መጽሓፎም ይገልጹ። እዞም ብሄረሰባት: <<*ሴማዊ፣ ኣምኣዊ፣ ኩሻይቲክን ናየሊ ቲክን>>* ነበሩ።

ኣብዚ ናይ ታሪኽ ክሊ ኢትዮጵያ ምስ ጥንታዊ ፈርኦናዊ ናይ ግብጺ መንግስቲ ጽቡቅ ምሕዝነትን ስጡም ናይ ንግዲ ርክብ ከምዝነበራ ፕሮፌሰር ላፒሶ ዴሌቦ ወሲኾም ይገልጹ።

ንኣብነት ንግስቲ ሓትሸፕሱት ሓሙሽተ ናይ ንግዲ መራኽብ ኣውፊራ ዘካየድቶ ግዙፍ ናይ ንግዲ ወፈራኣ ብመልክዕ ስዕሊ ኣብ መቃብራ መንደቅ ማለት ኣብ ዴይር-ኤል ባህሪ ይርከብ። እዚ ታሪኻዊ ምብጻሕ ኣብ ምልውዋጥ ሓለኸቲ ማለት ግብጻዉያን መጋየጺ፣ ፋስ፣ ኣጽዋር ሂዞም ናብ ጥንታዊት ኢትዮጵያ ዝመጹሉ ኣዋርቕ፣ ኣሕባይ፣ ኣግራብ፣ ስኒ ሓርማዝ ሒዞም ናብ ግብጺ ዝተመልሱሉ ታሪኻዊ ናይ ንግዲ ወፈራ ነበረ። ናይ ጥንታዊት ኢትዮጵያ ምድሪ ብሓራምዝ ዘዕለቕለቐ ብምንባሩ ናይ ግብጺ ፈርኦናት ብፍላይ ፑቶሎሚ 3ይ(*ኣባሓጎኣ ንክሊዮፓትራ*) ንወትሃደራዊ ወፈራ ዘድልዮም ሓራምዝ ኣብ ኢትዮጵያ ገዚኦም ናብ ዓዶም የግዕዙ ነበረ።

ኣንባቢ ክንጽረሉ ዝግባእ ነጥቢ ኣብዚ ናይ ጊዜ ክሊ ዓለም ከም ሎሚ ገፋሕን ነዋሕን ዘይኮነት ብጥንታዊነቶም ጥራይ ዝፍለጡ ሰለስተ ኣህጉራት ማለት *ኣፍሮ-ዩሬዥያ* ወይ ድማ ኣፍሪካ ኣውሮፓን እስያን ዝሓቖፈት ጸባብ ሕዛእቲ ምንባራዩ። ሎሚ ኣብ ዓለምና ንፈልጦም ኣህጉራትን ዓድታትን ኣብ ማዕከላይ ዘመን ናይ ፖርቹጋል ንጉስ ቫስኮ-ደገማ *<<ዘመነ-ምንዳይ>>* ኢሉ ኣብ ዝጸወኦ ዳሕሳስ ዝተፈጥሩዮም።

ናይ ዓለምና ፍልማዊት ርዕሰ-ሓያል ኣብ ዝኾነት ጥንታዊ ግሪኽ ኣብ 336 ዓመተ ዓለም ዝነገሰ ኣሌክሳንደር ንኢትዮጵያ ክወርር ዝነበሮ ትምኒትን ዝመደቦ ወፈራ ኣዝዩ ዝገርም ኔሩ። ኣሌክሳንደር ኣብ ዓለም ኣብ ዘካይዶም ወፈራታት ምስኡ እንዳኸደ ወትሃደራዊ ኣመራርሓኡ ዝሰንድ ኩዌንተስ ኩሪቲወስ ዝበሃል ናይ ታሪኽ ተመራማሪ ነዚ ኹነታት ክገልጽ: *<<ኣሌክሳንደር ካብ መቀዶንያ ተበጊሱ ሰራዊት እንዳመርሐ፣ ንወረራ እንዳፈከረ ወፈሩኡ ምስጀመረ ዕላምኡ ኣብቲ ጊዜ ግኑናት ዝነበሩ ናይ ኢትዮጵያን ናይ ግብጽን መንግስታት ምውራር ነበረ። ን'ግብጺ ድሕሪ ብዙሕ ቅልስ ምስሓዝና ንኢትዮጵያ ክንወርር እንተተበጊስና ከም ግብጺ*

ኣይሰልጠናን። ኢትዮጵያዉያን ዘይጸዓዱ፣ መዘና ዘይርከቦም ተዋጋእቲ ስለዝኾኑ እንተገጢምናዮም ብዙሕ ከኽፍሉና እዮም፣ ብዙሕ ከፊልናዎን ስለዘይንስእሮም ምስኦም ካብ ምብኣስ ፍቅሪ ይሕሸና ብምባል መኺርናዮ።

ንዓና ከሰምእና ስለዘይከኣለ ንግዚኡ ካልእ ሰብ ተመሲሉ ምስ ሒደት ሰለይቲ ናብ ዉሽጢ ኢትዮጵያ ኣትዩ ንኢትዮጵያ ብምስላል ናይ ኢትዮጵያዉያን መንነት ምስለለዩ ካብ ግብጺ ክሳብ ሕንዲ ዘይተኣደኑ ሓገራት ወሪሩ ከምበርከኽ እንከሎ ኣብ ምንጎ'ዞም ሓገራት ትርከብ ኢትዮጵያ ግን ከምዝመኣድናዮ ከፋቀር መሪጹ።>>

ድሕሪ መንግስቲ ፑንት ናብ መንበረ ስልጣን ኢትዮጵያ ዝሓኾረ ኣብ ኣፍሪካ ታሪኽ ንመጀመሪያ ጊዜ ስነ-ጽሑፍን ፊደልን ዝመሓዘ ንግስነት ዳዕማት'ዩ። ንግስነት ዳዕማት ብዙሓት ናይ ቋንቋ ስድራቤታት ዝሓቆፈ ክሉስ መንግስቲ'ኻ እንተነበረ ርዕሰ-መዲንኡ ሎሚ ናይ ትግራይ ክፍለሃገር ተባሂሉ ኣብ ዝጽዋእ ግዝኣት ኣብ ዓድዋ ኣውራጃ ፍሉይ ስሙ <<የሓ>> ነበረ። ንግስነት ዳዕማት ካብ ሓሙሽተ ሚእቲ ዓመተ ዓለም ክሳብ ሓደ ሚእቲ ዓመተ ዓለም ኣብ ሓገርና ነጊሱ'ዩ። ኣብ ዘመነ-ዳዕማት ኢትዮጵያ ምስ ፈርኦናዊ መንግስቲ ግብጺ ጥቡቅ ናይ ንግዲ ጽምዶን ምትእስሳርን ኔሩዋ።

ዝተፈላለዩ ጥረ ናዉቲ፣ ናይ ሕርሻ ፍርያት፣ ኢደ ስርሓት ብጀላቡ ተጻኢኖም ሩባ ኣባይን ቀይሕ-ባሕርን ተኸቲሎም ናብ ግብጺ የምርሑ ነበሩ። ናይ ጥንታዊት ኢትዮጵያ: ኩሻይት፣ ፑንትን ዳዕማትን መንግስታት ንኢትዮጵያ ወሊዶም፣ ከም ሓገር ክትቐውም ኣታትዮም ናይ ዓለም ርእሰ-ሓያል ናብ ዝኾናሉ ንግስነት ኣኽሱም ኣሰጋጊሮም ኣብ ሓደ ሚእቲ ዓመተ ዓለም ምዕራፎም ዛዘሙ።

ምዕራፍ ክልተ

ንግስነት ኣኽሱም: ናይ ኢትዮጵያ ናይ ዓለም ርዕሰ ሓያልነት

ኣብ ንግስነት-ኣኽሱም ኢትዮጵያ ናይ ዓለም ርዕሰ ሓያል ክትከዉን ከምዝበቕዐት ኣብ ሳልሳይ ክፍለዘመን ኣብ ንግስነት ፋርስ(*ፐርዥያን ኢምፓየር*) ማኒ ዝበሃል ነብይ ከምዚ ብምባል ይገልጾ: *<<ኣብ ዓለም ኣርባዕተ ዓበይቲ ንግስነታት ኣለው: ናይ መጀመሪያ ናይ ባቢሎንን ፋርስን እዩ፣ ካልኣይ ናይ ሮማ ንግስናዩ፣ ሳልሳይ ናይ ኣኽሱም መንግስቲዩ፣ ራብዓይ ድማ ናይ ቻይና ስልጣኔዩ>>* ይብል። ኢትዮጵያ ናብዚ ጥርዚ ስልጣነ ክትሓኹር ዘብቕዓ ናይ ኢደ-ጥበብ ስርሓት፣ ስኒ ሓርማዝ፣ ኣዋርቕ፣ ዕጣን ወ.ዘ.ተ. ናብ ጥንታዉያን ዓድታትን ኣህጉራትን ብምስዳድ፣ ድልዱል ናይ ንግዲ ጽምዶ ምስ ኢስያ፣ ኣውሮፓን ኣፍሪካን ብምፍጣር፣ ናይ ኣዱሊስ ስትራቴጂካዊ ወደብን ናይ ኢድ-ጥበብ ክኢላታት ምሕዞ ተዋሒዶም ሕፉር ግርማ ስለዝሃባ ነበረ።

ፓል ሄንዝ[3] *<<ሌየርስ ኦፍ ታይምስ>>* ኣብ ተሰምየ መጽሓፉ ነዚ ሓቂ ክገልጽ: *<<ኣብ ወደብ ምጽዋ ደቡብ ዝርከብ ናይ ኣዱሊስ ወደብ ዉዕዉዕ ማዕከል ንግዲ ስለዝነበረ ግብጽን ደቡብ ዓረብያን ዝዓርፉሉ ወደብ ነበረ። ኣስናን ሓራምዝ፣ ኣዋርቕ፣ ዕጣን ብብዝሒ ናብ ሜዲትራንያንን ኣውሮፓን ይዉሕዝ ነበረ። ኣብዚ ጊዜ ኣዱሊስ ናይ ህዝቢ ኢትዮጵያ ቐንዲ ወደብ ነበረ>>* ይብል። ናይ ግብጺ ጥንታዉያን ፈርኦናት፣ ናይ ሮማን ናይ ግሪክ ነገስታት ጠንካራ ስልጣነ ዝመስረቱ፣ ሓገር ዝሓነጹ ባሮት ኣሰሊፎም ጉልበቶም ብምሕላብ ከምዝነበረ ዝዝከርዩ። ኣኽሱማዉያን'ዉን ዘዋሕለልዎም ባሮት ኣብ ሙያ ኢድ-ስርሓት ኣዉፊሮም፣ ነዞም ጊልያታት ዝተፈላለዩ ናዉትታት ኣቕሪቦም ናብ ርእሰ-ሓይልነት ክበቕዑ ክኢሎም'ዮም። ንግስነት ኣኽሱም ናብዚ ጥርዚ ስልጣነ ዘብቕዖ ካልኣይ ረቛሒ: ግዙፍ ሓይሊ ባሕሩን መራኽቡን ብሓፈሻ ናይ ባሕሪ ቴክኖሎጂ ዝበጽሐሉ ርቕት ነበረ። ኢትዮጵያዉያን ክኢላታት ብፍላይ መሓንድሳት ፍሉይ ናዉቲ ናይ ምጽኣን ኣቅሚ ዘለዎም መራኽብ፣ ናይ ኹናት ጀት ስለዝመሓዙ ኢትዮጵያ ኣብ ጥርዚ ምዕባለ ሓኾረት።

3 Paul B. Henze. Layers of Time. (2000).

ናይ ኣኽሱም ስልጣነ ርእሰ-ሓያል ዓለም ኣብ ዝኾነሉ ናይ ጊዜ ከሊ ማለት ካብ 3ይ ክፍለዘመን ክሳብ 7ይ ክፍለዘመን ናይ ኢትዮጵያ ሕዛእቲ ኣዝዩ ገፊሕ ከምዝነበረ ኣብ መፋርቅ 4ይ ክፍለዘመን ዝነገሰ ንጉስ ኢዛና ዝሓደጎ ናይ ዕምኒ ጽሑፍ ይዕምት። ኣብዚ ዕምኒ ካብ ዝሰፈሩ ግዝኣታት ሓለን፣ራይዳንን ሂምያር ተሰምዩ ቦታታት ኣብ ደቡብብ ዓረብያ ዝርከቡ ክኾኑ ቤጋ ዝተሰምየ ስፍራ ናይ ሎሚ ቤጃ ከምዝኾነ ጸያም ዝተሰምየ ስፍራ ድማ ናይ ሎሚ ጋምቤላ ከምዝኾነ ይሕብር። ብተወሳኺ ኢትዮጵያ ኣብዚ ጊዜ 124 ደሴታት ኣብ ቀይሕ-ባሕሪ ትውንን ኔራ።

ናይ ዓለምና ፍልማዊ ልዕለ ሓያል ዝነበረ ናይ ጥንታውያን ግሪኽ መንግስቲ ስፍራ ወሪሱ ኣብዚ ጊዜ ናይ ዓለምና ቀዳማይ ርእሰ-ሓያል ዝነበረ ናይ ሮማ ቄሳራዊ መንግስቲ ኣብ 29 ዓመተ ዓለም ኣብ ሓገርና ወረራን ከበባን ክፍጽም ተበገሰ። ናይ ሮማ ቄሳር ኣውጉስቶስ ቄሳር ነዚ ወረራ ቅድሚ ምጅማሩ ምስ ጦር ሰራዊት ኣዘዝቱ ክዘራረብ እንከሎ መብዛሕትኦም ከምዚ ብምባል መዓድዎ: *<<ኢትዮጵያዉያን ዘይጸዓዱ ስለዝኾኑ ምስኦም እንተዘይንዋጋእ ዝሓሸዩ፡*

ከንዋጋእ ናይ ኃይታና ድልየት እንተኾይኑ ግን ሓይሊ ባሕሪ ኢትዮጵያ ናይ ነዊሕ ዘመን ናይ ኹናት ልምዲ ዘለዎ ሓደገኛ ሰራዊት ጥራይ ዘይኮነ ኣቀማምጣ ናይቲ መሬት ንዓና ዝምችእ ስለዘይኮነ ብኣጋር ሰራዊት ኣብ መሬት እንተንፍትኖም ዝሓሸ>> ብምባል ምስመዓዱዎ ሃይሎስ ጋሎስ ተሰምየ ፍሉጥ ጀነራል ናይ ኣጋርን ኣፍራስን ሰራዊት ካብ ግብጺ ኣበጊሱ ሱዳን በጽሐ።

ናይ ሮማ ቄሳራት ዘካይዱዎ ምስፍሕፋሕ ኢትዮጵያዉያን ነጋውስ ኣቀዲሙ ሓበሬታ ስለዝበጽሖም ናይ ሓገርና ወሰን ሓሊፎም መሬት ሱዳን ረጊጾም ክጽበዩዎም ጀመሩ። ኣብ መሬት ሱዳን ኣብ ዝተኣጉደ ኹናት ብዙሕ ሰብ ዝወደአን ብዙሕ ንብረት ዝሓሞኸ ነዊሕ ዉግእ ተጌሩ ብኢትዮጵያዉያን ልዕልና ተዛዘመ።

ይኹን እምበር ኣብ ልዕሊ ኣውጉስቶስ ቄሳር ዝወረደ ወርደት ሕነ ክፈዲ ኔሮ ዝተባሕለ ቄሳር ኣብ 54 ዓም <<*ናይ ኣባይ ወሓይዝ መንቐሊ ከጽንዑ ዝደልዩ እዮም*>> ብዝብል ምስምስ ናይ ስለላ መሓውር ናብ ኢትዮጵያ ለኣኸ። እዞም ሰለይቲ ንነይቶቶም ኣብ ዝሓቡዎ ሓበሬታ <<*ናብ ኢትዮጵያ ዝተላኣኽና ሰለይቲ ኣብ ኢትዮጵያ ወሪሕና ምስተመለስና ህዝቢ ኢትዮጵያ ብሙልኡ ተዋጋኣይ ምኻኑ ናብ ኢትዮጵያ ሰራዊት ምዝማት ዘየዋጽእ ምኻኑ ኢና ኣብዚ ናይ ስለላ ጉዕዞና ክንርዳእ ክኢልና። ካብዚ ብተወሳኺ ናይ ህዝቢ ኢትዮጵያ ጅግንነትን ዘይተጻዓድነት ጥራይ ዘይኮነ ናይ ኢትዮጵያ ጽባቐን ልምዑነትን ተዓዚብና ኢና*>> ብምባል ናይዚ ስለላ ተልዕኾ ኣባል ዝነበረን ናይ ታሪኽ ጸሓፊ ዝነበረ ሴናካ ጽሒፉ'ዩ።

ኣብዚ ጊዜ ኢየሱስ ክርስቶስ ዝተወልደሉ ናይ ታሪኽ መዋዕል ብምንባሩ ናይ ዓለም 2ይ ርእሰ-ሓያል ዝነበረ ናይ ሮማ ቄሳራዊ መንግስቲ ኢየሱስ ክርስቶስ ተወሊዱ ዕምነት ክርስትና ምስስፋሕፈሐ ኦሪታዊ ሃይማኖት ንኽተል ኢና ዝብሉን ክርስትና ክንቅበል ኣለና ኣብ'ሞንጎ ዝብሉ ናይ ሮማ ናይ ፖለቲካ ልሂቃትን ቄሳራትን ክርፍስ ተፈጥረ። ኣብ 313 ዓም ኮንስታንቲን ተሰምየ ንጉስ ናይ ሮማ መንግስታዊ ሃይማኖት ክርስትና ክኸውን ኣወጀ።

ብዙሕ ከይደንጎየ ኣብ 330 ዓም ኮንስታቲን ንግስነት ሮማ ናብ ክልተ ገሚዑ ምዕራብን ምብራቕን ኢሉ ሰምዩዎ። ምዕራብ ሮማ ማዕከሉ ኣብ ሮም ክገብር እንከሎ ምብራቕ ሮማ ድማ <<*ባይዛንታይን ኢምፓየር*>> ብዝብል ስም ሓድሽ ንግስነት መስረተ። ናይ ባይዛንታይን ንግስነት ሎሚ ግሪኽን ቱርክን ዝዳወቡሉ ስፍራ ቀንዲ ሕዛእቱ ጌሩ ካብ ማእከላይ ባሕሪ ስጊሩ፣ ቀይሕ-

ባሕርን ሕንዳዊ ዉቅያኖስን ተቆጻጺሩ ምስ ሕንድን እስያን ንግዳዊ ርክብ ከምስርት ምስተበገሰ ምስ ፋርስ ስልጣነ ከፋጠጥን ከዋጠጥን ጀመረ።

ፋርሳውያን'ዉን ዝተፈላለየ ፍርያት፣ ማዕድናት ንሜድትራንያን ሰጊሮም ኣብ ምዕራብ ኣውሮፓ ከይንግዱ ኣንቂጹ ዝሓዞም ባይዛንታይን ኢምፓየር ስለዝነበረ ክልቲኦም ከጠማመቱ ጀመሩ። ንግስነት ባይዛንታይን ነዚ ምርኢት ክቕይር ኣብ ቀይሕ-ባሕሪ ምስዘለው ንግስነታት ጽምዶ ከምስርት ስለዝወሰነ ኣብቲ ጊዜ መንግስትን ሓይማኖትን ዘይነጻጻሉ ክፍልታት ስለዝኾኑ ንኢትዮጵያ ብክርስትና እምነት ኣጥሚቑ መጻምዱ ክገብራ ኣብ ራብዓይ ክፍለዘመን ጳጳስ ፍሬምናጦስ ምስ ሓዎም ኤዴሸስ ናብ ኣኽሱም ለኣኾም።

ብተወሳኺ ኣብ 460 ዓም ንንጉስ ኢዛና ተኪኡ ንጉስ ኣል ዓሜዳ ምስነገሰ *<<ተስዓቱ ቅዱሳን>>* ዝበሃሉ ናይ ክርስትና ሃይማኖት ሰበኽቲ ካብ ባይዛንታይን ናብ ሓገርና መጽዮም ክርስትና ከስፋሕፍሑ ጀመሩ። በዚ መገዲ ክርስትና ናይ ኢትዮጵያ መንግስታዊ ሓያማኖት ኮይኑ ኣብ ማሕበረ-ኢኮኖምያዊ መዳይ ጸላዊ ኮነ። ክርስትና ሃይማኖት ኣይንቅበልን ብምባል ናይ ኦሪት ዕምነት(*ጁዴይዝም*) ኢና ንኽተል ዝበሉ ኣሕዛባት ካብ ርእሰ-ከተማ ኢትዮጵያ ማለት ካብ ኣኽሱም ክወጹ ስለዝተኣዘዙ ኣብ ጎጃም፣ ወሎን ጎንደርን ክፍላተሃገራት ናይ ገጠር ህይወት ክነብሩ ጀመሩ። እዞም ብሰንኪ ሓይማኖቶም ዝተሰዱ ወይ ድማ ዝፈለሱ ኣሕዛባት *<<ፈላሻ>>* ዝብል ስም ተዋሕቦም። ናይዚ ውሳነ ዉጽኢት ቀስ ኢልና ክንሪአ ኢና።

ኣብ 6ይ ክፍለዘመን ኣብ ንግስነት ኣኽሱም ኣዝዩ ግኑን ዝነበረ ንጉስ ካሌብ ነገሰ። ንጉስ ካሌብ ናብ ስልጣን ምስመጸ ኣብ ደቡብ ዓረብያ ናይ ሎሚ የመን፣ ኦማንን ከፊል ሳውዲዓረብያ ዝነበሩ ኣመንቲ ክርስትና *<<ንምንታይ ኣይሁድንትኩም ክሒድኹም>>* ብምባል ናይ ሒማራይት ንግስነት መራሒ ንጉስ ድሑ-ኑዋስ ኣሰቃቒ ጭፍጨፋ ይፍጽም ብምንባሩ ኣብ 525 ዓም ንጉስ ካሌብ ናይ ሰራዊቱ ኣዛዚ ጀነራል ኣብርሃ ናብ ኦማን ኣዝሚቱ ደም ንጹሃን ክኽሕስ ተበገሰ።

ጀነራል ኣብርሃ ናይ ሒማራይት ንግስነት ኣውዲቁ ንንጉስ ድሑ-ኑዋስ ብሞት ቀጺዑ ምስሌኔታት ሾመ። ኢትዮጵያ ንኣስታት 45 ዓመታት ንደቡብ ዓረብያ ከምዘመሓደረት ጀነራል ኣብርሃ ኣብ ርእሰ ከተማ የመን ሰንዓ ኣብ 527 ዓም ዝሃነጾ *<<ኣል-ካሊስ>>* ተሰምየ ግዙፍ ቤተክርስትያን ናይ ታሪኽ መርትኦ'ዩ።

ኢትዮጵያ ቀይሕ-ባሕሪ ሰጊራ ንደቡብ ዓረብያ ምቁጽጻራ ፈታዊ ንግስነት ኣኽሱም ንዝነበረ ናይ ባይዛንታይን ስልጣኔ ብፍላይ ንሓጼ ጁስቲንያን ዘሐጎሰ እኻ እንተኾነ ንፋርሳውያን ግን የተሓሳስቦም ነበረ።

ፋርሳዉያን ናይ ኢትዮጵያ ተበግሶን ርእሰ-ሓያልነት የተሓሳስቦም ነበረ። ህዝቢ ደቡብ ዓረብያ ጀነራል ኣብርሃ ኣብ ዝሾሞም ምስለኔታት ክእምጽ ምስጀመረ ኣብ መወዳእታ ንፋርሳዉያን ናይ ብጽሑፍና ጻውኢት ኣቕረበ። ፋርሳውያን ኣብ ንግንስት ኣኽሱም ብዝፈነውዎ መጥቃዕቲ ኣብ 570 ዓም ናይ ኢትዮጵያ ህላወ ኣብ ደቡብ ዓረብያ ኣኽተመ።

ናይ ኣኽሱም ንግስነት ካብ ደቡብ ዓረብያ ተደፊኡ ናብ ሕዛእቱ ምስተመልሰ ድሕሪ ሓደ ዓመት ነብዩ መሓመድ ዝበሃል ነብይ ኣብ ደቡብ ዓረብያ ተወሊዱ ዕምነት ምስልምና ክስፋሕፋሕ ጀመረ። ኣብዚ ጊዜ ኣብ ቀይሕ-ባሕሪ ይጠማመቱ ካብ ዝነበሩ ሓይልታት ማለት ኣኽሱም፣ ባይዛንታይንን ፋርስን ራብዓይ ሓይሊ ተወሰኸ። ናይ እስልምና ሃይማኖት ብፍጥነት ስለዝተስፋሕፈሐ ቀይሕ-ባሕሪ ኣብ ምቁጽጻሮም ወዓለ። ይኹን እምበር <<*ኩራይሽ*>> ዝበሃል ቀቢላ ንሰዓብቲ ነብዩ መሓመድ <<*ሰሓባ*>> ሓዲኑ ከጽንቶም ስለዝጀመረ ሰሓባ ካብ ደቡብ ዓረብያ ተሰዲዶም፣ ምድሪ ኢትዮጵያ ምስረገጹ ፍሉይ ክንክንን ዕንግዶትን ተገብረሎም። ሰሓባ ነዚ ጉዕዞ <<*ቀዳማይ ሂጅራ*>> ካብ ምባሎም ብተወሳኺ ነብዩ መሓመድ <<*ሓበሻ ከይተንከፉሁም ኣይትተንከፍዎም*>> ምባሉ ኣብ ቁርዓን ሰፊሩ'ሎ።

ኣብ ሞንጎ ኢትዮጵያን ደቡብ ዓረብያን ዝነበረ ጥዑይ ዝመስል ርክብ ኣብ 8ይ ክፍለዘመን ተዘርገ። ኣብ 8ይ ክፍለዘመን እስልምና ንምስፍሕፋሕ <<*ካሊፋ*>> ተሰምየ ውዳበ ወይ ድማ ኣወዳድባ ቖመ። ካሊፋ ሓፈሻዊ ትርጉሙ ኣብ መሬት ናይ ኣላህ ወኪል ወይ ድማ ናይ ሃይማኖት መራሒ ማለትዩ። ኣብ ሶርያ ናይ ኣሙሰይድ ካሊፌት ኣብ ኢራቅ ድማ ናይ ኣቡሰይድ ካሊፌት ምስተመስረተ ናብ ኣኽሱም፣ ባይዛንታይንን ፋርስ ኣትዮም ዕምነቶም ክስፋሕፍሑ ጀመሩ።

ኣብዚ ጊዜ ንግስነት ኣኽሱም ነዚ ንምግታእ ግዙፍ ሓይሊ ባሕሩ ኣዝማቲቱ ኣብ ቀይሕ-ባሕሪ ጫፍ ዝርከቡ ናይ ጅዳንን ሂጃዝን ከተማታት ተቆጻጸረ። እዚ ዜና ኣብ መላዕ ዓረብ ከቢድ ስምባደ ስለዝፈጠረ ናይ ኣሙሰይድ ካሊፋ መራሒ ሱሌማን ኣቡዱልማሊክ ካብ ደማስካስ ተበጊሱ ነዞም ቦታት ብጸረ-

መጥቃዕቲ ተቆጻጸረ። ገስጋሱ በዚ ከይገትአ ኣብ 702 ዓም ቀይሕ-ባሕሪ ሰጊሩ ናብ ከባቢና ተቐልቒሉ ናይ ዳሕላክ ደሴታት ስለዝተቆጻጸረ ኣኽሱም ርእሰ-ሓያል ዝገበራ ናይ ወጸኢ ንግዲ ተበትከ።

ናይ ኣኽሱም ንግስነት ካብ ደገ ኣብ ፍጹም ከበባ ምስወደቐ ኣብ ዉሽጢ ሓገር ህዝባዊ ዓመጽ ተጓሓሓረ። ናይዚ ህዝባዊ ዓመጽ ቀዳማይ መንቀሊ: *<<ዝለዓለ መጠን ግብሪ ተጻዒኑና>>* ዝብል ነበረ። እቲ ካልኣይ ምክንያት ኣብ 4ይ ክፍለዘመን ክርስትና ናብ ኢትዮጵያ ክኣትው እንከሎ *<<ናይ ይሁዳ ዕምነትና ኣይንልዉጥን>>* ብምባል ኣብ ኦሪታዊ ዕምነቶም ጸኒኦም ናብ ወሎን ጎንደርን ክፍላተሃገራት ዝፈለሱ *<<ፈላሻታት>>* ዝወልዕዎ ዝርጋን ነበረ።

ፈላሻታት ሕነኦም ዝፈድዩሉ ጊዜ ብምምጽኡ ተሓጒሶም ካብ ፈላሻ ሕብረተሰብ ትዉለድ ዮዲት ጉዲትን ሰብኣያ ንጉስ ሓዳኒ ከምኡ'ውን ናቱ ሰዓብቲ ተወለድቲ ኣገው ኣሰሊፉ ኣብ 9ይ ክፍለዘመን ብፍጹም በቀል ኣብ ልዕሊ ኣኽሱም ዘመተት። ናይ ኣኽሱም ንግስነት ኣውዲቃ፣ ንሰብኣያ ንጉስ ሓዳኒ ቀቲላ፣ ንኣስታት 40 ዓመት ንግስቲ ኢትዮጵያ ኾነት። ንግስቲ ዮዲት ካብ ወለዳ ዝወረሰቶ ዝፈሓመ ጽልዕን ቂምን ክትኽሓስ ኣብ ንግስነት ኣኽሱም ዝተሓንጹ ጥንታዉያን ህንጻታት፣ ሓውልትታት፣ ብፍሉይ ማዕድን ዝተሓንጸ ኣብያተ-ክርስትያናት ብፍጹም ጭካነ ኣዕነወቶ። ይኹን እምበር ናብ ኣኽሱም ቅድሚ ምውፋራ ዝነደፈቶ ንኢትዮጵያ ዳግም ናብ ይሁዳ ሃይማኖት ናይ ምምላስ ሕልሚ ኣይተዓወተን።

ክፍሊ ክልተ

ማዕከላይ-ዘመን

ምዕራፍ ሰለስተ

ናይ ዛጉዌ ስርወ-መንግስቲ

ንግስቲ ዮዲት ናይ ጥፍኣት ወፈራኣ ምስጀመረት ናይ ኣኽሱም ነግስታት ናብ ደቡባዊ ክፋል ሓገርና ማለት ናብ ሸዋ ክፍለሐገር ተሰዲዶም፣ ንኣርብዓ ዓመት ተዓቍቦም ድሕሪ ምጽናሕ ድሕሪ ኣርብዓ ዓመት ናይ ንግስነት ኣኽሱም ናይ መጨረሻ ንጉስ ድልነዓድ: መራ ተኽለሓይማኖት ዝባሃል ናይ ሰራዊት ኣዛዚ ብዕልዋ መንግስቲ ኣልዩ ኣብ 912 ዓም ንነብሱ ብምንጋስ ንግስነቱ <<*ዛጉዌ*>> ብምባል ሰምዮ። ኢትዮጵያ ኣብ ስርወ-መንግስቲ ዛጉዌ ርእሰ-መዲናኣ ኣብ ወሎ ክፍለሓገር ላስታ ኣውራጃ ከተማ ላሊበላ ተመስረተ።

ናይ ዛጉዌ ስርወ-መንግስቲ ካብ 912 ዓም ክሳብ 1245 ዓም: ዓሰርተ ሓደ ነገስታት ዝተበራረዩሉ፣ ፍጹም ሰላምን ርግኣትን ዝነገሳ ኢትዮጵያ ንሰለስተ ሚእትን ሰላሳን ሰለስተን ዓመት ገዝዐ። ኣብዚ ናይ ጊዜ ክሊ ፖለቲካውን-ኢኮኖምያውን ልዕልናኦም ኣብ ዓለም ከረጋግጹ፣ ግዝኣቶም ከስፋሕፍሑ ዝደልዩ ተጻራሪ ሓይልታት ሓይማኖት ጉልባብ ጌሮም ዝጨፋጨፉሉን ዝሳየፉሉን ናይ መስቀል ኹናት ወይ ድማ ክሩሴድ ዋር ዝሳወረሉ ዘመን ነበረ። ናይ ዛጉዌ ነገስታት ኣብ መስቀል ኹናት ናይ ዝኾነ ሓይሊ ጸግዒ ከምዘይሕዙ ስለዘፍለጡ ኢትዮጵያ ካብ ዝኾነ ወረራን ከበባን ሓራ ኾነት።

ናይ መስቀል ኹናት ተባሂሉ ዝፍለጥ ካብ 1096 ዓም ክሳብ 1296 ዓም ሃይማኖት ጉልባብ ጌሩ ኣብ ሞንጎ ዓለምለኻዊ ናይ ምስልምና ሓይልታትን ናይ ኣውሮፓ ናይ ክርስትና ሓይልታት ዝተኻየደ ኹናት ዕላምኡ ፖለቲካውን ኢኮኖምያውን ጥቅሚ ብሞኖፖሊ ወይ ድማ ብብሕታውነት ንምርግጋጽ ዝዓለመ እኻ እንተነበረ ናይ ሮማ ካቶሊካዊት ቤተክርስትያን ዘቅረቦ ምስምስ <<*ኢየሩሳሌም ካብ እስላማዊ ጭቆና ነጻ ንምውጻእ*>> ዝብል ነበረ።

ናይ ኣውሮፓ ናይ ክርስትና ሓይልታት ኣብ መስቀል ኹናት ዝተወከሉ ወይ ድማ ዝተመርሑ ብባይዛንታይን ኢምፓየር ነበረ። ኢትዮጵያ ካብ መስቀል ኹናትን ሳዕቤኑን ሓራ እኻ እንተነበረት ኣብ ቀይሕ-ባሕሪ ዘስፋሕፍሑ ናይ እስልምና ሓይልታት ናብ ደገ ከይንወጽእ፣ ከይንሸይጥን ከይንልዉጥን ካብ ምዕንቃጾም ብተወሳኺ ካብ ዘይላን ታጁራን ወደብ ተበጊሶም ናብ ማዕከል

ሓገር ክኣትዉን ክወጹን እንከለው ኣብ ሓንቲት ሉዓላዊት ሓገር እንታይ ከምዝገብሩ ዝሓተቶም ኣይነበረን።

ናይ ዛጉዌ መንግስቲ ቀንዲ ኣተኩሩኡ ኣብ መንፈሳዊ ጉዳያት ስለዝነበረ ቀይሕ-ባሕሪ ብኣዕራብ ተኸቢቡ ኢትዮጵያዉያን ካብ ዓዶም ከይወጹ ክዕበጡ፣ ናይ ሓይማኖት ሰበኸቲ ብዘይሓታቲ ክኣትዉን ክወጹን እንከለው ዝወሰዶ ስጉምቲ ኣይነበረን። ካብዚ ብተወሳኺ ንነብሱ ኣብ ሰሜናዊ ክፋል ሓገርና ጥራይ ስለዝሓጸረ ድሕሪ ውድቀት ኣኽሱም ዝተበታተነ ናይ ኢትዮጵያ ገፊሕ ሕዛእቲ ናብ ቦትኡ ንምምላስ ዝገበሮ ጻዕሪ ኣይነበረን። ኣንባቢ ክዝክሮ ዝግባዕ ነጥቢ፡ ድሕሪ ውድቀት ኣኽሱም ምብራቃዊ፣ ደቡብ ምብራቃዊ፣ ደቡባውን ዝተወሰነ ክፋል ማዕከል ሓገር ካብ ማዕከላዊ መንግስቲ ምቁጽጻር ምውጽኡ ጥራይ ዘይኮነ ኣብዞም ከባቢታት ዝነብር ህዝብና ናይ ነብዩ መሓመድ ተኸታሊ ኮይኑዩ።

ንግስነት ዛጉዌ ንግስቲ ዮዲት ኣብ መላዕ ኢትዮጵያ ዘባደመቶም ጥንታዉያን ኣብያተ ክርስትናያት ካብ ምሕናጽ ብተወሳኺ ካብ ሓደ ቐጥቋጥ ዕምኒ ዓሰርተ ክልተ ቤተክርስትናያት ምሒዞም ንዓለም ዘስተንክር ናይ ፈጠራ ስራሕ ሰሪሖምዮም። ናይ ዛጉዌ ንግስነት ኣብ ኢደ-ስርሓትን ናይ ፈጠራ ስራሕን ምዕባለ'ኻ እንተርኣየ ንሰለስተ ሚእቲ ዓመት ኣብ ፍጹም ሰላም ንኢትዮጵያ ከመሓድር እንከሎ ናይ ኢኮኖሚ ዕብየት ኣየመዝገበን።

ናይ ዛጉዌ ንግስነት ፍሉይነት ናይቲ ስርወ-መንግስቲ ነገስታት ናይ ዘርኢ ሓረጎም ካብ ንጉስ ሰለሞን ዘይምጽብጻቦም ጥራይ ዘይኮነ ስልጣን ንዉላዶም ዘይኮነ ንሓዎም ወይ ድማ ንወዲ ሓዎም ኣውሪሶም ምሕላፎምዩ።

ናይ ፖለቲካ ስልጣን መቐናቐንቶም ካብ ደቡብን ሰሜንን ምስተላዓሉዎ ዙፋኖም ክዕቅቡ እኻ እንተፈተኑ ኣይተዓወቱን። ናይ ዛጉዌ ነገስታት ናይ ዘመናዊ ስራዊት ኣድላይነት ብዙሕ ስለዘይተረድኦም፣ ኣብ ስራዊት ምሕናጽን ምዕጣቕን ሸለልትነት ስለዘርኣዩ ካብ ሸዋ ዝተበገሰ ንጉስ ይኹኖኣምላኽ ኣብ 1119 ዓም ናይ ዛጉዌ ናይ መጨረሻ ንጉስ ዝነበረ ነአኩቶልኣብ ኣውዲቑ ስልጣን ምስጨበጠ ንግስነት ዛጉዌ ኣኽተመ።

ምዕራፍ ኣርባዕተ

ናይ ሓጼ ልብነድንግል ግርሕነት፣ ናይ ግራኝ ኣሕመድ ወረራን ከበባን: ከምኡ'ውን ናይ ፖርቹጋል መንግስትን ኦቱማን ቱርክን ኣብ ጉዳይ ኢትዮጵያ ጣልቃ ምእታው

ካብ መበል 7ይ ክፍለዘመን ኣትሒዙ ኣዕራብ <<ጅሃድ>> ተሰምየ ክሳድ ንጹሓን ብሰይፍ ናይ ምኹስታር ወፈራ ኣዊጆም፣ ካብ ማዕከላይ ምብራቅ ተበጊሶም ሰሜን ኣፍሪካ፣ ደቡብ ኣውሮፓን ክፉል እስያ ኣስፋሕፊሖም ገፊሕ ሕዛእቲ ምስወነኑ ኣብ መስቀል ኹናት ካብ ኣውሮፓ ናይ ክርስትያን ሓይላት ዝተፈነወሎም መልሰ-ግብራዊ መጥቃዕቲ'ኳ እንተፍሸሉ ንክልተ ሚእቲ ዓመት ኣብ ዝተኻየደ ኹናት ኣዝዮም ተዳኺሞም ኔሮም።

ኣንባቢ ክግንዘቦ ዝግባዕ ቑምነገር ናይ መስቀል ኹናት ኮነ ድሕሪ'ኡ ሃይማኖት ከም መሳርሒ ወይ ድማ ጉልባብ ጌሮም ዝተዋግኡ መንግስታት ጠንቂ ዝወልእዎ ኹናት ሃይማኖት ዘይምንባሩ'ዩ። መንቀሊ ናይቲ ኹናት ናይ እስልምናን ክርስትናን ሓይማኖት ሰዓብቲ ዝኾኑ ናይ ሕብረተሰብ ክፍልታት መራሕቲ ኢና ዝብሉ ናይ ፖለቲካ ልሂቃትን ገዛኢ ደርብታትን ናይ ኢኮኖሚ ረብሓን ናይ ፖለቲካ ስልጣን ክብሕቱ ዘሳወርዎ ብሓፈሻ ዓለም ንምዕብላልን ንምግባትን ዝወልእዎ ኹናትዩ። ኣብ 1296 ዓም ናይ መስቀል ኹናት(*ክሩሴድ-ወር*) ምስተዛዘመ ናይ እስልምና ሓይልታት ኣብ ክንዲ ምስፍሕፋሕ ኣብ ዝተቆጻጸርዎ ግዝኣት ማለት ኣብ ሰሜን ኣፍሪካ፣ ርሑቅ ምብራቅ ኢስያ፣ ደቡብ ምብራቅ ኣውሮፓ ከረግኡ ጀመሩ። ኣብዚ ጊዜ ኢትዮጵያ ብሓጼ ዩኩኖ ኣምላኽ ዝተመስረተ ናይ ሸዋ ስርወ-መንግስቲ እንዳተኣልየት መንበረ-መንግስታ ኣብ ሸዋ ክፍለ-ሃገር ተደኲኑ ነበረ። ናይ ሸዋ ስርወ-መንግስቲ ነገስታት ቀንዲ ዕማም ጌሮም ዝሰርዕዎ ቁምነገር ድሕሪ ውድቀት ኣኽሱም ዝተበታተኑ ግዝኣታት ምጥማር ስለዝነበረ ብፍላይ ኣብ ምብራቃዊ ክፋል ሓገርና ሎሚ ሓረርጌ ክ/ሓገር ተባሂሉ ኣብ ዝጽዋዕ ስፍራ ብሕርሻን መጓስን ዝናበር ሕብረተሰብ ንማዕከላዊ መንግስቲ ኣይግዛእን ብምባል <<*ኣዳል ሱልጣኔት*>> ተሰምየ ንግስነት ስለዝመሰረተ ንሓደ ክፍለዘመን ዝወሰደ ደም ምፋሳስ ተኻየደ። ኣብ ሸዋ ስርወ-መንግስቲ ንቡዙሕ ዘመን ማለት ንፍርቂ

ክፍለዘመን ዝመርሐት ካብ ሓድያ ንጉስ ትውልደ በዓልቲ ቤት ሓጼ ዘርዓያቆብ ንግስቲ ኢሌኒ ነበረት።

ካብ ጥንቲ ኣትሒዙ ሮማዉያንን ግሪኻዉያን እንዳተበራረዩ ስለዝዘምቱሉ ዝተዳኸመ ናይ ቱርክ ኢምፓየር ኣብዚ ጊዜ ከም ብሓድሽ ካብ መሬት ተንሲኡ፣ ዘመናዉያን ናይ ኹናት መራኸብን ኣጽዋርን ወኒኑ፣ ንኣዕራብ ኣብርዩ፣ ኣብ መበል 15 ክፍለዘመን ኣብ ቀይሕ-ባሕርን ሕንዳዊ ዉቅያኖስን ሓያል መንግስቲ ኮይኑ ተቐልቀለ። ኣብ ተመሳሳሊ ጊዜ *<<ዘመነ-ምንዳይ>>* ዝብል ወፈራ ጀሚሩ ብዘመናዉያን ናይ ኹናት መራኸብ ንዓለም እንዳኾለለ ሓደሽቲ ኣሕጉራት ዝመስረት ናይ ፖርቺጋል መንግስቲ ንኣውሮፓዉያንን ሓይልታት ተኪኡ፣ ብፍላይ ኣብ መስቀል ኹናት ንክልተ ሚእቲ ዓመት ምስ ኣዕራብ ክሳየፍን ክዋደቕን ዝነበረ ናይ ባይዛንታይን ኢምፓየር ኣብርዩ መቐናቕንቲ ቱርኪ ኮነ።

ቱርካዉያንን ፖርቺጋላውያንን ናብ ከባቢና መጽዮም ከፋጠጡን ክዋጠጡን ምስጀመሩ ናይ ኢትዮጵያ ንጉስ ዝነበረ ሓጼ ልብነድንግል መጀመሪያ ሻራዊ መርገጺ ብዕሊ ከየርኣየ ምስ ፖርቺጋል ኣዝዩ ጥቡቅ ጽምዶ መስረተ። ሓጼ ልብነድንግል ኣብ ፖርቺጋላዉያን ዝሓደሮ እምነት ደረት ዝሰኣነ ምንባሩ ዘርእየና ናይ ቀረባ ኣማኻሪኡ ፖርቺጋላዊ ዶን ቤርሙዴዝ ምንባሩዩ። ኦቱማን ቱርክ እዚ ኹነታት ስለዘሰከፎ ይመስል ማዕከላይ ባሕሪ ሰጊሩ ኣብ 1516 ዓም ንግብጺ ምስተቆጻጸረ ቀስ ብቀስ ናይ ቀይሕ-ባሕሪ ጫፍ ሒዙ፣ ናብ ከባቢና ተቐልቒሉ ኣብ ልዕሊ ፖርቺጋላውያን ኹናት ኣወጀ። ቱርካዉያን በዚ ግብሮም ከይተሓጽሩ ናይ ኢትዮጵያ ጥንታዊ መዕተውን መውጽዕን ማዕጾ ዝነበረ ናይ ምጽዋ ወደብ ኣብ 1557 ዓም ተቖጻጸሩ።

ሓጼ ልብነድንግል ካብ ዛጉዌ ስርወ-መንግስቲ ትምህርቲ ኣይወሰዱን። ጊዜ ዘሕበጦም ናይ ዓለም ሓያላን ኣብ ዝኣጎዱዎ ቁርቁስ ኢዶም ኣእትዮም፣ ምስ መላዕ ሓገራት ኣዕራብ ዝነበሮም ጥዑይ ርክብ በቲኾም፣ ምስ ፖርቺጋል ኣብ ኩለመዳያዊ ስጡም ርክብ ጸሚዶም ንኢትዮጵያ ኣብ *<<ጸረ-እስልምና>>* ግንባር ጸምበሩዋ። መልሰ-ግብሪ ናይዚ ተግባር ይመስል ካብ 1517 ዓም ክሳብ 1519 ዓም ናይ እስልምና ሓይልታት *<<ጸረ-ኢትዮጵያ>>* ግምባር መስረቱ።

ኦቱማን ቱርክን ንሱ ዝመርሖም ናይ ኣዕራብ ሓገራት ተላፊኖም ኣብ ሞንጎ ማዕከላዊ መንግስትን ኣመንቲ ምስልምናን ዘሎ ጋግን ዘይምቕዳውን

ኣስፊሖም፣ ናይ ቱርኪ መንግስትን ተኸተልቱ ዝኣከቡዎ ዘይተኣደነ ናዉትን ኣጽዋርን ናብ ኢትዮጵያ ብምግዓዝ ግራኝ ኣሕመድ ወልደኢብራሂም ብዝበሃል ፋናቲክ ኢትዮጵያዊ መሪሕነት *<<ጅሃድ>>* ተሰምየ ከሳድ ንጹሃን ብሰይፍ ናይ ምኹስታር ወፈራ ጀመሩ።

ግራኝ ኣሕመድ ወልደኢብራሂም ኢትዮጵያዊ ኮይኑ ከብቅዕ ኣብ ልዕሊ ኢትዮጵያዉያን ብሓፈሻ ኣብ ልዕሊ ኣመንቲ ክርስትና ድማ ብፍላይ ዝፈሓመ ጽልኢ ክጠንስ ዝገበሮ ስድራቤታዊ-መሰረቱ ነበረ። ኣቡኡ ዑመር ወልሰማ ኣብ ሸዋ ከ/ሓገር ኣዳልን ይፋትን ንነዊሕ ዘመን መስፍን ዝነበረ፣ ምስ ሸዋ ስርወ-መንግስቲ ዓሚዩቕ ቕርሕንትን ዝሰረተ ጽልእን ስለዝነበሮ ብተደጋጋሚ ሰይፍ ተማዚዙ'ዩ። ናይ ኣዳል ሱልጣኔት ንማዕከላዊ መንግስቲ ኣይምዕዘዝን ኢሉ ንነብሱ ነጺሉ ከም መንግስቲ ክቐውም ምስፈተነ ንክልተ ሚእቲ ዓመት ኣብ ዝተኻየደ ኹናት ናይ ግራኝ ኣሕመድ ናይ ቀረባ ኣዝማድ ማለት ምዕባይ ሓው፣ ኣቦ ሰበይቱን ብተወሳኺ ብዙሓት ኣባላት ዕንድ'ኡ ኣብዚ ኹናት ሓሊፎም'ዮም።

ኣብ ቆልዕነቱ ነዚ ቂም-በቀል ዝወረሰ ግራኝ ኣሕመድ ንኣቅመ ኣዳም ምስበጽሐ እቲ ኹናት ገና ስለዘየእረፈ ካብ ንዕስነቱ ኣትሒዙ ከም ተራ ተዋጋኣይ ምስ ማዕከላዊ መንግስቲ ኣብ ዝገበሮም ግጥማት ናይ ደባይ ዉግእ ከምዝመለኸ ይንገር'ዩ። ካብ ተራ ወታደርነት ተበጊሱ ናይ ወትሃደራዊ ልምዲ እንዳማዕበለ ፖለቲካዊ ንቕሓቱ እንዳበረኸ ዝመጸ ኣሕመድ ግራኝ ኣብ ከበሳታት ኣብ ዝነብር ህዝብና ካብ ዘውርዶ ብሰይፍ ዝተዓጀበ ናይ ዝምታ ወፈራ ብተወሳኺ ኣብ 1529 ዓም ኣብ ማዕከላዊ መንግስቲ ኹናት ኣወጀ። ኣብ ሸዋ ክፍለሓገር *<<ሽንብራ-ኩሬ>>* ኣብ ዝበሃል ስፍራ መጋቢት 9 1529 ዓም ኣብ ዝተገብረ ዉግእ ጊዝያዊ ዓወት ስለዘመዝገበ ብፍጹም ትዕቢት ተሰርኒቁ ንሓጼ ልብነድንግል *<<ኢድካ ሓብ>>* ብምባል ነዚ ዝስዕብ ደብድቤ ጸሓፈ: <<*ኢትዮጵያ እስላማዊ ሕዛእቲ ክትክውን ናይ ኣላሕ ፍቃድ ስለዝኾነ ነዚ ክትገትእ ምፍታን ከንቱነት ጥራይ'ዩ*>>

ናይ ኣሕመድ ግራኝ ወትሃደራዊ ገስጋስ ዝሰምዑ ቱርካዉያን ካብ ዘይላ ወደብ ተበጊሶም ዘመናዊ ኣጽዋር፣ ዕጥቂ፣ ዘይነጽፍ ናይ ፋይናስ ደገፍ ካብ ምልጋስ ብተወሳኺ ኣብ ዓለም ዝልለዩሉ ናይ መድፍዕ ክእለቶም ኣብ ምድሪ ኢትዮጵያ ክፍትንዎ ወሲኖም ናይ መዳፍዕ ክኢላታት ምስ ግራኝ ኣሕመድ

ሰራዊት ኣሰሊፎም ኣዝመትዎም። ሓጼ ልብነድንግል ብልቢ ዝኣመኑዎም ፖርቱጋላዉያን ኣብዚ ፈታኒ ጊዜ ዝባኖም ሓቡ። ዙፋኖም ብቱርካዉያን መሪሕነት ኣብ ፍጹም ከበባ ምውዳቑ ንምሕባር ንኣማኻሪኦም ዶን ቤርሙዴዝ ናብ ፖርቱጋል ለኣኹዎ።

ዶን በርሙዴዝ ፈለማ ምስ ንጉስ ፖርቱጋል ኣብ ሊዝበን ምስተዘራረበ ኣብ ሕንዲ ናይ ፖርቱጋል ኣመሓዳሪ ንዝነበረ ዶን ጋርችያ *<<ናብ ኢትዮጵያ ሰራዊት'ካ ኣዝምት>>* ዝብል ትሑስቶ ዘለዎ ደብዳቤ ሒዙ ክኸይድ ኣዘዝዎ። ዶን በርሙዴዝ ኣብ 1539 ዓም ህንዲ ምስበጽሐ ዶን ጋርችያ ሞይቱ ኣብ ክንዱኡ ናይ ሕንዲ ኣመሓዳሪ ዶን ኤስቴቫኣ ኮይኑ ተሾመ። ዶን ኤስቴቫኣ ሰራዊቱ ነክዩ ናብ ኢትዮጵያ ወትሃደራት ከዝምት ስለዘይደለየ ናይ ሓጼ ልብነድንግል ተስፋ፣ ትጽቢትን ዕምነትን ከንቱ ኾነ።

ግራኝ ኣሕመድ ኣብ ሽንብራ ኩሬ ዓወት ምስመዝገበ እቲ ዉግእ ናብ መላዕ ኢትዮጵያ ማለት ናብ ባሌ፣ ሲዳሞ፣ ወሎን ትግራይን ክፍላተሃገራት ተላቢኡ ንኣርባዕተ ዓመታት: ዓሰርተ ሓደ ተኸታታሊ ዉግኣት ምስተገብረ ናይ ሓጼ ልብነድንግል ሰራዊት ተደጋጋሚ ስዕረት ስለዘጋጠሞ ብፍላይ ኣብ ትግራይ ክፍለሃገር ተምቤን ኣውራጃ እምባሰነይቲ ኣብ ዝበሃል ስፍራ ከቢድ ዉድቀት ስለዝጎነፎ ኢትዮጵያ ኣብ መንጋጋ ግራኝ ወደቀት። ግራኝ ኣሕመድ ሸቱኡ ናይ ክርስትና ሓይማኖት ምጥፋእ ብምንባሩ እዚ ሕልሙ ኣብ መላዕ ኢትዮጵያ ዝርከቡ ገዳማትን ኣብያተ ክርስትያናትን ኣንዲዱ ባሕጉ'ኻ እንተሰመረሉ ካብ ግራኝ ኣሕመድ ቅዝፈት ዝደሃነ እንኮ መንፈሳዊ ስፍራ ኣብ ኤርትራ ክ/ሓገር ሓማሴን ኣውራጃ ነፋሲት ዙርያ ዝርከብ ናይ ደብረ-ቢዘን ገዳም ነበረ።

ሓጼ ልብነድንግል ምስ ሰበይቶም ንግስቲ ሰብለወንጌል ካብ ግራኝ ኣሕመድ ሰይፍ ንምሕዳም ኣብ ወሎ ክፍለሓገር *ግሸን ኣምባ* ተባሂሉ ኣብ ዝጽዋዕ ኢትዮጵያዉያን ነጋዉስ ወዶም ስልጣን ከይምንጥሎም ወይ ድማ *<<ወደይ ስልጣነይ ከሕድገኒ'ዩ>>* ብዝብል ኣጉል ፍርሕን ዝገርም ጭካነን ደቆም ኣብ ዝሞቅሑሉ ዕምባ ተዓቁቡ። ሓጼ ልበነድንግል ፍጹም ዝኣመኑዎ ጥራይ ዘይኮነ ምስ ኦቱማን ቱርክ ክፋጠጡን ክጣቐሱን ጠንቂ ዝነበረ ናይ ፖርቱጋል መንግስቲ ዝባኑ ስለዝሃቦም ካብ ግራኝ ኣሕመድ ሰይፍ ንምህዳም ካብ ደብሪ ናብ ደብሪ እንዳኮለሉ ሕይወት ምስቀጸሉ ኣብዚ ናይ ከልበትበት

ሕይወት ብዘጥረዩዎ ሕማም ኣብ 1540 ዓም ኣብ ደብረዳሞ ገዳም ሕይወቶም ሓሊፉ።

ንሓጼ ልብነድንግል ተኪኡ ዝነገሰ ወዶም ሓጼ ገላውድዮስ ብኣዲኡ ኣላይነት ናይ ግራኝ ኣሕመድ ሰራዊት ካብ ምድሪ ኢትዮጵያ ንምምሃቅ ሰራዊቱ ናይ ደባይ ዉግእ ቁመና ኣትሒዙ ኣብ መላዕ ኢትዮጵያ ዘርዎ። ንኣንባቢ ከይገለጽኩዎ ክሓልፍ ዘይደሊ ነጥቢ ግራኝ ኣሕመድ ንኢትዮጵያ ዓሰርተ ሓሙሽተ ዓመት ከመሓድራ እንከሎ ነዞም ዝስዕቡ ቕለታት ምፍጻሙዩ:

ሀ) ንሰራዊቱ ኣብ መላዕ ሓገርና ኣዝሚቱ ቤተክርስትያናት ምንዳዱን ገዳማት ምዝማቱ፣ *<<ጅሃድ>>* ኢሉ ኣብ ዝጽወኦ ክሳድ ንጹሃን ብሰይፍ ናይ ምኹስታር ወፈራ እስልምና ኣይንቅበልን ዝበሉ ወገናት ብዘሰቕቕ ጭካነ ኣጽነቶም። ካብዚ ብተወሳኺ እልቢ ዘይብሎም ኣብዑራት ናብ ጎይቶቱ ማለት ናብ ሓገራት ኣዕራብ ኣግኣዘ

ለ) ጥሪትና ብምግዓዙ ዘይዓገበ ይመስል ኢትዮጵያዉያን ከም ባሮት እንዳሞቅሐ ንጊልያነት ናብ ሓገራት ኣዕራብ ኣግኣዞም

ግራኝ ኣሕመድ ንእስልምና ሃይማኖት ፍጹም ዘይውክል ጥራይ ዘይኮነ ናይ እስልምና ሃይማኖት <u>ጸር</u> ከምዝኾነ ዘርእየና ናይ ገዛዕ ዓዱ ህዝቢ ከም ባርያ ሞቂሑ ንፍጹም ባርነት ንጎይቶቱ ገዝሚ ምሃቡዩ። ፖርቹጋላዉያን ቱርካዉያንን ንዓለም ክብሕቱ ኣብ ዝገበሩዎ ንሕንሕ ሃይማኖት ከም ዓይነታዊ መሳርሒ ተጠቂሞም ፖርቹጋል ናይ ኢትዮጵያ መንግስታዊ ሃይማኖት ናብ ካቶሊክ ንምልዋጥ፣ ቱርካዉያን ናብ እስልምና ንምቅያር ኣብ ዘካይዱዎ ምውጣጥ ግራኝ ናይ ጎይቶቱ ሃይማኖት ብሓይሊ ከስርጽ ምፍታኑ ዝገርም ኣይኮነን። ይኹን እምበር ንቱርካውያንን ኣዕራብን ከሐጉስ ሓሲቡ ናይ ገዛዕ ዓዱ ህዝቢ ምስ ገዝሚ ጸብጺቡ፣ ከም ጤለ-በጊዕ እንዳጓሰየ ምግዓዙ ኣዝዩ ዘሕፍር ነውራም ተግባር'ዩ። ብሰሪዚ ተግባሩ ኢትዮጵያዉያን ክሳብ ሎሚ ምስ ኣዕራብ ተሓናፊጾም ኣብ የመን፣ ኦማን፣ ሳውዲ ዓረብያ ይነብሩ'ለው።

ኢትዮጵያ ኣብ ጸላም ኣብ ዝወደቐትሉ ጊዜ ጠንቂ መከራና ዝኾኑ ፖርቹጋላዉያን ንምሽቱ ሓደ ሻለቃ ጦር ናብ ኢትዮጵያ ኣዝሚቶም ዝፈጸምዎ ተግባር ብጣዕሚ ዘደንጽው ኔሩ። *<<ናብ ኢትዮጵያ ሰራዊት ኣየዝምትን>>* ኢሉ

ዝሓንገደ ዶን ኤስታቬኣ ኣብ ቀይሕ-ባሕሪ ዝሰፈሩ ቱርካዉያን ደምሲሱ ምጽዋ ደቡብ ትርከብ ናይ ሕርጊጎ ተፈጥሮኣዊ ወደብ በጽሐ። ዶን በርሙዴዝ ናይ ሃገሩ ሰራዊት ናብ ቀይሕ-ባሕሪ ምቕልቓሉ ምስሰመዐ ናብ ምጽዋ መጽዩ ናይ ዶን ኤስታቬኣ ወትሃደራት ኣእሚኑ ኣንጻር ሓለቆኦም ስለዘሰለፎም ናብ ኢትዮጵያ ከዘምት ዘይደለ ዶን ኤስታቬኣ ወትሃደራቱ ስለዘዕዘምዘሙ ብዘይፍታው 400 ወትሃደራት ናብ ኢትዮጵያ ኣዝመተ።

ናይ ፖርቱጋል ወትሃደራት መሬት ኢትዮጵያ ምስረገጹ ካብ ምጽዋ ተበጊሶም ናብ ከበሳታት ብፍላይ ኣብ ትግራይ ክ/ሓገር ምስበጽሑ ናይ ግራኝ ኣሕመድ ሰራዊት ብዝወልአ መጥቃዕቲ ኣብ ከቢድ ኹናት ተጸምዱ። ኣብ ትግራይ ክ/ሓገር ተምቤን ኣውራጃ እምባ ሰነይቲ ኣብ እንደርታ ኣውራጃ ሰሓርቲ-ሳምረ ምስ ግራኝ ኣሕመድን ሰዓብቱን ተሳዪፎም ዓንድሑቀ ግራኝ ተጎዝየ። ድሕሪዚ ግራኝ ኣሕመድ ናብ ወሎ ክፍለሃገር ስሒቡ ዝሞቱን ዝሰንከሉን ወትሃደራቱ ብሓድሽ ሓይሊ ሰብ ተኪኡ ብፍላይ ካብ ጎይቶቱ ቱርካዉያን ኣጽዋር ክእከብ ጀመረ። ናይ ግራኝ ኣሕመድ ሰራዊት ናብ ወሎ ምስተደፍአ ቱርካዉያን ተወሳኺ 2,000 ሰራዊት ምስ ዘመናዊ ኣጽዋር ኣሰሊፎም ኣጠናከሩዎ።

ድሕሪዚ ግራኝ ገስጋሱ ናብ ሰሜን ቀጺሉ ኣብ ሰሜን ወሎ ኦፍላ ኣብ ተሰምየ ስፍራ ምስ ንግስቲ ሰብለወንጌልን ፖርቱጋላውያንን ገጢሙ፣ ናይ ፖርቱጋል ሰራዊት ኣዛዚ ሻለቃ ክሪስቶፈር ደገማ ማሪኹ ክሳዱ ቀረጸ፣ ንግስቲ ሰብልወንጌል ምስ ሰራዊታ ክትስሕብ ተገደት። ኣንባቢ ኣብ ክፍሊ ሓደ ከምዝዝክሮ ኣብ መበል 15 ክፍለዘመን *<<ዘመነ ምንዳይ>>* ብምባል ኣብ ዝሰመዮ ወፈራ ንዓለም ኮሊሉ ሰሜን ኣትላንቲክ፣ ኣሜሪካታት፣ ኣውስትራልያ ዝበሃሉ ኣሕጉራት ዝረኸበ ቫስኮ ደጋማ ክሪስቶፈር ወዱዩ።

በዚ ዓወት ዝተሰራሰረ ግራኝ ምስ ሰራዊቱ ጥዑም ንፋስ ከስተማቕር ሓሊኑ ኣብ ደንደስ ቃላይ ጣና ተፈጥሮ እንዳድነቀ ኣብ ፍጹም ምዝንጋዕ እንከሎ ሓጼ ገላዉደዮስ መጋቢት 7 1543 ዓም ኣብ ዛንታር በር ሓንደበት ኣብ ዝፈነዎ መጥቃዕቲ ንግራኝ ኣሕመድ ቐቲሉ ሰራዊቱ በታተኖ። ኣብ ዉግእ ዛንታር በር ወዱ ንግራኝ ኣሕመድ ከማረኽ እንከሎ ናይ ግራኝ ኣሕመድ ርእሲ ተቖሪጹ ኣብ ዓድታት ክረአ ተገብረ። በዓልቲ ቤት ግራኝ ኣሕመድ ድል ወንበራ ሰብኣያ ዝዘረፎን ዝገፈፎን ንብረት ሒዛ ናብ ሓረርጌ ክ/ሓገር ሓደመት። በዚ

መገዲ ናይ ግራኝ ኣሕመድ ዓሰርተ ሓሙሽተ ናይ መከራ ዓመታት ከተመ ኾነ።

ድሕሪዚ ድል ወንበራ ወዲ ሓውኡ ንግራኝ ኣሕመድ ኑር ቢን ኣልዋርዝ ተመርእያ ሕዛእቶም ዝሕልው መከላኸሊ መንደቅ ክንደቕ ስለዝኣዘዘት እቲ ፍሉጥ ናይ ሓረር መንደቕ ተነድቀ። ቱርካዉያን ናይ ግራኝ ሞት ምስሰምዑ ንኑር ቢን ኣልዋርዝ ናይ <<ኣዳል ሱልጣኔት>> ንጉስ ጌሮም ኣብ ሓጼ ገላዉደዮስ ኣዝመቱዎ። ኑር ቢን ኣልዋርዝ ኹናት ከፊቱ ፍጥጋር ኣብ ተሰምየ ስፍራ ንሓጼ ገላዉደዮስ ምስቀተሎ ገስጋሱ ንቅድሚት ኣብ ክንዲ ምቕጻል ናብ ሓረር ተመሊሱ ነዚ ዓወት ምስ ህዝቡ ጸምቢሉ፣ ሓይሊ ሰቡን ኣጽዋሩን ደሪኡ ገስጋሱ ዳግም ምስጀመረ ኣብ ዝቕጽል ምዕራፍ ዘዘንትዎ ናይ ኦሮሞ ምስፍሕፋሕን ናይ ኦሮሞ መስፋሕፍሒ ሓይሊ ኣብ መገዲ ኣድብዩ ብዝፈነወሉ መጥቃዕቲ ክሳብ ሓረር እንዳኻደደ ሓንሳብን ንሓዋሩን ደምሰሶ።

ኢትዮጵያ ብመንገዲ ግራኝ ኣሕመድ ወልደኢብራሂም ናይ ቱርካዉያን ናይ ኢድ- ኣዙር ግዝኣት ካብ ዝነበረትሉ ናይ ጸላም ዘመን ንመሓሮ ቁምነገር እንተሓልዩ ኣብ ነብስኻን ኣብ ብርክኻን ዘይምእማን ዘስዕቦ መዘዝ'ዩ። ሓጼ ልብነድንግል ኣብ ዘየድሊ ናይ ርእሰ-ሓያላን ጥምጥም ኢዶም ኣእትዮም ጠንቂ ሕይወቶም ዝኾነ ዉሳነ ካብ ምውሳኖም ብተወሳኺ ናይ ፖርቹጋል ምክልኻል ሰራዊት ናይ ኢትዮጵያ ሰራዊት ጌሮም ብምሕሳብ፣ ካብ ደገ ዝመጽእ ጸላኢ ምምካት <<*ናይ ፖርቹጋላዉያን ጸርዩ*>> ብምባል ንክፉእ መዓልቲ ስለዘይተዳለው ዓሰርተ ሓሙሽተ ናይ መከራ ዓመታት ተገዚምና። ታሪኽ ንነብሱ ይደግም ከምዝበሃል ሓጼ ልብነድንግል ዝፈጸምዎ ዘሕዝን ተግባር ሓጼ ሓይለስላሴ ደጊሞሞ ሓገርና ዝወረዳ ብርስትን ኣርማጌድዮንን ቀስ ኢልና ክንሪኦ ኢና።

ምዕራፍ ሓሙሽተ

ናይ ህዝቢ ኦሮሞ ፈለሳ: ወረራን ምስፍሕፋሕን

ከምቲ ኣብ ጥንታዊት ኢትዮጵያ ካብ ማእከላይ ምብራቅ ተበጊሶም ናብ ኢትዮጵያ ኣትዮም ንብዙሕ ዓመታት ዝጸንሐ ናይ ኩሻይት መንግስቲ ኣውዲቖም ወነንቲ ሓገሩ ዝኾኑ ፑንትን ናይ ፑንቲ መንግስትን ህዝቢ ኦሮሞ'ውን ካብ ቀርኒ ኣፍሪካ ተበጊሱ፣ ብዘገምታ ተጓኢዙ፣ ሎሚ ባሌ ክ/ሓገር <<መዳወላቡ>> ኣብ ዝበሃል ወረዳ ንብዙሕ ዘመን ምስሰፈረ ኣብ መበል 16 ክፍለዘመን መጀመሪያ ካብ ዝልለየሉ ናይ ልግሲ፣ ርግኣት፣ ኣፍቃሪ ሰላም ባህርያት ወጽዩ ዝተፈልየ ሕብሪ ክንጸባርቕ ጀመረ።

ቅድሚ 16 ክፍለዘመን ህዝቢ ኦሮሞ ዝነብረሉ ከባቢታት ኣብ ባሌ ክ/ሓገር ማለት ኣብ ሩባታት ገናሌ፣ ዋቤን ወይብን ብተወሳኺ ናብ ሲዳሞ ክፍለሃገር ቀጺሉ ኣብ ጫሞ፣ ዝዋይ፣ ኣባያታ ዝበሓሉ ወሓይዛትን ቃላያትን ተስፋሕፊሑ ብተድላን ሓጎስን ብፍጹም ምቾት ዝነብር ህዝቢ ኔሩ።

ሓገርና ንልዕሊ ክልተ ክፍለዘመን ኣብ ዝተገብረ ኹናት ሓድሕድን ናይ ግራኝ ኣሕመድ ናይ 15 ዓመት ወረራን ከበባን ፍጹም ተዳኺማ ብፍላይ ብሕርሻን መጓስን ዝናበር ህዝብና ኣጣሉን ኣብዑሩን ናይ ግራኝ ሽሻይ ካብ ምኻነን ብተወሳኺ ንኣዕራብ ስለዝተገዝማ ብሕሱም ድኽነት ኣብ ዝላድየሉ ጊዜ ህዝቢ ኦሮሞ ካብ ዝፍለጠሉ ናይ ሰላም፣ ቅንዕና፣ ምትሕልላይ፣ ፍቅሪ ሓገርን ምትሕብባርን ባሕሪ ወጽዩ ብምችሌ ገዳ መሪሕነት ናብ መላዕ ኢትዮጵያ ፈለሳን ወረራን ጀመረ።

ኣብዚ ጊዜ ኣንባቢ ክዝክሮ ዝግባዕ ነጥቢ ናይ ህዝቢ ኦሮሞ ብዝሒ ብኣሓዝ ዝገልጽ ናይ ታሪኽ ሰነድ'ኳ እንተዘይሃለወ ናይ ኦሮሞ ብሔረሰብ ኣባል ኮይኖም ናይ ኦሮምኛ ቋንቋ ዝዛረቡ <<ሜንጫ፣ ቱለማ፣ ወሎን ከረዩ>> ዝበሃሉ ኣርባዕተ እንዳታት ጥራይ ነበሩ። ናይ ኦሮሞ ማሕበረሰብ ፍልሰትን ምስፍሕፋሕን ምስጀመረ መጀመሪያ ናብ ምብራቅ ኢትዮጵያ ናይ ሓረርጌ ክ/ሓገር ናብ ምዕራብ ኢትዮጵያ ከፋ፣ ኢሉባቡር፣ ወለጋ፣ ኣርሲ ክፍላተሓገራት ኣስፋሕፊሐ። ኣንባቢ ክስተዉዕሎ ዝግባዕ ቁምነገር ናይ ከፋ፣ ኢሉባቡር፣ ወለጋ ክፍላተ ሓገራት ናይ ባዕሎም ቋንቋ፣ ያታ፣ ባሕልን ወግዕን ጥራይ ዘይኮነ <<ናይ ጊቤ መንግስቲ>> ተሰምየ ናይ ገዛእ ርእሶም ኣመሓዳርን

መንግስትን ዝነበሮም ህዝቢ ኔሮም። ብተወሳኺ ሎሚ አርሲ ክ/ሓገር ተባሂሉ ዝጽዋዕ ስፍራ ናይ ገዛዕ ርእሱ ባሕልን ያታን ዝነበሮ ህዝቢ ክኸዉን ናይ አሮሞ ምስፍሕፋሕ ቅድሚ ምጅማሩ *<<ፍጥጋር>>* ተባሂሉ ይጽዋዕ ነበረ።

ኣብዚ ከባቢ ምስሰፈሩ ናይ ጊቤ መንግስቲ ኣፍሪሶም ብገዳ ስርዓት ክመሓደሩ፣ ቋንቋ አሮምኛ ክመልኩ ኣገደዱዎም። ናይ ህዝቢ አሮሞ ፍልሰት ናይ ህዝቢ ኢትዮጵያ ሕብረተሰባዊ ቅርጺ ዝኸለሰን ዝሓናፈጸን ጥራይ ዘይኮነ ተመሳሳሊ ሓገራዊ ስነልቦና ክፍጠር፣ ሓባራዊ ባሕሊ ክንላበስ ቋንቋን ያታን ክንወራረስ ዝገበረ ኔሩ።

ናይ አሮሞ ብሄረሰብ በዚ ፍልማዊ ወፈራ ሓይሊ ሰቡ ስለዝኣበየ ገስጋሱ ብምቅጻል ኣብ ሸዋ፣ ጎጃም፣ ወሎ ጥራይ ከይተገትአ ናብ ትግራይ ክ/ሓገር ራያን እንደርታን ኣውራጃ ኣስፋሕፊሑ ኣብ መላዕ ኢትዮጵያ ኣዕለቕለቐ። ናይ ህዝቢ አሮሞ ፍልሰት ምዝንታው ናይዚ መጽሓፍ ዕላማ'ኳ እንተዘይኮነ ህዝቢ አሮሞ ኣብ ኣዝዩ ገፊሕን ፍርያምን መሬት ጥራይ ዘይኮነ ብወሓይዝን ሩባታትን ዘዕለቕለቐ፣ ዓመታዊ ልዕሊ ክልተ ሽሕ ሚሊሜትር ዝናብ ኣብ ዝዘንበሉ ስፍራ ብፍጹም ተድላን ሓጎስን እንዳነበረ ሓንደበት ጠባዩ ቀዪሩ ናብ ወረራን ምስፍሕፋሕን ዝኣትወሉ ምክንያት ምምርማር ናይዚ ታሪኽ ደራሲ ዕላማዩ።

ናይ ሓገርና ናይ ታሪኽ ተመራመርቲ ናይ ህዝቢ አሮሞ ምስፍሕፋሕ ጠንቂ ዝነበረ *<<ህዝቢ አሮሞ ኣብ ልሙዑን ስቡሕን መሬት ሰፊሩ ክነብር እንከሎ ጥሪቱ ልዕሊ ኣቀን ስለዝተፋረያ ጽበት መሬት ስለዘጋጠሞ'ዩ ኣስፋሕፊሑ>>* ይብሉ። ነዚ ምክንያት ከም ቅቡል ጌርና እኳ እንተወሲድና ኣዝዩ ገፊሕ፣ ዘይተተንከፈ መሬት ካብ ዘለዎ ደቡባዊ ክፋል ሓገርና ተበጊሱ ብህዝቢ ዘዕለቕለቐን ብጥሪት ዝተሃዝዐን ከቢድ ናይ መሬት ጽበት ናብ ዘለዎ ሰሜን ኢትዮጵያን ኣይምፈለሰን ኔሩ።

ናይ አሮሞ ብሄረሰብ ንሃገሩ ክወርር፣ ኣብ ህዝቡ ከስፋሕፍሕ ዝደረኾ ቀንዲ ምክንያት ናይ ኣዳል ሱልጣኔት ንማዕከላዊ መንግስቲ ስዒሮም ዓሰርተ ሓሙሽተ ዓመት መላዕ ኢትዮጵያ ከመሓድሩ እንተኸኢሎም *<<ንሕና ናይ አሮሞ ብሄረሰብ ኣባላት ካብ መን ንሓምቕ? እንታይ ይዕግመና?>>* ብምባል ናይ ገዳ ማሕበር ኣመራርሓ ኣካላት ብዝነዝሕዎ ጎዳኢ ስነ-ሓሳብ'ዩ። ህዝቢ አሮሞ ካብ ዝልለየሉ ሰላማዊ ባህርያት ወጽዩ ኣብ ፍጹም ፍልሰትን ምስፍሕፋሕን

ዝሸመሞ ናይ ገዳ ስርዓትን ኣብ ሞንጎ መራሕቲ ገዳ ዝነበረ ውድድርን ክርፍስን ነበረ።

ህዝቢ ኦሮሞ ዝመሓደር <<*ገዳ*>> ተባሂሉ ብዝፍለጥ ናይ እንዳ ማሕበርዩ። ኣብ ገዳ ማሕበር ደቂ ተባዕትዮ ንሸሞንተ ዓመታት ኣብ ነንበይኑ ጽፍሒ ክነጥፉ ዝድንግግ ሕጊ ኣሎ። ገዳ ማሕበር ካብ 40 ክሳብ 48 ዓመት ዕድመ ዘለው ዉልቀሰባት <<*ሉባ*>> ተሰምየ ስም ሂቡ ኣብ ዉሽጣዊ ምምሕዳር ጥራይ ዘይኮነ ኣብ ፍርዲ ናይ ዳንነት ስራሕ፣ ኣብ ስራዊት ናይ ኣዛዝነት ተራ ክሕልዎም ዘፍቅድ ስርዓት'ዩ። ብሓፈሻዊ ዓይኒ ገዳ ሰላማውን ሓቛፍን እኳ እንተኾነ እዞም በብሸሞንተ ዓመት ዝምረጹ <<*ሉባ*>> ተሰምዩ ናይ ገዳ ማሕበር ኣመራርሓ ኣካላት ኣብ ሞንጎኦም ብዘሎ ውድድርን ክርፍስን ማለት ሓደ ሉባ ልዕሊ ካልእ ሉባ ገዚፉን ገኒኑን ክረኣይ፣ ስምን ዝናን ክነድቅ ምእንቲ መወዳድርቱ ካብ ዝወረሮ ወይ ድማ ካብ ዝበሓቶ ሕዛእቲ ንላዕሊ ካልእ ጎዶቦ ብምውራርን ብምብሓትን ነቲ ሉባ ፍሉይ ታሪኽን ስምን ክገድፍ ሓሊኑ ብሰላማዉነቱን ልግስንኡን ዝልለ ህዝቢ ናብ ተዋጋኣይ ቀዪሮሞ።

ናይ ኦሮሞ ብሄረሰብ ሉባ ብዝበሃሉ ሂደት ሕንጡያት ኣብ ዝጀመሮ ወፈራ ናብ ሰሜን እንዳቀጸለ ምስመጸ ካብ ማዕከላዊ መንግስቲ ብዝፍንወሉ ናይ ምክልኻልን ናይ ጸረ-መጥቃዕትን ውግኣት ተዳኺሙ ገስጋሱ ክግታእ ጥራይ ዘይኮነ ዝተቖጻጸሮም ስፍራታት እንዳገደፈ ንድሕሪት ተመልሰ። ንኣንባቢ ከይገለጽኩዎ ክሓልፍ ዘይደሊ ነጥቢ: ኣብ ገዳ ስርዓት <<*ምጋሳ*>> ተባሂሉ ዝፍለጥ መሓውር ምሕላው'ዩ። ናይ ኦሮሞ መስፋሕፋሕቲ ናብ ኩሉ ጫፋት ኢትዮጵያ ክፈልሱ እንከለው ኣብዚ ወረራ ዘጽነቱዎም፣ ዝቐተሉዎም ሰባት ብዙሓት ብምንባሮም ደቆም ብዘይኣላዩ ተሪፎም ስለዝዘኸተሙ እዞም ሕጻናት ክኣብዩ <<*ምጋሳ*>> ዝበሃል መዕበይ ዘኽታማት ተመስረተ።

ኣብዞም ክብ ኢሉ ዝገለጽኩዎም ስፍራታት ዝሰፈሩ ናይ ኦሮሞ ብሄረሰብ ኣባላት ህዝብና ፍሉይ ልቦናን ምስትውዓልን ስለዝዉንን ምስ ገዳ ስርዓትን ናይ ሉባ መራሕቲ ኣላፊኑ ስለዘይጠመቶም ካብ ዓደይ ዉጹለይ ኣይበለን። ናይ ኦሮሞ ብሄረሰብ ኣባላት ኣብ ደቡባውን ምዕራባዉን ክፋል ሓገርና ዝርከቡ ሸድሸተ ክፍላተሓገራት ብተወሳኺ ኣብ ወሎን ጎጃምን ከምኡ'ውን ኣብ ትግራይ ክ/ሓገር ኣብ ራያን እንደርታን ኣውራጃ ክሳብ ሎሚ ብሰላምን ብተድላን ይነብሩ'ለው። ናይ ህዝቢ ኦሮሞ ፍልሰት ናይ ኢትዮጵያ

ሕብረተሰባዊ ውዳበ ፍጹም ካብ ምቅያሩ ብተወሳኺ ክጅምሩ ኣርባዕተ ጥራይ ዝነበሩ እንዳታት ናብ 132 ዕንዳታት ተወንጪፎም ሎሚ ኣብ ምብራቅ ኣፍሪካ፣ ቀይሕ ባሕርን ሕንዳዊ ዉቅያኖስን ብብዝሕን ቁጽርን ቀዳማይ'ዮም።

ምዕራፍ ሽድሽተ

ዘመነ-መሳፍንቲ

ናይ ኦሮሞ መስፋሕፋሕቲ ገስጋሶም ንሰሜን ምስቐጸሉ ናይ ሽዋ ስርወ-መንግስቲ ነዚ ፍልሰት ክገትእ ብዘይምኽኣሉ ጥራይ ዘይኮነ ንዓሰርተ ሓሙሽተ ዓመት ምስ ግራኝ ኣሕመድ ኣብ ዝተኻየደ ውግዕ፣ ናይ ኢትዮጵያ ርእሰ-መዲና ዝነበረ ሽዋ ስለዝባደመ ብፍላይ ቤተመንግስትን ኣብያተ-ክርስትያናትን ስለዝተሓሞኹ ርዕሰ መዲና ኢትዮጵያ ካብ ሽዋ ክ/ሓገር ክርሕቕ ስለዝነበሮ ብተፈጥሮኣዊ ኣቀማምጥኡን ዝሓሸ ናይ ጸጥታ ሓዋሕው ዝነበሮ ሰሜን ምዕራብ ኢትዮጵያ ጎንደር ልዕሊ ክልተ ሚእቲ ዓመት ናይ ኢትዮጵያ ርእሰ-መዲና ኮነት።

ናይ ሽዋ ስርወ-መንግስቲ ካብ ማዕከል ሓገር ናብ ሰሜን ምዕራብ ኢትዮጵያ ጎንደር ክግዕዝ ምስወሰነ ናይ ጎንደር ኸተማ ኣብ 1680 ዓም ዝመስረቱ ሓጼ ፋሲል ነበሩ። ካብ ሽዋ ስርወ-መንግስቲ ነገስታት ብተወሳኺ ናይ ትግራይ ነገስታት ከምኡ'ውን ቅድሚ ሂደት ዓመታት ናብ ወሎ ዝፈለሱ *<<የጁ>>* ተባሂሎም ዝፍለጡ ናይ ኦሮሞ መሳፍንትን መኻንንትን ኣብ ጎንደር ቤተ-መንግስቲ ተኣኻኺቦም ስልጣን ክብሕቱ ክፋጠጡን ክዋጠጡን ጀመሩ።

እዞም ነገስታት ብፍቅሪ ስልጣን ተሰኒፎም ኣብ ስልጣን ንሕንሕ ስለዝተጸምዱ ድሕሪ ውድቀት ንግስነት ኣኽሱም ፋሕ ዝበለ ናይ ጥንታዊት ኢትዮጵያ ገፊሕ ሕዛእቲ ጠሚሮም ሕፍርቲ ሓገር እትረፍ ክምስርቱ ግራኝ ኣሕመድን ናይ ኦሮሞ መስፋሕፋሕቲ ብዝፈጸሙዎ ወረራን ዕንደራን ዝተሎኽሰሰት ኢትዮጵያ ከቕንዕዎን ክሓንጹዋን ኣይከኣሉን።

ኣብ ጎንደር ቤተመግንስቲ ካብ ዝተበራረዩ ነገስታት ብፍላይ *<<ዘመነ-መሳፍንቲ>>* ተባሂሉ ዝጽዋዕ ናይ ታሪኽ መዋዕል ክፍጠር ባይታ ዝነደቁ: ንጉስ ኢያሱ፣ ንጉስ ኢዮኣስን ራእሲ ስሑል ሚካኤል ታሪኾም ብድብድቡ ክድሕሰሶ'የ። ንጉስ ኢያሱ ካብ ኣብኡ ንጉስ በካፋን ካብ ኣዲኡ ንግስቲ ምንትዋብ ተወሊዱ ብቆልዕነቱ ስልጣን ምስጨበጠ ኣዲኡ ንግስቲ ምንትዋብ እንደራሴ'የ ብምባል ምስ ወዳ ትመርሕ ነበረት።

ናይ ንጉስ ኢያሱ ናይ ስልጣን መቐናቕንቲ ናይ ወሎ የጁ ኦሮሞ መሳፍንትን መኻንንትን ብፍላይ ራእሲ ዓሊ ዳንጉል ብምንባሮም ንግስቲ ምንትዋብ ሰላምን ዕርቕን ክተውርድ ሓሊና ንወዳ ካብ የጁ ኦሮሞ ራእሲታት ትዉለድ ወለተ- በርሳቤ(*ውቢት*) ትበሃል ዓለንስተይቲ ኣመርዐወቶ። ወለተ በርሳቤ ናብ ርእሰ-ኸተማ ኢትዮጵያ ጎንደር ክትኣትዉ እንከላ ኣብ ኣፍራስ ተወጢሖም ዘሰነዩዎ ናይ ኦሮሞ ሰራዊት ኣብ ጎንደር ኣዕለቕሊቖም ናይ ቤተ-መንግስቲ ቛንቋ ኦሮምኛ ከምዝነበረ ይንገርዩ። ንጉስ ኢያሱ ንኢስራን ሓሙሽተን ዓመት ነጊሱ ንኢትዮጵያ ምስገዝዐ ሞት ቀዲሙዎ ወዱ እዮኣስ ስልጣን ወረሰ። ኣብዚ ጊዜ ንግስቲ ምንትዋብ ሰላም ክተውርድ ሓሊና ዝፈጸመቶ ተግባር መዘዝ ኣስዓበ።

ኣዲኡ ንንጉስ ኢዮኣስ ወለተ በርሳቤ ሰብኣየይ ስለዝሞተ ኣነ'የ ዝነግስ ብምባል ምስ ንግስቲ ምንትዋብ ኣብ ሕልኽ ምስኣትወት ንጉስ ኢዮኣስ ንኣባዩ ገዲፉ ምስ ኣዲኡ ወገነ። ነዚ ምውጣጥ ብወትሃደራዊ ግጥም ክፈትሕዎ መዲቦም ካብ የጁን ካብ ቋራን ሰራዊት ኣሰሊፎም ኣብ ጎንደር ምስተፋጠጡ ንግስቲ ምንትዋብ ነዚ ምርኢት ንምቕያር ናይ ትግራይ ኣመሓዳሪ ዝነበረ ሰብኣይ ዓላ ራእሲ ስሑል ሚካኤል ካብ ትግራይ ተበጊሱ ክበጽሓላ ተማሕጸነት።

ራእሲ ስሑል ሚካኤል 26,000 ሰራዊቱ ኣሰሊፉ ጎንደር ምስበጽሐ ንሓማቱ ክሒዱ ንነብሱ እንደራሴ ጌሩ ሾመ። በዚ መገዲ ራእሲ ስሑል እንደራሴ ኮይኑ ንጉስ ኢዮኣስ ድማ ምእዙዝ ኮይኑ ንሒደት ዓመታት ቀጸለ። ራእሲ ስሑል ሚካኤል *<<እምባ-ወሕኒ>>*[4] ካብ ዝበሃል ኢትዮጵያዉያን ነጋውስ ወድም ስልጣን ከየሕድጎም ብኣጉል ፍርሕን ጭካነን ደቆም ካብ ዝሞቅሑሉ ደብሪ ቃሕ ዝበሎ ሹመኛ መሪጹ ከም ባንቡላ እንዳሾመ ኣርባዕተ ዓመት ንኢትዮጵያ ገዝዐ።

ራእሲ ስሑል ሚካኤል ንንጉስ እዮኣስ ኣውሪዱ ምስቐተሎ ዮሃንስ ዝበሃል ሹመኛ ናይ ባንቡላ ንጉስ ጌሩ ሾመ። ብዙሕ ከይደንጎየ ንዮሃንስ 3ይ ቀቲሉ ንወዱ ተኽላሓይማኖት ኣንገሶ። ራእሲ ስሑል ሚካኤል ገባሪ ሓዳጊ ኮይኑ

4 እምባ-ወሕኒ ካብ ባሕርዳር ናብ ጎንደር ኣብ ዝወስድ ጽርግያ እንፍራዝ ካብ ዝበሃል ቁሸት ሰሜን ምብራቅ ተፈንቲቱ ዝርከብ ገዛኢ ስፍራ'ዩ።

ንኣርባዕተ ዓመት ምስቀጸለ ወንድ በወሰን ዝበሃል ናይ ጎንደር ራእሲ ኣብ ዝኸፈተሉ ኹናት ተሳዕረ።

ድሕሪዚ ነጋዉስ ኢና ዝብሉ ንነብሶም ዘንገሱ ናይ ሸዋ፣ ወሎ፣ ጎንደርን ትግራይን መሳፍንትን መኻንንትን ዝዓብለልዎ ኣብ ሰማንያን ሽድሽተን ዓመት ኢስራን ሰለስተን ነጋዉስ ዝተበራረዩሉ *<<ዘመነ-መሳፍንቲ>>* ተባሂሉ ዝጽዋዕ ናይ ዝርጋንን ዕልቕልቕን ዘመን ኣብ 1769 ዓም ፈለመ።

መሳፍንትታት ልዕልኖኦም ንምርኣይ፣ ግዝኣቶም ንምስፋሕ፣ ሓፍቲ ንምዉሕላል፣ ኣብ መላዕ ኢትዮጵያ ወረራ፣ ሽበራ፣ ዝምታ ኹናት ኣሳወሩ። ኣብ ዘመነ-መሳንፍቲ ሓደ መስፍን ናይ ኢትዮጵያ ንጉስየ ብምባል ካብ ምንዮት ሰጊሩ ናይ ዓለም መንግስታት ሓገዝ ክረክብ: *<<ንጉሰ-ነገስት ዘ-ኢትዮጵያየ>>* ብምባል ደብዳቤ ኣብ ዝጽሕፉሉ ጊዜ ናይ ወጻኢ መንግስታት ናብ ሰለስተን ኣርባዕተን ደብዳቤታት ይበጽሖም ኔሩ። ደብዳቤታት ዝበጽሖም ናይ ወጻኢ መንግስትታት ብፍላይ ብፍትወት መግዛእቲ ዝሕቆን ናይ ብሪታንያ ኢምፔሪያሊስት መንግስቲ ኣሻሓት ከፊሉ ዘይረኽቦ ሓበሬታ ኣብ ጻዕዳ ሽሓነ ይቐርበሉ ኔሩ። ከምዚ ዝበለ ናይ ስልጣን ሓነፍነፍ ስልጣንን ናይ ስልጣን ጥቅሚ ዘሕጥም ጥራይ ዘይኮነ ሓገር ዘባድም ነውራም ተግባርዩ።

ኣብ ዘመነ-መሳፍንቲ ቐንዲ ናይ ስልጣን መቐናቕንቲ ዝነበሩ መሳፍንትታት ናይ ትግራይ ደጃች ዉቤ ሃይለማርያም፣ ናይ ወሎ ኦሮሞ ራእሲ ዓሊ ዃንጉል፣ ናይ ብጌምድር ራእሲ ጉግሳን ናይ ሸዋ ሳሕለ ስላሴ ነበሩ። እዚ ናይ ሓይሊ ኣሰላልፋ ኣዝዩ ብዙሕ መልእኽቲ ዝእንፍትዩ። ናይ ኢትዮጵያ ናይ ፖለቲካ ስልጣን መነሓንሕቲ ኦሮሞ፣ ኣምሓራን ትግራይን ምኻኖም ጥራይ ዘይኮነ ብሓፈሻ ናይ ሓገርና ናይ ፖለቲካ ኣከተርስ እዞም ብሄረሰባት ከምዝኾኑ ዘርእይዩ።

ዘመነ-መሳፍንቲ ዘኽተመ ኣብ ጎንደር ክ/ሓገር ደምብያ ወረዳ ፍሉይ ስሙ *ቋራ* ኣብ ተሰምየ ቁሸት ካብ ሓረስቶት ስድራቤት ዝተወልዱ ካሳ ሓይሉ ለካቲት 1855 ዓ.ም. ንደጃት ዉቤ ሃይለማርያም ኣብ ድርስጌ ማርያም ማሪኾም፣ ኣብ ሳልስቱ ንነብሶም *<<ሓጼ ቴድሮስ>>* ሰምዮም ናይ ኢትዮጵያ ንጉሰ-ነገስት ምስኮኑ ነበረ። ኣብዚ ናይ ጊዜ ክሊ ናይ ኣውሮፓ ካፒታሊስት ስርዓት ኣብ ጥርዚ ዝበጽሕሉ ፋብሪካታትን ኢንዳስትሪታትን ብሕጽረት ጥረ-

ናዉቲ፣ ዘተኣማምን ዉሕስ ዕዳጋ ዝሳቐዩሉ፣ ኣውሮፓ ብስራሕ ዝሰኣኑ መንእሰያትን ገበነኛታትን ዘዕለቕለቑሉ ጊዜ ብምንባሩ ዓለምና ቐጺለ ናብ ዘዘንትዎ *<<ዘመነ-ኢምፔሪያሊዝም>>* ተባሂሉ ዝፍለጥ መዋዕል ኣትወት።

ደጃት ዉቤ ሓይለማርያም

ነዚ ክፍሊ ቅድሚ ምዝዛመይ ንኣንባቢ ክገልጾ ዝደሊ ነጥቢ: ካብ ሓገርና ብዝዉሕዙ ወሓይዛትን ሩባታትን እዞም ሩባታት ብዘግእዝዎ ፍርያም ሓመድ ሓገር ዝኾነት፣ እዞም ናይ ተፈጥሮ ጸጋታት ተጠፊኦም ካብ ምድረ-ገጽ ትጠፍእ፣ ኣብ ዓለም ካብ ዝነበሩ ጥንታዉያን ነገስታት ሓንቲት'ኳ እንተኾነት ሮማዉያን፣ ግሪካዉያን፣ ቱርካዉያንን እንግሊዛዉያን እንዳተበራረዩ

ከረግጽዋን ከወሩዋን ዝበለየት ግብጺ ናይ ኦቶማን-ቱርክ ግዝኣት ክንሳ ቱርካዉያን ብዘንገስዎም ምስለኔታት(ኬዲቭ) እንዳተመርሐት ናይ ኣባይ ወሓይዝ ካብ ስሩ ተቖጻጺራ ገፊሕ ሕዛእቲ ክትዉንን ዝተበገሰት ኣብዚ ጊዜ'ዚ ኔሩ።

ማእከላይ ዘመን ተባሂሉ ዝፍለጥ ካብ 10ይ ክፍለዘመን ክሳብ ምዝዛም ዘመነ-መሳፍንቲ ዝነበረ 700 ዓመት ኢትዮጵያ ተዛማዲ ሰላም ዝረኸበት ኣብ ጊዜ ንግስነት ዛጉዌ'ኳ እንተነበረ ነዚ ሓዋሕዉ ተጠቒምና ሓገር ኣይሃነጽናን። ናይ ዛጉዌ ንግስነት ካብ ዝወደቐሉ 1253 ዓ.ም. ኣትሒዙ ሓጼ ቴድሮስ ክሳብ ዝነገሰሉ 1855 ዓ.ም. ን602 ዓመት ኢትዮጵያ ኹናት ስለዘይተፈልያ ህዝብና ብፍጹም ድኽነት ተሓቀኑ ከም ህዝቢ ዓለም ገንዘብ ክዉንን ስለዘይኽኣለ ጨው ከም ሰልዲ ይጥቐም ከምዝነበረ እንዳዘኻኽርኩ ናብ ዝቕጽል ክፍሊ፡ ክፍሊ ሰለስተ ክሰግር።

ክፍሊ ሰለስተ

ዘመነ- ኢምፔሬያሊዝም

ምዕራፍ ሸውዓተ

ዘመነ- ኢምፔሪያሊዝም

ኣብ ኣውሮፓ ሂደት መሳፍንትታት መኻንንትታት መሬት ወኒኖም ዝተረፈ ህዝቢ ጊልያ፣ ዓኻይ፣ ባርያ ኮይኑ ብጽቡቅ ድልየቶም ጥራይ ዝነብረሉ መስፍናዊ ስርዓት ኣብ መበል 12 ክፍለዘመን ኣብ ዉሽጡ ማዕከላይ እቶት ዝውንኑ ናይ ሕብረተሰብ ክፍልታት ዝተኣኻኸቡሉ ቡርዠዋታት ጫጨሑ።

ቡርዠዋታት ድሕሪ ነዊሕ መስርሕ ተወሊዶም ኣብ መበል 17 ክፍለዘመን ብኦሊቨር ክሮምዌል መሪሕነት ንመሳፍንትታት ስዒሮም*<<ካፒታሊዝም>>* ተሰምየ ስርዓት መስረቱ። ናይ ካፒታሊስት ስርዓት ኣብ ዓለም ዝፈለሙ እንግሊዛዉያን ኣብ ጡጥ ሕርሻ ኣድሂቦም ጽዑቅ ስራሕ ስለዘካየዱ ናይ ዓለም ናይ ጨርቂ ኢንዳስትሪ*(ቴክስታይል-ኢንዳስትሪ)* ብሒቶም ኣብ መበል 18 ክፍለዘመን ናብ ዝለዓለ ጥርዚ ስለዝተወንጨፉ ነዚ ዘመነ *<<ናይ ኢንዳስትሪ ኣብዮት>>* ሰምዩዎ።

ኣንባቢ ክንጽረሉ ዝግባዕ ነጥቢ ናይ ብሪታንያ ኢምፔሪያሊዝምን ከምኡውን ፈረንሳ ናብዚ ምዕባለ ዝሓኾሩ ናይ ሰብ ሓገር ወሪሮም፣ ንደቂ ዓዲ ኣጽኒቶም፣ ብህይወት ዝተረፈ ድማ ኣብ ፍጹም ጊልያነት ቀሪኖም፣ ጉልበቶምን ሓብቶምን መጽዮም ጊልያን ዓኻይን ምስገበሩዎ ነበረ ኣብ ሓጺር ጊዜ ክኢላዊ ኣቅሚ ሰቦምን ብወረራ ዝኣከቡዎ ሓፍትን ጸዓትን ኣላፊኖም ካብ መስፍናዊ ስርዓት ናብ ኢንዳስትሪያዊ ኣብዮት ዝተወንጨፉ።

ኣብ ኢንዱስትሪያዊ ኣብዮት ዝፈረየን ዝጠጠዐን ናይ ካፒታሊስት ስርዓት ብተፈጥሩ'ኡ ብመደብን ብዉጥንን ኣይምራሕን። ቀንዲ ኣተኩሩ'ኡ ዕዳጋ፣ ናይ ዕዳጋ ውድዳርን ምሽማውን፣ ገንዘባውን ንዋታውን መኽሰብ ጥራይ ስለዝኾነ ኣብ ሞንጎ ካፒታሊስት ሓገራት ውድድር ካብ ምንሃሩ ብተወሳኺ ኢንዳስትሪታት ዘፍርዩዎ ምሕርቲ ኣዝዩ ስለዝነሓረ ናይ ጥረ-ናዉቲ ሕጽረት፣ ናይ ብቑዕን እኹልን ዕዳጋ ስእነት ኣብ መላዕ ኣውሮፓ ኣጋጠመ። ነዚ ሽግር ንምእላይ ብፍላይ ናይ ኢንዱስትሪ ኣብዮት ገና ብዕሽሉ ከይቁጸ ንምግታዕ ከም ዓይነታዊ ፍታሕ ዝተወሰደ ክሳራ ዘጋጠሞም ወይ ድማ ዝደኸዩን ዝጠፈሹን ናይ ቁጠባ ስንኩላን ካብ ዕዳጋ ክወጹ ምቕታል ወይ ድማ ምጽናት ነበረ።

ኣብ ካፒታሊስት ስርዓት ሓደ ነጋዳይ ከደኪ ወይ ድማ ክኽስር እንከሎ ናይ ካፒታሊስት ማሕበር ኣባላት ከድሕኑዎ ኣይኳየዩን። ናቱ ጥፍኣት ናይ ካልኦት ምዕምባብን ምዕንታርን'ዩ። ኣብ ካፒታሊስት ስርዓት እቲ ዝጠኣየ ነቲ ዝሓመመ፣ እቲ ዝሓየለ ነቲ ዝደኸመ ጨፍሊቑ ዝውሕጥ፣ ምሕረት ዘይብሉ ጉዳመኛ ስርዓት'ዩ።

ካፒታሊዝም ናብዚ ደረጃ ምስበጽሕ ዋናታቱ *<<ምኖፖሊ ካፒታሊዝም>>* ክብሉዎ ናይ ጥቅምቲ ኣብዮት ኣላዪ ቭላድሚር ኤሊች ሌኒን *<<ዓለምለኻዊ ኢምፔሪያሊዝም>>* ብምባል ይሰምዮ። ቭላድሚር ኤሊች ሌኒን ዓለምለኻዊ ኢምፔሬያሊዝም ዝግለጸሉ ሓሙሽተ ነጥብታት ከምዚ ዝስዕብ ይጠቅስ:

1) ናይ ምሕርቲ ካፒታል ምውህላል

2) ናይ ባንኪ ልቃሕን ናይ ኢንዳስትሪ ካፒታል ጥምረት ብምፍጣር ናይ ፋይናንስ ካፒታል ምውናን

3) ማል ናብ ወጻኢ ሃገር ምውፋር - ኢንቨስትመንት

4) ብዓለም ደረጃ ናይ ካፒታሊስት ማሕበር ምፍጣር

5) ናጻ ወይ ድማ ሕሱር ናይ ሰብ ጉልበት ንምግባት፣ ዘይተተንከፈ ናይ ተፈጥሮ ሓፍቲ ንምዝቃቕ፣ ዘይነጽፍ ገፊሕ ዕዳጋ ንምዉሓስ ናይ ዓዶም ወሰን ጥሒሶም ናብ ዓድማቶም ሕዛእቲ ኣትዮም ንዓለም ኣብ ወትሃደራዊ፣ ፖለቲካዊ፣ ባሕላዊ ምቁጽጻር ምውዓል

ናይ ሞኖፖሊ ካፒታሊስት ማሕበር ኣባላት ጥቅሞም ከውሕሱ ሓሲቦም ዝጀመሩዎ ኢምፔሬያሊዝም ኣብ ሓጺር ጊዜ ናብ ዓለም ልሒሙ ንህዝቢ ዓለም ኀዛዝዮም ክረግጽዎን ክመጽዩዎን ምስጀመሩ ነዚ እከይ ተግባር ክፍጽም ናብ ሓገርና ፈለማ ዝተቐልቐለ ናይ ብሪታንያ ኢምፔሬያሊስት መንግስቲ ከምዝኾነ ንኣንባቢ እንዳሓበርኩ ናብ ዝቅጽል ምዕራፍ ሸሞንተ ክሰግር።

ምዕራፍ ሸሞንተ

ናይ ሓጼ ቴድሮስ ዘመነ መንግስቲ፡ ናይ ዘመናዊት ኢትዮጵያ ምስረታ

ካሳ ሃይሉ ንሓገርና ኣብ ከቢድ ዝርጋን ዝሓቆኑ መሳፍንትታት በብሓደ ደምሲሶም ለካቲት 1855 ዓ.ም. ኣብ ድርስጌ ማርያም ንነብሶም <<ሓጼ ቴድሮስ>> ሰምዮም ናይ ኢትዮጵያ ማዕከላዊ መንግስቲ መስረቱ። ንክልተ ሚእቲ ዓመት ናይ ኢትዮጵያ ርእሰ ከተማ ካብ ዝነበረ ጎንደር መንበሮም ኣልኢሎም ፈለማ ናብ ደብረታቦር ድሕሪኡ ኣብ መቅደላ ምስረግኡ መቅደላ ናይ ኢትዮጵያ ርእሰ ከተማ ኾነት።

ሓጼ ቴድሮስ ኣብ ጸልማት ዘመን ብርሃን ሂዞም ዝተቐልቐሉ፣ ኣብ ዘይዘመናዊ ኣብ ማዕከል ድሑር ህዝቢ ተወሊዶም ስቓይ ዝተገዝሙ መራሒ ነበሩ። ዘመነ-መሳፍንቲ ከተመ ጌሮም፣ ንኢትዮጵያ ዳግም ኣማእኺሎም ሓገርና ካብ ዝኸርደደትሉ ናይ ነዊሕ ዘመን ድቃስ ኣተሲኦም ጠንቒ ድሕረትና ዝኾነ መስፍናዊ ስርዓት ሓመድ ኣዳም ከልብሱ ተበገሱ። ኣብ ታሪክ ዓለም ካብ ዝተበራረዩ መራሕቲ ሓጼ ቴድሮስ ምስ ኦሊቨር ክሮምዌል ብብዙሕ መልክዕ ይመሳሰሉ እዮም።

ኣብ መስፍናዊ ስርዓት እንግሊዝ ተጠኒሱ ድሕሪ ነዊሕ ኣረብራቢ መስርሕ ዝተወልደ ናይ ቡርጅዋ ደርቢ ኣብ መበል 17 ክፍለ-ዘመን ንመስፍናዉያን ነገስታት ስዒሩ ምስወጸ እንግሊዝ እታ ፍልማዊት ናይ ካፒታሊስት ስርዓት ተግባሪት፣ ናይ ኢንዳስትሪ ኣብዮት ጀማሪት፣ ኣብ ዓለም ናይ ቴክስታይል ንግዲ መራሒት ክትኸውን በቕዐት።

ሓጼ ቴድሮስ ዉሑዳት መሳፍንትን መኳንንትን መሬት ብሒቶም ኣብዛሓ ህዝቢ ናቶም ጊልያ፣ ሮፋዕ፣ ባርያ ዝኾነሉን ብጽቡቕ ዊንቶኦም ጥራይ ዝነብረሉ ናይ ድሕረት ህይወት ከውጽዎ መሬት ካብ መሳፍንታትን መኳንንታትን ኣሕዲጎም ሓረስታይ ህዝብና ወናኒ መሬት ክገብሩ፣ መሳፍንትታትን ሹመኛታትን ኣልዮም ብመንግስቲ ስራሕተኛታት ክትክኡ ከምኡ'ውን ጠንካራ ማዕከላዊ መንግስቲ ብዘይጠንካራ ዘመናዊ ስራዊት ከምዘይገሓድ ተገንዚቦም መሳፍንትታት ብኮታ ዘሰለፍዎ ናይ ሓረስታይ

ሰራዊት ዕጥቑ ኣፍቲሖም፣ ኣብ ታሪኽ ኢትዮጵያ ናይ መጀመሪያ ዘመናዊ ሰራዊት ክሓንጹ ብሓፈሻ ዓንድሑቕ መስፍናዊ ስርዓት ክንዝዩ መደቡ።

እቲ ፍልልይ ኦሊቨር ክሮምዌል ኣብ ማዕከል ምዕቡል ህዝቢ ተፈጢሩ ክብርን ምስጋናን ክግዘም እንከሎ ሓጼ ቴድሮስ ግን ብድኸነትን ድሕረትን ተሞቂሑ ትሑት ማሕበራዊ ንቕሓት ካብ ዝውንን ህዝቢ ስለዝተፈጥሩ ህይወቶም ብኢዶም ከጥፍኡ ተፈርዱ። ሓጼ ቴድሮስ ብሰርዚ ሕልሞም ዓሰርተ ሸውዓተ ፈተነ-ቕትለት ተጻዊዱሎም ብመውጋእቲ ተሪፎም'ዮም።

ሓጼ ቴድሮስ

ሓጼ ቴድሮስ ዘመናዊ ሰራዊት ክምስርቱ ዝደፍኣም ምኽንያት ናይ ግብጺ ወራሪ ሰራዊት ብኅይቶቱ ማለት ናይ ብሪታንያ ኢምፔሪያሊስት መንግስቲ ተተባቢዑ ካብ ካይሮ ክሳብ ቓላይ ዛዚንባር ዝተዘርገሐ ሓደ-ሲሶ ናይ ኣፍሪካ መሬት ሕዛእቱ ክገብር ናይ ወረራ ወፈሩኡ ምስጀመረ፡ ኣብ 1848 ዓም ሓጼ

ቴድሮስ ሸፍታ እንከለው ኣብ ደባርቅ ምስ ግብጻዉያን ገጢሞም ስዕረት ምስጋጠሞም ነበረ።

ናይ ደባርቅ ውድቐት ዝመሓርም ቑምነገር ጠንካራ ማዕከላዊ መንግስቲ ብዘይጠንካራ ዘመናዊ ሰራዊት ከምዘይጋሓድ ነበረ። ካብ 1855 ክሳብ 1861 ዓም ዝነበረ ሽድሽተ ዓመት ሓጼ ቴድሮስ ኣይግዛዕን ዝበሉ ሹመኛ መሳፍንታት ኣብ ምሕዳን ተጸምዱ። ድሕሪ 1861 ዓም ናይ ስልጣን መቐናቕንቶም ተሳዒሮም ማዕከላዊ መንግስቲ ምስጸንዐ ኣብ ታሪኽ ኢትዮጵያ ንመጀመሪያ ጊዜ ካብ መስፍናዊ ሹመኛታት ዝተላቐቐ ደሞዝተኛ ዳኛን ኣመሓዳርን ሾሙ።

ድሕሪዚ ቤተመንግስትን ቤተክሕነትን ተላፊኖም ዘቆሙዎ መስፍናዊ ስርዓት ካብ ስሩ ንምንዳል ቤተክርስትያን ትውንኖ መሬት ንመንግስቲ ግብሪ ክትከፍል ወሰኑ። እዚ ዉሳነ ካብ ካሕናት ከቢድ ተቃውሞ ስለዘጋጠሞ ሓጼ ቴድሮስ ናይ ቤተክርስትያን መሬት ወሪሶም ናይ መንግስቲ ገበሩ። እዞም ክብ ኢለ ዝጠቀስኩዎም ሓገርና ዘመናዊ ክግበሩ ዝወሰዱዎም ተግባራት እልቢ ዘይብሉ ጸላኢ ፈጠረሎም።

ሓጼ ቴድሮስ ሸፍታ ኣብ ዝነበረሉ ዘመን ንህዝቢ ኣድላዪ ንብረት፣ ነጻ እኽልን ንዋትን ስለዘቅርቡ ብህዝቢ ተፈታዊ ኔሮም። እዚ ጠባዮም ንሒደት ጊዜ'ኻ እንተቐጸለ ድሕሪ ሕልፈት ሰበይቶም ናይ ጭካነ ጠባይ ተላበሱ። እዚ ሓድሽ ጠባዮም ዝተጋሕደ ኣብ ኢትዮጵያ ምብጻሕ ይገብር ዝነበረ ፈታዊኦም ጆን ቤል ዝበሃል እንግሊዛዊ ኣብ ደባርቅ ተቐቲሉ ምስሰምዑ ደሙ ክካሓሱ ሓሊኖም 500 ተጠርጠርቲ ከሳዶም ብሰይፍ ምቁራጾም ነበረ። ብተመሳሳሊ ኣብ 1863 ዓም ተድላ ጓሉ ዝበሃሉ ፍሉጥ ሸፍታ ምስ ወትሃደራቱ ምስማረኹ ንኹሎም ረሸኑዎም። እዞም ስጉምትታት ኣብ ህዝቢ ዝነበሮም ተፈታዉነት እንዳሕሰሶ ከደ።

ኣብዚ ዘመን ናይ ዓለምና ቅድስቲ ከተማ ኢየሩሳሌም ኣብ መንጋጋ ኦቶማን ቱርክ ወዲቃ ህዝባ ብስቃይ ይሕቆን ካብ ምንባሩ ብተወሳኺ ቱርካዉያንን ግብጻውያን ኣብ ኢትዮጵያ ዝጀመሩዎ ከበባ እንዳጽበቡ ምስመጹ ናይ ዓለምና ርእሰ ሓያል ናብ ዝነበረ ናይ ብሪታንያ ኢምፔሬያሊስት መንግስቲ መራሒት ንግስቲ ቪክቶርያ *<<ኣጽዋር ዝምስርሑ ክኢላታት ለኣኹለይ>>* ዝብል ትሑስቶ ዘለዎ ደብዳቤ ጸሓፉ።

ነዚ ደብዳቤ ክወስድ ዝተኣዘዘ ናይ ብሪታንያ ካውንስል ኣብ ኢትዮጵያ ቻርለስ ዳንከን ካሜሩን ምስ መሳርሕቱ ተዘራሪቡ *<<ነዚ ደብዳቤ ለንደን ካብ ትወስዶ ብፖስታ ስደዶ>>* ብምባል ስለዝመዓዱዎ ብፖስታ ሰደዶ። እዚ ደብዳቤ ክልተ ዓመት መልሲ ከይረኸበ ምስጸንሐ ሓጼ ቴድሮስ ተቆጢኦም ንቻርለስ ካሜሩን ኣሰሩዎ።

እንግሊዛውያን ወኪሎም ከምዝተኣስረ ምስሰምዑ ድሕሪ ሓደ ዓመት ብሆርሙድ ራሳም ዝምራሕ ዲፕሎማቲክ ልዑኽ ካብ ንግስቲ ቪክቶርያ ደብዳቤ ሒዙ ናብ ኢትዮጵያ ምስመጸ ሓጼ ቴድሮስ ዝተጸበዩዎ መልሲ ማለት መጀመሪያ ናይ ዝለኣኹዎ ደብዳቤ መልሲ ስለዘይተዋሕቦም ነዞም ዲፕሎማስኛታት ኣብ መቅደላ ኣሰሩዎም።

ድሕሪዚ ናይ ብሪታንያ ኢምፔሬያሊስት መንግስቲ ናብ ኢትዮጵያ ከዘምት ወሲኑ ብሰር ሮበርት ናፒር ዝምራሕ ናይ ብሪታንያ ወራሪ ሰራዊት 30,000 ወትሃደራት ካብ ሕንዲ ኣበጊሱ ጥቅምቲ 1867 ዓም ምጽዋ ደቡብ 50 ኪ.ሜ ዙላ ኣብ ዝበሃል ናይ ተፈጥሮ ወድብ ዓሊቡ ሰራዊቱ ዝሰጋገረሉ ወደብ ክሓንጽ ጀመረ።

ናይ ብሪታንያ ወራሪ ሰራዊት መሬትና ምስረገጸ ካብ ብዙሕ መሳፍንትታትን ሹመኛታትን ዘየቋርጽ ደገፍ ተጌሩሉዩ። ብፍላይ ናይ ትግራይ ክፍለሃገር ሹመኛ ዝነበሩ ደጃዝማች ካሳ ምርጫ*<<ሓጼ ዮሓንስ>>* ናይ ናፒር ወራሪ ሰራዊት መሬት ትግራይ ምስረገጸ ንሰራዊቱ ብምሕብሓብ ማለት ቀለብ ብምልጋስ፣ ሃይሊ ሰብ ኣውፊሮም መገዲ ብምሕናጽ፣ መገዲ ብምምራሕ ተራ ከምዝነበሮም ፓል ሄንዝ *<<ዘ-ሌየርስ ኦፍ ታይምስ>>*[5] ኣብ ዝብል መጽሓፉ ይገልጽ።

ናይ ብሪታንያ ወራሪ ሰራዊት ንጣብ መኻልፍ ከየጋጠሞ ሽድሽተ ወርሒ መገዲ እንዳሓነጸ 630 ኪሎሜትር ተጓኢዙ ሚያዝያ 10 1868 ዓም ኣብ መቅደላ ምስ ሓጼ ቴድሮስ ፊትንፊት ገጠመ። ናይ ሓጼ ቴድሮስ ሰራዊት መጥቃዕቲ ጸላኢ ክምክተ ስለዘይከኣለ ኣብዛሓ ወትሃደር ተበተነ።

---

5 Marcus, Harold. (1975). *The Life and Times of Menelik II: Ethiopia 1844-1913*
Paul B. Henze. Layers of Time. (2000).

ሓጼ ቴድሮስ ምስ 4000 ወትሃደራት ጥራይ ናብ ዕምባ መቅደላ ደዩቦም *<<ንዛተ>>* ዝብል ትሑስቶ ዘለዎ ደብዳቤ ናብ ናፒር ምስለኣኹ ናፒር ብሰላም ኢዶም እንተሂቦም ንኣኣምን ንስድራቤቶም ጽቡቅ ኣተሓሕዛ ከምዝገብረሎም ቃል ኣትወ።

ናይ ብሪታንያ ኢምፔሪያሊስት ወራሪ ሰራዊት ንሓጼ ቴድሮስ ከማርኽ ሓሊሙ ሕልሙ ምስበነነ ናይ መቅደላ ዕምባ ከንድዶ

በዚ ዝተቖጥኡ ሓጼ ቴድሮስ ሚያዝያ 13 1868 ዓም ናይ እንግሊዝ እሱረኛታት ለቂቆም 300 ኢትዮጵያዉያን እስረኛታት ድማ ካብ ጸዳፍ ገደል ኣጽደፍዎም። ድሕሪዚ ሽጉጦም ኣውጽዮም ነብሶም ኣጥፍኡ። ናይ ብሪታንያ ወራሪ ሰራዊት ኢትዮጵያዊ ንጉስ ማሪኹ ኢሉ ኣብ ቅድሚ ዓለም ክጀሃር ናብ መቅደላ ምስደየበ ናይ ሓጼ ቴድሮስ ሬሳ ጥራይ ስለዝጸንሖ ነብሱ ከደዓዕስ ይመስል ናይ ሓጼ ቴድሮስ ጩጉሪ ቐንጢቡ ናብ ዓዱ ተመልሰ።

በዚ ግበሩ ስለዘይዓገበ ሰይቲ ሓጼ ቴድሮስ ንግስቲ ጥሩነሽን ወዳ ዓለማየሁ ብሓይሊ ወጢጡ ናብ ብሪታንያ ክወስዶም ምስተበገሰ ጥሩነሽ ኣብ መገዲ

ብዝሓደራ ሕማም ኣብ ትግራይ ክ/ሓገር ክትቕበር እንከላ ዓለማየሁ ኣብ ብሪታንያ ኣብ ዝተፈላለይዩ ኮሌጃት ምሂሮም ከንግሱዎ ምስመደቡ ኣብ መበል 19 ዓመቱ ብዝሓደሮ ሕማም ዓሶ ሞይቱ። ሰር ናፒር ናብ ሓገሩ ክምለስ እንከሎ ግንቦት 1868 ዓም ምስ ካሳ ምርጫ ኣብ ሰንዓፈ ተራኺቡ ክልተ ሻለቃ ጦር ዝዕጥቕ ኣጽዋር ኣዕጢቖዎም'ዩ።

ናይ ብሪታንያ ኢምፔሪያሊዝም ካብ ሑቕፎ ወለዱ ዝመንጠሎ ልዑል ዓለማየሁ ምስ እንግሊዛዉያን ወይዛዝር

ምዕራፍ ትሸዓተ

ናይ ሓጼ ዮሓንስ ዘመነ-መንግስትን ናይ ብሪታንያ ኢምፔሪያሊዝም ሸፈጥ: ናይ ግብጺ ወረራን ምስፍሕፋሕን ከምኡ'ውን ናይ ሓጼ ዮሓንስን ናይ ፋሺስት ኢጣልያ ምፍጣጥን ምውጣጥን

ድሕሪ ሕልፈት ሓጼ ቴድሮስ ዝነገሱ ዋግ ሹም ጎበዜ ወይ ድማ ሓጼ ተኽለጊዮርጊስ ነበሩ። ናይ ሓጼ ተኽለጊዮርጊስ ዕምሪ ሓጺር ካብ ምንባሩ ብተወሳኺ ናይ ክፍላተሃገራት ሹመኛታት ኣይንግዛዕን ዝበሉሉ ጊዜ ነበረ። ናይ ሓጼ ተኽለጊዮርጊስ ቀንዲ መቀናቅንቲ ናይ ትግራይ በዝብዝ ካሳ ብምንባሮም ሓምለ 1871 ዓም ናብ ትግራይ ተበጊሶም ምስ በዝብዝ ካሳ ገጢሞም ተሳዕሩ። በዝብዝ ካሳ ንሓጼ ተኽለጊዮርጊስ ማሪኾም ድሕሪ ሂደት ኣዋርሕ ንነብሶም *<<ሓጼ ዮሓንስ ራብዓይ>>* ሰምዮም ነገሱ። ሓጼ ዮሓንስ ዝገጠሞም ፈተና ካብ ደገ ናይ ኢምፔሪያሊዝም ሓይላት ምስፍሕፋሕ፣ ናይ ግብጻውያን ዕንደራ ካብ ዉሽጢ ናይ ጎጃምን ሸዋን ኣመጽ ነበረ።

ኣብ ምዕራፍ ሸድሽተ ንኣንባቢ ከምዝገለጽኩዎ ግብጻዉያን ኣብዚ ጊዜ ንኣፍሪካ ክብሕቱ ብፍላይ ሩባ ኣባይ ካብ ምንጩ ክቆጻጸሩ ስለዝተበገሱ ሓጼ ዮሓንስ ምስ ግብጻዉያን ዕብዳን ክራጸሙ ተገዱ። ነዚ ወፈራ መሓመድ ዓሊ ዝበሃል ግብጻዊ ንጉስ ፈሊሙዎ ስለዘይሰመረሉ ወዲ ወዱ እስማኤል ፓሻ ዳግም ኣበጊሱዎ ካብ ካይሮ ክሳብ ቃላይ ዛንዚባር ዘሎ ስፍራ ናይ ግብጺ ሕዛእቲ ክገብሮ ተበገሰ። ትምኒት ግብጻዉያን ክሳብ ሎሚ'ኻ እንተዘይሰመረ ኢትዮጵያዉያን ተፈጥሮ ዘግዘመና ሕያብ ተጠቒምና ሓገርና ከይንሓንጽ ናይ ዲፕሎማስን ናይ ዉክልና ኹናት ኣጒዶምልና ምንዮቶም ሰሊጡ'ዩ።

ግብጻውያን ናብዚ ወረራን ዕንደራን ክኣትው እንክለው እንግሊዛዉያን ነዚ ተግባር ካብ ምትብባዕ ብተወሳኺ ኣብዚ ወፈራ ብቀጥታ ኢዶም ኣእትዮም ወትሃደራዊ ስትራቴጂ ነዲፎሙሎም ነበሩ። ግብጻውያን ዝጀመሩዎ ወረራን ከበባን ቅድሚ ምዝንታወይ ግብጻውያን መሬት ኢትዮጵያ ቅድሚ ምርጋጾም ኣብ መዓንጣና ዝተፈጸመ ሸፈጥ ንኣንባቢ ምግላጽ ኣድላዪ ይመስለኒ።

ሓጼ ቴድሮስ ዝኣሰሩዎም ዲፕሎማሰኛታት ንምፍታሕ ኣብ ዝተገብረ ዲፕሎማስያዊ ወፍሪ ፈታዊ መሲሉ መሬትና ዝረገጸ ዋርነር ሙዚንገር ዝበሃል ናይ ስዊዘርላንድ ተወላዲ ነበረ። ሙዚንገር ኣብ ኢትዮጵያ ንነዊሕ ዘመን ተቀሚጡ ንኢትዮጵያ ከጽንእን ከዳቅቅን ምስጸንሐ ናይ ብሪታንያ ወራሪ ሰራዊት ዕንደሩ'ኡ ምስጀመረ ካብ ምጽዋ ከሳብ መቅደላ መገዲ መሪሑ ዘብጸሐ ሰብ'ዩ።

ሙዚንገር ንዓና ኢትዮጵያዉያን ኣዳቒቑ ዝፈልጥ ጥራይ ዘይኮነ ናይ ምትላል ክእለቱ ተጠቒሙ ድሕሪ ሕልፈት ሓጼ ቴድሮስ ናይ ሓጼ ዮሓንስ ፈታዊ፣ ኣማኻሪ ተመሲሉ ነፍስወከፍ ምንቅስቓሶም እንዳተከታተለ ንንይቶቱ ማለት ናይ ግብጺ ወራሪ መንግስቲ ጸብጻብ ዝሃበ ናይ ጸላኢ ዓይነታዊ መጋበርያ ነበረ።

ናይ ግብጺ መንግስቲ ካብ ሙዚንገር ኣድላዪ ዝርዝር ሓበሬታ ምስረኸበ ዘመናዊ ኣጽዋር ዘዕጠቆ 30,000 ሰራዊቱ ኣሰሊፉ ብኣሜሪካውያን ዕሱብ መኾንናት እንዳተመርሐ ምጽዋ ኣትወ። ናይ ግብጺ ወራሪ ሰራዊት ምጽዋ ምስረገጸ ኣመሓዳሪ ምጽዋ ዋርነር ሙዚንገር ብምንባሩ ጽቡቕ ኣቀባብላ ጌሩ ተቀበሎም። ግብጻዉያን ካብ ሲቪል ስርሑ ኣልዒሎም ወትሃደራዊ ኣዛዚ ገበሩዎ። በዚ መገዲ ዋርነር ሙዚንገር ናይ ግብጺ ወራሪ ሰራዊት እንዳመርሐ ኣብ 1872 ዓም ናይ ከረን ኣውራጃ ሓባብን መንሳዕን ወረረ። ብተወሳኺ ግብጻዉያን ካብ ምጽዋ ናብ ኣስመራ ኣብ ዝወስድ ጽርግያ ዝርከብ ጊንዳዕ-በር ተቆጻጸሩ። ካብዚ ብተወሳኺ ግብጻውያን ናብ ሱዳን ኣስፋሕፊሆም ስለዝነበሩ ካብ ኩፊት ተበጊሶም ናይ ጎንደር ክፍለሃገር ደምብያ ኣውራጃ ቋራ፣ መተማ፣ ወሪሮም ሓዙ።

ኣብ ወሰን ዝርከብ ዓድታት፣ ኣውራጃታት ብግብጻዉያን ተወሪሩ ህዝቢ ክጋፋዕ ምስጀመረ ሓጼ ዮሓንስ ኣይግንዛዕን ዝበሉ ሹመኛታት ኣብ ምቅጻእ፣ ማዕከላውነት ኣብ ምንጋስ ስለዝተጸምዱ ግብጻዉያን ዝኸፈቱሎም መጥቃዕቲ ብዲፕሎማሲ ክፈትሕዎ ሓሊኖም ናብ ጎይቶቶም ማለት ናብ ብሪታንያ ኢምፔሪያሊዝም ኣቤቱታ ኣቕረቡ። ግብጻዉያን ናይ ሓጼ ዮሓንስ ዘገምታዊ ጉዕዞ ናብ መጻወድያ ከእትዎም ዝተኣልመ ተንኮል ስለዝመሰሎም ብፍጥነት ኣይተጓዕዙን። ብሰሜን ካብ ጊንዳዕ፣ ብሰሜን ምዕራብ ካብ ቋራ፣ ብምብራቅ

ካብ ሓረርጌ ክሓልፉ ኣይመረጹን። እዚ ኹነታት ንሓጼ ዮሓንስ ምቹእ ስለዝነበረ ሰራዊት ክምልምሉ ከሰልጥኑ እኹል ጊዜ ሃበም።

ናይ ግብጺ ወራሪ ሰራዊት ንኢትዮጵያ ክቆጻጸር ዝነደፎ ወትሃደራዊ ስትራቴጂ ነዚ ዝስዕብ ይመስል:

1) ካብ ቀይሕ-ባሕሪ ተበጊሱ ጊንዳዕ ዝበጽሐ ሰራዊት ኮረኔል ኤረንድሮፕ ዝበሃል ዴንማርካዊ ተመሪሑ ኣብ ጊንዳዕ ዘቋረጾ ገስጋስ ቀጺሉ፣ ከበሳታት ሰጊሩ ናብ ትግራይ ክፍለሃገር ምስኣትወ ናይ ኢትዮጵያ ርእሰ-መዲና ዝነበረት ኸተማ መቐለ ኣጥቂኡ ክሕዝ

2) ኣቀዲሙ ናይ ከረን ኣውራጃ ዝወረረ ሙዚንገር ፓሻ[6] ናብ ሓረርጌ ግንባር ተዛዊሩ፣ ናይ ግብጺ ወራሪ ሰራዊት መሪሑ፣ ናብ ወሎ ክ/ሓገር ብቀጥታ ምስገስገሰ: ናይ ሓጼ ዮሓንስ ሰራዊት ካብ ማዕከል ሓገር ረዳት ጦር ከይስደደሉ ኣጽዩ፣ ካብ ጊንዳዕ ምስዝወፈረ ናይ ኮ/ል ኤረንድሮፕ ሰራዊት ብሓባር ናይ ክልተ ጎኒ መጥቃዕቲ(*ፒንሰር-ኣታክ*) ከፊቱ፣ ናይ ኢትዮጵያ ማዕከላዊ መንግስቲ ከም ሳንድውች ምኹላስ

ሓጼ ዮሓንስ ሰራዊት ዘሰልፉሉ እኹል ጊዜ ስለዝረኸቡ ኣብ ሓጺር ዕዋን ናብ 50,000 ዝገማገም ሰራዊት ኣሰሊፎም ሕዳር 1875 ዓ.ም. ካብ ዓድዋ ተበጊሶም፣ ሩባ መረብ ሰጊሮም፣ ምስ ግብጺ ወራሪ ሰራዊት ኣብ ጉንደት ተፋጠጡ። ናይ ኢትዮጵያ ሰራዊት መጥቃዕቲ ምስከፈተ ንኣስታት ሸድሽተ ሰዓት ኣብ ዝወሰደ ዉግእ ግብጻዉያን ከቢድ ክሳራ ስለዝወረዶም ንድሕሪት ሰሃቡ።

ግብጻዉያን ካብ ጉንደት ምስወጹ ጉንዳጉንዲ ኣብ ዝበሃል ስፍራ መኸላኸሊ መስመር ሓኒጾም ክከላኸሉ ምስፈተኑ ኣብዛሓ ናይ ግብጺ ሰራዊት ተደምሲሱ፣ ናይ ሰራዊቶም ኣዛዚ ኮረኔል ኤረንድሮፕ ሞይቱ፣ ሂደት ወትሃደራት ካብዚ መዓት ኣምሊጦም ናብ ምጽዋ ሓደሙ። ኣብዚ ዉግእ ናይ ኢትዮጵያ ሰራዊት ከም ጭማራ፣ ፍላጻ፣ በትሪ፣ ወዘተ ዝኣመሰሉ ባሕላዉያን ኣጽዋራት ስለዝዓጠቀ እቲ ዓወት ሽሕ'ኻ እንተመቐረ ናይ ብዙሓት ኢትዮጵያዉያን ህይወት ዝሓተተ ኔሩ።

---

6 ፓሻ ዝብል ማዕረግ ናይ ግብጺ ወራሪ ሰራዊት ዝሓቦ ሹመትዩ

ሓጼ ዮሓንስ ወትሃደራዊ ልዕልና ኣረጋጊጾም እንከለው ናይ ግብጺ ወራሪ ሰራዊት ትንፋስ ከይረኸበ ነቓቒሎም ከድርብዩዎ እንዳኻኣሉ ካብ ኸረን ኣውራጃ እኻ ከይወጸ ብብሪታንያ ኢምፔሪያሊስት መንግስቲ ሞንጎኘነት ምስ ግብጺ ክላዘቡ ጀመሩ።

ሓጼ ዮሓንስ

ግብጻዉያን ናብ መዓዲ ዘተ ዝቐረቡ ምስ ኢትዮጵያ ዕርቕን ሰላምን ንምውራድ ሓሲቦም ዘይኮነ ኣብ ጉንደት ዝወረዶም ስዕረት ተዘዝታ ጥራይ ዘይኮነ ሕፍረት'ዉን ስለዝፈጠረሎም ነዚ ጉድ ህዝቢ ዓለም ከይሰምዖ ግዙፍ ሰራዊት ኣሰልጢኖም ሕነኦም ዝፈድዩሉ ጊዜ ክረኽቡ ምእንቲ ነበረ።

ግብጻዉያን ስዕረቶም ዝድበሱሉን ሕነኦም ዝፈድዩሉ ሰራዊት ኣሰልጢኖም፣ ኣዕጢቖም ምስወድኡ ናይዚ ግዙፍ ወፈራ መራሒ መሓመድ እራቲብ ኮይኑ ተሾመ። መሓመድ እራቲብ ዝመርሖ ሰራዊት ካብ ካይሮ ብፍጥነት ተበጊሱ ምጽዋ ምስበጽሐ: ካብ ምጽዋ ተወርዊሩ ጉራዕ ኣብ ዝበሃል ደቀመሓረ ዙርያ ዝርከብ ስፍራ ኣስከረ። ሓጼ ዮሓንስ ንግብጻዉያን ብዘይመላሲ ኣዉያት ከድምስሰዎም እንዳኻኣሉ ትንፋስ ሶኺኦም ዳግም ክቕልቐሉ ዕድል ስለዝሓቡዎም ቅድሚ ሒደት ኣዋርሕ ዝበተኑዎ 50,000 ሰራዊት ዳግም ኣሰሊፎም ሩባ መረብ ሰጊሮም ናብ ጉራዕ ወፈሩ።

ናይ ግብጺ ሰራዊት ብብዝሒ ካብ ኢትዮጵያ ኣዝዩ ዝወሓደ ማለት ናብ 20ሽሕ ሰራዊት ጥራይ እኻ እንተነበረ ካብ ዝዓጠቖም ረቐቕቲ ኣጽዋራት ብተወሳኺ ኣብ ጉራዕ[7] ድልዱል ድፋዕ ሓኒጹ ነብሱ ስለዝዓበጠ ናይ ሓጼ ዮሓንስ ሰራዊት ንብዙሕ መዓልታት ምስ ግብጻዉያን ተፋጠጠ።

ኣብዚ ጊዜ ግብጻዉያን ብጥምየትን ማይ ጽምዕን ክሕቖኑ ጀመሩ። ማዕከል መኣዘዚኦም ምጽዋ ስለዝኾነ ካብ ድፎኦም ወጽዮም ቐረብ ዝውሕዘሉ መገዲ ክነድቑ ምስፈተኑ ዙርዮኦም ዝኸበቦም ናይ ኢትዮጵያ ሰራዊት መጋቢት 7 1876 ዓም መጥቃዕቲ ፈንዩ ካብ ድፋዕ ዝወጸ ናይ ግብጺ ሰራዊት ክርፍርፎ ወዓለ። ካብዚ ህልቐት ዝተረፉ ሂደት ወትሃደራት ናብ ኢትዮጵያዉያን ወትሃደራት እንዳተኾሱ ናብ ድፎዖም ተመልሱ።

ናይ ኢትዮጵያ ሰራዊት ፍርቒ መዓልቲ ካብ ዘካየዶ ዉግእ ንላዕሊ ንድሕሪት ዝሃደሙ ናይ ግብጺ ወትሃደራት ከቢድ ጉድኣት ስለዘውረዱሉ ግብጻውያን ዝሰፈሩሉ ድፋዕ ምስባር ኣይተኻዕለን። እቲ ምፍጣጥ ዳግም ቐጸለ።

ግብጻዉያን ገፊሕ ሕዛእቲ ክዉንኑ ሓሊሞም ዝተበገሱሉ ቁሳራዊ ሕልሚ እትረፍ ክገሓድ ካብ ዝተኸቡሉ ናይ ጉራዕ ገዛኢ መሬት ሓደ ስድሪ ከምዘይስጉሙ ምስተረድኦም ንህዝቢ ዓለም ብሓፈሻ ንጎይቶቶም

7 ኣብ ጉራዕ ግብጻውያን 40 መዳፍዕ ዓጢቖም ኔሮም

ኢንግልዛዊያን ብፍላይ <<ዕረቑና>> ምስበሉ፡ ሕልሚ ግብጻውያን ተቖጽዩ፣ ዘተ ዕርቒ ስለዝጀመረ ዉግእ ጉራዕ ኣብዚ ተዛዚሙ። ኣብ ጉራዕ ናይ ሓጼ ዮሓንስ ሰራዊት መሪሑ ኣብ ግብጻዉያን ከቢድ ቕዝፈት ዘውረደ ሻለቃ ኣሉላ እንግዳ(ደሓር ራእሲ) ነበረ።

ራእሲ ኣሉላ

ግብጻዉያን ድሕሪ'ዚ ንኢትዮጵያ ፈተፈት ከጥቕዑ ዝደፈሩሉ ናይ ታሪኽ ኣጋጣሚ የለን። ግብጻዉያን ገፊሕ ናይ ኣፍሪካ ሕዛእቲ ክዉንኑ ኣብ ዝፈጸምዎ ዕንደራ እቑር ሓይሊ ሰብ፣ ክኢላዊ ኣቕሚ ሰብ፣ ናይ ኢኮኖሚ

ካፒታል ካብ ምጽንቃቖም ብተወሳኺ ክቖጻጸሩዎ ዝመደቡ ስፍራ ገፊሕ ብምንባሩ መከላኸሊ መስመሮም ልዕሊ ኣቕሞም ተመጢጡ፣ ኢኮኖሚኦም ንቑጽሪ ሰራዊቶም ክጾሮ ስለዘይኽኣለ ኣብ ንድየት ሸመሞም። ብሰሪዚ ዓዶም ንብሪታንያ ኢምፔሪያሊዝም ኣረከቡ።

ግብጻዉያን ብብሪታንያ ኢምፔሪያሊዝም ተተባቢዖም ሱዳን ኣብ ፍጹም ወረራ ምሰውደቕዋ ሱዳናዉያን ዓዶም ነጻ ከውጽኡ *<<መሓዲስት>>* ተሰምየ ደባይ ተዋጋኢ ኣቀኒሞም ንግብጻዉያን ክመዓቱዎም ጀመሩ። ናይ ክልቲኦም ደም ምፍሳስ ንብሪታንያ ኢምፔሪያሊዝም መርዓ ብዘይሕጽኖት ነበረ። ምኽንያቱ ናይ ብሪታንያ ኢምፔሪያሊዝም ሱዳንን ግብጽን ሓናፊጹ *<<ኣንግሎ-ኢጂፕሽያን>>* ተሰምየ ሰፊሕ ግዝኣት ክውንን ሓንቀውታ ነበሮ።

ናይ መሓዲስት ምንቅስቓስ ተጠናኺሩ ናይ ግብጺ ሲቪላዊ ምምሕዳርን ናይ ግብጺ ወራሪ ሰራዊት ካብ ማዕከል ሱዳን ተማሒቑ ናብ ወሰናወሰን ስለዝተደፍአ ጥራይ ዘይኮነ እንግሊዛዉያን ርሑቕ ስፊሮም ዘሳውሩዎ ኹናት ከንድዶም ምስጀመረ ብፍላይ ፍሉጥ ወታደራዊ መራሒኦም ጀነራል ቻርለስ ጎርደን ብመሓዲስት ኣብ ገዝኡ ክሳዱ ምስተቖርጸ ግብጻዉያን ብኢትዮጵያ ጌሮም ናብ ዓዶም ክምለሱ ንኢትዮጵያ ክምሕጸኑ ጀመሩ። ነዚ መደብ ከተግብር ናይ ስዋኪን ኣመሓዳሪ ዝነበረ ኣድሚራል ዊልያም ሂዊት ናብ ኢትዮጵያ መጺዩ ምስ ሓጼ ዮሓንስ ዘተየ።

ሓጼ ዮሓንስ ኣብ ጉንደት ዓወት'ኻ እንተተጎናጸፉ ንግብጻውያን እትረፍ ካብ ምጽዋ ኣውራጃ ካብ ከረን ኣውራጃ'ኻ ከውጽዎም ኣይከኣሉን። ሪል ኣድሚራል ዊልያም ሂዊት ንሓጼ ዮሓንስ ዘቕረበሎም ዕማመ: ኣብ ወሰናወሰን ሱዳን ተዓቢጦም ዘለው ግብጻውያን ሰራዊቶም ኣዝማቶም ነጻ እንተውጽዮሞም ናይ ኸረን ኣውራጃ ከምዘረክቡዎም፣ ከምኡ'ውን ናይ ምጽዋ ወደብ ኢትዮጵያ ብዘይቀረጽ ከምትጥቀመሉ ቓል ኣትወ። በዚ መሰረት ሓምለ 1884 ዓ.ም. ሓጼ ዮሓንስ ምስ ሰር ዊልያም ሂዊት ነዚ ስምምዕ ኣብ ዓድዋ ከቲሞም እዚ ዉዕል *<<ስምምዕ ዓድዋ>>* ተባህለ።

በዚ ዉዕል መሰረት ራእሲ ኣሉላ እንግዳ 10,000 ሰራዊት ናብ ሱዳን ኣዝሚቱ ንግብጻዉያን ነጻ ምስኣውጽኦም ብምጽዋ ጌሮም ናብ ዓዶም ተመልሱ። ሓጼ ዮሓንስ ኣብ ልዕሊ እንግሊዛዉያን ኣጉል ዕምነት ነበሮም። ብሰሪዚ ዕምነቶም

ንዙፋኖም ጥራይ ዘይኮነ ንሕይወቶም ጠንቂ ዝኾነ ዉሳነ ወሲኖም ሕሱም ጸላኢ ኣጥረዩ።

ናይ ኢትዮጵያ ጣልቃ ምእታው ዘቖጥኦም መሓዲስታውያን፡ ዉዕል ዓድዋ ምስተኸተመ ድሕሪ 3 ወርሒ መስከረም 1885 ዓ.ም. ኣብ ኩፊት[8] ወረራ ከፊቶም። ኣብዚ ዉግዕ መሓዲስታውያን ስፍ ዘይብል ኪሳራ ተሰኪሞም ናብ ዓዶም ተመልሱ። ናይ ሱዳናውያን ናይ በቀል ወፈራ ንግዚኡ ሓደአ።

ኣብ 1868 ዓም ናይ ስዊዝ ካናል መጸብቦ ምስተኸፍተ ንቐይሕ-ባሕርን ሕንዳዊ ዉቅያኖስን ስትራቴጂካዊ ግርማ ስለዝሃቦ ናይ ኣውሮፓ መስፋሕፋሕቲ ነዚ ስፍራ ብፍሉይ ዓይኒ ክጥምትዎ ጀመሩ። ኣብ ታሕሳስ 1884 ዓም ኣብ ጀርመን ርዕሰ መዲና በርሊን ናይ ኣውሮፓ መስፋሕፋሕቲ *<<ኣፍሪካ ካብ ጸላም ንምውጻእ>>* ብምባል ናይ ኣፍሪካ ዓድታት ጎዛዝዮም ከማቐሉ መኺሮም ንወረራን ከበባን ምስተዳለው ከም ኢጣልያ፣ ጀርመን ዝኣመሰሉ ኣብ ምስፍሕፋሕ ኢዶም ዘየእተው ሓገራት ንወረራ ስለዝተዓደሙ ናብ ኣፍሪካ ክሓሙ ጀመሩ።

ኢጣልያዉያን ንመጀመሪያ ጊዜ ኣብ ቐይሕ-ባሕሪ እግሮም ዘንበሩ ጁሴፔ ሳፔቶ ተሰምየ ቖርበት ሰብ ዝወድየ ወኻርያ *<<ናይ ካቶሊክ ቀሺ'ዩ>>* ብምባል ናብ መሬትና ኣትዩ ኣብ ኩለን ጫፋት ሓገርና ዝግበር ንጥፈታት ጥራይ ዘይኮነ ምናልባት ኣብ መዓንጣና ዘሎ ከይተረፈ ኣጽኒኡ፡ *<<ኢትዮጵያ ምስ ድንግልናኣ ትርከብ ዘይተተንከፈት ምድሪዩ>>* ብምባል ንጎይቶቱ ኣነሃሂሩ ንወረራን ከበባን ስለዝደፋፍኦም ነበረ። ድሕሪዚ ፋሺስት ኢጣልያ *<<ሩባቲኖ>>* ተሰምየ ናይ መርከብ ፋብሪካ ከም ምስምስ ተጠቒሙ ሕዳር 15 1868 ዓም ካብ ኣመሓዳሪ ዓፋር ሓሰን ሱልጣን ኣሕመድ ኢብራሒም ንዓሰብ ብ 8 ሚልዮን ዶላር ኣደጎ። ኣንባቢ ብድሙቅ ሕብሪ ከስምረሉ ዝግባዕ ነጥቢ ፋሺስት ኢጣልያ ናብዚ ዕንደራ ክኣትው ብኢዱ ወጢጡ ናብ ከባቢና ዘምጽኦ ናይ ብሪታንያ ኢምፔሪያሊስት መንግስቲ ምንባሩዩ።

ድሕሪዚ ናይ ብሪታንያ ኢምፔሪያሊዝም ሚኒስተር ወጻኢ ጉድያት ሎርድ ግራንቪል ንኢጣልያዊ ኣምባሳደር ጣልያን ጸዊዑ፡ <<ቐይሕ-ባሕሪ ነቶም ባርባራዉያን(ኢትዮጵያዉያን) ክሕቦም ኣይደልን ከምኡ'ውን ንመቖናቖንተይ

8 ኩፊት መተማ ምስሰገርካ ኣብ ኣል-ቐዳርፍ ክፍለሓገር ዝርከብ ናይ ሱዳን መሬት'ዩ

ፈረንሳ ክገድፈላ ኣይደልን ኢጣልያ ንምጽዋ ክትቆጻጸሮ ኣለዋ>> ኢሉ መዓዶ። በዚ መገዲ ብኮረኔል ሳሌታ ዝምርሑ 802 ወትሓደራት ለካቲት 3 1885 ዓም ምጽዋ ምስበጽሑ ካብ ኣንግሊዛዊ ኮ/ል ፕራት[9] ምጽዋ ኣብ ጸዕዳ ሽሓን ተቀቢሎም ናይ ዕንደራ ዘመኖም ጀመሩ።

ጣልያን ንምጽዋ ተቖጻጺሩ ናብ ማዕከል ሓገርና ዝገበሮ ገስጋስ ከምዝሓለሞን ዝተመነዮን ኣይነበረን። ናብ ከበሳታት ገስጋስ ንምጅማር ዉሑስ ናይ ደጀን ቦታ ኣብ ምንዳይ እንከሎ ኣብ ኤርትራ ክ/ሓገር ሰለሞና ኣውራጃ ሰሓጢት ኣብ ተሰምየ ስፍራ ኣስከረ። ናይ መረብ ምላሽ ኣመሓዳሪ ራእሲ ኣሉላ ሓሙሽተ ሽሕ ሰራዊት ኣሰሊፉ ኣብ ሰሓጢት ዝዓስከረ ናይ ፋሺስት ኢጣልያ ሰራዊት ኣብ ፍጹም ከበባ ኣውደቆ።

ፋሺስት ኢጣልያ ዝተኸበ ሰራዊቱ ረዳት ጦር ልኢኹ ከልቖቖ ስለዝወሰነ ሻለቃ ክሪስቶፈር ብዓሰርተ መዳፍዕ ዝተዓጀበ ሓደ ሻለቃ ጦር ካብ ምጽዋ ኣበጊሱ፣ ዓሰርተ ሰለስተ ኪሎሜትር ተጓኢዙ፣ ዶግዓሊ ምስበጽሐ ራእሲ ኣሉላ ኣብ ዶግዓሊ ኣድብዮም ናይ ቶኽሲ ማዕበል ኣዝነቡሉ። 550 ወትሓደራት ኢጣልያዉያን ክቀትሉ 80 ወትሃደራት ቆሲሎም።

ካብዚ ዉግእ ንስከላ ዝወጹ ናይ መድፍዕ ተኩሲ ዘወሓሕድ መኾንን'ን ትሽዓተ ተሓጋገዝቱ ጥራይ ነበሩ። ኣብ ታሪክ ዓለም ጸለምቲ ኣፍሪካዉያን ንጸዓዱ ኣዉሮፓዉያን ዝሰዓሩሉ ናይ መጀመሪያ ታሪኽ ብራእሲ ኣሉላ ኣብ ዶግዓሊ ተጻሕፈ።

ኢጣልያዉያን ኣብ ዶግዓሊ ምስተሳዕሩ ፓርላማ ኣኪቦም ወትሃደራዊ ባጀቶም ካብ 5 ሚልዮን ሊሬ ናብ 20 ሚልዮን ሊሬ ከብ ኣበሉዎ። ሕነኦም ንምፍዳይ ኣብ ኢትዮጵያ ግዙፍ ወትሃደራዊ ወፈራ ከካይዱ መዲቦም ጀነራል ሳንማርሳኖ ዝበሃል መኾንን ዝመርሖ ኢስራ ሽሕ ሰራዊት ምጽዋ ምስረገጸ ምጽዋ ሰሜን ምዕራብ ሰላሳ ኪሎሜትር ተሓንዲዱ ኣብ ሰሓጢት ዳግም ኣስከረ። ናይ ብሪታንያ ኢምፔሪያሊዝም ንፋሺስት ኢጣልያ ወጢጡ ምምጽኡ ከይኣኽሎ ድሕሪ ግጥም ዶግዓሊ ኣብ ካይሮ ዝነበረ ዲፕሎማቱ ጀራልድ ፓርታል ናብ ሓጼ ዮሓንስ ልኢኹ <<*ራእሲ ኣሉላ ኣብ ልዕሊ ሰላማዉያን ኢጣልያዉያን ዝፈጸሞ ኣሰቓቒ ጭፍጨፋ ብግዕሚ ዘሕዝንዩ*>> ብምባል ራእሲ ኣሉላ

9 Daniel Kinde. The Five Dimensions of the Eritrean Conflict: Deciphering The Geo Political Puzzle (2005).

ካብ ስልጣኖም ክለዓሉ ሓተተ። ሕቱኡ ብሓጼ ዮሓንስ ተቀባልነት ኣይረኸበን።

ናይ ፋሺስት ኢጣልያ ሹመኛታት ኢስራ ሽሕ ሰራዊት እንዳመርሐ ንኢትዮጵያ ኣብ ፍጹም መግዛእቲ ከውድቓ ዘዝመቱዎ ጀነራል ሳንማርሳኖ ንቅድሚት ዘይትደፍእ ብምባል ኣዋጠሩዎ። ጀነራል ሳንማርሳኖ ቅድሚኡ ዝዘመተ ሻለቃ ክሪስቶፈርን ሰራዊቱን ኣብ ዶግዓሊ ዝወረዶም ዕጫ ስለዝፈልጥ ኣብ ሰሓጢት ካብ ዝሓነጸ መከላኸሊ መስመር ክወጽእ ኣይደፈረን። ናይ ፋሺስት ኢጣልያ ሹመኛታት ናይ ጀነራል ሳንማርሳኖ ምድንጓይ ስለዘቐጥኦም ናብ ሮማ ክምለስ ኣዚዞም ኣብ ክንድኡ ጀነራል ኣንቶንዮ ባልዲሴራ ናብ ኢትዮጵያ ለኣኹ።

ጀነራል ባልዲሴራ ንቅድሚት ክግስግስ ኣይደለየን። ይኹን እምበር ካብ ሮማ ከቢድ ጸቕጢ ስለዝመጾ ካብ ምጽዋ ተበጊሱ ጊንዳዕ በጽሐ። ኢጣልያ ምድላዋታ ከምዘጻፈፈት ዝተረድኡ ሓጼ ዮሓንስ ሰራዊቶም ኣሰሊፎም ናብ ሰሓጢት ዘመቱ። ብተመሳሳሊ ናይ ወሎ ንጉስ ሚካኤል 25,000 ናይ ኣፍራስ ሰራዊት ኣሰሊፎም ሰዓቡዎም።

ራእሲ ሚካኤል ዓሊ

ኣንባቢ ሰሓጢት ኣበይ ከምትርከብ ንጹር ስእሊ ክሕልዎ ምእንቲ ዝተወሰነ መብርሂ ክሕብ። ሰሓጢት ኣብ ኤርትራ ክ/ሓገር ሰለሞና ኣውራጃ ካብ ምጽዋ 86 ኪሜ ርሕቐት ዝተደኮነ ናይ ሽዕብ ሕርሻ መንደር ደቡብ ምብራቅ ካብ ገድገድ ደቡብ ምዕራብ ካብ ዶግዓሊ 18 ኪሜ ሰሜን ምዕራብ ካብ ምጽዋ ወደብ ድማ 30 ኪሜ ሰሜን ምዕራብ ዝርከብ ገዛኢ መሬትዩ።

ሓጼ ዮሓንስ ምስ ኢጣልያ ኣብ ሰሓጢት ምስተፋጠጡ ናይ ኢጣልያ ሰራዊት ካብ ድፋዕ ምውጻእ ሓንገደ። ኣንባቢ ክፍለጦ ዝግባዕ ሓቒ ሓጼ ዮሓንስ ኣብ ሰሓጢት ምስ ፋሺስት ኢጣልያ ክፍጠጡ እንከለው ናይ ክተት ኣዋጅ ተቐቢሎም ኣብ ጎኖም ዝተሰለፉ ንጉስ ሚካኤልን ምስ መሓዲስት ኣብ መሪር ጥምጥም ዝነበሩ ንጉስ ተኽላይማኖት ጥራይ ነበሩ።

ናይ ኢትዮጵያ ሰራዊት ምስ ኢጣልያ ኣብ ምፍጣጥ እንከሎ ካብ ጎንደር ዜና መርድዕ ተሰምዐ። ንጉስ ተክላሓይማኖት ኣብ ጎንደር ክ/ሓገር ደምብያ ኣውራጃ ሳር ዉሃ ኣብ ዝበሃል ቦታ ምስ መሓዲስት ገጢሞም ከምዝተሳዕሩ፡ መሓዲስት ሰባት እንዳጋፉኡ፣ ቤተክርስትያናት እንዳንደዱ ከምዘለዉ ተረድኡ። ሓጼ ዮሓንስ ንፋሺስት ኢጣልያ ከሳጉጉ ዝመደቡዎ መደብ ንግዚኡ ወንዚፎም ንራእሲ ኣሉላ ኣኽቲሎም ናብ ጎንደር ዘመቱ።

በዚ መገዲ ፋሺስት ኢጣልያ ሓንቲት ጥይት ከይተኮሰ፣ ንጣብ ደም ከየንጠበ ሚያዝያ 23 1888 ዓም ናይ ኤርትራ ክ/ሓገር ሙሉዕ ብሙሉዕ ተቖጻጸረ። ሓጼ ዮሐንስ ካብ ኤርትራ ክ/ሓገር ጎኟም ምስበጽሑ ህዝቢ እንዳዓመጻ ስለዝጸንሖም ምስ ንጉስ ተኽላይማኖት ዉግእ ገጢሞም ማገዂዎም።

ንጉስ ተኽላይማኖት

ንህዝቢ ጎጃም እውን ከቢድ መቕጻእቲ ኣውረዱሉ። ድሕሪዚ ብቐጥታ ናብ መተማ ኣምርሑ። ምስ መሓዲስት መሪር ጥምጥም ኣካዪዶም ተዓዊቶም እንከለው ከም ተራ ወትሃደር ኣብ ፈረስ ተወጢሖም ናብ ማዕከል ጸላኢ ጠኒኖም ምስኣተው ካብ ጸላኢ ብዝተተኮሰ ጥይት ቆሲሎም።

ድሕሪ መውጋእቶም ኣብ ሓደ ዳስ ኣዕቚሎም እንከለዉ ሓደ ናይ ጸላኢ ሓሱስ ጩና መውጋእቲ ኣለልዩ ኣብ ሕድማ ንዝነበረ ናይ መሓዲስት ሰራዊት ሓበረ። ናይ መሓዲስት ሰራዊት ገጹ ጠውዩ ጸረ-መጥቃዕቲ ወለ0። ኢትዮጵያዉያን ኣብ ዉግእ ዘለና ከፉእ ጠባይ መራሒ ክወድቕ እንከሎ ተኸተልቱን ሰዓብቱን ናይ ምብሕራር ናይ ምሕዳም ሕማቕ ልምዲ ኣለና። ኣብ መተማ ዘጋጠመ እዚ እዩ ኔሩ። ሱዳናውያን ጸረ-መጥቃዕቲ ምስኸፈቱ ናይ ኢትዮጵያ ሰራዊት ናይ ሓጼ ዮሐንስ ሬሳ ዛሕዚሑ ሓደመ። በዚ መገዲ መጋቢት 1889 ዓም ናይ ሓጼ ዮሓንስ ዘመነ-መንግስቲ ከተመ ኮይኑ።

ናይ ኣውሮፓ መስፋሕፋሕቲ ኣብ በርሊን ተኣኺቦም <<ኣፍሪካ ከም ስጋ ኀዛዚና ንማቐላ>> ብምባል ዝተሰማምዑሉ ዘመን <<ዘመነ-ኢምፔሪያሊዝም>> ኣብ ኢትዮጵያ መንበረ ስልጣን ሰለስተ ነጋውስ ተበራርዮም'ዮም። ንሶም እውን: ሓጼ ዮሓንስ፣ ሓጼ ሚኒሊክን ሓጼ ሓይለስላሴን ነበሩ። ኣብ ምቕልቓል ዘመነ-ኢምፔሪያሊዝም ኣብ መንበረ ስልጣን ኢትዮጵያ ዝሓኾሩ ሓጼ ቴድሮስ ምስ ቱርካውያን ናይ ምፍጣጥን ምውጣጥን ዕጫ ስለዝገጠሞም ኣዝዩ ሕፉር ዘመናዊ ሰራዊት ጥራይ ዘይኮነ ኢትዮጵያ ናይ ኣጽዋር ኢንዳስትሪ ወናኒት ክገብሩዎ ተበጊሶም ኔሮም።

መሳፍንትታትን መኻንንትታትን ብሓፈሻ ቤተክሕነትን ቤተመንግስትን ብፍላይ ኢድን ጓንትን ኮይኖም ዘቖሙዎ መስፍናዊ ስርዓት ካብ ሱሩ ክንደል ስለዝጀመረ ጸላእቶም ናይ ደገ ወራሪ ወጢጦም ስለዘምጹሎም ሓጼ ቴድሮስ ነቲ ጫካነ ዉሳነ ኣብ ነብሶም ክውስኑ ተፈርዱ። ሓጼ ቴድሮስ ዝገደፉሎም ሽግራት ዝተረኸቡ ሓጼ ዮሓንስ ዘመኖም ሙሉዕ ምስ ናይ ደገ ወረርቲ ክሳየፉን ክዋደቑን'ዮም ላድዮም። ሓጼ ዮሓንስ ፈለማ ምስ ግብጺ፣ ቐጺሉ ምስ ኢጣልያ፣ ኣብ መፈጸምታ ምስ ሱዳን ክቀጣቐጡን ክራጸሙን ክቡር ህይወቶም ከፊሎም'ዮም።

ሓጼ ዮሓንስ እልቢ ዘይብሉ ጸላኢ ምስከበቦም እትረፍ መላዕ ህዝቢ ኢትዮጵያ ክስዕቦም ሓደ ቋንቋን ሓደ ያታን ጥራይ ዘይኮነ ናይ ስጋን ኣጽምን ዝምድና ዘለዎም ናይ ትግራይ ሹመኛታት እኳ ኣንጻሮም ተሰሊፎም ነበሩ። ሓጼ ዮሓንስ ምስ ናይ ወጻኢ ወረርቲ ካብ ምፍጣጥ ወጽዮም ሰላምን ሩፍታን ዝረኸቡሉ ጊዜ ሸሞንተ ዓመታት ጥራይ ኔሩ። ኣብዞም ሸሞንተ ናይ ሰላም ዓመታት ብግራኝ ኣሕመድ ወረራ፣ ብዘመነ-መሳፍንቲ ዕንደራ ዝተረመሰ ሓገርን ዝዓነወ ኢኮኖሚ ዳግም ኣብ ክንዲ ምሕናጽ ኣቓልቦኦም ኣብ መንፈሳዊ ጉዳይ ጥራይ ተሓጺሩ ኔሩ።

ኣብ መስቀል-ኹናት ናብ ሓገርና ብዝኣተው ናይ ሓይማኖት ሰበኽቲ ተሰቢኾም ሓይማኖቶም ናብ እስልምና ዝቐየሩ፣ ኣብ ግራኝ ኣሕመድ ወረራን ከበባን ብሰይፍ ዝመስለሙ ኢትዮጵያዉያን ሓይማኖቶም ኣብ ዉሽጢ ሓሙሽተ ዓመት ናብ ክርስትና ክልዉጡ ኣዘዙ። ካብ ወለዶም ዝወረሱዎ ሓይማኖት ተቐቢሎም ዝነብሩ ኢትዮጵያዉያን ሓይማኖትኩም ቐይሩ ምባል ዘይ-ፍትሓውን፣ ዘይ-ምራላውን ጥራይ ዘይኮነ ከቢድ መዘዝ ኣስዒቡሎም'ዩ።

ሓጼ ዮሓንስ ኣብ መንፈሳዊ ወፈሮኦም ኣይተዓወቱን ጥራይ ዘይኮነ በዚ ግብሮም ብዙሓት ጸላእቲ ዓዲጎም እዮም። ሓይማኖቶም ክልዉጡ ዘይደለዩ ኢትዮጵያዉያን ናብ ሱዳን ተሰዲዶም ክነብሩ ምስጀመሩ ናይ ሱዳን ሓርነት ምንቕስቓስ(*መሓዲስት*)ንሓጼ ዮሓንስ ክወግእ ምስንቀደ እዞም ኢትዮጵያዉያን መገዲ እንዳመርሑ ምስ መሓዲስት ሰራዊት ተሰሊፎም ኣብ ዝተወለዐ ኹናት ሓጼ ዮሓንስ ሕይወቶም ስኢኖም እዮም።

ምዕራፍ ዓሰርተ

ናይ ሓጼ ሚኒሊክ ዘመነ-መንግስቲ

ሓጼ ዮሓንስ ኣብ መተማ ምስወደቑ ዘውዲ ዝደፍኡ ናይ ሸዋ ንጉስ ሓጼ ሚኒሊክ ነበሩ። ሓጼ ሚኒሊክ ኣብ ዝነገሱሉ ዓመት 1889 ዓም ናይ ጎደቦና ጂኦ-ፖለቲካ ፍጹም ተቐያዪሩ። ቅድሚ ሓሙሽተ ዓመት ኣብ በርሊን ተኣኪቦም ንኣፍሪካ ጎዛዝዮም ክመጽዩዋ ቃልኪዳን ዝኣሰሩ ናይ ኣውሮፓ መጸይቲ ግብሮም ናብ ባይታ ኣውሪዶም ንኣፍሪካ ኣብ ፍጹም ወረራን ክበባን ኣውዲቖም ተማቒልዋ።

ፋሺስት ኢጣልያ ከም ጁሴፔ ሳፔቶ ዓይነት ቐርበት ሰብ ዝወደዩ ወኻርያታት ኣበጊሱ ዘይተኣደነ ገንዘብ ብምዝራው ናይ ሓገርና መሳፍንትታትን መኻንትታትን ከምኡ'ውን ናይ ሓገርና ወይዛዝር ጨርቂ፣ ወርቂ፣ ጨና፣ ብሩር ወ.ዘ.ተ. ዝኣመሰሉ ፍሉይ ሕያባት እንዳግዘመ ካብ ንጉስ-ነገስት ጀሚሩ ምስ ነፍስወከፍ ሹመኛ ስለዝተፋቐረ ኣብ ነፍስወከፍ ገዛ ኣትዩ ናይቲ መስፍን መርገጺ፣ ናይ ህዝብና ጠባይ፣ ናይ ሓገርና መእተውን መውጽእን ማዕጾ ከምኡ'ውን ናይ ተፈጥሮ ሓፍትና ኣዳቒቑም ብምዝርዛር ናብ ሮማ ይልእኹ ነበሩ።

ጁሴፔ ሳፔቶ ምድሪ ኢትዮጵያ ምስረገጸ ሃይማኖት ተጎልቢቡ ኣብ ዓድዋ ምስ ቤተ-ክሕነት ኣባላት ክመሓዘው ጀመረ። በዚ ግብሩ ጥራይ ከይተሓጽረ ናይ ሮማ ካቶሊካዊት ቤተክርስትያን ብቐልጡፍ ናብ ኢትዮጵያ ቀሺ ክሰድድ ኣለዎ ብምባል ስለዝሓተተ በዚ ጠለብ ካብ ሮማ ናብ ኢትዮጵያ ዝመጹ ቀሺ ጃኮቢን ኢትዮጵያውያን ብሓይማኖት ክፈላልዩ ሓሊኖም ከቢድ ስብከት ኣካየዱ። ሎሚ ትግራይ ክ/ሓገር ተባሂሉ ኣብ ዝጽዋዕ ግዝኣት ብፍላይ ኣብ ዓጋመ ኣውራጃ ኢሮብ ወረዳ ዝነብሩ ኣመንቲ ካቶሊክ ከምኡ'ውን ኣብ ኤርትራ ክ/ሓገር ኣካለጉዛይ ኣውራጃ ዘለው ካቶሊክ ናይ ጃኮቢን ፍረታት'ዮም።

ጁሴፔ ሳፔቶን መሰልቱን *<<ኢትዮጵያ ተጻፍጺፉ ዘይነጽፍ ናይ ተፈጥሮ ሓፍቲ ዘለዋ ዘይተተንከፈት መሬት'ያ>>* ብዝብል ትርኸቲ ጎይቶቶም ስለዝተመሰጡ ናይ ሮማ መራሕቲ ቐሉዕ ወረራን ክበባን ጀመሩ። ንኣንባቢ ከዘኻክሮ ዝደሊ ነጥቢ ኣብዚ ጊዜ ናይ ኢትዮጵያ ጎረባብቲ ናይ ብሪታንያ ኢምፔሪያሊዝም ብደቡብን

ብምዕራብን ፈረንሳ ብሰሜን ምብራቕ ከምኡ'ውን ቅድሚ ሂደት ዓመታት ካብ ዓሰብ፣ ተበጊሱ በይሉል ሓሊፉ ምጽዋ ዝሰፈረ ፋሺስት ኢጣልያ ገስጋሱ ቐጺሉ ናይ ኤርትራ ከፍለሓገር ብሙልዑ ስለዝተቖጻጸረ ካብ ሩባ መረብ ንንየው ዘሎ ግዝኣት መዳውብትና ናይ ኢጣልያ ፋሺዝም ነበረ። በዚ መገዲ ዙርያና ብኢምፔሪያሊዝምን ፋሺዝምን ተኸቢብና፣ ኣብ መሬት ተዓቢዕብና፣ ብጭንቐት ተሓቍና እንከለና ጥንታዉያንን ታሪኻዉያንን ጸላእትና ናብ ሕምብርትና ዝሓሙሉ ምቹዕ ጊዜ ተፈጥረ።

ሓጼ ዮሓንስ ካብ ዝነገሱሉ ጊዜ ኣትሒዙ ቐንዲ መቐናቕንቶም ንጉስ ሚኒሊክ ብምንባሮም ቅድሚ ሕልፈቶም ምስ ወጻኢ መንግስታት ዝተፈላለየ ስምምዕ ይፈራረሙ ኔሮም። ሓደ ካብዚኦም ፋሺስት ኢጣልያ ኣብ ዶግዓሊ ድሕሪ ዝወረዶ ስዕረት ምስ ኢትዮጵያ ናብ ሙሉዕ ዅናት ከምዝኣትው ስለዝተረደአ ንጉስ ሚኒሊክ ኣብዚ ዅናት ኢዶም ከምዘየእትው ቓል እንተኣትዮም ኣጽዋር ከምዘበርክተሎም ቓል ኣትዩሎም ነበረ። ሓጼ ሚኒሊክ ነዚ ውዕል ስለዝረዓሙሉ 10,000 ራሚንግቶን ጠመናጁ ካብ ዓሰብ ተበርኪቱሎም ነበረ።

ናይ ኢጣልያ ሹመኛ ኮይኑ ነዚ ጉዳይ ዘፈጸመ ካውንት ፔትሮ ኣንቶኒሊ ኣብ ኣንኮበር መጽዩ ዝተዓዘቦ ከገልጽ: *<<ሓጼ ሚኒሊክ ቅድሚ ምንጋሶም 196,000 ሰራዊት ነበሮም። ድሕሪ ሕልፈት ሓጼ ዮሓንስ ድማ 130,000 ብኣፍራስ ዝተሰነዩ ናይ ወሎ ሰራዊት ነበሮም።>>* ሓጼ ሚኒሊክ ዘውዲ ምስደፉኡ ድሕሪ ክልተ ወርሒ ግንቦት 1889 ዓም ምስ ፋሺስት ኢጣልያ ዉዕል ውጫሌ ከተሙ። ናይ ፋሺስታ ኢጣልያ ሕልሚ ንመላዕ ኢትዮጵያ ኣብ መግዛእቲ ምውዳቕ ስለዝነበረ ዉዕል ዉጫለ ምስተኸተመ ማዕከላዊ መንግስቲ *ከዳኽሙ* ዝተፈላለየ ሸርሒታት ክኣልሙ ጀመሩ። ካብዞም ሸርሒታት ገለ ንምጥቃስ ምስ ንጉስ ተኽላይማኖት፣ ንጉስ ሚካኤል፣ ራእሲ መንገሻ ስዩምን ራእሲ መኾንን ናይ ሸርሒ ሳሬት ዘርጊሖም ንኢትዮጵያ ክንዛዝዩ መደቡ።

ሓጼ ሚኒሊክ ናይ ኢጣልያ ተንኮልን ሸፈጥን እንዳሓደረ ስለዝበርሀሎም ለካቲት 1893 ዓም ዉዕል ውጫለ ከምዝሰረዙዎ ንህዝቢ ዓለም ኣፍለጡ። ፋሺስት ኢጣልያ ናብዚ ዕንደራ ክኣትው ዝደረኾ ምኽንያት ኣብ ኤርትራ ክ/ሓገር ዝሓነጾም ፋብሪካታትን ኢንዳስትሪታት ብሰሪ ሕጽረት ጥረ-ናዉቲ ከሲሮም ኣብ ፍጹም ንድየት ስለዝወደቑ ብፍላይ ናይ ኤርትራ ክ/ሓገር

ኣብዝሓ መሬት በረኻ ስለዝኾነ ጥዑም ንፋስን ኣየርን ከረኽብ ምእንቲ ኣብ ልዕሊ ኢትዮጵያ ናይ ገሓድ ወረራ ጀመረ። ፋሺስት ኢጣልያ ሩባ መረብ ሰጊሩ ዓድዋ፣ ዓድግራት፣ መቐለን እምባላጀን ኣብ ዝወረረሉ ጊዜ ሓጼ ሚኒሊክ ናይ ፋሺስት ኢጣልያ ዕብዳን ከገትኡ ነዚ ዝስዕብ ጻውዒት ንህዝቢ ኢትዮጵያ ኣቕረቡ:

<<ብሓይሊ እግዛብሔር ንጉሰ-ነገሥት ኮይነ'ለኹ። ሓገርናን ሓይማኖትናን ዘጥፍእ ከፉዕ ጸላኢ ባሕሪ ሰጊሩ መጽዩና'ሎ። እግዛብሔር ሓንጺጹ ዝሓበና ገማግም ባሕርና ጥሒሱ ናብ ሓገርና ብፍጹም ትዕቢት ኣትዩ'ሎ። ኩላትና ካብ ሞት ስለዘይንተርፍ ሞት ከንፈርሕ ኣይግባዕን። ህዝበይ! ክሳብ ሎሚ ጽቡቕ ደኣምበር ኣብ ወገነይ ከፉዕ ኣይፈጸምኩን። ንስኻ እዉን ኣብ ልዕለይ ከፉእ ነገር ኣይፈጸምካን። ሎሚ ብስም ኣምላኽ ናይ ኩልኹም ሓገዝ ይሓትት ኣለኹ። ሰዓቡኒ! ንዓይ ኣይስዕብን ትብል ተጠንቐቕ! መቕጻዕተይ ከቢድ'ዩ። ኣብ መፉርቕ ጥቅምቲ ኣብ ወረኢሉ ንራኸብ።>>

ህዝቢ ኢትዮጵያ ሓጼ ሚኒሊክ ዝገበሩሉ ጻውዒት ተቐቢሉ <<ሆ>> እንዳበለ ናብ ዓድዋ ወፊሩ ዓድዋ ናይ ፋሺስት ኢጣልያ መካነ-መቃብር ኮነ። ኹናት ዓድዋ መቐረቱ ጥራይ ዘይኮነ ሕመረቱ ኣዝዩ ዓሚዩቕ'ዩ።

ንዓና ኢትዮጵያዉያን ካብ ሞቁሕ መግዛእቲ ምድሓኑ፣ ንህዝቢ ኣፍሪካ ናይ መጸኢ ብርሃን ካብ ምሓቡ ብተወሳኺ ንነብሱ ናይ ህዝቢ ዓለም ፖሊስ ጌሩ ዝቖጽር ናይ ሰሜን ኣሜሪካ ኢምፔሪያሊዝም ክሳብ ሎሚ ዝሕነኽሉ ትንግርቲ'ዩ። ናይ ኣሜሪካ ምክልኻል ሚኒስተር *<<ፔንታጎን>>* ሕጹይ መኾንናቱ ክምሕር እንከሎ ንኹናት ዓድዋ *<<ኢትዮጵያ ንኢጣልያ ዝሰዓረትሉ ጥበብ>>* ብምባል ናይ ትምህርቲ ካረክለም ነዲፉ የስተምህር እዩ። ኣብ ኹናት ዓድዋ ኣተኩሮ ካብ ዝሕቡዎም ትንግርትታት ናይ ራእሲ መንገሻን ራእሲ ኣሉላን ሰራዊት ናይ ጀነራል ማትዮ ኣልበርቶኒ ሰራዊት ቖሪጹ ዝደምሰሰሉን ጀነራል ኣልበርቶኒ ዝሞተሉ *<<ፒንሰር-ኣታኽ>>* ወይ ድማ ናይ ክልተ ጎኒ መጥቃዕቲ ሓደ'ዩ።

ሓጼ ሚኒሊክ ንፋሺስት ኢጣልያ ኣብ ዓድዋ ስዕረት'ኻ እንተግዘምዎ ካብ ኢትዮጵያ በርቀኑቕም ስለዘየውጽዎ ድሕሪ 40 ዓመት ሕማሙ ደጊሱዎ ንዳግማይ ወረራን ከበባን ተላዒሉ'ዩ።

ሓጼ ሚኒሊክ ምስ መራሕቲ ኣቦታቶም ክወዳደሩ እንከለው ናይ ደገ ጸላኢ ደኣምበር ናይ ዉሽጢ ጸላኢ ስለዘይነበሮም ንፋሺስት ኢጣልያ ኣብ ዓድዋ

ምስሰዓሩ ጠመተኦም ብግራኝ ኣሕመድ ወረራን ብዘመነ-መሳፍንቲ ዕንደራ ዝተበታተነትን ዝደኸየትን ኢትዮጵያ ኣብ ምጥማርን ምርሃውን ነበረ።

በዚ ወፈሮኦም ካብ ውድቐት ንግስነት ኣኽሱም ኣትሒዞ ኣብ ፍጹም ድኽነት ጥሒሉ ህዝቢ ዓለም ካብ ሓጺን ብዝተነድቐ ሳንቲምን ካብ ወረቐት ዝተሓትመ ገንዘብን ክዕድግ እንከሎ ነዞም ናዉቲ ምፍራይ ሓርቢቱዎም ብጨው፣ ጥረምረ፣ ኣኻፍትን ኣጣልን ይዕድግ ዝነበረ ህዝቢ ኢትዮጵያ ብምስሎም ዝተለበጠ ገንዘብ ሓቲሞም ኢትዮጵያ ድሕሪ 1000 ዓመት ገንዘብ ክትውንን ኣብቅዕዎ።

ሓጼ ሚኒሊክ

ኣብዚ ናይ ጊዜ ክሊ ኢትዮጵያ ኣብ ልዕሊ ፋሺስት ኢጣልያ ብዝተጎናጸፈቶ ዓወት ኣብ ዓለም ክብሪ ስለዝተገዝመት ጥራይ ዘይኮነ ኣብ ኣፍሪካ ካብ ዝነበሩ

ነጻ መንግስታት እንኮ ሓገር ስለዝነበረት ዲፕሎማስያዊ ተሰማዕነታ ኣብ ጥርዚ በጺሑ ኔሩ። በዚ መገዲ ናይ ሳይንስን ቴክኖሎጂ ፍርያት፣ ባንኪ፣ ትምህርትን ጥዕናን ካብ መላዕ ዓለም ናብ ኢትዮጵያ ወሓዘ።

ሓጼ ሚኒሊክ ኣብ ዙፋኖም ዝገጠሞም ፈተና እንተሓልዩ ብዉሽሞኦም ወ/ሪት ባፈና ዝተጻወደሎም ፈተና ዕሉዋ ጥራይ ነበረ። ሓጼ ሚኒሊክ ናይ ሸዋ ንጉስ ኣብ ዝነበሩሉ ጊዜ ባፈና ምስ ሓጼ ዮሓንስ ክዋጠጥ፣ ናይ ወሎ ክ/ሓገር ናብ ሸዋ ክ/ሓገር ክጽምብር ከም ፈታዊ ምዒዳ ብንኡሶም ከትቖጽዮም እኻ እንተፈተነት ኣብ መጻወድያኣ ኣይወደቑን። ሚያዝያ 1877 ዓም ሚኒሊክ ናብ ጎጃም ኣብ ዝገሹሉ ጊዜ ባፈና ናይ ሸዋ መኻንንትታት ኣኪባ ንጉስ ሚኒሊክ ካብ ዙፋን ከምዝወረደ ወዳ[10] ከምዝነገሰ ንሳ እንደራሴ ከምዝኾነት ኣወጀት። ሚኒሊክ ናብ ሸዋ ክ/ሓገር ምስተመልሰ ብባፈና ዝተፈጸመ ተግባር ስለዝበጽሖ ባፈናን መሻርኽታን ኣብ ሓደ ደብሪ ክሙቅሑ በየነ።

ኣብ ኢትዮጵያ ካብ ዝነገሱ መንግስታት ህዝብና ብፍሉይ ሕንቃቖን ቕብጥሮትን ናብዩ፣ ኣብ ኹናት ሰንኪሉን ሞይቱን ዙፋኖም ዘደልደለሎም ከም ሓጼ ሚኒሊክ ዓይነት ዕድለኛ መራሒ ኣይነበረን። ሓጼ ሚኒሊክ ንፋሺስት ኢጣልያ ኣምበርኪኾም፣ ኢትዮጵያ ብዝረከበቶ ዓለምለኻዊ ክብሪ ናይ ዘመናውነት እምነ- ኩርናዕ ኣንቢሮም፣ ዘመናዊት ኢትዮጵያ ዝመስረቱ መራሒ እኻ እንተነበሩ ኣብ ዘመነ መንግስቶም ክልተ ዓበይቲ ስሕተታት ተፈጺሙዎ።

ፋሺስት ኢጣልያ ኣብ ዓድዋ ተሳዒሩ ዕዝን ቑጽጽርን ፈሪሱ ኣብ ምውጅባር ጥሒሉ እንከሎ ነቲ ርሱን ናይ ዉግእ ሞራልን ናይ ዓወት መንፈስን ዓቒቦም ዝተዘራረገ ናይ ጸላኢ ዕስለ ካብ ኢትዮጵያ ሓንሳብን ንሓዋሩን ክቡንቁሩዎ እንዳኻኣሉ ናይ ኢትዮጵያ ሰራዊት ካብ ሩባ መረብ ከይሓልፍ ወሲኖም። ነዚ ስሕተት ንምሽፋን ናይ ታሪኽ ወረጃ ማዕዶታት: *<<ካብ ሩባ መረብ እንተዝቕጽሉ ኔሮም ኣብ ዓድዋ ዝተጎናጸፍናዮ ዓወት ከንቱ ምኾነ ኔሩ>>* ይብሉ። ናይ ፋሺስት ኢጣልያ ሰራዊት ኣብ ዓድዋ ገዛእቲ መሬታት ከምዝሓደሞ መኽላኸሊ

10 ወዳ ቅድሚኡ ካብ ዝተመርዐወቶም ሓሙሽተ ሰብኡት ካብ ሓደ ዝወለደ ቖልዓ ነበረ

መስመር(*ዲፌንስ-ላይን*) ኣብ ኤርትራ ከ/ሓገር ክንድኡ ዝዳረግ ዕርዲ ኣይሓነጸን።

ብተወሳኺ ናይ ኢጣልያ ሰራዊት ባሕሪሩ ይሓድም ኔሩ ደኣምበር ደው ኢሉ ናይ ምምኻት ፍናን ድርዕን ኣይነበሮን። ኹናት ዓድዋ ቅድሚ ምጅማሩ *<<ኣፍቓዱለይ ደኣምበር ንሓጼ ሚኒሊክ ኢዱ ኣሲረ ናብ ሮማ ከምጽኦ'የ>>*ብምባል ንንጉስ ኡምቤርቶ ቃል ዝኣትወ ጀነራል ባልዲሴራ ሰራዊቱ ስለዝተበታተነ ሩባ መረብ ሰጊሩ ኣብ ሓደ ቤተክርስትያን ዝተዓቑበሉ ብሓፈሻ ናይ ኢጣልያ ሰራዊት ኣብ ፍጹም ጸላም ዝወደቐሉ ሰዓት ኔሩ። ሓጼ ሚኒሊክ ነዚ ዉሳነ ስለዝወሰኑ ካብ ከርሲ ኢትዮጵያ ዝወጹ መንእሰያት ክሳብ ሎሚ ናይ ዉክልና ኹናት ክምክቱ፣ ናይ ደም ግብሪ ክኸፍሉ፣ ብሓፈሻ ሞትን ስንክልናን ክግዘሙ ተፈሪዶም'ዮም።

እቲ ካልኣይ ኣብዪ ስሕተት ሓጼ ቴድሮስ ነቓቒሎም ዝመሓውዎ መስፍናዊ ስርዓት ዳግም ኣተሲኦም ህዝብና ኣብ ፍጹም ድሕረትን ድኽትን ክሕቖን ጥራይ ዘይኮነ ንዘመናት ጠጠው ኢሉ ዝነበረ ንግዲ ገላዩ ከም ብሓድሽ ኣሰራሲሮም ኢትዮጵያ ብመሸጣ ጊልያ ፍልጥቲ ሓገር ኮነት።

መሸጣ ገላዩ ኣብ ሓገርና

ኢትዮጵያ ዘየቋርጽ ዋሕዚ ወሓይዛትን ሩባታትን ዘይተተንከፈ ድንግል ናይ ተፈጥሮ ጸጋ ሒዛ ኣብ ዓለም *<<ድኻታት፣ ነዳያት፣ ጥሙያት፣ ለመንቲ>>*

ንበሃለሉ ምስጢር ንዘመናት ዝተኸተልናዮ ድሑር መስፍናዊ ስርዓት ዘንቐሎ'ዩ። ናይ መስፍናዊ ስርዓት ኣበጋግሳን መሰረትን ኣንባቢ ክርዳእ ምእንቲ ህዝቢ ዓለም ዝሓለፈሉ መስርሕ ምዕዛብ ኣድላዪ'ዩ።

ህዝቢ ዓለም ክሳብ ሎሚ ኣርባዕተ መዋዕላት ሓሊፉ'ዩ:

1) **ዘመነ-ሓደን**

2) **ዘመነ ሕርሻን መጓሰን**(*ኣግሬርያን-ኤራ*)

3) **ናይ ኢንዱስትሪ ኣብዮት**

4) **ናይ ቴክኖሎጂ መዋዕል**

ዓለም ካብ ዘመነ-ሓደን ናብ ዘመነ-ሕርሻን መጓሰን ምስተሰጋገረ ሒደት መኻንንትን መሳፍንትን መሬት ገቢቶም ሓፋሽ ናቶም ጊልያን ኣሳሳዩን ጥራይ ዘይኮነ ብጽቡቕ ድልየቶም ጥራይ ዝነብረሉ *<<ፊውዳሊዝም>>* ወይ ድማ መስፍናዊ ስርዓት ዓኾኸ። ኣብ ምዕራፍ ሸውዓተ *<<ዘመነ-ኢምፔሪያሊዝም>>* ከምዝገለጽኩዎ ሒደት መሳፍንትታትን መኻንንትታትን ማይን ጻባን ኮይኖም ዘቖሙዎ መስፍናዊ ስርዓት ኣብ መበል 17 ክፍለዘመን ብኦሊቨር ክሮምዌል መሪሕነት ኣብ ብሪታንያ ብዘገምታዊ መስርሕ ተነዲሉ ዓለም ናብ ኢንዱስትሪያዊ ኣብዮት ክትሰጋገር እንከላ ንሕና ኢትዮጵያውያን ግን ዓለም ፈንፊና ኣብ ዝገደፈቶ መስፍናዊ ስርዓት ተዓብዒብና ተሪፍና።

<<*ካብ ሰለምን ነገድ ኢና ንዉለድ*>> ብምባል ናይ ዘርኢ ሓረጎም እንዳጸብጸቡ ንነብሶም ካብ ህዝቢ ፍሉይ ጌሮም ዝቖጽሩ መሳፍንትታት ምስ መኻንንትታት ተላፊኖም: *<<ንህዝቢ ኣጥሚናን ረጊጽናን ክንገዝዕ ኢና>>* ብዝብል ጽጋብ ተሰርኒቖም፣ ካብ ከርሲ መሬት ኢትዮጵያ ዝወጽእ መዓድንን ጸጋን ከም ናይ ጁብኦም ሰልዲ ጸብጺቦም፣ ደም ህዝብና ክመጽዩ ጀመሩ። ካብቲ ኣዝዩ ዝገርም ነገር ዘመናዊት ኢትዮጵያ መስሪትና'ኻ እንተተባህለ ኣብ መስፍናዊት ኢትዮጵያ ናይ ሕጊ ናይ ፍትሒ: ፈራዲ፣ ዳኛ፣ ቤት-ፍርዲ ዝበሓሉ ነገራት ኣይነበሩን። ሓጋጊ፣ ፈራዲ፣ ዳኛን ፖሊስን ብሓፈሻ ናይ ኩሉ ነገር ወናኒ መሳፍንትታትን መኻንታትን ነበሩ።

ኣብ ከምዚ ዓይነት ሕሰም ዝነብር ሓረስታይ ህዝብና ንስድሩኡ ዝዕንግለሉ ሕይወት ከይምንጠል ብፍርሒ ተሓቑኑ ሹመኛታት ክሓዝኑሉ ምእንቲ

እንዳቐባጠረ ዝሓለፎ ህይወት ዘሕዝንዩ። ሓጼ ሚኒሊክ ነዚ ዘጽለግልግ ሕይወት ብፍላይ ኣብ ሰሜናዊ ክፋል ሓገርናን ኣብ ማእኸል ሓገር ዘሎ ኹነታት ንምቕያር ዝወሰዱዎ ተበግሶ ካብ ዘይምሕላው ብተወሳኺ እዚ ስርዓተ-መንግስቲ ከም ሞዴል ተወሲዱ ኣብ ደቡባዊ ክፋል ሓገርና ተዓታተወ።

ናይ ሓጼ ሚኒሊክ ዘመነ-መንግስቲ ብሕንቅልሕንቕሊተይ ዝተወርሰ ዝገብሮ ኢትዮጵያ ዘመናዊ ንምግባር ብፍላይ ምስ ኣውሮፓ ስልጣነ ክትላለ ስልኪ፣ ባቡርን ትምህርትን ኣእትዮም ብድሕረታ ትልለ ሓገር ናይ ዘመናውነት ድኹኢ ኣንጺፎም ከማዕብልዎ ምስፈተኑ ብኣንጻሩ ናይ ዘመናውነትን ስልጣነን ጸር ዝኾነ መስፍናዊ ስርዓት ኣብ ታሪኽ ተራእዩ ብዘይፈልጥ ናሕሪ ክዕምብብን ክጥጥዕን ብምግባር ክብሮም ዘሕስስ ተግባር ፈጸሙ። ሓጼ ሚኒሊክ ኣብ 1910 ዓም ምስተጸልኦም ስልጣኖም ንወዲ ወዶም ልጅ እያሱ ኣረኪቦም ድሕሪ ሰለስተ ዓመት ሕይወቶም ሓሊፉ ዘመነ-መንግስቶም ኣብቀዐ።

ምዕራፍ ዓሰርተ ሓደ

ናይ ሓጼ ሓይለ ስላሴ ዘመነ-መንግስቲ: ሌላ ምስ ዘመናዉነት

ኣብ ዘመነ-ኢምፔሪያሊዝም ናብ መንበረ ስልጣን ኢትዮጵያ ዝደየቡ ናይ መጨረሻ ንጉስ ሓጼ ሓይለ ስላሴ ነበሩ። ሓጼ ሓይለ ስላሴ ናይ ሓረርጌ ክ/ሐገር ኣመሓዳሪ ካብ ዝነበረ ኣቡኦም ራእሲ መኾንን ወልደሚካኤል ኣብ ሓረርጌ ክ/ሓገር ኤጀርሳ ጎሮ ኣብ ትበሃል ቁሸት ተወልዱ። ሓጼ ሓይለ ስላሴ ኣብ ቤተ-መንግስቲ ብፍሉይ ኣተሓሕዛ ስለዝዓበዩ ተፈጥሮ ካብ ዝኣደሎም ብልሕን ጉርሕን ብተወሳኺ ኣብ ሓረርን ኣብ ሚኒሊክ ቤተመንግስትን ክኣብዩ ቕንዕናን ተንኮልን በብዕብረ ተማሂሮም እዮም።

ሓጼ ሓይለ ስላሴ ቅድሚኦም ምስ ዝነገሱ ናይ ኣመራርሓ ኣቦታቶም ክወዳደሩ እንከለው ካብ ኩሎም ፍሉይ ዝገብሮም ኣብ መንበረ-ስልጣን ኢትዮጵያ ዝተበራረዩ ነጋውስ *<<ትምህርቲ ናይ ሰይጣን'ዩ>>* ተባሂሎም ስለዝኣበዩ እትረፍ ናይ ደገ ቋንቋ ክመልኩን ክጽሕፉን ምናልባት ካብ ምጽሓፍን ምንባብን ዝሰግር ኣቕሚ ዘይነበሮም ክንሶም ሓጼ ሓይለ ስላሴ ግን ናይ ወጻኢ ዓድታት ቋንቋ ኣጽርዮም ዝመልኹ፣ ኣብ ቤት-ትምህርቲ ዘመናዊ ናይ ኣካዳሚ ትምህርቲ ዝቐሰሙ፣ ኣቡኦም ብዝቖጸረሎም ናይ ገዛ መምሕር ተሓጊዞም ቀዳማይ ደረጃ ትምህርቶም ዝዛዘሙ ፍልማዊ መራሒ ምንባሮም'ዮም።

ሓጼ ሓይለ ስላሴ ዓሰርተ ሰለስተ ዓመት ምስረገጹ ኣቡኦም ብዝመደቡሎም ተሓጋገዝቲ ተሳልዮም ኣብ ዝተፈላለየ ናይ ኢትዮጵያ ክፍላተሓገራትን ኣውራጃታትን ኣመሓዳሪ ኮኑ።

ሓጼ ሓይለ ስላሴ ምስ ኣብኦም ራእሲ መኮንን ወ/ሚካኤል

ኣብ 1910 ዓም ሓጼ ሚኒሊክ ተጸሊእዎም ዘውዲ ንልጅ እያሱ ምስውረሱዎ ተፈሪ መኾንን ምስ ናይ ሽዋ መሳፍንትታትን መኻንትታትን ተሓባቢሮም፣ ንልጅ እያሱ ብኣጉል ክስታት ጠቒኖም፣ መስከረም 27 1916 ዓም ካብ ስልጣን ኣልዮም፣ ልዕልቲ ዘውዲቱ *<<ንግስቲ>>* ተፈሪ መኾንን *<<ወራሲ-ዓራት>>* ኮይኖም ተሾሙ። ንግስቲ ዘውዲቱ ክሳብ ሎሚ ስንክሳሩ ብዘይተፈትሐ

መገዲ ኣብ ሚያዝያ 1930 ዓም ምስሞተት *<<ግርማዊ ቀዳማዊ ሓይለስላሴ ሞአ ኣንበሳ ዘእምነገደ ይሁዳ ስዩመ-ኣግዛብሔር>>* ብዝብል ስም መበል 225 ንጉስ ኢትዮጵያ ኮይኖም ዘውዲ ደፍኡ።

ሓጼ ሓይለስላሴ ንዓሰርተ ኣርባዕተ ዓመት *ወራሲ ዓራት* ንስለሳን ሸሞንተን ዓመት ድማ *ንጉሰ-ነገስት* ብሓፈሻ ን52 ዓመት ኣብ መንበረ ስልጣን ኢትዮጵያ ነጊሶም'ዮም። ኣብ ጥንታዊት ኢትዮጵያ፣ ማዕከላይ ዘመን፣ ዘመነ-መሳፍንትን ዘመነ ኢምፔሪያሊዝምን ዝነገሱ ነጋዉስ እንተርኢና ኣብ መንበረ ስልጣን ኢትዮጵያ ንልዕሊ ፍርቒ ክፍለዘመን ዝነገሱ ንጉስ: ሓጼ ሓይለስላሴ ናይ መጀመሪያ ከይኮኑ ኣይተርፉን።

ተፈጥሮ ብዝዓደሎም ብልሕን ልቦናን ጥራይ ዘይኮነ ኣብ ቤተ-መንግስቲ ብዝመለኹዎ ተንኮልን ሸፈጥን ናይ ስልጣን መቐናቕንቶም ብዝገርም ጥበብ ሓንኩሎም ብምውዳቕ መንበሮም ዘጽንዑሉ ብልሓት ንዓና ኢትዮጵያዉያን ጥራይ ዘይኮነ ንዓለም እዉን ዘሐነነዩ። ኣሜሪካዊ ጸሓፊ ሮበርት ግሪን *<<ዘ-ፎርቲ ኤይት ሎውስ ኦፍ ፖወር>>* ኣብ ተሰምየ መጽሓፉ ጀጃዝማች ባልቻ ኣባነፍሶ ብከቢድ ትዕቢት ተሰርኒቑ ከዕገርግር እንከሎ ሓጼ ሓይለስላሴ ሓንቲ ጥይት ከይተኮሱ ዝማረኹሉ ጥበብ ብተምሳጥ ኣዘንትዩዎ'ሎ።

ሓጼ ሓይለስላሴ ዘውዲ ደፊኦም ምስነገሱ ናይ ኢትዮጵያ ሽግር መሓይምነትን ዘይምምሓርን ከምዝኾነ ተገንዚቦም ትምህርቲ ንምስፍሕፋሕ፣ ኣብ ጽላት ጥዕና ዝረአ ሕጽረት ሓካይም ንምፍታሕ ዝገበሩዎ ጻዕሪ ዘይርሳዕ'ዩ። ንትምህርቲ ካብ ዝሕቡዎ ግምት ብተወሳኺ ናይ ኣመራርሓ ኣቦታቶም እትረፍ ክውንኑዎ ዘይተዓደሉዎ ዕድል ስለዝረኸቡ ማለት ኢትዮጵያዉያን ምሁራትን ናይ ደገ ክኢላታትን ኣማኻሪ ስለዝነበሮም ዘመነ-መንግስቶም ዝወርጸጸ ኔሩ። ሓደ ካብኦም ናይ ኢኮኖሚን ወጻኢ ጉዳያት ኣማኻሪኦም ዝነበረ ኣሜሪካዊ ጆን ስፔንሰር'ዩ።[11]

ሓጼ ሓይለስላሴ ካብ ዝፈጸሙዎ ዝነዓድ ተበግሶታት ናይ ኣውሮፓ መስፋሕፋሕቲ ኣብ መላዕ ዓለም ኣስተርሕዮም ንህዝቢ ዓለም ከም ጊልያን ኣኻይን ኣብ ዝረግጹሉ ዘመን፡ *ዘመነ-ኢምፔሪያሊዝም፡* ድሕሪ ቀዳማይ ኹናት ዓለም ንመጀመሪያ ጊዜ ዝተመስረተ ናይ ዓለም መንግስታት ማሕበር*<<ሊግ ኦፍ ኔሽን>>* ኢትዮጵያ እታ እንኮ ኣፍሪካዊት ኣባል ምግባሮም'ዩ። እዚ ተበግሶ ንኢትዮጵያ ክብርን ተሰማዕነትን ዘግዘመ'ኻ እንተኮነ ንሓጼ ሓይለስላሴ ግን ናብ ዘየድሊ ሕልምን ምውጅባርን ኣእትዩዎም እዩ።

ፋሺስት ኢጣልያ ካብ ሩባ መረብ ንንየው ኣብ ዘሎ ናይ ኢትዮጵያ ግዝኣት ሰፊሩ፣ ብዘመናዊ ኣጽዋርን ክኢላዊ ኣቕሚ ሰብን ተደሪኡ፣ ሕነ-ዝፈድየሉ ጊዜ ብናፍቖት ክጽበ እንከሎ ሓጼ ሓይለስላሴ ዓሰርተ ሽውዓተ ናይ ሰላም ዓመታት ረኺቦም፣ ህዝቢ ብግቡዕ ኣዕጢቖም፣ ኢትዮጵያ ካብ ፋሺስት ኢጣልያ መንጋጋ ከድሕኑዋ እንዳከኣሉ ናይ ዓለም መንግስታት ማሕበር ናይ ኢትዮጵያ ምክልኻል ሰራዊት ጌሮም ብምርኣይ *<<ሓደ ናይ መንግስታት ማሕበር ኣባል ንካልእ ኣባል ሓገር ከጥቕዕ ኣይክእልን>>* ዝብል ናይ ዲፕሎማሲ መመቐሪ ኣንቀጽ ስለዝኣመኑ ኣደዳ ፋሺስት ኮይና።

ኣብ ካልኣይ ክፍሊ ናይዚ መጽሓፍ ንኣንባቢ ከምዝገለጽኩዎ ግራኝ ኣሕመድ ብኦቱማን ቱርክ ተሓብሒቡ ወረራን ከበባን ቅድሚ ምጅማሩ ሓጼ ልብነድንግል ናይ ቱርክ ምስፍሕፋሕ ብፖርቹጋላዉያን ከምዝግታእ ኣሚኖም ኢዶም ኣኪቦም ከምዝተጸበዩዎም ሓጼ ሓይለስላሴ እዉን ነዚ ዘሕዝን ታሪኽ ደጊሞሞ ኢትዮጵያ ኣብ መንጋጋ ፋሺስት ኢጣልያ ወደቐት።

---

11 ኣብ 1955 ዓም ዝተደንገገ ሕገ-መንግስቲ ዝጸሓፈ ኣማኻሪኦም ጆን ስፔንሰር'ዩ

ማይጨው ጦር ግንባር

ሓጼ ሓይለስላሴ ኣማራጺ ስለዘይነበሮም ናብቲ ዝተኣማመኑሉ ናይ ዓለም መንግስታት ማሕበር ጥርዓን ከስምዑ ዓዶም ገዲፎም ተሰዱ።

ብሰሪዚ ኣብ 1935 ዓም ፋሺስት ኢጣልያ ወረራን ከበባን ጀሚሩ ድሕሪ ናይ ሓደ ዓመት ኹናት ርእሰ ከተማና ኣዲስ ኣበባ ተቖጻጺሩ ኢትዮጵያ ኣብ ታሪኽ ንመጀመሪያ ጊዜ ኣብ ቅድሚ ዓለም ክብራ ተገፈ። ኢትዮጵያ ብፋሺስት ኢጣልያ ክትሰዓር ከምኡ’ዉን ኣብ ፍጹም ወረራ ክትወድቕ ዝገበራ ናይ ፋሺስትኢጣልያ ሓያልነትን ጅግንነትን ኣይነበረን። ኣብ ኹናት ዓወት ክትጎናጸፍ ወሳኒ ተራ ዝጻወት ካብ ቐረብ ሎጂስቲክስ ቐጺሉ ኹናት ከይጀመረ ኣብ ጊዜ ሰላም ብዙሕ ገንዘብ ኣውፊርካ ዝዕደግ ናይ ጸላኢ ሓበሬታ'ዩ። ናይ ሓጼ ሓይለስላሴ መንግስቲ ናይ ኢጣልያ ሰራዊት ኣቓውማን ቕርጽን ካብ ዘይምፍላጡ ብተወሳኺ ኣብ መዓንጡኡ እልቢ ዘይብሎም ናይ

ፋሺስት ኢጣልያ ሓሱሳት ተላሒጎም ዝተዳቐቐ ሓበሬታን ናይ ዉግእ ካርታ ከይተረፈ ንጸላኢ ኣውጽዮም ስለዝሓቡ እቲ ዘይተርፍ ውድቐት ተገዚምና።

ነዚ ሓቂ ዘረጋግጸልና ናይ ኢትዮጵያ ሓርበኛታት ዘካይዱዎ ተጋድሎ ከሕግዝ'የ ብምባል ኣብ 1940 ዓም ናብ ሓገርና ዝመጸ ናይ ብሪታንያ መንግስቲ ንሓጼ ሓይለስላሴ ኣጂቡ ኣዲስ ኣበባ ምስኣትወ ንሓደ ዓመት ዝተገብረ ዉግእ ኣመልኪቱ ዘቕረቦ ጸብጻብ ነበረ። ብመሰረት'ዚ ጸብጻብ ካብ 320 ሽሕ ናይ ፋሺስት ኢጣልያ ሰራዊት 120 ሽሕ ጥራይ ኢጣልያዉያን ክኾኑ 30 ሽሕ ናይ ሶማልን ሊብያን ዜጋታት ዝተረፈ 170 ሽሕ ኢትዮጵያዉያን ነበሩ። እዚ ኣሓዝ ከምዝገልጾ ምስ ፋሺስት ኢጣልያ ንሓሙሽተ ዓመት ካብ ዝተዋደቑ ኢትዮጵያዉያን ሓርበኛታት ንላዕሊ ናይ ፋሺስት ኢጣልያ መጋበርያ ዝነበሩ ኢትዮጵያዉያን ብብዙሕ ዕጽፊ ከምዝዛይዱ፣ ጠንቒ ዉድቐትና ንሱ ከምዝኾነ ዘርእይ'ዩ።

ኣንባቢ ብድሙቕ ሕብሪ ከስምረሉ ዝግባዕ ነጥቢ ፋሺስት ኢጣልያ ሓሙሽተ ዓመት ኣስተርሕዩ ክነብር ዘኽኣሎ ህዝቢ ኢትዮጵያ ብመስፍናዊ ስርዓት ተማሪሩ ናይ መሳፍንትታት ባርያን ኣኻይን ኮይኑ ዝነብሮ ሕይወት ኣርኢሩዎ ስለዝነበረ ፋሺስት ኢጣልያ መስፍናዊ ስርዓት ነቓቒሉ ናይ ካፒታሊዝም ብልጭታ ስለዘርኣዮ እቲ ኣኻይ ወናኒ መሬት እቲ ሓረስታይ ሽቃላይ ክኸውን ስለዝበቕዐ <<*ኢጣልያ ትንበር*>> ኢሉ ክዝምር ጀመረ። ይኹን እምበር ናይ ፋሺስት ኢጣልያ ሕልሚ ንኢትዮጵያ ዘመናዊት ምግባር፣ ናይ ካፒታሊዝም ስርዓት ምንዳቕ ዘይኮነ ኢትዮጵያ ናይ ኢጣልያ ካልኣይቲ ኣጽመ-ርስቲ ምግባር ኔሩ።

ናይ ብሪታንያ ኢምፔሪያሊዝም ካብ ጥንቲ ደቀባት ኣውስትራልያ ዝነበሩ <<*ኣቦርጂኒዝ*>> ተሰምዩ ኣሕዛባት ኣጽኒቱ ከምዝመስረቶ ሓገር ብተመሳሳሊ ኣብ ሰሜን ኣሜሪካ ኣብ ቐያሕቲ ሕንዳዉያን መቓብር ከምዝሃደሞ ሓድሽ ሓገር ዱቼ ሙሶሉኒ'ውን ኢትዮጵያ ካልኣይቲ ኢጣልያ ክገብራ መዲቡ ኔሩ። ኣብ ዉሽጢ ሓሙሽተ ዓመት ዝሰርሕዎ ተኣምር ዘብል ናይ ትሕተ-ቅርጺ ስርሓት፣ ጽርግያታት፣ ናይ መዓድንን ዘመናዊ ሕርሻ ምትእትታው ከምኡ'ውን ኣብ ዉሽጢ ሓሙሽተ ዓመት ዘጽነቱዎ ቑጽሩ ዘይነጸረ ወገንና ናይ ነዊሕ ዘመን ሕልሞም ካብ ምእማቱ ብተወሳኺ ኣብ 1936 ዓም ናይ ኢጣልያ ሓይሊ ኣየር ኣዛዚ ብኢትዮጵያዉያን ሓርበኛታት ኣብ ነቀምተ ምስተቐትለ

ዱቼ ሙሶሉኒ ንጀነራል ግራዝያኒ ዝለኣኾ ተለግራም ናይዚ ሕልሞም ዓይነታዊ መርትኦ'ዩ።

በዚ ኣጋጣሚ ንኣንባቢ ከይገለጽኩዎ ክሓልፍ ዘይደሊ ሓደ ዘሕዝን ሓቒ'ሎ። ኣብ መበል 20 ክፍለ ዘመን መጀመሪያ ናይ ኢትዮጵያ ምድሪ ስድሳ ሚእታዊት ብፍርያም ጫካታትን ቀላሚጦስን ዝተሓዝአ ኔሩ። ፋሺስት ኢጣልያ ኣብ 1935 ዓም ናይ ኢትዮጵያ ምድሪ ምስረገጸ ኣብ ታሪኽና ንመጀመሪያ ጊዜ ኣውቶማቲክ መጋዝ ናብ ሓገርና ኣእትዩ ኣብቲ ጥጡዕን ፍርያምን ጫካታትና ጸረ-ኣእዋም ሰራዊቱ ኣውፊሩ ካብ ስድሳ ሚእታዊት ኢስራ ሚእታዊት ኣባዲሙ ምድረበዳ ገበሮ። ነዞም ቀላሚጦሳት ብፍላይ ጽሕዲ፣ ዋንዛን ዋርካን ተሰምዩ ናይ ኣእዋም ዓይነታት ንኢንዳስትርን ፋብሪካን ከም ጥረ-ንዋት ክጥቐሙሉ ምእንቲ ናብ ሓገሩ ኣግዓዞም። ኣብ 2ይ ኹናት ዓለም ዱቼ ሙሶሉኒ ንሓይልታት ኪዳን ክሒዱ፣ ንሒትለር ዘርዩ ጃፓን ጀርመንን ናብ ዝርከብሉ ኣክሲስ ፓወር ምስተጸምበረ ሓይልታት ኪዳን ከመዓቱዎ ስለዝጀመሩ ናይ ኢጣልያ ኮሚኒስት ቐቲሎም ቑልቑል ኣፉ እንተዘየውድቑዎ ኔሮም ናይ ኢትዮጵያ ዕጫ እንታይ ከምዝኸውን ምትንታትን ኣጸጋሚ'ዩ። ሓጼ ሓይለስላሴ ድሕሪ ሓሙሽተ ናይ ስደት ዓመታት ብብሪታንያ ሰራዊት ተኣጂቦም ኣዲስ ኣበባ ምስተመልሱ ናይ ብሪታንያ ኢምፔሪያሊዝም ኣብ ግብጺ ንጉስ ፋሩቅ ዝበሃል ናይ ባንቡላ ንጉስ ኣንጊሱ ከምዝተጻወቶ ናይ ፖለቲካ ቁማር ንሓጼ ሓይለስላሴ'ውን ባንቡላ ጌሩ ክጻወተሎም መደበ።

ሓጼ ሓይለስላሴ ንሓሙሽተ ዓመት ማለት ኣብ 1945 ዓም ኣብ ግሬት ልክስ ምስ ፕሬዚደንት ሩዝቬልት ክሳብ ዝተራኸቡሉ ዕለት ናይ ብሪታንያ ወትሃደራዊ መኾንናት ዓመታዊ በጀት ሰላእቲ፣ ናይ ሕርሻን ናይ ገንዘብ ፖሊሲ ነደፍቲ፣ ብሓፈሻ ገበርቲ ሓደግቲ ጥራይ ዘይኮኑ ሓጼ ሓይለስላሴ ናይ ካቢነ ኣባላት ክሾሙ እኻ ስልጣን ኣይነበሮምን።

ኣብ 1942 ዓም ሓጼ ሓይለስላሴ ኢትዮጵያ ፍልማዊ ባንክ ክትምስርት ወሲኖም ናይ ኢትዮጵያ ንግዲ ባንክ ብሓደ ሚልዮን ማዘር ተሬዛ ዶላር ክምስረት ምሰጽደቑ ናይ እንግሊዝ ኢምፔሪያሊስት መኾንናት ቐልጢፎም ነጸጉዎ። ካብዚ ብተወሳኺ ኢትዮጵያ ንዘመናት ትጥቐመሉ ዝነበረት ገንዘብ ከይትጥቐም ብምድንጋግ ኣብ ምብራቅ ኣፍሪካ ኣብ ዝወረሩዎ ግዝኣት

ዝጥቐሙሉ <<ማርተሬዛ>> ዝበሃል ገንዘብ ኢኹም ትጠቐሙ ኢሎም ኣብ ልዕሌና ጸዓኑ።

ብጸጋም ኮ/ል ዊንጌት ብየማን ብ/ጀ ሳንድሮቭ ናይቲ ኹናት ንድፊ እንዳረድኡ

ኣንባቢ ክንጽረሉ ዝግባዕ ነጥቢ እዚ ዝርጋንን ዕልቕልቕን ዝተፈጥረ ናይ እንግሊዝ ኢምፔሪያሊዝም ካብ ለንደን ብዝፍንዎ መምርሕን ትዕዛዝን ዘይኮነ ናይ መግዛእቲ ሕይወት መቒሩዎም ኣብ መላዕ ዓለም ክዕንድሩን ኣብ ህዝብና ክትዕነኑ ዝሓረፉ ናይ እንግሊዝ ጀነራላት ብዝፈጠሩዎ ጸገም ነበረ።

በዚ ጥራይ ከይተሓጽሩ ኣብ ኤርትራ ክ/ሓገር ኣካለጉዛይ ኣውራጃ ራእሲ ተሰማ ኣስመሮም ዝበሃሉ ተሰማዕነት ዘለዎም ሰብ ምስ ወዶም ወዲቦም ናይ ኤርትራ ከበሳታት ምስ ትግራይ ክ/ሓገር ተላፊኑ <<ትግራይ ትግርኝ>> ተሰምየ ግዝኣት ክፈጥሩ ምስተበገሱ ሕልሞም ብራእሲ ስዩም መንገሻ ስለዝተነጽገን ብፍላይ ናይ ትግራይ ሓረስቶት ኣብ ዝዓመጹሉ ጊዜ ካብ ኤደን ነፈርቲ ኣበጊሶም ብዝፈጸሙዎ ጭፍጨፋ ህዝቢ ስለዝሰምበረ ዉጥኖም ከም ሕሩጭ በነነ።

ናይ ብሪታንያ ኢምፔሪያሊዝም መኾንናት ናይ ምዕባይን ምትዕናን መንፈስ ዝሰረሮም ብፍላይ ንኢትዮጵያ ብምስለኔታት ክንገዝኣ ዝብል ግብዝነት

ዘማዕበሉ *<<ኢትዮጵያ ካብ መንጋጋ ኢጣልያ ሓራ ኣውጺናያ>>* ዝብል ዕምነት ስለዝነበሮም ነበረ። እዚ ኣተሓሳስባ ኣብ እንግሊዛውያን ጥራይ ዘይኮነ ኣብ ኢትዮጵያዉያን እዉን ስለዝሰረጸ ናይ 2ይ ኹናት ዓለም ምርኢት ከምኡ'ውን ናይ ብሪታንያ ኢምፔሪያሊዝም ኣብ ኢትዮጵያ ዝገበሮ ወፈራ ሕጽር ብዝበለ ከምዚ ዝስዕብ ክገልጾ'የ:

ሓይልታት ኪዳን ብክልተ ኣንፈት ተወርዊሮም ናይ ጀርመን ርዕሰ ከተማ በርሊን ምቁጽጻር ናይ 2ይ ኹናት ዓለም ናይ መወዳእታ ሸቶ ነበረ። እቲ ቀዳማይ ሰራዊት ናይ ሰሜን ኣሜሪካ፣ ካናዳ፣ ኣውስትራልያን ፈረንሳን ሰራዊት ሓቍፉ ብጀነራል ኣይዘንሃወር እንዳተመርሐ ኣብ ሰሜን ኣፍሪካ ብጀነራል ኤርዊን ሮሜል ዝምራሕ ናይ ናዚ ሰራዊት ደምሲሱ፣ ማእከላይ ባሕሪ ሰጊሩ፣ ናይ ፋሺስት ኢጣልያ ተረፍመረፍ ኣብ ኢጣልያ ሰሊቑ፣ ፈረንሳ ካብ መንጋጋ ናዚ ሓራ ኣውጽዩ ናብ በርሊን ክግስግስ ዝመደበ ነበረ። እቲ ካልኣይ ብጀነራል ማርሻል ጃኮቭ ዝምራሕ ሰራዊት ካብ ሞስኮ ተበጊሱ ምብራቅ ጀርመን ሓሊፉ ዓንድሑቐ ናዚ ዝሰረተሉ ምብራቅ ጀርመን እንዳጽረየ ናብ በርሊን ዘቕንዕ ሰራዊት'ዩ።

ካብዚ ወጻኢ ናይ 2ይ ኹናት ዓለም ትኩረት ዝነበረ ኣብ መላዕ እስያ ብወረራን ምስፍሕፋሕን ሓቢጡ ዝነበረ ናይ ጃፓን ወራሪ ሰራዊት ንምዕዳብ ካብ ምዕራባዊ ጫፍ ኣሜሪካ ተበጊሱ፣ ናይ ፓሲፊክ ዉቅያኖስ ሰጊሩ፣ ክሳብ ርሑቕ ምብራቅ እስያ ኣስፋሕፊሑናይ ናይ ጃፓን ወራሪ ሰራዊት እንዳሰለቐ ቶክዮ ክኣትው ዝመደበ ብጀነራል ዶግላስ ማካርተር ዝምራሕ ሰራዊትን ከምኡ'ውን ኣብ ቐይሕ-ባሕሪ፣ ሕንዳዊ ዉቅያኖስን ቀርኒ ኣፍሪካን ናይ ፋሺስት ኢጣልያ ተረፍመረፍ ንምጽራይ ካብ ለንደንን ደቡብ ኣፍሪካን እንዳተበገሰ ናይ ዳሕሳስ ዉግእ ዘካይድ ብዙሕ ዓድታት ዝሓቖፈ ናይ እንግሊዝ ሰራዊት ነበረ።

እምበኣር ናይ ብሪታንያ ኢምፔሪያሊዝም ናብ ኢትዮጵያ መምጺኡ ንዓና ኢትዮጵያዉያን ሓልዩ ናይ ጽድቒ ስራሕ ክሰርሕ ዘይኮነ መላዕ ዓለም ካብ ፋሺስትን ናዝን ምቁጽጻር ነጻ እንዳወጸ ቐይሕ-ባሕርን ቀርኒ ኣፍሪካን ካብ ዓለም ተፈልዩ ሕዛእቶም ኮይኑ ክቕጽል ስለዘይክዕል ነበረ።

ሓጼ ሓይለስላሴ ነዞም ክብ ኢለ ዝጠቐስኩዎም ሽግራት ኣብ መንኩቦም ጸይሮም ንኢትዮጵያ ክመርሑ እንከለው ዝገጠሞም ካልኣይ ፈተና ናይ ኢትዮጵያ ሕብረተሰብ *<<ሓርበኛ፣ ባንዳ፣ ሳጋሚ፣ መንጎኛ>>* ተባሂሉ ሓድሕዱ ተመቓቒሉ ጎቦ ዓይኑ ይጠማመት ምንባሩ'ዩ። ካብዚ ብተወሳኺ ምስ ህዝቢ ጎንደርን ወሎን ዓዕሚቑ ዝሰረተ ቅርሕንቲ ጥራይ ዘይኮነ ደምነት ኣጥሪዮም እዮም። ሓጼ ሓይለስላሴ ፈለማ ንልጅ እያሱ፣ ስዒቡ ንንግስቲ ዘውዲቱ ካብ ስልጣን ክኣልዩ ኣብ ዝተኣጉደ ኹናት ምስ ህዝቢ ጎንደርን ህዝቢ ወሎን ደም ተፋሲሰምዮም። ነዞም ኩሎም ፈተናታት ክገጥሙ እንከለው ናይ ዙፋኖም ዓንድን ጸግዕን ዝነበረ ብትሑስቱኡ ጽፉፍ፣ ብዓቕኑ ብዙሕ ዝነበረ ናይ ኣቡኦም ናይ ሓረርጌ ሰራዊት፣ ኣብ ኢትዮጵያ ነጋዶ ዝነበሩ ናይ ግሪክ፣ ዓረብን ኣርመንን ተወለድቲ፣ ናይ ሸዋ ካሕናት፣ ናይ ሓገርና ምሑራት ዕሙናት ደገፍቶም ነበሩ።

እንግሊዛውያን ካብ ሓገርና ምስወጹ ሓጼ ሓይለስላሴ ንምእማኑ ብዝሸግር መገዲ ኣብ ሰሜን ኣሜሪካ መንግስቲ ፍሉይ እምነት ሓዲሩዎም ምስ ኣሜሪካዉያን ሕግብግብ ክብሉ ጀመሩ። ንኣሜሪካውያን ካብ ልቢ ስለዘፍቐሩዎም *<<ኢታ እንኮ ፈታዊትን ሓላዪትን ኢትዮጵያ ኣሜሪካ'ያ>>* ብምባል ኣብ ጉዳይና ገበርቲ ሓደግቲ ክኾኑ ኣፍቐዱ። በዚ ግብሮም ዘይተኣደነ ጸላኢ ሸሚቶምልና ክሳብ ሎሚ እንዳደመና ንነብር ኣለና። ካብቲ ዝገርም ነገር ሓጼ ሓይለስላሴ ብሰሪ ፋሺስት ኢጣልያ ወረራ ዓዶም ገዲፎም ናብ ብሪታንያ ምስተሰዱ ናብ ኣሜሪካ ክኸዱ ደልዮም ናይ ሰሜን ኣሜሪካ ኢምፔሪያሊዝም ናብ ኣሜሪካ ከይኣትው ኣሰናኪሉ ኣትሪፉዎም'ዩ።

ናይ ፍቕሮም ጥርዚ ዘርእየና ናይ ሰሜን ኣሜሪካ ኢምፔሪያሊዝምን ናይ ማሕበርነት ሓይላት ናይ ደርብን ስነ-ሓሳብን ርጽም ነጽብራቅ ዝኾነ ዝሁል ኹናት ብፍላይ ናይ ሰሜን ኣሜሪካ ወራሪ ሰራዊት ብፍጹም ትዕቢት ዝወረሮ ህዝቢ ኮርያ ንሓድነቱ ንነጻነቱ ዝገብሮ ተጋድሎ ምምዝዛን ኣጊሙዎም ምስቲ ወራሪ ናይ ኢምፔሪያሊስት መንግስቲ ዘርዮም ሓደ ሻለቃ ጦር ብዝማት ኣብ ሓዊ ተሸሚሞም።

እዚ ተግባር ዉጽኢት ኔሩዎ። ብሰሪዚ ዉሳነ *<<ናይ ሰሜን ኣሜሪካ ኢምፔሪያሊዝም ኣፍቃሪ>>* ዝብል ስም ካብ ምርካብና ብተወሳኺ በዚ ተግባር ዝነደሩ ናይ ማሕበርነት ሓገራት ገና ካብ ትፍጠር ዓመታት ዘየቑጸረት

ጎረቤትና ሶማል 181 ሚልዮን ዶላር ኣዉፊሮም፣ ከሳብ ኣንቖራ ኣዕጢቖም፣ ኣብ ሓጺር ጊዜ ንወረራ ኣዝመቱልና።

<<*ናይ ሰሜን ኣሜሪካ ኢምፔሪያሊዝም ኣፍቓሪ*>> ተባሂልና ዝወረደና በደል ንምድባስ ይመስል ኣሜሪካዉያን ናይ ባንክ ክኢላታት ኣብ ንግዲ-ባንክ፣ ናይ መጓኣዝያ ሰብ ሞያታት ኣብ ሲቪል ኣቪዬሽን፣ ንኢትዮጵያዉያን ተመሓሮ ኣብ ኣሜሪካ ነጻ ናይ ትምህርቲ ዕድል ክሕቡ ጀሚሮም። ካብዚ ወጻኢ ወትሃደራዊ ተራድኦ ክንፍጽም ኢና ብምባል ዘምጽዎ ኣጽዋራት ምስ ዓለም ወትሃደራዊ ቴክኖሎጂ ክወዳደር እንከሎ ብሉይ፣ ን2ይ ኹናት ዓለም ዝተፈብረኸ፣ ግዚኡ ዝሓለፎ ነበረ።

ሓጼ ሚኒሊክ ሓጼ ቴድሮስ ዝነቓቐሉዎ መስፍናዊ ስርዓት ዳግም ከምዝተኸልዎ ሓጼ ሓይለስላሴ'ዉን ፋሺስት ኢጣልያ ዝነደሎ ድሑር ስርዓት ዳግም ኣተሲኦም ካብ ፋሺስት ኢጣልያ ሰይፍ ዘምለጡ መሳፍንትታትን መኻንንትታት ኣኪቦም ኣብ ርስቲ ወለዶም ተኸሉዎም። ኣብ ፋሺስት ኢጣልያ ዘመን ወናኒ መሬት ኮይኑ ኣስተርሕዩ ይነብር ዝነበረ ሓረስታይ ህዝብና ናተይ መንግስቲ ረኺበ ኢሉ ክድብል ምስጀመረ ዳግም ናይ መሳፍንትታት ጊልያን ኣኻይን ኮይኑ ክነብር ተፈርደ።

ምስ ፋሺስት ኢጣልያ ኣብ ዝተኻየደ ዉግእ መሳፍንታታት ብኹናት ከምዝተወድኡ ሰራዊቶም'ዉን ከምዝረገፈ ዝተረድኡ ሓጼ ሓይለስላሴ ናይ መሳፍንትታት ስልጣን መንጢሎም ኣብ ኢዶም ብምውሕላል ሓጼ ቴድሮስ ዝሓለሙዎ ጠንካራ ማዕከላዊ መንግስቲ ናይ ምምስራት ሕልሚ ኣተግቢሮሞ። ካብዚ ብተውሳኺ ኣብ ሓረስቶት ዝጸዓን ናይ ምሕርቲ ጠለብ፣ ኣብ ኣውራጃታት ዝሰላዕ ግብሪ፣ ልዑል ብምንባሩ ኣብ ክፍላተ ሓገራት ዓመጽ ተባረዐ። ካብ ስደት ምስተመልሱ ዘጋጠሞም ፍልማዊ ዓመጽ ናይ ትግራይ ክ/ሓገር መሳፍንታትን መኻንንታትን ሓረስቶት ወዲቦም ዝወልእዎ <<*ናይ ቀዳማይ ወያኔ*>> ዓመጽ ነበረ።

ኣብ ታሕሳስ 1960 ዓም ሓጼ ሓይለስላሴ ንነብሶምን ንስድርኦምን ክሕልው ዘቖሙዎ ናይ ክቡር ዘበኛ ሰራዊት ኣዛዚ'ኡ ጀነራል መንግስቱ ንዋይ ምስ ምንኣስ ሓው ግርማሜ ንዋይ ሓጼ ሓይለስላሴ ናብ ብራዚል ኣብ ዝገሹሉ ዕለት ዕሉዋ መንግስቲ ፈቲኑ ብዙሓት ሰበስልጣናት መንግስቲ ተቐትሉ። ናይቲ

ፈተነ ዕሉዋ ሓንዳሲ መንግስቱ ንዋይ ብማሕነቖቲ ተቖትለ። እዚ ፈተነ ብዕሽሉ ተቖጽዩ'ኳ እንተተረፈ ሓጼ ሓይለስላሴ ከምዝብሉዎ <<ስዩመ-እግዛብሔር>> ዘይኮኑ ብአርኣያ ስላሴ ዝተፈጥሩ፣ ኣብ ዝኾነ ሰዓት ከምዝወድቑ ኣሚቱ ናይ ለዉጢ ስምዒትን ምንቕቓሕን ፈጠረ። በዚ ስምዒት ዝተጸልው ናይ አዲስ አበባ ዩንቨርስቲ ተመሃሮ <<መሬት ንሓረስታይ፣ ህዝባዊ መንግስቲ ይመስረት>> ዝብሉ ጭርሖታት ብምጭራሕ መስፍናዊ ስርዓት ከኸትም ሰላማዊ ቃልሲ ጀመሩ።

በዞም ምልዕዓላት ናይ ሓጼ ሓይለስላሴ መንግስቲ ብጭንቐት ከሕቖን ጀመረ። ኹነታት ከምዚ ኢሉ እንከሎ ኣብ 1974 ዓም ናይ ሰራሕተኛታት ኣድማ፣ ናብ ኮንጎን ኮርያን ዝዘመቱ ወትሃደራት ደሞዝ ይወሓበና ዝብል ናይ ወትሃደራት ዓመጽ ተወለዐ። ናይ ሓጼ ሓይለስላሴ መንግስቲ ናይ ወትሃደራት ዓመጽ ስለዘስንአ ሕቶአም ካብ ምምላስ ብተወሳኺ ንወትሃደራት ወሰኸ ደሞዝ ጌሩ ከአጽዎ ምስፈተነ ካብ ኣርባዕቲኡ ክፍልታት ሰራዊት ዝመጹ መስመራዉያን መኮንናት ሰነ 1974 ዓም ከም ብሓድሽ ኣብ አዲስ አበባ 4ይ ክ/ጦር ተኣኪቦም ብቋንቋ ግዕዝ ንኒብሶም <<ደርግ>> ሰምዮም መንግስቲ ናይ ምንዳልን ምምሓውን ስራሕ ጀመሩ።

ናይ ሓጼ ሓይለስላሴ ዕሙን ኣገልጋሊ መሲሎም ንስለስተ ወርሒ ብዘካየዱዎ ዝተጠናነገ ዕማም ናይ ሓጼ ሓይለስላሴ ሰበስልጣናት ንሓጼ ሓይለስላሴ ኣፍቕዶም፣ በብሓደ ለቒሞም ብምእሳር መሓውር መንግስቲ ምስልመሱ ኣብ መፈጸምታ ናይቲ ስርዓት ኣርማ ዝነበሩ ሓጼ ሓይለስላሴ ኣሲሮም ናይ ሓጼ ሓይለስላሴ ዘመነ-መንግስቲ ኣኸተመ። በዚ መገዲ ቤተ-ክሕነትን ቤተ-መንግስትን ተላፊኖም ንኣሻሓት ዘመናት ዘቖሙዎ መስፍናዊ ስርዓት ሓንሳብን ንሓዋሩን ኣብ ምድሪ ኢትዮጵያ ተቐብረ።

ክፍሊ ኣርባዕተ

ኤርትራ

ምዕራፍ ዓሰርተ ክልተ

ኤርትራ

ናይ ሰላሳ ዓመት ናይ ዉክልና ኹናት ጠንቒ ናብ ዝነበረ ፖለቲካዊ ሓዋሕዉን ምዕባለን፣ ናይ አውሮፓ ገዛእቲ ብፍላይ ናይ ኢጣልያ ፋሺዝምን ናይ ብሪታንያ ኢምፔሪያሊዝም ናይ ኤርትራ ክፍለሓገር ከም ግራት ቖሪሶም፣ ካብ ኢትዮጵያዊ ወገኑ ፈልዮም፣ እንዳተበራረዩ ዘውረዱሉ ሕሱም ዓሌታዊ መድልዎን ዘግነብንብ ግፍኢ ስዒቡ: ኢትዮጵያዉያን ኣብ ዓለም መድረክ፣ ናይ ኢትዮጵያ ሓድነት ማሕበር ፍቅሪ ሓገር ድማ ኣብ ዉሽጢ ዓዲ ተላፊኖም ብዘካየዱዎ ከቢድ ተጋድሎ 5ይ ስሩዕ ኣኼባ ውድብ ሕቡራት ሓገራት ኤርትራ ብፌዴሬሽን ምስ ኢትዮጵያ ክትጽምበር ብልዑል ድምጺ ዝደንገገሉን ድሕሪ'ኡ ምስ ፌዴሬሽን ምፍራስ ኣብ ምዕራባዊ ቆላ ዝጀመረ ሽፍትነትን ውንብድናን ቅድሚ ምዝንታወይ ናይ ኤርትራ ክፍለሓገር ህዝቢ ያታ፣ ባህሊ፣ ባህርያዊ ጸጋ፣ ቐርጺ-መሬት፣ ኢኮኖምያዊ ድሕረ-ባይታ ወ.ዘ.ተ. ከይገለጽኩ ንሰላሳ ዓመት ናይ ደም ግብሪ ዝኸፈልናሉ ታሪኽን መንቐሊኡን እንተዘዘንትው ናይ ኤርትራ ታሪኻዊ ድሕረ-ባይታ *ንምንታይ ዘየዘንተኻ?* ዝብሉ ኢትዮጵያዉያን ወገናት ስለዝህልው ናይ አርትራ ክ/ሓገር ታሪክ ከምዚ ዝስእብ ከቕርቦ'የ።

ከምዝፍለጥ ናይ ኢጣልያ ፋሺዝም ካብ ዝፈጸሞ ናይ ሓምሳን ሰለስተን ዓመት ታሪክ ምብታኽን ምፍልላይን ወጻኢ ናይ ኤርትራ ክፍለ-ሓገር ወገንና ካባና ኢትዮጵያዉያን ዝፍለ ናይ ባዕሉ ዝበሃል ታሪኽ የብሉን። ናይ ኤርትራ ታሪኽ ናይ ኢትዮጵያ ታሪኽ'ዩ! ናይ ኢትዮጵያ ታሪኽ ናይ ኤርትራ ታሪኽ'ዩ!

ኣብ ጥንታዊት ኢትዮጵያን ማዕከላይ ዘመን *<<ምድሪ ባሕሪ>>* ኣብ ዘመናዊት ኢትዮጵያ ድማ *<<ናይ ኤርትራ ክፍለሓገር>>* ተባሂሉ ዝጽዋእ ግዝኣት ናይ ሰለስተ ሽሕ ዓመት ታሪኽና ማለት ካብ ኩሻይት መንግስቲ ጀሚሩ ናይ ፑንት መንግስቲ፣ ንግስነት ዳዕማት፣ ንግስነት ኣኽሱም፣ ንግስነት ዛጉዌ፣ ናይ ሽዋ ስርወ-ንግስነት ኣብ ዝነበረ ናይ ታሪኽ መዋእል ኣብ ፖለቲካዊ ስልጣን ኢትዮጵያ ዝተበራረዩ 150 ዝገማገሙ ነገስታት ናይ ኤርትራ ክፍለሓገር ናብ ደገ ዝወጹሉን ዝኣትዉሉን ባብ ጥራይ ዘይኮነ ኢትዮጵያ ኣብ ዓለም ካብ ዝነበሩ ኣርባዕተ ሓያላን ሓገራት ሓንቲት ክትከዉን ዘብቕዓ እዚ ግዝኣት'ዩ።

ኣንባቢ ኣብ ክፍሊ ሓደ ማለት ኣብ ጥንታዊት ኢትዮጵያ ታሪኽ ከምዝዝክሮ እዚ ጊዜ ኢትዮጵያዉያን ቐይሕ-ባሕሪ ስጊርና ምስ ኣዕራብ ዝተፋጠጥናሉን ዝተዋጠጥናሉን ጊዜ ጥራይ ዘይኮነ ናይ ንግስነት ኣኽሱም ወትሓደራዊ ኣዛዚ ጀነራል ኣብራሃ ከም የመንን እማንን ዝኣመሰሉ ሓገራት ን45 ዓመት

ዘመሓደረሉ ወቕቲ ነበረ። ድሕሪ'ኡ ተዳኺምና ናብ መሬትና ምስተመለስና ናይ ደገ ጸላእቲ መጥቃዕቶም ዝፍንዉልና በዚ ኣፍ-ደገ ባሕርናን ናይ ኤርትራ ምድርን እዩ።

ኣዕራብን ናይ ኣውሮፓ መስፋሕፋሕትን ንሓሙሽተ ሚእቲ ዓመታት እንዳተመላለሱ በብዕብረ መጥቃዕቶም ክፍንዉልና እንከለው ንሕና ኢትዮጵያዉያን ክልተ ጊዜ ምስ ቱርካውያን፣ ክልተ ጊዜ ምስ ግብጻዉያን፣ ሰለስተ ጊዜ ምስ ሮማዉያን ናይ ደምን ኣዕጽምትን ግብሪ ክፈልና ዝመከተናዮም ኣብ ኤርትራ ክፍለሓገር'ዩ። ኣብ ጥንታዊት ኢትዮጵያ ዝኸፈልናዮ ናይ ደምን ኣዕጽምትን ዋጋ ገዲፍና ማዕከላይ ዘመን(ሚድል-ኤጅ) ዝበሃል ማለት ካብ 10ይ ክፍለ-ዘመን ክሳብ መበል 18 ክፍለ-ዘመን መወዳእታ ዝነበረ ናይ ታሪኽ መዋእል እንተሪኢና ኣዕራብ፣ ናይ ኣውሮፓ መስፋሕፋሕቲ፣ ናይ ኢምፔሪያሊዝም ሓይላት ንሓሙሽተ ሚዕቲ ዓመት እንዳተመላለሱ በብዕብረ ዝፈነዉልና ወትሃደራዉን ባሕላዉን ወረራ ንምምካት ዝኸፈልናዮ መስዋእትነትን ድሕሪ'ኡ ዝተኻየደ ናይ 30 ዓመት ናይ ዉክልና ኹናት ደሚርና እንተሪኢና ንዓና ኢትዮጵያዉያን ናይ ኤርትራ ምድሪ ደምና ሰትዩ ዘይጸግብ <<ኣኼልዳማ>> ወይ ድማ ናይ ደም ግራት'ዩ።

ሎሚ ይኹን ጽባሕ ብሓፈሻ ንዘልዓለም ህዝቢ ኢትዮጵያ ብዕቱብ ክፈልጦን ክሓስበሉን ዝግባዕ ጉዳይ: ናይ ኤርትራ ክፍለሓገር ወገንና ብ'ቛንቁኡ፣ ባሕሉ፣ ያቱኡን ደሙን ፍጹም ኢትዮጵያዊ ክንሱ ስቓይናን ብኽያትናን ዘሰራስሮም ኣዕራብ፣ ናይ ሰሜን ኣሜሪካ ኢምፔሪያልዝም ብዝፈሓሱልና ተንኮል ካብ ኢትዮጵያዊ ወገኑ ተፈልዩ ክነብር ምፍራዱ ጥራይ ዘይኮነ ጥንታውያን ጸላእትና: ቐይሕ-ባሕሪ ከም መእተዊ ባብ፣ ናይ ኤርትራ ክፍለሓገር ከም መንጠሪ ባይታ ተጠቒሞም ንካልኣይ ወረራን ኸበባን ስለዘዳለውዎ ሉዓላዉነትናን ግዝኣታዊ ሓድነትና ጥራይ ዘይኮነ ሕላዌና ኣብ ከቢድ ፈተና ወዲቑ'ሎ።

እምበኣር ናይ ኤርትራ ክፍለሓገር ታሪኻዊ ድሕረ-ባይታ ቆንጪለ ካብ ኣቐረብኩ ናይ ኤርትራ ክፍለሓገር ምርኣይ ንዘይኸኣሉ ኢትዮጵያዉያን ወገናት ብፍላይ ናይ ኢትዮጵያን ኤርትራን ሓድነት ፈሪሱ ኤርትራ ምስተነጸለት ዝተወልዱ መንእሰያት ምስ ምድሪ ኤርትራን ምስ ህዝባን ምልላይ ኣድላዩ ይመስለኒ።

ብቋንቋ ግሪክ <<*Erythra Thalassa*>> ማለት ቐይሕ-ባሕሪ ማለት ክኸዉን ፋሺስት ኢጣልያ ኣብ 1890 ዓም እግሩ ኣትኪሉ ምስረገጸ ምድሪ ባሕሪ ዝበሃል ታሪኻዊ ስማ ገፊፉ <<*ኤርትራ*>> ዝብል ናይ ባዕዲ ስም ኣጥሚቑ ጥሪ 1 1890 ዓ.ም. ብወግዒ መስረታ። ፋሺስት ኢጣልያ ነዚ ስም ቅድሚ ምሃቡ እዚ ስፍራ ምድሪ ባሕሪ ተባሂሉ ይጽዋእ ኔሩ ደኣምበር ኣብ ዝኾነ ናይ ታሪኽ ኣጋጣሚ <<*ኤርትራ*>> ተባሂሉ ዝፍለጥ ግዝኣት፣ ቁሸት፣ ዓዲ ኣይነበረን። ከምኡ'ዉን <<*ኤርትራዊ*>> ዝበሃል ዉልቀሰብ፣ ስድራቤት፣ ምትእኽኻብ፣ ህዝቢ ኣይነበረን። ኣብ ታሪኽ ኣይፍለጥን።

ኣቀዲመ ከገልጾ ከምዝፈተንኩ ኤርትራ ተባሂሉ ዝፍለጥ ግዝኣት ኣብ ጊዜ ንግስነት ዳዕማትን ንግስነት ኣኽሱምን ካብ ርዕሰ-መዲና ጥንታዊት ኢትዮጵያ ኣኽሱም ብሚእቲ ኪሎሜትር ራድየስ ርሕቐት ስለዝርከብ ናይ ኢትዮጵያ ነገስታት ካልኣይ ርዕሰ-መዲና ካብ ምኻኑ ብተወሳኺ ናብ ደገ ዝወጽእን ናብ ዉሽጢ ዝኣትዉን ኢደ-ስርሓት፣ ንብረት፣ ሓለኽቲ ዝሓልፈሉ ግዝኣት ብምንባሩ ልዑል ጠመተ ዝነበሮ ሕምብርቲ ኢትዮጵያ ኔሩ። ናይ ኣኽሱም ንግስነት ኣብ 9ይ ክፍለዘመን ተቖጽዩ ናይ ኢትዮጵያ ማዕከል ሎሚ ወሎ ክ/ሓገር ላስታ ኣዉራጃ ተባሂሉ ናብ ዝፍለጥ ከባቢ ምስገኣዘ ኤርትራ ብጥንታዊ ስማ <<*ምድሪ ባሕሪ*>> ምስ ትግራይ ክፍለሓገር ተላፊና ናይ ትግራይ መሳፍንትን ናይ ኤርትራ መሳፍንትን ኣብትሕቲ ንግስነት ዛጉዌ ርዒምም በብዕብረ ዘመሓድሩዎ ኢትዮጵያዊ ግዝኣት ነበረ። ናይ ኤርትራ ናይ ግዝኣት ስፍሃት ካብ ቃሮራ ጀሚሩ ክሳብ ዙላ ዝዝርጋሕ ብድምር 64,000 ትርብዒት ኪሎሜትር ስፍሓት ዝዉንን ግዝኣት ክኸዉን ኣብ 1985 ዓ.ም. ኣብ ዝተኻየደ ናይ ህዝቢ ናሙና ቆጸራ(*ሳምፕል ስታቲስቲክስ*) ከምዘመልከቶ ናይ ኤርትራ ክፍለሐገር ህዝቢ 3,000,000 ከምዝኾነ እዩ።

ክብ ኢለ ዝገለጽኩዎ ሓቒ ንኣንባቢ ምብራህ ኣድላዩ ይመስለኒ። ናይ ኤርትራ ክፍለ-ሓገር ኣብ ቃሮራ ጀሚሩ ክሳብ ዙላ ወደብ(*ምጽዋ ደቡብ ሓምሳ ኪ.ሜ.*)

ዝዝርጋሕ'ዩ። ናይዚ መሰረትን መርትኦን ፋሺስት ኢጣልያ ንኢትዮጵያ ከዓብጥን ጎሮሮ'ኣ ደፊኑ ከምብርክኽ ሕልሚ ስለዝነበሮ <<ፋባቲና>> ዝበሃል ናይ መርከብ ፋብሪካ ናይ ዓሰብ ኣውራጃ ከምዝገዝአ ኣመሳሚሉ ናይ ዓፋር ህዝብና ዝነብረሉ ናይ ዓሰብ ኣውራጃ ቐሪሱ ምስ ኤርትራ ክፍለሓገር ስለዝጸምበሮ'ዩ።

ነዚ ታሪኻዊ በደልን ግፍዕን ዝተረደአ ናይ ኢትዮጵያ ኣብዮታዊ መንግስቲ፡ ህዝቢ ዓፋር ናይ ርስቱ በዓል ዋና ኮይኑ ንነብሱ ብገዛዕ ርዕሱ ከመሓድር ምእንቲ ኣብ 1987 ዓ.ም. <<ናይ ዓሰብ ራስ ገዝ>> ዝበሃል ርዕሰ-ምምሕዳር ኣፍልጦ ሂቡ'ዩ። በዚ መገዲ ህዝቢ ዓፋር ናይ ገዛዕ ባዕሉ ኣመሓዳሪ ኮይኑ፣ ናይ ፍሉይ ራስ-ገዝ መሰል ተጎናጺፉ፣ ካብ ኤርትራ ክፍለሓገር ምስተነጸለ ናይ ኤርትራ ምድሪ ስፍሓት 64,000 ትርብዒት ኪሎሜትር'ዩ።

ካብ ወሓይዝ ናይል፣ ካብ ማዕከላይ ምብራቕን ሰሜን ኣፍሪካን ካብ እስያ ኣብ ነንበይኑ ጊዜያት መበቖል ዓዶም ገዲፎም ጥዑምን ልኡምን ንፋስ ናብ ዘለዋ ሓገርና ኢትዮጵያ ዝኣተው ኣሕዛባት ፈለማ ብቐይሕ-ባሕሪ ገሮም ምስኣተው ዝሰፈሩ ኣብ ኤርትራ ክፍለሓገር ነበረ። እዞም ኣሕዛባት ምስ ህዝቢ ናይቲ ከባቢ ተሓናፊጾም ስለዝተዋለዱ ሎሚ ብናይ ቀደም ስሞምን ማሕበራዊ ቑመናኦም ኣይርከቡን። ባሕሪ ሰጊሮም ካብ ዝኣተው ወጻእተኛ ኣሕዛባት ብተወሳኺ ካብ ዉሽጢ ኢትዮጵያ ብፍላይ ካብ ትግራይ ክፍለሓገር፣ ካብ ጎንደር ክ/ሓገር፣ ካብ ኣገው ናብ ኤርትራ ፈሊሶም ኣብዚ ከባቢ ካብ ጥንቲ ዝነብር ህብረተሰብ ቋንቋኡ፣ ያቱኡ ጥራይ ዘይኮነ መንነቱ ሓናፊጾሞ'ዮም።

ንኣብነት ኣብ ኸረን ኣውራጃ ዝነብሩ ናይ ብሌን ብሄረሰብ ኣባላት ካብ ሰሜን ኢትዮጵያ ኣገው ካብ ዝበሃል ብሄረሰብ ዝፈለሱ ክኾኑ ካብ መበቖል ዓዶም ሂዞሞ ዝኸዱ ናይ ክርስትና ዕምነት ዝለወጡ ኦቱማን ቱርክ ካብ ምጽዋ ኣውራጃ ናብ ኸረን ኣውራጃ ተወርዊሩ፣ ብኣስገዳድ ሓይማኖቶም ክልዉጡ ኣብ ዘካየዶ ናይ ጅሃድ ወፈራ ነበረ።

ካብዚ ብተወሳኺ ኣስመራ ዙርያ ተባሂሉ ኣብ ዝፍለጥ ከባቢ ዘለው ዓድታት ማለት ከም ዓዲ ያቆብ፣ ጻዕዳ-ክርስትያን ወ.ዘ.ተ. ካብ ጎንደር ክፍለሓገር ደምብያ ኣውራጃ ዝፈለሱ ኣሕዛባት ሰፊሮም ኣብቲ ከባቢ ምስ ዝነብር ህዝቢ ተዋሲቦም ዘቖሙወን ኣድታት እየን። እዞም ህዝብታት ተሓናፊጾም ሎሚ ናብ

ትሽዓተ ብሄረሰባት ወይ ድማ ሕብረሰባት ከብ ኢሎም ይርከቡ። በዚ መገዲ ምስ ህዝቢ ኢትዮጵያ ተዋሲቡን ሓደ ኾይኑን ዝነበረ ናይ ኤርትራ ክፍለሓገር ወገንና ካብ ማዕከላይ ዘመን ኣትሂዙ ኣብ ታሪኽ ዘሕለፎ መዋዕል እንተርኢና ኣቀዲመ ከምዝገለጽኩዎ ንሓሙሽተ ሚእቲ ዓመት በብዕብረ ዝተኻየደልና ወትሃደራዉን ባሕላዉን ወረራን ኸበባን ፍልማዊ ግዳይ ንሱ ኔሩ።

ናይ ኤርትራ ክፍለሐገር ቕርጺ መሬትን ክሊማን ኣብ ክልተ ዝምቐል'ዩ። እቲ ገፊሕ ስፍሓትን ዘንድድ ሓሩር ዘለዎ ናይ ቆላ ክፍሊ ሓደ'ዩ። ጥዑም ንፋስን ዝምችዕ ኣየርን ዘለዎ ንምንባር ግን ኣሸጋርን ኣረብራብን ቕርጺ መሬት ዝውንን ብልሙድ ኣጸዋውኣ *<<ከበሳ>>* ተባሂሉ ዝጽዋእ ክፍሊ ካልኣይዩ'ዩ። ከበሳ ተባሂሉ ዝጽዋዕ ናይ ሓማሴን፣ ኣካለጉዛይን ሰራየን ኣውራጃ ጥራይ ዘይኮነ መለክዒኡ ክሊማን ኹነታት ኣየርን ስለዝኾነ ናይ ሳሕል ኣውራጃ ብፍላይ ሰሜን ምዕራብ ሳሕል ዘሎ ምድሪ ጸሊም ሕብሪ ብዝዉንኑ ሓድሕዶም ከም ገመድ ዝተጠናነኑ፣ *<<ሮራ-ጸሊም>>* ዝበሃሉ ጸፋሕቲ ጎቦታት ተኸቢቡ ጥዑም ንፋስ ስለዝውንን ከበሳ ክንብሎ ንክእል። ንሰላሳ ዓመት ኣብ ዝተኻየደ ናይ ሓድነት ተጋድሎ እዚ ገዛኢ መሬት ናይ ወንበዴ ድፋዕን ዕርድን ጥራይ ዘይኮነ ባህርያዊ ዘራይ ኮይኑ ዘድመየና ቅርሱስ መሬት'ዩ።

ናይ ሳሕል ኣውራጃ ሰሜናዊ ምብራቅ ከም ረመጽ ዝሽልበቡ ሑጻታት፣ ብሑጻ ዝተኻወሱ ሩባታት ኣብ ዓሚዩቕ ሽንጥሮታት ዝዉሕዙሉ ብሓፈሻ ምድረ-በዳ ከበሃል ዝክእል መሬት'ዩ። ናይ ሳሕል ኣውራጃ ብሓፈሻ ብዓሚዩቕ ሽንጥሮታትን ጸፋሕቲ ተረተራትን ተኸቢቡ ካብ ኤርትራ ክፍለሓገር ስፍሓት ዓሰርተ ሓሙሽተ ሚእታዊት ከምዝሽፈን ይንገር።

ካብ ሳሕል ኣውራጃ ደቡብ ወይ ድማ ናይ ኤርትራ ክፍለሓገር ምዕራባዊ ክፋል ማለት ናይ ጋሽ ሰቲት ኣውራጃ ብልሙድ ኣጸዋውኣ ምዕራባዊ ቆላ ተባሂሉ ይጽዋዕ። ምዕራባዊ ቆላ ዳርጋ ኹሉ ንምባል ብዝደድፍር መጠን ቀላጥ ጎልጎል'ዩ። ሓሓሊፉ ናይ እምኒ፣ ኣኻውሕ ኹምራ ዝተጻዕኖም ኩርባታት ይረኣዩ'ዮም። ምዕራባዊ ቆላ ከም ስሙ ቆላ ወይ ድማ ትንፋስ ዝጽንቕቕ ሓሩር ዝወረሶ ኣውራጃ'ዩ። ናይቲ ክፍለሓገር መብዛሕቱኡ ሕርሻ፣ ማእቶት ዝሰላሰለሉ ፍርያም መሬት'ዩ። ናይ ምዕራባዊ ቆላ ፍርያምነት ምስ ቕርጺ-መሬቱ ዝተኣሰሰር'ዩ። ናይ ሳሕል ኣውራጃን ከበሳታትን ኣብ በሪኽ ቦታ ስለዝተደኾኑ ኣብ ጊዜ ክረምቲ ዝዘንብ ዝናብ፣ ሓመድ ሓጺቡ፣ ካብዞም

በረኸቲ ስፍራታት ኣዕለቕሊቑ፣ ከም ዉሕጅ ስለዝዉሕዝ ምዕራባዊ ቆላ ልሙእ'ዩ።

ብተወሳኺ ምስ ሳሕል ኣውራጃ ደቡባዊ ክፋል ዝዳወብን ሩባ ዓንሰባ ዝዉሕዘሉ ናይ ባርካ ኣውራጃ: ሓሓሊፉ ናይ ማይ ኪፍኪፍታ ስለዝረክብ ሳዕርን ቆጽለመጽልን ኣቡቀኣሉ ኣብቲ ከባቢ ዝነብሩ ሰበኽ ሳግም ኣጣሎምን፣ ኣብዑሮምን ከምግቡ ስለዘኽእሎም እዚ ስፍራ መኽዘን ኣብዑር'ዩ ክብል ይደፍር። ናይ ምዕራባዊ ቆላ ስፍሓት ካብ ኤርትራ ክፍለሓገር ኢስራን ሓሙሽተን ሚእታዊት ከምዝሸፍን ይግለጽ። ኣብዚ ሓደ ነገር ክገልጽ ይደሊ: ኣብ ምዕራባዊ ቆላ ዝነብሩ ሰበኽ-ሳግም ሰብኣዉነት፣ ርህራህ፣ ልግስና ዝተኣደሉ፣ ፍጹም ሰብዓውነት ዝተላበሱ ጥዑም ኣህዛባት እዮም።

ህዝቢ ክርስትያን ዝነብረሉን ብዙሕ ቁጽሪ ህዝቢ ከምዝቕመጠሉ ዝንገር ናይ ሓማሴን፣ ሰራዬ፣ ኣካለጉዛይ ኣውራጃታትን ከፊል ናይ ኸረን ኣውራጃ'ዩ። እዞም ኣውራጅታት ናይ ኤርትራ ክፍለሓገር ርዕሰ ኸተማ ኣብ ማዕከሎም ሒዞም ካብ ጽፍሒ ባሕሪ ብናተይ ግምት ካብ ክልተ ሽሕ ሜትሮ ብራኸ ዝብርኹ፣ እኩል ማይ ዝረኽቡ እኻ እንተኾኑ ኣብዚ ከባቢ ዝነብር ህዝቢ ብሕርሻ ስለዝናበር ካብ ሰራዬ ኣውራጃን ሓማሴን ኣውራጃን ወጻኢ ናይ ኸረን ኣውራጃ ንሕርሻ ዝጥዕም ኣይኮነን። ናይ ኣካለጉዛይ ኣውራጃ'ውን ካብኡ ዝፍለ ኣይኮነን። ምኽንያቱ ካብ ኣካለጉዛይ ኣውራጃ ዝብገሱ ግዙፍ ዕምባታት፣ ሓው ዝበሉ ጸድፍታት፣ ሰንሰለት ሰሪሖም ክሳብ ኸረን ኣውራጃ ስለዝዝርግሑ ኣብዚ ከባቢ ሕርሻ ክተካይድ ዝምዕምዕ መሬት የለን።

ኣብ ኣካለጉዛይ ኣውራጃ ንሪኦም ገዘፍቲ ዕምባታት ከም ሰንሰለት ተለቓቒቦም ክሳብ ኸረን ምስተዘርግሑ ነታ ኸተማ ግርማ ሒቦም፣ ኣንፈቶም ንሰሜን ቐጺሎም፣ ካብ ኸረን ብናተይ ግምት 30 ኪ.ሜ. ተፈንቲቱ ዝርከብ መስሓሊት ምስበጽሑ ፍርቒ ናይ ካቲም ቕርጺ ሰሪሖም፣ ነቲ ጸባብ ዝጠዋወ ጽርግያ የማነ-ጸጋም ገዚኦም፣ ንመስሓሊት ምስሓለፉ ቕርጺ ናይቲ መሬት ብሓንሳብ ናብ

መስሓሊት

ሽንጥሮ ክልወጥ እዞም ጎቦታት'ዉን ሕብሮም ብሓንሳብ ተለዊጡ ጸሊም ሕብሪ ይዉንኑ። ኣቀዲመ ዝገለጽዎ ናይ *ሮራ-ጸሊም* ቅርሱስ መሬት ኣብዚ ጀሚሩ 200 ኪ.ሜ ንሰሜን ይዝርጋሕ። ናይ ኤርትራ ክፍለሃገር ምብራቃዊ ክፋል ካብ ምጽዋ ኣውራጃ ማለት ካብ ዙላ ክሳብ ቃሮራ ይዝርጋሕ። እዚ ስፍራ ከም ሓዊ ዝሽልብብ ጸሓይ ወትሩ ዘይፍለዮ ብሑጻታት ዝተመልዐ ሕሮርማ'ዩ። ስፍሓቱ ኢስራ ሚእታዊት ከምዝገማገም ይንገር።

ናይ ኣርትራ ክ/ሓገር ታሪክ፣ ህዝቢ፣ መሬትን ኣየርን ምስ ኣንባቢ ካበላለኹ ቐጺለ ናይ 30 ዓመት ናይ ዉክልና ኹናት ፖለቲካውን ማሕበራውን መንቐልን መበገስን ክድህስስ'የ።

ምዕራፍ ዓሰርተ ሰለስተ

ፋሺስት ኢጣልያ ናይ ኤርትራ ክፍለሓገር ካብ ኢትዮጵያ ቖሪሱ ኣብ ኢትዮጵያዊ ወገንና ዘብጽሖ ዘሰቕቕ ግፍዒ

ናይ ፋሺስት ኢጣልያ ወራሪ ሰራዊት ናብ ኤርትራ ክፍለሓገር ብፍላይ ናብ ኣፍሪካ ብሓፈሻ ክጥምትን ብዛዕባ ምስፍሕፋሕ ክሓስብ ደፋፊኡ፣ ብኢዱ ወጢጡ ናብ ከባቢና ዘምጽዖ ናይ ብሪታንያ ኢምፔሪያሊስት መንግስቲ ነበረ። በዚ መገዲ ኣብ ወርሂ ለካቲት 1885 ዓም ናይ ኢጣልያ ወራሪ ሰራዊት ኣዛዚ ኮ/ል ሳሬታ ናይ ምጽዋ ወደብ ካብ እንግሊዛዊ ኮ/ል ፐራት ተረኺቡ ናይ ወረራን ከበባን ወፈሩ'ኡ ቅድሚ ምጅማሩ 16 ዓመት ኣቀዲሙ: ብስም ልምዓትን ንግድን ኣመሳሚሉ፣ ናይ ዓፋር ኣመሓደርቲ ብገንዘብ ገዚኡ፣ ሎሚ ዓሰብ ተባሂሉ ዝፍለጥ ከባቢ ብመርከብ ፋብሪካ ስም ምስዓደገ ኔሩ ርኹስ ግብሩ ብወግዒ ዝጀመረ።

ን16 ዓመት ኣብ ዓሰብ ክጸንሕ እንከሎ ንኢትዮጵያ እንዳጽነዐን እንዳፈተሸን ብፍላይ ጁሴፔ ሳፔቶ ተሰምየ ናይ ሓሶት ቀሺ መንፈሳዊ ዕምነት ዝሰብኽ ባሕታዊ ተመሲሉ ንኢትዮጵያ ጥዑይ ጌሩ ምስጽነዐ ቀስ ብቀስ ካብ ዓሰብ ናብ በይሉልን ዙላን ምስገዓዘ ኔሩ ብብሪታንያ ኢምፔሪያሊዝም ዕድመ ኣብ ምጽዋ ክሰፍር ዝኽኣለ።

ናይ ምጽዋ ወደብ ምስተቖጻጸረ ከምቲ ኣቀዲሙ ዝገበሮ ብታሕዋኽ ናብ ኣስመራን ካልኦት ክፋላት ኢትዮጵያ ክሕንደድ ኣይደልየን። ቀስ ኢሉ እንዳተሰላየ ምጽዋ ዙርያ ብፍላይ ናብ ሰለሞና ኣውራጃ ቐጺሉ ግዝኣቱ ኣስፈሐ። ኣብ ሰለሞና ኣውራጃ ስሓጢት ተሰምየ ገዛኢ መሬት ምስተቖጻጸረ ናይ ራእሲ ኣሉላ ሰራዊት ኣብ ፍጹም ከበባ ኣውደቐ። ነዚ ዝተኸበ ሰራዊት ካብ ከበባ ንምውጻዕ ሻለቃ ቶማስ ክሪስቶፈር ዝመርሖ ሓደ ሻለቃ ጦር ካብ ምጽዋ ተበጊሱ ዶግዓሊ ምስበጽሐ ራእሲ ኣሉላ ናይ ድብያ መጥቃዕቲ ፈንዮም ከምዘሎ ምስደምሰሱዎ ገስጋሱ ተቖጽዩ ኣብ ምጽዋን ሰለሞናን ኣውራጃ ተዓቢጡ ተረፈ።

ኣብ ሞንጎ'ዚ ሓጼ ዮሓንስ ናይ ብሪታንያ ኢምፔሪያሊስት መንግስቲ ኣሚኖም ቅድሚ ሰለስተ ዓመት ዝኸተሙዎ ዉዕል ምስ ሱዳናዉያን ደም ስለዘቓብኦም ሱዳናዉያን ደሞም ክመልሱን ተሓኖም ከዉጽኡ ኣብዚ ጊዜ ንጎንደር ስለዝወረሩ ራእሲ ኣሉላ ሰራዊቶም ከምዘሎ ካብ ኤርትራ ክፍለሓገር ለቒቑ ናብ ጎንደር ከምርሕ ስለዝተኣዘዘ ኢጣልያዉያን ንጣብ ረሃጽን ደምን ከይከዓው ናይ ኤርትራ ክፍለሓገር ተቖጻጺሮም ን53 ዓመት ብሕሱም ዓሌታዉነት ክረግጹዎ ጀመሩ።

ኢጣልያዉያን ናይ ኤርትራ ክ/ሓገር ብክልተ እግሮም ምስረገጹ ካብ ጥንቲ *<<ምድሪ ባሕሪ>>* ተባሂሉ ዝጽዋዕ ታሪኻዊ ስሙ ገፊሮም ብ'ቋንቋ ግሪኽ *<<ኤሪትርያ ታልሳ>>* ዝብል ስም ከምዝሓቡዎ ኣብ ዝሓለፈ ምዕራፍ ንኣንባቢ ገሊጸ'የ።

ፋሺስት ኢጣልያ ኣብ ኤርትራ ክፍለሓገር ኣብ ዝጸንሑሉ 53 ዓመት ዝፈጸሞ ግፍዒ ዘሰክሕ ፍጹም ኢ-ሰብኣዊ ጥራይ ዘይኮነ ንምስኪን ሰብ ብሕርቓንን ነድርን ናብ ኣራዊት ናይ ምቕያር ኣቅሚ ኣለዎ። ኢትዮጵያ ኣብ ታሪኻ ነጻነታ ኣቒባ፣ ተሓፊራ ብማንም ከይተደፍረት ዝነበረት ሓገር'ኻ እንተኾነት ብፋሺስት ኢጣልያ ምስተወረት ኢጣልያዉያን ኣብ ኤርትራ ክ/ሓገር ወገንና ዝፈጸሙዎ ዘስገድግድ ግፍዕን ጭካነን ከምዚ ዝስዕብ ን'ኣንባቢ ከቕርቦ'የ።

ኢትዮጵያዉያን ዝነብሩሉ ገዛዉቲ፣ ኣባይቲ ብዓሌታዊ መድልዎን ዕምጻጻን መሰረት ካብ ኢጣልያዉያን ኣዝዮም ተረሓሒቖም ዝርከቡ ጥራይ ዘይኮኑ ብትሕስቶያምን ኣቓውሞኦምን ናይ መሬትን ናይ ሰማይን ፍልልይ ነበሮም።

<<ትምህርቲ ንጸለምቲ ኣሕዛብ ረኸሲ'ዩ>> ብምባል ተመሓሮ ካብ ራብዓይ ክፍሊ ከይሓልፉ ብትሪ ተደንገገ። ናይዚ ድንቁርናን መሓይምነትን መሓንድስ ዝነበረ፣ ንኤርትራ ዓሰርተ ዓመት ዘመሓደረ *ፈርዲናንድ ማርቲኒ*(1897-1907) ነበረ። ፈርዲናንድ ማርቲኒ ብዛዕባ ትምህርትን ሳዕቤኑን ክገልጽ: *<<ዝተማህረ ወደባ'ት ንመስርሕ መግዛእቲ ከሓላልኽ እዩ።>>* ምስ ትምህርትን ድንቑርናን ብዝተሓሓዝ ናይ ፋሺስት ኢጣልያ ወጻኢ ጉዳይ ሚኒስተር ዲኤስ ጉልያኖ[12] ኣብ ፓርላማ ኢጣልያ ክምድር: *<<ኤርትራዉያን ዕሸላዊ ኹነት-ኣዕምሮ(ኢንፋንታይል ሜንታሊቲ) እዮም ዝዉንኑ ብሰሪ ትምህርቲ ዝመጽእ ምራላዉን ስነ-ኣእሙራዉን ዘይ-*

12 Daniel Kinde. The Five Dimensions of the Eritrean Conflict: Deciphering The Geo Political Puzzle (2005).

ዉዱንነት(ኢምባላንስ) ኩላትና ክንጥንቀቐሉ ይግባዕ። ብሰሪ ትምህርቲ ኣንግሊዝ ኣብ ሕንዲ ዘጋጠማ ሽግር ጣልያን ከይትደግም ክትጥንቐቕ ኣለዎ።>>

በዚ መገዲ ፋሺስት ኢጣልያ ኣብ ፍጹም ድን ቑርናን መሓይምነትን ረጊጹ፣ ካብ ራብዓይ ክፍሊ ከይሓልፉ ትምህርቲ ሓሪሙ፣ ናይ ኤርትራ ክ/ሓገር ህዝቢ ን53 ዓመት ክረግጾ እንከሎ ካብ ራብዓይ ክፍሊ ንላዕሊ ማለት ቀዳማይ ደረጃ፣ ካልኣይ ደረጃ፣ ላዕላዋይ ጽፍሒ ትምህርቲ፣ ፍልጠትን ሞያን ዝቐሰሙ ሩባ መረብ ሰጊሮም ሓንጎፋይ ኢላ ኣብ ዝተቐበለቶም ወላዲት ኣዲኦም ኢትዮጵያ ነበረ።

ኢትዮጵያዉያን ሞያ፣ ክእለት፣ ናይ ስራሕ ልምዲ'ኳ እንተሓለዎም ምስ ኢጣልያዉያን ማዕረ ኮይኖም ናይ ምስራሕ መሰል ጥራይ ዘይኮነ ንተመሳሳሊ ስራሕ ተመሳሳሊ ክፍሊት ኣይኽፈሎምን ኔሩ። ኢትዮጵያዉያን ወገናትና ዝሰርሕዎ ስራሕ ዋርድያ፣ ሮፋዕ፣ ናይ ገዛ ሓሽከር ከምኡ'ዉን ጊልያ፣ ናይ ፋሺስት ኢጣልያ ዓስከር ብሓፈሻ ናይ ጉልበት ስራሓት ጥራይ ነበረ።

ሓደ ኢትዮጵያዊ ስርሁ ኣገዲዱዎ ክንቀሳቐስ እንተተገዲዱ ናይ መሕለፊ ወረቐት ከይሓዘ ጻዓዱ ኣብ ዝነብሩሉ ኣባይቲ ካብ ሰዓት 06:00 ናይ ንግሆ ኣትሒዙ ክቕልቐል ኮነ ክንቀሳቐስ ኣይፍቐዶን።

ኢጣልያዉያን ኣብ ዝምገቡሉ ቤት መግቢ ብሓፈሻ ጻዕዳ ቖርበት ዘውንኑ ሰባት ኣብ ዝተኣከቡሉ ሬስቶራንት፣ እንዳ ሻሂ፣ ባር፣ ትያትር ወዘተ ኢትዮጵያዉያን ክኣትው ኣይፍቀዶምን።

ኣብ ፈላሞ ዓመታት ፋሺስት ኢጣልያ ሓደ ኢትዮጵያዊ ዜጋ ወይ ድማ ኢትዮጵያዊት ዜጋ ምስ ጻዕዳ ኣብ ህዝቢ መጓኣዝያ ምስቓል ብትሪ ዝተኸልከለ'ዩ። ፋሺስታዉያን ድሕሪ ብዙሕ ዓመታት ዘመሓየሹዎ ሕጊ ነዚ ዓንቀጽ ጥራይ ኔሩ። ናይ መጓኣዝያ ሕጽረት ስለዘጋጠመ ነዚ ሕጊ ኣመሓይሾም ኣብ ኣውቶብሳት፣ ናይ ህዝቢ መጓኣዝያታት ኢትዮጵያዉያን ጻዓዱ ካብ ዝቕመጡሉ መንበር ድሕሪት ማለት ኣብ ባይታ ናይቲ ኣውቶብስ ክቕመጡ ኣፍቒዶም።

ሓደ ኢጣልያዊ ጵጋብ ኣሰርኒቕዎ ንሓደ ኢትዮጵያዊ እንተዝጸርፎ ወይ ድማ እንተዝወቕዖ እቲ ኢትዮጵያዊ ተቐጢዑ መልሰግብሪ እንተሂቡ እቲ ኢትዮጵያዊ ጸዓዱ ደፊርካ ብዝብል ብጭጉራፍ ክዝበጥ እንከሎ ኢጣልያዊ

ዜጋ ግን ኣይሕተትን። ነዚ ግፍዒ ብዓይኑ ዝረኣየ ኣልኣዛር:<<*ኢጣልያዉያን ንኢትዮጵያ ቅድሚ ምዉራራሮም ሓደ ሰብ ኣብ ባረንቱ ንሓደ ኢጣልያዊ ይቐትል። ድሕሪ'ቲ ፍጻመ ፐሬዚደንት ላዕላዋይ ቤት-ፍርዲ ዝርከቦም ሰለስተ ሰባት ናብ ባረንቱ መጽዮም ነቲ ቅትለት ከጻርዩ ይጅምሩ። ኣብ መስርሕ ምርመራ ንሓደ ተቖማጣይ ናይቲ ከባቢ ጠርጢሮም ይኣስሩዎ። ዘይፈጸሞ ገበን ኣሚኑ ከናዝዝ: ኣብ ዝነድድ ዘይቲ ጥርሑ ኣሲሮም ኮፍ ኣበሉዎ። እዚ ሰብ ሕሱምን ዘሰክሕ ስቓያት ዋላ ይውረዶ ዘይገበሮ ጌረ ክብል ኣይደለየን። ይኹን እምበር ድሕሪ ኣርባዕተ መዓልታት ቆርበቱን ስጋኡን ተቖላሊጡ ትንፋሱ ሓለፈ።*>>[13]

እዚ ዓሌታዊ ግፍዕን በደልን ብፋሺስት ኢጣልያ ዝተፈጸመ ኣይኮነን: <<*ሰብዓውነት ነኽብር ኢና፣ ናይ ሰብኣዊ መሰል ወሓስ ኢና*>> ብምባል ኣዕዛና ዘጽምሙ ናይ ሰሜን ኣሜሪካ ኢምፔሪያሊዝም ዓሌተኛታት ኣብ ልዕሊ ጸለምቲ ኣፍሪካዉያን ዝፈጸሙዎ ግፍኢ'ዩ። ኢጣልያዉያን ካብ ካልኦት ዓሌተኛታት ሕሱማት ዝገብሮም ጸዓዱ ዓሌተኛታት ዝተበጃረገ ጫምኦምን ክዳኖምን ንሰራሕተኞኦም ክህቡ እንከለው ናይ ኢጣልያ ዓሌተኛታት ግን ንኢትዮጵያዉያን ብጀካ እጀ ጠባብን ናይ ባህሊ ክዳን ካልእ ክዳን ክይለብሱ ብትሪ ምኽልካሎም'ዩ።

ፋሺስት ኢጣልያ ናይ ኤርትራ ክ/ሃገር ሙሉዕ ብሙሉዕ ምስወረረ ካብ ኤርትራ ናብ ማዕከል ኢትዮጵያ ክሕንደድ መላዕ ኢትዮጵያ ኣብትሕቲ መግዛእቱ ከውድቕ ኣብ ዝፈነዎ ወረራን ከበባን ማለት ኣብ 1896 ዓም ኣብ ዓድዋ ኣብ 1935 ዓም ኣብ ማይጨው ወግኣት ናይ ኤርትራ ክፍለሓገር መንእሰይ ዓስከር ጌሩ ብምስላፍ ፈንጂ ዝረግጹ፣ ሳንጃ ኣብ ኣፈሙዝ ሶኺኦም ዝሓጅሙ፣ ብሓፈሻ ናይ ዘጥቕዕ ሰራዊቶም ዓንድሑቕ ጌሮም ብምዝማት ምስ ኢትዮጵያዊ ወገኑ ደም ኣቓቢኦሞ እዮም።

ብተወሳኺ ብፈረንሳዉያን ዕድመ ንሊብያ ምስተቖጻጸሩ: ህዝቢ ሊብያ ንፋሺስታዊ መግዛእቲ ኣይምብርኽክን ኢሉ ናይ ነዊሕ ዘመን ዕጥቃዊ ተጋድሎ ኸካይድ እንከሎ ነዚ ሓርነታዊ ምንቅስቓስ ንምቑጻይ ናይ ወራሪ ሰራዊቶም ዓንድሑቕ ጌሮም ኣብ ሓዊ ዝጠበሱዎ ናይ ኤርትራ ክፍለሓገር ወገንና'ዩ።

---

13 Daniel Kinde. The Five Dimensions of the Eritrean Conflict: Deciphering The Geo Political Puzzle (2005).

ነዞም ከብ ኢለ ዝገለጽኩዎም ግፍዕታት ኣይቕበልን ኢሉ ዝሓንገደ ኢትዮጵያዊ ኣብ ቐይሕ-ባሕሪ ካብ ዘለዉና ደሴታት ሓደ ኣብ ናኹራ ደሴት ኢትዮጵያዉያን ዘሳቕዩሉ ኣብዩ ቤት-ማእሰርቲ ወይ ድማ ዓለም በቃኝ ሓኒጾም ልዕሊ 45 ሴንቲግሬድ መጠን ሙቐት ኣብ ዘለዎ ከም ሓዊ ዝሽልብብ ሕሮርማ: ክረምቲ ክኸዉን ጠሊ ባሕሪ ብዘምጽኦ ዝሑል ንፋስ ትሕቲ ዜሮ ዲግሪ ሴንቲግሬድ ኣየር ኣብ ዘለዎ ኣዕጽምትኻ ዝፍርክሽ ዘረድርድ ቑሪ ዳጒኖም ብጥምየትን ዕርቓንን ክልለው እንከለው ስቓዮም ዝወሃደ ይመስል ፋሺስታዉያን ብኹርማጅ እንዳዘበጡ ኣብ 53 ዓመት መግዛእቶም ዘጥፍእዎ ናይ ኤርትራ ክፍለሓገር ህዝቢ ጸብጺብካ ኣይዉዳዕን።

ነዞም ከብ ኢለ ዝጠቀስኩዎም ኣሰቓቒ ግፍዕታት ኣብ ኤርትራ ክፍለ ሓገር ወገንና ን53 ዓመት ምስፈጸሙ ኣብ 1935 ዓም ካብ ኤርትራን ሶማልን ተበጊሶም መላእ ኢትዮጵያ ብምውራር ንነብሱ መኸላከሊ ዘይብሉ ሰላማዊ ህዝቢ ናይ ስሚ ጋዝ ነጺጎም፣ ወላዲት ሓገሩ ከይትድፈር ናብ ግንባር ኸቲቱ ፊተፊት ስለዝመኸቶም ኣብ ኣጉናድ ኣጸጊያም ክሳዱ ብፋስ ዝጨደዱዎ፣ ኢዱን እግሩን ኣሲሮም፣ ኣብ ነፋሪት ሰቒሎም ካብ ሰማይ ናብ መሬት ዝደርበዩዎ፣ ብሕይወቱ እንከሎ ምስ ትንፋሱ ቐቢሮም ዓረብያ ዘዘወሩሉ ኢትዮጵያዊ እልቢ የብሉን። እዞም ግፍዕታት ኢጣልያ ንኢትዮጵያ ኣብ ዝወረረሉ ሓሙሽተ ዓመታት ዝተፈጸሙ ገበናት'ዩም።

ፋሺስት ኢጣልያ ብኢትዮጵያዉያን ሓርበኛታትን ናይ እንግሊዝ ሰራዊትን ኣብ 1941 ዓም ካብ መሬትና ተማሒቑ ሓንሳብን ንሓዋሩን ምስወጸ ግብሩ ኣሕፊሩዎ ይቕሬታ ክሓትት'ዩ፣ ካሕሳ ክኸፍል'ዩ ዝብል ትጽቢት'ኻ እንተነበረ *<<ነዞም ግፍዕታት ዝፈጸምኩ ኣነ ኣይኮንኩን: ፋሺስታዉያን እዮም ፈጺ ምም። ንሕና መሰረቲ ሓዳስ ኢጣልያዊት ሪፓብሊክ ኢና>>* ብምባል ሓድሽ ማስክ ወድዩ፣ ዝፈጸሞ ጭፍጨፋን ርምስሳን ከይኣኽሎ ዳግም ብመግዛእቲ ናብ ዝሓዘን ሓገራት ክምለስ ኣብ ዓለም መንግስታት ማሕበር ብዘይንጣብ ሕንከት ገዓረ። ፋሺስታዉያን ኣብ መሬት ከምዘጋጠሞም ወትሃደራዊ ስዕረት ኤርትራ'ውን ምስ ወላዲት ኣዲኣ ኢትዮጵያ ተጸምቢራ ሕልሞም ከም ቆጽሊ ሓጋይ ቀምሲሉ'ዩ። ናይ ፋሺስታዉያን ጠባይን መንነትን ካብዚ ንላዕሊ ምግላጽ ናይዚ መጽሓፍ ዕላማ ስለዘይኮነ ፋሺስት ኢጣልያ ኣብ ኢትዮጵያን

ኢትዮጵያውያንን ዝፈጸሞ በደላት ናይ ሎሚ ወለዶ ክፍልጦ ምእንቲ እዚ እኹል'ዩ።

ምዕራፍ ዓሰርተ ኣርባዕተ

ናይ ኢትዮጵያ ሓርበኛታት ዘካይዱዎ ጸረ-ፋሺስታዊ ተጋድሎ ከሕግዝ'የ ብምባል ዝመጸ ናይ ብሪታንያ ኢምፔሪያሊስት ሰራዊት ቓሉ ኣጺፉ ከም ፋሺስት ኢጣልያ ገዛኢ ኮይኑ ኣብ ኤርትራ ከ/ሓገር ንዓሰርተ ሓደ ዓመታት ዝፈጠሮም ሽግራት

ናይ ብሪታንያ ኢምፔሪያሊስት መንግስቲ ንኢጣልያ ተኪኡ ኣብ ኤርትራ ክፍለሓገር ኣብ ዝጸንሀሉ ዓሰርተ ሓደ ዓመታት ኣብ ኤርትራ ከ/ሓገር ወገንና ዘብጽሖ ጸገም ብፍላይ ናይ ኤርትራ ክፍለሓገር ህዝቢ ምስ ወላዲት ሓገሩ ኢትዮጵያ ከጽምበር ዘርኣዮ ሓረርታ ንምቑጻይ ዝፈሃሶም ሻጥራት፣ ዝወሰዶም ናይ ሓይሊ ስጉምትታት ፋሺስት ኢጣልያ ን53 ዓመት ካብ ዝፈጸሞ ግፍዒ ዝኸፍዐ ኔሩ።

ናይ ብሪታንያ ኢምፔሪያሊስት መንግስቲ ናይ ኢትዮጵያ ሓርበኛታት ከሕግዝ'የ ብዝብል ምስምስ ናብ ኤርትራ ክፍለሓገር መጽዩ ንኢጣልያዉያን ተኪኡ ዝፈጸሞም ርኹስ ተግባራት ቅድሚ ምዝንታወይ ናይ ኢትዮጵያ ሓድሽ ወለዶ ክፈልጦ ምእንቲ ናይ ብሪታንያ ኢምፔሪያሊዝም ካብ መበል 19 ከ/ዘመን መወዳእታ ኣትሒዙ ኣብ ልዕሊ ህዝቢ ኢትዮጵያ ዝፈጸሞም ክሕደታት፣ ሸፈጣት፣ ተንኮላት፣ ሸርሒታት ወ.ዘ.ተ. ከዘካኽሮ ይደሊ።

ኣብ ሳልሳይ ክፍሊ ናይዚ መጽሓፍ ኣብ ዘመነ-ኢምፔሪያሊዝም ከምዝተገልጸን ኣንባቢ ከምዝዝክሮ ናይ ብሪታንያ ኢምፔሪያሊዝም ንግብጺ ኣብትሕቲ መግዛእቱ ጌሩ ብምስሌነታት(*ኬዲቭ*) ኣብ ዝገዝኦሉ ዘመን ናይ ግብጺ ምስሌነታት ናይ ምጽዋ ወደብ ክቆጻጸሩ ኣተባቢዑ ንወረራ ካብ ምልዕዓሉ ብተወሳኺ ግብጻዉያን ንሱዳን ክወሩ ኣተባቢዑ ምስዝመቶም ግብጻዉያን ከቢድ ስዕረት ተጎልቢቦም ኣብ ፍጹም ከበባ ምስወደቑ ብሪታንያ ንሓጼ ዮሓንስ *ኣማልዱኒ* ብምባል ኣብ 1884 ዓ.ም. ስምምዕ ዓድዋ ከምዝተፈራረሙ ገሊጸ ኔረ።

ትሑስቶ ናይዚ ስምምዕ ጥቅልል ኣቢለ ንምግላጽ:<<*ናይ ኢትዮጵያ ሰራዊት ዝተከበ ናይ ግብጺ ሰራዊት ካብ ከበባ ኣውጽዩ ናብ ዓዶም ከምዝሰዶም: ኢትዮጵያ ድማ ኣብ ከረን ኣውራጃ ናይ ሓልሓል-ቦገስ ወረዳ ከምዝምለሰላ ይድንግግ*>> ኢትዮጵያ ኣብዚ ዉዕል ዝሰፈረ ነጥቢ ኣኽቢራ ቃላ ምስፈጸመት ናይ ብሪታንያ

ኢምፔሪያሊስት መንግስቲ ቃሉ ኣጺፉ ምጥላሙ ጥራይ ዘይኮነ ኣብ ኣፍሪካ ዝመስረቶም ግዝኣታት ዝፈታተን ናይ ፈረንሳ መንግስቲ ንምምካት ንኢጣልያዉያን ብኢዶም ንቲቱ፣ ንወረራን ከበባን ኣተባቢዑ፣ ኣደዳ ፋሺስት ኢጣልያ ዝገበረና ናይ ብሪታንያ ኢምፔሪያሊስት መንግስቲ እዩ እንዳበልኩ ድሕሪ'ኡ ዝፈጸሞም ናይ ክሕደት ቅለታት ከምዚ ዝስዕብ ከዝርዝር'የ:

ንፋሺስት ኢጣልያ ብኢዱ ወጢጡ ኣምጽዩ ምሰውረረና ነብስና ንኸላኸለሉ ኣጽዋር ንምዕዳግ ኣጽዋር ዘፍርዩ ናይ ኣውሮፓን ኣሜሪካን መንግስታት ክሸጡልና ናይ ኢትዮጵያ ንጉሰ-ነገስት መንግስቲ ምስሓተተ ንፋሺስት ኢጣልያ ዘርዮም ናይ ኣጽዋር ዕገዳ ካብ ዘንበሩልና ፍልማዉያን ሓገራት ናይ ብሪታንያ ኢምፔሪያሊዝም ቀዳማይ ኔሩ።

ኣብ 1936 ዓም ናይ ፋሺስት ኢጣልያ ሰራዊት ኣዲስ ኣበባ ምስተቆጻጸረ ዱቼ ሙሶሉኒ:*<<ኢትዮጵያ ናይ ሮማ ቄሳራዊ መንግስቲ ሕዛእቲ ምኻና ንዓለም የፍልጥ>>* ብምባል ኣብ ዝፈከረሉ ጊዜ ነዚ ወረራ ኣፍልጦን ድጋፍ ካብ ምሃብ ብተወሳኺ ኢትዮጵያ ናይ ሮማ ግዝኣት ምኻና ወግዓዊ ኣፍልጦ ካብ ዝሃቡ መንግስታት ፈላማይ ኔሩ።

ብሪታናንያዉያን ምስ ፋሺስት ኢጣልያ ዝመስረቱዎ ፍቕርን ጽምዶን ብፍላይ ከም ፈታዉን ናይ ክፉዕ ጊዜ በዓል ኪዳን ጌሮም ዝረኣዩዎ ናይ ፋሺዝም መራሒ ዱቼ ሙሶሉኒ ኣብ ምጅማር 2ይ ኹናት ዓለም ብቅጽበት ተሰልቢጡ ምስ ናዚ ጀርመን መራሒ ኣዶልፍ ሂትለር ዓሪኹ ኣብ ልዕሊ ሓገራት ኣውሮፓ ኹናት ኣወጀ። ናይ ብሪታንያ መንግስቲ ኣብዚ ጊዜ ንፋሺስት ኢጣልያ ክብቀል: *<<ናይ ኢትዮጵያ ሓርበኛታት ክሕግዝ ከምዝደሊ፣ ናይ ሓጼ ሓይለስላሴ ናብ ዙፋን ምምላስ ከምዝድግፍ፣ ናይ እንግሊዝ ግርማዊ ንጉስ ኣብ ኢትዮጵያ ናይ ግዝኣት ድልየት ከምዘይብሉ ነረጋግጽ>>* ብምባል ለካቲት 1940 ዓም ናይ ብሩታንያ ወጻኢ ጉዳይ ሚኒስተር ኣንቶኒ ኤደን ን'ብሪታንያ ቤት-ምኽሪ ገለጸ።

በዚ መገዲ ናይ ብሪታንያ ኢምፔሪያሊዝም ሰበብ ረኺቡ ናብ ከባቢና ዳግማይ ምስተቐልቐለ ናይ ኢትዮጵያ ሓርበኛታት ንምሕጋዝ 325,000 ሰራዊት ኣሰለፈ። ካብዚኦም ናብ 100,000 ናይ ፓኪስታንን ሕንድን ተራ ወትሃደራትን፣ ሂደት መስመራዉያን መኾንናት ዝርከቡዎ ክኾኑ ዝተረፉ ናይ እንግሊዝ መኾንናት ነበሩ። 225,000 ዝኾኑ ድማ እንግሊዛዉያን ብወረራ

ካብ ዝሓዙዎም ናይ ኣፍሪካ ሓገራት ከምኡ'ውን ካብ ጎረቤትና ሶማል ዝዓስከረ ነበረ።

ኣንባቢ ኣብዚ ክግንዘቦ ዝግባዕ ጉዳይ ናይ ብሪታንያ ኢምፔሪያሊዝም ናብ ዓድና መምጺኡ ቀንዲ ምኽንያት ናይ ኢትዮጵያ ሓርበኛታት ዘካይዱዎ ጸረ-ፋሺስት ተጋድሎ ንምሕጋዝን ንምድጋፍን ጥራይዩ። ናይ ኢትዮጵያ ሓርበኛታት ምስ ብሪትናያ ሰራዊት ክይተሰለፉ ናይ ባዕሎም ዕዝን ቁጽጽርን መስሪቶም ናይዚ ኹናት ተሳታፊ ነበሩ። ብተወሳኺ ፋሺስት ኢጣልያ ኣብ ዘሰለፎ ሰራዊት ኣብዝሓ ዝተሰለፉ ኢትዮጵያዉያን ኣስከራት ብልሙድ ኣጸዋውኣ *<<ባንዳ>>* ነበሩ።

ናይ ብሪታንያ መንግስቲ ኢጣልያ ካብ ኢትዮጵያ ንምምሃቅ ካብ 1940 ክሳብ 1941 ዓም ኣብ ዝተገብረ ተጋድሎ ብ'ኢትዮጵያዉያን ደምን ኣዕጽምትን ክፍጸም ስለዝደልየ ዉግእን መስዋእትን ንኢትዮጵያዉያን ገዲፎም ቀንዲ ስርሖም ናይ ሓጼ ሓይለስላሴ ስምን መንግስታዊ ኣርማ*(ዘእመነገደ-ይሁዳ)* ዘለዎ በራሪ ጽሁፋት ብነፋሪት ንህዝቢ ኢትዮጵያን ብፍላይ ድማ ናይ ኢጣልያ ኣስከር ንዝነበረ ሰራዊት ምብታን ነበረ። ናይ ብሪታንያ መንግስቲ ብነፋሪት ካብ ዝበተኖ ጽሁፋት ገለ ንምጥቃስ: *<<ካብ ሩባ መረብ ንየዉን ነጀውን ዘለኹም ኢትዮጵያዉያን ምስ ኢትዮጵያዉያን ኣሕዋትኩም ተሓባበሩ። ድሕሪ ሎሚ ናይ ጸላኢኹም ናይ ፋሺስት ኢጣልያ መንግስትን ናይቲ ግፍዐኛ ሰራዊት መሳርሒ ከይትኾኑ። ናብ ወላዲትኩም ኢትዮጵያን ናብ ፈታዊኹም ናይ ብሪታንያ መንግስቲ ሰራዊት ከይትትኩሱ።>>*

ናይ ብሪታንያ ኢምፔሪያሊዝም ትማሊ ወጢጡ ዘምጽዖ ናይ ፋሺስት ኢጣልያ መንግስቲ *<<ግፍዐኛ፣ ሓጥያተኛ>>* ብምባል ክመጻደቕ ምፍታኑ ናይ ብሪታንያ ሰበስልጣናት ሕፍረት-ኣልቦ ፍጥረታት ከምዝኾኑ ዘርኢይ'ዩ።

እንግሊዛውያን በዚ ናይ ምድንጋር ጥበቦምን ምስኦም ዝተፍጥረ ናይ ተንኮል ብልቃጥ: ኣብ ግንባር ዝተሰለፈ ናይ ኢጣልያ ኣስከርን ህዝቢ ኢትዮጵያን ጥራይ ዘይኮነ ሓጼ ሓይለስላሴ'ዉን ብስብከቶም ተማሪኾም ነበሩ።

እቲ ኹናት ናይ ኢትዮጵያ ሓርበኛታት ብዘካየዱዎ ተጋድሎን ብዘፍሰሱዎ ደም፣ ናይ ኤርትራ ክፍለሓገር ህዝቢ ብዝገበሮ ጥምጥም፣ ናይ ብሪታንያ ሰራዊት ብዝሃቦ ኣመራርሓ ፋሺስት ኢጣልያ ተሳዒሩ ምስወጸ ናይ ብሪታንያ መንግስቲ ናይ ኤርትራ ክፍለሓገር፣ ዑጋዴን፣ ደቡብ ሶማልያ ግዝኣቶም

ምስዝነበረ ሰሜን ሶማልያ ጸምቢሮም ብስም ምግዚትነት ወትሃደራዊ መግዛእቲ መስረቱ።

ኣንባቢ ከስተዉዕሎ ዝግባዕ ነጥቢ: ናይ እንግሊዝ ኢምፔሪያሊዝም ፋሺስቲ ኢጣልያ ንኢትዮጵያ ክወርር እንከሎ ፍጹም ስቕታ ስለዝመረጸኩ ፋሺስት ኢጣልያ ንመቓናቕንተይ ናዚ ጀርመን ገዲፉ ምሳይ ክስለፍ'ዩ ዝብል ትጽቢቱ ኣብ መጀመሪያ 1940 ፋሺስት ኢጣልያ ጠሊሙዎ ምስ ሂትለር ተሰሊፉ ክወግኦ ምስጀመረ ሕልሙ ስለዝቀሃመ ናይ እንግሊዝ መንግስቲ ሕነ ክፍዲ ምእንቲ ጣልያን ኣብ ኣፍሪካ ካብ ዝውንኖም ግዝኣታት ክምሕቆ ኣብ ዘበገሶ ወፈራ ሕልሙ ብፍላይ ናይ ወትሃደራዊ መኮንናቱ ድልየት ንፋሺስት ኢጣልያ ካብ ኣፍሪካ ምንቓል ጥራይ ዘይኮነ ናይ ኤርትራ ከ/ሓገር፣ ሶማል ምስ ናይ እንግሊዝ ግዝኣታት ጸምቢሩ ከም ቢተይ ዝዕንድረሉ ኣዝዩ ገፊሕ ሓድሕዱ ዝዳወብ ሕዛእቲ ምውናን ነበረ።

ሓጼ ሓይለስላሴ ናይ ነዊሕ ዘመን ኣርክን መሻርኽትን ኢሎም ዝኣመኑዎም እንግሊዛዉያን ብቅጽበት ክኸሕዱዎም ምስጀመሩ መሪር ሓዘን እንዳተሰምኦም ናይ ብሪታንያ መንግስቲ ቃሉ ኣጺፉ ንምንታይ ክሕደት ከምዝመረጸ ምስሓተቱ እንግሊዛዉያን ዝሓቡዎም መልሲ: ጥቅምቲ 1896 ዓም ሓጼ ሚኒሊክ ምስ ሜጀር ናራሲኒ ዝገበሩዎ ዉዕል ኣዲስ ኣበባ ብምጥቃስ እዚ ዉዕል ኤርትራ ናይ ኢጣልያ ሕዛእቲ ምኻና፣ ኢትዮጵያ ነዚ ከምዝተቀበለት ኣዘኻኺሮም: <<*ድሕሪ ሕጂ ናይ ህዝቢ ኤርትራ ዕድል ዝዉሰን 2ይ ኹናት ዓለም ተፈጺሙ ኣብዚ ኹናት ዝተዓወቱ ሓይልታት ኪዳን ናይ ኢጣልያ ግዝኣታት ንዝነበራ ዓድታት ኣብ ዝሕቡዎ ዉሳነ'ዩ ክሳብ ሽዑ ኤርትራ ኣብ ዓባይ ብሪታንያ ወትሃደራዊ ምምሕዳር ክትመሓደር'ያ*>> ብምባል ዘደንቕ ቅጥፈቶም ኩሒሎም ኣቕረቡ።

ኣብ ጥቅምቲ 1896 ዓም ሓጼ ሚኒሊክ ኣብ ዝኸተሙዎ ዉዕል ኣዲስ ኣበባ ኤርትራ ኣብትሕቲ ጣልያን ከምትርከብ ኣፍልጦ ሂቦም ኔሮም። ይኹን እምበር ኣብ ኣንቀጽ 7 ናይዚ ዉዕል <<*ጣልያን ንኤርትራ ገዲፉ ምስወጸት ኤርትራ ናብ ኢትዮጵያ'ያ ክትምለሱ*>> ዝብል ግሉጽ ሓረግ ሰፊሩ'ሎ። እንግሊዛውያን ናይ ምስፍሕፋሕ ሕማሞም ስለዝኾልፈሎም ካብዚ ዉዕል ዝጠቅሞም መዚዞም ምስቅረቦ ናይ ሓጼ ሓይለስላሴ መንግስቲ ዓቲቡ ኣብ ክንዲ ዝማጎት

ተዓዚሙ ስለዝተረፈ ናይ ኤርትራ ክፍለሓገር ወገንና ኣብ ኢድ እንግሊዛውያን ወዲቑ።

እንግሊዛውያን ናይ ኤርትራ ክፍለሓገር ምስተቆጻጸሩ ናይ ኢጣልያ ወትሃደራዉን ፖለቲካዉን ኣመራርሓታት ሶጊጎም፣ ብናቶም ሰበስልጣናትን መኾንናትን ተኪኦም፣ ንዑስ ናይ ቢሮክራሲ ስርሓት ማለት ናይ ቤተ-መዛግብቲ ሓላፊ፣ ጸሓፊ ወ.ዘ.ተ. ንኢጣልያዉያን ገደፉሎም።

ልዕሊ ኹሉ ድማ ኣብ ኤርትራ ክፍለሓገር ዝነበረ ማሕበራዉን ኢኮኖምያውን ጽላታት ማለት ናይ ሕርሻ፣ መሬት፣ ፋብሪካታት ወዘተ ናይ ኢጣልያዉያን ፍሉይ ሕዛእቲ ኾይኑ ክቕጽል ኣፍቀዱ። ካብዚ ሓሊፎም ንሓምሳን ስለስተን ዓመት ፋሺስት ኢጣልያ ዝፈጸሞም ግፍዕታት ዝምርምር ኮሚሽን መስሪቶም፣ ናይ ፋሺስት ግፍዐኛታት ቤት-ፍርዲ ኣቕሪቦም ዝተበደለ ህዝቢ ፍትሒ ክረክብ ኣብ ትጽቢት እንከሎ ፋሺስት ኢጣልያ ዝፍጸሞም ገበናትን ዓሌታዊ መድልዎታትን ቅሩብ ምምሕያሽ ጌሮም ቀጸሉዎ።

በዞም ዝገለጽኩዎም ነጥብታት ጥራይ ዘይኮነ ንሓጼ ሓይለስላሴ ኣጂቡ *<<ናብ ወላዲት ሓገርኹም ኢትዮጵያ ክመልሰኹም'ዩ>>* ዝብሉ ማራኺ ቃላት ካብ ነፋሪት ምስበተነሎም ናይ ብሪታንያ መንግስቲ ኣሚኖም፣ ብማንም ብምንም ዘይትትካእ ሕይወቶም ኣንጻር ፋሺስት ኢጣልያ ኣብ ዝተገብረ ተጋድሎ ወፍዮም፣ ኣብ 1941 ዓም ሓንጎፋይ ኢሎም ምስተቀበሉዎ ካብ ፋሺስት ኢጣልያ ዝኸፍዐ ኣድልዎን ጭቆናን ስለዝጸዓነሎም በዚ ግብሪ ኣዝዩ ዝጓሓየን ዝበኸየን ናይ ኤርትራ ክፍለሓገር ወገንና ጊዜ ከይበልዐ ናይ ብሪታንያ ኢምፔሪያሊዝም ኣብ ኤርትራ እግሩ ከይተኸለ እንከሎ ክማሓው ሚያዝያ 1941 ዓም *ናይ ኢትዮጵያ ሓድነት ማሕበር ፍቅሪ ሓገር* ዝበሃል ፓርቲ መስሪቱ ብፍቅሪ ሓገር ዝልለው ናይ ኤርትራ ክፍለሓገር ወገናት ኣተኣኻኺቡ ናይ ሓድነት ቃልሱ ጀመረ።

ናይ ብሪታንያ ኢምፔሪያዝም ኣብ ኤርትራ ክፍለሓገር ጣልያን ዝሰርሖም ትሕተ-ቅርጽታት ማለት ኣባይቲ፣ ፋብሪካ በረድ፣ ፋብሪካ ጨው፣ ኣብ መዓልቲ ሓደ ሽሕ ቶን ሲሚንቶ ናይ ምፍራይ ኣቅሚ ዝዉንን ፋብሪካ ሲሚንቶ፣ ኣብ ኣየር ዝንሳፈፍ ባቡር ወዘተ ነቓቒሉ ኣብ ካልኦት ክፍልታት ዓለም ማለት ኣብ ፓኪስታን፣ የመን፣ ማልታ ወዘተ ክሸጦ እንከሎ ነቒሉ ክወስዶ ዘይኸኣለ ንብረት ብጃምላ ኣፍረሶ። ኣብ ኣብዮታዊት ኢትዮጵያ ናይ

ኤርትራ ክፍለሓገር ኣመሓዳሪ ዝነበረ ሻለቃ ዳዊት ወ/ጊዮርጊስ <<ሬድ ቲርስ>> ኣብ ዝብል መጽሓፉ እንግሊዝ ናይ 62 ሚልዮን ፓዉንድ ዋጋ ዝውንን ንብረት ነቓቒሉ ናብ ደገ ከምዝሸጠ ይሕብር።

ነዚ ምዕራፍ ቅድሚ ምዝዛመይ ናይ ብሪታንያ ኢምፔሪያስት መንግስቲ ናይ ኤርትራ ክፍለሓገር ዓሰርተ ሓደ ዓመት ኣብ ዘመሓደረሉ ዘመን ናይ ብሪታንያ ሰበስልጣናት ብዛዕባ ኤርትራ ዝሃቡዎ ሪኢቶ ንኣንባቢ ምቅራብ ኣድላዪ ይመስለኒ:

<<ኤርትራ ብከልተ የዕጋራ ደው ዘይትብል ኣርቴፊሻል ባዕታ እያ። ኤርትራ ሕጽረት ማይን ተሓራሲ መሬትን ስለዘለዋ ሕርሻዊ ምህርታ ናብ መሬት ዘንቆልቆለ'ዩ።>>

ናይ ብሪታንያ ወ/ጉዳይ ሚኒስተር ኣርነስት ቤቪን

<<ኢጣልያ ንኤርትራ ብመጥባሕቲ እያ ፈጢራታ: ዝተፈላለየ ህዝቢ ካብ መቅርቡ ጎዝዩ፣ ዝተጎዛዘየ ተረፍመረፍ ኣካላት ለቃቒባ ኤርትራ ዝብል ስም ኣጠሚቃቶ።>>

ናይ ብሪታንያ ወታደራዊ በዓልስልጣን ጀራልድ ኬኔዲ ኒኮላስ ትሬቫስኪስ <<ኤ-ኮሎኒ ኢን ትራንዚሽን>> ኣብ ዝብል መጽሓፉ

ናይ ብሪታንያ ኢምፕሪያሊስት መንግስቲ ኣብ ኤርትራ ክፍለሓገር ኣብ ዝነበሮ ጻንሒት ካብ ዘማርሮ ነገር ሓደ ጉዳይ ተሓራሲ መሬት ብምንባሩ ዓሰርተ ሓደ ዓመት ሙሉዕ 12,500 ቶን ስርናይ ካብ ኢትዮጵያ እንዳሸመተ ከምዘመሓደረ እንዳሓበርኩ ናብ ዝቕጽል ክፍሊ ክሰግር ።

ክፍሊ ሓሙሽተ

ሓይልታት ኪዳን ናይ ኤርትራ ክፍለሃገር ክማቕሉ ዝገበሩዎ ምዉጣጥ ከምኡ'ውን ናይ ኢጣልያ ግዝኣታት መጻኢ ንምውሳን ኣብ ዓለም መንግስታት ማሕበር ዝተኻየደ ሙግትን ክትዕን

ምዕራፍ ዓሰርተ ሓሙሽተ

ሓይልታት ኪዳን ናይ ኤርትራ ክፍለሃገር ክማቕሉ ዝገበሩዎ ምዉጣጥ

ኣብ 2ይ ኲናት ዓለም ንኣክሲስ ፓወርስ ስዒረን ዝወጻ ኣሜሪካ፣ ሕብረት ሶቭየትን ብሪታንያን ዝመስረቱዎ ሓይልታት ኪዳን(*ኣላይድ ፓወርስ*) ኣብ ጀርመን ፖትስዳም ተሰምየት ካብ በርሊን ደቡብ ምብራቅ ተፈንቲታ ትርከብ ኸተማ ተራኺቦም ኣብዚ ኲናት ምስዝተሳዕሩ ኣክሲስ ፓወርስ ዝገብሩዎ ዕርቕን ኣብ መጻኢ ዝሕልዎም ርክብ እንታይ ከምዝመስል ንምዝታይ ነሓስ 1945 ዓም ናይ ኣሜሪካ ፕሬዚደንት ሄንሪ ትሩማን ናይ እንግሊዝ ቀዳማይ ሚኒስተር ዊንስተን ቸርችል ናይ ሕብረት ሶቭየት መራሒ ማርሻል ስታሊን ኣብ ፖትስዳም ተኣኸቡ።

ኣክሲስ ፓወርስ ብናዚ ጀርመን መሪሕነት ዝእለ ጣልያን፣ ሃንጋሪ፣ ኦስትርያ፣ ፊንላንድ፣ ሃንጋሪ ዝሓቖፈ ደምበ'ዩ። እዘን ሓገራት ኣብ 2ይ ኲናት ዓለም ከቢድ ስዕረት ምስወረደን ነጻነተን ተገፊፉ ክሳደን ዝሰበራሉ ጊዜ ነበረ። ሓይልታት ኪዳን ኣብ ዋዕላ ፖትስዳም ዝተሰማምዑሉ ነጥቢ: ምስ ኣክሲስ ፓወርስ ዝግበር ናይ ሰላም ስምምዕ ሰነድ ዝነድፍ ከምኡ'ውን ኢጣልያ ኣብ ኣፍሪካ ዝነበሩዎ ግዝኣታትን መጻኢኦም ዝዝትይ ናይ ሰለስቲኤን ሓገራት ወጻኢ ጉዳያት ባይቶ መስሪቶም፣ ዝበጽሑዎ ርኽበት ኣብ ዝመጽእ ወርሒ መስከረም 1945 ዓም ኣብ ለንደን ኣብ ዝጅመር ዋዕላ ከቅርቡ ነበረ።

ኣብ መስከረም 1945 ዓም ኣርባቲኦም ሚኒስተራት ኣብ ሎንደን ተራኺቦም ናይ ጣልያን ግዝኣታት ኣብ ዝነበሩ ዓድታት ዘቕረቡዎ ናይ ዉሳኔ ሓሳብ ገፊሕ ፍልልይ ዝተራእዮ ጥራይ ዘይኮነ ሓድሕዱ ዝራጸም ነበረ።

ናይ ኣሜሪካ ወ/ጉዳይ ሚስተር በርንስ: *<<ናይ ጣልያን ግዝኣታት ብሕቡራት መንግስታት ኣላዩነት ንዓሰርተ ዓመት ብምግዚትነት ጸኒሖም ድሕሪ ዓሰርተ ዓመት ነጻነቶም ይጎናጸፉ ይግባዕ።>>*

ናይ ፈረንሳ ወ/ጉዳይ ጆርጅ ብዶልት: *<<ነዞም ኣብ ጸልማት ዓለም ጥሒሎም ዝነበሩ ዓድታት ኣቅኒዑ ጥዑይ ሕይወት ከመርሁ ዘብቅዖም ኢጣልያ'ዩ። ስለዚህ ሰለስቲኡ ግዝኣት ንኢጣልያ ክምለስ ይግባዕ።>>*

ናይ ሕብረት ሶቭየት ወ/ጉዳይ ሙሴ ሞትሎቭ:*<<ኢጣልያዉያን ኣብ ዝተቖጻጸሩዎም ኣድታት ንኻልኦት ሓገራት ከወሩን ከወግኡን ተጠቂምሙሎም ደኣምበር ንህዝቢ ዝጠቕም ዝሰርሑዎ ንጣብ ነገር የለን። ስለዚ ናይ ኢጣልያ ግዝኣኣታት ድሕሪ ዓሰርተ ዓመት ነጻነት ክሳብ ዝረኽቡ ሓሓደ ምግዚት ክምደበሎም ይግባዕ>>*

ኣብዞም ዓድታት ዝኽሰት ምዕባለ ብቀጥታ ዘይጸልዎም ሓገራት ብዛዕባ ኣፍሪካዉያን መጻኢ ክዝትዩ እንከለው እዚ ጉዳይ ልዕሊ ማንም ዝብጽሓን ዝጸልዋን ኢትዮጵያ ኣብ ጉዳያ ተገለለት። ቅድሚ ምጅማር ዋዕላ ለንደን ኢትዮጵያ ኣብቲ ዋዕላ ክትሳተፍ ሓቲታ ኔራ። ብተወሳኺ ፋሺስት ኢጣልያ *<<ግዝኣተይ ይመለሰይ ኢላ>>* ክትካታእ ምእንቲ ተመሳሳሊ ጠለብ ኣቅሪባ ኔራ። ሓይልታት ኪዳን ጣልያን ኣብ ዋዕላ ለንደን ክትርከብ ክፍቅዱ እንከለው ንኢትዮጵያ *<<ሓሳብ'ኪ ብጽሁፍ ጥራይ ግለጺ>>* ብምባል ኣብ ልዕሌና ዘለዎም ከቢድ ንዕቐት ኣርኣዩ።

እዚ ሕሱር ተግባር ኣብ ኣዲስ ኣበባ ልዑል-ገነት ቤተመንግስት ምስተሰምዐ ከቢድ ሕርቓንን ነድርን ተኣጉደ። ሓጼ ሓይለስላሴ ፈለማ ናብ ፕሬዚደንት ኣሜሪካ ሄንሪ ትሩማንን ናብ ቀ/ሚ እንግሊዝ ሰር ዊንስተን ቸርቸርል ኢትዮጵያ ኣብ ለንደን ተረኺባ ሓሳባ ክትገልጽ ከምዘለዎ ዝገልጽ ደብዳቤ ለኣኹ።

እዚ ኹሉ ኣቤቱታን መረረን ናብ ሓይልታት ኪዳን እኻ እንተወሃዘ ናይ ሓጼ ሓይለስላሴ ኣንጸርጽሮት ዝሰምዕ ኣይተረኽበን። ኣማራጺ ስለዝጸንቀቐ ኢትዮጵያ ዝነበራ እንኮ ኣማራጺ: ኤርትራን ሶማልን ናይ ኢትዮጵያ ግዝኣት ከምዝኾኑ፣ ናብ ኢትዮጵያ ክምለሱ ከምትደሊ ዝጠልብ ደብዳቤ ጸሓፈት። ኣብዚ ደብዳቤ ሓጼ ሓይለስላሴ ዝጸቐጡሉ ወይ ድማ ዘድሃቡሉ ነጥቢ ናይ ህዝቢ ኢትዮጵያን ኤርትራን ሓድነት ነበረ: *<<ኢትዮጵያዉያንን ናይ ኤርትራ ክፍለሓገር ተወለድትን ቅድሚ ልደተ ክርስቶስ ማለት ቅድሚ ክልተ ሽሕ ዓመት ኣቢሉ ብፍጹም ሓድነት ዝነበሩ ሓደ ዓይነት ባሕልን ዘርዕን ዝውንኑ ተፈላልዮም ክነብሩ ዘይከኣሉ ኣሕዛባት'ዮም>>* ዝብል ነበረ።

ዋዕላ ለንደን ፋሺስት ኢጣልያ ከም ድላያ ትሕውትተሉ መድረኽ ኮነ። ናይ ጣልያን ወኪል ኣብዚ ዋዕላ ካብ ዝሓውተቶም ሕዉተታታት *<<ንሕና ዝፈጠርናዮ ናይ ኤርትራ ግዝኣት ምስ ኢትዮጵያ ዝኾነ ዓይነት ርክብ ሓልዩዎ ኣይፈልጥን። ህዝቢ ኤርትራ ብታሪኹን ዘርኡን ባሕሉን ምስ ህዝቢ ኢትዮጵያ ዘመሳስል ወይ ዘቀራርብ መልከዕ ፈጺሙ የብሉን።>>* [1415]

ኢትዮጵያ ዝለኣኸቶ ደብዳቤ ይነበብ ምስተባሕለ ናይ ሰሜን ኣሜሪካ ኢምኘሪያሊስት መንግስቲ፣ ፈረንሳይን ሩስያን ብዓዉታ ተቃወሙ። ናይዚ ዋዕላ መራሒ ናይ እንግሊዝ ወጻኢ ጉዳያት ሚኒስተር ኣርነስት ቤቨን ተቃውሞኦም ግቡዕ ከምዘይኮነ ብምግላጽ ኤርትራ ምስ ኢትዮጵያ ዘመሳስል ብዙሕ ነገር ከምዘለዋ ምስገለጸ ባሕጎም ተቆጽየ።

ዋዕላ ለንደን ከዛዘም እንከሎ ናይዞም ኮሎኒታት ፍታሕ'ዩ ተባሂሉ ብኣሜሪካ፣ ሕብረት ሶቭየትን ፈረንሳን ዝቐረበ ዕማመ ዝተፈላለየ ጥራይ ዘይኮነ ሓድሕዱ ዝራጸም ብምኻኑ ንቅድሚት ክቕጽሉ ኣይካኣሉን። ኣብ መጨረሻ ነቲ ዉሳነ ኣናዊሖም ኣብ ወርሂ ሓምለ ኣብ ፓሪስ ኣብ ዝኽፈት ዋዕላ ክንዝትየሉ ኢና ብምባል ንምስምስ ክጥዕሞም ምእንቲ ም/ሚኒስተር ወጻኢ ጉዳያት ነዚ ጉዳይ ክሳብ ሽዑ ክምርምሩን ከጽንኡን ኣዚዞም ድሕሪ ዓሰርተ ወርሒ ክራኸቡ ተቛጸሩ።

14 *ዘውዴ ረታ የኤርትራ ጉዳይ* (1941-1963 ዓም)

ምዕራፍ ዓሰርተ ሸድሽተ

ዋዕላ ሰላም ፓሪስ

ሓይልታት ኪዳን ናይ ኢጣልያ ግዝኣታት መጻኢ እንታይ ይኹን ኣብ ዝብል ጉዳይ ሓድሕዶም ክሰማምዑ ስለዘይኸኣሉ ነዚ ጉዳይ ወንዚፎም ድሕሪ ሸውዓተ ወርሒ ክራኸቡ'ኻ እንተመደቡ ፍታሕ ከምጽኡ ትጽቢት ዘንበሩሎም ምክትል ሚነስተራት ሓድሕዶም ብቃላት ክደራግሑ ከሪሞም ደኣምበር ጥብ ትብል ፍረ ኣየፍረዩን። ድሕሪ ሸውዓተ ወርሂ ዋዕላ ፓሪስ ክኽፈት እንከሎ ነፍስወከፍ ሓገራት ኣብ ለንደን ካብ ዝነበረን መርገጺ ዝተቀየረ ነገር ኣይነበረን። ኣብዚ ምዉጣጥ ዝመልአ መድረኽ ሓሳቦም ክሳብ'ዛ ሰዓት ዘየፍለጡ ናይ ብሪታንያ ኢምፔሪያሊዝም ሹመኛታት ጥራይ ነበሩ። በዚ መገዲ ወርሒ ሚያዝያ ኣርኪቡ ተስፋ ዝተነብረሎም ሚኒስተራት ንጣብ ቁምነገር ከይዓየዩ ምስመጹ ምስ ኢጣልያ ዝኽተም ስምምዕ ክሳለጥ ስለዘለዎ ዋዕላ ፓሪስ ሚያዝያ 1946 ዓም ብዕሊ ጀመረ።

ኣብ ዋዕላ ፓሪስ ናይ ጣልያን ግዝኣታት መጻኢ ብዝምልከት ብዘይልሙድ መገዲ ተቀዳዲሙ ሓሳቡ ዘቅረበ ናይ ብሪታንያ ሚኒስተር ወ/ጉዳያት ኣርነስት ቤቪን ነበረ። ዘቅረቦም ሓሳባት እዞም ዝስዕቡ ነበሩ:

1) ኣብ ጉዳይ ኤርትራ ኢትዮጵያ ተቅርቦ ናይ ይግባኣኒ ሕቶ ፍሉይ ኮሚቴ ቆይሙ መጽናዕቲ ከኻይድ:

2) ፎቆዱኡ ፋሕ ጭንግራሕ ዝበለ ህዝቢ ሶማል ብሓድነት ተኣኻኺቡ ኣባይ ሶማልያ ንምፍጣር ዘድሊ መጽናዕቲ ክጻፈፍ

ናይ ብሪታንያ ኢምፔሪያሊስት መንግስቲ ፈለማ ብዘይልሙድ መገዲ ተሓንዲዱ ሓሳብ ክሕብ ዝተረበጸ ሶቭየት ሕብረት ናይ ሞግዚትነት ስልጣን ኣብ ሊብያ ይወሃበኒ ዝብል ሕቶ'ኣ ንምቑጻይ ከምኡ'ውን ኣብ ጉዳይ ኤርትራን ሶማልን ዘቅረቦ ዕማመ ድማ ኢትዮጵያ ናይ ኤርትራ ክፍለሓገር እንተደኣ ተመሊሱላ ዑጋዴን ናብ ሶማል እንተዝጽምበር ኢትዮጵያዉያን ኣየዕዘምዝሙን ካብ ዝብል መርዛም፣ መቓቓሊ ቅማረ ብምብጋስ ነበረ። ኣርነስት ቤቪን ድሕሪ ዘቅረቦ ሓሳብ ሕብረት ሶቭየትን ፈረንሳን ብፍጥነት ስለዝተቃወሙ እዚ ሓሳብ ንግዚኡ ተዓቢጡ ተረፈ። ወርሂ ሚያዝያ በዚ

መገዲ ፈሊሙ ብዘይፈረ ተዛዘመ። ኣብ ወርሂ ግንቦት ብጣዕሚ ዝገርም ማንም ዘይተጸበዮ ክስተት ኣጋጠመ። እቲ ጉዳይ ከምዚ ዝስዕብ'ዩ።

ናይ ሕብረት ሶቭየት ወ/ጉዳይ ሚኒስተር ናይ ሞግዚትነት ስልጣን ይወሃበኒ ዝብል ሕቱኡ ገዲፉ ብዘስደምም ቅልጣፈ ናይ ኤርትራ ክ/ሓገር፣ ሊብያን ሶማልን ናብ ጣልያን ተመሊሰን ድሕሪ ዓሰርተ ዓመት ሞግዚታዊ ምሕደራ ነጻነት ይትናጸፋ ዝብል መርገጺ ኣንጸባረቐ። ፈረንሳ ሓጋዚ ስለዝረኸበ ተሰራሰረ። ሕብረት ሶቭየት ኣቀዲሙ ካብ ዝሓዞ መርገጺ ብፍጥነት ተሰልቢጡ ሓድሽ ሓሳብ ዘምጸአ ብዘይምኽንያት ኣይነበረን። ኣብ ኢጣልያ ርሱን ፖልቲካዊ ሓዋሕዉ ተፈጢሩ ኣብ ታሪኹም ፍልማዊ ዝኾነ ናይ ህዝቢ ምርጫ ሰነ 1946 ዓም ክኻየድ ተመዲቡ ብምንባሩን ናይ ኢጣልያ ኮሚኒስት ፓርቲ ንክርስትያናዊ ደሞክራስያዊ መንግስቲ ስዒሩ ስልጣን ክጭብጥዩ ዝብል ትጽቢት ስለዝነበሮ ነበረ።

እዚ ሓድሽ ሓሳብ ንኣሜሪካን ብሪታንያን ድንግርግር ኣበሎም። ንተኸታታሊ ኣዋርሕ ፈረንሳይን ሕብረት ሶቭየትን ናይ ሓባር ግንባር ፈጢሮም ናይ ኤርትራ ክፍለሓገር፣ ሊብያ ሶማል ናብ ኢጣልያ ክምለስ ኣለዎ ዝብል ሓሳብ እንዳጋወሑ ኣብ ልዕሊ ኣሜሪካን እንግሊዝን ጸቕጢ ፈጠሩ። ናይ እንግሊዝ ሚኒስተር ወ/ጉድያት ካብዚ መቀራቐር መዋጽዖ ክረክብ ምእንቲ *<<ንኢጣልያ ትሪፖሊታንያ ተሰምየ ናይ ሊብያ ኣዉራጃ ክንሕብ ኢና፣ ናይ ኤርትራን ሶማልን ጉዳይ ግን ዝልወጥ ነገር የለን>>* ብምባል ነዚ ጉዳይ ክኣጽዎ'ኳ እንተፈተነ ዉጽኢት ኣይረኸበን።

ኣንባቢ ከምዝግንዘቦ እዚ ጉዳይ ንህዝቢ ቀሪቡ ህዝቢ ዝማእምኦ ምርጫ ክወስድ እንዳኸኣለ ናይ ኢምፔሪያሊዝም ሓይላት *<<ጸዓዱ ፍሉይ ጥበብን ልቦናን ዝተዓደሉ'ዮም>>* ዝብል ትምክሕቲ ኣሰርኒቑዎም ኣብ ዕድልና ተቛመሩ።

ኢትዮጵያ ፋሺስቲ ኢጣልያ ንምብሕጓግ ንሓሙሽተ ዓመት ዘካየደቶ ናይ ሓርበኝነት ተጋድሎ ተዘንጊዑ ኣብ ዋዕላ ፓሪስ ኢትዮጵያ ከይትሳተፍ ዝብል መርገጺ ሓይልታት ኪዳን ዕላዊ ገበሩ። ሓጼ ሓይለስላሰ ነዚ ቁናን ፍርዲ ንምንዳል *<<ናይ ኣሜሪካዉያን ሰብኣዊ ኣረኣእያን ቅኑዕ ፍርዲ ክረክብ ይደሊ'ዩ>>* ክብሉ ተማሕጸኑ። ሚኒስተር ወጻኢ ጉዳያት ኣኽሊሉ ሓብተወልድ ንኣርባዕቲያም ሚኒስተር ወጻኢ ጉዳያት ብውሕሉል ጥበብ ኣዘራሪቡ ኢትዮጵያ ኣብ ዋዕላ ፓሪስ ክትሳተፍ ሓምለ 20 1946 ዓም ወግዓዊ ፍቓድ

ረኺበት። ኣብዚ ዋዕላ ብዘይኻ ሓይልታት ኪዳን 17 ሓገራት ዝተኣደማ ከኾና ኢትዮጵያ ካብኦን ሓንቲት ነበረት።

ኣብዚ መድረኽ ኒዮ-ፋሺስታዉያን ንህዝቢ ዓለም ከታልሉሉ ዝማሕዝዎ ጥበብ: ጣልያንን ህዝባን ኣብ 1920ታት ስልጣን ምስዝጨበጠ ፋሺስት መንግስቲ ዝኾነ ዓይነት ርክብ ከምዘይብሎም እኳ ደኣ ናይ ፋሺስት መንግስቲ ከወድቕ ከምዝተዋደቑ ዝገልጽ መጭበርበሪ ሓረግ ነዝሑ። ናይ ሕ/ሶቭየት ሚኒስተር ወጻኢ ጉዳይ ሞትሎቭ ናይ ኒዮ-ፋሺስታዉያን ቕጥፈት ከምዚ ብምባል ኣበርዒኑዎ: *<<ናይ ፋሺሽት መንግስቲ ምስ ናዚ ዝኣሰሮ ቃል-ኪዳን በቲኹ ምስ ሓይልታት ኺዳን ክተሓበበር ዝጀመረ ብዊንስተን ቸርቸርል ዝምራሕ ናይ እንግሊዝ ሰራዊትን ጀነራል ኣይዘንሓወር ዝመርሖ ናይ ኣሜሪካ ሰራዊት ኣብ ሰሜን ኣፍሪካ ናይ ፋሺስታዉያን ሕዛእቲ ኣልቂቑ፣ ማእከላይ ባሕሪ ሰጊሩ ንደቡብ ኢጣልያ ሲሰሊ ተቆጻጺሩ፣ ኢጣልያዉያን ምስ ማረኽዎ።>>*

ፋሺስት ኢጣልያ ንናዚ ክሒዱ ምስ ሓይልታት ኪዳን ዝተሰለፈ: ኣብ ደንደስ ሩባ ቮልጋ ትርኺብ ስታሊን-ግራንድ ተሰምየት ናይ ሩስያ ኸተማ ንሸውዓተ ወርሂ ምስ ናዚ ጀርመን ኣብ ዝኸፈቱዎ ዉግዕ ብጀነራል ጃኮቭ ዝምራሕ ኣብዮታዊ ሰራዊት(ሬድ-ኣርሚ) ሕልሞም ቆጽዩ ስዕረት ምሰግዘሞም ነበረ። ሰብዓ ሚልዮን ትንፋስ ኣብ ዝበልዐ 2ይ ኹናት ዓለም: ካብ ኩሎም ዉግኣት ናይ ስታሊን-ግራንድ ግጥም ኣሰቓቒ መቕዘፍቲ ዝተራእዮ ነበረ። ድሕሪ ዉግእ ስታሊን-ግራንድ ጣልያን ኣብ 2ይ ኹናት ዓለም ከምዝተሳዕረት ኣሚና መስከረም 3 1943 ዓ.ም. ዉዕል ሰላም ፓሪስ ፈረመት።

ኣብ ዋዕላ ፓሪስ ግብጺ: *<<ናይ ምጽዋ ወደብ ካብ ኦቱማን ቱርክ ተረኺበ ካብ 1825 ዓም ክሳብ 1885 ዓም ን60 ዓመት ናይ ምጽዋ ኸተማ ስለዘገዛዕኹ ምጽዋ ሕዛእተይ'ዩ>>* ብምባል ሞገተ። ሚኒስተር ኣኽሊሉ ሓብተወልድ ግብጻዉያን ኣብ ሱዳን ብዝፈጸምዎ ወረራ ናይ መሓዲስት ሰራዊት ካብ ሙሉዕ ሕዛእቱ ምሒቑ ኣብ ስዋኪንን ከሰላን ምስከርደኖም ግብጻዉያን ብእንግሊዝ ሞንጎኝነት ምስ ሓጼ ዮሓንስ ሰነ 1884 ዓም ዝፈረምዎ ሂዊት ትሪቲ ጠቂሱ ምስተኸራኸረ *<<ናይ ግብጺ ጠለብ ሕጋዊ መሰረት የብሉን>>* ተባሂሉ ሕቶኦም ተነጽገ።

ዋዕላ ፓሪስ በዚ ዝስዕብ መገዲ ጣልያን ዳግማይ ብጭቆና ከትረግጾ ዝሓለነት ናይ ኤርትራ ክ/ሓገር ወገንና ናብ ጥቕኡ ከምዘይትቐርብ ዝድንግግን ብተወሳኺ ንሊብያ ከምትገድፉ ኣብ ዝገልጽ ቅጥኢ ሰላም: *<<ኢጣልያ ሰለስቲኡ*

ናይ ቀደም ግዝኣታ ብገዛዕ ድልየታ ምግዳፉ ተረጋግጸ>> ፈረመት። ናይ ኤርትራ ከ/ሓገር፣ ሊብያን ሶማልን ብዝምልከት ድማ ካብ ነፍስወከፍ ሓገር ሓደ ሰብ ዝተመደበሉ *<<ፎር-ፖወር ኮሚሽን>>* ተሰምየ ውዳበ ቆይሙ ናብ ነፍስወከፍ ዓድታት ከይዱ መጽናዕቲ ክጅምር ተወሰነ።

ኣብ ዋዕላ ፓሪስ ካብ ዝተፈጸመ ኣብዩ ዕማም ኢጣልያዊያን ኣብ ልዕሌና ዝፈጸምዎ ወረራን ከበባን፣ ኣብ ልዕሊ ህዝብና ዝነጸግዎ መርዛም ስሚ ዘሕለቑዎም ንጹሕ ህዝቢ ተጸብጺቡ ንኢትዮጵያዉያን ከድብሱ 25,000,000 ዶላር ክኽፍሉ ተበየነሎም። ናይ ጣልያናዉያን ዕንደራን ጭፍጨፋን ኣብ ልዕሌና ጥራይ ስለዘይነበረ ኣደዳ ህልቂትን መቅዘፍትን ዝገብሩዎም ሓገራት ማለት ዩጎዝላቪያ፣ ግሪኽ፣ ኣልባንያ፣ ራሽያ 300,000,000 ዶላር ካሕሳ ክኽፍሉ ተበየነሎም።

ናብ ኣርእስተይ ክምለስ: ኣብ ዋዕላ ፓሪስ ፋሺስት ኢጣልያ ጥራይ ዘይኮነ ብሕጡር ሓመድናን ዘይጽንቖቕ ማይና ዝሰረሩ ግብጻዉያን ተስፎኦም ከም ቆጽሊ ሓጋይ ዝቐምሰለሉ ዋዕላ ነበረ። ግብጻዉያን ናይ ምጽዋ ወደብን ከባቢኡን ተቆጻጺሮም ርግኣትና ከዘርጉ ዝነደፍዎ ተንኮል ሚኒስተር ኣኽሊሉ ሓብተወልድ ብዘቅረቦ ናይ ምክልኻል ክትዕ ስድሪ ከይሰጎመ ተቆጽየ።

ሚኒስተር ኣኽሊሉ ሓብተወልድ

ዋዕላ ፓሪስ ንኢትዮጵያ ከሒሱ ድሕሪ ክልተ ወርሕን ዓሰርተ ሓሙሽተን መዓልቲ ጥቅምቲ 15 1946 ዓም ተዛዘመ። መርማሪ ኮሚሽን ኣብ ኤርትራ ክፍለሓገር ዝገበሮ ምጽራይ፣ ዝረኸቦ ርኽበት ቅድሚ ምግላጹይ፡ ኣብዚ ጊዜ ኣብ ኤርትራ ክ/ሓገር ዝነበራ ፓርቲታት ምስ ኣንባቢ ምልላይ ኣድላዪ ስለዝመስለኒ ናብ ምዕራፍ ዓሰርተ ሽውዓተ ክሰግር።

ምዕራፍ ዓሰርተ ሽውዓተ

ናይ ኢትዮጵያ ሓድነት ማሕበር ፍቅሪ ሓገር

እንግሊዝ ብኢትዮጵያዉያን ሓርበኛታት ተሳልዩ፣ ኣብ ከረን ሰለስተ ኣዋርሕ ዝወሰደ ምትሕንናቕ ኣካዪዱ ንፋሺስቲ ኢጣልያ ስዒሩ ኣብ ኤርትራ ክ/ሓገር ናይ ሞግዚትነት ስልጣን ምስጨበጠ ኣብ ኤርትራ ክ/ሓገር ንዓመታት ተሓሪሙ ዝጸንሀ ናይ ምዝራብ፣ ምጽሓፍ፣ ምዉዳብ ወዘተ መሰላት ኣፍቀደ። ኣብ ሚያዝያ 1941 ዓም ብፍቅሪ ሓገር ዝለለው ናይ ኤርትራ ክ/ሓገር ተወለድቲ ኣብ ታሪኽ ኢትዮጵያ ንመጀመሪያ ጊዜ ናይ ኢትዮጵያ ሓድነት ማሕበር ፍቅሪ ሓገር ተሰምየ ናይ ፖለቲካ ፓርቲ መስረቱ። ናይ ኢትዮጵያ ሓድነት ማሕበር ፍቅሪ ሓገር ዕላማ ብዘይንጣብ ቅድመ-ኩነት ምስ ወላዲት ኣደና ኢትዮጵያ ንጸምበር ዝብል'ዩ። ጭርሖኦም *<<ኢትዮጵያ ወይም ምት!>>*ዝብል ነበረ።

እዚ ማሕበር ኣብ ታሪኽ ኢትዮጵያ ካብ ዝተመስረቱ ናይ ፖለቲካ ውድባት ፍልማዊ ጥራይ ዘይኮነ ናይ ኤርትራ ክ/ሓገር ህዝቢ መጻወቲ ፋሺዝምን ኢምፔሪያሊዝምን ከይከዉን ኣንቂሑ፣ ናይ ኣሻሓት ዘመን ሓባራዊ ናይ ሓድነት ታሪኽ ምስ ዘለዎ ኢትዮጵያዊ ወገኑ ክጽምበር ዝገበሮ ጐስጓስ፣ ስብኸት፣ ድኻም ኣብ ታሪኽ ኢትዮጵያ ተራእዩን ተሰሚዑን ዘይፈልጥ'ዩ።

በዚ ጽዑቕ ስብከቶም ናይ ኤርትራ ክ/ሓገር ወገንና ኢትዮጵያዊ ሓገራዉነቱ ኣብ ጫፍ ክበጽሕ ጥራይ ዘይኮነ *<<ኣኽራሪ ኢትዮጵያዊ>>* ጌሮም'ዮም። እዚ ሓቂ ኣብ ማሕበራዊ ሕይወት ንዑሳን ፍጻመታት ማለት ኣብ ቀብሪ ሬሳ መዋቲ ቀጠልያ፣ ቢጫ፣ ቀይሕ ሕብሪ ዝዉንን ባንዴራ ተጎልቢቡ ሓመድ ኣዳም ክለብስ፣ ኣብ ሓዘንን መርዓን ናይ ኢትዮጵያና ቀጠልያ፣ ቢጫ፣ ቀይሕ-ባንዴራ ኣጉላዕሊዑ ይረአ ነበረ። ናይ ኤርትራ ጉዳይ ክምርምሩ ውድብ ሕቡራት ሓገራት ዝለኣኾም ሓሙሽተ ልኡኻት ነዚ ሓቂ ክገልጹ: *<<ኢትዮጵያ ትብል ሓረግ ኣብ ኩለን ጽርግያታት ብፍላይ ድማ ኣብ ደቡብ ኤርትራ ምስማዕ ዝዉትር'ዩ።>>*

እዚ ኩነታት ሞግዚት ንዝነበሩ እንግሊዛውያን ዝወሓጠሎም ጥራይ ዘይኮነ ብሕርቓን ዝገብሩዎን ዝሕዝዎን ኣስኣኖም። ናይ ኢትዮጵያ ባንዴራ ኣብ ኩሉ ስፍራታት ክትከል ምስጀመረ *<<ኣብ ንገዝኣ ናይ መግዛእቲ ዓዲ ናይ ኢትዮጵያ*

ባንዴራ ከመይ ኣቢልኩም ተምበልብሉ>> ብምባል ናይ ጸጥታ ኣካላት እዞም ባንዴራታት ክነቕሉ መምርሒ ኣመሓላለፉ። ናይ ጸጥታ ኣካላትን ፖሊስን ናይ ኢትዮጵያ ባንዴራ ካብ ኣደባባያት፣ ህዝቢ ዝእከበሎም ጎደናታት፣ ኣባይቲ ክነቅሉ ምስፈተኑ በዚ ግብሪ ዝጓሓዩ ኢትዮጵያዉያን ብሕርቓን ደው ከብልዎም ምስተበገሱ ናይ እንግሊዝ ፖሊስ ብዝኸፈቶ ቶኽሲ ብዙሓት ክቡር ሕይወቶም ተመንጢሉ።

ድሕሪ'ዚ ኣብ ኤርትራ ክ/ሓገር ናይ ኢትዮጵያ ባንዴራ ሓደ ኤርትራዊ ሂዙ ክይርኸብ ዝድንግግ ሕጊ ኣውጽዮም ኢትዮጵያዊ መንፈሱ ክብሕጉጉ ፈተኑ። እንግሊዝ ዝፍጽሞ ዕምጸጻን ርምሰሳን ካብ ጊዜ ናብ ጊዜ እንዳዓበየ ምስመጸ ናይ ኢትዮጵያ ሓድነት ማሕበር ፍቅሪ ሓገር ነብሱ ክኸላኸል ተገደ። በዚ መሰረት ኣባላቱ ናብ ኢትዮጵያ መጽዮም ኣብ ትግራይን ጎንደርን ክፍላተ ሃገራት ወትሃደራዊ ልምምድ ጀሚሮም ኣብ ሓጺር ጊዜ ወትሃደራዊ ክንፊ መስረቱ።

ናይ ኤርትራ ክ/ሓገር ህዝቢ ኢትዮጵያዉነቱ ክገልጽ

ማሕበር ፍቅሪ ሓገር ኣብ ሓገርና ካብ ዝተመስረቱ ውድባት ሰፊሕ ተቐባልነትን ግድምናን ጥራይ ዘይኮነ ኣብ ነንበይኑ ማሕበራዊ ቐጸላታት ዝርከቡ ሰብ ሞያ፣ ምሁራን፣ ሲቪል ሰርቫንትስ ዘሰለፈ ናይ መላዕ ህዝቢ ኤርትራ ልቢ ዝማረኸ እንኮ ፖለቲካዊ ውድብ ነበረ። ናይ ኢትዮጵያ ሓድነት ማሕበር ፍቅሪ ሓገር: ኣባላቱ ጠቅላላ ኣባላቱ ልዕሊ 700,000 ሽሕ ከምዝኾኑ

ይገልጽ። ናይ ማሕበር ፍቅሪ ሓገር መቓልሕ ወይ ድማ ናይ ፕሮፖጋንዳ ነጋሪት *<<ኢትዮጵያ>>* ተሰምየ ጋዜጣ ነበረ። ናይ ኢትዮጵያ ሓድነት ማሕበር ፍቅሪ ሓገር ምስ ኦርቶዶካሳዊ ቤትክርስታያን ኣዝዩ ጥቡቕ ጽምዶ ዝነበሮ ክኸዉን ናይ ቤተክርስትያን ካህናት ጳጳሳት ንማሕበር ፍቅሪ ሓገር ካብ ዝመስረቱ ገዳይም መስረቲ ነበሩ።

ካብዚኦም ጳጳሳት ሓደ ኣብ ምዕራፍ ሰለሳን ትሸዓተን *<<ንብዙሓት ደብሪ ተማሕሊላ ዝጠነሰቶ ጥንሲ ድቂ ኾይኑ ቀቲሉዎ>>* ብዝብል ኣርእስቲ ኣብ ዘዘንትዎም ምዕራፍ ዓንዲ ናይቲ ታሪኽ ዝኾኑ ኣባ ፊሊጶስ ሓደ'ዮም። ናይ ኢትዮጵያ ሓድነት ማሕበር ፍቅሪ ሓገር ህዝባዊ መሰረት ከሓንጽ፣ ደገፍቲ ከብዝሕ ዝማሓዞ ስልቲ ናይ ኢጣልያ ፋሺዝምን ናይ ብሪታንያ ኢምፔሪያሊዝም ዝፈጸምዎ ኣድልዎን ግፍዕን ምዝርዛር ነበረ: *<<ካብ መሬት ኣይቦኻ ተማሒቕኻ፣ ጤሳኻ ብጸዓዱ ተወሪሩ>>* ወዘተ ዝብሉ ሓረጋት ብስፍሓት ይጥቀም ነበረ።

ናይ እንግሊዝ ኢምፔሪያሊስት መንግስቲ ማሕበር ፍቅሪ ሓገር ገና ካብ ዝተፈጥረላ ዕለት ኣትሒዙ ኀቦ ዓይኑ ዝጥምቶ፣ በቲ ዝመለኾ ተንኮል ካብ ምድረ ገጽ ከጥፍኦ ይምነ ነበረ። በዚ መገዲ ናይ ኢትዮጵያ ሓድነት ማሕበር ፍቅሪ ሓገር ከዳኸሙ ከም ዓለባ ሳሬት ተንኮሎም ዘርግሑ። ተንኮሎም ከስልጡ ዝኣለሙዎ ስልቲ ገንዘብ ዘርዮም፣ ኣብ ማሕበር ፍቅሪ ሓገር ድኹም መንፈስ ዝዉንኑ፣ ሑቐ ዘይብሎም ዉልቀሰባት ብገንዘብ ምትላል ነበረ። ካብ ማሕበር ፍቅሪ ሓገር ኣባላት ብኢንግሊዛዉያን ተንኮል ተጠሊፉ፣ ፍልማዊ ግዳይ ዝኾነ ኢብራሂም ሱልጣን ዝበሃል ዉልቀሰብ ነበረ።

ኣብዚ ጊዜ ክርስትያንን ኣስላምን ተጎጃጂሎም ዝጨፋጨፉሉ ወቕቲ ነበረ። እዚ ሓደጋ ንሰላማዉያን ዜጋታት እውን ግዳይ ስለዝገበረ ኣመንቲ ክርስትና ብፍላይ ደቀንስትዮ እልቢ ዘይብሉ ስቋር ተሰቍረን ካብዚ ሓደጋ ከምልጣ ኣመንቲ ምስልምና'ውን ኣብ ግንባሮም መስቀል ተወቂጦም ካብዚ ሓደጋ ይሓድሙ ነበሩ። እዚ ፍጻመ ናይ ብሪታንያ ኢምፔሪያሊስት መንግስቲ ናይ ኤርትራ ክ/ሓገር ካብ ዝተቖጻጸረሉ 1941 ዓም ክሳብ 1952 ዓም ዝዘዉትር ኣሰቃቂ ጭካነ ነበረ።

ምዕራፍ ዓሰርተ ሸሞንተ

ኣብ ኤርትራ ክፍለሓገር ዝተጫጭሑ ፓርቲታት

<u>ኣልራቢጣ ኣል-ኢስላምያ</u>

ኣንባቢ ኣብ ዝሓለፈ ምዕራፍ ከምዝዝከሮ ናይ እንግሊዝ ኢምፔሪያሊዝም ናይ ኤርትራ ክ/ሓገር ናብ ክልተ ጨዲዱ፣ ኣብ ምብራቅ ኣፍሪካ ሓደ ግዙፍ ሕዛእቲ ክምስርት ኣብ ዝወጠነሉ ዘመን ነዚ ሕልሚ ከይትግብር መኻልፍ ዝኾኖ ናይ ኢትዮጵያ ሓድነት ማሕበር ፍቅሪ ሓገር ስለዝነበረ: ናይ እንግሊዝ ኣመሓደርቲ ነዚ ውድብ ኣዳኺሞም ክልምሱ ናይ ገንዘብን ጥቕምን መጻወድያ ምስጻወዱ ቅድሚ ኹሉ ናብዚ መጻወድያ ሕሩግ ኢሉ ኣትዩ ነብሱ ዘጻወደ ኢብራሂም ሱልጣን ዝበሃል ናይ ማሕበር ፍቅሪ ሓገር ኣባል ነበረ።

እንግሊዛውያን ንኢብራሂም ሱልጣን ብጥቕምን ገንዘብን ምስገዝእዎ ናይ እስልምና እምነት ተኸተልቲ ኣንጻር ኢትዮጵያ ከለዓዕሉ ስብኸት ጀመሩ። ነዚ ጎስጓስን ስብኸትን ሰሚኦም ዝተማረኹ ኣብ ምዕራባዊ ቆላ ተሰነይን ከሰላን ዝቕመጡ ናይቲ ክ/ሓገር ተወለድቲ ብፍላይ ኣብ ምዕራባዊ ቆላ ልዑል ተሰማዕነት ዝነበሮም ሰኢድ ኣቡበከር ኣልሞርጋኒ ተሰምየ ናይ ሓይማኖት መራሒ ታሕሳስ 4 1946 ዓም ንነብሱ <<ኣል-ራቢጣ ኣል-ኢስላምያ>> ኢሉ ዝሰምየ ፓርቲ ኣብ ኸተማ ኸረን መስረቱ። ኣል-ሞርጋኒ ኣቦወንበር፣ ኢብራሂም ሱልጣን ምክትል ጸሓፊ ኮይኖም ተሾሙ። ኣል-ራቢጣ ኣል-ኢስላምያ ናይ ፖለቲካ ፕሮግራም ኢሉ ዘስፈሮም ነጥብታት እዞም ዝስዕቡ ነበሩ:

ሀ) ኤርትራ ምስ ኢትዮጵያ ዝኾነ ዓይነት ናይ ዘርኢ፣ ባሕልን ታሪኽን ርክብ የብላን

ለ) ኤርትራ ንዝተወሰነ ዘመን ብዓባይ ብሪታንያ ሞግዚትነት ትመሓደር፣ እዚ እንተዘይተኻኢሉ ኣብትሕቲ ውድብ ሕቡራት ሓገራት ብሞግዚትነት ጸኒሃ ነጻነታ ትርኸብ:

ናይ ብሪታንያ ኢምፔሪያሊዝም ኣል-ሞርጋኒ ንኣመንቲ እስልምና ኣሰሊፉ ብማሕበር ፍቅሪ ሓገር ዝተባሕተ ናይ ፖለቲካ ሓዋሕው ክልውጦ'ዩ ዝብል ዕምነት ነበሮ። ይኹን እምበር ናይ ኢትዮጵያ ሓድነት ማሕበር ፍቅሪ ሓገር

ኣብ ዕምነት ምስልምና ልዑል ተቐባልነት ዘለዎም መሻይኽ፣ መራሕቲ ዕንዳ ዝሓቖፈ ውድብ ብምንባሩ ሕልሞም ተቆጽዩ ተሪፉ። ኣል-ራቢጣ ኣል-ኢስላምያ ምስተመስረተ ዝገበሮ ቁምነገር እንተሓልዩ ምስ ኣባላት ማሕበር ፍቅሪ ሓገር ምቕትታል፣ ምጭፍጫፍ ጥራይ ነበረ።

ኣቀዲመ ንኣንባቢ ከምዝገለጽኩዎ ሓይማኖት መሰረት ጌሩ ዝተፈጸመ ምጭፍጫፍ: ንጹሃን ብሰሪ ሓይማኖቶም ኣደዳ ሕልቂት ዝገበረ ጥራይ ዘይኮነ *<<ዘይናትካ ስኒ ሑጻ ቆርጥመሉ>>* ከምዝበሃል ናይ ብሪታንያ ኢምፔሪያሊዝም ብቃንዛ ንጹሃን ዘተሰራሰረሉ ጊዜ ኔሩ።

<u>*ሊበራል ፕሮግሬሲቭ ፓርቲ(ኤልፒፒ)*</u>

እንግሊዛዉያን ናይ ኢትዮጵያ ሓድነት ማሕበር ፍቅሪ ሓገር ከዳኽሙን ክልኹስሱ ሓሊኖም ካብ ዝመስረቱዎም ፓርቲታት ራእሲ ተሰማ ኣስመሮም ዝበሃል ዉልቀሰብ ዝመርሖ ሊበራል ፕሮግሬሲቭ ፓርቲ(*ኤልፒፒ*) ነበረ። ናይ ኤልፒፒ ፖለቲካዊ ዕላማ ናይ ኤርትራ ክ/ሓገር ከበሳታት ምስ ትግራይ ክ/ሓገር ጸምቢርካ *<<ትግራይ ትግሪኝ>>* ወይ ድማ *<<ኣባይ ትግራይ>>* ምምስራት ነበረ። ናይ ኤልፒፒ መራሒ ራእሲ ተሰማ ኣስመሮም እኻ እንተኾኑ ናይቲ ፓርቲ ንጥፈታት ዝመርሖ ወዶም ኣብራሃ ተሰማ ነበረ።

መርማሪ ኮሚሽን ናይ ኤልፒፒ ፖለቲካዊ ፕሮግራም መርቶያ እንታይ ከምዝኾነ ምስሓተተ ራእሲ ተሰማ ኣስመሮም ነዚ ዝስዕብ መልሲ ሓቡ: *<<ብዘመነ ሓጼ ዮሓንስ ባዕዳዊ መንግስቲ ካብ ደገ መጽዩ ካብ ኢትዮጵያ ጨሪሙ ዝወሰዶ ዓዲ የለን። ጣልያን ንኤርትራ ግዝኣቱ ዝገበረ ሓጼ ዮሓንስ ምስሞቱ ናይ ኢትዮጵያ ስልጣን ዝተረኽቡ ሓጼ ሚኒሊክ ብገንዘብ ስለዝሸጡሉ'ዩ። ከምዝፍለጥ ዝተሸጠ ኣቕሓ ኣብ'ትሕቲ ዝኾነ ይኹን ኹነታት ኣይምለስን። ሎሚ እዉን ናይ ኢትዮጵያ መንግስቲ ቅድሚ ሓምሳ ዓመት ዝሸጥክዎ ሓገር ይመለሰለይ ክብል ኣይክእልን።>>*

ራእሲ ተሰማ ኣስመሮም ዝሰሓቱዎ ወይ ድማ ክዝክሮ ዘይደለዩ ሓቂ: ሓጼ ሚኒሊክ ናይ ኤርትራ ክ/ሓገር ኣመልኪቶም ምስ ጣልያን ዝኸተምዎ ዉዕል: ኤርትራ ከምዝተሸጠት ዝእምት ዘይኮነ ናብ ኢትዮጵያ ከምትምለስ ብንጹር ቃላት ዘረጋግጽ ስምምዕ'ዩ። ጥቅምቲ 1896 ዓም ሓጼ ሚኒሊክ ምስ ሜጀር ናራሲኒ ተሰምየ ወኪል መንግስቲ ጣልያን ዝኸተምዎ ዉዕል ኣዲስ ኣበባ ካብ ዝሃዞም ኣንቀጻት ኣንቀጽ ሽውዓተ ኸምዚ ዝስዕብ ይንበብ:

<<ኤርትራ ኣብትሕቲ መግዛእቲ ጣልያን እያ ትርከብ፡ ጣልያን ብዝኾነ ምኽንያት ንኤርትራ ለቒቓ እንተወጺያ ኤርትራ ናብ ወላዲት ኣዲኣ ኢትዮጵያ እያ ትምለስ>>

ብተወሳኺ እዚ ኣንቀጽ ሓምለ 1900 ዓም ኣብ ዝተኸተመ *<<ውዕል-1900>>* ዝበሃል ናይ ዶብ ወሰን ዝሕንጽጽ ውዕል ኣብ ኣንቀጽ ክልተ ሰፊሩ'ሎ። ስለዚህ ንሕና ኢትዮጵያውያን ኹነታት ኣገዲዱና፣ ዙርያና ብመስፋሕፋሕቲ ተኸቢብና፣ ኣብ ንሕቖኑ ዘመን ኤርትራ ብሓደራ ዘጽናሕናያ ኢትዮጵያዊት ግዝኣት ደኣምበር ራእሲ ተሰማ ኣስመሮም ከምዝብልዎ ዝተሸጠት ኣቕሓ ኣይኮነትን።

ኤልፒፒ ናይ ኤርትራ ክ/ሓገር ምስ ትግራይ ክ/ሓገር ኣላፊኖም ናይ ብሪታንያ ባንቡላዊ ግዝኣት ክምስርቱ ዘይፈንቀልዎ እምኒ፣ ዘይፈተኑዎ ፈተነ ኣይነበረን። ካብዞም ፈተነታት ሓደ እዚ ዝስዕብ'ዩ፡

ኣብ 2ይ ኹናት ዓለም ናይ ብሪታንያ ኢምፔሪያሊዝም ከም መንጠሪ ባይታ ዝጥቐሙሉ፣ ብሞግዚትነት ዝሰፈረሎም ዓድታት ዘመሓድሩሉ ኣብ የመን ከተማ ኣደን ማዕከል መአዘዚ መስሪቱ ነበረ። ኣብ ኣደን ነዚ ዕዮ ዝኣልይ

ኮ/ል ፕራት ተሰምየ ኣባል ሓይሊ ኣየር እንግሊዝ ነበረ። ኮ/ል ፕራት ናብ ኤርትራ ክ/ሓገር ገይሹ ምስ ራእሲ ተሰማ ኣስመሮም ተራኺቡ ነዚ ዝስዕብ ተግባር ፈጸመ። እዚ ምስጢር ናይ ኮረኔል ፕራት ተርጓማይ ዝነበረ ምንኣስ ሓው ንጀነራል ኣማን ዓንዶም ኣምባሳደር መለስ ዓንዶም፡ እንግሊዛውያን ካብ ሓገርና ተማሒቆም ናይ ኢትዮጵያን ኤርትራን ሓድነት ምስተጋሕደ ንመንግስቲ ሓጼ ሓይለ ስላሴ ዝተናዘዞ ሓቂ'ዩ።

<<ኮ/ል ፕራት ዝባሓል ቆንስል ጀነራል ካብ ኣደን ምሳይ ናብ ኣስመራ መጽዩ። እቲ ኮረኔል ዓረብ ጽቡቕ ጌሩ እዩ ዝመልኽ። ኣነ ትግርኛ ከተርጉመሉ እየ ምስኡ መጸየ። ኣብ ኣስመራ ሂደት ምስ ራእሲ ተሰማ ኣሰሮም ድሕሪ ምጽናሕና ብቀጥታ ናብ መቐለ ናብ ራእሲ ስዩም መንገሻ ኣምራሕና። ኣብ መቐለ ኮረኔል ፕራት ንራእሲ ስዩም መንገሻ ሓደ መደብ ኣቕረበሉ። እቲ መደብ ኣንጻር ኣምሓራ ከለዓል ዝሓትት፣ እንግሊዝ ነዚ መደብ ኣድላዪ ወጻኢታት ከምትሽፍን፣ እዚ መስርሕ ካብ ሓደ ዓመት ንላዕሊ ከምዘይነውሕ፣ እቲ ፕሮጀክት ምስተዓወት ናይ እንግሊዝ መንግስቲ << መራሒ ትግራይ ትግሪኝ>> ከም ዝገበሮ ቃል ኣትወ።

ሓይሊ ኣየር እንግሊዝ ቅድሚ ሒደት ዓመት <<ቀዳማይ ወያነ>> ተሰምየ ናይ ሓረስቶት ዓመጽ ከበርዕን ኣብ ትግራይ ክ/ሓገር ዘስካሕኽሕ ህልቂት ፈጺሙ ስለዝነበረ ኣብቲ ጊዜ

ራእሲ ስዩም መንገሻ ልቦም ሰምቢሩ ነበረ። ኮ/ል ፕራት ነዚ ኣስተብሂሉ በቲ ፍጻመ ከምዝጓሕየ ገሊጹ፣ መንግስቲ እንግሊዝ ኣድላዪ ካሕሳ ከምዝኸፍል ቃል ኣትወ። ራእሲ ስዩም መንገሻ ነዚ ዕማመ ስለዝነጸግዎ ራእሲ ተሰማ ኣስመሮምን ኮ/ል ፕራትን ማይ ዓሚ ኾም ተመልሱ።>>[16]

ኤልፒፒ ምስ እንግሊዛዉያን ተመሳጢሩ ናይ ኢትዮጵያ ሓድነት ከፍርስ፣ ናይ ኤርትራ ከ/ሓገርን ናይ ትግራይ ከ/ሓገርን ቆሪሱ ሓድሽ ግዝኣት ከምስርት፣ ናይ ኢምፔሪያሊዝም ባንቡላ ክኸዉን ንነብሱ ዝሓጸየ ፓርቲ ምንባሩ ራእሲ ተሰማ ኣስመሮም ምስ ኮ/ል ፕራት ዝፈጸምዎ ቐለት ኣብዩ ኣብነት'ዩ። ኣብ ኤርትራ ከ/ሓገር ምርጫ ተኻዪዱ ህዝቢ ኤርትራ ምስ ኢትዮጵያዊ ወገኑ ምስተጸምበር ኤልፒፒ ተሰምየ ፓርቲን መራሒ'ኡ ዝሓዙዎ መርገጺ እንታይ ከምዝነበረ ንቅድሚት ክንሪኦ ኢና።

ፕሮ-ኢጣልያ

እዚ ውድብ ኣብ ኤርትራ ከ/ሓገር ዝነብሩ ኢጣልያዉያንን ካብ ጣልያን ዝዉለዱ ክልሳት፣ ብዝትወሰነ ደረጃ ድማ ናይ ኢጣልያ ኣስከራት(*ባንዳ*) ዝነበሩ ዉልቀሰባት ዝመስረቱዎ ፓርቲ'ዩ። ፕሮ-ኢጣልያ ጣልያናዉያን ጀሚሮም ዘይዛዘሙዎም ንጥፈታት ማለት ናይ መኪና ጽርግያ፣ ሕንጻታት ወ.ዘ.ተ. ዳግም ተመሊሶም ሕንጸቶም ከቅጽሉ ብሓፈሻ ናይ ኤርትራ ከ/ሓገር ኣብ ከብዲ ኢድ ፋሺስታዉያን ክወድቕ ዝቃለስ ፓርቲ'ዩ። ኣርማ ናይቲ ፓርቲ ናይ ጣልያን ባንዴራ'ዩ።

ጣልያናዉያን ነዚ ፓርቲ ዝጫጭሑሉ ምክንያት ናይ ብሪታንያ ኢምፔሪያሊስት መንግስቲ ናይ ኢትዮጵያ ሓድነት ማሕበር ፍቅሪ ሓገር ከዳኽም ኣብ ሓጺር ጊዜ በብዕብረ ዝጫጭሖም ውድባት ኣስተብሂሎም ናይ ኢጣልያ ዕላማ ከዐውቱ ሓሊኖም እኻ እንተነበረ ኣብዚ ጊዜ ብህዝቢ ትሑት ተቀባልነት ዝነበሮ ፓርቲ ፕሮ-ኢጣልያ ነበረ።

16 Daniel Kinde. The Five Dimensions of the Eritrean Conflict: Deciphering The Geo Political Puzzle

ምዕራፍ ዓሰርተ ትሸዓተ

መርማሪ ኮሚሽን ኣብ ኤርትራ ክፍለሓገር

ሓይልታት ኪዳን ኣብ ኤርትራ ክ/ሓገር፣ ሶማልን ሊብያን መጻኢ ክረዳድኡ ስለዘይኸኣሉ መሬት ወሪዱ ነዚ ጉዳይ ዘጻሪ ነፍስወከፎም ሓደ ሰብ ዝመደብሉ መርማሪ ኮሚሽን ሕዳር 12 1947 ዓም ናብ ኤርትራ ክ/ሓገር ኣምሪሑ ስርሑ ብወግኢ ፈለመ። ሓይልታት ኪዳን ናይ ጣልያን ግዝኣት ዝነበራ ዓድታት መጻኢ ከጻርዩ ዝላኣኹዎም ዉልቀሰባት ፖለቲካዊ ድሕረ ባይታ ዘይብሎም ናብ ኣፍሪካ ተቐልቒሎም ዘይፈልጡ ዉልቀሰባት ነበሩ። ሓይልታት ኪዳን ኣብ ኸመይ ዝበለ ላግጽን ኣሸካዕላልን ከምዝነበሩ ኣንባቢ ክንጽረሉ ምእንቲ ንኣርባዕቲኣን ሓገራት ዝወኸሉ ሰባት ድሕረ ባይቶኦም ከጠቅስ'የ:

1) ጆን ኡተር: ኣሜሪካዊ ናይ ባንኪ ሰራሕተኛ

2) ሙሴ ዴሮስየርስ: ፈረንሳዊ ዲፕሎማት

3) ፍራንክ ስታፈርድ: እንግሊዛዊ ናይ ኮሎኒ ሚኒስቴር

4) ኣርቴሚ ፊዮድሮቭ: ሩስያዊ ወትሓደራዊ ክኢላ

እዞም ዉልቀሰባት ናይ ልምድን ተሞክሮን ሕጽረት ጥራይ ዘይኮነ ዋና ስርሖም ናይ ሓገሮም ረብሓ ምሕላው ነበረ። መርማሪ ኮሚሽን ሕዳር 17 ስርሑ ምስፈለመ ምስ ማሕበር ፍቅሪ ሓገር ኣመራርሓ ኣካላት ተዘራረበ። ናይ ማሕበር ፍቅሪ ኣባላት ጸዕዳ ናይ ባህሊ ክዳን ተኸዲኖም፣ ባንዴራ ኢትዮጵያ ተጎልቢቦም ብዘይምንም ቅድመ-ኩነት ናብ ኢትዮጵያ ክምለሱ ከምዝደልዩ ኣፍለጡ።

ናይ ኢትዮጵያ ሓድነት ማሕበር ፍቅሪ ሓገር ኣባላት ምስ ወላዲት ሓገሮም ዘለዎም ቃል ኪዳን ንመርማሪ ኮሚሽን ክገልጹ

ብተወሳኺ ኣብቲ ጊዜ ዝተጫጭሑ ፓርቲታት ናይ ብሪታንያ ኢምፔሪያሊዝም፣ ናይ ኢጣልያ ፋሺስዝም ከምዝመስረቱዎም ናይ ነፍስወከፎም ድሕረባይታ ዘርዚሮም ንኣባላት መርማሪ ኮሚሽን ገለጹ። ድሕሪ'ዚ ምስቶም ዝተረፉ ሰለስተ ፓርቲታት ቃለ-መሕተት ኣካየዱ። መርማሪ ኮሚሽን ቃለ-መሕተት ካብ ዝገበሩሎም ፓርቲታት ኣዝዩ ዝገርም ናይ ኣል-ራቢጣ ኣል-ኢስላምያ ዋና ጸሓፊ ኢብራሂም ሱልጣን ዝሓቦ ቃል ብምንባሩ መርማሪ ኮሚሽን ካብ ዘውጽኦ ሪፖርት ቆንጪለ ከቅርብ'የ:

እንግሊዛዊ ወኪል መርማሪ ኮሚሽን: *<<ኣል-ራቢጣ ኣል-ኢስላምያ ኣብ ዘውጽኦ ዶኩመንት ናይ ኤርትራ ክ/ሓገር ኣመንቲ ክርስትና ብዝሒ ሓሙሸተ ሚእቲ ሽሕ እዩ ተባሂሉ ይዝረብ>>*

ኢብራሂም ሱልጣን: *<<ኣብ ኤርትራ ናይ ክርስትያን ቁጽሪ ሓሙሸተ ሚእቲ ሽሕ ኣይኮነን። ኣዝዮም እንተበዝሑ ሰለስተ ሚእቲ ሽሕ እንተዝኾኑ እዮም>>*

ፈረንሳዊ ወኪል መርማሪ ኮሚሽን: *<<ሕጂ ኣብ መንግስቲ ኢትዮጵያ ናይ ሚኒስተርነትን ላዕላዋይ ስልጣን ዝሓዙ መብዛሕቶኦም ኤርትራዉያን እዮም ኢልካ። እዞም ኣበይቲ ሰባት ኣበይ ዝተማሕሩ እዮም?>>*

ኢብራሂም ሱልጣን: *<<መብዛሕቶኦም ኣብዚ ዓዲ ዝተማሕሩ ከኾኑ፣ ሂደት ካብኦም ግን ናብ ወጻኢ ሓገር ተላኢኾም ዩንቨርስቲ ዝወድኡ እዮም።>>*

ፈረንሳዊ ወኪል መርማሪ ኮሚሽን:- *<<ኣቀዲምካ ኣብ ዝሃብካና መግለጺ ግን ኣብ ጣልያን ዘመን ኤርትራዉያን ኣይተማሕሩን ብኣንጻሩ ይጭቆኑ ኔሮም ኢልካ። ከምኡ እንተኮይኑ ኣብ ኢትዮጵያ ንሚኒስተርነት ዝበቕዑ ሰባት ኣብ ዉሽጢ ዓዲ ከሳብ ክንደይ ተማሂሮም? ኣብ ወጻኢ ሓገር ኣብ ምንታይ ዩንቨርሲቲ ተማሒሮም? መን ሊኢኺዎም?>>*

ኢብራሂም ሱልጣን:- *<<ኣብ ጊዜ ጣልያን ህዝብና ብትምህርቲ ዝተበደለ እዩ። መብዛሕቶኦም ኣብ ስዊደን ምስዮን ቤት-ትምህርቲ'ዮም ተማሒሮም ። ናብ ወጻኢ ሓገር ኸይዶም ልዑል ትምህርቲ ዝቀሰሙ ብዓባይ ብሪታንያ ሓገዝ ኣብ ሱዳን ኣብ ዘለው ኣበይቲ ዩንቨርሲቲታት እዩ።>>*

ፈረንሳዊ ወኪል በዚ ቕጥፈት ተደሚሙ ሕቶታቱ ዛዘመ። ኣብ ሓጼ ሓይለስላሴ ዘመነ መንግስቲ ናይ ኢትዮጵያ ወጻኢ ጉዳያት ሚኒስተር ሚ/ር ሎሬንዞ ታዕዛዝ ናይ ኤርትራ ክፍለ-ሓገር ተወላዲ'ዩ። ትምህርቱ ብመራሒኡ ሓጼ ሓይለ ስላሴን ብወላዲት ሓገሩ ኢትዮጵያ ኣብ ፈረንሳ ሞንትፕላየር'ዩ ተማሒሩ።

መርማሪ ኮሚሽን ንኣስታት ሸውዓተ ወርሒ ኣብ ኤርትራ ክፍለ-ሓገር ዝገበሮ መጽናዕቲ ዛዚሙ ሰነ 1948 ዓም ርኸበቱ ንህዝቢ ኣፍለጠ:

1) ናይ ጣልያን ግዝኣታት ሊብያ፣ ሶማል፣ ናይ ኤርትራ ክፍለ-ሓገር ነጻነት ረኺቦም ነብሶም ከመሓድሩ ኣይበቅዑን።

2) ናይ ኤርትራ ክፍለ-ሓገር፣ ሊብያን ሶማልን ህዝብታት ጣልያን ዳግማይ ከመሓድሮም ከምዘይደልዩ ኣፍሊጦም'ዮም

ናይ ፈረንሳን ሩስያን ወክልቲ:[17] *<<ሶማል፣ሊብያ፣ ናይ ኤርትራ ክፍለ-ሓገር ነብሶም ከመሓድሩ ከሳብ ዝኽእሉ ንዘይተወሰነ ጊዜ ኣብ ኢጣልያ ምግዚትነት ከመሓደሩ።>>*

17 Four Power Commission 17 November 1947

ናይ ኣሜሪካ ወኪል: *<<ናይ ኤርትራ ክፍለሐገር ከበሳታት ማለት ናይ ኣካለጉዛይ፣ ሓማሴንን፣ ሰራየን ኣዉራጃ፣ ኸተማ ዓሰብ ናብ ኢትዮጵያ ክምለስ፣ ምዕራባዊ ቆላ፣ ናይ ኣስመራን ምጽዋን ኸተማ መጽናዕትታት ክሳብ ዝጸፈፍ ኣብትሕቲ ምግዚትነት ብሪታንያ ክቅጸል።>>*

ናይ እንግሊዝ ወኪል: *<<ናይ ኤርትራ ክ/ሓገር ብሙሉዕ ኢትዮጵያ ንዓሰርተ ዓመት ክተመሓደሮ፣ ድሕሪ ዓሰርተ ዓመት ህዝቢ ድልየቱ ይወስን።>>*

ናይ መርማሪ ኮሚሽን ኣባላት ዉሳኔኦም ስለዘይተሳነየ ኣብ ዋዕላ ፓሪስ 1946 ዓ.ም. ከምዝተሰማምዕዎ እዚ ጉዳይ ናብ ውድብ ሕቡራት ሓገራት ኣቕነዐ።

ምዕራፍ ኢስራ

ናይ ኤርትራ ክ/ሓገር ጉዳይ ኣብ መድረኽ ውድብ ሕቡራት ሓገራት

ጣልያን ይገዝአ ዝነበረ ግዝኣታት መጻኢ እንታይ ይኹን ኣብ ዝብል ሙግት ፍታሕ ስለዘይተረኽበ እዚ ጉዳይ ናብ ዓለም መንግስታት ማሕበር ተሰጋገረ። ኣብ ውድብ ሕቡራት ሓገራት ዝለኣለ ተሰማዕነት ዘለዎም ሓይልታት ኪዳን ስለዝኾኑ ናይ በይኖም ጭቕጭቕ ናብ ዓለም መድረኽ ወሲዶም ብዙሓት ዓድታት ኣብ ጎኖም ከሰልፉ መደቡ።

እዚ ጉዳይ ናብ ውድብ ሕቡራት ሓገራት ምስመጸ ፋሺስት ኢጣልያ ዳግም ሰለስቲኡ ግዝኣት ክትዉንን ሸንጣ ኣቲራ ክትሟገት ጀመረት። ሙግታ ሕይወት ክለብስ ምእንቲ ኣብ ሕሱም ጊልያነት ዝላደዩ ናይ ላቲን ኣሜሪካ ሓገራት ሰቢኻ፣ ንነብሶም ካብ ኣፍሪካዉያን ኣግዚፎም ክሪኡን *<<ጸዓዱ ኢና>>* ኢሎም ክሓስቡ ጎስጒሳ ንርኹስ ግብራ ኣሰለፈቶም። ሓይልታት ኪዳን ናይ ኢጣልያ ሓድሽ ኣሰላልፋ ሪኦም *<<ሶማልያ ብፋሺስት ኢጣልያ ክትመሓደር ነፍቅደ>>* ብምባል ነዚ ምዉጣጥ ክዓጽውዎ ፈተኑ። ሓይልታት ኪዳን ቅድሚ ሒደት ዓመት ምስ ናዚ ጀርመን ተላፊኑ የድምዮም ዝነበረ ፋሺስት ኢጣልያ ሚዛን ሓይሊ ገምጊሙ ኣሰላልፋ'ኡ ስለዝቀየረ ንጀርመናዉያን ዝሓረምዎ ዕድል ንኢጣልያዉያን ሂቦም ንነብሶም ዝሕንኩል ተግባር ፈጸሙ።

ሓጼ ሓይለስላሴ ኢጣልያ ዝፍጽም ዕንደራ ብጣዕሚ ስለዘጉሃዮም ነዚ ዝስዕብ ደብዳበ ናብ ዓለም መንግስታት ማሕበር ጸሓፉ: *<<ሙሶሊኒን ሒትለርን ንጣብ ፍልልይ የብሎምን። ክልቲኦም ማዕረ ዕቡዳት፣ ማዕረ ግፍዐኛታት እዮም። ናይ 2ይ ኹናት ዓለም መንቀሊ ሒትለር ኣይኮነን። ናይ ዓለም ሰላም ዝተዘርገ ኣብ 1935 ዓም ፋሺስት ኢጣልያ ንኢትዮጵያ ክወርር እንከሎ'ዩ። ኣብቲ ጊዜ እንግሊዝን ፈረንሳን ኢትዮጵያ ክትምሕጸኖም እንከላ ባብ ኣርሒዮም ክትጥቃዕ ኣብ ከንዲ ዝፈርዱ፣ ንሙሶሊኒ ዓገብ እንተዝብሉ ኔሮም: ድሕሪ ኣርባዕተ ዓመት ሒትለር ደፊሩ ነዚ ኹሉ ህልቂትን መዓትን ኣይምፈደየምን ኔሩ። ሰለስተ ሰላሴታት ይመስገኑ! ናይ ህዝቢ ኢትዮጵያ ንብዓት መሬት ኣርሒሱ ኣይተረፈን። ኩሉ ኣስቡ ከረከብ ፈጣሪ ፈቂዱ'ዩ። ሎሚ'ዉን ሓያላን መንግስታት*

ካብ ቀደም ዝተማሕሩ ኣይመስሉን፡ ኣብ ልዕሊ ጀርመን ጨኪኖም ጣልያን ከምዚ ከትዕንድር ብምርኣይና ብጣዕሚ ሓዚና ኢና።>>

ኢትዮጵያ እዚ ኹሉ ተንኮል ክፈሓሰላ እንከሎ ምስ ፋሺዝምን ኢምፔሪያሊዝምን ፊተፊት ተራጺሙ ናይ ኢትዮጵያ ክብርታት ዘውሓሰ ሚ/ር ኣኽሊሉ ሓብተወልድ ነበረ። ሚ/ር ኣኽሊሉ ሓብተወልድ ኣብ ፈረንሳ ጁሪስ-ፕሩደንስ ኣጽኒኡ በመጽናዕቲ ሕጊ ዝተመረቐ፣ ቋንቋታት እንግሊዘኛን ፈረንሳን ዝመልኸ ጥራይ ዘይኮነ መዲሩ ዘስምዕ፣ ሞጊቱ ዝረትእ ክኢላ

ብምንባሩ ኣብ ዓለም መንግስታት ማሕበር ንሓገሩ ከኻታእ ምእንቲ ነበረ ሓጼ ሓይለስላሴ ናብዚ መዝነት ዝረቐሕዎ።

ሓይልታት ኪዳን ማንም ከየገደዶም ብኢድ ዋኒኖም ጣልያን ኣብዚ ዋዕላ ከትሳተፍ ስለዝኣደሙዋ እዚ ጉዳይ መዕለቢ ክርከቦ ኣይከኣለን። ናይ እንግሊዝ ወጻኢ ጉዳይ ሚኒስተር አርነስት ቤቪን እዚ ምፍጣጥ ብጣዕሚ ስለዘተሓሳሰቦ ምስ ወጻኢ ጉዳያት ኢጣልያ ካርሎ ስፎርሳ ተራኺቡ ጣልያናዉያን ዝፍጽምዎ ምፍጣጥ ገዲፎም ኣብ መዓዲ ዝቐረበ ሽሻይ ከይተመንጠሉ ብጽሒቶም ክወስዱ ኸቢድ ጸቅጢ ገበረ: *<<ናይ ግርማዊ ቀዳማዊ ሓይለስላሴ መንግስቲ፣ ኢጣልያ ሶማልን ናይ ትሪፖሊታንያ ኣውራጃ ብሞግዚትነት ከተመሓድር ኣፍቂዱ'ዩ። ካብዚ ወጻኢ ግን ናይ ኢጣልያ መንግስቲ ናብ ኤርትራ ክፍለ ሓገር ከምለስ ዝኾነ ዓይነት ዕድል የብሉን። ነዞም ክልተ ግዝኣታት ነፍቅደልኩም ኣብ ሶማልያን ትሪፖሊታንያ ዝነብር ህዝቢ <<ንኢጣልያ ከንርኢ ኣይንደልን>> ዝብል ተቃውሙ'ኡ ከምዘይሰማዕና ኾይና ኢና።>>*

ናይ ኢጣልያ ወጻኢ ጉዳይ ሚኒስተር ካርሎ ስፍሮርሳ ዝቀረበሉ ዕማመ ከይፈተወ ተቐበለ። በዚ መገዲ ብክልቲኦም ሚኒስተር ወጻኢ ጉዳያት ስም ዝፍለጥ *<<ቤቪን-ስፎርሳ>>* ተሰምየ ስምምዕ ግንቦት 6 1949 ዓም ከተሙ።

ቀንዲ ነጥብታት ስምምም ቤቪን-ስፎርሳ

ሀ) ናይ ኤርትራ ክፍለ ሓገር ናብ ክልተ ተመቒሉ ኣመንቲ ክርስትና ዝነብሩሉ ከበሳ ናብ ኢትዮጵያ ክጽምበር: ኣመንቲ እስልምና ዝነብሩሉ ቆላታት ናብ ሱዳን ተሓዊሱ ብእንግሊዝ ሞግዚትነት ክመሓደር

ለ) ሶማልን ናይ ትሪፖሊታንያ ኣዉራጃ ጣልያን ንዓሰርተ ዓመት ብሞግዚትነት ክተመሓድረን እያ

ክልቲኦም ወጻኢ ጉድያት ዝተሰማምኡሉ ነጥብታት ዝትግበር ኣብ 3ይ ስሩዕ ኣኼባ ውድብ ሕቡራት ሓገራት እኹል ድምጺ ክረኽብ እንከሎ ጥራይ'ዩ። አርነስት ቤቪን ንመዘኑ ስፎርሳ ዘጠንቀቖ ነገር እዚ ስምምዕ ብምስጢር ክተሓዝ ነበረ። ካርሎ ስፎርሳ ነቲ መጠንቐቕታ ንሒፉ ነዚ ምስጢር ናብ ዓለም ኣቓልሖ። ኢጣልያ ናብ ሊብያን ሶማልን ከምትምለስ ጽንጽንታ ምስተሰምዐ ሓገራት ኣዕራብ ብሕርቓን ነዲሮም ናብዚ ምዉጣጥ ተጸምበሩ።

ምዕራፍ ኢስራን ሓደን

ኢምፔሪያሊዝምን ፋሺዝምን ተላፊኖም ዝፈሓስዎ ሻጥርን ተንኮል ዘምከነ ዲፕሎማት፡ ስምምዕ ቤቪን ስፎርሳ

ኣብ ስምምዕ ቤቪን ስፎርሳ ናይ ግርማዊ ቀዳማዊ ንጉሰ-ነገስት መንግስቲ መርገጺ፡ <<*ናይ ኤርትራ ክፍለ-ሓገር ብሙልኡ ናብ ወላዲት ሓገሩ ኢትዮጵያ ክጽምበር ምንዮትና እኳ እንተኾነ ምስ ሓያላን ዝግበር ምዉጣጥ ካብ ጥቕሙ ጉድኣቱ ስለዝዓዝዝ ፈለማ ከበሳ ንሓዝ'ም ዝተረፈ ቀስ ኢልና ክነምልሶ ኢና*>> ዝብል ነበረ። ኣዕራብን ሕብረት ሶቭየትን ንስምምዕ ቤቪን-ስፎርሳ ክቃወሙ ሕንዲ፣ ኢራቅን ኣውስትራልያን ድማ ናይ ሊብያን ሶማልን ከምኡ'ውን ናይ ኤርትራ ክፍለ-ሓገር ህዝቢ እንታይ ከምዝደሊ ክሕተት ኣለዎ ዝብል መርገጺ ሒዞም ግንቦት 17 1947 ዓም ኣብ 3ይ ስሩዕ ኣኼባ ውድብ ሕቡራት ሓገራት ተኣኸቡ።

መስርሕ ድምጺ ምሃብ ከይተጀመረ ናይዚ ስምምዕ ሓንደስቲ ናይ ብሪታንያ ኢምፔሪያልስት መንግስትን ናይ ሰሜን ኣሜሪካ ኢምፔሪያሊስት መንግስቲ ካብ ኣባል ሓገራት ክልተ ሲሶ ድምጺ እንተረኺብና ክንዕወት ኢና ዝብል ሙሉዕ እምነት ነበሮም።

ነዚ ድምጺ ዝረኽቡሉ ምስጢር ንነፍስወከፍ ኣባል ሓገር ሰቢኾም፣ ጠቢሮም ንገሊኦም ድማ ሓዲዶም ብምንባሮም'ዩ። ኣብ ስምምዕ ቤቪን ስፎርሳ ከምዘድምጹ ቃል ካብ ዝኣተው ሓገራት ሓደ ኣብ ማዕከላይ ኣሜሪካ ትርከብ ሓይቲ ትበሃል ንእሽቶ ዓዲ ነበረት። ናይ ሓይቲ ሚኒስተር ወጻኢ ጉዳይ ሴኔተር ሎት ኣብ መወዳእታ ደቃይቕ ቓሉ ኣጺፉ ናይ ህዝቢ ዓለም ሰላምን ሓድነትን ጸር ዝኾኑ ኢምፔሪያሊዝምን ፋሺዝምን ክጻወተሉም መደበ። ሴኔተር ሎት ፈለማ ኣብ ስምምዕ ቤቪን ስፎርሳ ኣይሰማማዕን ኢሉ እኳ እንተዕገርገረ ናይ ብሪታንያ ሚኒስተር ወ/ጉዳያት ኣርነስት ቤቪን ናብ መራሒ ሓይቲ ቴሌግራም ልኢኹ ብሓለቑኡ ከስገድዶ ፈተነ። ሚኒስተር ሴኔተር ሴንት ሎት ንሓለቑ'ኡ ሕራይ ብምባል ኣብ ልቡ ዝሓሰቦ ኣብ ልቡ ጌሩ ናብ ኣዳራሽ ባይቶ ውድብ ሕቡራት ሓገራት ኣትወ።

ድምጺ ናይ ምሃብ መስርሕ ምስጀመረ ናይ ኤርትራ ክፍለ-ሓገር ጉዳይ ክልተ ሲሶ ድምጺ ረኺቡ ሓለፈ። ጣልያን ናብ ትሪፖሊታንያ ኣውራጃ ተመሊሳ ተመሓድር ኣብ ዝብል ነጥቢ ድምጺ ክወሓብ እንከሎ ሚስተር ሴኔተር ሎት

ሓለቑ'ኡ ዝሃቦ መምርሒ ጥሒሱ <<ኣይፋል>> ዝብል ድምጺ ሓበ። ጣልያን ናብ ሶማል ትመለስ ኣብ ዝብል ዕማመ ድምጺ ክወሃብ እንከሎ እንደገና ሚስተር ሴኔተር ሎት ምስ ሓደ ወኪል ላይቤሪያ <<ድምጸ ተዓቅቦ>> ምስገበሩ ንስምምዕ ቤቪን ስፎርሳ ዘድሊ ክልተ ሲሶ ድምጺ ጎዲሉ፣ እዚ ስምምዕ ዉዱቕ ኾነ።

ሴኔተር ሎት ብዝፈጸሞ ድፍረትን ጥበብን ፋሺስት ኢጣልያ ናብ ኣፍሪካ ናይ ምምላስ ሕልሙ ክበንን እንከሎ ናይ ህዝቢ ዓለም ጸር ዝኾኑ ናይ ኢምፔሪያልዝም ሓይላት ተዘዝታ ወረሶም። ናይ ሓጼ ሓይለስላሰ መንግስቲ ሴነተር ሎት ብዝወሰዶ ስጉምቲ ሕጉስ ኣይነበረን። ንብዙሕ ዓመታት ዝሃለኽናሉ ናይ ኤርትራ ክ/ሓገር ጉዳይ ዘሪጉልና ዝብል ቅሬታ ነበሮ። ሚስተር ሴኔተር ሎት ናይ ኤርትራ ክ/ሓገር ዕማመ ኣድላዪ ድምጺ ምስረኸበ ኣብ ሊብያን ሶማልን ተቃውሞ ምስምዑ ኣነ ቅሬታ የብለይን። ሕይወቱን ናብሩኡን ኣብ ምልክት ሕቶ ኣውዲቑ ጸሊም ሕብሪ ንዉንን ኣፍሪካዉያን ብሓፈሻ ንሕና ኢትዮጵያዉያን ድማ ብፍላይ ክብርና ገፊፎም ባንቡላ ክገብሩና ዝደልዩ ናይ ኢምፔሪያልዝም ሓይላት፣ ፋሺዝም ባንቡልኦም ከምዘይኮና ንህዝቢ ዓለም ዘመስከረ ዕጹብ ፍጥረት'ዩ።

ሓሳበይ ንምዝዛም: ናይ ኣውሮፓ መስፋሕፋሕቲ ሓገራት፣ ኢምፔሪያሊዝም ናብ ሓገርና በብእብረ እንዳጠመቱ፣ ኣብ ሓድነትና ክልተ ኢዶም ኣእትዮም ዝፈጸሙዎ ወረራን ከበባን፣ ዝፈሓሱልና ናይ ፖለቲካ ሻጥርን ሸፍጥን ሎሚ ኢትዮጵያ ትርኸበሉ ድሕረትን ድኽትን ዘሳጥሓ ጥራይ ዘይኮነ ሓገርና ንሰላሳ ዓመት ኣብ ኤርትራ ክ/ሓገር ዝተጠብሰትሉ ናይ ዉኽልና ኹናት ማዕጾ ዘርሓወ ኣብ መፈጸምታ ኤርትራ ካብ ኢትዮጵያ ክትንጸል ባይታ ዝነደቐ ናቶም ምትእትታው'ዩ።

ምዕራፍ ኢስራን ክልተን

ኣብ ውድብ ሕቡራት ሓገራት ዝቐጸለ ምዉጣጥ

ውድብ ሕቡራት ሓገራት ኣብ ግዝኣታት ጣልያን መፍትሒ ንምርካብ መስከረም 1949 ዓም 4ይ ስሩዕ ኣኼቡኡ ምስጀመረ ፋሺስት ኢጣልያ ካብ መርገጺኡ ተሰልቢጡ ንኣባል ሓገራት ከታልል ፈተነ። ኣብ ስምምዕ ቤቪን ስፎርሳ ናይ ኤርትራ ክ/ሓገር ፍርቂ ናብ ኢትዮጵያ ከምዝጽምበር ኢጣልያዉያን ስለዝተሰወጦም ኣብ 4ይ ስሩዕ ጉባኤ ናይ ኤርትራ ክ/ሓገርን ሊብያን ነጻነት ክንናጸፉ ሶማል ድማ ንዝተወሰነ ዓመት ብሞግዚትነት ምስመሓደርና ነጻነት ትረከብ ዝብል ሓሳብ ኣቕረቡ።

ብካልኣይ ደረጃ ዘቕረቡዎ ዕማመ ሓሙሽተ ኣባላት ዝሓቖፈ ናይ ውድብ ሕቡራት ሓገራት መርማሪ ኮሚሽን ናብ ኤርትራ ክ/ሓገር ገይሹ ድልየት ህዝቢ ይመርምር ዝብል ነበረ። ፋሺስት ኢጣልያ ኣብ ዓለም መንግስታት ማሕበር ደዪቡ ነዞም ኹሎም ምርጫታት ከቕርብ ናይ መንግስታት ማሕበር ኣባል ኣይነበረን። ሙግቶም ክሰልጥ ምእንቲ መንፈሳዊ ዉላዶም ዝኾኑ 21 ናይ ላቲን ሓገራት ኣብትሕቲኦም ኣሰሊፎም ነበሩ።

ናይ ላቲን ሓገራት ንዘመናት ብመግዛእቲ ዝሰሓኑ፣ ብጊልያነት ዝላደዩ ኣሕዛባት'ኻ እንተኾኑ ንነብሶም ከም ጻዕዳ ኣውሮፓዊ ጌርካ ናይ ምርኣይ ድሑር ጠባይ ስለዘለዎም ጣልያናዉያን ብቓላትን ሕያብን ጠቢሮም ንጥፍኣት ኣሰለፉዎም። ፋሺስት ኢጣልያ ናይ ኤርትራ ክ/ሓገር ነጻነት ክንናጸፍ ዝጠለበሉ ምክንያት ንህዝቢ ሃልዩ ዘይኮነ ኣብ ኤርትራ ክ/ሓገር ኣበይቲ ኢንዳስትሪታት፣ ፋብሪኻታት፣ ኣብያተ-ንግዲ ብኢጣልያዉያንን ምስ ኢጣልያዉያን ተሓናፊጾም ዝዉለዱ ኢትዮጵያዉያን ስለዝተባሕተ ብዘይቐጥታዊ መገዲ ንኤርትራ ከምዝቆጻጸር ኣሚኑ ነበረ። ብተወሳኺ ሓገራት ኣዕራብን እስያን ብኢጣልያ ስብከት ተማሪኾም ኣብ 4ይ ስሩዕ ኣኼባ ናይ ኢትዮጵያዉያን ጸር ኾኑ።

ጠቕላሊ ባይቶ ዝተሓላለኸን ፍታሕ ዝተሳእኖ ናይ ኤርትራ ክ/ሓገር ጉዳይ ንምምርማር ኣብ ኤርትራ ዝተመስረተ ውድባት ኣብ ባይቶ ቀሪቦም መግለጺ ክሕቡ ወሰነ። ውድብ ሕቡራት ሓገራት ዝሃቦ ዕድል ተጠቂሙ ብፍጹም ሓሶትን ምድንጋርን ንተጋባእቲ ከታልል ዝፈተነ ናይ ኣል-ራቢጣ ኣል-

ኢስላምያ ዋና ጸሓፊ ኢብራሂም ሱልጣን ዝፈጸሞ ቕለት ቅድሚ ምግላጸይ ብዛዕባ 4ይ ስሩዕ ኣኼባ ዝተወሰኑ ነገራት ክብል።

ኣንባቢ ብዕቱብ ከስተብሕሎ ዝግባዕ ጉዳይ: ኣብ 4ይ ስሩዕ ኣኼባ ውድብ ሕቡራት ሓገራት ንዓና ኢትዮጵያዉያን ብመርዛም ትኪ ካብ ዝጨፍጨፈና ፋሺስት ኢጣልያ ንላዕሊ ስሚ ኾይኑ ገስጋስና ዝሰመመ፣ ሕቶታትና ዘራኸሰ፣ ዘዋድቀ፣ ዘቆናጽብ ሓሳባት እንዳቕረበ ኣብ መድረኽ ዓለም ክሳድና ክንሰብር ልዕሊ ፋሺስታዉያን ዝጸዓረ ኣብ ደቡብ ኣሜሪካ ዝርከብ ኣርጀንቲና ተሰምየ ናይ ፋሺዝም ባንቡላ ነበረ። ብተወሳኺ ምስ ፋሺስት ኢጣልያ ኢድን ጓንትን ኮይኑ ተራእዩን ተሰሚዑን ዘይፈልጥ ታሪኽ እንዳመሓዘ ንተጋብዕቲ ዘጭበርበረ ከምኡ'ውን ናይ ኢትዮጵያ ፍትሓዊ ሕቶ ክቐጽይ ዝፈተነ ፓኪስታን ከምዝነበረ እንዳዘኻኸርኩ ናብ ዝቅጽል ምዕራፍ ክሰግር።

ምዕራፍ ኢስራን ሰለስተን

ንነብሱ <<ኣልራቢጣ ኣል-ኢስላምያ>> ኢሉ ዝሰምየ ናይ ብሪታንያ ኢምፔሪያሊዝም መጋበርያ ዋና ጸሓፊ ኢብራሂም ሱልጣን ኣብ ባይቶ ውድብ ሕቡራት ሓገራት ዝፈጸሞ ቕለትን ዝጎነፎ ዉርደትን

መርማሪ ኮሚሽን ናብ ኤርትራ ክ/ሓገር ኣቕኒዑ ምርመራ ኸካይድ እንከሎ ናይ ኢትዮጵያ ሓድነት ማሕበር ፍቕሪ ሓገር ንምድኻም እንግሊዛዉያን ብኣምሳሎም ዝፈጠሩዎ ኣልራቢጣ ኣል-ኢስላምያን ዋና ጸሓፊ'ኡ ኢብራሂም ሱልጣን ንመርማሪ ኮሚሽን ዝሃቦ ሓድሕዱ ዝዋቃእ መግለጺን ነዚ ስዒቡ ኣባላት መርማሪ ኮሚሽን ዝሓደሮም ተዘዝታ ኣብ ምዕራፍ ዓሰርተ ትሽዓተ ንኣንባቢ ገሊጸ ኔረ። ውድብ ሕቡራት ሓገራት ኣብ ሚያዝያ 1949 ዓም ስምምዕ ቤቪን ስፎርሳ ከምዘተግብር ጽንጽንታ ምስሰምዐ ኢብራሂም ሱልጣን ናይ ብሪታንያ ኢምፔሪያሊስት መንግስቲ ክሒዱ ምስ ፋሺስት ኢጣልያ ሓድሽ ጽምዶ ጀመረ።

ናይ ኣልራቢጣ ኣልኢስላምያ ዋና ጸሓፊ ኢብራሂም ሱልጣን ኣብ 4ይ ስሩዕ ኣኼባ ውዱብ ሕቡራት ሓገራት ጥቅምቲ 7 1949 ዓም ኣብ ጠቕላሊ ባይቶ ውድብ ሕቡራት ሓገራት ቀሪቡ ዘሰምዖ ናይ ልብወለድ ፈጠራ ኣሕጽር ኣቢለ ከምዚ ዝስዕብ ከቕርቦ'የ:

<<ኤርትራን ኢትዮጵያን ሓደ ጊዜ'ኻ ሓቢሮም ዘይነበሩ ናይ ኢትዮጵያ ነግስታት እዉን ናብ ኤርትራ ቕልቕል ኢሎም ዘይፈልጡ፣ ክልቲኦም ህዝብታት ናይ ቋንቋ ይኹን ናይ ባህሊ፣ ናይ ሓይማኖት ዝኾነ ዓይነት ርክብ የብሎምን። ኣብ ጥንታዊ ናይ ኣባሲዳስ ዘመን ብባግዳድ ከሊፋ ካብ ዝመሓደሩ ሓገራት ኣዕራብ ኤርትራ ሓንቲት ነበረት። ናይ ኣባሲዳስ ዘመን ኣኸቲሙ ናይ ካሊፋ ስልጣነ ክበታተን ኣብ ነፍስወከፍ ሓገራት ናይ ኤሚራት ስልጣን ተመስረተ።

ሓደ ከፋል ኤርትራ ብሓደ ኤሚራት ሱልጣን ከመሓደር እንከሎ፣ እቲ ካልኣይ ከፋል ድማ ብሓደ ናይ ኤርትራ ተወላዲ ናይ እስልምና መራሒ ይግዛእ ነበረ። ንፖርቹጋል ተኺኦም ኦቱማን ቱርክ ናብ ኤርትራ መጺዮም ግዝኣቶም ምስመስረቱ ሓገርና ኣብ መግዛእቲ ጣሊያን ክሳብ ዝወደቐትሉ ዘመን ማለት 1885 ዓም ብግብጸዉያን ካዲቫት ክትመሓደር ጸኒሓ።

ኢጣልያ ንኤርትራ ብመግዛእቲ ዝወሰዳ ካብ ግብጸዉያን ደኣምበር ካብ ኢትዮጵያ ከምዘይኮነ ብታሪኽ ዝተረጋገጸ'ዩ። ባሕሪ-ነጋሽ ተሰምየ ናይ ኤርትራ ኣመሓዳሪ ምእዙዝነቱ

ፈለማ ንቱርኪ፣ ስዒቡ ንግብጺ ደኣምበር ንኢትዮጵያ ኣይነበረን። ስለዚህ ነመሓድራ ዓዲ ኢጣልያ ወሲዱልና ኢሎም ከዛረቡን ከኻቱኡን ዝግብኦም ግብጻዉያን ደኣምበር ኢትዮጵያዉያን ከምዘይኮኑ ክፈለጥ ኣለዎ።>>

እዚ ልብወለደ ኣብ ቅድሚ ኣባላት ባይቶ ምስቐረበ ናይ ኢትዮጵያ ወኪል ኣብ ውድብ ሕቡራት ሓገራት ሚኒስተር ኣኽሊሉ ሓብተወልድ ንኢብራሂም ሱልጣን ነዚ ዝስዕብ ሕቶ ኣቕረበ: *<<ኣብ ኣባሲድ ዘመን ናይ ባግዳድ ካሊፋ ካብ ዘመሓደሮም ሓገራት ኤርትራ ሓዲኣ እንተኾይና: ኣብቲ ዘመን ናይዛ ሓገር መጸውኢ ስም እንታይ ይበሃል? ናይ ባግዳድ ካሊፋ ስልጣን ምስተብታተነ ብዘመን ኤሚር ናይ ኤርትራ ግዝኣት ብከፊል ይመርሕ ዝነበረ ሙስሊም ኤርትራዊ መን ይበሃል?>>*

ኢብራሂም ሱልጣን:- *<<ንሕና ናብ ኒውዮርክ ክንመጽእ ናይ ጥንቲ ታሪኽና ዘርድዕ ኣብዩ መጽሓፍ ሒዝና ኣይመጻናን። ንውድብ ሕቡራት ሓገራት ዝተዛረብናዮ ቀንዲ ነገር ታሪኽና እዩ። ዝርዝር ነገራት ምፍላጥ እንተድልዩ፣ ኣብ ዉሽጢ ታሪኽ ዓለም ደሊኻ ምርካብ ይኽኣል'ዩ>>* ኢሉ ዘረብኡ ምስኣጽወ ኣብ ባይቶ ውድብ ሕቡራት ሓገራት ዝተኣከቡ ተጋባዕቲ ክርትም ኢሎም ሰሓቁ።

ኢብራሂም ሱልጣን ናይ ምዉቕቃዕን ምትላልን ክእለት ዘለዎ ዘሕዝን ፍጡር ደኣምበር ኣካዳምያዊ ፍልጠት ዝዉንን ሰብ ኣይኮነን። ኢጣልያውያን ክዛረብ ዝነገሩዎ የማነ-ጸጋም ከይረኣየ፣ ዘረብ'ኡ ዘደንፍዕ ሓበሬታ ከይሓዘ ብዝፈጸሞ ቕለት ኣብ ዓለም መንግስታት ማሕበር ዉርደት ተገዝመ። ብኢጣልያዉያን ተደሪሱ ንኢብራሂም ዝተዋሕቦ ናይ ታሪኽ ድርሰት ሓቀኛ ምስሉ ንኣንባቢ ምትሓዝ ኣድላዪ ስለዘኾነ ኣሕጽር ኣቢለ ከምዚ ዝስዕብ ከቅርቦ'የ።

ናይ እስልምና ሓይማኖት ሰባኺ ነብዩ መሓመድን ስድራቤቱን ኣብ 8ይክፍለ-ዘመን ኣብ ባግዳድ መንግስትነት መስሪቶም ሎሚ ማዕከላይ ምብራቕ ተባሂሉ ዝፍለጥ ሓገራት ዓረብ ዝርኽቡሉ ስፍራ ተቆጻጺሮም ኔሮም። ኣንባቢ ኣብ ክፍሊ ሓደ ናይዚ መጽሓፍ ከምዝዝክሮ ኣብ ሓገርና ኣብዚ ጊዜ ዝነበረ መንግስቲ ንግስነት ኣኽሱም ነበረ። ኣብ ንግስነት ኣኽሱም ናይ ኢትዮጵያ ጅዮግራፍያዊ ክሊ ካብ ተፈጥሮኣዊ ወሰንና ቀይሕ-ባሕሪ ጀሚሩ ንደቡብ ክሳብ ሕንዳዊ ዉቅያኖስ ይበጽሕ ኔሩ። ናይ ኢትዮጵያ ወኪል ኣነ ክብ ኢለ ዝገለጽኩዎ ታሪኽ ንተጋባእቲ ገሊጹ ናይ ኢብራሂም ሱልጣን ሓሶት ዕርቓኑ ኣትረፎ።

ምዕራፍ ኢስራን ዓርባዕተን

ዉሳኔ 4ይ ስሩዕ ኣኼባ ውድብ ሕቡራት ሓገራትን ናይ ኤርትራ መጻኢ

ኣብ 4ይ ስሩዕ ኣኼባ ውድብ ሕቡራት ሓገራት ኢትዮጵያ ዘቕረበቶ ጠለብ፣ ፋሺስት ኢጣልያ ብዘሰለፎም ኣጀብቲ ተዋሒጡ ድልየት ኢጣልያዉያን ዝገሃደሉ ኹነታት ተቐልቐለ። ናይ ኢትዮጵያ ወኪላት ንኽብደም ዝተገዝኡ ናይ ፋሽስት ኢጣልያ ወኪላት ዝፈጠሩሎም ሕንኮላን ዝርጋንን እንዳረኣዩ ከንዱ ኣሜሪካን ብሪታንያን ናይ ኢጣልያ ድልየት ከይትግበር ዝተፈላለየ ሜላታት ክምሕዙ ጀመሩ። በዚ መገዲ ናይ ኣሜሪካ ኢምፔሪያሊዝም ናይ ኤርትራ ክ/ሓገር ሽግር ዘላቒ ፍታሕ እዩ ዝበሎ <<*ፌደረሽን*>> ዝበሃል ዕማመ ኣቕረበ። ኣንባቢ ኣዕቲቡ ክግንዘቦን ብድሙቕ ሕብሪ ክስምረሉ ዝግባዕ ነጥቢ: ኣሜሪካዉያን ዝኣመሙዎ <<*ፌደረሽን*>> ኣብ 1950 ዓም ኤርትራ ምስ ኢትዮጵያ ዝተጸምበረትሉ ናይ ፌደሬሽን ንድፊ **ኣይኮነን**።

ብተወሳኺ ኣሜሪካዉያን ብኢምፔሪያሊስታዊ ጠባዮምን ናይ ተፈጥሮ ግብዝነቶም ምኽንያት ነዚ ንድፊ ምስዳለው ናይዚ ጉዳይ በዓል ዋና ዝኾነት ኢትዮጵያ ኸማኽሩ እትረፍ መሳልይቶምን መሻርኽቶምን ዝነበረ ናይ ብሪታንያ ኢምፔሪያሊዝም'ውን ጽንጽንታ ኣይሰምዐን። ነዚ ንድፊ ነዲፎም ዕላዊ ቅድሚ ምግባሮም ካብ ሕሜት ክድሕኑ ምእንቲ ንሕንዲ፣ ብራዚል፣ ላይቤሪያን ኢራቅን ናብዚ ሰነድ ሓዊሶም ናይ ኤርትራ ሽግር ፍታሕ'ዩ ብምባል ኣብ ጥቅምቲ 1949 ዓም ንባይቶ ውድብ ሕቡራት ሓገራት ኣቕረቡ። ኣሜሪካዉያን ዘቕረብዎ ናይ ፌዴሬሽን ሰነድ ትሕስቱ ነዚ ይመስል:

1) ኤርትራ ግዝኣታዊ ሓድነታ ተሓልዩላ፣ ንዉሽጣዊ ምሕደራ(*ኣውቶኖሚ*) ሙሉእ ስልጣን ክወሃባ፣ ኣብትሕቲ ቀዳማዊ ሓይለስላሴ ዙፋን ብፌዴሬሽን ምስ ኢትዮጵያ ክትጽምበር'ያ።

2) ብመሰረት'ዚ ፌዴሬሽን ወጻኢ ጉዳያትን ምክልኻል ሰራዊትን ንንጉሰ-ነገስት ግርማዊ ቀዳማዊ ሓይለስላሴ ዝምልከት ክኸዉን፣ ኣብ ኤርትራ ዝምስረት መንግስቲ ድማ ዘቤታዊ ጉዳያት ከመሓድር ሙሉዕ ስልጣን ኣለዎ።

3) ኤርትራ ብፌዴሬሽን ምስ ኢትዮጵያ ትጽምበረሉን፣ ዉሽጣዊ ጉዳያት ተመሓድረሉ ሕገ-መንግስቲ፣ ብሓደ ፍሉይ ኮሚሽን ክዳለው'ዩ።

እዚ ፍታሕ ወይ ሓድሽ ንድፊ ናብ ውድብ ሕቡራት ሓገራት ምስቀረበ ፈለማ ዝተቃወሙ ፈተዉቲ ኣሜሪካ ዝበሃሉ ኢትዮጵያን ብሪታንያን ነበሩ። እንግሊዛዉያን ናይ ኣሜሪካ ግብዝነትን ትምክሕትን ስለዘሕረቆም ነዚ ዕማመ ነጸጉዎ። ናይ ኢትዮጵያ ወኪላት ናይ ኣሜሪካዉያን ሓንዳፍ ተበግሶ ኣሕሪቁዎም ነበር። ኣብ ሓገርና ብዛዕባ ፌዴሬሽን ዝፈልጥ ህዝቢ እትረፍ ንምሁራት እውን ሓድሽ ቃል ስለዝነበረ *<<ፌዴሬሽን ናይ ሓጼ ሓይለስላሴ ስልጣን ዝድርት'ዩ>>* ብምባል ናይ ኢትዮጵያ ወኪላት ተቃወሙ።

ምስ ጊዜ ድልየት ኢጣልያዉያን ከምዝሰምር ዘየጠራጥር ምስኮነ እንግሊዛውያንን ኣሜሪካዉያን ፍልልዮም ኣጽቢቦም ኢድን ጓንትን ኾኑ። በዚ መሰረት ኣብ 3ይ ስሩዕ ኣኼባ ውድብ ሕቡራት ሓገራት ዝቐረበ ስምምዕ ቤቪን-ስፎርሳ ግብራዊነቱ ትሕቲ ዜሮ ከምዝኾነ ኣስተብሂሎም *<<መርማሪ ኮሚሽን ናብ ኤርትራ ከ/ሓገር ከይዱ ድልየት ህዝቢ እንታይ ከምዝኾነ ይመርምር>>* ዝብል ናይ ኣውስትራልያ ዕማመ ንኣባላት ባይቶ ኣቕሪቦም።

ሓሳቦም ብ'ኣብዝሓ ኣባል ባይቶ ጥራይ ዘይኮነ ብኢጣልያ'ዉን ተቀባልነት ረኸበ። እንግሊዝን ኣሜሪካን ዘቕረብዎ ዕማመ ዝተቓወመት እንኮ ሓገር ኢትዮጵያ ነበረት። 4ይ ስሩዕ ዋዕላ ውድብ ሕቡራት ሓገራት ናይ ጣልያን ግዝኣታት መጻኢ ብዝምልከት ሕዳር 19 1949 ዓም ነዚ ዝስዕብ ዉሳነ ኣሕለፈ:

ሀ) ሓሙሽተ ኣባላት ዝሓቑፈ ናይ ውድብ ሕቡራት ሓገራት መርማሪ ኮሚሽን ናብ ኤርትራ ከ/ሓገር ከይዱ፣ ድልየት ህዝቢ መርሚሩ፣ ዘቕርቦ ርኸበት ተመርኲዙ 5ይ ስሩዕ ኣኼባ ዛዛሚ ዉሳኔ ክሕብዩ

ለ) ሊብያ ሰለስቲኡ ኣውራጃታት ተዋሂዱ ጥሪ 1 1952 ዓም ነጻነት ክትጎናጸፍ

ሐ) ሶማል ዝመጽእ ዓሰርተ ዓመት ኣብትሕቲ ሞግዚትነት ኢጣልያ ክትመሓደር

ምዕራፍ ኢስራን ሓሙሽተን

ናይ ውድብ ሕቡራት ሓገራት መርማሪ ኮሚሽን ኣብ ኤርትራ ክ/ሓገር

ኣብ 4ይ ስሩዕ ኣኼባ ውድብ ሕቡራት ሓገራት ናይ ኤርትራ ጉዳይ ከጽንዑ ዝተመደቡ ሓሙሽተ ሓገራት በርማ፣ ደቡብ ኣፍሪካ፣ ፓኪስታን፣ ኖርዌይን ጓታማላን ነበራ። ኣብ 3ይን 4ይን ዋዕላ ውድብ ሕቡራት ሓገራት ከምዝተኣዘብናዮ ከም ጓታማላ ዝበላ ናይ ላቲን ሓገራት፣ ፓኪስታን ናይ ኢጣልያ ባንቡላ ኾይኖም ንኢትዮጵያ ክሕንኩሉ ጽኢሮም ኔሮም።

ደቡብ ኣፍሪካ'ዉን ናይ ብሪታንያ ኢምኼሪያሊዝም ነጊሱ ዘስገድግድ ዓሌታዊ ጭፍጨፋ ዝፍጸመሉ ዘደንግጽ ሓገር ስለዝኾነ ፍትሓዊ ዉሳነ ምጽባይ ግርሕነት'ዩ። ኣብዚ ጊዜ ኢትዮጵያ ዝነበራ እንኮ ተስፋ ብፍቕሪ ሓገር ዝለለው ፈተዉቲ ሓገር ኣብ ኤርትራ ክ/ሓገር ዝመስረቱዎ ናይ ኢትዮጵያ ሓድነት ማሕበር ፍቕሪ ሓገር ጥራይ ነበረ። ለኻቲት 1950 ዓም መርማሪ ኮሚሽን ናብ ኤርትራ ክ/ሓገር ገይሹ ካብ ለካቲት 10 ክሳብ ሚያዝያ 6 1950 ዓም ንሸሞንተ ሳምንታት ናይ ኤርትራ ክ/ሓገር ህዝቢ ሓቀኛ ባህጉን ድልየቱን እንታዩ'ዩ ዝብል መጽናዕቲ ኣካየደ።

መርማሪ ኮሚሽን ኣብ ኤርትራ ክ/ሓገር ርዕሰ ኸተማ ኣስመራ እግሩ ምስንበረ ኣብ ታሪኽ ተራእዩን ተሰሚኡን ዘይፈልጥ ግብረ-ሽበራ፣ ደም ምፍሳስን፣ ፍንዉ ምቕትታል ተነሃሃረ። ግብረሽበራ ከስርት፣ ደም ምፍሳስ ክጥጥዕ እምነ-ኹርናዕ ዘንበረ ፋሺስት ኢጣልያ ነበረ። ናይ ውድብ ሕቡራት ሓገራት ኮሚሽን ናብ ኤርትራ ክ/ሓገር ምስተበገሰ ፋሺስት ጣልያን ኮምት ግሮኜሎ ተሰምየ ፋሺስት ብዙሕ ገንዘብ ኣሰኪሙ ናብ ኤርትራ ክ/ሓገር ኣበገሶ።

እዚ ዉልቀሰብ ኣብ ኣስመራ እግሩ ምስንበረ ናይ ኢትዮጵያ ሓድነት ማሕበር ፍቕሪ ሓገር ንምፍራስ ናይዚ ማሕበር ኣባላት ብገንዘብ ኣስዲዑ ክኽድዑ ምትብባዕ ጥራይ ዘይኮነ ከም ኢብራሂም ሱልጣን ዝበሉ ናይ ክሕደት ሓዋርያት ብገንዘብ ኣሕጢሩ ፋሺስት ኢጣልያ ዳግም ናብ ኤርትራ ክ/ሓገር ክምለስ ባይታ ነደቐ።

ኣብ ኤርትራ ክ/ሓገር ናይ ኢትዮጵያ ኮንሱላር ሓላፊ ኮ/ል ነጋ ሓይለስላሴ ንዕሾክ ብዕሾክ ከምዝበሃል ናይ ኢትዮጵያ ሓድነት ማሕበር ፍቅሪ ሓገር ኣባላት ወትሃደራዊ ክንፊ ንምቛም ዘድሊ ስልጠናን ዕጥቕን ሒቦም ናይ ማሕበር ፍቅሪ ሓገር ወትሃደራዊ ክንፊ ተመስረተ። በዚ መልሰ-ግብራዊ ስጉምቲ 56 ናይ ኢጣልያ ዜጋታት ኣብ ጎደናታት ኣስመራ ተቐትሉ። በዚ ግብሪ ዝሰምበዱ ኢጣልያዉያንን ናይ ኣልራቢጣ ሹመኛታት ኣብ ማሕበር ፍቅሪ ሓገር ዝጀመሩዎ ግብረ-ሽበራ ከቋርጹ ኣዘዙ።

መርማሪ ኮሚሽን ንሸሞንተ ሳምንታት ኣብ ዝገበሮ ምብጻሕ ምስ ፖለቲካ ፓርቲታት ዘትዩ፣ ድልየት ህዝቢ ክፈልጥ ምስ ህዝቢ መኺሩ፣ እኩል ሓበሬታ ምስጣለለ ሚያዝያ 1950 ዓም ስርሑ ዛዘመ።

ምዕራፍ ኢስራን ሸድሽተን

መርማሪ ኮሚሽን ስርሁ ዛዚሙ: 5ይ ስሩዕ ዋዕላ ውድብ ሕቡራት ሓገራት ዉሳኔ ሂቡ

መርማሪ ኮሚሽን ኣብ ኤርትራ ክ/ሓገር ንሸሞንተ ሳምንታት ድሕሪ ዘካየዶ ምጽራይ ሚያዝያ 1950 ዓም ስርሑ ዛዚሙ ዝሃቦ ናይ መወዳእታ ዉሳነ ነዚ ዝስዕብ ይመስል:

ጓታማላን ፓኪስታን:- *<<ኢትዮጵያን ኤርትራን ሓደ ሓገር ዝነበሩን ኣብ ምንን ክልቲኡ ህዝብታት ዘሎ ባሕላውን ማሕበራውን ርክብ ኣዝዩ ዝተኣሳሰረ'ዩ ተባሂሉ ዝዝረብ ዘረባ መሰረት የብሉን። ኤርትራዉያን ኣብ ልዕሊ ኢትዮጵያዉያን መሪር ጽልኣት ስለዘለዎም ዝኾነ ዓይነት ርክብ ኣይደልዩን። ብድሕሪ ሕጂ'ውን ክህልዎም ኣይደልዩን። ስለዚህ እዛ ዓዲ ንዓሰርተ ዓመት ብውድብ ሕቡራት ሓገራት መሪሕነት ብምግዚትነት ተመሓዲራ ድሕሪኡ ነጻነት ክትረከብ ኣለዋ።>>*

ኖርዌይ:- *<<መብዝሓቱኡ ህዝቢ ኤርትራ ምስ ወላዲት ኣደይ ኢትዮጵያ ክጽምበር ብምባል ይሓትት ኣሎ። ናይ ኤርትራ ኢኮኖምያዊ ህይወት ምስ ኢትዮጵያ ብቀረባ ዝተጸመደ'ዩ። ስለዚህ ብጀካ ምዕራባዊ ቆላ ዝተረፈ ግዝኣት ብሙልኡ ናብ ኢትዮጵያ ክወሓድ። መብዝሕቱኡ ናይ ምዕራባዊ ቆላ ህዝቢ ምስ ኢትዮጵያ ክጽምበር ከምዘይደሊ ስለዘፍለጠ፣ ንዝተወሰነ ጊዜ ኣብ ምግዚትነት እንግሊዝ ጸኒሑ፣ ኣብ መጻኢ ፍሉይ መጽናዕቲ ተገሩ ክውሰን።>>*

ደቡብ ኣፍሪካን በርማን:- *<<ካብ ጠቕላላ ህዝቢ ኤርትራ መብዛሕቱኡ ምስ ኢትዮጵያ ሓድነት ዝደሊ እኳ እንተኾነ፣ ናብ ኣርብዓ ሚእታዊት ዝኸዉን ህዝቢ ግን ናብ ኢትዮጵያ ክምለስ ኣይደልን። ኤርትራ ካብ ኢትዮጵያ ተፈልያ ብኢኮኖሚ ነብሳ ክተመሓድር ስለዘይትኽእል ነጻ ሓገር ምምስራት ግብራዊ ኣይኮነን። ስለዚህ ኤርትራ ምስ ኢትዮጵያ ሕይወታ ትምስርት ብሕጊ ኣብ ዝጸድቕ ፌደሬሽን ክኸዉን ኣለዎ ዝብል ዉሳነና ነቕርብ። >>*

ካብ ኣባላት መርማሪ ኮሚሽን ርትዕን ፍትሕን ዘለዎ ዳንነት ዝሃበ ኖርዌይ ጥራይ ነበረ። ናይ ኖርዌይ ወኪል ናይ ዝኾነ ኣካል ጥቅሚ ከይመመየ *<<ኣመንቲ ክርስትና ኢትዮጵያ ይብሉ ኣመንቲ ምስልምና ግን ምስ ኢትዮጵያ ኣይንደልን>>* ይብሉ ብምባል ዘቕረቦ ዕማመ ቅንዕና ዝተላበሰ ኔሩ። ደቡብ ኣፍሪካ ምስ በርማ ዝሃብዎ ዉሳነ ንኢትዮጵያ ዝጠቕም'ኻ እንተኾነ ነዚ ዉሳነ ዝተጸበዮ ኣይነበረን። ኣቀዲመ ከምዝገለጽኩዎ ደቡብ ኣፍሪካ ንጸለምቲ

ኣሕዛብ ገሃነም ስለዝነበረ ነዚ ዳንነት ክትሕብ ዝተጸበየ ኣይነበረን። ናይ ደቡብ ኣፍሪካ ወኪል ጀነራል ቴህሮን ዓሌታዉነት ዝጽየን ጥራይ ዘይኮነ ሓገሩ ትኽተሎ ማዕዝን የግሁዩ ስለዝነበረ ነዚ ዳንነት ሃበ።

በዚ መገዲ ፋሺስት ኢጣልያ ኣብ ኣደባባይ ዉርደት ክጉልበብ እንከሎ ኢትዮጵያ ፍረ ዓስባ ክጥጥዕ ጀመረ። ናይ መርማሪ ኮሚሽን ሪፖርት ኣብ ገነተ-ልዑል ቤተመንግስት ምስበጽሐ ሓጼ ሓይለስላሴ *<<ኣብ ሓደ ኣካል ክልተ ሕብሪ ከመይ ኣቢሉ ይኸዉን>>* ብምባል ኣዕዘምዘሙ። ሚኒስተር ወጻኢ ጉዳይ ኣኽሊሉ ሓብተወልድ ኢትዮጵያ ዘለዋ እንኮ መማረጺ ፌዴሬሽን ምቕባል ከምዝኾነ፣ እዚ እንተዘይኮይኑ መፍቶ ጸላኢ ከምትኸዉን ኣዘኻኸሩ። ብናተይ ዕምነት ኣብ ኤርትራ ጉዳይ ዝተወሰነ ናይ ፌዴሬሽን ዕማመ ዘይቕኑዕ ፍርዲ ኔሩ ኢለ ኣይኣምንን። ኣብዚ ጊዜ ፌዴሬሽን እንታይ ከምዝኾነ እንዶን ኣፍልጦን ዝነበሮ ህዝቢ ኣዝዩ ዉሑድ ብምንባሩ ምዉጅባር ተፈጢሩ ደኣምበር ናይ ፌዴሬሽን ምሕደራ ከም ሞደል ተወሲዱ፣ ካብ ኤርትራ ክፍለ ሓገር ተቀዲሑ ናብ ካልኦት ክፋላት ኢትዮጵያ ተዝተኣታተው ኔሩ ኣዝዩ ብዙሕ ጥቕምን ዕድልን ምፈጠረ ኔሩ። ኣብ ነንበይኑ ክፋላት ሓገርና ዝተወለዐ ናይ ብሄረሰብ ስምዒትን ጸቢብነትን ብዕሽሉ ምቕጽዮ ኔሩ።

ውድብ ሕቡራት ሓገራት ናይ መርማሪ ኮሚሽን ዉሳነ ምስሰምዐ ቀዳም ታሕሳስ 2 1950 ዓም ኣብ 5ይ ስሩዕ ኣኼቡ'ኡ ኣብ ኤርትራ ጉዳይ ናይ መጨረሻ ዉሳኔ ክሕብ ተጋበዐ። ናይ ውድብ ሕቡራት ሓገራት ኣቦወንበር ናስሮላሕ ኢንቴዛም ነቲ ዋዕላ ምስኸፈተ ኣብ ኤርትራ ጉዳይ እዚ ባይቶ በብተራ ዉሳኔ ክሕብ ይሓትት በለ። ድሕሪ'ዚ ሚኒስተር ወጻኢ ጉዳያት ኣኽሊሉ ሓብተወልድ ዘረባ ምስስመዐ ብዙሓት ሓገራት ሓሳቦም ኣቕረቡ። ኣብዚ ጊዜ ውድብ ሕቡራት ሓገራት 60 ኣባላት ዝነበሮ ክኸዉን ዕማመ 390-ኤ[18] ክሓልፍ ክልተ ሲሶ ድምጺ ማለት ካብ ኣባል ሓገራት 40 ድምጺ የድልዮ ነበረ።

ድምጺ ናይ ምሃብ መስርሕ ምስጀመረ ፌደሬሽን ዝድግፉ 46 ሓገራት ኢዶም ኣውጽኡ፣ 10 ሓገራት ፌዴሬሽን ተቓወሙ፣ 4 ሓገራት ድምጺ-ተዓቅቦ ጌሮም ዕማመ 390-ኤ ብዝለዓለ ድምጺ ሓለፈ። መብዛሕቶኦም ኣባል ሓገራት

18 ዕማመ 390-ኤ ናይ ኤርትራ ክ/ሓገር ብፌዴሬሽን ናብ ኢትዮጵያ ክጽምበር ዝድንግግ ናይ ዓለም መንግስታት ማሕበር ዉሳነ

ፌዴሬሽን ከድምጹ ዝደረኾም ወጻኢ ጉዳይ ሚኒስተር ኣኽሊሉ ሓብተወልድ ዘስምኦ መደረ ክኸዉን መደናʼኡ ልቢ ብዙሓት ዝማረኸ ጥራይ ዘይኮነ ናይ ኢትዮጵያ ድልየት ከሕንኩሉ ዝመጹ ከም ኢራቅ ዝኣመሰሉ ሓገራት እዉን እከይ ግብሮም ክናስሑ ዝገበረ ኔሩ። ኢትዮጵያ ንዓሰርተ ሓደ ዓመት ሙሉዕ ከይተሓለለት ዝጸዓረትሉ ናይ ኤርትራ ክ/ሓገር ጉዳይ ኣብዚ ዕለት ፍረ ጻዕራ ሓፊሳ። ንኣንባቢ ከዘካኽሮ ዝደሊ ነጥቢ: ኢትዮጵያ ኣብ ኤርትራ ክ/ሓገር ጉዳይ ንሽድሽተ ዓመት ምስ ፋሺስት ኢጣልያ ኣብ ዘካየደቶ ዲፕሎማስያዊ ተጋድሎ ሓቕን ርትዕን ሂዞም፣ ፋሺስት ኢጣልያ ካብ ሓገርና ቆሪሱ ዝወሰዶ ግዝኣት ናብ ኢትዮጵያ ክምለስ ኣብ ጎንና ደው ኢሎም ክሳብ መወዳእታ ዝሞገቱ ፊሊፒንስ፣ ላይቤርያን ይጎዝላቭያን ጥራይ ምንባሮምʼዩ።

ናይ ኤርትራ ምምላስ ኣብ ኣዲስ ኣበባ ምስተሰምዐ ታህዓስን ደስታን ተፈጥረ። ናይ ንጉስ-ነገስት መንግስቲ ናይ ኤርትራ ክ/ሓገር ናብ ወላዲት ሓገሩ ዝተመልሰሉ ዕለት ንምጽምባል ሶሉስ ታሕሳስ 5 1950 ዓም ኣብ ሙላዕ ኢትዮጵያ ስራሕ ተኣጽዩ ብድምቀት ክበዓል ወሰነ። ናይዚ ዓወትን፣ ፌስታን ምንጪ ሚ/ር ኣኽሊሉ ሓብተወልድ እኻ እንተኾነ ኣብዚ በዓል ክርከብ ኣይኸኣለን።

ሚ/ር ኣኽሊሉ ሽድሽተ ዓመት ሙሉዕ ብከቢድ ጭንቐትን ጸቕጥን ምስ ሓያላን ሓገራት ይዋጠጥ ስለዝነበረ ኣብዛ ናይ ፌስታ መዓልቲ ኣብ ሆስፒታል ተዓቝቡ ኔሩ። ነዚ ሓቂ ከጠቅስ ዝደለኹ ሚ/ር ኣኽሊሉ ነብሱ ማዕረ ክንደይ ጎዲኡ ንሓገሩ ከምዝተዋደቐ ኣንባቢ ክንጽረሉ ምእንቲʼዩ።

ሓገርና ጽቡቕ ዝገብረላ ንሒፉ ንበዳሊʼኣ ትሕብህብ ተሕዝን ሓገር ስለዝኾነት ኣብ ሓጼ ሓይለስላሴ ዘመነ-መንግስቲ ንዝተፈጸሙ ግድፈታት ተሓተቲ እዮም ካብ ዝባሓሉ ሰበስልጣናት ሓደ ኾይኑ ብዘይፍርዲ ተረሸነ። ዘይምዕዳል!

ሚኒስተር ኣኽሊሉ ሓብተወልድ ናይ 5ይ ስሩዕ ኣኼባ ውድብ ሕቡራት ሓገራት ዉሳኔ ንሓጼ ሓይለስላሴ ክገልጽ

ክፍሊ ሽድሽተ

ናይ ኤርትራ ክ/ሓገር ህዝቢ ፌዴሬሽን ተሓሲሙ ፌደሬሽን ከፍርስ ዝወሰነ ፌደሬሽን ቅድሚ ምጽዳቑ

53 ዓመታት ብፋሺስታውን ዓሌታዊን ኢጣልያ፣ 11 ዓመት ብብሪታንያ ኢምፔሪያሊስት መንግስቲ ዝተሳቐየ ናይ ኤርትራ ክ/ሓገር ወገንና 5ይ ስሩዕ ኣኼባ ባይቶ ውድብ ሕቡራት ሓገራት ዝሃቦ ዉሳነ ንኢትዮጵያ ሓድነት ማሕበር ፍቕሪ ሓገር ኣዝዩ ዘጓሃየ ኔሩ። ናይ ኢትዮጵያ ሓድነት ማሕበር ፍቕሪ ሓገር ኣባላት 5ይ ስሩዕ ኣኼባ ባይቶ ውድብ ሕቡራት ሓገራት ኣብ ዝሓቦ ዉሳነ ንምዝታይ ኣብ ዝጸውዕዎ ኣኼባ: *<<ንሕና ምስ ኢደና ብዘይቅድመ ኹነት ከንጽምበር ሓቲትናን ተቓሊስናን ደኣምበር ንፌዴሬሽን ስለዘይኮነ ነዚ ዉሳነ ኣይንቕበልን>>* በሉ። ካብዚ ሓሊፎም ነብሶም ንዕጥቃዊ ቃልሲ ስለዘዳለው መንግስቲ ሓጼ ሓይለስላሴ ኩለመዳያዊ ደገፍ ክገብረሎም መላኽ ሰላም ንቡረዑድ ዲሜጥሮስ ገ/ማርያምን ቢትወደድ ኣስፋሃ ወልደንኬልን ዝመርሕዎ ልዑኽ ናብ ኣዲስ ኣበባ መጸ።

ቀሺ ንቡረዑድ ዲሜጥሮስን ቢትወደድ ኣስፋሃ ወልደንክኤልን ካብ ኣባላቶም ዝተማልእዎ መልእኽቲ ንሓጼ ሓይለስላሴ ክገልጹ: *<<ግርማዊ ሆይ! ሎሚ ኤርትራ ኣብ ኢዶም'ያ። ንሕና ናይ ኤርትራ ክፍለ ሓገር ተወለድቲ ብታሪኽናን ብዘርዕናን ኢትዮጵያዊነትና ሕቶ ኣይቐርበሉን። ኢትዮጵያዊነትኩም ክልተ ጊዜ ከምርመር ኣለዋ ዝብል ዉሳነ ተቐቢልና ስምዒትና ኣረዲዕና። ንሕና ንሓትት ኣብ ወላዲት ሓገርና ኣብ ንጉስ-ነገስትና ጽላል ክንምእከል ኢና ንደሊ: የለን ምስ ወላዲትኩም ዋላ እንተኾንኩም ፍሉይ ምሕደራ'ዩ ዘድልየኹም ተባሂልና። ግርማዊ ሆይ! ነዚ ቕርሑስ ፍርዲ ኸመይ ኣቢሎም ይቕበሉዎ።>>*

ሓጼ ሓይለስላሴ ክምልሱ: *<<ሙያ ኣብ ልቢ'ዩ ይበሃል። ናይ ኤርትራ ክ/ሓገር ህዝብና ንሓድነቱ ዝገበሮ ቃልስን ዝኸፈሎ መስዋዕትነትን ዘይመጣጠንን ድልየቱ ዘየዕግብ ዉሳነ'ኳ እንተኾነ ፈቲናን ደሊናን ዘይኮነ ኣማራጺ ስኢና ተገዲድና ዝተቀብልናዮ ዉሳነ'ዩ። ስለዚህ ብናትኩም ኣመራርሓ፣ ብኤርትራ ክፍለ ሓገር ህዝቢ ጽኑዕ ቃልሲ ዝተረኽበ ፍልማዊ ዓወት ምኻኑ ኣሚንኩም ንህዝቢ ከተእምኑ ኣለኩም። ድሕሪ'ኡ እንግሊዛዉያን ብቕልጡፍ ካብ ኤርትራ ክነውጽኦም ስለዘለና እንግሊዛዉያን ብሰላም ዝወጹልና ነዚ ዉሳነ ኣሜን ኢልና ክንቕበሎ እንክለና ፐራይ'ዩ።>>*

ድሕሪዚ ናይ ፌዴሬሽን ሕገመንግስቲ ክጸድቕ ከቢድ መሰናኽል ኣጋጠሞ። ነቲ ኹነታት ዝያዳ ዝሓላለኾ ከም አርቃቒ ዝተመዘ ናይ ቦሊቭያ ወጻኢ ጉዳያት ሚ/ር ኤድዋርዶ ማትየንሶ ነበረ። ናይ ኤርትራ ክ/ሓገር ኣብትሕቲ ኢትዮጵያ ተማእኪሉ ዝመሓደረሉ ሕገ-መንግስቲ ክንደፍ እንከሎ ከቢድ ምውጣጥ ዝተገብረሎም ኣንቀጻት ብዙሓት ክኾኑ ንኹሎም ምዝርዛር ኣድላዪ ስለዘይመስለኒ ኣብ ቋንቋን ባንዴራን ዝነበረ ምስሕሓብ ከቕርብ ይደሊ።

ናይ ኢትዮጵያ ሓድነት ማሕበር ፍቅሪ ሓገር ኣባላት ናይ ስራሕ ቋንቋ ትግርኛን ኣምሓርኛን ክኸዉን ኣብ ዝጠለቡሉ ጊዜ ከም ኣል-ራቢጣ ኣል-ኢስላምያ ዝበሉ ውድባት ናይ ኤርትራ ክ/ሓገር ናይ ስራሕ ቋንቋ ትግርኛ፣ ጣልያንኛ፣ ዓረብኛ ክኸዉን ኣለዎ በሉ። ናይ ማሕበር ፍቅሪ ሓገር ኣባላት ጣልያንን ዓረብን እትረፍ ክሰርሑሎም ኣብዚ ዓዲ ክሰምዕዎም ከምዘይደልዩ ብፍላይ ቋንቋ ጣልያን ፈጺሙ ዘይሕሰብ ከምዝኾነ ብትሪ ኣፍለጡ። ኣብ መወዳእታ ናይ መንግስታት ማሕበር ኮሚሽነር ሚ/ር ኤድዋርዶ ቋንቋ ጣልያን ብምዉጻእ ትግርኛን ዓረብኛን ናይ ስራሕ ቋንቋ ብምባል ኣጽደቐ።

ናይ ፌዴሬሽን ሕገመንግስቲ ክጸድቅ ኣብዩ ዝርጋንን ነዉጽን ዘስዓበ ጉዳይ ባንዴራ ኔሩ። ኤድዋርዶ ማትየንሶ ናይ ፌዴሬሽን ባንዴራ ክትከል ኣብ ዝወሰነሉ ጊዜ ናይ ኢትዮጵያ ሓድነት ማሕበር ፍቅሪ ሓገር ብከቢድ ነድርን ቁጠዐን *<<ንሕና ክይምትና ብደውና ኣብ ኤርትራ ምድሪ ካብ ባንዴራ ኢትዮጵያ ወጻኢ ካልእ ኣይምብልበልን>>* ድሕሪ ምባል ብቀሺ ንቡረዑድ ዲሜጥሮስ ተመሪሖም፣ ነቲ ኣዳራሽ ኣኼባ ገዲፎም ምስወጹ ኣብ ኣስመራ ከቢድ ዓመጽ ኣንጸላለወ።

ሓጼ ሓይለስላሴ ዳግም ሽምግልና ኣትዮም፣ ብ'ቢትወደድ ኣስፋሃ ወልደንክኤል ዝምርሑ ሽማግለታት ካብ ኣዲስ ኣበባ ልኢኾም፣ ብዝገበሩዎ ጸዕሪ: *<<ከምቲ ብዘይፍታዉና ፌዴሬሽን ዝተቐበልና ናይ ፌደሬሽን ባንዴራ'ዉን ክንቕበል ኣለና>>* ብምባል ኣብ ጫፍ በጺሖም ዝነበሩ ኣባላት ማሕበር ፍቅሪ ሓገር ኣዝሓልዎም።

ናይ ኤርትራ ክ/ሓገር ህዝቢ ብሓፈሻ፣ ኣመንቲ ክርስትና ብፍላይ ፌዴሬሽን ፍጹም ከምዘይተቐበልዎን ሓጼ ሓይለስላሴ ብዝገበሩዎ ምሕለላን ምሕጽንታን ተገዚቶም ከፍርሱዎ ጊዜ ጥራይ ከምዝጽበዩ እዚ ፍጻመ ዓይነታዊ መርትኦ'ዩ።

ናብ ክፍሊ ሸሞንተ ቅድሚ ምስጋረይ ውድብ ሕቡራት ሓገራት ዘጽደቖ ናይ ፌደሬሽን ሕገመንግስቲ ን'ንጉሰ-ነገስት ኢትዮጵያ ዝሕቦ ስልጣን፣ ናይ ኤርትራ ፓርላማ ዘለዎ ናይ ስልጣን ማዕቐፍ ከብርህ ይደሊ፡

ዕማመ 390-ኤ:

ሀ) ኤርትራ ምስ ንጉሰ ነገስት ኢትዮጵያ ብፌዴሬሽን ተጸምቢራ ናይ ገዛዕ ርዕሳ ዉሽጣዊ መንግስቲ ትምስርት

ለ) ኢትዮጵያ ኣብ ምክልኻል፣ ወጻኢ ጉዳያት፣ ናይ ዉሽጢ ሓገርን ወጻኢን መራኸቢታት፣ ፋይናንሳዉን ናይ ወደብ ምምሕዳር ሙሉዕ ስልጣን ይህልዋ፡ ናይ ኢትዮጵያ መንግስቲ ናይ ፌዴሬሽን ግዝኣት ድሕነት ናይ ምሕላው ሓላፊነት ስለዘለዎ ኣብ ኤርትራ ታክስ ክእዉጅ'ዩ

ሐ) ናይ ኤርትራ ዉሽጣዊ ምምሕዳር፣ ንኢትዮጵያ ካብ ዝተደንገጉ ሓላፊነታት ወጻኢ ጠቅላላ ጉዳያት ብሙሉዕ ስልጣን ይዓምም

ክፍሊ ሸውዓተ

ናይ 30 ሰላሳ ዓመት ናይ ዉክልና ኹናት መንቐሊኡን ጠንቁን

ምዕራፍ ኢስራን ሸሞንተን

ናይ ሰላሳ ዓመት ናይ ዉክልና ኹናት ፖለቲካዊ መንቐሊ

5ይ ስሩዕ ኣኼባ ባይቶ ውድብ ሕቡራት ሓገራት ዕማመ 390-ኤ ምስሕለፈ ኣብ ኤርትራ ክ/ሓገር ንሓደ ወርሂ ሙሉዕ ከቢድ ፈንጠዝያ፣ ኲዳን ደበላን ነገሰ። በዚ ዜና ዝተሓጎሰ ተራ ህዝቢ ጥራይ ዘይኮነ ቅድሚ ሂደት ዓመት *<<ዝተሸጠ ኣቕሓ ኣይምለስን>>* ብምባል ናይ ኤርትራ ናብ ኢትዮጵያ ምምላስ ብኸቢድ መንፈስ ዝቓወሙ፣ ብጸረ-ኢትዮጵያ ኣኽራሪ መርገጺኦም ዝፍለጡ ራእሲ ተሰማ ኣስመሮም ሓደ ነበሩ። ሕገ-መንግስቲ ፌዴሬሽን ጸዲቑ 68 መናብር ኣብ ዘለዎ ባይቶ ምስ ደጃዝማች ኣብራሃ ተሰማ ተወዳዲሩ፣ ካብ 68 መናብር 42 ድምጺ ረኺቡ መራሒ መንግስቲ ኾይኑ ዝተመርጸ ናይ ማሕበር ፍቅሪ ሓገር ዋና ጸሃፊ ተድላ ባይሩ ነበረ። ናይ ኤርትራ ባይቶ ፕሬዚደንት ሼክ ዓሊ ሙሳ ራዳይ ኣፍ-ጉባኤ ናይዚ ባይቶ ድማ እድሪስ መሓመድ ኣደም ኮይኖም ስርሖም ጀመሩ። ኣብዚ ጊዜ ኣብ ውድባት ዝጸንሀ ደም ምፍሳስ፣ ምቕትታል፣ ምጽልላም ተሪፉ ናይ ኢትዮጵያ ሓድነት ማሕበር ፍቅሪ ሓገርን ተቓወምቱን ስልጣን ማዕረ ስለዝተማቐሉ ኣብ ሓድሕዶም ሰላምን ምትሕልላይን ነገሰ።

ፌዴሬሽን ጸዲቑ ስራሕ ምስጀመረ እንግሊዛውያን ስልጣኖም ኣረኪቦም ቅድሚ ምውጽኦም *<<ንፌዴሬሽን ዘውጻዕናዮ ሽውዓተ ሚልዮን ብር ኢትዮጵያ ክትከፍለና ኣለዋ>>* ብምባል ናይ ብሪታንያ ኢምፔሪያሊስት መንግስቲ ኣዕገርረ። ካብቲ ዘስደምም ክፉል እንግሊዛውያን ኣብ ኤርትራ ክ/ሓገር ኢጣልያ ዝሰርሖ ስርሓት ነቓቒሎም ናብ ዓዶም ከግዕዙ እንከለው ክወስዱዎ ዘይኸኣሉ 25 ሚልዮን ዶላር ዘውጽእ ንብረት ኣባዲሞም ነበሩ። ፌደሬሽን ስርሑ ምስጀመረ ካቢነታት፣ ዘባዊ ምምሕዳራት፣ ናይ ኣውራጃ ምምሕዳር፣ ናይ ወረዳን ቀበሌን ኣመሓደርቲ ምውዳብን ብቑእ ሰባት ምምዛዝን ተጀመረ።

ናይ ፌዴሬሽን ፕሬዝድነት ተድላ ባይሩ ስለዝኾነ ብልሙድ ኣጸዋውኣ *<<መንግስቲ ተድላ>>* ተባሂሉ ይጽዋዕ ነበረ። ሓጼ ሓይለስላሴ ናይ ፌዴሬሽን ፕሬዚደንት ዘሰላስሎም ዕዮታት ዝኸታተል ኣመሓዳሪ ናይ ምምዳብ መሰል ሕገ-መንግስቲ ፌዴሬሽን ስለዘፍቐደሎም ኣብቲ ጊዜ ናይ ጎንደር ክፍለ ሓገር

ኣመሓዳሪ ዝነበረ ሓማቶም እንዳርጋቸው መሳይ ነዚ ሓላፊነት ሸሙዎ። ምክትል ኣመሓዳሪ ቢትወደድ ኣስፋሃ ወልደንክኤል ኮነ።

ኣንባቢ ከምዝዝክሮ ናይ ኢትዮጵያ ሓድነት ማሕበር ፍቕሪ ሓገር ኣባላት ፌደሬሽን ከምዘይቕበሉ ነዚ ዉሳነ ዝተቐበሉ ሓጼ ሓይለስላሴ ዝኾነ ዓይነት መማረጺ ከምዘየሎ ስለዘፍለጡዎም ብምንባሩ ፌደሬሽን ቅድሚ ምጽዳቑ ዝወሰኑዎ ፌደሬሽን ናይ ምንዳልን ምምሓቕን ስርሆም ብጋሕዲ ጀመሩ።

ናይ ኢትዮጵያ ሓድነት ማሕበር ፍቅሪ ሓገር ስክፍታ ፌደሬሽን ሱር ሰዲዱ ኣዕሚቑ ከይስርት ስለዝኾነ ገና ብዕሽሉ እንከሎ ክመሓቕ ስለዝወሰኑ ኣብ ባይቶ ፌደሬሽን ንዘለው ኣባላት መሓውር ፌደሬሽን ናይ ምልሕላሕን በብቕሩብ ናይ ምንዳል ስራሕ ከጅምሩ ኣዘዙ። ነዚ ትዕዛዝ ምትግባር ዝጀመሩ ኣባላት ማሕበር ፍቅሪ ሓገር ኣብ ዓይኒ ተቓወምቲ ክወድቑ ጊዜ ኣይወሰደን። ናይ ማሕበር ፍቅሪ ሓገር ተቓወምቲ ኣብ ኣስመራ ኮንሱላር ኦፊስ ንዝኸፈቱ ናይ ወጻኢ ሓገራት ሓለፍቲ ነዚ ወረ ከነዝሑሎም ምስጀመሩ *<<ኢትዮጵያዉያን ፌዴሬሽን ከፍርሱ ተቐራሪቦም>>*ዝብል ዘረባ ክናፈስ ጀመረ።

ፌዴሬሽን ናይ ምፍራስ ሓሳብ ንኢትዮጵያ ሓድነት ማሕበር ፍቅሪ ሓገር ናብ ሰለስተ ደምበታት ክምቐል ገበሮ። እቲ ቀዳማይ ፌዴሬሽን ክፈርስ ዝደሊ ኣፍቃሪ ሓድነት ክኸዉን እቲ ካልኣይ ድማ ፌዴሬሽን ዝመርጽ ፈታዊ ፌዴሬሽን ነበረ። ሳልሳይ ኣብ ክልቲኡ ዘየለው ሰባት ዝተኣኻኸቡሉ ደምበ'ዩ። እዚ ጉዳይ ሓደገኛ ዝገብሮ ኣቀዲሞም ናይ ወጻኢ ምግዚትነት ዝጠልቡ፣ ነጻነት ዝብሉ ተቓወምቲ ፌዴሬሽን ጥዒሙዎም ማይን ጻባን ኾይኖም ኣብ ዝኸዱሉ ጊዜ ፌዴሬሽን ምፍራስ ሳዕቤኑ ከይተጸንዐ፣ ፍጹም ከይተሓሰበሉ ይትግበር ምንባሩ'ዩ።

ናይ ኢትዮጵያ ሓድነት ማሕበር ፍቅሪ ሓገር ብዘጋጠሞ ምፍንጫል ማለት *<<ሓድነት ምስ ኢትዮጵያ ብዘይወዓል ሕደር>>*ዝብሉ ቢትወደድ ኣስፋሃ ወልደንክኤልን ካልኦት ዝተኣኻኸቡሉ ደምበን *<<ኹነታት ሪኢናን ኣመዛዚናን እምበር ተሃዊኽና ፌዴሬሽን ኣይነፍርሶን>>* ዝብሉ ኣቶ ተድላ ባይሩ፣ ዓሊ ሙሳ ረዳይ ዝርኸቡዎ ደምበ ብዘካይዱዎ ምዉጣጥን ምፍጣጥን ዝረብሐ ናይ ብሪታንያ ኢምፔሪያሊስት መንግስቲ'ዩ። ኣብ ኣስመራ ኮንሱላር ቢሮ ዝኸፈቱ ወጻኢ ሓገራት ብፍላይ ናይ ብሪታንያ ኢምፔሪያሊዝም፣ ናይ ፈረንሳይ መንግስቲ እዚ ወረ ክናፈስ ጽንጽንታ ስለዝረኸቡ ብፍላይ ኣብ ባይቶ

ፌዴሬሽን ዝግበር ንጥፈታት እንዳመጹ ዝሕዉትቱሎም ናይ ሓበሬታ ወኪላት ስለዘዋፈሩ ርኹስ ግብሮም ዳግም ሳዕሪሩ።

ኣብ ጉዳይ ፌደረሽን ናይ ሓጼ ሓይለስላሴ መንግስቲ ናብ ክልተ ደምበ ተገሚዑ ኔሩ። ሚኒስተር ወጻኢ ጉዳይ ኣኽሊሉ ሓብተወልድን ጸሓፊ ትዕዛዝ ወ/ጊዮርጊስ ዝርኸበሉ ደምበ: *<<ፌዴሬሽን ክሳብ ሎሚ ዝኾነ ዓይነት ጸገም ኣይፈጠረን፣ ንመጻኢ እዉን ኣብ ኤርትራ ክ/ሓገር ከይተሓጽረ ንመላዕ ህዝቢ ኢትዮጵያ ክብርከት ዝግባዕ ናይ ሓድነትና ወሓስ'ዩ፣ ነገራት ኸፊኣም ይፍረስ'ኻ እንተተባህለ ዘፍርሶ ህዝቢ ኤርትራ ባዕሉ እምበር ብማንም ከኸዉን የብሉን>>* ዝብል መርገጺ ነበሮም። ብኻልእ ወገን ሓጼ ሓይለ ስላሴ፣ ልዑል ኣስራተ ካሳ ዝመርሑዎ ምትእኽኻብ ምስ ኢትዮጵያ ሓድነት ማሕበር ፍቕሪ ሓገር ኣመራርሓ ኣካላት ማይን ጻባን ኮይኖም: *<<ህዝቢ ኤርትራ ዝተቓለሰ ንኢትዮጵያዊነቱ ደኣምበር ንፌዴሬሽን ኣይኮነን። እዚ ምስ ታሪኽና ዘይኸይድ ሓንፈጽ ፍጥረት ዘምጸልና ናይ ውድብ ሕቡራት ሓገራት መርማሪ ኮሚሽን'ዩ>>* ዝብል ጫፍ ረጊጾም ኔሮም።

ናይ ኢትዮጵያ ሓድነት ማሕበር ፍቕሪ ሓገር ኣባላት ፌዴሬሽን ከይፈርስ መኻልፍ ዝኾኖም ተድላ ባይሩ ስለዝነበረ ካብ ስልጣኑ ክኣልዩዎ ዝተፈላለየ ተንኮላት መሓዙ። ሓደ ካብዚ ምምሕዳራዊ በደል ብምፍጻም ህዝቢ ከንጸርጽርን ከዕዘምዝምን ጌሮም ንመንግስቲ ተድላ ባይሩ ዝባኑ ክሕብ ጥራይ ዘይኮነ ብነድሪ ከለዓዕልዎ ፈተኑ። ኣብ ኸምዚ ዝበለ ዘይምቕዳዉን ዘይምንባብን ፌዴሬሽን ሰለስተ ዓመት ኣብ መንግስቲ ተድላ ድሕሪ'ኡ ድማ ኣብ መንግስቲ ቢትወደድ ኣስፋሃ ቐጸለ። ኣብ ቀዳማይ ዓመት ፌዴሬሽን ሓጼ ሓይለ ስላሴ ኣብ ኤርትራ ክ/ሓገር ንካልኣይ ጊዜ ዑደት ጌሮም ሽመትን ሽልማትን ሃቡ።

እዚ ሽመትን ሽልማትን ን'ኢትዮጵያ ሓድነት ማሕበር ፍቅሪ ሓገር ኣባላት ጥራይ ዘይኮነ ናይ ኢትዮጵያ ጸር ኮይኖም ከቢድ ዝርጋን ዝፈጠሩ ናይ ኣል-ራቢጣ ኣል-ኢስላምያን ኤልፒፒ ኣባላት ዝተሳተፉሉ ዝተወሰኑ ናይ ማሕበር ፍቕሪ ሓገር ኣባላት ዝተዋሰኑሉ ብምንባሩ ናይ ማሕበር ፍቅሪ ሓገር ኣባላት ንሽመትን ሽልማትን ከይተሓጽዩ ናይ ኢትዮጵያን ኤርትራን ሓድነት ጸር ዝኾኑ ዉልቀሰባት ክሸለሙ ምስረኣዩ ክሓዝኑን ክበኽዩን ጀመሩ።

ተድላ ባይሩ ካብ ኣባላት ማሕበር ፍቅሪ ሓገር *<<ፌዴሬሽን ነፍርስ>>* ዝብል ጸቕጥን ምሕጽንታን ብተደጋጋሚ ክመጾ *<<ነዚ ጉዳይ ንዘራረብሉ ጊዜ ኣይኮነን>>*

ብምባል መልሲ ስለዝሕብ ኣብ ሞንጎ ማሕበር ፍቅሪ ሓገር ዘሎ ጋግ ዝያዳ ከስፍሖ እንከሎ ፌደሬሽን ከፍርሱ ዝወሰኑ ኣባላት <<*ተድላ ፌደራሊስት'ዩ*>> ዝብል መርገጺ ሂዞም ካብ ስልጣን ከውርድዎም ተንኮል ምዕላም ጀመሩ። ተድላ ባይሩ ኣብ ዝለዓለ ናይ መንግስቲ ስልጣን'ኳ እንተደየበ ብቀለም ትምህርቲ ብዙሕ ዘይደፍአ፣ ግሉጽነት ዝስእሮ፣ ናይ ፖለቲካ ስንክሳር ዘይመለኸ መራሒ ስለዝነበረ ንመቖናቖንቱ ምቹዕ ነበረ።

ኣብ ሞንጎ ተድላ ባይሩን ኣኽረርቲ ኣባላት ማሕበር ፍቅሪ ሓገር ማለት ቢትወደድ ኣስፋሃ ወልደንክኤል ዝርከቡሉ ደምበ ዝጀመረ ምውጣጥ ዝዛሕተለ ናይ ኤርትራ ፌዴሬሽን ተጠናኺሩ ናብ ነጻነት ክዓቢ ኣለዎ ዝብሉ ኣቶ ወልደኣብ ወልደማርያም መጋቢት 14 1952 ዓም ንፓራላማ ሕጹይ ኮይኖም ምስቐረቡ ነበረ።

ኣብ መንግስቲ ተድላ ዝነበረ ምዉጣጥ ከምኡ'ውን ናይ ቢትወደድ ኣስፋሃ ወልደንክኤል ዘመነ ስልጣን ቅድሚ ምዝንታወይ ናይ ወልደኣብ ወልደማርያም ፖለቲካዊ ድሕረባይታ፣ ዘስደምም ባሕርያት፣ ዝተፈላለዩ ግብርታት፣ ብሓፈሻ ሓቀኛ ሕብሮም ምግላጽ ኣድላዪ ስለዝመስለኒ ኣብ ዝስዕብ ምዕራፍ ኢስራን ትሽዓተን ከምዘዘንትዎ እንዳገለጽኩ ኣብ ዘመነ ተድላ ባይሩ ናይ ሓጼ ሓይለስላሴ መንግስቲ ኣብ ኤርትራ ክ/ሓገር ዝፈጸሞም ኣበይቲ ዕማማታት፣ ለጋስ ግብርታት ገሊጸ ነዚ ምዕራፍ ከዛዝም።

ፌዴሬሽን ክልተ ዓመት ከየቖጸረ ናይ ሓጼ ሓይለስላሴ መንግስቲ ናይ ኤርትራ ክ/ሓገር ንምቕናዕ 50,000,000 ሓምሳ ሚልዮን ብር ካብ ንጉስ-ነገስት ካዝና ለጊሱ'ዩ። ሓጼ ሓይለስላሴ በዚ ጥራይ ከይተሓጽሩ ኣብ 1954 ዓም ካብ ወርሒ ጥሪ ክሳብ ለካቲት ኣብ ኤርትራ ክፍለሓገር ኣብ ዝገበሩዎ ምብጻሕ ንማዕከላዊ መንግስቲ ዝኸፈል ግብሪ ንካልኣይ ጊዜ ከምዝተሰረዘ ብምግላጽ ናይ ኤርትራ ክ/ሓገር ህዝቢ ካብ ዓመታዊ ግብሪ ክልተ ጊዜ ነጻ ጌሮም ለብዘበን እዉን ካብ ንጉስነገስት ካዝና ወጻኢ ክኸዉን ኣዘዙ።

ምዕራፍ ኢስራን ትሽዓተን

ኣቶ ወልደኣብ ወ/ማርያም: ካብ ኢትዮጵያ ሓድነት ማሕበር ፍቅሪ ሓገር መስራትነት ናብ ብሪታንያ ኢምፔሪያሊዝምን ናይ ኢጣልያ ፋሺሽዝም መጋበርያነት

ኣቶ ወልደኣብ ወ/ማርያም ኣብ ትግራይ ክፍለሓገር ኣኽሱም ኣዉራጃ ዓዲ ክልተ ዝበሃል ቁሸት ተወሊዶም ከም መብዝሓቱኡ ናይቲ ክ/ሓገር ተወላዲ ኣብ ኤርትራ ክፍለሓገር ሕይወት ምስጀመሩ ፋሺስት ኢጣልያ ተሳዒሩ ናይ ኤርትራ ክ/ሓገር ኣብ ብሪታንያ ኢምፔሪያሊስት መንግስቲ መንጋጋ ምስወደቐ ናይ ኢትዮጵያ ሓድነት ማሕበር ፍቅሪ ሓገር ተጸምቢሮም ቃልሲ ጀመሩ። ናይ ኢትዮጵያ ሓድነት ማሕበር ፍቅሪ ሓገር ሚያዝያ 1941 ዓም ኣብ ኤርትራ ክ/ሓገር ርዕሰ ኸተማ ኣስመራ ክምስረት እንከሎ ካብ መስረቲ ኣባላት ሓደ ኣቶ ወልደኣብ ወ/ማርያም ነበሩ።

ኣቶ ወልደኣብ ወ/ማርያም ናይ ኢትዮጵያ ሓድነት ማሕበር ፍቅሪ ሓገር መስራትን ኣባልን ክኾኑ ዝደረኾም ምክንያት ጥራይ ዘይኮነ ናይ ኤርትራ ክፍለሓገርን ኢትዮጵያን እንታይን እንታይን ከምዝኾኑ ክገልጹ ከምዚ ይብሉ:

<<ኤርትራ ንኢትዮጵያ ኢያ ትግባኣ። ኢትዮጵያ ብኢጣልያዉያን ኢያ ተመንጢላ። ኢትዮጵያ ንኤርትራ ክትዉንን እንተዘይክኢላ ክትሕሰ'ያ ግን ኣይትመዉትን። ብኣንጻሩ ኤርትራ ምስ ኢትዮጵያ እንተዘይተዋሒዳ ክትመዉት ኢያ። ሓፍታም ሓገር ኣይኮነትን። >>

ብሉጽ ትንቢት!

ኣቶ ወልደኣብ ወ/ማርያም ሰለስተ ዓመት ኣብ መርገጺኦም ጸኒዖም ናይ ኤርትራ ክፍለ-ሓገር ናብ ወላዲት ሓገሩ ኢትዮጵያ ክምለስ ተቃሊሶም እዮም። ካብዚ ብተወሳኺ ናይ ኢትዮጵያ ሓድነት ማሕበር ፍቅሪ ሓገር ኣባል ከምዝኾኑን ኣብቲ ፓርቲ ዝነበሮም ተሳትፎ ዝገልጽ ደብዳቤ ናብ ሓጼ ሓይለስላሴ ልኢኾም ነበሩ። እዚ ደብዳቤ ከምዚ ዝስዕብ ይንበብ:

<<ግርማዊነትኩም ናብ ኢትዮጵያ ብዓወት ምስተመልሱ ምስ ሂደት ፈተዉተይ ኾይነ ነዛ ሎሚ ገፊሓ ዘላ ናይ ኤርትራን ኢትዮጵያን ሓድነት ማሕበር መስሪተ'የ። ንሰለስተ ዓመት ናይዛ ማሕበር መራሕቲ ካብ ዝበሓሉ ሰባት ሓደ ኮይነ ብተኣማንነት ኣገልጊለ'የ። ህዝቢ

ኤርትራ ካብ ኢጣልያ ምስተናገፈ ናብ ኢትዮጵያ ከጽምበር ናፍቖት ዝጀመሮ ንነብሰይ ከመስግን ዘይኮነ፣ ቀንዲ ምኽንያቱ ኣነ ብዝገበርኩዎ ናይ ጋዜጣ ስብከት'ዩ።>>[19]

ኣቶ ወልደኣብ ኣብ ደብዳቤኦም ባዕሎም ከምዝገለጹዎ ናይ ኤርትራ ክ/ሓገር ህዝቢ ናብ ወላዲት ሓገሩ ኢትዮጵያ ክምለስ ዝገበሩዎ ናይ ጋዜጣ ስብከት፣ ሓያል ኔሩ: ንኣብነት እዚ ዝስዕብ ናይ ኣቶ ወልዳብ ጽሑፍ ንመልከት: *<<ኤርትራዉያን ኢትዮጵያዉነት ካብ ካልኦት ኣይልምኑን፣ ኢትዮጵያዉነት ንካልኦት ይልግሱ ደኣምበር>>*

ናይ ኢትዮጵያ ሓድነት ማሕበር ፍቅሪ ሓገር ኣብ ሳልሳይ ዓመት ምስረቱ'ኡ ናይ ኤርትራን ኢትዮጵያን ሓድነት ኣዝዩ ረዚን ዕዮ ስለዝኾነ ህዝቢ ኣሚኑሉ ክኽተሎ ምእንቲ ናይ ሓይማኖት መራሕቲ ኣብ ቅድሚት ተሰሪዖም ህዝቢ ክጉስጉሱ ኣለዎም ዝብል ሓሳብ ምስንጸባረቐ ኣቶ ወልደኣብ ነዚ ሓሳብ ነጸጎ። ኣቶ ወልደኣብ ሓድነት ምስ ኢትዮጵያ ዝበሃል ሓሳብ ዘይቕበሉሉ ምኽንያት ክገልጹ: *<<ኤርትራ ምስ ኢትዮጵያ ንምጽምባር፣ ቅድም ምስ ሓጼ ሓይለስላሴ ሓደ ውዕል ምግባር ከድሊ'ዩ፣ እዚ ውዕል ናይ ኤርትራ ፍሉይ ኣውቶኖሚ ዝዝርዝር ክኸውን ኣለዎ።>>*

ካብ ኣባላት ማሕበር ፍቅሪ ብኣቶ ወልደኣብ ወ/ማርያም ሓሳብ ዝተማረኸ ሰብ ኣይነበረን። ብዉዕል ዝፍጸም ናይ ኣደን ዉላድን ርክብ የለን ብምባል ነዚ ሓሳብ ነጸጉዎ።

ኣቶ ወልደኣብ ምስ ኣባላት ማሕበር ፍቅሪ ሓገር ዘለዎም ምኽራር ብፍላይ ምስ ኣቶ ተድላ ባይሩ ዝነበሮም ውልቃዊ ምውጣጥ ካብ ቁጽጽር ወጻኢ ዝኾነ ኣስመራ ዙርያ ኣርብሮብ ኣብ ዝበሃል ስፍራ ምስ ኣቶ ተድላ ባይሩ ኣብ ዝተኻየደ ናይ ቃላት ኹናት ነበረ። ኣቶ ወልደኣብ ወ/ማርያም በዚ ምኽንያት ናይ ኢትዮጵያ ሓድነት ማሕበር ፍቅሪ ሓገር ገዲፎም ራእሲ ተሰማ ኣስመሮም ናብ ዝመርሖ ሊበራል ፕሮግረሲቭ ፓርቲ(ኤልፒፒ) ተጸምበሩ።

ኣንባቢ ከምዝዝክሮ ኤልፒፒ ናይ ብሪታንያ ኢምፔሪያልዝም ባንቡላ ኮይኑ ናይ ትግራይ ክፍለሓገር ምስ ኤርትራ ክፍለሓገር ጸምቢሩ ሓደ ሓገር ክምስርት ምስመደበ ናይ ትግራይ ክፍለሓገር ኣመሓዳሪ ራእሲ ስዩም መንገሻ ኣብዚ ሓሳብ ከምዘይርእሙ ምስፍለጡ *<<ሊበራል ፕሮግሬሲቭ>>* ዝብል ስሙ

19 *ዘውዴ ረታ የኤርትራ ጉዳይ* (1941-1963 ዓም)

<<ኤርትራ ንኤርትራውያን>> ናብ ዝብል ቓዱሩ ህላዉነቱ ቐጸለ። ኣቶ ወልደኣብ ወ/ማርያም ናይ ኢትዮጵያ ሓድነት ማሕበር ፍቅሪ ሓገር ገዲፎም ናብ ሊበራል ፕሮግሬሲቭ ፓርቲ ምስተጸምበሩ ዘንጸባርቖዎ ሓሳብ *<<ንዓና ሚኒሊክ ናይ ሸዋ እዩ ሸይጡና። ሒሳብ መሸጣና እዉን ተቀቢሉ እዩ። ስለዚህ ዝተሸጠ ኣቅሓ ወይ ንብረት ድማ ኣይምለስን።>>*

ኣቶ ወልድኣብ ልዕሊ ኹሉ ዝጎድኦም ምስ ኣቶ ተድላ ባይሩ ዝነበሮም ዉልቓዊ ምንቋትን ምጥቋስን ነበረ። ብሰሪዚ ናይ ፖለቲካ ሕይወት ካብ ዝጀመሩሉን ንህዝቦም ጽቡቕ ተግባር ካብ ዝፈጸሙሉ ናይ ኢትዮጵያ ሓድነት ማሕበር ፍቅሪ ሓገር ኣውጽዩ ናይ ብሪታንያ ኢምፔሪያሊዝምን ናይ ኢጣልያ ፋሺዝም መጋበርያ ገበሮም። ንኣንባቢ ከምዝገለጽኩዎ ኣቶ ተድላ ባይሩ ናይ ፖለቲካ ጥበብን ስንክስራን ዘይመልኽ ኩሉ ነገር ፊተፊት ዝገጥም ሰብ ብምንባሩ ብፍላይ ኣቶ ወልደኣብ ንፓርላማ ሕጹይ ካብ ዝኾኑሉ 1952 ዓም ኣትሒዙ ሕይወቶም ከጥፍዕ ዝተፈላለየ ዓይነት መጥቃዕትታት ፈቲኑዎ።

ናይ ኤርትራ ም/እንደራሴ ቢትወደድ ኣስፋሃ ወልደንክኤል: *<<ፈረስ ደርብዩ ይስንብድ። ኣድጊ ግን ደርብዩ ይረግጽ ከምዝበሃል በኛኻ ፈረስ ኮይንካ ተራኣይ>>* ብምባል ንተድላ ባይሩ ከምዕዶ እኻ እንተፈተነ ማዕድኡ ምስ ጸርፊ ተጸብጺቡ። ኣብ 1953 ዓም ኣቶ ወልደኣብ ንቤት-ምኽሪ ፌዴሬሽን ተወዳዲሮም ምስሰዓሩ ኣቶ ተድላ ባይሩ ምርጫ ተጭበርቢሩ ዝብል ምስምስ ፈጢሩ ኣሰናኺሎም።

በዚ መገዲ ከቐጽሉ ስለዘይደልዩ ኣብ 1953 ዓ.ም. ንቢትወደድ እንዳርጋቸው ሙሴ ናብ ግብጺ ክኸዱ ከምዝደልዩ ሓበሩዎ። ቢትወደድ እንዳርጋቸው መጽሓፍ ቅዱስ ሒዙ: *<<ኣብ ልዕሊ ኢትዮጵያ ኢደይ ኣየልዕልን>>* ኢሎም ከምሕሉ ኣዘዞም። ወልደኣብ መሓላ ፈጺሞም ናብ ግብጺ ገሹ። ድሕሪ ሰለስተ ወርሒ ምስ ፕረዚደንት ጋማል ኣብድልናስር ተራኺቦም መሓዉር ሓይለስላሰ ከመይ ከምዝመሓው መብርሒ ሓቡ። ብተወሳኺ ናይ ግብጺ መንግስቲ ኣብ ራድዮ ካይሮ ጎስጓስ ከገብሩ ናይ ሬድዮ ክፍለ-ጊዜ ሃቦም። በዚ ናይ ሬድዮ መደብ ናይ ኢትዮጵያን ኤርትራን ሓድነት ዝሰምም ከፋፋሊ ስብከት ክነዝሑ ጀመሩ።

ቢትወደድ ኣስፋሃ ወልደንከል ኣብዚ ጉዳይ ከቢድ ስሕተት ፈጺሞምዮም። ቢትወደድ እንዳርጋቸው መሳይ ነዚ ዉሳኔ ቅድሚ ምውሳኖም ንኣስፋሃ

ወልደንክኤል ምስዛረቡዎ ወልደኣብ ክኸይድ ዘተባብዖም ቢትወደድ ኣስፋሃ ነበረ። ኣቶ ወልደኣብ ኣብ ሓደ መትከልን ዕምነትን ዘይጸንዑ፣ ብሰሪ ተገላባጢ ባሕሪኦም ኣብ ሂደት ዓመታት ኣርባዕተ ፓርቲታት ዝቀየሩ ታሪኽ ዘይርስኦም መራሒ'ዮም።

ምዕራፍ ሰላሳ

ቢትወደድ ኣስፋሃ ወልደንክኤል ንተድላ ባይሩ ስዒሩ ንፕሬዚደንት ፌዴሬሽን ምምራጹ

ኣብ ቤት-ምኽሪ ፌዴሬሽን ካብ ዘለው 68 መናብር ሰላሳን ኣርባዕተን ንኣመንቲ ክርስትና ዝተረፈ ሰላሳን ኣርባዕተን ንኣስላም ምሕዛእ ፌዴሬሽን ካብ ዝተመስረተሉ ሓምለ 1952 ዓም ጀሚሩ ዝነበረ ኣሰራርሓ'ዩ። ኣብ ቤት ምኽሪ ፌዴሬሽን ዝነበረ ምውጣጥ ብፍላይ ኣብ ሞንጎ ፕሬዚደንት ተድላ ባይሩን *<<ሓድነት ብዘይወዓል ሕደር>>* ዝብሉ ቢትወደድ ኣስፋሃ ዝተኣኻኸቡሉ ወገናት ዝነበረ ቁርቁስ ጊዜ እንዳበልዐ ምስከደ ንተድላ ባይሩ በይኑ ከትርፉዎ ማለት ብጀካ ኣማኸሪ'ኡ ሼክ ዓሊ ሙሳ ራዳይ ብዙሓት ኣብ ጎኒ ቢትወደድ ኣስፋሃን ሰዓብቱን ተሰሊፎም ብሓደ ወንጭፍ ክልተ ኡፍ ብምባል ንተድላ ባይሩ ካብ ስልጣን ናይ ምምሓቕ፣ ፌዴሬሽን ካብ ሱሩ ናይ ምንዳል ስርሖም ጀመሩ።

ንኣንባቢ ከምዝገለጽኩዎ ተድላ ባይሩ ፖለቲካዊ ኣጸቦ የጥቆዖ ካብ ምንባሩ ብተወሳኺ ቁጡዕ ባሕሪ'ኡ ናይ ልቢ ፈታዊ ወይ ድማ መዓዲ ስለዝሓረሞ ቢትወደድ ኣስፋሃ ወልደንክኤል ንዝደገሰሉ ድግስ ነብሱ ምቹዕ ገበረ። ንሓጼ ሓይለስላሴ ሰብኣይ ጓሎም ቢትወደድ እንዳርጋቸው መሳይ *<<ኣብ ስርሐይ ጣልቃ ኣትዩ ምስራሕ ከሊኡኒ>>* ብምባል ምዕዝምዛሙ ነዚ ሓቒ ዝገልጽ'ዩ። ቢትወደድ እንዳርጋቸው መሳይ ካብ ጎንደር ክፍለ-ሓገር ኣመሓዳሪነት ብንጉሰ ነገስት ተላዒሉ ኣብ ኤርትራ ክፍለሓገር ዝተመደበ ኣቶ ተድላ ባይሩ ዝፍጽሞም ተግባራት ክኸታተል ጥራይ ዘይኮነ ፌዴሬሽን ካብ ሰሩ ንምምሓቕ ነበረ።

ኣብ ሞንጎ'ዚ ሓጼ ሓይለስላሴ ንመበል ሳልሳይ ጊዜ ኣብ ኤርትራ ክ/ሓገር ምብጻሕ ምስገበሩ ዝጸንሖም ኹነታት ስለዘየሐጎሶም ንተድላ ባይሩ ገጽ ምኽላእ ጥራይ ዘይኮነ ብኸቢድ ቃላት ስለዝገንሑዎ ተድላ ባይሩ ሞራሉ እንዳቀምሰለ ከደ። እዚ ኹነታት ንቢትወደድ ኣስፋሃ ወልደንክኤልን ሰዓብቱን ስለዝመቸኦ ተድላ ባይሩን እንኮ ፈታዊኡ ሼክ ዓሊ ሙሳ ረዳይ ካብ

ስልጣን ክነድሉዎም ዓለባ ሽርሒ ምስዘርግሑ *<<ክይተቀደምና ንቀድሞም>>* ብዝብል ይመስል ሓምለ 1955 ዓም ክልቲኦም ናይ መልቀቒ ወረቐት ኣቕረቡ።

ናይ ተድላ ባይሩ መንግስቲ በዚ መገዲ ኣኽቲሙ ታሪኽ ምስኾነ ቢትወደድ ኣስፋሃ ወልደንክኤል ናይ ፕሬዚደንትነት ስልጣን ተረኸበ። ናይ ቢትወደድ ኣስፋሃ ዘመን ቅድሚ ምዝንታወይ ቢትወደድ ኣስፋሃ ወልደንክኤል መን ከምዝኾኑ ምስ ኣንባቢ ምልላይ ኣድላዪ ስለዝመስለኒ ናይ ኣስፋሃ ወልደንክኤል ድሕረ ባይታ ኣሕጽር ኣቢለ ከቕርቦ'የ፡

ኣስፍሃ ወልደንክኤል ኣብ ኤርትራ ክፍለሓገር ኣካለጉዛይ ኣዉራጃ ሰገነይቲ ኣብ ዝበሃል ሓውሲ ኸተማ መጋቢት 13 1941 ዓም ተወሊዶም። ፋሺስት ኢጣልያ ናይ ኤርትራ ክ/ሓገር ካብ ኢትዮጵያ ቆሪሱ ኣብ ዝገዝኣሉ ዘመን ናይ ፋሺስት ኢጣልያ ተርጓማይን ኣማኻርን ኮይኖም ሰሪሖም'ዮም። ኣብቲ ጊዜ ናይ ኢጣልያ ኣገልጋሊ ኾይኖም ካብ ዝሰርሁ ኢትዮጵያዉያን ቢትወደድ ኣስፋሃ ኣዝዮም ቅርጥውን ዉርጹጽን ብምንባሮም ናይ ፋሺስት ኢጣልያ መንግስቲ ሮማ ኣዲሙ ካብ ዱቼ ሙሶሉኒ ሽልማት ተቀቢሎም እዮም።

ኣብ ሮማ ናይ ፋሺዝም ስነ-ሓሳብ ኣርኪቴክትን ሊቕን ዝነበረ ኤሪኮ ችሩሊ ኣማኻሪ ኮይኖም ከምዝሰርሑ ይንገር'ዩ። ናይ ኢጣልያ ፋሺዝም ኣኽቲሙ ናይ ኤርትራ ክፍለሓገር ኣብ ብሪታንያ ኢምፔሪያሊዝም መንጋጋ ምስወደቐ ናብ ኢትዮጵያ መጽዮም ኣብ መንግስቲ ሓጼ ሓይልስላሴ ዝተፈላለየ መንግስታዊ ጽፍሕታት፣ ኣብ ዝተፈላለዩ ክፍላተሓገራት ብኣመሓዳርነት፣ ኣብ ወጻኢ ጉዳያት ብኣምባሳደርነት ዘገልገሉ፣ ውሕሉል ልምድን ተሞክሮን ዝቐሰሙ ከኢላ'ዮም። ካብዚ ብተወሳኺ ናይ ኤርትራ ክፍለ ሓገር ናብ ኢትዮጵያ ንምምላስ ኣብ ዝተገብረ ግድል ደኺሙኒ፣ ሓርቢቱኒ ከይበሉ ጽኑዕ ተጋድሎ ዘኻየዱ ቆራጽ ኢትዮጵያዊ'ዮም።

ቢትወደድ ኣስፋሃ ወልደንክኤል

እዚ ናይ ሓርበኝነት ታሪኾም ምስ ክሕደት ተቆጺሩ ናይ ኢትዮጵያ ሓድነት ጸር ዝኾኑ ሰባት ከም ጠላምን ከሓዲ ጌሮም ስለዝሰኣሉዎም ድሕሪ ውድቐት ሓጼ ሓይለስላሴ ናይ ሓገርና ፍልማዊ ፕሬዚደንት ጀነራል ኣማን ዓንዶም ኣብ ኤርትራ ክ/ሓገር ኣብ ዝገበሮ ምብጻሕ በዚ ዘረባ ተታሊሉ ንቢትወደድ

ኣስፋሃ ወልደንክኤልን ቀሺ ንቡረዑድ ዲሜጥሮስ ገ/ማርያምን ከም ከሓዲ ገበነኛ ቆጺሩ ናይ ሓጼ ሓይለስላሴ ሰበስልጣናት ኣብ ዝተኣስሩሉ ዕሱር ቤት ዳጎኖም።

ምንኣስ ሓዎም ብ/ጀነራል ኣፍወርቂ ወልደንክኤል ናይ ሓረር ጦር ኣካዳሚ ቀዳማይ ኮርስ ምሩቕ ክኸዉን ኣብ 1983 ዓም ኣብ ሓገርና ብሄራዊ ዉትድርና ምስተኣወጀ ናይ ብሄራዊ ዉትድርና ኣዛዚ ኾይኑ ንብዙሕ ዓመታት ዘገልገለ ንፉዕ ኢትዮጵያዊ መኮንንዩ።

ናብ ኣርእስተይ ክምለስ: ተድላ ባይሩ ብየማንን ጸጋምን ዝፍነወሉ ጸቕጥን በትርን ክጾሮ ስለዝኸበዶ ንመበል ሳልሳይ ጊዜ ምስተመርጸ *<<ቢቃ ኣይኽኣልኩን!>>* ኢሉ ስልጣን ብወለንቱ'ኡ ምስገደፈ ፕሬዚደንት ፌዴሬሽን መን ይኹን? ዝብል ሕቶ ምስተላዕለ: ሓጼ ሓይለስላሴ *<<እቲ እንኮ ወራሲ ኣስፋሃ ወልደንክኤል ይመስለኒ>>* ብምባል ናይ ፌዴሬሽን ፕሬዚደንት ጌሮም ስለዝመረጹዎ ነሓሰ 8 1955 ዓም ቢትወደድ ኣስፋሃ ወልደንክኤል ናይ ፌዴሬሽን ስልጣን ተረኸበ። ቢትወደድ ኣስፋሃ ናይ ፕሬዚደንትነት ስልጣን ምስተረኸበ ቀንዲ ስርሁ መሓዉር ፌዴሬሽን ምንዳል ስለዝነበረ ብፍላይ ኣብ ኣስመራ ቖንስላር ቤ/ጽሕፈት ዝነበሮም መንግስታት ጎቦ ዓይኖም ስለዝጥምትዎ ምስ እንዳርጋቸው መሳይ ብከቢድ ምስጢር ስርሖም ጀመሩ።

እዚ ተግባር ኣብ መጻኢ እንታይ መዘዝ ከስዕብዩ ዝብል ጉዳይ ናይ ሓጼ ሓይለስላሴ መንግስቲ ፍጹም ክሓስበሉ ኣይደለየን። ፌዴሬሽን ምፍራስ ዘስዕቦ ሳዕቤን ብግልጺ ዝተንበየ ናይ ብሪታንያ መንግስቲ ወትሃደራዊ መኮንን ጀራልድ ትሬቫስክስ ጥራይ ነበረ: *<<ኢትዮጵያ ፌዴሬሽን እንተፍሪሳቶ ናይ ኤርትራ ጉዳይ ድንጋጸ ሕብረተሰብ ዓለም ረኺቡ፣ ብዙሓት ዓድታት ኢዶም ዘእትዉሉ ኹናት ሓድሕድ ክሳወር'ዩ።>>*

ብዝኾነ ቢትወደድ ኣስፋሃ ወልደንክኤል ምስ መሳርሕቱ ናይ ኤርትራ ፌዴሬሽን ዝፈርስሉን ኤርትራ ናብ ኢትዮጵያ ትጽምበረሉ ኹነታት ከጻፍፉ ጀመሩ።

ፌዴሬሽን ካብ ስሩ ንምንቓል ካብ ዘሰላሰሉዎ ነገራት ሓደ ኣብ ኣርባዕተ ዓመት ዝካየድ ናይ ፓርላማ ምርጫ ንካልኣይ ጊዜ ከምረጹ ግዴታ ከምዝኾነ ተረዲኦም ናይ ሙስሊም ሊግ ኣባላት ክድግፉዎም ምእንቲ ኣቀዲሞም

ኣፍቃሪ ተድላ ብምባል ዝሰጎጉዎ ፕሬዚደንት ፓርላማ ሼኽ ዓሊ ሙሳ ራዳይ ንሓጼ ሓይለስላሴ ሓቲቶም ናይ ቢትወደድ እንዳርጋቸው መሳይ ኣማኻሪ ኮይኑ ሹመት ክወሃቦ ገበሩ።

ብተወሳኺ ንሼኽ ዓሊ ሙሳ ረዳይ ክሰጉዎ እንከለው ፕሬዚደንት ፓርላማ ጌሮም ዝሾሙዎም እድሪስ መሓመድ ኣደም ፌዴሬሽን ንምፍራስ ከቢድ ዕንቅፋት ከምዝኾኖም ስለዝተረድኡ ካብ ስልጣኑ ሰጎጉዎም። እድሪስ መሓመድ ኣደም ድሕሪ ሂደት ዓመታት ኣዕራብ ዝወለዱዎ ብቛንቋ ዓረብ ንነብሱ <<*ጀብሃ*>> ኢሉ ዝሰምየ ጨራሚ ሓገር፣ ናይ ጥፍኣት መጋበርያ ኣብ ግብጺ ርዕሰ ኸተማ ካይሮ ክምስረት እንከሎ መራሒ ኾይኑ ዝተመርጸ ዉልቀሰብ'ዩ።

ቢትወደድ ኣስፋሃ ወልደንክኤል ዝፈጸሙዎ ካልኣይ ዕማም ምክትል ፕረዚደንት ፓርላማ ፌዴሬሽን ዝነበረ ብላታ ደምሳስ ወ/ሚካኤል ኣልዒሎም ብርሱን ኢትዮጵያዉነቱን ፍቅሪ ወላዲት ሓገሩ ዝፍለጥ ቀሺ ንቡረዑድ ዲሜጥሮስ ገ/ማርያም ሸሙዎ። ኣብ ካልኣይ ምርጫ ኣብ ሞንጎ ኢትዮጵያ ሓድነት ማሕበር ፍቅሪ ሓገርን ተቃወምቱን ከቢድ ግድል ተኻዪዱ ናይ ኢትዮጵያ ሓድነት ደገፍቲ ኣብዛሓ መናብር ጨበጡ። ኣብ ካልኣይ ምርጫ ፌዴሬሽን ናይ ብሪታንያ ኢምፔሪያሊዝም ብኣምሳሉ ዝሰርሖም፣ ድሕሪኡ ምስ ፋሽስት ኢጣልያ ኢድን ጓንትን ኮይኖም ናይ ኢትዮጵያን ኤርትራን ሓድነት ኣፍሪሶም ናይ ባዕዳን መጋበርያ፣ ናይ ባንቡላ መንግስቲ ኣብ ኤርትራ ክተኽእሉ ዝጸዓሩ ከም ኢብራሂም ሱልጣንን ዑመር ቃዲን ዝበሉ ሰባት ኣብ ምርጫ ተሳዕሩ።

በዚ መገዲ ፌዴሬሽን ካብ ስሩ ንምምሓቕ ዘድሊ ዕማም ቢትወደድ ኣስፋሃ ወልደንክኤልን ናይ ኢትዮጵያ ሓድነት ማሕበር ፍቅሪ ሓገር ኣባላት ምስጸፈፉ ናይ ፌዴሬሽን መሓውር ናይ ምንዳልን ምንቓልን ስርሖም ጀመሩ። ነዚ ዕማም ንምትግባር ዝፈጸምዎ ዕዮ ኣብ ነፍስወከፍ ኣድታት፣ ቁሸታት፣ ቀበሌታት ኣምሪሖም ናይ ኤርትራ ክ/ሓገር ህዝቢ ምስ ኢትዮጵያ ዉህደት እንተጌሩ ዝረኽቦም መኽሰባት፣ ህዝቢ ኤርትራ ልዕሊ ማንም ኢትዮጵያዊ ምኻኑ፣ <<*ኤርትራ*>> ዝብል ስም ጣልያን ዝሰንዖ ከምዝኾነ፣ ትርጉሙ እውን ብቛንቋ ግሪክ <<*ቀይሕ-ባሕሪ*>> ማለት ከምዝኾነ፣ ሓቀኛ ስም ዓዶም መረብ ምላሽ ከምዝኾነን ናይ ጥንታዊት ኢትዮጵያ ስልጣነ ሕምብርቲ ከምዝነበሩ፣

ናይ ኣዱሊስ ናይ መጠራ ታሪኽ ብምዝንታዉ ናይ ኤርትራ ክ/ሓገር ህዝቢ ኢትዮጵያዊነቱ ከዕዝዝ ምግባር ነበረ። ነዚ ዕዮ ከሰላስሉ ቢትወደድ ኣስፋሃ ወልደንክኤልን መሳርሕቶም ሰለስተ ዓመት ከምዝወሰደሎም ይዛረቡ።

በዚ ምኽንያት ናይ ኢትዮጵያዊነት መንፈስ ኣብ ህዝቢ ኣዕሚቑ ከምዝሰረተ ምስተረድኡ ነዞም ዝስዕቡ ዕማመታት ናብ ፓርላማ ፌዴሬሽን ብድፍረት ኣቕሪቦም ዉሳነ ክወሃበሎም ገበሩ:

1) ውድብ ሕቡራት ሓገራት ንህዝቢ ኤርትራ ከይሓተተ ናይ ፌዴሬሽን ኣርማ ወይ ምልክት'ዩ ኢሉ ዝሰቐሎ ሰማያዊ ባንዴራ ወሪዱ ቀጠልያ፣ ቢጫ፣ ቀይሕ ሕብሪ ዝዉንን ናይ ህዝቢ ኢትዮጵያ ባንዴራ ብዘይዝኾነ ቅድመ ኹነት ክምብልበል

2) ኣብ ኢትዮጵያ ክልተ መንግስታት ከምዘለው ዝገልጽ *<<ናይ ኤርትራ መንግስቲ>>* ዝብል ስያሜ ተሰሪዙ ከም ኹለን ናይ ኢትዮጵያ ክፍላተ-ሓገራት ኤርትራ ክፍለሓገር ክትበሃል፣ መራሒ መንግስቲ ዝብል ስያሜ ተቐንጢጡ ኣመሓዳሪ ክበሃል

ክብ ኢለ ዝገለጽኩዎም ዕማመታት ምስቐረቡ ክልቲኦም ነጥብታት ታሕሳስ 24 1959 ዓም ኣብ ዝተጋበዐ ፓርላማ ብኣብዛሃ ድምጺ ጸዲቆም። ኣንባቢ ከምዝርድኦ እዞም ዕማመታት ግብራዊ እንተኾይኖም ፌዴሬሽን ዝበሃል ውድብ ሕቡራት ሓገራት ዘቐረቦ ዕማመ ስሙ እምበር መሓዉሩ ተፈራኪሹ ሓመድ ክለብስ'ዩ።

በዚ መገዲ ቢትወደድ ኣስፋሃ ንብዙሕ ዓመታት ዝሓሰቦ ፌዴሬሽን ናይ ምምሓው ተግባር ሳዕቤኑን ዉጽኢቱን ከይመዘነ ምስ ቀሺ ዲሜጥሮስን ካልኦት መሳርሕቱ ሕዳር 15 1962 ዓም ኣብ ፓርላማ ፍጹም ዉሕደት ምስ ኢትዮጵያ ዝብል ነጥቢ ድምጺ ክወሃበሉ ጌሩ ብዘይዝኾነ ተቃዉሞ ሙሉዕ ድምጺ ስለዝረኸበ ፌዴሬሽን ብወግኢ ፈሪሱ።

ሓጼ ሓይለስላሴን ሓማቶም ቢትወደድ እንዳርጋቸው መሳይን: ዘንበሩሉ ዕምነትን ትጽቢትን ስለዝፈጸመ ከቢድ ታሕጓስ ፈጢሩሎም ኣስፋሃ ወልደንክኤል ካብ ዝነበሩሮ ስልጣን ዝበለጸ ማዕረግ ሒቦም ኣብ 1961 ዓም ናይ ሓገር ምምሕዳር ሚኒስተር ጌሮም ሾሙዎ። ኣብ ኤርትራ ዝነበረ ፌዴሬሽን እዉን ሕጣሙ ጠፊኡ ኤርትራ ናይ ኢትዮጵያ መበል 14 ክፍለ

ሓገር ኮነት። ንቢትወደድ ኣስፋሃ ወልደንክኤል ተኪኡ ጀነራል ኣብይ ኣበበ ናይ ኤርትራ ክ/ሓገር ኣመሓዳሪ ኾነ። ፌዴሬሽን ምስፈረሰ ድሕሪ ሓደ ወርሒ ሓጼ ሓይለስላሴ በብዓመቱ ከምዝገብሩዎ ናብ ኤርትራ ምብጻሕ ጌሮም ኣብ ታሪኾም መዘና ዘይብሉ ስሕተት ፈጸሙ። እቲ ጉዳይ ከምዚ'ዩ:

ፌዴሬሽን ምስፈረሰ በዚ ዉሳነ ክሓዝኑን ክጉህዩን ዝኽእሉ ናይ ኢትዮጵያ ሓድነት ማሕበር ፍቕሪ ሓገር ተቓወምቲ ብፍላይ ኣል-ራቢጣን ኣል-ኢስላምያን ኤልፒፒን እዮም ብምባል ንኦኦም ከሐጉሱ ካብ ደጃዝማች ከሳብ ቢትወደድ ሽመት ኣግዚሞም ንኢትዮጵያ ሓድነት ኣሰርተ ሓደ ዓመት ዝተዋደቑ ናይ ማሕበር ፍቅሪ ሓገር ኣባላት ኣጓንዮም ናይቲ ክ/ሓገር ምክትል እንደራሴነት ስልጣን ተስፋዮሃንስ በርሀ ንዝበሃል ናይ ኤልፒፒ ኣፍቓሪ ምስሓቡ ናይ ኢትዮጵያ ሓድነት ማሕበር ፍቅሪ ሓገር ኣባላት ክሓዝኑን ከበኽዩን ጀመሩ። በዚ ተግባር ብዙሓት ሓዚኖም ናብ ተቓወምቲ ተጸምበሩ። ፌዴሬሽን ክፈርስ ዝተግሁ መልኣከ ሰላም ንብረዑድ ዲሜጥሮስ ገ/ማርያም ድማ ናይ ሕጊ መወሰኒ ቤት ምኽሪ ኣባል ኮይኖም ክሰርሑ ተዓዙ። ናይ ውድብ ሕቡራት ሓገራት መርማሪ ኮሚሽን ምብጻሕ ኣብ ዝገብረሉ ጊዜ *<<ምስ ኢትዮጵያ ምጽምባር ዘይከኣል እንተኾይኑ ካልእ ምርጫኹም እንታይ'ዩ?>>* ኢሉ ንመልኣኽ ሰላም ምስሓተቶም:

<<ብኣና ወገን ኢትዮጵያ ወይም ሞት ኢልናኩም ኣለና። ብስልጣንኩም ኢትዮጵያዊ ምኻን ትኽልሉና ትኾኑ። ሞት ግን ኣይትኽልሉናን። ስለዚህ ካልኣይ ምርጫ ንዓና ግደፉልና። ንዓኹም ኣይምልከትን።>>

ሓጼ ሓይልስላሴ ሓዊ ዘጥፉኡ መሲሉዎም ሓዊ ኣሳዊሮም ኣዲስ ኣበባ ተመልሱ። ፌዴሬሽን ገና ኣብ ግብሪ ከይወዓለ ናይ ኤርትራ ፌዴሬሽን ከፍርሱ ዝቖረጹ፣ ኣብ መፈጸምታ ክብ ኢለ ብዝገለጽኩዎ መገዲ ፌዴሬሽን ዘፍረሱ ናይ ኤርትራ ክ/ሓገር ተወለድቲ፣ ናይ ኢትዮጵያ ሓድነት ማሕበር ፍቅሪ ሓገር ኣባላት ከምዝነበሩ ኣንባቢ ዝበርሀሉ ይመስለኒ። ሓደ ግብሪ መልሰ ግብሪ ከምዘለዎ ኣቅመ-ኣዳም ዝበጽሐ ብጹህ ዝፈልጦ መባዕታዊ ነገር ክንሱ እዚ ከይተጸንዐን ከይተመምየን ዝተፈጸመ ተግባር ጸረ-ኢትዮጵያ መርገጺኦም ገዲፎም፣ ናይ ፌዴሬሽን ስልጣን ተማቒልቲ ዝነበሩ ኣመንቲ ምስልምና ዘቕጠዐን ዘኾረየን ተግባር ብምንባሩ ንሰላሳ ዓመት ዝተኻየደ ናይ ዉክልና ኹናት መገዲ ጸሪጉ፣ ባይታ ነዲቑ'ዩ። ናይ ሰላሳ ዓመት ናይ ዉክልና ኹናት

ታሪኽ ቅድሚ ምዝንታወይ ኣብዚ ዉግእ ብዉክልና ዝተሰለፉ ፓርቲታት ኣፈጣጥሮኦምን ውልደቶምን ምርዳእ ኣድላዪ ስለዝኾነ ናብኡ ክሰግር።

ክፍሊ ሸሞንተ

ኣዕራብ ዝጫጭሕዎ ንነብሱ <<ጀብሃ>> ኢሉ ዝሰምየ ጨራሚ ሓገር ምፍጣሩ

ምዕራፍ ሰላሳን ሓደን

ንነብሱ <<ጀብሃ>> ኢሉ ዝሰምየ ጨራሚ ሓገር ምምስራቱ

ናይ ኢትዮጵያ ሓድነት ማሕበር ፍቅሪ ሓገር ኣመራርሓ ኣካላት ምስ ሓጼ ሓይለስላሴ ሰበስልጣናት ማይን ጻባን ኮይኖም ሕዳር 1962 ዓም ፌዴሬሽን ምስፍረሱ በዚ ግብሪ ዝሓዘኑን ዝኾረዩን ናይ ፌዴሬሽን ደገፍቲ *<<ምንቅስቓስ ነጻነት ኤርትራ>>* ብልሙድ ስሙ ማሕበር ሸውዓተ ዝበሃል ውድብ መስሪቶም ናይ ኸተማ ዋህዮታት ዘርጊሖም ናይ ኸተማ ዕጥቓዊ ቃልሲ ከኻይዱ ፈተኑ። እዚ ምንቅስቓስ ናይ ኢትዮጵያ ሓድነት ማሕበር ፍቅሪ ሓገር ካብ ምኽሳስ፣ ናይ ሓጼ ሓይለስላሴ መንግስቲ ካብ ምኹናን ዝሃልፍ ትርጉም ዘለዎ ስራሕ ክሰርሕ ንጹር ዕላማን ውድባዊ ራዕይ ስለዘይነበሮ ኣብ ሓጺር ጊዜ ፈሪሱ።

ኣብ ማሕበር ሸዉዓተ ዝነበሩ ሂደት ዉልቀሰባትን ናይ ኣል-ኣራቢጣ ኣል-ኢስላምያ ኣባላትን ተላፊኖም ሓምለ 1960 ዓም ኣብ ግብጺ ርዕሰ ኸተማ ካይሮ ብቋንቋ ዓረብ ንነብሱ *<<ጀብሐ>>* ኢሉ ዝሰምየ ጨራሚ ሓገር ከምዝመስረቱ ንህዝቢ ዓለም ኣፍለጡ። ናይ ኢትዮጵያ ዉርደት ከምኡ'ዉን ብርሰት ብናፍቖት ዝጽበዩ ሓገራት ኣዕራብ፣ ፍርያም ሓመድናን ዘይነጽፍ ማይናን ብዘይንጣብ ድኻምን ጻዕርን ዝሓፍሱ ግብጻዉያን ንጀብሐ ወሊዶም ምስዕበዩዎ ፖለቲካዊ ቃልሱ ብወትሓደራዊ ምንቅስቓስ ክዕጀብ ከምዘለዎ ኣእሚኖም ኣብ ሓጺር ጊዜ ወትሃደራዊ ምንቅስቓስ ክጅምር መዓዱዎ።

ናይ ጀብሀ ሹመኛታት ናይ ጎይቶቶም ማዕዳ ሰሚዖም ኣብ ኤርትራ ክ/ሓገር ምዕራባዊ ቆላ እድሪስ ኣዋቴ ዝበሃል ናይ ቢንኣምር ብሄረሰብ ተወላዲ ሸፍታ ኣላይነት ንውንብድና ድኹኢ ዝኾና ሂደት ሰዓብቱ ኣሰሊፉ ናይ ውንብድና ስርሑ ክጅምር ኣዘዙ። ጀብሃ ኤርትራ ካብ ኢትዮጵያ ክንጽል ወትሓደራዊ ግጥም የኻይድ ኣለኹ ይበል ደኣምበር ኣብዝሃ ተዋጋዕቱ ናይቲ ፍሉጥ ሸፍታ እድሪስ ዓወተ ሰዓብቲ ናይ ቢኒኣምር ብሄረሰብ ተወለድቲ ምንባሮም ጥራይ ዘይኮነ ኣኻይ፣ ጓሳን ሰበኽሳግምን ዝተኣኻኸቡሉ ምንቅስቓስ ስለዝነበረ ናይ ሓጼ ሓይለስላሰ መንግስቲ ፍጹም ትኹረት ነፊጉዎ ነበረ።

ናይ ኢትዮጵያ መንግስቲ ንነብሱ ጀብሃ ኢሉ ዝሰምየ ጨራሚ ሓገር ህላዌኡ ተረዲኡ ዓይኑ ክገልጽ ዝጀመረ ናይ ኤርትራ ፌዴሬሽን ክፈርስ ኣዋርሕ ክተርፎ እንክሎ ንቢትወደድ ኣስፋሃ ወልደንክኤል ተኪኡ ናይ ኤርትራ

ክፍለሓገር ኣመሓዳሪ ኮይኑ ዝተሾመ ጀነራል ኣብይ ኣበበ ኣብ ኸረን ኣብ ዝገበሮ ምብጻሕ ናይ ጀብሃ ወንበዴታት ናይ ኢድ ቡምባ ደርብዮም ፈተነ ቕትለት ኣብ ዝፈተኑሉ ጊዜ ነበረ። ናይ ጀብሃ ኣፈጣጥራን ኣበጋግሳን ብዝምልከት ኣንባቢ ንጹር ምስሊ ከምዝሓዘ ተስፋ እንዳገበርኩ *<<ኢድሪስ ዓወተ>>* ተሰምየ ናይ ምዕራባዊ ቆላ ሽፍታ ምስ ኣንባቢ ምልላይ ኣድላዪ ስለዝመስለኒ ድሕረ-ባይቱኡ ከምዚ ዝስዕብ ከቕርቦ'የ።

ፋሺስት ኢጣልያ ኣብ ኤርትራ ክፍለ-ሓገር ኣብ ዝገዝዐሉ ዘመን እድሪስ ዓዋተ ከም መብዛሕትኦም ናይቲ ክፍለሓገር ተወለድቲ ናይ ኢጣልያ ኣስከር ብልሙድ ኣጸዋውዓ *<<ባንዳ>>* ኮይኑ ንፋሺስት ኢጣልያ ኣገልጊሉ፣ ወትሃደራዊ ልምዲ ዝመለኸ ዉልቀሰብ'ዩ። ንፋሺስት ኢጣልያ ሹመኛታት ዘርእዮ ምዕዙዝ፣ ልዑም ባሕሪ ብፋሺስታዉያን ስለዝተፈትወሉ ንሓደ ዓመት ናይ ከተማ ከሰላ ከንቲባ ጌሮም ሸሙዎ። ፋሺስት ኢጣልያ ብብሪታንያ ኢምፔሪያሊስት መንግስቲ ተሳዒሩ ህላዉነቱ ምስኸተመ እድሪስ ዓዋተ ናብ ዝተወለደሉ ምዕራባዊ ቆላ ተመሊሱ ዲቕ ኣብ ዝበለ ሽፍትነት ተዋፈረ።

ኣብ ምዕራባዊ ቆላ ዝነብሩ ናይ ትግረ፣ ኩናማን ናራን ብሄረሰባት ብዘይንጣብ ርሕራሐ ጥሪቶም፣ ኣግማሎም ኣብዑሮም ገፊፉ ብምዝማት ኣብ ምዕራባዊ ቆላ ብሓፍቲ ኣብ ዝለዓለ ጥርዚ ሓኾረ። ኣጣልን ኣግማልን ዘሚቱ ከይኣኽሎ ናይ ኩናማን ናይ ትግረን ኣዋልድን ሕጻናትን ብፍጹም ኢ-ሰብኣዉነት ተጋሰሰን። እዚ በደል ናይ ኩናማን ናይ ትግረን ተወለድቲ ልቦም ዘሰምበረ ካብ ዝኸሮም ዘይሓስስ ግፍዒ ስለዝኾነ ክሳብ ሎሚ እንዳሰቆርቆሩ ይዝክሩዎ'ዮም።

ኣንባቢ ናይዚ ዉልቀሰብ ሽፍትነት ክንጽረሉ ምእንቲ ናይ ብሪታንያ ኢምፔሪያሊስት መንግስቲ ተደልይቲ ገበነኛታት(*ምስት-ወንትድ ክሪሚናልስ*) ብዝብል ኣብ ዘውጽኦ ምልክታ ዝሰፈሩ ነጥብታት ምርኣይ ኣድላዪ'ዩ። ኣብዚ ምልክታ ብገበን ሽፍትነት ካብ ዝድለዩ ሽፋቱ ኣብ ቀዳማይ ደረጃ ዝሰፈረ

እድሪስ ዓዋተ ብሕይወቱ ኣሕሊፉ ዝሃቦ፣ ዝቐተሎ ወይ ድማ ዝርኸበሉ ሰፍራ ዝጠቖመ ሰብ 300 ፓዉንድ ሽልማት ከምዝሸለም ይሕብር።[20]

The rewards mentioned below will be paid for information leading to the arrest of the following shifta or to the person producing their bodies, dead or alive.
[Excerpt from The Eritrean Revolution: Born of a Shifta father, produced a Shifta system]

Name of wanted man	residence or tribe	amount of rewards	crime for which wanted
Hamed Idris Awate	Antore	£300	Already notified
Weldegebriel Mossazghi	Berakit Abbai	£200	Already notified
Berhe Mossazghi	Berakit Abbai	£200	Already notified
Hagos Temnewo	Debri Adi Tsadek	£150	Already notified
Assreskhenge Embaye	Areza	£100	Already notified
Oqbankiel Ijigu	Shimanugus Tahtai	£50	Already notified
Ghebre Tesfazien	Deda	£100	Murder
Debbassai Abraha	Habela	£25	Murder
Sebhatu Demsas	Habela	£20	Murder
Tekle Asfha	Keranakudo	£20	Murder

ናይ እድርስ ዓዋተ ሽፍተነት ንብሪታንያ ኢምፔሪያሊስት መንግስቲ ማዕረ ክንደይ ከምዘጨንቆ ናይቲ ሽልማት መጠንን ዝተረቁሐሉ ደረጃ ሓባሪ'ዩ።

ድሕሪ'ዚ ምስ ሞግዚታዊ ምምሕዳር እንግሊዝ ስምምዕ ጌሩ ዝዘረፎ ናይ ህዝቢ ሓፍቲ ከይተተንከፎ ኣብ መበቆል ዓዱ ክነብር ጀመረ። ጀብሓ ኣብ ኤርትራ ክፍለሓገር ወትሃደራዊ ምንቅስቃስ ክጅምር ምስወሰነ ናይ እድርስ ዓዋተ ሓፍትን ዝናን ናይ ፌዴሬሽን ፓርላማ ፕሬዚደንት ዝነበረ እድሪስ መሓመድ ኣደም ይፈልጥ ብምንባሩ ነዚ ምንቅስቃስ እድሪስ ዓዋተ ክመርሖ ወሰነ።

ናብ ቀንዲ ኣርእስተይ ክምለስ: ናይ ጀብሃ ፖለቲካዊ ኣመራርሓ ኣካላት ማለት ኢብራሂም ሱልጣን፣ እድሪስ መሓመድ ኣደም፣ ዑመር ቃዲ ደጀኖም ኣብታ ዝተፈልጠት ታሪኻዊት ጸላኢት ሓገርና ግብጺ ርዕሰ-መዲና ካይሮ ጌሮም ኣብ

20 The Revolution: Born of a Shifta, produced a shifta system

ኤርትራ ክፍለ ሓገር ዝግበር ናይ ዉንብድናን ሽፍትነትን ተግባር ብሪሞት ኮንትሮል ክመርሑዎ ጀመሩ። በዚ መገዲ ጀብሃ ዝመስረቶ ናይ ደባይ ተዋጋኢ ኣብ መጀመሪያ ዓመታት ዝፈጸሞ ቁምነገር እንተሓልዩ ሰላማዊ ህዝቢ ክርስትያን ምቕታል፣ ኣባይቱ ምንዳድ፣ ንብረቱ ምዝማት ነበረ።

እዚ ናይ ጭካነ ተግባር ፈለማ ናብ ኢትዮጵያ ሓድነት ማሕበር ፍቅሪ ሓገር ኣባላት ዘቕነዐ እኳ እንተመሰለ ምስ ጊዜ ክምዝተራእየ ጀብሃ *<<ናብ ኢትዮጵያ ኣሕሊፎም ዝሸጡና>>* ብምባል ኣብ መላዕ ህዝቢ ክርስትያን ዝመዘዞ ናይ ቂምበቀል ሰይፍ ከምዝኾነ ተጋሕደ። ነዚ ሓቂ ዘራጉደልና ኣብ ዝመጽእ ክፍሊ ዘዘንቱዎ ናይ ጀብሃ ኣባላት ካብ ጀብሃ ተፈንጪሎም ብሓጼ ሓይለስላሴ መንግስቲ ክንክን ዝመስረቱዎ ንነብሱ *<<ሻዕብያ>>* ኢሉ ዝሰምየ ካልእ

ጨራሚ ሓገር *<<ንሕናን ዕላማናን>>* ብዝብል ሕዳር 1971 ዓ.ም. ኣብ ዘውጽኦ ናይ ፖለቲካ ፕሮግራም ዘስፈሮ ነጥቢ'ዩ። ትሑስቱኡ ነዚ ዝስዕብ ይመስል:

<<ናይ ጀብሃ መራሕቲ <<ንሕና ኤርትራዉያን>> ኣብ ክንዲ ምባል <<ንሕና ሙስሊም ኣሕዋትኩም>> ብምባል ናይ ሓበሻ ክርስትያን መንግስቲ ንምዉዳቕ ከምዝቃለሱ ገሊጾም። ብረቶም ኣዉሪዶም ዝወረዱ ተዋጋእቲ ዝዋግኡ ኣብ እስልምና ዝዘመተ ናይ ሓጼ ዮሃንስ መንፈሳዊ ዉላድ ዝኾነ ሓጼ ሓይለስላሴ ንምጥፋዕ ከምዝኾነ ተነግሮም፣ <<ቃልስና ካፊር ምጥፋዕ፣ ተልዕኮና ቅዱስ ቁርዓን ናይ ምስፍሕፋሕ ቅዱስ ኹናት'ዩ>> ኢሎም ብዕሊ ተዛረቡ።

ኣብዚ ዝረዓመ ኣስላም ኤርትራዊ ንክርስትያን ሓው ክጥርጥር ክጸልዕ ጀመረ። ክርስትያን ኩሉ ከሓዲ ተባህለ። ኤርትራዊ ክርስትያን ከም ጸላኢ ተቖጽረ። ዝሓለፈ ታሪኽ እንዳልዓሉ <<ህዝቢ ክርስትያን ምስ ኢትዮጵያ'ዩ>> ተብሂሉ ሕነ ምፍዳይ ተጀመረ። ናይ ክርስትያን ኤርትራዊ ሓብትን ንብረትን ክዝረፍ ትዕዛዝ ተመሓላለፈ።>> [21]

ናይ ጀብሃ ኣፈጣጥራ ነዚ ከምዝመስል ንኣንባቢ ካብ ገለጽኩ ናብ ዝቕጽል

ምዕራፍ ቅድሚ ምስጋረይ ናይ ኤርትራ ክፍለሓገር ወገንና ካብ ኢትዮጵያዊ ወገኑ ንምንጻል ሓገራት ኣዕራብ ብሓፈሻ ግብጺ ብፍላይ ዝደገፉልና ናይ ሰላሳ ዓመት ናይ ዉክልና ኹናት ኣፈጻጽማ ብዝምልከት ናይ ግብጺ መንግስቲ ኣብ ኸተማ ካይሮ ምስ መራሕቲ ጀብሃ ዝገበሮ ዝርርብ ምግላጽ ኣድላዪ ስለዝኾነ ናብኡ ክሰግር።

---

21 ንሕናን ዕላማናን፣ ሕዳር፣ 1971 ዓም

እዚ ዝስዕብ ሓበሬታ ናይ ጀብሃ ኣመራርሓ ኣካላት ድሕሪ ኣሰርተታት ዓመታት ጀብሃ ፈሪሱ ህላዉነቱ ምስኸተመ ኢዶም ንኢትዮጵያ ኣብዮታዊ መንግስቲ ሒቦም ናይ ኤርትራ ምዕራባዊ ቆላ ህዝቢ ናይ ራስ ገዝ መሰል ክኅናጸፍ ብሰላም ክንቃለስ ኢና ኢሎም ዝመጹ ንነብሱ <<ጀብሃ>> ኢሉ ዝጽዉዕ ጨራሚ ሓገር ኣመራርሓ ኣካላት ዝሓቡዎ ቓል'ዩ።

እዞም ሰባት ኣብ ኣልራቢጣ ኣል-ኢስላምያ ተወዲቦም ኣብ ዝቃለሱሉ ጊዜ ምስ መንግስቲ ግብጺ ንነዊሕ ጊዜ ይራኸቡ ብምንባሮም ድሕሪ 2ይ ምርጫ ፓርላማ ፌዴሬሽን ናብ ግብጺ ከይዶም መልእክተኛ ኮይኑ ምስ መንግስቲ ግብጺ ንዘራኸቦም ሰበስልጣን *<<ካብ ኤርትራ እስላማዊ ህዝቢ ልዑል ምስጢራዊ መልእኽቲ ሂዝና ስለዝመጻና ናብ ላዕላዋይ ኣካል መንግስቲ ኣራኽበና>>* ብምባል ሓተቱዎ። ንነዊሕ መዓልታት ቖንፈዘው ከብሎም ምስቖነየ ኣብ መፈጸምታ ብመሰረት ሕቶኦም ምስ ምክትል ፐሬዚደንት ግብጺ ኣንዋር ሳዳት ኣራኸቦም።

ናይ ኣልራቢጣ ወከልቲ ምክንያት መምጺኦም ንምክትል ፐሬዚደንት ኣንዋር ሳዳት ክገልጹ: *<<ህዝቢ ኤርትራ ካብ ፋሺስት ኢጣልያ መግዛእቲ ክወጽእ ንሓምሳ ዓመታት ተቃሊሱ ዓወት ኣብ ዝተጎናጸፈሉ ጊዜ ነጻነት ኣብ ክንዲ ዝወሃቦ ብውድብ ሕቡራት ሓገራት ዉሳነ ዓረባዊ መንነት ዘለዎ ህዝቢ ኤርትራ ብክርስትያናውን ሰለምናውን ናይ ሓበሻ መንግስቲ ብፌዴሬሽን ክቖረን ተፈሪዱ። ነዚ ዉሳነ ከይፈተና ተቖቢልና እንዳኸድና እንከለና ናይ ሓጼ ሓይለስላሴ መንግስቲ ፌዴሬሽን ኣፍሪሱ ኤርትራ መበል 14 ክፍለሓገር ኢትዮጵያ ኢሉ ክሰምያ ስለዝተበገሰ እዚ ዕላምኡ ከይኹለፍ ምእንቲ ኣብ ቤት-ምኽሪ ፌዴሬሽን ዘለው ሰባት ብገዘንብ ዓዲጉ ሓሳቡ ዝድግፉ ጥራይ ከምዝምረጹ ጌሩ ንሕና ተቓወምቲ ካብ ኤርትራ ፖለቲካ ተሳታፍነት ነጺሉና ኣሎ። ህዝብና ካብዚ ጨቋኒ ስርዓት ክነላቕቖ ምእንቲ ቅድሚ ሎሚ ከምዝገበርኩምልና ብመንግስቲ ግብጺ ኣወሃሃድነት ካብ መላዕ ህዝቢ ዓለም ኹለመዳያዊ ደገፍኹም ንሓትት።>>*

ናይ ጀብሃ መራሕቲ ዕላሞኦም ምስገለጹ ም/ፐሬዚደንት ሳዳት ዝተፈላለየ ሕቶ ኣቕሪቡሎም ሕቱኡ ምስመለሱሉ ነዚ ዝስዕብ መልሲ ሓቦም:

<<ባይቶ ውድብ ሕቡራት ሓገራት ህዝቢ ኤርትራ ብፌዴሬሽን ኣብትሕቲ ኢትዮጵያ ከመሓደር ዉሳነ ምስሃበ ናይ ሓጼ ሓይለስላሴ መንግስቲ ፌዴሬሽን ኣብ ሓጺር ጊዜ ከምዘፍርሶ ዝገለጽና ሓገራት ሂደት ኣይነበርናን። እነሀለ ትንቢትና ጋሕዲ ኮይኑ። ከምቲ ዝነገርኩምኒ መንግስቲ ሓጼ ሓይለስላሴ ፌዴሬሽን ከፍርሶ ተቓሪቡ'ሎ። ኣነ ናትኹም መርገጺ ማለት ዝጀመርኹም ናይ ዕጥቂ ቃልሲ ከዕወት ካብ ሓገራት ኣዕራብ ትደልዩዎ ደገፍ ብሙልኡ ክትረኽቡ ይድግፍ'የ፣ ግን ዘቅረብኩም ሕቶ ብኣይ ጥራይ ዝውሰን ስለዘይኮነ ንፕሬዚደንት ግብጺ ጋማል ኣብድልናስር ክቕርበልኩም'የ>> ብምባል ከምዘተባብዖም ይዛረቡ።

ድሕሪ'ዚ ንሳምንታት ቐንፈዘው እንዳበልና ምስቐነና ፕሬዚደንት ናስር ናብ ቤተመንግስቲ ጸዊዑ ኣዘራሪቡና። ናስር ምኽንያት መምጽኢና ካብ ምክትሉ ሳዳት ፈሊጡዎ ስለዝጸንሐ ከምዚ ዝስዕብ በለና: *<<ንስኹም ኣምሪርኹም ክትቃለሱ እንተወሲንኩም ንሕበኩም ሓገዝ ጥዑይ ጌርኩም ክትጥቐሙሉ እንተኽኢልኩም ክንሕግዘኹም ድሉዋት ኢና። ንስኹም ኤርትራ ነጻ ክተውጽእዎ እንተኽኢልኩም ምስ ቀይሕባሕሪ ዝዳወብ ብጀኻ ኢትዮጵያ ጣሊቃ ዝኣትው ሓገር ስለዘይሀልው ቀይሕ-ባሕሪ ናይ ኣዕራብ ባሕሪ ኢልና ክንጽውኦ ኢና። ግብጺ፣ ንሰራዊትኩም ስልጠና፣ ቀረብ ሎጂስቲክ፣ ናይ ገንዘብ ደገፍ ክተቅርበልኩም'ያ።*

ብተወሳኺ ናይ ዓረብ ሊግ ኣባላት ምክትላይ ኣንዋር ሳዳት ስለዝዕከቦም ናይ ኣዕራብን ኣስላምን ሓገራት ኣብ ጎንኹም ከነሰልፎም ኢና። ንዓይ ብምዉካል ምክትላይ ኣንዋር ሳዳት ናትኹም መሳርሕቲ ጌረ ስለዝሾምኩዎ ተሓጋጊዝኩም ስራሕኩም ቕጽሉ>> ብምባል ነዚ ኣኼባ ዛዘሞ።

ድሕሪ'ዚ ኢትዮጵያዉያን ናይ ኣስላም ሊግ ኣባላት ምክትል ፕሬዚደንት ግብጺ ኣንዋር ሳዳት ብዝሃቦም መምርሒ መሰረት ናይ ጀብሃ ፖለቲካ ፕሮግራም ምንዳፍ ጀመሩ። ናይ ፖለቲካ ፕሮግራም ጽሒፎም ምስዛዘሙ ናብ ምክትል ፕሬዚደንት ኣንዋር ሳዳት ቐሪቡ ምስተሓጎሰሉ እዞም ናይ ኣስላም ሊግ ኢትዮጵያዉያን ኣባላት ስራሕ ተመቓቒሎም ፍርቆም መሬት ወሪዶም ስራሕ ከሰላስሉ ዝተረፉ ድማ ናብ ካልኦት ሓገራት ኣዕራብን ጣልያንን ከይዶም ኩለመዳያዊ ደገፍ ናይ ምእካብ ስራሕ ጀመሩ። ኣብ መሬት ዝሰላሰል ዕማም ከዓሙ ዝተመደቡ ኢትዮጵያዉያን ናብ ሱዳን ቅድሚ

ምጋሾም ም/ፕሬዚደንት ኣንዋር ሳዳት ኣብ ሱዳን ዝሰርሁዎ ስራሕ ዘርዘረሎም:

1) ናይ ጀብሃ ሰራዊት ዝመርሐ መኾንናት ኣብ ግብጺ፣ ሶርያ፣ ኢራቕን ኣልጀርያን ኣርሚ ኣካዳሚ ኣትዮም ኣብ ሓጺር ጊዜ ናይ ደባይ ዉግእ ኣመራርሓ ክመሓሩ ምእንቲ ክልተ ሚእቲ ሰባት መልሚልኩም ብቕልጡፍ ናብ ግብጺ ክትልእኹ:

2) እዞም መኾንናት ሰልጢኖም ምስተመረቑ ናይ ጀብሃ ሰራዊት ከሰልጥኑ፣ ከዕጥቑን ክዉድቡን ምእንቲ ንኤርትራ ዝቐረበ ስፍራ ምስ ሱዳናዉያን መሪጽኩም ክተዳልው

<<ጀብሃ ፍረ-ብርኪ ኣዕራብ'ዩ፣ ሻዕብያ ናይ ሓጼ ሓይለስላሴ ፍጡር'ዩ፣ ወያነ ናይ ሻዕብያ ዉላድ'ዩ>> ዝብል ኣብ ደረቕ መርትዖታት ዝተሰነደ ሓቂ ስለዝኾነ'ዩ።

ምዕራፍ ሰላሳን ክልተን

ንነብሱ <<ጀብሃ>> ኢሉ ዝሰምየ ናይ ጥፍኣት ሓዋርያ ኣብ ዓለም ዝፈጸሞም ናይ ግብረ-ሽበራ መጥቃዕትታት

ኣብ ሰሜናዊ ክፍሊ ሓገርና ጸጥታ ከዉሕስ ዝተሰለፈ 2ይ ዋልያ ክ/ጦር ናይ ጀብሃ ውንብድናን ሽፍትነትን መኪቱ ብምብርዓን ብፍላይ ናይ ኤርትራ ክ/ሓገር ተወለድቲ ዝተኣኻኸቡሉ፣ ብእስራኤል መኾንናት ዝተዓለመ ናይ ፈጥኖ ደራሽ ሸውዓተ ሻለቃታት ተላፊኖም ብዉሕደት ክሓድኑዎን ከኻድዱዎን ምስጀመሩ ጀብሃ ምስ ወትሓደራት መንግስቲ ዝገብሮ ርጽም ገቲኡ ሕይወት ንጹሃን ዜጋታት ከጽንት ጀመረ። ኣብ ሶርያን ጸሊም መስከረምን(*ናይ ፍልስጤም ሓርነት ግንባር*) ዝተዓለሙ ናይ ባዕዳን መጋበርያታት ናይ ሱዳን ፓስፖርት ሒዞም መገዲ ኣየር ኢትዮጵያ ዝገብሮም ኣሕጉራዊ በረራታት ጨዉዮም፣ ኣብ ነፋሪት ዝሳፈሩ ሰላማዉያን ዜጋታት ብጭካነ ክጭፍጭፉ ጀመሩ።

ነዚ ሽበራዊ መጥቃዕቲ ዝፍጸሙ ሓሱሳት መልሚሉ፣ ናብ ሶርያ ወሲዱ ናይ ኮማንዶ ስልጠና ዘሰልጠኖም ናይ ጀብሃ ዋና ጸሓፊ ዑስማን ሳቤ ነበረ። ድሕሪዚ ነዞም ሓሱሳት *<<ኢካብ>>(በቀል)* ዝብል ስም ሓቦም። ዑስማን ሳበ ነዚ ናይ ሓሱሳት ዕስለ ከቑውም እንከሎ ናይ ጀብሓ ኣመራርሓ ከይፈለጦን ከይኣመነሉን ብናይ ዉልቁ ተበግሶ ከምዝመስረቶ ይግለጽ። መገዲ ኣየር ኢትዮጵያ ኣብ ኣፍሪካ ካብ ዘለው ናይ ኣየር መጓኣዝያታት ናይ መጀመሪያ ጥራይ ዘይኮነ ኣብ 1945 ዓም ክምስረት እንከሎ ዳርጋ ኹለን ሓገራት ኣፍሪካ ኣብትሕቲ ባዕዳዊ መግዛእቲ ብምንባረን፣ መገዲ ኣየርና ኣብ መንገብገቡ ናይ ኢትዮጵያ ባንዴራ ጠቒዑ፣ ብኢትዮጵያዉያን ኣብረርቲ ክነፍር ምርኣይ ንጸለምቲ ኣፍሪካዉያን ብርቒ ተርእዮ ነበረ። ቐጺለ ዘዘንትዎ ታሪኽ ናይ ኣሜሪካ ወጻኢ ጉዳያትን ናይ ኣሜሪካ ምክልኻል ሚኒስተርን *<<ሪሰርች ኤንድ ዴቬሎፐመንት>>* ተሰምየ ኣሕጉራዊ ግብረ ሽበራ ንምጽናዕ ዘቆሙዎ ናይ መጽናዕቲ ትካል ዘካየዶ መጽናዕትን ዝረኸቦ ርኽበትን ተሞርኲሰ'የ።

መጋቢት 11 1969 ዓም ኣብ ጀርመን ፍራንክፈርት መዕርፎ ነፈርቲ ናይ መገዲ ኣየር ኢትዮጵያ ቦይንግ 707-379ሲ ነፋሪት ተሳፈርቲ ጽዒኑ ካብ ኣቴንስ ግሪክ ተበጊሱ ፍራንክፈርት ጀርመን ብሰላም ኣሪፋ'ሎ። ኣብዛ ነፋሪት ዘለው

ተሳፈርቲ ኩሎም ወሪዶም እዮም። እዛ ነፋሪት ንዝቐጽል በረራ ክትዳለው ምእንቲ ጀርመናዉያን ናይ ጽርየት ሰራሕተኛታት(*ካቢን ክሊነርስ*) ናይ ዘዉትር ስርሐን የጻፍፉ ኣለዉ። ኣብ ሞንጎ'ዚ ኣብ ፈርስት ክላስ ክልተ ቡምባታት ኣኪታቲሎም ተፈንጀሩ።

ሽዑ ንሽዑ እዘን ጀርመናዉያን ኣዋልድ ቆሲለን፣ እቲ ኤርፖርት እውን ብድምጺ ተፈንጀርቲ ተናወጸ። ድሕሪ ሂደት ሰዓታት ጀብሃ <<*ናይ ፍራንክፈርት መጥቃዕቲ ዝፈጸምኩ ኣነ'የ*>> ዝብል መግለጺ ኣውጸአ። እንጀራ ማእሪረን ህይወተን ዘሰንፉ ንጹሃን ዘይተጸበየአ መጥቃዕቲ ጎኒፉወን ክቡር ኣኻለን ተመንጠላ። ናይ ጀብሃ ሓሱሳት ነዚ ግብሪ ምስፈጸሙ ኣይተታሕዙን።

ናይ ፍራንክፈርት መጥቃዕቲ ምስተኻየደ ድሕሪ ሰለስተ ወርሒ ሰነ 18 1969 ዓም ኣብ ፓኪስታን መዕርፎ ነፈርቲ ካራቺ ሓድሽ ሓደጋ ኣጋጠመ። መገዲ ኣየር ኢትዮጵያ ቦይንግ 707 መገሽ'ኡ ዛዚሙ ኣብ መዕርፎ ነፈርቲ ካራቺ ደው ኢሉ'ሎ። ሰለስተ ዝዓጠቑ ናይ ጀብሃ ወንበዴታት መጥቃዕቲ ፈንዮም እዛ ነፋሪት ምንዳድ ትጅምር። ሰለስቲኦም ወንበዴታት ኣብትሕቲ ቁጽጽር ወዓሉ። ምስተኣሰሩ ዝሃቡዎ ቃል፡ <<*ኤርትራ ብኢትዮጵያ ምግዛእ ብምቅዋም ዝገበርናዮ'ዩ።*>> ድሕሪ'ዚ ዓለም ዘይርስዖ ባጫ ፍትሒ ተፈጸመ። ናይ ፓኪስታን መንግስቲ ነዞም ሰልስተ ወንበዴታት ብነጻ ኣሰናበቶም።

ኣንባቢ ከምዝዝክሮ መንግስቲ ፓኪስታን ናይ ኤርትራ ጉዳይ ኣብ ውድብ ሕቡራት ሓገራት ክረኣይ እንከሎ ናይ ፋሺስት ኢጣልያ መጋበርያ ኮይኑ ንኢትዮጵያ ከሕንኩልን ከዕንቅጽን ዕልቢ ዘይብሉ ሻጥራት ካብ ምፍሓሱ ብተወሳኺ ኣብ 5ይ ስሩዕ ኣኼባ ውዱብ ሕቡራት ሓገራት ናይ ኤርትራ ጉዳይ ናብ ዉሳነ ምስቀረበ ኤርትራ ካብ ኢትዮጵያ ትነጸል ዝበለ እንኮ ሓገር'ዩ። ነዚ ባርባራዊ ጭካነ ካብ ዝፈጸሙ ወንበዴታት ሓደ፡ ኣብ ክፍሊ ዓሰርተ ሽድሽተ ናይዚ መጽሓፍ ዘዘንቱዎ ናይ ናቅፋ ከበባ ዝመርሐ ናይ ወንበዴ መራሒ'ዩ።

ህዝቢ ኢትዮጵያ ብባንዴሩኡን ክብሪ ሓገሩን ኣዝዩ ቀናኢ ስለዝኾነ ኣብ መገዲ ኣየር ኢትዮጵያ ጀብሃ ዝፈጸሞ ውንብድናን ሽፍትነትን ምስሰምዐ ቆፉኡ ከምዝተተንከፎ ንሕቢ ብኸቢድ ነድርን ኣዉታን ኣደባባይ ወጸ። እቲ ቁጠዐ ኣቀኑ ሓሊፉ ንጀብሃ ብኣምሳሎም ፈጢሮም ናብ ኢትዮጵያ ዘዝመቱዎ ሓገራት ኣዕራብ ስለዝኾኑ <<*ኣዕራብ ካብ መሬትና ተነቒሎም ይዉጽኡ*>> ዝብል

ጭርሖ ተጋወሐ። ናይ ሓገርና ንግዲ ብዘይውድድር ብሒቶም ዝነበሩ ኣዕራብ ካብ መሬት ኢትዮጵያ ክወጹ ተገዱ።

ድሕሪ'ዚ መገዲ ኣየር ኢትዮጵያ ናይ በረራ ድሕነት ዝበሃል ናይ ጸጥታ ኣካላት ዝሓቖፈ ክፍሊ ክምስርት ወሲኑ ናብ ስልጠና ኣትወ። ነዚ ስልጠና ዝተሓርዩ መኾንናት ካብ ኣየር ወለድን ፍሉይ ሓይልን ተመሪጾም ብኣላዪኦም ኮ/ል ካሳ ገብረማርያም ስልጠና ተጀመረ። ኣብዚ ጊዜ ኣብ ነፋሪት ብረት ምስካም ኣብዩ ገበን እኻ እንተኾነ ነዚ ሕጊ ጥሒሱ ናይ በረራ ድሕነት ኣብ ዓለም ዝመስረተ ካብ መገዲ ኣየር እስራኤል <<ኤል ኣል>> ቀጺሉ መገዲ ኣየር ኢትዮጵያ ጥራይ ነበረ። ናይ በረራ ድሕነት ስልጠንኡ ምስወደአ ስራሕ ጀመረ።

ታህሳስ 12 1970 ዓም መገዲ ኣየር ኢትዮጵያ ዘውትር ሮብዕ ኣቴንስ-ማድሪድ-ሮም-ኣቴንስ ዝገብሮ በረራ ከካይድ መዲቡ'ሎ። መገዲ ኣየር ኢትዮጵያ ካብ ማድሪድ ተበጊሱ ናብ ኣቴንስ መገዲ ጀሚሩ'ሎ። እታ ነፋሪት ኣብ ኣየር እንከላ ሓደ ናይ ጀብሃ ወንበዴ ሽጉጡ ካብ ሽንጡ መዚዙ ናብ ክፍሊ ፓይሎት ኣምረሐ። ኣብዚ ጊዜ ናይ በረራ ድሕነት ኣባላት ነቲ ኹነታት ኣቀዲሞም ይኸታተሉዎ ስለዝነበሩ ብርሃኑ መንግስቴ ዝበሃል ናይ በረራ ድሕነት ምስ ወንበዴ ከተሓናነቕ ምስጀመረ ኣብ ሞንጎ እቲ ሽጉጥ ባዕሉ ተተኩሱ ንባዕሉ ለኸሞ። ድሕሪ'ኡ ኣብ መሬት ወዲቑ ክሰሓግ ምስጀመረ ብርሃኑ ትንፋሱ ዓቢጡ ኣቃበጾ።

ድሕሪ'ዚ ብርሃኑ መንግስቴ በቲ ኹነታት ተሰናቢዱ ናብ ኢኮኖሚ ክላስ ምስ ብረቱ ክኣትው እቲ ካልኣይ ሓሱስ ስለዝረኣዮ ካብ መቃምጡ'ኡ ተንሲኡ ክትኩስ ምስፈተነ ኣብ ድሕሪት ዝነበረ ናይ በረራ ድሕነት ብእግሩ ረጊሑ ሽዑ ንሽዑ ኣቃበጾ። ጀብሃ ኣብዚ ዕለት ካብ ዘጋጠሞ ዉርደት ቅድም ኢሉ ሓደ ናይ ጀብሃ ወንበዴ ኣብ መዕርፎ ነፈርቲ ማድሪድ ምስ ሽጉጡ እጅከፈንጅ ተታሒዙ ኔሩ። ጀብሃ ዘይተጸበዮ ጥፍኣት ምስጋጠሞ እቶም ምውታት ኣባላቱ ከምዝኾኑ ተኣሚኑ ናብ ነፋሪት ዝተሰቕሉ ወረቐት ክብትኑ'ዮም ዝብል መግለጺ ኣውጸአ። እዞም ሓሱሳት ምስሞቱ ኣብ ዕጥቆም ዝተረኸበ ወረቐት ዘይኮነ ሽጉጥን ቡምባን ነበረ።

ድሕሪ ፍጻመ ማድሪድ ጀብሃ ስረ ዓጢቑ ኣብ መገዲ ኣየር ኢትዮጵያ ኢዱ ዘርጊሑ ኣይፈልጥን። ናይ ማድሪድ ፍጻመ መገዲ ኣየር ኢትዮጵያን ክሕፈር ጥራይ ዘይኮነ ናይ ኣሜሪካ ኢምፔሪያሊስት መንግስቲ ፕሬዚደንት ሪቻርድ

ኒክሰን ኣየር መገዶም ከም ኢትዮጵያን እስራኤልን ናይ በረራ ድሕነት ትካል ክምስርት ኣዘዘ። በዚ ጥበብ መገዲ ኣየር ኢትዮጵያ ወንበዴታት ኣብ ሕልውንኡ ዘጻወዱዎ ሓደጋን ፈተናን ሰጊሩ ስሙ ኣብ ዓለም ኣዘዘ።

ምዕራፍ ሰላሳን ሰልስተን

ንነብሱ <<ኢካብ>> ኢሉ ዝሰምየ ናይ ግብረ ሸበራ ጉጅለ ዝመስረተ ዑስማን ሳበ ዝፈጸሞ ሸበራን ራዕድን

ዑስማን ሳበ: ኣብ 1932 ዓም ኣብ ምጽዋ ኣውራጃ ትርከብ ሕርጊን ትበሃል ንዑስ ወረዳ ተወሊዱ ንኣቅመ ኣዳም ምስበጽሐ ምስ ኣላዩ'ኡ ሳልሕ ኬክያ ዝበሃል ኣብ ኣዲስ ኣበባ ፍሉጥ ሰብ ሓፍትን ናይ ኢትዮጵያ ሓድነት ማሕበር ፍቅሪ ሓገር ደጋፊ ናብ ኣዲስ ኣበባ መጺዩ ኣብ ኮሌጅ መሰልጠኒ መምህራን ናይ ሰለስተ ዓመት ናጻ ዕድል ትምህርቲ(*ስኮላርሺፕ*) ረኺቡ ትምህርቲ ጀመረ። ዑስማን ኣብ ኣዲስ ኣበባ ተመሓራይ እንከሎ ምስ ኣስላም ኢትዮጵያዉያን ኣብሒቱ ብምርካብ ናይ ሓጼ ሓይለስላሰ መንግስቲ ኣብ ልዕሊ ኣመንቲ ምስልምና ዘዉርዶ ሓይማኖታዊ በደል ይመራመር ነበረ። በዚ ጥራይ ከይተሓጽረ ኣብ ዝመሃረሉ ቤት-ትምህርቲ *<<ማሕበር ተመሓሮ ኣመንቲ ምስልምና>>* ተሰምየ ውዳበ መስረተ። ትምህርቱ ምስዛዘመ ናብ ሕርጊን ተመሊሱ ሳልሕ ኬክያ ኣብ ዝዉንኖ ቤት-ትምህርቲ ኬክያ ክምህር ጀመረ።

ዑስማን ሳበ ኣብ ቤት-ትምህርቲ ኬክያ ናይ መምሕርነት ማስኬራ ምስወደየ ጥሩፍ ዝምባለታቱ ብስቱር ክጉስጉስ *<<ኣል-ዑርዋ ኣል-ዑርትካ(ጽኑዕ ጽምዶ)>>* ተሰምየ እስላማዊ ዓረባዉነትን ዝሰብኽ ሕቡእ ውድብ ኣቘመ። ኣብ 1958 ዓም ዑስማን ዘካይዶ መቓቓሊ ሃይማኖታዊ ምውድዳብ ተጋሊጹ ኣብ እሱር ቤት ተሞቕሐ። ድሕሪ ክልተ ዓመት ማዕሰርቲ ብነጻ ምስተለቐ ናብ ስደት ኣምረሐ። ናይ ዓረብ ግዝኣት ብምስፍሕፋሕ ዓረባዉነት ኣብ ዓለም ከስርጽ ዝቃለስ በዓስ ፓርቲ ናይቲ ፓርቲ ናይ ኣመራርሓ ኣካላት ብፍላይ ምስ ሚኒስተር ወጻኢ ጉዳያት ሶርያ ካዲም ኣብዱልሃሊም ጥቡቕ ዝምድና መስሪቱ ኣብ ኢትዮጵያ ዘካየዶ ናይ ጥፍኣት ስርሑ ክሕግዞ ይመስል ምስ ሓፍቲ ሚኒስተር ካዲም ኣብድልሓሊም ቃል-ኪዳን ኣሰረ። ካብ መንግስቲ ሶርያ ናይ መራኸቢ ብዙሓን ዕድል ተኸፊቱሉ ናብ መላዕ ዓለም ኣብ ዝፍንዎ ናይ ሬድዮ መደብ ዓረባዉነት፣ እስላማዉነት፣ ኤርትራዉነት ሓደ ኣካልን ሓደ ኣምሳልን ከምዝኾኑ ክሰብኽ ጀመረ:

<<ኤርትራዊያን ካብ ጥንቲ ዓረብ እዮም። ምስ ጸለምቲ አፍሪካዊያን ከንዋሰብ ጸኒሕና ኢና። በዚ መገዲ ዓረባዊት ኤርትራ ዓረባዊ ባህልን መግዛእትን ንዘይ-ዓረባዊያን ከተጸንባርቕ ጸኒሓ እያ።>>

<<ኣብ ቀይሕ-ባሕሪ ዘለው ሓጸያዊያን፡ ሓጸያዊ ጽዮናዊያን እዮም። ዕላምኦም ገማግም ቀይሕ ባሕሪ ኣንጻር ሓገራት ኣዕራብ ምምዝማዝ እዩ። ይኹን እምበር ናይ ኤርትራ ኣብዮት ኣብ ተጠንቐቕ ኣሎ፣ እዚ ተርእዮ ተኣሪሙ ቀይሕ-ባሕሪ ጽሩይ ዓረባዊ ባሕሪ ክኸዉን እቲ እንኮ ወሓስ ንሱ እዩ።>>

ዑስማን ሰቤ

ራድዮ ዳማስካስ

ነሓሰ 20 1966 ዓ.ም.

ዑስማን ሳበ ግዝኣታዊ ሓድነት ኢትዮጵያ ከፍርስ ካብ ዝፈጸሞም ቕለታት ኣንባቢ ክፈልጦ ዘለዎ ሓደ ፍጻመ ገሊጸ ነዚ ምዕራፍ ክዛዝም።

ካብ ዕለታት ሓደ መዓልቲ፡ ዑስማን ሳበ ከም ልሙድ ስድሳ ቶን (54,431ኪሎግራም) ዝምዘን ኣውቶማቲክ ክላሺንኮቭ ምስ ኣሻሓት ጠያይቲ፣ ጸረ-ታንክ (ላውንቸር)፣ እልቢ ዘይብሉ ፈንጂ ኣብ ክልተ ዲ-6 ዝዓይነተን ነፈርቲ ጽኢኑ ካብ ሶርያ ናብ ሱዳን ኣምረሐ። ቅድም'ቲ መገሻ ዑስማን ነዚ ኣጽዋር ካብ ዓይኒ ክፍሊ-ጸጥተ ክስውር ምእንቲ ናይ ሱዳን ቀዳማይ ሚኒስተር ኣልካቲም ኣልካሊፋ ብገንዘብ ኣስዲዑ ናይዚ ርኹስ ዕላማ ተሓባባሪ ገበሮ።

እዘን ክልተ ነፋርቲ ማያት ቀይሕ-ባሕሪ ሓሊፈን መዕርፎ ነፈርቲ ካርቱም ምስበጽሓ፡ ኹነታት ናይዘን ነፈርቲ ዘይተበረሆም ክፍሊ ጸጥታ የዒንቶም ኣብዘን ነፈርቲ ዓሊቡ ምፍታሽ ጀመሩ። ኩሉ ዓይነት ኣጽዋር ብሱዳናዉያን ተማረኸ። ብሕርፋን ንዋይ ተኾብኩቡ ነዚ ቕለት ዝፈጸመ ቀዳማይ ሚኒስተር ኣልካቲም ኣልካሊፋ ካብ መዝነቱ ተዓልዩ ኣብ ቤት-ማዕሰርቲ ተሞቕሐ።

ካብቲ ዝገርም ክፋል ቀዳማይ ሚኒስተር ኣል-ካሊፋ ክዕሰር እንከሎ ስልጣን ካብ ዝጭብጥ ገና ሸድሽተ ወርሒ ኣይመልኣን ኔሩ። ዑስማን ሳበ ኣሰርተ ዓመት ናብ መሬት ሱዳን ተወዝ ከይብል ተበዩኑሉ ካብ መሬት ሱዳን ተሶገ።

ዑስማን ሳበ ካብ ጊዜ ንእስነቱ ኣትሒዙ ብብቕን ሓልዮትን ሓብሒባ፣ ናጻ ዕድል ትምህርቲ ሒባ ኣብ ዝብጻሕ ዘብጸሐቶ ወላዲት ሓገሩ፡ ሓድነታ ከፍርስ ከይተሓለለ'ኻ እንተሰርሐ ኣብ መፈጸምታ ሕልሙ ብግብሪ ከይረአየ ኣብ ስደት ሓሊፉ'ዩ።

ምዕራፍ ሰላሳን ኣርባዕተን

ኣዕራብ ንጀብሃ ወሊዶም ከዕብዩዎን ከታትዩዎን ዝወሰዱዎ ተበግሶን ዝስዓቦ መዘዝ

ኣብ ጊዜ ፌዴሬሽን ንነብሱ <<ኣልራቢጣ ኣል-ኢስላምያ>> ኢሉ ዝሰምየ ፓርቲን ናይቲ ፓርቲ ናይ ኣመራርሓ ኣካላት ኣብ 2ይ ምርጫ ፌዴሬሽን ካብ ፓርላማ ፌዴሬሽን ተደፊኦም፣ ናብ ግብጺ ርዕሰ ኸተማ ካይሮ ምስተሰዱ ኣንዋር ሳዳትን ጋማል ኣብድልናስርን ተቐቢሎም ናይ ፖለቲካ ፕሮግራም ጽሒፎም፣ ናይ ጎሪላ ስራዊት ናብ ኢትዮጵያ ኣዝሚቶም ንጥፍኣት ከመይ ከምዘዋፈሩዎም ኣብ ምዕራፍ ሰላሳን ሓደን ንኣንባቢ ገሊጸ'የ። ናይ ግብጺ መራሕቲ በዚ ጥራይ ከይተሓጽሩ ንነብሱ <<ጀብሃ>> ኢሉ ዝሰምየ ጨራሚ ሓገር ናይ ኣመራርሓ ኣካላት ምስ መራሕቲ ዓለም ካብ ምልላይ ብተወሳኺ ናይ ዝሑል ኹናት ጂኦ-ፖለቲካ ቀሚሮም፣ ናይ ሓጼ ሓይለስላሴ መንግስቲ ተጻራሪ ምስዝነበሩ ሕብረተሰባዊት ቻይናን ሕብረት ሶቭየትን ኣላልዮም ጀብሃ ናይ ክልቲኦም ሓገራት ተረፍመረፍ ከቋሲ ጀመረ።

ፕሬዚድነት ጋማል ኣብዱልናስር ናይ ዓረብ ሊግ ፕሬዚደንት ስለዝነበረ ሓገራት ኣዕራብ ጸብጺብካ ዘይዉዳዕ ገንዘብን ንዋይን ኣብ ጀብሓ ከዉፍሩ ገበረ። ኣብዚ ጊዜ ኣዕራብ ምስ እስራኤላዉያን ዝነበሮም ኹናትን ምፍጣጥን እንዳሓደረ ይፍንጀር ብምንባሩ ግብጺ፣ ሶርያ፣ ኢራቅ፣ ፍልስጤም ዝተኣኻኸባሉ ብናቱ መሪሕነት ዝምራሕ *<<ሕቡራት ዓረብ ሪፓብሊክ>>* ተሰምየ ግዙፍ ጸረ-ኣይሁድ ውዳበ መስሪቱ ኔሩ።

እዚ ጥምረት ፕሬዚደንት ኣብድልናስር ከምዝሓለሞ ክቐጽል ኣይኸኣለን። ኣብ ሶርያ ብዘጋጠመ ዕሉዋ መንግስቲ ድሕሪ ሰለስተ ዓመት ፈሪሱ ብዕሽሉ ተቐጽየ። ናይ ኣዕራብ ጥምረት ንምምስራት ዝተገብረ ፈተነ ቀምሲሉ ምስተረፈ ኣብ ሓገራት ኣዕራብ ኣዝዩ ግኑንን ጸላውን ዝነበረ *<<ኣክዋን ኣል-ሙስሊመን>>* ካብ ዝበሃል ናይ ፖለቲካ ፍልስፍና ብተወሳኺ *<<በዓስ>>* ዝበሃል ሓድሽ ፍልስፍና ተቐልቀለ። ኣንባቢ ርጡብ ግንዛበ ክሕልዎ ምእንቲ ነዞም ክልተ ዓረባዊ ፍልስፍናታት ከምዚ ዝስዕብ ከብርሆም'የ፡

1) ኣከዋን ኣል-ሙስሊመን:- ኣብ 1928 ዓም ኣብ ግብጺ ዝተመስረተ ፖለቲካዊ ውድብ ጥራይ ዘይኮነ እስልምናዊ ኣስተምህሮን ፍልስፍናን ከኸዉን ብቋንቋ ትግርኛ ትርጉሙ <<ሕዉነት-ኣስላም>> ማለት'ዩ። ኣከዋን ኣል-ሙስሊመን ቀንዲ ዕላምዑ ሕሉፍ የማናዊ፣ ጸረ-ኣይሁድ፣ ኣክራሪ እስልምናዊ ዕምነት ኣብ መላዕ ዓለም ምስፍሕፋሕ'ዩ።

2) በዓዝ ፓርቲ:- በዓዝ ፓርቲ ኣብ ሶርያ ዝተመስረተ ውድብ ከኸዉን ብቋንቋ ትግርኛ ትርጉሙ <<ትንሳኤ>>ማለት'ዩ። በዓዝ ፓርቲ ኣብ እስልምናዊ ሓይማኖት ብዙሕ ዘየቐልብ ዓረባዊ ግዝኣት ምስፍሕፋሕ ዝብል ንጹር ዕላማ ዘለዎ ናይ ፖለቲካ ውዳበ ኔሩ።

ክልቲኦም ውድባት ሓደ ዝገብሮም ነገር ጸረ-ኣይሁድ ምኻኖም ወይ ድማ ንእስራኤል ምጽልኣም ጥራይ ከኸዉን ብጀኩኡ ግን ናይ ሰማይን መሬትን ፍልልይ ዘለዎም፣ ስርሖምን ግብሮምን ዘይሳነ፣ ፍጹም ዘይናበቡ ጥራይ ዘይኮኑ ዕድልን ኣጋጣምን እንተዝረኽቡ ሓድሕዶም ካብ ምትህንኻት ዘይምለሱ ተጻራሪ ፓርቲታት ነበሩ። ናይ ኣዕራብ ፖለቲካ በዞም ክልተ ውድባት ንሕንሕን ምስሕሓብን ንብዙሕ ዓመት ዝተዓብለለ'ዩ። ኣኽዋን ኣል-ሙስሊመን ቀንዲ መለኽኢ'ኡ ናይ ዕስልምና ሓይማኖት ወይ ድማ ናይ ዕስልምና ኣኽራሪነት ስለዝኾነ ዓሌት፣ ዓጽሚ ወዘተ ዘይዓጦ ዶብ-ኣልቦ ውድብ'ዩ።

በዓዝ ፓርቲ ኣብ ሶርያ እኻ እንተተመስረተ ኣብ ሓጺር ዓመታት ናብ ኢራቅን ፍልስጤምን ተስፋሕፊሑ ናይ በዓዝ ፓርቲ ኣባላት ኣብ መንበረ-ስልጣን ደዩቦም ነበሩ። ኣብ ሰለስተ'ኡ ዓድታት ዘለው ናይ በዓዝ ፓርቲ ሊቓውንቲ ዘንጸባርቖዎ መርገጺ ዓረባዊ ግዝኣት ምስፍሕፋሕ ወይ ድማ <<ሌክስፓንሺንዝም>> ካብ ምኻኑ ብተወሳኺ ንነብሶም ከም ገስገስቲ እዮም ዝረኣ። ብኣንጻሩ ድማ ንኣኽዋን ኣል-ሙስሊመን መቓቓሊ፣ ድሑራት፣ ኣድሓርሓርቲ ብዝብሉ ሓረጋት የቆናጽቡዎ።

እምበኣር ንጀብሃ ብኣምሳሎም ዝፈጠሩ ፕሬዚደንት ጋማል ኣብዱልናስርን ምክትሉ ኣንዋር ሳዳት ንጀብሃ ምስ ሓገራት ኣዕራብ ጥራይ ዘይኮነ ምስ መራሕቲ ዓለም ምስፋለጡ ኣብ ዓለምና ዝገርምን ዘሕዝንን ቕለት ፈጸሙ።

ኣብ ነንበይኑ እዋን ንኣንባቢ ከምዝገለጽኩዎ ኣብዚ ጊዜ ናይ ዓረብ ሊግ ፕሬዚድንት ባዕሉ ኮ/ል ጋማል ኣብዱልናስር ብምንባሩ ናይ ጀብሃ መራሕቲ *<<መላእ ህዝቢ ኤርትራ ኣስላም ጥራይ ዘይኮነ ብዘርኡ እዉን ዓረብ ስለዝኾነ ነዚ ህዝብና ካብ ሓጼ ዮሓንስ መንፈሳዊ ዉላድ ሓጼ ሓይለ ስላሴ ክርስትያናዊ መግዛእቲ ሓራ ክነዉጽኦ ናይ ዓረብ ሊግ ኣባልነት ንሓትት>>* በሉ ብምባል ካብ ምትብባዕ ብተወሳኺ ጋማል ኣብዱልናስር ናይዚ ጉዳይ ጠበቓ ኮይኑ *<<መሰል ክንሕቦም ኣለና>>* ብምባል ንኣባላት ዓረብ ሊግ ተማሕጸነ። ናይ ዓረብ ሊግ ኣባላት እዚ ጉዳይ ናብ ምርጫ ክኸይድ ምስወሰኑ እዚ ሓሳብ ክልተ ሲሶ ድምጺ ስለዘይረኸበ ውዱቕ ኾነ።

ድሕሪ'ዚ ጀብሃ ንወላዲ ኣቡኡ ጠንጢኑ ናይ በዓዝ ፓርቲ ኣባል ኮነ። ገሊኦም ኣባላቱ ድማ ናይ ማዕከላዊ ኮሚቴ ኣባላት ኮኑ። ኣንባቢ ከስተዉዕሎ ዝግባዕ ነጥቢ ናይ ጀብሃ መራሕቲ ውድቦም ናይ በዓዝ ፓርቲ ኣባል እኻ እንተገበሩ ምስ ግብጻውያን ኣብ ዘሕለፉዎ ናይ ሕጽኖት ዘመን ኣኸዋን ኣል-ሙስሊመን ሰዓብቱ ከራብሕ ብምሕላን ብዙሓት ናይ ጀብሃ ኣመራርሓ ኣካላት ኣባላቱ ጌሩ'ዩ።

በዓዝ ፓርቲ ኣብ 1952 ዓም ኣብ ዘውጽኦ ናይ ፖለቲካ ፕሮግራም ኢትዮጵያ ብሰሜን ምብራቅ ዘዳዉባ ቀይሕ-ባሕሪ *<<ዓረባዊ ባሕሪ>>* ካብ ምባል ሓሊፉ *<<ኢትዮጵያ ዓረባዊት ምድሪ'ያ>>* ዝብል ደፋር ሓረግ ካብ ምስፍሩ ብተወሳኺ *<<ህዝቢ ኤርትራ ብሙልኡ ተኸታሊ እምነት ምስልምናዩ፣ ዘርኡ ድማ ዓረብዩ>>* ብምባል ይገልጽ። ኣብዮታዊት ኢትዮጵያ ምስተመስረተት ናይ ኢትዮጵያ ህዝባዊ ዴሞክራስያዊ ሪፓብሊክ ምክትል ፕሬዚደንት ኮ/ል ፍስሀ ደስታ ናብ ዝተፈላለየ ሓገራት ኣዕራብ ኣብ ዝገሸሉ ጊዜ ካብ ኤርፖርት ኣትሒዞ ዝዕዘቦ ኹነታትን ዝፈጠረሉ ምግራም <<ኣብዮቱና ትዝታዩ>> ኣብ ዝብል መጽሓፉ ገጽ 425 ከገልጽ: *<<ኤርትራ ናይ ኣዕራብ ኣካል'ያ ካብ ምባል ሓሊፎም ኣብ ኤርፖርት ኣብ ዝርከብ መዕረፊ ኣጋይሸ ኮነ ኣብ ቤት-ጽሕፈት ፕሬዚደንት ናይ ሓገራት ኣዕራብ ሕዛእቲ ኣብ ዘርእዩ ካርታታት ተጠሚራ ትረአ። ነዚ ጉዳይ ብሜላ ኣልኢለ ኤርትራ ዓረባዊ ሓገር ከምዘይኮነት ምስ ኢትዮጵያ ዘለዎ ጽምዶን ምትእስሳርን እንዳጠቐስኩ ክርድእ ፈቲነ'የ።*

ኣብ ኢራቅ ምስ በዓዝ ፓርቲ መሃንድስን ዋና ጸሓፊ ተዘራሪብና። ታሪክ ኣዚዚ ኤርትራ ዓረባዊ ሓገር'ያ ብምባል ዘረብ'ኡ ምስጀመረ <<እዛ ሓገርን ህዝባን

ብክርስትያናዊት ኢትዮጵያ እንዳተጨቆነት'ያ። ስለዚህ ካብ ኢትዮጵያ ጭቆና ነጻ ክወጹ ስለዘለዎም በዚ መንፈስን ዕምነትን እንዳረዳዕና'ዮም ኢና። ነዚ ምግባር ድማ ቅዱስ ዕላማ'ዩ። ንሕና ስለንድግፎም ናይ ኤርትራ ሽግር መፍትሒኡ ኣብ ኢድና'ዩ>> በለኒ።>>[22]

ናይ ጀብሃ ኣመራርሓ ኣካላት ውድቦም ናይ በዓዝ ፓርቲ ኣባል ምስገበሩ *<<ኣሰር ሓጼ ዮሓንስ ስዒቡ ኣስላም ህዝብና ኣብ ምጽናት ዘሎ ናይ ሓጼ ሓይለስላሴ ክርስትያናዊ መግዛእቲ ኣፍሪስና፣ ህዝብና ሓራ ኣውጺና በዓዝ ፓርቲ ናብ ዝመርሖ ዓረባዊ ሕዛእቲ ክንጽምበር ኢና>>* ዝብል ቃል-ኪዳን ስለዝኣተውሎም ኣዕራብ ጸብጺብኻ ዘይዉዳእ ንዋይ፣ ነዳዲ፣ ቅብኣት፣ ኣጽዋር ብሓፈሻ ኹናት ንምምራሕ ዘድልዩ ናይ ሎጂስቲክስ መሳርሒታት ክተኹቡሎም ጀመሩ።

በዚ ግብሮም ክልተ ዝራጸሙ ናይ ዓረብ ፍልስፍናታት ማለት ሕሉፍ የማናዊ ኣክዋን ኣል-ሙስሊመን'ን ንነብሱ ከም ጸጋማዊ ሓይሊ ጥራይ ዘይኮነ *<<ገስጋሲ>>* ጌሩ ዝቆጽር በዓዝ ፓርቲ ኣብ ዉሽጦም ሓቍፎም ናይ ጥፍኣት መገዶም ምስቐጸሉ ኣብ ነብሶም ፖለቲካዊ ናይ ሞት ብይን ፈሪዶም፣ ናይ ቁልቁለት ጉዕዞ ከመይ ከምዝጀመሩ ኣብ ወፈራታት ግብረሓይል ኣብ ዘዝትንዎ ታሪኽ ቀስ ኢልና ክንሪኦ ኢና።

---

22 ፍስሃ ደስታ(ኮ/ል)፣ ኣብዮቱና ትዝታዬ፣ (ሓምለ፣ 2007 ዓም)

ክፍሊ ትሽዓተ

ናይ ኢትዮጵያ ዘመናዊ ሰራዊት ታሪኽ

ምዕራፍ ሰላሳን ሓሙሽተን

ኣብ ታሪኽ ኢትዮጵያ ንመጀመሪያ ጊዜ ዝተመስረተ፣ ኣዕራብ ናይ ኢምፔሪያሊዝም ሓይላት ዝፍንዉልና ናይ ዉክልና ወረራን ኸበባን ምምኻት ዕጭኡ ዝነበረ ናይ ኢትዮጵያ ዘመናዊ ሰራዊት ሓጺር ታሪኽ:

ኣዕራብ ዝደገሱልና፣ ናይ ሰሜን ኣሜሪካ ኢምፔሪያልዝም ዘምበድበደልና ናይ 30 ዓመት ናይ ውክልና ኹናት ታሪኽ ቅድሚ ምንዝታወይ ነዚ ሓዊን ረመጽን ኣብ ቀዳማይ መስርዕ ተሰሪዑ ምስሓንን ምምኻትን ዕጭኡ ዝነበረ ናይ ኢትዮጵያ ዘመናዊ ሰራዊት ኣፈጣጥራ ምስ ኣንባቢ ምልላይ ኣገዳሲ ይመስለኒ።

ኣብ ታሪኽ ኢትዮጵያ ንመጀመሪያ ጊዜ ዘመናዊ ሰራዊት ዝተመስረተ ኣብ ዱሮ ፋሺስት ኢጣልያ ወረራ ማለት ኣብ 1934 ዓም ነበረ። ቅድሚኡ ኢትዮጵያ ዘመናዊ ምዱብ ሰራዊት ስለዘይትዉንን ናይ ደገ ወረርትን ናይ ዉሽጢ መጸይቲ ክለዓሉ እንከለው ንጉሰ-ነገስት ብነጋሪት ናይ <<ክተት>> ኣዋጅ ኣዊጆም ዘሰልፉዎ ናይ ሓረስታይ ሰራዊት ጥራይ'ዩ ኔሩና። መቸም ዉግዕ ዘይመልኽ፣ ካብ ሕርሻን ጉስነትን ዝመጸ፣ ባሕላዊ ኣጽዋር ዝዓጠቐ ሰራዊት ኣሰሊፍካ ዘመናዊ ሰራዊት ምስዝውንን ናይ ዓለም ርዕሰ-ሓያል ምግጣም፣ ገጢምካ ምስዓር ኣቦታትና ማዕረ ክንደይ ጀጋኑን ሰብ ሓሞትን ምንባሮም ዝምስክርዩ።

ኣብ ኹናት ዲሲፕሊን ዘለዎ፣ ንኣዛዚኡ ዝምእዘዝ፣ ምእዙዝ ሰራዊት ሒዝካ ሰራዊት ምምራሕ ብጣዕሚ ዘጨንቕ፣ ስብዕና'ኻ ዝፈታተን ክንሱ ኣቦታትና ስርዓትን ዲሲፕሊንን ዘይመልኽ፣ ፍጹም ውዳበ ዘይብሉ ሓረስታይ ኣሰሊፎም ክሳብ ኣስናኑ ዝዓጠቐ ናይ ጸዕዳ ሰራዊት ምስዓሮም <<ትንግርቲ>> ክብሎ ደኣምበር ካልእ መግለጺ ኣይረኽበሉን።

ኢትዮጵያ ዘመናዊ ሰራዊት ክትውንን ለይትን መዓልትን ተጨኒቆም ዝደኸሙን ዝሓለኹን ሓጼ ቴድሮስ እዮም። ኣንባቢ ኣብ ሞዕራፍ ሸሞንተ ከምዝዝክሮ ሓጼ ቴድሮስ ሓንቲት ኢትዮጵያ ናይ ምፍጣር ራዕይ ጥራይ ዘይኮነ ናይ ዓለምና ቅድስቲ ኸተማ ኢየሩሳሌም ኣብ መንጋጋ ኦቱማን ቱርክ

ምውዳቓ ስለዘሳቐቖም ናይ ዘመናዊ ሰራዊት ኣድላይነት፣ ጠንካራ ማዕከላዊ መንግስቲ ብዘይጠንካራ ዘመናዊ ሰራዊት ከምዘይጋሃድ ቅድሚ ሓገሮም'ዮም ተገንዚቦም።

በዚ ምክንያት ካብ አውሮፓ አጽዋር ኣዲጎም ሰራዊቶም ኣብ ክንዲ ምዕጣቕ ኣብ ታሪኽና ተራእዩ ዘይፈልጥ ኣጽዋራት፣ መዳፍዕ ኣብ ኢትዮጵያ ብምስናዕ ኢትዮጵያ ንመጀመሪያ ጊዜ ናይ ኣጽዋር ኢንዳስትሪ ወናኒት ጌሮማ።

ሓጼ ቴድሮስ ኣብ ታሪኽ ኣፍሪካ ንመጀመሪያ ጊዜ ብኣውሮፓዉያንን ከኢላታትን ብኢትዮጵያዉያን ሸቓሎ ኣብ ጋፋት(ደብረታቦር ዙርያ) ዝፈብረኹዎ መድፍዕ

እንታይ ይኣብስ! *<<ዘራጊ እንከሎ ጽሩይ ማይ ነይስተ>>* ከምዝበሃል ዙርዮኦም ዝኸበቡዎም ዕስለ መሳፍንትን መኻንንትን ሰላም ከሊኦም፣ ሕልሞም ካብ

ምቑጻይ ሓሊፎም ናይ ብሪታንያ ኢምፔሪያሊስት ሰራዊት ወጢጦም ስለዘምጽኡሎም ሓጼ ቴድሮስ ነቲ ጨካን ዉሳነ ኣብ ነብሶም ክዉስኑ ተፈርዱ።

ኣብ ታሪኽ ኢትዮጵያ ንመጀመሪያ ጊዜ ዘመናዊ ሰራዊት ክምስርቱን ክመርሑን ዝተዓደሉ ሓጼ ሓይለስላሴ ነበሩ። ኣብ 1932 ዓ.ም. ካብ ቤልጀም ዝመጹ መኾንናት ቤተመንግስቲ ዝሕልው፣ ንጉሰ-ነገስትን ስድራቤቶምን ዝዕጅብ <<*ክቡር ዘበኛ*>> ተሰምየ ክፍሊ ሰራዊት ኣብ ኣዲስ ኣበባ ፍሉይ ስሙ ቤላ ምስልጣን ጀመሩ። ነዚ ስልጠና ዝመርሐ ናይ ቤልጀም ተወላዲ ሻለቃ(ሜጀር) ፓሴት 600 ሓይሊ ሰብ ዝሓዘ ሓደ ሻለቃ(ባታልዮን) ኣሰልጠነ።

ምስዞም ወትሃደራት 125 ሰባት ማለት ሓደ ሻምበል ፈረሰኛ ሰራዊትን ሓደ ክፍሊ ባሕሊ ኣካል ናይዚ ስልጠና ነበሩ። ሓጼ ሓይለስላሴ ናይ ክቡር ዘበኛ ስልጠና ንምዕዛብ ኣብ ሰሙን ሰለስተ ጊዜ እንዳተመላለሱ ይኸታተሉ ነበሩ። ኢትዮጵያ ንመጀመሪያ ጊዜ ብዘመናዊ መገዲ ዘሰልጠነቶ ሰራዊት እዚ 600 ሓይሊ ሰብ ዝነበሮ ናይ ክቡር ዘበኛ ሻለቃ ክኸዉን ኣብ 1950 ዓም ናብ ኮርያ ዝዘመተ እዚ ክፍሊ ኔሩ። ናይ ክቡር ዘበኛ ተዓለምቲ ከሰልጥኑ ዝመጹ ናይ ቤልጀም መኾንናት ወትሃደራዊ ፍልጠቶም፣ ትምህርቲ ዝምህሩሉ ጥበብ ጽቡቕ እኳ እንተነበረ ኣብ መወዳእታ ከምቲ ዝተፈርሐ ተጸናጸንትን ስለይትን ምኳኖም ተጋሕደ።

ኣንባቢ ከምዝዝክሮ ቤልጀም ናይ ኤርትራ ክፍለሓገር ካብ ኢጣልያ ብሰለስተ ሚልዮን ዶላር ክሸምት ተቐራሪቡ እንከሎ ብፈረንሳ ኢድ ኣእታዉነት ኔሩ ናይ መግዛእቲ ሕልሙ ተሰናኺሉ ዝተረፈ። ትምኒቱ ንግዚኡ እኳ እንተቀሃመ ናይ መግዛእቲ ሕልሙ ጨሪሱ ኣይሃፈፈን። ብዝኾነ ናይ ክቡር ዘበኛ ሰራዊት ተዓሊሙ ኣገልግሎቱ ንንጉሰ-ነገስት ጥራይ ከምዝኾነ ምስተሓበረ ምዱብ ሰራዊት ምምስራት ኣድላዪ ስለዘኾነ መለክኢ ናይቲ ስልጠና ዘማልኡ ስዊዲናውያን ስለዝኾኑ ኣብ ታሪኽና ንመጀመሪያ ጊዜ ናይ መኾንናት መሰልጠኒ ናይ ጦር ኣካዳሚ ካብ ኣዲስ ኣበባ 44 ኪሜ ርሒቃ ኣብ ትርከብ ሆለታ ተመስረተ።

ሆለታ ናይ መሬት ኣቀማምጡኡ፣ ጥዑም ንፋሱ፣ ልሙዕ ኣግራቡ፡ <<ፍሉይ>> ዝብል ቃል እንተሓልዩ ፍሉይ ኢለ ክገልጾ ይኽእል። ናይ ሆለታ ልኡምነት፣

ተፈጥሮኣዊ ጸብቕ ኣቀዲሞም ዘለለዩ ሓጼ ሚኒሊክ ነበሩ። ሓጼ ሚኒሊክ ብጽሩብ ኣዕማንን ኮንክሪትን ዝተነድቐ፣ ኣብዒ ቤተክርስትያን ዝሓዘ ማራኺ ቤተመንግስቲ ኣብ ሆለታ ሓኒጾም እዮም።

ብተወሳኺ ኣብዒ ግብዣታት ዝካየደሉ *<<ኣሰናቀ ኣዳራሽ>>* ተሰምየ ግዙፍ ኣዳራሽ ኣሎ። ሓጼ ሚኒሊክ ቀዳምን ሰንበትን ናይ እረፍቲ ጊዜኦም ዘሕልፉሉ፣ ብፍጹም ስቕታ ተፈጥሮ ዘድንቑሉን ዘስተማቕሩሉን ቦታ ብምንባሩ ንሆለታ *<<ገነት>>* ኢሎም ምስሰመዩዎ ከሳብ ሎሚ *<<ሆለታ ገነት>>* ተባሂሉ ይጽዋዕ።

ናብ ኣርእስተይ ክምለስ: ስዊድናዉያን ነዚ ስልጠና ብቑዕ ስለዝነበሩን ኣድላዪ ወጻኢታት ንምሽፋን ቕሩብ ብምንባሮም ሓሙሽተ ስዊድናዉያን መኾንናት ናብ ሓገርና መጽዮም ሆለታ ገነት ኣካዳሚ ሕዳር 12 1934 ዓ.ም. ብዕሊ ተኸፍተ። ናይ ሆለታ ገነት ጦር ኣካዳሚ ቀዳማይ ኮርስ ኣብ ኣዲስ ኣበባ ሃይስኩል ይመሃሩ ዝነበሩ ተመሃሮ ተመልሚሎም ብድምር 148 ሕጹይ መኾንናት ስልጠና ጀመሩ። ናይ ትምህርቲ ቋንቋ ፈረንሳ ክኸዉን ተመሃሮ ናይ ሰለስተ ዓመት ወትሃደራዉን ኣካዳምያዉን ትምህርቲ ተኸታቲሎም ትምህርቶም ምስዛዘሙ ብምክትል ትልንቲ ማዕረግ ይምረቁ ነበሩ። ትምህርቶም እንዳተማሕሩ እንከለው ፋሺስት ኢጣልያ ቅድሚ 39 ዓመት ኣብ ዓድዋ ዝገትአ ኹናት ቖጺሉ ካብ ኤርትራ ከ/ሓገርን ካብ ሶማልያን ሰራዊቱ ኣኽቲቱ ወረራን ከበባን ምስጀመረ ናይ ቀዳማይ ኮርስ ተመሃሮ ትምህርቶም ኣቋሪጾም፣ ሓረስታይ ህዝብና ኣሰልጢኖም ነዚ ወረራ ከዳልውዎም ተዓዙ።

እዚ ናይ ሓረስቶት ሰራዊት *<<ብርጌድ ሓይለስላሴ>>* ዝብል ስም ተዋህቦ። ናይ ቀዳማይ ኮርስ መኾንናት ብርጌድ ሓይለስላሴ ከመርሑ ተኣዚዞም ናብ ግንባር ወፈሩ። ድሕሪ'ዚ ሆለታ ገነት ጦር ኣካዳሚ ተኣጽዩ ስዊድናዉያን መኾንናት'ዉን ናብ ዓዶም ተመልሱ። ኢትዮጵያውያን ኣብ ፋሺስት ኢጣልያ ወረራን ከበባን ኣብ ዝወደቕናሉ ሓሙሽተ ናይ ጸላም ዓመታት ብርጌድ ሓይለስላሴ ናይ ሓርበኝነት ተጋድሎ'ኡ ቖጺሉ ኢትዮጵያ ናይ ፋሺስት ኢጣልያ መቃብር ዝገበረ ኢትዮጵያዊ ብርጌድ'ዩ።

ኣብ ታሪኽና ናይ መጀመሪያ ምዱብ ሰራዊት ብርጌድ ሓይለስላሴ ምንባሩ ንኣንባቢ ካብ ገለጽኩ ድሕሪዚ ናብ ዝነበረ ኩነታት ክሰግር። ናይ ብሪታንያ

መንግስቲ ንሓጼ ሓይለስላሴ ደጊፉ ናይ መወዳእታ መጥቃዕቱ ኣብ ልዕሊ ፋሺስት ኢጣልያ ክፍጽም ኣብ ዝተቀራረበሉ እዋን ሓጼ ሓይለስላሴ ናብ ሱዳን መጽዮም ኣብ ሱዳን ብስደት ዝነብሩ ኢትዮጵያዉያን ኣኻኺቦም ኣብ ርዕሰ ኸተማ ሱዳን ካርቱም ጥቃ ትርከብ *<<ሶባ>>* ኣብ ተሰምየ ከባቢ ቅዱስ ጊዮርጊስ ግዝያዊ ክፍሊ ስልጠና ተሰምየ ናይ ሰራዊት ቤ/ትምህርቲ ኣቀኑሞም ናይ ቀዳማይ ኮርስ መኾንናት ብኣሰልጣንነት ተሰሊፎም *<<ጌድዮን ብርጌድ>>* ተሰምየ ሓደ ብርጌድ ተመስረተ።

እንግሊዛዉያን ናይ ቅዱስ ጊዮርጊስ ክፍሊ ስልጠና ምምስራትን ናይ ጌድዮን ብርጌድ ምቛም ከቢድ መንጸሮርን ሻቕሎትን ፈጠረሎም። ምኽንያቱ ናይ ብሪታንያ ኢምፔሪያሊዝም *<<ንእንግሊዛዉያን ጸሓይ ኣይትዓርቦምን>>* ብምባል ንሙሉዕ ዓለም ተቆጻጺሩ ከሓብጥን ክፍክርን ዘብቅዖ ናይ ሕንዲ፣ ደቡብ ኣፍሪካ፣ ናይጀርያ ሓይሊ ሰብ ከም ሰራዊት ስለዘሰለፈ ብምንባሩ ሕጂ እዉን ፋሺስት ኢጣልያ ንምምሃቕ ዘሰለፎ ሰራዊት ንሱ ስለዝኾነ ናይ ጸሊም መንግስቲ ሰራዊት ክስልጥን ምርኣዮም *<<ናይ ጸሊም መንግስቲ ሰራዊት ርኢና>>* ብምባል ዉዒሉ ሓዲሩ ጸገም ከምዝፈጥረሎም ኣይጠፍኦምን።

ሓጼ ሓይለስላሴ ካብ ስደት ናብ ዓዶም ክምለሱ እንከለው ካብ ሱዳን ዓጂቡ ኣብ መገዱ ዝጸንሖ ናይ ፋሺስት ኢጣልያ ዕስለ እንዳጨፍጨፈ ምስ ንጉሱ ናይ ህዝቢ ኢትዮጵያ ርዕሰ ኸተማ ናብ ዝኾነት ኣዲስ ኣበባ ብዓወት ዝኣትወ ጌድዮን ብርጌድ ነበረ።

ድሕሪ'ዚ ፋሺስት ኢጣልያ ካብ ሓገርና ተማሒቑ ምስወጸ ናይ ዘመናዊት ኢትዮጵያ ምዱብ ሰራዊት ናይ ምምስራት ስራሕ ቐጺሉ ሆለታ ገነት ጦር ኣካዳሚ ኣብ 1941 ዓ.ም. ዳግማይ ተከፍተ። ይኹን እምበር ቅድሚ ሓሙሽተ ዓመት ዝነበሩ ስዊድናዉያን መኾንናት ዓዶም ስለዝተመልሱ ናብ ኢትዮጵያ ዝመጹ ወትሃደራዊ ልዑካን ቢ-ኤም-ኤም(*ብሪትሽ ሚሊተሪ ሚሽን*) ነዚ ሓላፊነት ተቀቢሎም ስልጠና ብእንግሊዛዉያን መኾንናት ተጀሚሩ ሓደሽቲ መኮንናት ክፈርዩ ጀመሩ።

ናይ ሓረር ጦር ኣካዳሚ ምሩቓን ናይ ሰልፍ ትርኢት

ምስ እንግሊዛዉያን መኾንናት ኢድን ጓንትን ኮይኖም ዝሰርሑ ካብ ቅዱስ ጊዮርጊስ ግዝያዊ ክፍሊ ስልጠና ዝተመረቑ መኾንናትን፣ ቅድሚ ሓሙሽተ ዓመት ካብ ሆለታ ገነት ተመሪቖም ካብ ፋሺስት ኢጣልያ ሰይፍ ዘምለጡ መኾንናት ብሓባር ኣሰልጠንቲ ኮይኖም ሕጹይ መኾንናት ብምዕላም ናይ ኢትዮጵያ ሰራዊት ዘመናዉን ጽፉፍን ከገብሩ ብትግሃት ዓየዩ። ብተወሳኺ ናይ ክቡር ዘበኛ ጦር ስልጠና ብፈረንሳ መኾንናት ከም ብሓድሽ ቐጸለ።

ሓጼ ሓይለስላሴ ነዚ ፖለቲካዊ ቑማር ከጻወቱ ዝወጠኑ ማለት ክልተ ናይ ታሪኽ መቐናቕንቲ ኢዶም ከእትው ዝገበሩ ኣብቲ ጊዜ ናይ ብሪታንያ ኢምፔሪያልዝም ንኢትዮጵያ መቓቒሉ፣ ሓድሕድና ከናክስ እልቢ ዘይብሉ ተንኮላት ይፍሕስ ብምንባሩ'ዩ። በዚ መገዲ ናይ ኢትዮጵያ ዘመናዊ ሰራዊት ተመስሪቱ ናይ መጀመሪያ ምክልኻል ሚኒስተር ኢትዮጵያ ራእሲ ኣበበ ኣረጋይ ኮይኖም ተሾሙ። ናይ ኢትዮጵያ ሰራዊት ፍልማዊ ጠቕላሊ ኣዛዚ ስታፍ ድማ ጀነራል ሙልጌታ ቡሊ ኮኑ።

ናይ ሓረር ጦር ኣካዳሚ ናይ ሕጹይ መኾንናት ምርቓ: ካብ ሓጼ ሓይለስላሴ ንጸጋም ናይቲ ኣካዳሚ ኣዛዚ ጀነራል ራውሊ

ናይ ኢትዮጵያ ሰራዊት ዕብየት በዚ መገዲ እንዳኸደ እንከሎ ኣብ መፋርቅ 1944 ዓም ናይ ብሪታንያ መንግስቲ(*ቢ-ኤም-ኤም*) ንኢትዮጵያ ዝገብሮ ወትሃደራዊ ደገፍ ብምቁራጽ ናይ ሓጼ ሓይለስላሴ መንግስቲ ምስ ሰሜን ኣሜሪካ ኢምፔሪያሊስት መንግስቲ ዝምድና መስሪቱ ናይ ወትሃደራዊ ተራድኦ ዉዕል ከቲሙ ናይ ኣሜሪካ ወትሃደራዊ ረድኤትን ምምኻርን(MAAG) ኣብ ኣዲስ ኣበባ ቤት-ጽሕፈት ከፊቱ። በዚ መሰረት ናይ ሰሜን ኣሜሪካ ኢምፔሪያሊዝም እንግሊዛዉያን ዝኸፈቱዎ ጋግ ብምምላዕ ናይ ኢትዮጵያ ሓይሊ ምድሪ ኣርባዕተ ክፍለጦራት ብጠቕላላ 40,000 ሰራዊት ደገፍን ቐረብን ክሕብ ጀመረ።

ከም መልሰ-ግብሪ ኢትዮጵያ ኣብ ኤርትራ ክፍለሓገር ርዕሰ ኸተማ ኣስመራ ዝርከብ ኢጣልያዉያን ክጥቐመሉ ዝጸንሑ *<<ራድዮ ማሪና>>* ዝበሃል ናይ ሬድዮ መራኸቢ ማዕከል ኣሜሪካዉያን ክጥቐሙሉ ፈቒዳ ናይ ሰሜን ኣሜሪካ ኢምፔሪያሊዝም ኣብ ምብራቃዊ ጫፍ ኣሜሪካ ኖርፎልክ ቨርጂንያ ዝደኮኖ

ዘመናዊ ናይ ሬድዮ መራኸቢ ማዕከል ከራኸብ፣ ብተወሳኺ ኣብ ዓለም ዝመስረቶም ማለት ኣብ ሞሮኮ፣ ርሑቕ ምብራቅ ኢስያ ፊሊፒንስ ዝኞሙ ናይ ሬድዮ መራኸቢታት ዉሁድ ናይ ሬድዮ ርክብ መስሪቱ ናይ ዓለም ፖሊስ ናይ ምኻን ተሃኑ ከዉጽእ ጀመረ።

በዚ መገዲ ዝቆመ ናይ ኢትዮጵያ ሓይሊ ምድሪ ኣርባዕተ ክፍለ ጦራት ዝሃዘ ነበረ:

1ይ ክፍለጦር: 1ይ ክፍለጦር ክቡር ዘበኛ ክበሃል ማዕከል መአዘዚኡ ኣብ ርዕሰ ከተማና ኣዲስ ኣበባ ጌሩ ቤተመንግስት ናይ ምሕላው ዕዮ ተረከበ

2ይ ዋልያ ክፍለጦር: ማዕከል መአዘዚኡ ኣብ ወሎ ክፍለሓገር ርዕሰ ኸተማ ደሴ ዉጽዕ ኢሉ ዝርከብ ፍሉይ ስሙ <<ጢጣ>> ተሰምየ ፋሺስት ኢጣልያ ኣብ ዝሃነጾ ናይ ሰራዊት ካምፕ ማዕከል መአዘዚ መስሪቱ ናይ ሰሜናዊ ክፋል ሓገርና ጸጥታ ናይ ምሕላው ሓላፊነት ተሰከመ። እዚ ክፍለጦር ኣብ 1952 ዓም ኤርትራ ምስ ኢትዮጵያ ብፌዴሬሽን ምስተዋሕደት ማዕከል መአዘዚኡ ናብ ኣስመራ ቐዪሩ ካብ 1960ታት ኣትሒዞ ኣዕራብ ናይ ኢምፔሪያሊዝም ሓይላት ዝደገፉልና ናይ 30 ዓመት ናይ ውክልና ኹናት ምምኻት ትዕድልቱን ዕጩኡን ዝነበረ ሰራዊት'ዩ

3ይ ክፍለጦር(ኣምበሳው): ማዕከል መአዘዚኡ ኣብ ሓረርጌ ክፍለሓገር ርዕሰ ኸተማ ሓረር ጌሩ ኢትዮጵያ ምስ ሶማልያ ትዳወበሉን ኣብቲ ጊዜ ንሶማል ናብ ክልተ መቒሎም ዝዕንድሩ ናይ ብሪታንያ ኢምፔሪያሊዝምን ናይ ኢጣልያ ፋሺዝም ብዕቱብ እንዳተኸታተለ ግዝኣትና ዝሕልው ክፍሊ ነበረ። ድሕሪኡ ኣብ ዝነበረ ዓመታት 3ይ ክፍለጦር ናይ ዑጋዴን ኣውራጃ ናይ ምሕላውን ምስ መስፋሕፍሒ መንግስቲ ሶማል ፊትንፊት ናይ ምርጻም ጾር ዝተሰከመ ኣብ ዉግዕ ልዑል ዝና ዘለዎ ሰራዊት'ዩ

4ይ ክፍለጦር: ማዕከል መአዘዚኡ ኣብ ኣዲስ ኣበባ ጌሩ ሓደ ብርጌድ ኢትዮጵያ ምስ ኬንያ ኣብ ትዳወበሉ ናይ ነገሌ ቦረና ኣውራጃ መዲቡ ደቡባዊ ወሰን ሓገርና ዝሕልው ሰራዊት ነበረ

ክብ ኢለ ዝገለጽኩዎም ክፍለጦራት ነፍስወከፎም ኣርባዕተ ብርጌድ ክሕልዎም 4ይ ክ/ጦር ግን ሓደ ብርጌድ ጥራይ ነበሮ። ኣብ ወትሃደራዊ ኣወዳድባን ቑርጽን ኣንባቢ ንጹር ርድኢት ክሕልዎ ምእንቲ ካብ

መስርዕ(ስኳድ) ክሳብ ዕዝ(ኮማንድ) ዘሎ ሰንሰለት ከምዚ ዝስዕብ ክዝርዝር እየ:

ሓደ መስርዕ ትሸዓተ ሰባት ዝሓዘ ክኸዉን ኣብ መብዛሕቱኡ ዉግኣት ዳሕሳሳት ዘካይድ ቅድሚት ወጽዩ ኣብ ረመጽ ዝስሕን ክፍሊ'ዩ። ሰለስተ መስርዓት ሓደ ጋንታ(*ፕላቱን*) ክፈጥሩ ኣብ ሓደ ጋንታ 32 ሰባት ኣለው። ኣዛዚ ጋንታ ናይ ምክትል ትልንቲ ማዕረግ ኣለዎ። ሓደ ሓይሊ(*ካምፓኒ*) ሰለስተ ጋንታት ከህልዎ ብጠቕላላ ካብ 100 ክሳብ 125 ሰባት ይሕዝ። ኣዛዚኡ ናይ ሻምበል ማዕረግ ኣለዎ። ሓደ ሻለቃ(*ባታልዮን*) ሰለስተ ሻምበል(*ሓይሊ*) ክሕልዎ ብጠቕላላ 650 ሰባት ኣሰሊፉ ሓደ ናይ ሞርታር ሻምበል ኣብትሕቲኡ ይድረበሉ። እዚ ክፍሊ ናይ ሓደ ሰራዊት ማዕገርን ዓንድ-ሑቐን'ዩ። ኣዛዚኡ ናይ ሻለቃ ማዕረግ ኣለዎ።

ሓደ ብርጌድ ሰለስተ ሻለቃታት ዝሓዘ ኮይኑ ብጠቕላላ ካብ 1,500 ክሳብ 2,000 ሰብ ሒዙ ሌ/ኮረኔል ማዕረግ ብዘለዎ መኾንን ይምራሕ። ሓደ ክፍለጦር 6,000 ሰብ(*ሓሓሊፉ ኪኒኡ*) ኣሰሊፉ ብሜካናይዝድ ሻለቃን ታንከኛ ሻለቃን ተጠናኺሩ ዝቐውም ክፍሊዩ። ኣዛዚኡ ብርጋዴር ጀነራል'ዩ።

ሓደ ኮር ኣብትሕቲኡ ክሳብ ክልተ ክፍለጦራት ናይ ምሓዝ ኣቕሚ ኣለዎ። ኣዛዚኡ ናይ ሜጀር ጀነራል ማዕረግ ይዉንን። ኣብ ሓገርና ብፍላይ ድሕሪ ናይ 1974 ዓም ለውጢ ናይ መኾንነት ማዕረግ ኣብ ምሃብ ብቕን ሕስድናን ስለዝነበረ ኮር ብሜጀር ጀነራል ማዕረግ ክምራሕ እንዳተገበአ ናይ ብርጋዴር ጀነራል ማዕረግ ብዝዉንኑ መኾንናት ይምራሕ ነበረ። ዕዝ ናይ ሰራዊት ሰንሰለት ጫፍ ክኸዉን ሰለስተ ክፍለጦራት፣ ንጹል ታንከኛ ሻለቃታትን ሜካናይዝድ ሻለቃታትን ዝሓዘ ናይ ሓደ ሰራዊት ጥርዚ'ዩ። ኣዛዚ'ኡ ናይ ሌተናል ጀነራልነት ማዕረግ ይዉንን። ነዞም ክፍልታት ዘወሓሕድን ዝኣሊ ናይ ሓይሊ ምድሪ ኣዛዚ ሙሉዕ ናይ ጀነራል ማዕረግ ይውንን። ኣብ ሓይሊ ምድሪ ኣርባዕተ መምርሒታት ኣሎ: ምምሕዳር፣ ወትሃደራዊ ሓበሬታን ድሕነትን፣ ናይ ወፈራን ናይ ሎጂስቲክስን መምርሒታት ይበሃሉ።

ናይ ምምሕዳር ክፍሊ ሓይሊ ሰብ ዝቖጻጸር፣ ቁጽሪ ምውታት ዉግኣት ዝምዝግብ፣ ደሞዝ ዝምድብ መምርሒ'ዩ። ናይ ሓበሬታን ድሕነትን ናይ ጸላኢ ሓበሬታ ፈልፊሉ ዝመሚ፣ ናይ ጸላኢ ናይ ምግባር ኣቕሚ፣ ኣሰላልፋ፣ ጠንካራን ድኹምን ጎንታት ዝትንትን ክፍሊ'ዩ። ናይ ወፈራ መምርሒ(*ሔድ*

ኦፍ ኦፐሬሽንስ) ኣብ ምኽልኻል ሰራዊት ኣዝዩ ዘገድስ ክፍሊ'ዩ። ወትሃደራዊ ወፈራታት ዝነድፍ፣ ስትራቴጂ ዝሕንጽጽ፣ መጠን ሓይሊ ሰብን ኣጽዋርን ዝዉስን ወሳኒ ክፍሊ'ዩ። ናይ ሎጂስቲክስ መምርሂ ንወገን ቖረብ ዘማልእ ማለት ነዳዲ፣ ቅብኣት፣ ጠያይቲ፣ ኣጽዋር ዝዕድል ዝጎደለ ቖረብ ዝኸታተል፣ መኻይንን ታንክታትን ዝጽግን ናይ ሓደ ሰራዊት መትኒ ህይወት'ዩ።

ናይ ኢትዮጵያ ዘመናዊ ሰራዊት በዚ መገዲ ተመስሪቱ ካብ ሓረስታይ፣ ሸቃላይ፣ ተመሃራይ ዝወጸ ህዝቢ ኢትዮጵያ *<<ቅድሚ ነብሰይ ንወላዲት ሓገረይ>>* ብምባል ናይ ሰላም ኣየር ጥዑይ ጌሩ ከየስተማቖረ፣ ብማንም ብምንም ዘይትትካእ ሕይወቱ ንወላዲት ሓገሩ ክብጅው ስለዝወሰነ: መስፋሕፋሕቲ መንግስታት ኣብ ምምካት፣ ኣዕራብ ዝጫጭሑም ናይ ኣሜሪካ ኢምፔሪያሊዝም ዘታተዮም ገንጸልቲ ሓገር ናይ ምርጻም ጸርን ሕድርን ተሰከመ።

ኣንባቢ ከምዘስተብህሎ ሓጼ ቴድሮስ ዝሓለምዎ ናይ ኢትዮጵያ ዘመናዊ ሰራዊት ምስረታ ምስተቖጽየ ናይ ሰራዊት ኣካዳሚ መስሪቶም፣ ጸላኢ ዘፍረሶ ናይ ጦር ኣካዳሚ ዳግማይ ሓኒጾም ኣብ ምድሪ ኣፍሪካ ጽፉፍ ዘመናዊ ሰራዊት ትዉንን ፍልማዊት ሓገር ኢትዮጵያ ዝገበሩዎ ሓጼ ሓይለስላሴ እዮም።

ምዕራፍ-ሰላሳን ሽድሽተን

ኣብ ሰሜን ኢትዮጵያ ግዝኣታዊ ሓድነትና ናይ ምዉሓስን ምስ ጨረምትን መባደምትን ሓገር ምንቋት ዕጭኡ ዝነበረ 2ይ ዋልያ ክፍለጦር ሓጺር ድሕረ ባይታ

ኣብ ዝሓለፈ ምዕራፍ ከምዝገለጽኩዎ 2ይ ዋልያ ክ/ጦር ናይ ሰሜን ኢትዮጵያ ጸጥታ ናይ ምርግጋጽ ጾር ተሰኪሙ ኣብ 1942 ዓም ማዕከል መኣዘዚኡ ኣብ ደሴ ዞርያ መስሪቱ ንኣሰርተ ዓመት ሓላፊነቱ ክዓምም ምስጸንሐ ኣብ 1952 ዓም ኤርትራ ምስ ወላዲት ኣዲኣ ኢትዮጵያ ምስተጸምበረት ማዕከል መኣዘዚኡ ኣብ ኤርትራ ክፍለሓገር ርዕሰ ኸተማ ኣስመራ መስረተ። ናይ 2ይ ዋልያ ክፍለጦር ታሪኽ ቅድሚ ምዝንታወይ ዋልያ ዝብል ስም ከመይን ንምንታይን ከምዝለገቦ ንኣንባቢ ምብራሕ ኣድላዪ ይመስለኒ።

ኣብ ሰሜናዊ ክፋል ሓገርና ኣብ ጎንደር፣ ትግራይ፣ ኤርትራ ክፍላተሓገራት ማዕከል ካብ ጽፍሒ ባሕሪ 4550 ሜትሮ ብራኸ ዘለዎ ኣብቲ ግዙፍ ናይ ዳሸን ዕምባ ዝቐመጥ ብመልክዑን ሕብሩን ኣብ ዓለም ኢትዮጵያ ጥራይ ትዉንኖ፣ ናብ ድሕሪት ዝዛዘወ ግዙፍ ኣቕራን ዝዉንን <<*ዋልያ*>> ተሰምየ መልከዐኛ ጤል ኣሎ። ዋልያ ዝነብረሉ ከባቢ ቐዝሕን ዛዕዛዕታን ዝወረሶ ኣዝዩ ቆራሪ ስፍራ ስለዝኾነ ካብ መልክዑ ብተወሳኺ ቆርበቱ ንየኢንቲ ዝማርኽ ትርኢት ኣለዎ።

2ይ ክ/ጦር <<*ዋልያ*>> ዝተባህለሉ ምኽንያት እምበኣር ሰሜናዊ ክፋል ሓገርና ናይ ምሕላዉ ከቢድ ጾር ስለዝተሰከመ ነበረ።

2ይ ዋልያ ክ/ጦር ማዕከል መኣዘዚኡ ኣብ ደሴ ኣብ ዝነበረሉ ኣሰርተ ዓመት ማለት ናይ ኤርትራ ክፍለሓገር ወገንና ምስ ኢትዮጵያዊ ወገኑ ክሳብ ዝተጸምበረሉ 1952 ዓም ቀንዲ ስርሑ ብሰሜን ናይ ኤርትራ ክፍለሓገር ብሒቱ ዘሎ ናይ ብሪታንያ ኢምፔሪያሊስት መንግስቲ እንዳተከታተለ ናይ ኢትዮጵያ ወሰን ምሕላው ነበረ። ብተወሳኺ ብምዕራብ ዘዋሰንና ሱዳን ናይ ብሪታንያ ኢምፔሪያሊዝም ሕዛእቲ ብምንባሩ ናቶም ምንቅስቓስ ናይ ምክትታል ከቢድ ጾር ተሰከመ።

2ይ ዋልያ ክ/ጦር ብፍልማዊ ኣዛዚኡ መርዕድ መንገሻ(*ብ/ጀ*) እንዳተመርሐ ሰሜናዊ ክፋል ኢትዮጵያ ናይ ምህላው ዕማም ብጽቡቕ መገዲ እንዳሰላሰለ እንክሎ ኣብ 1952 ዓም ኤርትራ ምስ ወላዲት ኣዲኣ ኢትዮጵያ ብፌዴሬሽን ምስተጸምበረት ማዕከል መአዘዚኡ ናብ ኣስመራ ለወጠ። 2ይ ዋልያ ክ/ጦር ብዘለዎ ቕርጽን ኣወዳድባን ኣርባዕተ ክፍላተሓገራት ክቆጻጸር ስለዘይክእል ኣብ ምብራቕ ኢትዮጵያ ካብ ዝነበረ 3ይ ክፍለጦርን ካብ ክቡር ዘበኛ(1ይ) ክ/ጦር ዝተኣኻኸቡ ሻለቃታት ተወዲቦም 12ኛ ብርጌድ ዝበሃል ሓድሽ ብርጌድ መስሪቶም 12ኛ ብርጌድ ኣብ ታሪኽ ኢትዮጵያ ንመጀመሪያ ጊዜ ናይ ኤርትራ ክፍለ ሓገር ረጊጹ ናይቲ ክ/ሓገር ጸጥታ ናይ ምስፋን ስርሑ ጀመረ።

ናይ 12ኛ ብርጌድ ኣዛዚ ኮረኔል ኣበበ ገመዳ(*ደሓር ብ/ጀነራል*) ነበሩ። ብ/ጀነራል ኣበበ ገመዳ ኣብ ኤርትራ ክፍለሓገር ካብ 12ኛ ብርጌድ ኣዛዝነቶም ብተወሳኺ ድሕሪ ሒደት ዓመታት ናይ 2ይ ዋልያ ክ/ጦር ኣዛዚ፣ ኣብ ኣብዮታዊት ኢትዮጵያ ድማ ናይ ትግራይ ክፍለሓገር ኣመሓዳሪ ነበሩ። በዚ መሰረት 12ኛ ብርጌድ ናይ ኤርትራ ክፍለሓገር ጸጥታ ሓላፊነት ተረኺቡ ማዕከል መአዘዚኡ ኣብ ኣስመራ ምስመስረተ ኣብትሕቲኡ ካብ ዘለው ሰለስተ ሻለቃታት 33ኛ ሻለቃ ሓደ ሻምበል ጦር ኣብ ኣስመራ ዙርያ ኣስፊሩ ዝተረፉ ክልተ ሻምበላት ኣብ ምዕራባዊ ቆላ ማለት ኢትዮጵያ ምስ ሱዳን ኣብ ትዳወበሉ ናይ ተሰነይ ኸተማን ኣቆርደትን ኣስፈረ።

34ኛ ሻለቃ ኣብ ማይሓባር ተመዲቡ ናይ ከበሳ ኣውራጃታት ክሕልው ተገብረ። 35ኛ ሻለቃ ማዕከል መአዘዚኡ ኣብ ኣስመራ መስሪቱ ናይ ኣካለጉዛይን ሰራዬን ኣውራጃ ሓለዋ ተረኸበ። በዚ መገዲ 12ኛ ብርጌድ ፌዴሬሽን ካብ ዝተነድፈሉ ጊዜ ኣትሒዙ ክሳብ 1961 ዓም ኣብ ኤርትራ ክፍለሓገር ዝኾነ ዓይነት ናይ ጸጥታ ሽግር ብዘይምንባሩ ዓሰርተ ዓመት ሙሉዕ ብሩፍታን ሰላምን ኣሕለፎ።

12ኛ ብርጌድ ተደራቢ ሓይሊ ከየድለዮ ናይ ኤርትራ ክፍለሓገር ጸጥታ ንበይኑ ከረጋግጽ ስለዝኸኣለ ኢትዮጵያ ዓቃቢ ሰላም ሰራዊት ናብ ኮንጎ ክተውፍር እንከላ ካብ 12ኛ ብርጌድ ሓደ ሻለቃ ተነኪዩ ኔሩ።

2ይ ዋልያ ክ/ጦር በዚ መገዲ ንኣሰርተ ሓደ ዓመት ናይ ኤርትራ ክፍለሓገር ጸጥታ ክሕልው ምስጸንሐ ኣብ 2ይ ምርጫ ፌዴሬሽን ተደፊኦም ዝወጹን ዝኾረዩን ናይ ኣል-ራቢጣ ኣል-ኢስላምያ ኣባላት ኣዕራብ ናይ ፖለቲካ

ፕሮግራም ጽሒፎም፣ ወትሃደራዊ ስትራቴጂ ነዲፎም ምስስዝመቱልና ነዚ ናይ ጥፍኣት ልኡኽ ፊትንፊት ናይ ምግጣም ፍልማዊ ዕጫ ዝገጠሞ ሰራዊት'ዩ። 2ይ ዋልያ ክ/ጦር ኣብ ኤርትራ ክ/ሓገር ምስ ጨረምቲ ሓገር ዘካየዶም ዉግኣት፣ ግጥማት ናይ ሰላሳ ዓመት ናይ ውክልና ኹናት ታሪኽ ኣብ ዘዘንትወሉ ክፍሊ በብትሑስቱኡ ከምዘቕርቦ ንኣንባቢ ቃል እንዳኣተኹ ናብ ዝቕጽል ክፍሊ ክሰግር።

ክፍሊ ዓሰርተ

ናይ ሓጼ ሓይለስላሴ መንግስቲ ንነብሱ <<ሻዕብያ>> ኢሉ ዝሰምየ ካልእ ጨራሚ ሓገር ምፍጣሩ

ምዕራፍ ሰላሳን ሸውዓተን

ኣብ ኣዲስ ኣበባ ዩንቨርስቲ ንነብሱ <<ጀብሃ>> ኢሉ ዝሰምየ ጨራሚ ሓገር ዝዘርአ ስሚ

ኣብ ርዕሰ ኸተማ ግብጺ ካይሮ ዝተመስረተ ንነብሱ <<*ጀብሃ*>> ኢሉ ዝሰምየ ገንጻሊ ሓገር ብምክትል ፕሬዚደንት ኣንዋር ሳዳት ኣላዪነት ፖለቲካዊ ፕሮግራምን ወትሃደራዊ ስትራቴጂ ምስነደፈ ናይ ምፍጣሩ ዜና ኣንዋር ሳዳት ንኣባላት ዓረብ ሊግ ዕላዊ ገበረ። ናይ ሶርያን ኢራቅን መኾንናት ናይ ጀብሃ ተዋጋእቲ ንምዕላም ኣብ ሱዳን ኣብ ዝተዳለወ ክፍሊ ስልጠና ብቕልጡፍ ኣሰልጢኖም፣ ኣዕጢቖም ኣዝሚቶምልና።

ናይ ጀብሃ ዕስለ ናይ ኢትዮጵያ መሬት ምስረገጸ ንህዝቢ ኤርትራ ክርዕዶ ጀመረ። ኣንባቢ ከምዝዝክሮ ነዚ ራዕድን ሽበራን ቅድሚት ኮይኑ ዝመርሖ እድሪስ ኣዋተ ዝበሃል ፍሉጥ ናይ ሽፋቱ መራሒ ነበረ። ኣብ ከበሳ ዝነብር ኣማኒ ክርስትና ገዝኡ ብምንዳድ፣ ጥሪቱ ብምዝማት፣ ከምኡ'ውን ናይ ኢትዮጵያ ሓድነት ማሕበር ፍቅሪ ሓገር ኣባላት ምቕንጻል ቀንዲ ስርሖም ነበረ። ብሓፈሻ ኣብ መጀመሪያ ዓመታት ጀብሃ ዝፈጸሞ ተግባር: ኣብ ኸረን ኣብ ልዕሊ ሌ/ጀነራል ኣብይ ኣበበ ዳርባ ቡምባ ምድርባይ፣ ሰለማዉያን ዜጋታት ብዘይርሕራህ ምቕታል፣ ኣዋልድ ምግሳስ ጥራይ ኔሩ ክብል ይደፍር። ካብ 1963 ዓም ኣትሒዙ ነዞም ድሁራት ተግባራቱ ገዲፉ ናይ ኤርትራ ክፍለሓገር ጸጥታ ናይ ምሕላው ሓላፊነት ዝተሰከመ 2ይ ዋልያ ክፍለጦር መጥቃዕቲ ክኸፍተሉ ተደናደነ። ይኹን እምበር ፈንጂ እንዳጻወደ ካብ ምኻድ ሓሊፉ ፊትንፊት ምስ ሰራዊት ኢትዮጵያ ዝገጠመሉ ጊዜ ኣይነበረን። ሓሓሊፎም ካብን ናብን ኣብ ዝንቕሳቕስ ሰራዊት ናይ ድብያ መጥቃዕቲ ክፍንው ይረኣዩ እኳ እንተነበሩ 2ይ ዋልያ እንዳኻደደ ስሊቑ ኣደዳ ጥፍኣት ስለዝገበሮም ነዚ ስልቲ ብዙሕ ኣይደፍኡሉን።

ናይ ዉግእ ስልቶም ቀዩሮም ንመንግስቲ ክፈታተኑ ዝጀመሩ ኣብ 1969 ዓ.ም. ጠቕላሊ ባይቶ(*ጀነራል ኮማንድ*) ዝብል ውዳበ መስሪቶም ኣብ ቻይና፣ ሶርያ፣ ኢራቅ ስልጢኖም ካብ ዝመጹ መኾንናት ብተወሳኺ ኣብ ሱዳን ወትሃደራትን መኾንናትን ዝነበሩ ኣብ ምዕራባዊ ቆላ ምስዝነበረ ሰራዊት ተጸምቢሮም

ብመንገዲ ጠቕላሊ ባይቶ ምእኩል ኣመራርሓ ምስመስረቱ ኣብ ታሪኽ ንመጀመሪያ ጊዜ ናይ ኤርትራ ክፍለሓገር ዓውደ-ጥምጥም ኮነ።

በዚ መገዲ ናይ ፍልስጤም ሓርነት ግንባር(*ጸሊም- መስከረም*) ኣሰልጢኑ ዘዝመቶም ወንበዴታት ሕዳር 1970 ዓም ካብ ኣስመራ ናብ ከረን ኣብ ዝወስድ ጽርግያ *ሓብረንቆቃ* ኣብ ተሰምየ ጸዳፍ ስፍራ ብዝከፈቱዎ ቶኽሲ ናይ 2ይ ዋልያ ክፍለጦር ኣዛዚ ሌ/ጀነራል ተሾመ ዕርገቱ ተሰወአ። *ሌ/ጀነራል ተሾመ እርገቱ* ናይ ክቡር ዘበኛ ቀዳማይ ኮርስ ምሩቕ: ኢትዮጵያ ናብ ኮርያ ዘዝመተቶ ናይ ክቡር ዘበኛ ቃኘው ሻለቃ ጦር መሪሑ ንሓገሩ ዘሐበነ ንፉዕ መኾንን ነበረ።

ሌተናል ጀነራል ተሾመ እርገቱ

2ይ ዋልያ ክ/ጦር ብሓደ ብርጌድ(12ኛ ብርጌድ) ዝገብሮ ሓለዋ ክቕጽል ስለዘይኽኣለ ኣብ ትግራይን ጎንደርን ዘሰፈሮም ንጹል ሓይልታት ናብ ኤርትራ ኣምጽዩ ነዚ ዝርጋን ብኣግኡ ክቕጽዮ ፈተነ።

ኣብዚ ጊዜ ኣብ ኣዲስ ኣበባ ዩንቨርስቲ ናይ ኢትዮጵያ ተመሓሮ *<<መተካእታ ዘይርከቦ ንጉስና፣ እግዛብሄሐር ዝመረጾምን ዝሾምምን፣ እቲ ጸሓይ ንጉስ>>* ወ.ዘ.ተ. ዝብሉ ዘቖጸልጽሉ ሓረጋት ካብ ወለዱን መማሕራኑን እንዳሰምዐ ዝኣብየን ነዚ ኣበሓሕላ ተቐቢሉ ንሓጼ ሓይለስላሴ ዘውትር ከጽልይን ፈጣሪ ዕምሮም ከንውሖ ካብ ምልማን ሓሊፉ፣ ስም ኣቡኡ ገዲፉ ብስሞም ይምሕል ዝነበረ ተመሓራይ ብዝገርም ቕጽበት ተሰልቢጡ ጸረ-ሓጼ ሓይለስላሴ መርገጺ ከጋውሕ ጀመረ።

ናይ ፌዴሬሽን ምፍራስ፣ ኣብ ኤርትራ ክፍለሓገር ናይ ዕጥቂ ዓመጽ ምጅማር፣ ከምኡ'ውን ንነብሱ *<<ጀብሃ>>* ኢሉ ዝሰምየ ጨራሚ ሓገር ናይ ምምስራት ወረ ኣብ ኣዲስ ኣበባ ዩንቨርስቲ ክናፈስ ምስጀመረ *<<ናይ ኢትዮጵያ ተመሓሮ ማሕበር>>* ኣባላት ዝነበሩ ናይ ኤርትራ ክፍለሓገር ተወለድቲ ብከባብያዊ ስምዒትን ናይ ጎዶቦ ጦብላሕታን ተደፋፊኦም ጀብሃ እንታይ ከምዝኾነ? መን ከምዝመስረቶ? እንታይ ዕላማ ከምዘለዎ? ወዘተ ከይፈለጡ ብብሄረሰብ ስምዒት ተሰሚሞም ናይ ጀብሃ ተደናገጽቲ ኮኑ።

እዚ ኣካይዳ መስመሩ ስሒቱ ንካልኦት ፈተዉቲ ሓገር ክልክም ጊዜ ኣይወሰደሉን። እዞም ተመሓሮ ኣብ ሓጺር ጊዜ ጀብሃ ዝሰነዖ *<<ኤርትራ ኣብ'ትሕቲ ክርስትያናዊ መግዛእቲ ኢትዮጵያ ትርከብ>>* ዝብል ናይ ክሕደትን ቕጥፈትን ታሪኽ ካብ ምእማን ብተወሳኺ: *<<ናይ ሓጼ ሓይለስላሴ መንግስቲ ናይ ኣምሓራ መንግስቲ'ዩ>>* ብምባል ናይ ኤርትራ ክፍለሓገር ተወለድቲ ጥራይ ዘይኮኑ ንካልኦት ኢትዮጵያዉያን እውን ዝልክም መርዛም ስብከት ክነዝሑ ጀመሩ።

ናይዚ መርዛም ስብከት ናይ መጀመሪያ ግዳያት ብመሬት ምስ ኤርትራ ክፍለሓገር ዝዳወቡ፣ ሓደ ቋንቋ፣ ሓደ ባሕልን ሓደ ያታን ዘውንኑ ናይ ትግራይ ክፍለሓገር ተወለድቲ ነበሩ። ኣብ 1975 ዓም ንነብሱ *<<ወያኔ>>* ኢሉ ዝሰምየ ጨራሚ ሓገር ኣብዚ ጊዜ'ዩ ተጫጪሑ። ብተወሳኺ ናይ ኦሮሞ ብሄረሰብ ተወለድቲ በዚ ስብከት ክሰሓቡ ጀመሩ። በዚ መገዲ ናይ ኢትዮጵያ ሓድነት ዝፈታተን፣ ናይ ጸላእትና ናይ ነዊሕ ዘመን ሕልምን ባሕግን ዘሰምር ናይ ስሚ ግራት ኣብ ኣዲስ ኣበባ ዩንቨርስቲ ክጥጥዕ ጀመረ።

በዚ መገዲ ጎዶቦኣዊ ስምዒቶም ዝተነሓሓረ ናይ ትግራይን ናይ ኦሮሞን ተወለድቲ ተመሃሮ ትምህርቶም ጠንጢኖም፣ ናብ መበቖል ዓዶም ኣምሪሖም

ኣብ ኤርትራ ክፍለሓገር ወንበዴታት ዝጀመሩዎ ተግባር ከም ጽቡቕ ግብሪ ወሲዶም ኣብ ዓዶም ከተኣታትውዎ ጀመሩ። በዚ ጥራይ ከይተሓጽሩ ናይ ኢትዮጵያ ታሪኻውያን ጸላእቲ ዝኾኑ ሓገራት ብፍላይ ኣብ ኀዶቦና ብሕማም ምስፍሕፋሕ ዝሕቖን ከም መስፋሕፍሒ መንግስቲ ሶማል ዝበሉ መንግስታት ዘይተኣደነ ኣጽዋር ተቐቢሎም ወላዲት ሓገሮም ከድምዩ ጀመሩ።

ኣብ ኣዲስ ኣበባ ዩንቨርስቲ ስሚ ዝንስንሱ ናይ ጀብሃ ደገፍቲ ሕሉፍ ሓሊፎም *<<ንሕና ኣብ ኣዲስ ኣበባ ንርከብ ናይ ኤርትራ ክፍለሓገር ተመሃሮ መንግስቲ ኢትዮጵያ ነጻ ናይ ትምህርቲ ዕድል(ስኮላርሺፕ) ስለዝሃበና እምበር ኢትዮጵያዉያን ስለዝኾና ኣይኮነን>>* ብምባል መርዞም ብጋሕዲ ክዘርኡ እንከለው ናይ መንግስቲ ኣካላት ዝወሰዱዎ ናይ ስነ-ስርዓት ስጉምቲ ኣይነበረን።

ድሕሪ ዝተወሰነ ጊዜ ናይ መንግስቲ ናይ ጸጥታ ኣካላት ናይ ሓይሊ ስጉምቲ ምውሳድ ምስጀመሩ ነዚ ስሚ ዘራብሑ ተመሓሮ ናብ ኤርትራ ክፍለሓገር ምዕራባዊ ቆላ ሓዲሞም፣ ናይ ጀብሃ ዕላማን ራዕይን ከይፈለጡ ዓይኖም ኣሚቶም ናብ ጀብሃ ብምጽምባር ብጓሶትን ሰበኽ ሳግምን ዘዕለቕለቐ ውድብ ብምሁራዊ ሓይሊ ሰብ ኣጠናኸሩዎ። በዚ መገዲ ካብ ኣዲስ ኣበባ ዩንቨርስቲ ንጀብሃ ዝተጸምበሩ ተመሃሮ ሎሚ ኤርትራ ካብ ኢትዮጵያ ገንጺሎም መራሕቲ ዝኾኑ ውልቀሰባት ኣቀዲሞም ናይ ኢትዮጵያ ተመሓሮ ማሕበር ኣባላት ነበሩ።

ምዕራፍ ሰላሳን ሸሞንተን

ንነብሱ ብቋንቋ ዓረብ <<ሻዕብያ>> ኢሉ ዝሰምየ ካልእ ጨራሚ ሓገር ካብ ጀብሃ ተፈንጪሉ ምፍጣሩ

ጀብሓ ብም/ፕሬዚደንት አንዋር ሳዳት ኣላዩነትን መዓድነትን ክዓኹኽ ምስጀመረ ናይ ቃልሲ ሞዴል ኢሉ ዝቐድሖ ኣብ ኣልጀርያ መግዛእቲ ፈረንሳ ዝቃለስ ኤፍ.ኤል.ኤን(*Front De Libération Nationale*) ተሰምየ ውድብ ነበረ። ኤፍ.ኤል.ኤን. ዝኸተሎ ስትራቴጂ ንኣልጀርያ ኣብ ሓሙሽተ ዞባታት መቒሉ ንነፍስወከፍ ዞባ ሙሉዕ ስልጣንን ሓላፊነትን ዝሕብ ነበረ። ኣልጀርያ ሓደ ብሄርን ሓይማኖትን ዘለዋ ሓገር ስለዝኾነት ኤፍ.ኤል.ኤን. ዝተኸተሎ ቃልሲ ናብ ዓወት ኣምሪሑ'ዩ። ጀብሃ ኣልጀርያዉያን ዝተኸተሉዎ ናይ ቃልሲ ቕዲ ንርኹስ ዕላማ ክጥቐመሉ ምስፈተነ ቕድሚኡ ተራእዩ ዘይፈልጥ ሓይማኖታዊ ምንቋትን ዕልቕልቕን ተፈጥረ።

ምክንያቱ ጀራልድ ትሬቫስክስ <<ኤ-ኮሎኒ ኢን ትራንዚሽን>> ኣብ ዝብል መጽሓፉ ከምዝገለጾ: *<<ጣልያን ሕሉፍ ታሪኾም ካብ ዝተኣሳሰረረሉ ህዝቢ መቒሉ፣ ነዞም ምቕልቃላት ለቓቒቡ ኣብ 1890 ዓም <<ኤርትራ>> ኢሉ ዝሰምያ ሓገር>>* ብምንባራ ነበረ። በዚ መሰረት ኣብ 1965 ዓም ጀብሃ ናይ ዞባ ውዳበ ምስኣታተወ ቀዳማይ ዞባ ባርካ ተባህለ። ኣዛዚኡ ድማ መሓመድ ዲያኒ ዝበሃል ናይ ሱዳን ወትሓደር ኮይኑ ተሾመ። ካልኣይ ዞባ ናይ ኸረን ኣውራጃ ከኸዉን ኣዛዚኡ ሕጂ'ውን ናይ ሱዳን ወትሓደር ኦማር ኣዛዚ።

ሳልሳይ ዞባ ናይ ሳሆ ብሄረሰብ ተወለድቲ ዝተኣኻኸቡሉ ናይ ኣካለጉዛይ ኣውራጃ ኣዛዚ'ኡ ኣብዱልከሪም ኣሕመድ ኾነ። ራብዓይ ዞባ ናይ ምጽዋ ኣውራጃ ኣዛዚኡ መሓመድ ኣሊ ኦሜሮ ኾነ። ኣብ ሳልሳይን ራብዓይን ዞባ ዝተሾሙ ክልተ ሰባት በዓስ ፓርቲ ኣብ ሶርያ ዝኣለሞም ናይ ባዕዳን መጋበርያ'ዮም። ድሕሪ ሓደ ዓመት ማለት ኣብ 1966 ዓም ኣመንቲ ክርስትና ዝተኣኻኸቡሉ ሓምሻይ ዞባ ተመስሪተ። ኣብ ሓምሻይ ዞባ ዝተኣኻኸቡ ኣመንቲ ክርስትና ናይ ጀብሃ ዕላማን መትከልን ከይፈለጡ ብኤርትራዉነትን ናይ ብሄረሰብ ስምዒት ተደፋፊኦም መብዛሕቶኦም ካብ ኣዲስ ኣበባ

ዩንቨርስቲ ዝነፈጹ ተመሓሮ ነበሩ። ናብ ጀብሃ ምስኣተው ዝረኣዩዎን ዝተጸበዮም ነገር:

1) ጀብሃ ካብ ምዕራባዊ ቆላ ብዝወጹ ናይ ሕብረተሰብ ክፍልታት ዝተመልአ፣ ኣብ ከበሳ ካብ ዝነብር ሕብረተሰብ ሓደ ሰብ እኻ ዘይተጸምበሮ ንህዝቢ ኤርትራ ፈጺሙ ዘይዉክል ምኻኑ

2) እዚ ውድብ *<<ናይ ኤርትራ ሓርነት>>* ዝብል ስም ሒዙ መራሕቱ ጥራይ ዘይኮኑ መብዛሕቱ'ኡ ተራ ኣባል ኤርትራዉነቱ ኾነ ኣፍሪካዉነቱ ክሒዱ *<<ዓረብ'የ>>* ምባሉ

3) ናይ ጀብሃ መራሕቲ ነዚ ውድብ ካብ ዝመስረቱሉ ጊዜ ኣትሒዙ ህዝቢ ክርስትያን ንዓና ከዲዑ ፣ ንክርስትያን ገዛኢ ዘርዩ፣ ፌደሬሽን ኣፍሪሱ፣ ኤርትራ ንመንግስቲ ሓጼ ሓይለስላሴ ሸይጡዋ ብምባል ንኣመንቲ ምስልምና ስለዝሰመዑ ተዋጋኣይ ክፍሊ ብዝሓደሮ ከቢድ ጽልኢ ኣብ ልዕሊ ኣመንቲ ክርስትና ጭፍጨፋ ምጅማሩ

እዞም ካብ ሓደ ክሳብ ሰለስተ ዝዘርዘርኩዎም ነጥብታት ጥራይ ዘይኮኑ ናይ ጀብሃ መራሕቲ ብዝፍጽምዎ ገበን ዝባህረሩ ኣመንቲ ክርስትና ጭንቐቶም ዘበረኾ ናይዚ ግፍዕን ጭካነን ኣፈጻጽማ ኣሰቓቒ ምንባሩ'ዩ። ንኣብነት ኪዳነ ክፍሉን ወልዳይ ግደይን ዝበሃሉ ኣመንቲ ክርስትና ኣብ ሱዳን ብዘሰክሕ መገዲ ክሳዶም ተቆሪጹ ምድርባዩ ንኣመንቲ ክርስትና ጥራይ ዘይኮነ ንኣመንቲ ምስልምና እውን ዘሰቐቐ ኔሩ። ኪዳነ ክፍሉ ዝበሃል ናይ ጀብሃ ናይ ኸተማ ወንበዴ ናብ ኣዲስ ኣበባ ዩንቨርስቲ እንዳተመላለሰ ብዙሓት ተመሓሮ ናብ ወንበዴ ክጽምበሩ ዝመልመለ ሰብ ኔሩ። ካብዞም ተመሓሮታት ሓደ ሎሚ ኤርትራ ካብ ኢትዮጵያ ነጺሉ ዝመርሕ ናይ ሻዕብያ መራሒ ሓደ'ዩ።

እዞም ተመሓሮ ካብ ብሄረሰብን ከባብያዊ ስምዒትን ነጻ ዝኾነ ካብ መግዛእቲ ነጻ ዘውጽና ዉዳበ ክንፍጥር ኣለና ብምባል ዉሽጢ ዉሽጢ ክወዳደቡ ምስጀመሩ ብፍርሒ ተሓቲሞም ዝነበሩ ኣመንቲ ምስልምና እዉን ክስዕቡዎም ጀመሩ። ካብቲ መመሊሱ ዝገርም ነገር ናይ ጀብሃ መራሕቲ ንውንብድና ዘዋፈሩዎ ሰራዊት ኣብ 2ይ ዋልያ ክ/ጦር ሓሓሊፉ ዘውርዶ መጥቃዕትን ዝረኸቦ ጊዝያዊ ዓወት ስለዘስከሮም ከም ኻና ከፈራርሶም ዝኽእል ሕመቕን ድኽመትን ከለልዩ ኣይተኣደሉን። ናይ ኣመራርሓ

ኣቃውሞኦም ብዞባ ተመቓቒሉ ሓደ ዞባ ኣብ ልዕሊ ካልእ ጸብለልቱኡ ከርእይ ይሕልን ካብ ምንባሩ ብተወሳኺ ኣብ ፖለቲካዊ ጉዳያት መራሕቱ እትረፍ ክረዳድኡ ክሰማምኡ እዉን ስለዘይኽኣሉ ካብ ጀብሃ ዝወጹ ፍንጭልጫላት *ከመይን ብመንን* <<*ሻዕቢያ*>> ተሰምየ ካልእ ጨራሚ ሓገር ከምዝመስረቱ ቖጺልና ክንርኢና።

ምዕራፍ ሰላሳን ትሽዓተን

<<ንብዙሓት ደብሪ ተማሕሊላ ዝጠነሰቶ ጥንሲ ድቺ ኮይኑ ቐቲሉዎ>>: *ናይ ሻዕብያ ዉልደትን ፍጥረትን*

እዚ ሓረግ ናተይ ኣገላልጻ ኣይኮነን። ናይ ኣቡነ ፊሊጶስ ኣበሃህላ'ዩ። ኣቡነ ፊልጶስ ኣብ ኤርትራ ክፍለሓገር ሓማሴን ኣውራጃ'ዩም ተወሊዶም። ወለዶም ንመንፈሳዊ ሕይወት ብዝነበሮም ፍሉይ ብቑ ኣቡነ ፊልጶስ ኣብ ኦርቶዶክስ ቤተክርስትያን ክመሓሩን ብኦርቶዶክሳዊ ጠባይ ተኾስኲሶም ክዓብዩ ጌሮም ናብ ጵጵስና ማዕረግ ኣብቂዖሞም'ዮም። ጣልያን ኣብ 1890 ዓም ኤርትራ ካብ ወላዲት ኣዲኣ ኢትዮጵያ ነጺሉ ብሕሱም ዓሌታዊ መድልዎን ኢ-ሰብኣዊ ጭካነ ኣብ'ትሕቲኡ ምስኞረና ኣቡነ-ፊሊጶስ ንኣቅመ ኣዳም ዝበጽሑሉ ዘመን ብምንባሩ *<<እምቢ ንባርነት>>* ብምባል ቕናቶም ኣስጢሞም ናይ ኤርትራ ክ/ሃገር ካብ ፋሺስት ኢጣልያ ነጻ ክዉጽኡ ናይ ደም ግብሪ ከፊሎም'ዮም።

ድሕሪኡ ናይ ብሪታንያ ኢምፔሪያሊዝም *<<ናይ ኢትዮጵያ ሓርበኛታት ዘካይዱዎ ጸረ-ፋሺስት ተጋድሎ ክሕግዝ'ዩ>>* ብምባል ዳግም ንፋሺስት ኢጣልያ ተኪኡ ካልእ ገዛኢ ምስኮነ ማሕበር ፍቅሪ ሓገር ተሰምየ ከም ስሞም ብፍቅሪ ወላዲት ሓገር ዝልለዉ ሰብ ጽሩራት ዝተኣኻኸቡሉ ዉድብ ኣብ ኸተማ ኣስመራ ደብረ ቢዛን ኣብ ዝበሃል ገዳም ብመራሒ ናይቲ ገዳም ኣቡነ ማርቆስ መሪሕነት ክምስረት እንከሎ ኣቡነ ፊሊጶስ ነዚ ማሕበር ካብ ዝመስረቱ ቀዳሞት ካሕናት ሓደ ነበሩ። ድሕሪ ናይ ዓሰርተ ሓደ ዓመት ተጋድሎ ኤርትራ ናብ ወላዲት ኣዲኣ ኢትዮጵያ ብፌዴረሽን ምስተጸምበረት ኣቡነ ፊሊጶስ ኣብ ኢየሩሳሌም ናይ ኢትዮጵያ ገዳም ጳጳስ ኮይኖም ክሰርሑ ብሓጼ ሓይለስላሴ ተዓዙ።

ናብ ኣርእስተይ ቅድሚ ምእታወይ መንቐሊ ናይዚ ታሪኽ ንኣንባቢ ከብርህ ይደሊ። ኣብ ኤርትራ ክ/ሃገር ርዕሰ-ኸተማ ኣስመራ ኣቶ እርቁ ዳኘው ዝበሃል ሰብ ዝመርሖ *<<ናይ ኢትዮጵያ ትካል ሓገራዊ ጸጥታ>>* ዝበሃል ናይ ሓገራዊ ጸጥታን ክፍሊ ሓበሬታን ጨንፈር ነበረ። ኣቶ እርቁ ዳኘው ኣብ ኤርትራ ክ/ሃገር ኣብ ዝነበሮም ናይ ስራሕ ጊዜ ብርክት ዝበለ፣ ኣዝዩ ኣገዳሲ ሓበሬታ ኣብ መዘክርኦም ኣስፊሮም እዮም። ነዚ ኣገዳሲ ሰነድ ዘጽንሑልና ኣቶ እርቁ ዳኘው ናይ ክቡር ዘበኛ ቀዳማይ ኮርስ ምሩቕ ነበሩ።

ብመሰረትʼዚ ሰነድ ልዑል ኣስራተ ካሳ ናይ ኤርትራ ክ/ሓገር እንደራሴ ኮይኖም ምስተሾሙ ናይ ኤርትራ ጉዳይ ናይ ኣዕራብ ዅዕሶ መጻወቲ ምኻኑ ፍጹም ድቃስ ስለዝኸልኦም ናይ ኤርትራ ሽግር ንሓዋሩ ምፍታሕ ናይ ስርሖም ቐዳምነት ገሮሞ። ልዑል ኣስራተ ካሳ ቐጺሎም ዘሰላስሉዎም ተግባራት ብቕደም ሰዓብ ቕድሚ ምግላጸይ ብዛዕባ ልዑል ኣስራተ ካሳ ቕሩብ ክብል ይደሊ።

ልዑል ኣስራተ ካብ ኣብኡ ራእሲ ካሳ ሓይሉ ኣብ ሸዋ ክፍለሓገር ሰላሌ ኣውራጃ ሚያዝያ 1922 ዓም ተወሊዱ። ፋሺስት ኢጣልያ ኣብ 1935 ዓም

ንኢትዮጵያ ምስወረረ ኣብኦም ኣሰር ሓጼ ሓይለ ስላሰ ስዒቦም ክስደዱ እንከለዉ ክልት ደቆም ኣበራን ኣስፋወሰንን ስሬኦም ዓጢቖም ኣብ ትግራይ

ክ/ሓገር ተምቤን ኣውራጃ ምስ ፋሺስት ኢጣልያ ብትብዓት ዝተዋግኡ

ልዑል ኣስራተ ካሳ ሃይሉ

ሓርበኞታት ነበሩ። እንታይ ይኣብስ! መፈጸምቶኦም ኣኽፊኦም።

ንሓደ ዓመት ናይ ሓርበኝነት ተጋደሎ ምስፈጸሙ ጀነራል ሩዶልፍ ግራዝያኒ ኢዶም ክሕቡ ብጥዑም ቃላት ዝተወቕረ ደብዳበ ምስጸሓፈሎም ንነብሶም ኣደዳ ጥፍኣት ገበሩ። ኣብቲ ደብዳቤ ዝሰፈረ መታለሊ ሓረጋት ኣሚኖም ታሕሳስ 1936 ዓም ንፋሺስት ኢጣልያ ኢዶም ምስሓቡ ንጽባሒቱ ኣብ ርዕሰ ከተማና ኣዲስ ኣበባ ኣፍደገ ትርኪብ ናይ ሰላሌ ኣውራጃ ፍቼ ኸተማ ተሞቒሖም መጹ። መዓልቲ ዕዳጋ ብምንባሩ ህዝቢ ፍቼ ሓለኸቲ ነገራት ኣብ ዝጓርተሉ ማዕከል ዕዳጋ ደቂ ራእሲ ካሳ ሓይሉ ኣብ ቅድሚ ህዝቢ ብገመድ ተሓኒቖም ተቐትሉ። ልብኻ ንጸላኢ ምርሓው ዉጽኢቱ እዚ'ዩ!

ናይ ልዑል ኣስራተ ካሳ ጉዳይ ካብተላዕለ ንኣንባቢ ከይገለጽኩዎ ክሓልፍ ዘይደሊ ጉዳይ ህዝቢ ኢትዮጵያ ናይ ድሕረቱን ሕስረቱን ጠንቂ ዝኾነ መስፍናዊ ስርዓት ኣብ 1974 ዓም ቦርቀኈቑ ምስደርበየ ናይ ሓጼ ሓይለስላሴ ሰበስልጣናት ተሓዲኖም ክምቖሑ እንከለው ንልዑል ኣስራተ ካሳ ካብ ቤቶም ኣጋግዩ ዕሱር ቤት ወሲዱ ዝዳጎኖም ወዶም ምንባሩ'ዩ።

ናብ ኣርእስተይ ክምለስ: ልዑል ኣስራተ ካሳ ናይ ኤርትራ ክፍለሓገር ሽግር ልዑል ቖላሕታ ሒቦም ንእሾክ ብእሾክ ዝብል ዉርጹጽ ሜላ ነደፉ። በዚ መሰረት ናይ ኤርትራ ክ/ሓገር ቖልዉላው ፍታሕ ዝረከብ ካብ መሓል ኣገር ብዝሃምም ጦር ሰራዊት ዘይኮነ ብእስራኤላዉያን ክኢላታት ዝተዓለመ፣ ናይ ኤርትራ ክ/ሓገር ኣመንቲ ክርስትና ዘቖሙዎ ሰራዊት ክምስረት እንከሎ ጥራይ እዩ ዝብል መርገጺ. ስለዝነበሮም ብእስራኤላዉያን መኾንናት ዝሰልጠነ ሽውዓተ ናይ ነበልባል ፓራ-ኮማንዶ ሻለቃታት መስረቱ። እዞም ሽውዓተ ነበልባል ሻለቃታት *<<ናይ ፖሊስ ፈጥኖ-ደራሽ>>* ተሰምዩ።

ፈጥኖ ደራሽ ናይ ኤርትራ ክ/ሓገር ተፈጥሮኣዊ ኣቐማምጣ፣ ቋንቋን ያታን ናይቲ ክ/ሓገር ስለዝመልኮ ንወንበዴታት ትንፋስ ከልኦም። ይኹን እምበር ናይ ሓጼ ሓይለስላሴ መስፍናዊ ስርዓት ኣብ ዉሽጡ ልዑል ኣስራተ ካሳ ዝመርሖ ዓቃባዊ ደምበን ቀዳማይ ሚኒስተር ኣኽሊሉ ሓብተወልድ ዝመርሖ፣ ጽገናዊ ምትዕርራይ ዝጠልብ ካልኣይ ተጻራሪ ደምበ ዝሓቖፈ ናይ ክልተ ተጻራሪ ደምበታት መንግስቲ ብምንባሩ ናይ ነበልባል ኮማንዶ ምስረታ ብመቐናቅንቶም ኣይተፈትወን። እዚ ወትሃደራዊ ንድፊ ብኣክሊሉ

ሓብተወልድን ሰዓብቶም ከንቀፍ ስለዝጀመረ ኣብ ማዕከላዊ መንግስቲ ቆይቑ ተላዕለ።

ኣብዚ ጊዜ ናይ ጀብሃ ወንበዴ ናብ ማዕከል ኸተማ ኣስመራ ጠኒኑ ብምእታው ምስ ወላዲት ሓገሮም ዘይብተኽ ቃል ኪዳን ዝኣሰሩ ናይ ማሕበር ፍቅሪ ሓገር ኣባላት፣ ናይ መንግስቲ ሰበስልጣናት፣ ቀትሪ ምድሪ ብፍጹም ጭካነ ቕትለት ስለዝጀመረ ከቢድ ትዕቢት ኣማዕቢሉ ነበረ።

ልዑል ኣስራተ ካሳ ናይ ኤርትራ ጉዳይ ሰላማዊ ፍታሕ ከምዘድልዮ ብምእማን፣ ሰላማዊ ልዝብ ክሰልጥ ኣቕምኻ ምርኣይ ወሳኒ ስለዝኾነ ወትሃደራዊ ወፈሮኦም ጸቒጦም ሰላማዊ ፍታሕ ንምርካብ ነዚ ዝስዕብ መልእኽቲ ናብ ጀብሃ ለኣኹ: *<<ኹልና ኢትዮጵያዉያን ከንስና ባዕዳዉያን ዝጠጀኡልና ጥፍኣት ተቐቢልና ናቶም ሕልሚ ከንፍጽም ሓድሕድና ከንጨፋጨፍ ደም ከንፉሰስ ናይ ባዕዳዉያን መስሓቕ ከንከውን የብልናን። ሽግርና ኣብ ጣዉላ ኮፍ ኢልና ዘቲና ከንፈትሖ ኣይኣብየናን'ም፣ ተራኺብና ንዛተ።>>*

ልዑል ኣስራተ ካሳ ካብ ጀብሃ ዘዕግብ መልሲ ምስሰዓኑ ልዕሊ ፍርቒ መገዲ ከይዶም ኣብ ጊዜ ፌደሬሽን ኣፈኛ ፓርላማ ዝነበረ እድሪስ መሓምድ ኣሕመድ ኣብ ምዕራባዊ ቆላ ተራኺቦም ብምስጢር ዘተዩ። እዚ ዘተ ሓድሕድካ ካብ ምልላይ ዝሰግር ቁምነገር ኣይነበሮን። ድሕሪዚ ከም ፍታሕ ዝወሰዱዎ ኣማራጺ ኣብ ጀብሃ ዘሎ ፍሕፈሐን ዘይምርድዳዕን ተጠቒምካ ሓድሕዶም መቓቒልካ ምድኻም ዝብል ነበረ። ኣብዚ ጊዜ ኣብ ዉሽጢ ጀብሃ ኣመንቲ ክርስትናን ልዙብ ኣጠማምታ ዘለዎም ኣመንቲ ምስልምናን ኣብ ልዕሊ መራሕቶም ከምዝዓመጹ ኣቶ እርቂን መሳርሕቱን ንልዑል ኣስራተ ካሳ ሓበሩ።

ልዑል ኣስራተ ካሳ ነዚ ሓበሬታ ምስረኸቡ ንጀብሃ መቓቒልካ ንምብታን ዘኽእል ሜላን ጥበብን ክምሕዙ ምስ ማሕበር ፍቅሪ ሓገር ኣባላት ዘተዩ። ድሕሪ'ዚ ዘተ ጀብሃ ከመይ ከምዝዳኸምን ከምዝመቓቐልን ዝርዝራዊ ዉጥንን ስልትን ኣርቀቑ።

ናይ ጀብሃ መራሕቲ ከም ዉሕጅ ሓንደበት ዝመጾም ኣቤቱታ'ኳ እንተሰንበዶም ወሊዱ ንዝናበዮም ኣንዋር ሳዳት ዝኣተውሉ ቃልኪዳን ምዕጻፍ ብፍላይ *<<ህዝቢ ኤርትራ ዓረባዊ ህዝቢ'ዩ>>* ዝብል መርገጺኦም ምልዋጥ

ዘይወሓጠሎም ጥራይ ዘይኮነ ናይ ህላዉነት ሓደጋ እዉን ስለዘስዕበሎም ኣቤቱታ ዘቕረቡ ኣባላት *<<ናይ ሓጼ ሓይለ ስላሴ ሰለይቲ እዮም>>* ብምባል ከሃድኑዎም ምስጀመሩ *<<ሓምሻይ ዞባ>>* ዝበሃል ውዳበ ካብ ጀብሃ ተነጺሉ፣ ኣስመራ ዙርያ ዓላ ኣብ ዝበሃል ዓሚዩቕ ስፍራ ኣዕቆለ።

ንጀብሃ ዝራሕርሑ መንእሰያት ካብ ጀብሃ ተነጺሎም ናይ ባዕሎም ውድብ ክምስርቱ ዝመኸሩዎም ናይ ኢትዮጵያ መንግስቲ ናይ ጸጥታ ኣካላትን ናይ ማሕበር ፍቕሪ ሓገር ኣባላትን ስለዝነበሩ ካብ ጀብሃ ምስተነጸሉ *<<ልዑኻት መንግስቲ ኢሎም የጓዩናʼለው>>* ብምባል ናይ ብጽሑልና ጻውዒት ኣስምዑ። እዚ ሓበሬታ ንልዑል ኣስራተ ካሳ ምስበጽሖም ልዑል ኣስራተ ካሳ ምስ ኣባላት ማሕበር ፍቕሪ ሓገር ተዘራሪቦም ቅድሚ ኹሉ እዚ ጉጅለ ካብ ጀብሃ መጥቃዕቲ ዝዕቀበሉ ውሑስ ስፍራ ተናድዩ ክዕቆብ ተገብረ።

ድሕሪʼዚ ነዚ ጉጅለ ንምጥንኻር ፈለማ ናይ ሕጹጽ ረድኤት ናዉቲ ማለት መድሓኒት፣ እኽሊ፣ ነዳዲ፣ ቅብዓት፣ ወዘተ ኣቕረቡሉ። ብምቕጻል ካብ ጀብሃ ነብሶም ዝኸላኸሉʼሉ ጥራይ ዘይኮነ ንጀብሃ ዝድምስሱሉ ኣሜሪካ ዝስርሓቱ ፎኾስቲ ብረታት፣ ናይ ኢድ ቡምባታት፣ ናይ ገንዘብ ድጋፍ ብምልጋስ ናይ ሓጼ ሓይለስላሴ መንግስቲ ንሻዕብያ ወሊዱ፣ ኣታትዩ፣ እግሪ ኣትኪሉ ኣስረሮ።

እዚ ጉጅለ ካብ ጀብሃ ዝፍነወሉ መጥቃዕቲ ስለዘተሓሳሰቦ ዑስማን ሳልሕ ሳቤ ምስዝመርሖ ሳልሰይ ዞባ ጥምረት ፈጢሩ ብቋንቋ ዓረብ ንነብሱ *<<ሻዕቢያ>>* ኢሉ ምስሰመየ፣ ድምጹ ኣጥፊኡ ካብ ሓጼ ሓይለስላሴ መንግስቲ ከምኡʼውን ካብ ሰሜን ኣሜሪካ ኢምፔሪያሊዝም ናይ ስለላ ትካል <<C.I.A.>> ዝቐርበሉ ዘይዛሪ ፋይናንስ ተጠቒሙ ካብ ከበሳታት ዝውሕዙ መንእሰያት ብጻዕቒ ክዕልም ጀመረ።

ናይ ሰሜን ኣሜሪካ ኢምፔሪያሊስት መንግስቲ ናይ ጸጥታ ትካል <<C.I.A.>> ንሻዕብያ ዝገበረሉ ዝርዝራዊ ሓገዝን ደገፍን፣ ናይ ሓጼ ሓይለስላሴ መንግስቲ መራኸቢ ድልድል ኮይኑ ሻዕብያ ብሽሻይን ንዋይን ከዕለቕልቕ ዝፈጸሞ ዘሕዝን ተግባር ኣብ ዝቕጽል ምዕራፍ ከምዝምለሶ ንኣንባቢ ክገልጽ ይፈትው።

ምስ ሓምሻይ ዞባ ልፍንቲ ዝመስረተ ዑስማን ሳቤ ኣብ ሓገራት ኣዕራብ ልዑል ተሰማዕነት ስለዝነበሮ ኣብ ሓጺር ጊዜ ብዝረኸቦ ደገፍ ሻዕብያ ብቕጽበት ከግብልን ከዕንትርን ጀመረ። ምስ ጀብሃ ዝነበሮም ምውጣጥ ናብ ወትሃደራዊ ርጽም ከይዓረገ ንዝትወሰነ ጊዜ ብፕሮፖጋንዳ ከጨፋጨፉ ጀመሩ። ብፍላይ ሻዕብያ ናይ ጀብሃ ኣረባዉነት፣ ናይ ሓይማኖት ኣኽራሪነት፣ ኤርትራ ንኣዕራብ ከምዝሸጣ ዝትንትን *<<ንሕናን ዕላማናን>>* ዝብል ኢስራን ሰለስተን ገጽ ዝሓዘ ጽሑፍ በተነ።

ክልቲኦም ውድባት ኣብ ስነ-ኣእሙሮኣዊ ኹናት ተጸሚዶም ኣብ ዝነበሩሉ ጊዜ ኣብ ዉሽጢ ሻዕብያ ናይ ስልጣን ምንቋት ተፈጢሩ ዑስማን ሳቤ ምስ ሻዕብያ ሹመኛታት ብዝፈጠሮ ፍሕፍሐ ንሻዕብያ ገዲፉ ወጸ። በዚ መገዲ ሻዕብያ ካብ ሓገራት ኣዕራብ ዝዉሕዘሉ ንዋይን ሸሻይን ጨሪሱ ደው'ኻ እንተዘይበለ ብልዑል ደረጃ ከምዝነከየ ናይ እርቂ ዳኘው ናይ ሓበሬታ ሰነድ ይሕብር።

ብኸምዚ መገዲ ሻዕብያ ኣብ መጀመርያ 1970ታት ተጫጪሑ: ናይ ሓጼ ሓይለስላሴ መንግስቲ፣ ናይ ሰሜን ኣሜሪካ ኢምፔሪያሊዝም፣ ሓገራት ኣዕራብ ዘቕርቡሉ ደገፍ ተቐቢሉ ብዝገርም ናሕሪ ሰወደ። ኣብ ሞንንዚ ኣብ 1974 ዓም ናይ ኢትዮጵያ ህዝቢ ኣብዮት ተወለአ። ናይ ኢትዮጵያ ኣብዮታዊ መንግስቲ ካብ ሓጼ ሓይለስላሴ ዝወረሶ ናይ ኤርትራ ሽግር ፍታሕ ከናድየሉ ኣብ ዝፍትነሉ ጊዜ ነበረ ኣቡነ ፊሊጶስ ኣብ ወርሂ ነሓሰ 1975 ዓም ንጓድ ፕሬዚደንት መንግስቱ ሓይለማርያም ረኺቦም: *<<ዉሉድና ኢልና ዘዕበናዮ ቆልዓ ፍጹም ጸላኢ እንዳኾነ ምምጽኡ ከቢድ ሓዘን ፈጢሩለይ እዩ>>* ድሕሪ ምባል *<<ንበዙሓት ድብሪ ተማሕሊላ ዝጠነሰቶ ጥንሲ ድቒ ኮይኑ ቐቲሉዎ>>* ብምባል ሓጼ ሓይለስላሴ ምስ ማሕበር ፍቕሪ ሓገር ተመኻኺሮም ዝፈጠሩዎ *<<ሻዕብያ>>* ዝበሃል ትራጀድያዊ ፍጡር ኣፈጣጥርኡን ታሪኹን ከምዚ ብምባል ዘዘንተዉሉ።

<<ኣብ ኤርትራ ክ/ሓገር ናይ ኢትዮጵያ ሓድነት ጠንቂ ኮይኑ ዘድምየና ጀብሃ: ወሊዶም፣ ሓብሒቦም፣ ኣዕጢቖም ዘዝመቱልና ኣዕራብ ስለዝኾኑ ንዕሾኽ ብዕሾኽ ብዝብል ፈሊጥ ምስ መንግስትናን ንጉስናን መኺርና ኣዕራብ ንዝፈጥሩልና ርጉም ፍጥረት ዝምክት ሻዕብያ ዝፈጠርናዮ ንሕና ኢና። ካብ

መራሒ'ኡ ክሳብ ተራ ወትሃደራቱ ካብ ከበሳ ዝወጹ ኣመንቲ ክርስትና ዘቖሙዎ ውድብ'ዩ።>>

ኣቡነ ፍሊጶስ ክቕጽሉ: *<<ንብዙሓት ደብሪ ተማሕሊላ ዝጠነሰቶ ጥንሲ ድቒ ኮይኑ ቖቲሉዎ>> ክምዝበሃል ኣዕራብ ካብ ዘዝመቱልና ጀብሃ ንላዕሊ ባዕልና ፈጢርና ባዕልና ዘዕበናዮ ሻዕብያ'ዩ ንሓድነትና ሓደጋ ኮይኑ ክበሃል ምስሰማእኩ ብጣዕሚ ገሪሙኒ'ዩ፣ ብጣዕሚ እዉን ኣሕዚኑኒ'ዩ። ንያያም ዝሓቶም ነገር እንተሓልዩ እዞም ቆልዑ ብዝሓዙዎ ናይ ጥፍኣት መገዲ ብዙሕ ከይኸዱ ምስ ዝፈልጦም ኣሕዋተይ ኮይነ ናብ ዓዶም፣ ናብ ወለዶም ብሰላም ክምለሱ ክፍትን ናይ ክቡርነቶ ፍቓድ እየ ዝደሊ>>* ብምባል ሽምግልና ክጅምሩ ንፕሬዚደንት መንግስቱ ሓይለማርያም ምሕጽንታ ኣቕረቡ። ፕሬዚደንት መንግስቱ ካብ ምፍታን ዝኸሰር የለን ብምባል ነዚ ሽምግልና ዘድልዮም ነገራት ብሙሉዕ ኣጻፈፈሎም።

ኣቡነ ፊሊጶስ ምስዝተወሰኑ መካይዶም መገሾኦም ጀመሩ። ኣብ ኤርትራ ክ/ሓገር ዝርከቡ ሸሞንተ ኣዉራጃታት በጺሖም ምስ መራሕቲ ሓይማኖት ኣበይቲ ዓዲ ዘተዩ። ካብዚ ብተወሳኺ ናይ ኢትዮጵያ ግኑንነት፣ ምልክት ሓርነት ኣብ ጋዜጣታት ምስ መንፈሳዊ ሓረጋት ኣላፊኖም ብምቕራብ ናይ ኤርትራ ክ/ሓገር ወገንና ኣብ ደሙ ዘሎ ኢትዮጵያዊ መንፈስ ኣበራበሩዎ።

ኣብ ኤርትራ ክ/ሓገር ደንከል ኣውራጃ ተጓኢዞም ኣብ ሓንቲት ንእሽቶ ቁሸት ንነብሱ <<ሻዕብያ>> ኢሉ ዝሰምየ ጨራሚ ሓገር መራሒ ኢሳይያስ ኣፍወርቂ ምስረኸቡዎ ኣቡነ ፊሊጶስ ብሓጎስ ተሰራሰሩ። መንቐሊ ሓጎሶም ነቲ ቐንዲ መራሒ ብምርካበይ ዝመጻኹሉ ዉራይ ተጻፊፉ ዝብል ነበረ። ምስ ኢሳይያስ ምስተራኸቡ ነዞም ምቕሉል ወረጃ ኣቦ ዘውረደሎም ጸርፊ፣ ዘዝነበሎም ነውራምን ጽዩፍን ቓላት *<<ካብ በሃሊኡ ደጋሚኡ>>* ብምባል ጥራይ ዘይኮነ መሊስካ ምድጋም ኣድላዪ ስለዘይመስለኒ ናይ ሻዕብያ ሹመኛ ምስ ቁምነገር ጸብጺቡ ዝነገሮም ንኣንባቢ ከካፍል ይፈትው:

<<ናይ ኣምሓራ ጳጳስ ኣቡነ ጴጥሮስ፣ ህዝቢ ኢትዮጵያ ጥራይ ዘይኮነ መሬት ኢትዮጵያ'ዉን ንኢጣልያ ከይግዛእ ገዚቱ፣ ምይቱ ከብቕዕ ንስኻ ግን ኢድካ ሃብ ክትብለኒ መጺ'ኻ?>> ብምባል ነዞም ጳጳስ ዘውረደሎም ዘለፋን ጸርፍን እንዳበኸዩ ንፕሬዚደንት መንግስቱ ኣርድእዎ።

ኣቡነ ፊሊጶስ ኣዲስ ኣበባ ተመሊሶም ናይ መገሸኦም ጸብጻብ ከቕርቡ፡

<<ኣንታ............ ንስኻ ኸኣ .... ኢሉ ጸሪፉኒ>> ብምባል ናይ መገሸኦም ከንቱነት ብብኽያት ንፕሬዚደንት መንግስቱ ኣረድኡ።

ካብቲ መመሊሱ ዝገርም ነገር ሻዕብያ ብሓጼ ሓይለስላሴ ተፈጢሩ፣ ዓኩኹ ናብዚ ደረጃ ምብጽሑ ጥራይ ዘይኮነ ገና ብዕሸልነቱ እንከሎ ምስ ጀብሃ ዘካይዶ ዝነበረ ሓድሕዳዊ ምውንጃል፣ ኣብ ዓረባውነት ዘቕርቦም ዝነበረ ዉግዘታት *<<ፈላጣት ኢና፣ ንቁሓት ኢና>>* ዝብሉ ብዙሃት ኢትዮጵያዉያን ካብ ምግራሕ ሓሊፉ ወሳኒ ስልጣን ዝነበሮም ናይ ደርግ ሰበስልጣናት ከይተረፉ ሓጼ ሓይለስላሴ ንሻዕብያ ዝገብሩሉ ናብዮትን ክንክንን ተዓዚቦም *<<ሻዕብያ ንህዝቢ ከበሳ ካብ ጀብሃ ሰይፍ ክኸላከል ዝተመስረተ ናይ ኢትዮጵያ ሓድነት ማሕበር ፍቅሪ ሓገር ወትሃደራዊ ክንፊ'ዩ>>* ብምባል ናይ መዋዕለ ሕጻናት ቖልዑ ዘይዛረቡዎ ዘረባ ከም ትንተና የቕርቡ ነበሩ።

ኣብ ላዕላዋይ ጽፍሒ ኣብያተ ትምህርቲ ዝነበሩ ምሁራን ዘቕርቡዎ ገምጋም ካብዚ ዝኸፍዐ ደኣምበር ዝሓሸ ኣይነበረን። ናይ ኣዲስ ኣበባ ዩንቨርስቲ ተመሃሮ ንሻዕብያ ከምዚ ብምባል ይገልጹዎ: *<<ሻዕብያ ናይ ኢትዮጵያ ተመሃሮ ማሕበር ኣባላት ዝኾኑ ኤርትራዉያን ምሁራት ዝመርሑዎ፣ መሬት ንሓረስታይ ዝብል ጭርሖ ዝጭርሕ ገስጋሲ ውድብ'ዩ>>* ብምባል ንሓገርና ከም ፓራሳይት ዝመጽያ ጸላኢ ተፈጢሩ ክግብል እንከሎ *<<እንኳዕ ተወለድካ!>>* ብምባል ንሓያሎ ኢትዮጵያዉያን ዝቀዘፈ ናይ ሰላሳ ዓመት ናይ ዉክልና ኹናት የንበድብዱ ኔሮም።

ጀብሃ ምስ ሻዕብያ ዝነበሮ ምክሳስ፣ ምዉንጃል፣ ርጽም መንቐሊኡ ናይ ስነ-ሓሳብ ፍልልይ፣ ኣብ ኤርትራዉነት ዘሎ ፍሉይ ኣጠማምታ፣ ኣብ ዓረባዉነት ዘለዎም ኣረኣእያ ዘይኮነ ስልጣን ጥራይ እዩ። ሻዕብያ ህልይና መንግስቲ ዝፈጠረሉ ምቹዕ ኹነታት ተጠቒሙ፣ ምስ ናይ መንግስቲ ናይ ጸጥታ ኣካላት ከይተጋጨወ፣ ካብ ቦታ ናብ ቦታ ከይገዓዘ ድምጹ ኣጥፊኡ ነብሱ ክደልድል ጀመረ። በዚ መገዲ ዝሃነጾ ሓይሊ ንሓገርና ሓድነት ከመይ ዝበለ መንደዓት ከምዝነበረ፣ ናይ መራሕትናን ሙሁራትና ዕሽነት እንታይ መዘዝ ከምዘስዓበልና ኣብ ዝስዕቡ ምዕራፋት ክንዕዘብ ኢና።

ምዕራፍ ዓርብዓ

ናይ ሓጼ ሓይለ ስላሴ መንግስቲ ንነብሱ <<ሻዕብያ>> ኢሉ ዝሰምየ ጨራሚ ሓገር እግሪ ክተክል ዝገበሮ ደገፍን ሓገዝን፣ ብተወሳኺ መራኸቢ ድልድል ኮይኑ ምስ ሰሜን ኣሜሪካ ኢምፔሪያሊስት መንግስቲ ናይ ጸጥታ ትካል <<C.I.A.>> ምርኻቡ

ንነብሱ <<ጀብሃ>> ኢሉ ዝሰምየ ጨራሚ ሓገር ኣብ ኣዲስ ኣበባ ዩንቨርሲቲ ብዝዘርአ ስሚ ግዳይ ኮይኖም ናይ ዓድን ጎዶቦን ስምዒት ደፋፊዕዎም ናብ ጀብሃ ምስተጸምበሩ ኣብ መሬት ዝተጸበዮም ክዉንነት ፍጹም ዘይሓሰቡዎ ብምንባሩ ኣብቲ ፓርቲ ምፍንጫል ተፈጢሩ፣ ካብ ጀብሃ ወጽዮም፣ ምስ መንግስቲ ሓጼ ሓይለ ስላሴ ርክብ ከምዝጀመሩ ኣብ ዝሓለፈ ምዕራፍ ተዓዚብና ኢና።

ኣብዚ ምዕራፍ ሻዕብያ ምስ ሓጼ ሓይለ ስላሴ ዝገበሮም ዘተታት፣ ምይይጣት ናይ ሓጼ ሓይለ ስላሴ መንግስቲ ሻዕብያ ካብ ዕሽሉ ክስውድ ዘውሓዞ ደገፉት ከምኡ'ውን መራኸቢ ድልድል ኮይኑ ምስ ሰሜን ኣሜሪካ ኢምፔሪያሊስት መንግስቲ ናይ ጸጥታ ትካል <<C.I.A.>> ኣላልዩ፣ ሻዕብያ ብኹለንተንኡ ክዓቢ ዝፈጸሞም ተግባራት ክንርኢ ኢና።

<<*ሓምሻይ ዞባ*>> ኣመንቲ ክርስትና ኣብ ዝነብሩሉ ከበሳታት ዝንቐሳቐስ ናይ ጀብሃ ውዳበ ክኸዉን ንነብሱ ካብ ጀብሃ ምስነጸለ ኣስመራ ዙርያ <<*ዓላ*>> ኣብ ዝበሃል ዓሚዩቅ ስፍራ ኣዕቀለ። ናይ ሓምሻይ ዞባ ፖለቲካ ኮሚሳር፣ ኣዛዚ ሓምሻይ ዞባ ወዘተ ናይ ኣዲስ ኣበባ ዩንቨርሲቲ ተመሓሮ ክኾኑ ናብሮኦም ኣብ ፍጹም ድኽነት ዝተመስረተዩ።

ናይ ኤርትራ ክፍለሓገር ኣመሓዳሪ ልዑል ኣስራተ ካሳ ናይዞም ተመሓሮ ደሃይን ጽንጽንታን ካብ ዓላ ምስሰምዑ ጊዜ ከየጥፉኡ ናይ ኤርትራ ክ/ሓገር ሽማልገለታት፣ ኣበይቲ ዓዲ፣ ካህናት፣ ናብዞም ተመሓሮ ኣበገሱ። እቲ ሽምግልና ናይ መንግስቲ ሓቀኝነትን ቆራጽነት ከንጸባርቕ ምእንቲ ኣብ ወርሂ ጥቅምቲ 1969 ዓም ኣብ ኸተማ ኣስመራ ዋዕላ ሰላም ተጸወዐ።

ኣብዚ ዋዕላ ሰላም ናይ ኤርትራ ጉዳይ ብሰላም ጥራይ ከምዝፍታሕ፣ ብዝተፈላለየ ምኽንያት ንወላዲት ሓገሮም ጠንጢኖም ዝራሕርሑ ናይ ኤርትራ ክ/ሓገር ተወለድቲ: ወላዲት ሓገሮም ሓዳግ ስለዘኾነት በደሎም ይቐረ ኢላ፣ ናብ ስሩዕ ህይወቶም ከምትመልሶም፣ ኣድላዪ ክንክንን ናብዮትን ከምትገብረሎም ተነግረ።

እዚ ዋዕላ ምስተዛዘመ ናይ ዕርቕን ሰላምን ኮሚቴ ተመስሪቱ ዕላማን ራዕይን ናይቲ ኮሚቴ ብኸምዚ ዝስዕብ ተገልጸ: <<ናይ ሰላምን ዕርቕን ኮሚቴ ናይ ግርማዊ ቀዳማዊ ሓጼ ሓይለስላሴ መንግስቲ ናይ ኤርትራ ጉዳይ ሓንሳብን ንሓዋሩን ብሰላም ክፈትሖ ዘለዎ ድልዉነት ኣብ ዓላ ንዝሰፈሩ ሽፋቱ ገሊጹ ነዚ ዝስዕብ ደብዳበ ብምሃብ ናይ መንግስቲ ወግዓዊ መርገጺ ከፍልጥ'ዩ>>

<<ናይ ሓጼ ሓይለ ስላሰ መንግስቲ ናይ ምሕረት የዕዳዉ ዘርጊሑ ክቕበለኩም እዩ። ብስም ነጻነት ኣብ በረኻ ዝዛሪ ደም ድሕሪ ሕጂ ከይሕልው ብልዑል እግዛብሔር ስም ንምሕጸነኩም። ትሓቱና ሕቶታት ኩሉ ኣብ ዙፋን ቀዳማዊ ሓጼ ሓይለ ስላሰ ወዲቕና ክንሓተልኩም ኢና።>>

ሓደ ናይ ሰላምን ዕርቕን ኮሚቴ ኣባል ናብ ዓላ ከይዱ ነዚ ድብዳበ ኣብራሃም ንዝበሃል ናይ ወንበዴታት መራሒ ኣረኸቦ። ኣንባቢ ኣብዚ ክንጽረሉ ዝግባዕ ነጥቢ ልዑል ኣስራተ ካሳ ዝጸውዕዎ ዋዕላ ሰላም ተዛዚሙ፣ ምስ ወንበዴታት ኣብ ባይታ ወሪዱ ዝዝቲ ናይ ሰላምን ዕርቕን ኮሚቴ ምስተመስረተ ኣብቲ ኮሚቴ ዝተኣኻኸቡ ኣባላት ኩሎም ናይ ኤርትራ ክ/ሓገር ተወለድቲ ምንባሮም'ዩ።

ናይ ሰላምን ዕርቕን ኮሚቴ ኣባላት:

1) ደጃዝማች ገብረኪዳን ተሰማ: ናይ ኤርትራ ክፍለ-ሓገር ላዕላዋይ ቤት-ፍርዲ ዳኛ

2) ሌ/ኮ ገብረእግዚኣብሄር መሓሪ: ናይ ኤርትራ ክፍለ-ሓገር ምክትል ፖሊስ ኮሚሽነር

3) ግራዝማች ተስፋሚካኤል ጆርጆ: ኣብ ኤርትራ ክፍለ-ሓገር ኣካለጉዛይ ኣውራጃ ናይ ደቀመሓረ ከተማ ኣመሓዳሪ

ንነብሶም *<<ሻዕቢያ>>* ኢሎም ብቋንቋ ዓረብ ዝሰመዩ ወንበዴታት ልዑል ኣስራተ ካሳ ዝመሰረቱዎ ናይ ሰላምን ዕርቅን ኮሚቴ ዝለኣኸሎም ደብዳቤ ብታሕጓስን ወኻዕታን ተቐበሉዎ።

ብጥምየትን ዕርቓንን ኣብ ዝፍተነሉ ጊዜ ቖልሕ ኢሉ ዝጥምቶም ወገን ምርካቦም ባህታን ሩፍታን ስለዝፈጠረሎም ጊዜ ከየጥፍኡ *<<መልእኽቲ ካብ ደቕኹም>>* ብዝብል ኣርእስቲ ንሰላምን ዕርቅን ኮሚቴ ደብዳበ ጽሂፎም ነዚ ዘተ ብደስታ ከምዝቕበሉዎ ዝገልጽ ናይ ክልተ ሰባት ኪታም ዝሰፈሮ ደብዳበ ለኣኹ። ኣብዚ ደብዳቤ ስሞምን ኪታሞምን ዝሰፈረ ክልተ ዉልቀሰባት ኣብራሃም ተወልደ፣ ሰለሞን ወልደማርያም ዝበሃሉ ንነብሱ *<<ሻዕቢያ>>* ኢሉ ናይ ዝሰመየ ጨራሚ ሓገር ናይ ኣመራርሓ ኣካላት'ዮም።

ናይ ሰላምን ዕርቅን ኮሚቴ ደብዳቤኦም መልሲ ምስረኸበ ፈለማይ ርክቦም ታሕሳስ 5 1969 ዓም ክኸዉን ስለዝሓተቱ ወንበዴታት ናብ ኣስመራ ክመጹ ከምዝኽእሉ ኣስመራ መጽዮም ክዝትዩ ስግኣት እንተሃልዩዎም ግን ናብ ዓላ ከምዝመጹ ኣፍለጡ። ብመሰረት'ቲ ናይ ጊዜ ሰሌዳ ናይ ዕርቅን ሰላምን ኮሚቴ ፈላማይ ርክቦም ታሕሳስ 5 ኣብ ዓላ ኣካየዱ።

<u>ታሕሳስ 5</u>

ንሻዕብያ ወኪሎም ልዑል ኣስራተ ካሳ ምስ ዝለኣኾም ሽማግለታት ዝዘተዩ ሓሙሽተ ናይ ሻዕብያ ኣባላት ክኾኑ ንኹሎም ወኪሉ ዝተዛረበ ቅድሚ ሒደት ዓመት ኣብ ኣዲስ ኣበባ ዩንቨርስቲ ተመሃራይ ዝነበረን ጀብሃ ኣብ ኣዲስ ኣበባ ዩንቨርስቲ ብዝነዝሖ ስሚ ተሰሚሙ ናብ ጀብሃ ዝተጸምበረ ተመሃራይ ኢሳይያስ ኣፍወርቂ ነበረ። ነዞም ሽማግለታት ዘሕለፎ መልእኽቲ እዚ ዝስዕብ ኔሩ:

<< ንሕና ካብ እስላማዊ ጀብሃ ተፈሊና ኢና: ስለዚህ ካብ ጀብሃ መጥቃዕቲ ንኽላኸለሉን ከምኡ'ውን ነጥቖዐሉ ቐረብ ክሕልወና ምእንቲ ካብ ሓጼ ሓይለስላሴ መንግስቲ ንዋታዉን ምራላዉን ሓገዝ ይወሓበና።>>

ንሓጼ ሓይለስላሴ መንግስትን ንሰላምን ዕርቅን ኮሚቴ ወኪሉ ዝተዛረበ ሌ/ኮ ገብረእግዚኣብሄር መሓሪ ነበረ። ናይ ሻዕብያ ኣላዪ ንዝሃቦ ቓል ክምልስ: *<<መንግስቲ ኣብ ምንን ዜጋታት ሓይማኖታዊ ኹናት ክባራዕ ስለዘይደሊ ሕቶኹም ኣይንቕበሎን። ይኹን እምበር ንመንግስቲ ኢድኩም ክትሕቡ*

ቖሩባት እንተደኣ ኾይንኩም መንግስቲ ከቕበለኩም እዩ።>> ድሕሪ'ዚ ናይ ሻዕብያ ኣላዪ ነዚ ዝሰዕብ መልሲ ሂቡ እቲ ዘተ ተዛዚሙ:

<<ቆጽርና ብዙሕ ስለዝኾነ ተኣኻኺብና ፣ ተማኺርና መልሲ ክንሕበኩም ኢና። ኢድና ክሳብ ንሕብ ዝተረፉ ከማና ዝበሉ ኣሕዋትና ኣብ ሓደጋ ከይወድቑ ምእንቲ ዝተዘራረብናሎም ጉዳያት ብፍላይ ናይ ምርካብና ጉዳይ ብዝለዓለ ምስጢር ይተሓዘልና>> ብምባል ናይ ታሕሳስ 5 ቆጸሮኦም ተዛዚሙ ታሕሳስ 14 ኣብ ተመሳሳሊ ስፍራ ክራኸቡ ተቛጺሮም ተፈላለዩ።

ኣንባቢ ካብዚ ሓጺር ዘተ ብዙሕ ነገራት ከምዝተገንዘበ ኣይጠራጠርን። ናይ ሻዕብያ ኣላዩን መሻርኽቱን ብስነ-ሓሳብን ፖለቲካዊ ኣረኣእያን ጥራይ ካብኦም ዝፍለዩ ኣሕዋቶም *<<መስፍናዊ፣ ድሑር>>* ብምባል ምስዘቆናጽብዎ ናይ ሓጼ ሓይለስላሴ መንግስቲ ተላፊኖም ከጥፉእዎም ምሕላኖም ብጭካነ፣ ጥልመት፣ ኢ-ሰብኣውነት ዝተለበጠ ሕብሮም ቐንጢጡ ዘርእይ'ዩ። ብካልዕ ወገን ልዑል ኣስራተ ካሳ ዝለኣኹዎም ሽማግለታት ሓይማኖታዊ ኹናት ከይውላዕ ምእንቲ ሕቶኦም ምንጻጎም ዉርዝይነቶም ዝእንፍት'ዩ።

<u>ታሕሳስ 14</u>

እዛ መዓልቲ ካብ ታሕሳስ 5 ዝተፈልየ ሓዋሕዉን ምትዕምማንን ኣብ ሞንጎ ክልቲኦም ወገናት ዝተራዕየላ ዕለት'ያ። ናይ ሻዕብያ ኣላዩን መሻርኽቱን ምስ ሓጼ ሓይለ ስላሰ መንግስቲ ክልትያዊ ዉዕላት ዝኸተሙሉ፣ ካብ መንግስቲ ዝፍነወሎም ዝኾነ ዓይነት መጥቃዕቲ ከምዘይለ ዘረጋገጹሉ ጥራይ ዘይኮነ ቅድሚ ሓደ ሰሙን ልቦናን ምስትዉዓልን ዝተዓደሉ ወራዙ ኣቦታት ብልቦኖኦም ከምዘይተደነቕና ብዝገርም ቕጽበት መርገጺኦም ዝቐየሩሉ ዝገርም መዓልቲ ነበረ። ናይ ዕርቒ ኮሚቴ ኣቦወንበር ደጃዝማች ገብረዮሓንስ ተስፋማርያም ንመንግስቲ ሓጼ ሓይለስላሴ ወኪሎም ነዞም ዝሰዕቡ ዕማመታት ኣቕረቡ:

1) *<<ንመንግስቲ ሓጼ ሓይለ ስላሰ ይቅሬታ ሓቲትኹም፣ ብሰላም ናብ ኣድኹም ኣቲኹም፣ ኣብዝማእማኣኹም ጽላት(ትምህርቲ፣ ስራሕ ወዘተ) ክትነጥፉ ዕድል ክወሓበኩምዩ:*

2) ቀዳማይ ዕማመ እንተነጺግኩም ኣብ ጀብሓ ወትሃደራዊ መጥቃዕቲ ከፊትኩም ካብ ጀብሓ ከምዝተነጸልኩም ብተግባር ምርግጋጽ። ነዚ

ምስፈጸምኹም መንግስቲ ኢትዮጵያ ዝተፈላለየ ናይ ኣጽዋርን ዕጥቅን ሓገዝ ክገብረልኹም እዩ:

3) ነዞም ክልተ ዕማመታት እንተዘይተቐቢልኩም ናብ ኢትዮጵያ ኣቲኹም፣ ወትሓደራዊ ስልጠና ወሲድኹም፣ ምስ ሰራዊት ኢትዮጵያ ተጸምቢርኹም ኣብ ልዕሊ ጀብሓ መጥቃዕቲ ምፍናው>>

ናይ ሻዕብያ ኣላዪ ክብ ኢሎም ዝተረቑሑ ዕማመታት ምስ ሰዓብቱ ምስዘተየሎም ከምዚ ብምባል መርገጺኡ ኣፍለጠ:

1) ኩሎም ኣባላት ሻዕብያ ኢዶም ንመንግስቲ ሂቦም ኣብ ትምህርትን ስራሕን ክዋፈሩ መንግስቲ ክፍቕደሎም:

2) እዚ ኣብ ሓጺር ጊዜ ዝግበር ነገር ኣይኮነን። ኣብ በረኻ ሰፊሮም ዘለው ክሳብ ዝተኣኻኸቡ ሕጂ እዉን ካብ ወትሓደራት መንግስቲ ስግኣት ነጻ ክኾኑ ንሓትት:

3) እዚ ጉዳይ ብብርቱዕ ምስጢር ክተሓዝ: ኣብ ዝኾነ ጽፍሒ ዝርከብ ሰበስልጣን መንግስቲ ነዚ ሓበሬታ ንሳልሳይ ወገን ኣሕሊፉ ከይህብ:

በዚ ስምምዕ መሰረት ናይ ሓጼ ሓይለ ስላሴ መንግስቲ ካብ ጀብሃ ተፈልዮም ኣብ ዓላ ንዝዓስከሩ መንእሰያት ንምድጋፍ ብዝብል ናይ ዕጥቕን ስንቕን ደገፍ ክልግስ ጀመረ። ኣንባቢ ናይ ሻዕብያ ኣላዩን መሻርኽቱን ዘንጸባረቑዎ መርገጺ መምዩ ሓቀኛ ሕብሮም ዝግልጸሉ ይመስለኒ። ኣብ መጀመሪያን ካልኣይን ዝሰፈረ መርገጺኦም ንሓጼ ሓይለስላሴ መንግስቲ ኣታሊሎም፣ ጊዜ ኣዲንም፣ ትንፋስ ክሶኽዑ ዝሃቡዎ መልሲ'ዩ። ብተወሳኺ ምስ ሓጼ ሓይለ ስላሴ መንግስቲ ተላፊኖም ንጀብሃ ክጥፉኡ ዝተበገሱሉ ገበን ስለዘሕፈሮም ነበረ እዚ ስምምዕ ብምስጢር ክተሓዘሎም ምሕጽንታ ዘቕረቡ።

ኢትዮጵያ ምስ ሰሜን ኣሜሪካ ኢምፔሪያሊዝም ናይ ወትሃደራዊ ተራድኦ ዉዕል ስለዝነበራ እዚ ዉዕል ኣብ ምልውዋጥ ወትሃደራዊ ሓበሬታት እውን ስለዘድህብ ናይ ሰሜን ኣሜሪካ ኢምፔሪያሊዝም ናይ ጸጥታ ትካል <<C.I.A.>> ነዚ ምስጢር በጽሖ። ናይ ሰሜን ኣሜሪካ ኢምፔሪያሊዝም ነዚ ምስጢር ምስሰምዐ ክልተ ኢዱ ናብዚ ጉዳይ ኣእትዩ ሻዕብያ ክዓኹክ ጥራይ

ዘይኮነ ብክልተ እግሩ ደው ክብል ዝፈጸሞ ተግባር ኣብ ዝቕጽል ምዕራፍ ክንዕዘብ ኢና።

ምዕራፍ ዓርብዓን ሓደን

ናይ ሓጼ ሓይለስላሴ መንግስቲ መራኽቢ ድልድል ኮይኑ ናይ ሰሜን ኣሜሪካ ኢምፔሪያሊዝም ናይ ጸጥታ ትካል <<C.I.A.>> ምስ ሻዕብያ ኣላልዩ ዝወለዶ መዘዝ

ናይ ሰሜን ኣሜሪካ ኢምፔሪያሊስት መንግስቲ ዓለም ናይ ምቑጽጻር ኣሪታዊ ባህጉ ከተግብር ድሕሪ ካልኣይ ኹናት ዓለም ንብሪታንያ ኢምፔሪያሊስት መንግስቲ ተኺኡ ንኢትዮጵያ ወትሃደራዊ ሓገዝ ከምዘበርከት፣ ከም መልሰ ግብሪ ድማ ናይ ሬድዮ መራኸቢ ማዕከል ኣብ ኤርትራ ክ/ሓገር ርዕሰ ኸተማ ኣስመራን ጉራዕ(*ደቀመሓረ ዙርያ*) ካምፕ ከምዝኸፈተ ንኣንባቢ ገሊጸ ኔረ። ኣብ ኣስመራ ቃኘው ኣብ ዝኸፈቶ መደብር ናይ ስለላ ስራሕ ዝሰርሑ ናይ ማዕከላዊ ስለላ ኤጀንሲ(C.I.A.) ኣባላት ብዝተፈላለየ ስራሕን ሞያን ኣመሳሚሱ ኣብ መላዕ ኢትዮጵያ በቲኑዎም ነበረ።

ኣሜሪካዉያን ኣብ ምዕራብ ኤርትራ ናይ ጀብሃ ህላዉነት የተሓሳስቦም ነበረ። ኣብ መጀመሪያ 1970ታት ናይ ፊሊስጤም ሓርነት ግንባር *<<ጸሊም መስከረም>>* ተሰምየ ውድብ ኣብ ቖንስላታት ኣሜሪካን እስራኤልን ዝፈነዎ መጥቃዕቲ ኣባሕሪሩዎም ነበረ። ጀብሃ ምስ ጸሊም መስከረም ካብ ምጽማድ ሓሊፉ ኣባላቱ ኣብ ፊሊስጤም የሰልጥን ምንባሩ ካብኦም ዝተሰወረ ኣይኮነን።

ብተወሳኺ ናይ ሓጼ ሓይለስላሴ መንግስትን ካብ ጀብሃ ዝተነጸሉ መንእሰያት ኣብ ዓላ ዝገበሩዎ ዘተን ምይይጥን ከምዝበጽሑዎ ኣብዝሓለፈ ምዕራፍ ንኣንባቢ ገሊጸ'የ። ናይ ኣሜሪካ ኢምፔሪያሊዝም ኣብ ዘይምልከቶ ጉዳይ ኢዱ ኣእትዩ ምሕውታትን ምዝራግን ልማዱ ስለዝኾነ *<<ፕሮጀክት ምኹስኻስ ኣግራብ(ሲድሊንግስ-ፕላንት ፕሮጀክት)>>* ተሰምየ ሪቻርድ ኮፐላንድ ዝመርሖ ኮሚተ ኣቖመ። ነዚ ታሪኽ ቅድሚ ምዝንታወይ ኣንባቢ: *<<ሪቻርድ ኮፐላንድ መን እዩ? እንታይ እዩ?>>* ዝብሉ ሕቶታት ኣብ ርእሱ ከምዝመላለስ ስለዝግምት ኣሕጽር ኣቢለ ሪቻርድ ኮፐላንድ ምስ ኣንባቢ ከላልዮ'የ።

ሪቻርድ ኮፐላንድ ዕድሚኡ ኣብ 60ታት ይገማገም። ኣብ ደቀመሓረ ኣግራብ ኣብ ምኹስኻስ፣ ንሓረስቶት ስርናይ ኣብ ምምቕራሕ *<<ዩ.ኤስ.ኤ.ኣይ.ዲ>>* ዝበሃል ናይ ረድኤት ዘይቲ ኣብ ምክፍፋል ዝነጥፍ ሰብ ኮይኑ ሓቀኛ ስሙ

ማይልስ ኮፕላንድ ይበሃል። ማይልስ ኮፕላንድ ኣብ በርሚንግሓም ኣላባማ ተወሊዱ ዝዓበየ፣ ናይ ስነጥበብ ሸዉሃትን ዝምባለን ዝነበሮ፣ ንኣቕመ ኣዳም ምስበጽሐ ናብ ሰሜን ኣሜሪካ ኢምፔሪያሊዝም ናይ ስለላ ትካል(C.I.A.) ተጸምቢሩ፣ ቖርበት በጊዕ ወድዩ ተኹላዊ ተግባራት ዝፈጸመ ሓደገኛ ፍጡር'ዩ።

ሪቻርድ(*ማይልስ*) ኮፕላንድ[23] ናብ ሲኣይኤ ካብ ዝተጸምበረላ መዓልቲ ኣትሒዙ ንምዝራቡ ዘሰኽሕ ኢ-ሰብኣዊ ጭካነታት ፈጺሙዩ። ኣብ ብዙሕ ኣድታት ሶሊኹ ኣትዩ መንግስቲ ገልቢጡዩ። ኣብ 1949 ዓ.ም. ስቴፋን ሚልድ ምስዝበሃል ካልኣዩ ኣብ ሶርያ ዕሉዋ መንግስቲ ኣካዪዱ ነበረ። ኣብ 1953 ዓም ንቀዳማይ ሚኒስተር ኢራን ብዕሉዎ መንግስቲ ኣልዩ ንኣሜሪካ ኢምፔሪያሊዝም ዝምዕዘዝ ናይ ባንቡላ መንግስቲ ኣቀሚጡ'ዩ። ሪቻርድ(ማይልስ) ኮፕላንድ ብመትከል *<<ደቂ-ሰባት ከፉኣት እዮም>>* ኣብ ዝብል ማከያቬላዊ ኣስተምህሮ ዝረዓመ ዕምነቱ ኣብ ቃልዕ ከድርጉሕ ዘይሓንኽ ዝገርም ፍጡር'ዩ።

ኣብ ሓደ እዋን ንፕሬዚደንት ግብጺ ጋማል ኣብድልናስር ከ ቐትል ናብ ግብጺ ከምዝገሸ: ይኩን እምበር ናብ ግብጺ ምስበጽሐ ነዚ ምስጢር ከምዝተናዘዘ *<<ዘ-ጌም ፐሌየር>>* ኣብ ዝብል መጽሓፉ ተኣሚኑዩ። ሪቻርድ ኮፕላንድ ኣብ 1986 ዓም *<<ሮሊንግ ስቶን>>* ምስዝባሃል ሕይወት ሕቡባት ሰባት ዝድህስስ መጽሔት ኣብ ዝገበሮ ቃለ-መሕተት *<<ናተይ መረረ ሲኣይኤ ጸረ-ኣሜሪካ ዝኾኑ መንግስታት ብዘድሊ መጠን ኣይዓልዉን ዘሎ ወይ ከኣ ጸረ-ኣሜሪካ ዝኾኑ መራሕቲ ብዘድሊ መጠን ኣይቕንጽልን ዘሎ>>* ብምባል ሰባት ናይ ምቕንጻልን ምህጣምን ባሕጉ ብዘይሕንከት ገሊጹዩ።

ሪቻርድ ኮፕላንድ ምስ ናይ ሓደ እዋን ዓርኩ ተመሓራይ ኢሳይያስ ኣፍወርቂ *<<ፕሮጀክት ምኹስኻስ ኣግራብ>>* ብዝብል ጉልባብ ዝፈጸሙዎ ገበን፣ ዝፈሓሱዎ ሻጥር ኢትዮጵያዊ ወገንና ብፍላይ ሓድሽ ወለዶ ከፈልጦ ስለዝግባእ ከምዝስዕብ ከቕርቦ'የ።

ሪቻርድ ኮፕላንድ ፈለማ ርክብ ዝመስረተ ኣብ ዕርቒ ኮሚቴ ንመንግስቲ ሓጼ ሓይለ ስላሰ ወኪሉ ምስ ዝተሳተፈ ኣመሓዳሪ ደቀመሓረ ተስፋሚካኤል ጆርጆ

23 Miles Copeland. The game player: The confessions of the CIA's original political operative.(1989)

ነበረ። *<<ካብ ጀብሓ ተነጺልና ምስዝብሉ መንእሰያት ኣራኸበኒ>>* ኢሉ ምስ ሓተቶ ተስፋሚኻኤል ፈለማ ዘራኸቦ ሃብተስላሴ ገ/መድህን ምስ ዝበሃል ወንበዴ ነበረ። ሃብተስላሴ ምስ ሪቻርድ ኮፐላንድ ኣብ ቃኘው ኣብ ዝተራኸቡሉ ጊዜ ንሱን መሻርኽቱን ኣብ ኣሜሪካ ዘለዎም ቒምታ ማለት ኤርትራ ምስ ኢትዮጵያ ብፌዴሬሽን ክትእሰር ዝተፈርደት ንስኹም(*ኣሜሪካውያን*) ብዝፈጸምኩሞ ኣድልዎን ሻርነትን እዩ ብምባል ኣብ ኣሜሪካ ዘለዎ ቒም ኣተንበሀሉ።

ሪቻርድ ኮፐላንድ ናይ ሻዕብያ ወኪል ዘውረደሉ ተቃውሞን መረረን ምስሰምአ ነዚ ምትእኽኻብ ናብ ረብሖ'ኡ ክቕይር ሓሊኑ *<<ንመራሒኹም ዘይተራኸበኒ?>>* ክብል ሓተቶ። ሓብተስላሴ ናብ ዓላ ተመሊሱ ነዚ ጉዳይ ንመሻርኽቱ ምስተንበሀሎም ሕቱኡ ተቀበሉዎ። ደቀመሓረ ተመሊሱ ንሪቻርድ ኮፐላንድ ምስሓበሮ ሓደ ዝገርም ነገር ተፈጥረ። ሃብተስላሴ ኣብ መንኹቡ ዘንጠልጠሎ ብረት ሪቻርድ ኮፐላንድ *<<ክፍትሖ>>* ብምባል ተቐበሎ።

ነቲ ክላሽንኮቭ ኣብ መኪኑኡ ሓቢኡ ቃኘው ስቴሽን ምስወሰዶ ተርታዊ ቁጽሩ(*ሲርያል ናምበር*) መርሚሩ ኣበይ ከምዝተፈብረኸ ከጻሪ ፈተነ። እዚ ክላሽንኮቭ ኣብ ሕብረት ሶቭየት ዝተፈብረኸ፣ ብጸሊም መስከረም ንጀብሃ ዝተለገሰ ከምዝኾነ ኣረጋጊጹ ንሃብተስላሴ ክመልሰሉ እንከሎ ከምዚ ዝስዕብ በሎ:

<<ናይ ማሕበርነት ሓገራት ብጸሊም መስከረም ኣቢሎም ንጀብሃ ስለዝድግፉ ኣሜሪካ እስላማዊ ምስፍሕፋሕ ንምግታእን ጸሉዋ ሓገራት ማሕበርነት ንምብርዓን ሰልፍ ነጻነት ክትድግፍ ኣለዋ>> ዝብል ደብዳበ ንቃኘው ስቴሽን ኣዛዚ ኮ/ል ማሙዘር ክጽሕፉ ኣዘዞ። እዚ ትዕዛዝ ካብ ሃብተስላሴ ዝመጾም ናይ ሻዕብያ ኣላዩን መሻርኽቱን ናብ ኣሜሪካ ኢምፔሪያሊዝም ናይ ጸጥታ ትካል <<C.I.A.>> ማዕከል መአዘዚ ላንግሊ፣ ቨርጂንያ ነዚ ዝስዕብ ደብዳቤ ለኣኹ:

1) ጀብሓ ብዘይቀጥታዊ መገዲ ካብ ሓገራት ኣዕራብን ማሕበርነትን ብዝረኸቦ ፖለቲካውን ወትሓደራዉን ሓገዝ ኣብ ዓላ ዝዓስከሩ ተዋጋእቲ ክርስትያን ስለዝኾኑ ብብመዓልቲ ይቕተሉን ይሕረዱን ኣለዉ

2) ጀብሓ ዝኸተሎ ፖለቲካ ናይ ጅሓድ ትሑስቶ ዘለዎ ጥራይ ዘይኮነ ናይ እስራኤልን ኣሜሪካን ቐንዲ ጸላእቲ ምስ ዝኾኑ ሓገራት ኣዕራብ ፖሊሲኡ ዝዛመደ'ዩ። ናይ ውድብና ቐንዲ ዕላማ ግን ፍትሓዉን ዴሞክራስያዉን ምንቅስቃስ ምኽያድ'ዩ።

3) ኣሜሪካ ዘድልየና ሓገዛት ክትሕበና ይግባዕ

እዚ ደብዳበ ግንቦት 28 1970 ዓ.ም. ብኢንግልዝኛ ተጻሒፉ ኣብ ታሕተዋይ ጥርዚ ናይቲ ደብዳቤ ናይ ኢሳይያስ ስምን ክታምን ሰፊሩ ይረኣ።[24] በዚ ኣጋጣሚ ንኣንባቢ ክይገለጽኩዎ ክሓልፍ ዘይደሊ ቁምነገር ናይ ሻዕብያ ኣላዪ ናብ ሲኣይኤ ዝጸሓፎ ደብዳቤ ካብ ቃኘው ናብ ላንግሊ ቴሌግራም ዝለኣኸ መቶ ኣለቃ ማሙዘር፡ ብስም ምጥፋዕ መሓይምነት *<<ሜጫ ቱለማ>>* ተሰምየ ማሕበር መስሪቶም ድሕሪ ሂደት ዓመት ንነብሱ *<<ኦነግ>>* ኢሉ ዝሰምየ ካልእ ጨራሚ ሓገር ናይ ባዕዳን መጋበርያ ካብ ዘዋለዱ ውልቀሰባት ሓደ ምንባሩ'ዩ።

እዚ ጉድ ክፍጸም እንከሎ ናይ ኤርትራ ክፍለ-ሓገር ኣመሓዳሪ ልዑል ኣስራተ ካሳ ክንዲ ፍረ እድሪ ዝኸውን ኣፍልጦ ኣይነበሮምን። ሪቻርድ ኮፕላንድ ነዚ ደብዳበ ናብ ላንግሊ ምስሰደደ ምስ ተመሃራይ ኢሳይያስ ክራኸብ ክምዝደሊ ን'ተስፋሚካኤል ጆርጆ ሓበሮ። ተስፋሚከኤል ኣብ ዕለት ዕታ ቕጸራ ቐጠልያ ሕብሪ ትውንን ላንድሮቨር መኪና ታርጋ ቁጽሪ 78 እንዳዘወረ ናብ ዓላ መጸ። ዓላ ኣስመራ ዙርያ ዝርከብ፣ ዉሱን ናይ ሕርሻ ንጥፈታት ዝኻየደሉ ዓሚዩቅ ስፍራ ክኸዉን ካብ ኣስመራ ብናተይ ግምት 30 ኪሜ ርሒቑ ይርከብ።

ተስፋሚካኤል ንተመሃራይ ኢሳይያስ ሒዙ ኣስመራ ምስተመልሰ ኣብ ከባቢ ካቴድራል ዝርከብ መንበሪ ቤት ሚስተር ቦውሊንግ ዝበሃል ኣሜሪካዊ ኣምርሑ። ሪቻርድ ቦውሊንግ ኣብ ቃኘው ናይ ሴንትራል ኢንተለጀንስ ዲፓርትመንት(*C.I.A.*) ሰብ መዚ እዩ። ኣንባቢ ክምዝርድኦ ሪቻርድ ኮፕላንድ ምስ ተመሃራይ ኢሳይያስ ኣብ ቃኘዉ ኣብ ክንዲ ዝራኸብ ኣብ መንበሪ ቤት ሪቻርድ ቦውሊንግ ዝተራኸበሉ ምስጢር ካብ ዓይኒ መንግስቲ ንምሕዳም ነበረ።

---

24 ነዚ ደብዳቤ ከንበብ ዝደሊ ግዱስ ኢትዮጵያዊ ኣብ ጠቅላሊ ቤት-ፍርዲ ኢትዮጵያ መዝገብ ቁጽሪ፡ ሀ/1/1042 ደብዳቤ ቁ. |091/18/31 ኢሉ ክውከስ ይኽእል

ኣብዚ ርክብ ሰለስተ ናይ ሰሜን ኣሜሪካ ኢምፔሪያሊዝም ናይ ጸጥታ ትካል ሰበስልጣናት ይሳተፉ'ለው። እቲ ዝርርብ ዝጀመረ ናይ ሻዕብያ ኣላዪ ኣብ ልዕሊ ኣሜሪካ ዘለዎ መረረ ብምግላጽ ነበረ:

<<መንግስቲ ኣሜሪካ ምስ መንግስቲ ኢትዮጵያ ተሻሪኹ ንድልየት ህዝብና ጎስዩ ኣብ ፈደሬሽን ቖሪኑ ከንነብር ፈሪዱና'ዩ እዚ ዉጉዝ ተግባር እዩ>> በለ።

ኣንባቢ ኣብ ክፍሊ ሸውዓተ ናይዚ መጽሓፍ ከምዝዝክሮ ናይ ኤርትራ ክ/ሓገር ወገንና ምስ ኢትዮጵያ ምንባር ወይ ሞት ኢሉ ክሳብ መወዳእታ ዝተዋደቐ ህዝቢ ጥራይ ዘይኮነ ናይ ውድብ ሕቡራት ሓገራት ልዑኻን ምብጻሕ ኣብ ዝገበረሉ ጊዜ <<ኢትዮጵያዊ ምኻን እኻ እንተኸሊእኩምና ሞት ግን ኣይትኽልውናን>> ብምባል ናብ ኢትዮጵያ ክጽምበር ንዕጥቃዊ ዓመጽ ተዳልዩ ብሓጼ ሓይለሳሴ ልመናናን ምሕለላን ተገዚቱዩ ካብ ሓሳቡ ዝተመልሰ።

ናይ ሻዕብያ ኣላዪ ዘረብኡ ክቕጽል:<< ሎሚ ሓገራት ኣዕራብ ንጀብሓ ብምሕጋዝ ቀይሕ-ባሕሪ ናይ ኣዕራብ ክኸውን ወሲኖም ኣለዉ። ኣሜሪካ ፍትሓዉን ዴሞክራሲያዉን መንግስቲ ንምምስራት ኣብ ዝግበር ቃልሲ ምሳና ክትተሓባበር ኣለዋ።>>

ሪቻርድ ኮፕላንድ ምስ ክልተ መሳርሕቱ ከበሃል ዝጸንህ ጽን ኢሎም ምስሰምዑ ሪቻርድ ኮፕላንድ ከምዚ በለ <<ኣብ ዓላ ምስ መንግስቲ ኢትዮጵያ ዝግበር ግጥምን ናይ ጀብሓ እንታይነትን ብግቡዕ ንፈልጦ ጉዳይ እዩ። ጀጋኑ ኢኹም ስቕያትኩም ንፈልጦ ነገር እዩ። ካብኣቶም ምፍላይኩም ድማ ዝተባባዕ ነገር'ዩ። ንሕና ዘተሓሳሰበና ኣብ ፍልስጤም ዝተመስረተ <<ጸሊም-መስከረም(ብላክ ሴፕቴምበር)>> ኤምባሲታትና ከጥቅእ መደባት ኣጻፊፉ ብገንዘብ ዝተገዝኡ ሰባት ስለዝጥቐም ናይዚ ውድብ መጋበርያ ከይትኾኑ፣ ባዕልኹም እዉን ኣብ ልዕሊ ኤምባሲና ጉድኣት ከይተዉርዱ: ብተወሳኺ ንሓለዋና ቓል እንተኣቲኹምልና ክንሕግዘኩም ኢና ንምባል ኢና ጸዊእና'ኹ>> ብምባል ዘረቡኡ ዛዘመ።

ናይ ሻዕብያ ኣላዪ ንሪቻርድ ኮፕላንድ መልሲ ክሕብ <<ኣብ ዓላ ዘሎ ጉጅለ ነዚ ሓገዝ ብደስታ'ዩ ዝቕበሎ: ይኹን እምበር ጸሊም መስከረም ከዉርዶ ዝኽእል ጉድኣት ካብ ኣቕምና ንላዕሊ እዩ>> በለ።

ሪቻርድ ኮፐላንድ ተቐቢሉ <<*ኣሜሪካዉያን ኣንጻር ማሕበርነት መርገጺ ንዝሕዝ፣ ምስፍሕፋሕ ማሕበርነት ንዝቃወም ሓንቲት ዴሞክራስያዊት ኤርትራ ንምምስራት ንዝቓለስ ውድብ ክንተሓባበር ቕሩባት ኢና*>> ብምባል ኣበሰሮ።

ድሕሪዚ ሪቻርድ ኮፐላንድ ንተመሃራይ ኢሳይያስ ብዝገርም መገዲ ክምዕዶ ጀመረ: <<ምስ ጀብሓን፣ ምስ ሓጼ ሓይለስላሴ መንግስቲ ክትገጥሙ ኣቅሚ የብልኩምን ስለዚህ ልዑል ኣስራተ ካሳ ዘቕሞ ናይ ዕርቒ ኮሚቴ ዘቕረበልኩም ሓሳብ እግሪ ክሳብ ትተኽሉ ተቐበሉዎ። ዝተወሰኑ ኣባላትኩም ንሓጼ ሓይለስላሰ ምሕረት ሓቲቶም ናብ ኢትዮጵያ ይእተው ንስኻን ዝተረፍኹም ሰባት ግን ኣንጻር ጀብሓ ክትቃለሱ ኣለኩም። ነዚ እንተፈጺምካ ምስ ልዑል ኣስራተ ካሳ ተሓባቢርና ብኤርትራዉያን ጥራይ ዝቐመ ናይ ኮማንዲስ ሓይሊ ኣሰልጢንና ክንልእኸልካ ኢና: ሽዑ ንጀብሃ ጥዑይ ጌርካ ተረኻኽበሎም>> ብምባል መዓዶ።

ሪቻርድ ኮፐላንድ ዘረብኡ ክቕጽል: <<*ኣብ ልዕሊ ጀብሓ መጥቃዕቲ ምስጀመርኩም ጀብሓ ካብ ሓገራት ኣዕራብ ዝመጾ ሓገዝ ክድረት ምእንቲ ኣብ ምንጎ እስራኤልን ኣዕራብን ዘሎ ኹናት ኣባሪዕና ሓገራት ኣዕራብ ኣብ ከባቢኦም ጥራይ ክሕጸሩ ክንገብር ኢና። ናይ ኤርትራ ሕቶ ናይ ደገ ሕቶ እምበር ናይ ዉሽጢ ሕቶ ከምዘይኮነ ማእለያ ዘይብሉ መርትዖታት ኣሎ።*

ይኹን እምበር ዝገለጽናልኩም ክልተ ዕላማታት(ጀብሓ ምጥፉእ፣ ዓረባዉነትን ማሕበርነትን ምቅላስ) እንተተሰማሚዕኩም ሙሉዕ ናጽነትኩም ክንድግፍ ኢና። ንሰደልኹም ናይ ኮማንዶ ሓይልን ናትኹም ጥንካረን ተደሚሩ ናይ ጀብሓ ድክመት ኣብ ቃልዕ ክረአ እዩ። ሽዑ ሓጼ ሓይለ ስላሰ ተኣልዮም ዝመጽእ ሓድሽ መንግስቲ ፌደሬሽን መሊሰዮ እኻ እንተበለ ከይትቕበሉ። ሎሚ ምሕረት ሓቲቶም ዝኣተው መኻይድኹም ንሕና ቖርበሎም ኣጽዋርን ወትሓደራዊ ስነ-ፍልጠት ደሪቦም ናባኹም ክጽምበሩ እዮም። ድሕሪ'ኡ ንጀብሃ ደምሲስኩም ንመንግስቲ ኢትዮጵያ ዝፈታተን እንኮ ሓይሊ ስለትኾኑ መንግስቲ ኢትዮጵያ ነጻነትኩም ክቕበል ምእንቲ ንሕና ንገብሮ ሓገዝ ደው ኣቢልና ጸቕጢ ክንገብረሉ ኢና።

ካብኡ ካብ ከበሳ ናብ ቆላ ወሪድኩም ቀይሕ-ባሕሪ ኣብ ቁጽጽርኹም ስለተእትዉ ኣብ ኹናት ቬትናም ካብ ዮትንኮንግ ዝተማረኸ ናይ ሩስያ ኣጽዋር

ብሙሉኡ ብመርከብ ጸኢ ንና ከነቕርበልኩም ኢና፣ ስርሓት ኣሜሪካ ዝዓይነቱ ኣጸዋር ግን ናይ ፕሮፓጋንዳ ሓሰያ ስለዘስዕበልና ኣይነቕርበልኩምን ኢና>> ብምባል ናይ ሰሜን ኣሜሪካ ኢምፔሪያሊዝም ንሻዕብያ ከሽናከን ዝነደፎም ናይ ነዊሕን ሓጺርን ጊዜ መደባት ኣተንበሀ።

ተመሃራይ ኢሳይያስ ናይ ሪቻርድ ኮፕላንድ መብጽዓታት ምስሰምአ *<<እዚ ቓል ግብራዊ ክኸዉን እንታይ ዉሕስነት(ጋራንቲ) ኣለዎ>>* ብምባል ሓተተ። ሪቻርድ ኮፕላንድ ስሓቅ ቀዲሙዎ *<<ፖለቲካ ቑማር እዩ ንስኻ ናጽነት ትደሊ ንሕና ድማ ኣብ ቀይሕ-ባሕሪ ዘሎ ስትራቴጂካዊ ረብሓታትና ክነዉሕስ ኢና ንደሊ፣ ንሱ እዩ ናትካን ናሕናን ዉሕስነት>>* በለ። ድሕሪ'ዚ ተመሃራይ ኢሳይያስ ኣድናቆቱ ንሪቻርድ ኮፕላንድ ገሊጹ እቲ ምይይጥ ተዛዘመ።

ሪቻርድ ኮፕላንድ ንጽባሒቱ ባንዴራ ኣሜሪካ ብተዉለብልብ ካዲላክ መኪና ካብ ኣስመራ ብዓርበሮብዕ ጌሩ ማይሓባር ምስበጽሐ ንተመሃራይ ኢሳይያስ ኣውሪዱ ኣስመራ ተመልሰ። ኣብዚ መገዲ ተስፋሚካኤል ጆርጆ ምስ ሪቻርድ ኮፕላንድ ተጓኢዙ'ዩ።

ኣብዚ ምይይጥ ናይ ኣሜሪካ ኢምፔሪያሊዝም ወከልቲ ሻዕብያ ንጀብሃ ጥራይ ዘይኮነ ጀብሃ ዝኽተሎ ጅሃዳዊ ኣተሓሳስባ ክዋጋኣልና እዩ ዝብል ጽኑዕ እምነት ስለዝሓደሮም ኣጽዋራት ከዉሕዙሉ መደቡ። ኣብ ዓይኒ ኣባላት ጸጥታ ከይወድቑ ምእንቲ ንልዑል ኣስራተ ካሳ ከታልሉ ሓደ ምስምስ መሓዙ: *<<ብላክ ሴፕቴምበር ኣብ ኤምባሲና መጥቃዕቲ ከፍንዉ ይቀራረብ ስለዘሎ እዞም ኣመንቲ ክርስትና ካብዚ ሓደጋ ክሽላኸሉልና እዮም።>>* ካብቲ መመሊሱ ዘሕዝን ከፋል: ልዑል ኣስራተ ካሳ ነዚ ጉዳይ ኣዕሚቑም ከይረአዩን ከይመመዩን ሓገር ናይ ምምሕዳር ልዑል ሕድሪ ተሰኪሞም ክንሶም ነዚ ተግባር ብስቕታ ምሕላፎም'ዩ።

ሪቻርድ ኮፕላንድ ድሕሪ'ዚ ፎኮስቲ ብረታት፣ ናይ ኢድ ቡምባታት፣ መትረየሳት ብበጣሃት ጽዒኑ ኣብ ዓላ ኣራገፎ። በዚ መገዲ ናይ ሰሜን ኣሜሪካ ኢምፔሪያሊዝም ናይ ጸጥታ ትካል ንወንበዴታት ዘመናዊ ኣጽዋር ብ'ብዝሕን ዓይነትን ከሳብ ኣስናኖም ኣዕጠቖም። ብጥምየትን ዓጸቦን ኣይምዉት ኣይስሩር ዝነበረ ናይ ወንበዴታት ምትእኽኻብ ብዝገርም ፍጥነት ትንፋስ ሶኺኡ ክሰርር ጀመረ።

ተስፋሚካኤል ጆርጆ ዝፈጸሞ ገበን ዉሽጡ ሓቅዩ ሩፍታ ስለዝኸልኦ ጥሪ 1982 ዓም ኣብ ዝተኻየደ ናይ ምጽዋ ሲምፖዝዩም ነዚ ምስጢር ብመልክዕ ጽሑፍ ኣቕረቦ። ተስፋሚካኤል ዝፈጸሞ ገበን ምስተናዘዘ ነዚ ገበን ርዝነት ዝሓቦ ሰብ ዳርጋ ኣይነበረን። ኣብ ምጽዋ ሲምፖዝየም ንጋዜጠኛ በዓሉ ግርማ ኣተንቢሁሉ ከምዝነበረ በዓሉ ግርማ *<<ኦሮማይ>>* ኣብ ዝብል መጽሓፉ ብመልክዕ ኣሸሙር ሓንጢጡዎ ሪኤ'የ።

ናይ ኢትዮጵያን ኤርትራን ሓድነት ፈሪሱ መሰጋገሪ መንግስቲ ምስተመስረተ ተስፋሚካኤል ነዚ ታሪኻዊ ገበን |*ሰናይ*| ኣብ ዝባሃል ጋዜጣ ዳግም ተናዚዙ'ዩ። ብዙሕ ከይጸንሐ ብዕጡቓት ኣብ ኣፍ-ደገ ገዝኡ ተቐቲሉ።

ተስፋሚካኤል ሓጥያቱ ተናሲሑ ነዚ ታሪኻዊ ገበን ምቕልዑ ናይ ሕይወት ዋጋ እኳ ኢንተኸፈሎ እዚ ነውራም ናይ ታሪኽ ቅለት ተጉልቢቡ ኣይተረፈን።

ነዚ ዘሕፍር ተግባር ብጽሞና ዘንበበ ኣንባቢ *<<ሻዕብያ መን እዩ? እንታይ እዩ?>>* ዝብሉ ሕቶታት ዝምልሰሉ ጥራይ ዘይኮነ *<<መስፍናዊ፣ ድሁር>>* ብምባል ክውርዝየሉ ዝፍትን ናይ ሓጼ ሓይለስላሴ መንግስቲ: *<<ናይ ህዝቢ ኤርትራ ዕድል ጨውዩ፣ ኣብ መጻኢና ተጣሊዑ>>* ብምባል ዘውንጅሎ ናይ ሰሜን ኣሜሪካ ኢምፔሪያሊዝም ኢድን ጓንትን ኮይኑ ብፖለቲካዊ ዕምነቶም ጥራይ ካብኡ ዝፍለዩ ወገናት ካራ ኣጉዲሙ ከጥፍኦም ምብጋሱ ሓቀኛ ሕብሩ ቐንጢጡ ዘርኢ'ዩ።

ክፍሊ ዓሰርተ ሓደ

ንዕቀት ከቢድ ዋጋ ኣከፊሉናዩ

ምዕራፍ ዓርብዓን ክልተን

ጅቡቲ- ቅርሱስነት ሓገርና ትምስክር ግዝኣት

ኢትዮጵያና ቅርሱስ ትዕድልቲ ከምዝተገዝመት ዝትርኽ ናይ ጅቡቲ ታሪኽን ኣበጋግሳን ቅድሚ ምዝንታወይ ጅቡቲን ህዝባን ምስ ኣንባቢ ምልላይ ኣድላዪ ይመስለኒ። ሕንዳዊ ዉቅያኖስን ቀይሕ-ባሕርን ዘካብብዋ ጅቡቲ ኣብ ጥንታዊ ታሪኽ እዚ ስፍራ <<ኣቦክ>> ተባሂሉ ዝጽዋዕ ኣዝዩ ሓሩር፣ ማይን መጽለልን ዘይብሉ ሰብ-ኣልቦ ምድረ-በዳ ነበረ። ኣብ ጅቡቲ ዝነብሩ ህዝብታት ናይ ዓፋር ብሄረሰብን ኢሳ ተሰምየ ዕንዳን እዮም። ህዝቢ ዓፋር ኣብ ሰሜን ምብራቅ ጅቡትን ኣብ ሰሜናዉን ምብራቓውን ክፉል ሓገርና ማለት ኣብ ሓረርጌ፣ ወሎ፣ ኤርትራ ክፈላተ ሓገራት ክነብሩ ሕይወቶም ኣብ መጓስን ሰበኽ-ሳግማዊ ሕይወት ይምርኮስ። ኢሳ ናይ ሶማልያ ዕንዳ(ክላን) ኮይኑ ካብ ሶማልያ ብተወሳኺ ኣብ ምብራቅ ኢትዮጵያ ሓረርጌ ክ/ሓገር ዑጋዴን ኣውራጃ ይነብሩ።

ክልቲኦም ሕዝብታት ብቋንቋኦምን ባህሎምን ጥራይ ዘይኮነ ብታሪኾም እዉን ኢትዮጵያዉያን እዮም። ጅቡቲ ምብራቓዊ ጫፍ ኢትዮጵያ ምስ ምኻኑ ኣብ 7ይ ክፍለዘመን ሓይማኖት እስልምና ምስተመስረተ ናይ እስልምና ተኸተልቲ ናብዚ ስፍራ መጽዮም ንህዝቢ ብዝሰበኽዎ ስብከት ዕምነቱ እስልምና'ዩ። ኢትዮጵያ ካብ ኣዱሊስን ምጽዋን ብተወሳኺ ናይ ጅቡቲ ወደብ ናብ ደገ ትወጸሉን ትኣትወሉን፣ ሓለኸቲ ነገራት፣ ኢደ-ስርሓት፣ ጤለ-በጊዕ ትሰደሉ፣ እታዋት ተእትወሉ ጥራይ ዘይኮነ ምስ ዓለም ንራኸበሉ ማዕጾ ወይ ድማ ኣፍ-ደገ ባሕሪ ነበረ። ኣብ 19 ክፍለዘመን ናይ ህዝቢ ኢትዮጵያ ርዕሰ ኸተማ ፈለማ ኣብ ሸዋ ክፍለ-ሓገር ኣንኮበር ኸተማ ምስተመስረተን ብዙሕ ከይጸንሐ ናብ ኣዲስ ኣበባ ምስገዓዘ ናብ ጅቡቲ ዝስደዱ ሓለኸትን ዝኣትው ንብረት ምስ ማዕከል ሓገር ብመገዲ ባቡር ክራኸብ ተመዲቡ ሓጼ ሚኒሊክ ኣብ ታሪኽ ኢትዮጵያ ንመጀመሪያ ጊዜ ካብ ማዕከል ሓገር ናብ ጅቡቲ ዝዝርጋሕ ፍልማዊ ናይ ባቡር መገዲ ክሕነጽ ምስ ፈረንሳዊ ትካል ኮንስትራክሽን ከማኸሩን ከዝትዩን ጀመሩ።

ፈረንሳ ምድሪ ባቡር ክትዝርግሕ ምስ ኢትዮጵያ ዉዕል ክትፈራረም ንጅቡቲ ቴሳዓን ትሸዓተን ዓመት(99) ክትስፍረሉ ዝጠልብ ዉዕል ኣቕረበት። ሓጼ

ሚኒሊክ ፈረንሳዉያን ዘቕረቡዎ ጠለብ ተሰማሚዖም ነዚ ዉዕል ኣብ 1908 ዓም ኸተሙ። ፈረንሳዉያን ኣብ ጅቡቲ እግሮም ምስንበሩ ጅቡቲ ፍጹም ምደረበዳን ሰብ ኣልቦን ብምንባሩ ዕዮኦም ክጅምሩ፣ ስርሖም ክዛዝሙ ናይ ሸውዓተ ዓመት ጊዜ ወሲዱሎም'ዩ።

ፈረንሳዉያን ናይ ወደብን ናይ መገዲ ባቡር ሕንጸት ምስጀመሩ ኣብ ሕንጸት ናይቲ ወደብ ዝሰርሑ ሰበኽ ሳግማት፣ ሸቓሎ፣ ነደቕቲ፣ ሮፋዓት ወዘተ ኮይኖም ይቁጸሩ ብምንባሮም እቲ ሰብ-ኣልቦ ምድረበዳ ካብ ምብረበዳነት ናብ ንዑስ መንደር ክልወጥ ጀመረ። ኣብዚ ጊዜ ማለት ኢትዮጵያ ካብ ፋሺስት ኢጣልያ ወረራ ሓራ ኣብ ዝኾነትሉ ጊዜ ህዝቢ ጅቡቲ ቁጽሩ ካብ 10,000 ክሳብ 15,000 ይገማገም ኔሩ። እዚ ኣሓዝ ፈረንሳዉያን ወትሃደራት፣ ሲቪላት ዝውስኸ'ዩ።

ሓጼ ሚኒሊክ ምስ ናይ ፈረንሳ ትካል ዝፈረሙዎ ዉዕል ከምዝድንግገ ናይ ቴሳዓን ትሸዓተን ዓመት ዉዕል ምስብቀዐ ፈረንሳ ናይ ጅቡቲ ወደብን መገዲ ባቡርን ንኢትዮጵያ ኣረኺቡ ከምዝወጽእ ይድንግግ። ኣንባቢ ክንጽረሉ ዝግባዕ ጉዳይ ቅድሚ 1908 ዓም ጅቡቲ ናይ ኢትዮጵያ ሉዓላዊ ግዝኣት ምንባራ'ዩ። እዚ ዉዕል ጊዚኡ ምስብቀዐ ፈረንሳዉያን ዝኣተናሎም ዉዕለት ተገንዚቦም ጅቡቲ ንኢትዮጵያ ክመልሱ እንዳተገቦኦም ናይ ጅቡቲ ኸተማን ህዝባን ካብ ኢትዮጵያ ተነጺሉ ነጻ መንግስቲ ክኸዉን ምብቕዖ ብጣዕሚ ዝገርምን ዘሕዝንን ስለዝኾነ'ዩ ነዚ ምዕራፍ *<<ቅርሱስነት ኢትዮጵያ ትምስክር ግዝኣት>>* ኢለ ዝሰመኹዎ።

ናይ ብሪታንያ ኢምፔሪያሊዝም ንዓሌታዊ መግዛእቲ፣ ዓለም ንምግባት፣ ግዝኣት ንምስፍሕፋሕ መሻርኽቲ ክኾኖ ብኢዱ ወጢጡ ዘምጽኦ ናይ ኢጣልያ ፋሺዝም ክልቲኦም ማይን ጻባን ኾይኖም ንሶማል ሰሜንን ደቡብን ብምባል ተማቒሎም ሰሜን ሶማልያ ኣብትሕቲ ብሪታንያ ኢምፔሪያሊዝም ደቡብ ሶማልያ ድማ ናይ ፋሺስት ኢጣልያ ሕዛእቲ ምንባራ ዝዝከር'ዩ። ኣብ ሰሜን ሶማልያ ዝነብሩ ሶማላዉያን እንግሊዛውያን ብዝነዝሑሎም ናይ ተንኮል ስሚ ተሰሚዮም ጥራይ ዘይኮነ ንእንግሊዛዉያን ኣሚኖም ንኢትዮጵያ ክጎጥዩን ክዕሉቁን ጀመሩ።

ካብ ዑጋዴን ኣውራጃ ዝተወሰኑ ናይ ኢሳ እንዳ ኣባላት ኣብ ሸፍትነት ዝተዋፈሩ፣ ንብረት ዝዘምቱ፣ ዘባድሙ፣ ኣዋልድ ዝጋስሱ፣ ቐተልቲ ሰባት ገበን

ፈጺሞም ከሃድሙ እንከለው ጸግዕን ወሓስን ካብ ምኻን ብተወሳኺ ነዞም ገበነኛታት ወዲቦም ናይ ፖለቲካ መጋበርያ ከገብሩዎ ፈተኑ። በዚ መገዲ ነዞም ገበነኛታት ኣዕጢቖም፣ ኣሊሞም ናብ ድሬዳዋን ከባቢኡን ኣዝመቱዎም። እዞም ሽፋቱ ናይ ኢትዮጵያ መሬት ምስረገጹ ካብ ጅቡቲ ናብ ኣዲስ ኣበባ ዝዝርጋሕ ናይ ባቡር ሓዲድ ኣብ ጥቓ ድሬዳዋ ኣድብዮም ኣብቲ ባቡር ዘየቋርጽ ተደጋጋሚ መጥቃዕቲ ከፊቶም፣ ኣብ ዉሽጡ ዝተጻዕነ ንብረት ዘሚቶም፣ ኣብ ባቡር ዝሳፈሩ ንጹሃን ዜጋታት ብፍጹም ጭካነ ጨፍጪፎም፣ ከቢድ ዝርጋን ፈጸሙ።

በዚ ጥራይ ከይተሓጽሩ ናይ ባቡር ሓዲድ ሓጻዉን እንዳነቓቐሉ ናይ ጥፍኣት ስርሖም ቐጸሉ። ኣንባቢ ከስተብህሎ ዝግባዕ ኣብዚ ነጥቢ ህንጸት ናይዚ ባቡር ካብ ወሰኽ ዕታውን ኢኮኖምያዊ ምምሕያሽ ብተወሳኺ ካብ ኣዲስ ኣበባ ተበጊሱ ሓደ ሽሕ ኪሎሜትር ስለዝጓዓዝ ኣብዚ መገዲ ዝሓልፎም ዓድታት መዕረፍን መሕደርን ገያሾ፣ ሸቃጦ፣ ኣውቲስታታት ስለዝኾኑ ከም ደብረዘይት፣ ናዝሬት፣ ድሬዳዋ ዝተመስረታን ዕሙር ምንቅስቓስን ዉዕውዕ ሓዋሕዉ ዘለወን ብሰሪ መገዲ ባቡር'ዩ። እዘን ዝተጠቐሳ ኸተማታት ካብ መንደርነት ናብ ኸተማ ዝኣበያሉ ምክንያት ጥራይ ዘይኮነ ካብ ካልኦት ኸተማታት ሓገርና ብተዛማዲ ንጡፍ ምንቕስቓስ ዘለወን መገዲ ባቡር ብዝሃበን ግርማ'ዩ።

እዚ ሓደጋ ከደጋገም ምስጀመረ ናይ ኢትዮጵያ መንግስቲ ብፍላይ ካብ ድሬዳዋ ሰሜን ምብራቕ ናብ ዘለው ዓድታት ማለት ደወሌን ከባቢኡን ዝነብሩ ተቐማጦ *<<ምስዞም ሽፋቱ ይደናገጹ እዮም፣ ምስ ሽፋቱ ይተሓባበሩ'ዮም>>* ብምባል ነዞም ሓዉሲ ኸተማታትን ዓድታትን ከስራጥዮም ጀመረ። በዚ መገዲ ዝጀመረ ዘይ-ምኽኑይ ኣተሓሕዛ ናይ መንግስቲ ሰራዊት ናብዞም ዓድታት ካብ ምዝማት ብተወሳኺ ታንክን ኣርመርን ኣሰሊፉ፣ ነፈርቲ ኹናት ኣውፊሩ ነዞም ዓድታት ብምድብዳብ ብፈረንሳ ናብ ዝመሓደር ጅቡቲ ሓዲሞም ዕቑባ ከሓቱ ደፋፍኦም። ከምዚ ኢሉ ናብ ጅቡቲ ዝተሰደደ ህዝቢ ርብዒ ሚልዮን በጽሐ። ናይ ህዝቢ ጅቡቲ ቁጽሪ ካብ ዓሰርተ ሽሕ ናብ ርብኢ ሚልዮን ብሓደ ጊዜ ምስተወንጨፈ ካብ ፈረንሳ መግዛእቲ ሓራ ወጺዩ ሓገር ንምምስራት ዘኽእሎ መለኽዒ ስለዘማለአ ናይ ጅቡቲ ናብ ኢትዮጵያ ምምላስ ሸታ ማይ ኾነ።

ኣብ 1960 ዓም መብዝሓቱ'ኡ ናይ ኣፍሪካ ሓገራት ካብ ኣውሮፓዊ መግዛእቲ ሓራ ክወጽዕ ምስጀመረ ናይ ጅቡቲ ጉዳይ ናብ ውድብ ሕቡራት ሓገራት ስሩዕ ኣዄባ ቐሪቡ ክዝተየሉ ጀመረ። ኣብዚ ጊዜ ናይ ህዝቢ ጅቡቲ መርገጺ መትሓዚ ኣይነበሮን። ህዝቢ ዓፋር *<<ናብ ወላዲት ሓገረይ ኢትዮጵያ ክጽምበር'የ ዝደሊ>>* ክብል ናይ ኢሳ ተወለድቲ ናብ ሓዳስ ሶማልያ ኢና ንጽምበር ክብሉ ጀመሩ። ብጀካዚ ናብ ጅቡቲ መጽዮም ምስ ዓፋርን ኢሳን ዝተሓናፈጹ ናይ ኣፍሪካ፣ ዓረብ አውሮፓ ሓንፈጻት ገሊኦም ጅቡቲ ነጻ ሪፓብሊክ ክትምስርት ኣለዋ ክብሉ ገሊኦም ድማ *<<ናይ ሕንዳዊ ዉቅያኖስን ቀርኒ ኣፍሪካን ኹነታት መጸኢና ከም ድላይና ክንውስን ዘፍቕደልና ኣይኮነን፣ ዝሓሸ ምርጫና ምስ ገዛኢትና ፈረንሳ ተጸጊዕካ ምንባር'ዩ። እዚ እንተዘይኮይኑ ጅቡቲ ናይ ሶማልያን ኢትዮጵያን መዓዲ ኹናት ክትከዉን'ያ>>* ብምባል ኣግነብነቡ።

በዚ ተገራጫዊ ሓሳባት ምክንያት ናይ ጅቡቲ ጉዳይ ዉሳነ ከይተዋህቦ ጠልጠል ኢሉ ቐጸለ። በዚ ኣጋጣሚ ህዝቢ ኢትዮጵያ ክፈልጦ ዝግባዕ ቁምነገር እንተሓልዩ ኣብ ጉዳይ ጅቡቲ ከቢድ ስሕተት ዝፈጸሙ *<<ናይ ዘመናዊት ኢትዮጵያ ኣቡ>>* ንብሎም ሓጼ ሓይለስላሴ'ዮም። ናይ ፈረንሳ መራሒ ጀነራል ቻርለስ ደጎል ምስ ሓጼ ሓይለስላሴ ጽቡቕ ዝምድና ዝነበሮ ዓርኮም ብምንባሩ ናይ ጅቡቲ ወደብ ኮንትራት ቅድሚ ምውድኡ ኢትዮጵያ ክትምለስ ፈረንሳ ፍቃደኛ ከምዝኾነት ሓበሮም። ኣብዚ ጊዜ ሓጼ ሓይለስላሴ ናይ ኖቤል ስልማት ሕጹይ ብምንባሮም ውድብ ሕቡራት ሓገራት ኣፍልጦ ከይሓበኒ ናይ ኢትዮጵያ ሰራዊት ናብ ጅቡቲ ክኣትው ምፍቃድ ከም ወራሪ ዘቑጽረኒ ጥራይ ዘይኮነ ናይ ሕማቕ መራሕቲ ኣብነት ስለዝገብረኒ ይትረፍ ብምባል ካብ ድሬዳዋ ናብ ጅቡቲ ክኣትው ትዕዛዝ ይጽበ ዝነበረ ናይ 3ይ ክፍለጦር(*ኣምበሳው*) ኣዛዚ ጀነራል ኣበበ ገመዳ ንድሕሪት ክምለስ ኣዘዙዎ። በዚ መገዲ ኢትዮጵያ ኣብ ቀይሕ-ባሕሪ፣ ሕንዳዊ ዉቅያኖስ፣ ቀርኒ ኣፍሪካ ጥራይ ዘይኮነ ማእከላይ ምብራቅ ኣብ ቐረባ ኮይና ክትቆጻጸር ዘኽእላ ወሳኒ ስፍራ ንስልማትን ዉልቃዊ ዝናን ክበሃል ካብ ኢዳ ተመንጠለት።

በዚ መገዲ ውድብ ሕቡራት ሓገራት ኣብ ጉዳይ ጅቡቲ ዉሳነ ከይሓበ እቲ ጉዳይ ተወንዚፉ ኣብ ዝነበረሉ ሰዓት ናይ ሓጼ ሓይለስላሴ መንግስቲ ፈሪሱ ናይ ኢትዮጵያ ኣብዮታዊ መንግስቲ ናብ ስልጣን ደየበ። ኣብዚ ጊዜ ናይ ሶማልያ መስፋሕፍሒ መንግስቲ *<<ናይ ሶማልያ ተፈጥሮኣዊ ወሰን ሩባ ኣዋሽ'ዩ>>* ብምባል ክወረና ምድላዋቱ ኣብ ምጽፍፍ ጥራይ ዘይኮነ ወትሓደራቱ ናይ

ሲቪል ክዳን ኣልቢሱ፣ ናብ መሬት ኢትዮጵያ ኣእትዩ፣ ናይ ውንብድና ስርሑ ካብ ምጅማሩ ብተወሳኺ ኣብ ሰሜናዊ ጫፍ ሓገርና ገንጸልቲ ሓገር: ሓገር ከቖርምሙ ዘሳወሩዎ ሓገር ናይ ምቖርማም ጥፍኣት፣ ካብ ስልጣን ዝተበርቆቐ ናይ ሓጼ ሓይለስላሴ ሰበስልጣናት መስፍናዊ ስርዓት ዳግም ንምንጋስ ኣብ ሰሜን ምዕራብ ኢትዮጵያ መጋርያ ዝኣንዱሉ ተኣፋፊ ጊዜ ብምንባሩ ኣብ ከምዚ ዓይነት ኹነታት ብሰሪ ጅቡቲ ምስ ሶማልያ ናብ ኹናት ምእታው ዘይከኣል ጥራይ ዘይኮነ ጥበብን ልቦናን ዝጎድሎ ዉሳነ ስለዝኾነ ኢትዮጵያ ንጅቡቲ ነጻነት ወግዓዊ ኣፍልጦ ሓበት።

ናይ ኢትዮጵያ ኣብዮታዊ መንግስቲ ኣብቲ ጊዜ ዝወሰኖ ዉሳነ ግጉይ ኔሩ ክብል ኣይደፍርን። ሓገርና ዙርያ'ኣ ብሓልሓልታ ትሸልበብ ኣብ ዝነበረትሉ ዘመን ካብ ጥንቲ ኣትሒዙ ብቃንዛናን ብኽያትናን ዝሰራሰሩ ጥንታዉያን ጸላእትና: ኣዕራብ ምስ ኢምፔሪያሊዝም ተላፊኖም *<<ኢትዮጵያ ከትሓጥም ሳምንታት ተሪፉዋ>>* ብምባል ጥፍኣትና ክሪኡ ብናፍቖት ኣብ ዝሕቖኑሉ ጊዜ መፍቶ ጸላኢ ካብ ምኻን ንላዕሊ ካብ ዉሽጥን ካብ ደገን ዝዘመቱልና ጸላእቲ ብሓደ ጊዜ ገጢምና ምዕዋት ዘይከኣል'ዩ። በዚ ዘሕዝን መገዲ ጅቡቲ ሓንሳብ ካብ ኢድና ምስወጸት ዳግም ከይትምለስ ካብ ኢድና ሰቶኸት።

ምዕራፍ ዓርብዓን ሰለስተን

_ናይ ሓገራት ኣዕራብ ዝተጠናነገ ዉዲት፣ ናይ ደቡብ ሱዳን ሓርነት ግንባር <<ኣኛኛ>> ምምስራት፣ ምስትንዓቕ ሓጼ ሓይለስላሴ ዘስዓበልና መዘዝ

ግብጻዉያን ንሓደ ሽሕ ዓመት መዓንደር ባዕዳዉያን ገዛእቲ፣ ኣደዳ ወረራን ከበባን መስፋሕፍሒ ሓገራት ክኾኑ ድሕሪ ምጽናሕ ኣብ ታሪኾም ንመጀመሪያ ጊዜ ካብ ማሕጸን ግብጻዉያን ዝበቖለ መራሒ ክመርሖም ዝጀመረ ኣብ 1952 ዓም ፕሬዚደንት ጋማል ኣብድልናስር ኣብ ስልጣን ምስደየበ ነበረ። ግብጻዉያን ካብ ከብሖም ዝወጸ፣ ቋንቋኦም ዝመልኽ መራሒ ክመርሖም እኻ እንተጀመረ ንዘመናት ዓሌታዉያን ናይ ኣዉሮጳ ገዛእቲ ዘውረዱሎም ሕሰረት፣ ናይ ኣይሁዳዉያን ዳግም ምንጋስ ክሳዶም ሴሩዎ'ዩ።

ካብዚ ኹነታት ወጽዮም ክብሮም ክመልሱን ክሳዶም ከቕንዑ ዝመሓዙዎ ጥበብ ናይ ሕብረትነትን ዓረባዉነትን ካባ ወድዮም ኣዝዩ ጽፉፍን ዘመናዉን ኣጽዋር ብምኽዛን ቕልጽሞም ንህዝቢ ዓለም ምርኣይ ነበረ። በዚ መሰረት ፕሬዚደንት ጋማል ኣብድልናስር ናይ ብሪታንያ ኢምፔሪያልስት መንግስቲ ናይ ባንቡላ ሽመት ዘግዘሞ ንጉስ ብዕሉዎ መንግስቲ ኣልዩ ብዝወሰዶም ዘየናሕሲ ስጉምትታት ንመላዕ ህዝቢ ዓለም ክማርኽ እንከሎ ናይ ሕብረት ሶቭየት መንግስቲ ብፍላይ ቐልቡ ናብ ግብጻዉያን ተሳሕበ። ግብጻዉያን ነዚ ምቹእ ኣጋጣሚ ተጠቒሞም ኣብ ዓለምና ብጽፈቶምን ቅርጥዉኖምም ተደለይቲ ዝኾኑ ዋርሶ ዝሰርሓቶም ኣጽዋራት ወነንቲ ኾኑ።

ብምሕለላን ምጽወታን ዝኣከቡዎ ወትሓደራዊ ኣቕሚ ምዕባይ ፈጢሩሎም *<<ናይ ከባቢና ፖሊስ ኢና>>* ብምባል ክግበዙ ጀመሩ። በዚ መገዲ ኣብ ሱዳን ብፍጹም ዴሞክራስያዊ ምርጫ ተመሪጹ ስልጣን ዝጨበጠ መንግስቲ ብወትሃደራዊ ዕሉዎ ኣልዮም ስልጣን ዝጨበጠ ጃፋር ኣልኑሜሪ ኣብ ከባቢና ኣገልጋሊኦም ክኸዉን ሓረዩዎ። ግብጻዉያን ናይ ጃፋር ኣልኑሜሪ ምእዙዝነትን ናይ ሱዳን መሬት ምቹእነት ተጠቂሞም ንነብሱ *<<ጀብሃ>>* ኢሉ ዝሰምየ ጨራሚ ሓገር ኣብ 1961 ዓም ናብ ሓገርና ኣዝማሚቶምልና።

ግብጻዉያንን ሱዳናዉያንን ከም ኩላትና ኣፍሪካዉያን ክንሶም ዓረባዊ ኢና ኣብ ዝብል ፍጹም ዕብዳንን ስኻርን ኣትዮም ካብ ኢትዮጵያ ኢዶም ክእኽቡ ብተደጋጋሚ እኳ እንተተለመኑ እምቢታ ስለዝመረጹ ናይ ሓጼ ሓይለስላሴ መንግስቲ ኣዕራብ ኢና ብዝብል ትምኽሕቲ ዝተዋሰኑ፣ ናይ ደቡብ ሱዳን ልሂቃት ዝተኣኻኸቡሉ ብጀነራል ጆሴፍ ላጉ ዝምራሕ <<ኣኛኛ>> ተሰምየ ምንቅስቓስ ኣብ ምዕራብ ኢትዮጵያ ጋምቤላ ከሰልጥን ጀመረ።

ኣኛኛ ወትሃደራዊ ቑመና ብዘለዎም መንእሰያት ዝተመልአ ደባይ ተዋጋኢ ብምንባሩ ኣብ ሓጺር ጊዜ ካብ ምዕራብ ኢትዮጵያ ተበጊሱ፣ ብዝተራቐቐ ናይ ዉግእ ስልቲ ኣዕራብ ኢና ዝብሉ ናይ ጃፋር ኣልኑመሪ ዕስለታት እንዳኣጸደ ኣብዛሃ ክፍሊ ደቡብ ሱዳን ሓራ ኣዉጽአ። ኣኛኛ ነዚ ዓወት ክጎናጸፍ ዝኸኣለ ደቡብ ሱዳን ብፍርያም ጫኻታት ዝተሃዝአ ንደባይ ዉግእ ዝምእምእ ምቹእ መሬት ብምኻኑ ነበረ። ብተወሳኺ ናይ ሱዳን ሰራዊት ብኣኛኛ መጥቃዕቲ ክፍነወሉ እንከሎ ብተደጋጋሚ ስለዝተወቕዐ ብዙሕ ከይተዋገአ መኸላኸሊ መስመሩ ራሕሪሑ ናብ ኸተማታት ምንፋጹ ኣብ ፐሬዝደንት ጃፋር ኣልኑመሪን መንግስቱን ከቢድ ስምባደን መንጸሮርን ፈጢሩ ።

ኣብዚ ጊዜ ኔሩ ናይ መንግስቲ ሱዳን ወጻኢ ጉዳይ ሚኒስተር ዶ/ክ መንሱር ካሊድ ምስ ቀረባ መሓዝኡን ፈታዊኡን ሚኒስተር ኸተማ ይፍሩ ተራኺቡ ሓደ ፍታሕ ክናድይ ዝጀመረ። ዶ/ክ መንሱር ኻልድ *<<ንሕና ኣዕራብ ኢና>>* ዝብል ዲስኩር ዝፍንፍን፣ ፐሬዚደንት ጃፋር ኑሜሪ ዝኽተሎ ናይ ማሕበርነት ስርዓት ዘይኣምነሉ ይኹን እምበር እንጀራ ኮይኑዎ ላዕላዋይ ሓላፊ መንግስቲ ሱዳን ኮይኑ ዝሰርሕ ዉልቀሰብ ነበረ።

ዶ/ክ መንሱር ኻልድ: ኣቶ ኸተማ ናይ ቀረባ መሓዝ'ኡ ካብ ምኻኑ ብተወሳኺ ኣቶ ኸተማ ሚኒስተር ወጻኢ ጉዳያት ኢትዮጵያ ብምንባሩ ካብ ዕርክነቶም ብተወሳኺ ብስልጣን መዛኑ ነበሩ። ዶ/ክ መንሱር <<ኣኛኛ>> ብዘርእዮ ቕጽበታዊ ገስጋስ ናይ መንግስቲ ሰራዊት እንዳደፍአ መላዕ ደቡብ ሱዳን ክቆጻጸር ስለዝቐረበ: ዝጭነቕ፣ ዘስተማስል ሓለቁኡ ፐሬዚደንት ኑሜሪ ኹነታቱ ኣስኪፉዎ ምስ መሓዝኡ ኣቶ ኸተማ ይፍሩ ፍታሕ ክናዲ ወሰነ። በዚ መሰረት ክልቲኦም ሰብ መዚ ተራኺቦም ነዚ ዝስዕብ ዕላል ኣካየዱ:

<<ብኑሜሪ ዝምራሕ መንግስቲ ናይ ኢትዮጵያ ሓድነትን ሉዓላዉነትን ክፍርሱ ዝደልዩ ጨረምቲ ሓገር ምሕጋዝ ደው ከብል ምስጠለብኩም ኣነን ብዙሃት ዉልቀሰባት

ፕሬዚደንት ኑሜሪ ነታ ፈታዊትን ሓላፊትን ህዝቢ ሱዳን ዝኾነት ኢትዮጵያ ምብዳል ደው ከብል ለሚንናዮ ኔርና። ይኹን እምበር ንኢትዮጵያ ምብዳል ብፍላይ ድማ ናይ ሰሜን ኣሜሪካ መንግስቲ መልሕቕ ሓጼ ሓይለስላሴ ምብዳል ፈታዊ ዘብዝሐሉ መሲሉዎ ከሰምዐና ኣይኸኣለን። ሕጂ ግን ንጎይታ ጎይታ ኣለዎ ከምዝበሃል ናይ ኢትዮጵያ መንግስቲ ብዝወሰዶ መልሰግብራዊ ስጉምቲ ናይ ሱዳን ግዝኣታዊ ሓድነት ኣብ ፍጹም ሓደጋ ኣዉዲቑ ፕሬዚደንት ኑሜሪን መሰልቱን ብዝፈጸሙዎ ዕብዳን ኣብ ኣሰካፊ ኩነታት ወዲቕና ኣለና። ነዚ ኣጋጣሚ ተጠቒምና ፕሬዚደንት ኑሜሪ ካብ ዝኣተወሉ ናይ ጥፍኣት መገዲ ወይ ዕብዳን ከነውጽኦ ዕድል ኣሎ ኢለ ስለዝኣመንኩ'የ በዚ ጉዳይ ምሳኻ ኽዝቲ ዝደለኩ።

ኣነን ንስኻን ንኣሜሪካዉያንን እስራኤላዉያንን ብምስጢር ረኺብና፣ ድሕሪኡ ናይ ኢትዮጵያ ወንበዴታት ትሕቦ ደገፍ ኣቋሪጽኻ፣ ናይ ማሕበርነት ስርዓት-መንግስቲ ኣውጊዝካ ንሶቭየታዉያን ካብ ሱዳን እንተደአ ኣውጺኻዮም፣ ንሕና ንሽግር ደቡብ ሱዳን ሰላማዊ ፍታሕ ኣናዲና ምስ ጎረባብትኻ ኢትዮጵያዉያን ክንዓርቐካ ኢና ብምባል ንፕሬዚደንት ጃፋር ኣልኑሜሪ እንተሓቢርኩም ሓሳብኩም ከይተማተአ'ዩ ዝቕበለኹም፣ በዚ መገዲ ካብ ሶቭየታዉያን ጥራይ ዘይኮነ ካብ በዓል ጋዳፊ እዉን ፈላሊና ናባኹም ናብ ምዕራባዉያን ደምበ ክንጽምበሮ ንኽእል ኢና ብምባል ንኣሜሪካዉያንን እስራኤላዉያንን ንንገሮም>> ብምባል ዶ/ክ መንሱር ንኣቶ ከተማ ይፍሩ ሓተተ።

ኣቶ ኸተማ ዓይኑ ከይሓሰየ ኣብ ሓሳቡ ረዓመ። ክልቲኦም ኣዕሩኽ ዝመኸሩዎ ሓሳብ ንኣሜሪካዉያንን እስራኤላውያንን ምስካፈሉዎም ሓንጎፋይ ኢሎም ተቐበሉዎ። ምዕራባዉያን ኣብ ሓሳቦም ሪዒሞም ጥራይ ዘይኮነ ከም ዉልቃዊ ጉዳዮም ኣበይ ከምዝበጽሐ ነዚ ጉዳይ ክኸታተሉ ምስጀመሩ ክልቲኦም ኣዕሩኽ ብዝመሃዙዎ ሓሳብ ተተባብዑ። ድሕሪ'ዚ ዝተረፎም እንኮ ነገር ንክልቲኦም መራሕቲ ሓጼ ሓይለስላሴን ፕሬዚደንት ኑሜሪን ረኺብካ፣ ኣዘራሪብካ ነዚ ሓሳብ ምእማን ጥራይ ነበረ።

ሚኒስተር ከተማ ይፍሩ

ዶ/ክ መንሱር ንኣቶ ኸተማ ይፍሩ ናብ ካርቱም ኣዲሙ ክልቲኦም ሰብ መዚ ንፕሬዚደንት ኑሜሪ ሓሳቦም ኣኻፈሉዎ። ፕሬዚደንት ኑሜሪ ዝሃቦም ምላሽ *<<ኣብ ደቡብ ሱዳን ዝተባረዐ ኹናት ሓድሕድ ደው ዘብል ስምምዕ ሰላም ተመጽዩ ተሓጒሰ ኣይጸግቦን። ዝሓተኩም ነገር እንተሓልዩ ነዚ መስርሕ ከተቖላጥፉዎ ጥራይ'ዩ>>* በለ።

ድሕሪ'ዚ ዝተረፉ ሓጼ ሓይለስላሴ ጥራይ ስለዝኾኑ ናብ ኣዲስ ኣበባ ቅድሚ ምጋሾም ኣብ ሓሳቦም ክርእሙ ምእንቲ ቅሩብ ዉሕልና ከምዘድሊ ኣቶ ኸተማ ንዶ/ክ ካሊድ ሓበሮ። ሓጼ ሓይለስላሴ ናይ ዉልቅና ተበግሶ እንተመሲሉዎም ነዚ ጉዳይ ክብደት ስለዘይህብዎ እዚ ዕማመ ብኣሜሪካዉያንን እስራኤላዉያንን ዝተዳለወ ዕማመ ሰላም'ዩ፣ ፕሬዚደንት ኑሜሪ ብደስታ ተቐቢሉዎ'ዩ ካብ ምባል ብተወሳኺ ንሓጼ ሓይለስላሴ ዝማርኽ ሓሳብ ክምሕዙ ነበሮም።

ኣብዚ ጊዜ ሓጼ ሓይለስላሴ ውድብ ሓድነት ኣፍሪካ ኣብ ርዕሰ ኸተማና ኣዲስ ኣበባ ስለዝመስረቱ *<<ኣቦ-ኣፍሪካ>>* ዝብል ስም ለጊቡዎም ነበረ። ብተወሳኺ ኣብ ሞንጎ ሓገራት ኣፍሪካ ዝሳወር ግጭት ኣብ ምሽምጋል፣ ዘቤታዊ ኹናት ኣብ ምህዳእ፣ ንህዝቢ ኮንጎ ነጻነት ዝገበሩዎ ዘይርሳዕ ዉዕለት ጸብጺቡ ናይ ዓለም ኖቤል ስልማት ክስለሙ ካብ ዝተሓጽዩ ኣዝዮም ሒደት ሰባት ሓደ ነበሩ። ነዚ ጉዳይ ብፍሉይ ኣተኩሮን ጠመተን ስለዝኸታተሉዎ *<<ኣብ ደቡብ ሱዳን ብሓገዝ ኢትዮጵያ ዝኻየድ ኹናት ሓድሕድ፣ ኣብ ሰሜናዊ ክፋል ኢትዮጵያ ዝተወለዐ ሓገር ናይ ምቖራስ ውንብድና ሰላማዊ ፍታሕ እንተዘይረኺቡ ኣብ ሰለማዊ ህዝቢ ዝወርድ በደልን ሕሰምን ጥራይ ዘይኮነ ኣብ መድረኽ ዓለም ዝፍተው ስምም ስለዝሃስስ ነቲ ዝዳለወልኩም ዘሎ ስልማት ኣብ ምልክት ሕቶ ስለዘውድቖ ፈለማ ምስ ኣሜሪካዉያንን እስራኤላዉያንን ዘቲና ንፕሬዚደንት ኑሜሪ ኣእሚንና ኢና ኣብ መወዳእታ ግርማዊነትዎ ናባኹም መጺና>>* በሉዎም።

ካብቲ ዝገርም ነገር ሓጼ ሓይለስላሴ ነዚ ዘረባ ምስሰምዑ ከም ፕሬዚደንት ኑሜሪ ናይ ታሕጓስ ስምዒት ፍጹም ኣየርኣዩን። ብኣንጻሩ ዘረቦኦም ብሕቶ ጀመሩ: *<<ኣሜሪካዉያንን እስራኤላዉያን ነዚ ኹናት ደው ንምባል ዝመሃዙዎን ዝወጠኑዎን ሓሳብ እንታይ'ዩ?* ብምባል ምስሓተቱ ኹሉ ሓሳብ ዘርዚሮም ገሊጾም ፕሬዝድነት ኑሜሪ'ውን ብደስታ ፈንጢዙ ከምዝተቐበሎ ምስነገሩዎም ፍሽኽታ ኣሰንዮም፣ ኣመስጊኖም *<<ድሕሪ ሕጂ ክይደንጎሁም ነዚ ሓሳብ ኣብ መፈጸምታ ኣብጽሑዎ>>* በሉ።

ክልተ ኣዕሩኽ ሚኒስተራት ዝመሃዙዎ ሓሳብ ስሚሩሎም ተግባራዊነቱ ንምጅማር ፈለማ ፕሬዚደንት ኑሜሪ ናብ ኣዲስ ኣበባ ምብጻሕ ክገብር ዓደሙዎ። ፕሬዚደንት ኑሜሪ ኣብ ኣዲስ ኣበባ መገሽኡ ኣብ ሰሜናዊ ክፋል ኢትዮጵያ ብዛዕባ ዝግበር ኹናት: *<<ኣብ ኤርትራ ዝጀመረ ኹናት ሓድሕድን ዝወረደ ብርሰት ሓንዳሲኡ ወይ ድማ ፈጣሪኡ ኣነ ዘይኮንኩ ቅድመይ ኣብ ስልጣን ካብ ዝነበሩ*

ሰባት ዝተረኸብኩም ጸገምዩ>> ብምባል ኣብ ኮረሻ ስልጣን ሱዳን ዝተበራረዩ መንግስታት ናይ ኣዕራብ መጋበርያ ኮይኖም ናይ ኤርትራ ወንቤደታት ኣዕጢቖም፣ ከዲኖም፣ ከምዘዝመቱልና ኣሚኑ። ስዒቡ *<<ብወገንና ማለት ብወገን ሱዳን ብዝፈጸምናዮ ስሕተትን ብዘውረድናዮ ብርሰት ካብ ልቢ ሓዚንና ኢና። ግርማዊነትዎ ብልቢ ይቕሬታ ንሓትት። ድሕሪ ሕጂ ነዚ ጸገም ሓንሳብን ንሓዋሩን ሓመድ ሓዳም ንምልባስ ግርማዊነትዎ ቓል ይኹነኒ።*

ኣብ ሓገረይ ሱዳን ዝተወለደ ኹናት ሓድሕድ ግርማዊነትዎ ከምዝፈልጥዎ ከቢድ ዋጋ እንዳኸፈለና ፕራይ ዘይኮነ ኣብ ንጹሃን ሰባት ዘሰኸሕ መቕዘፍቲ እንዳውረደ'ዩ ስለዚህ ግርማዊነቶ ናይ ኣፍሪካ ኣቦ ከም ምኻኖም መጠን ብወገንና ንዝፈጸምናዮ በደል ይቕረ ኢሎም ነዚ ማንም ዘይረብሐሉ ጥፍኣት ደው ከብሉ ይምሕጸን>> ብምባል ኣዲስ ኣበባ ቅድሚ ምምጽኡ ክልቲኦም ሚኒስተራት ዝመዓዱዎ ማዕዳ ብተግባር ፈጸመ። ክልቲኦም ኣዕሩኽ ሚኒስተራት ንፕሬዚድነት ኑሜሪ ከምዕዱዎ እንከለው ናብ ሓጼ ሓይለስላሴ ክቐርብ እንከሎ ፍጹም ትሕትና ተላቢሱ ናብ ምህለላ ዝቐረበ ምሕጽንታ ክቕርብ ነበረ። ፕሬዚደንት ኑሜሪ ነዚ ምኽሪ ስለዝተቐበለ'ዩ ንሓጼ ሓይለስላሴ *<<ኣቦይ! ይቅረ በሉኒ! መሃሩኒ>>* ብምባል ዝተማህለለ።

ፕሬዚደንት ኑሜሪ ነዚ ምሕጽንታን ለበዋን ኣቐሪቡ ንሰላም ዕምነ-ኩርናዕ ኣንቢሩ ናብ ሓገሩ ምስተመልሰ ከቢድ ፈተና ጎነፎ። እቲ ኹነታት ነዚ ዝስዕብ ይመስል:

ምስ ሓጼ ሓይለስላሴ ድሕሪ ዘካየዶ ዝርርብ እዚ ዕማመ ሰላም ኣብ መሬት ክትግበር ምእንቲ ካብ ክልቲኡ መንግስታት ዝተዋጽኡ ሰበስልጣናት ዝተኣኻኸቡሉ ናይ ሓባር ኮሚተ ቖይሙ፣ ኽልቲኦም ኣዕሩኽ ሚኒስተራት በብዕብረ እንዳተቐያየሩ ዝመርሕዎ ኮሚተ ካርቱምን ኣዲስ ኣበባን እንዳተመላለሰ ንጥፈታቱ ኣሰላሰለ። ነዞም ፍጻመታት ድምጹ ኣጥፊኡ ይኸታተል ዝነበረ ናይ ሕብረት ሶቭየት ናይ ጸጥታ ትካል *ኬጂቢ <<ኑሜሪ ጠሊሙና>>* ኣብ ዝብል መደምደምታ በጺሑ ንፕሬዝደነት ኑሜሪ ካብ ስልጣን ከዓልው ኣብ ምክልኻል ሰራዊት ሱዳን ካብ ትልንቲ ንላዕሊ ዘለው መኾንናት፣ ናይ ማሕበርነት ስነ-ሓሳብ ዝድግፉ ሲቪል ሰበስልጣናት ወዲቡ ኣብ ልዕሊ ፕሬዚደንት ኑሜሪ ዕሉዋ መንግስቲ ኣኻየደ።

እዞም መኮንናት ባንኪታት፣ ሓገራዊ ቴሌቪዥንን ሬደዮን፣ ኣብያተ መንግስቲ ተቖጻጺሮም ናይ ሕጹጽ ጊዜ ኣዋጅ ደንገጉ። ኣብ ዉሽጢ ሽድሽተ ሰዓት ምክትል ፕሬዚደንት ብ/ጀ ኣብዱል መጂድ ነዚ ዕሉዎ ኣፍሺሉ ሓንደስቲ ናይዚ ዕሉዋ ኣብትሕቲ ቐይዲ ከምዘውዓሎም ሓበረ። እዚ ዜና ምስተቓለሐ ኣብ ሒደት መዓልታት ኣብ ሱዳን ናይ ሕብረት ሶቭየት ኣምባሳደራት፣ ዲፕሎማት፣ ምሁራን ካብ ሱዳን ክወጹ ተገብረ። በዚ ፍጻመ ኣሜሪካ ብታሕጓስ ደበለት። ድሕሪ'ዚ ሱዳናዉያን ዕሉዋ ዝፈተኑ መኾንናት ኣብ ምልቃም ተጸምዱ። ኣብዚ ሃደን ምስ ሕብረት ሶቭየት ኢድን ጓንትን ኾይኖም ንሓገሮም ኣሕሊፎም ሒቦም ዝተባህሉ ብዙሓት መኾንናትን ናይ ሱዳን ዴሳዊ ፓርቲ ኣባላት ተለቒሞም ተረሽኑ። ፕሬዚደንት ኑሜሪ ኣብ ልዕሊ እዞም መኾንናትን ሲቪል ሰበስልጣናት ዝወሰዶ ዘስገድግድ ቕትለት ኣብ ታሪኽ ዓለም መዘና ኣይርከቦን።

ህዝቢ ዓለምን ሱዳናዉያንን በዚ ኹነታት ምሒር ሓዘኑ። ናይዞም ሰባት ጭፍጨፋ ኣብ ቺሊ ኣብ ልዕሊ ዴሳዉያን ዝተፈጸመ ጃምላዊ መቕዘፍቲ እንተዘይኮይኑ ኣብ ታሪኽ ዓለም ተራእዩ ስለዘይፈልጥ ሱዳን ካብ ቺሊ ቐጺላ ኣብ ዓለምና ናይ ጭፍጨፋን ጃምላዊ ምጽናትን ኣብነት ኾነት። እዚ ኹነታት ምስሃደአ ጠንቂ ህልቂት ሱዳናዉያንን ዝኾነ መስርሕ ሰላም ኢትዮጵያን ሱዳንን ቐጸለ። ኣብ መፈጸምታ ኣብ ጥሪ 1972 ዓም ዝበጽሖ ዉሳነ ኣዝዩ ዘሕዝን'ዩ። እቶም ዉሳነታት ዝስዕቡ እዮም:

1) ደቡብ ሱዳን ካብ ሰሜናዊ ክፋል ሱዳን ብፖለቲካ፣ ብኢኮኖሚ፣ ልምዓት፣ ዝማሕደገት ብምኻና ህዝቢ ደቡብ ሱዳን ዕድሉ በዓሉ ክውስን ናይ ራስ ገዝ መሰል(*ሪጅናል ኣውቶኖሚ*) ክወሃቦ። ምንቅስቃስ ሓርነት ሱዳን <<*ኣኛኛ*>> ዝኣልዩዎ ፖለቲካዉን ወትሃደራዉን ሓለፍቲ ኣብ ዉሽጢ ውድቦም ዝነበሮም ማዕረግን ስልጣንን ዝመጣጠን ቦታ ክወሃቦም። ተራ ወትሃደራት(*ኤንሲኦ*) ድማ ኣባል ምክልኻል ሰራዊት ሱዳን ክኾኑ።ብተወሳኺ ናይ ኣኛኛ መራሒ ሜ/ጀ ጆሴፍ ላጉ ካብ ዝነበሮ ማዕረግ ሓደ ደረጃ ንላዕሊ ክብ ኢሉ ናይ ሌ/ጀነራልነት ማዕረግን ናይ ሱዳን ምክትል ፕሬዚደንት ክኸዉን፣ ብተወሳኺ ናይ ደቡብ ሱዳን ራስ ገዝ ፕሬዚደንት ክኸዉን ዝብል ነሩ።

መንግስቲ ሓጼ ሓይለስላሴ ናይ ደቡብ ሱዳን ሽግር ብኸምዚ ዓይነት ዝማርኽ መገዲ ምስፈትሖ ናይ ኢትዮጵያዉያን ሽግርን መኸራን ጠንቒ ዝኾነን

ኢትዮጵያዉያን ንሰላሳ ዓመት ሞባዕ ዝኾኑሉ ናይ ኤርትራ ሽግር ንምፍታሕ ዝወሰዶ ስጉምቲ ኣንባቢ ብዕቱብ ክሪኦ ይደሊ።

2) *<<ኣብ ሰሜናዊ ክፋል ኢትዮጵያ ኣብ ኤርትራ ክ/ሓገር ዝኻየድ ኹናት ሓድሕድ እዞም ተዋጋእቲ ብኹለንተናዊ መለከኢ ንህዝቢ ኤርትራ ፈጺሞም ዘይዉክሉ ጥራይ ዘይኮኑ ኣብቲ ክ/ሓገር ናይ ዝነብር ሓደ ዉሑዳን ብሄረሰብ ማለት ቢኒኣምር ካብ ዝበሃል ብሄረሰብ ዝቦቖሉ ናይ እስልምና እምነት ኣኽረርቲ፣ ናይ ግዳም ሓይሊ ሓሱሳት ስለዝኾኑ፡ ብፕሬዚደንት ኑሜሪ ዝምራሕ መንግስቲ ሱዳን ኣጥቢቕና ንሓቶ*

ሀ) ካብ ሓገራት ኣዕራብ ዝለኣኽሎም ኣጽዋር፣ ኣልባሳት፣ መድሃኒት፣ ቀለብ፣ ነዳዲ ወዘተ ብሱዳን ጌሩ ናብ ኢትዮጵያ ከይሓልፍ

ለ) ካብ መግስቲ ሱዳን፣ ዜጋታት ሱዳን፣ ብሕታዉያንን መንግስታዉያን ትካላት ዝኾነ ዓይነት ደገፍ ከይቐቕርበሎም፣ ብተወሳኺ ናይ ኣመራርሓ ኣካላት፣ ተዋጋእቲ ብሓፈሻ ናይ ጀብሃ ኣባላት ሓደ ሰብ ከይተረፈ ኣብ ምድሪ ሱዳን ምንቕ ከይብሉ። ዝኾነ ዓይነት ምንቕስቓስ ክግበሩ እንተተረኺቦም ብኣባላት ጸጥታ ሱዳን ተሓዲኖም ንመንግስቲ ኢትዮጵያ ክወሃቡ።

ናይ ሓጼ ሓይለስላሴ መንግስቲ ነዚ ውዕል ምስ ቁምነገር ጸብጺቡ ኣብ ዕድልናን መጻኢናን ሓጨጨ። ናይ ሱዳን መንግስቲ ሕላዉነቱ ዝፈታተኖ ናይ ደቡብ ሱዳን ሓርነት ግንባር ከምዘይሰርር ጌሩ ኣፍሪሱ፣ ተራ ወትሓደራቱን መኮንናቱ ብሙሉዕ ናብ ሱዳን ኣትዮም ንመንግስቲ ኢዶም ስለዝሃቡ መንግስቲ ሱዳን ፍጹም ሰላም ኣረጋጊጹ'ዩ። ናይ ኢትዮጵያ ሽግር ኣመልኪቱ ዝቐረበ ዕማመ ሰላም ምስ ላግጽን ጭርቓንን ዝጽብጸብ ኣብ ወረቐት ክሰፍር ዘይክእል ዘሕዝን ቕለት'ዩ።

ኣብ ኮረሻ ስልጣን ሓገርና ዝተበራረዩ መንግስታት ንስልጣኖም ካብ ዝነበሮም ብቂ ዘውረዱልና ጭካነ፣ ግፍዒ ንላዕሊ ብሰሪ ንዕቐቶምን ንነብሶም ዘለዎም ልዑል ግምት ሓገርና ንዘመናት ክትደሚ፣ ክትበኪ፣ ተፈሪዳ'ያ። ኣብ 1962 ዓም ናይ ሓጼ ሓይለስላሴ መንግስቲ ብማሕበር ፍቕሪ ሓገር ተደፋፊኡ ዝፈጸሞ ፈደሬሽን ናይ ምፍራስ ከቢድ ጌጋ በዚ ዘይርከብ ኣጋጣሚ ብራስ ገዛ ተዝዛዘም ኔሩ ሎሚ ኣብ ካርታ ዓለም ንሪኣ ርእሳ ተቖርጸት ኢትዮጵያ ኣይምተፈጥረትን። ኣብቲ ጊዜ ጀብሃ ናብ ሓሙሽተ ሓድሕዶም ዘይናበቡ

ዞባታት ዝተመቓቐለ ብምንባሩ ኣብዚ ስምምዕ ዘይርዕሙ ክፍልታት እኻ እንተሃለው ብወሕታደራዊ ቅልጽም ምርዓሞም ዝሕርብት ኣይነበረን።

ሓጼ ሓይለስላሴ ብዕድልና ምስተጻወቱ ንጀነራል ጆሴፍ ላጉ ቤተ-መንግስቲ ጸዊዖም ምስ ፐሬዝድንት ጃፋር ኣልኑሜሪ ዝገበሩዎ ዝርርብ ብዝርዝር ኣረዲኦም *<<ብዛዕባዚ ፍታሕ ሰላም ንሰራዊትካ ኣረዲአኻ፣ ዉግእ ደው ኣቢልካ፣ ናይ መንግስቲ ሱዳን ም/ፐሬዚደንትን ናይ ደቡብ ሱዳን ራስ ገዝ ፐሬዚደንት ኾይንካ ሚሚቕካ ንበር>>* በሉዎ።

ዝተጸበዮም ግብረ-መልሲ ግን ፍጹም ዘይሓሰቡዎ ነበረ። ጀ/ል ጆሴፍ ላጉ ናይ ሓጼ ሓይለስላሴ ዘረባ ብትዕግስቲ ምስሰምዐ ብፍጹም ሓዘን ቃዚኑ: *<<ግርማዊነትዎ፣ እሶም ዝመርሑዎ መንግስቲ ንዓና ደቡብ ሱዳናዉያን ዓሰርተ ሓደ ዓመት ሙሉ: ኑዳዲ፣ ዕጥቂ፣ ፋይናንስ ኣዉጽዩ፣ ንሕና ድማ ፍርቂ ሚልዮን ዝገማገም ደቡብ ሱዳናዊ ከፊልና ኣብ ኣፍ-ደገ ዓወት ኣብ ዝበጻሕናሉን ነጻነት ክንጎናጸፍ ኣብ ዝቐረብናሉ ጊዜ ንዓና ከየማኸሩ ከመይ ኣቢሎም ነዚ ዉሳነ ይውስኑ?>>*

ሕቱኡ ተደፊረ ዝብል ስምዒት ፈጢሩሎም: *<<ዝበልኩኻ ኣብ ዉሸጢ ሓደ ወርሒ ግብራዊ ጌርካ እንተዘይጸኒሕካ ምስ ፐሬዚደንት ኑሜሪ ሓቢረ ከወግእካ'የ>>* በሉዎ። እዚ ዘረባ ናይ ደቡብ ሱዳን ሓርነት ግንባር ከም ብሓድሽ ኣብ 1983 ዓም ምስተመስረተ ብዙሓት ካብ ኣባላቱ ንጉስኹም ከምዚ ኢሎም ከይፈተና ኢድና ሂብና ብምባል እንዳስተማሰሉ ዝዛረቡዎ ሓቂ'ዩ። ኣኛኛ ኸምዚ ዓይነት ግፍዒ ተገፊኡ ኢዱ ንመንግስቲ ፐሬዚደንት ኑሜሪ ክህብ እንከሎ ድሕሪ ነዊሕ ዘመን ናይ ደቡብ ሱዳን ፖለቲካዊ ኣርካን ዝኾነ ዶክተር ጆን ጋራንግ(ኮ/ል) ኣብ ታንዛንያ ናይ ማካሬሬ ዩንቨርስቲ ናይ ስነ-ቁጠባ ምሩቕ፣ ኣብ ኣኛኛ መስመራዊ መኾንን ኮይኑ ንሓገሩ ይዋደቕ ነበረ።

ናይ ደቡብ ሱዳን ሽግር ብኸምዚ መልክዕ ንግዚኡ ክፍታሕ እንከሎ ናይ ኤርትራ ሽግር ግን ፐሬዚደንት ኑሜሪ ብጀካ ዝሃቦ ቓልን ኣብ ስምምዕ ዘንበሮ ከታምን ወጻኢ ተግባራዉነቱ ዝረጋገጸሉ መገዲ ኣይነበረን። ናይ ኢትዮጵያ መንግስቲ ፐሬዚደንት ኑሜሪ ዝኣትወሉ ቃልኪዳን ምፍጻሙ ዘረጋግጸሉ መገዲ ስለዘየለ ናይዚ ቓል ግብራዉነት ንምርግጋጽ ኣብ ዝኾነ ክፋላት ሱዳን ከም ድልየቱ ተንቀሳቒሱ፣ ኣብ ሱዳን ከተማታት፣ ማዕከል ዕዳጋታት ሆቴላት፣ ኤርፖርትን ወደባትን ካብ ሱዳን ናብ ኤርትራ ከ/ሓገር ዘእትው መገድታት ምስ ምክልኻል ሰራዊት ሱዳን ተላፊኑ ናይ ወንበዴታት ምንቕስቓስ

ዝኸተታተል፣ ግብራዉነት ናይዚ ስምምዕ ዝዕዘብ ብሓደ ኢትዮጵያዊ መኾንን ዝምራሕ ሓሙሽተ ሰባት ዝሓቖፈ መርማሪ ጉጅለ ሱዳን ኣትወ።

መንግስቲ ሱዳን ዝረኸቦ ሩፍታን ዕረፍትን ብኣግኡ ከይሃሰሰ ናይ ደቡብ ሱዳን ሰራዊት ምስ ምክልኻል ሰራዊቱ ክሳብ ዝተሓናፈጽ ንጀብሃ መጥቃዕትታ ደው ከብል ኣዚዙዎ ይመስል ጀብሃ ኣብ ኤርትራ ክ/ሓገር ዝፍጽሞም ናይ ግብረ-ሽበራ መጥቃዕትታት ንግዚኡ ደው በለ። ፕረዚደንት ኑሜሪ ዝረኸቦ ሰላም ከቖጽሎ ስለዝደልየ ቓሉ ኣኽቢሩ ኢልና ንሕና ኢትዮጵያዉያን ክንኣምን ምእንቲ ከም ማማይ ቆልዓ ኣታሊሉና። ናይ ሱዳን መንግስቲ ንጀብሃ ዝህቦ ደገፍ፣ ኣረባዉያን መንግስታት ብሱዳን ኣቢሎም ናብ ጀብሃ ዝሰዱዎ ናይ ገንዘብን ናይ ዕጥቕን ሓገዝ፣ ናይ ጀብሃ ተራ ወትሃደራት፣ መኾንናት፣ ሓለፍቲ ኣብ ሱዳን ምንቕ ከይብሉ፣ ከይኣትው ከይወጹ ዝዕንቅጽ፣ ዝኽልክል ዝኾነ ዓይነት ስጉምቲ ኣይወሰዱን። ነዚ ጉዳይ ክኸታተሉ ካብ ኣዲስ ኣበባ ብሓደ መኾንን ተኣልዮም ካርቱም ዝበጽሑ ሓሙሽተ ሰባት ንጣብ ነገር ከይዓመሙ ናብ ሃገሮም ተመልሱ።

ኣብዚ ጊዜ ኣብ ኤርትራ ክ/ሓገር ጀብሃ ዝፍጽሞ ሽበራን ራዕድን ካብ ምቕጻሉ ብተወሳኺ ናይ ዩንቨርስቲ ተመሃሮ *<<መሬት ንሓረስታይ>>* ዝብል ጭርሆ ሒዞም ናይ ተቓዉሞ ሰልፍታት፣ ምሕሳም መግቢ ስለዘካየዱ ናይ ሓጼ ሓይለስላሴ መንግስቲ ክኣስሮም፣ ክሕጥሞም ጀሚሩ ብምባል ኣብ ወጻኢ ኣድታት ማለት ኣብ ኣሜሪካን ኣውሮፓን ዝተወደቡ መንእሰያት *<<ናይ ሓጼ ሓይለስላሴ መንግስቲ ፋሺስታዊዩ>>* ብምባል ስለዝንስንሱ ናይቲ ስርዓት ምልክት ዝኾኑ ሓጼ ሓይለስላሴ ብህዝቢ ዓለም ክጽልኡን ክቓልዑን ስለዝገበሩ ብኽቢድ ሕንጡይነት ዝጽበዩዎ ናይ ኖቤል ሽልማት ሕልሚ ኾይኑ ተሪፉ።

ምዕራፍ ዓርብዓን ዓርባዕተን

ጀነራል ኣማን ዓንዶም ኣብ ኤርትራ ጉዳይ ዝነበሮ ሓናጽን ኣዕናዊን ተራ

ኣብ 1974 ዓም ህዝቢ ኢትዮጵያ ኣብ መስፍናዊ ስርዓት ተሓቀኑ ድሑር ሕይወቱ ዝፈጠረሉ ምረት ስለዝነቶገ ኣብ መላዕ ኢትዮጵያ ህዝባዊ ተቃውሞ ተላዓዒሉ ናይ ሓጼ ሓይለስላሴ መንግስቲ ስንደልደል ክብል ጀመረ። ኣብዚ ጊዜ ናይ ንጉሳዊ ስርዓት ሓለውቲ ተመሲሎም መስፍናዉነት ካብ ኢትዮጵያ ኣብ ምምሓው ዝተጸምዱ ንነብሶም <<ደርግ>> ኢሎም ዝሰመዩ 108 ታሕተዎት መኮንናት ንእንዳልካቸው መኮንን ካብ ቀዳማይ ሚኒስተርነት ኣልዒሎም ብልጅ ሚካኤል እምሩ ምስተክእዎ ብጡረታ ኣብ ገዝኡ ዝደስከለ ጀነራል ኣማን ሚካኤል ዓንዶም ሚኒስተር ምክልኻል ኮይኑ ተሾመ።

ደርግ ንጀነራል ኣማን ዓንዶም ኣብዚ ጊዜ ዝሾመሉ ምክንያት መስፍናዊ ስርዓት ናይ ምምሃዉን ምንዳልን ስራሕ ክልተ ሲሶ ተጻፊፉ፣ ተሪፉ ዘሎ ናይ ፊውዳሊዝም ምልክትን ኣርማን ዝኾኑ ሓጼ ሓይለስላሴ ጥራይ ስለዝኾኑ ናብ ስልጣን ዝግበር ጉዕዞ ክቃናዕ ምእንቲ ብፍላይ ኣብ ደርግ ዝተኣኻኸቡ መኾንናት ማዕረጎም ትሕቲ ሻለቃ ስለዝኾነ ብህዝቢ ዝኽበር ተሰማዕነት ዘለዎ ሰብ ስለዘድልዮም ጀነራል ኣማን ሚካኤል ዓንዶም ነዚ ቦታ ተሓጽየ።

ጀነራል ኣማን ዓንዶም ናይ ምክልኻል ሚኒስተር ኮይኑ ኣብ ዝተሾሙሉ እዋን ክብ ኢለ ከምዝገለጽኩዎ ኣብ መላዕ ኢትዮጵያ ህዝባዊ ዓመጽ ተጓሃሂሩ፣ ኣብ ዉሽጢ ስራዊትውን ስርዓት ኣልቦነት ሳዕሪሩ ወትሃደራትን መስመራዉያን መኾንናትን ኣዘዝቶም ዝኣስሩሉ፣ ዕዝን ቁጽጽር ዝፈረሰሉ ፈታኒ ጊዜ ብምንባሩ ኣብ ኤርትራ ክ/ሓገር ንዝነበሩ ወንበዴታት ናይ ሕጽኖት ጊዜ ነበረ።

በዚ መገዲ ሓይሎም ክድርቡን፣ ኣወዳድቦኦም ከጻፍፉ ምስጸንሁ ወታደራዊ መጥቃዕቶም ብምስፋሕ ጀብሃ ናይ ትግራይ ክፍለሓገር ምስ ኤርትራ ክፍለሓገር ኣብ ዘዳውቦ ሩባ ተኸዘ ጫፍ ዝርከብ ናይ ኦምሓጀር ወረዳ ሓምለ 9 1974 ዓ.ም. ኣጥቂዑ ኮረኔል ማዕረግ ዘለዎ ናይ ብርጌድ ኣዛዚ ቐቲሉ ካብቲ ስፍራ ተሰወረ። በዚ ፍጻመ ዝነደሩ ወትሓደራት ኣብ ነበርቲ ኦምሓጀር ሕነ ክፈድዩ ተበጊሶም ናብ 200 ሰብ ብግፍዒ ተቐትለ። ብዙሓት መበቖል ዓዶም

ገዲፎም ናብ ሱዳን ከሃድሙ እንከለው ፍርቆም ኣብ ሩባ ጋሽ ጠሓሉ። በዚ ምኽንያት ኣብ ርዕሰ ከተማና ኣዲስ ኣበባ 23 ናይ ኤርትራ ከ/ሓገር ተወለድቲ ኣባላት ፓርላማ መልቀቒ ወረቐት ናብ ፓርላማ ኣቕረቡ። ቀዳማይ ሚኒስተር ሚካኤል እምሩ ምኽንያት መልቀቒኦም ከሓቱ ዝሃቡዎም መልሲ ኣብ ኦምሓጀር ዝተፈጸመ ቕትለት ዝምልከት ነበረ። ኣብዚ ጊዜ ጀነራል ኣማን ዓንዶም ካብ ዝነበሮ ናይ ምክልኻል ሚንስተር ስልጣን ብተወሳኺ ናይ ኤርትራ ክፍለሓገር ናይ ግርማዊ ንጉሰ-ነገስት ኣመሓዳሪ ኮይኑ ተሾመ።

ድሕሪዚ ጀነራል ኣማን ናብ ኤርትራ ከ/ሓገር ፍልማዊ ምብጻሕ ከካይድ፣ ምስ ህዝብ ከዝቲ ተመደበ። ንህዝቢ ካብ ዝሃቦ ተስፋታት መብጸዓታት ብተወሳኺ ኣብ ኤርትራ ዝግበር ኹናት ጠንቁ ኣብ መንግስቲ ሓይለስላሴ ዝነበሩ ናይ ቀደም ኣኽረርቲ ሰበ-ስልጣናት ወትሃደራዊ ፍታሕ ስለዝመረጹ ዝፈጥሩዎ ጸገም ከምዝኾነ ድሕሪ ሎሚ ግን *<<ኢትዮጵያ ትቅደም>>* ብዝብል ጭርሖ ኣብ ኤርትራ ምድሪ ድምጺ ጥይት ኣይስማዕን ዝብል ትንቢት ኣስመዐ። ናይ ኤርትራ ከ/ሓገር ወገንና እዚ ቓል ካብ ዘሕደረሉ ተስፋ ንላዕሊ ድሕሪ ቢትወደድ ኣስፋሃ ወልደንከኤል ፍረ-ብርኩ ከመሓድሮ ብምብቕዑ ትጽቢቱን ሃረርቱኡን ረዚን ነበረ። ጀነራል ኣማን ዓንዶም ሰማንያ ሽሕ ሰብ ኣብ ዝተኣከበሉ ናይ ሳባ ስታድዮም ዝገበሮ መደረ ከምዚ ዝስዕብ ነበረ:

<<*ኣብ ጊዜ ሓጼ ሓይለ ስላሰ ብዛዕባ ኤርትራ ጉዳይ ኣልኢልካ ምዝራብ ከቢድ ገበን ከም ምፍጻም ይቑጸር ኔሩ፡ እዚ ኣካይዳ ኣብ ኤርትራ ዘለዉ ኣሕዋትናን ኣሓትናን ድምጾም ዘስምዑሉ ባይታ ዝሓረመ ኔሩ። ኣብ ታሪኽ ዓለም ኤርትራ ታሪካዊ ግዝኣት ኢትዮጵያ እያ ኔራ፣ ታሪክን ጅግንነትን ኤርትራዉያን ኣብ ታሪኽ ኢትዮጵያ ኩሉ ዝፈልጦ እዩ።*>>

ብተመሳሳሊ ኣብ ኦምሓጀር ካብቲ ሓደጋ ዝተረፈ ህዝቢ ኣዘራሪቡ ሓምለ ትሸዓተን ዓሰርተን፣ ነዚ ግብሪ ዝፈጸሙን ጉድኣት ዘውረዱ ኣዘዝቲ ኣብትሕቲ ቑይዲ ውዒሎም ጉዳዮም ኣብ ወትሃደራዊ ቤ/ፍርዲ ክረአ ትዕዛዝ ሃበ። ህዝቢ ኦምሓጀር ዝፈትዎ መኾንን ሻለቃ ረጋሳ ጅማ(*ደሓር ሜ/ጀነራል*) ስለዝነበረ ናይ ብርጌድ ኣዛዝነት ስልጣን ተረኺቡ ኦምሓጀርን ከባቢኡን ከረጋግእ ተገብረ።

ጀነራል ኣማን ዓንዶም ኣብ ኤርትራ ክ/ሓገር ዝፈጸም ምብጻሕ

ጀነራል ኣማን ዓንዶም ኣብ ኤርትራ ክ/ሓገር ኣብ ዝገበሮ ምብጻሕ ንነብሱ *<<ሻዕብያ>>* ኢሉ ዝሰምየ ጨራሚ ሓገር ብኣዕራብ ብዙሕ ዘይጽለው ኣመንቲ ክርስትና ዝተኣኻኸቡሉ ውድብ ጥራይ ዘይኮነ ኣዕራብ ብኣምሳሎም ዝፈጠሩዎ ጀብሃ ንምዉቓዕ፣ ወሳኒ ሓይሊ'ዩ ዝብል ተስፋ ስለዝነበሮ ኣብ ኣስመራ ዝቐመጡ ዓበይቲ ዓዲ፣ ካሕናት፣ ሽማግለታት ወ.ዘ.ተ. ኣኺቡ መንግስቲ ምቑራጽ ቶኽሲ ጥራይ ዘይኮነ *<<ናይ ኢትዮጵያ ሰራዊት ካብ ካምፕ ምንቅ ኣይብልን>>* ኢሎም ክነግሩዎም ሓቢሩ ነዞም ዓበይቲ ዓዲ ናብ ሻዕብያ ለኣኾም።

ጀነራል ኣማን ኣብ ኤርትራ ጉዳይ ናይ መጀመሪያ ኣብዪ ጌጋ ዝፈጸመ ነዚ ሓሳብ ኣብ ዝሓሰበሉን ምስ ዝኾነ ኣካል ከይተዘራረበ ንበይኑ ኣብ ዝወሰኑሉ ጊዜ ነበረ። ምቑራጽ ቶኽሲ ንግጭትን ደም ምፍሳስን ሓደ መፍትሒ እኻ እንተኾነ ሓደ ወገን ጥራይ ናይ ምንቅስቓስ መሰሉ ተቐንጢጡ፣ ዝግበር ስምምዕ መፍትሒ ግጭት ዘይኮነ መጋደዲ ጸገም'ዩ። ኣብዚ ጊዜ ሻዕብያ ኣስመራ ሰሜን ሰረጀቃ ኣብ ዝበሃል ንዑስ ወረዳ ምስ ጀብሃ ተፋጢጡ ንኣዋርሕ ዝወሰደ ዉግእ ዘካየደሉ ጊዜ ብምንባሩ ናይዞም ዓበይቲ ዓዲ ምምጻዕ ትንፋስ ክረኽብ ኣኽኣሎ።

እዞም ካሕናትን ሽማግለታትን ጀነራል ኣማን ዓንዶም ዝሃቦም ሓደራ ተቐቢሎም ሰረጀታ ምስበጽሑ ናይ ኤርትራ ክ/ሓገር ወንበዴታት ብቑጽሪ በርኪቶም፣ ብኣወዳድባ ወርጂጾም ምስረኣዩ ብፍላይ ክልቲኦም ወንበዴታት ኣብ ተዳወበቲ ዓድታት ፊትንፊት ክጨፋጨፉ ምጽንሖም ምስሰምዑ ጀነራል ኣማን ዝሃቦም ሓደራ በሊዮም:<<*ካብ መንግስቲ ኣምሓራ ሎሚ'ዶ ጽባሕ ክተውጽኡና እንዳበልና ሓድሕድኩም ክትዋደኡ....*>> ብምባል ክዓርቑዎም ጀመሩ።

ናይ ኢትዮጵያ ሰራዊት ካብ ካምፕ ከይንቐሳቐስ ናብ ወንበዴታት ከይትኩስ ብጀነራል ኣማን ዓንዶም ዝተበየነሉ ብይን ንገንጸልቲ ሓገር ዘተባበዐን ዘነሃሃረን ጥራይ ዘይኮነ ድሕሪ ሂደት ኣዋርሕ ክልቲኦም ወንበዴታት ናይ ኤርትራ ክ/ሓገር ርዕሰ ኸተማ ኣስመራ ብሓባር ኣጥቂዮም መንግስትነት ክእዉጁ ናብ ዝተሓንደዱሉ ፍጹም ዕብዳን ሸመሞም። ጀነራል ኣማን ዓንዶም ዝለኣኾም ዓበይቲ ዓዲ ዝተላእኹሉ ሓደራ በሊዮም ደም ምፋስስ ኣብ ዘጋድድ ስራሕ ስለዝተጸምዱ ጥሪ 1975 ዓም ኣብ ኸተማ ኣስመራ ኣብ ሰላማዊ ህዝቢ ንዝወረደ መቕዘፍቲ ተሓተቲ እዮም።

ጀነራል ኣማን ቐጺሉ ዝፈጸሞ ኣብዪ ጌጋ ናይ ብሪታንያ ኢምፔሪያሊዝም ንፋሺስት ኢጣልያ ተኺኡ ኣብ ኤርትራ ክ/ሓገር ባዕዳዊ መግዛእቱ ክጽንዕ ኣብ ዝወሰነሉ ጊዜ ምስ ኢምፔሪያሊዝም ፊትንፊት ገጢሞም ህዝቦም ዘንቅሑ፣ ኤርትራ ናብ ወላዲት ሓገራ ኢትዮጵያ ዝጸምበሩን ኣብ መወዳእታ <<*ፌዴሬሽን ዝበሃል ባዕዳዉያን ዝጸዓኑልና ሓንፈጽ ፍጥረት ኣይንደልን*>> ብምባል ፌዴሬሽን ዘፍረሱ ናይ ኢትዮጵያ ሓድነት ማሕበር ፍቅሪ ሓገር ናይ ኣመራርሓ ኣካላት: መልኣከ ሰላም ንብረዑድ ዲሜጥሮስ ገ/ማርያምን ቢትወደድ ኣስፋሃ ወልደንክኤልን ናይ ወንበዴታት ደገፍቲ ዘቕረቡሎም መሰረት ኣልቦ ክሲ ሰሚዖም ናይ ሓጼ ሓይለስላሴ መንግስቲ ሰበ-ስልጣናት ኣብ ዝተዳጎኑሉ ዕሱር ቤት ዳጎኑዎም።

ጀነራል ኣማን ዝፈጸሞ ሳልሳይ ከቢድ ስሕተት ናይ ኤርትራ ክፍለሓገር ዓበይቲ ዓዲ ናብ ወንበዴታት ቅድሚ ምብጋሶም ንነብሶም ጅብሃን ሻዕብያን ኢሎም ዝሰመዩ ናይ ጥፍኣት መጋበርያታት ኣብ ሰሜን ኣስመራ ሰረጀታን ከባቢኡን ሓድሕዶም ክሳየፉን ክዋደቑን ኣብ ዝነበሩሉ ጊዜ ናይ 2ይ ዋልያ ክ/ጦር ኣዛዚ ጀነራል ተፈሪ በንቲ(*ደሓር ናይ ኢትዮጵያ ፕሬዚደንት*) ወንበዴታት ተዳኺሞም ኣብ ዘለውሉ ምቹእ ጊዜ ዘየላቡ መጥቃዕቲ ከፊቶም ንምድኻም

እንተኸኢሎም ንሓዋሩ ንምድምሳስ ሰራዊት ኣብ ዝሓተቱሉ ጊዜ ጀነራል ኣማን ክልተ ኢዶም ናብዚ ጉዳይ ኣእትዮም ነዚ ውሳነ ኣሰናኺሉ። ኣብ ሰሜናዊ ክፉል ሓገርና ንኽብረት ሓገሩ ዝዋደቕ ኣብዮታዊ ሰራዊት በዚ ግብሮም ካብ ልቢ'ዩ ሓዚኑ። ጀነራል ኣማን ነዚ ግብሪ ምኽንያት ኢሉ ዘቕርቦ *<<ዝተጀመረ ሽምግልናን ዘርርብን ከይኩለፍ>>* ዝብል እኻ እንተኾነ እቲ ሓቂ: ነገር ስጋ ኮይኑዎ'ዩ።

ነዞም ተግባራት ፈጺሞም ናብ ኣዲስ ኣበባ ምስተመልሱ 19 ነጥብታት ናይ መፍትሒ ሓሳብ ዝሓዘ ሰነድ ንባይቶ ሚኒስተራት ኣቕሪቦም ዉሳነ ክወሃበሉ ኣዘኻኺሩ። ሕመረት ናይዚ ሰነድ ኣብ ኤርትራ ክፍለሓገር ፌዴሬሽን ዳግም ምጽዳቕ ዝብል ኔሩ። ጀነራል ኣማን ዘቕረቦ ዕማመ ነቲ ሽግር ፍታሕ እኻ እንተመሰለ ከምቲ ብሓደ ኢድ ምጥቓዕ ከምዘይሕሰብ ኣብ ሓገርና ኹናት ዝኣጎዱ ገንጸልቲ ሓገር ኣብዚ ጉዳይ ዘለዎም መርገጺ ከይነጸረ፣ ካብ ጀነራል ኣማን ሓደራ ዝተቐበሉ ሽማግለታት ተልእኾኦም ኣበይ ከምዝበጽሐ ከይተፈልጠ ነዚ ሰነድ ምጽዳቕ ብሓደ ኢድ ክተጣቕዕ ከም ምፍታን'ዩ።

እዚ ሓሳብ ናብ ባይቶ ሚኒስተራት ምስቐረበ ናይ ደርግ ም/ኣቦወንበር ሻለቃ መንግስቱ ሓይለማርያም[25](*ደሓር ሌ/ኮ ናይ ሕብረተሰባዊት ኢትዮጵያ ፕሬዚደንት*) ሰለስተ መሳርሕቱ ማለት ሻለቃ ብርሃኑ ባየህ፣ ሻለቃ ኣጥናፉ ኣባተን ሻምበል ሞገስ ወልደንክኤልን ኣሰንዩ ፌዴሬሽን ዳግም ናይ ምጽዳቕ ዕማመ ደርግ ኣቀዲሙ ስለዘይዘተየሉ እዚ ኣኼባ ክቕጽል ኣይክእልን ብምባል ናይ ጀነራል ኣማን ሓሳብ ሂደት ከይሰጎመ ተቓጽዩ እቲ ኣኼባ ተበተነ።

ፕሬዚደንት መንግስቱ ሓይለማርያም ነዚ ክፍጽም ዝደረኾ ምኽንያት ክገልጽ*<<ጀነራል ኣማን ፌዴሬሽን ዝብል ኤርትራ ንምንጻል ዘድሊ ረቂቅ ሰነድ ሂዙልና ሓንደበት መጺዑ>>* ይብል። ጀነራል ኣማን ዘቕረቦ ዕማመ ብናተይ ዕምነት ኤርትራ ንምንጻል ዝኣለሞ ተንኮል ኣይመስለንን: ፌዴሬሽን ዳግም ክጸድቕ ዝመደበ ናይ ኤርትራ ክ/ሓገር ሽግር ሓንሳብን ንሓዋሩን ንምፍታሕ ሓሊኑ እኻ እንተኾነ ኣቀዲመ ብዝገለጽኩዎ ምኽንያት እዚ ፍታሕ ሕዉጽን ዘይብሱልን ዕማመ ኔሩ።

---

25 *መንግስቱ ሃይለማርያም(ሌ/ኮ)፣ ትግላችን: የኢትዮጵያ ህዝብ የትግል ታሪክ ቅጽ-1 (ታሕሳስ፣ 2004 ዓም)*

ጀነራል ኣማን ኣብ ኤርትራ ክ/ሓገር ምብጻሕ ጌሮም ኣዲስ ኣበባ ምስተመልሱ ጠባዮም ብፍላይ ናይ ስራሕ ድልየቶም ፍጹም ተቐየረ። ካብ ምክልኻል ሚኒስተርነት ሽመት ብተወሳኺ ኣብ መስከረም 1974 ዓም ፕሬዚደንት ኮይኖም ምስተሾሙ ቤ/ጽሕፈቶም ካብ ምክልኻል ሚኒስተር ስድስት ኪሎ ናብ ዝርከብ ቤ/ጽሕፈት ቀዳማይ ሚኒስተር ፊትንፊት ዘሎ ቤተ-መንግስቲ ከኣትው ምስተገብረ ስርሖም ክጻፈፍ ምእንቲ ካብ ኣዲስ ኣበባ ዩንቨርሲቲ ብሕግን ምሕደራን ዝተመረቑ ሽውዓተ መኾንናት ተመደቡሎም። ሓደ ካብኦም ሻለቃ ሁሴን ኣሕመድ[26](*ደሓር ሜ/ጀነራልን ናይ 2ይ ኣብዮታዊ ሰራዊት ኣዛዚ*) ሽው ዝነበረ ኹነታት ክገልጽ:

<<ድሕሪ መገሻኦም ጀነራል ኣማን ናይ ኣመራርሓ መንፈስ ለውጢ እንዳርኣዩ መጹ። ኣነ ናይ ምምሕዳር ተሓጋጋዚኦም ኮይነ ይሰርሕ ስለዝነበርኩ ነቲ ኹነታት ብቐረባ እንዳተኸታተልኩ ይፈልጥ ኔረ። ኣብ ክንዲ ስራሕ ምስ ገለ ገለ ዝተፈልዩ ፍሉጣት ሰባት ርክቦም ክጥብቑ ጀሚሮም። ናይ ዉልቂ ኣማኻሪኦም ኮይኑ ዝቐረበ ናይ ሕጊ ሰብ-ሞያ ዶ/ክ በረኸት ሓብተስላሴ ነበረ።>>

ጀነራል ኣማን ዝወሰድዎም ተበግሶታት ብወንቤዴታት ፍርሕን ራዕድን ካብ ምፍጣሩ ብተወሳኺ ካብ ኤርትራ ክ/ሓገር ህዝቢ ክንጽሎም ስለዝጀመረ ኣብ ሓጺር ጊዜ ወትሓደራዊ መጥቃዕትታት ከምዝጀምሩ ኣቃልሑ። ከም ዝፈከሩዎ ጥቅምቲ 25 1974 ዓም ኣስመራ ዙርያ ከቢቦም ንምቁጽጻር ዉሁድ መጥቃዕቲ ፈነው። ናይ ኢትዮጵያ ኣብዮታዊ ስራዊት ብዝፈነወሎም ቕጽበታዊ ጸረ-መጥቃዕቲ ተጨፍሊቆም፣ ዉጉኣቶም ዛሕዚሖም ሃደሙ። ይኹን እምበር ኣብዚ ጊዜ ናይ ኤርትራ ክፍለሓገር ርዕሰ-ኸተማ ምስ ማዕከል ሓገር ዘራኽብ ክልቲኡ ጽርግያታት ተዓጽወ። ወንበዴታት ኣብዚ ወርሂ ኣስመራ ንምቁጽጻር ዝገበሩዎ ፈተነ ብኣጉኡ ተቖጽዩ እኳ እንተተረፈ ካብ ኣስመራ ዘውጽኡ ኣርባዕተ ማዕጾታት ብ10 ኪሜ ራድየስ ከቢቦም ናይቲ ክ/ሓገር ጸጥታ ልዕሊ ዝኾነ ጊዜ ኣብ ሓደጋ ወዲቑ።

ኣንባቢ ከምዝዝክሮ ንነብሶም *<<ሻዕብያን ጀብሃን>>* ኢሎም ዝሰመዩ ናይ ባዕዳን መጋበርያታት ቅድሚ ሓደ ወርሂ ክጨፋጨፉን ክሳየፉን እንከለው ብክልቲኦም ወገን ልዑል ሓስያ ወሪዱ እንከሎ ናይቲ ክ/ሓገር ርዕሰ ኸተማ

---

26 ሁሴን ኣሕመድ(ሜ/ጀ)፣ *መስዋዕትነትና ጽናት* (ኣዲስ ኣበባ፣ ጥር 1997 ዓም)

ኣስመራ ከቖጻጸሩ ዘድፈሮም፣ ናብዚ ግብዝነት ዘብቅዖም ጀነራል ኣማን ዓንዶም ዝኣመሞ ናይ ሓደ ወገን ምቁራጽ ቶኽሲ ነበረ። በዚ ምኽንያት ይኹን ብካልእ ሻለቃ መንግስቱ ሓይለማርያም ንኮ/ል ተስፋይ ወ/ስላሴ(*ሚኒስተር ድሕነት*) ሕዳር 1975 ዓም መጀመሪያ ንጀነራል ኣማን ከየፍለጠ ናብ ኣስመራ ለኣኾ።

ተስፋይ ወ/ስላስ መገሹ ፈጺሙ ምስተመልሰ ሻለቃ መንግስቱ ሓይለማርያም ዝመርሖ ናይ ኣብዮታዊ መንግስቲ ጠቕላሊ ባይቶ ኣኼባ ጸዊዑ፣ ተጋባእቲ ተረኺቦም፣ እቲ ኣኼባ ተጀመረ። መንግስቱ ሓይለማርያም ነቲ ኣኼባ ከኽፍት *<<ተስፋይ ኣብ ኤርትራ ቀንዩ ስለዝመጸ ኣብኡ ዘሎ ሕልዉ ኩነታት ዝርዝር ሓበሬታ ከቕርበልና ይሓትት>>* ምስበለ እቲ ኣኼባ ፈለመ።

ናይ ድሕነት ሚኒስተር ኣብ ኤርትራ ክ/ሓገር ምብጻሕ ዝተዓዘቦ ክገልጽ: *<<ወንበዴታት ቅድሚ ሎሚ ሪኢናዮ ዘይንፍለጥ መገዲ ገቢሎም ኣስመራ ዙርያ ከቢቦም ኣብ ዝኾነ ሰዓትን ግዜን ናይዛ ክፍለሓገር ርዕሰ ኸተማ ተቆጻጺሮም መንግስትነት ከእውጁ ተዳልዮም ጥራይ ዘይኮነ ታቓሪቦም'ዉን ኣለው። ጀነራል ኣማን ንሸምግልና ዝለኣኾም ሽማግለታት፣ ዓበይቲ ዓዲ፣ ካሕናት ናይ ወንበዴታት ኣወዳድባን ኩነታትን ሪኦም <<ደቅና ቀሪቦም እዮም>> ብምባል ልቢ ህዝቢ ኣሸፊቶምዮም። ካብ ማዕከል ሓገር ብቕልጡፍ ረዳት ጦር እንተዘይልኢኽና ኤርትራ ክትግንጸል'ያ>>* ብምባል ዘረብኡ ዛዘመ።

ኮ/ል ተስፋይ ወ/ስላሴ ኣብ ኤርትራ ክ/ሓገር ዝረኣዮን ዝተዓዘቦ ገሊጹ ምስወደአ ናይ መጀመሪያ ተቓውሞን ቁጠዐን ዘስመዐ ጀነራል ኣማን ዓንዶም ነበረ: *<<ንምኻኑ ካበይ ዘምጻኻዮ ጸብጻብዩ። ናይ ኤርትራ ጉዳይ ዝፍታሕ ሰራዊት ብምስላፍ ዘይኮነ ብሰላም እዩ። እዚ ድማ ኣነ ዝሓዝኩዎ ስለዝኾነ ንዓይ ግደፈለይ።>>* ናይ ጀነራል ኣማን ዓንዶም ሓሳብ ብሓፈሻ ክረአ እንከሎ ምኽኑይ እኻ እንተመሰለ ብሰለስተ ሚልዮን ህዝቢ ዕድልን ብኣሰርተ ሽሕ ሰራዊት ዕጫ ዝግበር ጠላዕ ነበረ። ወንበዴታት ናይቲ ክፍለሓገር ርዕሰ ኸተማ ኣስመራ ከቢቦም ኤርትራ ካብ ኢትዮጵያ ነጺልና ዝብል ነጋሪት ንዓለም ከቓልሑ ኣብ ዝሕንደዱሉ እዋን፣ ኣብዮታዊ መንግስቲ ደላዩ ሰላም ምኻኑ ከርእይ ምእንቲ ናይ ሓደ ወገን ምቁራጽ ቶኽሲ ጥራይ ዘይኮነ ዝሓለፈ ስለስተ ኣዋርሕ ኣብዮታዊ ሰራዊት ኣብ ካምፕ ተዓቢጡ ከብቕዕ *<<ሰላም፣ ዘተ>>* ብምባል ክትውሕልልን ክትውርዙውን ምፍታን ጥፍኣት ምዕዳምዩ። ጀነራል ኣማን ዘቕረቦ ሓሳብ ጠላዕ ምጥላዕ ከምዝኾነ ዳርጋ ኩሉ ተሳታፊ ስለዝነጸረሉ ሓሳቡ ተቐባልነት ኣይረኸበን።

ናይዚ ባይቶ ተሳተፍቲ ዘሰማምዕ ነጥቢ ክበጽሑ ስለዘይከኣሉ ብድምጺ ብልጫ ክውሰን ተጌሩ ሰራዊት ንስደደ ዝብል ድምጺ ሰዒሩ። ጀነራል ኣማን ሓሳቡ ዉዱቕ ምስኮነ ሰራዊት ካብ ሰደድና ናተይ ክፍሊ 3ይ(*ኣምበሳው*) ክ/ጦር ሜኻናይዝድ ብርጌድ ይኺድ በለ። ኣንባቢ ናይ ኤርትራ ክ/ሓገር ቑርጺ መሬት ኣብ ዝዳሕሰስኩሉ ራብዓይ ክፍሊ ናይዚ መጽሓፍ ከምዝዝክሮ ናይ ኤርትራ ምድሪ ብኣጻድፍ ኩርባታት፣ ኹምራ ኣኻዉሒ፣ ከም ሰንሰለት ዝጠናነጉ ዕምባታት ዝተሓዝአ መሬት ጥራይ ዘይኮነ እቲ ዉግዕ ምስ ምዱብ ሰራዊት(*ኮንቬንሽናል ኣርሚ*) ዘይኮነ ምስ ወንበዴታት ነበረ። ጀነራል ኣማን ካብ መፋርቕ ካልኣይ ኹናት ዓለም ኣትሂዙ ወትሃደራዊ ተሞክሮ እንዳዋህለለ ዝመጸ መኾንን ክንሱ ኣብ ኤርትራ ክ/ሓገር ሜኻናይዝድ ሰራዊት ንልኣኽ ምባሉ ስንክሳር'ዩ።

እዚ ሓሳብ ተቃውሞ ኣጋጢሙዎ ዉዱቕ ኾነ። ሓደ ኣጋር ሰራዊት ክለኣኽ ስለዝተወሰነ ናይ ክቡር ዘበኛ 3ይ ብርጌድ ካብ ኣዲስ ኣበባ ተላእኸ። 3ይ ብርጌድ ካብ ዝሓዞም ሰለስተ ሻለቃታት ሓደ: ኣብ ኸተማ ናቕፋ ሽድሽተ ወርሒ ብጸላኢ ተኸቢቡ መሪር ናይ ምክልኻል ተጋድሎ ዝፈጸመ እቲ ተኣምረኛ 15ኛ ሻለቃ'ዩ።

ድሕሪዛ ዕለት ጀነራል ኣማን ዓንዶም *<<ኣነ ባንቡላ ኣይኮንኩን>>* ብምባል ካብ ስራሕ ተኣልዩ ኣብ ገዝኡ ኮፍ በለ። መራሒ ሓገር ስራሕ ገዲፉ ገዛ ኮፍ ክብል ኣብ ሓገር ዝወርድ ሓስያ ንምግማቱ ዝዕግም ኣይኮነን። ንጀነራል ኣማን ክሓባብሉ ምእንቲ ኣርባዕተ ሰበስልጣናት ናብ ገዝኦም ከይዶም ከዘራርብዎም እኳ እንተፈተኑ ጀነራል ኣማን ስለዘይተዋሕጠሎም ነዚ ምሕጽንታ ነጺጉዎ። እዞም ሰበስልጣናት ተስፋ ከይቆረጹ *<<ይቕሬታ>>* ሓቲቶም ናብ ስራሕ ክምለሱ ምስለመኑዎም ጀነራል ኣማን ቅድመ-ኹነት ስለዘቕረቡ እዚ ኹነታት ከይሰለጠ ተሪፉ።

ንጀነራል ኣማን ሓባቢሉ ናብ ስርሑም ክመልሶም ካብ ዝመጸ ሰበስልጣናት ሓደ ቅድሚ ሂደት መዓልታት ኣብ ዝተኻየደ ኣኼባ ምስኦም ዝተጎራፈጠ ኮ/ል ተስፋይ ወ/ስላሴ ካብዛ መዓልቲ ኣትሒዙ ናይ መንበሪ ቤቶምን ስርሖምን ስልኪ ክጥለፍ ገበረ። ኣብዚ ናይ ስልኪ ምልውዋጥ ጀነራል ኣማን ምስ ጠቅላሊ ኣዛዚ ስታፍ ሜጀር ጀነራል ግዛው በላይነህ *<<ደርግ ምስራሕ ከሊኡኒ>>* ብምባል ዝተዘራረብሉ ቴፕ ቀዲሑ ንደርግ ኣቕረበ። ኣብ ኸተማ ኣዲስ ኣበባ

ብዛዕባ ጀነራል ኣማን ዝዝረብ ሕሜት ተላቢኡ ብምንባሩ እዚ ወረ ኣብ ሰራዊት በጺሑ ንጀነራል ኣማን ካብ 3ይ(*ኣምበሳው*) ክ/ጦር ወኪሎም ዝለኣኹዎ መኾንናት ደሃዩ ክሓቱ ኣዲስ ኣበባ ምስመጹ ም/ኣቦወንበር ደርግ ሕዳር 22 1974 ዓም ናይ ጠቕላሊ ባይቶ ኣኼባ ስለዘሎ ኣብኡ ተረኺቦም ብዛዕባ'ዚ ጉዳይ ከጣልሉ ሓበሮም።

ሕዳር 22 1974 ዓም ኣብ ዝተጸወዐ ኣኼባ ናይ ደርግ ም/ኣቦወንበር ሻለቃ መንግስቱ ሓይለማርያም ናይ ጀነራል ኣማን ዓንዶም ሓጥያታን በደልን ዝበሎም ማለት: ኤርትራ ምስ ኢትዮጵያ ክትጽምበር ከቢድ መስዋዕትነት ዝኸፈሉ መልኣከ ሰላም ንቡረዑድ ዲሜጥሮስ ገ/ማርያምን ቢትወደድ ኣስፋሃ ወልደንክኤልን ምእሳሩ፣ ናይ ኢትዮጵያ ኣብዮታዊ ሰራዊት ናይ ሓደ ወገን ምቑራጽ ቶኽሲ ክፍጽም ካብ ምዕዛዙ ብተወሳኺ ካብ ካምፕ ከይወጽእ ምግባሩ: ኣብ መወዳእታ ወንበዴታት ናይቲ ክ/ሓገር ርዕሰ ኸተማ ኣስመራ ክወሩ ከምዝተቐራረቡ ምስተገልጸን ናይ ረዳት ሰራዊት ኣድላይነት ምስተነግረ <<*ኣይፋል!*>> ኢሉ ካብ ምሕንጋዱ ብተወሳኺ ሜካናይዝድ ብርጌድ ይኺድ ብምባል ተኻቲዑ ድልየቱ ዉዱቕ ምስኮነ ኾርዮ ኣብ ገዛ ተኣጺዩ ከምዝርከብ ወዘተ ምስዘርዘረ መብዛሕቱኡ ተሳታፊ:

<<*ጀነራል ኣማን ናይ ብሓቂ ዉኢሎም እንተኾይኖም ጸዊዕና ንምንታይ ከምዝወዓልዎ ንሕተቶም* >> ምስበለ: ሻለቃ መንግስቱ ናቱ ምምጻእ ኣየድልየኩምን ናቱ ሓሳብ ክትፈልጡ እንተደሊኹም ነዚ ቴፕ ክትሰምዑ ትክእሉ ኢኹም ብምባል ጀነራል ኣማን ምስ ጠቕላሊ ኣዛዚ ስታፍ ጀነራል ግዛው በላይነህ ዝገበሮ ናይ ስልኪ ዝርርብ ንተሳተፍቲ ኣቕረበ።

ጀነራል ኣማን ኣብ ኣመራርሓ ደርግ ዘለዎ ንዕቐት: ብፍላይ ንሻለቃ መንግስቱ ሓይለማርያም <<*መንግስቱ'ኮ ናይ ሓደ መኽዘን ኣጽዋር መኾንን'ዩ*>> ኢሉ ከቆናጽቦ፣ ንኣባላት ደርግ ብነውራም ቃላት ክዝልፎም ምስሰምኡ ነደሩ። ኣብዚ ጉዳይ ዉሳነ ንምሃብ ንጽባሂቱ ክራኸቡ ተቛጺሮም እቲ ኣኼባ ተበተነ። ኣንባቢ ኣብዚ ከስተብህሎ ዝግባዕ ነጥቢ እዚ ኣኼባ ቅድሚ ምጅማሩ ናይ ጀነራል ኣማን ዓንዶም መንበሪ ቤት ብኣርመርን መዳፍዕን ተኸቢቡ ብምንባሩ ጀነራል ኣማን ኣብ ገዛ ማሕዩር ነበረ።

ንጽባሒቱ ኣብ ዝቐጸለ ኣኼባ ከምቲ ልሙድ ሻለቃ መንግስቱ ነቲ መድረኽ ከፊቱ እዛ ሓገር ኣብ ሓደጋ ከምዝወደቐት፣ ብፍላይ ልዑል እምነት

ዘንበርናሎም ሰባት ጠሊሞምና ጥራይ ዘይኮኑ በትሪ የወጣውጡልና ኣለው ድሕሪ ምባል ምርር ዝበለ ስጉምቲ ክንወስድ ኣለና በለ። ነዚ መሪር ስጉምቲ ኣብ ጀነራል ኣማን ዓንዶም ክፍልሞ ወሲኑ ናይ ወፈራ መኾንን(*ሔድ ኦፍ ኦፐሬሽን*) ዝነበረ ሻለቃ ዳንኤል ኣስፋው ጀነራል ኣማን ብቑልጡፍ ኣብትሕቲ ቐይዲ ክዉእል ብምባል ኣዘዘ።

ድሕሪ ሂደት ሰዓታት ሻለቃ ዳንኤል ኣስፋው ናብቲ ኣዳራሽ ተመሊሱ *<<ጀነራል ኣማን ኢዶም ክሕቡ ፍቃደኛ ኣይኮኑን>>* ምስበለ ሻለቃ መንግስቱ *<<ብፍታዉ ኢዱ እንተዘይሂቡ ይደምሰስ>>* ብምባል መለሰሉ። ሰዓት 05:00 ድሕሪ ቀትሪ ካብ ሚኒሊክ ቤተ-መንግስቲ ኣርመራትን ታንክታትን ናብ ከባቢ ቦሌ ክንቀሳቀሳ ጀመራ። ናይዘን ከቢድ ብረት መዓልቦ ናይ ጀነራል ኣማን ዓንዶም መንበሪ ቤት ነበረ። ሻለቃ ዳንኤል ዘሰለፎ ሰራዊት ብዝተኣዘዞ ትዕዛዝ መሰረት ንጀነራል ኣማን ክድምስሶም እኻ እንተፈተነ ጀነራል ኣማን መትረየስ ጸሚዱ ልዕሊ ሓደ ሰዓት ተታኲሱ ትንፋስ ስለዝኸልኦም ነቲ ገዛ ዝኸበበ ሰራዊት ረዳት ጦር ክበጽሐሉ ብዝገበሮ ጻውዒት ካብ ቤተ-መንግስቲ ታንክታት ብቕልጡፍ መጻ። እዘን ታንክን ኣርመርን ኣብ መንበሪ ቤት ጀነራል ኣማን ምስበጽሓ ሓደ ታንክ ማዕጾ ናይቲ ቤት ሓምሺሹ ኣትወ። ጀነራል ኣማን ብረቱ ብኢዱ ጨቢጡ ነብሱ ቐቲሉ ተረኺበ።

ጀነራል ኣማን ብዉትድርና ሞያ ዝተሞከረ፣ ሓገርና ኣብትሕቲ ፋሺስቲ ወረራን ከበባን ኣብ ዝነበረትሉ ዘመን ኣብ ርዕሰ ኸተማ ሱዳን ካርቱም ጥቃ *<<ሶባ>>* ኣብ ዝበሃል ስፍራ ዝቖመ ኣርሚ ኣካዳሚ ሕጹይ ኮይኑ ዝተመረቐ ክኢላ መኾንን ነበረ። ውትድርናን ፖለቲካን ክልተ ጫፋት ስለዝኾኑ ጀነራል ኣማን ናይ ፖለቲካ ስንክሳር ኣይተረድኦን: ብሰሪዚ ሕይወቱ ብኣጉኡ ተቐጽየ። ቅዱስ መጽሓፍ *<<ከም ኣትማን ጎራሓት ኩኑ>>* ከምዝብሎ ኣብ ፖለቲካ ሕድኣት፣ ኣተኩሮ፣ ተዓጻጻፍነት ንዕምርኻ ወሰንቲ እዮም። ጀነራል ኣማን እዞም ባህርያት ካብ ዘይምእዳሉ ብተወሳኺ ኣብ ኤርትራ ክ/ሓገር ምብጻሕ ክፍጽም እንክሎ ብሕሩግታዉነት ዝፈጸሞም ተግባራት ናይቲ ክ/ሓገር ተወላዲ ምስ ምኻኑ ተወሲኹ ናይ ስልጣን መቐናቕንቱ *<<ናይ ወንበዴታት ተደናጋጺ>>* ብምባል ጠቂኖም ብቀሊሉ ጠሊፎም ከውድቑዎ ክኢሎምዮም።

ጀነራል ኣማን ናይ ኢትዮጵያን ኤርትራን ሓድነት ዕምርን ቐጻልነት ክሕልዎ ሓሲቡ ፍዴሬሽን ምዕማሙ ቅኑዕ ግብሪ እኻ እንተኾነ ናይ ኤርትራ ክ/ሓገር

ህዝቢ ካብ ብሪታንያ ኢምፔሪያልዝም ተገላጊሉ ናብ ወላዲት ሓገሩ ኢትዮጵያ ክጽምበር ዕድሚኦም ዝጸንቐቑ ናይ ኢትዮጵያ ሓድነት ማሕበር ፍቅሪ ሓገር ናይ ኣመራርሓ ኣካላት መልኣኽ ሰላም ቀሺ ንቡረዑድ ዲሜጥሮስ ገ/ማርያምን ቢትወደድ ኣስፋሃ ወልደንክኤልን <<ኢትዮጵያ>> ስለዝበሉ ንማዕሰርቲ ምፍራዱ ስብዕንኡ ዝጓዕመመ ዘሕዝን ተግባር'ዩ።

ከምኡዉን ናይ ሓደ ወገን ምቑራጽ ቶኽሲ ኣዊጁ ናይ ኢትዮጵያ ኣብዮታዊ ሰራዊት ኣብ ካምፕ ክዕበጥ፣ ብኣንጻሩ ወንበዴታት ሕዛእቶም ኣስፊሖም ናይቲ ክ/ሓገር ርዕሰ ኸተማ ክኸቡ ኹነታት ምቹዕ ምግባሩ ጥፍኣቱ ኣቀላጢፉዎ'ዩ። ጀነራል ኣማን ነዚ ትግባር ዝፈጸመ ከምቲ ከሰስቱ ዝብልዎ ኤርትራ ንምንጻል ሓሲቡ ዝገበሮ ኣይመስለንን። ናይ ኤርትራ ሽግር ብሰላም ከምዝፍታሕ ስለዝኣመነ፣ ድልየቱ ልባዊ ከምዝኾነ ንወንበዴታት ክርእይ ዝወሰዶ ተበግሶ እኻ እንተነበረ መሰረታዊ ጌጋታት ነበሮ።

ቀዳምነት ወንበዴታት ብዛዕባ ዝርርብን ዘተን ዘለዎም መርገጺ እንታይ ከምዝኾነ ኣየነጸረን። ንሽምግልና ዝለኣኾም ዓበይቲ ዓዲ ሓደሩኡ በሊዖም ከምዝተሰወሩ ምስተረደአ ብሓደ ኢድካ ከምዘይጣቓዕ ኣስተብሂሉ መርገጺኡ ዳግመ ምርኣይ ክገብረሉ ይግባዕ ኔሩ። ልዕሊ ኩሉ ወንበዴታት ነታ ኸተማ ይኸቡ ከምዘለው ጽጹይ ናይ ሓበሬታ ርኽበት ምስተረኽበ፡ ዘተን ምይይጥን ዝሰልጥ ወትሩ ምስ ሓይልኻን ኣቅምኻን ምስትህልው ጥራይ ከምዝኾነ ካብ ወትሃደራዊ ልምዱ እንዳፈለጠ ናይ ሓደ ወገን ምቑራጽ ቶኽሲ ካብ ምእዛዙ ብተወሳኺ፣ ኣብዮታዊ ሰራዊት ኣብ ካምፕ ክሰፍር ምእዛዙ፣ ረዳት ሰራዊት <<ኣይለኣኽን>> ኢሉ ምሕንጋዱ ንሓንደበታዊ ሕልፈቱ ጥራይ ዘይኮነ ወንበዴታት ብፍጹም ድፍረት ጥሪ 10 1975 ዓም ኸተማ ኣስመራ ክወሩ ኣኽኢሉዎም'ዩ።

ጀነራል ኣማን ዓንዶም ኣብ 1924 ዓም ኣብ ኤርትራ ክ/ሓገር ርዕሰ ኸተማ ኣስመራ ተወሊዶም ቀዳማይን ካልኣይን ደረጃ ትምህርቶም ኣብ ኣስመራ ካምቦኒ ተማሂሮም እዮም። ላዕላዋይ ደረጃ ትምህርቶም ኣብ ሓጼ ሓይለስላሴ ዩንቨርስትን ኣብ ኣሜሪካ ሃዋርድ ዩንቨርስቲ ተከታቲሎም'ዮም።

ኣብዚ ዕለት እቲ ኣኼባ ቐጺሉ ናይ ሓጼ ሓይለስላሴ ሰበስልጣናት ኣብ ዕሱር ቤት ዝሕልውዎም ወትሓደራት <<ናይ ዶርሆ ዝግኒ ጨና ኣረብሪቡና እንዳበለ'ዮም፣ ብተወሳኺ ወኪሉ ዝሰደደና ሰራዊት ከመይ ኣሲርኩም

ትቅልብዎም ብምባል የዕዘምዝም ኣሎ በዚ ኹነታት እዞም ሰባት እንተዘምልጡ እንታይ ከምዝስዕብ ዝጠፍኣኩም ኣይመስለንን>> ብምባል ሻለቃ መንግስቱ ሓይለማርያም ናይዚ ኣኼባ ተሳተፍቲ ኣብዞም ሰበስልጣናት ናይ ሞት ብይን ክብይኑሎም ኣተባቢዑ ኣብዛ ዕለት 59 ሰበስልጣናት ተረሸኑ።

ናይ ሞት ብይን ኣወሃህባ ፍሉይ ዝግበሮ ስም ሓደ ሰበስልጣን ተሮቀኁሑ ጥፍኣቱ ምስተዘርዘረ <<ብሞት ክቕጻዕ ትደልዩ ኢድኩም ሓፍ ኣብሉ>> ብምባል ናይ ሕግን ዳንነት ዑንዶ ዘይነበሮም ሰባት ብስምዒት ተደፋፊኦም ትንፋስ ሓያሎ ሰባት ዝመንጠሉሉ ትራጀድያዊ ትርኢት ምንባሩ'ዩ። በዚ መገዲ ካብ ዝተረሸኑ ሓደ ኣብ ዓለም መድረኽ ኤርትራ ናብ ወላዲት ሓገራ ኢትዮጵያ ክትጽምበር ንሓሙሽተ ዓመት ለይትን መዓልትን ዝተዋደቐ ቀዳማይ ሚኒስተር ኣኽሊሉ ሓብተወልድ ነበረ።

ክፍሊ ዓሰርተ ክልተ

ናይ ሰላሳ ዓመት ኹናት ምጅማር

ምዕራፍ ዓርብዓን ሓሙሽተን

ወንበዴታት ናይ ዉግዕ ስልቶም ቀዪሮም ንመጀመሪያ ጊዜ ምስ መንግስቲ ሰራዊት ፊትንፊት ክዳፈሩ ምብቆዖም፡ ከምኡ'ውን ናይ ኤርትራ ክፍለሓገር ርዕሰ ከተማ አስመራ ምኽባቦም

ኣዕራብ ብፍሉይ አተኩሮን ተገዳስነት ዝፈጠሩዎ ጀብሃን ናይ ሓጼ ሓይለስላሴ መንግስቲ ናይ ኣዕራብ ተንኮል ንምምካት ዝወለዶ ሻዕብያ ጥሪ 10 1975 ዓም ናይ ኤርትራ ክፍለሓገር ርዕሰ ኸተማ ኣስመራ ተላፊኖም ከቖጻጸሩ ምስፈተኑ ናይ 2ይ ዋልያ 12ኛ ብርጌድ 31ኛ 33ኛ 34ኛ ሻለቃ ብዝፈነውሎም ትንፋስ ዘይሕብ ጸረ-መጥቃዕቲ ኣጽሞም ተሰይሩ ካብ ግብሮም ንግዚኡ ተዓቒቡ። ወንበዴታት ኣብ ታሪኽ ንመጀመሪያ ጊዜ ምስ መንግስቲ ሰራዊት ፊት ንፊት ክፋጠጡን ክዋጠጡን ዘብቆዖም እንታይዩ? ካብ ኣውራጃ ከተማታት ሰጊሮም ብሓንሳብ ናይቲ ክፍለሓገር ርዕሰ ኸተማ ኣስመራ ክቖጻጸሩ ዝደፈሩ ንመን ኣሚኖም እዮም? ዝብሉ ሕቶታት ኣብ ርእሲ ኣንባቢ ከምዝመላለስ ይግምት'የ።

ኣብ ዝሓለፈ ምዕራፍ ዓርብዓን ኣርባዕተን ንኣንባቢ ከምዝገለጽኩዎ ጀነራል ኣማን ዓንዶም ናይ ኢትዮጵያ ፕሬዚደንት ኮይኑ ምስተሾመ ኣብ ኤርትራ ክፍለሓገር ንመጀመሪያ ጊዜ ምብጻሕ ኣብ ዘካየደሉ ወቕቲ ምስ ወንበዴታት ዕርቒ ንምውራድ ዓበይቲ ዓዲ ስዲዱ ብመገዶም ዘተ ዕርቒ ምስጀመረ ናይ ሓደ ወገን ምቁራጽ ቶኽሲ ስለዝኣወጀ ወንበዴታት ትንፋስ ዘሪኦም ብቕጽበት ናብ መጥቃእቲ ክሰጋገሩ በቕዑ። ናይ ሓደ ወገን ምቁራጽ ቶኽሲ ንኣብዮታዊ ሰራዊት ጥራይ ዝምልከት ንወንበዴታት ግን ዘይነክእ ብምንባሩ ወንቤደታት ኣብዑ ዕድል ተገዚሙ። በዚ መሰረት ብዘይንጣብ ስግኣትን ስክፍታን ካብን ናብን ክንቀሳቐሱ ጀመሩ። ነዚ ዕድል ተጠቒሙ ሻዕብያ ካብ ከበሳ ግዙፍ ሓይሊ ሰብ ኣሰሊፉ፣ ንዓሰርተ ዓመት ዝኣኽሎ ቐለብን ስንቅን ዘሪፉ ኣብ ሳሕል ኣውራጃ ከዘነ፡ ኣብዚ ጊዜ ካልእ ዝርጋን ተፈጥረ።

ናይ 2ይ ዋልያ ክ/ጦር ኣዛዚ ኮይኑ ዝተሾመን ኣቀዲሙ ናይ ኣየር ወለድ ኣዛዚ ዝነበረ ብ/ጀነራል ጌታቸው ናደው ኣስመራ ምስመጸ ዕሉዋ መንግስቲ ከካይድ መዲቡ ናይ ኣየር ወለድ መኾንናት ክውድብ ጀመረ። እዚ ተግባር ኣብ ዉሽጢ ኣብዮታዊ ሰራዊት ብፍላይ ኣብ ኣየር ወለድ ሰራዊት ከቢድ

ምምቕቓል ጥራይ ዘይኮነ ስርዓት-ኣልቦነትን ዝርጋንን ፈጠረ። ኣብ ጊዜ ሓደጋ ናብ ኹሉ ኣንፈት ዝውርወር ናይ ሓገርና ክሪም ኣየር ወለድ ስራዊት ብሓይሊ ሰብ ከምሕምን ገበሮ። ነዚ ሓዋሕው ብደቒቕ ክከታተሉን ሓይሎም ክድርዑ ዝጸንሑ ወንበዴታት ናይ መኪና ድልድላት፣ ሆስፒታላት፣ ቤትምሕርትታት ብፈንጂ ምፍራስ፣ ካብ ኣደ ክፍሎም ርሒቕም ኣብ ሓለዋ ዝሰፈሩ ንጹል ክፍልታት እንዳኸበቡ በብዕብረ ምድምሳስ ጀመሩ።

ብወንቤደታት ተኸቢቡ ናይ ምድምሳስ ፍልማዊ ዕጫ ዘጋጠሞ ኣብ ምዕራባዊ ቆላ ጋሽ ሰቲት ኣውራጃ ዝሰፈረ ናይ 2ይ ዋልያ ክ/ጦር 12ኛ ብርጌድ 24ኛ ኣ/ሻለቃ ነበረ። ኣብ ወርሒ ሕዳር 1975 ዓም ጀብሃ ኣብ ምዕራባዊ ቆላ ሓገርና ምስ ሱዳን ትዳወበሉ ናይ ተሰነይ ኸተማ ዝሕልው ናይ 2ይ ዋልያ ክ/ጦር 24ኛ ሻለቃ ማንም ብዘይተጸበዮ መገዲ ሓንደበት ከቢቡ ደምሰሶ። እዚ ኹነታት ብጣዕሚ ዘጨንቕ ጥራይ ዘይኮነ ዘሰንብድ እውን ኔሩ። ኣብ ታሪኽና ከምዚ ዓይነት ሓደጋ ኣጋጢሙ ዝፈልጥ ማለት ሓደ ሻለቃ ጦር ኣብ ሓጺር ሰዓታት ዝተደምሰሰሉ ትራጀዲ ኣብ ውጋዴን ኣውራጃ ኢሳ ተሰምየ ዕንዳ ኣባላቱ ኣሚጾም ኣብ 3ይ(ኣምበሳው) ክ/ጦር 12ኛ ሻለቃ ኣብ ዝፈነውዎ መጥቃዕቲ ጥራይ ነበረ።

ወንበዴታት ኣብ ሰዓታት ን24ኛ ሻለቃ ክድምስሱ ዝኸኣሉ ናይ ጋሽ ሰቲት ኣውራጃ ቀላጥ ጎልጎል ብምኻኑ መኸላከሊ መስመር መስሪትካ ናይ ምክልኻል ዉግእ ክተኻይድ ዘይጥዕም ካብ ምኻኑ ብተወሳኺ እዚ ኣቀማምጣ መሬት ንሜኻናይዝድ ዉግእ ኣዝዩ ምቹዕ እንከሎ ኣብዮታዊ መንግስቲ ብዉሕዱ ንጹል ሜካናይዝድ ሻምበል ከሰልፍ ስለዘይኸኣለ ወይ ድማ ስለዘይደልየ ነበረ።

ካብቲ መመሊሱ ዝገርም ክፋል 24ኛ ሻለቃ ወንበዴታት ድሕሪ ዝፈነዉሉ መጥቃዕቲ ምስ ኣደ ክፍሉ(*2ይ ዋልያ ክ/ጦር*) ናይ ሬድዮ ርክብ ክምስርት ዘይምክኣሉ'ዩ። ሬድዮ ርክብ መስሪቱ ረዳት ጦር እኻ እንተዝሓትት ተሰነይ ካብ ኣስመራ ብናተይ ግምት 300 ኪ.ሜ. ርሒቑ ዝርኸብ ናይ ዶብ ኸተማ ብምኻኑ ካብዚ ሓደጋ ምድሓኑ ዘጠራጥር'ዩ። ድሕሪዚ ኣብ ተሰነይ ዙርያ ዉግእ ከምዘሎ ጽንጽንታ ኣብ ኣስመራ ምስተሰምዐ(*ድሕሪ'ቲ ዉግእ'ዩ*) ነፈርቲ ኹናት ናብ ተሰነይ ተወርዊረን ዳህሳስ ገበራ። ኣብቲ ስፍራ ምስበጽሑ ዝተዓዘቡዎ ኹነታት ክገልጹ: *<<ኣብ 24ኛ ሻለቃ ሕዛእቲ(ካምፕ) ዝኾነ ዓይነት*

ዝንቐሳቐስ ነገር ወይ ድማ ሰብ ክንርኢ ኣይከኣልናን። ኣብ ሰማይ ኮይና ዝረኣናዮ ትክን፣ ዝነዱ ኣባይትን ጥራይ እዩ። ብህይወት ዝተረፉ ናይ ወገን ወትሃደራት ክህልውዮም ኢልካ ተስፉ ምግባር ኣይከኣልን>> ዝብል መርድዕ ኣርድኡ።

ድሕሪ'ዚ ጀብሃ ናብ ኣቆርደት ተወርዊሩ ነታ ኸተማ ሙሉዕ ብሙሉዕ ተቖጻጺሩ ኸረን ኣብ ከቢድ ሓደጋ ወደቐት: ምኽንያቱ ናይ ኣቆርደት ምትሓዝ ኣብ ኸረን ዝሰፈረ ኣብዮታዊ ሰራዊት ዝባኑ ዝቑረጸሉን ዝቓልዐሉን ኹነታት ስለዝፈጥር'ዩ። ጀብሃ ንኣቆርደት ምስሓዘ ኣብ ጋሽ ሰቲት ኣውራጃ ርዕሰ ኸተማ ባረንቱ ወረራ ክፍጽም ምስፈተነ 16ኛ ብርጌድ ምስ ህዝቢ ባረንቱ ብፍላይ ምስ ተወለድቲ ኩናማን ናራን ማይን ጻባን ኮይኑ ብዘካየዶ መሪር ናይ ምክልኻል ተጋድሎ ጀብሃ ሓደ ስድሪ መሬት ከይረገጸ ሕፍረት ተጎልቢቡ ተመልሰ።

ኣብዚ ጊዜ ማለት ካብ 1975-1977 ዓም ከምዚኦም ዝበሉ ሓደጋታት ምስማዕ ኣብ ሓገርና ዝዉትር ተርእዮ ነበረ። ምኽንያቱ ንዘመናት ዘገልገሉ ላዕለዎት መኾንናት *<<ናይ ፊውዳሊ ዝም ኣሳሰይቲ>>* ዝብል ክሲ ለጊቡዎም መብዛሕቶኦም ክሙቁሑ እንክለው ዝተረፉ ስለዝተረሸኑ ጥራይ ዘይኮነ ናይ ኣብዮታዊ መንግስቲ ላዕለዎት ሰበስልጣናት ናይ ሰለስተ ሽሕ ዓመት ሰረት ዘለዎ ዘውዳዊ ስርዓት ነዲልና ንህዝቢ ኢትዮጵያ *<<ኣብዮት>>* ተሰምየ ብሉጽ መድሓኒት ኣምጺና፣ ናይ ኤርትራ ሽግር እውን ሓንሳብን ንሓዋሩን ክፍታሕ'ዩ ኣብ ዝብል ፍጹም ስኻርን ፈንጠዝያን ወዲቖም ኣብ ልዕሌና ዝዝንብይ ሓደጋ ኣርሒቖም ክሪኡ ብዘይምኽኣሎም'ዩ።

ምዕራፍ ዓርብዓን ሽድሽተን

እቶም ሓረስቶት

ነዚ ታሪኽ ክጽሕፍ ብዙሕ ቕሬታን ናይ ሕሊና ወቐሳን እንዳተሰመዐኒ ዝገልጾ ናይ ታሪኽና ትራጀዲ እኳ እንተኾነ ናይ ኢትዮጵያ ሓድሽ ወለዶ ኣብ ታሪኽና ዝተፈጸሙ ጌጋታት ፈሊጡ ኣድላዩ ትምህርቲ ክወስደሉ ምእንቲ ዘዘንትዎ ታሪኽ'ዩ።

ናይ ኤርትራ ክፍለሓገር ኹነታት ፍጹም ካብ ኹነታት ወጻኢ እንዳኾነ ምምጽኡን ብፍላይ ቅድሚ ሽድሽተ ወርሒ ንነብሱ *<<ጀብሃ>>* ኢሉ ዝሰምየ ጨራሚ ሓገር ኣብ ምዕራባዊ ቆላ ምስ ሱዳን ኣብ ዘዳውበና ኸተማ ተሰነይ ተነጺሉ ዝሰፈረ ናይ 2ይ ዋልያ ክፍለጦር 12 ኣ/ብርጌድ 24ኛ ሻለቃ ኣጥቂዑ ምስደምሰሰ ሚያዝያ 1976 ዓም *<<ወፍሪ ራዛ>>* ዝበሃል ፕሮጀክት ተነድፈ። ንኣንባቢ ኣቀዲመ ከምዝገለጽኩዎ ኣብ ታሪኽ ኢትዮጵያ ከምዚ ዓይነት ሓደጋ ኣጋጢሙ ዝፈልጥ ኣብ ዑጋዴን ኣውራጃ ናይ ኢሳ ዕንዳታት ኣሚጾም ኣብ ዝፈነውዎ ዓመጽ ጥራይ ብምንባሩ እዚ ኹነታት ንላዕለዎት ኣካላት መንግስቲ ዘሰንበደ ኔሩ።

በዚ ምኽንያት ይመስል ኣብዮታዊ መንግስቲ ኢትዮጵያዊ ሓረስታይ መሬቱን ርስቱን ገዲፉ ሓገሩ ከድሕን ጻውዒት ኣቕረበ። ጻዉዒት ዝቐረበሎም ናይ ሓገርና ክፍልታት ናይ ጎንደር፣ ወሎ፣ ሸዋን ጎጃምን ክፍላተ-ሓገራት ነበሩ። እዞም ሓረስቶት ከምቲ ኣቦታትና ጭማራን ጉራደን ሒዞም ናይ ፋሺስት ኢጣልያ ሰራዊት ኣብ ዓድዋ ዝሰዓሩዎ ሎሚ'ውን እዚ ታሪኽ ክድገምዩ፣ ብዝብል ንምርድኡ ዘሸግር መደብ ተወጢኑ እዞም ክፍላተ-ሓገራት ዝምልምልዎ ቁጽሪ ሓረስታይ ማለት ሓደ ክፍለሓገር ብውሕዱ ካብ 5,000-6,000 ሓረስታይ ክሰልፍ ትዕዛዝ ተመሓላለፈ።

ሓረስታይ ህዝብና እዚ ጻዉዒት ካብ ኣውራጃን ወረዳን ኣመሓደርቱ ምስበጽሖ ብረት ዘለዎ ብረቱ ዓጢቑ፣ ዕጥቒ ዘይብሉ ድማ ጠመንጃ ክዓጥቕ'የ ብዝብል ሓረርታ ተኣኻኸበ። ካብ ሰሜን ሸዋን ወሎን ዝተኣኸበ ሓረስታይ ናይ ትግራይ ክፍለሓገር ምስ ኤርትራ ክ/ሓገር ኣብ ዝዳወበሉ ናይ ዛላምበሳ ኸተማ ክሰፍር ተገብረ። ካብ ጎጃምን ጎንደርን ዝተመልመለ ሓረስታይ ኣብ ሁመራ ሰፈረ። ነዚ መምርሒ ዝተቐበሉ ኣዘዝቲ: ሓረስታይ ዝኾነ ዓይነት

ስልጠናን ልምምድን ከይገበረ ብናይ ሰብ ማዕበል(*ሒዩማን ዌቭ*) ንጸላኢ ከነሰንብድ ኢና ዝብል ንድፊ ሓደገኛ ጥራይ ዘይኮነ ንቅዝፈት፣ ንሞራላዊ ውድቐት ከምዝዕድም እኳ እንተጠንቐቑ ሰማዒ ተሳእነ።

ሓረስቶት ኣብ ዛላምበሳን ሁመራን ሰፊሮም ናይ *ሶ*[27] *<<ሰዓት>> መ <<መዓልቲ>>* ክሳብ ዝበጽሕ ኣብ ካምፕ ክጽበዩ ጀመሩ። እዞም ሓረስቶት ምንሽር ምስ ጠያይቲ ተዓደሎም። ነብሶም ከዕንግሉ ምእንቲ ጥሕኒን ኮሾሮን ብመኻይን ተራጊፉ ንሓረስቶት ተኸፋፈለ። ኣብዚ ሕሞት እቲ ሓረስታይ ኣብ ካምፕ ዝሰፈረሉ ጊዜ ስለዝተናወሐ ዓዲ ከሪኢ'የ ብምባል ካብ ካምፕ ሞሊቑ፣ ኣብቲ ከባቢ ክዛወር፣ ኣዕዋምን ኣግራብን ክቖርጽ ሓሓሊፉ ናይ ትግራይ ክፍለሓገር ወሰን ሓሊፉ ናብ ኤርትራ ክፍለሓገር ኣትዩ ንብረት ክዘምት፣ ብዓውታ እንዳፈኸረ ናብ ካምፕ ክምለስ ጀመረ።

እዞም ሓረስቶት ኮፍ ምባል ስለዝሰልቸዎም ይመስል *<<መዓስ ኢና ወፈራና ንጅምር>>* ኢሎም ክሓቱ *<<ገና ምድላዎት ኣይተጻፈፈንን>>* ዝብል መልሲ ስለዝረኸቡ ነዚ ተግባር ቐጸሉዎ። ኣብዚ ጊዜ ናይ ሻዕብያ ወንበዴታት ምስ ህዝቢ ዛላምበሳ ሓደ ቋንቋን ሓደ ባሕልን ስለዝውንኑ ህዝቢ ናይቲ ከባቢ ተመሲሎም ናይዞም ሓረስቶት ምንቅስቓስ ማለት ዝሰፈረሉ ካምፕ፣ ሓለውቶም ኣበይ ከምዝሰፈሩ፣ ካብ ኣዲስ ኣበባ ኣጽዋር ዝጸዓና መኻይን ኣበይ ከምዝተቐመጣ ጽጹይ መጽናዕቲ ኣካየዱ።

ወንበዴታት መጽናዕቶም ምስጻፈፉ እዞም ሓረስቶት ወፈራ ከይጀመሩ ናይ ዉግዕ መንፈሶም ንምስላብን ተሰሊጥዎም ንምብታን ኣብ ወርሒ ሚያዝያ 1976 ዓም ሓረስቶት ብድቑሶም እንከለው ኣጋ ወጋሕታ መጥቃዕቲ ከፊቶም ነቲ ንዑስ ካምፕ ወረሩዎ። እቲ ካምፕ ዝርግርግ በለ። መዕረፊኦም ብድምጺ ጠያይቲ ክናወጽ ምስጀመረ እቶም ሓረስቶት ካብ ምድቃሶም ተሲኦም ነብሶም ከውጽኡ፣ እግሮም ናብ ዝመርሖም ኣንፈት ክሓሙ ጀመሩ።

ነቲ ቦታ ጥዑይ ጌሮም ዘጽንዕዎን ነብሶም ከተሃዳድኡ ዝጀመሩ ካብ ዛላምበሳ ደቡብ ክንየ እንከለው ገሊኦም ግን ንሰሜን ቐጺሎም ከይሓሰቡዎ ናብ ኤርትራ ክፍለሓገር ኣትዮም። ካብዚ መዓት ወጽዮም ናብ መበቖል ዓዶም

---

27 ሰ <<ሰዓት>> መ <<መዓልቲ>> ካብ D-Day H- Hour ዝተወሰደ ኣገላልጻዩ: ትርጉሙ ናይ መጥቃእቲ ዉግእ ዝጀምረሉ መዓልትን ሰዓትን ማለትዩ

ዝተመልሱ ሓረስቶት ከምዝሓበሩዎ: *<<ካብ ሰማይ ድዋዕ ዝብል ናይ ነጎዳ ብልጭታ ዝመስል ሪኢናዮ ዘይንፈልጥ ብርሃን ከነቱግ ጀሚሩ፣ መሬት ተሓዋዊሱ።>>*

ወንበዴታት ነቲ ካምፕ ምስዘረጉ ካብ ኣዲስ ኣበባ ዝመጸ ሎጂስቲክስን ኣብ መኪና ዝተጸዐነ ጠያይትን ቀለብን ወሪሮም፣ ዝማረኹዎም ሓረስቶት ሒዞም ጉዕዞ ጀመረ። ኣንፈት ስሒቶም ናብ ኤርትራ ክፍለሓገር ዝሓሙ ሓረስቶት ኣርኪቦሞም እንዳኾብኾቡ ናብ ሳሕል ኣውራጃ ጉዕዞ ቐጸሉ። ናይ ሻዕብያ ወንበዴ ካብ ሳሕል ኣውራጃ ናብ ከበሳ ማለት ናብ ሓማሴን ኣውራጃን ብፍላይ ናብ ኣካለጉዛይ ኣውራጃን ከምኡ'ውን ናብ ትግራይ ክፍለሓገር ከም መራኸቢ ኮሪደር ጌሩ ዝጥቐመሉ ሓደ ጸዳፍ መገድሎ። ንሱ'ውን ካብ ደቀመሓረ ሰሜን ምብራቅ ናይ ዓላን ጋዴንን ዓሚዩቕ ስፍራታት ሓሊፉ፣ ነፋሲት[28] ዘብጽሕ 30 ኪሜ ዝዝርጋሕ ብገደል ዝተኸበ መገዲዩ።

ናብ ሳሕል ኣውራጃ ኮነ ናብ ከበሳታት ክንቐሳቐሱ በዚ ኣንፈት'ዩም ናይ ለይቲ ጉዕዞ ዘካይዱ። ወንበዴታት ነዚ መገዲ ከም ጻጸ ከምዝሓሙሉ ስለዝፍለጥ ጥራይ ዘይኮነ ካብ ናቅፋ ጎቦታት ዝዉሕዝ ናይ ወንበዴ ዋሕዚ ካብ ሱሩ ንምቑጻይ ኣብዮታዊ ሰራዊት ለይቲ ድብያ ዘካይደሉ ስፍራ'ዩ። ኣብዛ ለይቲ ናይ ሻዕብያ ወንበዴ ነዞም መሳኪን ሓረስቶት ናብ ሳሕል ኣውራጃ እንዳኮብኮበ ክወስዶም እንከሎ ናይ ወገን ድብያ ሓንደበት ይጎንፎ።

ናይ ቶኽሲ ምልውዋጥ ምስጀመረ እዞም ሓረስቶት ካብ መንጋጋ ጸላኢ ወጽዮም ነብሶም ከድሕኑ ፋሕ ኢሎም። ወንበዴታት ናይ ቶኽሲ መልሲ እንዳሃቡ ንቅድሚት ሕድማ ቐጸሉ። ድምጺ ቶኽሲ ደው ኢሉ፣ ሕድዓት ምስነገሰ እዞም ወትሃደራት ነቲ ስፍራ ክፍትሹ እንከለው እዞም ሓረስቶት ፈቆዱኡ ፋሕ ኢሎም ጸንሑ። በዚ መገዲ ካብ ኣርዑት ባርነት ድሒኖም ናይ ወገን ሰራዊት ማይን መግብን ተመጊቦም ኣስመራ ምስበጽሑ ካብ ኣስመራ ናብ መበቖል ዓዶም ብሰላም ተመልሱ። ናይ ሻዕብያ ወንበዴ ኣብ ኹናት ዝማረኾም ወትሃደራት ኣይሁዳዉያን ብናዚ ይወርዶም ካብ ዝነበረ ኣሰቓቒ ግፍዕታት ዝኸፍዐ ማለት: ድፋዕ ምህዳም፣ ኣኻዉሕ ምንዳል፣ ኣህባይ ኣብ

28 ካብ ነፋሲት ጽርግያ ኣስመራ- ምጽዋ ክሳብ ጋሕቴላይ(ሰባ-ሶስት) ድሕሪኡ ናብ ጸጋም ብሰለሞና ሽንጥሮ ናብ ሳሕል ኣውራጃ ዘእትዉን ዘውጽእን ካልዕ ባብ ኣሎ

ዘይደፍሮ'አ ኣጻድፍ መገዲ ምንዳቕ ወ.ዘ.ተ. ናይ ጉልበት ዓመጽ የውርዱሎም ነበረ።

ናብ ኣርእስተይ ክምለስ: ኣብ ዛላምበሳ እዚ ዝርጋን ምስጋጠመ ናብ ደቡብ ገጽ ዝሓመመ ሓረስቶት ናይ ኣውራጃ ኣመሓደርቲ፣ ናይ ክፍለ-ሓገር መራሕቲ ደው ክብል እኳ እንተለመንዎ ምስማዕ ኣብዮም ናብ መበቖል ዓዶም ኣትዩ። ኣብ ዛላምበሳ እዚ ዝርጋንን ናዕብን ምስጋጠመ እዚ ወፈራ ተቐጺሉ ማለት ኣብ ሁመራ ዝተኣኸቡ ናይ ጎጃም ጎንደርን ሓረስቶት ስልጠና ከይወሰዱ፣ ናብ ወፈራ እንተኣትዮም ከቢድ ጉድኣት ኣብ ወገን ከምዝወርድ ላዕለዎት ኣካላት መንግስቲ ኣሚኖም እዞም ሓረስቶም ናብ መበቖል ዓዶም ክምለሱ ተወሰነ። በዚ መገዲ ወፍሪ ራዛ ዝኾነ ዓይነት መጽናዕቲ፣ ወትሃደራዊ ንድፊ፣ ገምጋም ከይተገብረ ብምጅማሩ ኣብ ወገን ሰራዊት ከቢድ ናይ ሞራል ሓስያ ኣዉረድአ። እትረፍ ቶኲሶም ክጭምቱ ብረት ወድዮም ዘይፈልጡ ሓረስቶት ኣሰሊፍካ ብሰብ ማዕበል ክትዕወት ምሕሳብ ፍሉይ ዕብዳን'ዩ።

ኣብ ወፍሪ ራዛ ዝተኣኸበ ሓረስታይ ተሓንጺድኻ ናብ ወፈራ ኣብ ክንዲ ምእታው ካብ ዝተሰለፈሉ መዓልቲ ኣትሒዙ ንሓደ ዓመት ጽዑቕ ስልጠናን ልምምድን እንተዝወስድ ኔሩ ድሕሪ ሓደ ዓመት ኣብ 1977 ዓ.ም. ሓገርና ብምብራቕን ሰሜንን ኣብ ሓደ ጊዜ ዘጋጠማ ፈተና ብዘተኣማምን መገዲ ምመኸተቶ ኔራ። ጸላእትና ብፍላይ ናይ ሶማልያ መስፋሕፍሒ መንግስትን፣ <<ኣደኻ!>> ብምባል ዘዝመቶ ናይ ሰሜን ኣሜሪካ ኢምፔሪያሊዝም ናይዚ ስልጠናን ልምምድን ጽንጽንታ ምስሰምዑ ዝወጠኑዎ ወረራ ምናልባት ንካልኣይ ጊዜ ምሓሰበሉ ኔሮም። ወፍሪ ራዛ በዚ ዘሕዝን መገዲ ተጀሚሩ ምስተቐጽየ ወንበዴታት ብዝረከቡዎ ግዝያዊ ዓወት ተሰራሲሮም መጥቃዕቶም ኣጽዒቖም ናይ ኤርትራ ክፍለሓገር ጸጥታ ኣብ ፍጹም ዝርጋን ኣውደቑዎ። ድሕሪ'ዚ ዝሰዓበ ፍጻመ ኣብ ዝስዕብ ክፋላት ከምዘዘንትዎ እንዳገለጽኩ ናብ ዝቕጽል ምዕራፍ ክሰግር።

ክፍሊ ዓሰርተን ሰለስተን

ንነብሱ *<<ህወሓት>>* ኢሉ ዝሰምየ ሓገር ጨራሚ መቓቕሊ ውድብ ምፍጣሩ

ኣብ 1950ታት ኣብ ኣዲስ ኣበባ ዩንቨርስቲ ዝተመስረተ *<<ናይ ኢትዮጵያ ተመሓሮ ማሕበር>>* ኢትዮጵያዊ መንእሰይ ፖለቲካዊ ንቕሓቱ ብኣካዳምያዊ ፍልጠት ከብ ኣቢሉ ናይ ሓገሩ ሽግር ብፍላይ ሓረስታይ ህዝቡ ናይ መሳፍንትን መኻንንትን መጻወቲ ኾይኑ ከነብር ከምዝተበየነሉ ተሰዊጡዎ ሓረስታይ ወናኒ መሬት ክኸዉን ድምጹ እኻ እንተስመዐ መርዛምን መቓቓልን ሓሳብ ዝነበሮም ዝተወሰኑ ናይ ትግራይን ኦሮሞን ጸቢብ ጉጅለታት ኣብዚ ማሕበር ተጫጪሖም ነበሩ። እዞም መንእሰያት ናይ ሓጼ ሓይለስላሴ መስፍናዊ ስርዓት ዝፈጠሮ ናይ መሳፍንትን መኻንንትን ናይ ጎይታን ጊልያን ስርዓት መንቐሊኡ ደርባዊ ጭቆና ዘይኮነ ናይ ብሄር ጭቖና'ዩ ብምባል መስፍናዊ ስርዓት ዝገደፎ ጸሊም ነጥቢ ንጸቢብ ዕላሞዖም መጎስጎሲ፣ ደገፍ መዋሕለሊ ጌሮም ሓገር ዝመቓቕል መርዛም ስብከት ከጋዉሑ ጀመሩ።

ናይዚ ጭቆና መሓንድስ ወይ ድማ መሓዚ *<<ኣምሓራ>>* እዩ ብምባል ኸም ካልኦት ህዝብታት ሓገርና ብመስፍናዊ ስርዓት ተሓቂኑ ዝሳቐ ዉጹዕ ህዝቢ ከም ጸላኢ ጠቕኑዎ። ጠቕኖኦም ከመላኸዐ *<<ናይ ኣምሓራ ደርቢ ደኣምበር ህዝቢ ኣምሓራ ኣይኮነን>>* ብምባል ወረጃ ከመስሉ ፈተኑ። መሬት ኣብ ኢትዮጵያ ናይ ሓብትን ክብረትን እንኮ ምንጪ'ዩ። ንኣብነት ኣብ ዘመነ ሓጼ ሓይለስላሴ ኣብ ቤት ፍርዲ ናይ ፍትሀ-ብሄር ጉዳያት ስድሳ ሚእታዊት ናይ መሬት ዋንነት ምጉት ነበረ። ኣብ ሓጼ ሓይለስላሴ መስፍናዊ ስርዓት ወናኒ መሬት ዝነበሩ፣ ንብዙሓት ዘድከዩ፣ ዘብከዩ፣ ብሚልዮናት ዝጽብጸብ ህዝቢ ኣብ ፍጹም ንድየትን ሕስረትን ዘጥሓሉ መሳፍንትን መኻንንትን ካብ ህዝቢ ኣምሓራ ጥራይ ኣይወጹን። ካብ ኹሎም ብሄረሰባት ሓገርና ዝመጹ ኔሮም። ናይ ኣምሓራ መስፍን ከምዝነበረ ናይ ትግራይን ናይ ኦሮሞ መሳፍንትታት ገፌሕ መሬት ወኒኖም ደም ህዝቢ ይመጽዩ ኔሮም።

ኣብ ትግራይ ክ/ሓገር እንተርኢና: ኣብ 1943 ዓ.ም. ብላታ ሃይለማርያም ረዳ ዝመርሕዎ ናይ *<<ቀዳማይ ወያነ>>* ዓመጽ ምስፈሸለ ራእሲ ኣበባ ኣረጋይ ናብ

ትግራይ መጽዮም መሬት ወሪሶም ትግርኛ ዝዛረቡ መሳፍንትታትን መኻንንትታትን ኣዝዩ ገፊሕ፣ ስቡሕ መሬት ከም ህያብ ኣግዚሞሞም ነበሩ። እዞም መስፍናት ደም ህዝቢ ምምጻይ ዝሽውሆም ኣምሓሩ ብምንባሮም ኣይነበረን። ዝተማእኸሉ'ሉ ማሕበራዊ ደርቢ መግለጺኡ ድኻታት ምጭቋን፣ ምድኽዳኽ፣ ምርምሳስን ምዕምጻጽን ስለዝነበረ ጥራይ'ዩ።

መሬት ኣብ ሓገርና ምንጪ ሓብትን ክብረትን'ዩ። ብሰሪዚ ከም ካልኦት ህዝብታት ኢትዮጵያ ህዝቢ ትግራይ እውን ብጀካ ሂደት መሳፍንትታትን መኻንንትታትን ኣብዛሃ ህዝብና ተጓንዩ ብሕሱም ድኽነት ይላዲ ነበረ። ናይ ኣዲስ ኣበባ ዩንቨርሲቲ ሂደት ተመሓሮ ነዚ ጸቢብን መቓቓልን መርገጺ ክንጸባርቑ ዝመረጹ ናይ ዘርዕን ዓሌትን ጉዳይ ከም ሓይማኖት ኣዝዩ ረቛቕ፣ ተኣፋፊ ስለዝኾነ ናይ ሰባት ናይ ምምዝዛንን ምሕሳብን ኣቕሚ ደፊኡ ብስምዒት ስለዝኹብኩቦ ኣብ ሓጺር ጊዜ ብዙሕ ሰዓቢ ክስዕቦም ምእንቲ ዘካወሉዎ ስሚ ነበረ።

ናይ ሓጼ ሓይለስላሴ መንግስቲ ናይ ኤርትራ ክ/ሓገር ህዝቢ ልቢ ክማርኽ ሓሊኑ ንትግራይ ኣዋሲኑ ኣብ ኤርትራ ሰፊሕ ናይ ልምዓት ስራሕ ካብ ምጽዓቓ

ብተወሳኺ ኣብ ማዕከላዊ መንግስቲ ናይ ኤርትራ ክ/ሓገር ተወለድቲ ካብ ሸዋ ቐጺሉ ናይ ኢትዮጵያ ፖለቲካ ስልጣን 19%[29] ተቖጻጺሮም ኣብ ካልኣይ ደረጃ ተሰሪኦም ነበሩ።

ካብዚ ብተወሳኺ ናይ ሓጼ ሓይለስላሴ መንግስቲ ብድኅማን ልቓሕን ብዙሕ ቁጽሪ ዘለዎም ናይቲ ክ/ሓገር ተወለድቲ ኣብ ንግድን ኢንዳስትርን ክሳተፉ ባይታ ስለዝነደቐ ኣብ ኢትዮጵያ ብደረጃ ሓብቲ ናይ ኤርትራ ክ/ሓገር ተወለድቲ ካልኣይ ነበሩ። ናይ ሓጼ ሓይለስላሴ መንግስቲ ነዚ ሓለፉ ክፍጽም እንክሎ <<ኢትዮጵያዊነቶም ከድርዕ>> ካብ ዝብል ትጽቢት እኻ እንተነበረ ኣመታቱ እንታይ'ዩ? ኢሉ ኣይመርመረን። እዚ ኣድልዎ ምስ ኤርትራ ክ/ሓገር ብመሬት ዝዳወብ ሓደ ቛንቛን ሓደ ሓይማኖትን ዝውንን ህዝቢ ትግራይ ብገዛዕ ዓዱ ከዋሰን ካብ መንግስታዊ ናብዮትን ክንክንን ክግለፍ ብሓፈሻ ናይ ደቒ ሕድርትና ስምዒት ከማዕበል ደፊዕዎ'ዩ።

29 Christopher Clapham. Haile Selassie's Government (Tsehai Publishers 2012).

ናይ ሓጼ ሓይለስላሴ መንግስቲ ኣብ ኤርትራ ክ/ሓገር ተወለድቲ ዘርኣዮ መንግስታዊ ናብዮትን ክንክንን ዝተመነዮ ዉጽኢት ኣየምጽኣን: ብኣንጻሩ ኣብ ልዕሊ ካልኦት ኢትዮጵያዉያን ስነ-ልቦናዊ ልዕልናን ኣጉል ግብዝና ከስምዖም ጌሩ'ዩ። በዚ ጥራይ ከይተሓጽረ ናይ ሓጼ ሓይለስላሴ መንግስቲ ኣብ ልዕሊ ትግርኛ ተዛረብቲ ዓሌታዊ ጽልኢ ብዝተፈላለየ መልክዕ የንጸባርቕ ኔሩ። ንኣብነት ንሓጼ ሓይለስላሴን ስድራቤቶምን ዝሕልው ናይ ክቡር ዘበኛ ክ/ጦር ኣብ ሓደ እዋን ሓይሊ ሰብ ንምምላዕ፣ ሓደስቲ ወትሃደራት ክቖጽሩ መምርሒ ምስወጸ ኣብዚ ኦፌሴላዊ መምርሂ *<<ትግርኛ ተዛረብቲ ኢትዮጵያዉያን ከይቖጸሩ>>* ዝብል ድንጋገ ሰፊሩ ኔሩ። እዚ ተግባር ኣብ መስፍናዊ ስርዓት ዝነበሩ ገዛእቲ ማዕረ ክንደይ ዓሌተኛታት ምንባሮም ዝምስክር'ዩ።

ዓሌታዊ መድልዎ ኣብ ኦሮሞ ብሄረሰብ ዝበርተዐ ኔሩ። ናይ ኦሮሞ ማሕበረሰብ ተወለድቲ ኣብ ቤት-ትምህርቲ ስም ኣቡኦም መስሓቕ ስለዝነበረ ትምህርቲ ምስዛዘሙ ስራሕ ክረኽቡ ምእንቲ ስም ኣብኦምን ኣባሓጎኦምን ይቕይሩ ነበሩ። እዚ ዓሌታዊ መድልዎ መንቐሊኡ ናይ ሓጼ ሓይለስላሴ መሳፍንትን መኻንንትን ንጣብ ረሃጽ ዘየንጠብሉ ሕጡር መሬት ንመዋዕል ብሒቶም ክነግሱ ምእንቲ ህዝቢ ብሕብረት ከይለዓል ዝመሃዙዎ መቓቕሊ ምሕደራ ደኣምበር ናይ ሓደ ህዝቢ ልዕልና ዝእንፍት ኣይነበረን።

ኣብ ኣዲስ ኣበባ ዩንቨርስቲ ዝነበሩ ሂደት ናይ ትግራይ ክ/ሓገር ተመሓሮ ነዚ ሓቂ እንዳፈለጡ ንጸቢብ ረብሓኦም ክጠቕሞም ምእንቲ ኣብ ኢትዮጵያ ደርባዊ ሕቶ ዘይኮነ ናይ ብሄር ሕቶዩ ዘሎ ዝብል ጭርሖ ሂዞም *<<ማሕበር ገስገስቲ ብሄር ትግራይ>>* ዝብል ውዳበ ኣብ 1972 ዓም ኣብ ኣዲስ ኣበባ መስረቱ። ድሕሪ ዉሱን ዓመታት ንነብሱ *<<ወያኑ>>* ኢሉ ዝሰምየ ሓገር ጨራሚ፣ መቓቕሊ ውድብ ዝመስረቱ ዉልቀሰባት ኣብዚ ማሕበር ዝተሓቖፉ ጥራይ ዘይኮኑ ወያነ ዝተጫጨሐ ኣብዚ ጊዜ ነበረ።

ኣንባቢ ብድሙቅ ሕብሪ ከስምረሉ ዝግባዕ ነጥቢ: <<**ብሄር**>> ዝብሃል ናይ ሕብረተሰብ ኣወዳድባ *ኣብ ኢትዮጵያ ዘይምሕላው*'ዩ። ኣብ ኣብዮታዊት ኢትዮጵያ ኣብ ሓገርና ዝርከቡ ዝተፈላለዩ ናይ ቋንቋ ስድራቤታት ኣፈጣጥሮኦምን ኣመዓባብሎኦም ዘጽንዕ *<<ናይ ኢትዮጵያ ብሄረሰብ መጽናዕቲ ኢንስቲትዩት>>* ዝበሃል ትካል ተመስሪቱ ደቒቕ መጽናዕቲ ኣኻዪዱ ነበረ። ኣብ መጽናዕቱ ዝረኸቦ ርኽበት: ኣብ ኢትዮጵያ ዘሎ ናይ ሕብረተሰብ ኣወዳድባ

ዉልቀሰብ፣ ስድራ፣ ስድራቤት፣ ዘመድ፣ ኣዝማድ፣ ማሕበረሰብ፣ ማሕበረሰባት ብብዝሒ ዝተሓቑፉሉ ብሄረሰብ ዝብል ዉዳበ ከምዘሎ'ዩ። ብሄር ካብ ብሄረሰብ ቐጺሉ ዝርኸብ ናይ ሕብረተሰብ ኣወዳድባ ጥርዚ ወይ ድማ ጫፍ'ዩ። ንሕና ኢትዮጵያውያን እትረፍ ብሄር ክንከዉን ኣብ ጥቑኡ'ውን ኣይበጻሕናን።

ብሄር ወይ ድማ ብእንግሊዝኛ (*ኔሽን*) ዝበሃል ናይ ሕብረተሰብ ኣቓውማ ሓደ ቋንቋ ምዝራብ፣ ብዝሒ ቁጽሪ ምዉናን፣ ገፊሕ ጅዮግራፍያዊ ሕዛእቲ ምሽፋን ብሄር ከስሚ ኣይክእልን። ብሄር ማለት ናይ ስልጣነን ዘመናዉነትን መለኸኢ፣ ናይ ሓይሊ ሰባት ምዕባለ፣ ናይ ማዕቶትን ምህርትን ሓይልታት ሕንጸት፣ ብሓፈሻ ናይ መንብሮ ሰባት ወይ ድማ ዓይነት ሕይወት መለከኢ ማለት'ዩ። በዚ መምዘኒ ንሕና ኢትዮጵያዉያን ጭራ ጥራይ ዘይኮና ብሄር ክንኸውን ገና ብዙሕ ብዙሕ ይተርፈና እዩ።

ናብ ኣርእስተይ ክምለስ: በዚ መገዲ ጸቢብ ዕላማ ሒዞም ዝተበገሱ ናይ ኣዲስ ኣበባ ዩንቨርስቲ ሒደት ናይ ትግራይ ክ/ሓገር ተመሃሮ *<<ማሕበር ገስገስቲ ብሄር ትግራይ>>* ዝብል ስቱር ውዳበ መስሪቶም ክወዳደቡ ምስጀመሩ ህዝቢ ኢትዮጵያ ንዘመናት ዝጸሮ መስፍናዊ ስርዓት ሓመድ ለቢሱ ወትሃደራዊ መንግስቲ ስልጣን ምስሓዘ ናይ ኣዲስ ኣበባ ዩንቨርስቲ ተመሓሮ *<<ናይ ዕድገት በሕብረት ወፈራ>>* ክወፍሩ ምስተዓዙ ካብዚ ወፈራ ሓዲሞም ኣብ ትግራይ ክ/ሓገር ኣብ መበቖል ዓዶም ተዓቑቡ። ዕድገት በሕብረት ዘይወፈረ ተመሓራይ ዩንቨርስቲ ናይ ምምላስ ዕድል ስለዘይነበሮ እዞም መንእሰያት ዘለዎም እንኮ መማረጺ ስደት ከምዝኾነ ተገንዚቦም ካብ ምስዳድ ዝሓሸ ኮይኑ ዝረኸቡዎ በረኻ ምውጻእ ነበረ።

ሕይወቶም ኣብ በረኻ ክጅምሩ፣ እግሪ ክተኽሉ ተስፋ ዘንበሩሉ ኤርትራ ካብ ኢትዮጵያ ንምንጻል ኣብ ዱር ዝሰፈረ *<<ሻዕብያ>>* ተሰምየ ጨራሚ ሓገር ነበረ። ስልጠና ኣመሳሚሎም ናብ ኤርትራ ምስኸዱ ሻዕብያ ናይ ኤርትራ ሕቶ እንታይ'ዩ ዝብል ሕቶ ምስቅረበሎም *<<ናይ ኤርትራ ሕቶ ናይ ብሄረሰብ ሕቶ ዘይኮነ ናይ ባዕዳዊ መግዛእቲ ሕቶዩ>>* ብምባል ኣብ ታሪኽ ዓለም ተራእዩን ተሰሚዑን ዘይፈልጥ ሓደ ጸሊም ህዝቢ ንካልዕ ጸሊም ህዝቢ ከም ባዕዲ ይገዝእ ኣሎ ዝብል ታሪኽ ዘይርስዖ ነውራም ተግባር ፈጸሙ።

ነዚ ዘሕዝን ናይ ታሪኽ ክሕደት ዝፈጸሙ ናይ ወያነ መራሕቲ ሎሚ ናብ ልቦኖኦም ተመሊሶም ጌጋ ከምዝፈጸሙ ፈሊጦምኻ እንተተናስሑ ብኣሻሓት ዝቑጸር ናይ ትግራይ ሓረስታይ ኣብ ዘይፈልጦ መሬትን ዓድን ኣዝሚቶም ኤርትራ ካብ ገዛዕ ዓዶም ኢትዮጵያ ክንጽሉ ምእንቲ ኣብ መጋርያ ኣጒዶም ድራር እሳት ምስገበሩዎ ጣዕሳ ድሕሪ ማይ ናብ በዓቲ'ዩ።

ኣብዚ ጊዜ ናይ ኣስመራ ዙርያ ዉግእ ተዛዚሙ ኣብዮታዊ ሰራዊት ካብ ኣስመራ ዙርያ ንሻዕብያ ቦርቀቑ ኣብ 1979 ዓም ኣብ ናቕፋ ጎቦታት ስለዘንጠልጠሎ ሻዕብያ ኣብ ኤርትራ ክ/ሓገር ብዘካይዶ ዉግእ ጥራይ ኤርትራ ካብ ኢትዮጵያ ክንጽላ ከምዘይክእል ዝተገንዘበሉን ሕልሙ ዝገሓድ ኣብ ኤርትራ ክ/ሓገር ዝወልዖ ኹናት ናብ ካልኦት ክፋላት ኢትዮጵያ ከላባዕ እንከሎ ጥራይ ከምዝኾነ ተገንዚቡ ኣብ ትግራይ *<<ወያኑ>>* ኣብ ምዕራብ ኢትዮጵያ *<<ኦነግ>>* ተሰምዩ ዓሌተኛ ውድባት ጽዑቕ ናብዮትን ክትትልን ክገብረሎም ጀመረ።

ኣብ 1975 ዓ.ም. ሻዕብያ ክዕልሞም ዝኸዱ ናይ ወያነ መንእሰያት ስልጠና ወዲኦም ናብ ትግራይ ምስተመልሱ ህወሓት ናይ ሻዕብያ መልሕቕ ወይ ድማ *<<ፎቶኮፒ>>* ክኸዉን ምእንቲ ሻዕብያ የማነ ኪዳነን ሙሴ ተኽለን ዝበሃሉ ክልተ ሰባት ናብ ወያነ ክጽምበሩ፣ ንወያነ ተኸታቲሎም ጸብጻብ ከቕርቡ ኣዚዙ ናብ ትግራይ ክ/ሓገር ለኣኾም። በዚ መገዲ ወያነ ናይ ሻዕብያ ተፈጥሮኣዊ ዉላድ ከብሎ ዝክእል ክብርታት(*ቫልዩስ*) ኣተሓሳሰባ፣ ኣወዳድባ ወረሰ።

መቃለሲ ሓሳቦም ፈለማ ትግራይ ካብ ኢትዮጵያ ምንጻል ዝብል ነበረ። እዚ ሓሳብ ከቢድ ተቓውሞን ጸቅጥን ምስገጠሞ ኣብ 1919 ዓም ኣብ ጥቅምቲ ኣብዮት ናይ ቦልሼቪክ ሊቓውንቲ ዘጋዉሑዎ *<<ናይ ብሄራት መሰል ርዕሰ ዉሳኔ ክሳብ ምንጻል >>* ዝብል ሓሳብ ቐዲሖም ስብከት ጀመሩ።

ኣብ 1919 ዓም ኣብ ሩስያ ዝተጫጭሑ ኣኽራሪ ዓሌተኛታት ቦልሼቪክ ተሰምየ ናይ ብሄር ውዳበ መስሪቶም ንዘመናት ብሰላም ዝነብር ህዝቢ ሩስያ ኣብ ሓደ ዝጠምሮ ሓባራዊ ክብርታቱን ስነ-ልቦናዊ ዉሕድቱን ኣህሲሶም፣ ናይ ያታን ቛንቛን ፍልልያት ኣጒሊሖም ናይ ህዝቢ ሩስያ ሓድነት ከፍርሱ፣ ስጡም ዉሕድቱ ክብክሉ ጀመሩ። ኣብ ቦልሼቪክ ካብ ዝነበሩ ፍሉጣት መራሕቲ በዓል ቭላድሚር ኤሊች ሌኒን ካብ ብሄራዊ ምንቅስቓስ ሰጊሩ ኣብ

1970ታት ንዓና ኢትዮጵያውያን ዝሓቖነ *<<ብሄራት ተነጺለን ነጻ ሓገር ናይ ምምምስራት>>* ሓሳብ ከጋውሕ ጀመረ።

ቦልሼቪካዉያን ነዚ ስልቲ ናይ ስልጣን መደያይቦ ጌሮም ተጠቒሞም ኣብ መንበረ ስልጣን ምስሓኾሩ ንዘመናት ዘጋውሕዎ ብሄራት ናይ ምንጻልን ሓገር ናይ ምምስራትን መሰል ካብ ምንጻግ ሰጊሮም ጆርጅያ ካብ ሕብረተሶቭየት ተነጺለ መንግስቲ ክኸዉን'የ ምስበለት ካብ ጆርጅያ ዝቦቐለ ጆሴፍ ስታሊን ቀይሕ-ሰራዊት ተሰምየ ግዙፍ ሓይሊ ኣዝሚቱ ብታንኪ ንህዝቢ ጆርጅያ ረጊጹ ጆርጅያ ናይ ሕብረት ሶቭየት ኣካል ኮይና ክትቕጽል ገበረ።

ነዚ ነጥቢ ዘልኣልኹሉ ምክንያት *<<መሰል ብሄረሰብ>>* ሓንደስቱ ኣብ ግብሪ ዘየውዓልዎ ናብ ኮረሻ ስልጣን መሕኮሪ ጥራይ ዝተጠቕሙሉ ሜላ ካብ ምኻኑ ብተወሳኺ እዚ ሓሳብ ዘስዕቦ ጉድኣትን ሓስያን ካብ ጥቕሙ ከምዝዓዝዝ ተረዲኦም ብዕሽሉ ከምዝቖጽዩዎ ንምብራህ እዩ።

ናይ ትግራይ ክ/ሓገር ሒደት ተመሓሮ ነዚ ብሉይ ሓሳብ ምስ ሳይንሳዊ ርኽበት ጸብጺቦም ኣብ ኢትዮጵያ ምስዘሎ ክዉንነት ፍጹም ዘይኸየድ ምሁዞ ማለት ትግራይ ካብ ኢትዮጵያ ንምንጻል ተበገሱ። ንገንጻሊ ዕላሞኦም ካብ ዝተጠቕሙሉ ሜላ ሓደ: ኣብ 1943 ናይ ቀዳማይ ወያነ ኣመጽ ንምብርዓን መንግስቲ ዝወሰዶ ናይ ሓይሊ ስጉምቲ ብምዝኽኻር *<<ናይ ኣምሓራ መንግስቲ ብነፈርቲ ኹናት ጨፍጪፉካ፣ ኣጽኒቱኻ>>* ዝብል መርዛም ሓረግ ነበረ። ናይ ትግራይ ክ/ሓገር ህዝቢ ብደብዳብ ነፍርቲ ተደብዲቡ ደቁ እኻ እንተሞቱ ሓበሬታ ኣቐቢሎም ነዚ ደብዳብ ዘፈጸሙ ናይ ወያነ ሹመኛታት ዝዉንጅልዎ ህዝቢ ኣምሓራ ዘይኮነ ኣብ ማዕከላዊ ትግራይ ዝነብሩ ራዕሲ ገብረሕይወት መሸሻ ነበሩ።

እዞም መንእሰያት ንህዝብና ክዘርጉ፣ ሎሚ ዝበጽሑሉ ደረጃ ክበጽሑ ዘብቕዖም ናይ ሽረ ኣውራጃ ኣመሓዳሪን ናይ ፓርላማ ኣባል ዝነበረ ገሰሰው ኣየለ ነበረ። ገሰሰ ኣየለ ናይ ሓጼ ሓይለስላሴ መንግስቲ ተቓዊሙ ዝሸፈተ ድሕሪ ሂደት ዓመታት መንግስቲ ምሕረት ጌሩሉ ዝኣትወ ሰብ ብምንባሩ ኣብ ሽረ ኣውራጃ ኣዝዩ ተፈታውን ተሰማዕን ሰብ ነበረ። ገሰሰ ኣየለ ምስ ኣሕዋቱ ኮይኑ ነዞም መንእሰያት ምስተጸምበሮም ህዝቢ ሽረ ንመንግስቲ ኣሕሊፉ ክሕቦም ኣይደልየን።

በዚ መገዲ ንሓገርና ዝበታትን ጸቢብ መቓቓሊ ስሚ ዝነዝሑ መንእሰያት ብስሙ ጸ ግዒክረኸቡ ጥራይ ዘይኮነ ኣብ ሓጺር ጊዜ ሰዓብትን ደገፍትን ክረኽቡ ባይታ ኣጣጠሐ። ገሰሰ ኣየለ ብዕድመ ካብኡ ዝንእሱ፣ ብኣካዳምያዊ ፍልጠት'ዉን ኣብ መባእታዊ ደረጃ ዝርከቡ መንእሰያት ኣሚኑ ምስኣም ተዘይጽጋእ ኔሩ ወያነ ዝበሃል ምትእኽኻብ ሓደ ስድሪ ምንቕ ከይበለ ብዕሽሉ ምተቐጽየ ኔሩ።

በዚ መገዲ ክሰውድ ዝጀመረ ውድብ ካብ ኣብዮታዊ መንግስቲ ዝኾነ ዓይነት ኣቓልቦ ከይተዋህቦ ንሸሞንተ ዓመት ፖለቲካዊ ስራሕ እንዳሰርሐ፣ መንእሰያት እንዳወደበ፣ እንዳዕጠቐ ክድልድል ጀመረ። ናይ ኢትዮጵያ ኣብዮታዊ መንግስቲ ወያነ ናይ ሻዕብያ ዉላድ ስለዝኾነ ኣቦ ብዘይዉላድ ክሰርር ስለዘይክእል ንወያነ ዝወለደ ሻዕብያ እንተጠፊኡ ወያነ ተፈጥሮኣዊ ሞት ክመዉት እዩ ዝብል መርገጺ ስለዝነበሮ ካብ 1975 ዓም ክሳብ 1983 ዓም ንሸሞንተ ዓመት ንወያነ ቑልሕ ኢሉ ኣይጠመቶን። እዚ ዘሕዝን ትንተና ወያነ ዓንቲሩ ሎሚ ኣብ ዝበጽሐሉ ደረጃ ክበጽሕ ካብ ምግባሩ ብተወሳኺ ናብ ትግራይ ክ/ሓገር ይኣትውን ይወጽዕን ዝነበረ ጀብሃ እከይ ግብርታቱ ብዘይመኻልፍ ክፍጽም ሓጊዙዎ'ዩ።

ኣብ 1976 ዓም ኣብ ምብራቅ ትግራይ ዲማ ኣብ ዝበሃል ስፍራ ወያነ ጉባኤ ክካይድ እንከሎ ብዝሑ 180 ሰብ ጥራይ ነበረ። ናይ ኢትዮጵያ ኣብዮታዊ መንግስቲ ኣብ ኤርትራ ዝነደፎ ወፍሪ ቀይሕ-ኮኾብ ከይተዓወተ ምስተረፈ ንህወሓት ግምት ሂቡ ናይ መጀመርያ ዉሁድ መጥቃዕቲ ኣብ 1983 ዓም ክኸፍት እንከሎ ህወሓት ናብ ብርጌድ ዓንቲሩ ነበረ። ካብ 1975 ዓም ክሳብ 1983 ዓም ናይ ኢትዮጵያ ኣብዮታዊ መንግስቲ ንወያነ ብፍጹም ንዕቐት የቕናጽቦ ስለዝነበረ ኣብ ልዕሊ'ዑ ዝተወሓሓደ መጥቃዕቲ ዝፈነወሉ ጊዜ የለን። ናይ ኢትዮጵያ ኣብዮታዊ መንግስቲ ዝተወሃሃደ ሓይሊ ኣሰሊፉ ንመጀመሪያ ጊዜ ኣብ ልዕሊ ወያነ በትሩ ዘዕለበ ኣብ *ክፍሊ ኢሰራን ክልተን* ኣብ ዘዘንትዎ ናይ 1983 ወፈራ'ዩ።

ክፍሊ ዓሰርተን ዓርባዕተ

ናይ ህዝቢ ዓለም ሰላም ሓድነት ጸር ዝኾነ ናይ ሰሜን ኣሜሪካ ኢምፔሪያሊስት መንግስቲ ኣብ ሓገርና ዝፈጸሞ ሸፈጥን ክሕደትን፣ ናይ ኢትዮጵያን ራሽያን ጥንታዊ ርክብ

ምዕራፍ ዓርብዓን ሸውዓተን

ናይ ስሜን ኣሜሪካ ኢምፔሪያሊዝም ኣብ ኢትዮጵያ ንዘመናት ዝፈጸሞም ሻጥራት፣ ተንኾላት፣ ግፍዕታት

ናይ ኢትዮጵያን ኣሜሪካን ርክብ ኣብ ታሪክ ንመጀመሪያ ጊዜ ዝፈለመ ኣብ 1908 ዓም ሓጼ ሚኒሊክ ምስ መንግስቲ ኣሜሪካ ናይ ንግዲ ስምምዕ (*ትሪቲ ኦፍ ኮመርስ*) ምስከተሙ ነበረ። ኣብዚ ጊዜ ዝጀመረ ርክብ ክብ ለጠቕ እንዳበለ ምስቐጸለ ንሕና ኢትዮጵያውያን ብቕኑዕ ልቢ ዝመስረትናዮ ጽምዶ ጥልመትን ክሕደትን ኣግዚሙና እዩ። ናይ ስሜን ኣሜሪካ ኢምፔሪያልዝም ኣብ ሓገርና ዝፈጸሞ ሸፈጥን ተንኮልን ቅድሚ ምዝርዛረይ ኣሜሪካ ናይ ዓለም ርእሰ-ሓያል ዝኾነሉን ሎሚ ናብ ዝበጽሖሉ ጥርዚ ዝበጽሖሉ መገዲ ንኣንባቢ ክገልጽ'የ።

ኣብ ዓለም ቅድሚ ሓገሩ ማዕቢሉ ናይ ዓለምና ፍልማዊ ርዕሰ-ሓያል ዝነበረ ናይ ጥንታዊ ግሪኽ መንግስቲ ምንባሩ ንኣንባቢ ገሊጸ'የ። ኣብ ዓለም ብዝጫጭሖም ሰፉሕቲ ግዝኣታት፣ ብዘመናዊ ሓይሊ ባሕሩን ብዝምታንን ክትራንን ዝተኣከበ ሓፍቲ መዳርግቲ ዘይነበሮ ናይ ሮማ ቄሳራዊ መንግስቲ ናይ ጥንታዊት ግሪኽ ስፍራ ወሪሱ ናይ ዓለም ካልኣይ ርእሰ-ሓያል ምስኮነ ንሮማ ናብ ክልተ ጎዝዩ ዝነገሰ ናይ ባይዛንታይን ኢምፓየር፡ ንነብሱ ኣብ መስቀል ኹናት ጸሚዱ ኣብ መፈጸምታ ተዳኺሙ ምስወጸ ናይ ርእሰ-ሓያልነቱ ስፍራ ንፖርቹጋል ክሕብ እንከሎ ናይ ባይዛንታይን መቐናቕንቲ ዝነበሩ ናይ ምስልምና ሓይልታት ማዕረ ስለዝተዳኸሙ ስፍሮኦም ንኦቶማን ቱርክ ኣረከቡ።

ኣብ ማእከላይ ዘመን ርዕሰ ሓያል ዝነበሩ ፖርቹጋልን ኦቶማን ቱርክን ንሰለስተ ሚእቲ ዓመት ክፋጠጡን ክዋጠጡን ጸኒሖም ኣብ መበል 18 ክፍለዘመን ኣብ እንግሊዝ ዝነቶገ ኢንዱስትሪያዊ ኣብዮት ናይ ካፒታሊስት ስርዓት ስለዝወለደ ናይ እንግሊዝ ኢምፔሪያልዝም ናይ ፖርቹጋል ስፍራ ተረኪቡ ናይ ዓለምና ርእሰ-ሓያል ኮነ። ናይ ካፒታሊስት ስርዓት ምጥጣዕ፣ ናይቲ ስነ-ሓሳብ ምስፍሕፋሕ ተኸቲሉ ናይ እንግሊዝ ኢምፔሪያልዝም ካብ መበል 18 ክፍለዘመን ጀሚሩ ክሳብ ምዝዛም 2ይ ኹናት ዓለም ንመላዕ ዓለም ተቖጻጺሩ ንሚእትን ሰማንያን ዓመት ናይ ዓለም ርዕሰ-ሓያል ኮነ። እንግሊዛዉያን

መብዝሓቱ ናይ አፍሪካን እስያን ሓገራት ወሪሮም ዓለም ናይ ሎሚ መልኽዕ ክሕዝ ካብ ምግባሮም ብተወሳኺ አውስትራልያን ኣሜሪካን ዝበሃሉ ሓገራት ናይ እንግሊዝ ፍጡራን እዮም።

2ይ ኹናት ዓለም ምስተወለዐ እቲ ከቢድ ጾር ዝዓለበ ኣብ እንግሊዝ ነበረ። ካብ እንግሊዝ ዝኸፍዐ ጾር ዝተሰከመን ምብራቃዊ ክፋል ሓገሩ ኣብ ፍጹም ወረራ ወዲቑ፣ ምስ ናዚ-ሰራዊት ምግጣም፣ ናይቲ ኹናት ከቢድ ስምብራት ምስካም ዕጭኡ ዝነበረ ሩስያ ነበረ። ሩስያዉያን ኣብ 2ይ ኹናት ዓለም ኢስራ ሚልዮን ትንፋስ ከፊሎምዮም። ናይ እንግሊዝ ኢምፔሪያልዝም ኣብ 2ይ ኹናት ዓለም ኣብ ዘካየዶም ወፈራታ፣ ናይ ምክልኻልን ጸረ-መጥቃዕትን ዉግኣት: ክጥፍሽ፣ ክደኺ፣ ክነድይ እንከሎ ናብቲ ኹናት ከይኣትው ክማታእን እግሩ ክንሰስ ዝጸንሐ ናይ ኣሜሪካ ኢምፔሪያልዝም ድሕሪ ክልተ ዓመት ናብቲ ኹናት ምስተጸምበረ ኣብ ክንዲ ንድየት መኸሰብ ረኺቡ ቅናት ዓለም ናይ ምዝዋር ስፍራ ካብ እንግሊዛዉያን ተረኺቡ ናይ ዓለም ርእሰ-ሓያል ኮነ።

ናይ እንግሊዛዉያን ግዝኣት ዝነበረ ሰሜን ኣሜሪካ ናብዚ ደረጃ ዘብቆዖ *<<ኣይዞሌሺኒዝም>>* ብምባል ዝሰምዮ ኣብ ዓለም ወትሃደራውን ፖለቲካዉን ጉዳያት ከይሳተፍ ዝሕይብ ፖሊሲ ነበረ። *<<ኣይዞሌሺኒዝም>>* ንኣሜሪካ ርእሰ-ሓያልነት ወሳኒ ተራ'ኻ እንተነበሮ ብቀንዱ ንኣስታት ክልተ ሚኢቲ ዓመት ካብ ኣውሮፓ ዝፈለሰ ክኢላዊ ኣቅሚ-ሰብን ቴክኖ-ካፒታልን፣ ካብ አፍሪካ ዝገዓዘ ነጻ ናይ ባሮት ጉልበት ተጠቂሞም ብዘደንቅ መገዲ ዓዶምን ህዝቦምን ስለዘልምዑ'ዮም።

ኢምፔሪያሊስት ኣሜሪካ ናብ 2ይ ኹናት ዓለም ምስተጸምበረ ኣብ ምርኢት ናይቲ ኹናት ዓይነታዊ ለዉጢ ምምጽኡ ዝኸሓድ እኳ እንተዘይኮነ ነቲ ኹናት ዘድሊ ዘመናዊ ኣጽዋርን ጥረ ናዉቲ አቕራቢ ብምንባሩ ኣብዪ ምንጪ ዕዳጋን ዕቶትን ረኺቡ ንብሪታንያ ኢምፔሪያልዝም ቀዲሙ ናይ ዓለም ርእሰ ሓያል ኮነ።

ድሕሪ 2ይ ኹናት ዓለም ሩስያዉያን ሕንጻት ሓገር ብቕልጡፍ ክጅምሩ እንከለው ምዕራብ አውሮፓ ብሓፈሻ ኣብ ኢምፔሪያስት ብሪታንያ ብፍላይ ስእነት ስራሕ፣ ድኽነት፣ ገበን ኣዕለቕሊቑ ብምንባሩ ናይ ብሪታንያ ቡርዥዋታት ናብ ሰሜን ኣሜሪካ ኢምፔሪያሊስት መንግስቲ ነዚ ዝስዕብ ምሕጽንታ ኣስምዑ

<<*ካብ ምብራቕ ኣውሮፓ ናብ ምዕራብ ኣውሮፓ ዘሰፋሕፋሕ ዘሎ ናይ ማሕበርነት ስነ-ሓሳብ ንምግታእ ብፍላይ ብስእነት ስራሕ ቖንፈዘው ስለዝበለ ብኮሚኒዝም ስነ-ሓሳብ ተማሪኹን ተመሲጡን ዘሎ መንእሰይና ናብ ስራሕ ንምውፋር ናይ አሜሪካ ቡርዥዋታት ብቕልጡፍ ማል እንተዘየውፊርም ምዕራብ ኣውሮፓ ኣደዳ ኮሚኒዝም ክኸውን'ዩ።*>>

ፕሬዚደንት ትሩማን ናይ ብሪታንያ ምሕጽንታ ምስበጽሖ <<*ማርሻል ፕላን*>> ተሰምየ ኣሜሪካ ንምዕራብ ኣውሮፓ ክትምጽዉት፣ ናይ ስራሕ ዕድል ክትፈጥር ብተወሳኺ ወትሃደራዊ ምትእትታው ክትፍጽም ዘኽእል ዉሳነ ጥሪ 1947 ዓም ናይ ኣሜሪካ ባይቶ ኣጽደቐ። ናይ ብሪታንያ ቡርዥዋታት ድልየት ገንዘብን ማልን ጥራይ ዘይኮነ ካብ ምብራቕ ኣውሮፓ ዝነፍስ ናይ ማሕበርነት ንፋስ ብወትሃደራዊ ምትእትታው ምኹላፍ ስለዝነበረ ናይ ሰሜን ኣሜሪካ ኢምፔሪያልዝም <<*ናይ ሰሜን ኣትላንቲክ ቃል-ኪዳን ሓገራት(ኔቶ)*>> ተሰምየ ወትሃደራዊ ትካል መጋቢት 4 1949 ዓም መስሪቱ ወትሃደራዊ ምትእትታው ምስፈጸመ ብሕብረት ሶቭየት ዝምርሑ ናይ ማሕበርነት ሓገራት ብተመሳሳሊ <<*ዋርሶ-ፓክት*>> ተሰምየ ወትሃደራዊ ውዳበ ኣቖሙ።

ናይ ኣሜሪካ ኢምፔሪያልዝም ካብ ምብራቕ ኣውሮፓ ዝነፍስ ናይ ኮሚኒዝም ንፋስ ናይ ካፒታሊስት ስርዓት ከይነድሎ ምእንቲ ዝፈጸሞ ወትሃደራዊ ምትእታው ከመኽንየሉ እንከሎ <<*ብኹናት ዝተረመሰት ምዕራብ ኣውሮፓ ንምቕናዕ ዝካየድ ልግሲ*>> ብምባል ሓጨጨ። ኣብዚ ናይ ጊዜ ክሊ ዓለም ናብ ክልተ ደምበን ክልተ ስነ-ሓሳብን ዝመቐለ ኣዝዩ ዘሰቕቕ ናይ ባይሎጂካል፣ ኬሚካልን ኒዩክለርን ኣጽዋር ዝዓጠቐ ርዕሰ-ሓያላን ዝተፋጠጡሉ ዝሑል ኹናት ብዕሊ ጀመረ።

ናይ ብሪታንያ ቡርዥዋታት ነዚ ምስስለጡ፡ ኣብ ኣፍሪካን እስያን ብመግዛእቲ ካብ ዝሓዙዎም ግዝኣታት ብሰላም ወጽዮም ሓድሽ ናይ ዉክልና መግዛእቲ ንምፍጻም ዘኽእሎም ስትራቴጂ ነዲፎም ዳግም ንሰሜን ኣሜሪካ ኢምፔሪያልዝም ምጽወታ ሓተቱ። ጽሟቕ ሕመረት ናይዚ ስትራቴጂ ከምዚ ዝስዕብ'ዩ: *ኣብ ድቡብ ኣሜሪካ፣ እስያን ኣፍሪካን ዝሰረተ ሕሱም ድኽነትን ናይ መግዛእቲ ጸር ዘኸተሎ ምረት ተኸቲሉ ናይ ነጻነት ሕቶ ይጥጥዕ ኣሎ። ነዚ ሕቶ ነጺግና ገዛእቲ ኮይና ንቕጽል ምባል ኮሚኒዝም ኣብ መላዕ ዓለም ክጥጥዕ ስቡሕን ፍርያምን መሬት ብወለንታና ምሃብ ማለትዩ። ስለዚህ ናይ ማሕበርነት ሓገራት መፍቶ ከይኮና ብመግዛእቲ ዝሓዝናዮም ኣሕዛባት*

ነጻነቶም ሒብና፣ ኣብ ልዕሌና ዝጠነሱዎ ቊምታ ክርስኡ ምእንቲ ገዚፍ ማል ኣውፊርና ናይ ኢኮኖሚ ተጠቕምቲ ገርና፣ ቊምቶኦም ከምዝርስኡ ብምግባር ምሳና ከጸምዱ ንግበር ዝብል ኔሩ።

ነዚ ስትራቴጂ ናይ ሰሜን ኣሜሪካ ኢምፔሪያልዝም ጥራይ ዘይኮነ ኣብ ኣፍሪካ ኣስፉሕፊሖም ዝነበሩ ከም ፈረንሳ፣ ኢጣልያን ጀርመንን ዝበሉ ሓገራት ስለዝረዓሙሉ ናይ ኣሜሪካ ቡርዥዋታት ዳግም ማሎም ከውፍሩ ተሓቲቶም ናይ ኣሜሪካ ኢምፔሪያልዝም ቤት ምኽሪ *<<ፖይንት ፎር>>* ተሰምየ ናይ ድጎማ ሰነድ ሰነ 24 1949 ዓም ኣጽደቐ።

ፖይንት ፎር ጠመቱኡ ኣብ ምምዕባል ናብ ዘለው ሓገራት ብምንባሩ ንኢትዮጵያ ብቐጥታ ይምልከታ ኔሩ። *<<ናይ ሰሜን ኣሜሪካ ኢምፔሪያልዝም ኣፍቓሪ>>* ተባሂልና ዘይተኣደነ ጸላኢ ክንሸምት ብምብቃዕና ጥራይ ዘይኮነ ናይ ኣሜሪካ ኢምፔሪያልዝም ኣብ መላዕ ዓለም ዝፍጽሞ ዕንደራ ብምድጋፍ በሰላ ናይቲ ኹናት ስለዝጠዓምና ካብ ፖይንት-ፎር ሕልፊ ይግብኣና ኔሩ። ይኹን እምበር ናትና ድኽመት ተሓዊሱዎ ኢትዮጵያ ካብ ፖይንት ፎር ዝረኸበቶ መኸሰብ እንተሓልዩ ተረፍመረፍ ኔሩ ክብል ይደፍር። ኣብ ሳልሳይ ክፍሊ ናይዚ መጽሓፍ ከምዝገለጽኩዎ ኣብ ሲቪል ኣቪዬሽን፣ ኣብ ጽላት ባንክ፣ ናይ ትምሕርቲ ዕድል ወጻኢ ብዙሕ ክንረክብ እንዳተገባኣና ከይረባሕና ተሪፍና ኢና።

ናይ ሰሜን ኣሜሪካ ኢምፔሪያሊስት መንግስቲ ፈታዊ መሲሉ ቐሪቡ ክሕደትን ሸፈጥን ክፈድየና ዝጀመረ ብፍላይ ከም ፈታዊ ኣሚንና ልብና ስለዝኸፍትናሉ ግርሕነትና ሪኡ ንመጀመሪያ ጊዜ ናይ ክሕደት በትሩ ዘዕለበልና ኣብ 1973 ዓም ነበረ። ናይ ኢትዮጵያን ሶማልን ኹናት ኣብ 1964 ዓም ተሳዊሩ ብዙሕ ከይጸንሐ ምስቐሃመ ሶማላውያን ብሕብረት ሶቭየት ደገፍ ዘመናዊ ኣጽዋር ዓጢቖም ሓይሊ ሰቦም ካብ 20 ሽሕ ብሽድሽተ ኣርቢሖም ናብ 120 ሽሕ ክብ ኣበሉ። ሓጼ ሓይለስላሴ ነዞም ምዕባለታት ምስተዓዘቡ ኣብ 1973 ዓም ኢትዮጵያ ናይ ኣጽዋር ሓገዝ ክትረክብ ናብ ኣሜሪካ ኣቕንዑ። ዘድልዮም ዝርዝር ሓገዝ ንፕሬዚደንት ኒክሰን ምስቐረቡ ፕሬዚደንት ኒክሰን ነዚ ጉዳይ ምስ መራሒ ሕብረት ሶቭየት ሊዮኔድ ብሬዥኔቭ ብምስጢር ከምዝዘተየሉን ሶማል ንኢትዮጵያ ከይትወራ ኣብ ስምምዕ ከምዝበጽሑ ሓቢሩ ጥራሕ ኢዶም ኣፋነዎም።

ሓጼ ሓይለስላሴ ናይ ኣሜሪካ መገሽኦም ምስዛዘሙ ናብ ሞስኮን ቻይናን ኣምሪሖም ሓገዝ ክረኽቡ እኻ እንተፈተኑ ቻይናዉያን ካብ ዝለገሱዎ ሒደት ጸረ-ነፈርቲ ወጻኢ ጻዕሮም ክሰልጥ ኣይከኣለን። ድሕሪዚ ዝነበሮም እንኮ ኣማራጺ ሓገርና ዘለዋ ክዙን ጸጋ ነጊፎም ኣጽዋር ምሽማት ጥራይ ብምንባሩ እዚ ሓሳብ ንባይቶ ሚኒስተራት ኣቕሪቦም ሓሳቦም ተቐባልነት ምስረኸበ ሚእቲ ሚልዮን ብር ካብ ቤት-ግምጃ ወጻኢ ተጌሩ፣ ናብ ሓርድ ካረንሲ ተለዊጡ ንሚኒስትሪ ምክልኻል ኣሜሪካ(*ፔንታጎን*) ተከፍለ።

ኣብ ሞንጎ'ዚ ሓጼ ሓይለስላሴ ወሪዶም ደርግ ምስተተከአ ካብ ኣሜሪካ ዝሸመትናዮ ኣጽዋር ኣሜሪካዉያን ናብ ኢትዮጵያ ኣይላኣኹዎን። ናይ ሰሜን ኣሜሪካ ኢምፔሪያሊስት መንግስቲ ደርግ ኣብ ዝነገሰሉ ፈላሞ ኣዋርሕ ናይ ሓጼ ሓይለስላሴ ሰበስልጣናት ብዘስካሕክሕ መገዲ ተቐቲሎም ዝብል ምስምስ ተጠቒሙ ንኢትዮጵያ ዝሕቦ ሓገዝ ደው ኣበለ። ይኹን እምበር ሓፍትና ጸንቒቕና ዝሸመትናዮ ንብረት ኣየረከበናን፣ ከረክበና እዉን ድልየት ኣይነበሮን።

ናይ ኣሜሪካ ኢምፔሪያሊዝም ኣብ ኢትዮጵያ ዝርጋን ክፈጥር ባይታ ዝረኸበ ኣብ ክፍሊ ሰለስተ ናይዚ መጽሓፍ ምስ ኣንባቢ ዘላለኹዎ ጆን ስፔንሰር ዝበሃል ናይ ሓጼ ሓይለስላሴ ኣማኻሪ ኣብ ሕጊ መወሰኒ ባይቶ ዘቕረቦ *<<ስፔንሰር ሪፖርት>>* ዝበሃል ጸብጻብ ነበረ። ጆን ስፔንሰር ኣብዚ ጸብጻብ ዘቕረቦ ዕማመ *<<ኣሜሪካ ኣብ ኢትዮጵያ ዘሎ ኹነታት ንምቕጽጻርን ኣብቲ ዓዲ ዝጥጥእ ዘሎ ኣብዮታዊ ዝምባለ ብኣጉኡ ንምቕጻይ ኣብ ጊዜ ሓጼ ሓይለስላሴ ዝነበራ ርክብ ክትቕጽል ኣለዋ>>* ዝብል ነበረ። ካብዚ ዕማመ ተበጊሱ ናይ ኣሜሪካ ኢምፔሪያሊዝም ኣብ ሓገርና ክልተ ኣእዳው ኣእትዩ ቖጺልና ንሪኦም ሸፈጣት ክፍጽም ጀመረ።

ኣብ 1977 ዓም ፕሬዚደንት ካርተር ናብ ስልጣን ምስመጸ ምስ ኣሜሪካ ዘለና ርክብ ንምምሕያሽ ልዕሊ ኩሉ ድማ ኣሜሪካዉያን ገንዘብና ጫሕ ኣቢልና ዝሸመትናዮ ኣጽዋር ከረክቡና ምእንቲ ኣብ ዓዉዲ ዲፕሎማሲ ልዑል ልምዲ ዝነበሮ ኣቶ ኣያሌው ማንደፍሮ ኣብ ኣሜሪካ ኣምባሳደር ኢትዮጵያ ኮይኑ ተሾመ። ኣቶ ኣያሌው ምስ ፕሬዚደንት ካርተር ዘትዩ ርክብ ክልቲኤን ሓገራት ከመሓይሽ ልዑል ጻዕርታት ኣካየደ።

ምስ ፕሬዚደንት ካርተር ዘካየዶ ዘተ ኣመልኪቱ መብርሂ ክህብ ናብ ኣዲስ ኣበባ ተበጊሱ ሮም ትራንዚት ምስበጽሐ ምንጩ ካብ ዘይተነጸረ ኣካል ምፍርራሕን ምጉብዕባዕን ስለዘጋጠሞ ናብ ኣሜሪካ ተመሊሱ ዕቑባ ሓተተ። ኣብ ሞንጎ'ዚ ኣብ ዉሽጢ ደርግ ናይ ስልጣን ንሕንሕ ዘበገሶ ዝርጋን ተፈጢሩ ለካቲት 4 1977 ዓም ፕሬዚደንት ተፈሪ በንቲ ዝርከቦም ሸዉዓተ ላዕለዎት መራሕቲ ምስተረሸኑ መንግስቲ ኣሜሪካ ገንዘብና ዝዘምተሉ ምክንያት ረኸበ።

ፕሬዚደንት ካርተር ኣብ ለካቲት 1977 ዓም ምጥሓስ ሰብኣዊ መሰላት ዝብል ምኽንያት ተጠቒሙ ብገንዘብ ህዝቢ ዝሸመትናዮ ኣጽዋር ከምዘይህበናን ድሕሪ ሎሚ ኢትዮጵያ መሸጣ ኣጽዋር ክትፍጽም ከምዘየፍቕደላ ብዕሊ ኣፍለጠ። ናይ ሰሜን ኣሜሪካ ኢምፔሪያሊዝም ገንዘብና ዘሚቱ ከድክየና ዝወሰነሉ ምክንያት እንታይ ምንባሩ ርገጸኛ ምኻን ዘጸግም እኻ እንተኾነ ድልየቱ ገንዘብና ምዝማት ከምዝነበረ ዘርእይ ሓጼ ሓይለስላሴ ነዚ ዉዕል ክኽትሙ ዘርኣዮ ዕጥይጥይ፣ ኣብ 1973 ዓም 100 ሚልዮን ብር ተቐቢሉ ከብቕዕ ነዞም ንብረታት ንኣርባዕተ ዓመት ከይለኣኽ ምድንጓዩ ርኹስ ድልየቱ ኾሊዑ ዘርኢይ እዩ።

ናይ ኣሜሪካ ኢምፔሪያሊዝም ብዛዕባ ሰብኣዊ መሰላት ክምድር ምስማዕ ኣዝዩ ዘደንጽው'ዩ። ጥንታዉያን ሰብ ዋና ኣብ ዝነበሩ ቐያሕቲ ሕንዳዉያን መቓብር፣ ካብ ኣፍሪካ ብባርነት ዝገዓዘ ነጻ ጉልበት፣ ካብ ኣውሮፓ ዝፈለሰ ምሁር ሓይሊ ሰብ ተጠቒሞም ኣብ ጥርዚ ስልጣነ ዝሓኾሩ ኣሜሪካውያን ብዛዕባ ሰብኣዊ መሰላት ክዛረቡ ክንዲ ፍረ-ዕድሪ ትኹን ናይ ሞራል ልዕልና የብሎምን። ናይ ኣሜሪካ ኢምፔሪያሊዝም ናይ ነጻ ዓለም መራሒ፣ ናይ ዴሞክራሲን ሰብኣዊ መሰልን ተሓላቒ'የ ብምባል እኻ እንተተገበዘ ኣብ ጸለምቲ ኣፍሪካዉያንን ኣይሁድ ኣሜሪካዉያንን ዘውረዶ ዓሌታዊ መድልዎን ኣሰቃቒ ግፍዒ ኣብ ዓለም ዝዳረጎ እንተሓልዩ ምናልባት ናይ ደቡብ ኣፍሪካ ናይ ጸዓዱ ኣፓርታይድ መንግስቲ ጥራይዩ።

ድሕሪዚ ናይ ሶማልያ መስፋሕፍሒ መንግስቲ ናይ ምስፍሕፋሕ ሕማሙ ደጊሱዎ ከወረና ምድላዋቱ ምስጻፈፈ ናይ ሰሜን ኣሜሪካ ኢምፔሪያሊዝም ገንዘብና ዘሚቱ፣ ደምና መጽዩ ከይኣኽሎ ንመንግስቲ ዝያድ ባረ ክሳብ ኣስናኑ ከዕጥቖ ጀመረ። ናይ ኢትዮጵያ ኣብዮታዊ መንግስቲ ናይ ሰሜን ኣሜሪካ ኢምፔሪያሊዝም ዝፍጽም ሕሱር ቐለት ገምጊሙ ሓጼ ሓይለስላሴ: <<እታ

እንኮ ፈታዊትን ሓላፊትን ኢትዮጵያ ኣሜሪካ'ያ>> ብምባል ከም ሕያብ ዘግዘሙዎም ቃኘው ስቴሽን ሓንሳብን ንሓዋሩን ኣጽዩ ኣብ ዉሽጢ እቲ ካምፕ ዝሰፈሩ ናይ ኢምፔሪያሊዝም ኣገልገልቲ ናብ ዓዶም ክምለሱ ኣዘዘ።

ፕሬዚደንት ካርተር ኣብ መንበረ ስልጣን ኣሜሪካ ካብ ዝተበራረዩ መራሕቲ ኣብ ሓገርና ዘሰቕቕ ግፍዒ ዘውረደ መራሒ ነበረ። ብጸላዕትና ክንጸዓድን ክንምብርኸኽን ንሰማላውያዉን ኣዕጢቑ ምስዘዝመቶም ህዝቢ ኢትዮጵያ ብሓድነት ተላዒሉ፣ ካብ መሬቱ ነቒሉ፣ ሕነ-ክፈዲ ምስተበገሰ ብፍላይ ንከተማ ጅጅጋ ብኣርባዕተ ማዕዝን ኣብ ቖለበት ኣእትዩ፣ ንጸላኢ ዕጥቑ ኣፍቲሑ ክማርኾ ምስቐረበ ናይ ሰሜን ኣሜሪካ ኢምፔሪያሊስት መንግስቲ ናይ ሓገራዊ ጸጥታ ሓላፊ ዚቢግኒዉ ብሪዜንስኪ ንኣምባሳደር ሕብረት ሶቭየት ኣናቶሊ ዶብሪኒ *<<ኢትዮጵያ ካብ ዶብ ሶማል ከይትሓልፍ>>* ዝብል መጠንቐቕታ ምስሃቦ ኣምባሳደር ዶብሪኒ ናይ ኣሜሪካዉያን ሕቶ ሽው ንሽው ተቀቢሉ ኣብ ድልየቶም ረዓመ።

ሰራዊት ኢትዮጵያ ሕነ ክፈዲ ተሓንዲዱ እንከሎ ካብ ጅጅጋ ናብ ሓርጌሳ ዝወስድ ጽርግያ ከፊትካ፣ ኣብ ደንደስ ናይቲ ጽርግያ ጻዕዳ ባንዴራ እንዳምበልበልካ ኣፋኑዎም ተባሕለ። ወትሓደር ትዕዛዝ ኣዘዝቱ ምቕባል ግዴቱኡ ስለዝኾነ ኣብ ደንደስ ናይቲ ጽርግያ ኮፍ ኢሉ፣ ሕርቓን ዝፈጠሮ ንብዓቱ እንዳዛረየ ኣፋነዎም። ናይ ሶማልያ ሰራዊት ኣብ ጅጅጋ ዝተሓንጹ ኣባይቲታት ማዕጾ፣ ዚንጎ፣ መሳኹቲ ቦንቀኑሩ ናብ ዓዱ ነፈጸ።

ናይ ሰሜን ኣሜሪካ ኢምፔሪያሊዝም በዚ ጥራይ ከይተሓጽረ ኣብ ጥሪ 1981 ዓም *<<ሬገን ዶክትሪን>>* ተሰምየ ካልእ ሰማሚ መርዚ መስረሐ። ንሱ እዉን: ኣብ ሳልሳይ ዓለም ገንዘብ እንዳሰላዕካ ሰላም ምዝራግ፣ ሓድሕዶም ደም ምፍሳስ፣ ኣብ መወዳእታ ናይ ኢምፔሪያሊስት ባንቡላ ኣብ መንበረ ስልጣን ምትካል ቀንዲ ዕላምኡ ነበረ። በዚ መገዲ ንተቃወምቲ ኢትዮጵያ ዓመታዊ 500,000 ዶላር ሰለዐ። ነዚ ሓቂ ቦብ ውድወርድ ዝበሃል ናይ <<C.I.A.>> ኣባል *<<ዘ-ቬይል>>* ኣብ ዝብል መጽሓፉ ብዝርዝር ገሊጹዎ'ዩ።

ነዚ እከይ ግብሮም ኣብ ኢትዮጵያ ከተግብሩ ናይ ጸጥታን ድሕነትን ሚኒስተር ዝነበረ ኮ/ል ተስፋየ ወልደስላሰ ብገንዘብ ዓደጉዎ። ኮ/ል ተስፋይ ወ/ስላስ ኣብ ማዕከላዊ ምርመራ ንጹሓን ሰባት ኣሲሩ *<<ናይ ተቃወምቲ ኣባል ምኻንኩም*

እመን>> ብምባል መሓዉሮም ኣልሚሱ ኣብ መሬት ክንፋሓኹ ዝገበረ ሕልናን ሰብኣዉነትን ዘይተኣደለ ናይ ጭካነ ሓዋርያዩ። ምስ <<C.I.A.>> ዘለዎ ጽምዶ ዝተጋሕደ ም/ፕሬዚደንት ኢሕድሪ ሌ/ኮ ፍስሃ ደስታ ንኮ/ል ተስፋይ ኣሰንዩ ኣብ ከተማ ሮም ንዝተወሰነ መዓልታት ኣብ ዘዕረፈሉ ጊዜ ነበረ። ሌ/ኮ ፍስሃ ደስታ ነዚ ኹነታት <<*ኣብዮቱና ትዝታዩ*>>[30] ኣብ ዝብል መጽሓፉ ገጽ(406) ክገልጽ:

<<ኣብ ማዕከል ጎደና ሮማ እንዳተጓኣዝና እንከለና ሓደ ፈረንጂ መንእሰይ ካኪ ካፖርትን ንእሽቶ ክንቲት ዝዓለቦ ቆቢእ ወድዩ ደድሕሬና ብናህሪ እንዳሰጎመ ክሰዕበና ተዓዘብኩ። ኣብ ጥቃና ምስበጽሐ ኣሜሪካዊ ላሕጃ ብዘለዎ ቓና <<እስካ ተስፋይ ወ/ስላሰ ኢኻ ሓቀይ?>> ብምባል ናብኡ ተጸገአ። ኣነን መሰታይን ገሪሙና ሓድሕድና ተጠማመትና። እቲ መንእሰይ ኣስኢቡ <<ከዛርበካ ይደሊ'የ>> በለ።

እቲ መንእሰይ ኣብ ኣሜሪካ ኤምባሲ ከምዝሰርሕ ገሊጹ << ሓደ ናይ ኤምባሲ መሳርሕትና ኣዲስ ኣበባ ካብ ዝርከብ ኤምባሲ ጠፊኡና'ሎ። ሕጂ ግን ኣብ ኢድኩም ከምዝርከብ ሰሚዕና ኢና። ቅድም ድሕነቱ ክፈልጥ ንደሊ ኢና። ካልኣይ ብሕጹጽ እንተደኣ ዘይፈቲሕኩሞ ኣብ ርክብ ክልቲኤን ሓገራት ዝገደደ ሳዕቤን ክፈጥር እዩ>> በለ። ኮ/ል ተስፋይ <<እወ ቲሞቲ ኤ ዌልስ ዝተባህለ ሰብ ኣብትሕቲ ቁጽጽርና ይርከብ። ጥዕኑ እዉን ደሓንዩ። ጉዳይ ምፍትሑ ግን ካብ ዓቕመይ ንላዕሊ'ዩ ኢሉ>> ከምልሰሉ ኣብ የዕዛነይ ኣለበ። ድሕሪኡ እቲ መንእሰይ ን'ተስፋይ ተሰናቢቱ ከደ።>>

ኮ/ል ተስፋይ ወልደሳልሰ ኣብ መዓንጣ ኢትዮጵያዉያን ተላሒጉ ንኢምፔሪያሊዝም ዘገልግል መጋበርያ ከምዝነበረ ካብ ገለጽኩ ብዛዕባ ቲሞቲ ኤዌልስን ተግባሩን ሂደት ክብል ይደሊ።

ቲሞቲ ኤ ዌልስ ኮሞደር ጣሳዉ ደስታን ደረጀ ደሬሳን ዝመርሕዎ <<*ሓድነት ዴሞክራስያዊ ህዝብታት ኢትዮጵያ*>> ተሰምየ ውድብ <<C.I.A.>> ወኪሉ ክመርሕ ብሓፈሻ ሬገን ዶክትሪን ኣብ ኢትዮጵያ ከተግብር ዝመጸ መንእሰይ'ዩ።

እዚ ውዳብ ክሰርር ምስጀመረ ደጃዝማች ኣሰጋኸኝ ኣርኣያ 84 ሰባት ኣሰንዮም ነዚ መደብ ተጸምበሩዎ። ደጃዝማች ኣሰጋኸኝ ኣርኣያ ኣብ ጊዜ ፌዴሬሽን ናይ ኤርትራ ክ/ሓገር ናይ ጸጥታ ሓላፊ ነበሩ። ደጃዝማች ኣሰጋኸን ኣርኣያ ነዚ መደብ ምስተጸምበሩዎ ስም ሰባት ዝሓዘ ሊስት ላንግሊ ናብ ዝርከብ ቐጽሪ <<C.I.A.>> ልኢኾም እዞም ዝስዕቡ ነገራት ክስደደሎም ጠለቡ: መቕድሒ

30 ፍስሃ ደስታ(ኮ/ል)፣ ኣብዮቱና ትዝታዬ (ሓምለ፣ 2007 ዓም)

ድምጺ፣ ኣሰር ኣጻብዕ ዝጉልብብ ጓንቲ፣ ማስኬራ፣ ብፕላስቲክ ዝተሰርሐ ፈንጂ፣ ድምጺ ኣልቦ መሳርሕን ሚእትን ሓምሳን ሽሕ ብር።

ቀንዲ ዕላማ ናይዚ ውዳበ ኣብ ኣዲስ ኣበባ ሰብ ኣብ ዘይግምቶ ቦታ ሓደጋ ምፍናዉ፣ ሰዓብቲ መንግስቲ ምህዳድ፣ ጸላም ተጎልቢቡ ጽሑፋት ምብታን ወዘተ ዝብሉ መደባት ስሪዑ ምስተበገሰ ኣብ ኣሜሪካ ዘሎን ኣብ ዉሽጢ ዓዲ ዘሎን ዉዳበ ኣብ ምቕሊት ገንዘብ ሓድሕዶም ተበኣሱ። ርብሒ ዝበለ ገንዘብ ዘይተከፍሎም ሰባት ነዚ መደብ ኣብ ቤ/ጽሕፈት ድሕነት ከይዶም ኣቓልዑ። ክፍሊ ድሕነት ነዚ ሓበሬታ ምስረኸበ ጥሪ 18 1984 ዓም ኣብ መንበሪ ቤት ዉቤ ገ/ዮሓንስ ተኣኪቦም እንዳዘተዩ እንከለው እጅ ከፈንጅ ሓዞም። ንሕድማ ዝጥዕም ኩነታት ስለዘይነበረ ቲሞቲ ኤዌልስ ኣብ ሓንቲት ኣርማድዮ ተላሕገ። ኣባላት ጸጥታ ንኩሎም ኣሲሮም ነቲ ገዛ ክፍትሹ ምስጀመሩ ቲሞቲ-ኤ ዌልስ ኣብትሕቲ ኣርማድዮ ተሓቍኑ ምስረከቡዎ ምስዞም ዕሱራት ጸምበሩዎ።

ኣብ ጎደናታት ሮም እንዳሓለለ ንሚኒስተር ድሕነት ኮ/ል ተስፋይ ወልደስላስ ዘዘራረቦ መንእሰይ ካብ ሰለስተ ሰበስልጣናት ን'ኮ/ል ተስፋይ ፈልዩ ዘዘራረበሉ ምክንያት ኮ/ል ተስፋይ ናይ <<C.I.A>> ወኪል ብምንባሩ ነበረ። ቲሞቲ ኤዌልስ ኣብ ማእሰርቲ ምስጢር ከውጽእ ብዝብል ከቢድ ስቓይ ምስወረዶ ድሕሪ ዉሱን ጊዜ ናይ ሰሜን ኣሜሪካ ኢምፔሪያሊዝም ናይ ጸጥታ ኣማኻሪ ጀነራል ዋልተርሰን ንመንግስቱ ሓይለማርያም ምሕጽንታ ኣቕሪቡ ካብ ማእሰርቲ ከፍትሖ እንከሎ ኢትዮጵያዉያን ዕሱራት ግን ናይ ሞት ብይን ተበየነሎም።

መንግስቱ ሓይለማርያም *<<ኣሜሪካ ንምንታይ ኣብ ኣድማታ ኣትያ ዝርጋንን ዕልቕልቕን ትፈጥር>>* ብምባል ንጀነራል ዋልተርስን ምስሓተቶ *<<ከምቲ ንስኹም ንመንግስቲ ኑሜሪን መንግስቲ ዝያድ ባረ ክትዘርጉ ትፍትኑ ንሕና እዉን ፈተዉቶም ስለዝኾና ጥቕምም ከንዕቕብ ንግደድ ኢና>>* ብምባል ንኣፍሪካዉያን መቓቒሎም ሓድሕድና ኣናኺሶም ጥቕሞም ከምዘረጋግጹ ኣግሒዱ ገሊጹ።

ድሕሪዚ ፍጻመ ኣሜሪካዉያን ሬገን ዶክትሪን ኣጠናኺሮም ቐጸሉ'ሉ። ካብ ዓይኒ ህዝቢ ክስተሩ ምእንቲ *<<ሄሪቴጅ ፋውንዴሽን>>* ተሰምየ ገባሪ ሰናይ ብዝብል ስም እከይ ግብሮም ዝፍጽሙሉ ትካል መስረቱ። እዚ ፋዉንዴሽን ኣዕዳዉ ናብ ኢትዮጵያ ዝዘርገሐ ፈለማ ኣብ 1984 ዓም ነበረ። ናይ ሲኣይኤ ናይ ስለላ ኣካላት *<<ኤንጂኦ>>* ተመሲሎም ካብ ሱዳን ናብ ኤርትራ ክ/ሓገርን

ትግራይ ከ/ሓገርን ምስኣተው ዘይተኣደነ ገንዘብ ብምዝራዉ ግዝኣታዊ ሓድነትና ከዘርጉ ጀመሩ።

ካብ ዕለታት ሓደ መዓልቲ ብጥጡዕ ቐጽልታት ኣጊጹ ብጸሓይ ኣብ ዝወቀበ ናይ ዋሺንግተን ዲሲ ጎደና ናይ ትግራይ ክልል ሰበስልጣን ምስ ዝነበረ ሰብ መዚ ኣብ ዝገበርኩዎ ዕላል ኣሜሪካውያን ናይ ትግራይን ኤርትራን ተቓወምቲ ከድግፉ ዝጀመሩ ብልክዕ ኣብቲ እዋን ከምዝኾነ ሓቢሩኒ'ዩ። ጌይል ስሚዝ 76 ማርቸድስ ዝዓይነተን መካይን *<<ኣድላዪ ንዘበለ ንጥፈታት ተጠቐሙለን>>* ብምባል ሕያብ ከተግዝሞም እንከላ ናይ ዓይኒ ምስክር ምንባሩ ኣንፊቱለይ'ዩ። ብተወሳኺ ጌይል ስሚዝ፡ ዳን ኮኔል ምስ ዘባሃል ናይ ሻዕብያ ፈረንጂ ዓመታዊ ፍርቂ ሚልዮን ዶላር ዝኸዉን ጥረ ገዘንብ እንዳተመላለሱ፣ ብሳንጣ ተሰኪሞም ንክልቲኦም ተቓወምቲ ውድባት ብምልጋስ <<C.I.A.>> ዝሓቦም ዕዮ ብዉርጹጽ ኣገባብ ይዓዩ ምንባሮም ወሲኹ ገሊጹለይ'ዩ።

ነዚ ሓቂ ቦብ ዉድዋርድ ዝበሃል ናይ <<C.I.A.>> ኣባል *<<ዘ-ቬይል>>* ኣብ ዝብል መጽሓፉ ገጽ 373 ከምዚ ብምባል ይገልጾ፡ *<<ሲ.ኣይ.ኤ. ሬገን ዶክትሪን ዕላዊ ምስኮነ ተቓወምቲ ኢትዮጵያ ንምርዳእ ዓመታዊ ፍርቂ ሚልዮን ዶላር ሰሊሑ ኔሩ። >>* ኣብ ዓድማትካ ኢድካ ኣእቲኻ፣ ድኽነቶም መዝሚዝካ፣ ሓድሕዶም ደም ምፍሳስ መግለጺ ዘይብሉ ባርባራዉነት'ዩ። ናይ ሰሜን ኣሜሪካ ኢምፔሪያሊዝም ኣብ ሓገርና ዘውረዶ ኣሰቓቒ ግፍዕታት፣ ዝፈደየና ተንኾላት ኣብዚ ምዕራፍ ንኹሎም ክዝርዝር ስለዘይክእል ከም ኣድላይነቱ ከምዝገልጾ እንዳሓበርኩ ናብ ዝቕጽል ምዕራፍ ክሰግር።

ምዕራፍ ዓርብዓን ሸሞንተን

ናይ ኢትዮጵያን ሩስያን ጥንታዊ ርክብ

ሕብረት ሶቭየት ዝበሃል 15 ናይ ምብራቅ ኣውሮፓ ሓገራት ዝሓዘ ጥሙር ግዝኣት ኣብ ቀዳማይ ኹናት ዓለም ቅድሚ ምምስራቱ ናይዞም ዓድታት ኣርሓ ዝነበረት ሩስያ ምስ ኢትዮጵያ ጽቡቕ ዝምድና ነበራ። ኣብ መበል 18ን 19ን ክፍለ-ዘመን ዝነበሩ ነጋዉስ ኢትዮጵያ ሩስያ ምስ ሓገርና ዘለዋ ባሕላዉን ሓይማኖታዉን ምምስሳል ኣስተብሂሎም ብፍላይ ኣዕራብ ኣብ ከባቢና ዝፍጽምዎ ቕለት ንምምካት ምስ ሩስያ ክልትያዊ ርክብ ክምስርቱ ይጽዕሩ ነበሩ። ካብ መበል 16 ክፍለ-ዘመን ክሳብ መፋርቕ ናይ 19 ክፍለ-ዘመን ናይ ዓለምና ርዕሰ ሓያል ዝነበረ ኦቱማን ቱርክ: ኣብ ክሪምያ ዉግእ ሴባስቶፖል ብሩስያ ተሳዒሩ ዘልሓጥሓጥ ስለዝበለ ናይ ሩስያ ነጋዉስ ብፍላይ ሴንት ፒተርስበርግ(*1627-1725*) ንኢትዮጵያ ከቕልበላ ምርጩ'ኡ ኣይነበረን።

ኣብ መንበረ ስልጣን ሓገርና ካብ ዝተበራረዩ 226 ነጋዉስ ምስ ሩስያ ወግዓዊ ርክብ ክምስርት ዝተግሀ ንጉስ እያሱ ነበረ። ንጉስ እያሱ ናብ ሞስኮ ተደጋጋሚ ደብዳበታት እኳ እንተላኣኸ መልሲ ግን ኣይረኸበን። ድሕሪዚ ፈተነ ኣብ ታሪኽ ንመጀመሪያ ጊዜ ምስ ሩስያ ርክብ ዝመስረቱ ኢትዮጵያዊ ንጉስ ሓጼ ቴድሮስ ነበሩ። ሓጼ ቴድሮስ ኢትዮጵያ ናይ ኣጽዋር ኢንዳስትሪ ወናኒት ክገብሩዋ ራዕይ ስለዝነበሮም ኣብ ታሪኽ ኣፍሪካ ንመጀመሪያ ጊዜ ብኢትዮጵያዉያንን እንግሊዛዉያን ክኢላታት ዝመሃዙዎ መድፍዕ *<<ሴባስቶፖል*[31]*>>* ክምዝሰመዩዎ ንኣንባቢ ገሊጸ'የ። ሓጼ ቴድሮስ ነዚ መድፍዕ *<<ሴባስቶፖል>>* ዝበሉዎ ዓይነታዊ ጸላኢም ኦቱማን ቱርክ ናይ ዘልዓለም ስዕረቱ ዝተገዝመሉ ስፍራ ንምዝካር ነበረ።

ሓጼ ዮሓንስ ምስ ንግስነት ሩስያ ክልትያዊ ርክብ ክምስርቱ ተደጋጋሚ ጻዕሪ ኣካዪዶም'ዮም። ኣብቲ እዋን ንመራሒ ሩስያ ሲዛር ኣሌክሳንደር ደብዳበን ብወርቂ ዝተነድቐ መስቀል ሰዲዶሙሉ እኳ እንተነበሩ ካብ ሩስያ እወታዊ መልሲ ኣይረኸቡን። ሩስያ ንኢትዮጵያ ንመጀመሪያ ጊዜ ክተቕልበላ

---

31 ኦቱማን ቱርክ ናይ ዓለም ልዕለ -ሓያል'የ ናብ ዝብል ትምክሕትን ግብዝነትን ዘብቕዖ ዘመናዊ ሰራዊቱ ሓንሳብን ንሓዋሩን ዝተቕብረ ካብ ጥቅምቲ 1853 ክሳብ ለካቲት 1856 ዓም ኣብ ክሪምያ ሴባስቶፖል ኣውራጃ ኣብ ዝተገብረ ግጥም ነበረ

ዝጀመረት ኣብ ዱሮ ኹናት ዓድዋ ዝነበረ ዓመታት'ዩ። ኣብዚ ጊዜ ላዕለዎት መኾንናት ናብ ሞስኮ ገይሾም፣ ብዝሒ ዘለዎ ኣጽዋር ካብ ምሽማቶም ብተወሳኺ ሩስያዊ ሻምበል ኒኮላይ ስቴፋኖቪች ሊዮንቴቭ ኣብ ድሮ ኹናት ዓድዋ ንኢትዮጵያዉያን ኣዘዝቲ ስራዊት ኣብ ወትሓደራዊ ስትራቴጂን ታክቲክን ምኽሪ ለጊሱ'ዩ።

ጥቅምቲ 1917 ዓም ሩስያ ኣብዪ ለዉጢ ዝኣንገደትሉ ጊዜ'ዩ። ናይ *<<ጥቅምቲ ኣብዮት>>* ተባሂሉ ዝፍለጥ ምንቅስቓስ ጥቅምቲ 25 1917 ዓም ብቦልቼቪክ ፓርቲ መራሒ ቭላድሚር ኤሊች ሌኒን ምስተወለዐ ንዘመናት መንበረ ስልጣን ብሒቱ ዝነበረ *<<ሲዛሪስት ኣውቶክራሲ>>* ተሰምየ ዘውዳዊ ስርዓት ካብ ስልጣን ኣልዩ ናይ ማሕበርነት ስነ-ሓሳብ ኣታኣታተወ። ኣብዚ ጊዜ ለዉጢ ብዝፈጠሮ ዝርጋን ዝተሰደዱ ሓያሎ ሩስያዉያን ምሑራን ኣብ ኢትዮጵያ ተዓቚቦም ነበሩ። ንኣንባቢ ክገልጾ ዝደሊ ሓቒ: ብፋሺስት ኢጣልያ ኣብ ዝተወረርናሉ ዘመን ሩስያ ዓዉ ኢላ ነዚ ወረራ ኣብ ሊግ ኦፍ ኔሽን ዝኾነነት እንኮ ሓገር ምንባራ'ዩ።

ሻምበል ኒኮላይ ስቴፋኖቪች ሊዮንቴቭ

2ይ ኹናት ዓለም ብሓይልታት ኪዳን ልዕልና ምስተወደአ ናይ ኢጣልያ ግዝኣታት መጻኢ ንምውሳን ኣብ ዝተገብረ ሙግት ሩስያዉያን ናይ ኤርትራ ክ/ሓገር መጻኢ ኣመልኪቶም ፍሉይ ዕማመታት እኻ እንተቐረቡ ኢትዮጵያ ናይ ዓሰብ ወደብ ክምለሰላ ኣለዎ ዝብል ጽኑዕ መርገጺ ነበሮም።

ሓጼ ሓይለስላሴ ምስ ኣሜሪካዉያን ጠገለ ዘይብሉ ፍቅሪ ስለዝነበሮም ኣብ ሓጼ ሓይለስላሴ ዘመን ምስ ሩስያ ዝነበረና ርክብ ሓርፊፉ ነበረ። ብፍላይ ናይ ሰሜን ኣሜሪካ ኢምፔሪያሊዝምን ናይ ማሕበርነት ሃይላት ናይ ደርብን ስነሓሳብን ርጽሞም ንምዕዋት ኣብ መላዕ ዓለም ዝኣንዱዎ ወትሃደራዊ ቕልውላው ነጸብራቕ ዝኾነ ዝሑል ኹናት: ናይ ሰሜን ኣሜሪካ ወራሪ ሰራዊት ብፍጹም ትዕቢት ዝወረሮ ህዝቢ ኮርያ ንነጻነቱ ንሓድነቱ ዝገብሮ ተጋድሎ ምምዛን ኣጊሙዎም ምስቲ ወራሪ ሰራዊት ዘርዮም ሓደ ሻለቃ ጦር ምስዘዝመቱ መላዕ ናይ ማሕበርነት ሓገራት፣ መላዕ ገስገስቲ ሓገራት፣ ዲሞክራት መንግስታት ብሓጼ ሓይለስላሴ ትምራሕ ኢትዮጵያ ናይ ኣፍሪካ ኣብዮት ጠንቂ እያ ብምባል ናይ ጥፍኣት ኢላማ ስለዝገበሩና ሩስያዉያን'ዉን <<ኢስራ ሚእታዊት ኢትዮጵያ ብጽሂተይዩ>> ዝብል ናይ ሶማልያ መስፋሕፍሒ መንግስቲ ክሳብ ኣስናኑ ከዕጥቑዎ ጀመሩ።

100 ቲ-54 ታንክታት፣ 150 ቲ-36 ታንክታት፣ 21 ሚግ-ኢስራን ሓደን ነፈርቲ ኹናት ኣዕጢቖም ገና ካብ ትፍጠር ሰለስተ ዓመት ዘይገበረት ሓገር ናይ ዘመናዊ ኣጽዋር ወናኒት ጌሮማ። በዚ መገዲ ካብ 1963 ዓም ክሳብ 1973 ዓም ኣብ ዘሎ ዓሰርተ ዓመት ሕብረት ሶቭየት 181,000,000 ዶላር ዘዉጽእ ኣጽዋር ንሶማል ኣበርኪታ'ያ። በዚ ጥራይ ከይተሓጽሩ ኣብ መወዳእታ 1960ታትን ኣብ መጀመሪያ 1970ታት ንነብሱ <<ጀብሃ>> ኢሉ ዝሰምየ ጨራሚ ሓገር ፍሉይ ክንክን ይገብሩሉ ኔሮም። ናይ ፋይናንስ ሓገዝ ካብ ምልጋስ ብተወሳኺ ናይ ጀብሃ ካድረታት ኣብ ኩባ ትምህርትን ስልጠናን ክቐስሙ ባይታ ነዲቖምዮም።

ናይ ሶማልያ መስፋሕፍሒ መንግስቲ ኣብ 1977 ዓም ሓገርና ምስወረረ ሕብረት ሶቭየት ጸግዒ ኢትዮጵያ ሓዘት። ኣብ ዝሓለፈ ምዕራፍ ንኣንባቢ ከምዝገለጽኩዎ ኢትዮጵያ ኣብቲ ኹናት ምስተዓወተት ናይ ሰሜን ኣሜሪካ ኢምፔሪያሊስት መንግስቲ ናይ ጸጥት ኣማኻሪ ዚብግኒው ብሪዜንስኪ ታሕሳስ 21 1978 ዓም <<ሰራዊት ኢትዮጵያ ካብ ዶብ ሶማል ከይሓልፍ>> ብምባል

ንኣምባሳደር ሕብረት ሶቭየት ኣናቶሊ ዶብሪኒ ምስ ተማሕጸና ኣምባሳደር ዶብሪኒ ኣብ ሕቱኡ ሪዒሙ፣ ናይ ኢትዮጵያ ሰራዊት ገስጋስ ተቖጽየ።

ካብ መፋርቕ 1977 ዓም ኣትሒዙ ሕብረት ሶቭየት ግዙፍ ማል ኣብ ኢትዮጵያ ኣውፊራ እያ። ሓደ ናይ ምምሕዳር ካርተር ሰብ መዚ ኣብ ኣብዮታዊት ኢትዮጵያ ሩስያ ንኢትዮጵያ ዝለገሰቶ ወትሓደራዊ ሓገዝ ዝገልጽ ኣሓዛዊ ጸብጻብ ዕላዊ ጌሩዩ። ኣብ 1978 ዓም 1.1 ቢልዮን ዶላር፣ ኣብ 1979 ዓም ድማ 192 ሚልዮን ወዘተ ከምዘውፈረት ይገልጽ። ሩስያዉያን ኣብ ፈታንን ወሳንን እዋን ማለት ኣብ መወዳእታ 1980ታት ዝባኖም እኳ እንተሃቡና ኢትዮጵያ ምስ ሩስያ ዝነበራ ርክብ ምስ ኢምፔሪያሊስት ኣሜሪካን ካልኦት ሓገራት ኣዛሚድካ ክረአ እንከሎ ክኢላዊ ኣቕሚ ሰብና ዘማዕበልናሉ፣ ናይ ሰራዊትና ኣቕምን ሓይልን ዝደንፈዐሉ ብዙሕ ሻጥራት፣ ተንኾላት ዘይተራእየሉ ጊዜ ኔሩ።

ክፍሊ ዓሰርተ ሓሙሽተ

ናይ ሰላሳ ዓመት ኹናት ካብ ማዕከላዊ መንግስቲ ምቝጽጻር ወጽዩ

ምዕራፍ ዓርብዓን ትሽዓተን

ናይ ኤርትራ ክ/ሓገር ጸጥታ ናብ ዝኸፍዐ ደረጃ ዝሰገረሉ፣ ወንበዴታት ካብ አዲስ ኣበባ ናብ ርዕሰ ኸተማ ናይቲ ክ/ሓገር አስመራ ዘእትው ክልተ ናይ መኪና ጽርግያታት ዝዓጸውሉ - 1976 ዓ.ም.

ኣብ ዓመተ 1976 ዓም ወንበዴታት ናብ ከተማታት ሶሊኾም ኣብ ፋብሪካታት፣ ጀነሬተራት፣ ድልድላት፣ ጽርግያታት ፈንጂ ዘርዮም ምፍንጃር፣ ናይ ህዝቢ ንብረት ምብራስ፣ ኣብ ኸተማታት ኣድብዮም ላዕለዎት መኾንናት ምቕታል፣ ፍሉጣት ሽማግለታት ምጭዋይ፣ ብሓፈሻ ሰላማዊ ምንቕስቓስ ምዝራግ ኣብ ዝለኣለ ጥርዙ በጺሑ።

ናይ ኤርትራ ክፍለሓገር ጸጥታን ርግኣትን ከዉሕስ ኣብ ኤርትራ ዝዓስከረ 2ይ ዋልያ ክ/ጦር ነዞም ዝተጠቕሱ ቦታት ክሕልዉ፣ ፍሉጣት ሰባት ካብ ምጭዋይ ከድሕን ትዕዛዝ ተዋሕቦ። ንሓለዋ ዝተሓንጸጸ መደብ ምስ ሓይል ሰቡ ክመጣጠን ኣይከኣለን። 2ይ ዋልያ ክ/ጦር ሓይል ሰቡ ፋሕ ኣቢሉ ምሕዱግ ክፍልታት(*ኣይዞሌትድ ፖስትስ*) መስረተ። ኣብ ገዛኢ መሬት ዓሪዱ ሓለዋ ስለዝጀመረ ስልቱ ካብ መጥቃዕቲ ናብ ምክልኻል ተቐየረ። እዚ ወትሓደራዊ ምርኢት ንጸላኢ ኣዝዩ ምቹእ ኩነታት ፈጠረ።

ጸላኢ ኣብ ጽርግያታት ፈንጂ ቐቢሩ፣ ድልድላት ከፍርስ እንከሎ ምፍራስ ዝኣገሞ ድልድላት ደባይ ክፍሊ ኣዋፊሩ ክሕልዎ ጀመረ። ካብ አዲስ አበባ ብክልተ ኣንፈት: *ኣዲስ ኣበባ- መቐለ- ዛላምበሳ- ኣስመራ/ ኣዲስ ኣበባ- ጐንደር- ዓድዋ- ኣስመራ/*እኺሊ ጽኢነን ዝጓዓዛ ኮንቮያት ውሁድ መጥቃዕቲ ክፍንወለን ጀመረ። ኾንቮያት ብሰራዊት ተኣጂበን ክኸዳ ጀመራ። እዘን ኮንቮያትን ኣስመራ ክበጽሓ መዓልታዊ ኣብ ጹዕጹዕ ኹናት ተጸምዳ።

ካብ አዲስ አበባ ተበጊሱ ብዛላምበሳ ኣስመራ ዝኣትዉ ኮንቮይ ምስ ጸላኢ ብርትዕ ዝበለ ኹናት ይገጥሞ ነበረ። ናይ ሻዕብያ ወንበዴ ነዚ ዕላማ ዝነደፈሉ ምኽንያት: *<<ካብ ኣዲስ ኣበባ ናብ ኣስመራ ዝኣትዉ መሰረታዊያን ሓለኽቲ እንተደኣ ተዓጽዩ ህዝብን ሰራዊትን ብጥምየት ክፍትሑ'ዩም ሽዑ ኤርትራ ኣብ'ትሕቲ ሙሉዕ ምቑጽጻር ከዉዕላ እዩ>>* ካብ ዝብል ገምጋም ነበረ። ድሕሪ'ዚ መንግስቲ

ኢትዮጵያ ካብ ኣዲስ ኣበባ ናብ ኣስመራ ዝግበር ናይ ምድሪ ጉዕዞ ሙሉዕ ብሙሉዕ ደዉ ኣበሎ። ንህዝብን ሰራዊትን ዘድሊ መሰረታዊ ሓለኽቲ ካብ ዓሰብ ናብ ምጽዋ ብባሕሪ ክግበር ተወሰነ።

መሰረታዉያን ሓለኽቲ ካብ ኣዲስ ኣበባ ናብ ዓሰብ ብመኪና ካብ ዓሰብ ናብ ምጽዋ ብመራኽብ ካብ ምጽዋ ናብ ኣስመራ ድማ መሊሱ ብመኪና ክቐርብ ጀመረ። እኽሊ ዝጻዓነ መራኽብ ብነፈርቲ ኹናትን ናይ ዉግዕ ጀላቡ ተዓጂበን ምጽዋ ምስበጽሓ ሎጂስቲክስ ኣብ በጣሓት ተጻዒኑ፣ ብኣጋር ሰራዊት ተዓጂቡ ኣስመራ ይኣትዉ ነበረ። ድሕሪዚ ጸላኢ ስልቱ ቀዪሩ፣ ኣብ ገዛእቲ መሬታት ሰፊሩ ንጽርግያ ኣስመራ-ምጽዋ ክዘርጎ ጀመረ። እንተኸኢሉ ነቲ ቓፍላይ ይዘምቶ እንተዘይስሊጡዎ ጉሮሮ ህዝቢ ዘጥልል እኽሊ ብላዉንቸር የንድዶ። ብቓፍላያት ዝቐርብ ቐረብ ኣብ ቁጠባ ሓገርና ልዑል ሓስያ ብምፍጣሩ ጽርግያ ኣስመራ-ምጽዋ ተዓጽወ።

መንግስቲ ንህዝብን ሰራዊትን ዘድሊ መሰረታዉያን ሓለኽቲ ብኣየርን ሄሊኮፕተርን ክቐርብ ወሰነ። ጠለብ ሓለኽቲ ኣብዩ ስለዝኾነ መገዲ ኣየር ኢትዮጵያ ነዚ ሓገራዊ ዕማም ተጸምበሮ። ምዕጻው ጽርግያታት ንጸላኢ ጽቡቕ ኣጋጣሚ ስለዝፈጠረሉ ሓይሊ ሰቡ ኣደሪዑ ነዘን ንጹል ክፍልታት(*ኣይዞሌትድ ፖስትስ*) ከጥቕዕ ጀመረ። ረዳት ጦር ከይድረብ ምእንቲ መገድታት ብፈንጂ ሓጺሩ ናይ 2ይ ዋልያ ክ/ጦር ሕላውነት ኣብ ምልክት ሕቶ ኣዉደቖ። ጽርግያታት ምስተዓጽወ ኣብዮታዊ ሰራዊት ኣብ ድፋዓት ተረጊጡ ኣቕሉ ከጽብብ ምእንቲ ፈለማ ዝኽፈል ከፊሉ ገዛእቲ መሬታት ይቖጻጸር፣ ድሕሪዚ ኣብዞም ኩርባታት ሞርታርን መዳፍዕን ሶኺዑ ደብዳብ ጀመረ።

ነፈርቲ ኹናት ቀትሪ መጽየን ስለዝጭፍጭፎኦ መዳፍዑ እንዳተኮሰ ምስወዓለ ለይቲ ንዑስ ሓይሊ ኣበጊሱ ኣብ ወገን ሰራዊት መጥቃዕቲ ይፍንው። በዚ መገዲ ሕዳር 1975 ዓም ፍልማዊ ናይ ምድምሳስ ዕጫ ዝገጠሞ ኣብ ተሰነይ ዝዓስከረ ናይ 2ይ ዋልያ ክ/ጦር 12ኛ ኣ/ብርጌድ 24ኛ ኣጋር ሻለቃ ከምዝኾነ ንኣንባቢ ገሊጸ'የ። ድሕሪ ሓደ ዓመት መስከረም 1976 ዓም ንነብሱ <<*ሻዕብያ*>> ኢሉ ዝሰምየ ገንጻሊ ሓገር ኣብ ናቅፋ ዝዓስከረ ናይ ክቡር ዘበኛ 3ይ ብርጌድ 15ኛ ሻለቃ ከበባ ፈጸመ።

ክፍሊ ዓሰርተ ሽድሽተ

15ኛ ሻለቃ ኣብ ናቕፋ ተኸቢቡ፡ ናይ ሽድሽተ ወርሒ ናይ ከበባ ተጋድሎ ምጅማር

ምዕራፍ ሓምሳ

ናይ 15ኛ ኣጋር ሻለቃ ኣብ ናቕፋ ብሻዕብያ ምኽባብ

<<ስትራቴጂ ብዘይስልቲ እቲ ዝነዉሕ ጉዕዞ ዓወትዩ: ስልቲ ብዘይስትራቴጂ ቅድሚ ስዕረት ዝንዛሕ ኣውያት'ዩ>>

ሳን-ዙ

ናይ ናቕፋ ኸበባ ታሪኽ ናይ ኢትዮጵያ ሰራዊት ዘይተጸዓድነት፣ ተጻዋርነት፣ ጽንዓት፣ ትብዓት፣ መሓዝነት ዝኾለዐ: ከምኡ'ዉን ናይ ጸላኢ ናይ ምትላልን ምድንጋርን ክእለት ዘግሃደ ምናልባት ተዓምር ዝበሃል ነገር እንተሃልዩ ተዓምር ዘብል መስተንክር'ዩ።

ናይ ኤርትራ ክፍለሓገር ጸጥታ ከዉሕስ ሓላፊነት ዝተሰከመ 2ይ ዋልያ ክ/ጦር ናይ ወንበዴታት ዝርጋን እንዳዓበየ ምስመጸ ብፍላይ ጀነራል ኣማን ዓንዶም ናብ ኤርትራ ክ/ሓገር ገይሹ ናይ ሓደ ወገን ምቑራጽ ቶኽሲ ምስኣወጀ ወንበዴታት ክድልድሉን ክዕንትሩን ጥራይ ዘይኮነ ናይቲ ክ/ሓገር ርዕሰ ኸተማ ኣስመራ ብፍጹም ድፍረት ክቖጻጸሩ ጥቅምቲ 25 1974ን ጥሪ 10 1975ን ኣብ ዝፈነዉዎ መጥቃዕቲ ናይቲ ክ/ሓገር ጸጥታ ካብ 2ይ ዋልያ ክ/ጦር ምቑጽጻር ወጻኢ ከምዝኾነ ተጋሕደ። ናይ ረዳት ጦር ኣድላዪነት ስለዝዓዘዘ ሕዳር 1974 ዓም ካብ ኣዲስ ኣበባ ክቡር ዘበኛ(*1ይ ክ/ጦር*) 3ይ ብርጌድ ብኣዛዚኡ ሜ/ጀነራል ክንፈገብርኤል ድንቁ እንዳተመርሐ ማዕከል መኣዘዚ[32]'ኡ ኣብ ኸረን መስረተ። 3ይ ብርጌድ ኣብ'ትሕቲኡ ሰለስተ ሻለቃታት ኣለው። ሓደ ሻለቃ ኣብ ኸረን ክሰፍር እንከሎ 15ኛ ሻለቃን 16ኛ ሻለቃን ድማ ኣብ ሳሕል ኣውራጃ ተመደቡ።

16ኛ ሻለቃ ኣብ ኣፍዓበት ክዕስከር እንከሎ 15ኛ ሻለቃ ኣብ ሳሕል ኣውራጃ ርዕሰ-ኸተማ ናቕፋ ሰፈረ። 15ኛ ሻለቃ ካብ ክፍሉ ሓደ ሻምበል ጦር ነክዩ ናቕፋ ሰሜን 120 ኪ.ሜ ኣብ ደንደስ ቀይሕ-ባሕሪ ዝርከብ ናይ ማርሳ ተኽላይ ተፈጥሮኣዊ ወደብ ክቖጻጸር ተገብረ። ማርሳ ተኽላይ ናይ ኢትዮጵያ ሰሜናዊ

---

32 ማዕከል መኣዘዚ ናይ ሰራዊት ኣዛዝን ናይ ወፈራ መኾንን ምስ ግንባር ኣዘዝቲ ብሬድዮ እንዳተራኸቡ ኣመራርሓ ዝሕቡሉ መኣዘዚ ስፍራ ወይ ኮማንድ ፖስት'ዩ

ጥርዚ ወይ ጫፍ'ዩ። ወንበዴታት ካብ ኣዕራብ ዝትኮበሎም ትካቦ ዝምጽወቱ ኣብ ማርሳ ተኽላይ'ዩ።

15ኛ ሻለቃ ኣብ ሳሕል ኣውራጃ ርዕሰ ኸተማ ናቕፋ እግሩ ኣንቢሩ፣ ማዕከል መአዘዚ መሪጹ፣ መኸላከሊ መስመር ምስመሰረተ መጻኢኡ ዘየጸብቕ ዉሳነ ወሰነ። 15ኛ ሻለቃ ከም ቋሚ መኸላከሊ ዕርዲ ጌሩ ዝመረጾ ካብ ከተማ ናቕፋ ንደቡብ ተፈንቲቱ ኣብ ዓሚዩቕ ስፍራ ዝተደኮነ ናይ ሳሕል ኣዉራጃ ኣመሓዳሪ ቤት ጽሕፈት ነበረ። 15ኛ ሻለቃ ነዚ ተበግሶ ዝወሰደ ኣብ ጥቃዕቲ ቤትጽሕፈት ፈልፋሊ ዒላ ስለዝርከብ ቐረብ ማይ ከዉሕስ ከምኡ'ውን ኣብ ቤትጽሕፈት ናይቲ ኣመሓዳሪ ዘሎ ቤት ከም መዕረፊ ክጥቐሙሉ ምእንቲ ነበረ።

ካብቲ ቤትጽሕፈት ንሸንከ ደቡብ ኣብ ዘሎ መሬት ጽፍሕ ዝበሉ ጐቦታት ብብዝሒ እኻ እንተሃለወ ምስቲ ብሸንኽ ምዕራብ ካብ ሰሜን ናብ ደቡብ ተዘርጊሑ ነታ ኸተማ ግርማ ዝኾነ ግዙፍ ዕምባ ኣይዳረግን። ንሸንከ ደቡብ ተፈናቲቶም ዝረኣዩ ንዑሳን ኲርባታት ማሽን ጋንን ሞርታርን ሶኺዕኻ ወትሓደራዊ ጸብለልታ ትረኽበሎም ኣገደስቲ ቦታት እዮም። 15 ሻለቃ ነዞም ስትራቴጂካዊ ኣገዳስነት ዘለዎም ቦታት ማለት ብሸንኽ ምዕራብ ነታ ኸተማ ዝገዝዕ ዕምባ፣ ካብ ቤት ጽሕፈት ናይቲ ኣመሓዳሪ ንደቡብ ዘለው ንዑሳን ኲርባታት ገዲፉ ማዕከል መአዘዚ'ኡ ኣብቲ ቤ/ጽሕፈት መስረተ።

ናይ ሻዕብያ ወንበዴ ኣብ 15ኛ ሻለቃ ኢዱ ቅድሚ ምስንዳው ኣብ ማርሳ ተኽላይ ዝነበረ ንጹል ሻምበል ኣጥቒዑ ደምሰሶ። በዚ መገዲ ካብ ማርሳ ተኽላይ ከሳብ ናቕፋ ዝዝርጋሕ 120 ኪሜ ናይ ሳሕል ኣውራጃ ኣብ ሙሉዕ ምቑጽጻር ኣውኢሉ መስከረም 1976 ዓም 15ኛ ሻለቃ ኣብ ሙሉዕ ከበባ ኣውደቐ። ሻዕብያ እግሩ ናቕፋ ከረግጽ እንከሎ ፈለማ ምስ 15ኛ ሻለቃ ፊትንፊት ከይተራጸመ፣ ናይ ሳሕል ኣውራጃ ቤት-ጽሕፈት ዝነበረን ኣብዚ ሰዓት 15ኛ ሻለቃ ዝሰፈሮ ስፍራ ንድሕሪት ገዲፉ፣ ብሸንኽ ደቡብ ተፈናቲቶም ኣብ ዝረኣዩ ንዑሳን ጎቦታት ሓደ ብርጌድ ኣስፊሩ፣ ን15ኛ ሻለቃ ኣብ ቐለበት ኣውዲቑ፣ ኣብዞም ኲርባታት ድፋዕ ክሕድም ጀመረ።

ድፋዕ ሃዲሙ ምስወደዐ መዳፍዕን [33]ሞርታርን ኣብዞም ኩርባታት ጸሚዱ ኣብ ዓሚዩቕ ቦታ ዝሰፈረ 15 ሻለቃ ለይትን መዓልትን ከይፈልየ ኣረር ከዝንበሉ ጀመረ። ኣብዚ ጊዜ ናይ ሻዕብያ ወንበዴ ዝውንኖም ናይ ነዊሕ ርሕቐት ኣጽዋራት ሞርታር፣ ላውንቸር(*ጸረ-ታንክ*)፣ 76 ሚሜ መድፍዕ ጥራይ ነበሩ።

ናይ ጸላኢ ብዝሕን ዓይነትን ኣጽዋር ዝገለጽኩ ወንበዴታትት ካብዚ ተበጊሶም ድሕሪ ሂደት ዓመታት ዝዓጠቑዎ ኣጽዋር *ካበይ መጽዩ?* ዝብል ኣንባቢ ንጹር ስዕሊ ክሕዝ ምእንቲ'ዩ።

ብጀካዚ ኣብ ነፍስወከፍ ድፋዕ መንጠጋይ(*ሰናይፐር*) ሰሪዑ 15ኛ ሻለቃ ቀትሪ ኣብ ድፋዕ ከዓብጦ ፈተነ። 15ኛ ሻለቃ መዓልታዊ ብዝፍነወሉ ናይ ሞርታርን ላውንቸርን ደብዳብ ሓይሊ ሰቡ ክጎድል ጀመረ። ዉጉኣቱ ብቓንዛ ክሰሓጉ ጀመሩ። ኣማራጺ ስለዘይነበረ ነፍስወከፍ ኣባል ጥይትን ቐለብን ከይዉድኦ ብቁጠባ እንዳተኮሰ፣ ዕማኹ እንዳኮለሰ ምስ ተፈጥሮን ጸላእን ገጠመ።

ኹነታት ከምዚ ኢሉ ከምዘይቕጽል ዘስተብሃለ ናይ 15ኛ ሻለቃ ኣዛዚ ሻለቃ ማሞ ተምትሜ(*ደሓር ሌ/ኮ*) ኣብ ወርሂ መስከረም <<*ሓግዙኒ*>> ዝብል ጸዉዒት ናብ 3ይ ኣጋር ብርጌድ(*ኸረን*)፣ ናብ 2ይ ዋልያ ክ/ጦር(*ኣስመራ*)፣ ናብ ደርግ ጽሕፈት-ቤት(*ኣዲስ ኣበባ*) ብሬድዮ መልእኽቱ ፈነወ። ናይ ደርግ ጽሕፈትቤት እዚ ጸዉዒት ምስበጽሖ ብ15ኛ ሻለቃ ጅግንነት ተሓበነ። ምኽንያቱ ኣብዚ ጊዜ ብዙሃት ክፍልታት ተኸቢቦም፣ ተደምሲሶም ዝብል መርድዕ ካብ ኩሉ ኣንፈት ሓገርና ይዉሕዝ ብምንባሩ'ዩ። <<*15ኛ ሻለቃ ካብ ዝኣተዎ ቕርቕር ዘዉጽኦ ሓይሊ ብቕልጡፍ ይለኣኽ*>> ዝብል ትዕዛዝ ካብ ደርግ ጽ/ቤት ተመሓላለፈ።

በዚ መገዲ 15ኛ ሻለቃ ንምሕጋዝ ነበልባል ሻለቃ ጦር ካብ ኸረን ተበጊሱ ብሄልኮፐተር ናቕፋ ክዓልብ ተወሰነ። ነበልባል ሻለቃ ብዛዕባ'ዚ ወፈራ ምስተነግሮ ምስጢራዉነት ንምዕቃብ ዝገበሮ ዝኾነ ዓይነት ጥንቓቕ ኣይነበረን። ናይ 30 ዓመት ናይ ዉክልና ኹናት ፈታንን በዳህን ዝገበሮ እቲ ኹናት ምስ ናይ ደገ ጸላኢ ዘይኮነ ከማና ኢትዮጵያዉያን ምስዝኾኑ ከሓድቲ ዝግበር ኹናት ሓድሕድ ስለዝኾነ ምስጢር ምዕቃብ ከቢድ ፈተና ነበረ።

---

33 ሞርታር ከሳብ 8 ኪ.ሜ ናይ ምውርዋር ኣቅሚ ክሕልዎ 76 ሚሜ መድፍዕ ሓሙሽተ ኪሎሜተር ናይ ምብጻሕ ኣቅሚ ይውንን

ነበልባል ሻለቃ ጦር ኣብ ናቕፋ ብሄልኮፕተር ከምዝዓልብ ጽንጽንታ ምስሰምዐ ነዚ ወረ ኣብ ቤት-መስተን እንዳሻሂን ብሓፈሻ ነዚ ምስጢር ኣብ ኸተማ ኸረን ዘርዎ።

በቲ ዝተወጠነ *<<መ>>* መዓልቲ *<<ሰ>>* ሰዓት ነበልባል ሻለቃ ጦር ኣብ ሄሊኮፕተር ተሰቒሉ ናብ ናቕፋ ተበገሰ። ናይ ናቕፋ መዕርፎ ነፈርቲ ካብ ናቕፋ ክልተ ኪሎሜትር ንሸነኽ ምብራቕ ተፈንቲቱ ዝርከብ፣ ናይ ሻዕብያ ወንበዴ ብጸረ ነፈርቲ ዝኸበቦ ሜዳ ብምንባሩ ነብልባል ሻለቃ ኣብ ናቕፋ ክዓልብ ኣይኸኣለን። ካብታ ኸተማ 12 ኪ.ሜ ንሸነኽ ምብራቕ ርሒቑ *<<ናኖ>>* ኣብ ተሰምየ ቀላጥ ጎልጎል ክዓልብ ተመደበ። እዚ ሓድሽ ንድፊ እውን ናብ ጸላኢ ስለዝለሓኾ ሻዕብያ ነበልባል ሻለቃ ጦር ኣበይን መዓስን ከምዝዓልብ ኣጣሊሉ፣ ኣብ ናኖ ሸንጥሮታት ሓርዩ፣ ብሬንን መትረየስን ጸሚዱ፣ ክማርኾም መደበ።

ኣንባቢ ክንጽረሉ ዝግባእ ነጥቢ ነበልባል ጦር ናብ ናኖ ቅድሚ ምብጋሱ ናይ ኤርትራ ክፍለሓገር መሬት ረጊጹ ዘይፈልጥ፣ ምስ ዝዋግኣሉ ቖርጺ መሬትን ኣቀማምጣ ምድርን ሌላ ዘይነበሮ ጥራይ ዘይኮነ ምስ ወንበዴታት ፊትንፊት ተፋጢጡ ዘይፈልጥ ሓይሊ ነበረ። ነበልባል ጦር ዝጸዓነት ሄሊኮፕተር ናኖ ምስዓለበት እቲ ሰራዊት ወሪዱ ናብ ኸተማ ናቕፋ ማለት ናብ 15ኛ ሻለቃ ማዕከል መኣዘዚ መገዲ ጀመረ። ናይ ሻዕብያ ወንበዴ ነበልባል ጦር ናብ ቖጽሪ ሞት(*ኪሊንግ ዞን*)[34] ክሳብ ዝኣትወሉ ድምጹ ኣጥፊኡ ተጸብየ።

ትጽቢቱ ምስተጋህደ ኣብ ነበልባል ሻለቃ መጥቃዕቲ ከፈቱ። ነበልባል ሻለቃ ብዘደንቕ ድፍረት ናይ ጸላኢ መጥቃዕቲ ክከላኸል ፈተነ። ድሕሪ'ዚ ነበልባል ሻለቃ ጸረ-መጥቃዕቲ ከፊቱ ንጸላኢ ክምሕ ከብሎ ፈተነ። ይኹን እምበር መብዛሕቶኦም ኣባላቱ ብዉግእ ስለዝተሰውኡን ስለዝሰንከሉን ፈተኑኡ ዉጽኢት ከየምጸአ ናይ ኣምባ ሸንጥሮ ሒዙ ናብ ኣፍዓበት ተመልሰ።

ኣፍዓበት ካብ ናቕፋ ደቡብ 65 ኪ.ሜ ርሒቑ ዝርከብ ናይ ወረዳ ኸተማዩ። ብምብራቕ ገለብ ተሰምየ ጸዳፍ መሬት ከዳዉቦ ብሸነኽ ምዕራብ ምስ ሩባ ኣንሰባ ይዳወብ። ንኣንባቢ ከምዝገለጽኩዎ ኣብ ኣፍዓበት ዝዓስከረ ናይ ወገን ሰራዊት ናይ ክቡር ዘበኛ 3ይ ብርጌድ 16ኛ ሻለቃ'ዩ። ድሕሪ ውድቕት ነበልባል

34 ቖጽሪ ሞት ንጸላኢ መዉጽኢ ኣብ ዘይብሉ ስፍራ ስሒብካ ከቢድ ጉድኣት ተውርደሉ ናይ ሞት መጸወድያ'ዩ

ጦር ጸላኢ ሓይሊ ሰቡ ኣደሪዑ ኣብ ልዕሊ 15ኛ ሻለቃ ዝጀመሮ መጥቃዕቲ ኣጽዓቐ።

ኣብዚ ጊዜ 15ኛ ሻለቃ ዝነበሮ ሓይሊ ሰብ 200 ጥራይ ነበረ። ናይ ኢትዮጵያ ኣብዮታዊ መንግስቲ ን15ኛ ሻለቃ ዝድግፍ ሓደ ብታንክ፣ ኣርመር፣ መዳፍዕ ዝዓጠቐ *<<በጥስ ሜኻናይዝድ ብርጌድ>>* ኣብ ኸረን ክዕልም ጀመረ። ናይ በጥስ

ብ/ጀ ለሜሳ በዳኔ

ብርጌድ ኣባላት ናይ ኤርትራ ክ/ሓገር ተወለድቲ ክኾኑ ኣዛዚኦም ብ/ጀ ለሜሳ በዳኔ ነበረ። በዚ ኣጋጣሚ ንኣንባቢ ክገልጾ ዝደሊ ብ/ጀ ለሜሳ በዳኔ ኣብ ዘመነ-ሓጼ ሓይለስላሴ ልዑል ኣስራተ ካሳ ብእስራኤላዉያን መኾንናት ኣብ ኤርትራ ክፍለ ሓገር ኮማንዶ ክዕልሙ እንከለው ኣሰልጣኒ ካብ ዝነበሩ መኾንናት ሓደ ክኾኑ ብተወሳኺ ኔልሰን ማንዴላ ናይ ኣፓርታይድ ዓሌታዊ ስርዓት ክቃለስ ናብ ኢትዮጵያ ንስልጠና ኣብ ዝመጸሉ ጊዜ ካብ ዝኣለሙዎ ኢትዮጵያዉያን መኾንናት ሓደ ነበሩ።

15ኛ ሻለቃ ንኣዋርሕ ክኸላኸል ምስጸንሐ ኹነታት ካብ ኣቕሙ ወጻኢ ምስኮነ ሻለቃ ማሞ ተምትሜ ንስለስቲኡ ክፍልታት ሰራዊት: ሓይሊ ኣየር፣ ሓይሊ ባሕሪ፣ ሓይሊ ምድሪ ነዚ ዝስዕብ ቴሌግራም ለኣኸ:

<<ቶትርን ለይትን ብዘይምቑራጽ ንሓደ ወርሒ ሙሉዕ 200 ሰባት ጥራይ ኮይና ኣዝዩ ልዑል ዝኾነ ሓይሊ ሰብን ኣጽዋርን ምስዘለዎ ወንበዴ ዝከኣለና ተዋጊእና ኢና። ንመጻኢ እዉን ክሳብ መወዳእታ ክንዋጋእ ኢና። መረረና ካብ 60 ንላዕሊ ዉጉኣት ኣብ ጋሕስታት በድቢዶም ይሳቐዩ ምሕላዎም፣ ኣብ ኢድና ዘሎ ንብረት'ዉን ብወንበዴ ካብ ምምንዛዕ ክድሕን፣ ናይ ሓገርና ስምን ዝናን ክይጉዕመም ደኣምበር ናትና ምሟት ኣይኮነን። ስለዚህ ንክንድዚ እዋን ብቶኽሲ ተታሒዝና ንወገን ሰራዊት ኣቤት እንዳበልና ክሳብ ሕጂ ሓጋዚ ምስኣና እቲ ንኣምናን ንተኣማመነሉን መንግስቲ ምሕላዉ ኣጠራጢሩና እዩ። ሕጂ'ዉን ንሓገሩ ዝሓስብን ንወገኑ ዝሓልይ መንግስትን ወገንን እንተሃልዩ ክይወዓለ ክይሓደረ ንዘቕረብናሉ ጻዉዒት ናይ ጽሁፍ መልሲ ዘይኮነ ናይ ወገን ሓገዝ ክበጽሐና ናይ መወዳእታ መልዕኽቲ ነመሓላልፍ።>>

ሻለቃ ማሞ ተምትሜ ነዚ መልእኽቲ'ዚ ዝለኣኸ ጥቅምቲ 18 1976 ዓ.ም. እዩ። እዚ መልእኽቲ ናብ ኩሎም ክፍልታት ሰራዊት ኢትዮጵያ ምስተበተነ ኹሉ ኣባል ሰራዊት ብሕርቓንን ጣዕሳን መዓንጡኡ ሓረረ። እንታይ ክንገብር ንኽእል ኣብ ዝብል ነጥቢ ክዝቲ ጀመረ። ነዚ ጻውዒት ፍልማዊ መልሲ ዝሃበ ኣየር ወለድ ሰራዊት ነበረ።

ናይ ኣየር ወለድ ተበግሶን ዉጽኢቱን ቅድሚ ምዝንታወይ ኣንባቢ ብዛዕባ ኣየር ወለድ ግንዛበ ክሕልዎ ምእንቲ ሓጺር መብርሂ ክሕብ። ኣየር ወለድ ሰራዊት ብተወርዋሪነት ዝዋጋዕ፣ ኣብ ዝባን ጸላኢ ድሕሪ መኸላከሊ መስመር ዘሊሉ ንጸላኢ ዘሰናብድ ናይ ሓደ ሰራዊት ክሪም'ዩ። ናይ ኣየር ወለድ ታሪኽን ዝናን ኣብ ጥርዚ ዝበጽሐ ኣብ 2ይ ኹናት ዓለም ነበረ። ናይ ጀርመን ሰራዊት ናብ ፈረንሳ ክኣትው ምስፈተነ ፈረንሳውያን ሉዓላውነቶም ክይድፈር ነዊሕን

ድልዱልን ድፉዕ ሃዲሞም ናይ ጀርመን ሰራዊት ሓደ ስድሪ ምንቕ ከይብል ረገጡዎ። ጀርመናዉያን ናይ ፈረንሳ መኸላኸሊ መስመር ክሰብሩ ኣብ ዝገበሩዎ ተደጋጋሚ ወፍሪ ሓይሊ ሰቦም ብሞትን ስንክልናን ጸንቂቆም።

ነዚ መሰናክል ክስገሩ ዝነደፉዎ ስልቲ ፈረንሳዉያን ኣብ ዝሓደሙዎ መኸላከሊ መስመር ኣብ ዝባኑ ኣየር ወለድ ሰራዊት ዝመስሉ ብፍንጭልጫል ዕንጨይትን ሑጻ ዝተመልዐ ባንቡላ ኣብ ዝባን ጸላኢ ምዕላብ ነበረ። ፈረንሳዉያን ካብ ሰማይ ዝውርወር ብስነስርዓት ዝዓጠቐ ሰራዊት ምስ ረኣዩ ነቲ ዘይድፈር ድፎያም ራሕሪሖም ናብዞም ባንቡላታት ከቛምቱ ምስጀመሩ ጀርመናዉያን ናብ መኸላከሊ መስመሮም ጠኒኖም ኣተው። ናይ ፈረንሳ ሰራዊት ከምዝተዓሸወ ተረዲኡ ንሰራዊት ናዚ ደው ከብሎ እኳ እንተፈተነ ፈተኑኡ ዝኸኣል ኣይነበረን። ፈረንሳ ንሰለስተ ዓመት ኣብትሕቲ ጀርመናዉያን ወረራ ወደቐት።

ናይ ኣየር ወለድ ሰራዊት ኣድላይነት ኣብ ዝባን ጸላኢ ዓሊቡ ምርኢት ናይቲ ግጥም ካብ ምቕያር ብተወሳኺ ኣብ መከላኸሊ መስመር ሪዘርቭ ኮይኑ፣ ጸላኢ ጸረ-መጥቃዕቲ ክፍንዉ ኡንከሎ ኣብ ግንባር ዘሎ ሰራዊት ኣብርዩ ዝተሓናነቐ፣ ኣብ ኢድ ብኢድ ዉግእ ዝጨፋጨፍ መድሕን ሓገር'ዩ። ኣየር ወለድ ንመጥቃዕቲ ዝሰልጠነ ክፍሊ ስለዝኾነ ኣብ ምክልኻል ዉግእ ልምድን ተሞክሮን የብሉን።

ናብ ኣርእስተይ ክምለስ: ሻለቃ ማሞ ተምትሜ ናብ ሰለስቲኡ ክፍልታት ሰራዊት ካብ ናቅፋ ዝለኣኾ ቴሌግራም ምስተነበ ናይ ኣየር ወለድ ሰራዊት ኣባላት ንምንታይ ንሕና ዘይንዘልል ብምባል ሓሳብ ኣቕረቡ። ኣብቲ ጊዜ ሓገርና ዝነበራ ኣየር ወለድ ትሕቲ ሓደ ሻምበል 99 ሰብ ጥራይ ነበረ። ብብርጌድ ደረጃ ዝተመስረተ ናይ ኣየር ወለድ ሰራዊት ብዝተፈላለየ ምኽንያት ካብ ምብትታኑ ብተወሳኺ ቅድሚ ሒደት ዓመት ብ/ጀ ጌታቸው ናደው ምስ ሌ/ኮ ኣለማየሁ ኣስፋው ኣብ ልዕሊ ደርግ ዕሉዋ መንግስቲ ፈቲኖም ኣየር ወለድ ሰራዊት ኣብ ክልተ ግማዕ ስለዝተገምዐ ዝተረፈ ትሕቲ ሓደ ሻምበል ጥራይ ነበረ።

በዚ መገዲ ዝተዳኸመ ኣየር ወለድ ሰራዊት ብፓራሹት ኣብ ናቅፋ ከዘሉ ድሉዋት ከምዝኾኑ ን2ይ ዋልያ ክ/ጦር ኣዛዚ ብቴሌገራም ኣፍለጡ። ኣብ ኣስመራ ዝነበረ 2ይ ሬጅመንት ሓይሊ ኣየር: <<*ኣብዚ ዝላ ነፍርቲ ኹናት ኣብ*

ሕዛእቲ ጸላኢ ደብዳብ ክፍጽማ ከምዘለወን እንተዘይኮኑ ግን እቲ ዝላ ክይተፈጸመ ኣየር ወለድ ኣይዳ ጠያይቲ ከምዝኸውን>> ድሕሪ ምግላጽ: *<<ነፈርቲ ኹናት ደብዳብ ክገብራ ምእንቲ ኣየር ወለድ ዝስቕለለን ነፈርቲ ካብ 2.5 ኪ.ሜ. ንላዕሊ ብራኽ ክዘላ ኣለወን: እንተዘይኮይኑ ብጸረ-ነፈርቲ ክውቃዓ እየን>>* ኢሉ ተሚገተ።

እዚ ማለት ኣየር ወለድ ካብ ሰማይ 2.5 ኪ.ሜ. እንተዘሊሎም ጥራይ እዮም ምስ 15ኛ ሻለቃ ዝጽምበሩ። ነታ ከተማ ዝኸበበ ብዝሒ ወንበዴ ኣብ ግምት ብምእታው ኣየር ወለድ ካብ 2.5 ኪ.ሜ ብራኽ ክዘልል ምውሳኑ: ኣየር ወለድ ናይ ሞት ብይን'ዩ ተበዩኑሉ ክብል ይደፍር። እዚ ጉዳይ ብዙሕ ክትዕን ሙግትን ሓሊፉ ናይ ኣየር ወለድ ሰራዊት *<<ዕጫና ዋላ ሞት ይኹን ሬሳና ኣብ ጥቃዕ 15ኛ ሻለቃ ኣባላት ወዲቑ ብታሪኽ ክንዝከር ኢና ንደሊ>>* ብምባል ሓሳቦም ከምዘይቕይሩ ምስፍለጡ ኣዛዚ ኣየር ወለድ ሌ/ኮ ሽባባው ዘለቀ ብዘይፍታው ኣብ ሓሳቦም ረዓመ።

ድሕሪ'ዚ 99 ናይ ኣየር ወለድ ኣባላት ብሻምበል ተስፋይ ሃብተማርያም(*ደሓር ብ/ጀነራልን ናይ ሕብረተሰባዊት ኢትዮጵያ ዝለኣለ ናይ ጅግና ሜዳልያ ተሸላሚ*) ተመሪሖም ናቕፋ ዝዘሉሉ *<<ሱ>>* ሰዓት *<<መ>>* መዓልቲ ጥቅምቲ 31 1976 ዓም ክኸዉን ተወሰነ። ኣየር ወለድ ኣብ ናቕፋ ዝፈጸሞ ኣደናቒ ዝላ ቅድሚ ምዝንታወይ ኣንባቢ እቲ ዉግእ ዝተኻየደሉ ኸተማ ናቕፋን ናይታ ኸተማ ኣቀማምጣ መሬት ንጹር ምስሊ ክሕልዎ ምእንቲ ናይ ናቕፋ ተፈጥሮኣዊ ኣቀማምጣ ኣብ ዝቕጽል ምዕራፍ ክገልጽ'የ።

ምዕራፍ ሓምሳን ሓደን

ናይ ኸተማ ናቕፋ ተፈጥሮኣዊ ኣቀማምጣ

ከተማ ናቕፋ ናይ ሳሕል ኣውራጃ ርዕሰ ኸተማ ክኸዉን ካብ ርዕሰ-ኸተማ ናይቲ ክፍለሓገር ኣስመራ ብናተይ ግምት 225 ኪ.ሜ. ንሸነኽ ሰሜን ርሒቑ፣ ብሰንሰለታዊ ጎቦን ዓሚዩቕ ሽንጥሮታት ተኸቢቡ፣ ከም ጣዉላ ኣብ ማዕከል ተዘርጊሑ ዝርከብ ኣብ ሳሕል ኣውራጃ ካብ ዘለው ከባቢታት ጥዑም ንፋስ ዝነፍሶ ከተማ'ዩ።

ኣብ የማነ-ጸጋም ጽርግያ ናይቲ ኸተማ መናድቕም ብዕታር ዕንጨይቲ ዝተነድቐ፣ ብሑጻ ናሕሲ ዝተኸድነ ገዛውቲ ይረኣዩ። ናቕፋ ብባይኖኩላር ካብ ርሕቐት ክትጥምታ ኣየናይ እዩ መሬት፣ ኣየናይ'ዩ ገዛ ምፍላይ ኣጸጋሚ'ዩ። ካብታ ኸተማ ንሸነኽ ምዕራብ ካብ ሰሜን ናብ ደቡብ ዝዝርጋሕ ነታ ከተማ ግርማ ዝህብ ኣዝዩ ግዙፍ ሰንሰለታዊ ዕምባ ይረ0። ኣብ ድርኩኺት ናይዚ ዕምባ ካብ ዓይኒ ዝተሰወሩ ስዉር ሽንጥሮታት ይርከቡ። እዚ ስፍራ ብወትሃደራዊ ዓይኒ ክንጥምቶ እንከለና ከም ሞርታርን ላውንቸርን ዓይነት ኣጽዋር ጸሚድካ ንምትኻስ ተመራጺ'ዩ። ብተወሳኺ ጸላኢ ናይ ከቢድ ብረት ደብዳብ ኣብ ዝጅምረሉ ሰዓት፣ ካብቲ ደብዳብ ንምዕቓል ዉሑስ ስፍራ'ዩ።

ካብ ድርኹኪት ናይዚ ሰንሰለታዊ ዕምባ ንሸነኽ ምብራቕ ካብ ሰሜን ናብ ደቡብ ዝሓምም ብሑጻ ዝተካወሰ ሩባ ኣሎ። እዚ ሩባ ነቓጽን ዘይ-ጽሩይን እኳ እንተኾነ ብወትሓደራዊ ዓይኒ ቐረብ ማይ ስለዘውሕስ ኣቀዲሙ ንዝቖጻጸሮ ሓይሊ መትኒ ህይወት'ዩ። ብተወሳኺ እቲ ሰንሰለታዊ ዕምባ ካብ መሬትን ሰማይን ስለዝኸዉል ቀትሪ ሰራዊት ካብ ድፋዕ ወጽዩ ዉግኣት ንምልዓል፣ ንምቕባር፣ ቐረብ ንምምላእ፣ ብሓፈሻ ካብ ናብን ንምንቕስቓስ ስለዘኽእል ዕዙዝ ኣገዳስነት ኣለዎ።

ካብ ኸተማ ናቕፋ ክልተ ኪሎሜትር ንሸነኽ ምብራቕ ነፋሪት ትዓልበሉ ሜዳ ኣሎ። ካብቲ ሜዳ ፉሕ ኢሎም ዝረኣዩ ዝተወሰኑ ተገዛእቲ መሬታት(*ኩርባታት*) ኣለው። ኣቀዲመ ከምዝገለጽኩዎ 15ኛ ሻለቃ ንመጀመሪያ ጊዜ ኣብ ኸተማ ናቕፋ እግሩ ምስረገጸ ነዞም ስትራቴጂካዊ ኣገዳስነት ዘለዎም

ቦታታት ገዲፉ ኣብ መንበሪ ቤት ኣመሓዳሪ ኣዉራጃ ሳሕል'ዩ ማዕከል መአዘዝን መከላኸሊ መስመርን መስሪቱ።

15ኛ ሻለቃ ማዕከል መአዘዚ ካብ ዝመስረተሉ ደቡባዊ ጫፍ ናይታ ኸተማ ንሸንኸ ምብራቅ፣ ደቡብን ስሜንን ተፈናቲቶም ዝረኣዩ ድሩት ብዝሒ ዘለዎም ኩርባታት ኣለው። እዞም ኹርባታት ኣብ 1979 ዓም ናቅፋ ዙርያ መደበኛ ዉግዕ(*ኮንቬንሽናል ዋርፌር*) ምስጀመረ ወገንን ጸላእን ዝተፈላለየ ኣስማት ስለዘውጽኡሎም ናይ ባዕሎም መጸውኢ ስም ኣለዎም። *<<ዳቦ፣ ዋንጫ፣ ቴስታ፣ >>* ወዘተ ይበሃሉ ።

15ኛ ሻለቃ ዝሰፈረሉ መንበሪ ቤት ምስዞም ክብ ኢለ ዝጠቐስኩዎም መሬታት ክወዳደር ኣብ ዓሚዩቕ መሬት ዝተደኾነ ሰጣሕ ሜዳ ወይ ድማ መኣዲ ዝቐረበሉ ጣውላ ካብ ምምሳሉ ብተወሳኺ እቲ ስፍራ ኣዝዩ ጸቢብ'ዩ። ንዉሓቱ ካብ 1 ኪሜ ንላዕሊ ኣይገዝፍን። 15ኛ ሻለቃ ማዕከል መአዘዚ'ኡ ካብ ዝመስረተሉ ስፍራ ዘዳውቦ ሓባጥ ጐባጥ ዝበዝሖ፣ ነዋሕቲ ሳዕርታትን፣ ኣኻኹ ቈጥቋጣት ዝመልዖ፣ ብኣእማን ዘዕለቕለቕ መሬት'ዩ።

ምዕራፍ ሓምሳን ክልተን

ኣብ ናቕፋ ዝተኸበ 15ኛ ሻለቃ ንምሕጋዝ ኣየር ወለድ ኣብ ናቕፋ ዝፈጸሞ ዘደንቕ ዝላ

<<ዝኾነ ሰብ ወፈራ ክነድፍ ይኽእልዩ፡ ግን ሒደት ሰባት ጥራይ'ዮም ኹናት ክእውጁ ዝኽእሉ። ምኽንያቱ ንፉዕ ወትሓደራዊ ክኢላ ጥራይዩ ናይ ኹናት ምዕባለታትን ኹነታትን ክጸወር ዝኽእል>>

ናፖልዮን ቦናፓርት

ጥቅምቲ 31 1976 ዓም ንግሆ ሰዓት 05:00 ኣብ ኣስመራ ኣየር ወለድ ሻምበል ተሰሪዑ ንዝላ ተዳለወ። ናይ ናቕፋ ሰማይ ካብ ባሕሪ ዝመጸ ጠሊ ዝሃዘ ግመ ከምዝሸፈኖ ዝገልጽ መልእኽቲ ካብ ማዕከል መኣዘዚ 15ኛ ሻለቃ ስለዝመጸ ክሳብ ፋዱስ ተጸብዮም እቲ ዛላ ተሰረዘ። ንጽባሒቱ ባሕቲ ሕዳር 1976 ዓም ንግሆ ናይ ኣየር ወለድ ሻምበል ብክልተ ነፈርቲ ተጸኢኑ፣ እዘን ነፈርቲ ብኣርባዕተ ነፈርቲ ኹናት ተዓጂበን ናብ ናቕፋ ተበገሱ።

ናቕፋ ምስበጽሑ ናይ ኣየር ወለድ ሻምበል መራሒ ሻምበል ተስፋይ ሃብተማርያም ናብ ማዕጾ ናይታ ነፋሪት ክቐርብ ተሓቢሩ ናብቲ ማዕጾ ተጸገዐ። ተበገስ ዝብል ጸውዒት ካብቲ ኣዝላሊ ምስመጸ ሻምበል ተስፋይ ሃብተማርያም ገጹ ናብ ዉሽጢ'ታ ነፋሪት ጠዉዩ ንወትሃደራት *<<ሰዓቡኒ>>* ብምባል ገጹ መሊሱ ካብታ ነፋሪት ዘለለ። ኣብ ዉሽጢ'ዛ ነፋሪት ዝነበሩ 25 ዘለልቲ እግሪ እግሩ ሰዓቡ።

ኣብ ኣየር ክንዝብዩ ምስጀመሩ ኣግራባት ምስ መሬት ተላጊቦም፣ ሰንሰለታዊ ጐቦ ናቕፋ ምስ መሬት ተለቢጡ፣ ዚንጎ ናሕሲ ዝተኸድነት መንበሪ ቤት ምስ መሬት ተሓናፊጻ ምስረኣዩ ኣበይ ከምዝዓልቡ ሓርበቶም። ነፈርቲ ኹናት ናይ ጸላኢ ሕዛእቲ ይድብዳባ ኣለዋ።

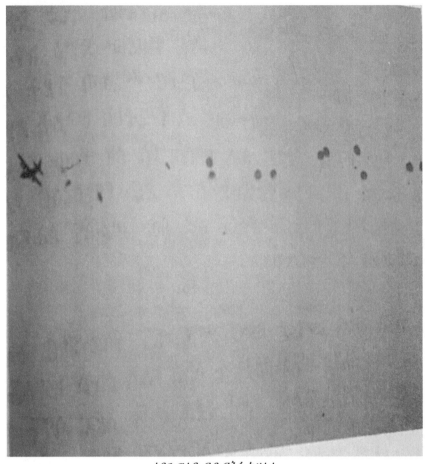

ኣየር ወለድ ናብ ናቕፋ ከዘልል

ኣየር ወለዳት ካብ ሰማይ በብቕሩብ እንዳወረዱ ምስመጹ ኣእዛኖም ዝደጉሕ ድምጺ መንጫዕጫዕታ ክሰምኡ ጀመሩ። መንጫዕጫዕታ መሲሉ ነእዛኖም ዝማረኸ ደሃይ ናብ መሬት እንዳቐረቡ ምስመጹ ትንፋሶም ክምንጥል ካብ ጸላኢ ዝትኮስ ጠያይቲ ከምዝኾነ ተጋሕደሎም።

ናይ ጸላኢ ጠያይቲ ንፓራሹቶም በሳሲዑ መንፊት ኣምሰሎ። ኣየር ወለድ ሻምበል ቅድሚ እቲ ዝላ ጸላኢ ከይፈልጥ ምእንቲ ዝገበሩዎ ከቢድ ጥንቓቐ ኣብ ሻዕብያ ሓንደበታዉነት ስለዝነበሮ እዚ ዝላ ብዘደንቕ መገዲ ተፈጸመ። ኣየር ወለድ ኣብ ናቕፋ ምስዓለቡ እዚ ዝላ ክዕወት ናይ 15ኛ ሻለቃ ኣባላት ካብ ድፎዖም ወጽዮም ምስ ጸላኢ ተፋጢጦም'ዮም። ኣብዚ ዝላ ኣብ ሰማይ

ዝተሰወዐ ሓደ ኣየር ወለድ ጥራይዩ። ድሕሪ'ዚ ሙሉዕ መዓልቲ 15ኛ ሻለቃን ኣየር ወለድን ተላፊኖም ብነፈርቲ ሓይሊ ኣየር እንዳተሓገዙ ምስ ወንበዴታት መሪር ጥምጥም ኣካየዱ።

ኣብ ዉሽጢ ሓደ ሰዓት ዉግእ ናይ ናቅፋ መዕርፎ ነፈርቲ ኣብ ምቁጽጻር ኣውዓልዎ። እቲ ዉግእ ቀጺሉ ምስወዓለ ኣጋ ምሸት ሻዕብያ ካብ ኸተማ ናቅፋ ተጻራሪጉ ወጸ።

ኣብዛ ዕለት ኣየር ወለዳት ከም ስሞም በራሪ ኣናብር ከምዝኾኑ ብተግባር ኣመስከሩ። 15ኛ ሻለቃን ኣየር ወለድን ነዚ ዓወት ክጎናጸፉ ሓይሊ ኣየር ዝተጻወቶ ተራ ወሳኒ ኔሩ። ኣጋ ምሸት ክልተ ሄሊኮፕተራት ካብ ከረን ሰራዊት ጽዒነን ናቅፋ ዓለባ። ሕክምና ስኢኖም ንክልተ ኣዋርሕ ብቓንዛ ዝሰሓጉ ውጉኣት በዘን ሄሊኮፕተር ናብ ኸረን ተመልሱ።

15ኛ ሻለቃን ኣየር ወለድን ሙሉዕ መዓልቲ ተዋጊኦም፣ ንጸላኢ ካብ ኸተማ ናቅፋ ሓግሒጎም ኣውጽዮም፣ ድኻሞም ከብርዩ ኣብ ዘዕረፉሉ ሰዓት ካብ ኣስመራ 2ይ ዋልያ ክ/ጦር *<<መግለጺ ሓጎስ>>* ዝብል ትሑስቶ ዘለዎ ቴሌግራም ተላእኸ: ትሑስቶ ናይዚ መልእኽቲ ከምዚ ዝስዕብ ይንበብ:

<<*ምዕዋት ናይቲ ዝላ ኣመልኪቱ ዝተፈነወ መግለጺ ሓጐስ>>*

ካብ 2ይ ዋልያ ክ/ጦር ኣዛዚ:

ኣስመራ

ንኣየር ወለድ ሻምበል ኣዛዚ:

ናቅፋ

<<*ካብ ኩሉ ኣቀዲመ እቲ ዝላ ምዕዋቱ እንኳዕ ኣሓጎሰካ። ብዝወሰድካዮ ቖራጽ ስጉምትን ብዝፈጸምካዮ ጅግንነትን ሰራዊትና ኣድናቖቱ ይገልጽ። እቲ ዝሓሰብናዮ ፈንጣሲ ሰራዊት ናይ ምስዳድ ዉጥን ከምዝተጸበናዮ ኣብ ሓጺር እዋን ዝሰልጥ ኣይኮነን። ቕሩብ ጊዜ ይሓትት'ዩ። ናይ 15ኛ ሻለቃ ኣዛዚ ከምዝሓበረኒ ሕጂ ዝሓዝኹም መኸላከሊ መስመር ንጸላኢ ከቢድ ብረት ዝተቃለዐ ከምዝኾነ፣ ብሰሪ ሕጽረት ሰብ ከምዝተበታተነ ተረዲኤ'የ። ኣብ ምንጎኹም ዘሎ ክፉት ቦታ ተጠቒሙ ጸላኢ ብቀሊሉ ሰሊኹ ጉድኣት ከብጸሓልኩም ከምዝኽእል ካብቲ ሪፖርት ተረዲኤ'የ። እቲ ዉጥን ተጻፊፉ ግብራዊ ክሳብ ዝኸዉን ብዘይዝኾነ ተወሳኺ ሕቶ ሎሚ ምሸት ሰራዊት'ካ(ኣየር ወለድ) ካብ ዘለዎ ስፍራ ኣበጊስካ ኣብ ማዕከል መኣዘዚ 15ኛ ሻለቃ ኣቲኹም፣ ምስ ኣዛዚ 15ኛ ሻለቃ ብሓባር ክትኸላኸሉ።*

ሻለቃ ማሞ ተምትሜ ነቲ ሰራዊት ብኣዛዝነት ክመርሕ።>> በዚ ትዕዛዝ መሰረት ኸተማ ናቅፋ ለቒቖም ኣቀዲሙ 15ኛ ሻለቃ ተኸቢቡሉ ናብ ዝነበረ መንበሪ ቤት ኣመሓዳሪ ኣውራጃ ሳሕል ክኣትው ተዓዘ።

ምዕራፍ ሓምሳን ሰለስተን

መሪር ሕይወት ኣብ ዉሽጢ ድፋዕ

ባሕቲ ሕዳር 1976 ምሸት 15ኛ ሻለቃን ኣየር ወለድን ንብረቶም ጠራኒፎም ብኸንደይ መስዋዕቲ ዝተቖጻጸሩዎ ስፍራ ራሕሪሖም ናብ ማዕከል መአዘዚ 15ኛ ሻለቃ ኣተው። ብፍላይ ኣየር ወለድ ኣብ ሕዛእቲ 15ኛ ሻለቃ ኣትዩ ምስተኸርደነ ዓቕሉ ክጸበ ጀመረ። ኣየር ወለድ መጥቃዕቲ ከፊቱ፣ ወሳኒ ስፍራ ኣልቂቑ፣ ንኣጋር ሰራዊት ኣረኪቡዩ ዝወጽእ። ብሓፈሻ ኣየር ወለድ ንመጥቃዕቲ እምበር ንምክልኻል ዉግዕ ዝቖመ ኣይኮነን።

ናይ 15ኛ ሻለቃ ድፋዕ ዕምቖትን ስፍሓትን ስለዘይነበሮ ካብ ሓደ ድፋዕ ናብ ካልዕ ድፋዕ ዘራኽብ መራኸቢ ካናል(*ኮሚኒኬሽን ትሬንች*) ኣይነበሮን። ወትሃደራት ካብ ድፋዕ ናብ እንዳ ሽቓቕ ክኸዱ እንተደልዮም ካብ ድፋዕ ክወጹ ነበሮም። እዚ ተግባር ኣብ ነፍስወከፍ መውጽኢ ማዕጾ መሳኹቲ ሰሪሑ ንዝሕልው ወንበዴ ኣደዳ ስለዝገብሮም ድፎዖም ከዕሙቑን ከደልድሉን ጀመሩ።

ቀትሪ ምንቅስቓስ ፈጺሙ ስለዘይከኣል 15 ሻለቃን ኣየር ወለድን ካብ ድፋዕ ወጽዮም ማይ ዘምጽኡ፣ ናብ እንዳ ሽቓቕ ዝኸዱ፣ ዉግኣት ዝቕብሩ መሬት ከዉታ ምስለበሰ ጥራይ ነበረ። ብሓፈሻ ኩሉ ንጥፈታት ጸላም ተጐልቢብካ ስለዝግበር ምሸት ኣብ ድፋዕ ሓደ ወትሓደር ዘሎ ኣይመስልን። ናይ ሻዕብያ ወንበዴ ናይ ሓበሬታ ኣጸቦ ስለዝነበሮ ነዚ ሓቒ ኣይፈለጠን ደኣምበር: ነዚ ጠገለ ዘይብሉ ኣጉል ኣካይዳ ፈሊጡ መጥቃዕቲ እንተዝኸፍት ኔሩ ናቕፋ ብዘይዝኾነ መኻልፍ ምተቖጻጸራ ኔሩ።

15 ሻለቃን ኣየር ወለድን ዝሓዙዎ ድፋዕ ካብ ጊዜ ናብ ጊዜ ዓይነታዊ ምምሕያሽ ኣርእዩ ዘደንቕ ምዕባለታት ኣምጸአ። ካብ መከላኸሊ መስመር ናብ ዉሽጢ ክትኣትዉ ዉግኣት ዝዕለዩሉ፣ ተዋጋእቲ ሰራዊት ዘዕርፉሉ፣ መግቢ ዝዳለዉሉ ገፊህ ቦታ ተዳለወ። ኣብ ዝተወሰኑ ክፋላት ምንቅስቓስ ጸላኢ ሪኢኻ ንምትኻስ ዝምችዕ መሳኹቲ ተሰርሐ። ዝኽርን መብጽዓን ዘለዎም ሰባት ስዋ ዝጸምቁሉ ስፍራ ከይተረፈ ኣሎ።

ናይ መላእኽቲ ዝኽርን መብጽዓን ዘለዎም ሰባት ከም ቀለብ ዝወሃቦም ዕማኾ ዕፉን ኣዋሕሊሎም ዳጉሻ ዘይብሉ ስዋ ከጾምቁ፣ ዉሉፋት ቡን ስርናይ ኣብ መጋርያ ኣጒዶም፣ ብዝኅደመ እምኒ ኣብ ሄልሜቶም መቚቶም ቡን ከፍልሑ፣ ቅጫ ክስንክቱ፣ ሕሩጭ ክነፍዩ፣ ቢህዩቅ ክለውሱ ይረዐ። ሓደ ወትሃደር: *<<ሎምኣቲ ኣደይ ማርያም'ያ፣ ሎምኣቲ ቅዱስ ሚካኤል'ዩ ጸበል ጥዓሙ>>* ብምባል ዳጉሻ ዘይብሉ ስዋ ምስ ሕምባሻ ይቕርብ። ነዚ ኣብነት ክዝርዝር ዝደለኹ 15ኛ ሻለቃን ኣየር ወለድን ሽድሽተ ወርሂ ኣብ ናቅፋ ተኸቢቦም መግቢ ዘዳልውሉ ሜላ፣ ፈጣሪኦም ዝዝኽሩሉ ጥበብ ናይ ኢትዮጵያ ኣብዮታዊ ሰራዊት ርቐት፣ ምብልሓት፣ ዉሕልነት ስለዘንጸባርቕ'ዩ።

ምዕራፍ ሓምሳን ዓርባዕተን

ሕዳር 3 1976 ዓም--- ናቕፋ

ሕዳር ሰለስተ ምሸት ካብ ሰማያት ናቕፋ ደመና ሃዲሙ፣ ኣብ ንጹር ሰማይ ወርሒ በሪቓ ነቲ ከዉታ ብርሃን ኣልቢሳቶ ትረአ። እዛ ወርሒ የኢንቲ ዝደፍን ጸላም ስለዝጋለሀት ክሳብ 50 ሜትሮ ግልህልህ ኢሉ ይረአ'ሎ። ኣብዛ ብወርሒ ዝደመቐት ምሸት ኣስናኑ ክሕርቅም ዝቐነየ ናይ ሻዕብያ ወንበዴ ቅድሚ ሳልስቲ ዝወረዶ ስዕረት ከማልስ ሓንሒኑ ናብ ናቕፋ ተመልሰ።

ከምቲ ዝለመዶ ናይ ሞርታርን ላውንቸርን ደብዳብ ኣብ ኩለን ድፋዓት ኣዝነበ። ናይ ከቢድ ብረት ደብዳብ ቅድሚ ኣጋር መጥቃዕቲ ስለዝጅምር ናይ ጸላኢ ሓሳብ ናብ ድፋዕ ጠኒኑ ምእታው ጥራይ ዘይኮነ 15ኛ ሻለቃን ኣየር ወለድን ሕጽረት ጠያይቲ ከምዘለዎ ስለዝፈልጥ ጠያይቶም ከወድኦም ሓሊኑ ነበረ። እዚ ኹሉ ደብዳብ ኣብ ልዕሊኦም ክዘንብ እንከሎ ናይ ጸላኢ ዕላማ ስለዝተረድኡ ሓንቲት ጥይት ከይተኮሱ ጸላኢ ናብ ጥቕኦም ክሳብ ዝቐርብ ስቕታ ተወሪኦም ተጸበዩ። 15ኛ ሻለቃን ኣየር ወለድን ኣብ መጻወድያ ጸላኢ ከይጸወዱ ጥራይ ዘይኮነ ዝመጽእ ጊዜ እንታይ ከምዝመስል ምትንባይ ስለዝዕግም *<<ሓንቲት ጥይት ንሓደ ጸላኢ>>* ዝብል ቃል-ኪዳን ምስ ነብሶም ኣሰሩ።

ከም ትጽቢቶም ናይ ሻዕብያ ወንበዴ ድሕሪ ሂደት ደቓይቕ ናብ ድፋዕ ተጸጊዑ ናይ ኢድ ቡምባታት ደርብዩ፣ ናብ ድፋዕ ነጢሩ ክኣትዉ ጀመረ። ኣብዮታዊ ሰራዊት ናይ ሻዕብያ ዕስለ ከም ቕጽሊ ጸፍጸፎ። *<<ኢጆኻ! ኢጆኻ! እተው>>* ዝብል ናይ ኣዘዝቶም ደሃይ ካብ ርሑቕ ብሬድዮ ይስማዕ ነበረ። ኣብ ቅድሚት ተሰሪዑ መጀመሪያ ዝመጸ ወንበዴ ኣብዮታዊ ሰራዊት ብፍጹም ህድኣት ምስኣንገዶ ኩሎም ምዉታትን ዉግኣትን ኮኑ። እዚ ፈተነ ምስፈሸለ ንካልኣይ ጊዜ ፈተኑ። ዳግማይ ሞትን ስንክልናን ተገዚሞም ተመልሱ። ናይ ጸላኢ ሰራዊት ኣዘዝቲ ነቲ ኩነታት ንካልኢት እውን ደው ኢሎም ከይገምገሙ ሰብ ኣብ ልዕሊ ሰብ እንዳዉሓዙ ክሳብ ኣጋ ወጋህታ መጥቃዕቶም ቀጸሉ። ጸላም ክቐንጠጥ ምስጀመረ ነፈርቲ ኹናት ካብ ኣስመራ ከምዝብገሳ ስለዝፈልጡ መጥቃዕቶም ደው ኣቢሎም፣ ውግኣቶም ራሕሪሖም ናብ ድፋዕ ኣትው። ናይ

ሻዕብያ ወንበዴ ኣብዚ መጥቃዕቲ ዘስለጦ እንኮ ነገር እንተሓልዩ ናብ ኸተማ ናቕፋ ዳግማይ ምምላሱ ጥራይ ዘይኮነ ካብ ባሕሪ ዝነፍስ ጠሊ ዝሓዘ ግመን ምስቲ ግመ ዝመጽእ <<*ከምሲን*>> ተባሂሉ ዝጽዋዕ ዶረና ሓዘል ህቡብላ ብዝፈጥሮ ጸላም ተሓጊዙ፣ ናብ ወገን መከላኸሊ መስመር ተጸጊኡ ፎኹስ ብረት ኣብ ዘድመዐሉ ርሕቀት ዓሚዩቕ ድፋዕ ክሕድም ምኽኣሉ'ዩ።

15ኛ ሻለቃን ኣየር ወለድን ቀትሪ ኣብ ድፎያም ዘየቋርጽ ሞርታርን ላውንቸርን ክዘንቦም ምስወዓለ ለይቲ ወንበዴታት ድምጾም ኣጥፊኦም፣ ቡምባ ከም ስቲ እንዳነስነሱ ክሓጅሙ ኣብ ዝገብሩዎ ፈተነ ንጣብ ዓወት ከይረኸቡ ምዉታትን ዉግኣትን ራሕሪሖም ዝሓድሙሉ ትርኢት ንኣዋርሕ ቐጸለ። ካብቲ ዘስደምም ክፋል ናይ ሻዕብያ ወንበዴ ኣብ ወገን መኸላኸሊ መስመር ኣሞራ ክዝምብያ ምስዝርኢ ጽላሎት ሰብ ዝረኣየ መሲሉዎ ናብ ወገን ሕዛእቲ ብዘይምቑራጽ ጠያይቲ የዝንብ ምንባሩ'ዩ።

ኣብ ናቕፋ ከበባ 15ኛ ሻለቃን ኣየር ወለድን ኣብ ምክልኻል ስለዝተሓጽሩ ሻዕብያ መጥቃዕቲ ዝፍነወሉ ብነፈርቲ ኹናት ጥራይ ነበረ። ነፈርቲ ኹናት ኣብ ጸላኢ ራዕድን ሽበራን ካብ ምፍጣር ወጻኢ ኣብ ናቕፋ ከበባ ትርጉም ዘለዎ ሃስያ ኣይነበረንን ክብል ይደፍር። ምኽንያቱ ሻዕብያ ዝሓደሞ ድፋዕ ናብ ወገን ኣዝዩ ጠቢቑ ተመዓዳዊ ብምንባሩ ኣብ ጸላኢ ዝዓልብ ሓዊ ንወገን እዉን ስለዝልክሞ ቡምባ ብድፍረት ከዝንቡ ኣይኽኣሉን። በዚ መገዲ ሓሙሽተ ኣዋርሕ ሓሊፉ።

ምዕራፍ ሓምሳን ሓሙሽተን

ናይ ሻዕብያ መርዛም ስነ-ኣእሙሮኣዊ ኹናት፡ ሓጺር ዕምሪ በጥስ ብርጌድ

ናይ ሻዕብያ ወንበዴ ብከቢድ ብረትን ኣጋር ሰራዊትን ተሓጊዙ 15ኛ ሻለቃን ኣየር ወለድን ምድምሳስ ምስሓርበቶ መንገብገብ ዘለዎ መልኣኽ ተመሲሉ ብጥዑም ቓላትን መብጽዓታትን ናይ ወገን ሰራዊት ከዳህልል ፈተነ። ምሸት ናብ ወገን መኸላኸሊ መስመር መጉልሒ ድምጺ ኣጸጊኡ፣ ኣብ ነንበይኑ ግንባራት ረኺበዮ ዝብሎም ዓወታት ዝደምሰሶም ሻለቃታት፣ ዝማረኾ ኣጽዋር ብምዝርዛር ናይ ወገን ሰራዊት ፍናኑ ክቅምስል ዕጥቁ ክፈትሕ ገዓረ። ጸላኢ ብመጉልሒ ድምጺ ካብ ዝገዓረሎም ጉዳያት ሓደ ናይ በጥስ ብርጌድ ታሪኽ ነበረ።

ኣንባቢ ከምዝዝክሮ ኣብ ናቅፋ ፍጹም ከበባ ዝወደቐ 15ኛ ሻለቃ ንምውጻእ ኣብ ከረን ታንክታት፣ መዳፍዕ ዝሓዘ ሜካናይዝድ ብርጌድ ብኣዛዚኡ ብ/ጀ ለሜሳ በዳኔ ይስልጥን ነበረ። እዚ ሜኻናይዝድ ክፍሊ በጥስ ብርጌድ ይበሃል። ናይ በጥስ ብርጌድ ኣባላት ዳርጋ ኩሎም ናይ ኤርትራ ክ/ሓገር ተወለድቲ ነበሩ። በጥስ ብርጌድ ስልጠና ምስወደዐ ካብ ኣስመራ ናብ ከረን ተበገሰ። ከረን ቅድሚ ምእታው ናይ ወንበዴ ናይ ምድንጓይ ኹናት ኣብ ኻዜን እኻ እንተጋጠሞ ነዚ መሰናኽል ብቀሊሉ በንጢሱ ኸረን ኣትወ። ንኣንባቢ ብተደጋጋሚ ከምዝሓበርኩዎ ኹናት ሓድሕድ ከቢድን መሪርን ዝገበሮ ምስጢር ክትዕቕብ ዉሻጠኻ ክትስተር ዘይምክኣል እዩ።

ኸረን ምስበጽሑ እዚ ሰራዊት *<<ሓድሽ ብረት ይወሃበኒ፣ ጫማ'ይ ኣሪጉ'ዩ፣ ሓድሽ ሓቡኒ>>* ብምባል ከዕዘምዝም ጀመረ። እቲ ጉዕዞ ቀትሪ ስለዝነበረ ኣብ ኸረን ኣብ ማዕከል ህዝቢ ተራእዮም። ናይ ጸላኢ ወኪላት ኣብ ዉሽጢ ሰራዊት፣ ኣብ ህዝቢ፣ ኣብ ሲቪል ሰበስልጣናት ስለዝተላሕጉ እዚ ወረ ከይጸንሐ ኣብ ዕዝኒ ወንበዴታት በጽሐ። ብሰሪዚ ሻዕብያ ከረን ሰሜን 30 ኪ.ሜ ርሒቓ ትርከብ ናብ ሳሕል ኣውራጃ ተእትውን ተውጽእን እንኮ ማዕጾ መስሓሊት ድልዱል ድፋዕ ክህድም ጀመረ።

በጥስ ብርጌድ ካብ ኸረን ተበጊሱ ናብ ናቅፋ መገዲ ጀመረ። መስሓሊት ምስበጽሐ ጹዕጹዕ ዉግዕ ጀመረ። ፋባ ዓንሰባ ሰጊርካ ኣብ ዘለው ገዛእቲ መሬታት ናይ ሻዕብያ ወንበዴ ድልዱል ድፋዕ ሓዲሙ ንበጥስ ብርጌድ ምንቕ ምባል ከልአ። በጥስ ብርጌድ ኮነ 2ይ ዋልያ ክ/ጦር ናይ ሓበሬታ ኣጸቦ ስለዘለዎም ሻዕብያ ኣብ መስሓሊት ከምዝዓስከረ ኣይፈልጡን ነበሩ። ሻዕብያ ኣብዞም ገዛእቲ መሬታት ሰፊሩ ናይ ወገን ሰራዊት ናብ ቖጽሪ ሞት ክሳብ ዝኣትው ኣድብዩ ተጸበየ።

በጥስ ብርጌድ ኣብ ዝተጻወደሉ ናይ ሞት ቖጽሪ ሓንደበት ኣትዩ ቶኽሲ ምስተከፍተ ብዙሃት ህይወቶም ሓሊፉ። ብሕይወት ዝሰረሩ ንድሕሪት ስሒቦም፣ ዳግመ ስርርዕ ጌሮም ጸረ-መጥቃዕቲ ኸፈቱ። ናይ ጸላኢ ድፋዕ ብከቢድ ብረት ተደብደበ። ኣብ መስሓሊት ዝተሃደመ ድፋዕ ሴሮም ንምዉጻእ ንተደጋጋሚ መዓልታት ብዘይምቑራጽ ፈተኑ። በጥስ ብርጌድ ኣብ ዉግእ ዝሰንከሉን ዝሞቱን ኣባላቱን ብኻልእ ክትክዕ ኣይካኣለን፣ ጸላኢ ግን ኣብ መስሓሊት ዝሞቱን ዝሰንከሉን ኣባላቱ ካብ ናቅፋ ተዋጋእቲ እንዳነከየ ሓድሽ ሓይሊ ኣሰለፈ። በጥስ ብርጌድ ምስ ኣዘዝቲ መኾንናት ንቅድሚት ጠኒኑ ክኣትው ጀመረ። ናይ ወገን መኾንናት ጉድኣት ስለዘጋጠሞም ሕጽረት መኾንናት ኣጋጠመ። በዚ መገዲ ንቅድሚት ክቕጽል ስለዘይከኣል በጥስ ብርጌድ ናብ ኸረን ተመልሰ።

ሻዕብያ ነዚ ጊዝያዊ ዓወት ቀዳምነት ሂቡ 15ኛ ሻለቃን ኣየር ወለድን ዕጥቖም ክፈትሑ ብዙሕ ገዓረ

<<ናይ መወዳእታ ዕጫኹም ካብቶም ዝጸምሰስናዮም ምሩኻትን ምዉታትን ዝፍለ ከምዘይከዉን ክንሕብረኩም ንፈትው። ብሃይሊ ካብ ትማረኹ ብኽብረትኩም ኢድኩም ሃቡ። ኢድኩም ብኽብረት እተደኣ ሂብኩም ብኽብረት ክንሕብሕበኩም ኢና። እንተደሊኹም ምስ ስድራኹም ክነራኽበኩም ኢና። ናብ ወጻኢ ሃገር ክትከዱ እንተደሊኹም ድማ ናብ ኣሜሪካ፣ ጀርመን፣ ጣልያን ስዊድና ክነምህረኩም ኢና። ኣይፋል እዚ ኩሉ ይትረፈና ምሳኹም ኮይና ደርግ ክንቃለስ ኢና እንተኢልኩም ሓንጎፉይ ኢልና ክንቕበለኩም ኢና።

ወረ ንመን ኢልኩም ኢኹም ኣብ ሓንቲት ድፋዕ ተኸርዲንኩም ትሳቐዩ? ንደርግ ኢልኩም? ንደርግ ኢልኩም እዚ ኩሉ ሓሳረ መኸራ ክትቕበሉ? ደርግ ምስ መንግስቲ ጸብጺብኹም? ተወጊእኩም መድሃኒትን ሕክምናን ስኢንኩም፣ ሬሳ መሳቱኹም ሓመድ ኣዳም ዘልብሶ ስኢኑ ሸሻይ ኣዛብዕ ክኸዉን እንከሎ ቑልሕ ኢሉ ዘይጥምተኩም መንግስቲ?

ነዚ መንግስቲ ዲኹም ትሞቱ? ህይወትኩም ንዘይጠቅም ነገር በጃ ኣይትግበሩ፣ ኢድኩም ሃቡ እሞ ብኽብረት ኣብ ትደልዮዎ ዓዲ ክነብጸሐኩም። ድሮ'ኻ ኢዶም ንዓና ዝሃቡ መሓዙትኩም(ኣስማት እንዳጠቐሱ) ሎሚ ኣብ እንግሊዝ ኣሜሪካ ጣዕሚ ናብራ የስተማቕሩ'ለው። ስራሕ እንዳሰርሁ ትምህርቶም እዉን ይከታተሉ'ለው።>>

ናይ ጸላኢ ስነ-ኣእሙሮኣዊ ኹናት ምሸት ብዘይምቑራጽ ይፍነው ነበረ። ብሰሪዚ መርዛም ስብከት ኣብ ዉሸጢ ሰራዊት *<<ከሳብ መዓስ ኢና ከምዚ ኢለ ንነብር>>* ዝብል ስምዒት ብስቱር ክምዕብል ጀመረ። ናይ 15ኛ ሻለቃን ኣየር ወለድን ኣዛዚ ሻምበል ተስፉይ ሓብተማርያም ነዚ ስሚ ኣብ ነፍስወከፍ ድፋዕ እንዳኸደ ከበርዕኖ ጀመረ። ሻዕብያ ስነ-ኣእሙሮኣዊ ኹናት ኣብ ዝጀመረሉ ሳምንት ሓደ ዘደንጽው ኹነታት ተፈጥረ። ኣብ ሞንጎ ናይ ወገንን ጸላእን ድፋዕ ዝነበረ ናይ 500 ሜትሮ ጋግ ጸላኢ ሓንደበት 400 ሜትሮ ብምስፋሕ ናብ ወገን ሰራዊት ተጸገዐ። እዚ ማለት ኣብ ሞንጎ ወገንን ጸላእን ዘሎ ጋግ 100 ሜትሮ ጥራይ ኮይኑ ማለት'ዩ። ናይ ሻዕብያ ወንበዴ ነዚ ተበግሶ ክወስድ ዘንቐሎ 100 ሜትሮ ክትሓጅም ዘፍቅድ ርሕቐት ስለዝኾነ ናይ ወገን ሰራዊት ኣዘንጊዑ ድፋዕ ክሕጃም ምእንቲ ነበረ። እዚ ኩነታት ንነፈርቲ ኹናት ዝያዳ ፈታኒ ነበረ።

ነፈርቲ ኹናት ንግሆ ክድብዳብ *<<ኣየናይ ድፋዕዩ ናይ ወገን፣ ኣየናይዩ ናይ ጸላኢ>>* ምፍላይ ሓርቢተን። ብሰሪዚ ናይ ወገን ሰራዊት ተለኪሙ። እዚ ዘሕዝን ተግባር ከይድገም ምእንቲ 15ኛ ሻለቃን ኣየር ወለድን *<<ድሕሪ ሎሚ ደብዳብ ነፈርቲ ኹናት ደው ኣብሉ>>* ዝብል ትዕዛዝ ናብ 2ይ ሬጅመንት ሓይሊ ኣየር ኣስመራን ናብ 2ይ ዋልያ ክ/ጦር ለኣኹ። ድሕሪ'ዚ ናይ ወገን ሰራዊት 24 ሰዓት ኣብ ተጠንቐቕ ደው በለ።

ኣብ መጀመሪያ ሰሙን ናይ መጋቢት 1977 ዓም ሻዕብያ ዘካይዶ ስነ-ኣእሙሮኣዊ ኹናት ዓይነታዊ ለዉጢ ከርኢ ጀመረ። ምሕዳድን ምጉብዕባዕን ዘይብሉ ብልምሉም ሓረግ፣ ብዘሕለምልም ድምጺ ሓድሽ ስብከት ጀመረ። ካብ ዕለታት ሓደ መዓልቲ ሻዕብያ ከምቲ ልሙድ ብድምጺ መጉልሂ ከምዚ ብምባል ስብከቱ ጀመረ: *<<ከቡራት ኣሕዋት፣ ከመይ ኣምሲኹም ሎምዓቲ ኣዝዩ ኣገዳሲ መልእኽቲ ስለዘለና ሂደት ደቓይቕ ብትዕግስቲ ተኸታተሉና።>>* ኣገዳሲ ዝብል ቃል ስለዝሓወሰሉ ኹሉ ሰብ ብፍሉይ ተምሳጥ ክሰምዕ ጀመረ። እቲ ስብከት ቀጺሉ:

<<ንሕና ምሳኹም ዘበኣስ ቕንጣብ ነገር የብልናን። ስቓያትኩም፣ መከራኹም፣ ቃንዛኹም የሳጽየናዩ። ናይ ክልቴና ጸላኢ ሓለቓቶትኩም እዮም። ንስኹም እንታይ ኣቢስኹም? ግበሩ ዝበሉኹም ኢኹም ገርኩም። ሓለቓቶትኩም ገሊኦም ኣስመራ ገሊኦም ኣዲስ ኣበባ ኣብ ሕቖፎ ደቆምን ሰበይቶምን ህይወት ከስተማቕሩ ሓደ መዓልቲ ዘድሊ ቐረብ ኩዳን፣ መድሃኒት ኣቕሪቦሙልኩም ኣይፈልጡን። ከሳብ መዓስ ኢኹም ነዚ ዕድል ምስ ሕይወት ጸብጺብኹም፣ ብሕሰም ተሓቍንኩም ከትነብሩ?

ወረ ንመን ኣሚንኩም ኢኹም ሽድሽተ ወርሂ ኣብ ድፋዕ ተኸርዲንኩም? ንበጥስ ብርጌድ ዲኹም ኣሚንኩም? ናይ በጥስ ብርጌድ ጉድ እንተዘይሰሚዕኩም ንሕና ክንጸውየኩም። በጥስ ብርጌድ ካብ ከረን ተበጊሱ ብታንክታት፣ ኣርመራት ተዓጂቡ መስሓሊት ምስበጽሐ ኣብ መስሓሊት ብርቱዕ ዉግዕ ተኸፈቱ፣ ብኣና ምስተሰለቀ ካብ ሞት ንስለ ዝወጸ ምስ ሙሉዕ ዕጥቑ ኢዱ ከሀብ እንክሎ: ገሊዑ ድማ ኢዱ ምሃብ ስለዘይጠዓሞ ታንክታት፣ መዳፍዕ፣ ፍሉያት መኻይን ዛሕዚሖልና ናብ ከረን ተጸርጊፉ።

በጥስ ብርጌድ እዉን ስሙ በጥስ ምኻኑ ተሪፉ ደቅስ ብርጌድ ተሰምዩሎ። ድሕሪ'ዚ ኩሉ ነገር ተወዲኡ እዩ። ካብ ጽባሕ ንግሆ ጀሚሩ ንክልተ መዓልታት ብኣና ወገን ሓንቲት ጥይት ኣይትትኮስን። ሙሉዕ ብሙሉዕ ቶኽሲ ደው ኣቢልና ኢና። ብዘይዝኾነ ስክፍታ ካብን ናብን ክትንቐሳቐሱ ትኽእሉ ኢኹም። እንተደሊኹም ናባና ምጹ ብሕዉነታዊ መገዲ ኮፍ ኢልና ንዛተ፣ ንዓኹም ይጠቕም እዩ ዝበል ሓሳብ ኹሉ ክንትግብር ቕሩባት ኢና። >>

ሕመረት ናይዚ መልእኽቲ ኣብ ዉሽጢ ክልተ መዓልቲ ኢድኩም እንተዘይሂብኩም ክንድምስሰኩም ኢና ዝብል ነበረ። እዚ መልእኽቲ ዝተፈነወ መጋቢት 18 1977 ዓም ነበረ። ሻዕብያ ከም ቃሉ ንክልተ መዓልታት ሓንቲት ጥይት ኣይተኮሰን። ናይ ወገን ሰራዊት ንኣዋርሕ ተዓብዒቡሉ ካብ ዝነበረ ድፋዕ ወጺዩ ክናፈስ ጀመረ። ካብ ኣስመራ 2ይ ረጅመንት ዝተበገሳ ነፈርቲ ኹናት ኣብ ሰማያት ናቅፋ ምስበጽሓ ከም ንቡር ዝረኣይ ምንቅስቓስ ጸላኢ ስለዘይነበረ ኣብ ሰማይ ዘምብየን ናብ ኣስመራ ተመልሳ። ናይ ክልተ መዓልቲ ምቁራጽ ቶኽሲ መጋቢት 21 1977 ዓም ተዛዘመ።

ምዕራፍ ሓምሳን ሽድሽተን

ናይ ናቅፋ ኸበባ ፍጻሜ

ድሕሪ ሽድሽተ ወርሒ ከበባ ኣብ ሞንጎ ጸላእን ወገንን ዘሎ ናይ ሓይሊ ሚዛን ሓደ ንሸውዓተ ነበረ። ናይ ወገን ሰራዊት ሻዕብያ ዝፍነወሉ ተደጋጋሚ መጥቃዕትታት ነፍስወከፎም ኣፍሺሉ ንምጸሩ ዝእግም ከሳራ ኣብ ጸላኢ'ኻ እንተውረደ ብመውጋእትን ሞትን ዝፍለዩ ኣባላት ቑጽሮም እንዳዘየደ ምስከደ ናይ ናቅፋ ኸበባ ፍጻሜ እንዳተቓረበ ምኻኑ ተጋህደ።

ሻዕብያ ዝኣወጆ ናይ ክልተ መዓልቲ ምቁራጽ ቶኹሲ ሶኒ 21 መጋቢት ኣብቀዐ። ሶኒ መጋቢት 21 1977 ዓም ናይ ናቅፋ ሰማይ ኣብ ናሕሲ ገዛ ዝበጽሐ ግመ ደፊኑዎ ነበረ። ሰዓት ሽድሽተ ናይ ንግሆ ናይ ሻዕብያ ወንበዴ ናይ መዳፍዕን ላውንቸርን ደብዳብ ኣብ ወገን ሰራዊት ሕዛእቲ ብፍላይ ኣብ ምዕራባዊ ክፋል ናይቲ መዓስከር ኣዝነበ። ጸላኢ ዝትኩሶ ዘሎ ከቢድ ብረት 76 ሚሜ መድፍዕ ይበሃል። ኣብ ካልኢት ሓሙሽተ ኪሎሜትራት ናይ ምውንጫፍ ኣቕሚ ኣለዎ። ኣብ ዝሓለፈ ምዕራፍ ንኣንባቢ ከምዝገለጽኩዎ ኣብ ሞንጎ ወገንን ጸላእን ዘሎ ናይ ድፋዕ ርሕቐት 100 ሜትሮ ጥራይ'ዩ። ካብዚ ብተወሳኺ ላውንቸራት(*ጸረ-ታንክ*) ናብ ማዕጾ ናይቲ ድፋዕ ኣከታቲሉ ምዝናብ ጀመረ። በዚ መገዲ ኣግራብ፣ ኣቑጽልቲ፣ ኣዕማን ባል ባል ኢሎም ተሃሞኹ። ሰማያት ናቕፋ ዝደፈኖ ግመ ከይኣኸሎ መሊሱ ብትክን ባሩድን ተዓብለለ። ኣብዚ እዋን ካብ ናቅፋ 15ኛ ሻለቃን ኣየር ወለድን ማዕከል መአዘዚ ንግሆ ሰዓት ሸውዓተ ናብ 2ይ ዋልያ ክ/ጦር(*ኣስመራ*)፣ ናብ ከቡር ዘበኛ 3ይ ብርጌድ(*ከረን*)፣ ናብ ደርግ ጽ/ቤት(ኣዲስ ኣበባ) ዝተሰደ ቴሌግራም ከምዚ ዝስዕብ ይንበብ:

<<እቲ እንኮ ዋሕስና ዝነበረ ሓይሊ ኣየር ብሰሪ ምቕይያር ኣየር ሓገዝ ጠጠው ስለዘበለ ሻዕብያ ብደስታ ፈንጢዞ ኣብ ልዕሌና ይዕንድር ኣሎ። ናይ ጸላኢ ከቢድ ብረት ልዑል ጸቕጢ ፈጢሩ ነብስና ክንከላኸል ኣብ ዘይንኽእለሉ ደረጃ በጺሕና ኣለና።>>

ኣብዚ መልእኽቲ ከምዝተገልጸ ነፈርቲ ዅናት ከምቲ ልሙድ ንግሆ መጽየን ብሰሪ ግመ ሓደ ቡምባ ከይደርበያ ናብ ኣስመራ ተመልሳ። ናይ ወንበዴታት ሓሳብ ናይ ናቅፋ ከበባ ብደብዳብ ከቢድ ብረት ምዝዛም ነበረ። ሰዓት 09:00

ምስኮነ ደብዳብ ከቢድ ብረት ኣብቀዐ። ድሕሪዚ ጸላኢ ከም ሞባዕ ዝቆጽሮ ሰራዊቱ ኣሰሊፉ ብተደጋጋሚ ናብ ወገን ድፋዕ ጠኒኑ ከኣትው ፈተነ። ናይ ወገን ሰራዊት ናይ ወንበዴ ህንደዳ ከሳብ ፋዱስ መኪቱ፣ ሬሳ ኣብ ልዕሊ ሬሳ ጸፍጺፉ ተስፉ ኣቑረጾም።

ሰዓት 01:00 ድሕሪ ቀትሪ ምስኮነ ንወንበዴታት ከም ኣቑጽልቲ ከጽፍጽፍ ዝወዓለ መትረየስ ጸላኢ ናብ ድፋዕ ቑሪቡ ብዝተኾሶ ጥይት ዓነወ። ናይዚ መትረየስ ተኻሲ ስርገንቲ ከበደ ኣሰፋን ሓጋዚኡ ተወግኡ። ናይ ወገን ሰራዊት ፍታሕ ከናድይ ኣብ ምጉያይ እንከሎ ሓንደበት ቁጽሮም ዘይተነጸረ ኣየር ወለዳት ኣብ ኣፈ-ሙዝ ጸዕዳ ጨርቂ ኣሲሮም ናብ ጸላኢ ተጸምበሩ። ናብ ጸላኢ ምስኣተው ወትሃደራዊ ምስጢር ካብ ምዝሕዛሕ ሓሊፎም ብዙሕ ከይጸንሑ ንጸላኢ እንዳመርሑ መጽዮም ኣብ ልዕሊ ኣሕዋቶም ክትኩሱ ጀመሩ።

ጸላኢ ዝተራሕወሉ ዕድል ከየባኸነ ሃይሉ ከም ዉሕጅ ኣሰሊፉ ናብ ወገን ድፋዕ ሃመመ። ዝጐደመ ካራ ብኽልቲኡ ወገን ተመዘ። ናይ ወገን ሰራዊት ምስ ጸላኢ ክሳድ ንክሳድ ተሓናኒቑ፣ ንጸላኢ ኣውዲቑ፣ ዘይሓስስ ቃልኪዳን ኣብ ዝኣሰረላ ናቅፋ ኣብ መሬታ ብኽብሪ ዓለበ። ናይ ናቅፋ ከበባ ካብ ዝጀመረሉ ወርሂ መስከረም ኣትሒዙ ናይ ወንበዴ ሰራዊት ዝመርሐ በርሀ ዝበሃል መራሒ ቅድሚ ሒደት ደቓይቕ ብኣየርወለዳት ተመሪሑ ናብ ምዕራባዊ ድፋዕ ምስመጸ ኣብዛ ቦታ ናይ ህይወት ዋጋ ከፊሉ'ዩ።

ምዕራባዊ ድፋዕ ከምዝፈረሰ ሓበሬታ ምስተሰምዐ ብህይወት ዝተረፉ ናይ ወገን ወትሃደራት ናብ ደቡባዊ ድፋዕ ወይ ድማ ማዕከል መአዘዚ 15ኛ ሻለቃ ከስሕቡ ናይ 15ኛ ሻለቃን ኣየር ወለድን ኣዛዚ ሻለቃ ተስፋይ ሃብተማርያም ኣዘዘ። ኣንባቢ ከምዝዝክሮ ደቡባዊ ድፋዕ ማለት ናይ ሳሕል ኣውራጃ ኣመሓዳሪ መንበሪ ቤት ማለት'ዩ። ብመሰረት እቲ ትዕዛዝ ኣብ ማዕከል መአዘዚ 15ኛ ሻለቃ ተኣኸቡ። ጸላኢ ኣብ ምዕራባዊ ሸንኽ ዘሎ ድፋዕ ምስተቖጻጸረ ፈለማ ናይ 15ኛ ሻለቃ ማዕከል መአዘዚ ንደቓይቕ ብከቢድ ብረት ደብደበ። ኣብዚ ጊዜ ናይ 2ይ ዋልያ ክ/ጦር ኣዛዚ ብ/ጀ ሀይሉ ገ/ሚካኤል ካብ ኣስመራ ብሬድዮ ምስ ሻለቃ ተስፋይ ሃብተማርያም ተራኺቡ *<<ይጥዕም ዝበልካዮ ስጉምቲ ዉሰድ>>* ዝብል ትዕዛዝ ኣመሓላለፈ።

ኣብ ሰማያት ናቅፋ ንግሆ ዝጀመረ ግመ ኣጋ ምሸት ገደደ። ነፈርቲ ዝኾነ ዓይነት ደገፍ ክሕባ ኣይኽእላን። ኣብ ደቡባዊ መከላኸሊ መስመር ዝተፈነወ መጥቃዕቲ ምስበርተዐ ናይ ወገን ሰራዊት ነዊሕ ርሕቐት መራኸቢ ሬድዮኡ ሰባቢሩ፣ ሰነዳት ኣንዲዱ፣ ብሸነኽ ምብራቅ ናብ ዝርከብ ኣዝዩ ንዑስ ድፋዕ ኣምረሐ። ሰዓት 06:00 ድሕሪ ቀትሪ ናይ 15ኛ ሻለቃን ኣየር ወለድን ማዕከል መአዘዚ ብጸላኢ ተወረ።

ናይ ወገን ሰራዊት ከም ሓድሽ ዝኣትዎ ድፋዕ ኣዝዩ ንዕሽቶ ስለዝነበረ ሙብዛሕቶም ኣብ ደገ ደው በሉ። ብዙሃት ካብኦም በራሪ ጠያይቲ ቆሊቡ ከቑስሎም ጀመረ። ኣብ ከምዚ ዝበለ ተስፋ ዘቑርጽ ኹነታት እንከለው ኣዛዚኦም ሻለቃ ተስፋይ ሃብተማርያም ከምዚ በሎም:

<<*ጸረ-መጥቃዕቲ ተንገብር ከመይ ይመስለኹም?*>> ኢሉ ምስሃተተ ብሓደ ድምጺ <<*ሕራይ*>> በሉ።

ብመስርዕ ተሰሪዖም ጸላኢ ናብ ዝተቖጻጸሮ ምዕራባዊ ድፋዕ ተበገሱ። ኣብ ምዕራባዊ ድፋዕ ምስበጽሑ ናይ መትረየስ ጠያይቲ ኣብ ጸላኢ ኣዝነቡ። ድሕሪ'ዚ ሳንጃ ኣብ ኣፈሙዝ ሶኺዖም ንዉሸጢ ብጉያ ኣትው። ሻዕብያ ነዚ መጥቃዕቲ ፍጹም ዘይተጸበዮ ስለዝነበረ ደው ኢሉ ክምክቶ ኣይተብዐን።

ሸው ንሸው ብሕድማ ተጸርገፈ። ነብሱ ብኢዱ ከጥፍዕ ተዳልዩ ዝነበረ ሰራዊት በዚ ሓንደበታዊ ትርኢት ተገረመ፣ ተሓጎሰ። ድሕሪ'ዚ ማንም ከይኣዘዞ ካብ ኸተማ ናቅፋ ናብ ኣፍዓበት ዝወስድ ናይ ኣምባ ሸንጥሮ ሒዙ ከም ውሕጅ ክሃምም ጀመረ።

ኣብዚ ጊዜ ናይ 15ኛ ሻለቃ ኣዛዚ ሻለቃ ማሞ ተምትሜ ወትሃደራት ናብ ኣፍዓበት ክሃሙ ምስጀመሩ ከምዚ በለ: <<*ኣነ ኣብዚ ይኣኽለኒ: ካብዚ ንላዕሊ ምኻድ ኣይከእልን። ዕድል ገርኩም እንተኣቲኹም ነዛ ደብዳበ ንስድራበተይ ሃቡለይ*>> ብምባል ኑዛዜ ዝሃዘ ደብዳቤ ንዝኣምኖ ወትሃደር ሒቡ፣ ካብ ኣምባ ሸንጥሮ ንሸነኽ ጸጋም ተኣልዩ፣ ኣብ ሓንቲ ቐጥቋጥ ተጸጊዑ፣ ብሽጉጥ ነብሱ ሰዊኡ ኣሰር ሓጼ ቴድሮስ ሰዓበ።

ሶኒ መጋቢት 21። ምሸት'ዩ። ናይ ናቅፋ ሰማይ ጸላም ወሪሱዎ'ሎ። ኣዕጽምትኻ ዝሰርስር ቑዝሒን ዛዕዛዕታን ናቅፋ ከም ልሙድ ነቲ ከባቢ ሸፊኑዎ'ሎ። ነዞም ተፈጥሮ ዝዘርዮም ኢትዮጵያዉያን ኣናብስ ወርሂ ብርሃን ክትሕቦም እኻ

እንተወጸት ሰማያት ናቕፋ ዝበሓተ መሻረዊ ግመ ኣይሃፍፍን ኢሉ ወርሒ ትጭንጉዖ ብርሃን ዓቢጡ ኣትረፎ።

ሌ/ኮ ማሞ ተምትሜ

ሒደት ናይ 15ኛ ሻለቃ ኣባላትን ምስኣም ዝተጸምበሩ ኣየር ወለዳት ኣብዛሓ ሰራዊት ዝተበገሰሉ ናይ ኣፋዓበት መገዲ ገዲፎም ናብ ኸረን መገዲ ጀመሩ። ናብ ኣፍዓበት መገዲ ዝጀመሩ ወገናት ኣብ ካልኣይ መዓልቲ ጉዕዞኦም ዝተወሰኑ ውትሃደራት ገና ኣፍዓበት ከይበጽሑ፣ ክፍክፉን ክዉጭጨን ጀመሩ። *<<ሱቕ በሉ>>* እንተተባህለ ዝሰምዕ ተሳዕነ። ኣብዛ ምሸት ካብ ኸተማ ኣፍዓበት 15 ኪ.ሜ ርሒቑ ዝርከብ ናብ ሰሜናዊ ምብራቕን ምዕራብን ሳሕልን ዝወስዱ ሸንጥሮታት ዘካብቡዎ ኹብኩብ ምስበጽሑ ናይ መጀመሪያ ድብያ ጸላኢ ኣጋጠሞም። ፈለማ ዝተቐብረ ፈንጂ ተፈንጀረ። እቲ ፈንጂ ምስነቶገ ብቕጽበት ናይ ኢድ ቡምባታት ተደርበየ። መብዝሓቶኦም ወትሃደራት ተሰናቢዶም ንድሕሪት ክምለሱ ምስፈተኑ ኣዛዚኦም ሻለቃ ተስፋይ ሃብተማርያም *<<ሰዓቡኒ>>* ብምባል ከም ተራ ወትሃደር እንዳተኮሰ ናብ ጸላኢ ክውርወር ምስረኣዩ እዞም ወትሃደራት ኣሰሩ ተኸቲሎም ፈላማይ ድብያ ኣፍሸሉዎ። እዚ ድብያ ብወንበዴ ሰራዊት ዝተፈነወ መጥቃዕቲ ዘይኮነ ኣብቲ ከባቢ ዝነበሩ ሓረስቶት ጸላኢ ናይ ድብያ ትምህርቲ ምሒሩ ዝወደቦም ብልሙድ ኣጸዋውዓ *<<ጀማሂርያ>>* ተባሂሎም ዝጽውኡ ነኣሽቱ ወንበዴታት እዮም።

ድሕሪዚ ኣርባዕተ ተመሳሳሊ ድብያታት ኣጋጠሞም። ንኹሎም ድብያታት ኣፍሺሎም፣ ብሉጻት ኣባላቶም ከፊሎም ኣጋ ወጋሕታ ናይ ኹብኩብ ዳገት ወሪዶም ኣብ ድርኩኺቱ በጽሑ። ካብ ኹብኩብ ናብ ኣፍዓበት 15 ኪ.ሜ ጥራይ ስለዝኾነ መገዶም ቐጸሉ። ድሕሪ ሂደት ሰዓታት ኣፍዓበት በጺሖም ኣዛዚኦም ሻለቃ ተስፋይ ሃብተማርያም ጉልብት ዝበሉ ወትሃደራት መሪጹ ናብ 16ኛ ሻለቃ ማዕከል መአዘዚ ማይን መግብን ከምጽኡ ለኣኾም። ኣብዛሓ ሰራዊት ብጽምኢ ማይ ዘጋሕ ኢሉ እንከሎ ካልእ ዘይተጸበዩዎ ድብያ ጸላኢ ተኸፍተ።

ስኖም ነኺሶም ናይ ጸላኢ ድብያ መኪቶም፣ ናይ ጎኒ መጥቃዕቲ ምስፈነዉሉ ካብቲ ከባቢ ሓደመ። ኣብዚ ጊዜ ኣብ ኣፍዓበት ዝነበሩ ናይ 16ኛ ሻለቃ ኣባላት ድምጺ ቶኽሲ ምስሰምዑ ፈጣን መልሰግብሪ ክወስዱ እንዳተገበአ *<<ሎሚ'ሲ ሻዕብያ ሕሉፍ ሓሊፉዎ ሓድሕዱ ክዋጋዕ ጀሚሩ>>* ብምባል ይሕጭጩ ነበሩ። ኣብዚ ዕለት 72 ናይ 15ኛ ሻለቃ ኣባላት፣ 23 ናይ ኣየር ወለድ ኣባላት ብሰላም ኣፍዓበት ኣትው።

ናይ ናቅፋ ኸበባ ኣብዩ ትእምርቲ ዝገብሮ ሓደ ሻለቃ ጦር ንኢትዮጵያ ሓድነት ንበይኑ ሽድሽተ ወርሒ ሙሉዕ ከዋጋዕ ምብቕዑ ጥራይ ዘይኮነ ኣብ መዓልቲ ናብ ሓሙሽተ ዝገማገም መጥቃዕቲ ዝፍንወሉ ናይ ሻዕብያ ወንበዴ ሓደ ሻለቃ ጦር ጥራይ ክንደይ ጉድኣት ከምዘውረደሉ፣ ክንደይ ዋጋ ከምዘኽፈሎ ምስንርኢ 15ኛ ሻለቃን ኣየር ወለድን ንጸላኢ ከቢድ ዋጋ ዘኽፈሉ መዘና ኣልቦ ጀጋኑ ከምዝኾኑ ንርዳዕ።

ኣየር ወለድ ሰራዊት ትሕቲ ሻምበል ዝስራዕ ኣወዳድባ ሒዙ፣ ብፍቓዱ ካብ ነዊሕ ርሕቐት ብጋንጽላ ኣብ ናቅፋ ዓሊቡ ኣብ ሻዕብያ ዝተጎናጸፎ ሓንደበትነትን ዓወትን ንመላዕ ህዝቢ ኢትዮጵያ ዘኹረዐ ንዘልዓለም ኣብ ታሪኽ እንዳዘከርናዮ ንነብር ትንግርቲ'ዩ።

ናይ 15ኛ ሻለቃን ኣየር ወለድን ትንግርቲ ፍሉይ ዝገብሮ ኣብ ዓለም ወትሃደራዊ ታሪኽ ሽድሽተ ወርሒ ብጸላኢ ተኸቢቡ፣ ናይ ጸላኢ ከባቢ ሰይሩ ናብ ወገን ሰራዊት ዝተጸምበረ እንኮ ሰራዊት ኣብ ኤርትራ ክ/ሓገር ሳሕል ኣውራጃ ዝተኸበ ናይ ክቡር ዘበኛ 3ይ ብርጌድ 15ኛ ሻለቃን ንው ክሕግዝ ዝመጸ ኣየር ወለድ ሻምበል ጥራይ ምኻኑ'ዩ።

ድሕሪ'ዚ 15ኛ ሻለቃን ኣየር ወለድን ፈለማ ብሄልኮፕተር ናብ ኽረን ምስመጹ ድሕሪዑ ብነፋሪት ኣስመራ ኣትው። ኣብ መዕርፎ ነፈርቲ ኣስመራ ብላዕለዎት ሰበስልጣናት፣ ናይቲ ክፍለሓገር ኣመሓዳሪ፣ ናይ 2ይ ዋልያ ክ/ጦር ኣዛዚ ናይ ጅግና ኣቐባብላ ተገብረሎም። ድሕሪኡ ኹሉንተናዊ ምርመራ ኣብ ቃኘው ሆስፒታል ኣካዪዶም ሕክምና ምስወድኡ ን15ኛ ሻለቃ ኣዛዚ ሻለቃ ማሞ ተምትሜ ናይ ሌ/ኮረኔልነት ማዕረግ ንኣዛዚ ኣየር ወለድ ሻለቃ ተስፋይ ሃብተማርያም ናይ ሌ/ኮረኔልነት ማዕረግ ክወሃቦም እንከሎ ዝተረፉ ኣባላት ሓደ ማዕረግ ተወሰኸሎም። ሌ/ኮ ተስፋይ ሃብተማርያም(*ደሓር ብ/ጀነራል*) በዚ ጥራይ ከይተሓጽረ ኣብ ምብራቅ ኢትዮጵያ ብዝፈጸሞ ተመሳሳሊ ጅግንነት ኣብ ራብዓይ ናይ ኣብዮት በዓል ናይ ሕብረተሰባዊት ኢትዮጵያ ዝለኣለ ናይ ጅግና ሜዳልያ ተሸሊሙ'ዩ።

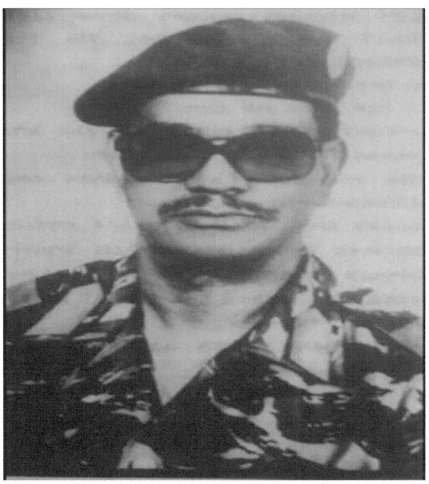

ብ/ጀነራል ተስፋይ ሃብተማርያም ናይ ሕብረተሰባዊት ኢትዮጵያ ዝለኣለ ናይ ጅግና ሜዳልያ ተሸላሚ

ምዕራፍ ሓምሳን ሸውዓተን

ናብ ከረን ዝተበገሰ ሰራዊትን ትራጀድያዊ ፍጻሜኡ

ኣብ ዝሓለፈ ምዕራፍ ኣንባቢ ከምዝዝከሮ ናይ ናቅፋ ፍጻሜ ኣብ ዝተጋህደሉ ዕለት ኣብዛሓ ሰራዊት ብዘይትዕዛዝ ናብ ኣፍዓበት መገዲ ከጅምር እንከሎ ሒደት ካብኦም *<<ካብ ናቕፋ ናብ ከረን ቐረባ እዩ፡ ንሕና ኣጸቢቕና ንፈልጦ ኢና>>* ብምባል ጉዕዞ ናብ ኸረን ጀመሩ። ሓደ ወትሃደር ኣብ ሓደጋ ጊዜ ከወድቓ እንከሎ ካብ መሸንቘቓ ጸላኢ ክወጽእ ዝግሕዝ ናይ ምምላጥን ምስዋርን ሜላታት(*Escape& Evasion Tactics*) ተሰምየ ሕጊ ኣሎ። ናይ ምምላጥን ምስዋርን ሓሙሽተ ሕግታት እዞም ዝስዕቡ እዮም:

1) ጨው ዘለዎ መግቢ ኣይትብላዕ

2) ዝኾነ ሰብ ኣይትዕመን

3) ኸባቢካ ተጠራጠር

4) ቀትሪ ኣይትጓዓዝ

5) ናይ ህዝቢ ንብረት ኣይትተንከፍ

ናብ ከረን ዝተበገሱ ኣባላት ሰራዊት ነዞም ሓሙሽተ ሕግታት ጥሒሶም ቀትሪ ጉዕዞ ጀመሩ። ኣብቲ ከባቢ ካብ ዝነብሩ ጓሶት ኣጣል መንጢሎም ሓሪዶም በልዑ። ማይ ኣስትዩና ብምባል ካብ ህዝቢ ናይቲ ከባቢ መግብን ማይን ለመኑ። በዚ መገዲ ጥፍኣቶም ዘስልጥ ከቢድ ጌጋ ፈጸሙ። ካብ ዕለታት ሓደ መዓልቲ ምሳሕ ክንምሳሕ ኢሎም ናብ ሓደ ሓረስታይ መንበሪ ቤት ኣትው። እዞም ሓረስታይ ብቴንዳ ዝተሰርሐ ቤትን ገፌሕ መረባን ነበሮም።

ገዛ ምስኣተው ዋና ገዛ ሻሂ ከፍልሑ፣ ማይ ክቕርቡ፣ መግቢ ከዳልው ጀመሩ። ኣብዚ ሕሞት ሂደት ሰባት *<<ብልዑ፣ መጻና>>* ኢሎም ካብቲ ቤት ወጹ። እዞም ወትሃደራት ብግዲኦም ጐሮሮኦም ዘጥልሉሉ መግብን ማይን ክሳብ ዝቕረበሎም መቓምጦኦም ኣሳፊሖም ዕላል ጀመሩ። ኣቀዲሞም ዝወጹ ሰባት ንጎረባብቶም *<<ጦር ገዛና መጺዮም>>* ብምባል ሰብ ተወሲኹሎም ኣብ ጫካ ዝሓብኡዎ ብረት ፍሒሮም ኣውጺዮም፣ ኣብ ዝጥዕም ስፍራ ኣድብዮም፣

እዞም ወትሃደራት በሊኦም፣ ሰትዮም ክሳብ ዝወጹ ተጸበዩ። እዞም ወትሃደራት ኣብ ኣፍ-ደገ ናይቲ ገዛ ሓደ ወትሃደር'ኻ ንሓለዋ ኣይመደቡን።

ብላዕ፣ ስተ ተዛዚሙ። እቶም ሰብ ገዛ ንመገዲ ዝኾኖም ማይ ኣብ መስተዪኦም መሊኦም፣ ቀለብ ሒቦም፣ ናብ ዝተደገሰሎም ድግስ ብፍሽኽታ ኣፋንዮም ገዚዖም ተመልሱ። ኣድብዮም ዝጸንሑ ጓሶት: እዞም ወትሃደራት ናብ ዝተጻወደሎም ናይ ሙታን ቐጽሪ ክሳብ ዝኣትው ምስተጸበዩ: ናይ ኢድ ቡምባ፣ መትረየስ ብዘይምቑራጽ ኣዝነቡሎም። እዞም ወትሃደራት ከም ቖጽሊ ኣብ መሬት ተጸፍጸፉ።

ኹሎም ከምዝወደቑ ምስረጋገጹ ካብ ዝተላሕጉሉ ጋሕሲ ወጽዮም፣ መላሲ ኣዉያት ከይሕልዉ ናብቲ ሬሳ ቐሪቦም ኣዳገሙዎም። ድሕሪኡ ካብዞም ወትሃደራት ኣጽዋር፣ ኣብ ኢዶም ዝነበረ ሰዓት፣ ክዳን፣ ኩስትሞ ከይተረፈ ወሲዶም፣ ዕርቓኖም ምስትረፉዎም ኣዛብዕን ንስርን ክበራረዩሎም ዛሕዚሖሞም ናብ ገዝኦም እንዳፈኸሩ ተመልሱ።

ኣብ ሞንጎ ሬሳታት ተላሒጉ ንጣብ ድምጺ ከየስመዐ: ዉሽጡ እንዳደምየ ነዚ ኹነታት ዝተዓዘበ ናይ ኣየር ወለድ ሻምበል ኣባል ወትሃደር ታደለ ፈሪሳ ነበረ። ወትሃደር ታደለ: እቶም ዕጡቓት ናብ ሰባት ተጸጊዖም ምምዋቶም ንምርግጋጽ ከዳግሙዎም እንከለዉ ክልተ ጠያይቲ ናብኡ ተኩሶም ጥይት ከይተንከፎ ሓሊፉ'ዩ።

መሬት ከዉታ ምስለበሰ ታደለ ኣብ መኻይዱ ዝወረደ ህልቒት ደም እንዳሰረበ ጉዕዞ ናብ ኸረን ቐጸለ። ብ15ኛ ሻለቃ ኣባላት ተደፋፊኦም ዝፈጸሙዎ ጌጋ ስለዝተሰወጠ ቀትሪ ድቕስ ዉዒሉ፣ ምሸት ቖጽለ መጽልን በለስን እንዳበልዐ፣ ናቕፋ ደብዲበን ዝምለሳ ነፈርቲ ኹናት ዝምለሳሉ ኣንፈት እንዳረኣየ: ሓሙሽተ መዓልቲ ተጓዒዙ ኸረን ብሰላም ኣትወ። ኸረን ምስኣትወ ኣብ ዝሃቦ ሪፖርት: ካብቲ ምዱብ ስራዊት ተፈልዮም ካብ ናቕፋ ምስተበገሱ እቲ ኣሃዝ ብርግጽ ከምዘይፈልጦ ግን ካብ ኢስራ ሰባት ንላዕሊ ከምዝነበሩ ገሊጹ'ዩ።

ናብዚ ሓደጋ'ዚ ዝወደቑሉ ምኽንያት ክገልጽ: ሙብዛሕቶኦም ኣየር ወለድ ነተን ሓሙሽተ ናይ ምምላጥን ምስዋርን ሜላታት ተኸቲልና ጉዕዞ ንቐጽል ምስበሉ ናይ 15ኛ ሻለቃ ኣባላት ግን: *<<ኣይፋል ነዚ ከባብን ህዝብን ንፈልጦ ኢና፣ ኣዝዩ ልዑም ህዝቢ'ዩ፣ ቀትሪ እንተዘይኸይድና ቀልጢፍና ኸረን ኣይንኣትዉን>>* ብምባል

ብቑጽሪ ስለዝዓብለሉዎም ከይፈተው ከምዝተኸተሉዎም፣ ድሕሪኡ መገዲ ምስጀመሩ ማይን መግብን ከጓርቱ ናብ ዓድታት ተኣልዮም መፍቶ ጸላኢ ከምዝኾኑ ብመሪር ቓላት ተናሲሑ። ናብ ኸረን ዝተበገሰ ናይ ወገን ሰራዊት ብወታደራዊ ሕግታት ስለዘይተቐየደ፣ ብተደናገጽቲ ጸላኢ ኢ-ሰብኣዊ ጭካነ ሓደ ሰብ ጥራይ ብህይወት ተሪፉ እቶም ዝተረፉ ብህይወት ኣይተመልሱን።

ክፍሊ ዓሰርተ ሸውዓተ

ናይ ናቅፋ ከበባ ምስተሰብረ ወንበዴታት በብዕብረ ዝወሰዱዎ
መጥቃዕትታት

ምዕራፍ ሓምሳን ሸሞንተን

ናይ ኣፍዓበትን ኸረንን ምትሓዝ ኣስመራ ኣብ ፍጹም ኸበባ ምውዳቕ

ኣብዮታዊ ሰራዊት መጋቢት 21 1977 ዓም ናይ ናቕፋ ከበባ ሰይሩ ካብ ናቕፋ ምስስሓበ ገስጋሲ ጸላኢ እንዳናሃረ መጸ። ድሕሪ ክልተ ሰሙን ጸላኢ ንከተማ ኣፍዓበት ከወርር ተበገሰ። 15ኛ ሻለቃን ኣየር ወለድን ናቕፋ ንሸድሸተ ኣዋርሕ ብዘርምም ጅግንነት ኣዉሒሶም ኣብ ሓደ ለይቲ ሓሙሸተ ድብያ ኣብ ኹብኲብ ኣፍሺሎም ምስ ወገን ሰራዊት ምስተጸምበሩ ነዚ ሓደጋ ኣቐዲሞም ስለዝተረድኡ ግቡዕ ጥንቓቐን ምቕርራብን ክገብር ኣጠንቒቖም ኔሮም።

ንከተማ ኣፍዓበት ኣብ ዝገዝኡ መሬታት ድልዱል ድፋዕ ክህደም፣ መከላኸሊ መስመር ብቕልጡፍ ክሕነጽ ካብ ዝቐረበ ሓሳብ ሒደት ነበረ። እዚ ስትራቴጂያዊ ምትዕርራይ ኣብ ኣፍዓበት ጥራይ ከይተሓጽረ ጸላኢ ኣብ ዝሃርፋ ኸተማ ከረን'ዉን ተመሳሳሊ ተግባር ክፍጸም ኣዘኻኸሩ።

16ኛ ሻለቃ ናይ ኣደ ክፍሉ ኣካል 15ኛ ሻለቃ ናይ ናቕፋ ከበባ ሰይሩ ኣብ ኣፍዓበት ምስተጸምበሮ ክርበሽ ጀመረ። ጸላኢ ብዝነዝሖ ስነ-ኣእሙሮኣዊ ኹናት *<<ጽባሕ ንግሆ ናተይ ዕጫዉን ምድምሳስ'ዩ>>* ዝብል ራዕዲ ወረሶ። ኣንባቢ ከምዝዝክሮ 15ኛ ሻለቃን ኣየር ወለድን ናይ ናቕፋ ከበባ ሰይሮም ኣብ ቐጽሪ 16ኛ ሻለቃ ኣፍዓበት ምስበጽሑ ብጥምየትን ማይ ጽምዕን ተደኒሶም እንከለው ናይ ድብያ መጥቃዕቲ ሓንደበት ተኸፊቱ ምስ ጸላኢ ክተሓናነቑ ምስጀመሩ 16ኛ ሻለቃ ረዳት ኮይኑ ኣብ ክንዲ ዝውርወር ይሕጭጭ ነበረ።

16ኛ ሻለቃ ወትሃደራዊ ዲሲፕሊን ዘይብሉ፣ ስርዓት ኣልቦነት ዝነገሶ ክፍሊ ስለዝነበረ *<<መጥቃዕቲ ጸላኢ ይምክቶ'ዶ?>>* ዝብል ሕቶ ኣብ ሓንጎል ብዙሃት ጎሊሑ ነበረ። ናይ ሻዕብያ ወንበዴ ገና መጥቃዕቲ ከይጀመረ 16ኛ ሻለቃ *<<ረዳት ጦር ካብ ኣስመራ ይላኣኸለይ፣ ኣጽዋር ስደዱለይ>>* ወዘተ ዝብል ቴሌግራም ብጻዕቒ ክፍንዉ ጀመረ። ካብዞም ጠለባት ሓሊፉ *<<ናይ ሰሜን ዕዝ ኣዛዚ ኮ/ል ሙላቱ ነጋሽ(ደሓር ሜ/ጀ) መጽዩ የዛርበና>>* ወዘተ ዝብሉ መኸተምታ ዘይብሎም ጠለባት ኣቕረበ።

ኮ/ል ሙላቱ ነጋሽ ኣብ ኣፍዓበት ዘሎ ኹነታት ስለዘስግኦ ኣፍዓበት ከይዱ ምስ 16ኛ ሻለቃ ክዘራረብ ኣይደለየን። ኣብ ክንድኡ ናይ ሰሜን ዕዝ ናይ ወፈራ መኾንን ሌ/ኮ ኣበራ ታቦርን ሻምበል ኣፍወርቅ ዝበሃል ናይ ሓበሬታ መኾንን ኣሰንዩ ብሄሊኮፕተር ኣፍዓበት ለኣኾም። ኣብዚ ጊዜ ሻዕብያ ንኣፍዓበት ዙርያኣ ይኸባ'ሎ።

ናይ ሰሜን ዕዝ ናይ ወፈራ መኾንን ሌ/ኮ ኣበራ ታቦር ምስ ሻምበል ኣፍወርቅ ኣፍዓበት ምስበጽሑ ነቲ ሰራዊት ከዛርቡ 16ኛ ሻለቃ ናብ ዝተኣኸቡሉ ስፍራ ምስምርሁ ማንም ዘይተጸበዮ ኹነታት ኣጋጠመ። ሓደ ወትሃደር ሓፍ ኢሉ: *<<ፊተፊትና ዝነበረ ናቅፋ ጸላኢ ሒዙዎዩ፣ ሻዕብያ ናባና ይመጽእ ኣሎ ጥራይ ዘይኮነ ዙርያና ኸቢቡና'ሎ፣ ረዳት ሰራዊትን ኣጽዋርን ይለኣኸልና ኢልና ብተደጋጋሚ ሓቲትና ዝሰምዐና ኣይረኸብናን። ስለዚህ ዝሓተትናዮ ክሳብ ዝመጻልና ካብ ኣስመራ ዝመጹኹም መኾንናት ካብዚ ኣይትንቐሳቐሱ፦።>>*

ናይ 16ኛ ሻለቃ ኣዛዚ ሕቶኦም ከምዝምለሰሎም ኣእሚኑ ከላቖቖም እኳ እንተፈተነ እቲ ሰራዊት ኣዕገርገረ። ምስ ሌ/ኮ ኣበራ ታቦር ዝመጸ ናይ ሰሜን ዕዝ ናይ ሓበሬታ መኾንን ሻምበል ኣፍወርቅ ነዚ ኹነታት ምስረኣየ ሰራዊት ካብ ዝተኣኸበሉ ስፍራ ምስምስ ፈጢሩ ምስተሰወረ ናብ ሄሊኮፕተር ደዪቡ ምስቲ ፓይለት ናብ ኣስመራ ኣምለጠ። ኣብ ሞንጎዚ ክጽበ ዝቐነየ ናይ ወንበዴታት መጥቃዕቲ ጀመረ። ሓሙስ ሚያዝያ 7 1977 ዓም ጸላኢ ኣብ ኸተማ ኣፍዓበት መጥቃዕቱ ፈነወ። 16ኛ ሻለቃ ኣብ ኣፍዓበት ዘኻየዶ ምክልኻል ዝገርምን ዘሕዝንን ነበረ። ዉግዕ ምስጀመረ ኣብዮታዊ መንግስቲ ረዳት ጦር ካብ ኣስመራ ብነፈርቲ ከመላልስ ጀመረ። ንኣስመራ ሓለዋ ዝተሓዝአ ሰራዊት ሓሙስ ሚያዝያ 7 1977 ዓም ካብ ኣስመራ ብኣየር ተጻኢኑ ኣፍዓበት ዓለበ። እታ ነፋሪት ንኹሎም ወትሃደራት ብሓንሳብ ክተብጽሕ ስለዘይትኽእል እቲ ጉዕዞ ኣብ ክልተ ዙር ተመቕለ። ቀዳማይ ዙር ኣፍዓበት ምስበጽሐ ካልኣይ ዙር ካብ ኣስመራ ተበገሰ።

ኣፍዓበት በጺሖም ቁልቑል ኣፎም ምስጠመቱ ናይ ኣፍዓበት ሰማይ ዓይንኻ ብዝደፍን ጸሊም ትኪ ተዓብሊሉ ኣብራሪ ናይዛ ነፋሪት ምርኣይ ሓርበቶ። እቲ ኹነታት ዘሰንብድ ስለዝነበረ እቲ ፓይለት ብሬድዮ ምስ 16ኛ ሻለቃ ክራኸብ ጻዉዒት ገበረ። መልሲ ዝህብ ተሳእነ።

ወትሃደራት ኣብ ቀዳማይ ዙር ምስወረዱ ወንበዴታት መጥቃዕቶም ጀመሩ። 16ኛ ሻለቃ ምስ ኣደ ክፍሉ 3ይ ብርጌድን ከምኡ'ውን ምስ ሰሜን ዕዝ ናይ ሬድዮ ርክቡ ተቛሪጹ ኣብ ሓደ ሰዓት ዉግዕ ተደምሰሰ። ሌ/ኮ ኣበራ ታቦር ኣብ ዘይፈልጦ ሓዊ ተኣጒዱ ብወንበዴታት ተማሪኹ። ጸላኢ ብደስታ እንዳደበለ ኣፋዓበት ኣትወ። ኣብ ሰማይ ትዝንብይ ነፋሪት ነዳዲ ከይወደአት ሙሉዕ ዕጥቒ ዝዓጠቑ ወትሃደራት ሒዛ ኣስመራ ተመልሰት።

ንነብሱ ጀብሃ ኢሉ ዝሰምየ ከሓዲ፣ ጨራሚ ሓገር ሕዳር 1975 ዓም ን24ኛ ሻለቃ ደምሲሱ ተሰነይ ምስሓዘ፣ ናብ ባረንቱ ቐጺሉ ህዝቢ ኩናማ ምስ 16ኛ ብርጌድ ማይን ጻባን ኮይኑ ብዘካየዶ መሪር ጥምጥም ናይ ወረራ ሕልሙ ከም ግመ ስለዝሃፈፈ ኣንፈቱ ናብ ሰሜን ጠውዩ ኣብ ምዕራባዊ ቆላ ርዕሰ ኸተማ ኣቆርደት ዝዓስከረ ናይ 8ይ ብርጌድ ሓደ ሻለቃ ጦርን ሓደ ኮማንዲስ ሻለቃ ምስደምሰሰ ኣቆርደት ተቖጻጸረ። ብተመሳሳሊ ኣብ ኣቆርደት ብጀብሓ ዝተደምሰሰ ናይ 8ይ ብርጌድ ኣካል ዝኾነ 4ይ ሻለቃ ንነብሱ <<ኢ.ዲ.ዩ.>> ኢሉ ዝሰምየ መሳፍንትን መኻንንትን ዝተኣኻኸቡሉ እኽብኻብ ፊውዳላት *<<ካብ ሱዳን ይግስግስ ኣሎ>>* ዝብል ወረ ምስሰምዐ ብዘይዝኾነ ናይ ጸላኢ ጸቕጢ ንኸተማ ሁመራ ገዲፉ፣ ናብ ሱዳን ኣትዩ፣ ኢዱ ንመንግስቲ ሱዳን ምስሓበ ናብ <<ኢ.ዲ.ዩ>> ተጸምበረ።

ተወለድቲ ኩናማ ብኢትዮጵያዉነቶምን ሓድነቶምን ንካልኢት ዘይዋገዩ መዘና ኣልቦ ኣሕዛብ ስለዝኾኑ ጀብሃ ናይ ወረራ ባህጉ ምስቀሃመ ሻዕብያ እግሪ እግሩ ስዒቡ ንህዝቢ ባረንቱ ከምበርክኽ ሓደ ዓመት መመላዕታ ፈቲኑ ከምቲ ልሙድ ህዝቢ ባረንቱ ምስ 16ኛ ብርጌድ ተላፊኑ ዘደንቕ ናይ ሓድነት ተጋድሎ ስለዝፈጸመ ሻዕብያ ሓደ ስድሪ መሬት ባረንቱ ከይረገጸ ኣሕኒኹ መሊሱዎዩ። ባረንቱ ናይ ጋሽ ሰቲት ኣውራጃ ርዕሰ ኸተማ ክኸዉን ካብ ኣስመራ ብናተይ ግምት 300 ኪ.ሜ ርሒቑ ይርከብ።

ናይ ኤርትራ ክ/ሓገር ጸጥታ ካብ ቁጽጽር ወጻኢ ካብ ዝኾነሉ ሕዳር 1975 ዓም ኣትሒዙ ክሳብ ናይ ኣቆርደት ፍጻመ(*ሚያዝያ 1977 ዓም*) እንተርኢና ኣርባዕተ ሻለቃታት ካብ ጥቅሚ ወጻኢ ኮይኖም'ዮም። ናይ ኤርትራ ወንበዴታት በዚ ፍጥነትን ድፍረትን ክግስግሱ ጥራይ ዘይኮነ ቅድሚ 1974 ዓም ሓድሕዶም ክሳየፉን ክቓተሉን ዝነበሩ ከሓድቲ ህልኾም ረሲኦም ኣብ

መንግስቲ ሰራዊት ክዘምቱ ዘብቕዖም ጀነራል ኣማን ዓንዶም ብስም ሰላምን ዕርቕን ዝለኣኾም ናይ ጥፍኣት ልኡኻን ስለዘተባብዕዎም ነበረ።

ናይ ኤርትራ ክ/ሓገር ኩነታት ኣብ ዘሻቕል ኩነታት ወዲቑ እንከሎ ሓምለ 1977 ዓም ካልዕ ዝኸፍዐ መርድዕ ተሰምዐ። ናይ ኤርትራ ክ/ሓገር ቆላን ደጋን ማዕጾ ኮይና ተራኺብ፣ ብድልዱል ዕምባታት ዝተኸበት ኸተማ ከረን ሓምለ 5 1977 ዓም ኣብ መንጋጋ ወንበዴ ወደቐት። ከረን ናይ ቆላን ናይ ደጋን ኣውራጃታት ወሰን ጥራይ ዘይኮነት ኣብ ከበሳታት ዝጅምሩ ዕምባታት ኸረን ምስበጽሑ ነታ ኸተማ ዙርያኣ ከቢቦም ግርማ ስለዝሕቡዋ ናይ ምክልኻል ተጋድሎ ንምግባር ምቹእ ኸተማ'ያ። ኣብ 1940 ዓም *<<ናይ ኢትዮጵያ ሓርበኛታት ዘካይዱዎ ጸረ- ፋሺስት ተጋድሎ ክሕግዝ'ዩ>>* ብምባል ናይ ሕንዲ፣ ደቡባ ኣፍሪካ ሰራዊት ኣሰሊፉ ካብ ሱዳን ዝተበገሰ ናይ ብሪታንያ ኢምፔሪያሊስት ሰራዊት ኣብ ኣፍ-ደገ ኸረን ምስበጽሐ ንሰለስተ ኣዋርሕ ሕልኻ ዘጸንቕቕ ዉግእ ኣካዪዱ፣ ብኣማኢት ዝቑጸሩ ተዋጋዕቱ ከፊሉ'ዩ ኸረን ረጊጹ።

ኣብዮታዊ መንግስቲ ንኸረን ሓለዋ ኢሉ ዝመደቦ ካብ ክቡር ዘበኛ 3ይ ብርጌድ ብተወሳኺ ኣንባቢ ከምዝዝክሮ ናይ ሻዕብያ ወንበዴ መስከረም 1976 ዓ.ም. ናይ ወገን ሰራዊት ከይተዳለወ ኣብ ማርሳ ተኽላይ ሰፊሩ ዝነበረ ናይ 15ኛ ሻለቃ ሓደ ሻምበል ምስደምሰሰ፣ ቐጺሉ ናይ 15ኛ ሻለቃ ማዕከል መአዘዚ ኣብ ናቕፋ ከቢቡ ከቢድ ምፍጣጥ ምስጀመረ ኣብዮታዊ መንግስቲ *<<በጥስ ሜካናይዝድ ብርጌድ>>* ዝተባሕለ ብኣዛዚኡ ኮ/ል ለሜሳ በዳኔ(*ደሓር ብ/ጀ*) ከምዝመስረተ ዝዝከር'ዩ። በጥስ ብርጌድ ናብ ናቕፋ ዝገበሮ ጉዕዞ ኣብ መስሓሊት ተቐጺዩ ናብ ኸረን'ኻ እንተተመልሰ ብዉሕዱ ንኸረን ክኸላከል እዩ ዝብል እምነት ኔሩ።

ይኹን እምበር ኣብ ዘመነ ሓጼ ሓይለስላሴ ሓገር ዝጨርሙ ከሓዲ ወንበዴታት ዝኣጎዱዎ ረመጽ ንዓመታት ተዓብዒቡ ምስጸንሐ ካብ 1975 ዓም ጀሚሩ ናይ ኤርትራ ሽግር ሰፊሑን ኣብዩን ኣብዮታዊ ሰራዊት ኣብ ልዕሊ ወንበዴታት ዝነበሮ ኩለመደያዊ ልዕልና ተመንጢሉ፣ ኩነታት ካብ ቑጽጽር ወጻኢ ካብ ምኻኑ ብተወሳኺ ኣብ 1977 ዓ.ም. ናይ ሶማልያ መስፋሕፍሒ መንግስቲ ዝወለዶ ናይ ምስፍሕፋሕ ኹናት፣ መስፍናዊ ስርዓት ንምምላስ ዝቃለሱ መሳፍንትን መኻንንትን ዝፈጠሩዎ ዝርጋን ተወሲኹ ጸላእትና

<<ኢትዮጵያ ክትጠፍዕ ተቓሪባ ኣላ>> ብምባል ምንዮቶም ዝገልጹሉን ስነ-ኣእሙሮኣዊ ኹናት ዝነዝሑሉ ፈታኒ እዋን ብምንባሩ እዚ ዘረባ ንህዝብና ካብ ምርዓዱ ብተወሳኺ ኣብዮታዊ ሰራዊት በዚ ዘረባ ተመሪዙ፣ ብጸላኢ ስብከት ተሰሚሙ ስለዝነበረ ኸረን ትኣክል ብዙሕ ተኣምር ክሰረሓላ ትኽእል ስትራቴጂካዊት ኸተማ ኣብ ናይ ሓደ ሰዓት ዉግእ ንሻዕብያ ኣብ ጸዕዳ ሸሃነ ኣረከቦ።

ብመዳፍዕን ታንክን ተጠናኺሩ ዝነበረ 3ይ ብርጌድ ኣብ ሓደ ሰዓት ዉግዕ መፍቶ ጸላኢ ስለዝኮነ ሻዕብያ ኣብ ህይውቱ ንመጀመሪያ ጊዜ 10 ቲ-55 ታንክ፣ ኣርመር፣ ጸብጺብካ ዘይዉዳዕ ከቢድ ብረትን መኻይንን ወናኒ ኾነ። በዚ ጥራይ ከይተሓጽረ ኣብ ሓደ ሰዓት ዉግዕ ብዘሕፍር መገዲ ዝተፈትሐ ናይ 3ይ ብርጌድ ሓደ ሻለቃ ጦር ኣባላት ማረኸ። በዚ ኹነታት ፋናኑ ሰማይ ስለዝኣረገ ድሕሪ ክልተ መዓልታት ኣስመራ ደቡብ 34 ኪ.ሜ ርሒቓ ትርከብ ደቀመሓረ ናይ 2ይ ዋልያ ክ/ጦር 8ይ ኣጋር ሻለቃ ማዕከል መአዘዚ ኣጥቂዑ ደቀመሓረ ምስተቖጻጸረ ኣስመራ ኣብ ሙሉዕ ከበባ ወደቐት።

ኣብ ከበሳ ካብ ዝርከቡ ናይ ኣውራጃ ኸተማታት ብወንበዴታት ዘይተደፍረት ናይ ኣካለጉዛይ ኣውራጃ ርዕሰ ኸተማ ዓዲ-ቀይሕ ጥራይ ነበረት። ኣብ ዓዲ-ቀይሕ ዝዓስከረ ናይ 2ይ ዋልያ ክ/ጦር 2ይ ሻለቃ ብጸላኢ ዙርዩኡ ተኸቢቡ ንሓደ ዓመት መመላዕታ ብጅግንነት ተኸላኺሉ'ዩ። ድሕሪ ሓደ ዓመት ወፈራታት ግብረ-ሓይል ምስተኣወጀ 4ይ ሚሊሽያ ክ/ጦር ካብ ኣዲስ ኣበባ ተበጊሱ ንወሎን ትግራይን ሓሊፉ ተጸምበሮ። ኣብ መንደፈራ ዝነበረ ናይ 2ይ ዋልያ ክ/ጦር 36ኛ ሻለቃ ተመሳሳሊ ናይ ኸበባ መጥቃዕቲ ምስጋጠሞ ንጸላኢ መኪቱ፣ ስኑ ነኺሱ ምስተዋደቐ ጸላኢ ነቲ ኸበባ እንዳጽበበ ብምምጽኡ ረዳት ጦር ካብ ኣስመራ ሓቲቱ ክበጽሖሉ ስለዘይኽኣለ ካብ መንደፈራ ናብ ዓድዋ ተወርዊሩ ምስ ወገን ሰራዊት ተጸምበረ።

ምዕራፍ ሓምሳን ትሸዓተን

ናይ ኣስመራ ዙርያ መሪር ናይ ምክልኻል ጥምጥም

ናይ ኤርትራ ወንበዴታት መጥቃዕቶም ኣስፊሖም ኣስመራ ዙርያ ኣብ ፍጹም ከበባ ምስውደቑ ንሓደ ዓመት መመላዕታ ትንፋስ ዘይህብ መሪር ምትሕንናቕ ተጀመረ። ናብ ኣስመራ ዘእትውን ካብ ኣስመራ ዘውጽእ ኣርባዕተ ማዕጾታት ምስዓጸው ናይቲ ከበባ ራድየስ ከምዚ ዝስዕብ ነበረ:

ሰሜን ኣስመራ: ካብ ኣስመራ ናብ ኸረን ኣብ ዝወስድ ጽርግያ ኣብ ዕምባ ዶርሆ

ደቡብ ምብራቅ: ካብ ኣስመራ 13 ኪሜ ደቡብ ምብራቅ ፍሉይ ስሙ ዓዲ-ሓዉሻ

ምብራቅ: ኣስመራ ምብራቅ 13 ኪሜ ፍሉይ ስሙ ኣርበሮብዕ

ምዕራብ: ኣስመራ ምዕራብ 13 ኪሜ ኣብ ዓዲ-ያቆብ

እዞም ዝጠቐስኩዎም ማዕጾታት ብሙልኦም ንነብሱ <<*ሻዕብያ*>> ኢሉ ዝሰምየ ጨራሚ ሓገር ወረራን ከበባን ዝፈጸመሉዎም ከምኡ'ውን ናብቲ ርእሰ ኸተማ ከም መንጠሪ ባይታ ዝጥቐመሉዎም ቦታት ነበሩ። ካብዚ ወጻኢ ኣስመራ ደቡብ ምዕራብ ዓሰርተ ሓሙሽተ ኪሎሜትር(*ናብ መንደፈራ ዘውጽእ ጽርግያ*) ፍሉይ ስሙ ሰላዕዳዕሮ ኣብ ዝበሃል ስፍራ ንነብሱ <<*ጀብሃ*>> ኢሉ ዝሰምየ ናይ ጥፍኣት መጋበርያ ኣብ ኣስመራ ኤርፖርት ዘየቋርጽ ናይ ሞርታር ደብዳብ ዘካይደሉ ስፍራ ነበረ።

በዚ መገዲ ካብ ሓምለ 1977 ዓም ኣትሒዙ ሻዕብያ ብተደጋጋሚ ናብ ኣስመራ ሶሊኹ ንምእታው ዘየቋርጽ ተኸታታሊ መጥቃዕትታት ፈነወ። ናይ ኢትዮጵያ ኣብዮታዊ መንግስቲ ምብራቃዊ ክፋል ሓገርና ብሶማል ተወሪሩ ብምንባሩ ነዚ ሓደጋ ንምምኻት ዝወስዶ ሓይሊ ኣይነበሮን። ይኹን እምበር ናይ ሕላዉነት ጉዳይ ስለዝኾነ ሕርሲ ዝሓዛ ብጽሕቲ ከምትጣበቦ ቅድሚ ሎሚ ዘይተፈተነ ጥበብ ምሂዞም ካብ ማዕከል ሓገር ነዞም ዝስዕቡ ክፍልታት ለኣኹ:

1ይ) ናይ ሸውዓተ ዓመት ኣገልግሎቶም ወዲኦም ዝተፋነው ወትሃደራት ጸዉዒት ተጌሩሎም፣ ዉሱን ስልጠና ተዋሂቡዎም 2 ብርጌዳት ብመገዲ ኣየር ኢትዮጵያ ቦይንግ አውሮፕላን ኣስመራ ኣትው

2ይ) ናይ ሓጼ ሓይለስላሴ መንግስቲ ሓገርና ኣብ ሓደጋ ከትወድቕ እንከላ ተወርዋሪ ክኸዉን ዘዳለዎ ኣብዚ ጊዜ ኣብ ማሕረሱ ዝነበረ ሓረስታይ ብሻለቃ ተወዲቡ ዉሱን ስልጠና ወሲዱ ናብ ኣስመራ ተበገሰ

3ይ) ፋሺስቲ ኢጣልያ ሓገርና ኣብ ዝወረረሉ ዘመን ናይ ሓሙሽተ ዓመት ናይ ሓርበኝነት ተጋድሎ ዝፈጸሙን ኣብዚ ጊዜ ኣብ ጡረታ ዝነበሩ ኣባት ጦር፣ ብሻለቃ ተወዲቦም ሽድሽተ ሻላቃ ጦር ናብ ኤርትራ ክ/ሓገር ዘሚቱ።

ኣባት ጦር ዕድሚኦም ካብ ስድሳ ዓመት ንላዕሊ ስለዝኾነ ምስ ወንበዴታት ክጓየዩ ዕድሚኦም ስለዘየፍቕደሎም ፋብሪካታት፣ ቢንቶታት፣ ኣባይቲ መንግስቲ፣ ኣውራ ጎደናታት ኣብ ምህላው ተዋፈሩ።ናይ ኣባት ጦር ኣባላት ነብሶም ንስግዳን፣ ንቑርባን ኣብ ዘዳልውሉ ዘመን *<<ሓገርኹም ኣብ ሽበባ ወዲቓ>>* ዝብል መርድዕ ምስሰምዑ ከም ሓዊ ዝሽልብብ ፍቅሪ ሓገር ደፋፊእዎም ከም ሓደ ተራ ወትሃደር ብረት ተሓንጊጦም ኣብ ኣስመራ ዙርያ፣ ኣብ ምጽዋ ወዘተ ዝኸፈሉዎ ዋጋ ታሪኽ ፈጺሙ ዘይርስዖ'ዩ። ነዚ መጽሓፍ ክጽሕፍ ኣብ ዘካየድኩዎ ምርምር ኣባት ጦር ንሓጺር ጊዜ ተባሂሎም ካብ ጡረታን ዕረፍትን እኻ እንተመጹ ናይ ኢትዮጵያ ጸር ዝኾኑ ከሓዲ ፍጥረታት ነዚ ኹናት ስለዘምበድብዱዎ ኣነ ከሳብ ዝፈልጦ ካብ ኣባት ጦር ሓደ ሰብ እኻ ናብ ገዝዑ ኣይተመልሰን።

ክብ ኢለ ዝጠቐስኩዎም ክፍልታት ናብ ኣስመራ ምስመጹ ገስጋስ ወንበዴታት ክቑጸ ኣይከኣለን፣ ብኣንጻሩ ናይ ከበባ ራድየሶም እንዳጽበቡ መጹ። ብፍላይ ኣስመራ ሰሜን ብበለዛን ዓዲ-ኣበይቶን ኣንፈት ጠገለ ዘይብሉ መጥቃዕቲ ከፊቶም ኣስመራ ክኣትው ብተደጋጋሚ ፈተኑ። ብፍላይ ሓምለ 4፣ 5፣ 6 1978 ዓም እቲ ወቕቲ ክረምቲ ስለዝነበረ ካብ ቀይሕ-ባሕሪ ዛሕሊ ዝሓዘ ጠሊ ንኸተማ ኣስመራ ብግመ ስለዝደፈኖ ብፍጹም ስኻርን ዕቡዳንን ኣስመራ ክቖጻጸሩ ዝገበሩዎ ፈተነ ብኣባት ጦር ተቖጺዩ ተሪፉ። ናይ ጸላኢ ወረራ ንምፍሻል ግመ ኣብ ዝደፈኖ ሰማይ ነፋሪቱ ኣበጊሱ ኣብ ጸላኢ ሓዊ ኣዝኒቡ ገስጋስ ጸላኢ ዝቖጸየ ሌ/ኮ ኣምሃ ደስታ(*ደሓር ሜ/ጀ*) ነበረ። ኣብዞም ሰለስተ ተኸታታሊ መዓልታት ዝተገብረ መሪር ጥምጥም ሻዕብያ ጸብጺብካ

ሜ/ጀ ኣምሓ ደስታ

ዘይውዳዕ ስብ ኣርጊፉ ናይቲ ክ/ሓገር ርእሰ ኸተማ ተቐጻጺሩ መንግስቲ ክኸውን ዝነበሮ ሕልሚ ከም ግመ ሓፊፉ'ዩ። ጸላኢ ኣብዞም ሰለስተ መዓልታት ኣብ ዝከፈቶ መጥቃዕቲ መኾንናት ከም ተራ ወትሃደር ተዋዲቖም

ናይ ሕይወት ዋጋ ከፊሎም'ዮም። ሓደ ካብኦም ናይ ኣየርወለድ ስራዊት ኣዛዚ ዝነበረ ኮ/ል ሽባባው ዘለቀ'ዩ።

ኮ/ል ሽባባው ዘለቀ

ናይ ኣስመራ ከበባ ብፍላይ ናይ ኤርትራ ክፍለሓገር ጸጥታ ብሓፈሻ ዘተሓሳስብ ስለዝነበረ ካብ ማዕከል ሓገር 6ይ ነበልባል ክ/ጦርን 7ይ ኣጋር ክ/ጦር ብመገዲ ኣየር ኢትዮጵያ ቦይንግ ኣውሮፕላን ናብ ኣስመራ ተበገሱ። ናይ ኤርትራ ክ/ሓገር ኣብ ሕሱም ጭንቒ ኣብ ዝወደቐሉን ህዝቢ ዝብላዕን ዝስተን ኣብ ዝሰኣነሉ ፈታኒ ጊዜ መገዲ ኣየር ኢትዮጵያ ንህዝብን ሰራዊትን ቐለብ፣ ስንቒ፣ ዕጥቒ ኣብ ምምላስ ዝገበሮ መዘና ዘይብሉ ኣበርክቶ ብታሪክ ወትሩ ዝዝከር'ዩ።

ንኣንባቢ ክይገለጽኩ ክሓልፍ ዘይደሊ ነጥቢ ኣብዚ ጊዜ ናይ ሻዕብያ ወንበዴ ኣስመራ ዙርያ ከቢቡ ናብ ኣስመራ ክኣትው ኣብ ዘካየዶ ተደጋጋሚ ፈተነን ዝወረዶ ከቢድ ክሳራ ዝተማህሮ ኣብዩ ቁምነገር በይኑ ተዋጊኡ ናይ ኤርትራ ክፍለሓገር ካብ ኢትዮጵያ ክንጽላ ከምዘይኽእል ነበረ። በዚ ምክንያት ኣብ ኣዲስ ኣበባ ዩንቨርስቲ ናይ ኢትዮጵያ ተመሓሮ ማሕበር ኣባላት ዝነበሩን ንነብሱ *<<ጀብሃ>>* ኢሉ ዝሰምየ ጨራሚ ሓገር ብዝዘርኦ ስሚ ዝተሰመሙ ዝተወሰኑ ናይ ትግራይ ክፍለሓገር ተወለድቲ ናብ መበቖል ዓዶም ኣትዮም ናይ ኤርትራ ወንበዴታት ዝጀመርዎ ኣዕናዊ ተግባር ኣብ መበቖል ዓዶም ዝጀመሩሉ ጊዜ ብምንባሩ ሻዕብያ ልዑል ሓገዝ ከዉሕዘሎም ዝጀመረ ኣብዚ ጊዜዩ'።

ኣዲስ ኣበባ ዙርያ ፍሉይ ስሙ [35]ስጋ ሜዳ ተባሂሉ ኣብ ዝጽዋዕ ስፍራ ዝተመስረተ ናይ ታጠቕ ክፍሊ ስልጠና *<<ጸውዒት ወላዲት ሓገር>>* ተቐቢሎም ዝተሰለፉ ሓረስቶት ንሰለስተ ኣዋርሕ ኣሰልጠነ። ድሕሪ ስልጠና ኣርባዕተ ሚሊሽያ ክ/ጦራት ምስመረቐ ኣብ ማዕከል ኣዲስ ኣበባ ንህዝቢ ዓለም ዘገርም ሰላማዊ ሰልፊ ኣርኣዩ። ድሕሪዚ ምርኢት 1ይ ሚልሽያ ክ/ጦር ብኮ/ል ተስፋይ መኩርያ ካብ ኣዲስ ኣበባ ተበጊሱ ብዓሰብ ናብ ምጽዋ ተላዕኸ። 3ይ ሚልሽያ ክ/ጦር ብኮ/ል ኣበራ ኣበበ እንዳተመርሐ ብመገዲ ኣየር ኢትዮጵያ ሓምለ መወዳዕታ ኣስመራ ኣትወ።

ንኣንባቢ ክገልጾ ዝደሊ ጉዳይ: 3ይ ሚልሽያ ክ/ጦር ኣስመራ ምስበጽሐ ዝተፈጸመ ኣዝዩ ዘሕዝንን ዘሕፍርን ቕለት እዩ። 3ይ ሚልሽያ ክ/ጦር ኣስመራ

---

35 *<<ስጋ ሜዳ>>* ካብ ኣዲስ ኣበባ ደቡብ ምዕራብ ናብ ሆለታ ኣብ ዝወስድ ጽርግያ ዝርከብ ስፍራዩ: ሓጼ ሓይለስላሴ ወራሲ ኣራት እንከለው ምስ ራእሲ ሚካኤል ከዋግዑ ቅድሚ ምብጋሶም ኣብዑር ዝሓረዱሉን ስጋ ናይዞም ኣብዑር ኣሞራ ክሳብ ዝጸግባ ስለዘዕለቕለቓ እዚ ስፍራ *<<ስጋ ሜዳ>>* ተባሂሉ ይጽዋዕ

ምስረገጸ ምስቲ ከባቢ ከይተላመደ፣ ተፈጥሮኣዊ ኣቀማምጣ ናይቲ መሬት ከየጽነዐ፣ ናይ ጸላኢ ኣሰፋፍራ ከይፈለጠ ካብ ኣስመራ 34 ኪሜ ደቡብ ምብራቅ ርሒቓ ትርከብ ደቀመሓረ ሓምለ 24 1977 ዓም ኣጥቒዑ ክሕዝ ናይ ሰሜን ዕዝ ኣዛዚ ኮ/ል ሃይሉ ገ/ሚካኤል ኣዘዘ።

ካብቲ ኣዝዩ ዝገርም ነገር 3ይ ሚልሽያ ክ/ጦር ነዚ ወፈራ ዝሕግዝ ካርታ ኮነ ምስ ኣዛዝቱ ዝራኸበሉ ሬድዮ ኣይተዋህቦን። ሓምለ 24 1977 ዓም ንግሆ ናብ ደቀመሓረ ጉዕዞ ተጀመረ። ንግሆ ሰዓት 08:00 ምስኾነ ካብ ኣስመራ 11 ኪሜ ርሒቖት ትርከብ ስፍራ ምስበጽሐ ምስ ሻዕብያ ሰራዊት ፊተፊት ተራኺቡ ተጋጠመ። ምስ ሻዕብያ ዝተራኸበሉ ምስጢር ኣብዛ ዕለት ጸላኢ ኣስመራ ከቖጻጽር መዲቡ ስለዝነበረዩ። ጸላኢ ንዳሕሳስ ዘቐመጦም ተዋጋዕቱ ስለዝነበሩ እንዳተኮሱ ንድሕሪት ተዓዝሩ። 3ይ ሚሊሽያ ክ/ጦር ክልተ ኪሎሜትር ንቅድሚት ምስኸደ *<<ዓዲ-ሓዉሻ>>* ኣብ ትበሃል ቁሸት በጺሑ ከቢድ ኹናት ተኸፍተ።

ጸላኢ ሓንደበትነት ዘለዎ ድብያ ኣብ ልዕሊ 3ይ ሚሊሽያ ክ/ጦር ፈነወ፣ ብተመሳሳሊ ነቲ ጽርግያ ሒዘን ይኸዳ ካብ ዝነበራ ታንክታት ክልተ ብላውንቸር(*ጸረ-ታንክ*) ተሃሪመን ነደዳ። ናይ ወገን ሰራዊት ክሳብ ሰዓት 05:00 ድሕሪ ቀትሪ ኣብ ዓዲ-ሓውሻ ተዓጊቱ ክታኾስ ምስጸንሐ ሰዓት 05:00 ምስኮነ ጸላኢ ጸረ-መጥቃዕቲ ከፈቱ። 3ይ ሚሊሽያ ክ/ጦር መኸላከሊ መስመሩ ገዲፉ ናብ ደቀመሓረ ዝወስድ ናይ መኪና ጽርግያ ጫፍ ሒዙ ናብ ኣስመራ ክነፍጽ ጀመረ።

ብዝገርም ፍጥነት ናይታ ኸተማ ጠርዚ ሓሊፉ ምስ ዕጥቑ ኣስመራ ኣትወ። ቅድሚ ሓደ ወርሂ ኣብ ርዕሰ-ከተማና ኣዲስ ኣበባ ዘደንቕ ሰላማዊ ሰልፊ ዘርኣየ ሰራዊት ገና ከይጀመረ ዉጽኢቱ ውድቐት ምስኮነ ናይ ብዙሓት ክሳድ ተሰብረ። ላዕለዎት ኣዘዝቲ ካብዚ ዘሕፍር ተግባር ተማሂሮም እንተዝእደቡ ምጸበቐ። ኣይኮነን።

ኣብ ዝቕጽል መዓልታት ካብ ኣዲስ ኣበባ ዝመጸ ሓድሽ ሚሊሽያ ክ/ጦር ኣዝሚቶም 82፣ 83፣ 84 ብርጌዳት እንደገና ኣብ ረመጽ ተኣጒዶም ዘሰክሕ ጉድኣት ወረዶም። ሓደ ሻለቃ፣ ሓሙሽተ ሻምበላት፣ 100 ተራ ወትሃደራት ኣደዳ ጥፍኣት ኮኑ። ናይ ሓደ ሰራዊት ክሪምን ዓንድሑቕን ናይ መስመር መኾንናት እዮም። እዚ ህልቒት ዝፈጥሮ ዉጽኢት ቀስ ኢልና ክንሪአ ኢና።

ድሕሪዚ ናይ ወገን ሰራዊት ካብ ኣስመራ ዘውጽኡ ኣርባዕተ ማዕጾታት ክኽላኸል ጀመረ።

ናይ 1977 ዓም ክረምቲ በዚ መገዲ ተዛዚሙ መስከረም ምስኮነ ኣብ ሰሜን ዕዝ ልዑል ዝርጋንን ስርዓት ኣልቦነትን ነገሰ። ካብ 1976-1978 ዓም ናይ ሓገርና ፖለቲካ ውድባት ንሕንሕ ጫፍ ስለዝረገጸ ኹሎም ናብ ኮረሻ ስልጣን ክሓኹሩ ከም ጉዝጓዝ ዝጥቐሙሉ ነዚ ሰራዊት ስለዝኾነ ኣብ ሰሜን ዕዝ ናይ ተንኮል ሳሬት ዘርግሑ። ብፍላይ ንነብሱ <<ኢፒአርፒ>> ኢሉ ዝሰምየ ፓርቲ ኣብዚ ተግባር ዝነበሮ ተሳትፎ ልዑል ካብ ምንባሩ ብተወሳኺ ናይ ኢትዮጵያ ሰራዊት ምስ ወንበዴታት ይኹን ምስ መንግስቲ ሶማል ከይዋጋዕ ሰማሚ ስብከት ክነዝሕ ጀመረ።

ሰራዊት ከመቓቐል ምእንቲ ዝሓለፈ ኣዋርሕ ኣስመራ ዙርያ ኣብ ዝተገብረ ናይ ምክልኻል ዉግእ መንቅባት እንዳመዘዙ ካብ ምጉላሕ ብተወሳኺ ናብ ቃኘው ስቴሽን ዘእትው ቐጽሪ ኣጽዮም *<<ምት ንኣዘዝቲ!>>* ዝብል ጭርሖ ከጭርሑ ጀመሩ። እዚ ኹነታት ካብ ቑጽጽር ወጻኢ ስለዝወጸ ናይ ደርግ 2ይ ም/ሊቀመንበር ሻለቃ ኣጥናፉ ኣባተ ኣስመራ መጺዩ ምስ ኣዘዝትን ካድራትን ተዘራሪቡ ነቲ ኹነታት ኣለዚቡ ኣዲስ ኣበባ ተመልሰ። ናይ ሰሜን ዕዝ ኣዛዚ ኮ/ል ሃይሉ ገ/ሚካኤል ካብ ስልጣኑ ተላዒሉ ብኮ/ል መርዕድ ንጉሴ(*ደሓር ሜ/ጀ*) ተተኸዐ። ኣንባቢ ከምዝዝክሮ 3ይ ሚሊሽያ ክ/ጦር ኣብ ኣስመራ እግሩ ምስንበረ ኮ/ል ሃይሉ ገ/ሚካኤል ብዘይዝኾነ መጽናዕትን ሓበሬታን ደቀመሓረ ክቖጻጸሩ ኣዚዙ ዓዲ-ሓዉሻ ምስበጽሐ ከቢድ ክሳራ ወሪዱዎ'ዩ።

እቲ ዝርጋን ዝሃደአ እኻ እንተመሰለ ዉሽጢ ዉሽጢ ይጥጥዕ ነበረ። ኣብ ሓደ ናይ ሕዳር 1977 ዓም ለይቲ ናይ ቃኘው ስቴሽን ክፍሊ ሎጂስቲክስ ተባሪዑ ኣስመራ ዝሰፈረትሉ ምድሪ ዘንቐጥቐጥ ነትጒ ተሰምዐ። ወንበዴታት ሶሊኹም ዝፈጸሙዎ ሓደጋዩ ዝብል ግምት እኻ እንተነበረ ንጽባሒቱ ናይ ሻዕብያ ሬድዮ ነዚ ግብሪ ከምዝይወዓሎ ሓበረ። ነዚ ኹነታት ከጻርዩ ካብ ኣዲስ ኣበባ ላዕለዎት ናይ ደርግ ሰበስልጣናት መጹ። 60 ናይ ሰራዊት ኣባላት ተረሸኑ።

ኣብ ባረንቱ ምስ ህዝቢ ኹናማ ማይን ጸባን ኮይኑ ዝኽላኸል 16ኛ ብርጌድ ኣዛዚ'ኡ ኮ/ል ኣስማማው ይመር ኣብ ስራሕ እንከሎ ናይ ፖለቲካ ኮሚሳር ኮይኑ ምስዑ ክሰርሕ ዝተመደበ ተራ ወትሃደር ብዝሓደሮ ከቢድ ነብሰ-ምትሓት ሂደት መሻርኽቱ ኣሰንዩ ኮ/ል ኣስምማው ኣብ ቤ/ጽሕፈቱ እንከሎ

ብጥይት ቐተሉዎ። ቐታሊ ናይ ኢዱ ኣይተረፎን። ድሕሪ'ቲ ፍጻመ ነዚ ኹነታት ዘጻርዩ ልኡኻን ከይዶም ኣብ ልዕሊ ቐታሊ ናይ ስነ-ስርዓት ስጉምቲ ወሲዶም ኩነታት ንግዚኡ ኣሕድእዎ።

ኮ/ል ኣስምማው ይመር

ጥቅምቲ 1977 ዓም ኣስመራ ዙርያ ዝነበረ ምክልኻል ናብ መጥቃዕቲ ክሰጋገር ተወሲኑ 1ይ ሚሊሽያ ክ/ጦር ናይ ኣስመራ-መንደፈራ ጽርግያ ከፊቱ መንደፈራ ክኣትው ተዓዘ። ነዚ ወፈራ ብ/ጀ ለሜሳ በዳኔን ኮ/ል ቁምላቸው ደጀኔ(*ደሓር ሜ/ጀ*) ክመርሑዎ ተገብረ። ናይ ወገን ሰራዊት ፈላማይ መኸላከሊ መስመር ጸላኢ ሰይሩ ንቅድሚት ቐጸለ። ይኹን እምበር ብዙሕ ከይቐጸለ ብጸረ-መጥቃዕቲ ንድሕሪት ተመልሰ። ክልተ ሳምንታት(*15 መዓልታት*) ዉግእ ቐጸለ። ድሕሪ ክልተ ሳምንት ጸላኢ ኣብ ዝወሰዶ ጸረ-መጥቃዕቲ 1ይ ሚሊሽያ ክ/ጦር

ከምቲ ኣብ ዓዲ-ሓውሻ ዘጋጠመ መኸላከሊ መስመሩ ገዲፉ እንዳነፈጸ ንድሕሪት ተመልሰ። እቲ ፈተነ ዉጽኢት ስለዘይተረኸቦ ነይ ሚሊሽያ ክ/ጦር ኣብ ኣስመራ ኤርፖት ጽኑዕ ምክልኻል ክገብር ተወሲኑ ኣብ *ሰምበል፣ ዳዕሮ ጳዉሎስ፣ ትራክ-ቢ* ጠንካራ መኸላኸሊ መስመር መስረተ።

ኣስመራ ዙርያ ኣብ ዝተገብረ ዉግእ ዝሞቱ ኢትዮጵያዉያን ሬሳ ምቕባር ኣይተኻእለን። እዞም ሬሳታት ድሕሪ ብዙሕ ኣዋርሕ ወፈራታት ግብረሓይል ተኣዊጁ ናይ 503ኛ ሰለስተ ንዑሳን ግብረሃይል ናብ ኣስመራ ምስተበገሱ ሻዕብያ ብዘይፍታው ሕዛእቱ ረጥሪጡ ምስወጸ ናይ ወገን ሬሳ ተኣኪቡ ኣብ ጋህሲ ሰፈሩዩ። ብሓፈሻ ኣብ ኤርትራ ክ/ሓገር ሽንጥሮታትን ዕምባታትን ንኢትዮጵያ ሓድነት ክዋደቑ ዝሃለፉ ጀጋኑ ኢትዮጵያዉያን ኣጽሞም ክሳብ ሎሚ ፎቆዱኡ ተዘርዩ ይርከብ። ናይ ሻዕብያ ወንበዴ ኣስመራ ናይ ምእታው ሕልሙ ምስተቖጽየ ገጹ ናብ ምጽዋ ጠውየ። በዚ መገዲ ናይ ኤርትራ ክ/ሓገር ህዝብን ናይ ኣብዮታዊ ሰራዊት እንኾ መትኒ ህይወት ዝነበረ ጽርግያ ኣስመራ-ምጽዋ ኣብ ሕዳር 1977 ዓም ተዓጽወ።

ምዕራፍ ስድሳ

ናይ ምጽዋ ፍጹም ከበባ፡ ናይ ሻዕብያ ወንበዴ ዶግዓሊ ተቖጻጺሩ ኣብ ህዝቢ ምጽዋ ዘውረዶ ዘስገድግድ በደል፡ ኣብዮታዊ ሰራዊት ምጽዋ ምስ ወንበዴታት ተማቒሉ ዘኻየዶ ዘደንቕ ናይ ምክልኻል ተጋድሎ

<<ኩሉ ቐዲ-ኹናት ኣብ ምትላል ዝተመስረተ'ዮ>>

ሳን-ዙ

ወንበዴታት ናይ ኤርትራ ክ/ሃገር መብዝሓተኣን ኸተማታት ተቖጻጺሮም ንኣስመራ ዙርያኣ ከቢቦም ብምንባሮም ናይ ኢትዮጵያ ኣብዮታዊ መንግስቲ ኣብ ታጠቅ ጦር ሰፈር ካብ ዝእልሞም ሚሊሽያ ሰራዊት እንዳነኸየ ናብ ኤርትራ ይልዕኽ ብምንባሩ ኤርትራ ናብ ኢትዮጵያ ክትጽምበር እንከላ ኣብ ኤርትራ ክ/ሃገር ዝተመደበ 2ይ ዋልያ ክ/ጦር ካብ ዝነበሮ ሓይሊ ሰብ ብሰለስተ ዕጽፊ ስለዝዛየደ 2ይ ዋልያ ክ/ጦር ዉዳቤ'ኡ ፈሪሱ *<<ሰሜን ዕዙ>>* ብዝብል ስም ተተኸአ። ናይ ሰሜን ዕዝ ማዕከል መኣዘዚ ኣዲስ ኣበባ ኾነ። ናይ ምጽዋ ከበባ ታሪኽ ቅድሚ ምዝንታወይ ናይ ምጽዋ ኸተማ ኣደኻኹና ብፍላይ ናይ ምጽዋ ኣዉራጃ መሬት ብሓፈሻ ምስ ኣንበቢ ከላልይ ይደሊ።

ምጽዋ ሰለስተ ደሴትት ብቐጣን ጽርግያ ተለቓቒቦም ዘቖሙዎ፣ ካብ ቅድሚ ልደተ ክርስቶስ ኣትሒዙ ሓገርና ናብ ቀይሕ-ባሕሪ ትኣትወሉን ትወጸሉን ኣገዳሲት ማዕጸያ። ካብ ምጽዋ ዓሰርተ ሰለስተ ኪሎሜትር ናይ ዶግዓሊ መኽዘን ማይ ይርከብ። እዚ ናይ ሻምብቖ ማይ መትኒ ህይወት ምጽዋ'ዩ። ናይ ምጽዋ ፍልማዊ ክፋል ዕዳጋ ይበሃል። ሆቴላት፣ ማዕኸላት ንግዲ፣ መዐደሊ ነዳዲ ሒዙ ይርከብ። መንበሪ ኣባይታትን ህዝቢ ናይቲ ኸተማ ዝነብረሉ ጥዋለት ዝበሃል ስፍራ ኣሎ። ካልኣይ ክፋል ምጽዋዩ። ዕዳጋ ምስ ጥዋለት ዘራኽባ የማነ ጸጋም ብባሕሪ ዝተኸበ ቐጣንን ጸባብን ጽርግያ ኣሎ። ሳልሳይ ክፋል ምጽዋዕ ወደብዩ። ናይ ምጽዋ ወደብ ምስ ጥዋለት ዘራኽቦ ተመሳሳሊ ጽርግያ ማለት የማነ ጸጋም ብባሕሪ ዝዳወብ ግን ሓጺር ንዉሓት ዘለዎ ጽርግያ ኣሎ። ካብ ዕዳጋ ንሸነኽ ሰሜን ምዕራብ ዝባኑ ንቀይሕ-ባሕሪ ሒቡ ዝርከብ ናይ ኢትዮጵያ ሓይሊ ባሕሪ ዝሰፈረሉ፣ ሆስፒታል ናይታ

ኸተማ ዝርከበሉ ግራር ደሴት ኣሎ። ካብ ዕዳጋ ናብ ግራር ተኣትው ሓንቲት ጸባብ፣ ቕርኑብ ጽፍሒ ዘለዋ ቢንቶ ኣላ። ምጽዋ ኣብ ጊዜ ሓጋይ ካብ 35 ሴንቲግሬድ ንላዕሊ ዋዒ ዘለዋ ኸተማያ። ክረምቲ ምስ ኣዉሮፓን ኣሜሪካን ዝመሳሰል ዛሕሊ ዝነግሳ ኸተማ'ያ።

ኣብ ጫፍ እታ ኸተማ ዝርከብ ተፈጥሮኣዊ ወሰንና ቀይሕ-ባሕሪ ንዉሓቱ 1000 [36]ኖቲካል ማይልስ ክኸውን ስፍሓቱ ድማ ኣብ ቀይሕ-ባሕሪ ምስዘዳውባና ናይ ጎረቤት ሓገራት ካብ ምድሪ 20 ኖቲካል ማይልስ'ዩ። ኢትዮጵያ 1000 ኖቲካል ማይልስ ንዉሓትን 20 ኖቲካል ማይል ስፍሓት ኣብ ዝውንን ቀይሕ-ባሕራ 100 ደሴታት ትዉንን እኻ እንተበልና ሰብ ክሰፍረሎም ዝኽእሉ ደሴታት ብኣጻብዕቲ ዝቑጸሩ ጥራይ'ዮም።

ንሰም እዉን ናኹራን ዳሕላክን'ዮም። እቶም ልዕሊ 90 ዝኾኑ ዝተረፉ <<*ደሴት*>> ዝብል ስም ዘለዎ ስፍራታት ግን ብማይ ስለዝተዋሕጡ ይመስለኒ ካብቲ ባሕሪ ብርኽ ኢሎም ዝረኣዩ ቕጥቋጣትን ኩምራ ኣዕማንን ጥራይ'ዮም። ካብዞም ደሴታት ሓደ ዝኾነ ናኹራ ናይ ኢጣልያ መስፋሕፍሒ መንግስቲ ስሜናዊ ክፋል ሓገርና ካብ ኢትዮጵያ ነጺሉ ብሕሱም ዓሌታዊ ምሕደራ ኣብ ዝገዝኣሉ ዘመን እምቢታ ዝመረጹ ሓያሎ ኢትዮጵያዉያን ዝሙቑሁሉ፣ ብዘንድድ ሓሩር ትንፋሶም ዝስዕኑሉ መደበር ስቓይ ኔሩ።

ናብ ኣርእስተይ ክምለስ: ናይ ሻዕብያ ወንበዴ ኣስመራ ምስ ምጽዋ ትራኽበሉ ጽርግያ ኣብ ደንጎሎን ዶግዓልን ዝርከቡ ጎቦታት መሪጹ ብጥንቓቐ ምስሰፈረሎም ጥቅምቲ 12 1977 ዓም ጽርግያ ምጽዋ- ኣስመራ ኣጽዎ። ነዚ ርኹስ ተግባሩ ክፍጽም ደንጎሎን ዶግዓልን ዝሓረየም ካብ ኣስመራ ዝመጽእ ናይ ኢትዮጵያ ኣብዮታዊ ሰራዊት ኣብ ደንጎሎ ንምርጋጥ ካብ ምጽዋ ዝዉርወር ሰራዊት ድማ ኣብ ዶግዓሊ ንምዕጋት ነበረ። ኣብዚ ጊዜ ካብ ኣስመራ ከበባ ብተወሳኺ ኣብ ባረንቱ ዘሎ 16ኛ እግረኛ ብርጌድ ምስ ህዝቢ ባረንቱ ተላፊኑ ወንበዴታት ናብ ባረንቱ ከይቐልቐሉ ዘደንቕ ናይ ምክልኻል ተጋድሎ ዘካይደሉ ጊዜ ኔሩ። ኣብ ዓዲ-ቀይሕ ዝነበረ ኹነታት እዉን ምስ ባረንቱ ዝመሳሰል ነበረ። ናይ ኢትዮጵያ ኣብዮታዊ መንግስቲ ጽርግያ ምጽዋ- ኣስመራ ብወንበዴታት ምዕጻው ምስሰምዐ ኣስመራ ዙርያ ነታ ኸተማ

36 ኖቲካል ማይል ብኣሕጉራዊ ሕጊ ማያዊ ክልን፣ ከሊ ኣየርን ዝልክዕ ናይ መለክዒ መሳርሒ'ዩ። 1 ኖቲካል ማይል 1.85 ኪሜ ይገማገም

ዝኸላኸሉ ናይ ኣብዮታዊ ሰራዊት ኣባላት ካብ ድፍያም ወጽዮም ነቲ ጽርግያ ክኸፍቱ ወሰኑ። ናይ ኣስመራ ምክልኻል ብኣባት ጦር ሻለቃታት ጥራይ ክተሓዝ ተወሰነ። ኣብዮታዊ መንግስቲ ነዚ ኣብዩ ዉሳነ ዝወሰነሉ ምክንያት ጽርግያ ምጽዋ-ኣስመራ ንህዝቢ ኣስመራን ንኣብዮታዊ ሰራዊት ቐለብ፣ ዕጥቒ፣ ነዳዲ ወዘተ ዝኣትወሉ እንኮ ማዕጾ ብምንባሩዩ።

እዚ ወሳኒ ጽርግያ ንዝተወሰነ ጊዜ እንተደኣ ተዓጽዩ ይንዋሕ ይሕጸረ ሕልሚ ወንበዴታት ከምዝጋሃድ ዘጠራጥር ኣይኮነን። ኣብዮታዊ መንግስቲ ብቕልጡፍ ጸረ-መጥቃዕቲ ጽርግያ ኣስመራ-ምጽዋ ክኸፈት ወሰነ። ናይዚ ጸረ-መጥቃዕቲ መበገሲ ነጥብታት ደንጎሎን ዶግዓልን ክኾኑ ተወሰነ። ኣስመራ ዘሎ ሰራዊት ካብ ደንጎሎ ምጽዋ ዘሎ ሰራዊት ድማ ካብ ዶግዓሊ ተበጊሱ ነዘን ማዕጾ ዝረገጡ ወንበዴታት ሓንሳብን ንሓዋሩን ሓመድ ኣዳም ከልብሶም ወሰነ።

ኣብ ሞንጎ ዶግዓልን ደንጎሎን ዘለው ጎቦታት ሰብ ኣልቦ ብምንባሮም ሻዕብያ ንጣብ ደም ከየንጠበ'ዩ ተቖጻጺሩዎም። ናይ ኢትዮጵያ ኣብዮታዊ መንግስቲ ነዚ ጽርግያ ክኸፍት እንከሎ ዝገጠሞ ከቢድ ሽግር ናይ ከቢድ ብረት ሕጽረት ነበረ። ናይ ሕብረት ሶቭየት መንግስቲ ከብርከቶም ቃል ዝኣትዎም ናይ ከቢድ ብረት ኣጽዋራት ብቓሉ መሰረት ኣብ ግዚኡ ስለዘይበጽሐ እቲ እንኮ መማረጺ መሓዛን ፈታውን ሓገርና ናይ ዴሞክራቲክ የመን መንግስቲ ምሕታት ነበረ። የመናዉያን ሕቶና ተቐቢሎም ነዞም ዝስዕቡ ኣጽዋራት ብቕልጡፍ ንኢትዮጵያ ሰዲዶም:

1) ሓደ ራሽያ ስርሓቱ ቲ-55 ታንከኛ ሻለቃ

2) 122 ሚሜ መድፍዕ

3) ቢኤም ሮኬት ወንጫፊ

ነዚ ወሳኒ ጽርግያ ንምኽፋት ዝተሰለፉ ክልተ ክፍለጦራት ካብ መበገሲ ነጥቦም ተላዒሎም መጥቃዕቶም ጀመሩ። ናብ ጸላኢ ድፋዕ ጠኒኖም ኣትዮም ምስ ጸላኢ ኢድ ብኢድ ተጠማጠሙ። ንኣንባቢ ኣቀዲመ ከምዝገለጽኩዎ ናይ ሻዕብያ ወንበዴ ነዞም ጎቦታት ክድይበሎም እንከሎ ሰብ ኣልቦ ብምንባሮም ቐልጢፉ ካብ ኣጋር መጥቃዕትን ነፍርቲ ኹናትን ዝኸውሎ፣ ዕምቖት ዘለዎ፣ ሓድሕዱ ዝተጠናነገ ድፋኣት ስለዝሓደመ ክልቲኦም ክፍለጦራት ከቢድ

ጉድኣት ኣጋጠሞም። ጸላኢ ነዚ ተረዲኡ ሪዘርቭ ዝነበረ ሰራዊት ኣሰሊፉ ጸረ-መጥቃዕቲ ፈነወ። በዚ ጸረ-መጥቃዕቲ ናይ ወገን ሰራዊት ናብ ደንጎሎን ዶግዓልን ተመልሰ። ክልቲኦም ክፍለጦራት ዝጀመሩዎ ወፍሪ ብዘይፍረ ተቖጽየ።

ጽርግያ ኣስመራ-ምጽዋ ንምኽፋት ኣብ ዝተገብረ ግጥም ጸላኢ ዝበርተዐ ዉግእ ዘጋጠሞ ካብ ዶግዓሊ ዝነቐለ ሚልሽያ ሰራዊት ስለዝነበረ ደንጎሎ ዙርያ ካብ ዘሰፈሮ ሰራዊት ነኸዩ ሶሉስ ታሕሳስ 20 1977 ዓም ምጽዋ ክቖጻጸር ናይ መወዳእታ መጥቃዕቱ ከፈተ። እቲ ዉግዕ ዘየቋርጽ ገስጋስ ስለዝነበሮ ናይ ህዝቢ ምጽዋ መትኒ ሕይወት ዝኾነ ናይ ዶግዓሊ መኽዘን ማይ ተቖጻጸረ። ህዝቢ ምጽዋ ብህይወት ዝጸንሐሉ መዓልታት ኣብ ሓደ ኢድ ብዘሎ ብኣጻብዕቲ ዝቑጸረ ነበረ። እዚ ዜና ንመንግስቲ ከቢድ መርድዕ ነበረ።

ኣብ ዶግዓሊ ዝሰፈረ ሚሊሽያ ሰራዊት ካብ ድፋዑ ብጸቕጢ ጸላኢ ምስወጸ ዕዝን ቑጽጽርን ኣፍሪሱ ናብ ምጽዋ ክሃምም ጀመረ። ነዚ ዝረኣየ ጸላኢ ናብ ዝባኑ እንዳተኮሰ፣ እግሪ እግሩ ሰዓበ። በዚ መገዲ ፎርቶ ሓሊፉ ዕዳጋ በጽሐ። ናይ ወገን ሰራዊት ኣብ ዕዳጋ ፋሕ በለ። ምስ ሰሜን ዕዝ ኾነ ምስ መምርሂ ወፈራ ዝነበሮ ናይ ሬድዮ ርኽብ ሙሉዕ ንሙሉዕ ተበትከ። በዚ ኹነታት መንፈሶም ዝተረበሸ ኣብ ኣዲስ ኣበባ ዝርከቡ ላዕለዎት ሰበስልጣናት: ናይ ሰሜን ዕዝ ኣዛዚ ኮ/ል መርዕድ ንጉሴ(*ደሃር ሜ/ጀነራል*) ካብ ኣስመራ ምጽዋ ክኸይድ፣ ዝተበተነ ሰራዊት ኣኪቡ ኣመራርሓ ክሕብ ኣዘዙ።[37]

ኮ/ል መርዕድ ምጽዋ ምስበጽሐ ዝነበረ ሓዋሕዉ መትሓዚ ዘይብሉ ዝርግርግ ዝበለ ኹነታት ነበረ። መብዝሓቱኡ ሚሊሽያ ሰራዊት ብማይ ጽምኢ ተደኒሱ ዕዳጋ ሓሊፉ ጥዋለት ዝኣትወሉ፣ ገሊኡ ማይ ጽምኢ ኣሰኒፉዎ ፎቆዱኡ ተዛሕዚሑ ይረዐ ነበረ። ዶግዓሊ ናይ ምትሓዙን ምጽዋ ብከፊል ኣብ ወንበዴታት ናይ ምዉዳቑ መርድዕ ምስተሰምዐ እቲ ሓዘን ከቢድ እኻ እንተኾነ ዝወረደካ ተቐቢልካ፣ ወለድና ዘውረሱና ናይ ደም ዕዳ ፊተፊት ምግጣም ግድን ነበረ። በዚ መገዲ ፈለማ ኣብ ምጽዋ ዘድሊ ልዕሊ ኹሉ ማይ ስለዝኾነ ካብ ዓሰብ ብሔሊኮፕተር ማይ ተጻዒኑ ንጽባሒቱ ምጽዋ በጽሐ። በዚ ኣጋጣሚ ንኣንባቢ ክገልጾ ዝደሊ ኣብዩ ነገር ኣሎ።

---

37 *መንግስቱ ሃይለማርያም(ሌ/ኮ)፣ ትግላችን: የኢትዮጵያ ህዝብ የትግል ታሪክ*

ህዝቢ ምጽዋ ብማይ ጽምኢ ከረግፍ ናይ ሻዕብያ ወንበዴ ናይ ሞት ብይን ምስበየነሉ ቅድሚ ማንም ጽሩይ ዝስተ ማይ ኣብ መራኽብ ጽኢኖም፣ ንህዝቢ ኣቕሪቦም፣ ህዝቢ ምጽዋ ካብ ሞት ዘድሓኑ ደቡብ የመናውያን ነበሩ። ናይ ደቡብ የመን መንግስቲ ናይ ምጽዋ ትራጀዲ ምስሰምዐ ኣብ ዉሽጢ ሽድሽተ ሰዓታት'ዩ ነዚ ቅዱስ ተግባር ፈጺሙ። የመናዉያን ነዚ ዉዕለት ዝወዓሉልና ኣብዛ ዕለት ጥራይ ዘይኮነ ወፈራታት ግብረሃይል ተኣዊጁ ምጽዋ ካብ መንጋጋ ጸላኢ ከሳብ ዝወጸትሉ ሓምለ 1978 ዓም ንሸውዓተ ኣዋርሕ ነበረ።

<<*ትዕድልቲ ቆራጽነት*>> ኢለ ዝሰመኹዎ መጽሃፍ ኣብ ዝጽሕፈሉ ጊዜ ኣብ ማዕከላይ ምብራቅ ናይ ሰሜን ኣሜሪካ ኢምፔሪያሊዝም ባንቡላ ዝኾነ ናይ ሳውዲ ዓረብያ መንግስቲ ኣብ ህዝቢ የመን ዘየቋርጽ ጭፍጨፋን መቕዘፍትን ከውርድ እንከሎ ከም መንጠሪ ባይታ ዝጥቀመሉ መሬት ዓሰብ ምኻኑ ናይ ሻዕብያ ባርባራውነትን ኢ-ሰብኣውነት ኣጉሊሑ ዘርእይ ይመስለኒ። ኣብዛ ዕለት ኣብ ሓገርና ፍልማዊ ናይ መጥባሕቲ ከኢላን ናይ ሕክምና መምህር ፕሮፌሰር ኣስራት ወልደየስ ዝመርሑዎ ናይ ሓካይም ጉጅለ ምጽዋ በጽሐ።

ፕሮፌሰር ኣስራት ወልደየስ -- ፍልማዊ ኢትዮጵያዊ ከኢላ መጥባሕቲ

ሻዕብያ ብዘይምቑራጽ ምርታራት ይትኩስ እኻ እንተንበረ ልዕሊ ሓገር ዝዓቢ ስለዘየለ መተካእታ ዘይብላ ሕይወቶም ንወላዲት ሓገሮም ወፍዮም ዉግኣት ምሕካም ቖጸሉ። ሻዕብያ ኣብዛ ዕለት *<<ዕዳጋ>>* ተሰምየ ፍልማዊ ከፋል ምጽዋ ብከፊል ምስተቖጻጸረ ናብ ግራር ኾነ ናብ ጥዋለት ክኣትው ዝገበሮ ፈተነ ኣይነበረን። ምጽዋ ረጊጹ ደቒሱ ከምዘይነብር ስለዝተረደአ ፋሺስት ኢጣልያ ዝነደቖ ካብ ምጽዋ-ኣቆርደት ዝዝርጋሕ ናይ ባቡር መገዲ ናይ ሓዲድ ሓጻውን ነቓቒሉ ድፋዕ ክሕድም ጀመረ። ከፊል ዕዳጋ ዝሃዘ ናይ ሻዕብያ ወንበዴ ስለስተ ብርግዳት ነበረ። ኣሰላልፉኡ ከምዚ ዝስዕብ ይመስል:

ካብ ምጽዋ ሲሚንቶ ፋብሪካ ክሳብ ሲኒማ ኣይዳ ዝተዘርገሀ 44ኛ ብርጌድ

ካብ ሲኒማ ኣይዳ ክሳብ ሼል መዐደሊ ነዳዲ 77ኛ ብርጌድ

እቲ ሳልሳይ ከም ሪዘርቭ ኣብ ዶግዓሊ ደጀን ኾይኑ ኣብ ተጠንቐቕ ዘሎ

ኣብዮታዊ ሰራዊት ንዕዳጋ ካብ ግራር ዝፈልዮ ማይ ሓሊፉ ኣብ ጨው ግራት ድፋዕ ክሰርሕ ጀመረ። ኣብ ግራር ደሴት ዘሎ ናይ ጨው ግራት እቲ ሑጻ ካብ ቀይሕ-ባሕሪ ምስዝመጸ ማይ ተሓባሊቑ ጨውነት ዝለበሰ መሬትዩ። ነዚ መሬት ዝረገጸ ጫማ ኣብ ሂደት ደቓይቕ ተበሊዑ ክቕለጥዩ። ካብ ወላዲት ሓገር ዝኣብይ ስለዘይለ ኣብዮታዊ ሰራዊት ኣካሉ ብጨው ቐሊጡ ተፈጥሮኣዊ ወሰኑ ቀይሕ ባሕሪ ከውሕስ ምስ ነብሱ ቃል-ኪዳን ኣሰረ። ኣባላት ሓይሊ ባሕሪ ኢትዮጵያ ኣብ መራኽቦም ዝተጸምዱ ናይ ነዊሕ ርሕቐት ጠመናጁ ኣብ ሕዛእቲ ጸላኢ ምዝናብ ጀመሩ።

ሻዕብያ ታህሳስ 20 1977 ዓም ንዕዳጋ ብከፊል ምስሃዘ ንኣስታት ሰለስተ መዓልታት ድፍዕ ክሕድም ቀንዩ ናብ ቀዳም ታሕሳስ 24 ዘውግሕ ለይቲ ሰዓት 03:00 ጀሚሩ ጥዋለትን ግራርን ክቖጻጸር ኣብ ወገን ሰራዊት ድፋዕ ዘየቋርጽ ናይ ከቢድ ብረት ደብዳብ ከዝንብ ጀመረ። ንኣስታት ክልተ ሰዓት ከየዕረፈ ምስደብደበ ንግሆ ሰዓት 05:00 ናብ ግራርን ጥዋለትን ክሃምም ፈተነ። ኣብዮታዊ ሰራዊት ኣብ ጨው መሬት ደቒሱ ብፍጹም ስኻር ናብ ሕዛእቱ ዝጠንን ናይ ወንበዴ ዕስለ ከም ስጋ ክረፉትቶ ጀመረ። የማነ-ጸጋም ብባሕሪ ዝተሓዝአ ጽርግያ(*ኮዝዌይ*) ጌሩ ናብ ጥዋለት ክሓልፍ ምስፈተነ ኣብዮታዊ ሰራዊት ብጠያይቱ ቖሊቡ ከም እኽሊ ዓጸዶ።

እዚ ኮዝዌይ ብኣምዑት ጸላኢ ተመልዐ። ጸላኢ ናብ ግራር ዘእትው ቢንቶን ናብ ጥዋለት ዘሕልፍ ኮዝዌይ ብሬሳ ተመሊኡ እንዳረኣየ ንኣስታት ክልተ ሰዓት ብዘይምቑራጽ መጥቃዕቱ ቐጸለ። ብወትሓደራዊ ሳይንስ ንድፊ ዝለዓለ ሰብኣዊ ክሳራ ዝወርዶ ዘጥቕዕ ሰራዊት ስለዝኾነ ሻዕብያ ንምጸሩ ዝዕግም ሰብ ናብ ግራር ኣብ ዘእትው ቢንቶን ኣብቲ ኮዝዌይ ዛሕዘሐ። ንወገን ሰራዊት ካብ መጥቃዕቲ ጸላኢ ንላዕሊ መንጸሮር ዝኾኖ ነብስኻን ክዳንካን ዝቐልጥ ናይ ጨው ግራት ነበረ። ኣብዮታዊ ሰራዊት ምስ ጸላኢ ጥራይ ዘይኮነ ምስ ተፈጥሮ ማዕረ ከምዝገጠመ ናይ ምጽዋ ተጋድሎ ሕያው ምስክርዩ። ናይ ወገን ሰራዊት ሻዕብያ ንግራርን ጥዋለትን ክወርር ኣብ ዝገበሮ ተደጋጋሚ ፈተነ ከም ሳዕሪ ኣጺዱ ምስቐዘፎ ናይ ዉግዕ ሞራሉ እንዳነሃረ ከደ።

ናይ ሻዕብያ ወንበዴ ቀዳም ታህሳስ 24 ዓም ዝወረዶ መቕዘፍትን ህልቒትን ከየሕሰቦ ከም ብሓድሽ ታሕሳስ 29 1977 ዓም ተመሳሳሊ መጥቃዕቲ ፈንዩ ወትሃደራቱ ኣብ ሓዊ ኣጎዶም። ብዘይኻ ህልቒትን ቕዝፈትን ንጣብ ዓወት ከይረኸበ ክሳዱ ሰይሩ ተመልሰ። *<<ዘይናትካ ስኒ ሑጻ ቆርጥመሉ>>* ከም ዝበሃል ካብ ማሕረስን ጉስነትን ዝገፈፎም ሓረስቶት ተዝርፍረፉ ድንጋጸ ስለዘይስምዖ ድሕሪ ትሽዓተ መዓልቲ ጥሪ 6 1978 ዓም ናይ መወዳእታ መጥቃዕቱ ፈተነ። ክንዲ ፍረእድሪ ዝኸዉን ዉጽኢት ከይረኸበ ተመልሰ።

ናይ ሻዕብያ ወንበዴ ድሕሪ'ዚ ምጽዋ ምቑጽጻር ሕልሚ ጥራይ ምኻኑ ኣሚኑ ናይ ኣጋር መጥቃዕቲ ሙሉዕ ብሙሉዕ ደው ኣበለ። ከፊል ዕዳጋን ፎርቶን ሒዙ ደብዳብ ከቢድ ብረት ብዘይምቑራጽ ከዝንብ ጀመረ። እዚ ደብዳብ ከቢድ ብረት ካብ ወርሂ ታሕሳስ ጀሚሩ ሻዕብያ ካብ ምጽዋ ተጸራሪጉ ክሳብ ዝወጸሉ ወፈራታት ግብረ-ሃይል ሓምለ 1978 ዓም ንሸውዓተ ወርሒ ንህዝቢ ምጽዋን ኣብዮታዊ ሰራዊትን ምድብዳብ ናይ ዘውትር ስርሁ ነበረ።

ናይ ኤርትራ ክፍለሃገር ካብ ወላዲት ኣዲኣ ኢትዮጵያ ተቖሪሳ ኣብ ሕሱም ናይ ባዕዲ መግዛእቲ ኣብ ዝነብረትሉ ዘመን ብፍላይ ናይ ብሪታንያ ኢምፕሪያልስት መንግስቲ ናብ ክልተ ሰለስተ ቦታ ክትጭደድ ከቢድ ሸርሒ ኣብ ዝኣለመሉ ጊዜ *<<ኢትዮጵያ ወይ ሞት>>* ብምባል ክሳብ መወዳእታ ዝተዋደቐ ብሓንቲት ኢትዮጵያ ዝኣምኑ ናይ ምጽዋ ኣዉራጃ ተወለድቲ ስለዝኾኑ ሻዕብያ ነዚ ሕዱር ቒም ክፈዲ ነበረ ዓረርን ረመጽን ኣብ ህዝቢ ምጽዋ ዘዝነበ። ኣብዮታዊ ሰራዊት ኸተማ ምጽዋ ካብ ጸላኢ ንምድሓን ዘርኣዮ

ቖራጽነትን ጽንዓትን ኣብ ታሪኽ ዓለም *መዘና ኣልቦዩ* እንዳበልኩ ናብ ዝቕጽል ክፍሊ ዓሰርተ ትሽዓተ ክሰግር።

ክፍሊ ዓሰርተ ሸሞንተ

ናይ 2ይ ኣብዮታዊ ሰራዊት ምስረታ፡ ዕላማ ወፈራታት ግብረሃይል

ናይ ኢትዮጵያ ኣብዮታዊ ሰራዊት መስፋሕፍሒ መንግስቲ ሶማል ዝወለዐሉ ወረራ መኺቱ፣ ንወለዶታት ዝሰጋገር ትምህርቲ ምሒሩ፣ ካብ መሬቱ ምስጸራረጐ ሃሙን ቐልቡን ናብ ሰሜናዊ ክፋል ሃገርና ናብ ኤርትራ ክ/ሓገር ኣቕንዐ። ኣብዚ ጊዜ ናይ ኢትዮጵያ ኣብዮታዊ መንግስቲ ኣወዳድባ ቕርጺ፣ ዕዝን ሰንሰለትን መሰረታዊ ለዉጢ ተገብረሉ።

ኣብ ምብራቃዊ ክፋል ሓገርና ምስ መስፋሕፍሒ መንግስቲ ሶማል ዝተፋጠጠን ዝተዋጠጠን ሰራዊት ቀዳማይ ኣብዮታዊ ሰራዊት ተባሕለ። ኣብ ሰሜናዊ ጫፍ ሓገርና ኣዕራብ ዝኣንዱልና፣ ናይ ሰሜን ኣሜሪካ ኢምፔሪያሊዝም ዘንበድብደልና ናይ ዉኽልና ኹናት ምምካት ዕጩኡ ዝነበረ ኣብዮታዊ ሰራዊት *<<ሰሜን ዕዝ>>* ዝብል ስሙ ተሪፉ ኣብ ኣስመራ፣ ምጽዋ፣ ባረንቱን ዓዲቀይሕን ተኸቢቡ ሕልሚ ወንበዴታት ዘብንን ኣብዮታዊ ሰራዊት ጥራይ ዘይኮነ ኣብ ዝተፈላለዩ ክፋላት ሓገርና ነቲ ዘይተርፍ ጸረ-መጥቃዕቲ ጽዑቕ ስልጠና ዘካይድ እልቢ ዘይብሉ ኣጋር ክ/ጦር፣ ሜካናይዝድ ብርጌድ፣ ታንከኛ ሻለቃ *<<ካልኣይ ኣብዮታዊ ሰራዊት(ሁኣሰ)>>* ተሰምየ።

ኣብዚ ጊዜ ኣብ ኤርትራ ክፍለሃገር ዝርከባ ኸተማታት ኣብ መንጋጋ ወንበዴ ወዲቐንየን። ኣስመራ ብሸዉዓተ ኪሎሜትር ራድየስ ተከርዲና ብጸላኢ ከቢድ ብረት ትድብደበሉ፣ ህዝብን ሰራዊት ብጥምየት ዝልለወሉ፣ ናይ ከተማ ምጽዋ መትኒ ህይወት ዶግዓልን ናይ ዶግዓሊ መኽዘን ማይ መዓንደር ጸላኢ ዝኾነሉ ኣዝዩ ተኣፋፊ ጊዜ ነበረ። ናይ ሻዕብያ ወንበዴ ካብ ወርሒ ታሕሳስ ኣትሒዙ ንምጽዋ ክሕዝ ዝግበሮ ፍተነን ዝወረዶ ዘስካሕክሕ ህልቒት ኣብ ዝሓለፈ ምዕራፍ ንኣንባቢ ስለዝገለጽኩ ዳግም ምግላጽ ኣድላዪ ኣይመስለንን።

ናይ ኣብዮታዊ ሰራዊት ምርኢት

ኣብ ሚያዝያ 1978 ዓም ብጓድ ፕሬዚድነት መንግስቱ ሃይለማርያም ዝምራሕ ዕጽው ኣኼባ ኣብ ትግራይ ክፍለሃገር ርዕሰ ከተማ መቐለ ተጋበዐ። ኣብዚ ጊዜ ትግራይ ካብ ዑጋዴን ዝተመልሱ ናብ ኤርትራ ክ/ሓገር ዝወፍሩ ወትሃደራትን ኣጽዋርን ኣዕለቕሊቓ ነበረት። ወፈራታት ግብረሃይል ኣብ ኸተማ መቐለ ክሕንጸጽ እንከሎ ቐንዲ ዕላምኡ ንዘመናት ከድምየናን ክመጽየና ዝጸንሀ ናይ ኤርትራ ሽግር ብሰለስተ ምዕራፍ ወፈራታት ግብረሃይል ሓንሳብን ንሓዋሩን ምፍታሕ ነበረ። ኹሉ ተጋባኣይ ናይዚ ኮንፈረንስ ኣብዚ ነጥቢ ምስተሰማመዐ *<<ወንበዴታት ዝሰዓረሉ ስትራተጂታት፣ ታክቲካት፣ ወትሓደራዊ ጥበባት ኣየኖት እዮም፣ ኣየኖት የድምዑ>>* ኣብ ዝብል ንመዓልታት ዝጸንሐ ዘሰልቸው ዘተ ተኻየደ።

ኣብዚ ዘተ ክልተ ስትራቴጂታት ቐሪቦም ነበሩ። እቲ ቀዳማይ *<<ጸላኢ ዝገጥመና ብደባይ ዉግእ(ጎሪላ ዋርፌር) እዩ፡ ኣብዮታዊ ሰራዊትና ድማ ንምዱብ ዉግዕ(ኮንቬንሽናል ዋርፌር) ዝተዓለመን ዝዓጠቐን ስለዝኾነ በዚ ኣቓዉማ ንወንበዴታት ክንስዕሮም ኣይንኽእልን፡ ስለዚህ እቲ እንኮ መማረጺ ንዕሾክ ብዕሾክ ጥራይ'ዩ ዘዋጽእና>>* ዝብል ነበረ። ነዚ ሓሳብ ዘቕረበ ኮ/ል ካሳ ገበረማርያም ነበረ። ሕመረት ናይዚ ሓሳብ፡

ኣብዮታዊ ሰራዊት ናብ ተዓሊም ኣእቲና፣ ሓይሊ ሰብን ኣጽዋርን ደሪዕና ጸረ-ደባይ(*ካውንተር-ኢንሰርጀንሲ*) ክነቑውም ኣለና ዝብል ነበረ። እዚ ዕማመ ኣዝዩ ዉሑሉል፣ ረቒቕ ሓሳብ ነበረ።

እዚ ስትራቴጂ ብኮ/ል ካሳ ገብረማርያም ምስቐረበ ኣብቲ ኣኼባ ዝነበሩ ኣዘዝቲ ማለት ኮ/ል ኣበራ ኣበበ(*ደሓር ሜ/ጀ*)፣ ኮ/ል ስዩም መኮንን(*ደሓር ሜ/ጀነራል*) ካልኦት መኾንናት ልዑል ደገፍ ረኺቡዩ። ኣብዚ ኣኼባ ተቐባልነት ዝረኸበ ብሕብረት ሶቭየት መኾንናት ዝተዓመመ ብላንኬት ቦምባርድመንት(*መደራግሕ ከቢድ ብረት*) ዝበሃል ወትሓደራዊ ስትራቴጂ ነበረ። ብላንኬት ቦምባርድመንት ናይ ጸላኢ መኸላከሊ መስመር ብዘየቋርጽ ናይ መዳፍዕ፣ ታንክ፣ ሞርታር፣ ጸረ-ታንክ(*ላውንቸር*) ጭፍጨፋን ድብደባን ካብ 70-80% ሚእታዊት ሓይሊ ሰብ ኣርጊፍካ ብዉሁድ ሰብኣዊ ክሳራ ሕዛእቲ ጸላኢ ትቖጻጸረሉ ወትሃደራዊ ንድፊ'ዩ።

እዚ ወትሃደራዊ ታክቲክ ከም ኢትዮጵያ ዓይነት ቕርጺ መሬት ኣብ ዝውንኑ ሓገራት ኣድማዕነቱ ምህሙን'ዩ። ራሽያውያን ሶማልያ ኣብ ዝጸንሑሉ ነዊሕ ዘመን ጥዑይ ጌሮም ስለዝመሓሩዎም ሶማላውያን ክወሩና ምስመጹ ከም ሓረር ዝኣመሰላ ኸተማታት በዚ ወትሓደራዊ ስልቲ ከቢድ ብርሰት ገጢሙወን'ዩ። ኣብዛሃ ሰራዊት ካብ ማሕረሱ ዝመጸ ሚሊሽያ ብምንባሩ ደብዳብ መዳፍዕን ሞርታርን ምስበርተዐ *<<ንሕና'ኮ ሓገርኹም ተወሪራ ተባሂልና ክንዋጋእ መጺና ደኣምበር ናይ እግዛብሔር ቑጠዐ ክምዝኾነ መዓስ ፈሊጥና>>* ብምባል መኸላከሊ መስመር ለቒቑ ዝኸደሉ እዋን ኔሩ። ኣብ 2ይ ምዕራፍ ወፈራታት ግ/ሓይል ኣስመራ ዙርያ ዓዲ ያቆብ ኣብ ዝተገብረ ዉግእ ብላንኬት ቦምባርድመንት እንታይ ዓይነት ዉጽኢት ከምዘምጸአ ቀስ ኢልና ክንሪኦ ኢና።

ወፈራታት ግብረሓይል ዝመርሕን ዘወሓሕድን *<<ናይ ብሄራዊ ኣብዮታዊ ወፈራ መምርሂ>>* ዝበሃል ማዕከል መአዘዚኡ ኣብ መቐለ ዝገበረ ወትሃደራዊ ፖስት ተመስረተ። ካብ መቐለ ኮይኖም ወፈረታት ግብረሓይል ዝመርሑ

1) ሌ/ኮ ተስፋይ ገብረኪዳን(*ደሓር ሌ/ጀነራልን ሚኒስተር ምክልኻል*)፡ ኣወሓሓዲ ናይዚ ወፈራ

2) ኮ/ል ሃይለ ጊዮርጊስ ሃብተማርያም(*ደሓር ሜ/ጀነራልን ሓለቃ ስታፍ*): ሓለቃ ስታፍ ናይቲ ወፈራ

3) ሻለቃ ገብረክርስቶስ ቡሊ: ናይ ወፈራ መኾንን(*ሔድ ኦፍ ኦፐሬሽን*)

4) ሻለቃ ነጋሽ ዱባለ(*ደሓር ብ/ጀነራል*): ናይ ሎጂስቲክስ ሓላፊ

እዚ ወፈራ ብኣብዮታዊ ሰራዊት ልዕልና ከዛዘም ብፍላይ ሕጽረትን ዋሕድን ቐረብ ከየጋጥም ንሽድሽተ ወርሒ ዘድልዩ ቐረባት ማለት: ጠያይቲ፣ መግቢ፣ ኣጽዋር፣ መድሃኒት ኣብ መቐለ ተኸዘነ። ኢትዮጵያዉያን ሓካይም ወላዲት ሃገሮም ትጠልቦም ግቡዕ ከበርክቱ ምእንቲ ክኢላታት መጥባሕቲ፣ ኣብ ነንበይኑ ዓዉዲ ዝዋሕለሉ(*ስፔሻላይዝ ዝገበሩ*) ሓኻይም ኣብ መቐለን ኣስመራን ናብ ዝርከብ ሆስፒታል ኣምርሑ።

ካብ ማዕኸል ሓገር ዝተበገሰ ሰራዊት ካብ መቐለ 17 ኪሜ ማሕዲጉ ኣብ ዝርከብ ኹሃ ተኣኸበ። ናብ መቐለ ዝኣትወ ሰራዊት 501ኛ፣ 502ኛ፣ 503ኛ-ሀ፣ 503ኛ-ለ፣ 503ኛ-መ ናብ ዝበሓሉ ሓሙሽተ ግብረሓይልታት ተከፋፈለ። ምጽዋ ዙርያ ዝተሰለፈ ሰራዊት ድማ 505ኛ ግብረ ሃይል ዝብል ስም ተዋሕቦ። 505ኛ ግ/ሃይል ኸተማ ምጽዋ ካብ መንጋጋ ጸላኢ ነጻ ኣውጽዩ፣ ናይ ኣስመራ ምጽዋ ጽርግያ ከኸፍት ረዚን ሕድሪ ተሰከመ። ኣስመራ ዙርያ ዝተሰለፈ ግ/ሓይል 506ኛ-ሀ፣ 506ኛ-ለ ዝብል ስም ተዋህቦ። ናይ ኤርትራ ክ/ሓገር ሸግር ኣብ ሓጺር ጊዜ ንምፍታሕ ብድምር ሸሞንተ ግብረሓይልታት ተመስረቱ። ነዚ ግዙፍ ወፈራ ዝተመደበ ሓይሊ ሰብ 86,722 ወትሃደራት ነበረ። ዝዓጠቆ ኣጽዋር ድማ 155 ታንክታት፣ 180 መዳፍዕ፣ 24 ቢኤም ነበረ።

ምዕራፍ ስድሳን ሓደን

ወፈራታት ግብረሓይል ምዕራፍ ሓደ

ግብረ ሓይል ወይ ድማ ሃይሊ ዕማም ንሓደ ወሳኒ ዕዮ ዝምስረት ዉዳበ ኮይኑ ዝሓቑፎ ብዝሒ ሰራዊት፣ ኣጽዋር ከም ኣድላይነቱ ክብ ለጠቕ ክብል ይኽእል'ዩ። ሓደ ግብረ ሓይል(*ታስክ ፎርስ*) ዝሓቑፎ ብዝሒ ሰራዊት: ኣርባዕተ ኣጋር ብርጌድ ወይ ድማ ኣርባዕተ ክ/ጦር፣ ኣቕሚ እንተሓልዩ ክሳብ ኣርባዕተ ኮራት ይምጠጥ። እቲ ወፈራ ምስተዛዘመ ነናብ ክፍልታቱ ፋሕ ዝብል ጊዝያዊ ዉዳበዩ።

ናይ ወፈራታት ግብረሃይል ወትሃደራዊ ንድፊ:

1) 501ኛ ግ/ሃይል ብኣዛዚኡ ኮ/ል ረጋሳ ጅማ(*ደሓር ሜ/ጀነራል*) እንዳተመርሐ ካብ ጎንደር ተበጊሱ ናብ ሁመራ ምስተወርወረ ኣብ ሁመራ ዝዓስከረ ናይ ኢዲዩ ሰራዊት ጸራሪጉ ኣምሓጀር ምስበጽሐ መገዲ ኣምሓጀር-ተሰነይ ንሰሜን ገዲፉ ኣምሓጀር ምስ ሱዳን ናብ ትዳወበሉ ወሰን ኣምሪሑ ካብ ኸተማ ተሰነይን ካልኦት ከፉላት ምዕራባዊ ቆላ ናብ ሱዳን ዝነፍጽ ናይ ወንበዴ ዕስለ እንዳሓምተለ ተሰነይ ክኣትዉ። ካብ ተሰነይ ተበጊሱ ኣብ ኣቆርደት ዳገመ ስርርዕ ክገብር:

2) 502ኛ ግ/ሃይል ብኣዛዚኡ ኮ/ል ኣስራት ብሩ(*ደሓር ሜ/ጀነራል*) ካብ መቐለ ተበጊሱ ተምቤን፣ ዓድዋ፣ ሽረ ሓሊፉ ብሽራሮን ባድመን ጌሩ ናብ ኸተማ ባረንቱ ክግስግስ: ኣብ ባረንቱ ሓደ ዓመት ሙሉዕ ምስ ህዝቢ ባረንቱ ማይን ጻባን ኮይኑ ዘደንቕ ናይ ምክልኻል ተጋድሎ ዝፍጽም 16ኛ ብርጌድ ክጽምበሮ። ንኸተማ ባረንቱ ምስተቖጻጸረ ኣብ ኣቆርደት ዳግመ ስርርዕ ክገብር:

3) 503ኛ ግ/ሃይል ሰለስተ ንኡሳን ግብረ ሃይልታት ዝሓዘዩ:

503ኛ-ሀ ግብረሃይል ብኣዛዚኡ ኮ/ል ካሳ ገብረማርያም እንዳተኣልየ ካብ መቐለ ተበጊሱ፣ ተምቤን ሓሊፉ ዓድዋ ምስኣትወ: ካብ ዓድዋ ንሩባ መረብ ሰጊሩ ንዓዲኻላን መንደፈራን ክቖጻጸር። ኣብ መንደፈራ ዳግመ ስርርዕ ጌሩ ንኻልኣይ ወፈራ ክዳለው

4) 503ኛ-ለ ግ/ሃይል ብኣዛዚኡ ሌ/ኮ ታሪኹ ዓይኔ(*ደሓር ብ/ጀነራልን ኣዛዚ ናደው ዕዝ*) እንዳተመርሐ ካብ መቐለ ተበጊሱ፣ ዓዲግራትን ብዘትን ሓሊፉ ኣብ ጾረና ዝዓስከረ ጸላኢ መጥቃዕቲ ፈንዩ ንጾረና ክቖጻጸር። ካብ ጾረና ንጐላጉል ሓዘሞ ሒዙ፣ ማይ ዓይኒ ሓሊፉ፣ ደቀመሓረ ኣትዩ ዳግመ ስርርዕ ክገብር

5) 503ኛ-መ ግብረሃይል ብኣዛዚኡ ሌ/ኮ ሰይፉ ወልዴ እንዳተመርሐ ካብ መቐለ ተበጊሱ ብዓዲግራት ናብ ዛላምበሳ ኣምሪሑ ንዛላምበሳ ምስተቖጻጸረ ሰንዓፈ፣ ዓዲቀይሕ፣ ሰገነይቲ፣ ደቀመሓረ ሓራ ምስገበረ ንሰሜን ምብራቅ ተጠውዩ፣ ብዓላን ጋዴንን ንጊንዳዕ ክቖጻጸር: ድሕሪኡ ምስ 505ኛ ግ/ሃይል ርክብ መስሪቱ ንካልኣይ ወፈራ ክዳለው

6) 505ኛ ግ/ሃይል ብኣዛዚኡ ኮ/ል ኣበራ ኣበበ(*ደሓር ሜ/ጀነራል*) እንዳተኣልየ ካብ ጥዋለት ተበጊሱ ኣብ ዕዳጋ ዝዓስከረ ናይ ሻዕብያ ወንበዴ ደምሲሱ ናብ ዶግዓሊ ተወርዊሩ ህዝቢ ምጽዋ ንሸውዓተ ወርሒ ዝሓረሞ ጽሩይ ማይ ኣብ ዶግዓሊ ካብ ዝርከብ ዶፖ ማይ ክቕርብ። ኣብ 2ይ ምዕራፍ ወፈራታት ግ/ሃይል ኣብ ጽርግያ ምጽዋ-ኣስመራ ዝርከቡ ዓድታት ከም ጋሕቴላይ፣ ደንጐሎ፣ ጊንዳዕ፣ ነፋሲት ተቖጻጺሩ ንመኻይን ክፉት ምግባር

7) 506ኛ ግ/ሃይል ክልተ ንኡሳን ግብረ ሃይል ዝሓቆፈ'ዩ። 506ኛ-ሀ ግብረሃይል ብኣዛዚኡ ኮ/ል ሁሴን ኣሕመድ(*ደሓር ሜ/ጀነራልን ናይ 2ይ ኣብዮታዊ ሰራዊት ኣዛዚ*) 506ኛ-ለ ግብረሃይል ብኣዛዚኡ ኮ/ል ተስፋይ ሃብተማርያም(*ደሓር ብ/ጀነራልን ናይ ኣየር ወለድ ኣዛዚ*) ክልቲኦም ግ/ሃይልታት ኣስመራ ምዕራብ 10 ኪ.ሜ ፍሉይ ስሙ ዓዲ-ያቆብ ተበጊሶም ናይ ኣስመራ ዙርያ ድፋዕ ሰይሮም ንሻዕብያ ክሳብ ዓዲ-ቢደል እንዳኻደዱ ክስልቑዎ። ዓዲ-ቢደል ምስበጽሑ 506ኛ-ሀ ግብረሃይል ዓዲ ተኸሌዛን ተቖጻጺሩ ንካልኣይ ወፈራ ክዳለው። 506ኛ-ለ ግብረሃይል ካብ ዓዲ-ቢደል ተበጊሱ፣ ሽማንጉስ ታሕታይ ተቖጻጺሩ፣ ጽርግያ ኣስመራ-ኸረን ክኸፍት። ኣብ ሽማንጉስ ታሕታይ ዳግመ ስርርዕ ጌሩ ንካልኣይ ወፈራ ክዳለው። ንክልቲኦም ግ/ሃይልታት ዘወሓሕድ ብ/ጀ መርዕድ ንጉሴ(*ደሓር ሜ/ጀ*) ክኸዉን ናይ ወፈራ መኾንን ድማ ኮ/ል ዉበቱ ጸጋይ(*ደሓር ብ/ጀነራልን ናይ 2ይ ኣብዮታዊ ሰራዊት*

ኣዛዚ)

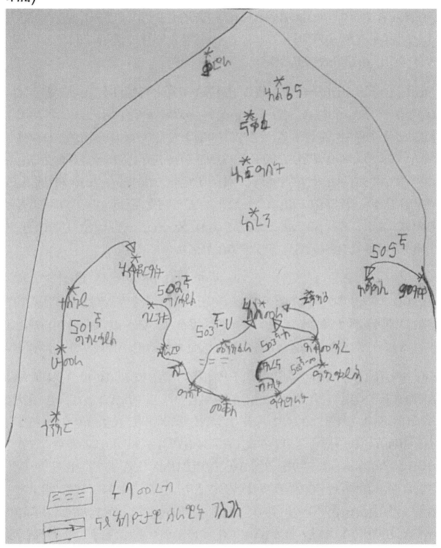

ወፈራታት ግብረሓይል

ወፈራታት ግብረሓይል ናይ ሰላሳ ዓመት ናይ ዉኽልና ኹናት ነጥቢ መቐይሮዩ። ይኹን እምበር ኣብዚ መጽሓፍ ዘዘንትዎም ወታደራዊ ምርኢት(*ኢክዩሽን*) ዝቐየሩ ናይ 503ኛ፣ 505ኛን 506ኛ ግብረሓይል ወፈራ'ዩ።

ቀዳማይ ምዕራፍ ወፈራታት ግብረ ሓይል ሰነ 10 1978 ዓም ብወግዒ ጀመረ። እዚ ጊዜ ኢትዮጵያ ኣብ መስፋሕፍሒ መንግስቲ ሶማል ወትሓደራዊ ልዕልናኣ ዘረጋገጸትሉ ጊዜ ብምንባሩ ህዝቢ ኢትዮጵያን ኣብዮታዊ ሰራዊቱን ፍናኖም ኣብ ጥርዚ ዝበጽሐሉ ጊዜ ነበረ።

ወርሒ ሰነ ናይ ሓገርና ሰማይ ማይ ዝዛርየሉ ወቕቲ ስለዝኾነ 503ኛ ግ/ሃይል-ሀ ካብ መቐለ ተበጊሱ ተንቤን ሓሊፉ ዓድዋ ምስበጽሐ ናይ ትግራይን ኤርትራን ክፍላሃገራት ናይ ተፈጥሮ ወሰን ሩባ መረብ ብጠሊ ክራማት ኣዕለቕሊቑ ነዚ ሩባ ምስጋር ዓብዪ ግድል ኾነ። 503ኛ-ሀ ግ/ሃይል ዝዓጠቖ ዘመናዊ ኣጽዋር ማለት መዳፍዕ፣ ታንክ፣ ሞርታር ዝሰግሩሉ እንኮ መገዲ ናይ መረብ ቢንቶ ብምንባሩ ነዚ ቢንቶ ምቑጽጻር መትኒ ናይዚ ወፈራ ነበረ። እቲ ካልዓይ ፈተና ሩባ መረብ ምስሰገረ ኣብ ጸፋሕቲ ዕምባታት ክሳድ ኢቃ ዝሓኾረ ናይ ጀብሃ ወንበዴ ምድምሳስ ነበረ።

503ኛ-ሀ ግ/ሃይል ሓንደበትነት ተጠቒሙ፣ ቢንቶ መረብ ደዪቡ፣ ልዕሊ 10,000 ሰራዊት ከም ዉሕጅ ፈርሸሑ። በዚ መገዲ እቲ ፍልማዊ ናይ ተፈጥሮ መስገደል ብዓወት ተሰግረ። 503ኛ-ሀ ግ/ሃይል ንጸላኢ ኣህሚሉ ንሩባ መረብ እኻ እንተሰገሮ ቐሊል ቑጽሪ ዘይብለን ታንክታት ብዉሕጅ ተወሲደን እየን።

ሩባ መረብ ሰጊሩ ናብ እንዳገርግስን ዓዲኻላን ገስጋስ ምስጀመረ ጀብሃ ኣብ ዕምባታት ክሳድ ኢቃ ሓደ መስርዕ መዲቡ ናይ መትረየስ ጠያይቲ ብቃጻ ኣዝነበ። ሩባ መረብ ሰጊርካ ናብ እንዳገርግስን ዓዲኻላን ዝወስድ መገዲ ብኣኻዉሕን ኹርባታትን ዝተመልአ ስፍራ ብምኻኑ ንወትሓደራዊ መጥቃዕቲ ዘይጥዕም ስፍራ'ዩ። መገዲ ምቕጻል ስለዘይከኣል ናይ ወገን ሰራዊት ሓደ ጥበብ መሓዘ። ናይ 503ኛ-ሀ ግብረሃይል ኣዛዚ ኮ/ል ካሳ ገብረማርያም ጸላኢ ኣብ ዝዓስከረሉ ዕምባታት ክሳድ ኢቃ ብዝባኑ ኣትዩ መጥቃዕቲ ዝፍንው ሓይሊ ከምዘድሊ ኣሚኑ ስኘሻል ፎርስ ዝተዓለሙ፣ ኣካላዊ ቕርጾም ዝተርነዐ ወትሃደራት መሪጹ ኣበገሶም።

እዞም ወትሃደራት ድምጺ ከየስምዑ፣ ኣሰር ከይገደፉ ለይቲ ተጓዒዞም ኣብ ዝባን ክሳድ ኢቃ በጺሖም ንጸላኢ ኣብ ከበባ ኣውደቑዎ። ንጽባሒቱ ንግሆ ኣብ ልዕሊ ጸላኢ መጥቃዕቲ ምስከፈቱ ጸላኢ <<ተኸቢቡ>> ብምባል ካብ ክሳድ ኢቃ ብስምባደ ነጢሩ ናብ ሜዳ ምስወረደ ምስ ወገን ሰራዊት ተሃባለቀ። ናይ ወገን ሰራዊት ምስቲ ብስምባደ ካብ ዕምባ ነጢሩ ዝነፍጽ ጸላኢ ካራ ኣብ

ኣፈሙዝ ሶኺዑ፣ ክሳድ ንክሳድ ተሓናኒቖ ንጸላኢ ኣውዲቖ ብጅግንነት ተሰወአ። ናይ ወገን ሰራዊት ብዙሕ መስዋእቲ ከፊሉ ምንቕስቓስ ሓርቢቱዎ ዝነበረ ሰራዊት ትንፋስ ከምዝረከብን ናብ ዓድኻላ ክብገስ መገዲ ኣርሓወሉ። ጅብሃ ኣብ ክሳድ ዒቃ ዘሰፈሮም ተዋጋእቲ ዓይኒ ብርኮም ዝሰኣኑ ሰንኩላን ነበሩ።

በዚ መገዲ 503ኛ ግ/ሃይል ኣብ ሩባ መረብን መዳውብቱን ዝነበረ ናይ ጅብሃ ሰራዊት ደምሲሱ ኣብ ድርኩኺት ከተማ መንደፈራ ምስበጽሐ ናይ ሻዕብያ ድብያ ኣጋጠሞ። ነዚ ድብያ ፈንጢሱ ብልዑል ፍናን ኸተማ መንደፈራ ተቖጻጸረ። ኣብ ተመሳሳሊ ጊዜ 501ኛ ግ/ሓይል ካብ ጎንደር ተበጊሱ ኣብ ሁመራ ዝነበረ ናይ ኢድዩ ሰራዊት ደሲቖ ተሰነይ ኣትወ። 502ኛ ግ/ሓይል ካብ ሽረ ተበጊሱ፣ ኣብ ጻዕዳ ምድሪ መሪር ጥምጥም ኣካዩዱ ሩባ መረብ ምስበጽሐ ከቢድ ግድል ኣጋጠሞ። 16ኛ ብርጌድ ካብ መከላኸሊ መስመሩ ተወርዊሩ ብዝከፈቶ መጥቃዕቲ (*ፒንሰር ኣታክ*) ባረንቱ ኣትወ።

ድሕሪ'ኡ ናብ ኣቆርደት ኣምሪሑ ምስ 501ኛ ግ/ሓይል ተላፊኑ *<<508ኛ ግ/ሓይል>>* ዝብል ስም ተዋህቦ። 503ኛ-ለ ግ/ሓይል ጾረና ምስተቖጻጸረ በቲ ስቡሕን ፍርያምን ጐላጉል ሓዘሞ ጌሩ ደቀመሓረ ኣትወ። 503ኛ-መ ግብረሃይል ካብ ዓዲግራት ተበጊሱ፣ ኣብ ዛላምበሳ ብርቱዕ ዉግዕ ኣካዩዱ፣ ሰንዓፈ፣ ዓዲቀይሕ፣ ሰገነይቲ፣ ድግሳ ካብ ወንበዴታት ኣጽርዩ፣ ደቀመሓረ ምስ 503ኛ-ለ ግ/ሓይል ተጸምበረ። ንሓደ ዓመት ዝጸንሀ ናይ ኣስመራ ዙርያ ከበባ ብከፊል ምስተሰብረ ኣብ ኣስመራ ብሕቛፍ ዕምባባን ዉዕዉዕ ምድላውን ዝተሰነየ ስነስርዓት ተጌሩ ንህዝቢ ኢትዮጵያ ብቴሌቪዥን ተፈነወ።

503ኛ ግ/ሓይል ነሓሰ 11 1978 ዓ.ም. ናይ ሻዕብያ ወንበዴ ደምሲሱ ኣስመራ ምስኣትወ ካብ ህዝቢ ኣስመራ ዝተገብረሉ ኣቐባብላ ብርቒ ነበረ። ጻዕዳ ጨጉሪ ዘቡቖሉ ኣቦታት፣ ነጸለአን ዝጐልበባ ኣደታት፣ ኣብ ገጾም ዕሽልነትን ለዉሓትን ዝነበቦም መንእሰያት ናብ ኮምቢሽታቶ ወጽዮም ታሕጓሶም ብጣቕዒት፣ ዕልልታ፣ ፌስታ ደበሉ። ኣስመራ መሰረታዉያን ሓለኽቲ ጽዒነን ብዝኣትዋ ሽሞንተ ሚዕቲ በጣሓት፣ ብህዝቢ ዕልልታን ጣቕዒትን ኣዕዛንካ ዝትርብዕ ናይ ታህጓስ ድምጺ ተዓብለለት።

ህዝቢ ኣስመራ ብታሕጓስ ኣብ ጽርግያ ክሰራሰርን ክድብል ዝገበሮ ኣብ ልዕሊ ኣብዮታዊ ሰራዊት ዝነበሮ ፍቕሪ ዘይኮነ ኣብ ልዕሊ ሻዕብያ ዝሓደሮ ክቱር ጽልኢ ነበረ። ናይ ሻዕብያ ወንበዴ ንዓመታት ናብ ኣስመራ ዘእትዉ ኣርባዕተ ማዕጾታት ረጊጦ፣ ህዝቢ ኣስመራን ኣብዮታዊ ሰራዊትን ከብዶም ዝዕንግሎ'ሉ እንጀራ፣ ሽኮር፣ ዘይቲ፣ ነዳዲ ወዘተ ኣስኢኑ ህዝቢ ብሕሱም ጥምየት ክሕቖን፣ ብፍጹም ጥምየት ኣርማድዮ ሴሩ መግቢ ከውዕይ ስለዝፈረዶ ኣብ ልዕሊ ወንበዴታት ዝሓደሮ ምረት ክግልጽ ዘርኣዮ ትርኢት ነበረ።

ምዕራፍ ስድሳን ክልተን

ወፍሪ ኣሉላ: ምጽዋ ካብ መንጋጋ ጸላኢ ንምውጻእ ዝተኻየደ ታሪኻዊ ወፈራ

ወፈራታት ግብረሃይል ምዕራፍ ሓደ ኣብ ዝፈለመሉ ሓምለ 1978 ዓም ኣብ ምጽዋ ግንባር ዝተመደበ 505ኛ ግብረሃይል ምጽዋ ካብ ከበባን ጭንቕን ከላቕቕ ተበገሰ። ምስ መስፋሕፍሒ መንግስቲ ሶማል ኣብ ዝተኻየደ ዉግእ ዝተሳተፈ ሓደ ኣጋር ክፍለጦርን ምጽዋ ዙርያ ኣብ ዝርኸቡ ደሴታት ዝሰልጠነ ሜካናይዝድ ብርጌድ ተላፊኖም 505ኛ ዝበሃል ግብረሃይል መስረቱ። እዚ ሜካናይዝድ ብርጌድ 29ኛ ዘርኣይ ደረስ ይበሃል። ምጽዋ ኣብ ከበባ ምስወደቐት ኣብ ዓሰብ፣ ናኹራን ዳሕላኽን ብሻለቃ ካሳዬ ጨመዳ(*ደሓር ብ/ጀነራል*) ካልኦት መኾንናት ዝሰለጠነ ሓድሽ ክፍሊ'ዩ። 29ኛ ዘርኣይ ደረስ ሓምለ 10 1978 ዓም ካብ ናኹራ ብላንድክራፍት ተጻዒኑ፣ ካብ ዓይኒ ጸላኢ ተሰዊሩ፣ ለይቲ ኣብ ምጽዋ ወረደ።

ምጽዋ ካብ መንጋጋ ወንበዴ ንምዉጻእ ናይ ወገን ሰራዊት ዝነበሮ ኣሰላልፋ ከምዚ ዝስዕብ ነበረ:

ሀ) 8ይ ኣጋር ብርጌድ ካብ ጥዋለት ተበጊሱ ዕዳጋ ምስ ጥዋለት ዘራኽብ ኮዝዌይ ሓሊፉ ካብ እንዳ ሚካኤል ክሳብ ሲኒማ ኣይዳ ዘሎ ናይ ጸላኢ ድፋዕ ኣፍሪሱ፣ ኣብ ዉሽጢ ዝተላሕጉ ወንበዴታት ክኣጽድ

ለ) 29ኛ ዘርኣይ ደረስ ሜካናይዝድ ብርጌድ ናይ ጸላኢ ድፋዕ ምስፈረሰ ካብቲ ድፋዕ ዝሃምም ወንበዴ ክሳብ ፎርቶ እንዳሰለቐ ክኻድዶ

ሐ) 29ኛ ዘርኣይ ደረስ ንጸላኢ ሓምቲሉ ፎርቶ ሙሉዕ ብሙሉዕ ምስተቖጻጸረ ካብ ፎርቶ ንሽንኽ የማን ዘሎ ኹርባ ክቖጻጸር

መ) እዞም ሽቶታት ምስተወቕዑ 33ኛ ብርጌድ ምጽዋ ሲሚንቶ ፋብሪካን ናይ ጉርግሱም ቤተ-መንግስቲ ክሕዝ

ወፍሪ ኣሉላ ቅድሚ ምጅማሩ ጸላኢ ኣብ ዝሃደሞ ድፋዕ ዘሎ ናይ ሰራዊት ኣሰላልፋ፣ ናይ ቶኽሲ ኣቕሚ(*ፋየር ፓወር*)ወዘተ ብወገን ሰራዊት ክፍለጥ ሓደ ጥበብ ከመሃዝ ነበሮ። እዚ ሜላ ኸምዚ ዝስዕብ ነበረ። ካብ ማዕከል ሓገር

ዝበለያን ዝዓረጋን በጣሓት ጎመአን ተፈቲሑ ብመራኸብ ናብ ምጽዋ ተላእኸ። ድሕሪዚ 505ኛ ግብረሃይል መጥቃዕቲ ቅድሚ ምጅማሩ ለይቲ ድልዱል ቕርጺ ዘለዎም ወትሃደራት ተመሪጾም፣ ነዞም ጎማታት ናብ ሕዛእቲ ጸላኢ ዘዊሮም ከደፍኡ። እዞም ጎማታት ብዝፈጥሩዎ ድምጺ ጸላኢ ተሰናቢዱ ጠያይቲ ከጅቕጅቕ ምግባር ነበረ። እዚ ሜላ ለይቲ ተፈጺሙ ናይ ጸላኢ ብርቱዕ ጎኒ፣ ብርቱዕ ናይ ቶኽሲ ኣቕሙ፣ ድኹም ጎኑ ወዘተ ኣበይ ከምዝኾነ ብንጹር ተፈልጠ።

እቲ ካልኣይ ጥበብ ኣብ ሞንጎ ዶግዓልን ምጽዋን ኣብ ዘሎ ሰጣሕ ጎልጎል ኣብ ነፋሪት ዝተጻእኑ 500 ሰብ ዝመስሉ፣ ሙሉዕ ዕጥቒ ዝዓጠቑ ግን ትንፋስ ዘይብሎም ባንቡላታት(*ዳሚስ*) ቅድሚቲ መጥቃዕቲ 10 ደቓይቕ ኣቀዲሙ ብፓራሹት ክዘሉ ምግባር ነበረ። ኣብ ምዕራፍ ሓምሳ ንኣንባቢ ከምዝገለጽኩዎ ኣብ 2ይ ኹናት ዓለም ናይ ናዚ ሰራዊት ዓሰርተ ክፍለጦራት ኣሰሊፉ ክሰብሮ ዘይከኣለ ናይ ፈረንሳይ ዕርዲ ኣብ ዉሱን ሰዓታት ሓደሽደሽ ዝበለ በዚ ረቒቕ ወትሓደራዊ ጥበብ ነበረ።

ሓምለ 3 ንግሆ ኣጋወጋሕታ ኣብ ሰማያት ምጽዋ ጸሓይ ምስበረቕ ካብ ነፈርቲ ዘሊሎም ካብ ሰማይ ናብ መሬት ዝንቆቱ ናይ ኢትዮጵያ ሰብ መሰል ኣየር ወለዳት ዝረኣየ ናይ ሻዕብያ ወንበዴ <<*ተከቢብና*>> ብምባል ብከቢድ ስምባደ ናብ ፍርቒ ዝኸዉን ሰራዊቱ ካብ ድፋዕ ኣውጺዩ ሰብ መሰል ኣየር ወለድ ኣብ ሰማይ እንከለው ክቕልቦም ጉያ ጀመረ። ኣብዚ ጊዜ ንሳልስቲ ኣብ ደንደስ ባሕሪ ዝቐነየ 29ኛ ዘርኣይ ደረስ ሜካ/ብርጌድ ካብ ዝተሓብአሉ ወጺዩ ታንክታቱን ኣርመራትን ኣቀዲሙ: ኣየር ወለዳት ካብ ሰማይ ክቕልብ ኣብ ቀላጥ ሜዳ ዝነፍጽ ናይ ሻዕብያ ወንበዴ ብሰንሰለት ታንክታት ጨፍሊቑ ክጻወተሉ ጀመረ። ነዚ ዘሰቕቕ ህልቒት ይዕዘብ ዝነበረ ዝተረፈ ናይ ወንበዴ ዕስለ ጉያ ጀመረ። ናይ 29ኛ ዘርኣይ ደረስ ታንክታት ንጸላኢ ረጋጊጾም፣ ምስ ምድረበዳ ምጽዋ ኣመሳሲሎም ምስተጻወቱሉ እቲ ፋሕ ብትን ዝበለ ዉሁድ ናይ ጸላኢ ዕስለ ኣጋር ሰራዊት ኣጺዱ ክርፍርፎ ጀመረ። ኣብዚ ጊዜ ካብ ኣስመራ 2ይ ሬጅመንት ነፈርቲ ኹናት በብተራ እንዳተመላለሳ ሻዕብያ ኣብ ዶግዓሊ ዝሃደሞ ድፋዕ ክድብድባ ጀመራ።

ናይ ምጽዋ ግንባር ዉግእ ትጽቢት ካብ ዝተገብረሉ ሰብኣዊ ክሳራ ሓደ እስሪት እዉን ኣይወረዶን። እዚ ዝኾነሉ ምክንያት ናይ ኣየር ወለድ ዝላን ናይ 29ኛ

ዘርኣይ ደረስ ሜ/ብርጌድ ቐልጣፈን ቖራጽነትን ዝፈጠሮ ዉሕደት ነበረ። ይኹን እምበር እቲ ፋሕ ዝበለ ናይ ወንበዴ ዕስለ 29ኛ ዘርኣይ ደረስ ሓሊፉዎ ናይ 505ኛ ኣጋር ክፍልታት ክለቕሙዎ ምስጀመሩ ካብ ዝተላሕገሉ ሑጻ ክሳዱ ኣቕኒኡ ብምትኻስ ጉድኣት ኣዉሪዱ'ዩ።

እዞም ሰብ ዝመስሉ ናይ ኣየር ወለድ ባምቡላታት ዝተሰርሁ ኣብ ርዕሰ ኸተማና ኣዲስ አበባ ሚኒሊክ ቤተመንግስቲ ኣብ ዝርከብ ናይ መኻይን ጋራጅ ነበረ። ነዞም ባምቡላታት ዝሰርሑ ክኢላታት ናይ ዕንጨይቲ ፍንጭላጫልን ሑጻን መሊኦም ኣብ ርእሶም ቐጠልያ ሄልሜትን ብረት ክሕንገጡ ጌሮም ምስ ሰብ ስለዘመሳሰሉዎም እዚ ትንገርቲ ተፈጸመ። ካብዚ መዓት ብዕድል ዝወጹ ናይ ጸላኢ ወትሃደራት ዶግዓሊ ኣብ ዝሓደሙዎ ድፋዕ ተላሕጉ። 505ኛ ግ/ሃይል ንሻዕብያ ካብ ሙሉዕ ምጽዋ ጸራሪት ምሰውጽአ ሓደ ሜኻናይዝድ ሻምበል ኣሰሊፉ ካብ ፎርቶ ጀሚሩ 10 ኪሜ ዳሕሳስ ገበረ። 10 ኪሜ ምስተጓዕዘ ዶግዓሊ ግልሕልሕ ኢላ ትረኣየሉን ከቢድ ብረት ተተኵሱ ኣብ ዘድመዐሉ ናይ ዉጽኢት ርሕቐት ስለዝበጽሐ ገስጋሱ ደው ኣበለ።

ኣብዚ ጊዜ ማለት ናይ ምጽዋ ድልዱል ድፋዕ ምስተሰብረ ናይ ሻዕብያ ወንበዴ ኤርትራ ናይ ምግንጻል ሕልሙ ሕልሚ ጥራይ ከምዝኾነ ተረደአ። 505ኛ ግብረሃይል ዝተረፎ ዕዮ ካብ ደብዳብ ነፈርቲ ኹናት ንስለ ወጽዩ ኣብ ዶግዓሊ ዝተላሕገ ጸላኢ ደምሲሱ፣ ጽርግያ ኣስመራ-ምጽዋ ንመኻይን ክፉት ምግባር ጥራይ ነበረ።

ክፍሊ ዓሰርተ ትሽዓተ

ትንግርቲ ዓዲ-ያቆብ: ጸላኢ ንዘመናት ዝፈኸረሉ ናይ ዓዲ-ያቆብ ድፋዕ ተሓምሺሹ

<<*ቅድም ነበስኻ ፍለጥ፣ ድሕሪኡ ንጸላኢኻ ፍለጥ: ካብኡ ሓደ ሽሕ ዉግኣት ግጠም: ናይ ኩሉም ግጥማት ተዓዋቲ ክትከውን ኢኻ*>>

ሳን-ዙ

ኣብዮታዊ ሰራዊት ኣብ ክራማት 1978 ዓም ኣስመራ ምስ ማዕከል ሃገር ትራኽበሉ ክልተ ማዕጾታት ንጸላኢ ደሲቑ ምስከፈቶ ኣስመራ ምስ ምጽዋን ከረንን ትራኽበሉ መገዲ ግን ኣብትሕቲ ሙሉዕ ምቑጽጻር ጸላኢ ነበረ። ኣብዚ ጊዜ ናይ ኣብዮታዊ ወፈራ መምርሒ ማዕከል መአዘዚ ናብ ኣስመራ ተዛዊሩ'ሎ። ኣብዮታዊ ወፈራ መምርሒ 506ኛ ግ/ሃይል ሀ'ን ለ'ን፣ 505ኛ ግብረሃይል መጥቃዕቶም ኣብ ወርሒ ሕዳር ከምዝጅምሩ ንኣዘዝቶም ኣፍለጠ።

506ኛ ግብረ-ሃይል ክቐዉም እንከሎ ኣብትሕቲኡ ዘማእከሎም ክፍልታት ብዙሕ ነበሩ። 2ይ ዋልያ ክ/ጦር፣ ናይ ክቡር ዘበኛ 3ይ ብርጌድ፣ 7ይ ኣጋር ክ/ጦር፣ 6ይ ነበልባል ክ/ጦር፣ ኣብ ጡረታ ዝነበረ ኣባት ጦር፣ ኣገልግሎቶም ወዲኦም ብጻዉኢት ወላዲት ሓገር ዝተመልሱ ኣባላት ሰራዊት፣ ናይ 1ይ ሚሊሽያ ክ/ጦር(*ክልተ ብርጌዳት*)፣ 3ይ ሚሊሽያ ክ/ጦር(*ብሙሉኡ*) ተላፊኖም ዝሃነጽዎ ግዙፍ ግብረሓይል ነበረ። ኣንባቢ ከምዝዝክሮ ናይ ክቡር ዘበኛ 3ይ ብርጌድ ማለት ኣብ ትሕቲኡ ሰለስተ ሻለቃታት ዝሓዝኣን ሓደ ካብኦም ንሽድሽተ ወርሂ ኣብ ናቕፋ ተኸቢቡ ዘደንቕ ናይ ቆራጽነት ተጋድሎ ዝፈጸመን ኣብ ወትሃደራዊ ታሪኽ ሓገርና ግኑን ስፍራ ዝውንን 15ኛ ሻለቃ ዝሓዘ ክፍሊ'ዩ።

ናይ ኣስመራ ዙርያ ዉግእ ቅድሚ ምጅማሩ ኣብ ሓገርና ግኑን ስም ዘለዎም ኣርቲስትታት ኣብ ኣስመራ ዘሎ ሰራዊት ከዘናግዑን ከበራብሩን ኣስመራ መጽዮም ባህላዊ ምርኢት ኣርኣዩ። ኣብዚ ምርኢት በዓል ኣርቲስት ጥላሁን ገሰሰ *<<ወደፊት በልለት ይለይለት>>* ብምባል ብዘሕልምልም ድምጹ ክደርፍ

ኣብዮታዊ ሰራዊት ብስምዒት *<<ፈንጨኒ! ከዋጋዕዩ>>* ብምባል ንዉግዕ ተነሃሃረ። ናይ ኣስመራ ዙርያ ድፋዕ ንምስባር ሓላፊነት ዝተሰከሙ ብኮ/ል ሁሴን ኣሕመድ(*ደሓር ሜ/ጀነራል*) ዝምራሕ 506ኛ-ሀ ግብረሃይል፣ ብኮ/ል ተስፋይ ሃብተማርያም(*ደሓር ብ/ጀነራልን ኣዛዚ ኣየር-ወለድ*) ዝምራሕ 506ኛ-ለ ግብረሃይል ነበሩ። 506ኛ-ሀ ንዑስ ግብረሃይል ሰለስተ ብርጌድን ሓደ ታንከኛን ናይ መድፍዕ ሻለቃ ኣሰሊፉዩ።

ኢትዮጵያዉያንን ኣርቲስታት ኣብ ግንባር ምርኢት ከርእዩ

506ኛ-ለ ንዑስ ግብረሃይል ሰለስተ ኣጋር ብርጌድ፣ ሓደ ናይ 122 ሚሜ ናይ መድፍዕ ሻለቃ፣ ሓደ ታንከኛ ሻለቃን ሓደ ናይ ጸረ-ፈንጂ ሻምበል ኣሰሊፉ ነበረ። ናይ ክልቲኦም ግብረሃይል ሸቶ ናይ ኣስመራ ዙርያ ድፋዕ ኣብ ዓዲ ያቆብ ሰይሮም ንሻዕብያ ክሳብ ዓዲቢደል ኣኻዲዶም ምስላቕ።: ዓዲ-ቢደል ምስበጽሑ 506ኛ-ሀ ግብረ-ሓይል ዓዲ-ተከሌዛን ኣጥቂዑ ክቖጻጸር: 506ኛ-ለ ግብረሃይል ካብ ዓዲ ቢደል ናብ ሽማንጉስ ታሕታይ ኣምሪሑ፣ ጽርግያ ኣስመራ-ኸረን ከፊቱ ንኻልኣይ ወፈራ ክዳለው።

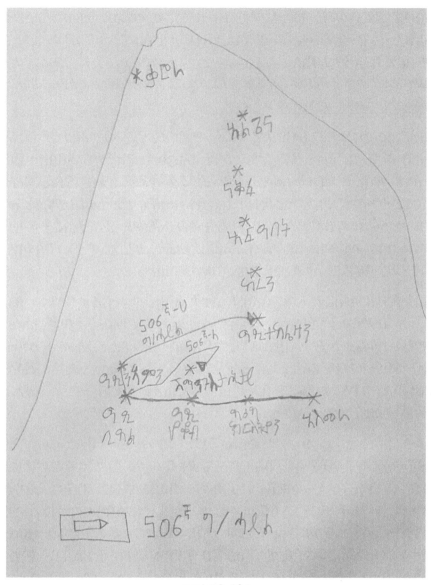

ውግእ ዓዲ-ያቆብ

ናይ ሻዕብያ ወንበዴ ፋሺስት ኢጣልያ ዝሃነጾ ካብ ምጽዋ ናብ ኣቖርደት ዝዝርጋሕ ናይ ባቡር መገዲ ነቲ ሓጻዉን ነቓቒሉ ነፈርቲ ኹናት፣ ታንኽ፣ ሮኬት፣ ላዉንቸር ወዘተ ዘየፍርሶ'ኦ ኣዝዩ ድልዱል ድፋዕ ሃዲሙ *<<ደርግ ካብ ኣስመራ ዙርያ ከውጻእኒ 10 ዓመት ከወስደሉ'ዩ>>* ብምባል ክፍክር ጀመረ። ናይ

ኣስመራ ዙርያ ዉግዕ ቅድሚ ምጅማሩ ብ/ጀነራል መርዕድ ንጉሴ ንላዕለዎት ኣዘዝቲ ሰራዊት ጸዊዑ ኣቓዉማ ጸላኢ፣ ኣብዮታዊ ሰራዊት ዝፍንዎ መጥቃዕቲ መብርሂ ክሕቦም እንከሎ: *<<ኣስመራ ዙርያ ዘሎ ናይ ሻዕብያ ድፋዕ ዝተሓንጸ ካብ ባቡር ሓዲድ ዝድርዕ ጠንካራ ሓጺን ስለዝኾነ ብነፈርቲ ኹናት ክነፍርሶ ፈቲና ኣይሰለጠን፣ ወንበዴ ብጣዕሚዩ ዝጀሃረሉ።>>*

ሕዳር 20 1978 ዓም ኣብዮታዊ ወፈራ መምርሒ ናይ ኣስመራ ዙርያ ዉግእ ሶሉስ ሕዳር 21 1978 ዓም ንግሆ ሰዓት 05:30 ከምዝጅምር ኣበሰረ። በዚ ትዕዛዝ መሰረት ኣዘዝቲ ሰራዊት ናይ ኣሰላልፋ ቅደም ሰዓብ፣ ናይቲ ዉግዕ ዝርዝራትን መምርሕን ንሰራዊቶም ክሕብሩ ተዓዘ። እቲ ትዕዛዝ ምስተፈነወ ናይ 506ኛ-ሀ ግብረሃይል ኣዛዚ ኮ/ል ሁሴን ኣሕመድ ፈለማ ሰራዊቱ ኣብ መከላኸሊ መስመር ክሰለፍ ምስኣዘዘ: መሬት ምስጸልመተ ነብስወከፍ ወትሃደር ብፍጹም ስቕታ ናብ ጸላኢ ክጽጋዕ ኣዘዘ።

በዚ ትዕዛዝ መሰረት ኣጋር ሰራዊት ዕጥቖ ኣስጢሙ፣ ብረቱ ዓሚሩ፣ ኣብ ጁቡኡ ቡምባታት ሻቀኒጡ፣ ብፍጹም ስቕታ ናብ ድፍዑ ኣትወ። ዳሕሳስ ዝገብሩ ክፍልታት ምንቕስቓስ ጸላኢ ክድሕስሱ፣ ናይ ጸረ-ፈንጂ መሓንድሳት ኣብ ሞንጎ ወገንን ጸላእን ኣብ ዘሎ መሬት ፈንጂ ከልዕሉ ኣምሰዩ። ልዕሊ ሓደ ሽሕ ዝኾኑ መዳፍዕን ቢኤም 21ን ንድሕሪት ተፈንቲቶም *<<ተኹሱ>>* ዝብል ትዕዛዝ ይጽበዩ'ለው።

ሶሉስ ህዳር 21 1978 ዓም ርብኢ ጎደል ንሰዓት ሓሙሽተ(*04:45*) ናይ መጀመሪያ መድፍዕ ምስተተኮሰ ናይ ዓዲ-ያቆብ ዉግዕ ጀመረ። ናይ መድፍዕ ደብዳብ ንዓርብዓን ሓሙሽተን ደቓይቕ ብዘይምቁራጽ ዘነበ። ደብዳብ መዳፍዕ ንመሬት ብርሃን ኣልበሶ። መሬት ብትኺ ተጐልበበ። መዳፍዕ ክሳብ ሰዓት 05:29 ናይ ንግሆ ን44 ደቃይቅ ምስደብደባ ኣንፈት ቶኽሲ ናብ ካልኣይ ድፋዕ ጸላኢ ኣቕነዐ። ኣብዚ ጊዜ 506ኛ-ሀ ግ/ሃይል ብትኪ ተጐልቢቡ፣ የማነ-ጸጋም ብታንኽታት ተዓጂቡ ኣብ ድርኩኺት ድፋዕ ጸላኢ ምስበጽሐ እልቢ ዘይብሉ ናይ ኢድ ቡምባታት ናብ ጸላኢ ደርበየ። 506ኛ-ለ ግ/ሃይል ካብ ድሕሪት ይስዕቦ'ሎ። ድሕሪዚ 506ኛ-ሀ ግ/ሃይል ካራ ኣብ ኣፈሙዝ ሶኺዑ፣ ናብ ድፋዕ ጸላኢ ዘሊሉ ኣትወ።

ምስ ጸላኢ ክሳድ ንኽሳድ ተሓናኒቑ ንጸላኢ ኣዉዲቑ ብጅግንነት ምስወደቐ ሬሳ መሳቱኡ ሰጊሩ ሰዓት 08:00 ናይ ንግሆ ናይ ጸላኢ ድፋዕ ኣብ ምሉዕ

ምቑጽጻር ወዓለ። ናይ ሻዕብያ ወንበዴ ነዚ መጥቃዕቲ ምጻር ስኢኑ ተረፉቲቱ ከወድቕ እንከሎ ናይ ሻዕብያ ዕዝን ቑጽጽርን ፈሪሱ። ካብዚ መዓት ዝወጸ ጸላኢ ዓሳ ከምዘይብለን ጥሪት ፋሕ ኢሉ ንዓዲቢደል ገጹ ሓደመ። ናይ ሻዕብያ ወንበዴ እግረይ ኣውጽኒ ኢሉ ሕድማ ምስጀመረ ኣብዮታዊ ሰራዊት ካብ ምድሪ፣ ነፈርቲ ኹናት ካብ ሰማይ ክሳብ ዓዲ-ቢደል እንዳኻደዳ ዓጸዶ'አ።

እቲ መጥቃዕቲ ሓንደበታዉነት ስለዝነበሮ ጥራይ ዘይኮነ ደብዳብ ከቢድ ብረት ዕረፍቲ ዘይህብ ስለዝነበረ ኣብ ዓዲያቆብ ጥራይ 70 ምሩኻት፣ መትረየስ፣ ዘይተኣደነ ምስጢራዊ ዶኹመንት ተማሪኹ'ዩ። ሻዕብያ *<<ዓሰርተ ዓመት ኣይፈርስን>>* ብምባል ክሳብ ዓንቓሩ ዝፈኸረሉ ናይ ኣስመራ ዙርያ ድፋዕ ኣብ ክልተ ሰዓት ዉግዕ ተፈራኺሹ ኣብ ኢድ ኣብዮታዊ ሰራዊት ዓለበ። ኣብዚ ዉግዕ ኣብ ወገን ሰራዊት ልዑል ክሳራ ከጋጥምዩ ዝብል ትጽቢትኻ እንተነበረ ናይ ዓዲ-ያቆብ ድፋዕ ክሕምሽሽ ዘጋጠመ ክሳራ ትጽቢት ካብ ዝተገብረሉ 10% ጥራይ ኔሩ። ናይ ወገን ሰራዊት ዓዲ ቢደል ምስበጽሐ 506ኛ-ሀ ግብረ ሓይል ናብ ዓዲ ተከሌዛን ኣምረሐ። 506ኛ-ለ ግብረ ሓይል ናብ ሽማ ንጉስ ታሕታይ ገስጊሱ ጽርግያ ኣስመራ-ኸረን ክከፍት ተበገሰ።

እቲ መሬት መደያይቦ ዘይብሉ ጸድፊ ስለዝኾነ 506ኛ-ሀ ዓዲ ተከሌዛን ኣትዩ ምሕዳር ኣይከኣለን። 506ኛ-ለ ግብረ ሓይል'ዉን ተመሳሳሊ ሽግር ኣጋጠሞ። 506ኛ-ለ ግብረ ሓይል ንጽባሒቱ ንግሆ ሙሉዕ መዓልቲ ከዋጋእ ዉዒሉ ሰዓት 04:00 ድሕሪ ቀትሪ ጽርግያ ኣስመራ-ኸረን ተቖጻጸረ። ጊዝያዊ መከላኸሊ መስመር መስሪቱ ምስ ኮ/ል ሁሴንን ምስ ብ/ጀ መርዕድን ናይ ሬድዮ ርክብ መስረተ።

506ኛ-ሀ ግብረ ሓይል ሕዳር 22 ሰዓት 03:00 ድሕሪ ቀትሪ ዓዲ-ተኸሌዛን ኣትዩ ንብ/ጀነራል መርዕድ ንጉሴ ኣፍለጠ። ኣብዚ ዕለት ጀነራል መርዕድ ካብ ኣስመራ ብሄሊኾፕተር ዓዲተከሌዛን ኣትዩ ማዕከል መኣዘዚ መስረተ። እግሪ እግሩ ሓንቲት ሄሊኮፕተር ካብ ኣስመራ ተበጊሳ ዓዲ-ተኸሌዛን ዓለበት። ናይዛ ሄሊኮፕተር ምምጻእ ዘስዕቦ ኹነታት ቀስ ኢልና ክንሪኦ ኢና።

ምዕራፍ ሰድሳን ሰለስተን

ህልቐት ዒላበርዕድ

506ኛ-ሀ ግብረሃይል ሮብዕ ሕዳር 22 ሰዓት 03:00 ድሕሪ ቀትሪ ዓዲ-ተኽሌዛን ኣትዩ ንጀነራል መርዕድ ንጉሴ ሓበረ። ትንግርቲ ዓዲ-ያቆብ ኣብ ዘዘንተኹሉ ክፍሊ ጀነራል መርዕድ ኣብ ዓዲ-ተኽሌዛን ማዕከል መአዘዚ ምስመስረተ ሓንቲት ሄሊኮፕተር ካብ ኣስመራ ከምዝመጸት ንኣንባቢ ገሊጸ ኔረ። እዛ ሄሊኮፕተር ሕዳር 22 ሰዓት 05:30 ካብ ኣስመራ ተበጊሳ ዓዲ-ተኽሌዛን ምስዓለበት ብዙሕ ከይደንጎየት ኣስመራ ተመልሰት። *<<ኣብ ዉሽጢዛ ሄሊኮፕተር መን ኔሩ? ስለምንታይ ንዓዲ-ተኽሌዛን መጺዩ?>>* ዝብሉ ነጥብታት መንቐልን መበገስን ናይ ዝስዕብ ክስተት ቐንጢጡ ስለዘርኢ ብዝርዝር ክድሕሰሶየ:

ብሄሊኮፕተር ካብ ኣስመራ ዝመጸ ናይ ኣብዮታዊ ወፈራ መምርሂ ናይ ወፈራ መኾንን ሻለቃ ገበረክርስቶስ ቡሊ ነበረ። ሰነ 1978 ዓም *<<ኣብዮታዊ ዘመቻ መምሪያ>>* ዝበሃል ወትሃደራዊ ኮሚቴ ምስተመስረተ ሻለቃ ገበረክርስቶስ ወፈራ መኾንን ኮይኑ ተሸመ። ዓዲ-ተኽሌዛን ምስበጽሐ ናብ ጀነራል መርዕድ ሓደ መምርሒ ኣመሓላለፈ: *<<506ኛ-ሀ ግብረ ሓይል ኣብ ታንኽ ተወጢሑ ዒላበርዕድ ኣትዩ ይሕደር።>>* ነዚ ትዕዛዝ ሒቡ ናብ ኣስመራ ክምለስ ምስጀመረ ጀነራል መርዕድ *<<ሕጂ መስዩ እዩ፣ እዚ ካብ ዝተዋሕበኒ መምርሒ ወጻኢ'ዩ፣ ኣነ ኣይቕበልን>>* በለ። ሻለቃ ገ/ክርስቶስ ተቐቢሉ *<<ፈሪሕኻ ዲኻ፣ ንስኻ እንተፈሪሕካ ካልእ ሰብ ክዕዝዝ እዩ፣ ንስኻ ኣስመራ ክትምለስ ኢኻ።>>*

ጀነራል መርዕድ ነቲ ትዕዛዝ ተቐበለ። ሻለቃ ገ/ክርስቶስ ሄሊኮፕተሩ ኣበጊሱ ኣስመራ ተመልሰ። ጀነራል መርዕድ ንኮ/ል ሁሴን ኣሕመድ ጸዊኡ: *<<ሎምዓቲ ምሸት ዒላበርዕድ ኣቲኻ ክትሓድር ኣለኻ>>* ብምባል ኣዘዞ። ድሕሪዚ እቲ ሰንካም ፍጻመ ሓደ ኢሉ ጀመረ። ኣብ ዒላበርዕድ ዝተፈጸመ ትርኢት ቅድሚ ምዝንታወይ ብዛዕባ ዒላበርዕድ ቕሩብ ክብል ይደሊ። ዒላበርዕድ ካብ ኣስመራ ናብ ኸረን ኣብ ዝወስድ ጽርግያ ነቲ ቁልቁል ኣፍካ ከይትከዓው ብሻቕሎት ትሓልፎ ጸዳፍ መገዲ ወዲእኻ ናብ ኸረን ምስቐረብካ ካብ ኣስመራ 70 ኪ.ሜ. ካብ ኸረን ድማ 20 ኪ.ሜ. ተፈንቲታ፣ ብኹርባታት ተኸቢባ ኣብ

ዓሚዩቕ መሬት ዝሰፈረት ሓዉሲ ኸተማ'ያ። ዒላበርዕድ ቅድሚ ምብጻሕካ ካብ ዓዲ-ተኸሌዛን ተፈንቲቱ ዝርከብ *<<ሓብረንቓታ>>* ዝበሃል ሓዉ ዝበለ ጸዳፍ ገደል ኣሎ። ኣብ ምንጎቲ ገደል ንጎሪላ ግጥም ዝጥዕም ሸንጥሮታት ብብዝሒ ይረአ።

ኣብ ዘመን ሓጼ ሓይለስላሴ ናይ ኤርትራ ክ/ሓገር ጸጥታ ክሕልው ዝተመደበ 2ይ ዋልያ ክ/ጦር ኣዛዚኡ ናይ ክቡር ዘበኛ 1ይ ኮርስ ምሩቕ ሌ/ጀ ተሾመ ዕርገቱ ኣብዚ ስፍራ ከምዝተሰወአ ኣብ ምዕራፍ ሰላሳን ሸውዓተን ንኣንባቢ ምግላጸይ ዝዝከርዩ።

ናብ ኣርእስተይ ክምለስ: ኮ/ል ሁሴን ኣሕመድ 506ኛ-ሀ ግብረሃይል ኣብ ታንክታት ከስቕሉ ኣዚዙ ሰዓት 08:30 ናይ ምሸት ናብ ዒላበርዕድ ተበገሰ። ሰዓት 09:00 ዒላበርዕድ ከምዝኣትወ ንጀነራል መርዕድ ብሬድዮ ሓበሮ። ድሕሪ ዝትወሰኑ ደቓይቕ ዉግዕ ከምዝተኸፍተ ገሊጹ ብዙሕ ከይጸንሐ ሬድዮ ርክብ ተቋረጸ። ዝሓለፈ ሳልስቲ ኣብ ዓዲ ያቆብን ሸማንጉስ ታሕታይን ከም ሕሱም ተደሲቑ፣ መሪር ስዕረት ዝተገዝመ ናይ ሻዕብያ ወንበዴ ዒላበርዕድ'ውን ብዘይፍታዉ ከምዝገድፋ ስለዝተረደአ ኮ/ል ሁሴን ኣሕመድ ዝመርሖ 506ኛ-ሀ ግብረሃይል ዒላበርዕድ ክኣትው እንከሎ ኣብ ግራት ዝቦቐለ ኣራንሺ፣ ዕፉን፣ መንደሪን ወዘተ ኣብ ምዕራይ ተጸሚዱ ነበረ።

ናይ ሻዕብያ ወንበዴ ብርክት ዝበላ ናይ 506ኛ-ሀ ግብረሓይል መኻይንን ታንኽታትን ዓይኒ ዝደጉሕ መብራህቲ ወሊዐን ክመጻ ምስረኣየ ተገረመ። ኣብዮታዊ ሰራዊት ኣብ ታሪኹ ድሕሪ ሰዓት 05:00 ድሕሪ ቀትሪ እትረፍ ክዋጋእ ካብን ናብን ኣይንቐሳቐስን።

ድሕሪዚ ናይ ወንበዴ መራሕቲ ንሰራዊቶም ከምዚ ብምባል ኣዘዙ: *<<ድምጽኹም ኣጥፊእኹም፣ የማን ጸጋም ናብዘሎ ተረተር ቖልጢፍኩም ደይቡ። ድምጺ ዝበሃል ከይተሰሙኡ፣ ዝኾነ ሰብ ተኹስ ከይተባህለ ከይትኩሱ። ኹለን ታንኽታትን መኻይንን ዒላበርዕድ ክሳብ ዝኣትዋ ብትዕግስቲ ተጸበዩ። ናብ ኸረን ዘዉጽዕን ናብ ኣስመራ ዝመልስን ማዕጾ ብጸረ-ታንኽ(ላዉንቸር) ይረገጥ። ታንኽታትን መኻይንን ንኸረን ክሓልፋ እንተፈቲነን ወይ ንኣስመራ ክምለሳ እንተሓሲበን ላውንቸር ተኩስኹም ኣንድዱወን።>>*

506ኛ-ሀ ግብረ ሃይል ዝሓለፈ ክልተ መዓልታት ብዝረኸቦ ዓወት ምሂር ተሰራሲሩ ኣብ ታንክ ተወጢሑ እንዳዘመረን እንዳዓለለን ናብ ዒላበርዕድ

ጠኒኑ ኣትወ። ቅድሚ ምእታዎም ዳሕሳስ ዝገብር ስኳድ ክልእኹ ምስተበገሱ ሓደ መኾንን ኢዱ እንዳወዝወዘ <<*ላይፉል*>> ስለዝበለ ዳሕሳስ ዝገብር ክፍሊ ከይተሰደ ተረፈ።

ዒላበርዕድ ክኣትዉ እንከለው እታ ሓዉሲ-ኸተማ ስቕታ ወሪሱዋ ነበረ። ኣብዮታዊ ሰራዊት ካብ ታንክታት ምስወረደ ብረቱ ኣብ መንኹቡ ተሓንጊጡ፣ ክልተ መዓልታት ሙሉዕ ብዉግዕ ዝላደየ ማዕገሩ ከዕቕል፣ ኣብትሕቲ ገረብ ኣጽለለ። ኣብ መንኩቡ ዝተሰከሞ ብረት ኣብ ገረብ ኣደጊፉ፣ ዕጥቑ ኣቐሚጡ ኣመት ከብዱ ክገብር ጀመረ። ወንበዴታት ነዚ ትርኢት ተገሪሞም ይዕዘቡ'ለው።

ናይ ወገን ሰራዊት ፋሕ ካብ ዝበለሉ ምስተመልሰ ናይ ጸላኢ ሰራዊት ኣዘዝቲ ዕጥቑ ኣብ ዝፈትሐ ሰራዊት ናይ ኢድ ብኢድ ዉግዕ ክገብሩ ኣዘዙ። ፈለማ ሞርታር ብጻዕቒ ተኮሱ። ቐጺሎም ናይ ኢድ ቡምባ ከዓዉ። ጸላኢ ነዚ መጥቃዕቲ ክኸፍት እንከሎ ናይ ወገን ሰራዊት ዕጥቑ ፈቲሑ፣ ብረቱ ኣቐሚጡ ኔሩ።

መሬት ከም ኣፍ ዑንቒ ጸበበት። ናይ ወገን ሰራዊትን <<*መን? ካበይ?*>> ጠያይቲ ከምዝትኩሰሉ ምፍላጥ ሓርበቶ። ናይ ሻዕብያ ወንበዴ ካብ ዝሓኾረሉ ተረተር እንዳተኮሰ ናይ ወገን ሰራዊት ናብ ዝሰፈረሉ ዓሚዩቕ መሬት ወሪዱ ናይ ኢድ ብኢድ ዉግዕ ጀመረ። ናይ ወገንን ጸላዕን ሰራዊት ተሓዋወሰ። ናይ ወገን ሰራዊት ኣስናኑ ነኺሱ፣ ኻራ ካብ ዕጥቑ መዚዙ፣ ኣብ ኣፈሙዝ ሶኺዑ፣ ምስ ጸላኢ ክሳድ ንክሳድ ተሓናነቐ። ናይ ሰለስተ ወርሒ ስልጠና ጥራይ ወሲደን ኣብ ሚልሽያ ዝተሓቑፋ ደቀንስትዮ ንወላዲት ሓገርን ብዝሓደረን ልዑል ፍቅሪ ማዕረ ደቂ-ተባዕትዮ ምስ ጸላኢ ክሳድ ንክሳድ ተጠማጠማ።

መብዛሕትኦን ታንክታትን ብላዉንቸር ነደዳ። ናይ ዒላባርዕድ ሰማይ ብጸሊም ትኪ ተጐልበበ። ኣራንሽን መንደሪንን ዘፍሪ ፍርያም መሬት ብደም ሰብ ተሓጽበ። ናብ ሰማይ ዝሃነገ ትክን ካብ ኣፈሙዝ ዝትኮስ ሓዊ ብዝፈጠሩዎ ረስኒ ናይ ወገን መዳፍዕን ታንኽታትን ብረስኒ ባዕለን ክትኮሳ ጀመራ። ናይ ታንኽታትን መዳፍዕን ጠያይቲ ናብ በበይኑ ኣንፈት እንዳተዘርወ ንወገንን ጸላእን ማዕረ ክመዓቶ ጀመረ። መን ይትኩስ በየናይ ኣንፈት ይትኩስ ዝብል ክፍለጥ ኣይከኣለን። እዘን ታንኽታትን መዳፍዕን ሓዊ ዝተፍኣ ካብ ኣዝዩ ቐረባ ርሕቐት ስለዝኾነ ስጋ ሰብ ብመጋርያ ተለብሊቡ፣ ኣዕጽምቱ

ጥራይ ስለዝተረፈ: *<<መንዩ? ካበየናይ ወገንዩ?>>* ኢልካ ምፍላዩ ኣይከኣልን። ኣብዛ ለይቲ ናይ ዒላበርዕድ ቀላጥ ሜዳ ብሬሳ ሰባት ኣዕለቕለቐ። እዚ ሬሳ ናይ ወገንን ናይ ጸላእን ሰራዊት ሬሳ ነበረ።

ብርሃን ንጸላም ከብሪ ምስጀመረ ነፈርቲ ኹናት ኣጋወጋሕታ ካብ ኣስመራ ተበጊሰን ዒላበርዕድ ምስ መጸ ምንቕስቓስ ሰብን ትኽን ኣብ ዝረአ ቦታ መትረየስ ክትኩሳ ጀመራ። በዚ ደብዳብ ኣብዮታዊ ሰራዊት ምስ ጸላኢ ማዕረ ተደብደበ። ናይ ሬድዮ ርክብ ምሸት ስለዝተቛረጸ ሓይሊ ኣየር ወገንን ጸላእን ከምዝተሓዋወሰ ሓበሬታ ኣይነበሮን። ካብ ምሸት ኣትሒዙ ሓዊ ዝተፍኣ መዳፍዕን ታንኽታትን ሕጂ'ዉን ምትኻስ ኣየቋረጻን።

ንጽባሒቱ ንግሆ ሰዓት 04:00 506ኛ-ለ ግ/ሃይል ኣብ ጽርግያ ኣስመራ-ኸረን ዘሎ ገዛእቲ መሬት ተኸቲሉ ናብ ዒላበርዕድ ጉዕዞ ጀመረ። ኣጋ ወጋሕታ ብደም ናብ ዘዕለቕለቐት ብስጋ ሰብ ዝሸተተት ዒላበርዕድ ሕሩግ ኢላ ኣትወ። ናይ 506ኛ-ለ ግ/ሃይል ኣዛዚ ሌ/ኮ ተስፋይ ሃብተማርያም ብቕልጡፍ ነዚ ዝስዕብ ናይ ዉግዕ መደብ ሓንጺጹ ሰራዊቱ ኣዋፈረ።

ፈላማይ ብርጌድ ካብ ዝሃዘም ሰለስተ ሻለቃታት: ቀዳማይ ሻለቃ ብሸንኽ የማን ዘሎ ጸቢብ ገዛኢ መሬት ክቖጻጸር እቶም ዝተረፉ ክልተ ሻለቃታት ምስ ምጽባብ ናይቲ መሬት ክድይቡ ስለዘይክእሉ ሪዘርቭ ክኾኑ። ካልኣይቲ ብርጌድ ድማ ብሸንኽ ጸጋም ዘሎ ንኸተማ ዒላበርዕድ ዝገዝዕ መሬት ክቖጻጸር ኣዘዘ። ሳልሳይ ብርጌድ ሪዘርቭ ተገብረ።

506ኛ-ለ ግ/ሃይል ምስ 506ኛ-ሀ ግብረሃይል ተላፊኑ ሙሉዕ መዓልቲ ኣስናኑ ነኺሱ፣ ብፍሉይ ትብዓትን ቖራጽነት ክከታኸት ወዓለ። እቲ ዉግዕ ካብ ምክልኻል ናብ መጥቃዕቲ እንዳደየበ መሊሱ ናብ ምክልኻል እንዳተመልሰ ክሳብ ፋዱስ ቐጸለ። ሰዓት 01:00 ድሕሪ ቐትሪ ምስኾነ እቲ ምርኢት ተቐየረ።

ንሸንኽ ጸጋም ኣብ ዘሎ ገዛኢ መሬት ዝተሰለፈ ናይ 506ኛ-ሀ ግብረ ሃይል ተዳኺሙ መከላኸሊ መስመሩ ገዲፉ ንድሕሪት ክስሕብ ጀመረ። ኣብዚ ቕጽበት ኣዘዝቲ ብርጌድን ክፍለጦራት ሰራዊቶም ገዲፉዎም ስለዝኸደ ብዘይዓጃቢ ተረፉ። 506ኛ-ሀ ግ/ሃይል ንድሕሪት ክምለስ ዝረኣዩ ናይ 506ኛ-ለ ግ/ሃይል ሰለስተ ብርጌዳት ዉግዕ ካብ ዝጅምሩ ፍርቂ መዓልቲ እኻ

ከይገበሩ ንድሕሪት ተመልሱ። ዕዝን ቑጽጽርን ብሓንሳብ ፈሪሱ። ጸላኢ ደብዳብ ሞርታር ኣጽዓቐ።

ህልቚት ዒላበርዕድ ማዕረ ክንደይ ዘስገድግድ ምንባሩ ንምግላጽን ብፍላይ ኣንባቢ ናይ ኤርትራ ክ/ሓገር ካብ ኢትዮጵያ ከይትንጸል ኢትዮጵያዉያን ዝኸፈልናዮ መሪር ዋጋ ክርዳዕ ምእንቲ ኣብዚ ጊዜ ዘጋጠመ ሓደ ትርኢት ክገልጽ።

ናይ ወገን ሰራዊት መከላኸሊ መስመሩ ገዲፉ ንድሕሪት ክምለስ ምስጀመረ ናይ 506ኛ-ለ ግ/ሓይል ኣዛዚ ሌ/ኮ ተስፉይ ሃብተማርያም ሰራዊቱ ኣረጋጊኡ ናብ መኸላከሊ መስመሮም ክመልሶም ምእንቲ መገዲ ምስጀመረ ኣብ ጥቃዕ ሓደ ታንኽ ጋሕ ኢሉ ዝወደቐ ታንከኛ ከእዉይ ጸንሖ። እዚ ሰብ ሻለቃ ገዝሙ በዛወርቅ ይብሃል። ሻለቃ ገዝሙ ንተስፉይ ርዕይ ምስበሎ ኣዉያቱ ወንዚፉ *<<ኮ/ል ተስፉይ በጃኻ ብደቕኻ ሒዘካየ: ንበይነይ ገዲፍካኒ ከይትኸይድ፣ ወድዓኒ።>>* ክልቲኦም መኾንናት ኣዕሩኽ እዮም። ክሕግዞ ምስቐረበ ካብ ሰለፉ ንታሕቲ ኣዕጋሩ ኣብ ኣርባዕተ ቦታ ተመኒሁ ደም ብዘይምቑራጽ ይፈስስ ነበረ። *<<ኣጆኻ! እንተሞይትና ሓቢርና ኢና ንመውት እንተተሪፍና ድማ ብሓደ ንተርፍ እምበር ንዓኻ ኣይዉድዕኻን: ገዲፈካ እዉን ኣይኸይድን>>* ድሕሪ ምባል ካብ ዝወደቐሉ ኣልኢሉ፣ ኣብ ዝባኑ ሓንጊሩ ጉዕዞ ጀመሩ። ካብ ዝባኑ ከይወድቖ ምእንቲ ኣዕጋሩ ክሕዞ ምስፈተነ ኣዕጋሩ ኣብ ኣርባዕተ ቦታ ስለዝተጨደ መትሃዚ ሰዓነ። ጠልጠል ዝበለ ኣዕጋሩ ናብ መሬት ዝኸዓው መሰለ። እንዳወደቑን እንዳተስኡን ናብ ወገን ሰራዊት ተጸምበሩ። ድሕሪዚ ዉጉኣት ተልዕል ሄሊኮፕተር መጽያ ሻለቃ ገዝሙ ምስ ካልኦት ዉጉኣት ኣስመራ ኸደ። ፍቃድ ኣምላኽ ኮይኑ ሻለቃ ገዝሙ በዛወርቅ(*ደሓር ብ/ጀነራል*) ሎሚ ብክልተ ኣዕጋሩ ይኸይድ'ዩ።

ሕዳር 24 ተፈጺሙ ጸሓይ ሰተኾት። ኣብዚ ቕጽበት ካልእ ዘሻቕል ኹነታት ተኸስተ። ቐትሪ ንኣዛዝቱ ራሕሪሑ ንድሕሪት ዝተመልሰ ሰራዊት ጸላም ከም ጉልባብ ተጠቒሙ ንድሕሪት ማለት ኣስመራ ገጽ ክምለስ ጀመረ። *<<ደዉ በል! ብኢትዮጵያ ኣምላኽ! ብባንዴራ ኣምላኽ!>>* ኢሎም ለመኑዎ። ኣቕበጸ!

ሕዳር 24 ምሸት ናይ ወገን መከላኸሊ መስመር ሓሕ በለ። ጸላኢ ንጣብ ደም ከየንጠበ ን'ቅድሚት ገስጊሱ ንወገን ሰራዊት ኾብኲቡ ኣስመራ ዝኣትወሉ ኹነታት ተፈጥረ። ኣዘዝቲ ብርጌድን ላዕለዎት መኾንናት ብጭንቐት ተሓቑኑ።

ምሸት ኣዘዝቲ ሰራዊት ምስ ሰራዊቶም ተራኺቦም ዕዝን ቑጽጽርን ዳግም ተመስረተ።

ንጽባሒቱ ዓርቢ ሕዳር 24 1978 ዓ.ም. ዝተወሓሓደ መጥቃዕቲ ከምዝፍነው ተገልጸ። በዚ መሰረት 506ኛ-ሀ ካብ ዒላበርዕድ ናብ ኣስመራ ዘውጽእ ደቡባዊ ጫፍ ዘሎ ስፍራ ክቖጻጸር ተዓዘ። 506ኛ-ለ ግ/ሃይል ናብ ኸረን ዘዉጽእ መገዲ ንጸላኢ ኣጥቒዑ ክሕዝ መምርሂ ተዋሕበ። ዓርቢ ሰዓት 05:30 ናይ ንግሆ ክልቲኦም ክፍልታት ብከቢድ ብረትን ነፈርትን ኹናትን ተሓጊዞም ጹዕጹዕ መጥቃዕቲ ከፈቱ።

ፈለማ 506ኛ-ለ ግብረ ሓይል ነዚ ጸፊሕ ኲርባ ክሕዝ ዝገበሮ ፈተነ ኣይሰለጠን። ንግዚኡ ዉግዕ ደው ኣበሉ። ጌንኦም ኣለልዮም፣ ስልቶም ቐዪሮም ንካልኣይ መጥቃዕቲ ተዳለው። ኣብዚ ዘየላቡ መጥቃዕቲ ነፈርቲ ኹናት ናብ ድፋዕ ጸላኢ ሓዊ ኣዝነባ። ታንኸታት ዝተቐልወ ረመጽ ብዘይምቁራጽ ተኾሳ። ናይ ጸላኢ ድፋዕ ተፈራከሸ። ኣብዚ ሕሞት ኣጋር ሰራዊት ክሓጅም ተሓንዲዱ ናብ ጸላኢ ሓመመ። ናይ ወገን ሰራዊት ምስ ጸላኢ ክሳድ ንክሳድ ተሓናነቑ፣ ብዙሓት ጀጋኑ ወዲቖም እዛ ኲርባ ኣብ ኣብዮታዊ ሰራዊት ኢድ ዓለበት።

ምትሓዝ ናይዛ ኹርባ ንሻዕብያ ዓብዪ መርድዕ ነበረ። ናይ ሻዕብያ ወንበዴ ልዕሊዚ ኣብ ዒላበርዕድ ምጽናሕ ቕዝፈት ከምዝኾነ ተረዲኡ ሰዓት 03:30 ድሕሪ ቀትሪ ካብ ዒላበርዕድ ናብ ኸረን ሓደመ። ኣብዮታዊ ሰራዊት ነቲ ዝሓድም ወንበዴ እንዳኻደደ ክስልቖ ምስጀመረ ብላዕለዎት ኣዘዝቲ ኣብ ዘለኻዮ ርጋዕ ዝብል ትዕዛዝ ተዋሕቦ።

ኣብ ዒላበርዕድ ድምጺ ጠያይቲ ዝግ ኢሉ ሕድዓት ምስሰፈነ ኣብ መሬት ዝረአ ትርኢት ዘስገድግድ ነበረ። ኣብ ዒላበርዕድ ዝተኻየደ ዉግዕ ዘይኮነ ህልቂት ብምንባሩ እቲ ዘሰክሕ ጽፍጻፍ ሬሳ ነባሪ ምስክር'ዩ። ናይ ወገንን ጸላእን ሬሳ ብመጋርያ ሓዊ ተሸልቢቡ፣ የእዳዉን የእጋሩን ካብ ነብሱ ተቖሪጹ፣ ፈቖዱኡ ተዘርዩ፣ ክሳድ ሰብ ካብ ዝተረፈ መሓዉር ተቖንጢቡ፣ ርእሲ ሰብ ኣብ ክልተ ተጨዲዱ፣ ናዉቲ ከብዲ ተዘርዩ፣ ሬሳታት ተጸፋጺፉ፣ ንስርን ኣዛብዕን ስጋ ሰብ ጸጊቦም ይረአ ነበረ።

ብልሙዕ ኣግራብን ሳዕርን ትፍለጥ ዒላበርዕድ ሳዕራን ቆጽላን ሓሪሩ ገሓነም እሳት ኮነት። ኣብዚ ዕለት መሬት ዝፍሕራ ዶዘራት መጽየን ዝረገፈ ሰብ ዝቕበሩሉ ጋህሲ ስለዝተሳእነ ናይ ወገንን ጸላእን ሬሳ ተሓናፊጹ ኣብ ሓደ ጋህሲ ልዕሊ 100 ሰብ ተቐብረ። ሻዕብያ፡ ንወገን ሰራዊት ኣብ ሙታን መሬት ኣዕትዩ ክድምስስ ዝሓለሞ ሕልሚ ንነብሱ ለኪሙ፣ ናይ ኸረን ስትራቴጂካዊ ኸተማ ኣስኣኖ።

ምዕራፍ ስድሳን ዓርባዕተን

ተሓታቲ ህልቒት ዒላበርዕድ መንዩ?

ህልቒት ዒላበርዕድ ኣብ ሒደት መዓልታት ትንፋስ ብዙሓት ዝመንጠለ ብዙሕ ዘይተዘርበሉ ዘሰኽሕ ፍጻመዩ። ናይዚ ህልቒት ቀዳማይ ተሓታቲ ናይ ኣብዮታዊ መምርሂ ወፈራ ናይ ወፈራ መኾንን (*ሔድ ኦፍ ኦፐሬሽን*) ሻለቃ ገብረክርስቶስ ቡሊ'ዩ። ብካልኣይ ደረጃ ዝሕተት 506ኛ-ሀ ግ/ሃይል ምሸት ዒላበርዕድ ክኣትው ምስተቓረበ *<<ቅድም ዳሕሳስ ዝገብር ሓደ መስርዕ ነቕድም>>* ኢሎም ኣዘዝቲ ምስወሰኑ በዕዳው *<<ኣይፋል!>>* ብምባል ናይ ወገን ሰራዊት ሕሩግ ኢሉ ክኣትው ዝገበረ ስሙ ብዝተፈላለየ መገዲ ኣናድየ ክረኽቦ ዘይከኣልኩ ናይ 506ኛ-ሀ ግብረሃይል መኾንን ነበረ።

ሻለቃ ገብረክርስቶስ ቡሊ ሰዓት 05:00 ድሕሪ ቀትሪ ዓዲ-ተኸሌዛን መጽዩ መሬት ክጽልምት ምስጀመረ ኣብዮታዊ ሰራዊት ኣብ ዘይፈልጦን መጽናዕቲ ኣብ ዘይተገብረሉ መሬት ክኣትው ኣዚዙ'ዩ። ብሰሪዚ ኣብ ሰላሳ ዓመት ናይ ዉኽልና ኹናት ተራዕዩን ተሰሚዑን ዘይፈልጥ ጥፍኣት ኣብ ሰለስተ መዓልታት ተራእዩ'ዩ።

ሻለቃ ገብረ ክርስቶስ ቡሊ ወትሃደራዊ ወፈራታት ኣብ ካርታ ናይ ምንዳፍን ምሕንዳስን ልምድን ኣፍልጦን ዘለዎ ሰብ'ኳ እንተኾነ ብዲስፕሊን ኣዝዩ ዝተሓተ፣ ብመሳቱኡ ዝተጸልአ፣ ትዕቢትን ጽጋብን ዝስዕሮ ሰብ ነበረ። ሻለቃ ግብረክርስቶስ ቡሊ ን'ፕሬዚደንት መንግስቱ ሃይለማርያም መሓዝኡ ስለዝነበረ ናብዚ ደረጃ ስልጣን በቒዑ'ዩ። ብሓላፊነት ኣብ ዝሰርሖሎም ጽፍሕታት ኣዝዮም ዘሕፍሩ ተግባራት ብተደጋጋሚ ፈጺሙ ብምሕረትን ይቕሬታን ተሓሊፉዩ።

ሻለቃ ገብረክርስቶስ ኣብ ዒላበርዕድ ጥራይ ከይተሓጽረ ሓምለ 1979 ዓ.ም. 503ኛ ግብረሃይል ዘይተጸንዐ ትዕዛዝ ኣብ ሮራ-ጸሊም ክፍጸም ኣዚዙ ተመሳሳሊ ህልቒት ኣውሪዱ'ዩ። 503ኛ ግ/ሃይል ካብ ኹብኩብ ተበጊሱ ናብ ገምገም ኣትዩ፣ ናይ ናቕፋ-ኣለጌና መስመር ኣጽዩ፣ ኣብቲ ስፍራ ዝነበረ እንኮ ናይ ማይ ኢላ ገዲፉ ናብ ናቕፋ ክግስግስ ምስተኣዘ ናይ ወገን ሰራዊት ብማይ ጽምኢ ተፈቲሑ ተበተነ። ናይ 503ኛ ግ/ሃይል ኣዛዚ ኮ/ል ካሳ ገብረማርያምን ክልተ ተሓጋገዝቱ ሌ/ኮ ኣይተነው በላይን ኮ/ል ሰይፉ ወልዴን ነብሶም

ሰዉኡ።

ኮ/ል ካሳ ገ/ማርያም ኣብ ሮራ-ጸሊም ዕምባታት

ኣብ 1980 ዓም ሚኒስተር ምክልኻል ሌ/ጀነራል ተስፋይ ገ/ኪዳን፡ ሻለቃ ገ/ክርስቶስ ካብ ስልጣን ከምዝተላዕለ ዝገልጽ ነዚ ዝስዕብ ደብዳበ ጸሃፈ፡

<<ብዝተዋሕበካ ስልጣን ካብ ዝተመደብካሉ ዕለት ኣትሒዙ ንዘርኣኻዮ ናይ ዲሲፕሊን ጉድለት ኣብ መሪሕነት ኣብዮታዊ ሰራዊት ጸሊም ነጥቢ ብምግዳፍካ በዚ ነዉራምነትካን ትምኽሕትኻን ኣብ ዉሽጢ ኣብዮታዊ ሰራዊትና ቦታ ኣይክህልወካን’ዩ>>

ኣብ ላዕላዋይ ጽፍሂ ስልጣን ዝርቖሑ ውልቀሰባት መምዘኒ ረቋሒኦም ምሕዝነት፣ ሌላ፣ ዕርክነት ወዘተ ክኸውን እቲ ፍረ ከም ዒላበርዕድ ዘሰካሕኽሕ ህልቒትዩ። ናይ ሓገርና ሓድሽ ወለዶ ብኣድልዎን ሻርነትን ዝርከብ ስልጣንን ሓላፊነትን ዉጽኢቱ ሓገራዊ ዉርደት፣ ናይ ህዝቢ ንድየት፣ ናይ ወገን ጥፍኣትን ህልቒትን ከምዝኾነ ካብ ህልቒት ዒላበርዕድ ከምዝመሃር ተስፋ ኣለኒ።

ምዕራፍ ስድሳን ሓሙሽተን

መስሓሊት፡ ናይ 62 መዓልታት መሪር ተጋድሎ፡ ዘይጽቡይ መጻወድያ ኣብ ማዕሚደ

ድሕሪ ህልቒት ዒላበርዕድ 506ኛ-ሀ ንታሪኻዊት ኸተማ ኸረን ክቖጻጸር ተበጊሱ ኣፉፌት ኸረን ምስበጽሐ ላዕላዋይ ኣካል ኣብ ሓሊብመንትል ክሓድሩ ኣዘዘ። ሓሊብ-መንትል ካብ ኸረን ብናተይ ግምት ሓሙሽተ ኪሎሜትር ተፈንቲታ ትርከብ ስፍራ'ያ። ሓሊብ-መንትል ሓዲርም ንጽባሒቱ ንግሆ ሬድዮ ክሰምዑ *<<ብኮ/ል ኣስራት ብሩ ዝምራሕ 508ኛ ግ/ሃይል ንኸተማ ኸረን ተቖጻጺሩ፡ ኮ/ል ኣስራት ብሩ ናይ ማዕረግ ዕብየት ተገይሩሉ ብ/ጀነራል ኮይኑ ተሸይሙ>>* ዝብል ዜና ሰምዑ።

506ኛ-ሀ ግ/ሃይል ኣፉፌት ኸረን ምስበጽሕ ዝተዋሕቦ ትዕዛዝ መንቐሊኡ ኣብ ሞንጎ ክፍልታት ሰራዊት ዘሎ ትርጉም ኣልቦ ውድድር ነበረ። ኣብዮታዊ መምርሒ ወፈራ 506ኛ ግብረሃይል ናብ ታሪኻዊት ኸተማ ኸረን ኣትዩ ዝብል ታሪኽ ከይትዉንን ምእንቲ ናይ መንግስቱ ሓይለማርያም ኣደ ክፍሊ 3ይ ክ/ጦር ዝተሰለፈሉ 508ኛ ግብረሃይል ኸረን ክኣትው ኣዘዘ። ኣብ'ትሕቲ 508ኛ ግብረሃይል፡ ካብ ጎንደር ዝተበገሰ 501ኛ ግብረሃይልን ካብ መቐለ ዝተበገሰ 502ኛ ግብረሃይል ተላፊኖም ኣብ ኣቆርደት ዘቐሙዎ ብኮ/ል ኣስራት ብሩ ዝምራሕ ግ/ሃይልዩ። ብዓይኒ ፍትሒ እንተሪኢናዮ እዚ ዓወት ናይ 506ኛ ግብረሃይል እዩ።

506ኛ ግብረሃይል ናይ ዓዲ-ያቆብ ድልዱል ድፋዕ ኣብ ሒደት ሰዓታት ሮኺሚሹ፣ ነቲ ዘሰክሕ ናይ ዒላበርዕድ ህልቒት ብጽንዓት ሓሊፉ ኣብ ኣፉፌት ኸረን ምስበጽሐ ምኹላፉ ኣብ ላዕላዋይ ኣካል መንግስቲ ዝሰረተ ኣድልዎ፣ ሻርነት ምጉናይ ዝእንፍት'ዩ።

ድሕሪ ህልቒት ዒላበርዕድ 508ኛ ግ/ሃይል ካብ ኣቆርደት ናብ ኸረን ስለዝተቓረበ ናይ ሻዕብያ ወንበዴ ሰራዊቱን ንብረቱን ገፉፊጡ ቅድሚ ዓመትን መንፈቕን ኣብ ናቅፋ ዝተኸበ 15ኛ ሻለቃን ኣየር ወለድን ንምድሓን ካብ ኸረን ዝተበገሰ በጥስ ብርጌድ ናብ ዝዓገተሉ መስሓሊት ተበገሰ። ናይ መስሓሊት ድፋዕ ዳግም ክሕድም፣ ጸረ-ሰብ፣ ጸረ-ታንክ ፈንጅታት ክቀብር ጀመረ።

506ኛ ግ/ሃይል ካብ ኸረን ተበጊሱ መስሓሊት ሓሊፉ፣ ኣፍዓበትን ናቅፋን ከቖጻጸር ተዓዘ። ናብ ሳሕል ኣዉራጃ ዘእትውን ዘውጽእን እንኮ ጽርግያ ካብ ኸረን ተበጊሱ በቲ ከዉልን ዋልታን ዘይብሉ ሓባብ ተሰምየ ቀላጥ ጐልጎል ሓሊፉ፣ ብመስሓሊት ጥራይ ከምዝኾነ ንኣንባቢ ገሊጸ'የ።

ሻዕብያ ኣብዞም ጸፋሕቲ ጎቦታት ዓሪዱ ናይ ወገን ሰራዊት ንሓባብ ወዲኡ ናብዘን ጎቦታት ከሳብ ዝጽጋዕ ብፍጹም ትዕግስቲ ተጸበየ። ኣብዮታዊ ሰራዊት ናብዘን ኹርባታት ምስቐረበ ጸላኢ ነዊሕ ርሕቐት ዝውርወር መትረየስ ብዘይምቖራጽ ኣዝነበ። ናብ ቅድሚት ምንቕስቓስ ኣጸጋሚ ኾነ። ነዚ ፈተና ንምስጋር ነፈርቲ ኹናት ኣብ ጸፋሕቲ ጎቦታት መስሓሊት ዝሰፈረ ወንበዴ ከዓጽዶ'ኦ ተገብረ። ካብቲ ጽርግያ ንሸነኽ የማን ተፈንቲቱ ዝርከብ ካብ ሰሜን ናብ ደቡብ ከም ሰንሰለት ዝዝርጋሕ ጐቦ ነፈርቲ ኹናት እሳት ኸዓዋሉ።

ናይ ሻዕብያ ወንበዴ ኣብ 1977 ዓም በጥስ ብርጌድ ናብ ናቅፋ ከይሓልፍ ከዓግቶ ዝተጠቐምሉ ናይ ምትላልን ምድንጋርን ተመሳሳሊ ስልቲ ተጠቕመ። ናይ ምክልኻል ዉግዕ ከምዝድንግጎ ሓደ ሰራዊት ናይ ምክልኻል ዉግዕ ከኻይድ መኸላከሊ መስመር ዝምስርት ኣብ ጥርዚ ናይቲ ጐቦ ወይ ድማ ኣብ ሑቕ ናይቲ ጎበዩ። ጸላኢ ኣብ ሑቕን ጥርዝን ናይቲ ጐቦ መደናገሪ ድፋዓት ሃዲሙ፣ ዉስን ሓይሊ ኣሰፈረ። ኣብዝሃ ሓይሉ ኣብ ድርኩኺት ናይቲ ጐቦ ምስቲ መሬት ተመሳሲሉ ዓስከረ። ብተወሳኺ ጋህስታት ፍሒሩ፣ ነቲ ጋህሲ ብቆጽለ መጽሊ ኣመላኺዑ ታንከታት ዝጥሕላሉ መሰናኽል ኣዳለወ።

ነፈርቲ ኹናት ናብ ጥርዝን ሑቕን ናይቲ ተረተር ተጸጊዐን መደረጋሕ ቡምባ ከዓዋ። ኣብቲ ጎቦ ዘሎ ኣዕማናንን ኣኻዉሕን ቃልቃል በለ። ናይ ጸላኢ ናይ ምትላል ስልቲ ኣቀዲሙ እንተዝፍለጥ ኔሩ ሓደ ወንበዴ ብሕይወት ኣምበይ ምወጸን። ኣብዮታዊ ሰራዊት ነፈርቲ ኹናት ዘዝነቦ'ኦ ዘይተኣደነ ቡምባ ሓውን ትክን ከፈጥር ምስረኣየ ብልዑል ሞራል ከሓጅም ተሓንደደ። ሩባ ዓንሰባ ሰጊሩ ናብቲ ጎቦ ምስቀረበ ሻዕብያ ኣእጋር ሰብ እንዳረኣየ፣ ካብ ዝተላሕገሉ ጋህሲ ርእሱ ሓፍ ኣቢሉ ፈለማ ናይ ኢድ ቡምባታት ከዓወ። ቐጺሉ ናይ መትረየስ ቶኽሲ ኣዝነበ። ናይ ወገን ሰራዊት ክምለስ ተገደ። ኣብ ካልኣይ መስርዕ ተሰሪዑ ዝነበረ ሰራዊትዉን ቀዳማይ መስርዕ ከምለስ ምስረኣየ ሩባ ዓንሰባ ሰጊሩ ተመልሰ። ናይ ሻዕብያ ወንበዴ ናይ ወገን ሰራዊት ንድሕሪት ከምለስ ምስረኣየ ኣብ ዝባኑ ጠያይቲ ጽሕዩ ኣብ ሜዳ ኣውደቐ።

ድሕሪ'ዚ ኣብዮታዊ ሰራዊት ንመስሓሊት ከቖጻጽር ብዘይምቖራጽ ተደጋጋሚ መጥቃዕትታት ፈነወ። ፈተኑኡ ግን ክሰልጥ ኣይኸኣለን። እቲ ግጥም ምስ ሻዕብያ ጥራይ ኣይነበረን። ናይ ወገን ሰራዊት ተወሊዱ ኣብዘይዓበየሉ፣ መእተዊኡ መዉጽኢ'ኡ ኣብዘይፈልጦ፣ ተፈጥሮ ንጻላኢ ኣብ ዝዘርየሉ ርጉም መሬት ብምንባሩ ናይ ኣብዮታዊ ሰራዊት ፈተነታት ኣይተዓወተን። ኣብዮታዊ ሰራዊት ኣብ መስሓሊት ምስ ወንበዴ ተፋጢጡ መን ይስዕር ኣብ ዘይተፈልጠሉ ፈታኒ ጊዜ ላዕላዋይ ኣካል መንግስቲ ነዚ ምፍጣጥ ንምፍታሕ ፍታሕዩ ዝበሎ ሓደ ውጥን ኣርቀቐ። እዚ መደብ ከምዝስዕብ ኔሩ:

ምጽዋ ኣብ ዝተኸበትሉ እዋን ናይ ኢትዮጵያ ሚሊሽያ ሰራዊት ንዕዳጋ ምስ ጸላኢ ተማቒሉ፣ ኣብ ጨው መሬት ደቒሱ፣ ኣብ ዝኸላኸለሉ ጊዜ ነቲ ዘይተርፍ ምትሕንናቕ ካብ ምብራቓዊ ክፋል ሓገርና ዝመጸ ብኮ/ል ደሳለኝ ኣበበ(*ደሓር ብ/ጀ*) ዝምራሕ 10ይ ክ/ጦር ምጽዋ ሰሜን ናይ ቀይሕ-ባሕሪ ጥርዚ ተኸቲሉ፣ ማርሳ ጉልቡብ ዝበሃል ናይ ተፈጥሮ ወደብ ክቖጻጸር ተዓዘ። ድሕሪኡ ካብ ማርሳ ጉልቡብ ተበጊሱ ብጸፋሕቲ ኀቦታት ተዋሒጡ ዝረአ ናይ ሓሌብ ሽንጥሮ ሒዙ ብኀቦታት ናብ ዝተኸበት ኸተማ ኣፍዓበት ምስኣትወ ካብ ኣፍዓበት ተበጊሱ ኣብ መስሓሊት ዝሰፈረ ጸላኢ ዝባኑ ክስልቖ ተዓዘ።

ናብ ማርሳ ጉልቡብ ናይ ተፈጥሮ ወደብ ዘእትዉን ናብ ኣፍዓበት ዘዉጽዕ እንኮ ማዕጾ ማዕሚደ'ዩ። ድሕሪኡ ብኀቦታት ዝተዋሕጠ ናይ ሓሌብ ሽንጥሮ ሒዝካ ናብ ኣፍዓበት ጉዕዞ ትቕጽል። 10ይ ክ/ጦር ካብ ምጽዋ ኣንፈቱ ንሰሜን ጠውዩ፣ ናይ ቀይሕ-ባሕሪ ጥርዚ ተኸቲሉ፣ ነቲ ሃው ዝበለ ኣጻምዕ ሓሊፉ ማርሳ ጉልቡብ በጽሐ። ፈላማይ ምዕራፍ ብዓወት ዛዚሙ ገስጋሱ ናብ ኣፍዓበት ቐጸለ። ካብ ማርሳ ጉብልቡብ ተውጽእ እንኮ ማዕጾ ማዕሚደ ምስበጽሐ ኣብ ናይ ጸላኢ ድብያ ወደቐ። ዘይተጸበዮ ጉድኣት ወረደ። በዚ መገዲ ንቅድሚት ምቕጻል ካብ ጥቕሙ ጉድኣቱ ስለዝዓዝዝ ገስጋሱ ኣቋሪጹ ናብ ማርሳ ጉልቡብ ተመልሰ።

ኣብ መስሓሊት ምስ ጸላኢ ተፋጢጡ ዘሎ ኣብዮታዊ ሰራዊት ካብ ምጥቃዕ ናብ ምክልኻል ክኣትዉ ተገደ። እዚ ስልታዊ ለዉጢ ናይ ድኻም ምልክት ከምዝኾነ ተረዲኡ ሻዕብያ መጥቃዕቲ ፈነወ። ናይ ወገን ሰራዊት ነቲ መጥቃዕቲ ከፍሽል ስለዘይኸኣለ ቅድሚ ዓመትን መንፈቕን በጥስ ብርጌድ

ዘጋጠሞ ዕጫ ኣጋጠሞ። ዉሁድ ቑጽሪ ዘይብለን ታንክታት፣ መኻይን፣ መዳፍዕ ዛሕዚሑ ናብ ኸረን ተመልሰ።

ካብ መስሓሊት ናብ ኸረን ዝሰሃቡ 506ኛ ግብረሃይል ሀ'ን ለ'ን ኣብ ኸረን ዳግመ ስርርዕ ምስገበሩ ናይ 506ኛ ግብረሃይል ክልተ ንዑሳን ግ/ሃይል ብሓደ ተላፊነን 508ኛ-ሀ ግብረ ሃይል ተሰምየ። ናይ 508ኛ-ሀ ግብረሃይል ኣዛዚ ብ/ጀነራል ቁምላቸው ደጀኔ ኮይኑ ተሾመ። 508ኛ ግ/ሃይል ከም ሓድሽ ዝተደረበሉ 508ኛ-ሀ ግ/ሃይል ተሓጊዙ ብሓድሽ ጉልበትን ወነን ጥሪ 13 1979 ዓም ናብ መስሓሊት ገስጊሱ ዘየላቡ መጥቃዕቲ ፈነወ። ድሕሪ 62 መዓልታት ናይ መስሓሊት ድፋዕ ፈሪሱ። ናይ ሻዕብያ ወንበዴ ካብ ጋህስታቱ ወጽዩ ሕድማ ምስጀመረ ኣብዮታዊ ሰራዊት ዝባኑ እንዳሰለቐ ኣኻደዶ። ሻዕብያ ኣብ መስሓሊት ስዕረት ምስተጎልበበ ቅድሚ ዓመትን መንፈቕን ኣብ ናቕፋ ናብ ዝሓደሞ ድፋዕ ተመሊሱ ኣብ ናቕፋ ጎቦታት ተንጠልጠለ።

ኣብዮታዊ ሰራዊት ካብ ኣስመራ ተበጊሱ ነቲ ድልዱል ድፋዕ ኣብ ዓዲ-ያቆብ ሰይሩ ኸረን ክሳብ ዝኣትው ዝወሰደሉ ሓሙሽተ መዓልታት ጥራይ ነበረ። ኣብ መስሓሊት 62 መዓልታት ምስ ጸላኢ ተሓናኒቑዩ። ናይ መስሓሊት ዉግዕ ክልተ ወርሒ ዝወሰደሉ ክልተ ዓበይቲ ምኽንያታት ኣሎ:

1) ኣብዮታዊ ሰራዊት ንኸረን ምስተቖጻጸረ ጽንጽንታ ጸላኢ ፈጺሙ ስለዘይነበሮ እዚ ናይ ሓበሬታ ኣጸቦ ነቲ ዉግዕ ነዊሕን ኣረብራብን ጌሩዎ'ዩ

2) እቲ መሬት ኣዝዩ ተኣፋፊን ዕምቖት ብዘለዎ ሸንጥሮ ዝተሓዝአ ስለዝነበረ ታንክታት፣ ሜኻናይዝድ ክፍልታት ብዘድሊ መጠን ክሳተፉ ኣይከኣላን። ናይ መስሓሊት ዉግዕ ምስጀመረ ታንክታት፣ መዳፍዕ ገጸን ጠዉየን ኸረን ክምለሳ ተገዲደን'የን

3) ናይ ወገን ሰራዊት ቅድሚ ዓመትን መንፈቕን ኣብ ናቕፋ ዝተኸበ 15ኛ ሻለቃ ንምድሓን ትጽቢት ዝተገብረሉ በጥስ ብርጌድ ኣብ መስሓሊት ዝጐነፎ መጻወድያን ስዒቡ ዘጋጠመ ፍጻመ ዓዕሚቑ ኣይመመዮን: ኣይተማህረሉን

ናይ መስሓሊት ዉግዕ ምስተዛዘመ ኣብዮታዊ ሰራዊት ኣብ ሕዛእቲ ጸላኢ ዝረኸቦም ነገራት ኣዝዮም ዘስደምሙ ነበሩ። ኣብ ሩባ ዓንሰባ ተወልድቲ ናይቲ ከባቢ ካብቲ ሩባ ዝዉሕዝ ማይ ተጠቒሞም ፍሉይ ፍሩታት ማለት ፓፓየ፣ ማንጐ፣ ኣራንሺ ዘፍርዩሉ ከምኡ'ዉን ከም መዘናግኢ ዝጥቐሙሉ

ሕዙዕ ስፍራ ኣሎ። ሻዕብያ ነዚ ስፍራ ወሪሩ ዉግኣቱ ዝሕከሙሉ ሆስፒታል ካብ ምግባሩ ብተወሳኺ ዕሱራት ኣብዚ ስፍራ ሞቒሑ ነበረ። ናይ ወገን ሰራዊት ናብዚ ሕዛእቲ ምስበጽሐ ዘይተኣደኑ መውዓዪ ምግብታት፣ ፍሪጅ፣ ሞተርሳይክል፣ መድሓኒት፣ ዕሱራት ዝምቒሑሉ ፌሮ፣ ናይ ሆስፒታል ዓራት ማሪኹዩ። ጸላኢ ነዞም ናዉቲ ደራብዩ ምሕዳሙ ዝወረዶ ስምባደን ስዕረትን ዝገልጽ'ዩ።

ድሕሪዚ እቲ ኹናት ኣብ ሳሕል ኣውራጃ ጥራይ ስለዝተሓጽረ ብፍላይ ናይቲ ኣውራጃ ርዕሰ-ኸተማ ናቕፋ ማዕከል ምትሕንናቕ ስለዝነበረ ኣብዮታዊ ሰራዊት ንዓሰርተ ዓመት ኣብ ኣፋፌት ናቕፋ ምስ ሻዕብያ ዘካየዶ ምፍጣጥን ምዉጣጥን ቅድሚ ምዝንታወይ እቲ ኹናት ዝተኻየደሉ ናይ ሳሕል ኣውራጃ መሬት ንኣንባቢ ምልላይ ኣድላዪ ስለዝመስለኒ ናብኡ ክሰግር።

ምዕራፍ ስድሳን ሸድሽተን

ናይ ሳሕል ኣውራጃ ተፈጥሮኣዊ ኣቐማምጣ

ናይ መስሓሊት ጸቢብ ጽርግያ ሓሊፍካ እቲ በሪኽ መሬት ብቐልጡፍ ናብ ኣሚዩቕ ሽንጥሮ ኣብ ግዝግዛ ምስተቐየር ናይ ሳሕል ኣውራጃ ገፊሕ ሕዛእቲ ሓደ ኢሉ ይጅምር። ናይ ግዝግዛ ሽንጥሮ ኣዝዩ ዓሚዩቕ ሽንጥሮ'ዩ። ካብ መስሓሊት ጀሚሩ ክሳብ ቀልሓመት ይዝርጋሕ። ንግዝግዛ የማነ ጸጋም ዝገዝኡ፣ ጸሊም ሕብሪ ዝወንኑ፣ ጎቦ ኣብ ልዕሊ ጎቦ ዝተጸፍጸፈሎም *<<ሮራ-ጸሊም>>* ተሰምዩ ገዛእቲ ዕምባታት ኣለው። *<<ሮራ-ጸሊም>>* ናይ ትግረ ብሄረሰብ ተወለድቲ ዝዛረቡዎ ቋንቋ ትግረ ትርጉሙ ጸሊም ጎቦ ማለትዩ። ናይ ሮራ-ጸሊም ተረተራት ካብ ግዝግዛ ጀሚሮም ክሳብ ኣፉፌት ኣልጌና 200 ኪ.ሜ. ይዝርግሑ። ሮራ-ጸሊም ሓሞት ጅግና ዝጅልሕ፣ በሪኽ ዕምባ'ዩ። ኣብ ሰላሳ ዓመት ናይ ዉኽልና ኹናት ምስ ጸላኢ ዘርዩ ደምና ዝመጸየ ናይ መርገም ምልክት ጥራይ ዘይኮነ ፈጣሪ ደቂ-ሰባት ክፍትን ዝጸረቦ ናይ ተፈጥሮ መሰናኽል'ዩ።

ግዝግዛ ብሸነኽ ምዕራብ ምስ ንእሽቶን ኣባይን ኣስማጥ ዝበሃል ካልዕ ዓሚዩቕ ሽንጥሮ ይዳወብ። ናብ ኣዶብሓ ሽንጥሮ ንምጽጋዕ ምቹዕ ስፍራ'ዩ። ናይ ሮራ-ጸሊም ተረተራት ብሸነኽ የማን ንኸተማ ኣፍዓበትን ገለብ ዝበሃል ጸዳፍ መሬት የዳውቡ። ገለብ ናይ ሓደ ወረዳ ስፍሓት ዝሸፍን ወይ ድማ ዝውንን ጸዳፍ ስፍራ ክኸዉን ኣብ ሞንጎ እዞም ጸዳፍ መሬታት ማይ ዝዓቑረሉ ሕዛእቲ ስለዘሎ፣ ክረምቲ ዝዓቖረ ማይ ተጠቒሞም ነበርቲ ናይቲ ከባቢ ሕርሻን ማሕረስን የካይዱ'ዮም።

ኣፍዓበት ናይ ወረዳ ኸተማ'ዩ። ስፍሓቱ ካብ 10 ክሳብ 20 ኪሜ ይግመት። ኣፍዓበት ልዑል ብራኸ ብዘለዎም ናይ ሮራ-ጸሊም ተረተራትን ኹርባታትን ተዋሒጡ ዝርከብ ወረዳ'ዩ። ናይ ኣፍዓበት ጸጋማይ ወይ ድማ ምዕራባዊ ክፋል ልዕሊ 2000 ሜትሮ ብራኽ ብዘለዎም ዕምባታት ተኸቢቡ፣ ከም ሂመረትን ፓስ ዝበለ ወሳኒ መተሓላለፊ ማዕጾን ከም መርገመት ልዑል ስትራቴጂካዊ ኣገዳስነት

ዘለዎም ዕምባታት ዝገዝእዎ ናይ ወረዳ ኸተማ'ዩ። ክብ ኢለ ዝገለጽኩዎም *ሂመረት ፓስን መገርመትን* ኣብ 2ይ ምዕራፍ ወፍሪ ቀይሕ-ኮኾብ ኣብዮታዊ ሰራዊትን ጸላእን ከቢድ ምትሕንናቕ ዘካየዱሉ ስፍራ'ዩ። ካብ ኸተማ ኣፍዓበት ንሸነኽ የማን ካልእ ሽንጥሮ ይረዐ። እዚ ሽንጥሮ ሓሌብ ይበሃል። ሓሌብ ሽንጥሮ ኣብ ዉሽጡ ብደበት ዝተመልዐ ማይ 30 ኪሜ ንሸነኽ ምብራቅ ተጓኢዙ፣ ማርሳ ጉልቡብ ናይ ተፍጥሮ ወደብ ሓሊፉ፣ ናብ ቀይሕ-ባሕሪ ይጽምበር። ኣብ ኣፋፌት ናቕፋ ንዓሰርተ ዓመት ምስ ወንበዴታት ዝተፋጠጠ 508ኛ ግ/ሓይል(*ደሓር ናደው ዕዝ*) ካብ ምጽዋ ብመራኽብ ተጻዒኑ ቀለብ ኣብ ማርሳ ጉልቡብ ምስተራገፈ ናብ ኣፍዓበት ዝበጽሓሉ ብሓሌብ ሽንጥሮ'ዩ።

ካብ ኣፍዓበት ሰሜን ዘሎ መሬት ብዓሚዩቕ ሽንጥሮታትን ናይ ሮራ-ጸሊም

ኣፍዓበት

ተረተራት ዝተሓዝአ'ዩ። ካብ ኣፍዓበት ናብ ናቅፋ ኣብ ዝወስድ ናይ መኪና መገዲ 15 ኪ.ሜ. ተጓዒዝካ ኹብኩብ ኣብ ዝበሃል ዳገት ድርኩኺት ወሳኒ መተሓላለፊ ማዕጾ'ሎ። እዚ ማዕጾ <<የተሰፋዬ በር>> ይበሃል። ኣንባቢ ከምዝዝክሮ 15ኛ ሻለቃን ኣየር ወለድን ናይ ናቕፋ ናይ ሽድሽተ ወርሒ ኸበባ ሰይሮም ናብ ኣፍዓበት ኣብ ዝተመልሱሉ ለይቲ፡ ሻለቃ ተስፋይ ሃብተማርያም(ደሓር ብ/ጀ) ሰራዊቱ እንዳመርሐ ኣብ ሓደ ለይቲ ሓሙሽተ ድብያታት ዘፍሸለሉ ስፍራ ስለዝኾነ እዚ ስፍራ ብስሙ ተሰምዩ'ሎ።

ካብ ኹብኩብ ሰሜን ምዕራብ ናብ ኸተማ ናቕፋ ዘእትው ናይ ኣምባ ሽንጥሮ ይርከብ። ንኣምባ ሽንጥሮ ብጸጋም ዝገዝዕ ናይ ሮራ-ጸሊም ተረተር ደዒብኻ፣ ንታሕቲ ወሪድካ ሩባ ባሸሬ ዝበሃል ካልዕ ዓሚዩቕ ሽንጥሮ'ሎ። ሩባ ባሸሬ ከም ኣምባ ቀንዲ መገዲ ወይ ድማ ጽርግያ ዋላ'ኻ እንተዘይኮነ ናብ ናቕፋ ዘቓርብን ዘእትውን ማዕጾ ስለዝኾነ ኣብዮታዊ ሰራዊት ንሩባ ባሸሬ ኣብ ዝገዝኡ ናይ ሮራ-ጸሊም ተረተራት ንዓሰርተ ዓመታት ዘደንቕ ናይ ሓድነት ተጋድሎ ኣካዪዱ'ዩ።

ብፍላይ ናብ ኸተማ ናቕፋ ክትቐርብ ዝርከቡ ብራኸ ነጥብታት 1969፣ 1714'ን 1742'ን ወሳኒ ግጥማት ዝተኻየድሎም ዕምባታት'ዮም። ካብዚ ብተወሳኺ ሩባ ባሸሬን ኣምባን ዝጋጠሙሉ ኣብዩ ተረተር ኣሎ። ሮሕረት ይበሃል። ናይ ኣምባን ባሸሬን ሩባታት ዓመት ሙሉዕ ማይ ስለዘይጽንቕቑ ኣብ ናቕፋ ግንባር ዝዓስከረ 508ኛግ/ሃይል(ናደው ዕዝ) ከም መሕጸቢ ክዳን ይጥቐመሎም'ዩ።

ካብ ኸተማ ኣፍዓበት ሩባ ዓንሰባ ተኸቲልካ 12 ኪሜ ምስተጓዓዝካ <<መርገመት>> ዝበሃል ካብ ጽፍሒ ባሕሪ 2595 ሜትሮ ብራኸ ዘለዎ ዕምባ ይርከብ። መርገመት ብሸነኽ ምብራቅ ምስ ሩባ ባሸሬን ነቲ ሩባ ብሸነኽ ምዕራብ ዝገዝኡ ብራኸ ነጥብታት 2055፣ 2009፣ 1777 ይዳወብ። ንመርገመት ብሸነኽ ምብራቅ ንሩባ ባሸሬ ድማ ብሸነኽ ምዕራብ ካብ ዝገዝኡ ገዛእቲ መሬታት ሓደ ብራኸ ነጥቢ 2009'ዩ። ካብ ብራኸ ነጥቢ 2009 ምስወረድካ ዝርከብ ሓደ ወሳኒ ማዕጾ'ሎ። <<ሂመረት-ፓስ>> ይበሃል። ካብ ሂመረት-ፓስ ንየማን ተጠዊኻ ኸተማ ናቕፋ ብምዕራብ ክትኣትው ወይ ድማ ክተጥቕዕ ዝጥዕም ምቹዕ ኮሪደር'ዩ።

ካብ ሂመረት ፓስ ንሸነኽ ጸጋም ተጠዊኻ ነቲ ቀላጥ ጎልጎል ሂዝካ <<ጌር>> ዝበሃል ወረዳ ይርከብ። ጌር ኣብ ደንደስ ሩባ ኣንሰባ ዝርከብ ናይ ቆላ ኣየር

ዝውንን ብሑት መንደርዩ። ጌር ኣብ ናቅፋ ግንባር ዝዓረደ ናደው ዕዝ ኣብ መለብሶ ግንባር ምስዘሎ መንጥር ዕዝ ዘራክብ ባብ ጥራይ ዘይኮነ ክልቲኦም ግንባራት ካብ ጌር ተበጊሶም፣ ሩባ ዓንሰባ ተከቲሎም፣ ብፍጹም ዉሕደት ናብ ንእሽቶን ኣባይን ኣስማጥ ዝዉርወሩሉ ኮሪደር ወይ ድማ መራኸቢ'ዩ።

ካብ ኣፍዓበት ሰሜን 15 ኪ.ሜ ተጓኢዝና ኹብኩብ ምስበጻሕና ካብ ኹብኩብ ሰሜን ምብራቅ ዝርከብ ፍልማዊ ሽንጥሮ ሩባ ቀምጨዋ ይበሃል። ናብ ሩባ ቀምጨዋ ዘእትው ባብ ናይ ቀምጨዋ ማዕጾ ይበሃል። ሩባ ቀምጨዋ ናብ ናቅፋ ብዝባን ወይ ድማ ብሰሜናዊ ኣንፈት ዘእትው ሽንጥሮ'ዩ። ንሩባ ቀምጨዋ ኣብ ዝገዝኡ ገዛእቲ መሬታት ማዕከል ስልጠና ተከፊቱ፣ ክፍልታት ሰራዊት ካብ መኸላኸሊ መስመር በብተራ እንዳተቐያየሩ ዝስልጥኑሉ *<<ቀምጨዋ ማዕከል ስልጠና>>* ይርከብ።

ካብ ኹብኩብ ንሸነኽ ሰሜን ንሩባ ቀምጨዋ ንየማን ገዲፍና ናብ ሰሜን ምስቀጸልና *<<ናይ ኣልሽቶ ማዕጾ>>* ዝበሃል ካልዕ ማዕጾ ንረክብ። ኣልሽቶ ማዕጾ *<<ኣልሽቶ>>* ናብ ዝበሃል ብማይን ዉሕጅን ዘዕለቕለቐ ሽንጥሮ የእትው። ናቅፋ ካብ መንጋጋ ጸላኢ ንምዉጻእ ኣብ ዝተገብረ መሪር ተጋድሎ ናይ ወገን ታንክታት፣ መዳፍዕ ዝጓዓዛሉ ተመራጺ መስመር ኣልሽቶ ነበረ። ኣልሽቶ ሽንጥሮ ከም ቀምጨዋ ንኸተማ ናቅፋ ብዝባና ወይ ድማ ብሸነኽ ሰሜን ዘእትው ባብ'ዩ። ንሩባ ኣልሽቶ ካብ ዝገዝኡ ናይ ሮራ-ጸሊም ተረተራት ሓደ ብራኸ ነጥቢ 1003ዩ።

ኣብ ብራኸ ነጥቢ 1003 ብፍቅሪ ሓገር ዝነደዱ ኢትዮጵያዉያን ንምግላጹ ዝኸብድ መሪር መስዋእቲ ከፊሎም ካብ ጸላኢ ዝዓቐቡዎ ናይ ወገን ሕዛእቲ'ያ። ናይ ቀምጨዋን ኣልሽቶን ማዕጾ ንየማን ገዲፍና ኣብ መወዳእታ ንረኽቦ ማዕጾ *<<ኣማ>>* ይበሃል። ናይ ኣማ ማዕጾ ሒዝና ምስኣተና *<<ገምገም>>* ዝበሃል ኣዝዩ ዓሚዩቕ ሽንጥሮ ይርከብ። ገምገም ከም ቀምጨዋን ኣልሽቶን ናቅፋ ካብ ሰሜን ናብ ደቡብ ከተጥቕዕ ዝምችው ሽንጥሮ'ዩ።

ናይ ገምገም ሽንጥሮ ብሸነኽ ምብራቅ ምስ ቀይሕ-ባሕሪ ይዳወብ። ፊትንፊቱ *<<ፈልከት>>* ምስ ዝበሃል ካልእ ሩባ ይዳወብ። ፈልከትን ገምገምን ተማዓደውቲ ሽንጥሮታት እኳ እንተኾኑ ክልቲኦም ናብ ነንበይኑ ኣንፈትዮም ዝዉሕዙ።

ገምገም ናብ ናቅፋ ብሰሜናዊ ሸነኽ ክኣትው እንከሎ ናይ ፈልከት ሸንጥሮ ግን ኣብ ዉሽጡ ዝዓቖሮ ብሑጻ ዝመልዐ ማይ ሒዙ፣ ናይ ኣልጌና ምድረበዳ ሓሊፉ፣ ብቀጥታ ናብ ቀይሕ-ባሕሪ ይሕወስ። ናይ ፈልከት ሸንጥሮ ናደው ዕዝ ምስ ዉቃው ዕዝ ኣብ መሬት ዝራኸቡሉ ስፍራ ጥራይ ዘይኮነ ናይ ክልቲኦም ዶብ ወይ ድማ ተፈጥሮኣዊ ወሰን'ዩ።

ገምገም ሸንጥሮ ኣብ ናቅፋ ግንባር ዝዓረደ ናደው ዕዝ የማናይ ክንፉ'ዩ። ጸላኢ ኣብ ናቅፋ ግንባር መጥቃዕቲ ክፍንዉ እንከሎ ወትሩ ናይ መጀመሪያ በትሩ ዝዓልብ ኣብ ገምገምዩ። ናይ ናቅፋ ግንባር የማናይ ክንፊ(*ገምገም ሸንጥሮ*) ካብ ጸላኢ ወረራን ከበባን ንምሕላው ኣብ ገምገም ሓደ ሜኻናይዝድ ብርጌድ ተመዲቡ'ሎ። ገምገም ናይ ጸላኢ ተጠማቲ ስፍራ ስለዝኾነ ሕልኻ ዘጸንቐቕ ተደጋጋሚ ዉግኣት ተኻዪዱ'ዩ። ብሉጻት ኢትዮጵያዉያን ኣብረርቲ ካብ ነፈርቶም ብጋንጽላ ዝዓለቡሉ፣ ብሓፈሻ ተጸዉዩ ዘይውዳዕ ትንግርቲ ዘስተንከረ ስፍራ'ዩ። ካብዞም ክብ ኢለ ዝጠቐስኩዎም ስለስተ ሸንጥሮታት ንሜኻናይዝድን ሞተራይዝድን ምንቕስቓስ ዝምችው ናይ ገምገም ሸንጥሮ'ዩ።

ኣብ ሞንጎዞም ሸንጥሮታት ጥቅሲ ተሰምየ ቀላጥ ሜዳ ኣሎ። ጥቅሲ ካብ ናቅፋ ክሊማ ኣየር ተፈልዩ ናይ ባዕሉ ኹነታት ኣየር ማለት ውዕይ ኣየር ዝውንን ስፍራ'ዩ። ጥቅሲ ናብ ምብራቃዊ ክፋል ኸተማ ናቕፋ ንምውርዋር፣ ብፍላይ ናብ ኸተማ ናቅፋ መዕርፎ ነፈርቲ(*ሜዳ*) ኣዝዩ ቐረባ'ዩ።

ናይ ሳሕል ኣውራጃ ምብራቃዊ ክፋል፡ ካብ ኣፍዓበት ናይ ሓሌብ ሸንጥሮ ሒዝካ፣ 30 ኪሜ ተጓዒዝካ፣ ናብ ማርሳ ጉልቡብ ተፈጥሮኣዊ ወደብ ዘእትዉን ዘውጽእን እንኮ ማዕጾ ኣሎ። እዚ ማዕጾ ማዕሚደ ይበሃል። ካብ ማዕሚደ ጀሚርካ ክሳብ ኣልጌናን፣ ማርሳ ተኽላይን ዘሎ ናይ ቀይሕ-ባሕሪ ጥርዚ ብሑጻ ዝተሸፈነ ኣዝዩ ንቑጽ መሬት'ዩ። ኣብዚ ስፍራ ናይ ወገን ምንቕስቓስ ብዙሕ የለን። ጸላኢ: *<<ወገን ይጥቐመሉ'ዩ>>* ካብ ዝብል ስግኣት ኣብዚ ምድረበዳ ዕልቢ ዘይብሉ ፈንጂ ቐቢሩ'ሎ። እዚ ስፍራ ካብ 40 ዲ.ሴ. ክሳብ 50 ዲ.ሴ. ዝበጽሕ ዋዕይ ኣለዎ። ካብዚ ብተወሳኺ ካብ መሬት ሑጻ ኣልኢሉ ዓይንኻ ዝደፍን ከምሲን ዝበሃል ሕቦብላ ዝደፍኖ ስፍራ'ዩ።

ኣብ ጥርዚ ናይቲ ባሕሪ ቅድሚ 500 ዓመት ናብ ኢትዮጵያ ከምዝመጹ ዝንገረሎም *<<ራሻይዳ>>* ዝበሃሉ ቐይሕ ቆርበት ዝውንኑ ኣሕዛባት ይነብሩ። ናይ ራሻይዳ ብሄረሰብ ኣብ 30 ዓመት ናይ ዉኽልና ኹናት ምስ ወገን ይኹን

ምስ ጸላኢ ከይወገነ ፍጹም ሰላማዊ ኮይኑ ዝነብር ዘይሻራዊ ህዝቢ'ዩ። ናይ ሳሕል ኣውራጃ ተፈጥሮኣዊ ኣቐማምጣን ቕርጺ መሬትን ካብ ብዙሕ ብዉሑዱ ብምግላጽ ኣንባቢ ንጹር ስዕሊ ከምዝሓዘ ተስፋ እንዳገበርኩ ኣብዞም መሬታት ንዓሰርተ ዓመት ዝተኻየደ መሪር ተጋድሎ ናብ ዘዘንትው ክፍሊ ኢስራ ክሰግር።

ክፍሊ ኢሰራ

ኣብዮታዊ ሰራዊት ኣብ ኣፋፌት ናቕፋ ንዓሰርተ ዓመት ምስ ሻዕብያ ዘካየዶ ምፍጣጥን ምውጣጥን

ናይ ሻዕብያ ወንበዴ ካብ መስሓሊት ተቦንቍሩ ምስወጸ ካብ መስከረም 1976 ዓም ክሳብ መጋቢት 1977 ዓም ክቕጸጸሮ ተደጋጋሚ መጥቃዕትታት ዝከፈተሉ፣ ድፋዓት ናብ ዝሓደመሉ ኸተማ ናቕፋ ኣምሪሑ ኣብዞም ጎቦታት ተንጠልጠለ። ነታ ኸተማ ብደቡብ ኣብ ዝገዝዑ ጎቦታት ሓደሽቲ ድፋዓት ክኹዕት ጀመረ።

ኣብዮታዊ ሰራዊት ካብ ኣፍዓበት እግሪ እግሪ ጸላኢ ስዒቡ ናብ ኸተማ ናቕፋ ምስኣትው ካብ ጥሪ 1979 ዓም ክሳብ ሓምለ 1979 ዓም ንኣስታት 7 ኣዋርሕ ብዙሕ ኣዕጽምትን ደምን ኢትዮጵያዉያን ዝሓተተ ተደጋጋሚ መጥቃዕትታት ኣኻየደ። *<<ትዕድልቲ ቆራጽነት>>* ኢለ ኣብ ዝሰመኹዎ መጽሓፈይ ኣብ ነንበይኑ ኣጋጣሚ ከምዝገለጽኩዎ ናይ ወገን ሰራዊት ምስ ጸላኢ ጥራይ ዘይኮነ ልዕሊ ጸላኢ ምስ ተፈጥሮ ይዋደቕ ብምንባሩ ናብ ናቕፋ ክኣትው ዝገበሮ ፈተነ ኣይተዓወተን።

ፈተኑኡ ስለዘይሰለጠ ካብ ኸተማ ናቕፋ 7 ኪሜ ንድሕሪት ተፈንቲቱ ንኣምባ የማነ ጸጋም ኣብ ዘዳዉቡ ገዛእቲ መሬታት ከምኡ'ውን ንኣምባ ብሸነኽ ምዕራብ ኣብ ዘዳውቦ ሩባ ባሽሬ መከላኸሊ መስመር መስረተ። ኣብ ኣምባ ዝዓስከረ ናይ ወገን ሰራዊት መዳፍዕ፣ ታንክ፣ ጸረ-ነፈርቲ፣ ብቕልጡፍ ስለዝተደረበሉ ንኸተማ ናቕፋ ብደቡብ ኣብ ዝገዝዑ ተረተራት ብዘይምቑራጽ እሳት ይተፍእ ነበረ።

ኣብዚ ዓመት 1979 ዓም ወርሒ ሓምለ ካልእ ሓድሽ መጥቃዕቲ ተፈተነ። 503ኛ ግብረ ሓይል ብኣዛዚኡ ኮ/ል ካሳ ገብረማርያም እንዳተመርሐ ካብ ኹብኩብ ተበጊሱ፣ ናብ ገምገም ኣትዩ፣ ንገምገም ሸንጥሮ ብምዕራብ ዝገዝኡ ናይ ሮራ ጸሊም ተረተራት ሓኪሩ፣ ንታሕቲ ወሪዱ፣ ናይ ወንበዴታት መትኒ ሕይወት ዝኾነ ናይ ናቕፋ-ኣልጌና መስመር ከዓጽው ተዓዘ። ገምገም ብጸፋሕቲ ዕምባታት ሮራ-ጸሊም ዝተዋሕጠ ካብ ምኻኑ ብተወሳኺ ሓምለ

ኣብ ቀይሕ-ባሕሪ ኣውራጃ ሓጋይ ስለዝኾነ ካብ ጸላኢ ንላዕሊ ተፈጥሮ ከምዝፍትኖ ርዕሰ-ግሁድ ነበረ። ነዚ ኹነታት ዝሽፍዐ ዝጉብሮ ናይ 503ኛ ግብረ-ሓይል ኣባላት ዳርጋ ኹሎም ሚሊሻታት ምንባሮም'ዩ።

ብዝተዋሕቦም ትዕዛዝ መሰረት ናብ ገምገም ኣትዮም፣ ናይ ሮራ ጸሊም ተረተራት ደዪቦም፣ ንታሕቲ ወሪዶም ጽርግያ አልጌና-ናቅፋ ተቖጻጸሩ። ድሕሪዚ ኣብቲ ስፍራ ዘሎ እንኮ ናይ ማይ ዒላ ሓዘ።

ኣብ ሞንጎዚ ናይ ኣብዮታዊ ወፈራ መምርሒ ናይ ወፈራ መኾንን ሻለቃ ገ/ክርስቶስ ቡሊ ብሄሊኮፕተር መጺዩ ናቅፋ ኣጥቒዖም ክሕዙ ኣዘዘ። ናይ ማይ ኢላ ገዲፍካ ምኻድ ኣደዳ ጥፍኣት ስለዝገብሮም ነዚ ትዕዛዝ ኣጥቢቖም ተቓወሙ።

ሻለቃ ገ/ክርስቶስ ሓሳቦም ስለዘይተቐበሎ ንቅድሚት ክቕጽሉ ኣዘዘ። ኮ/ል ካሳ ገ/ማርያም ንቅድሚት ጉዕዞ ምስጀመረ ኣብዝሃ ሰራዊት ብማይ ጽምኢ ተፈቲሑ ክብተን ጀመረ። ነዚ ምቹዕ ኹነታት ይሕልው ዝነበረ ጸላኢ መጥቃዕቲ ከፊቱ ክድምስሶም ፈተነ።

ኮ/ል ካሳ ገብረማርያምን ክልተ ተሓጋገዝቱ ኮ/ል ሰይፉ ወልዴን ሌ/ኮ ኣይተነው በላይን ኣብ ኢድ ጸላኢ ካብ ምውዳቕ ሞት መሪጾም ሽጉጦም ሰትዮም ኣሰር ጀጋኑ ኣቦታቶም ሰዓቡ። በዚ ዘሕዝን መገዲ ዉሕሉል ሞያን ፍሉይ ርቐትን ዝነበሮም ክኢላ መኾናት *<<ንሕና ኢና ንፈልጥ>>* ብዝብሉ በለጸኛታት ድራር ሑጻ ኾኑ።

ብላዕላዋይ ኣካል ዘይተጸንዐ ትዕዛዝ ኣብ ሮራ-ጸሊም ነብሶም ዝሰውኡ መኾንናት፡ ኮ/ል ካሳ ገ/ማርያም፡ ሌ/ኮ ሰይፉ ወልዴ፡ ሌ/ኮ ኣይተነው በላይ፡

ኣቀዲመ ከምዝገለጽኩዎ ኣብ 1979 ዓም ኣርባዕተ ጊዜ ንኸተማ ናቅፋ ንምሓዝ ዝተገብረ ፈተነ ዉጽኢት ካብ ዘይምሃቡ ብተወሳኺ ብዙሕ ዋጋ ስለዝሓተተ ኣብ ናቅፋ ግንባር ዘሎ ሰራዊት ናብ መኸላኸሊ መስመሩ ክኣትው ተዓዘ። ጸላኢ ነዚ ኹነታት ገምጊሙ ሚያዝያ 1980 ዓ.ም. ጸረ-መጥቃዕቲ ፈነወ። 508ኛ ግ/ሃይል ክሳብ ኹብኩብ ተደፍአ። ኣብዚ ናይ ምስሓብ ዉግዕ ናይ 3ይ ክ/ጦር ኣዛዚ ኮ/ል ይልማ ግዛው(*ድሕሪ ሕልፈት ብ/ጀ*) ከም ሓደ ተራ ወትሃደር ብከቢድ ሕልኽ ምስ ጸላኢ ክሳድ ንክሳድ ተሓናኒቑ ንስለ ወላዲት ሓገሩ ወደቐ። ኣብዚ ግጥም ዝተኸሰተ ሓደ ዘደንቕ ትንግርቲ ገሊጸ ናብ ዝቕጽል ክፍሊ ክሰግር።

508ኛ ግብረ ሃይል ብጸቕጢ ጸላኢ ተደፊኡ ንድሕሪት ከምለስ ምስተገደደ ንኣምባ ሸንጥሮ ኣብ ዝገዝዕ ብራኸ ነጥቢ 1590 ዝነበረ ናይ 3ይ ክ/ጦር(*ኣምበሳው*) 92ኛ ብርጌድ ኣባላት ነዚ ትዕዛዝ ተቐቢሎም ንድሕሪት ምምላስ ጀመሩ። ኣብዚ ጊዜ ዱባለ ቆሪቾ ዝበሃል ቓላት ኣጻሊትካ ዘይትገልጾ ጅግና ካብ ኣደ ክፍሉ ተፈልዩ ኣብ ብ.ነ. 1590 በይኑ ይተርፍ።

ዱባለ ብመሰረት እቲ ትዕዛዝ ምስ መሳቱኡ ንድሕሪት ክስሕብ እኻ እንተተገበአ ሙሉዕ መዓልቲ ኣብ ዝተገብረ ዉግእ ዝተጻፍጸፈ ኣዕጽምቲ ኣሕዋቱ ሩፍታ ስለዝኸልአ ከቢድ ሕልኽ ሒዙዎ ደሞም ክመልስ ወሰነ። በዚ መሰረት ካብ ዝሞቱ ወትሃደራት ዝተዛሕዘሐ ጸረ-ታንክ፣ ቦምብ፣ መትረየስ ከዚኑ ጸላኢ ናብ ኣምባ: ብራኸ ነጥቢ 1590 ክሓኹር ምስፈተነ ከም ግራት ዓጸዶ። ጸላኢ ናይ ሰባት ማዕበል እንዳዉሓዘ ናብ ብራኸ ነጥቢ 1590 ክድይብ ብተደጋጋሚ'ኻ እንተፈተነ ኣይከኣለን። <<*ብዙሕ ሰራዊት ስለዝሰፈሮ'ዩ*>> ዝብል ግምት ሒዙ መጥቃዕቱ ን3 መዓልታት ደው ኣበለ።

ዱባለ ኣብዘም ሰለስተ መዓልታት ዝበልኦን ዝሰተዮን ኣይነበሮን። ኣብ ራብዓይ መዓልቲ ጸላኢ ጸላም ተጎልቢቡ ናብቲ ዕምባ ምስሓኸረ ዱባለ ነዛ ስፍራ ከይለቐቐ ብጥምይትን ማይ ጽምዕን እንዳተሳቐየ ምስ ጸላኢ ተጠማጢሙ፣ ካብ ጸላኢ ብዝተተኮሰ ጥይት ተወቒዑ፣ ንስለ ወላዲት ሓገሩ ወደቐ። ጸላኢ ብጅግንነቱ ተመሲጡ፣ ታሪኽ ዱባለ ንኣባላቱ ኣዘንትዩ: ሓደ ሰብ እንተቖሪጹ ዝፍጽሞ ተኣምርን መስተንክርን ብምዝኽኻር ተዋጋዕቱ ካብ ዱባለ ክመሓሩ ሰበኸ። ካብዚ ብተወሳኺ ሬስኡ ብኽብሪ ቐቢሩ ነዚ ጎቦ <<*ዱባለ ተራራ*>> ኢሉ ሰምዩዎ። ናይ ኢትዮጵያ ኣብዮታዊ መንግስቲ ዱባለ ቆሪቾ ብዝፈጸሞ ትንግርቲ ተደሚሙ ድሕሪ ሕልፈቱ ዝለኣለ ናይ ጦር ሜዳ ሜዳልያ ሸሊሙዎ።

ክፍሊ ኢሰራን ሓደን

ቐይሕ-ኮኾብ ኹለ-መዳያዊ ኣብዮታዊ ወፈራ

<<ማሕጸን ኹናት ፖለቲካ'ዩ>>

ጀነራል ካርል ቮን ክላውስዊትዝ

ቐይሕ-ኮኾብ ኹለመዳያዊ ኣብዮታዊ ወፈራ ከምቲ ስሙ ንኹሉ ዓውድታት ዘማእከለ ግዙፍን ደርማስን ፕሮጀክት ጥራይ ዘይኮነ ብንድፍን ዉጥንን መዘና ኣልቦ ነበረ። ወፍሪ ቀይሕ-ኮኾብ ኣብ ኹናት ዝዓነው ናይ ትምህርቲ፣ ጥዕና፣ ትሕተ-ቕርጽታት ብምጽጋን ልቢ ህዝቢ ከሲብካ ጻላኢ መሰረት ስኢኑ ኣብ ኣየር ጸምበለል ከምዝብል ንምግባር ዝዓለመ ወፈራ ኔሩ። እዚ ንድፊ ናይ ጀርመናዊ ወትሃደራዊ ክኢላ ጀነራል ካርል-ቮን ክሎስዊትዝ ርኽበት'ዩ።

ጀነራል ክሎስዊትዝ[38] *<<ኣይዲያ ኦፍ ዊል>>* ኣብ ተሰምየ ክልስ ሓሳቡ ከምዚ ይብል: *<<ኣብ ጸረ-ደባይ ዉግዕ ክትስዕር እንተደኣ ኮይንካ ምልኣት ህዝቢ ኣብ ጐንኻ ክጽምበርን ክሳተፍን ኣለዎ።>>* ኣልጀርያ ናይ ጀነራል ክሎስዊትዝ ክልስ ሓሳብ መፈተኒት ላብራቶሪ ወይ ድማ ቤተ-ፈተነ ነበረት። ፈረንሳ ንኣልጀርያ ኣብትሕቲ መግዛእቲ ቐሪና ኣብዝነበርትሉ ዘመን *<<መግዛእቲ ይኣክል>>* ኢሎም ብረት ዘልዓሉ ኣብ ኮንስታቲን ዝነበሩ ወገናት ንምምብርካኽ ናይ ኮንስታንቲን ክፍለ-ግዝኣት ኣመሓዳሪ ፈረንሳዊ ጀነራል ኣንድሬ ቢዩፍሪ ነዚ ሓሳብ ተግበሮ። ጀነራል ቢዩፍሪ ማሕበረ-ኢኮኖምያዊ ምምሕያሽ ኣምጺኡ፣ ጽዑቕ ስነ-ኣእሙሮኣዊ ጐስጓስ ኣካዪዱ፣ ንተቓወምቲ ድማ ብዘይንሕሰያ ጨፍጪፉ ናይ ኮንስታቲን ዕጡቓት ኣምበርኺኾም።

ኣሜሪካዊ ኮ/ል ጆን ማክክዩን *<<ዘ-ኣርት ኦፍ ካውንተር ሪቮልሽነሪ ዋር>>* ኣብ ተሰምየ መጽሓፉ: *<<መንግስቲ ናዕቢ ወይ ድማ ዓመጽ ዝሰዕረሉ ጥበብ ናይ ደባይ ተዋጋእቲ ስትራቴጅን ታክቲክን ቀዲሑ ብኣንጻሩ ክጥቐመሉ እንከሎ ንጸላእቱ ኣብ ገዛእ ርእሶም ኣዉደ ዉግዕ ይስዕሮም>>* ይብል።

---

38 Carl Von Clausewitz. On War (1832).
Colonel John McCuen. The Art of Counter-revolutionary war (1996).
ማሕበራዊ ፍትሒ ማለት ሓደ ህዝቢ ዘድልዮ ኣባይትታት ከም ክሊኒክ፣ ቤት-ትምህርቲ፣ ሆስፒታል፣ ጽርግያ፣ ወዘተ ብምሕናጽ ጸገም ህዝቢ ምቕላል ማለት'ዩ

ቀይሕ-ኮኾብ ኹለ መዳያዊ ወፈራ ነዞም ዝስዕቡ ሰለስተ ዕማመታት ኣብ ባይታ ክትግበር መደበ:

1) ኣብ መንብሮ ህዝቢ ማሕበረ-ኢኮኖምያዊ ምምሕያሽ ምፍጣር፣ ማሕበራዊ ፍትሒ ምርግጋጽ

2) ጽዑቕ ስነ-ኣእሙሮኣዊ ኹናት ምክያድ

3) ንጸላኢ ብዘይንሕሰያ ምጭፍጫፍ

ኣብዮታዊ መንግስቲ ነዚ ኣበር ዘይብሉ ዉርጹጽ ንድፊ ብቕደም ሰዓብ ኣብ ክንዲ ዝትግብሮ ማሕበራዊ ፍትሒ ምርግጋጽ፣ ሕቶ ህዝቢ ምምላስ ንጎኒ ወንዚፉ፣ ናብ ስነ-ኣእሙሮኣዊ ኹናትን ወተሓደራዊ ወፈራታትን ኣተኮረ። መነባብሮ ህዝቢ ንምልዋጥ ዝሰላሰሉ ንጥፈታት ድሕሪ ወትሓደራዊ ዓወት ከምዝትግበሩ ተኣወጀ። ኣብዮታዊ መንግስቲ ቕድሚ ኹሉ ሕቶ ህዝቢ መሊሱ ህዝቢ ብቋንቋኡ ክመሓር፣ ክዳነ፣ ክጽሕፍ፣ ክመሓደር ብወግዒ እንተዘፍቕድ ኔሩ ናይ 30 ዓመት ናይ ውኽልና ኹናት ምርኢት ብዘስደምም ፍጥነት ምተለወጠ ኔሩ። ወንበዴታት ኣጀንድኦም ስለዝምንጠሉ ምስ መንግስቲ ኣብ ጣውላ ተዘራሪብካ፣ ዝሃቡኻ ተቕቢልካ ናይ ኹናት ምዕራፍ ካብ ምዕጻው ወጻኢ ካልእ ምርጫ ኣይምሃለዎምን።

ብማሕበራዊ ፍትሒ መዳይ ምስንርኢ ኣብ ዱሮ ቀይሕ-ኾኾብ ማለት ኣብ 1981 ዓም ኣብዮታዊ መንግስቲ 50 ሚልዮን ዶላር ሰሊዑ ዝፈረሳ ሆስፒታላት ጽርግያታት ጸጊኑ፣ ክሊኒኻት ከፊቱ ሕቶ ህዝቢ ብመጠኑ ዝምልሱ ንጥፈታት ኣሰላሲሉዩ። ወንበዴታት ፈንጂ ኣጻዊዶም ዝሓምሸሹዎ ቢንቶታት፣ ጽርግያታት፣ ናይ መንግስቲ ኣባይቲ፣ ቤትምህርትታት ወ.ዘ.ተ. ዳግማይ ተሓንጸ። ህዝቢ በዞም ንጥፈታት ተስፉ ሰኒቑ፣ ንመንግስቲ ልቡ ኣርቢቡ ክርሕወሉ ጀመረ። ኣብዮታዊ መንግስቲ ነዚ ምስተዓዘበ ህዝቢ ጸጥታ ከባቢኡ ክሕልዉ፣ ወንበዴታት ክቖጻጸር፣ ነብሱ ካብ መጥቃዕቲ ክከላኸል ምእንቲ ኣብ ዓድታት ዝነብር ህዝቢ ከዕጥቕ ጀመረ። ብፍላይ ኣብ ከበሳታት ዝነብር ናይ ኤርትራ ክ/ሓገር ወገንና ብረት ተዓዲሉዎ ምስ ኣብዮታዊ ሰራዊት ኢድን ጓንትን ኮይኑ ንሻዕብያ ትንፋስ ከልኦ።

ኣብ ሰላሳ ዓመት ናይ ዉኽልና ኹናት ሓገርና ንኣብዮታዊ ሰራዊት ዘድልዮ ቐለብ፣ ዕጥቂ፣ ጠያይቲ፣ መድሓኒት፣ ኣልባሳት፣ ቕብኣት፣ ነዳዲ ንምሽፋን

ዝወጸ ወጻኢታት ግዙፍ ነበረ። ንኣብነት ኣብ 1980-1981 ዓም ናይ ባጀት ዓመት

ን'2ይ ኣብዮታዊ ሰራዊት ዝወጸ ወጻኢታት ነዚ ዝስዕብ ይመስል:

ሓይሊ ሰብ:

ምዱብ ሰራዊት	120,000
ኣብ ዓድታት ዝዓጠቐ	21,000
ብድምር	141,000

ቀለብ ሰራዊት:

404,488 ኩንታል መግቢ	61,874,000 ብር

ኣልባሳት:

ዩኒፎርምን ከዳዉንትን	13,309,374 ብር

ንሓደ ዓመት ዘድሊ ኣጽዋር:

ቢኤም 21	37
82 ሚሜ ሞርታር	961
ቲ-55 ታንክ	159
ኤኬ 47 ክላሽንኮቭ ጠበናጁ	90,000
122 ሚሜን 130 ሚሜ መዳፍዕ	621

ትራንስፖርት:

500 መኻይን ካብ ኣዲስ ኣበባ 100,000 ሰራዊት ናብ ኤርትራ ክ/ሓገር ከግዕዛ	36,678,159 ብር: ንመዓልቲ 1.2 ሚልዮን ብር

ቀይሕ ኮኾብ ኣብዮታዊ ወፈራ ብዓወት ክዛዘም ምእንቲ ኣብዮታዊ መንግስቲ ካብ *<<ወፈራታት ግብረ ሓይል>>* እኹል ትምህርቲ ቐሲሙ ነበረ። ምስ መስፋሕፍሒ መንግስቲ ሶማል ዘተገብረ ኹናት ኣብ ዉሸጢ ሸሞንተ ወርሒ ክዛዘም እንከሎ ኣብ ኤርትራ ክ/ሓገር ንወንቤደታት ካብ ኸተማታት ጸራሪጉ ኣብ ሳሕል ኣዉራጃ ምስበጽሖም ክድምስሶም ዘይኸኣለሉ ምስጢር ተፈጥሮኣዊ ኣቀማምጣ መሬት ከምዝኾነ ተረዲኡ ኣብ ሮራ-ጸሊም ከም ኣህባይ እንዳዘለለ ዝዋጋዕ ተራራ ክ/ጦር ዝበሃል ሰራዊት ተመስረተ። 18ኛ 19ኛ 21ኛ 22ኛ ተራራ ክፍለጦር ተሰምዩ። ኣብዮታዊ መንግስቲ ንቀይሕ-ኮኾብ ኹለመዳያዊ ኣብዮታዊ ወፈራ ዓመትን መንፈቕን ወይ ድማ ናይ 18 ኣዋርሕ ምድላዉ ኣካዪዱ ነበረ።

ነዚ ወፈራ ክመርሕ ናይ ኢትዮጵያ ርዕሰ ብሄር ፕሬዚደንት መንግስቱ ሓይለማርያም፣ ሚኒስተር ምክልኻል ተስፋይ ገ/ኪዳንን ካልኦት ሰበ-ስልጣናት ታሕሳስ 28 1981 ዓ.ም. ማዕከል መአዘዚኦም ካብ ኣዲስ ኣበባ ናብ ኣስመራ ቐየሩ። ኣብዚ ጊዜ ኣስመራ ሰበስልጣናት ዝዉሕዙላ ናይ ኢትዮጵያ ርዕሰ ኸተማ መሲላ ነበረት። ብርክት ዝበለ ኣጽዋርን ሓይሊ ሰብን ካብ ኣዲስ ኣበባ ናብ ኣስመራ ብመኻይንን ነፈርትን ክጓዓዝ ጀመረ። ካብቲ መመሊሱ ዝገርም ነገር ሰራዊትን ኣጽዋርን ቐትሪ ይጓዓዝ ምንባሩ'ዩ።

ወፍሪ ቀይሕ-ኮኾብ ቕድሚ ምጅማሩ: ኣብ ሰለስቲኡ ግንባር ዝተሰለፈ ናይ ሰራዊት ብዝሒ፣ ናይ ኣጽዋር ዓይነትን ዝርዝርን ዝገልጽ ሰነድ *<<ኣፍሪካን ኮንፊደንሻል>>* ኣብ ተሰምየ ጋዜጣ ተዘርገሐ። በዚ ፍጻመ ብዙሓት መኾንናት ተሰናበዱ። እዚ ተርእዮ ስለዘተሓሳሰቦም *<<እንታይ'ዩ ዝግበር ዘሎ>>* ብምባል ንላዕለዎት ሰበስልጣናት ስክፍቶኦም ምስገለጹ ዝተዋሕቦም መልሲ *<<ኣፍኩም ኣክቡ>>* ዝብል ነበረ።

ቀይሕ ኮኾብ ኹለመዳያዊ ወፈራ ምስተኣወጀ ናይ ኢትዮጵያ ኣብዮታዊ መንግስቲ ብዘካይዶ ጽዑቕ ፕሮፖጋንዳን ስነ-ኣእሙሮኣዊ ኹናትን ሻዕብያ ተሰናቢዱ ኣማልዱኒ ዝብል ምሕጽንታ ኣስመዐ። ናይ ሻዕብያ ወንበዴ ናብ ፕሬዚደንት ታንዛንያ ጁልየስ ኔሬሬ *<< ንህዝብና ዝኣተናሉ መብጽዓ ነጻነትን ክሳብ ሎሚ ክንከፍሎ ዝጸናሕና መስዋእቲ ተገንዚቡ ደርግ ሓደ ዓይነት ፖለቲካዊ ፍታሕ ተጌሩልና ክንላዘብ ቕሩባት ኢና>>* ብምባል ፕሬዚደንት ጁልየስ ኔረረ ከም ሸማግለ ክዓርቆም ተማሕጸኑ። ፕሬዚደንት ጁልየስ ኔረረ ካብ ሻዕብያ ዝቐረበሉ

ምሕጽንታ ተቐቢሉ ንምክትል ቀዳማይ ሚኒስተርን ሚኒስተር ምክልኻል ሳሌም ሳሌም ኣዲስ ኣበባ ከይዱ ነዚ መልዕክቲ ንፐሬዚደንት መንግስቱ ሃይለማርያም ከብጽሕ ሓበሮ።

ሚኒስተር ሳሌም ናብ ኣዲስ ኣበባ ኣምሪሑ መልእክቱ ንፐሬዚደንት መንግስቱ ሃይለማርያም ምስቐረበ ናይ መንግስቱ ሃይለማርያም መልሲ ሓጺርን ዘየሻሙን ነበረ: *<<ወንበዴታት ብቐልጡፍ ብረቶም ኣረኪቦም ኢዶም ይሓቡ፣ ተዋጋእቲ ከፍልታት ከም ኣቐምምን ከእለቶምን ኣብ ምክልኻል ሰራዊት ኢትዮጵያ ክምደቡ እዮም፣ ኣባለት ፖለቲካዊ ቤ/ጽሕፈት ድማ ከዕለቶም ተመምዩ ከም ኣቐምም ኣብ ኢሰፓኣኮ ክኣትው እዮም። ብጀካዚ ንወንበዴታት ንሕቦ ፖለቲካዊ ፍታሕ ኮነ ንገብሮ ምይይጥ የለን።>>* ጀነራል ካርል ቮን ክሉስዊትዝ ከምዝበሎ ማሕጸን ኹናት ፖለቲካዩ። ላዕላዋይ ኣካል መንግስቲ ነዚ ሓቒ ስለዘይተረደአ ኣብዚ ዕድል ካብ ኢዱ ተቐልበ።

ጥሪ 1982 ዓም ንሓደ ሳምንት ዝጸንሀ *<<ናይ ቀይሕ-ኮኾብ ኹለመዳያዊ ኣብዮታዊ ጉባኤ>>* ዝብል ሲምፖዝየም ተኸፍተ። እዚ ጉባኤ ኣብ ኣስመራ ምስተኸፈተ ንጽባሒቱ ኣብ ምጽዋ ጉርጉሱም መናፈሻ ቐጸለ። ኣንባቢ ኣብ ክፍሊ ኣሰርተ ናይዚ መጽሓፍ ከምዝዝክሮ ናይ ሓጼ ሓይለስላሴ መንግስቲ *<<ሻዕብያ>>* ተሰምየ ጨራሚ ሓገር ኮስኲሱ ምስእበዮ መራኸቢ ድልድል ኮይኑ ምስ ሰሜን ኣሜሪካ ኢምፔሪያሊዝም ናይ ጸጥታ ትካል *<<C.I.A>>* ኣራኺቡ ዝፈጸሞ ጥፍኣትን ሸፈጥን ናይዚ ሸርሂ ተሳታፊ ተስፋሚካኤል ጆርጆ ብመልክእ ጽሑፍ ኣቕረቦ።

ንጽባሒቱ ጥሪ 27 1982 ዓም ሰሜናዊ ጫፍ ሓገርና ቀይሕ-ባሕሪ ንምዕቓብ ረዚን መስዋእትነት ዝኸፈሉ፣ ኣብ ታሪኽ ዓለም ጸዓዱ ኣዉሮፓዉያን ብጸለምቲ ኢትዮጵያዉያን ዝተሳዕሩሉ ታሪኽ ብደሞም ዝጸሓፉ ራእሲ ኣሉላ ንኽብሮም ግዙፍ ሓዉልቲ ክሕነጽ ብርእሰ ብሄር ሓገርና ጓድ ፕሬዚደንት መንግስቱ ሓይለማርያም ኣብ ዶግዓሊ ዕምነ-ኩርናዕ ተነብረ።

ኣብ ድሮ ቀይሕ-ኮኾብ ኣብዮታዊ ወፈራ ናይ ኢትዮጵያ ኣብዮታዊ ሰራዊት ናይ ኣወዳድባ ለዉጢ ኣተኣታተወ። ካብ ወፈራታት ግብረሃይል ኣትሒዞ ዓርባዕተ ዓመት ዝጸንሐ ናይ ግብረሓይል ኣወዳድባ ፈሪሱ ብዕዝ ተተክአ። በዚ መሰረት 508ኛ ግብረ ሃይል *<<ናደው ዕዝ>>* ተባሕለ። ኣዛዚኡ ብ/ጀነራል ኣስራት ብሩ ተላኢሉ ኣብ ክንድኡ ናይቲ ግብረ ሓይል ናይ ወፈራ መኾንን

ብ/ጀነራል ዉበቱ ጻጋይ ኣዛዚ ናደው ዕዝ ኮነ። ናደው ዕዝ ኣብትሕቲኡ: 3ይ ክፍለጦር፣ 17ኛ ክ/ጦር፣ 22ኛ ተራራ ክፍለጦር ኣማእኪሉ ነበረ።

ናይ ናደው ዕዝ 3ይ ክፍለጦር ኣብ ወፍሪ ቀይሕ-ኮኾብ: ካብ ኸተማ ኣፍዓበት ተበጊሱ ናብ ኹብኩብ(*የተሰፋዪ በር*) ኣምሪሑ፣ ካብ ኹብኩብ ናብ ናቕፋ ዝወስድ ናይ ኣምባ ሸንጥሮ ንጸጋም ገዲፉ ኣንፈቱ ንሸነኽ ሰሜን ምብራቕ ጌሩ ኣልሽቶ ምስበጽሐ በዚ ማዕጾ ናብ ሩባ ኣልሽቶ ኣትዩ፣ ንኣልሽቶ የማነ ጸጋም ዝገዝኡ ናይ ሮራ ጸሊም ተረተራት ሓኲሩ፣ መገዲ ናቕፋ-ኣልጌና ኣጽዩ፣ መትኒ ህይወት ጸላኢ ክበትኽ ተዓዘ። መገዲ ኣልጌና ናቕፋ ጸላኢ ሓደሽቲ ተዋጋእቲ ዘመላልሰሉ፣ ዉግኣቱ ዘግእዘሉ፣ ስንቕን ሎጂስቲክስ ዘቕርበሉ ብሓፈሻ ሆስፒታሉን ደጀኑን ናብ ዝርከበሉ ናይ ኣዶብሓ ሸንጥሮ ዝመላለሰሉ መትኒ ሕይወቱ'ዩ።

17ኛ ክፍለጦር ካብ ማዕሚድ ተበጊሱ ሩባ ቀምጨዋ ሒዙ ናብ ጥቕሲ ከምርሕ: ካብ ጥቕሲ ገጹ ንምዕራብ ጠውዩ ካብ ኸተማ ናቕፋ ክልተ ኪሎሜትር ተፈንቲቱ ዝርከብ ናይ ናቕፍ መዕርፎ ነፈርትን ነታ ኸተማ ብሸነኽ የማን ዝገዝእ ብራኽ ነጥቢ 1702 ገዛኢ መሬት ክቖጻጸር: ድሕሪኡ ናብ ኸተማ ናቕፋ ክኣትው። ካብ ኣዲስ ኣበባ ዝመጹ ሓደሽቲ መንእሰያት ዝመልእዎ 22ኛ ተራራ ክፍለጦር ናይ ኣምባ ሸንጥሮ ኣብ ዝገዝኡ ገዛእቲ መሬታት ሰፊሩ ኣብ ኸተማ ናቕፋ ዝግበር ናይ ጸላኢ ምንቅስቃስ ካብ ደቡብ ናብ ሰሜን ክከታተል።

ናይ ናደው ዕዝ ኣዛዚ ብ/ጀ ዉበቱ ጻጋይ ነዘን ክልተ ክ/ጦራት ኣብ ሄሊኮፕተር ተወጢሑ፣ ኣብ ሰማይ እንዳዘምበየ ከወሓሕድ፣ ብሬድዮ ኣመራርሓ ክሕብ ተወሰነ። 3ይ ክፍለጦር ዝተዋሕቦ ተልእኾ ኣዝዩ ከቢድ ብምንባሩ ልዕሊ ጸላኢ ተፈጥሮ ከምዘፍትኖ ግሁድ ኔሩ።

505ኛ ግ/ሓይሊ *<<ዉቃዉ-ዕዝ>>* ተሰምየ። ኣዛዚ'ኡ ብ/ጀነራል ኣበራ ኣበበ ነበረ። ሓደ ተራራ ክ/ጦር፣ ክልተ ኣጋር ክፍለጦራት፣ ሓደ ሜኻናይዝድ ብርጌድ ኣሰሊፉ'ሎ። እዞም ክፍልታት: 19ኛ ተራራ ክ/ጦር፣ 15ኛ ክፍለጦርን 23ኛ ክፍለጦር፣ 29ኛ ዘርኣይ ደረስ ሜኻናይዝድ ብርጌድ'ዮም። ብተወሳኺ ክልተ ታንክኛ ሻለቃ፣ ክልተ ናይ 122 ሚሜ መድፍዕ ሻለቃ ኣሰሊፉ ንወፍሪ ቀይሕ-ኮኾብ ተዳለወ። 19ኛ ተራራ ክ/ጦር ብደቒ 18ን 19ን መንእሰያት ዝቖመ ክፍሊ ብምንባሩ ኣብ ምክልኻል ጥራይ ክምደብ ተገብረ። በዚ መሰረት

ታምሩ ተራራን፣ ኻታርን ኣጥቒዑ ምስሓዘ መከላኸሊ መስመር ክምስርት ተዓዘ። ብተወሳኺ ንሩባ ፈልከት የማነ ጸጋም ኣብ ዝገዝኡ ገዛኢ መሬታት ዓስኪሩ ምስ ናደው ዕዝ ብመሬት እንዳተራኸበ ምንቕስቓስ ጸላኢ ክቖጻጸር ተወሰነ።

15ኛ ተራራ ክፍለ ጦር ናብ ጎረቤት ሓገር ሱዳን ኣትዩ *<<ጀበል ደምቦቢት>>* ናብ ተሰምየ ግዙፍ ዕምባ ሓኲሩ ኣብ ደምቦቢት ዝሰፈረ ናይ ወንበዴ ዕስለ ደምሲሱ፣ ገጹ ናብ መገዲ ኣልጌና-ናቅፋ ብምምላስ ንኻታር ዘዳውቡ ሰንሰለታዊ ጎቦታት ሒዙ ናብ ማዕከል መአዘዚ ጸላኢ ማለት ናይ ኣዶብሓ ሽንጥሮ ኣትዩ ዘየላቡ መጥቃዕቲ ክኸፍት ተዓዘ። 23ኛ ኣጋር ክፍለጦር ድማ ኣብ ሞንጎ ታምሩ ተራራን ዓዲ ዓይሉ ዝርከብ ዓሚዩቕ ሽንጥሮ ሒዙ ካብ ኣልጌና ናብ ናቅፋ ኣብ ዝወስድ መገዲ ጠኒኑ ኣትዩ ኣብዚ መገዲ ዝመላለሳ ናይ ጸላኢ መካይን ክቖርድድ ተወሰነ።

ኣብ ከርኸበት ግንባር ዝዓስከረ *<<መብረቕ ዕዝ>>* ነበረ። ኣዛዚኡ ብ/ጀነራል ቁምላቸው ደጀኔ(*ደሓር ሜ/ጀነራል*) ነበረ። መብረቕ ዕዝ: ኣብትሕቲኡ 21ኛ ተራራ ክ/ጦር 22ኛ ክ/ጦርን 16ኛ ሰንጥቅ ሜኻ/ብርጌድ ኣሰሊፉሎ። መብረቕ ዕዝ ዝተዋሕቦ ቐንዲ ዕማም ካብ ናቅፋ እንዳንደልፈጸ ናብ ሱዳን ዝሃድም ናይ ጸላኢ ዕስለ ኣኻዲዱ ምድምሳስ ነበረ።

ነዞም ዕዝታት ሎጅስቲክ ብቓፍላይ ዓጂቡ ክቐርብ፣ ናይ ሎጂስቲክስ መስመር ክሕልዉ፣ ጸጥታ ኸተማ ኣስመራን ከባቢኡን ክቖጻጸር *<<መከት ዕዝ>>* ተመደበ። ኣዛዚኡ ብ/ጀነራል ኣብዱላሂ ዑመር ነበረ።

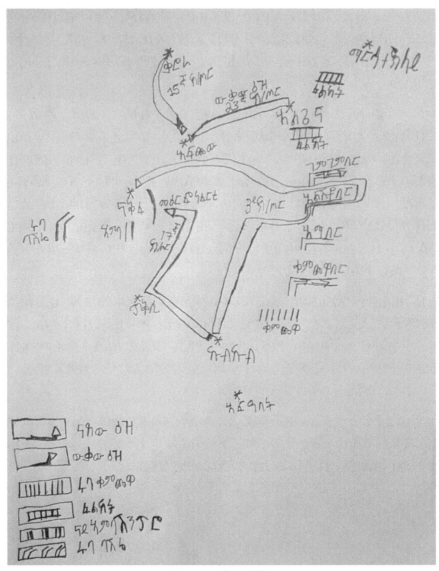

ንድፊ ወፍሪ ቐይሕ-ኮኾብ

ብፕሬዚደንት መንግስቱ ሃይለማርያም ዝምራሕ ኣኼባ ለካቲት 1 1982 ዓም ሰዓት 09:00 ኣብ ኣስመራ ቤተ-መንግስቲ *<<ትንሳኤ ኣዳራሽ>>* ብምዕሩግ ኣገባብ ተኸፍተ። ፕሬዚደንት መንግስቱ ሃይለማርያም ኣብ ኣድላይነት ወፍሪ

ቀይሕ-ኮኾብ መብርሂ ክሕብ እንከሎ ብፍላይ ታሪኻዉያን ጸላእትና ኣመልኪቱ ዘካየዶ መደረ ፍሉይ ነድርን ምረትን ነበሮ:

<<*ነዚ ኹሉ ዝገብረና ናይ ሱዳን መራሒ ጃፋር ኣልኑሜሪ ዝመርሖ መንግስቲዩ። ንሱ ፈጺሙ ዘይጸዓድ መርዛም ጸላኢ እዩ ኾይኑኒ። ንወንበዴታት ምራልን ዘይዛሪ ሓገዝን ሒቡ፣ ሰጥ ኣቢሉ ዝሓዞም እቲ ቀዳማይ መንግስቲ ሱዳንዩ። ክሳብ ሎሚ ከምተዓዘብናዮ ንወንቤደታት ሓምሺሽና ክሳብ ዶብ ሱዳን ከነኻድዶም እንከለና መዕቖሊ ዝኾኖም እዚ መንግስቲዚ እዩ።*>

ምስ ኣዘዝቲ ሰራዊት ሓጺር ዘተን ምይይጥን ምስተኻየደ <<*ናይ ሰራዊትኩም ድልዉነትን ምራልን ንምርኣይ ናብ ግንባራት ከመጽእ'የ ክሳብ ሽዑ ደሓን ቖንዩ*>> ብምባል ነቲ ኣኼባ ዛዘሞ። ሰለስቲኦም ዕዝታት: ዉቃው፣ ናደው፣ መብረቕ ዕዝ ንምውሕሓድ ክጥዕም ምእንቲ የካቲት 4 1982 ዓም ናይ ቀይሕ-ኮኾብ ማዕከል መአዘዚ ካብ ኣስመራ ናብ ኣፍዓበት ተለወጠ።

ምዕራፍ ስድሳን ሸውዓተን

ቀይሕ ኮኾብ ኣብዮታዊ ወፈራ ኣብ ከርከበት: ኣልጌና: ናቅፋ ብወግኢ ጀሚሩ

ወፍሪ ቀይሕ-ኮኾብ ለካቲት 15 1982 ዓ.ም. ብወግኢ ምስጀመረ ድሕሪ ክልተ መዓልቲ ናደዉ ዕዝን ዉቃው ዕዝን ሸቶኦም ወቒዖም ዓወት ተጎናጺፉ። መብረቅ ዕዝ ግን ብሓሩር፣ ከምሲን፣ ማይ ጽምኢ ይፍታሕ ከምዘሎ ጽንጽንታ ተሰምዐ። ኣብ ራብዓይ መዓልቲ ምጅማር ወፍሪ ቀይሕ-ኮኾብ ናይ ዉቃዉ ዕዝ 15ኛ ክ/ጦር ናብ ሱዳን ኣትዩ ኣብ ጀበል ደምቦቢት ንዓመታት ዓስኪሩ ዝነበረ ናይ ሻዕብያ ወንበዴ ደምሲሱ፣ ዝተረፉ ካብዚ ዕምባ ኣጽዲፉ ጀበል ደምቦቢት ኣብትሕቲ ምቑጽጻር ኣውዓሎ። ውቃው ዕዝ ካብ ኣልጌና ምድረበዳ ተበጊሱ ናብዚ ገዛኢ ዕምባ ምሕኻሩ ንጸላኢ ጥራይ ዘይኮነ ንወገንውን ዘስተንከረ ኔሩ።

ናይ ናደው ዕዝ 3ይክ/ጦር መስመር ኣልጌና-ናቅፋ ኣብ ገምገም ሸንጥሮ ሰንጢቑ፣ ጸፋሕቲ ዕምባታት ሮራ-ጸሊም ሰጊሩ ናቅፋ-ምስ ኣልጌና ዘራኽብ ናይ መኪና መገዲ ዓጽወ። 17ኛ ክ/ጦር ካብ ጥቅሲ ተበጊሱ መዕርፎ ነፍርቲ ናቅፋ ተቖጻጸረ። ኣንባቢ ከምዝዝክሮ ነፈርቲ ዝዓልባሉ ሜዳ ካብ ማዕከል ናቕፋ ክልተ ኪሜ ንሸንኽ ምብራቅ ተፈንቲቱዩ ዝርከብ። ሻዕብያ ብሰለስተ ኣንፈት 270 ዲግሪ ከኸበብ እንከሎ: 8 ኣጋር ብርጌድ፣ ሓደ ታንከኛ ሻለቃ፣ ሓደ ናይ መድፍዕ ሻለቃ፣ ሓደ ናይ ዙ-23 ጸረ-ነፋሪት ሻለቃ ኣብ ኸተማ ናቅፋን ዙርያኣን ኣዋሕሊሉ ነበረ። ኣብዮታዊ ሰራዊት *<<ካብ ደቡብ ናብ ሰሜን ክጥቕዕ'ዩ>>* ዝብል ግምት ስለዝነበሮ ነዚ ሓይሊ ኣብ ኣምባን ባሸሬን ሸንጥሮ ከዘኖ።

ኣብዚ ጊዜ ናይ ናደው ዕዝ ኣዘዝቲ ሻዕብያ ኣብ ምንታይ ኹነታት ከምዘሎ ንምፍላጥ ሬድዮ ወልዑ። ናይ ጸላኢ ሬድዮ ምስተጠልፈ ኣብ ግንባር ዘለው ሓለፍቲ *<<ኦሮማይ!>>* ብምባል ሕላውነቶም ከምዘኽተመ፣ እቲ ዘይተርፍ ስዕረት ከምዝተጎልበቡ ንመራሕቶም ሓበሩ። ኣብዚ ጊዜ ጋዜጠኛ በዓሉ ግርማ ነዚ ግዙፍ ወፈራ ክስንድ ኣብ ጥቅሲ ነበረ። ናይ ናደው ዕዝ ኣዘዝቲ ካብ ሻዕብያ ሬድዮ ዝጠለፉዎ *<<ኦሮማይ>>* ትብል ቓል ብታሕጓስ ክደጋግሙዋ ምስሰምዐ ኣብቲ ጊዜ ይጽሕፎ ዝነበረ መጽሓፉ *<<ኦሮማይ>>*

ዝብል ኣርእስቲ ሓቦ። ኣብዮታዊ ሰራዊት ብልዑል ቕልጣፈ ናይ ጸላኢ ዕስለታት ደምሲሱ፣ ኣጽዋራት ስለዝማረኸ ንያቱ ሰማይ ኣረገ። ላዕላዋይ ኣካል መንግስቲ ኣብ ግምት ዘየእተዎ ጉዳይ ናይ ሪዘርቭ ሰራዊት(ረዳት) ኣድላይነት ነበረ። ብፍላይ 3ይ ክ/ጦር ዝጀመሮ ወፈራ ከቢድ ብረትን ታንክን ክኣትዎ ስለዘይኸእል ንጓይ ክፍለጦር ዘጠናኽር ሓይሊ ምድላዉ ኣድላዪ ነበረ።

17ኛ ክ/ጦር ናቕፋ መዕርፎ ነፈርቲ ተቖጻጺሩ እንከሎ ናብታ ከተማ ክኣትው ምስተበገሰ *<<ኣብ ዘለኻዮ ርጋእ>>* ዝብል ትዕዛዝ ካብ ሓለቃ ስታፍ ምክልኻል

ብፕሬዚደንት መንግስቱ ሃይለማርያም ዝምራሕ ልዑኽ ናደው-ዕዝ ንወፍሪ ቀይሕ ኮኾብ ዝገበሮ ምድላው ከዕዘብ

ተላኢኹ። እዚ ትዕዛዝ ንሳይ ክ/ጦር ንምቕዳም ዝተዓለመ ኔሩ። 3ይ ክ/ጦር ናይ ፕሬዚደንት መንግስቱ ሃይለማርያምን ካልኦት ላዕለዎት ሰበስልጣን ኣደ ክፍሎም ስለዝኾነት ቅድሚ ዓርባዕተ ዓመት ኣብ ኸረን ዝተፈጸመ ዘሕዝን ተግባር ኣብ ናቕፋ ተደግመ። 3ይ ክፍለጦር ናብ ናቕፋ ክቕጽል ምስተኣዘዘ ጉዕዞ ጀመረ።

ናይ ጸላኢ ሬድዮ ክጥለፍ እንከሎ ኣብ ግንባር ዘለው ሓለፍቲ: *<<ሓይከኣልናን>>* ክብሉ ኣዘዝቶም: *<<ተወሳኺ ሓይሊ ይመጸካሎ ስንኻ ነኪሰካ ተዋጋዕ>>* ብምባል ምስመለሱ ናይ ናደው ዕዝ ኣዝዝቲ 3ይ ክፍለጦር ተወሳኺ ሓይሊ ይመጽእ ከምዘሎ ፈሊጡ ሞራሉ ኣደሪዑ ክዋጋእ ምእንቲ ቴሌግራም ለኣኹ።

ሻዕብያ ክዋግኣሉ ዝጸንሀ ገዛኢ መሬት ገዲፉ ንድሕሪት(*ንሸንኽ ናቕፋ*) ምስሰሓበ 3ይ ክፍለጦር እግሪ እግሩ ከኻድዶ ጀመረ። ይኹን እምበር ኩነታት ኣብ ሓጺር ሰዓት ተቐያዪሩ ናይ ጸላኢ ሜካናይዝድ ክፍልታት ጽዑቕ ናይ መትረየስን ጸረ-ነፈርቲ ቶኽሲ ብዘይምቁራጽ ኣዝነቡ። ኣብዛ ዕለት ማለት ቀዳም ለካቲት 22 ሰዓት 04:00 ድሕሪ ቐትሪ መስመር ኣልጌና-ናቕፋ ቖሪጹ ናብ ኸተማ ናቕፋ ይግስግስ ዝነበረ 3ይ ክፍለጦር ብኣዛዚኡ ኮ/ል ተሻገር ይማም ነዚ ዝስዕብ መልእኽቲ ኣመሓላለፈ: *<<ቅድሚ ሎሚ ሪኤዮ ዘይፈልጥ እልቢ ዘይብሉ ታንክን ዙ-23ን ዘሰለፈ ጸላኢ ዙርያይ ከቢቡ ትንፋስ ኣብ ዘይሕብ ዉግዕ ተጸሚደ ይርከብ።>>*

ኣብ ናደው ዕዝ ማዕከል መኣዘዚ ዝነበረ ሓዋሕው ብሓንሳብ ተለወጠ። 3ይ ክፍለጦር ዘለወሉ ስፍራ ከቢድ ብረት ክኣትወሉ ስለዘይክእል ነዚ ከበባ ንምስባር እቲ እንኮ ፍታሕ ኣጋር ሰራዊት ምስዳድ ነበረ። ንኣንባቢ ኣቀዲመ ከምዝገለጽኩዎ ናይ ወትሓደራዊ ሳይንስ ሕጊ ከምዝድንግጎ: ናይ ሓደ ግዙፍ ወፈራ ተዓዋትነት ዝረጋገጽ እኹል *ሪዘርቭ ሰራዊት* ክዳለው እንከሎ ፕራይዩ። ናይ ኢትዮጵያ ኣብዮታዊ መንግስቲ ቀይሕ-ኮኾብ ኣብዮታዊ ወፈራ ክነድፍ እንከሎ ዘየተኮረሉ ጉዳይ ናይ ሪዘርቭ ሰራዊት ኣድላዩነት ነበረ። በዚ ምክንያት 3ይ ክፍለጦር ብጸላኢ ዙርዩኡ ምስተኸበ ካብቲ ከበባ ዘዉጽኦ ኣጋር ሰራዊት ኣይተረኸበን።

ምዕራፍ ስድሳን ሸሞንተን

መብረቕ ዕዝ ምስ ተፈጥሮን ጸላእን ዝፈጸሞ ምትሕንናቕ

3ይ ክ/ጦር ኣብ ከበባ ዝወደቐሉ ምስጢር ኣብ ከርከበት ግንባር ብዝተራእየ ዘልሓጥሓጥ ነበረ። መብረቕ ዕዝ ኣብ ከርከበት ክቐዉም እንከሎ ኣብቲ ብረስኒ ዝተቐልወ ሑጻ ዝተሰለፈ ብደቒ 18ን 19ን ዓመት መንእሰያት ዝተባሕተ 21ኛ ተራራ ክ/ጦር ነበረ።

ናይ 21ኛ ተራራ ክ/ጦር ኣዛዚ ኮ/ል ዉብሸት ማሞ ይበሃል። ኮ/ል ዉብሸት ካብ ሓረርጌ ክ/ሓገር ዝመጸ መኮንን'ዩ። ኣብ ኤርትራ ክ/ሓገር ዝግበር ወፈራ ክሳተፍ ወፍሪ ቀይሕ-ኮኾብ ናይ መጀመሪኡ'ዩ። ኮ/ል ዉብሸት ኣብ ኣስመራ ሲምፖዝየም *<<ወንበደታት ሓንሳብን ንሓዋሩን ናብ ቀይሕ-ባሕሪ ክንከዕዎም ኢና>>* ብምባል ኣብ መድረኽ ደዪቡ ዘስምዖ ፈኸራ ብብዙሓት ተጋባእቲ ኣይተፈትወሉን። ኣብ ከርከበት ግንባር ዝተሰለፈ ናይ ጸላኢ ሰራዊት ክልተ ብርጌድ ነበረ።

21ኛ ተራራ ክፍለጦር ዝተዋህቦ ሸቶ: ኣብ ከርከበት ዘሎ ጸላኢ ዓጺዱ፣ ናብ ኹር ተወርዊሩ፣ ኣብ ኹር ዳግመ ስርርዕ ምስገበረ ንእሸቶን ኣባይን ኣስማጥ ተቖጻጺሩ ኣብ ዛራ መከላኸሊ መስመር ክምስርት። በዚ መሰረት ናብ ለካቲት 17 ዘውግሕ ለይቲ ዉግዕ ምስጀመረ 21ኛ ተራራ ክ/ጦር ኣብ ከርኸበት ዓዕሚቑ ዝዓስከረ ናይ ወንበዴ ዕስለ ሰሊቑ ንግሆ ሰዓት 10:20 ንኹር ተቖጻጸረ። 21ኛ ተራራ ክ/ጦር ብዕሽላት ዝተባሕተ ክፍሊ ብምንባሩ በዚ ናሕሪ ሸቱኡ ክወቕዕዩ ዝብል ትጽቢት ኣይነበረን።

ወፍሪ ቀይሕ-ኮኾብ ኣብ ከርከበት ግንባር -- ለካቲት 1982 ዓም

ናይ መብረቕ ዕዝ 2ይ ኣጋር ክፍለጦር 37ኛ ብርጌድ ጠመቱኡ ንሸነኽ ምብራቅ ጌሩ ጸላኢ ንነዊሕ ዘመን ብዘይዓዋዲ ዝዓንደረሉ ናይ ሰለሞና ሸንጥሮ ተቐጻጸረ። ኣብትሕቲ 2ይ ኣጋር ክ/ጦር ዘሎ 31ኛ ብርጌድ ድማ ምስ 2ይ ፓራኮማንዶ ብርጌድ ተላፊኑ ካብ ኸረን 52 ኪ.ሜ ሰሜን ምዕራብ ርሒቑ ዝርከብ <<ሓልሓል>> ተሰምየ ናይ ወንበዴ በዓቲ ተቖጻጸረ።

21ኛ ተራራ ክ/ጦር ኣብ ኹር ክዕስከር እንከሎ ኣብዝሃ ወትሓደራቱን መኾንናቱን ብማይ ጽምኢ ተፈቲኖም ስለዝነበሩ ዝሰፈረሉ ስፍራ ከዉሕስ ዳሕሳስ ካብ ዘይምግባሩ ብተወሳኺ ካብ ከርኸበት እንዳተዋገአ ናብ ኩር ምስተበገሰ ኣገዳሲ ዝበሃሉ ገዛእቲ መሬታት ብፍላይ ኣብዚ ኣጸምዕ መትኒ ሕይወት ዝኾነ ናይ ማይ ኢላ ገዲፉ ስለዝመጸ ናይ ሻዕብያ ወንበዴ ነዚ ወሳኒ ስፍራ ተቖጻጺሩ ጎናዊ መጥቃዕቲ(*ፍላንክ ኣታክ*) ፈነወ። ጉዳይ ተፈጥሮ ኮይኑ

ኣብ 21ኛ ተራራ ዝተኣኻኸቡ መንእሰያት ብማይ ጽምኢ ከንደልፍጹ ጀመሩ። ናይ ማይ ቦጥ ከምዝተበገሰ እኳ እንተተሓበረ *<<ከርሽበት ምስቐረባ ብሑጻ ተዋሒጠን>>* ዝብል መርድዕ ተሰምዐ።

ጸላኢ ነዚ ኹነታት ተጠቒሙ ለካቲት 18 18:30 ሰዓት ሓንደበታዊ መጥቃዕቲ ፈነወ። መጥቃዕቲ ጸላኢ ብክልተ ኣንፈት ነበረ። ናይ ጎኒ መጥቃዕቲ(*ፍላንክ ኣታክ*) ኣብ ልዕሊ 44ኛ ተራራ ብርጌድ ናይ ፊተፊት መጥቃዕቲ(*ፍሮንታል ኣታክ*) ኣብ ልዕሊ 47ኛ ተራራ ብርጌድ። 21ኛ ተራራ ክ/ጦር ሽሕ'ኳ ዘይተሞከረ ክፍሊ ይኹን ቀልጢፉ ኢዱ ኣይሓበን። ኣርባዕተ መዓልታት ምስ ጸላኢ ተሓናነቐ። ኣብዘም ዉግዓት ሓያለ ሰባት ብሞትን ስንክልናን ስለዝተፈልዩዎ ካብ መጥቃዕቲ ናብ ምክልኻል ተሰጋገር። 21ኛ ተራራ ክ/ጦር ኣብ ዝዓስከረሉ ቦታ ምቕጻል ጉድኣቱ ከምዝዓዝዝ ተገንዚቡ ኣዛዚ ናይቲ ክ/ጦር ናይ ከቢድ ብረትን ነፈርቲ ኹናት ጉልባብ ከወሃቦ ሓቲቱ ናብ ከረን ሰሓበ።

ናይ 21ኛ ተራራ ክ/ጦር ውድቕት ኸረን ንጸላኢ ስለዘቃልዖ ናይ 2ይ ኣጋር ክ/ጦር ብርጌዳት ዝተቖጻጸሩዎም ወሳኒ ስፍራታት ማለት 37ኛ ብርጌድ ካብ ሰለሞና ኣውራጃ 31ኛ ብርጌድን 2ይ ፓራኮማንዶን ካብ ሓልሓል ስሒቦም ኸረን ክኣትው ተዓዘ። በዚ መገዲዚ መብረቕ ዕዝ ብዙሕ ከይሰጎመ ብዕሽሉ ተቖጽየ። ኣብዮታዊ መምርሒ ኣብ ከርሽበት ግንባር ዝተሰለፈ መብረቕ ዕዝ ገስጋሱ ምስተቖጽየ ጠንቒ ናይዚ ዉድቕት ኣጻርዩ ኣብ ተሓተቲ ስጉምቲ ክወስድ ተደናደነ።

በዚ መሰረት ብ'ሜ/ጀ ሙላቱ ነጋሽ ዝምራሕ ናይ ምክልኻል ሚኒስተር ኢንስፔክሽን ኮሚቴ *<<ኣጻርዩ>>* ብምባል ናይ መብረቕ ዕዝ ኣዛዚ ብ/ጀነራል ቁምላቸው ደጀኔ ተኣሲሩ ኣስመራ ክምለስ ኣዘዘ። ድሕሪ'ኡ ኣብ ብ/ጀነራል ቁምላቸው ደጀኔ ናይ ሞት ብይን በየነ። ብ/ጀ ቁምላቸው ኣብ 1977-1978 ዓም ኣስመራ ዙርያ ኣብ ዝተገብረ ናይ ምክልኻል ዉግእ ዝነበሮ ተራ ተገምጊሙ ብመጠንቐቕታ ተሰግረ። ኣዛዚ 21ኛ ተራራ ክፍለጦር ኮ/ል ዉብሸት ማሞ መጋቢት 7 1982 ዓም ኣብ ኣፍዓበት ኣብ ቅድሚ ሰራዊቱ ተረሸነ። ኣብ ወፍሪ ቀይሕ-ኮኾብ ልዑል ሕድርን ተስፋን ዝተነብረሉ መብረቕ ዕዝ ብዙሕ ከይሰጎመ ገስጋሱ ብዘሕዝን መገዲ ተቖጽየ።

ምዕራፍ ስድሳን ትሽዓተን

ኣብ ደንደስ ናቅፋ ዝተኾልፉ ኣናብስ፡ ናይ 3ይ(*ኣምበሳው*) ክ/ጦርን 17ኛ ክ/ጦር ዕጫ

ሕጂ ሰዓት 07:00 ናይ ምሸትዩ፡ ቀዳም ለካቲት 22 1982 ዓም። ሰማያት ናቅፋ ከውታ'ኻ እንተሸፈኖ መዕርፎ ነፍርቲ ናቅፋ ዝተቖጻጸረ 17ኛ ክ/ጦር ምስ ጸላኢ ኣብ ከቢድ ጥምጥም ተጸሚዱ ይርከብ። ብተመሳሳሊ ኣኻዉሕ ሮራ ጸሊም ደዱቡ መስመር ናቅፋ-ኣልጌና ዝቖረጸ 3ይ ክ/ጦር ኣብ ተመሳሳሊ ኹነታት ይርከብ። ምሸት ሰዓት 07:00 ምስኮነ ናይ ክልቲኤን ክፍለጦር ኣዘዝቲ ናብ ማዕከል መኣዘዚ ናደው ዕዝ ነዚ ዝስዕብ መልእኽቲ ለኣኹ፡

<<*ክሳብ ሕጂ ኣብ ዝተገብረ ዉግዕ ብዙሓት ናይ መስመር መኾንናትን ተራ ወትሃደራት ብሞትን መዉጋእትን ተፈልዮምና እዮም። በዚ ምክንያትዚ ሕጂ ኣብ ዝሓዝናዮ ቦታ ረጊዕና ንጸላኢ እንዳመከትና ምቕጻል ኣዝዩ ዘሸግረና ነገርዩ። ኣብዚ ሰዓት ብታንክን ኣርመርን ከረግጸና ዝፍትን ጸላኢ ብከላሽንኮቭ ኢና ደው ከነብሎ ንፍትን ዘለና። እዚ ፈተነ ዉጽኢትን ዘላቕነትን ኣይክህልዎን፣ ብረመጽ ተፈቲኑ ዝገበለ ፍናንና ከይተሰብረ ረዳት ጦር ብቕልጡፍ ስደዱልና*>> ብምባል ንሚኒስተር ምክልኻል ሓበረ።

ላዕለዋይ ኣኻል መንግስቲ ኣብ ጫፍ ዓወት ዝበጽሐ ሰራዊት ገስጋሱ ከይዕንቀጽ ዝወሰዶ ተበግሶ ዘዕግብ ኣይነበረን። ሚኒስተር ምክልኻል ሜ/ጀ ተስፋይ ገ/ኪዳን ነዚ መልእኽቲ ምስሰምዐ <<*ረዳት ጦር ካብ ኸረን ተበጊሱ ሎምዓቲ ኣብ ጎንኹም ክስለፍ ስለዝኾነ ሓንቲ ስድሪ መሬት ከይገደፍኩም ብቖራጽነት ተዋግዑ*>> ብምባል ናይ ናደው ዕዝ ኣዛዚ ብ/ጀ ዉበቱ ጻጋይ ነዚ መልእኽቲ ክሰደሎም ኣዘዘ። ክልቲኦም ክ/ጦራት ኣብ ሓጺር ጊዜ ረዳት ጦር እንተዘይቐሪቡሎም ዝጨበጡዎ ዓወት ካብ ኢዶም ከቑለብ'ዩ።

ፍርቂ ለይቲ ምስኾነ ኣብ መዕርፎ ነፈርቲ ናቅፋ ሙሉዕ መዓልቲ ዝወዓለ ዉግዕ ደው በለ። 3ይ ክ/ጦር ኣብ ዝተሰለፈሉ ግንባር እዉን ተመሳሳሊ ኹነታት ነገሰ። ወፍሪ ቀይሕ-ኮኾብ ካብ ዝጀመረሉ ሰዓት ኣትሒዙ ኣብ ግንባር ዝተሰለፉ ክ/ጦራትን ኣብ ጥቅሲ ኣመራርሓ ዝሕቡ ናይ ናደው ዕዝ ኣዘዝቲ ንድቓስ ዝኸውን ጊዜ ኣይረኸቡን።

ሰዓት 01:00 ለይቲ ምስኾነ ናይ ሻዕብያ ሬድዮ ጠሊፎም ክሰምዑ ብኾድ ዝተኣሰረ ቴሌግራም ብዘይምቑራጽ ከዉሕዝ ጀመረ። ሻዕብያ ዉግዕ ዝግ

ምስበለ ዝልአኾ ቴሌግራም መብዛሕቱኡ ጊዜ ረዳት ሰራዊትን ኣጽዋርን ዝጠልብ፣ ዉግኣት ዘልዕላ መኻይን ክለኣኻ ዝሓትት ከምዝኾነ ብልምዲ ይፍለጥ'ዩ። ዉግዕ ከጅመር እንከሎ ብፍላይ ወገን ተበግሶ ወሲዱ ከጥቕዕ እንከሎ ናይ ሻዕብያ ወንበዴ ስለዝወጃበር ምስጢር ዝበሃል ተሪፉ ምስ ሓለፍቶም ብዓዉታ ክዘራረቡ፣ ክወናጀሉ፣ ክጸራረፉ ምስማዕ ንቡር'ዩ።

ሬድዮ ዝጠልፉ ናይ ወገን ክኢላታት ጸላኢ ዝለኣኾ ቴሌገራም ሰይሮም ከምዝሓበሩዎ *<<ብዝሒ ዘለዎ ናይ ጸላኢ ሰራዊት ካብ ከርኸበትን ኣልጌናን ተበጊሱ 3ይ ክፍለ ጦር ናብ ዝርከበሉ ግንባርን 17ኛ ክ/ጦር ናብ ዝርከበሉ መዕርፎ ነፈርቲ ናቕፋ ይግስግስ ኣሎ።>>*

ናይ ናደው ዕዝ ኣዛዚ ብ/ጀ ዉበቱ ጸጋይ ነዚ ዝስዕብ መጠንቐቕታ ናብ ማዕከል መምርሒ ኣብዮታዊ ወፈራ ለኣኸ: *<<ቃል ዝኣተኹምዎ ክ/ጦራት ሎሚ ምሸት ብሕጹጽ እንተዘይሰዲድኩምዎ 3ይ ክ/ጦርን 17ኛ ክ/ጦር መጻኢኦን ኣዝዩ ዘሻቕልዩ።>>*

3ይ ክ/ጦር ሰለስተ መዓልትን ለይትን ምስ ታንክታትን ኣርመራትን ብክላሽንኮቭ ምስተጨፋጨፈ ቓል ዝተኣትወሉ ረዳት ጦር ስለዘይተቐረበ ለካቲት 23 1982 ዓም ሰዓት 04:00 ኣጋወጋሕታ መትኒ ጸላኢ ዝቖረጸሉ መስመር ናቕፋ-ኣልጌናን ነቲ መገዲ ካብ ዝገዝኡ ናይ ሮራ ጸሊም ኣኻዉሕ ብጸላኢ ተደፍአ። ናይ ሻዕብያ ወንበዴ ናይ ኣልጌና-ናቕፋ መገዲ ስለዝተኸፍተሉ ማይ ዘይጠዓሙ ወትሃደራት ብጻዕቒ ከመላልስ ጀመረ። ጸላኢ ንሮብዕ ለካቲት 24 ኣብ ዘዉግሕ ለይቲ ኣጋ ወጋሕታ ጽዑቕ መጥቃዕቲ ጀመረ። ማዕከል መምርሒ ኣብዮታዊ ወፈራ ቃል ዝኣትዎ 18ኛ ተራራ ክ/ጦር ናብ ጥቕሲ ተቓረበ። ናይ 18ኛ ተራራ ክ/ጦር 36ኛ ተ/ብርጌድ ኣብ ሞንጎ ክልቲኦም ክ/ጦራት ዝርከብ ሽንጥሮ ሒዙ ደገፍ ክሕቦም ጀመረ።

36ኛ ተ/ብርጌድ ብልዑል ሞራል ምስ ጸላኢ ተሳዪፉ ብዙሕ ሰብን ኣጽዋርን ከምዝማረኸ ኣበሰረ። ይኹን እምበር 3ይ ክ/ጦር መትኒ ጸላኢ ካብ ዝበተኸሉ መስመር ናቕፋ-ኣልጌና ምስተደፍአ፣ 17ኛ ክ/ጦር ድማ ካብ መዕርፎ ነፈርቲ ናቕፋ ምስሰሓበ ደንጉዩ ስለዝመጸ ኣብ ባይታ ዘምጽኦ ለዉጢ ኣይነበረን።

ድሕሪዚ 3ይ ክ/ጦር ኣብ ኣረዋ መከላኸሊ መስመር መስረተ። 17ኛ ክ/ጦር ኣብ ብራኽ ነጥቢ 1702 ደየበ። ብራኽ ነጥቢ 1702 ቓላት ኣጸሊትካ ዘይትገልጾ

ኢትዮጵያዊ ጅግንነትን ቖራጽነትን ዝተራእየሉ ገዛኢ መሬት'ዩ። ኣብዛ ዕምባ ናይ ናደው-ዕዝ ሰራዊት እንታይ ዓይነት ታሪኽን ጅግንነትን ከምዝፈጸመ ኣብ ዝቕጽል ምዕራፍ ከዘንትዎ'የ።

ምዕራፍ ሰብዓ

ወቃዉ ዕዝ: ኣምዑት ጸላኢ ሓምቲሉ ዝፈጸሞ ገድል

ኣንባቢ ከምዝዝከሮ ኣብ 1977-78 ዓም ምጽዋ ዙርያ ኣብ ዝተካየደ ናይ ጨው ግራት ጥምጥም ክዳኑን ጫምኡን ብጨው እንዳሓቖቖ ከቢድ መከራ ጸይሩ ምጽዋ ካብ መንጋጋ ወንበዴ ዘድሓነ 505ኛ ግ/ ሃይል ነበረ። ኣብ ቀይሕ-ኮኾብ ኹለመዳያዊ ኣብዮታዊ ወፈራ ናይ ኣብዮታዊ ሰራዊት ውዳበ ካብ ግብረ-ሃይል ናብ ዕዝ ምስተሰጋገረ 505ኛ ግ/ሃይል *<<ዉቃዉ ዕዝ>>* ተሰምየ። ውቃው ዕዝ ኣብዚ ታሪኻዊ ወፈራ ናብ ኣምዑት ጸላኢ ጠኒኑ እዞም ዝስዕቡ ግዴታት ክፍጽም ተዓዘ:

1) 15ኛ ክ/ጦር ንኣልጌና ካብ ዝገዝእ ጎቦ ሄልመት ተበጊሱ፣ ናይ ታቤ ሽንጥሮ ሒዙ ናብ ሱዳን ኣትዩ ኣብ ጀበል ደምቦቢት ዝዓስከረ ናይ ወንበዴ ዕስለ ደምሲሱ ጎቦ ደምቦቢት ክቖጻጸር

2) 23ኛ ክ/ጦር ካብ ኣልጌና ተበጊሱ፣ ጸላኢ ጥፍኣት ናብ ዝኣልመሉ ናይ ኣዶብሓ ሽንጥሮ ተወርዊሩ፣ ሻዕብያ ናብ ሱዳን ዝወጸሉ መገዲ ኣጽዩ፣ ኣብ ክሳዱ ዝኣትወ ገመድ ከስጥም። ነዚ ግዙፍ ዕማም ብጅግንነት ምስፈጸመ ጸላኢ ኣልጌና ካብ ዘሰለፎ ሰራዊት እንዳነከየ ናብ ናቅፋ ግንባር ከይወስድ ምእንቲ መስመር ኣልጌና-ናቅፋ ኣብ ኣፍጨው ክዓጽው

3) 19ኛ ተራራ ክ/ጦር ኣብ ኣፍጨው ጸላኢ ናይ ምዝባዕ ዉግዕ ክገብር

ዉቃዉ ዕዝ ሶኒ ለካቲት 15 1982 ዓም ካብ ኣልጌና ተበጊሱ ክብ ኢለ ብዝገለጽኩዎ ስለስተ ኣንፈት መጥቃዕቱ ጀመረ። ኣብ'ትሕቲ 15ኛ ክ/ጦር ዝተመደበ 6ይ ብርጌድ ሰዓት 07:00 ናይ ምሸት ብቃሮራ ጌሩ ናብ ሱዳን ጠኒኑ ምስኣትወ ካብ ጽፍሒ ባሕሪ 1785 ሜትር ብራኽ ናብ ዘለዎ ጀበል ደምቦቢት ሓኹሩ ናይ ሻዕብያ ወንበዴ ዘይተጸበዮ መጥቃዕቲ ከፈተ።

ወፍሪ ቀይሕ-ኮኾብ ኣብ ኣልጌና ግንባር

ጸላኢ በቲ መጥቃዕቲ ዝሓደሮ ስምባደ ምቑጽጻር ስኢኑ እግረይ ኣውጽኒ ኢሉ ብሕድማ ተዓዝረ። 6ይ ብርጌድ ብዝረኸቦ ዓወት ኩርዓት ከየስከሮ ንጀበል-ደምቦቢት ብፈንጂ ሓጸሮ። ጸላኢ ምስ ሱዳን ዘራኽቦ ናይ ሎጂስቲክስ መስመር ተዓጽወ።

ድሕሪዚ ሻዕብያ ከምቲ ዝለመዶ ብስምባደ ኣልባቦም ዘጥፍኡ ተዋጋእቱ ኣረጋጊኡ ንጽባሒቱ ጸረ-መጥቃዕቲ ፈተነ። ናይ 15ኛ ክ/ጦር 6ይ ኣ/ብርጌድ

ናብ ጎቦ ደምቦቢት ጠኒኑ ክሓዅር ዝፍትን ናይ ሻዕብያ ዕስለ ኣብ ታርጌት ክሳብ ዝኣትወሉ ተጸብዩ ኣጺዱ ኣርገፎ። ሻዕብያ ዝፈነዎ ጸረ-መጥቃዕቲ ዉጽኢት ስለዘይረኸብሉ ይመስለኒ ብዙሕ ከይደፍኣሉ ደው ኣበለ።

ኣብትሕቲ 15ኛ ክ/ጦር ዝነበሩ 8ይን 9ይን ኣ/ብርጌዳት መዓንጣ ጸላኢ ክሓማትሉ ካብ ኣልጌና ናብ ታቤ ሽንጥሮ ተበገሱ። ኣብትሕቲ 19ኛ ተራራ ክ/ጦር ዝተሰለፋ 39ኛ 40ኛ ተ/ብርጌድ ካብ ጎቦ ሄልሜት ናብ ሓሊበት ተወርወሩ። ናይ 15ኛ ክ/ጦር ክልተ ብርጌዳት ዝተዋህቦም ተልእኾ ታሪኻውን ግዙፍን ጥራይ ዘይኮነ መጻኢና ዝዉስን ስለዝኾነ 29ኛ ዘርኣይ ደረስ ሜ/ብርጌድ ተደሪቡ ጸላኢ ክሳዱ ደርሚሙ ኣብ ድፋዕ ከለሓግ ምእንቲ ዘየቋርጽ ደብዳብ ከቢድ ብረት ክፍጽም ተዓዘ።

ኣብ ወፍሪ ቀይሕ-ኮኾብ ኣብ ዉቃዉ ዕዝ ካብ ዝወፈሩ ክፍልታት ዘደንቕ ዓወት ዝተጎናጸፈ 23ኛ ክ/ጦር ነበረ። 23ኛ ክ/ጦር ካብ ኣልጌና ብፍጥነት ተሓምቢቡ ናይ ሻዕብያ ወንበዴ መንእሰያት ገፊፉ ዘሰልጥነሉን ዘዕጥቐሉን <<*ቢሊ.ቃጥ*>> ተሰምየ ናይ ወንበዴታት መጫጭሒ ከምኡ'ውን ብሬድዮ ናይ ሓሶት ነጋሪት ዝነዝሐሉ <<*ፋሕ*>> ኣብ ኢዱ ኣእተወ። ቢሊ.ቃጥን ፋሕን ካብ ኣልጌና ብናተይ ግምት 35 ኪ.ሜ. ደቡብ ምዕራብ ተፈናቲቶም ዝርከቡ ናይ ወንበዴ ቖርዓት'ዮም።

23ኛ ክ/ጦር ነዚ ዓወት ዝተጎናጸፈ ረዳት ኮይኑ ዝተደረበሉ ናይ 6ይ ነበልባል ክ/ጦር ኣካል 112ኛ ነበልባል ብርጌድ ተላፊኑ ብዝፈነዎ መጥቃዕቲ ነበረ። 23ኛ ክ/ጦር ናብዚ ስፍራ ከበጽሕ ኣዝዩ ከቢድ መስገደል ሰጊሩ'ዩ። ከም መንደቕ ቖጥ ኢሉ ኣብ ጥርዙ ኣህባይ ዝሰፈራሉ ዕምባ ደዪቡ፣ ኣብ ጸላኢ ሓንደበታዊ መጥቃዕቲ ከፊቱ ኔሩ ነዞም ክልተ ቦታት ተቖጻጺሩ። ብፍላይ ናይ 23ኛ ክ/ጦር 32ኛ ሜካ/ብርጌድ ዝተቖጻጸሮ ጸዳፍ ጎቦ ብዙሓት ኢትዮጵያዉያን ሽተት ኣቢሉ ስለዘጽደፎም ነዚ ጎቦ <<*ጭራቅ ተራራ*>> ሰምዩዎ። 23ኛ ክ/ጦር ነዞም ስፍራታት ክቖጻጸር ምኽኣሉ ዉቃዉ ዕዝ ኣምዑትን መዓንጣን ጸላኢ ናይ ምሕምታል ተልእኾ ብዘይኣበር ከምዝፈጸመ ዝእንፍት'ዩ።

ኣብዚ ጊዜ ኣብ ከርኸበት ግንባር ዝዓሰከረ መብረቕ ዕዝ ብዘጋጠሞ መኻልፍ ናብ ኸረን ምስሰሃበ ሻዕብያ ገጹ ናብ ኣልጌናን ናቕፋን ጠውዩ ብፍላይ ክብ ኢለ ዝጠቀስኩዎም ስፍራታት ዝተቖጻጸሩ ናይ ዉቃው ዕዝ 23ኛ ክ/ጦር 32ኛ ሜካ/ብርጌድን 4ይ ፓራ ኮማንዶ ብርጌድ ጸረ-መጥቃዕቲ ኣካየደ።

23ኛ ክ/ጦር ካብ ቢሊቃጥን ፋሕን ተበጊሱ ናብ ኣፍጨው ተወርዊሩ መገዲ ናቅፋ-ኣልጌና ክዓጽው ምስተበገሰ ማለት ኣፍጨው በጺሑ ብጸጋማይ ጎኑ ምስ 3ይ*(ኣምበሳው)* ክ/ጦር ክራኸብ ምስተቓረበ ካብ ከርኸበት ዝተበገሰ ናይ ጸላኢ ዕስለ ጸረ-መጥቃዕቲ ፈንዩ ገስጋሱ ተኾልፈ። ውቃው ዕዝ ዝተዋህቦ ሽቶ መብረቕ ዕዝ ብዝፈጸሞ ጉድለት እንተዘይሰናኸል ኔሩ ሻዕብያ ዝነበሮ እንኮ መማረጺ ምስ ኣብዮታዊ መንግስቲ ኣብ ጣዉላ ኮፍ ኢሉ ምዝታይ፣ ዝተዋህቦ ፍታሕ ኣሜን ኢሉ ምቕባል ጥራይ ነበረ።

ናይ 23ኛ ክ/ጦር ብርጌዳት ማለት 32 ሜኻ/ብርጌድን 4ይ ፓራኮማንዶን ከምኡ'ዉን ናይ 6ይ ነበልባል ክ/ጦር 112ኛ ነበልባል ብርጌድ ከስሕቡ ምስጀመሩ ፈለማ ብስልቲ ዝነበረ ምንቅስቓስ ብዙሕ ከይጸንሐ ዕዝን ቑጽጽርን ፈሪሱ ጠገለ ዘይብሉ ጉዕዞ ቐጸለ። ነዚ ዕግርግር ዝረኣየ ጸላኢ ኣብ ቆጥቋጣት ተላሒጉ ብዙሕ ሰብ ኣውደቐሎም። 23ኛ ክ/ጦር ኣልጌና ምስበጽሐ እዚ ተግባር ኣብዩ መዘዝ ኣስዒቡሉ። ቐ

ናይ 23ኛ ክ/ጦር 32ኛ ሜ/ካ ብርጌድ ምስቲ መገዲ ናቅፋ-ኣልጌና ሰንጢቑ ዝኣትወ 3ይ(*ኣምበሳው*) ክ/ጦር ኣብ ምድሪ ተራኺቡ ገስጋሶም ናብ ናቅፋ ክቕጽሉ ትጽቢት ስለዝነበረ ነዚ ወፈራ ዘወሓሕድ ጓድ ፕሬዚደንት መንግስቱ ሃይለማርያም ናይ 23ኛ ክ/ጦር ብርጌዳት ምስተደናገዩ ናብ ኣዛዚ ዉቃው ዕዝ ኣዝዩ ተንካፊ ወቐሳ ዝሃዘ ቴሌግራም ሰደደ። ናይ ዉቃው ዕዝ ኣዛዚ ጀነራል ኣበራ ኣበበ ሳዕቤን ናይዚ ቴሌገራም ስለዝተረደኦ ናብ ኩሎም ክፍልታት ዉቃው ዕዝ ኣዝዩ ዘሰንብድ ቴሌግራም ፈነወ። ጀነራል ኣበራ ዝለኣኾ ቴሌግራም ክግልጽ እየ:

<<ናይ ቀይሕ-ኮኾብ ኹለመዳያዊ ኣብዮታዊ ወፈራ ኣካል ዝኾነ ኣባና ግንባር(ኣልጌና) ዝግበር ዉግዕ፣ ናይ ወገን ሰራዊት ኣብ ጸላኢ ልዑል ዓወት ኣመዝጊቡ ገፊሕ ሕዛእትታት ተቖጻጺሩ ከብቕዕ ሕጂ ንዝወረዶ ዉድቐት መንቐሊ ዝኾኑ ሰባት ሕጹጽ ስጉምቲ ወሲድኩም ከተፍልጡኒ>>

23ኛ ክ/ጦር 30 ኪሜ ጠኒኑ ካብ ዝኣትወሉ ሕዛእቲ ብጸረ-መጥቃዕቲ ጸላኢ ከስሕብ እንከሎ ዕዝን ሰንሰለትን ተበጢሱ ብዘይስሩዕ መገዲ ምንባሩ ዝካሓድ ኣይኮነን። ይኹን እምበር ናይ ወፍሪ ቀይሕ-ኮኾብ ዉድቐት ገና ኹናት ከይጀመረ ወትሓደራዊ መደባት፣ ናይ ኹናት ንድፍታት፣ ኣብ ግንባር ዝዓስከረ ሰራዊት: ብዝሒ፣ ዓይነት ኣጽዋር፣ ናይ ግንባራት ኣዘዝቲ ስም ዝሓዘ

ምስጢራዊ ሰነድ ኣብ ጋዜጣ ተሓቲሙ፣ ኣብ ዓለም ተዘርጊሑ እንከሎን ጸላኢ ናይ ወገን መደብ ኣቀዲሙ ፈሊጡ ቅድሚ ሎሚ ዓሪዱሉ ዘይፈልጥ ከም ጭሩቅ ኣብ ዝበሉ ጸድፍታት ኣብ ዝዓስከረሉ ጊዜ ነብስኻ ካብ ተሓታትነት ንምህዳም ካብ መጋርያ ዝወጹ ንጹሃን ሞባዕ ምግባር ሕልና ኣልቦነት ጥራይ ዘይኮነ ዉጹእ ጭካነ'ዩ። ናይ ውቃው ዕዝ ኣዛዚ ጀነራል ኣበራ ኣበበ ነዚ ተግባር'ዩ ፈጺሙ። በዚ ትዕዛዝ መሰረት ካብ መዓት ዝደሓኑ ንጹሃን ብገዛዕ ወገኖም ጥይት ተጨፍጨፉ።

ኣዘዝቲ ብርጌድ ካብ ሓደ ብርጌድ ብዉሕዱ ሓሙሽተ ሰብ መዝጊቦም ምስሰደዱ ዝቕተል ሰብ ዝወሓደ ይመስል ዳግመ ምጽራይ ተጌሩ ንካልኣይ ጊዜ ኣስማት ክስደድ ተሓተ። ኣብ ካልኣይ ጊዜ ስሞም ዝተሮቐሑ ሰባት ንጣብ በደል ዘይኣበሱ ስም ናይቲ ኣዛዚ ንምዕቓብ ንሞት ዝተፈርዱ መሳኪን ነበሩ። እዞም ወትሃደራት ኣልጌና ምስበጽሑ ናይ ዉቃው ዕዝ ክፍሊ ሕክምናን ሎጂስቲክስን ዝርከበሉ ኣልጌና ሰሜን 20 ኪሜ <<ኪራይ>> ኣብ ዝበሃል ቦታ ተወጊኦም ንሕክምና ዝኸዱ ነበሩ። እዞም ዉግኣት ቑስሎም ክሕከሙ፣ መድሓኒት ክረኽቡ ዝፈጸሙዎ ተግባር ምስ ፍርሒ ተጸብጺቡ ንሞት ተፈርዱ። ካብ ኹለን ክፍልታት ናብ ኣስታት ሚእቲ ዝገማገሙ ወትሓደራትን መኾንናት ተኣሲሮም ሰራዊት ክዕኸብ ተጌሩ ኣብ ቅድሚ ሰራዊት ተረሸኑ። እዞም ወትሓደራት ክሲ ኣይተመስረተሎምን፣ ምርመራ ኣይተገብረሎምን፣ ናይ እምነት ክሕደት ቃል ኣይሓቡን። ላዕለዎት ኣዘዝቲ ከይሕተቱ ዝተረሸኑ ንጹሃን ነበሩ። እዚ ስጉምቲ ናይ ብዙሃት መኾንናትን ወትሃደራትን ናይ ምዉጋዕ መንፈስ ሓመድ ኣልበሰ።

ድሕሪዚ 23ኛ ክ/ጦር ተቐጻጺሩዎ ናብ ዝነበረ ስፍራ ማለት ብጸቕጢ ጸላኢ ዝገደፎ ቦታ ተመሊሱ ከጥቕዕ ተዓዘ። በዚ መሰረት 32ኛ ሜካናይዝድ ብርጌድን 4ይ ፓራኮማንዶን ኣልጌና ደቡብ ምዕራብ 30 ኪሜ ጠኒኖም ኣትዮም፣ ቅድሚ ሂደት ሳምንታት ዝተጠማጠሙሉ ጭሩቅ ተራራ ሰጊሮም ኣብ ብራኸ ነጥቢ 1465 ጫፍ በጽሑ። ናይ ሻዕብያ ወንበዴ በየን ኣንፈት ደኣምበር ኣብዮታዊ ሰራዊት ናብ መትኒ ህይወቱ ይሕምበብ ከምዘሎ ስለዝተረደኦ ሰራዊቱ ናብ ወገን ገጽ ማለት ናብ ብራኸ ነጥቢ 1465 ኣጸገዖ።

ይኹን እምበር ብራኸ ነጥቢ 1465 ኣብትሕቲ ኣብዮታዊ ሰራዊት ከምዝኾነ ሓበሬታ ኣይነበሮን። ብዘይዝኾነ ስግኣት ኣግማል፣ ኣዕዱግ፣ እንዳኾብኾበ ናብ

ጥርዚ ናይቲ ጎቦ ተጸገዐ። 32ኛ ሜኻ/ብርጌድን 4ይ ፓራኮምንዶን ዝዓጠቖዎ ክላሽንኮቭን፣ መትረየስን ቶኩሶም ካብ ዘድመዑሉ ርሕቐት ወጸኢ ስለዝነበረ ናይ መድፍዕ ሓባሪ ሻዕብያ ዘለዎ ስፍራ መዝጊቡ ደብዳብ ከቢድ ብረት ተጀመረ። ናይ ነዊሕ ርሕቐት መድፍዕ ቶኽሲ ምስጀመረ ናይ ሻዕብያ ወንበዴ ዝርጋን ኣትዎ። ምስ ኣግማሉን ኣዕዱግን ኣብ ሜዳ ተጸፍጸፈ። ናይ መዳፍዕ ደብዳብ ክሳብ ዝመሲ ቐጸለ። መሬት ጸላም ምስለበሰ ቶኽሲ መዳፍዕ ደው በለ። ናይ ወገን ሰራዊት ሻዕብያ ነቲ ሓዉ ዝበለ ጸድፊ ደዪቡ ክሳብ ዝመጽእ ተሓንጠየ።

ካብ ከቢድ ብረት ደብዳብ ዝተረፈ ናይ ወንበዴ ዕስለ ንጽባሒቱ ፋዱስ ምስኾነ ነቲ ሜዳ ወዲኡ፣ ኣብ መደያይቦ ናይቲ ጸድፊ በጽሐ። ነቲ ጸድፊ ብጽፍሩ እንዳባሕጨረ ድይብ ዉዒሉ ሰዓት 09:00 ናይ ምሸት ምስኮነ ኣብ ጥርዚ ናይቲ ዕምባ ተጸገዐ። ኣብዮታዊ ሰራዊት ሓጺር ስረ ዝወደዩ ወንበዴታት ናብ ዓይኑ ክቕልቐሉ ጨሚቱ ብምትኻስ ርእሶም ጨደዶ። ሙብዛሕቱኡ ናይ ሻዕብያ ወንበዴ ጥይት ኣብ ዝኾነ ክፋል ኣካሉ ክዓልብ እንከሎ እቲ ዕምባ ሓው ዝበለ ጸድፊ ብምንባሩ ከም ማንትለ እንዳተገማጠለ ናብ ገደል ጸደፈ።

ካብቲ ዘስደምም ነገር ሓደ ሰብ ሽተት ኢሉ ክጸድፍ እንከሎ ንሓያሎ ሰባት ለኻኺሙ ምጽዳፉ ነበረ። ካብዚ ተበጊሱ ናይ ሻዕብያ ወንበዴ ነዚ ዕምባ(*ብራኸ ነጥቢ 1465*) <<*ኣክሮባት*>> ብምባል ሰምዮ። ከም ስሙ ኣብዮታዊ ሰራዊት ኣክሮባት ከስርሖ ስለዘምሰየ መሬት ምስወግሐ ዉግዕ ደው ኣበለ። ኣብዚ ግጥም ናይ ሻዕብያ ወንበዴ ኣደዳ ምጽዳፍን ህልቐትን ዝኾነ ናይቲ ዕምባ ጸዳፍ ባሕርያት ስለዝሓገዘ ጥራይ ዘይኮነ ምሸት ከጥቐዕ ምዉሳኑ ንጥፍኣቱ ሓጊዙ'ዩ።

32ኛ ሜኻ/ብርጌድ ኣብ ጭራቅ ተራራ ዝወረዶ ጉድኣት ሕነ ብምፍዳዩ፣ ምሒር ተሰራሲሩ ነዚ ዕምባ <<*ካሳዪ*>>ዝብል ስም ሃቦ። ኣብዮታዊ ሰራዊት ኣብ ካሳዪ ተራራ ኣርባዕተ መዓልታት ምስጸንሐ ማዕከል መምርሒ ዉቃው ዕዝ ካብ ብራኸ ነጥቢ 1465(*ካሳዪ ተራራ*) ወሪዱ ናብ ኣልጌና ተመሊሱ፣ ኣቀዲሙ ዝመስረቶ መኸላኸሊ መስመሩ ከጽንዕ ኣዘዘ። በዚ መገዲ ኣብ ኣልጌና ግንባር ዝተሰለፈ ዉቃው ዕዝ ካብ ጫፍ ዓወት ተመሊሱ ቀዳማይ ምዕራፍ ወፍሪ ቀይሕ-ኮኾብ ኣብ ኣልጌና ተዛዘመ።

ምዕራፍ ሰብዓን ሓደን

ወፍሪ ተለኻኺምኻ ጥፉዕ: ትንግርቲ ቓያሕቲ ፊዮሪ

ፕሬዚደንት መንግስቱ ሓይለማርያም ኣፍዓበት መጽዩ *<<ኢድላዩ ኣጽዋርን ሓይሊ ሰብን ከማላአዩ ነቲ ዉግዕ ቐጽሉዎ>>* ዝብል ትዕዛዝ ኣመሓላሊፉ ምስተመልሰ ናቕፋ ንምጥቃእ ሓድሽ መደብ ተነድፈ። ነዚ ወፈራ ከም መሕለፊ ኮሪደር ዝተመርጸ ብራኽ ነጥቢ 1702 ነበረ። ነዚ ታሪኽ ቅድሚ ምዝንታወይ *<<ብራኽ ነጥቢ 1702 እንታይዩ? ኣበይዩ?>>* ዝብሉ ኣፋትል ሓሳባት ሸቶ ናይዚ ወፈራ ስለዘብርሁ ኣቀማምጣ ናይዚ ገዛኢ መሬት ንኣንባቢ ክገልጽ'የ።

ካብ ቀይሕባሕሪ ብናተይ ግምት 10 ኪሜ ንሸነኽ ምዕራብ ካብ ኸተማ ናቕፋ ድማ 30 ኪሜ ንሸነኽ ምብራቅ ርሒቑ ዝርከብ ጥቅሲ ዝበሃል ሰጣሕ ጎልጎል ኣሎ። ኣብዮታዊ ሰራዊት ከም ደጀን፣ መኣኸብን መአዘዝን ዝጥቐመሉ ስፍራ'ዩ። ብራኽ ነጥቢ 1702 ካብ ጥቅሲ ሜዳ ተበጊሱ ክሳብ ደንደስ መዕርፎ ነፈርቲ ናቕፋ ይበጽሕ። ካብ ናቕፋ መዕርፎ ነፈርቲ ንሸነኽ የማን ሓደ ዓሚዩቕ ሸንጥሮ ኣሎ። እዚ ሸንጥሮ ካብ መዕርፎ ነፈርቲ ናቕፋ ጀሚሩ ክሳብ ጥቅሲ ይዝርጋሀ። ብሸነኽ ምብራቅ ናብ ናቕፋ ክትኣትው ብጀካዚ ሸንጥሮ ካልእ መገዲ የለን። ኣብ ሞንጎ'ቲ ሸንጥሮ ክልተ ጸፋሕቲ ጎቦታት ለጊቦም ይረኣዩ። እዞም ጸፋሕቲ ጎቦታት ብራኽ ነጥቢ 1702 ይበሃሉ።

ናብ ብራኽ ነጥቢ 1702 ክትሓኩር ክልተ ሰዓት ይወስድዩ። ቖትሪ ምድያብ ዘይሕሰብ ስለዝኾነ ኣብዮታዊ ሰራዊት ለይቲ ክብገስ መረጸ። መሪር ሓሞት ዝዉንኑ፣ ህይወቶም ክንድ ፍረ እድሪ ዘይበቁ ቆራጽ ኢትዮጵያዉያን ወትሃደራት ናብ ብራኽ ነጥቢ 1702 ደዪቦም፣ ኣብ ፈንጂ ተገማጢሎም ነቲ ፈንጂ ከምክኑ ወሰኑ።

ናይ ሻዕብያ ወንበዴ ኣገደስቲ ገዛዕቲ መሬታት ንምሕላዉ ወትሩ ዝምድቦም ክልተ ኣዕጋሮም ዝተጨደ፣ ፍርቂ ኢዶም ዝተቖርጸ ስንኩላን'ዮም። ካብቲ መመሊሱ ዘስደምም ነገር መራሕቶም ነብሶም ፈትዮም ፊስቶ ማይን ኣራንሽን ጥራይ ሒቦም ካብ ጥቕኦም ከእለዩ እንከለው እዞም ስንኩላን ክሳብ መፈጸምታ ትንፋሶም ከዋግኡ ምምራጾም'ዩ። ኣብ ዘለውዎ ተኩስኻ ንምዉዳቕ ናደው ዕዝ ብዙሕ ጊዜ እኻ እንተተፈተነ ከም ኣንጭዋ ቖጥቋጥ

ፍሒሮም ስለዝሰፍሩ እትረፍ ተኲስካ ክተውድቖም ንምርኣዮም እዉን ኣጸጋሚ'ዩ። ኣብ ብራኸ ነጥቢ 1702 ጸላኢ ሞባዕ ዝገበሮም ነዞም መከረኛ ስንኩላን ነበረ።

ኣብዮታዊ ሰራዊት ዝተሰከሞ ረዚን ሕድሪ ብሰንኮምን ብጽፍጻፍ ፈንጂ ክስናከል ስለዘይብሉ ትብዓትን ስብዕነትን ዝፈታተን ግዙፍ መደብ ተጻፈፈ። እዚ መደብ *<<ወፍሪ ተለኻኪምኻ ጥፋዕ>>* ተሰምየ።

ኣዛዚ ናደው ዕዝ ብ/ጀ ዉበቱ ጸጋይ ኣዘዝቲ ክ/ጦራት ኣኪቡ ናይ ብራኸ ነጥቢ 1702 ዕዙዝነትን ኣገዳስነትን ጥራይ ዘይኮነ ናብ ኸተማ ናቕፋ ዘእትው ካልእ ማዕጾ ከምዘየለ ሓበረ። *<<ነዚ ወፈራ ድልው ዝኾኑ ቅድሚ ሎሚ ናይ ኮማንዶ፣ ኣየር ወለድን ፍሉይ ሓይልን ልምዲ ዘለዎም ካብ ነፍስወከፍ ክ/ጦር 100 ሰባት ብድምር 400 ሰብ መልሚልኩም ለኣኹ>>* ብምባል ኣዘዘ። ነዚ ትዕዛዝ ዝተቐበሉ ናይ ክ/ጦር ኣዘዝቲ ብዘስደምም ናሕርን ፍጥነትን ኣብ ዉሽጢ ኣርባዕተ ሰዓት ጥራይ ነዞም 400 ሰባት ኣዳልዮም ወድኡ። እዞም 400 ቐራጽ ወትሃደራት ብሻለቃ ደረጃ ተወዲቦም *<<ቀያሕቲ ፊዮሪ(ቀያይ እምቡጦች)>>* ተሰምዩ።

ኣዛዚኦም ሻለቃ ፍሬው ዝበሃል ኣብ ናቕፋ ግንባር ፈለማ 508ኛ ግ/ሃይል ድሕሪኡ ኣብ ናደው ዕዝ ተወዲቡ ካብ ም/ትልንቲ ማዕረግ ናብ ሻለቃ ማዕረግ ዝበጽሐ ናይ 3ይ ክ/ጦር 10ይ ብርጌድ 101ኛ ሻለቃ ኣዛዚ ነበረ። ነብሰም ክብጅው ዝተዳለው ወትሃደራት ታሪኾም ማለት ዘለዎም ፍቅሪ ሓገር፣ መዘና ኣልቦ ቐራጽነት፣ ተወፋይነት ንመጻኢ ወለዶታት ተዓቒቡ ክሰጋገር ምእንቲ ካብ ኣዲስ ኣበባ ሚኒስትሪ ሓበሬታ ዝመጹ ጋዜጠኛታት ብሄሊኮፕተር ካብ ኣስመራ ተበጊሶም ሰንበት ለካቲት 28 1982 ዓም ሰዓት 03:00 ድሕሪ ቀትሪ ኣፍዓበት በጽሑ። መቕረጺ ድምጽን ካሜራን ኣዳልዮም ንስለ ወላዲት ሃገሮም ኣካሎም ክንዛዝዩ ሰዓታት ጥራይ ዝተረፎም ቐራጻት ኢትዮጵያዉያን ታሪኾም ብኸምዚ ዝስዕብ ሰነዱ:

<<*ንምንታይ ኢኹም ኣብ ፈንጂ ተገማጢልኩምልኩም ነብስኹም ክትፍንጅሩ፣ ትንፋስኹም ክተሕልፉ ዝወሰንኩም፣ ስድራቤት የብልኩምን ድዩ? ትረድእዎ ዘመድ'ከ?>>* ብምባል ሓተቱ።

ቀያሕቲ ፍዮሪ ዝሃቡዎ መልሲ:

<<ንሕና ነዚ ወፈራ ዝተሓረና ኣባላት ገና ካብ ዝትወሊድናላ ቁሸት ክንመጽእ እንከለና ሕድሪ ንዘሰከመና ህዝቢ ዝኣተናሉ ካብ ማሕላ ዘይፍለ ቃል-ኪዳን ኣሎ። ንሱ እዉን ኣብ ዝተኣዘዝናሉ ቦታ ኣዝዩ ፈታንን ወሳንን ወፍሪ፣ ብናትና ሕይወት መስዋዕትነት ዝፍጸም ወፈራ እንተሓልዩ ንነብስና ከይበቖቕና ንወላዲት ሓገርና ኣደ ኢትዮጵያ ሓድነትን ንቀይሕ ባሕርና ብማንም ብምንም ዘይትልወጥ ሕይወትና ከንሀብ ንማታኣሉ ምክንያት የለን።>>

ነዚ ቓል ዝሰምዑ ጋዜጠኛታትን ሰዓልትን ስርሖም ክቕጽሉ ኣይከኣሉን። ኹሎም ሕንቕንቕ ኢሎም: ተደፋነቑ። ኣብ ገሊኦም ናይ ኣድናቖትን ኩርዓትን ምልክት ይንበብ ከምዝነበረ ናይ ናደው ዕዝ መኾንናት የዘንትው። ወፍሪ ተለኻኺምኻ ጥፋዕ ዝተሰምየ መጥቃዕቲ ዝፍጽሙ ቖያሕቲ ፊዮሪ ነዚ ታሪኻዊ ወፍሪ ዝጀምሩ ሮብዕ መጋቢት 3 1982 ዓም'ዩ።

ሕጂ ሰዓት 06:30 እዩ። ኣብ ሰማያት ናቅፋ ጸሃይ ሶቲኻ ወርሒ ዘጕላዕልዕ ብርሃና ኮሊዓ ትረአ። እቲ ሰዓት ኣኺሉ ነዚ ወፈራ ዝተሓርዩ 400 ወትሃደራት ኣብ ደንደስ ናቅፋ ብራኸ ነጥቢ 1702 ተኣኻኸቡ። እዞም ዉፉያት ወትሃደራት ክሃጅሙ እንከለዉ ጸላኢ ርእሱ ክቕብር ምእንቲ ነፈርቲ ኹናት ወሳኒ ተራ እኻ እንተነበረን ለይቲ ነፈርቲ ክንቕሳቐሳ ስለዘይክእላ ቀትሪ ብመድፍዕ ዝድብደብ ቦታ ተመዝጊቡ'ሎ።

ናብ ሓሙስ መጋቢት 4 ዘውግሕ ለይቲ ሰዓት 03:00 ዝሃጅሙሉ መስመር ሒዞም ትዕዛዝ ካብ ኣዛዚኦም ይጽበዩ'ለው። ንግሆ ሰዓት 04:00 ኣርኪቡ! ናይ ናደው ዕዝ ኣዛዚ ብ/ጀ ዉበቱ ጸጋይ ናይ ሬድዮ ሃንድሴቱ ሓፍ ኣቢሉ ንሻለቃ ፍሬው*<<መጥቃዕት'ኻ ጀምር>>* ዝብል ወትሃደራዊ ትዕዛዝ ኣመሓላለፈ።

ንኣስታት ፍርቂ ሰዓት ዝኾነ ዓይነት ናይ ፈንጅን ጠያይትን ድምጺ ኣይተሰምዐን። ፍጹም ስቕታ ነበረ። ቖያሕቲ ፊዮሪ ብናሕሪ ይሕምበቡ'ለው። ድሕሪ ፍርቒ ሰዓት 04:30 ምስኮነ ድምጺ ጥይት ንመጀመሪያ ጊዜ ተሰምዐ። ርብኢ ጎደል ንሰዓት ሓሙሽተ ምስኮነ ናይ ጸላኢ መትረየሳት ጠያይቲ ክድቕድቓ ምስጀመራ ዘርዕድ ድምጺ ነገሰ። ናይ ናደው ዕዝ ኣዘዝቲ ከምቲ ልሙድ ናይ ወገንን ናይ ጸላእን ሬድዮ ርክብ ይሰምዑ ነበሩ። ናይ ወገን ሰራዊት ሬድዮ ሻለቃ ፍሬው ንኣዘዝቲ ከደሃይ፣ መልእኽቲ ክለዋወጥ ይስማዕ ነበረ። ብጸላኢ ወገን ዘሎ ናይ ሬድዮ ርክብ ግን ኣዝዩ ፍሉይ'ዩ። ከምቲ ልሙድ ሻዕብያ ሃንደበታዊ መጥቃዕቲ ክፍነወሉ እንከሎ ዘስምኦ ስምባደን

ወጅበርበርን ይስማዕ ነበረ: *<<የማናይ መከላኸሊ መስመርና ተሰይሩ'ሎ፣ ብዙሃት ተዋጋእትና ሞይቶምዮም፣ ብየማናይ ክንፊ ረዳት ይብጸሓልና.. ወ.ዘ.ተ.>>*

ኣብዚ ሕሞት ኣብ ሞንጎ ብራኸ ነጥቢ 1702 ኣብ ዘሎ ሽንጥሮ ፈንጅታት ክፍንጀር ጀመረ። እዚ ሽንጥሮ ካብ ፋብሪካ ዝወጽዕ ዝመስል ትኪ ኣብለሎ። ናይ ወገን ሰራዊት ጠያይቲ ኣብ ብራኸ ነጥቢ 1702 ብርሃን ፈጠሩ። ጸላኢ ካብ ብራኸ ነጥቢ 1702 ኣብ ጁብኡ ዝሻቖጦ እልቢ ዘይብሉ ቦምብ ናብቲ ሽንጥሮ ክኸዕው ጀመረ። ኣብዮታዊ ሰራዊት ንወላዲት ሓገሩ ብዝኣትዎ ረዚን ቃል-ኪዳን ከም ጥዋፍ ይመኮኸ ኣሎ። ናይ ተፈጥሮ ግዴታ ኮይኑ ምድሪ ወጊሑ ጸሓይ ተቐልቐለት።

ጸላኢ ናይ መዳፍዕን ሞርታራትን ቶኸሲ ብዘይዕብረ የዝንብ ኣሎ። ኹነታት ከምዚ ኢሉ እንከሎ ኣብ ማዕከል መአዘዚ ናደው ዕዝ ኣዝዛቲ ምስ ሻለቃ ፍሬው ሬድዮ ርክብ መስረቱ። ፈለማ ሻለቃ ፍሬው ስለምንታይ ደሃይ ኣጥፊኡ ከምዝጸንሀ ምስሓተቶዋ:

<<ከሳብ ሕጂ ሬድዮ ከኸፍት፣ መልዕክቲ ከለዋወጥ ዘይደለኹ ጸላኢ መጥቃዕትና ኣቀዲሙ ፈሊጡ ነቲ ጎቦ(ብ.ነ 1702) ከይንድይብ፣ ኣብ ደንደስ እቲ ጎቦ ዘሎ ፈንጂ ከይንኣሪ ስለዝኾልፈና ሓንደበታዉነት ዘለዎ ምንቅስቓስ ከገብር ስለዝደለኹ'የ>> ድሕሪ ምባል *<<ኣብ ብራኸ ነጥቢ 1702 ብሉጻት ወትሓደራትና ኣብ ፈንጂ እንዳተገማጠሉ፣ ቓላት ኣጻሊትካ ዘይትገልጾ መዘና ኣልቦ ጅንግንነት ፈጺሞም፣ ኣብቲ ጎቦ ዝዓስከረ ናይ ሻዕቢያ ወንበዴ ደምሲሶም ብራኸ ነጥቢ 1702 ሰዓት 06:00 ናይ ንግሆ ኣብ ኢድና ወዲቑሎ።*

ብራኸ ነጥቢ 1702 ምስተቖጻጸርና ኣብ ጥርዚ ናይቲ ጎቦ ባንዴራ ኢትዮጵያ ተኺልና ባንዴራና የምበልብል ኣሎ። ናብዚ ጎቦ ክንሓኩር ብዙሓት ጀጋኑ ወዲቖም እዮም፣ ይኹን እምበር ካብ ሞት ተሪፉ ናብዚ ዕምባ ዝሓኾረ ሰራዊት ደስቱኡ ጥርዚ ስኢኑሎ። ብዙሕ ኣጽዋርን ምሩኻትን ማሪኽና ኣለና። ካብቲ ዝገርም ነገር ናብዛ ዕምባ ምስሓኾርና ካብ ሰለፎም ንታሕቲ ዝተቖርጹ፣ ሓደ ዓይኒ ጥራይ ዘለዎም ክልተ ናይ ጸላኢ ወትሃደራት ኣብ ድፎዖም ተደፊኦም ይረኣዩኒ'ለው።>>

ድሕሪዚ ዝቃድር ደቃይቕ ስለዘየለ ናይ ናደው ዕዝ ኣዘዝቲ ኣብ መከላኸሊ መስመር ዝነበሩ 17ኛ፣ 18ኛ ተራራን 24ኛ ክ/ጦራት ብናሕሪ ተወርዊሮም ተለኻኪሞም ከጠፍኡ ዝወሰኑ ቐያሕቲ ፊዮሪ ሓሊፎም ብቐጥታ መዕርፎ ነፈርቲ ናቅፋ ከቖጻጸሩ ተዓዘ። ብቕጽበት ተሓንዲዶም ንኸተማ ናቕፋ ብሽንኽ

የማን ዝገዝኡ ብራኸ ነጥብታት፡ 1725፣ 1755፣ 2059 ዝነበረ ናይ ጸላኢ ዕስለ ሓደ ሰዓት ኣብ ዘይመልዕ ጊዜ ደምሲሶም ነዞም ገዛዕቲ መሬታት ተቖጻጸሩ። ቐያሕቲ ፊዮርን እዞም ክ/ጦራት ዝወሰዱዎ ቕጽበታዊ መጥቃዕቲ ምስረኣየ ጸላኢ ዝርጋን ኣትዎ። ከምቲ ልሙድ ኣዘዝቶም ሓድሕዶም ከካሰሱ ክወናጀሉ ጀሚሮም።

ሕጂ ኸተማ ናቕፋ ንምቑጽጻር ዝተረፈ ነገር እንተሓልዩ 17ኛ፣18ኛ ተራራ፣ 24ኛ ክ/ጦራት ናብ ዉሽጢ ኸተማ ሓጂሞም ጹዕጹዕ ናይ ኢድ ብኢድ ዉግእ ምክያድ ጥራይ'ዩ። ፋዱስ ምስኾነ ኣብ ሰማይ ዝሕምበብ ኣብራሪ ነፋሪት ብሸነኽ ኣልጌና ዘይተኣደነ ኤንትሬ መኻይን ሰራዊት የመላልሱ ከምዘለው ሓበረ። በዚ ጥራይ ከይተሓጽረ: *<<ሰራዊት ካብዘን ኤንትሬ ነጢሩ ናብ ጣሻታትን ሸንጥሮታትን ኣትዩ ቦታ ይሕዝ ኣሎ፣ ኣነ ብወገነይ ስጉምቲ እንዳወሰድኩ'የ ክሳብ ሕጂ ኣርባዕተ መኻይን ኣንፂደለኹ፣ ተወሰኽቲ ነፈርቲ ከመጻ ንላዕለዋይ ኣካል ሓቢረለ'ኹ>>* በለ።

እዞም ስለስተ ክ/ጦራት ናብ ናቕፋ ኣትዮም ባንዴራ ኢትዮጵያ ክሰቕሉ ልዑል ሓረርታን ሕንጥዩነትን እኻ እንተሓለዎም ካብ ኣልጌና ዝመጸ ናይ ጸላኢ ዕስለ ኣቕሙ ከይተፈተሸ ናብ መጥቃዕቲ ምእታው ኣይተደልየን።

ዓርቢ መጋቢት 5 ኣጋወጋሕታ ሰዓት 04:30 ጸላኢ ናይ ሞርታር ቶኽሲ ጀሚሩ'ሎ። ናይ ሞርታር ቶኽሲ ዝግ ምስበለ ናይ ሻዕብያ ወንበዴ ከም ዕስለ ሓመማ ናብ ወገን መከላኸሊ መስመር ተሓንደደ። ናይ ወገን ሰራዊት እንዳነፈጹ ዝመጹዎ ወንበዴታት ፍሊት ከም ዝተነፍሖ ሃመማ ረፋቲቱ ጸፍጸፎም። ነዚ ዉግዕ ዝመርሑ ናይ ጸላኢ ጋንታን መስርዕን ኣዘዝቲ ምስ ሓለፍቶም ብሬድዮ ከዘራረቡ *<<ተወዲኣና>>* ክብሉ ነቲ ዉግዕ ዝመርሐ ኣዛዚ ድማ *<<ቐጽል!>>* ክብል ይስማዕ።

ኣብዚ ሰዓት ጸላኢ ሓደሽቲ ክፍልታት እንዳቐያየረ'ዩ። ናይ ወገን ሰራዊት ግን እቶም ዝነበሩ ሰለስተ ክ/ጦራት ጥራይ'ዩ ኣሰሊፉ። ኣብ ኣልጌና ግንባር ዝተሰለፈ ዉቃዉ ዕዝ ሻዕብያ ቐንዲ ትኩረቱ ናቕፋ ከምዝኾነ እንዳፈለጠ ሓሳቡ ከመቓቕል ምእንቲ ዝኸፈቶ ዉግእ ኣይነበረን። ሻዕብያ ነዚ ስለዝፈልጥ ካብ ኣልጌና ሰራዊቱ ነጊፉ ናብ ናቕፋ የዉሕዞ'ሎ። ናይ ወገን ሰራዊት ረዳት ጦር ብተደጋጋሚ እኻ እንተሓተተ ትርጉም ዘለዎ መልሲ ኣይተዋህቦን።

ዓርቢ መጋቢት 5 ሰዓት 09:00 ናይ ምሸት ካብ 17ኛ ክ/ጦርን 24ኛ ክ/ጦር ፍልይ ዝበለ ቴሌግራም ተላእኸ *<<ኢዶም ዝሃቡ ወዶገባታትን ቐትሪ ዝተማረኹ ናይ ሻዕብያ ወንበዴታት ኣለው>>* ይብል። ኣስዒቡ እዞም ወዶገባታትን ምሩኻትን ዝሃቡዋ ቓል ብቴሌግራም ተላእኸ። ትሕስቶ ናይቲ ቴሌግራም ኸምዚ ዝስዕብ ነበረ:

<<ትማሊን ሎምዓትን ኣብ ዝተግበረ ጹዕጹዕ ዉግዕ ዝሞቱን ዝተወግኡን ኣባላትና ኣሓዝ ጸብጺብካ ኣይውዳእን። ስለዚህ ብዙሓት ተዋጋእቲ ከዋግኡ ቐሩባት ኣይነበሩን፣ መብዛሕትኦም ጸላም ተጎልቢቦም ናብ ሱዳን ይሃድሙ ኣለው>> እዚ መልእኽቲ መጀመሪያ ዝተላእኸ ቴሌግራም'ዩ።

እቲ ካልኣይ መልእኽቲ *<<ሸሕ'ኻ ከቢድ ህልቐት ይዉረደና ሓደ ወሳኒ መጥቃዕቲ ክንገብር ኣለና፣ ን21 ዓመታት ከቢድ ዉግዕ ጌርና፣ ሰብና ተወዲኡ ቃልስና ፍረ-ኣልቦ ኮይኑ ክተርፍ የብሉን፣ መራሕትና ከይተረፉ ሰራዊት እንዳመርሑ ምሳና ከሃጅሙ ኣለዎም>>* ዝብል ኔሩ።

ብተወሳኺ ጽባሕ ቀዳም ሰዓት 05:00 ናይ ንግሆ ጸላኢ ብከቢድ ብረት ዝተሓገዘ መጥቃዕቲ ኣብ ወገን ሰራዊት ከምዝፍንው ሓበሩ። ወዶገባታት ከምዝሓበሩዎ ንግሆ ሰዓት 05:00 ጸላኢ ኣብ 17ኛ ክ/ጦር ደብዳብ ከቢድ ብረት ኣዝነበ። ናይ 17ኛ ክፍለጦር ኣዛዚ ዉግዕ ሃያል ከምዝኾነን ቕልጡፍ ተበግሶ እንተዘይተወሲዱ ኹነታት ሓደገኛ ከምዝኸውን ኣፍለጠ። ናይ 17ኛ ክፍለጦር ኣዛዚ ብተደጋጋሚ ይሓትት ዝነበረ ብዝባኑ ማለት ብሸነኽ መዕርፎ ነፈርቲ ናቕፋ *<<ሓደ ክ/ጦር ይደረበለይ>>* ብምባል ነበረ። ናይ ናደው ዕዝ ኣዛዚ ግን ዝገብሮ ነገር ኣይነበረን። ላዕለዋይ ኣካል ቓል ዝኣትዎ 2ይ ክ/ጦር ካብ ኸረን ገና ኣይተበገሰን።

ንግሆ ሰዓት 07:00 ምስኾነ ሻዕብያ ብማዕበል ሰራዊቱ ኣሰሊፉ ኣብ ብራኸ ነጥቢ 1702 መጥቃዕቲ ፈነወ። ንብራኸ ነጥቢ 1702 ኣብ ክልተ መቐሉ ክሳብ ናቕፋ ኤርፖርት ኣብ ዝዝርጋሕ ዓሚዩቕ ሸንጥሮ ክስጉም ምስጀመረ ኣደዳ ፈንጅን ከቢድ ብረትን ኮነ። ሬሳ ኣብ ልዕሊ ሬሳ ተጸፋጸፈ። ጸሃይ ምስበረቐ ነፈርቲ ኹናት ተቐልቐላ። ፈለማ ዝባን ጸላኢ ማለት ካብ ናቕፋ መዕርፎ ነፈርቲ ጀሚሩ ክሳብ ብራኸ ነጥቢ 1702 ዘሎ ስፍራ እሳት ከዓዋ። ኣብዚ ዕለት ብፈንጂ፣ ከቢድ ብረት፣ ነፈርቲ ኹናት ዝረገፉ 900 ናይ ሻዕብያ ወትሃደራት ሬሳ ተቖጽረ።

ንቖያሕቲ ፊዮሪ ክሕግዝ ኣብ ብራኸ ነጥቢ 1702 ዝሓኾረ 24ኛ ክፍለጦር ካብ ፈንጅን ደብዳብ ነፈርቲ ዝተረፈ ናይ ሻዕብያ ዕስለ ንምድምሳስ ብዝባኑ ኣትዩ መጥቃዕቲ ከፊቱ ከም ግራት ዓጸዶ። ድሕሪዚ ጸላኢ ካብ ዝኣትወሉ ሽንጥሮ ሓዲሙ ናብ መከላኸሊ መስመሩ ተመልሰ። ናይ 24ኛ ክ/ጦር ሜኻናይዝድ ክፍልታት ኣብ መከላኸሊ መስመር ጸላኢ ናይ ከቢድ ብረት መደራግሕ ኣዝነቡ። ነፈርቲ ኹናት'ዉን ካብ ምድብዳብ ኣየዕረፉን።

ንጽባሒቱ ንግሆ ኹነታት ተቐየረ። ጸላኢ ሙሉዕ ትኩረቱ ኣብ ብራኸ ነጥቢ 1702 ጌሩ፣ ኣብ ቖያሕቲ ፊዮሪን ኣብ ልዕሊ 24ኛ ክ/ጦር ጸረ-መጥቃዕቲ ኣጽዓቐ። ናይ ናደው ዕዝ ኣዘዝቲ ከም መፍትሂ ዘቕረቡዎ ን3ይ ክ/ጦር ብረዳትነት ምስላፍ ነበረ። ጸላኢ 3ይ ክ/ጦር ከምዝተደረበ ምስረኣየ መጥቃዕቱ ጸዓቐ። ኣጋ ምሸት ናይ 2ይ ዋልያ ክ/ጦር ሓደ ብርጌድ ጥራይ ጥቕሲ በጽሐ።

ተለኣኺ ክጠፍእ ቃል-ኪዳን ኣሲሩ ዝወፈረ ብጅግና ሻለቃ ፍሬው ዝምራሕ ቖያሕቲ ፊዮሪ ካብ ዘሰለፎም ወትሃደራት ናብ 200 ሰባት ምስተሓስዩ ሻዕብያ *<<እንታይ መዓቱ'ዩ?>>* ኢሉ ክሃድም ኣብ ዝተቓረበሉ ሰዓት ጅግና ሻለቃ ፍሬው ባንዴራ ኢትዮጵያ ኣብ ዝተተኸለሉ ብራኸ ነጥቢ 1702 ንስለወላዲት ወደቐ። ድሕሪ ሕልፈት ሻለቃ ፍሬው ምስ ጸላኢ ተለኣኺሞም ክጠፍኡ ዝቐረጹ ናይዚ ሻለቃ ኣባላት ሓደ ሰብ ክሳብ ዝተርፍ ኢድ ብኢድ ምስ ወንበዴ ተሓናኒቖም፣ ንሓገሮም ዝኣትውዎ ቃልኪዳን ኣቒቦም፣ ኣብ ብራኸ ነጥቢ 1702 ብክብሪ ሓሊፎም።

<<*ወፍሪ ተለኣኺምካ ጥፋዕ*>> ኣብ ተሰምየ ወፈራ ካብ ኣርባዕቲኡ ክ/ጦራት፣ ኢዶም ኣውጽዮም ነብሶም ክፍንጅሩ ዝወሰኑ ቖራጻት ኢትዮጵያዉያን ከም ቓሎም *<<ንሕይወትና ከይበቖቕና ንወላዲትና ሓገርና ኢትዮጵያ ሓድነት ብማንም ብምንም ዘይልወጥ ሕይወትና ክንብጅዉ ኢና>>* ከምዝበሉዎ ኩሎም(*400 ወትሃደራት*) ኣብ ብራኸ ነጥቢ 1702 ንሓገሮም ወዲቖም'ዮም። ሕይወቶም ከይበቐቑ ነዚ ትንግርቲ ዝፈጸሙ ቖያሕቲ ፊዮሪ ታሪኽ ወትሩ እንዳዘከሮም ክነብር'ዩ።

<<*ወፍሪ ተለኣኺምካ ጥፋዕ*>> በዚ መገዲ ምስተዛዘመ 17ኛ ክ/ጦርን 24ኛ ክ/ጦርን ናብ መከላኸሊ መስመሮም ተመልሱ። ምስዚ ወፈሪ ዘጋጠመ ሓደ

ዘሕዝን ከስተት ገሊጸ ናብ ዝቕጽል ክፍሊ ክሰግር። ንቐያሕቲ ፊዮሪ መሪሑ ኣብ ብራኸ ነጥቢ 1702 ዝሓኾረን ኣብ ከቢድ ጥምጥም እንክሎ ኣብ ድርኩኺት ባንዴራና ዝወደቐ ጅግና ሻለቃ ፍሬው ድሕሪ ሕልፍቱ ናይ ሕብረተሰባዊት ኢትዮጵያ ዝለዓለ ናይ ጅግና ሜዳልያ ክሸለም ብኣዘዝቱ እኳ እንተተረቑሐ ውዕለት ዘይዓጦ ኣብዮታዊ መንግስቲ ነዚ ጸዉኢት ክቕልበሉ ኣይመረጸን። ከምዚ ዓይነት ዘይሓላፊነታዊ ኣሰራርሓ ኣብ መጨረሻ ንዝተራዕየ ዉድቐት ዘይነዓቕ ተራ ኣበርኪቱ'ዩ። ቀዳማይ ምዕራፍ ወፍሪ ቀይሕ ኮኾብ ኣብዚ ከምዝተዛዘመ ንኣንባቢ እንዳሓበርኩ ቐያሕቲ ፊዮሪ ንወፍሪ ተለኻኺምኻ ጥፋዕ ኣብ ዝተበገሱሉ ጊዜ ጋዜጠኛ በዓሉ ግርማ ናብ ጥቅሲ መጽዩ ንሰለስተ መዓልታት ኣብ ዝገበሮ ጸንሂት ነዚ ፍጻመ ብኣካል ተዓዚቡ <<ኦሮማይ>> ኣብ ዝብል መጽሃፉ ከምዘስፈሮ ከዘኻኽር ይፈትው።

ክፍሊ ኢሰራን ክልተን

ካልኣይ ምዕራፍ ወፍሪ ቀይሕ ኮኾብ

2ይ ምዕራፍ ወፍሪ ቀይሕ-ኮኾብ መስከረም 1982 ዓም ብወግዒ ጀመረ። ሽቱኡ ክልተ ዕዝታት ማለት ናደው ዕዝ ምስ መንጥር ዕዝ ተላፊኖም ካብ ኸተማ ናቅፋ ንሸነኽ ደቡብ ምዕራብ፣ ካብ ከረን ድማ ሰሜን ምዕራብ ዝርከብ ናይ ኣስማጥ ሽጥንሮ ሒዞም ናብ ቀንዲ ማዕከል መአዘዚ ጸላኢ ናይ ኣዶብሃ ሽንጥሮ ምዝማት ነበረ። ናይ ኣዶብሃ ሽንጥሮ ጸላኢ ሆስፒታል ዝሓንጸሉ፣ ሎጂስቲክ ዝኸዘነሉ፣ ስልጠና ዘካይደሉ ስፍራ'ዩ። እዚ ወፈራ ብኹለንተንኡ ፍሉይ ዝገብሮ ኣብዮታዊ ሰራዊት ዝወፈረሉ ማዕዘን፣ ኣብ ወፈርኡ ዘርኣዮ ርቐት ነበረ።

ኣብዮታዊ ሰራዊት ነዚ ወፈራ ዝመረጾ መንቀሳቐሲ መስመር ቅድሚ ሎሚ ወገን ተንቐሳቒሱሉ ዘይፈልጥ እትረፍ ሰብ ንኣሕባይ እዉን ዘይጥዕም መገዲ ነበረ። ካብ ኸተማ ኣፍዓበት ንሸነኽ ምዕራብ ካብ ዘለው ጸፋሕቲ ተረተራት ሮራ-ጸሊም ሓደ: ብራኽ ነጥቢ 2009ን ትሕቲኡ ዝርከብ ሂመረት ፓስ መንቐሳቐሲ ክኸውን ተሓርየ። ሂመረት ፓስ ብጸጋም ብራኽ ነጥቢ 2009ን ብየማን ብራኽ ነጥቢ 1981ን ዘዳዉቦ ዓሚዩቕ ሽንጥሮ'ዩ። ኣብ ዝባን እዞም ክልተ በረኽቲ መሬታት መለብሶ ይርከብ።

ኣብዮታዊ ሰራዊት ካብ ኣፍዓበት ናብ ሂመረት ፓስ ዝወስድ ናይ 12 ኪሜ መገዲ ብዶዘራት ጸጊኑ መኪና ዝንቐሳቐሳሉ ባይታ ምስነደቐ ዉግኣት ዝእለዩሉ፣ ሎጂስቲክስ ዝቐርበሉ ብተወሳኺ ናደው ዕዝ ምስ የማናይ ክንፊ መንጥር ዕዝ ዝደጋገፈሉ ወሳኒ ኮሪደር ተኸፍተ።

እዚ መገዲ ስራሕ ኣደናቒ ዝገብሮ ኣብ ብርሃን ቀትሪ ከይተሓጽረ ለይቲ'ዉን ብልዑል ትግሃት ተሰሪሑ ኣብ ዉሽጢ ሓሙሽተ መዓልታት ንመኻይን ክፉት ምኻኑ'ዩ። ናይ ሳሕል ኣውራጃ ተፈጥሮኣዊ ኣቐማምጣ ኣብ ዘዘንተኹሉ ምዕራፍ ስድሳን ሽድሽተን ኣንባቢ ከምዝዝክሮ ካብ ሂመረት ፓስ ፍንትት ኢሉ ዝርከብ ጌር ዝበሃል ቁሸት ናብ ኸተማ ናቕፋ ብሰሜን ምዕራብ የእትው'ዩ። ካብ ጌር ሓሙሽተ ኪሎሜትር ናብ ኸተማ ናቕፋ ዝወስድ መገዲ ስጣሕ ጎልጎል'ዩ። እዚ ቐርጺ መሬት ኣብ ደንደስ ናቕፋ ናብ ጸለምቲ ኣኻዉሕ

ይቕየር። ናይ ወገን ሰራዊት ነዚ ዕድል ከጥቕም ሜካናይዝድ ክፍልታቱ ኣሰለፈ።

ኣብዚ ወፈራ ፊተፊት ምስ ጸላኢ ክገጥም ዝተሓርየ 18ኛ ተራራ ክ/ጦር ነበረ። በዚ መሰረት 18ኛ ተራራ ክ/ጦር ካብ ጥቕሲ ተበጊሱ፣ ሩባ ቀምጨዋ ሒዙ፣ ኣፍዓበት ምስኣትወ፣ ጉዕዞ ናብ ሂመርት ፓስ ቐጸለ። ካብ ኣፋዓበት ናብ ሂመረት ፓስ ዝተግበረ ምንቕስቓስ ብመልከዕ ዳህሳስ ነበረ። ድሕሪኡ ካብ ሂመረት ፓስ ጌር ኣትወ።

ኣብ 2ይ ምዕራፍ ወፍሪ ቀይሕ-ኮኾብ ካብ መንጥር ዕዝን ናደው ዕዝን ዝተመደቡ ክፍልታት እዞም ዝስዕቡ እዮም:

ናደው ዕዝ:

1) 21ኛ ተራራ ክ/ጦር

2) 22ኛ ተራራ ክ/ጦር

መንጥር ዕዝ:

1) 2ይ ዋልያ ክ/ጦር

2) 3ይ ክ/ጦር

3) 18ኛ ተራራ ክ/ጦር

18ኛ ተራራ ክ/ጦር የማናይ ክንፊ መንጥር ዕዝን ጸጋማይ ክንፊ ናድው ዕዝን ክሕልው ተመደበ። ናደው ዕዝ ኣብዚ ወፈራ ዝፍጽሞ ተልእኾ ክልተ ክ/ጦራት(*21ኛን 22ኛን ተራራ ክ/ጦር*) ኣሰሊፉ የማናይ ክንፊ መንጥር ዕዝ እንዳሃለወ ምስ መንጥር ዕዝ ኢድን ጓንትን ኮይኑ ናይ ኣዶብሓ ሸንጥሮ ምቁጽጻር ነበረ። ማዕከል መእዘዚኡ ድማ ንሂመረት ፓስ ብሸነኽ ጸጋም ኣብ ዝገዝእ ብራኸ ነጥቢ 2009'ን ገበረ።

በዚ መሰረት 22ኛ ተራራ ክ/ጦር ካብ መከላኸሊ መስመሩ ማለት ንሩባ ባሸሬ ካብ ዝገዝዑ ብራኸ ነጥብታት 1777ን 2002ን ክልተ ኣጋር ብርጌዳት(*48ኛን፣ 51ኛን*) ቐኒሱ ብክልተ ታንከኛ ሻምበል፣ ሓደ ናይ 122 ሚሜ መድፍዕ ሻለቃ ዓጀቡ <<መ>> መዓልቲ <<ሰ>> ሰዓት ካብ ሩባ ባሸሬ ተበጊሱ፣ ሂመረት ፓስ ሓሊፉ፣ ጌር ምስበጽሐ ንጌር ብሸነኽ ሰሜን ምብራቅ ኣብ ዝገዝኡ ብራኸ

ነጥብታት 1981፣ 1617፣ 1984 ዘሎ ጸላኢ ደምሲሱ ኣብ የማናይ ክንፊ መንጥር ዕዝ ምስዝርከብ 18ኛ ተራራ ክ/ጦር ክራኽብ። ድሕሪ'ዚ መከላኸሊ መስመር መስሪቶም ትዕዛዝ ክጽበዩ ተዓዘ።

ብ <<መ>> መዓልቲ <<ሰ>> ሰዓት 22ኛ ክ/ጦር ምስ መንጥር ዕዝ ተላፊኑ መጥቃዕቲ ጀመረ። 22ኛ ክ/ጦር ኣብዚ ዉግዕ ሓደ ብርጌድ(*48ኛ ተ/ብርጌድ*) ኣሰለፈ። ዝተረፉ ክልተ ብርጌዳት(*49ኛን 50ኛ ተ/ብርጌድ*) ናይ ናቅፉ ግንባር መከላኸሊ መስመር ኣብ ባሸሬ ይሕልው'ለው። መንጥር ዕዝ ምስ ናይ ናደው ዕዝ 48ኛ ተራራ ብርጌድ ብዝፈጸሞ ልፍንታዊ ወፈራ ኣብ ሓጺር ሰዓታት ኣብ ብራኸ ነጥብታት 1981፣ 2370፣ 1853፣ 2421 ዝሰፈረ ወንበዴ ደምሲሱ ነዞም ገዛእቲ መሬታት ተቖጻጸረ።

ምሸት ጸላኢ ጸረ-መጥቃዕቲ ፈነወ። ኣብዚ ጸረ-መጥቃዕቲ ጸላኢ ከቢድ ብረት ብብዝሒ ከሰልፍ እንከሎ ክልተ ኣጋር ብርጌዳት ደሪቡ ነበረ። ናይ ወገን ሰራዊት ነዞም ገዛእቲ መሬታት ምስተቖጻጸረ ምስቲ ሓድሽ ኩነታት ኣየር ክለማመደ ይጽዕር ነበረ። ክሳብ ሰዓት ሰለስተ ድሕሪ ቐትሪ ብጽንዓት ክከላኸል ወዓለ። ድሕሪዚ መጥቃዕቲ ጸላኢ ስለዝጸዓቐ ፈለማ ካብ ብራኸ ነጥቢ 1981 ናብ ብራኸ ነጥቢ 2128 ስሒቡ መከላኸሊ መስመር መስረተ። ጸላኢ መጥቃዕቱ ዝግ ከየበለ ቐጸለ። ኣብዮታዊ ሰራዊት ዳግመ-ስርርዕ ዝገብረሉ፣ ዉግኣቱን ምውታቱን ዝኣልየሉ፣ ብረዳት ሰራዊት ዝትካኣሉ ኩነታት ስለዘይነበረ ስልታዊ ምስሓብ ጌሩ ኣብ ሂመረት ፓስ ተኣኻኸበ።

ኣብዚ ጊዜ መንጥር ዕዝ ምስ ጸላኢ ኣብ ከቢድ ጥምጥም'ዩ ዘሎ። ኣቓልቦ ጸላኢ ምምቕቓል ስለዘድሊ 48ኛ ተ/ብርጌድ መጥቃዕቲ ከፊቱ ዝለቐቖም ገዛእቲ መሬታት ክቖጻጸር ተዓዘ። ኣብ ሓጺር ጊዜ ብጸቕጢ ጸላኢ ዝገደፎም ገዛዕቲ መሬታት ተቖጻጸረ። ኣብዚ ግጥም ዘጋጠመ ሓደ ባርባራዊ ፍጻመ ኣሎ።

48ኛ ተ/ብርጌድ ዉግኣቱ ከዕርፉ ኣብ ሓደ ቖጥቋጥ ዝበዝሖ ስፍራ ምስሰፈሩ ሓረስቶት ናይቲ ከባቢ ንዉግኣት ማይ፣ መግቢ ዘብጽሑ መሲሎም ዉግኣት ናብ ዘዕረፉሉ ስፍራ ቐሪቦም ብቓንዛ ዝሰሓጉ ወትሓደራት ብጥይት ጨፍጨፉዎም። ከምዚ ዓይነት ጭካነ ኣብ ኣብዮታዊ ሰራዊት ክፍጸም እዚ ፍልማዊ ኣይነበረን።

48ኛ ተ/ብርጌድ ብዝፈነዎ መጥቃዕትን ጸረ-መጥቃዕትን ኣብ ሓይሊ ሰብ ምጉዳል ስለዝተራእየ ካብ ናቅፋ ግንባር መኸላከሊ መስመር ሓደ ብርጌድ ረዳት ኾይኑ መጸ። ረዳት ክኸዉን ዝተሓርየ ናይ 22ኛ ተራራ ክ/ጦር 51ኛ ተ/ብርጌድ ነበረ። ኣዛዚኡ ሌ/ኮ ቡሳ ኣቶምሳ ነበረ። 51ኛ ተ/ብርጌድ ምስ 48ኛ ተ/ብርጌድ ተላፊኑ፣ ካብ ብራኸ ነጥቢ 1981 ተበጊሱ፣ ንሩባ ኣንሰባ ዝገዝዑ ብራኸ ነጥብታት 1853፣ 1617፣ 1691 ኣጥቓዐ። ኹሎም ገዛእቲ መሬታት ተቖጻጺሩ ኣብ ብራኸ ነጥቢ 1617 ምስበጽሐ ሓደ ኣብዩ መስገደል ጎነፎም። ናይ ሻዕብያ ወንበዴ ከምቲ ዝለመዶ ክልተ ኣዕጋር ዘይብሎም ስንኩላን ንሞት ፈሪዱ ናይ ወገን ሰራዊት ምንቕ ምባል ከልኦ። ብየማን፣ ብጸጋም፣ ብቅድሚት፣ ብድሕሪት እኻ እንተተፈተነ ዉጽኢት ኣይተረኸበን። ናይ ወገን ሰራዊት ገስጋስ ንግዚኡ ተገትአ።

ኣብዚ ገዛኢ መሬት ዝርከቡ ነኻላት ንምፍላጥ መጽናዕቲ ምስተገብረ 51ኛ ተ/ብርጌድ ካብ ዉሽጡ ሓደ ሻለቃ ኣበጊሱ ነዞም መትረየስ ዝጨበጡ ስንኩላን ሃጂሙ ብዝገርም ተዓምር ነቲ ስፍራ ተቖጻጸረ። ብራኸ ነጥቢ 1617 ኣብ ወገን ሰራዊት ምቑጽጻር እኻ እንተወዓለ ዘዳውቡዎ ዕምባታት ኣብ'ትሕቲ ጸላኢ ብምንባሮም ካብ ክልተ ጫፋት ብልፍንቲ ቶኽሲ ወሓዘ። እዚ ፈተነ ቅድሚ ሎሚ ብጸላኢ ተፈቲኑ ገስጋስ ሰራዊት ካብ ምዕንቃጹ ብተወሳኺ ኣብ ወገን ከቢድ ሃስያ ኣዉሪዱ'ዩ።

ኣብዮታዊ ሰራዊት ሻዕብያ ንሞት ዝፈረዶም ስንኩላን ንምድምሳስ ፍሉይ ጥበብ መሃዘ። ኣብ ቀዳማይ ምዕራፍ ወፍሪ ቀይሕ-ኮኾብ ኣብ ናቅፋ መዕርፎ ነፈርቲ ዝተፈጸመ ናይ *<<ወፍሪ ተለኻኺምካ ጥፋዕ>>* ትንግርቲ ክድገም ተወሰነ። በዚ መሰረት ካብ 51ኛ ተ/ብርጌድ ኣብ ፈንጂ ተገማጢሎም ነብሶም ክፍንጅሩ ዝወሰኑ ኣናብስ ኢዶም ከውጽኡ ተሓቱ። ትሽዓተ ሰባት ኢዶም ሓፍ ኣበሉ። እዞም ኣናብስ ናብ ዕርዲ ጸላኢ ጠኒኖም፣ ፈንጂ ረጊጾም፣ ነዞም ስንኩላን ምስ መትረየሶም ከም ዕምባባ ኣርገፉዎም። ናይ ኢትዮጵያ ኣብዮታዊ ሰራዊት ትሽዓተ ቖራጻት ኢትዮጵያዉያን ዝዛሕዝሑዎ ኣዕጽምቲ ስጊሩ *<<ሆ>>* እንዳበለ ከም ዕስለ ኣናህብ ናብዞም ዕምባታት ሓኾረ።

ኣብዮታዊ ሰራዊት ነዘን ዕምባታት ደዪቡ 100 ሜትሮ ምስሰጎመ ካብ የማንን ጸጋምንን ዝበራረ ካልእ ህቦብላ ቶክሲ ተጸበዮ። ለካ ናይ ሻዕብያ ወንበዴ ኣብ ጎኒ ዘሎ ተረተር'ውን ነዞም መከረኛ ስንኩላን ኣሰፊሩ'ሎ። እዚ ጎቦ ብራኸን

ጽፍሕን ስለዝነበሮ ፊተፊት መጥቃዕቲ ኣይተገብረን። ናይ ወገን ሰራዊት ምሸት ነዘን ጎቦታት ንምቝጽጻር ፈተነ። ኣይተዓወተን። መድፍዕን ሞርታርን ብልፍንቲ ክትኮስ ተገብረ። ዝተቐይረ ነገረ የለን።

ሽግር ወትሩ ጥበብን ብልሕን ስለዝወልድ እዚ ዕንቅፋት ኣብዮታዊ ሰራዊት ክጣበብ ሓገዞ። ነፈርቲ ኹናት ኣብዚ ግዛኢ ስፍራ ክድብድባ ተዓዘ። ንጽባሒቱ ንግሆ ሰዓት 10:00 ክልተ ሚጋት በዚ መጽየን ክይተባሕላ ናይ ሻዕብያ ስንኩላንን መትረየስን ዝሃዘ መሬት ብዳርባ ቡምባ ሕዉስዉስ ኣበሎ'ኦ። ድሕሪዚ ካብቲ ጎቦ ድምጺ ጠያይቲ ኣይተሰምዐን። ናይ ወገን ሰራዊት ብዓወት ተሰራሲሩ ነቲ ዕምባ <<ሆ>> ብምባል ደየቦ።

51ኛ ተ/ብርጌድ ድሕሪዚ ናብ ሸቱኡ ማለት ንሩባ ዓንሰባ ብሸነኽ የማን ናብ ዝገዝዑ ብራኸ ነጥብታት 1853ን 1984ን ደዪቡ ኣብ መንኩቦም ምስበጽሐ ዓዕሚቕም ዝዓስከሩ ወንበዴታት ጎፍ ንጎፍ ተራከበ። 51ኛ ተ/ብርጌድ ፈጣን ኣዛዚ ስለዝነበሮ ኣብቲ ተረተር ምስ ዝጎነፎ ጸላኢ ንኣስታት ኣርባዕተ ሰዓት ብዘይምቁራጽ ተዋጊኡ ደምሰሶም።

ናይ ናደው ዕዝ ማዕከል መአዘዚ ከምቲ ልሙድ ናይ ጸላኢ ሬድዮ ምጥላፍ ጀሚሩ'ሎ። ኣብ ናደው ዕዝ ናይ ጸላኢ ሬድዮ ዝጠልፍ ናይ ዓረብኛን ትግርኛን ቋንቋ ምልከት ዘለዎ ወሳኒ ሰብ ኣሎ። ናይ ሻዕብያ ሬድዮ ክጥለፍ እንከሎ፡ ኣብ ደጀን ዘለው ኣዘዝቲ *<<ተወሳኺ ረዳት ሰራዊት ይለኣኸልካ ኣሎ፣ ኣስጢምካ ተዋጋእ>>*ዝብል መልእኽቲ ኣብ ግንባር ንዘለው ሓለፍቲ የመሓላልፉ'ለው።

ረዳት ጦር ለይቲ ዝበጽሐ ይመስል ጸላኢ ብጊሓቱ ኣብ ሕዛእቲ 51ኛ ተ/ብርጌድ መጥቃዕቲ ፈነወ። ኣብዚ ሰዓት ሕላዉነት ጸላኢ ኣብ ኣብዩ ምልከት ሕቶ ወዲቑሎ። 51ኛ ተራራ ብርጌድ ካብ ዝተቖጻጸሮ ብራኸ ነጥብታት 1853ን 1984ን ዝባን ዘሎ መሬት ቅርኑብ ጽፋሒ ብዘለዎም ጎቦታት ተኸቢቡ ቐስ ብቐስ ናብ ጎልጎል ስለዝቐየር ኣብዮታዊ ሰራዊት መዳፍዕ፣ ታንክ፣ ቢኤም ኣሰሊፉ ናብ ኣዶብሓ ሸንጥሮ ክሓምም ይኽእልዩ። ናይ ኣዶብሓ ሸንጥሮ ኣብ'ትሕቲ ቁጽጽር ኣትዩ ማለት ሻዕብያ ዓጽሚ ከምዝወሓጠ ከልቢ ተሳሒጉ ይመዉት ኣሎ። ስለዚህ ንኣዶብሓ ሸንጥሮ ዝሃቦ ቖላሕታ ዝሓለፈ ዓርባዕተ ዓመት ንኸተማ ናቅፋ ካብ ዝሃቦ ጠመተ ዝተዓጻጸፍ ኔሩ።

ሰዓት 03:00 ድሕሪ ቐትሪ ምስኾነ እቲ ዉግዕ እንዳሓየለ መጸ። ማዕከል መአዘዚ ናደው ዕዝ ኹነታት ከይተበላሸወ እንከሎ 51ኛ ተራራ ብርጌድ ብኣጉኡ ስልታዊ ምስሓብ ክፍጽም ኣዘዘ። ናይ 51ኛ ተ/ብርጌድ ኣዛዚ ሌ/ኮ ቡሳ ኣቶምሳ ኣብዚ ጊዜ ምንቕስቓስ ከምዘይክእል ኣፍለጠ። ሌ/ኮ ቡሳ ኣቶምሳ ነዚ መልሲ ዝሃበ ኣብ ጹዕጹዕ ዉግዕ ተጸሚዱ እንከሎ ነበረ። እቲ ዝርርብ ከይተወደአ ሓንደበት ርክብ ተቛረጸ። ኣብ ሞንጎዚ ሕጊ ተፈጥሮ ኮይኑ ጸላም ንጸሓይ ኣብረየት። ኣብ ማዕከል መአዘዚ ናደው ዕዝ ፍጹም ጭንቐት ነገሰ።

ጸሃይ ምስበረቐት 51ኛ ተ/ብርጌድ ካብ ክልቲኦም ገዛእቲ ስፍራታት ብስልቲ ከምዝሰሓበ ሓበረ። ኣብዚ ዉግዕ ሞት ዝነዓቐ ኣዛዚ 51ኛ ተራራ ብርጌድ ሌ/ኮ ቡሳ ኣቶምሳ ሰራዊቱ እንዳወሓሓደ ከስሕብ እንከሎ ብፍጹም ጅግንነት ንስለ ወላዲት ሓገሩ ብኽብሪ ተሰወአ። ሪዘርቭ ሓይሊ ስለዘይተዳለወ ገስጋስ 51ኛ ተራራ ብርጌድ ኣብዚ ተገትአ።

ኣንባቢ ክፍልጦ ዝግባዕ ሓቂ እዚ መጥቃዕቲ ዉጽኢት ዘይምጸአ ላዕለዋይ ኣካል መንግስቲ መባእታዊ ኣምራት ወትሓደራዊ ሳይንስ ስለዘይተኸተለ ወይ ድማ ክኽተል ስለዘይደልየ ነበረ። ብተደጋጋሚ ከምዝገለጽኩዎ ናይ ወትሓደራዊ ሳይንስ ሕግጋት ከምዝድንግጎ ሓደ ወትሓደራዊ ወፈራ ዝዕወት ዕኩል ሪዘርቭ ሰራዊት ምስዝኽዘን ጥራይ'ዩ።

ናደው ዕዝ ኣብ ሂመረት ፓስ ዘሰለፎ ሰራዊት ሓድሽ ወይ ድማ ረዳት ጦር ኣይነበረን። ኣብ ሩባ ባሸሬ ካብ ዝዓስከረ 22ኛ ተራራ ክ/ጦር ክልተ ብርጌዳት ነክዩ ዘምጽአ ነበረ። በዚ ተግባር መከላኸሊ መስመሩ ንከቢድ ሓደጋ ኣቃለዐ። እዚ ኣዕናዊ ተግባር ኣብ ዝመጽዕ ምዕራፋት ንሪኦም ወትሓደራዊ ዉድቐታት ደርማስ ተራ ኣበርኪቱ'ዩ። ኣብ 2ይ ምዕራፍ ወፍሪ ቀይሕ-ኮኾብ ሻዕብያ ከም ናቅፋ ግንባር ድፋዕ ስለዘይሓደመ ኣብዮታዊ ሰራዊት መዳፍዕ፣ ነፈርቲ ኹናት ከምድልየቱ ኣንቀሳቒሱ ንምጻሩ ዝእግም ሓስያ ኣውሪደሉ'ዩ።

ብፍላይ ነፈርቲ ኹናት ናብ ሕዛእቲ ጸላኢ ቁልቁል ተነቍተን ዝደርበዮኦ ቡምባ ናይ ወገን ሰራዊት ፍናን ዝደረዐ፣ ኣምዑት ጸላኢ ድማ ዝረፋተተ ነበረ። ነዚ ወፈራ ዝመርሐ ሚኒስተር ምክልኻልን ሓለቃ ስታፍ ሜ/ጀ ሀይለጊዮርጊስ ሀ/ማርያም ናብ ጥቅሲ መጽዩ: *<<ካብ ናቅፋ ግንባር ዝተቐነሱ ክልተ ብርጌዳት መጥቃዕቲ ደው የብሉ፣ ናብ መከላኸሊ መስመሮም ይመለሱ። መጥቃዕቲ ዝወላእናሉ ስፍራ ንገስጋስና ዝጥዕም እኻ እንተኾነ ዉግዕ ንምቕጻል ብዉሕዱ ሰለስተ*

ከፍለጦራት ከድሊዩ። ስለዚህ ኣብዚ ሰዓት ዉግዕ ደው ይብል! የቓንየለይ!>> ብምባል ብዝመጸላ ሄሊኮፕተር ናብ ኣስመራ ተመልሰ። በዚ መገዲ 2ይ ምዕራፍ ወፍሪ ቀይሕ-ኮኾብ ንግዚኡ ተገትአ።

ምዕራፍ ሰብዓን ክልተን

ጸላኢ ንሂመረት ፓስ ኣብ ዝገዝኡ ዕምባታት ዝሰፈረ 51ኛ ተራራ ብርጌድ ዝኸፈቶ ጸረ-መጥቃዕቲ

ሻዕብያ ናይ 22ኛ ተራራ ክ/ጦር 51ኛ ተ/ብርጌድ መጥቃዕቱ ደው ከምዘበለ ምስረኣየ *<<ኣብዮታዊ ሰራዊት ተዳኺሙዩ፣ ወይ ድማ ናብ ማዕከል መአዘዚና ናይ ኣዶብሓ ሸንጥሮ ከግስግስ ተቓሪቡሎ>>* ዝብል ግምት ሓዲሩዎ ለይቲ ብርቱዕ ጸረ-መጥቃዕቲ ፈነወ። 51ኛ ተ/ብርጌድ ኣብ መከላኸሊ መስመሩ ብራኸ ነጥቢ 1617 ንጸላኢ ብጽንዓት እንዳመከተ *<<ናይ ሎጂስቲክስ መስመረይ ብድሕሪት ከይቑረጽ ረዳት ጦር ዝባነይ ይሓልወ>>* ብምባል ሓተተ። ንግሆ ሰዓት 07:00 ምስኮነ 51ኛ ተ/ብርጌድ ክስሕብ ወሲኑ ናብ ሂመረት ፓስ ተበገሰ። ብማይ ጽምኢ ወጅሓቱ ጸምልዩ ሂመረት ፓስ በጽሐ። ማይን ምግብን ተዋሂቡዎ ክሰርር ተገብረ። ንሂመረት ፓስ ኣብ ዝገዝኡ ብራኸ ነጥቢ 2009ን 1981ን ብቕልጡፍ ደዩቦም መከላኸሊ መስመር ክሕዙ ተዓዘ። ኣብዚ ስፍራ ሓድሽ መከላኸሊ መስመር ተመስረተ።

<<*ጊዜን ከልብን ከይጸዋዕኻዮም ይመጹ>>* ከምዝበሃል ናይ ሻዕብያ ወንበዴ ኣብዮታዊ ሰራዊት ናብ ብራኸ ነጥቢ 2009ን 1981ን ምስደየበ ሰዓት 04:00 ድሕሪ ቐትሪ መጥቃዕቲ ፈነወ። ኣብ ኹናት ተጸሚዱ ዝቕነየ 51ኛ ተራራ ብርጌድ ንወላዲት ሃገሩ ዝኣትዎ ቃል-ኪዳን ከቢዱዎ፣ ድኻሙ ረሲኡ ንጸላኢ ምንቕ ምባል ከልአ።

ኣብዚ ሕሞት ማዕከል መአዘዚ ናደው ዕዝ ረዳት ጦር ክለኣኽ ኣዕቲቡ ስለዝሓተተ ኣብ ኤርትራ ክ/ሓገር ብፍጥነቱን ብቖራጽነቱን ዝፍለጥ 16ኛ ሰንጥቅ ሜኻናይዝድ ብርጌድ ካብ ኣቆርደት ተበጊሱ ብፍጥነት ሂመረት ፓስ ኣትወ። ናይ 16ኛ ሰንጥቅ ሜካ/ብርጌድ መስራቲ ኮ/ል ካሳዬ ጨመዳ(*ደሓር ብ/ጀነራል*) ነበረ።

ብ/ጀነራል ካሳዬ ጨመዳ

ኣንባቢ ከምዝዝክሮ ١6ኛ ብርጌድ ኣብ 1977-78 ዓም ህዝቢ ባረንቱ ሓደ ዓመት ብጸላኢ ተኸቢቡ ብጭንቐት ክሕቐን እንከሎ ምስ ህዝቢ ባረንቱ ማይን ጸባን ኮይኑ ብዝገርም ጅግንነትን ቖራጽነትን ተኸላኺሉ ባረንቱ ብጸላኢ ዘየድፈረ ልዑል ናይ ዉግዕ ፍናን ዘለዎ ክፍሊ'ዩ። ድሕሪ ወፈራታት

ግብረ-ሃይል ሓደሽቲ ኣጋርን ሜኻናይዝድ ክፍልታት ምስተመስረቱ ኣብ ኤርትራ ክፍለሃገር ሰንጥቅ ሜኻናይዝድ ብርጌድ ተወርዊሪ ሜኻናይዝድ ክፍሊ ኮይኑ ተሓርየ። 16ኛ ብርጌድ ድማ ብኣጋር ክዕጅቦ ተመደበ። በዚ መገዲ ክልቲኦም ተላፊኖም <<16ኛ *ሰንጥቅ ሜኻናይዝድ ብርጌድ*>> ተሰምየ ብርጌድ መስረቱ። 16ኛ ሰንጥቅ ሜኻ/ብርጌድ ኣፍዓበት ምስበጽሐ ታንኽ፣ መዳፍዕ ወዘተ ናብ ገዛኢ መሬታት ክሓዅራ ስለዘይክእላ ታንከኛ ሻለቃ፣ ናይ መድፍዕን ጸረ-ነፋርትን ሻለቃ ኣብ ኣፍዓበት ገዲፉ ሰለስተ ኣጋር ሻለቃታት ኣሰሊፉ ሂመረት ፓስ ምስበጽሐ ብቖጥታ ናብ ብራኽ ነጥቢ 2009 ሓኾረ።

ሻዕብያ ነዚ ሜኻናይዝድ ብርጌድ ብስሙን ብዝኑኡን ጥዑይ ጌሩ ስለዝፈልጦ ናብ ሂመረት ፓስ ክድይብ ምስረኣየ ተሃወጸ። ሓይሉ ኣኻኺቡ መጥቃዕቱ ፈነወ። 16ኛ ሰንጥቅ ሜካ/ብርጌድ ብግዲኡ ነዊሕ ርሕቐት ዘድምዑ ብረታት ከም ማይ ኣዝኒቡ ናብ ፊቱ ይሃምም ዘሎ ናይ ወንበዴ ዕስለ ከርግፎ ጀመረ። ምስ ጸላኢ ክረጋረግ ዝቐነየ 51ኛ ተ/ብርጌድ በዚ ቖራጽ ሜካናይዝድ ሰራዊት ሓበን ተሰሞ። ፍናኑ ናብ ጥርዚ ሰማይ ዓረገ። በዚ መገዲ 16ኛ ሰንጥቅ ሜካ/ብርጌድ ኣብ ሂመረት ፓስ ገስጋስ ጸላኢ ገትአ።

ምዕራፍ ሰብዓን ሰለስተን

ወፈሪ መርገመት: ዘየላቡ መጥቃዕቲ ካብ ጥርዚ መሬት

ኣብ ሂመረት ፓስ ገስጋስ ጸላኢ ብ16ኛ ሰንጥቅ ሜካ/ብርጌድ ስለዝተዓግተ ናይ ናደው ዕዝ ማዕከል መኣዘዚ ንጸላኢ ሓድሽ ግንባር ክኸፍተሉ መደበ። እዚ ሓድሽ ግንባር ንሩባ ባሽሬ ኣብ ዝገዝዕ፣ ካብ ጽፍሒ ባሕሪ 2595 ሜትሮ ብራኸ ዘለዎ *<<መርገመት>>* ተሰምየ ገዛኢ መሬት ነበረ። መርገመት ከም መንደቕ ትኽ ኢሉ ዝቖመ ብምጥማቱ ጥራይ ሓሞት ጅግና ዝጅልሕ ከቢድ ገዛኢ መሬት'ዩ። ጥርዚ መርገመት ሃው ዝበለ ሜዳ'ዩ። ንደቡብ ከትጥምት ኸተማ ናቕፋን ኣብ ዉሽጣ ዝግበር ነፍስወከፍ ንጥፈታት ይረአ። ንሸንኽ ምብራቅ ቀይሕ-ባሕርን ኣብቲ ባሕሪ ዝሕምበባ መራኽብ ይረኣያ። ኣብ መርገመት ዝደየቡ ናይ ወገን ሰራዊት ኣዘዝቲ ከምዝብሉዎ ኣብ ቀዳማይ ምዕራፍ ወፍሪ ቀይሕ-ኮኾብ 17ኛ ክ/ጦር ብጥቅሲ ጌሩ ምስተበገሰ፣ 3ይ ክ/ጦር ብኣረዋ(*ብራኸ ነጥቢ 2059*) ናብ ናቅፋ ምስሃመመ ሓደ ክ/ጦር ብመርገመት ተዝኣትው ኔሩ 3ይ ክ/ጦር ኸተማ ናቕፋ ምኣተወ ኔሩ።

49ኛ ተ/ብርጌድ ካብ 22ኛ ተራራ ክ/ጦር 45ኛ ተ/ብርጌድ ድማ ካብ 21ኛ ተራራ ክ/ጦር ኣሰሊፉ መጥቃዕቱ ፈለመ። እዞም ብርጌዳት ካብ ናቅፋ ግንባር መከላኸሊ መስመር ተነኪዮም ዝመጹ'ዮም። ኣብዚ ሰዓት ኣብ ናቕፋ ግንባር ዝተሰለፈ ናይ 21ኛ ተራራ ክ/ጦር 50ኛ ብርጌድን ናይ 22ኛ ተራራ ክ/ጦር ሓደ ብርጌድ ጥራይ ነበረ። 49ኛ ተ/ብርጌድ ካብ ናቅፋ ግንባር ናብ መርገመት ምስመጸ ጸላኢ ኣብ ሂመረት ፓስን መርገመትን ተጸሚዱ ደኣምበር ኣብ ናቅፋ ግንባር መጥቃዕቲ ተዝፍትን ኔሩ ንወገን ሰራዊት ክሳብ ኹብኵብ ምኾብኮቦ ኔሩ።

49ኛ ተ/ብርጌድ ብፍጥነት ኣብ መርገመት ሓንደበታዊ መጥቃዕቲ ፈነወ። ድሕሪ ኣረብራቢ ቅልስ ኣብ ጥርዚ መርገመት ደየበ። ኣብ መርገመት ዝጸንሖ ሒደት ናይ ወንበዴ ዕስለ ደምሰሶ። ናይ ወገን ሰራዊት ኣብ ጥርዚ መርገመት ምስሓኾረ እቲ ኣብዩ መስገደል: ማይ፣ መግቢ፣ ነዳዲ፣ ጠያይቲ ምምልላስ፣ ዉግኣት ምእላይ ነበረ። ፍታሕ ክሳብ ዝርከብ ሄሊኮፐተራት ኣብ ጥርዚ መርገመት ዓሊበን ዉግኣት ናብ ኣስመራ ኣግዓዛ። ካብ ጥርዚ መርገመት

ብራኸ ነጥቢ 2595 ናብ ሩባ ባሸሬ ዝወርድ መገዲ ምስራሕ ኣድላዪ ስለዝነበረ ኣብ ማዕከል መጋርያ ኣትዮም፣ ሓገሮም ከገልግሉ ዝቖረጹ፣ ንነብሶም ዘይበቑ ሲቪል ኢንጅነራት ካብ ኣስመራ፣ ኣዲስ ኣበባ ብፍላይ *<<ናይ ኢትዮጵያ ኣዉራ ጎዳና በዓልስልጣን>>* ካብ ዝበሃል ናይ መንግስቲ ትካል ከኢላታት መጽዮም ሕንጸት መገዲ ተጀመረ።

ከም መንደቅ ትኽ ዝበለ ጎቦ ዝስንጥቕ ጽርግያ ንምስራሕ ለይትን ቐትርን ሕንጸት ተጀመረ። ዉጽኢቱ ንምእማን ዘሸግር ነበረ። ኣብ ዉሽጢ ሓደ ሰሙን እቲ ስራሕ ተዛዘመ። እዞም ኢንጅነራት ኣብ ቖጽሪ ምት ኣትዮም ብጥቡብን ዉሕልነትን ዝሓነጹዎ መገዲ ፋሺስት ኢጣልያ ኩምራ ኣኻዉሕ ፍሒሩ ኣብ ሰሜን ሸዋ ጣርማ በር ምስ ዝሓነጾ ናይ በዓቲ ጽርግያ ዝመሳሰል'ዩ። ድልየት እንተሓልዩ ዝዕግም ነገር ከምዘየለ ኣብ መርገመት ተመስከረ።

ናይ 22ኛ ተራራ ክ/ጦር ሓደ ተ/ብርጌድ ኣብ መርገመት ደዪቡ ዳገመ ስርርዕ ምስገበረ ንመርገመት ብዝባኑ ወሪዱ፣ ናብ ሆሆ ሸንጥሮ ኣትዩ፣ ናብ ኸተማ ናቕፋ ብዝባን ከኣትው ዝሕግዙዎ ብራኸ ነጥብታት 2370ን 2434ን ክቖጻጸር ብጊሓቱ መጥቃዕቲ ጀመረ። ንቅድሚት ክደፍእ ኣይከኣለን። እዞም ገዛእቲ መሬታት ንኸተማ ናቕፋ ብድሕሪት ዝከላኸሉ ወሰንቲ ዕምባታት ከምዝኾኑ ጸላኢ ተረዲኡ ኣብዮታዊ ሰራዊት ገና መርገመት ኣብ ዝደየበሉ ዕለት ድፋዕ ምሕዳም ጀመረ።

49ኛ ተ/ብርጌድ ቅናቱ ኣስጢሙ ብጥይት ጸላኢ እንዳተሳሕተ ናብዞም ዕምባታት ተጸገዐ። ማዕከል መአዘዚ ኣብ ጥርዚ መርገመት ተመስሪቱ ኣዘዝቲ ነዚ ዉግዕ ካብ ቐረባ ይከታተሉዎ ስለዝነበሩ 49ኛ ተ/ብርጌድ ሓስያ ከይወረዶ ብኣጉኡ ካብ 22ኛ ተራራ ክ/ጦር ሓደ ብርጌድ(*48ኛ ተራራ*) ክምደበሉ ተወሰነ። በዚ መሰረት 48ኛ ተ/ብርጌድ ናይ መገርመት ጸፊሕ ዕምባ ወሪዱ ኣብ ሆሆ ሸንጥሮ ምስበጽሐ ነቲ ሸንጥሮ ኣብ ዝገዝኡ ገዛእቲ መሬታት ደዪቡ የማናይ ጎኒ 49ኛ ተ/ብርጌድ ሸፈነ። ዉግዕ ምስ ጻዕጸዐ ማንም ዘይተጸበዮ ሓንደበታዊ ክስተት ኣጋጠመ። 48ኛ ተ/ብርጌድ ናይ 49ኛተራራ የማናይ ክንፊ ገዲፉ፣ ናይ ሆሆ ሸንጥሮ ሒዙ፣ ናብ መርገመት ተመልሰ።

ናይ ኣብዮታዊ ሰራዊት ኣዘዝቲ በዚ ስነ-ስርዓት ዝጥሕስ ግብሪ ተቖጢዖም 48ኛ ተራራ ዝኾነ ዓይነት ምክንያት ከይሓበ ናብ ሆሆ ሸንጥሮ ብቕልጡፍ ተመሊሱ የማናይ ክንፊ ክሕዝ ዕቱብ መምርሂ ሃበ። 48ኛ ተ/ብርጌድ ኣብ

የማናይ ክንፊ ዘቋረጸ መጥቃዕቲ ደፍኣሉ። ኣብ ሞንጎዚ ናይ ሻዕብያ ወንበዴ ናይ ወገን መጥቃዕቲ በርቲዕዎ፣ ዉግዕ ደው ኣቢሉ ንድሕሪት ሓደመ። ናይ 22ኛ ተራራ ክ/ጦር 48ኛን 49ኛን ተ/ብርጌዳት ኣብ ብራኸ ነጥቢ 2370ን 2434ን ደዪቦም ብዓወት ደበሉ። ብረሓጽን ደምን ዝርኸብ ዓወት መቐረቱ ፍሉይዩ!

ናይ 2ይ ምዕራፍ ወፍሪ ቀይሕ-ኮኾብ ኣዛዚ መኾንን ሜ/ጀ ሓይለ ጊዮርጊስ ሃብተማርያም ካብ መለብሶ ግንባር ብሄሊኮፕተር ናብ መርገመት መጽዩ ገስጋስ 22ኛ ተራራ ክ/ጦር ምስተዓዘበ ኣዝዩ ረዚን ትርጉም ዘለዎ ዘረባ ኣተንበሀ: *<<ኣየ ሓይሊ ምስኣን! ከመይ ዝበለ ዕድል ኣምሊጡና።>>* ጀነራል ሓይለጊዮርጊስ ናብ መርገመት ደዪቡ ኣብ ጥርዚቲ ዕምባ ንኸተማ ናቅፋን ከባቢኡን ጥራይ ዘይኮነ ናይ መለብሶ ግንባር ሰጣሕ ሜዳ ሓዉ ኢሉ ምስተራእዮ ነበረ ነዚ ሓቂ ኣተንቢሁ። ጀነራል ሓይለጊዮርጊስ *<<ሓይሊ ምስኣን>>* ብምባል ዘስተንተነ ወፍሪ ቀይሕኮኾብ ገና ብጊሓቱ ካብ መርገመት ተዝጅምር ኔሩ ዝርከብ ዓወት ኣስተብሂሉ ዝፈጠረሉ ጣዕሳ ነበረ።

ናይ ሒመረት-ፓስ መርገመት ዉግእ መብርሒ: ካብ ጸጋም ብ/ጀ ዉበቱ ጻጋይ: ሜ/ጀ ሃይለጊዮርጊስ ሃብተማርያም

ኣብዚ ጊዜ 48ኛን 49ኛን ተ/ብርጌዳት ካብ ሆሆ ሸንጥሮን ብራኸ ነጥብታት 2134ን 2412ን ስሒቦም ናብ መርገመት ተመልሱ። እዚ ዉሳነ ዝወሓጥ

ስለዘይኮነ ከም ብሓድሽ ካብ ናቕፋ ግንባር ናይ ወገን መከላኸሊ መስመር ካብ 21ኛ ተራራ ክ/ጦር 46ኛን 47ኛ ተ/ብርጌድ ካብ 22ኛ ተራራ ክ/ጦር ክልተ ብርጌዳት ተነኪዮም ናብ መርገመት ተበገሱ። ናይ ናቕፋ ግንባር 4 ብርጌዳት ተነክዩዎ ኣብ ከቢድ ናይ ሕላውነት ሓደጋ ወደቐ።

ኹሉ ዓይነታት ከቢድ ብረት ማለት ናይ 130ን 122ን ሚሜ መድፍዕ፣ ታንክታት፣ ብርክት ዝበለ ዙ-23 ጸረ-ነፈርቲ፣ ኢንጅነራት ብዝሓነጹዎ መገዲ ናብ ጥርዚ መርገመት ደየቡ። እዞም ከብድቲ ብረት ንሆሆ ሸንጥሮ ኣብ ዝገዝዕ ብራኺ ነጥቢ 2134ን 2412ን ኣስኪሩ ዘሎ ናይ ሻዕብያ ዕስለ ከርግፉ ተዳልዮም ኣለው። እዚ ዉግዕ ከቢድ ግምት ስለዝተዋሕቦ ናይ 21ኛ ተራራ ክ/ጦር ም/ኣዛዚ ኮ/ል ገበየሁ ኣበበ ነዚ ግጥም ከመርሖ መርገመት መጽዩሎ።

ኣብ መርገመትን ከባቢኡን ጸሓይ ሶቲኹ ጸልማት ነገሰ። ሕጂ ዉግዕ ጀሚሩሎ። ናይ 21ኛ ተራራ ክ/ጦር 45ኛን 47ኛን ተ/ብርጌድ ንሆሆ ሸንጥሮ ሰንጢቖም ፈለማ ኣብ ብራኺ ነጥቢ 2412 ደዪቦም ምስ ጸላኢ ተጠማጠሙ። ጸላኢ ብሓይሊ ሰብ ስለዘይደረዖ ኣብ ጥርዚቲ ዕምባ ሓኾሩ። ካብዚ ንቦ ነፊጾም ዝሓደሙ ናይ ወንበዴ ዕስለታት መሬት ብኽዋኽብቲ ለይቲ ግልሕልሕ ኢሉ ይረኣይ ስለዝነበረ ነፈርቲ ኹናት መጽየን ኣኻዲደን ኣርገፎያም።

ሻዕብያ ንጽባሒቱ ንግሆ ኣብ 45ኛ ተ/ብርጌድ ጸረ-መጥቃዕቲ ፈነወ። 45ኛ ተራራ ኣብ ዉግዕ ከይኣትወ ምስ ሙሉዕ ፍናኑን ሓይሊ ሰቡን ብምንባሩ ብመጥቃዕቲ ጸላኢ ኣይተፈትሐን። ብራኺ ነጥቢ 2412 ኣብ ምቑጽጻር ወገን ሰራዊት ኣትዩ'ሎ፣ ሕጂ ተሪፉ ዘሎ ብራኺ ነጥቢ 2434 ስለዝኾነ ነዚ ዕምባ ከጥቁዑ 48ኛን 49ኛ ተ/ብርጌዳት ተመደቡ። ይኹን እምበር እዞም ክልተ ብርጌዳት ዝሓለፈ መዓልታት ኣብ ከቢድ ጥምጥም ስለዝተጸምዱ ኣብ ብራኺ ነጥቢ 2434 ሓድሽ መጥቃዕቲ ምዉላዕ ብሓይሊ ሰብ ከምዘዳኽሞም ተኣሚኑሉ ኣብ ዝዓረዱሉ ገዛኢ መሬት መከላኸሊ መስመር ክምስርቱ ተገብረ። መንጥር ዕዝ ኣብ መለብሶ ግንባር ዝከፈቶ መጥቃዕቲ እዉን ደው በለ። 2ይ ምዕራፍ ወፈሪ ቀይሕ-ኮኾብ በዚ ተዛዘመ። ዉግዕ ደው በለ።

ኣብ 2ይ ምዕራፍ ወፍሪ ቀይሕ-ኮኾብ ታንክታት፣ መዳፍዕ ናብ ጥርዚ መርገመት ደዪበን ካብን ናብን ከምድላየን ክንቕሳቐሳ ስለዝኸኣላ ምስ ነፈርቲ ኹናት ተላፊነን ኣብ ጸላኢ ዘውረዶኦ መቕዘፍቲ ዘረድርድ ነበረ። ምክንያቱ

ኣብ 2ይ ምዕራፍ ወፈሪ ቀይሕ-ኮኾብ ኣብ መለብሶን መርገመትን ዝተፈነወ ሓንደበታዊ መጥቃዕቲ ሻዕብያ ስሪሑ ከይዓጠቐ፣ ብዘይፈልጦ ኣንፈት ብሰላሕታ ዝተኣጉደ ብምንባሩ ጸላኢ ዝወረዶ ሓስያ ክንድዚ ኢልካ ዝጽብጸብ ኣይኮነን። ናደው ዕዝ ብምዕራብ ኣፍዓበት ናብ ጊርን ሂመረት ፓስን ይንቐሳቐስዩ ዝብል ትጽቢት ስለዘይነበሮ 18ኛ ተራራ ክ/ጦር ኣብ ጊር ክንቐሳቐስ እንከሎ ናይ ሻዕብያ ላዕለዎት ሓለፍቲ ዝሓዘት መኪና ምስ ሙሉዕ ዕጥቐምን ሰነዶምን ተማሪኾም'ዮም። ኣብ ኤርትራ ክ/ሓገር ንኣስታት ሰላሳ ዓመት ኣብ ዝተካየደ ናይ ዉክልና ኹናት ከም 2ይ ምዕራፍ ወፍሪ ቀይሕ-ኮኾብ ሓንደበታዉነት ዝተላበሰ ዕዉት ወፈራ ኣይተካየደን።

ሻዕብያ ከምቲ ዝወረዶ መቕዘፍቲ ኣብ ሱዳን ክዕቖብ ይግቦኦ ኔሩ። መን <<ኣጀኹ>> ኢሉ ከምዘትረፎ ናይ ወትሩ ሕንቅልሕንቅሊተይ'ዩ። ቀይሕ-ኮኾብ ብዕሊ ምስተዛዘመ ጸላኢ ኩርዓቱ ክርእይ ኣብ ሆሆ ሽንጥሮን መርገመትን ጸረ-መጥቃዕቲ ፈንዩ ንዓርባዕተ መዓልትን ለይትን ኣብ ዝገበሮ ዉግዕ ብሞትን መዉጋእትን ዝወደቐ ተዋጋዕቱ <<ኣይንርኣዮም>> ዘብል ኔሩ። ይኹን እምበር ንነብሱ ህልቒት ኣግዚሙ ሓሳቡ ተግባራዊ ጌሩ'ዩ።

ኣብ 2ይ ምዕራፍ ወፍሪ ቀይሕ-ኮኾብ ብጅግንነት ዝተዋደቐ 18ኛ ተራራ ክ/ጦርን ኣብ 1ይ ወፈሪ ቀይሕ-ኮኾብ ከቢድ ጉድኣት ምስወረዶ ከም ብሓድሽ ዝሰረረ 3ይ(*ኣምበሳው*) ክ/ጦር ኣብዮታዊ መንግስቲ ዝለዓለ ናይ ጅግና ሜዳልያ ሰሊሙ ኣብ መራኽቢ ብዙሓን ንህዝቢ ኢትዮጵያ ኣቓለሐ። ላዕላዋይ ኣካል መንግስቲ ናይ ክዙን ሓይሊ ኣድላይነት ኣቀዲሙ ተዝርዳኦ ኔሩ ጸላኢ ኣብ ቀይሕኮኾብ ከም ዝወረዶ ጉድኣት ብዘይዝኮነ ጥርጥር ምተምበርከኸ ኔሩ። ነዚ መባእታዊ ድንጋገ ወትሓደራዊ ሳይንስ ኣብ ግምት ስለዘየእተወ 2ይ ምዕራፍ ወፍሪ ቀይሕ-ኮኾብ በዚ መገዲ ተዛዘመ።

ምዕራፍ ሰብዓን ዓርባዕተን

ቀይሕ-ኮኾብ ኹለመዳያዊ ኣብዮታዊ ወፈራ ንምንታይ ብዘይፍሪ ተሪፉ?

ሓገርና ካብ ዝሓንጸጸቶም ሓገራዊ ፕሮጀክትታት ቀይሕ-ኮኾብ ኣብዮታዊ ወፈራ ኹለመዳያዊ ገጻት ዘማዕከለ ማለት ወትሓደራዊ፣ ኢኮኖምያዊ፣ ፖለቲካዊ ገጽ ዝነበሮ ገዚፍ ጸዓት፣ንዋት፣ ማል ዝሃለኸሉ ወፈራ እኳ እንተኾነ ኣብ መወዳእታ ብርኪ ጸላኢ ካብ ምስባር ኣይሰገረን። ቀይሕ-ኮኾብ ብዘይፍሪ ክተርፍ ዝጀመረ ገና ወትሃደራዊ ግጥም ኣብ መሬት ከይጀመረ እንከሎ'ዩ። ታሕዲድን፣ ፈኸራን፣ ናይ ኣዳራሽ ዳንኬራን ሆይሆይታን ምስነገሰ: ጸላኢ *<<እንታይ ተዝኣምኑ'ዮም?>>* ብምባል ክመራመር ጀመረ።

ተራራ ክ/ጦር ዝበሃል ዉዕይ ጉልበት ዝዉንኑ፣ ጎዮም ዘይደክሙ መንእሰያት ዘቕሙዎ ክፍሊ እኳ እንተኾነ ኣብ ዉግዕ ዘይተሞከሩ፣ ማይ-ጽምኢ፣ ጥምየት ዘይጠዓሙ መንእሰያት ምስ ቦትኦም ከይተላለዩ ናብ ኹናት ምዕታዎም ነዚ ዉድቐት ልዑል ተራ ኣበርኪቱ'ዩ። ናይ ዉቃው ዕዝ ኣዛዚ: 21ኛ ተራራ ክ/ጦር ኣብ ከርኸበት ከምዝምደብ ምስሰምዐ *<<ዝዋገኣሉ መሬት ዘይፈልጥ፣ ዘይተሞከረ ሰራዊትዩ>>* ብምባል ናይ 21ኛ ተራራ ኣብ ከርኸበት ምምዳብ ተቓዊሙ ነበረ። እንተኾነ ዝሰምዕ ዕዝኒ ተሳእነ።

ካብዚ ብተወሳኺ ተራራ ክ/ጦራት ካብ ኣዲስ ኣበባ ኣብ በጣሓት ተጻኢኖም ምስተበገሱ ጉልባቦም ቀሊዖም ቐትሪ ኔሮም ዝጓዓዙ። እቲ መጥቃዕቲ ምስጀመረ ዉቃውን ናደውን ገዚፍ ዓወታት ክጎናጸፉ እንከለው መብረቕ ዕዝ ግን ብዙሕ ከይሰጎመ ሸተት ከምዝበሎ ተሓበረ። ዉግዕ ራብዓይ መዓልቱ ምስገበረ ኣብትሕቲ መብረቕ ዕዝ ዝርከብ 21ኛ ተራራ ክ/ጦር ኣዛዚ ኮ/ል ዉብሸት ማሞ ዘጋጠሞ ኹነታት ዝገልጽ ቴሌግራም ፈነወ:

<<ኣብ ካርታ ዝተሓበረና ናይ ዉግዕ ትዕዛዝን እቲ ኣገላልጻ መሬት ምስ እቲ ቦታ ፈጺሙ ኣይራኸብን።>> እዚ ሽግርዚ ኣብ ወፍሪ ቀይሕ-ኮኾብ ጥራይ ዘይኮነ ኣብ ወፈራታት ግብረ-ሓይል እዉን ተመመሳሳሊ ጸገም ኣጋጢሙ'ዩ። ኣብ ወፍሪ ቀይሕ-ኮኾብ እዚ ጌጋዚ ተደጊሙ ዉድቐት ኣጋጠመ። ኣብ 1934 ዓም ሜዳን ጎቦን ዝነበረ መሬት ድሕሪ 40 ዓመት ናብ ሓው ዝበለ ጸድፍን ጎልጎልን

ተቐዩሩ'ዩ። ኣብ ከርኸበት ግንባር ዝጀመረ ወፈራ ምስተቖጽየ ሓድሽ ሓይሊ ወሲካ ነቲ ዝተኮልፈ ገስጋስ ኣብ ክንዲ ምቕጻል *<<ብሰንኪ መንዩ>>* ናብ ዝብል ሕጊ ሃሙራቢ ኣድሂቦም እቲ ውድቕት ተጋደደ።[39]

እዚ ተግባር ምስ ጸላኢ ክሳድ ንክሳድ ዝተሓናነቑ መኾንናት ክርበሹ፣ ክሰናበዱ፣ ኣብ ስርሖም ከየቕልቡ ዝገበረ ስጉምቲ ነበረ። ነዚ ዉሳነ'ዚ ዘሕለፈ ናይ ቀይሕ-ኮኾብ ኩለመዳይዊ ኣብዮታዊ ወፈራ ኢንስፔክተር ሓላፊ ጀነራል ሙላቱ ነጋሽ ነበረ። ኣብ ከርኸበት ግንባር ዝተኾልፈ መጥቃዕቲ ብሓድሽ ሓይሊ ሰብ እንተዝቕጽል ኔሩ ጸላኢ ናቕፋ ኤርፖርት ኣብ ዝተቖጻጸረ 17ኛ ክ/ጦር፣ ናይ ናቕፋ-ኣልጌና መገዲ ዝኣጽወ 3ይ ክ/ጦር ክልተ ብርጌድ ኣሰሊፉ ክመዓቶም ኣይምኸኣለን ኔሩ። ናደው ዕዝ ነዞም ኹሎም ግጥማት ኣካዩዱ፣ ብዙሕ ሰብ ከፊሉ፣ ዘይተኣደነ መዳፍዕን ቡምባታት ነፈርቲ ተኲሱ ገስጋሱ ካብ መዕርፎ ነፈርቲ ናቕፋ ንምንታይ ዘይሓለፈ? ንኸተማ ናቕፋ ኣብትሕቲ ሙሉዕ ምቑጽጻር ንምንታይ ኣየውዓለን? ዝብል ሕቶ መልሲ ዘድልዮ'ዩ።

ናደው ዕዝ ከምዝኸፈሎ ዋጋ ኸተማ ናቕፋ ክቖጻጸር ይግብኦ ኔሩ። ኣብዮታዊ ሰራዊት ሽቱኡ ክወቕዕ ዘይኸኣለ ጸላኢ ስለዝበርተዐ ኣይነበረን። ናደው ዕዝ መጥቃዕቱ ፍረ-ኣልቦ ዝኾነሉ ምስጢር ገና ብጊሓቱ ናይ ሰራዊት ኣሰላልፋ፣ ብዝሕን ዓይነትን ኣጽዋር፣ ኣስማት ክፍልታት ወዘተ ዝሓዘ ሰነድ ብዙሓት ኣንበብቲ ኣብ ዘለዎ ጋዜጣ ከምዝዝርጋሕ ስለዝተገብረ'ዩ። እዚ ሓበሬታ ምስተረኸበ ዝተበላሸወ ወፈራ ኣብ ክንዲ ምዕራይ ነዚ ጌጋ ኣብ ዝሓበሩ መኾንናት ምጉብዕባዕ ስለዝተጀመረ እዚ ወፈራ ከምዘይሰልጥ ምልክታት ኔሩ። ነዚ ሓበሬታ ዝረኸበ ጸላኢ ፍሉይ ምድላው ኣየድልዮን።

እቲ ወፈራ ቅድሚ ምጅማሩ ኣርባዕተ መዓልታት ኣቀዲሙ ኣብ ኣስመራ ቤተ-መንግስቲ ዝተጋበዐ ሚኒስተራት፣ ኣመሓደርቲ ክፍለሃገራት ዝተሳተፉሉ ኣኼባ ናይ ወትሃደራዊ ወፍሪ ምስጢር ኣብ ቓልዕ ክብተን ዝገበረ ኔሩ። ወትሃደራዊ ሓበሬታ ተነቓፊ ከምዝኾነ እንዳተፈልጠ ወትሃደራዊ ንድፊ ዘይምልከቶም ሰበስልጣናት ናብ ኣኼባ ተዓዲሞም ብዙሕ ዝተደኸመሉ ወትሃደራዊ ወፈራ ምሸት ኣብ ኸተማ ክብተን ጀመረ። ኣብዮታዊ ሰራዊት

39 ፋሺስት ኢጣልያ ኣብ 1934 ዓም ንኢትዮጵያ ክወርር እንከሎ ዝተጠቐመሉ ካርታ ተጠቒሞም ሩስያዉያን ነዚ መደብ ስለዝነደፉ ኣብ ወፈራታት ግብረ-ሃይል: ናይ ዓዲ-ያቖብ ዉግእ ተመሳሳሊ ጌጋ ተፈጺሙ ዘየድል ምድንጓይ ተፍጢሩ ኔሩ

ሸቱኡ ከይወቕዕ ዘራይ ኮይኑ ማዕረ ጸላኢ ዘላደዶ እትረፍ ሰብ ኣህባይ'ውን ብኣብዪ ግድል ዝድይቦ'ኦ ናይ ሮራ-ጸሊም ተረተር ነበረ።

ወፍሪ ቀይሕ-ኮኾብ ኣጽሚ ወንበዴ ሰይሩ ኣብዮታዊ መንግስቲ ወትሓደራዊ ልዕልና ኣጎናጺፉዎ'ዩ። ሻዕብያ ካብ ሙሉዕ ሓይሉ ክልተ ሲሶ ዝኸፈለሉ፣ ሓብሓብቱ ማለት ኣዕራብ፣ ናይ ሰሜን ኣሜሪካ ኢምፔሪያሊዝም ከሳዶም ዝተሰብረሉ ኹነታት ፈጢሩ'ዩ። ናይ ሚኒስተር ምክልኻል ኢትዮጵያ ሰነዳት ከምዝሕብሮ ኣብ 1ይን 2ይን ምዕራፍ ወፍሪ ቀይሕ-ኮኾብ ናይ ሻዕብያ ወንበዴ 11,516 ወትሃደራት ካብ ጥቕሚ ወጻኢ ከምዝኾኑ ይሕብር። እዚ ኣሃዝ ኣብ ዉግዕ ዝሞቱ ጥራይ ዘይኮነ፣ ዝተማረኹ፣ ናብ ሱዳን ዝነፈጹ ከምኡዉን ከቢድ መውጋእቲ ዘጋጠሞም ዝውስኽ'ዩ።

ሻዕብያ ኣብ ክልቲኡ ምዕራፋት ቀይሕ-ኮኾብ ዘጋጠመኒ ክሳራ <<3,500'ዩ>> ብምባል ይገልጽ። እዚ ኣሓዝ ፍናን ሰራዊት ንምዕቓብ ክሳራታት ብክልተ፣ ብሰለስተ መቒልካ ዝግለጽ ናይ ስነ-ኣእሙሮኣዊ ኹናት ልሙድ ቕዲ'ዩ።

ኣብዮታዊ መንግስቲ ካብዚ ወፍራ ብዙሕ ትምህርቲ ክወስድ እንዳተገበአ ኣይወሰደን ወይ ድማ ክወስድ ኣይደልየን። ወፍሪ ቀይሕ-ኮኾብ ካብ ዝኾልአም ሓቕታት ናይ ጎሪላ ዉግዕ ኣዝዩ ዝተጠናነገ፣ ብወትሓደራዊ ወፈራ ጥራይ ዘይፍታሕ ዉስብስብ መስርሕ ምዃኑ'ዩ። ወትሓደራዊ ኣቕምካ ከይጠለመካ ፖለቲካዊ ፍታሕ ብኣግኡ ምንዳይ ኣድላዪ ከምዝኾነ ወፍሪ ቀይሕ-ኮኾብ መሃሪ ኔሩ።

እንታይ ይኣብስ! ዝመሓር ተሳእነ።

ምዕራፍ ሰብዓን ሓሙሽተን

ኣብ 1983(1975 ዓም) ንነብሱ <<ወያነ>> ኢሉ ኣብ ዝሰምየ ጨራሚ ሓገር ንመጀመሪያ ጊዜ ዝተፈነወ ዉሁድ መጥቃዕቲ

ናይ ኢትዮጵያ ኣብዮታዊ መንግስቲ ንነብሱ *<<ወያኑ>>* ኢሉ ዝሰምየ ጨራሚ ሓገር *<<ናይ ሻዕብያ ዉላድ'ዩ>>* ዝብል ሕዱር ዕምነት ስለዝነበሮ ክሳብ 1983(1975 ዓም) ንህወሓት ቑልሕ ኢሉ ጠሚቱዎ ኣይፈልጥን። ናይ ኣቦን ዉሉድን ስነ-ህይወታዊ ዛንታ ንሒፉ፣ ንመጀመሪያ ጊዜ ንወያነ ዝግብእ ቖላሕታን ጠመተን ዝሓቦ ኣብ ሚያዝያ 1983 ዓም'ዩ።

ኣብዮታዊ መንግስቲ መርገጺ'ኡ ዝቐየረ ቅድሚ ሓደ ዓመት ኣብ ኤርትራ ክ/ሓገር ዝተጀመረ ቀይሕ-ኮኾብ ኹለመዳያዊ ኣብዮታዊ ወፈራ ወያነ ፍርቒ ሓይሉ ናብ ኤርትራ ክ/ሓገር ሰዲዱ፣ ነዚ ግዙፍ ፖለቲካዉን ወትሃደራውን ፕሮጀክት ክሰናኽል ብምፍታኑ'ዩ። በዚ ምክንያት ክልተ ክ/ጦራትን ክልተ ሜካናይዝድ ብርጌዳት ኣሰሊፉ ሚያዝያ 1983 ዓም ንመጀመሪያ ጊዜ ኣብ ልዕሊ ወያነ ዉሁድ መጥቃዕቲ ከፈተ።

በዚ መሰረት ኣብ ወሎ ክ/ሓገር ዝነበረ 30ኛ ሜካናይዝድ ብርጌድ ካብ ወሎ ተበጊሱ፣ ንዶሮ ግብር ሓሊፉ፣ ማይጨዉን ከባቢኡን እንዳዳህሰሰ መቐለ ክኣትው ተዓዘ። ብተወሳኺ ካብ ኤርትራ ክ/ሓገር ክልተ ክ/ጦራትን ሓደ ሜኻናይዝድ ብርጌድ ናብ ትግራይ መጽዮም ኣብዚ ወፈራ ክሳተፉ ተገብረ። ቅድሚ ሓደ ዓመት ናይ ናቅፋ ኤርፖርት ዝተቖጻጸረ 17ኛ ክ/ጦር ካብ ሩባ ቀምጨዋ ተበጊሱ ትግራይ ኣትወ። 3ይ(*ኣምበሳው*) ክ/ጦር ካብ ናቅፋ ግንባር ናብ ትግራይ ኣትወ። ንክልቲኦም ስዒቡ ኣብ ኤርትራ ክ/ሓገር ብተወርዋሪነቱ ዝፍለጥ፣ ብብ/ጀ ካሳዬ ጨመዳ ዝምራሕ 16ኛ ሰንጥቅ ሜኻናይዝድ ብርጌድ ካብ ኣቆርደት ክብገስ ተዓዘ።

17ኛክ/ጦርን 3ይ(*ኣምበሳው*) ክ/ጦር ዝተዋህቦም መደብ ካብ ሽረ እንዳስላሰ ተበጊሶም ኣብ ዓዲ-ዳዕሮ ዘሎ ናይ ወያነ ድልዱል ድፋዕ ሓምሺሾም፣ ናይ ወያነ ማዕከል ሎጂስቲክስን ክፍሊ ስልጠና ዝርከበሉ ደደቢት ኣትዮም ከባድሙ ነበረ። ኣብዚ ጊዜ ወያነ ብህድማ ናብ ሱዳን ከምዝሃድም ስለዝተገመተ ሓገርና ምስ ሱዳን ትዳወበሉ ወሰን ብፍላይ ካብ ጎንደር ክሳብ

ኣምሓጀር ዘሎ ስፍራ ዝቖጻጸር ብ/ጀ ተመስገን ገመቹ ዝመርሖ 7ይ ክ/ጦር ካብ ጎንደር ናብ ሁመራ ተወርዊሩ፣ ናብ ዓዲ ረመጽን ደጀናን ተጠውዩ ካብዚ መዓት ዝነፍጽ ናይ ጸላኢ ዕስለ ከድምስስ ተዓዘ። ነዚ ወፈራ ዘወሓሕዱ ጠቅላሊ ኣዛዚ ስታፍ ሜ/ጀ ሃይለጊዮርጊስ ሃብተማርያምን ናይ ማዕከላዊ ዕዝ ኣዛዚ ሜ/ጀ ኣበበ ገብረየስ ነበሩ። በዚ መገዲ ዝተነድፈ ወፈራ ኣብ ወርሂ ሚያዝያ ጀመረ።

30ኛ ሜኻ/ብርጌድ ካብ ወሎ ተበጊሱ ብዘይንጣብ መኻልፍ መቐለ ኣትወ። ነጻ ኣብ ዘውጽኣም ስፍራታት ናይ ፖለቲካ ካድረታት መጽዮም ኣብ መንጋጋ ወንበዴ ወዲቑ ዝጸንሐ ህዝቢ ጎስጓስ ክገብሩሉ ጀመሩ። 3ይ(*ኣምበሳው*) ክ/ጦርን 17ኛ ክ/ጦር ካብ እንዳስላሴ ተበጊሶም ዓዲ-ዳዕሮ ምስበጽሑ *<<ባውዛ>>* ዝበሃል ሓዊ ዝዉልዕ ተወንጫፊ ምስዝነቡ ኣብ ዉሽጢ ድፋዕ ዝነበሩ ናይ ጸላኢ ተዋጋእቲ ብሓዊ ክነዱ ጀመሩ። ብሓዊ ዝነደዱ ናይ ወያነ ተዋጋእቲ ኣብ በጣሓት ተጸኢኖም ክሕከሙ መገዲ ጀመሩ። ነዚ ፍጻመ ዝገለጽኩሉ ምክንያት ናይቲ መጥቃዕቲ ርዝነትን ብርተዐ ንምብራህ'ዩ።

3ይ ክ/ጦርን 17ኛ ክ/ጦር ኣብ ዓዲ-ዳዕሮ ኣብ ጸላኢ ግዙፍ ክሳራ እኻ እንተውረዱ ነቲ ድፋዕ ክፍርሱዎ ስለዘይኸእሉ ካብ ኤርትራ ክ/ሓገር ብ/ጀ ካሳዬ ጨመዳ ዝመርሖ 16ኛ ሰንጥቅ ሜኻ/ብርጌድ ተወርዊሩ ኣብ ዓዲ-ዳዕሮ ዝኸላኸል ዘሎ ናይ ወያነ ዕስለ ብዝባኑ ክስልቖ ተዓዘ። በዚ መሰረት 16ኛ ሰንጥቅ ሜኻ/ብርጌድ ካብ ኣቆርደት ተበጊሱ፣ ባረንቱ ሓሊፉ፣ ብተኾምብያ ንሽራሮ ክኣትው ምስቐረበ ኣብ ቶኾምብያ ናይ ወያነ ዕስለታት መጥቃዕቲ ፈንዮም ከዓግቱዎ ፈተኑ። 16ኛ ሰንጥቅ: ሜኻናይዝድ ክፍሊ ስለዝኾነ ንቶኾምብያ ኣብ ዝገዝእ ጎቦ ዘስፈሮ መዳፍዕን ታንክን ጉድኣት ከይበጽሖ ምእንቲ ብዝገርም መገዲ ንጸላኢ ኣታሊሉ መዓት ኣዝነበሉ።

ዉግእ በርቲዕዎም ከምዝምለሱ ኣምሲሎም ማለት ናብ ባረንቱ ይምለሱ ከምዘለው ዝዕምት ናይ ሬድዮ ርክብ ምስ ስታፍ መኾንናትን መስመራዊ መኾንናትን ተቀያዪሮም ንህዝቢ ናይቲ ዓዲ *<<ከይድና ኣለና>>* ብምባል ንተኾምብያ ገዲፎም ንባረንቱ ገጾም ተመልሱ። ድሕሪዚ ንሓጺር ጊዜ ተወዳዲቦም ሩፍ ኣብ ዝበለ ጸላኢ ብቕጽበት መጥቃዕቲ ፈነው። ኣብዚ ጊዜ ናይ ወያነ ዕስለ ንቶኾምብያ ገዲፉ ናብ ባድመ ምስኣትወ ኣብ ቤተክርስትያናት ተዓቑበ። ህዝብን መንግስትን ንምብኣስ ዝመሃዙዎ ተንኮል ከምዝኾነ

ዝትረድኦም ኣዘዝቲ መኾንናት ናብ ቤተክርስትያን ከይትኮስ ኣዘዙ። ንህዝቢ ከረጋግዑ ምስጀመሩ ወንበዴታት ንሸራሮ ገጾም ህድማ ጀመሩ። ኣብዚ ጊዜ ኣብ ዓዲ-ዳዕሮ ይዋጋዕ ዝነበረ ናይ ወያነ ዕስለ ነዚ ዜና ምስሰምዐ ዝሃዞ ድፋዕ ረጥሪጡ ናብ ደደቢት ሃደመ።

16ኛ ሰንጥቅ ሜኻ/ብርጌድ እዉን ንባድመን ሽራሮን ሓሊፉ ኣብ ደደቢት ዝተኸዘነ ናይ ወያነ ዕስለ ንምንቓል ደደቢት በጽሐ። ደደቢት ብጎቦታት ዝተኸበ ኣዝዩ ዓሚዩቕ ስፍራ ስለዝኾነ ወንበዴታት ካብ ጎቦታት ነጢሮም ብታንክን መዳፍዕን ደልዲሉ ዝመጾም 16ኛ ሰንጥቅ ከረብርብዎ ፈተኑ። ናብ ታንክታት ነጢሮም ክድይቡ ምስፈተኑ ኣደዳ መትረየሳት ኮኑ። ደደቢት ብሬሳ ኣዕለቕለቐ።

በዚ መገዲ ወያነ ናይ ኢትዮጵያ ኣብዮታዊ ሰራዊት መጥቃዕቲ ክምክት ስለዘይኽኣለ ናይ ኪነት፣ መድሃኒት፣ ዝተፈላለየ ናዉቱ ዛሕዚሑ ደደቢትን ማይ ኩሕልን፣ ራሕሪሑ ናብ ደጀናን ዓዲ-ረመጽን ሓደመ።

ወያነ ትንፋሱ ክምልቕ ትልኽ ትልኽ ኣብ ምባል እንከሎ ናይ ሕብረት ሶቭየት ኣዛዚ ሓይሊ ምድሪ ሓንደበት ናብ ኢትዮጵያ መጽዩ *<<ናይ ናቅፋ ግንባር ዘርኢይ ሓድሽ ናይ ሳተላይት ምስሊ ኣለኒ>>* ብምባል ናቅፋ ብቐሊሉ ከምትተሓዝ ንፕሬዚደንት መንግስቱ ሃይለማርያም ኣእሚኑ ካብ ኤርትራ ክ/ሓገር ዝመጹ ክ/ጦራትን ሜኻናይዝድ ብርጌዳት ብቕልጡፍ ናብ ቦትኦም ክምለሱ ተገብረ። በዚ መገዲ ወያነ ብላዕላዋይ ኣካል መንግስቲ ኢድ ኣእታዉነት ካብ ኣፋፌት ሞት ክሰርር እንከሎ ኣብ ኤርትራ ክ/ሓገር ዝተወጠነ ፕሮጀክት ድማ ጀነራል ፔትሮቭ ከምዝበሎ ዘይኮነ ብዘይፍረ ተዛዚሙ።

ክፍሊ ኢስራን ሰለስተን

ኣልጌና፡ ምጽናት ጸላኢ ዘስንተንከረት ምድረበዳ -- ለካቲት 1984 ዓ.ም.

ምዕራፍ ሰብዓን ሸድሽተን

ሸሞንተ ሚእቲ ሬሳ ኣብ ዉሽጢ ሸሞንተ ሰዓት

<<ኣብ ስዕረት ናይ ሓደ ሰራዊት ኣቓሚ ይስበር'ዩ፡ ካብ ኣካላዊ መስበርቲ ንላዕሊ ግን ናይ ሞራል መስበርቲ ይዓዝዝ>>

ጀነራል ካርል ቮን ክሎስዊትዝ

ኣብ ሰሜናዊ ጫፍ ሓገርና ዝባኑ ንቀይሕ-ባሕሪ ሂቡ ዝሰፈረ ዉቃዉ ዕዝ 2ይ ምዕራፍ ወፍሪ ቀይሕ-ኮኾብ ምስተዛዘመ ማንም ዘይተጸበዮ ዱብበላ ትዕዛዝ

ካብ ላዕለዎት ሓለፍቲ መጸ። ቅድሚ ሂደት ኣዋርሕ ኣብ ምዕራብ ኸረን መለብሶ ዝተመስረተ መንጥር ዕዝ ንምድራዕ 15ኛ ክ/ጦር፣ 19ኛ ተራራ ክ/ጦርን ከምኡ'ውን 29ኛ ዘርኣይ ደረስ ሜኻ/ብርጌድ ናብ ናደው ዕዝ ተዛዊሩ ኣብ ገምገም ክሰፍር ተዓዘ። ኣንባቢ ከምዝዝክሮ 15ኛ ክ/ጦር መዓንጣ ጅግና ዝጅልሕ ናይ ጀበል ደምቦቢት ጸፊሕ ዕምባ ደዪቡ፣ ኣብኡ ዝሰፈረ ናይ ወንበዴ ዕስለ ደምሲሱ፣ ባንዴራ ሓገርና ዝተኸለ ብሉጽ ሓይሊ'ዩ። ብተወሳኺ 29ኛ ዘርኣይ ደረስ ሜካ/ብርጌድ ታሕሳስ 1977 ዓም ሻዕብያ ናይ ምጽዋ ፍልማዊ ክፉል፡ ዕዳጋ ምስ ኣብዮታዊ ሰራዊት ኣብ ዝተማቐለሉ ጊዜ ኣብ ወፍረታት ግ/ሃይል ካብ ኣጂፕን ፎርቶን ግሒጡ ዘውጽኦ ክፍሊ'ዩ።

2ይ ምዕራፍ ወፍሪ ቀይሕ-ኮኾብ ምስተዛዘመ ጀነራል ሃይለጊዮርጊስ ሓብተማርያም ግንቦት 1983 ዓም መወዳእታ ናይ ሕብረት ሶቭየት ኣማኸርቲ ሒዙ ናብ ኣልጌና መጸ። ምስ ሶቭየታዉያን ተላዚቡን ተኣማሚኑን ዝመጸሉ ናይ ክፍልታታ ምቕይያር ሃሳብ ንዉቃው ዕዝ ኣዘዝቲ መኾንናት ኣፍለጠ።

ኣብ መጋቢት 1982 ዓም ናይ ኣዘዝቲ ምቕይያር ስለዝተገብረ ኣብዚ ጊዜ ናይ ዉቃዉ ዕዝ ኣዛዚ ብ/ጀነራል ሁሴን ኣሕመድ ነበረ። ጀነራል ሃይለጊዮርጊስን ናይ ሶቭየት መኾንናት 15ኛ ክ/ጦርን 19ኛ ተራራ ክ/ጦር ናብ ምዕራብ ኸረን ተዛዊሮም ውቃው ዕዝ ብሓደ ክፍለጦር(*23ኛ ክ/ጦር*) ከምዝቕጽል ምስገለጹ ኣዛዚ ዉቃዉ ዕዝ ከቢድ ተቃዉሞ ኣስመዐ። ሕመረት ናይቲ ተቓውሞ ሕጽረ ብዝበለ: *<<ካብ ሰሜናዊ ጫፍ ሓገርና ቃሮራ ኣትሒዞ ክሳብ ጺጋማይ ከንፊ ዉቃው ዕዝ ሩባ ፈልከት ዘሎ ሕዛእቲ ብሓደ ክፍለ ጦር ፕራይ ክሕለው ኣይክእልን*>> ዝብል ነበረ።

ዉ.ቃው ዕዝ ዝቐጻጸሮ ስፍራ፡ ካብ ተፈጥሮኣዊ ወደብ ማርሳ ተኸላይ 30 ኪ.ሜ ደቡብ ምዕራብ ዝርከብ ናይ ኣልጌና ምድረ በዳ ተበጊሱ፣ ኢትዮጵያ ምስ ሱዳን ትዳወበሉ ናይ ሓገርና ሰሜናዊ ጫፍ ቃሮራን ናብ ቃሮራ ዘቃርብ ናይ ታቤ ሽንጥሮ ከምኡ'ውን ዉ.ቃው ዕዝ ብጸጋማይ ጎኑ ምስ የማናይ ክንፊ ናድው ዕዝ ዝራኸበሉ ሩባ ፈልከት ነበረ። ነዚ ሕዛእቲ ሓደ ክ/ጦር ክሕልዎ ከምዘይክእል ብሩሕ'ዩ። እዚ ስፍራ ኣብ ኢድ ጸላኢ ወዲቑ ማለት ጸላኢ ካብ ቃሮራ ተበጊሱ፣ ደንደስ ቀይሕ-ባሕሪ ሒዙ ክሳብ ማርሳ ጉልቡብን ምጽዋን ዘሳፍሕሉ፣ ካብ ኣዕራብ ዝትኮበሉ ትኻቦ ዝምጽወተሉ፣ ከምድላዩ ካብን ናብን ዝጋልበሉ ኹነታት ክፍጠር'ዩ። ህዝቢ ኢትዮጵያ ንሰላሳ ዓመት ደቑ ዝወፈየሉ ናይ 30 ዓመት ናይ ዉክልና ኹናት ዉድቐት ሓደ ኢሉ ዝጀመረ ኣብዚ ጊዜ ነበረ።

እዚ ኣኼባ ምስተዛዘመ ድሕሪ ክልተ ወርሂ ናይ ሻዕብያ ወንበዴ ኣብ ኣልጌና ግንባር መጥቃዕቲ ፈነወ። ናብ መለብሶ ግንባር ክዛወሩ ዝተመደቡ ክፍልታት ገና ኣይኸዱን ኔሮም። ሻዕብያ ነዚ መጥቃዕቲ ዝኸፈተ መንጥር ዕዝ ናብ ቐንዲ መዋፈሪኡ ኣስማጥ ሽንጥሮ ክኣትው ካብ ወርሒ ሚያዝያ ጀሚሩ ንሰለስት ወርሂ ዝገበሮ ቐጻሊ ወፈራታት ሸቱኡ ከይወቕዐ ብምትራፉ ነበረ። መንጥር ዕዝ ናብ መከላኸሊ መስመሩ ምስተመልሰ ናይ ሻዕብያ ወንበዴ ካብ ሓምለ 7 ክሳብ ሓምለ 18 1983 ዓም ኣብ ኣልጌና ሰፊሕ መጥቃዕቲ ፈነወ። ቐትርን ለይትን ከየቋረጸ፣ ሰራዊት እንዳቐያየረ ዝፈነዎ ሰፊሕ መጥቃዕቲ እኻ እንተነበረ ዉ.ቃዉ. ዕዝ ፈተነታቱ መኺቱ ናይ ዉግዕ ፍናኑ ኣቀምሰሎ።

ኣብ 1983ዓም ክረምቲ መወዳእታ 15ኛ ክ/ጦርን 19ኛ ተራራ ክ/ጦር ናብ መለብሶ ግንባር ተዛወሩ። ብተመሳሳሊ 29ኛ ዘርኣይ ደረስ ሜካ/ብርጌድ ሩባ ቀምጨዋ ኣብ ዝዉሕዘሉ ገምገም ሽንጥሮ ሰፊሩ የማናይ ክንፊ ናደው ዕዝ ክሕልው ተዓዘ። ዉ.ቃዉ. ዕዝ 23ኛ ክ/ጦር ጥራይ ሒዙ ተሪፉ። ናይ 23ኛ ክ/ጦር ኣዛዚ ኮ/ል መሃሪ ምስግና ነበረ። ናይ ዉ.ቃው ዕዝ ምክትል ኣዛዚ ድማ ኮ/ል ከበደ ተሰማዩ። 23ኛ ክ/ጦር ኣብትሕቲ'ኡ 4ይ ፓራኮማንዶን 32ኛ ሜ/ብርጌድን ኣሰሊፉሎ፡ ሓይሊ ሰቡ 6,000 ሰብ ጥራይ ነበረ።

እዞም ክፍልታት ምስተዛወሩ የማናይን ጸጋማይን ክንፊ ዉ.ቃው ዕዝ ሓሕ በለ። ሻዕብያ ነዚ ከፍተትዚ ምስረኣየ ፍሉይ ቐላሕታ ክሕቦ ጀመረ። ብፍላይ ዉ.ቃው ዕዝን ናደው ዕዝን ኣብ መሬት ዝራኸቡሉ ሩባ ፈልከት ክፉት

ስለዝነበረ ንሽድሽት ወርሒ ኣጽንዖ። ናይ ዉ.ቃው ዕዝ ድኹም ጎንታት የማናይን ጸጋማይን ክንፉ ከምዝኸውን ገመተ። ግምቱ ትኽክል ነበረ። ናይ ዉ.ቃው ዕዝ 23ኛ ክ/ጦር ቐንዲ ጠመቱኡ ሎጂስቲክስ ዝቐርበሉ ናይ ማርሳ ተኽላይ ወደብን ሓገርና ምስ ሱዳን ትዳወበሉ ናይ ቃሮራ መሬትን ጥራይ ነበረ። ደቡባዊ ክፋል ኣልጌና ማለት ናይ ፈልከት ሽንጥሮን ከባቢኡን ግን ሕጽረት ሓይሊ ሰብ ስለዝነበረ ምሽፉን ኣይተኻእለን።

ዉ.ቃው ዕዝ ኣብ ከምዚ ዓይነት ኣስካፊ ኹነታት ምዉዳቑ ዘስተብሃለ ጸላኢ ካብ ቅድሚት፣ ካብ ድሕሪት፣ ካብ ማዕከል ብሰለስተ ጫፍ መጥቃዕቲ ከፊቱ ኣብ ሓደ ረፍዲ ከድምስሶ ተበገሰ። ዕላምኡ ንምዕዋት ካብ መለብሶ ግንባር ከምኡ'ዉን ካብ ናቕፋ ግንባር ተወሳኺ ብርጌዳት፣ ረዳት ክፍልታት ኣግኣዘ። ዉ.ቃው ዕዝ ናይ ሻዕብያ ወንበዴ ኣልጌና ዙርያ ከምዝተኸዘነ እኻ እንተፈለጠ ነዚ ሓደጋ ብኣግኡ ንምቑጻይ ወይ ድማ ቐዳምነት ወሲዱ ኣጥቂዑ፣ ናይ ጸላኢ ሞራል ክፈታተን ዝወሰዶ ተበግሶ ኣይነበረን።

ጸላኢ ነዚ ዉግእ ኣብ ሓደ ረፍዲ ከዛዝሞ ዝመደበ: ውቃው ዕዝ ዝባኑ ቀይሕ-ባሕሪ ስለዝኾነ ረዳት ጦር ካብ መከት ዕዝን ካልኦት ክፍልታት ብላንድ ክራፍት ማርሳ-ተኽላይ ክበጽሓሉ'ዩ ከምኡውን ኣብ ጸጋማይ ክንፊ ዉ.ቃው ዕዝ ዘሎ ናይ ናደው ዕዝ 29ኛ ዘርኣይ ደረስ ሜካ/ብርጌድ ካብ ገምገም ተወርዊሩ *<<ብዝባነይ ከጥቀዐኒ'ዩ>>* ካብ ዝብል ስግኣት ነበረ። ለካቲት 22 1984 ዓም ሰዓት 10:00 ናይ ምሸት ሻዕብያ ሓደ ብርጌድ ኣሰሊፉ ኣብ ዉ.ቃው ዕዝ መጥቃዕቱ ፈነወ።

ቀዳማይ ኣተኩሩኡ ካብ ኣልጌና ናብ ማርሳ ተኽላይ ኣብ ዝወስድ መገዲ 10 ኪ.ሜ ተፈንቲቱ ዝርከብ ማዕከል መኣዘዚ ዉ.ቃው ዕዝ ነበረ። እቲ ካልኣይ ኣተኩሮ ጸላኢ ኣብ መከላኸሊ መስመር ዝርከቡ ናይ 23ኛ ክ/ጦር ብርጌዳት ነበረ። ናይ ጸላኢ ወሳንን ኣብዝሓ ሃይሊ ዘጥቀዐ ናይ ውቃው ዕዝ ኣዘዝቲ፣ ክፍሊ ሎጂስቲክስ፣ ሕክምና ኣብ ዝተከዘነሉ ማዕከል መኣዘዚ ውቃው ዕዝ ነበረ። ናይ ወንበዴታት ቐንዲ ዕላማ ኣብ ማዕኸል መኣዘዚ ዘለው ኣባላት ስታፍ፣ ኣዘዝቲ መኾንናት ደምሲሱ ኣብ ግንባር ዘሎ ሰራዊት ብዘይኣዛዚ ከምዝተርፍ ምግባር ነበረ። ካብ መከላኸሊ መስመር ረዳት መጽዩ ሕልሙ ከይዕንቐጽ ምእንቲ ነዞም ብርጌዳት ብንኡስ ሃይሊ ኣጥቂዑ ከወጃብሮም መደበ።

ኣብ መኸላከሊ መስመር ዘለው ብርጌዳት ኣብ ዝባኖም ዘሎ ማዕከል መአዘዚ ዉግዕ ከምዝጀመረ በቲ ዝነድድ ሃዉን ዝተከኽ ትኪ ተረዱ። ጸላኢ ናብ ማዕከል መአዘዚ ምስበጽሖ ብሳዕርን ዕንጨይትን ኣብ ዝተሰርሖ ገዛውትታት ቶኽሲ ከፈተ። ኣመጻጽኣ ጸላኢ ኣዝዩ ሓደገኛ እኻ እንተኾነ ኣብ ማዕከል መአዘዚ ዘለው ኣባላት ስራዊት ንክፉእ መዓልቲ ኣብ ዘዳለውዎ ድፋዕ ኣትዮም ንጸላኢ ጠያይቲ ክጅቕጅቑሉ ጀመሩ። ሻዕብያ ኣብ ማዕከል መአዘዚ ከምዚ ዓይነት ዉግዕ ክገጥመኒ'ዩ ዝብል ትጽቢት ኣይነበሮን።

ኣብ ዘይተጸበዮ ኹናት ተጸሚዱ ኩሉ ተሓዋወሰ። ሻዕብያ ከምዝሓለሞ ዘይኮነ ኣብ ማዕከል መአዘዚ ዘሎ ናይ ወገን ስራዊት ከይተደምሰሰ ሕጊ ተፈጥሮ ኾይኑ መሬት ወግሐ። ኣብዚ ጊዜ ጸላኢ ዝርገግርግ ኣትዎ። ነዚ መጥቃዕቲ ለይቲ ክዛዝሞ እኻ እንተመደበ ዉቃው ዕዝ ብቖራጽነት መኪቱ ስለዝሓዞ ነቲ ነዊሕ ሜዳ ጥሒሱ ዝመጸ ሓደ ብርጌድ ንድሕሪት ተቖሪጹ ምትራፉ ደንጕዩ ተረድኦ። ኣብ ክሳድ ጸላኢ መሸንቖቓ ኣትዩሎ። ዝተረፈ ነገር እንተሓልዩ ነቲ መሸንቖቓ ምጥባቕ ጥራይ'ዩ።

ሙሉዕ ለይቲ ክዋግኡ ዝሓደሩ ናይ 23ኛ ክ/ጦር ብርጌዳት ዝተወሰነ ሓይሊ ካብ መከላኸሊ መስመር ነክዮም ነቲ ነዊሕ ሜዳ ሓሊፉ ናብ ማዕከል መአዘዚ ዉቃው ዕዝ ዝኣትወ ናይ ሻዕብያ ወንበዴ ጎናዊ መጥቃዕቲ(*ፍላንክ ኣታኽ*) ፈነወሉ። ብተወሳኺ ኣብ ማዕከል መአዘዚ ዘለው መኾንናት ጸላም ብብርሃን ተተኪኡ መሬት ወገግ ስለዝበለ ብብርሃን ተሓጊዞም ትልኽ ትልኽ ዝብል ናይ ወንበዴ ዕስለ እንዳረኣዩ ክቖልቡዎ ጀመሩ። ጸላኢ ዕርዲ ወይ ድማ መኸላኸሊ ድፋዕ ከይሓዘ ስለዝወግሖ በዚ መጥቃዕቲ ከም ቆጽለመጽሊ ረገፈ። ነቲ ዉግዕ ክቕጽሎ ስለዘይከኣለ እቲ እንኮ መማረጺ ሕድማ ጥራይ ኮነ።

ኣብዚ ጊዜ ረዳት ኮይኑ ካብ መኸላከሊ መስመር ዝመጸ ሓይልን መጥቃዕቲ ጸላኢ ክምክቱ ዝሃደሩ ኣባላት ስታፍ ካብ ድፎያም ወጽዮም፣ ብጉያ ዝጽርገፍ ናይ ሻዕብያ ወንበዴ ዝባኑ ሰሊቖም ከዉድቑዎ ጀመሩ። ሻዕብያ ገጹ ጠዉዩ ግብረ መልሲ ክሕብ ትብዓት ኣየጥረየን። ናይ ወገን ስራዊት እንዳኣየየ ብዙሓት ወትሓደራት ማረኸ።

ካብቲ ዘስደምም ክፋል ሻዕብያ ኣብ መካይን ጽኢኑ ዘምጽኦም ዙ-23(*ጸረ-ነፋሪት*)፣ ኣርመር፣ ዝተፈላለዩ ኣጽዋራት ዛሕዚሑ ነፈጸ። እልቢ ዘይብሉ

ፎኩስ ብረት፣ ሞርታር፣ ላውንቸር ተማረኸ። ከምኡ'ውን 151 ናይ ሻዕብያ ወትሃደራት ተማረኹ። ሻዕብያ ዝወጠኖ ስልቲ ከምዘይሰመረሉ ተረዲኡ ነቲ ዉግዕ ሙሉዕ ንሙሉዕ ደው ኣበሎ።

ዉቃው ዕዝ: ለካቲት 1984 ዓም ዝማረኾ ፎኾስትን ከብድትን ኣጽዋራት

ዉግዕ ሓዲኡ፣ ስቕታ ምስነገሰ ናይ ውቃው ዕዝ ኣባላት ኣብ ኣልጌና ምድረበዳ ዝወደቑ ናይ ሻዕብያ ሬሳ ክቖጽሩ ጀመሩ። 801 ሬሳ ተቖጽረ። ንኹሉ ዘገረመን ዘሰንበደን ኔሩ። ሻዕብያ ዝወልዖ መጥቃዕቲ ካብ ሸሞንተ ሰዓት ንላዕሊ ኣይነዉሐን። ኣብ ዉሽጢ ሸሞንተ ሰዓት ሸሞንተ ሚዕቲ ሰብ ምርጋፉ እዚ ፍጻመ ዉግዕ ኣብ ክንዲ ምባል ህልቒት ዝብል ቃል ዝገልጾ ይመስለኒ።

ጸላኢ ዝተኸተሎ ናይ ኹናት ንድፊ ክልተ ጫፍ ዘለዎ በሊሕ ላማ'ዩ። ናይ ጸላኢ መጥቃዕቲ ብወትሃደራዊ ሳይንስ ጎናዊ መጥቃዕቲ(*ፍላንግ-ኣታክ*) ይበሃል። ጎናዊ መጥቃዕቲዩ ክብል ዘኸኣለኒ ጸላኢ ኣብ መከላኸሊ መስመር ዘሎ

ሰራዊት ብኣዝዩ ዉሑድ ሓይሊ ኣገሪሑ ቐንዲ ሓይሉ ናብ ማዕከል መአዘዚ ተሓንዲዱ ምምጽኡ'ዩ። ጎናዊ መጥቃዕቲ ክልተ ጫፍ ዘለዎ ላማ ዝገብሮ እቲ መደብ ብፍጥነትን ጽፈትን እንተደኣ ተኣልዩ ዓወት ዘጎናጽፍ፣ ብጊዜ ሰሌዳ መሰረት እንተዘይተጻፊፉ ንጸላኢ ዝተደገሰ ጥፍኣት ንነብስኻ ስለዝልክም'ዩ።

ሻዕብያ ንዉቃው ዕዝ ዝተመነዮ ቕዝፈት ንነብሱ ቐዘፎ። ካብ ዘሰለፎ ብርጌድ ናብ ደጀናዎም ብሰላም ዝተመልሱ ሂደት ክኾኑ ንሶም'ውን ናብ መሬት ሱዳን ኣትዮም ዘምለጡ'ዮም። ጸላኢ ዝባኑ ሒቡ ህድማ ምስጀመረ ብእግርን መኪናን ኣጓዪዩ ዉቃው ዕዝ ካብ ዝማረኾም ብተወሳኺ ኣብ ገረብ ተላሒጎም ዝተረኽቡ ወትሃደራት ወሲካ 151 ተዋጋእቲ ምስተማረኹ ዝተዋሕበ ፍርዲ ካብ ልሙድ ኣሰራርሓ ወጻኢ ኔሩ። ምሩኻት ኣብ ዉግዕ ክማረኹ እንከለው መዉጋእቶም ተራእዩ መባዕታዊ ክንክን ምስተገብረሎም ብወትሃደራት ተዓጂቦም ኣስመራ'ዮም ዝለኣኹ። ኣብዚ ግጥም ግን 151 ምሩኻት ክርሸኑ ተገብረ። እዚ ዉሳነ ኣብቲ ሰዓት ዝነገሰ ሕርቓንን ነድርን ዝደረኾ ዘይንቡር ተግባር'ዩ። ነዚ ምዕራፍ ቅድሚ ምዝዛመይ ክገልጾ ዝደሊ ነጥቢ ነዚ ዉግእ ብወገን ዉቃው ዕዝ ዝመርሖ ናይ 23ኛ ክ/ጦር ኣዛዚ ኮ/ል መሓሪ ምስግና ክኸውን ናይ ጸላኢ ሰራዊት ዝመርሐ ሎሚ ናይ ሻዕብያ ሓለቓ ስታፍ ዘሎ ዉልቀሰብዩ።

ምዕራፍ ሰብዓን ሸውዓተን

ጸላኢ ንመጨረሻ ጊዜ ኣብ ኣልጌና ግንባር ዝኸፈቶ መጥቃዕቲ

ናይ ለካቲት መጥቃዕቲ ብዉቃው ዕዝ ልዕልና ምስተዛዘመ ናይ ሻዕብያ ወንበዴ ኣብ ኣልጌና ዝወረዶ ስዕረት ሕነ ክፈዲ ይቐራረብ ከምዘሎ ወረታት ክናፈስ ጀመረ። ዳሕሳስ ዝፍጽሙ ናይ 23ኛ ክ/ጦር ኣባላት ኣብ ሕዛእቲ ጸላኢ ሻዕብያ ብሜካናይዝድ ክፍልታት ተደሪኡ ጽዑቕ ልምምድ ክገብር ከምዝረኣዩ ሓበሩ። ኣብ ቐረባ መዓልታት ኢዶም ዝሃቡ ወዶገባታት *<<ሜኻናይዝድ ክፍልታት ካብ መለብሶን ናቅፋ ግንባር ተደሪቦም ኣለው>>* ብምባል ነዚ ጽንጽንታ ኣራጎዱ። ላዕላዋይ ኣካል መንግስቲ ዉቃው ዕዝ ዝተጎናጸፎ ዓወት፣ ዝማረኾን መኻይን፣ ጸረ-ነፈርቲ፣ ማሽን ጋን ክዕዘብ ኣልጌና ምስመጸ እዚ ዓወት ኣዝዩ ዘሕጉስ እኳ እንተኾነ ጸላኢ ኣብ ቐረባ ጊዜ ንካልኣይ መጥቃዕቲ ይቐራረብ ከምዘሎ ተሓቢሩ'ዩ። ብተወሳኺ ኣብዚ ፍልማዊ መጥቃዕቲ ዝተጎድአ ሓይሊ ሰብ ዝትክእ ጦር ክስደድ ተሓተ።

ናይ ዉቃው ዕዝ ኣዛዚ ብ/ጀ ሁሴን ኣሕመድ ጸላኢ ካብ ካልኦት ግንባራት ሓይሉ ኣኻኺቡ ኣብ ኣልጌና ኣብ ቐረባ መዓልታት መጥቃዕቲ ከምዝገብር ካብ ባህሪ ጸላኢ፣ ካብ ዳሕሳስን ወዶገባታት ዝተረኸበ ሓበሬታ ተሞርኲሱ ናብ ምክልኻል ሚኒስቴርን ሓለቃ ስታፍን ደብዳቤ ጽሒፉ ናይ ረዳት ጦር ኣድላይነት ብዕቱብ ኣዘኻኸረ። ዝተዋህቦ መልሲ ዘሕዝን ነበረ። መንግስቲ *<<ረዳት ጦር>>* ኢሉ ዝለኣኾም: ዕሽልነት ዘይጸገቡ፣ ሽታ ባሩድ ዘይፈልጡ፣ ብስም ብሄራዊ ኣገልግሎት ካብ ማዕከል ሃገር ዝተገፉ 2,000 መንእሰያት ነበሩ።

እዞም መንእሰያት እግሮም ኣልጌና ምስዓለበ *<<መዓስ ኢና ዓድና ንምለስ?>>* ዝብል ሕቶ ከልዕሉ ጀመሩ። ክመጹ እንከለው ዝተነገሮም ብሄራዊ ኣገልግሎት ክልተ ዓመት ጥራይ ምኻኑ'ዩ። ኣልጌና ምስመጹ ዝገበሩዎ ቑምነገር እንተሓልዩ ኣብ ማዕከል ሓገር ብዝተሰነዐ ወረ ንዉቃው ዕዝ ምስማምን ምልባድን ጥራይ ነበረ። ምስ ምምጻእ ናይዞም መንእሰያት ዝተጋሕደ ሓደ ዝገርም ነገር: መብዛሕቶኦም ስድራ-ቤት ሰራዊት፣ ደቒ ወትሃደራት ምንባሮም'ዩ።

ሻዕብያ ንሰለስተ ሳምንት ከለማመድ ምስቐነየ መጋቢት 17 1984 ዓም ልክዕ ሰዓት ፋዱስ ኣብ ኣልጌና ግንባር መጥቃዕቲ ፈነወ። ዝሓለፈ ወርሒ ዝፈነዎ መጥቃዕቲ ምሽት ሰዓት 10:00 ኔሩ ዝጀመሮ። ካብ ዝወረዶ ህልቒት ተማሒሩ ዝመሃዞ ስልቲ ነበረ። ናይ ዉቃው ዕዝ 23ኛ ክ/ጦር ቐትሪ መኸላኸሊ መስመሩ ከየድፍር ክዋጋእ ዉዒሉ ለይቲ ምስኮነ ናብ ካልኣይ መኸላከሊ መስመሩ ሰሓበ። ይኹን እምበር ብዝባኑ ሰሊኹ ዝኣትወ ናይ ጸላኢ ሓይሊ ስለዝነበረ ናብ ካልኣይ መከላኸሊ መስመሩ ከይበጽሐ ገስጋሱ ክዕንቕጽ ፈተነ። ኣብዮታዊ ሰራዊት ቶኽሲ ጸላኢ ፈንጢሱ ናብ ካልኣይ መከላኸሊ መስመሩ ማለት ማዕከል መአዘዚ ዉቃው ዕዝ በጽሐ። ሻዕብያ ካብ ዝሃለፈ ግጥም ተማሒሩ ይመስል ኣብዚ መጥቃዕቲ ንማዕከል መአዘዚ ዉቃው ዕዝ ኣጽቢቡ ከበቦ። ናይ ወገን ሰራዊት በዚ ከይተዳህለ ናብ ማዕከል መአዘዚ በጺሑ ምስ ጸላኢ ክኪታኸት ሃደረ።

ለይቲ ምስኮነ ውቃው ዕዝ *<<ኪራይ>>* ናብ ዝበሃል ካብ ኣልጌና ናብ ማርሳ ተኸላይ ኣብ ዝወስድ መገዲ 20 ኪሜ ተፈንቲቱ ዝርከብ ስፍራ ክስሕብ ወሰነ። ኣብዚ ሕሞት ቀባጽ ወትሃደራት ነድርን ሕርቓንን ደፋፊእዎም ኣብ ሓው ዝበለ ናይ ኣልጌና ሜዳ እንዳጎየዩ ታንክታት ከቓጽሉ ጀመሩ። ጸላኢ ኣብ ታንክታት ዝሶኽዖ መትረየስ ናብዞም ኣናብስ ከዝንቦ ጀመረ። ካብ ዉሕጅ ጠያይቲ ኣምሊጦም ናብተን ታንኽ ምስበጽሑ ማንም ዘይተጸበዮ ተግባር ፈጸሙ።

ገለ ወትሓደራት ናብዘን ታንክታት ነጢሮም ኣትዮም ምስ ጸላኢ ክሳድ ንክሳድ ተሓናነቑ። ገሊኦም ድማ ናብ ታንክታት ዳርባ ቡምባ ኣዝነቡ። ትኪ ክበንን ጀመረ። ናይ ሻዕብያ ወንበዴ ብዉቃው ዕዝ ወትሃደራት ድፍረት ተዳሂሉ ንድሕሪት ሃደመ። እዚ ትርኢት ሕልሚ እምበር ጋሕዲ ኣይመስልን።

ድሕሪ ዝተወሰነ ደቓይቕ ዝተሰናበዱ ናይ ጸላኢ ታንከኛታት ነብሶም ኣረጋጊኦም ናብ መጥቃዕቲ ክምለሱ ጀመሩ። ዉቃው ዕዝ ዘለዎ እንኮ መማረጺ ናብ ኪራይ ምቕጻል ነበረ። ጸላኢ'ውን ሜካናይዝድ ሓይሊ ኣሰሊፉ እግሪ እግሩ ሰዓበ። ናይ ዉቃው ዕዝ ኣዘዝቲ መኾንናት *<<ሜካናይዝድ ሰራዊት ብቕልጡፍ እንተዘይተሰዲዱለይ ናይ ዉቃው ዕዝ ህላወ ኣኺቲሙ'ዩ>>* ዝብል ንጹር መልእኽቲ ናብ ዝምልከቶ ኣካል ብቴሌግራም ለኣኸ። ላዕላዋይ ኣካል መልሲ

ኣብ ክንዲ ዝህብ ስቕታ መሪጹ። ኣማስዩ ዉግእ ዝግ ኢሉ ምሰምሰየ ፍርቒ ለይቲ ከም ብሓድሽ ተኸፍተ።

ጸላኢ ኣብ መኪና ዝጸዓነን ዞ-23 ተጠቒሙ ኣብ ሕዛእቲ ዉቃው ዕዝ ጠያይቲ ከዓወ። ናይ ጸላኢ ብልጫ ዞ-23(*ጸረ-ነፋሪት*) ስለዝነበረ ናይ ወገን ታንከኛ ጸረ-ነፋሪት ዝጸዓነት መኪና ተኩሱ ኣንደዳ። ናይ ታንክ ጥይት ዝዓለባ መኪና ሕብራዊ መልክዕ ዘለዎ ሓዊ ከም ርችት ናብ ሰማይ ክትኩስ ጀመረት። ድሕሪ'ዚ እቲ ዉግዕ ታንኪ ምስ ታንኪ ኾነ። ናይ ሻዕብያ ወንበዴ ናይ ኣልጌና ሰማያት ግመ ከምዝወረሶ ኣስተብሂሉ ቅድሚ ሎሚ እትረፍ ብታንክታት ብኣጋር'ውን ተወዝ ዘይብሎ ናይ ኣልጌና ምድረበዳ ታንክ እንዳጋለበ ምስ ዉቃው ዕዝ ክታኾስ ጀመረ።

ዉቃው ዕዝ ናብ ላዕላዋይ ኣካል ዘቕረቦ ጠለብ ጸማም መልሲ ስለዝተዋህቦ ኣዛዚ ዉቃው ዕዝን ምክትሉ እቲ እንኮ ኣማራጺ ናብ መዳዉብቶም ናደው ዕዝ ምስሓብ ከምዝኾነ ተረዳድኡ። ላዕላዋይ ኣካል መንግስቲ ማይ ዝጸዓና ቦጣት መጋቢት 19 ኣብ ማርሳ ተክላይ ብላንድ ክራፍት ኣራገፈ። ዉቃው ዕዝ *<<ረዳት ጦር ብቕልጡፍ ስደዱለይ ሕዛእተይ ብጸላኢ ተደፊሩ'ሎ>>* ኣብ ዝብለሉ ጊዜ ማይ ዝጸዓና ቦጣት ምስዳድ ኣብ ሞራል ሰራዊት ምሕጫጭ'ዩ።

ካብቲ መመሊሱ ዝገርም ነገር ቅድሚ ሽድሽተ ወርሒ ኣብ ኣልጌና ግንባር ዝነበረ 29ኛ ዘርኣይ ደረሰ ሜካ/ብርጌድ ኣብዚ ጊዜ ኣብ ገምገም ሽንጥሮ ዓስኪሩ'ሎ። ላዕላዋይ ኣካል መንግስቲ *<<ረዳት ጦር ይለኣኽለይ>>* ዝብል ተደጋጋሚ ምሕጽንታ ክመጽእ እንከሎ 29ኛ ዘርኣይ ደረሰ ብቕልጡፍ ከበግሶ እንዳኸኣለ ስቕታ መሪጹ። ናይ 29ኛ ዘርኣይ ደረሰ ኣባላት ኣብ ሩባ ቀምጨዋ ድምጺ መዳፍዕ እንዳሰምዑ ትዕዛዝ ስለዘይተዋህቦም ከም ጓና ክዕዘቡ ተገዱ።

ነዞም ተደራራቢ ሽግራት ዝተዓዘበ ናይ ወገን ሰራዊት ንጸላኢ ኣዉዲቑ ዘይመዉት ብምባል ኣብ ሰዓታት ፋዱስ ዘየላቡ መጥቃዕቲ ኣብ ልዕሊ ታንክታት ጸላኢ ከፈተ። ድሕሪ ቑትሪ እቲ ዉግዕ ጻዕጸዐ። ዉቃው ዕዝ ንኪራይን ከባቢኡን ለቒቑ ኣብ ማርሳ ተኽላይ ተኣኻኸበ። ሻዕብያ እግሪ እግሮም ክስዕቦም ፈተነ። እቲ ዉግዕ ንቁሩብ ሰዓታት ኣብ ደንደስ ማርሳ ተኽላይ ቐጸለ። ዉግኣት ኣብ መራኽብ ተጻዒኖም ናብ ምጽዋ ገዓዙ። ድልየት ጸላኢ ሕልሚ ኮይኑ ክተርፍ ምእንቲ ክዉነን ዝተሓንጠየ መዳፍዕ፣ ታንክታትን መኻይንን ኣብ ቀይሕ-ባሕሪ ሰጠማ።

ብ/ጀነራል ሁሴን ኣሕመድ ናይ ወገን ሰራዊት ናይ ቀይሕ-ባሕሪ ጥርዚ ተኸቲሉ ናብ ኣፍዓበት ክስሕብ መምርሒ ኣመሓላለፈ። ኣብ ወደብ ማርሳ ተኸላይ ዘተራገፉ በጣሓት ገዝሚ ጸላኢ ኾና። ወቃው ዕዝ ብ'ብ/ጀነራል ሁሴን ኣሕመድ እንዳተኣልየ ምሸት ንጸላም ተጎልቢቡ መገዲ ጀመረ። ነቲ ሃው ዝበለ ምድረበዳ ኣቋሪጾም፣ 200 ኪ.ሜ ተጓዒዞም፣ ኣብ የማናይ ክንፊ ናደው ዕዝ ሩባ ቀምጨዋ ምስበጽሑ: ኣብ ቀምጨዋ ማዕከል ስልጠና ኣዕረፉ።

ላዕላዋይ ኣካል መንግስቲ ካብ ከተማታት ገፊፉ ሞባዕ ዝገበሮም ናብ ሓደ ሽሕ ዝገማገሙ መንእሰያት ናይ አልጌና ኣጻምዕን ምድረበዳን ክጸወሩ ስለዘይከኣሉ ኣብ ኣጻምዕ ኣልጌና ተሪፎም። ናይ ዉቃው ዕዝ ሕላውነት ብዘሕዝን መገዲ ኣኸተመ። ካብ ወፍራታት ግብረ-ሓይል 1979 ዓም ኣትሒዙ ናይ ኢትዮጵያ ሓድነት ንምኽባር ኣዕጽምትን ደምን ኢትዮጵያዉያን ዝተዛሕዘሐሉ ናይ ኣልጌና-ቃሮራ ሕዛእቲ ቕርዓት ወንበዴ ኾነ።

ምዕራፍ ሰብዓን ሸሞንተን

ዉቃው ዕዝ ናብ ናቅፋ ግንባር ምስሰሓበ ወንበዴታት ኣብ የማናይ ክንፊ ናደው ዕዝ ዝኸፈቱዎ መጥቃዕቲ

ናይ ሻዕብያ ወንበዴ ካብ ቃሮራ ጀሚሩ ስሜናዊ ጫፍ ሓገርና ምስተቖጻጸረ ድሕሪ ሓደ ወርሂ ሚያዝያ 1984 ዓም ኣብ የማናይ ክንፊ ናደው ዕዝ መጥቃዕቲ ከፈተ። እዚ ተርእዮ ዝገርም ኣይኮነን። ሻዕብያ ኣብ ኹናት ዘርእዮም ክልተ ባህርያት ኣለው። እቲ ቀዳማይ ሕልኽ'ዩ። እቲ ካልኣይ ስኻር'ዩ። ኣብ የማናይ ክንፊ ናደው ዕዝ ዝኸፈቶ መጥቃዕቲ ናይ ስኻሩ መግለጺ'ዩ። እዚ ባህሪ ወትሩ ስለዝደግሶ ብተደጋጋሚ ኣደዳ ህልቐት ጌሩዎ'ዩ።

ናይ ናደው ዕዝ መኾንናት ቅድሚ ሓደ ወርሒ ኣብ ኣልጌና ጹዕጹዕ ኹናት ምስጀመረ ናይ ዉቃው ዕዝ ኣዘዝቲ ረዳት ጦር ክሓቱ ብሬድዮ ይኸታተሉ ስለዝነበሩ ኹነታት ማዕረ ክንደይ ዉስብስብ ከምዝኾነ ተገንዚቦም'ዮም። ብተወሳኺ 23ኛ ክ/ጦር ካብ ኣልጌና ስሒቡ ኣብ የማናይ ክንፊ ሕዛእቶም ስለዝሰፈረ ጽጹይ ሓበሬታ ኣጣሊሎም'ዮም። ድሕሪ'ዚ ጸላኢ ናብ ናደው ዕዝ ከምዝዘምት ንማንም ግሉጽ ስለዝኾነ ናይ ናደው ዕዝ ኣዛዚ ብ/ጀ ዉበቱ ጸጋይ ናይ ክፍለጦር ኣዘዝቲ ጸዊው *<<ሰራዊትኩም ኣብ ቀዳማይ ተጠንቐቕ ደው ይበል>>* ብምባል ኣጠንቐቐ።

ናይ ዉቃዉ ዕዝ 23ኛ ክ/ጦር ኣባላት ስታፍ ናብ ኣስመራ ክኸዱ ምስተገብረ እቲ ሰራዊት ግን ዳግመ ስርርዕ ጌሩ ኣብ የማናይ ክንፊ ናደው ዕዝ ማለት ኣብ ኣማ በርን ንኣልሸቶ ሸንጥሮ ኣብ ዝገዝው ዕምባታት መከላኸሊ መስመር ሓዘ። ናይ ሻዕብያ ወንበዴ ለካቲትን መጋቢትን ኣከታቲሉ ኣብ ኣልጌና ዝኸፈቶ መጥቃዕቲ ከቢድ ሓስያ ስለዘስዓበሉ ኣብ ናደው ዕዝ ዝመደቦ መጥቃዕቲ ብሃታሃታ ኣይጀመሮን። ናይ 40 መዓልታት(*ሽድሽተ ሰሙን*) ዳግመ ስርርዕን ልምምድን ምስገበረ ሚያዝያ 1984 ዓም ኣብ የማናይ ክንፊ ናደው ዕዝ ማለት ኣብ ገምገም ሸንጥሮ ሜኻናይዝድን ኣጋር ሰራዊት ኣላፊኑ መጥቃዕቲ ፈነወ።

ናይ ጸላኢ ኣመጻጽኣ:

ናብ ኣልሽቶ ሸንጥሮ ንዉሽጢ ኣትዩ ንሩባ ኣልሽቶ ዝገዝእን ናይ ጎቦታት ንኡስ ተባሂሉ ዝጽዋዕ ብራኸ ነጥቢ 1003 ምቑጽጻር፡ ድሕሪኡ ናብ ኹብኩብን ኣፍዓበትን ምግስጋስ

ብራኸ ነጥቢ 1003 ንኣልሽቶ ሸንጥሮ ገዚኡ ክሳብ ኣልጌና ዝግበር ምንቕስቓስ ገላሊሁ ዘርእይ ጥራይ ዘይኮነ ኣብ ቀይሕ-ባሕሪ ዝንቐሳቐሳ መራኽብ ንምቑጽጻር ዝጥዕም ዕምባ'ዩ። ናደው ዕዝ ነዚ ዕምባ ብሓደ ብርጌድ ጥራይ'ዩ ዝሕልዎ። ናይ ሻዕብያ ወንበዴ ንሓያለ ዓመታት ግዙፍ ዋጋ ከፊሉ ንብራኸ ነጥቢ 1003 ከልቅቕ እኳ እንተፈተነ ሕልሙ ንኻልኢት'ውን ኣይሰመረን። ኣብ ብራኸ ነጥቢ 1003 ክንድዚ ዋጋ ክኸፍል ዝወሰነሉ ምኽንያት ኸተማ ናቕፋ ንምክልኻል ዘተኣማምን ዕምባ ካብ ምዃኑ ብተወሳኺ ነዚ ጎቦ ከይተቖጻጸረ ናብ ኣፍዓበትን ኸረንን ከምኡ'ዉን ናብ ከበሳታት ክንቀሳቐስ ስለዘይክእል'ዩ። ናደው ዕዝ ን'ብራኸ ነጥቢ 1003 ብሰለሰተ ቖለበት ፈንጅታት ሓጺሩ ዘይስበር መከላኸሊ መስመር መስሪቱ'ሎ።

ኣብ ፈላማይ ዕለት ናይ ብራኸ ነጥቢ 1003 ቀዳማይ ቖለበት ክብንጥስ ጸላኢ ካብ ኣጋወጋሕታ ኣትሒዙ ተደጋጋሚ ፈተነ ኣኻየደ። ናብቲ ጎቦ ዘጽግዕ ኮሪደር ጉልባብ ዘይብሉ ስጣሕ ስለዝነበረ ኣደዳ ነፈርቲ ኹናት ኾነ። ሕልሙ ስለዘይሰመረ ሰዓት 04:00 ድሕሪ ቐትሪ ዝኸሰረ ከሲሩ ነቲ ዉግእ ደው ከብሎ ተገደ። ንክልተ መዓልታት ዳግመ ስርርዕ ጌሩ፣ ጌጉዑ ገምጊሙ፣ ሕነ ከፈዲ ዓይኑ ዓሚቱ ሃመመ። ነፈርቲ ኹናት ብዘዝነበ'ኦ ቡምባ ተቐዚፉ፣ ዉግኣቱ ዛሕዚሑ ዳግም ክሓድም ተገደ። ኣብ ብራኸ ነጥቢ 1003 ዝገበሮ መጥቃዕቲ ብዘይፍረ ምስተረፈ ጸላኢ ጠመቱኡ ገምገም ሸንጥሮ ነበረ።

ኣብ ገምገም ሸንጥሮ ዝዓረደ 29ኛ ዘርኣይ ደረስ ሜኻ/ብርጌድ ናይ ጸላኢ ኣሰላልፋ ክፈልጥ ምእንቲ ሓደ ሜኻናይዝድ ሻምበል ነከዩ ጸላኢ ብዝመጸሉ ኣንፈት ማለት ንሸነኽ ኣልጌና ኣበገሰ። እዚ ሜካናይዝድ ሻምበል ኣብ መገዲ ምስ ሻዕብያ ተራኺቡ ዉግዕ ተጀመረ። ጸላኢ ነቲ መጥቃዕቲ ከፍሽል እኳ እንተፈተነ ዘይተጸበዮ መንደዓት ስለዝወረዶ ድሕሪ ሓደ ሰዓት ዉግእ ሚስጥራዊ ሰነዳት ዛሕዚሑ ናብ ኣልጌና ሃደመ።

እዚ ሚስጥራዊ ሰነድ ክፍተሽ እንከሎ ናይ ጸላኢ ሰራዊት እንዳመርሐ ዝመጸ ናይ ሻዕብያ ናይ ሻለቃ ኣዛዚ ዘዳለዎ ወትሓደራዊ ሰነድ ከምዝኾነ ተረጋገጸ። ኣብ ዉሽጡ ሕንጻጽ ዉግኣት፣ ብዝሒ ታንክን ኣርመርን፣ ንገምገም ምስሓዙ

ናደው ዕዝ ዝድምስሱሉ ዝርዝር መዳባት ዝትንትን ሰነድ ብምንባሩ ንናደው ዕዝ ኣብዩ ወትሃደራዊ ሕያብ ነበረ።

ንጽባሒቱ ሻዕብያ ዘለዎ ታንክታት ኣኻኺቡ ኣብ ገምገም ሽንጥሮ ዝዓስከረ 29ኛ ዘርኣይ ደረስ ሜካናይዝድ ብርጌድ መጥቃዕቲ ከፈተ። 29ኛ ዘርኣይ ደረስ መንቐሊኡ ዘይተነጸረ ኣብዚ ግጥም ዘልሓጥሓጥ ክብል ተራእየ። ናይ 29ኛ ዘርኣይ ደረስ ታንክታት ንድሕሪት ክምለሳ ዝረኣየ ጸላኢ ገምገም ሽንጥሮ ዝተቖጻጸሮ ኮይኑ ተሰምዖ። ሻዕብያ ገምገም ሽንጥሮ ተቖጻጺሩ ማለት ኹብኩብ ክበጽሕ ዝዓግቶ ሓይሊ የለን ማለት'ዩ። እዚ ምንቕስቓስ ናይ ናደው ዕዝ የማናይ ክንፊ ካብ ምሕምታሉ ብተወሳኺ ናይ ናደው ዕዝ ማእከል ሎጂስቲክስን ህዝቢ ኣፍዓበት ኣብ ኸቢድ ሓደጋ ከውድቖ'ዩ።

ኣብ ፈለማይ ዕለት እቲ ዉግእ ብሻዕብያ ልዕልና ዝተዛዘመ ይመስል። 29ኛ ዘርኣይ ደረስ ሜኻ/ብርጌድ ንጽባሒቱ ታንክታቱ ብናሕሪ እንዳጋለበ ኣብ ገምገም ዘዉዘኽዝኹ ናይ ሻዕብያ ታንክታት ሓዊ ክኽዕወለን ጀመረ። ኣብ ገምገም ሽንጥሮ ናይ ታንክ ብታንክ ዉግእ ምስጀመረ ታንክታት ዝተፍኦ'ኦ ሓዊ ንገምገም ዳሜራ ኣምሰሎ። ናይ ናደው ዕዝ ኣዛዚ ብ/ጀ ዉበቱ ጸጋይ ነዚ ጹዕጹዕ ናይ ታንክታት ግጥም ንምድራዕ ታንከኛታት ክድረቡሉ ንሓለቃ ስታፍ ምክልኻል ሓገር ብዘቕረቦ ጠለብ መሰረት ኣብ ሓረርጌ ክ/ሓገር ዑጋዴን ኣውራጃ ዝተሰለፈ <<*ነብር*>> ብዝብል ስም ዝፍለጥ ታንከኛ ሻለቃ ብቕልጡፍ ገምገም ሽንጥሮ በጽሐ።

እዚ ታንከኛ ሻለቃ ምስ 29ኛ ዘርኣይ ደረስ ሜኻ/ብርጌድ ተላፊኑ ኣብ ልዕሊ ጸላኢ መጋርያ ኣጎደ። ካብ ኸተማ ኣፍዓበትን ምዕራብ ናቕፋን ማይ ዓቀኁ ዝዛሪ ናይ ገምገም ሽንጥሮ ታንክታት ብዝተፍአ መጋርያ ተሸልበበ። ድሕሪ ናይ ክልተ መዓልታት ጹዕጹዕ ግጥም ሻዕብያ ናይ ገምገም ሽንጥሮ ዝልብልብ ረመጽ ስለዘኾና ሚያዝያ 29 1984 ዓም ሰዓት 06:00 ንግሆ ኣብ ገምገም ዝጀመሮ መጥቃዕቲ ደው ኣበለ።

ኣብ ሚያዝያ 1984 ዓም ኣብ ገምገም ሽንጥሮ ዝተገብረ ናይ ታንክ ብታንክ ዉግእ ካብ ኣስመራ 2ይ ሬጅመንት ነፈሮም ካብ ንግሆ ክሳብ ምሸት ንጸላኢ ቀርዲዶም ናይ ናደው ዕዝ ናይ ሰማያት ዋልታ ዝነበሩ ኣባላት ሓይሊ ኣየር ዝፈጸሙዎ ጅግንነት ታሪኽ ኣይርስዖን። ኣብ ገምገም ሽንጥሮ ኣብ ዝተገብረ ዉግእ ካብ ኣስመራ ነፊሮም፣ ንጸላኢ ብቡምባ ሓምቲሎም፣ ንሓገሮም ካብ

ዘኹርዑ ኢትዮጵያዉያን ኣብረርቲ ሓደ፡ ሓገርና ካብ ዘፍረየቶም ጀጋኑ እቲ መሰታ ኣልቦ ሻለቃ በዛብሕ ጴጥሮስ ነበረ። በዛብሕ ጴጥሮስ(ሌ/ኮ) ናይ ገምገም ዉግዕ ካብ ዝጀመረሉ ዕለት ኣትሒዙ መሬት ጸላም ክሳብ ዝለብስ ሕጊ ሓይሊ ኣየር ካብ ዝድንግጎ ቅጥዒ ወጻኢ ነፋሪቱ ናብቲ ሽንጥሮ እንዳድነነ ሓገርና ከፊላ ዘይትውድኦ ዉዕለት ዝወዓለላ ተባዕ መኾንን'ዩ።

እንታይ ይኣብስ! በዛብሕ ኣብ ልዕሊ ጸላኢ ብዝነበሮ ከቢድ ንዕቐት ናብቲ ዓሚዩቕ ናይ ገምገም ሽንጥሮ እንዳደነነ ደብዳብ ምስቐጸለ ነፋሪቱ ብጸረ-ነፋሪት ተወቕዐት። ብጋንጽላ ናብ መሬት ምስዓለበ ናይ 29ኛ ዘርኣይ ደረስ ሜካ/ብርጌድ ኣባላት ኣርኪቦም ከልዕልዎ እኻ እንተፈተኑ በዛብሕ ዝዓለበሉ ስፍራ ናይ ሙት መሬት(*ኖ-ማንስ ላንድ*) ብምንባሩ ከርኽቡዎ ኣይካኣሉን።

ሌ/ኮ በዛብሕ ጴጥሮስ

ክፍሊ ኢስራን ዓርባዕተን

ወፍሪ ቀይሕ-ባሕሪ: *ባረንቱ ካብ መንጋጋ ጸላኢ ንምውጻእ ዝተኻየደ ናይ 50 መዓልታት ጥምጥም*

<<እቲ ኣብዚ ሓደጋ ዝቕልቕል ኣብ ጊዜ ዓወትዩ>>

ናፖልዮን ቦናፓርት

ሓጺር ቁመት ብዘለዎም ንዑሳን ኣግራብን ቅርኑብ ጽፍሒ ብዝዉንኑ ኩርባታትን ተሸፊና ኣብ ምዕራባዊ ቆላ ካብ ዘለዉ ኸተማታት ምዑዝ ኣየር ትውንን ናይ ጋሽ ሰቲት ኣውራጃ ርዕሰ-ኸተማ ባረንቱ'ያ። ባረንቱ ናይ ህዝቢ ኹናማ መበቖል ዓዲ'ያ። ዉሑድ ቁጽሪ ዘለዎም ናይ ትግረን ቤጃን ብሄረሰባት'ውን ኣብ ባረንቱ ይነብሩ'ዮም። ህዝቢ ባረንቱ ኣብ ኢትዮጵያዉነቱ ዘለዎ ነቕ ዘይብል ዕምነት ዝፈጥረለይ ኩርዓት ንበይኑ'ዩ።

እዚ ትንግርቲ ዝተጋህደ ኣብ 1977-78 ዓም ወንበዴታት ንኹለን ዓድታትን ኸተማታትን ተቆጻጺሮም ህዝቢ ባረንቱ ከም ኣስመራ ናይ ከበባ ዕጫ ምስወረዶ ነበረ። 16ኛ ብርጌድ ዙርዩኡ ብወንበዴ ተኸቢቡ ክረጋረግ እንከሎ ህዝቢ ባረንቱ ምስ ኣብዮታዊ ሰራዊት ኣብ ጋህሲ ወኻርያ ሰፊሩ፣ ሓገር ከግንጽል ዝሕንደደ ናይ ወንበዴ ዕስለ ከም ቆጽለመጽሊ ኣርጊፉ፣ ንኢትዮጵያዉነቱ ዘለዎ ፍቕርን ብቕን ብግብሪ ኣመስከረ። ነዚ ረዚን ፍናንን ዘይንቕነቕ ዕምነትን ዝውንን ኹሩዕ ህዝቢ ኣምበርኺኹ ሞራሉ ክሰብሮ ብምሕላን ናይ ሻዕብያ ወንበዴ ሓምለ 1985 ዓም ኣብ ባረንቱ ወረራን ከበባን ፈጸመ። ናይ ጸላኢ ኣመጻጽኣ ከምዚ ዝስዕብ ነበረ:

ፍልማዊ ሓይሉ ንባረንቱ ካብ ምብራቅ ንምዕራብ ዘጥቕዕ: ካብ ሰራዬ ኣዉራጃ ንዑስ ወረዳ ዓረዛ ተበጊሱ ብማይድማን ሞልቅን ጌሩ፣ ናብ ተሰነይ ዝወስድ ናይ ቕጥራን ጽርግያ ንምዕራብ ገዲፉ፣ ንሰሜን ብምድያብ ብቡሹካ ባረንቱ ዝኣትው። እቲ ካልኣይ ሓይሉ ናብቲ ኸተማ ዘእትው ቀንዲ ጽርግያ ሒዙ ናብ ባረንቱ ዝህንደድ። ኣብ ባረንቱ ዝነበረ ኣሰላልፋ ኣብዮታዊ ሰራዊት ክልተ ብርጌድ ጥራይ ነበረ። ካብቲ ዘስደምም ከፋል: ካብዞም ክልተ ብርጌዳት

ንላዕሊ ንባረንቱ ዝህልዋ እቲ ዘይስበር ፍናንን ዘይድፈር ግርማን ዘለዎ ህዝቢ ባረንቱ ንነብሱ ከም ህዝባዊ ሰራዊት ወዲቡን ኣዕጢቑን ነበረ።

በዚ መሰረት ሻዕብያ ዘይተኣደነ ሓይሊ ሰብ ኣሰሊፉ ድሕሪ ናይ ሰለስተ መዓልታት ዉግዕ ሓምለ 5 1985 ዓም ባረንቱ ኣብ ኢድ ጸላኢ ወደቐት። ናይ ባረንቱ ምትሃዝ ከቢድ ሕፍረትን ስንባደን ዝፈጠረ ኔሩ። ናይ ብሓቒ ዘሕፍር'ዩ! ሓደ ዓመት ሙሉዕ ብጸላኢ ተኸቢቡ ዘይተደፍረ ህዝቢ ብሰለስተ መዓልታት ዉግእ ኣብ ኢድ ጸላኢ ወዲቑ ዝብል መርድዕ ክትርዳእ መሪር'ዩ።

ኣብዚ ናይ ሰለስተ መዓልታት ዉግዕ'ውን ህዝቢ ባረንቱ ከም ሓደ ወትሃደር ሳንጃ ኣብ ኣፈሙዝ ሶኺዑ፣ ምስ ጸላኢ ክሳድ ንክሳድ ተሓናኒቑ መተካእታ ዘይብላ ትንፋሱ ንስለ ወላዲት ሓገሩ ወፍዩ'ዩ። ሻዕብያ ንባረንቱ ክቖጻጸር ኣብ ዝከፈቶ መጥቃዕቲ ንህዝቢ ባረንቱ ከም ህዝባዊ ሰራዊት ወዲቡ ዝመርሐ ናይ ጋሽ ሰቲት ኣውራጃ ቀዳማይ ጸሓፊ ኢሰፓ ብርሃነ ሕዝቅኤል ነበረ። ብርሃነ ካብ ኣዲስ ኣበባ ዩንቨርስቲ ብማቲማቲክስ ቢ.ኤ. ዲግሪ ምስተመረቐ ኣብ ዝተወለደላ መበቖል ዓዱ ከግልግል መሪጹ ናብ ባረንቱ ተመልሰ። ናይ ባረንቱ ዉግዕ ምስጀመረ ባረንቱ ብወንበዴታት ከምዘይትድፈር ምሒሉ፣ ምስ ጸላኢ ክሳድ ንክሳድ ተጠማጢሙ ብኽብሪ ወዲቑ።

ኣዕራብ ዝጠጅኡልና፣ ናይ ሰሜን ኣሜሪካ ኢምፔሪያሊዝም ዘምብድብደልና ናይ ዉክልና ኹናት ምምካት ዕጨኡ ዝነበረ 2ይ ኣብዮታዊ ሰራዊት ናይ ባረንቱ ምትሓዝ ምስሰምዐ መርድዕ ከምዝተረድአ ሕዙን ብደው ከርደደ። ንኣንባቢ ደጋጊመ ከምዝገለጽኩዎ ባረንቱ ካብ ኹለን ኸተማታት ናይቲ ክ/ሓገር ብጸላኢ ዘይተታሕዘት ናይ ጽንዓቱ ምልክት ስለዝኾነት <<*ተታሒዛ*>> ዝብል መርድዕ ንምእማን ሓርበቶ።

ናይ ባረንቱ ምትሓዝ ኣብ ላዕለዎት ሓለፍቲ መንግስቲ ዝፈጠሮ ስምዒት ካብዚ ዝኸፍአ ነበረ። ምኽንያቱ ቅድሚ ሒደት ኣዋርሕ ናይ ኢትዮጵያ ሰራሕተኛታት ፓርቲ<<*ኢሰፓ*>> ተሰምየ ናይ ሸቓሎ ውድብ ብልዑል ፌሽታን ዳንኬራን ተመስሪቱ ናይ ኢትዮጵያ ኣብዮታዊ መንግስቲ ወትሃደራውን ፖለቲካዉን ልዕልና ዝተዘመረሉ ጊዜዩ ኔሩ። እዚ ዜና ብስቱር ክተሓዝ ተወሲኑ ወትሓደራዊ ምቕርራብ ብቕልጡፍ ተጀመረ። በዚ መሰረት ንኸተማ ባረንቱን ነቲ ዘይምብርኸኽ ህዝባ ካብ መንጋጋ ወንበዴ ንምውጻእ እዚ ዝስዕብ መደብ ተሓንጸጸ:

1) መከት ዕዝ ሓደ ክፍለጦር ኣበጊሱ(*14ኛ ክ/ጦር*) ምስ 102ኛ ኣየር ወለድ ክ/ጦር ተላፊኑ ብ<<ሰ>> ሰዓት <<መ>> መዓልቲ ንባረንቱ ብሸነኽ ደቡብ ከጥቕዕ። ናይ 14ኛ ክ/ጦር ኣዛዚ ኮ/ል ጌታሁን ወ/ጊዮርጊስ: ናይ 102ኛ ኣየር ወለድ ክ/ጦር ኣዛዚ እቲ ጅግና ብ/ጀነራል ተስፋይ ሃብተማርያም ነበረ። ክልቲኦም ክፍልታት ኣብ ባረንቱ ዝዓስከረ ናይ ሻዕብያ ወንበዴ ዘጥቕዑ ካብ መንደፈራ 35 ኪሜ ንሸነኽ ምዕራብ ማሕዲጉ ካብ ዝርከብ ናይ ዓረዛ ንዑስ ወረዳ ተበጊሶም ማይድማን ሞልቂን ሓሊፎም ንቡሹካ ብምድያብ ብደቡብ ምዕራብ ባረንቱ ነበረ

2) 2ይ ዋልያ ክ/ጦር ካብ ደጀኑ ኸተማ ኸረን ተበጊሱ፣ ኣቆርደት ሓሊፉ ኣብ ባረንቱ ዝዓስከረ ናይ ጸላኢ ዕስለ ካብ ሰሜን ንደቡብ ከጥቕዕ። ኣንባቢ ኣብ ዝሓለፈ ምዕራፍ ሰብዓን ሸሞንተን ከምዝዝክሮ ዉቃዉ ዕዝ ካብ ኣልጌና ምስሰሓበ ሻዕብያ ኣብ የማናይ ክንፌ ናደው ዕዝ(*ገምገም ሸንጥር*) ዝፈነዎ መጥቃዕቲ ንምምኻት 2ይ ዋልያ ክ/ጦር ካብ ኸረን ተበጊሱ ኣብ ገምገም ምስ ጸላኢ ተጠማጢሙ፣ ንጸላኢ ዘፍ ዘበለ ክፍሊ'ዩ። ብተወሳኺ ኣብ ወርሒ ሕዳር 1984 ዓም ኣብ ዓረዛ ምስ 14ኛ ክ/ጦር ተኸቢቡ ነዚ ከበባ ንምስባር መሪር ጥምጥም ፈጺሙ'ዩ።

3) ኣብ ኣቆርደት ብተወርዋሪነት ዝዓስከረ 16ኛ ሰንጥቅ ሜካናይዝድ ብርጌድ ምስ 29ኛ ዘርኣይ ደረስ ሜ/ብርጌድ ተላፊኑ ኣብ ጸላኢ ናይ ከቢድ ብረት ዳርባ ከዝንብ ተወሰነ። ብተወሳኺ ካብ ናደው ዕዝ 21ኛ ተራራ ክ/ጦር ከም ሪዘርቭ ተሓርዩ ካብ መከላኸሊ መስመሩ(*ሩባ ኣምባ*) ወጸ

ሻዕብያ ከም ባረንቱ ዝበለት ናይ ኢትዮጵያዊነት ምልክት ጽንዓት ወሪሩ ናይ ወገን ሰራዊት ንኻልኢት'ውን ሰም ከምዘየብል ስለዝፈልጥ ናብ ባረንቱ ዘእትው ኮሪደራት ብጸረ-ታንክን ጸረ-ሰብን ፈንጅታት ሓጺሮም። 2ይ ኣብዮታዊ ሰራዊት ናይ ባረንቱ ምትሓዝ ምስሰምዐ ኣብ ዉሽጡ ዝተኣጉደ ሓዘንን ጓሕን እትረፍ ናይ ፈንጂ መሰናኽል ዝዓግቶ ምድራዊ ሓይሊ ኣይነበረን።

በዚ መሰረት 14ኛ ክ/ጦር ብ'ኮ/ል ጌታሁን ተኣልዩ ፈለማ ካብ ዓረዛ ተበጊሱ ሞልቂ ክኣትው ተዓዘ። 102ኛ ኣየር ወለድ ክ/ጦር ኣሰሩ ስዒቡ ኣብ ዓረዛ ክጽምበሮ፣ ድሕሪ'ኡ የማነ ጸጋም እንዳፈተሸ ንቡሹካ ክቕጽል ተዓዘ። ባረንቱ ንምልቓቕ ዝተኻየደ ናይ 50 መዓልታት ጥምጥም ቅድሚ ምዝንታወይ

ቅድሚ ዓሰርተ ወርሒ ኣብ ዓረዛ ዘጋጠመ ፍጻመ ኣሕጽር ኣቢለ ንኣንባቢ ክገልጽ ይደሊ።

ዓረዛ ካብ ኣስመራ ብናተይ ግምት 85 ኪ.ሜ. ካብ መንደፈራ ድማ 35 ኪ.ሜ. ንሸንኽ ምዕራብ ተፈንቲታ ትርከብ፣ ብምህርቲ ስገም ትፍለጥ ናይ ገጠር ቀበሌ'ያ። ሕዳር 25 1984 ዓ.ም. ሻዕብያ ኣብ ዓረዛ ዝዓረደ 14ኛ ክ/ጦርን 2ይ ዋልያ ክ/ጦርን ከቢድ ናይ ከበባ መጥቃዕቲ ከፊቱ ህላዉነቶም ኣብ ምልክት ሕቶ ኣውደቖ። መንቐሊ ናይዚ ዉግእ መስመር ዙላ-ተሰነይ ነበረ። ሻዕብያ ካብ ኣዕራብ ዝትኮበሉ ሕያብን ምጽዋትን ዝምጽወተሉ፣ ናብ ደጀኑ ንምግዓዝ ዝጥቐመሉ መገዲ ካብ ወደብ ዙላ ተበጊሱ፣ ናይ ኣካለጉዛይ ኣውራጃ ሓሊፉ፣ ብዓረዛ፣ ማይ ድማ፣ ምልቂ ኣቢሉ ናብ ምዕራባዊ ቆላ ዝዝርጋሕ ናይ ሓመድ ጽርግያ ኣሎ።

2ይ ኣብዮታዊ ሰራዊት ናይዚ መስመር ኣገዳስነት ተረዲኡ ፈለማ ኣብ ሞልቂ ሓደ ብርጌድ ከምዝዕስክር ገበረ። ሻዕብያ ዝኸፈለ ከፊሉ ኣብ ሞልቂ ዝዓስከረ ብርጌድ ኣጥቒዑ ነዚ መገዲ ተቖጻጸረ። ናይ ወገን ሰራዊት ካብ ሞልቂ ናብ ዓረዛ ምስሰሓበ ካብ መክት ዕዝ 14ኛ ክ/ጦር፣ ካብ ናደው ዕዝ 2ይ ዋልያ ክ/ጦር ናብ ዓረዛ መጽዮም መስመር ዙላ-ተሰነይ ረጊጦም ናይ ጸላኢ ጎሮሮ ተደፍነ።

በዚ መገዲ ሕላዉነቱ ኣብ ሓደጋ ዝወደቐ ናይ ሻዕብያ ወንበዴ ሕዳር 25 1984 ዓም ሰለስተ ብርጌድ ኣሰሊፉ ነዞም ክልተ ክ/ጦራት ምስ መንደፈራ ዘራኽቦም ጽርግያ ኣጽዩ ናይ ከበባ መጥቃዕቲ ፈነወሎም። 2ይ ኣብዮታዊ ሰራዊት ክልተ ኣየር ወለድ ብርጌዳት ኣሰሊፉ ድሕሪ ናይ ሓደ መዓልታት ዉግዕ 14ኛ ክ/ጦርን 2ይ ዋልያ ክ/ጦርን ካብ ከበባ ኣውጽኦም። ጸላኢ እንዳንደልፈጸ ናብ ምዕራባዊ ቆላ ተጸርገፈ። 14ኛ ክ/ጦር ካብ ኸበባ ወጽዩ ሻዕብያ ናብ ሞልቂ ገጹ ምስሓደመ 16ኛ ስንጥቅ ሜኻ/ብርጌድ ካብ ኣቆርደት ተበጊሱ ኣብ ሞልቂ ንጸላኢ ክድምስስ ተዓዘ። 16ኛ ስንጥቅ ሜኻ/ብርጌድ ቡሹካ ምስበጽሐ ኣብ ጸላኢ ከበባ ወደቐ። ኣብዚ ጊዜ 5ይ ኣየር ወለድ ብርጌድ ካብ ኣስመራ ብቕልጡፍ ናብ ቡሹካ ተወርወረ። 5ይ ኣየር ወለድ ብርጌድ ኣብ ቡሹካ መሪር ጥምጥም ኣካዪዱ 16ኛ ስንጥቅ ሜኻ/ብርጌድ ካብ ከበባ ነጻ ወጸ። ናይ 5ይ ኣየር ወለድ ብርጌድ ኣዛዚ ሌ/ኮ ግሩም ኣበባ ሳንጃ ኣብ ኣፈሙዝ ሶኺዑ፣ ከም ተራ ወትሃደር ምስ ጸላኢ ናይ ኢድ ብኢድ ዉግእ

እንዳካየደ እንከሎ ብናይ ቦምብ ፍንጭልጫል ተወቒዑ ንስለ ወላዲት ሓገሩ ኣብ ቡሹካ ወደቐ።

ናብ ኣርእስተይ ክምለስ፡ 102ኛ ኣየር ወለድ ካብ ዓረዛ ተበጊሱ ዳህሳስ እንዳካየደ ሞልቂ ምስበጽሐ ን14ኛ ክ/ጦር ሓበሮ። ሞልቂ የማነ ጸጋም ከም ስንሰለት ብዝለጋገቡ ተረተራት ተኸቢባ ኣብ ዓሚዩቕ መሬት ዝተደኮነት ናይ ወረዳ ከተማ'ያ። ክልቲኦም ክፍለጦራት ንጽባሒቱ ንግሆ ናብ ቡሽካ ክቕጽሉ ተረዳዲኦም የዒንቶም ስም ኣበሉ። ጸላም ከይተቐንጠጠ ንሞልቂ ካብ ዝገዝኡ በረኸቲ ኣኽራናት ለይቲ ዳርባ ቶኽሲ ተሰምዐ። ጸላኢ ናይ ወገን መምጽኢ መገድታት ገሚቱ፣ ናብ ሞልቂ መጽዩ'ሎ። 102ኛ ኣየር ወለድ ክ/ጦር ብምብራቕን ደቡብን ንሞልቂ ኣብ ዝገዝዑ በረኸቲ ጎቦታት ምስ ጸላኢ ተጠማጢሙ ነዞም ተረተራት ኣብትሕቲ ቑጽጽር ኣውዓሎም። ናይ ሻዕብያ ወንበዴ ከም ዝለመዶ ብህድማ ናብ ቡሹኻ ተጸርገፈ። ክልቲኦም ክፍልታት ነቲ ዝባኑ ሒቡ ዝሃድም ናይ ሻዕብያ ዕስለ ቶኲሶም እንዳዉደቑ ቡሹካ ማዕረ በጽሑ። ሻዕብያ ነዚ መጥቃዕቲ ስለዘይጸሮ ካብ ሞት ዝተረፉ ኣባላቱ ኣኻኺቡ ዳግም ንቡሹኻ ገዲፉ ባረንቱ ኣትወ።

ካብ ባረንቱ ዝወጽእ ሓበሬታ ከምዝሕብሮ ሻዕብያ ንባረንቱ ከይለቐቐ ካብ ናቅፋ፣ ካብ ኣልጌና ሰራዊት ነጊፉ የሰልፍ ኣሎ። ናይ ወገን ሰራዊት ናይ ባረንቱ ኹናት ካብ ዝጅምር ክልተ ወርሒ ከምዝተቓረበ ተረዲኡ ካብ ናቅፋ ግንባር ሓደ ክ/ጦር፣ ሓደ ኣጋር ብርጌድ፣ ሓደ ሜኻናይዝድ ብርጌድ ናብ ባረንቱ ኣሰለፈ። ካብ ናቅፋ ግንባር ዝተሰለፉ ክፍልታት እዞም ዝስዕቡ እዮም:

1) ናይ 21ኛ ተራራ ክ/ጦር 48ኛ ተ/ብርጌድ

2) 29ኛ ዘርኣይ ደረስ ሜኻ/ብርጌድ

ወትሩ ኹናት ዘይፍለዮ ናይ ናቅፋ ግንባር ብክልተ ክፍለጦርን ብዘይዋላ ሓደ ሜኻናይዝድ ብርጌድ ተሪፉ። ናደው ዕዝ ካብ ዝምስረት ኣትሒዙ ከምዚ ዓይነት ፈተና ገጢሙዎ ኣይፈልጥን።

ኣብዚ ጊዜ ሻዕብያ 29ኛ ዘርኣይ ደረስ ሜካ/ብርጌድ ገዲፉቶ ኣብ ዝኸደት የማናይ ክንፊ ናደው ዕዝ(*ገምገም ሸንጥሮ*) መጥቃዕቲ ከፈተ። ሩባ ገምገም ሓሕ ስለዝበለ ብታንኪታት ገስጊሱ ናይ ናደው ዕዝ ማዕከል መአዘዚ ዝተደኮነሉ ናይ ቀምጬዋ ማዕከል ስልጠና ከበጽሕ ሒደት ኪሎሜትራት ተሪፉዎ። ጸላኢ

ሩባ ቀምጨዋ በጺሑ ማለት ብዘይጥርጥር ናብ ኹብኩብን ኣፍዓበትን ክቖጽል'ዩ። ስለዚህ የማናይ ክንፊ ናደው ዕዝ ዝሕልው 19ኛ ተራራ ክ/ጦር ገስጋስ ጸላኢ ክምክት ተገብረ። እቲ ኩነታት ኣዝዩ ዘጨንቕ ስለዝኾነ ላዕላዋይ ኣካል መንግስቲ ኣቀዲሙ ናብ ባረንቱ ዝለኣኾ ናይ 21ኛ ተራራ ክ/ጦር 48ኛ ተ/ብርጌድ ናብ ቦትኡ ክምለስ ኣዘዘ።

ባረንቱ ዙርያ ዝተሰለፉ 102ኛ ኣየር ወለድ ክ/ጦርን 14ኛ ክ/ጦር ቡሽካ በጺሖም ምስ ካልኦት ክፍልታት ምስተራኸቡ ኣብ ባረንቱ ዝተጸፍጸፈ ጸላኢ ዘየላቡ መጥቃዕቲ ፈንዮም ሓንሳብን ንሓዋሩን ንምድምሳስ ነዚ ዝስዕብ ንድፊ ኣውጽኡ:

ሀ) 14ኛ ክ/ጦር ካብ ምዕራባዊ ጫፍ ኸተማ ባረንቱ ማለት ካብ ሩባ ጋሽ ተበጊሱ ንጸላኢ እንዳጸረገ ናብታ ኸተማ ክግስግስ

ለ) 2ይ ክ/ጦር ንከተማ ባረንቱ ብሸንኽ ምብራቅ ዝገዝኦ ጎቦ ሓዉሻይት ክቖጻጸር

ሐ) 102ኛ ኣየር ወለድ ክ/ጦር ምስ 17ኛ ሜ/ብርጌድ ንባረንቱ ብሸንኽ ደቡብ ኣጥቒዖም ክቖጻጸሩ

ዓርቢ ነሓሰ 23 1985 ዓ.ም. ሰዓት 06:30(*18:30*) ናይ ምሸት 2ይ ክ/ጦር ካብ ምብራቃዊ ጫፍ ኸተማ ባረንቱ ተላዒሉ ንጎቦ ሓዉሻይት ክቖጻጸር ጹዕጹዕ ዉግዕ ጀመረ። ድሕሪ ኣርባዕተ ሰዓት ንጎቦ ሓዉሻይት ኣፋሪቑ ኣብ ዓንዲ ሑቖ ሓዉሻይት በጽሐ። ከይደንጎየ *<<ጸላኢ ብዝባነይ ቆሪጹኒ>>* ዝብል ሪፖርት ብተሌግራም ፈነወ። እዚ ዜና መርድእ ስለዝኾነ 102ኛ ኣየር ወለድ ክ/ጦር ሓደ ብርጌድ(8ይ ኣ/ወለድ ብርጌድ) ነከዩ ናብ ሓዉሻይት ኣበገሰ። ናይ 8ይ ኣየር ወለድ ብርጌድ ዕላማ ኣብ ድርኩኺትን መንኹብን ሓዉሻይት ዝዓረደ ናይ ጸላኢ ዕስለ ዝባኑ ደሲቑ ምስደምሰሰ 2ይ ክ/ጦር ካብ ዝተጻወደሉ መጻወድያ ምልቓቕ ነበረ።

8ይ ኣየር ወለድ ብርጌድ ኣብ ዱቕዱቕ ጸላም ሓድሕዱ እንዳተረጋገጸ ድሕሪ ክልተ ሰዓት ጉዕዞ ሓውሸይት በጽሐ። ጎቦ ሓዉሻይት ሓሕ ኢሉ ጸንሖ። ናይ ወገን ይኹን ናይ ጸላኢ ድምጺ ኣይስማዕን። ናብ ሓውሻያት ክሓኹር ጀመረ። ኣብ መንኹብ ሓዉሻይት ምስበጽሐ ዘይተኣደነ ሞራታርን ላውንቸርን ኣብ

ዝባኑ ዓለበ። ናይ ሻዕብያ ወንበዴ ናብ ሓዉሻይት ክሳብ ዝድይበሉን ዝባኑ ክሳብ ዝቓልዐሉ ኔሩ ዝጽበ።

8ይ ኣየር ወለድ ብርጌድ ልብኻ ዘቕለውልው ጉድኣት ወረዶ። ሓዉሻይት ብደም ኢትዮጵያዉያን ተሓጽበት። ናይዞም ጀጋኑ ሓርበኛታት ደም ካብ ሓዉሽያት ሓሊፉ ናብ ደንደስ ኸተማ ባረንቱ ዛረየ። ረዳት ጦር ክጽጋዕ እኻ እንተፈተነ ኣይተኻእለን። እቲ ዉግእ ናብ ሶኒ ነሓሰ 24 ዘዉግሕ ለይቲ ቐጸለ። ኣዛዚ 8ይ ኣ/ወለድ ብርጌድ ከም ሓደ ተራ ወትሃደር ምስ ጸላኢ ተሓናኒቑ መተካእታ ዘይብላ ትንፋሱ ንስለ ወላዲት ሓገሩ ወፈየ። ድሕሪ ሕልፈቱ ዝተረፈ ሰራዊት ክዋጋእ እኻ እንተፈተነ ረዳት ጦር ክመጸሉ ስለዘይኸኣለ መብዛሕቱኡ ኣብ ኢድ ጸላኢ ወደቐ።

ኣጋወጋሕታ ምስኾነ 2ይ ክ/ጦር ናብ ሓዉሻይት ተጸጊኡ ጸረ-መጥቃዕቲ ክገብር ሰዓት 05:00 ናይ ንግሆ ተበገሰ። ኣብ ሒደት ሰዓታት ንጎቦ ሓዉሽያት ተቖጻጸረ። ሻዕብያ ንባረንቱ *<<ኣይለቅቓን>>* ብምባል ዓይኒ የብለይ ስኒ የብለይ ዓይነት ምክልኻል ገበረ። ንባረንቱ ዝተቖጻጸረለን ዝሓለፉ 49 መዓልታት ዝፈጸሞ ቑምነገር እንተሓልዩ ብኢትዮጵያዉነቶም ዘይማትኡ ሓቀኛ ኢትዮጵያዉያን ኣብ ማዘጋጃ ካብ ዝሰፈረ ሰነድ ስሞም መዝጊቡ፣ ካብ ገዝኦም ወጢጡ፣ ኣብ ቅድሚ ስድርኦም እንዳዋረደ ናብ ሳሕል ኣውራጃ ምግዓዝ ነበረ።

ሶኒ ነሓሰ 17 1985 ዓ.ም. 2ይ ክ/ጦር ናብ ባረንቱ ክኣትዉ ክጨፋጨፍ ውዒሉ ኣማስዩ ኣብ ጎቦ ሓዉሻይት ዳግመ ስርርዕ ኣካየደ። ንጽባሂቱ ሶሉስ ነሓሰ 18 1985 ዓ.ም. ብደቡባዊ ምዕራብ ባረንቱ ዝተሰለፈ 102ኛ ኣየር ወለድ ክ/ጦር ምስ 17ኛ ሜኻ/ብርጌድ ተላፊኑ ናይ ፊተፊት መጥቃዕቲ(*ፍሮንታል ኣታክ*) ከፊቱ 50 መዓልታት ኣብ ባረንቱ ዝተላሕገ ናይ ሻዕብያ ወንበዴ ደምሲሱ ልክዕ ሰዓት ፋዱስ ነታ ኸተማ ሙሉዕ ብሙሉዕ ተቖጻጸረ።

ሻዕብያ ካብ ባረንቱ ምስወጸ ሰራዊቱ ዕዝን ቁጽጽር ኣፍሪሱ፣ ዳሳ ከምዘይብለን ጤለ-በጊዕ ናብ ሱዳን ሓደመ። 2ይ ኣብዮታዊ ሰራዊት እግሪ እግሩ እንዳሰዓበ ክሳብ ተሰነይ ምስሰለኞ ካብ ላዕለዎት ኣካላት መንግስቲ *<<ደው በል>>* ዝብል ትዕዛዝ መጸ። ናይ ወገን ሰራዊት ናብ ሱዳን ኣትዩ ክድምስሶ ልዑል ባሕጊ ነበሮ። ይኹን እምበር ናይ ሓደ ሉዓላዊ ሓገር ሰራዊት ናብ ጎረቤት ሓገር ምስ ዕጥቑ እንተኣትዩ ኣህጉራዊ ዉግዘት ስለዘስዕበሉ ገስጋሱ ኣብ ተሰነይ ተገትአ።

ኣብዮታዊ ሰራዊት ካብ ባረንቱ ሰሜን ገስጋሱ ቐጺሉ ናይ ጸላኢ ናይ ሎጂስቲክስ ዴፖን ጋራዥን ዝተኸዘነሉ ፎርቶ-ሳዋ በጺሑ ዘይተኣደነ ናይ ታንክ፣ ናይ መኻይን ስፔር-ፓርት፣ ጀነሬተር፣ ትራክተር፣ ናዉቲ ሕክምና ማረኸ።

ኣብዚ ጊዜ ናይ ወገን ሰራዊት ታሪኻዊ ስሕተት ፈጸመ። ሻዕብያ ኣብ ማይ ከም ዝኣትወት ኣንጭዋ ናብ ሱዳን ሓዲሙ ምስተዓቑበ ንዓመታት ከቢድ ጥምጥም ዝተኻየደሉ ናይ ናቅፋ ግንባር ከምዘይነበረ ጌሩ *<<ናይ ሻዕብያ ግብዓት መሬት ተረጋጊጹ>>* ብምባል ናብ ፌሽታን ዳንኬራን ኣትዩ ክድብል ጀመረ።

ኣብ ወፍሪ ቀይሕ-ባሕሪ ናይ ዉግዕ ፍናኑ ሰማይ ዝዓረገ 2ይ ኣብዮታዊ ሰራዊት ሞራሉ ዓቒቡ፣ ብቕልጡፍ ናብ ናቅፋ ግንባር ተወርዊሩ፣ ኣብ ግንባር ምስዘሎ ሰራዊት ተላፊኑ መጥቃዕቲ ክኸፍት እንዳኻኣለ ናይ ደቓይቕ ትርጉም ኣብ ወትሃደራዊ ግጥም ዘለዎ ትርጉም ዘንጊኡ ፌስታን ደበላን ስለዝመረጸ ጸላኢ ዳግም ሰረረ። እዚ ወትሃደራዊ ስሕተት እንተዘይፍጸም ኔሩ ሎሚ ታሪኽ ካልዕ መልክዕ ምሓዘ ኔሩ።

ክፍሊ ኢስራን ሓሙሽተን

ወፍሪ ባሕረ ነጋሽ፡ *ኣልጌና ካብ ከብዲ ኢድ ጸላኢ ዝመንጠለ ትዕምርታዊ ወፈራ*

<<ኣቕሚ ሜካኒክስ ክብደት ብፍጥነት ተራቢሑ ከምዝልካዕ፡ ናይ ሓደ ሰራዊት ኣቕሚ ዝልካዕ ክብደቱ ምስ ፍጥነቱ ተራቢሑ'ዩ፡ ፈጣን ገስጋስ ናይ ሓደ ሰራዊት ሞራል ኣደንፊዑ ናይ ዓወት ተኽእሎታት ዝዉስኽ'ዩ>>

ናፖልዮን ቦናፓርት

ባረንቱ ካብ መንጋጋ ጸላኢ ወጽያ ሻዕብያ ናብ ሱዳን ምስሓደመ ላዕለዎት ኣዘዝቲ መንግስቲ ነዚ ኹነታት ክጥቐሙሉ ከምዘሎዎም ደንጉዩ ተረድኦም። በዚ መሰረት ጥቅምቲ 1985 ዓም *<<ወፍሪ ባህረ-ነጋሹ>>* ዝተባህለ ኣብ ታሪኽና ካብ ዝተገበሩ ወትሃደራዊ ወፈራታት ፍሉይነት ዘለዎ ግዙፍ ወፈራ ተሓንጸጸ። ናይ ወፍሪ ባሕረ-ነጋሽ ፍሉይነት ዓርባዕተ ክፍልታት ሰራዊት ማለት፡ ሓይሊ ባሕሪ፣ ሓይሊ ምድሪ፣ ሓይሊ ኣየር፣ ኣየር ወለድ ብልፍንቲ ዝሳተፉሉ ፍጹም ጽፈት ዝተላበሰ ግዙፍ ወፈራ ምንባሩ'ዩ። ኣብ ወፍሪ ቀይሕ-ኮኾብ ኣብዮታዊ መንግስቲ ካብ ዝፈጸሞ ዳንኬራን፣ ሆይሆይታን እኹል ትምህርቲ ስለዝቀሰመ ወፍሪ ባህረ ነጋሽ ሓንደበታዉን ሚስጥራውን ኔሩ።

ናይ ወፍሪ ባሕረ-ነጋሽ ዕላማ፡ ዉቃዉ-ዕዝ ቅድሚ ሓደ ዓመት ለቒቑዎ ዝወጸ ሰሜናዊ ጫፍ ሓገርና ኣልጌና-ቃሮራ ናይ ወገን ሰራዊት ዳግማይ ተቖጻጺሩ፣ መትኒ ህይወት ጸላኢ ናብ ዝኾነ ናይ ኣዱብሓ ሸንጥሮ ገስጊሱ፣ ናይ ጸላኢ ክፍሊ ሎጅስቲክስ ኣባዲሙ፣ ዓንድ-ሑቕ ጸላኢ ምስባር ነበረ። ነዚ ግዙፍ ወፈራ ዝተሃርዩ ክፍልታት እዞም ዝስዕቡ'ዮም፡

1) 102ኛ ኣየር ወለድ ክ/ጦር

2) 21ኛ ተራራ ክ/ጦር

3) 23ኛ ክ/ጦር

4) ሓደ ታንከኛ ሻለቃን ሓደ ናይ መድፍዕ ሻለቃ

በዚ መሰረት ናይ 102ኛ ኣየር ወለድ ክ/ጦር ሓደ ብርጌድ ካብ ኣፍዓበት ብሄሊኮፕተር ተበጊሱ ንኣልጌና ኣብ ዝገዝኡ ጸፋሕቲ ጎቦታት ማለት ኣብ ኻታርን ታምሩ ተራራ ይዕስክር። ድሕሪዚ ካልኣይ ኣየር ወለድ ብርጌድ ካብ ኣስመራ ብነፋሪት ተበጊሱ ብፓራሹት ኣልጌና ይዓልብ። እቲ ሳልሳይን ናይ መወዳእታ ኣየር ወለድ ብርጌድ ካብ ምጽዋ ብላንድ ክራፍት ተበጊሱ፣ ኣብ ማርሳ-ተኽላይ ምስወረደ ናብ ኣልጌና ቐጺሉ ኣብ ኻታርን ታምሩ ተራራ ይድይብ።

እዞም ክፍልታት ኣብትሕቲ ሓደ ዕዝ ክጥርነፉ ምእንቲ *<<በርግድ-ዕዝ>>* ተሰምየ ሓድሽ ዕዝ ተመስረተ። ናይ በርግድ ዕዝ ኣዛዚ ብ/ጀነራል ዉብቱ ጸጋይ ኮይኑ ተሾመ። ማዕከል መአዘዚኡ ኣብ መእተዊ ኣልሽቶ ሽንጥሮ ማለት ኣማ በር መስረተ። ኣልጌና ቀዲሙ ዝበጽሕ ብሄሊኮፕተር ካብ ኣፍዓበት ዝብገስ ኣየር ወለድ ብርጌድ ነበረ። ኣየር ወለድ ብርጌድ ናብ ኣልጌና ዝበጽሑሉ <<ሰ>>ሰዓት <<መ>> መዓልቲ ጥቅምቲ 10 ሰዓት 06:00 ናይ ንግሆ ነበረ። ካብ ምጽዋ ዝብገስ ኣየር ወለድ ማርሳ ተኽላይ ክበጽሕ ዝተመደበ <<ሰ>>ሰዓት <<መ>>መዓልቲ ጥቅምቲ 10 ሰዓት 06:00 ናይ ንግሆ ነበረ።

እግሪ እግሮም 23ኛ ክ/ጦርን 21ኛ ተራራ ክ/ጦር ብክልተ ሜካናይዝድ ሻለቃ ተዓጂቦም ብኣማ በር ጌሮም ገምገም ምስኣተው ብቐጥታ ናብ ኣልጌና ተወርዊሮም ኣየር ወለድ ክ/ጦር ብዝኸፍቶ መሬት ናብ ቕርዓት ጸላኢ ኣዱብሓ ሽንጥሮ ገስጊሶም ንጸላኢ ክድምስሱ መደቡ። እዞም ኣጋርን ሜካናይዝድን ክፍልታት ናብ ኣልጌና ጉዕዞ ዝጅምሩሉ ሰዓት 06:00 ናይ ንግሆ እኻ እንተነበረ ጸላኢ ኣብ ገምገም ሽንጥሮ ፈንጂታት እንዳጸወደ ገስጋሶም ከምዝኾልፎ ስለዝገመቱ <<ሰ>> ሰዓት <<መ>> መዓልቲ ጥቅምቲ 10 ፍርቂ ለይቲ(*24:00*) ክኸዉን ተወሰነ።

ዕጥቕን ስንቕን ንምቕራብ ናይ ማርሳ ተኽላይ ተፈጥሮኣዊ ወደብ ተሓርየ። ኣብዚ ጊዜ ማርሳ-ተኽላይ ብፈንጂ ጸላኢ ኣዕለቕሊቑ ስለዝነበረ *<<ዘንዶ>>* ተሰምየ ግኑን ሻለቃ ጦር ካብ ምጽዋ ተበጊሱ ጸላኢ ኣብ ማርሳ-ተኽላይ ዘጻወዶ ፈንጂታት ፍሒሩ ብመሓንድሳት ክለቕም ተዓዘ። ማርሳ-ተኽላይ ምስበጽሑ ከም ኮሚደረ ዝተዘርአ ፈንጂ ጥሒሶም ክሓልፉ እኻ እንተፈተኑ ኣብ ሰብ ጉድኣት ስለዝበጽሐ ዘንዶ ሻለቃ ናብ ምጽዋ ተመልሰ።

ካብ ኣፍዓበት ብሄሊኮፕተር ተበጊሱ ኣብ ኣልጌና ክዘልል ዝተዓዘ ሓደ ኣየር ወለድ ብርጌድ መንቐሊኡ ብዘይነጸረለይ መገዲ ተሰናኺሉ ምስ ሜካናይዝድን ኣጋር ክፍልታት ማለት 23ኛ ክ/ጦርን 21ኛ ተራራ ክ/ጦር ብእግሪ ጉዕዞ ጀመረ። ካብ ኣስመራ ብሰለስተ ነፈርቲ ዝተበገሰ 6ይ ኣየር ወለድ ብርጌድ ኣብ ኣልጌና ብዝተመደበሉ ጊዜ ማለት ሰዓት 06:00 ኣጋወጋሕታ ክዓልብ ጀመረ። ይኹን እምበር ክዓልበሉ ዝተሓበሮ ስፍራ ንቦ ኻታር እኻ እንተነበረ ብምምስሳል ይኹን ብጌጋ ካብ ኻታር 15 ኪሜ ሰሜን ምዕራብ ማሕዲጉ ኣብ ዝርከብ *<<ደብረዕመን>>* ዝበሃል ገዛኢ መሬት ዘሊሎም ነዚ ስፍራ ተቖጻጸሩ።

ኣንባቢ ከምዝዝክሮ ዉቃው ዕዝ ኣብ ኣልጌና ሓሙሽተ ዓመት ክዕስክር እንከሎ ክቖጻጸሮ ዘይከኣለ ዕምባ ንቦ ኻታር ነበር። ኻታር ካብ ማርሳ ተኸላይ ናብ ኣልጌና ክትቐርብ ፈለማ ካብ ዝርኽብ ንቦ ሄልሜት ንሸነኽ የማን ማለት ንቃሮራ ገጽ ዝርኽብ ገዛኢ ዕምባ'ዩ። ናይ ኻታር ምትሃዝ ናብ ኣዱብሓ ዝግበር ገስጋስ ዘጻፍፍ ጥራይ ዘይኮነ ናይ ጸላኢ ግብዓተ መሬት ዘበስር'ዩ። 6ይ ኣየር ወለድ ብርጌድ ሰዓት 06:00 ናይ ንግሆ ኣብ ኣልጌና ምዝላል ምስጀመረ እቲ ዝላ ኣጋ ፋዱስ ማለት ሰዓት 11:00 ተዛዘመ።

ካብ ሩባ ቀምጨዋ ብእግሮም ካብ ዝተበገሱ ክፍልታት: 21ኛ ተራራ ክ/ጦር፣ 29ኛ ዘርኣይ ደረስን 16ኛ ሰንጥቅ ሜኻ/ብርጌድ ኣንፈቶም ሒዞም ናብ ኣልጌና ኣቕንዑ። 23ኛ ክ/ጦር ግን ኣንፈት ስሒቱ ካብ ሩባ ቀምጨዋ ንሸነኽ ደቡብ ማለት ንሽዕብ ገጽ ተጓዕዘ። መሬት ወገግ ምስበለ 23ኛ ክ/ጦር ጌጉኡ ተረዲኡ፣ ገጹ ንሰሜን ጠውዩ፣ ኣብ ደንደስ ቀይሕ-ባሕሪ ጉያ ጀመረ። 21ኛ ተራራ ክ/ጦርን 29ኛ ዘርኣይ ደረስ ሜካ/ብርጌድን ንግሆ ሰዓት ሸሞንተን ፈረቓን ሓደ ጥይት ከይተኮሱ ኣልጌና ተቖጻጸሩ። 23ኛ ክ/ጦር ሰለስተ ሰዓት ተጓዒዙ ን16ኛ ሰንጥቅ ሜኻ/ብርጌድ ኣርከቦ። ድሕሪ ሓደ ሰዓት ማለት ሰዓት 09:30 ክልቲኦም ኣልጌና ኣትዉ።

እዞም ክፍልታት ኣልጌና ምስበጽሑ ኣዛዚ በርግድ ዕዝ ንምክትል ኣዛዚ 2ይ ኣብዮታዊ ሰራዊት ነዚ ዝስዕብ ትዕዛዝ ኣቕረበ: *<<ናይ 102ኛ ኣየር ወለድ 6ይ ኣ/ወለድ ብርጌድ ናብ ኻታር ስለዝደየበ ረዳት ክኾኖ 21ኛ ተራራ ይደይብ።>>* 21ኛ ተራራ ክ/ጦር ናብ ኻታር ምድያብ ጀመረ። ኣብ መንኹብ ኻታር ምስበጽሐ ዘይተኣደነ ጠያይቲ ክዘንበሉ ጀመረ። ኣብ መጻወድያ ክሳብ ዝኣትው ጸላኢ

ይጽበ ኔሩ። 21ኛ ተራራ *<<ወገን ኢና>>* ብምባል ክምሕጸን ምስጀመረ ቶኽሲ ደው ኣይበለን።

እቲ ጉዳይ ክጸረ ተወሲኑ ኣዛዚ 102ኛ ኣየር ወለድ ክ/ጦር ብሬድዮ ክሕተት እንከሎ: *<<ደብረዕመን ኻታር'ዩ ኢሎም ስለዝሓበሩኒ ሕጂ ኣብ ደብረዕመን ኢና ዘለና: 6ይ ኣ/ወለድ ብርጌድ ኣብ ደብረዕመን ምስ ጸላኢ ይገጥም ኣሎ። ኣብ ኻታር ዘሎ ጸላኢ'ዩ። 5ይ ኣ/ወለድ ብርጌድ ድማ ኣብ ድርኩኺት ኻታር ቦታ ሒዙ ምስ ጸላኢ ይተሓናነቕ ኣሎ። >>*

ሻዕብያ ብናይ ሰዓታት ፍልልይ ናብ ኻታር ደዪቡ ኣብ ጥርዚ ኣስኪሩሎ። 21ኛ ተራራ ክ/ጦር ካብ ጸላኢ ከምዝትኮሰሉ ተረዲኡ ኻታር ብቕልጡፍ ክቖጻጸር ተዓዘ። ጸላኢ ብዳርባ ቡምባን ጠያይትን ካብ መንኩብ እቲ ጎቦ ምንቕ ምባል ከልአ። ቅድሚ ሓደ ወርሒ ሻዕብያ ብዘይዳሳ ናብ ሱዳን ክነፍጽ እንከሎ ናይ ወገን ሰራዊት ሓደ ትንፋስ ከይከፈለ ክቖጻጸሮ ዝኽእል ገዛኢ መሬት ግዝያዊ ዓወት ብዝፈጠረሉ ኩርዓትን ረስንን ተሰኒፉ ኻታር ዘይጠሓለ ዕምባ ኾነ።

ካብ ሩባ ቀምጨዋ ዝተበገሱ ክልተ ኣጋር ክ/ጦራትን ክልተ ሜኻ/ብርጌዳት ተኣኻኺቦም ሰዓት 09:30 ኣልጌና ካብ ኣተው ብቕልጡፍ ናብ ኻታር ክድይቡ ይግባዕ ኔሩ። እዚ ማለት ናይ ኣዱብሓ ሽንጥሮ ኣብ ከቢድ ሓደጋ ወዲቑ ጸላኢ ናይ ህላዉነት ሓደጋ መጋጠሞ።

በርግድ ዕዝ ኣብ ኻታር ዝግበር መጥቃዕቲ ጉድኣቱ ከምዝዓዝዝ ተረዲኡ፣ መጥቃዕቱ ደው ኣቢሉ ጠመቱኡ ናብ ሩባ ፈልከት ኣበለ። ናይ ሳሕል ኣውራጃ ተፈጥሮኣዊ ኣቀማምጣ ኣብ ዝገለጽኩሉ ምዕራፍ ኣንባቢ ከምዝዝክሮ ሩባ ፈልከት ኣልጌና ደቡብ ምብራቅ ዝርከብ ብሑጻ ዝጀርበበ ሩባዩ። ካብ ፈልከት ዝውሕዝ ማይ ንኣልጌናን ማርሳ ተኽላይን ሓሊፉ ብቐጥታ ናብ ቀይሕ-ባሕሪ ይጽምበር። ሩባ ፈልከት ብሸንኽ ምዕራብ ከም ዓዲኣይሉ ዝበሉ ጸፋሕቲ ዕምባታት ይገዝእዎ'ዮም። ናይ ወገን ሰራዊት ኣገዳስነት ሩባ ፈልከት ስለዝፈልጥ ፈለማ 21ኛ ተራራ ክ/ጦር ናይቲ መሬት ኣቀማምጣ፣ ኣሰላልፋ ጸላኢ፣ ብዝሒ ኣጽዋር ወዘተ ኣፈናዊ መጽናዕቲ ክገብር ኣዘዘ።

ዕኹል ሓበሬታ ምስኣከበ ብ16ኛ ሰንጥቅ ሜኻ/ብርጌድ ተዓጂቡ ኣብ ሩባ ፈልከት መጥቃዕቲ ፈነወ። 16ኛ ሰንጥቅ ሜኻ/ብርጌድ ታንክታቱን ኣርመራቱን ኣበጊሱ ናብ ሩባ ፈልከት ክኣትው እንከሎ 21ኛ ተራራ ንፈልከት

ኣብ ዝገዝኡ ከም ዓዲ-ኣይሉ ዝበሉ ገዛኢ ዕምባታት ሓኲሩ መጥቃዕቱ ኣጽዓቐ። ንሩባ ፈልከት ብሸነኽ የማን ኣብ ዝገዝዑ ዕምባታት ከቢድ መጥቃዕትታት ፈንዩ ሰፊሕ ሕዛእቲ ምስተቖጻጸረ ብዝባኑ ናብ ጎቦ ኻታር ተገማገመ። 16ኛ ሰንጥቕ ሜኻ/ብርጌድ ኣብ ቡሹካ ዝጠነሶ ሕነ ኣብ ሩባ ፈልከት ይፈድዩ'ሎ። ኣብ ሩባ ፈልከት ዘውዘኽዝኻ ናይ ሻዕብያ ታንኽታት ኣንዲዱ ናብ ፈሓምን ትክን ቐየረን። በዚ መጥቃዕቲ ዝተሰናበደ ጸላኢ ከቢድ ብረት ዛሕዚሑ ሓደመ። 16ኛ ሰንጥቕ ሜኻ/ብርጌድ ሻዕብያ ደርብዩዎ ዝነፈጸ ሞርታር፣ ጸረ-ታንክ፣ ጸረ-ነፈርቲ ማረኸ።

እዞም ስፍራታት ብወገን ሰራዊት ምስተታሕዙ ጸላኢ ሰለስተ መዓልቲ ዝወሰደ ጸረ-መጥቃዕቲ ከፊቱ 21ኛ ተራራ ዝተቖጻጸሮ ስፍራ ኣምለሰ። 16ኛ ሰንጥቕ ሜኻ/ብርጌድን 23ኛ ክ/ጦር ድማ ንሩባ ፈልከት ጠኒኖም ስለዝኣትው የማናይን ጸጋማይን ክንፎም ተቓለዐ። ንድሕሪት ክስሕቡ ተዓዘ። ድሕሪዚ ናይ ወገን ሰራዊት ጸረ-መጥቃዕቲ ከፊቱ 21ኛ ተራራ ክ/ጦር ኣቀዲሙ ዝገደፎ ስፍራታት ብፍላይ ንጎቦ ዓዲ-ኣይሉ ኣብ ሙሉዕ ምቑጽጻር ኣውዓሎ። ናይ ጸላኢ ጸረ-መጥቃዕቲ ሓንሳብ ክብ ሓንሳብ ዝግ እንዳበለ ምስቐጸለ 2ይ ኣብዮታዊ ሰራዊት ቅድሚ ዓመትን መንፈቕን ዝገደፎ ናይ ኢትዮጵያ ሰሜናዊ ጫፍ ኣልጌና-ቃሮራ ተቖጻጺሩ ወፍሪ ባሕረ-ነጋሽ ተዛዘመ።

ሓይሊ-ባሕሪ፣ ሓይሊ ምድሪ፣ ሓይሊ ኣየር፣ ኣየር ወለድ ዝተሳተፉሉ ወፍሪ ባሕረ-ነጋሽ ናይ ኣርባዕተ ክፍልታት ዉህደት፣ስጥመት፣ ፍጥነት ዘመስከረ ጥራይ ዘይኮነ ኣብ ወትሃደራዊ ታሪኽ ሓገርና ዘይተራእየ መዘና ኣልቦ ወፈራዩ። ብፍላይ 6ይ ኣየር ወለድ ብርጌድ ጸላኢ ኣብ ዝምኻሓሉን ጥፍኣት ዝዓልመሉ ደብረዕመን ብጋንጽላ ዘሊሉ ምስፋሩ ጸላኢ ወትሩ ዝባኑ ከይኣምን ብራዕድን ሸቑረራን ክነብር ፈሪዱዎ'ዩ። እዚ ወፍሪ ኣቀዲሙ ተዝውጠንን ተዝትግበርን ኔሩ ዉጽኢቱ ምጸበቐ ኔሩ።

ድሕሪ ወፍሪ ባሕረ-ነጋሽ 23ኛ ክ/ጦር፣ 21ኛ ተራራ ክ/ጦር፣ 29ኛ ዘርኣይ ደረስ ሜኻናይዝድ ብርጌድ ብእኩብ *<<በርግድ-ዕዝ>>* ተሰምዮም፡ ዉቃዉ ዕዝ ዓሪዱሉ ኣብ ዝነበረ ድፋዕ መኸላከሊ መስመር መስረቱ። 102ኛ ኣየር ወለድን 16ኛ ሰንጥቕ ሜኻ/ብርጌድ ድማ ኣብ ዝስዕብ ምዕራፍ ንሪኦ 2ይ ምዕራፍ ወፍሪ ባሕረ ነጋሽ ክሳተፉ ናብ ናቕፋ ግንባር ኣምርሑ። እዚ ዉሳነ ምስተወሰነ ሓደ ዘሕዝን ፍጻመ ኣጋጠመ።

23ኛ ክ/ጦርን 29ኛ ዘርኣይ ደረስ ኣልጌና ምትራፎም ኣይተዋሕጠሎምን። እዞም ክፍልታት ሓሙሽተ ዓመት ኣብዚ ምድረበዳ ስለዝተዋደቑ ዳግም ምምላሶም ኣንጸርጺሮም ናብ ጎረቤት ሓገር ሱዳን ክነፍጹ ጀመሩ። እዚ ፍጻመ ኣዘዝቲ ሰራዊት ምስ ፕሬዚደንት መንግስቱ ሃይለማርያም ኣብ ርሱን ምጉት ሸመሞም። ሕመረት ናይቲ ምጉት *<<ኣብትሕቲ በርግድ ዕዝ ዝተሰለፉ ክፍልታት ይዀብልሉ ስለዘለው ካብ ኣልጌና ይዛወሩ ዶስ ኣብ ኣልጌና ይጽንሑ?>>* ዝብል ነበረ። ኣብ መወዳእታ ናብ ካልእ ግንባር ይዛወሩ ዝብል ሓሳብ ስዒሩ 21ኛ ተራራ ክ/ጦር ናብ ናቅፋ ግንባር 29ኛ ዘርኣይ ደረስን 23ኛ ክ/ጦር ድማ ናብ ኣቖርደት ተመሊሶም ምዕራባዊ ቆላ ክሕልው ተገብረ።

ምዕራፍ ሰብዓን ትሽዓተን

2ይ ምዕራፍ ወፍሪ ባሕረ-ነጋሽ

ኣብ ወርሒ ጥቅምቲ 1985 ዓም ሚኒስተር ምክልኻል ሓገር፣ ሓለቓ ስታፍ፣ ናይ 2ይ ኣብዮታዊ ሰራዊት ኣዛዚ፣ ናይ ወፈራ መኾንን ኣብ ኣስመራ ተኣኪቦም ቀዳማይ ምዕራፍ ወፍሪ ባሕረ-ነጋሽ ገምገሙ። ኣብዚ ገምጋም ዘለለዩዎ ጸገም <<*ኣብ ሓደ ጊዜ ኣብ ሓደ ግንባር ጥራይ ዘይምትኳርናዩ*>> ዝብል ነበረ።

ድሕሪዚ ናይ 2ይ ምዕራፍ ወፍሪ ባሕረ-ነጋሽ ጠመተ ኸተማ ናቅፋ ክኸውን ተወሰነ። ነዚ ወፈራ 102ኛ ኣየር ወለድ ክ/ጦር፣ 18ኛ ተራራ ክ/ጦርን 16ኛ ሰንጥቅ ሜኻ/ብርጌድ ተሓርዩ። ኣብ ወፍሪ ባሕረ-ነጋሽ ናይ 102ኛ ኣየር ወለድ 6ይ ኣየር ወለድ ብርጌድ ጸላኢ ዋልታ ደጀኑ ጌሩ ኣብ ዝጥምቶ ጎቦ ደብረ-እመን ሓንደበት ዘሊሉ ኣብ ባሕሪ ከብዱ ራዕዲ ዘሪዑ'ዩ። 102ኛ ኣየር ወለድ ክ/ጦር ኣብ ናቅፋ ግንባር ክሰለፍ ፋልማዩ ብምንባሩ ምስቲ መሬት ምስተላለየ ንኣምባ ኣብ ዝገዝዑ ተረተራት ልምምድ ጀመረ። ናይ ሻዕብያ ወንበዴ ጥሪ 1979 ዓም ኣብ ናቅፋ ጎቦታት ምስተንጠልጠለ ፍረ-ብርኮም ዝተመንጠሉ ስንኹላን መትረየስ ኣሰኪሙ፣ ዓይኒ የብለይ ስኒ የብለይ ዝዓይነቱ ቶኽሲ ብተደጋጋሚ ስለዝኸፍት ናይ 2ይ ምዕራፍ ወፍሪ ባሕረ-ነጋሽ <<ሰ>> ሰዓት <<መ>> መዓልቲ ለይቲ ክኸዉን ተወሰነ።

ዝርዝራዊ ንድፊ 2ይ ምዕራፍ ወፍሪ ባሕረ-ነጋሽ:

ሀ) 102ኛ ኣየር ወለድ ክ/ጦር ሓደ ብርጌድ ቐኒሱ፣ ንኣምባ የማነ ጸጋም ኣብ ዝገዝዑ ተረተራት ዝዓስከረ ናይ ወንበዴ ዕስለ ደሲቑ፣ ኣብ ጥርዚ'ቲ ተረተር ጊዝያዊ መከላኸሊ ክምስርት:

ለ) 18ኛ ተራራ ክ/ጦር ናቅፋ ኤርፓርት ዝገዝዕ ብራኸ ነጥቢ 1702 ዝዓስከረ ጸላኢ ደምሲሱ፣ መከላኸሊ መስመር መስሪቱ፣ ቐጻሊ ትዕዛዝ ክጽበ

ሐ) 16ኛ ሰንጥቅ ሜኻ/ብርጌድ ብስም እቲ ጅግና ሚሊሻ ዱባለ ቁሪቾ ዝተሰምየ ዱባለ ተራራ(*ብ.ነ 1590*) ኣጥቒዑ፣ የማነ-ጸጋም ተፈናቲቶም ዝረኣዩ ተረተራት ተቖጻጺሩ መከላኸሊ መስመር ክምስርት:

መ) 22ኛ ተራራ ክ/ጦር ኣብ መከላኸሊ መስመር ዓሪዱ ዕቱብ ምክትታል ከካይድ፡ 3ይ ክ/ጦር ሪዘርቭ ኾይኑ ኣብ ኣድላዪ ጊዜ ክዉርወር

ነቲ ኹናት ኣብ ቐረባ ኮይኑ ከወሓሕድ ኣዛዚ 2ይ ኣብዮታዊ ሰራዊት ሜ/ጀ መርዕድ ንጉሴ ህዳር 13 1985 ዓም ናብ ደንደስ ኸተማ ናቅፋ መጽዩ ኣብ ሩባ ኣምባ ማዕከል መአዘዚ መስረተ። 2ይ ምዕራፍ ወፍሪ ባሕረ-ነጋሽ ሮብዕ ሕዳር 13 1985 ዓም ምሸት ብወግኢ ጀመረ። ናይ ወገን ከቢድ ብረት ክውጭጭ ጀመረ። መዳፍዕ ብኣጋር እንዳተጠቐማ ን40 ደቓይቕ ሕዛእቲ ጸላኢ ድብደባ።

ደብዳብ መዳፍዕ ከይተዛዘመ ናይ 102ኛ ኣየር ወለድ ክ/ጦር 5ይ ኣ/ወለድ ብርጌድ ናብ ኸተማ ናቅፋ ዘእትው ናይ መኪና ጽርግያ ሒዙ፣ ብየማናይ ሸንኽ ናይቲ መገዲ ኣብ ዘሎ ገዛኢ ስፍራ ዝዓስከረ ጸላኢ ደምሲሱ፣ ኣብ ጥርዚ'ቲ ዕምባ ክድይብ ተዓዘ። ጸጋማይ ጎኑ ናይ 18ኛ ተራራ 44ኛ ተ/ብርጌድ ስለዝቖጻጸሮ ዝባኑ ዉሕስ'ዩ። ናይ 102ኛ ኣየር ወለድ ክ/ጦር 6ይ ኣ/ወለድ ብርጌድ ኣብ ዱባለ ተራራ ዓስኪሩ ዘሎ ጸላኢ ደምሲሱ ነቲ ጎቦ ክቖጻጸር ተዓዘ።

ደብዳብ ከቢድ ብረት ካብ ቀዳማይ መኸላከሊ መስመር ጸላኢ ናብ ካልኣይ ምስሰገረ 5ይን 6ይን ኣ/ወለድ ብርጌዳት መጥቃዕቶም ጀመሩ። 5ይ ኣ/ወለድ ብርጌድ ሓደ ቦጦሎኒ ነክዩ ናብ ሕዛእቲ ጸላኢ ኣበገሰ። ቅድሚ ደቓይቕ ብመዳፍዕ ዝተለብለበ ጸላኢ ሕልክ ይመስል ስኑ ነኺሱ ተኸላኸለ። 5ይ ኣ/ወለድ ግን ዝያዳ ኒሕን ሕልኽን ነበሮ። ብዙሓት ወትሃደራት ናይ ጸላኢ ፈንጂ ረጊጾም፣ ንስለ ወላዲት ሓገሮም ምስወደቑ መሳቱኦም ሬስኦም ረጊጾም ቀዳማይ መከላኸሊ መስመር ጸላኢ ኣብትሕቲ ምቑጽጻር ወዓለ።

ኣብዚ ግጥም ካብ 5ይ ኣ/ወለድ ብርጌድ ዝተነከየ ሓደ ሻለቃ ጦር ኣብዛሓ ብጅግንነት ክወድቕ እንከሎ ሂደት ዕደለኛታት ነዚ ዓወት ብህይወት ረዓዩ።

6ይ ኣ/ወለድ ብርጌድ ምስ 44ኛ ተ/ብርጌድ እንዳተበራረየ ዱባለ ተራራ ክቖጻጸር መጥቃዕቱ ኣጽዓቐ። ክልቲኦም ብርጌዳት ወሳኒ መሬታት ተቖጻጸሩ። ይኹን እምበር የማነ-ጸጋም ጎኖም ዝሕልውን ዝኸላኸልን ሓይሊ ኣየዳለውን ኔሮም።

ጸላኢ ነዚ ኹነታት ኣስተብሂሉ ብጎናዊ መጥቃዕቲ ነዞም ስፍራታት ዳግም ተቖጻጸረ። ድሕሪ'ዚ 44ኛ ተ/ብርጌድ ናብ ዝሓዞ ድፋዕ ኣትዩ ዳግመ ስርርዕ ምስገበረ ንካልኣይ ጊዜ መጥቃዕቲ ፈነወ። ንቅድሚት ከግስግስ ዝተፈላለየ ሜላታት መሓዘ። ጸላኢ ናቅፋ ናይ ህላውነቱ መሰረት ስለዝኾነት ዝኸፈል ከኽፍል ወሰነ። ናይ ወገን ሰራዊት ተስፋ ከይቖረጸ፣ ስልትታት እንዳቐያየረ ብተደጋጋሚ ንቅድሚት ክደፍዕ ፈተነ። ኣይተዓወተን። ላዕላዋይ ኣካል መንግስቲ ኩሎም ክፍልታት መጥቃዕቲ ደው ኣቢሎም መኸላከሊ መስመር ክምስርቱ ዓዘዘ። ክልተ ምዕራፋት ዝሓቘፈ ወፍሪ ባህረ-ነጋሽ ሕዳር 1985 ዓም በዚ መገዲ ተዛዘመ።

ክፍሊ ኢሰራን ሽድሽተን

ናይ ናቅፋ ግንባር ፍጻሜ

ምዕራፍ ሰማንያ

ናደው ዕዝ ምስ ጸላኢ ዝገበሮ መሪር ጥምጥም - መጋቢት 1988

<<ከም መትከል ክተሓዝ ዘለዎ: ሓደ ሰራዊት መኸላከሊ ጥርዙን ኀኑን ብፍጹም ሓድነት ክህልዎ ኣለዎ፣ በዚ መገዲ ጸላኢ ብነጸነት ካብ ምሕላፍ ክኸላኸሎ ይከእል>>

ጀነራል ካርል ቮን ክሎስዊትዝ

ኣብ ጥሪ 1979 ዓም ኣብ 3ይ ምዕራፍ ወፈራታት ግብረ-ሃይል ዝተመስረተ ናቅፋ ግንባር ድሕሪ ሰለስተ ዓመት ኣቓውሙኡ ናብ ዕዝ ምስተሰጋገረ ሓገርና ካብ ትዉንኖም ኣጋርን ሜካናይዝድ ሰራዊት ብጽፈት ኣጽዋር፣ ብብዝሒ ሰራዊት፣ ብሞራልን ጽንዓትን ተወዳዳሪ ዘይርከቦ ስለዝነበረ ዓሰርተ ዓመት ሙሉዕ ኹናት ተፈልዩዎ ኣብ ዘይፈለጥ ናይ ናቅፋ ግንባር ኣስኪሩ፣ ሕልሚ ጸላኢ ከም ግመ ኣህፊፉ፣ ሻዕብያ ኣብ ሳሕል ኣውራጃ ክዕበጥ ዝፈረዶ ናይ ሓድነትና ዋልታን ድርዕን ነበረ።

ናደው ዕዝ ቖልቁል ኣፉ መገዲ ዝጀመረ ኣብ ወርሂ ግንቦት 1987 ዓም ኣብ 2ይ ኣብዮታዊ ሰራዊት ናይ ኣወዳድባ ለዉጢ ምስተኣታተወ ነበረ። ቅድሚ ግንቦት 1987 ዓም ናይ 2ይ ኣብዮታዊ ሰራዊት ናይ ኣመራርሓ ውዳበ: ሓደ ላዕላዋይ ኣዛዚ፣ ናይ ወፈራ መኾንን፣ ናይ ትምህርትን ስልጠናን መኾንን፣ ናይ ሓበሬታ መኾንን ነበረ። 2ይ ኣብዮታዊ ሰራዊት ናይ ኣወዳድባ ለውጢ ዘተኣታተወ ምስ ምንዋሕ ናይቲ ኹናት ኣብ ኣዘዝቲ መኾንናት ምዕዝምዛም፣ ምስልቻው ስለዝተራእየ ላዕላዋይ ኣካል መንግስቲ ስልጣንን ሹመትን ብምሃብ ነዚ ፈተና ክሰግሮ ስለዝሓለነ ነበረ።

በዚ መሰረት ብሓደ ኣዛዚ ዝምራሕ ዝነበረ 2ይ ኣብዮታዊ ሰራዊት ክልተ ምክትል ኣዘዝቲ ኣብትሕቲ ኣዛዚ ክምደቡ ተገብረ። እዚ ለውጢ ምስተኣታተወ ንነዊሕ ዘመን ሰራዊት ዝመርሐ ኣዘዝቲ: ሰራዊቶም ገዲፎም ናብ ኣስመራ ክምለሱ ተገብረ።

ማዕከል መአዘዚ ናደው ዕዝ - ኣፍዓበት

ኣብ ግንቦት 1987 ዓ.ም. ዝተገብረ ናይ 2ይ ኣብዮታዊ ሰራዊት መሓዉራዊ ናይ ኣመራርሓ ለውጢ:

ሀ) ኣብ መለብሶ ግንባር ናይ መንጥር ዕዝ ኣዛዚ: ሜ/ጀነራል ረጋሳ ጅማ - ናይ 2ይ ኣብዮታዊ ሰራዊት ኣዛዚ

ለ) ኣብ ናቅፋ ግንባር ናይ ናደው ዕዝ ኣዛዚ: ብ/ጀነራል ዉበቱ ጸጋይ - ናይ 2ይ ኣብዮታዊ ሰራዊት ም/ኣዛዚ

ሐ) ኣብ ኣልጌና ግንባር ናይ ዉቃው ዕዝ ኣዛዚ ዝነበረ: ሜ/ጀነራል ሁሴን ኣሕመድ - ናይ 2ይ ኣብዮታዊ ሰራዊት 2ይ ም/ኣዛዚ

ንብ/ጀነራል ዉበቱ ጸጋይ ዝተኸአ ብ/ጀነራል ታሪኹ ዓይኔ ነበረ። ታሪኩ ዓይኔ(*ብ/ጀነራል*) ከም ናቕፋ ግንባር ዓይነት ኣብ ሰዓታት ዝቐያየረ፣ ኣዝዩ ዝተጠናነገ ሕልኽላኽ ዝበዝሖ ግንባር ክመርሕ ዝኽእለሉ ኹነታት

ኣይነበረን። ብሕማም ሊዩኪምያ ደም ይሕለብ ካብ ምንባሩ ብተወሳኺ ነቲ ሹመት ከምዘይደልዮ፣ ኣብ ክንድኡ ክሕከም ከምዝደሊ የዕዘምዝም ነበረ። ልዕሊ ኩሉ ምስ ሓለቖቶቱ ዝነበሮ ምትሕልላኽ፣ ምስንትንዓቖ ሕማቐ ዕጫ ከግዝሞ እንከሎ ናደው ዕዝ ድማ ኣደዳ ተኸታታሊ ውድቐታት ኮነ።

ብ/ጀ ታሪኩ ዓይኔ

ጀነራል ታሪኹ ኣብ ናደው ዕዝ ምስተሾመ ምስ 2ይ ኣብዮታዊ ሰራዊት ኣዛዚ ሜ/ጀ ረጋሳ ጅማ ሕዱር ሕልኽን ቖርሕንትን ስለዝነበሮ ንጀነራል ረጋሳ ጅማ ዘይምእዛዝ፣ ትዕዛዙ ምጥሓስ ስርሑ ነበረ። ላዕላዋይ ኣካል መንግስቲ ኣብ ከቢድ ናይ ጥዕና ጸገም ወዲቑ ሕክምና ዘድልዮ ሰብ ኣብ ኣጻምዕ ክሰፍር ምፍራዱ ኣብ መንግስቲ ዝሰረተ ምሕደራዊ በደልን ኣድልዎን ኣጉሊሁ ዘርእይዩ።

እቲ ካልዕ ኣሰካፊ ኹነታት ናቕፋ ግንባር ክምስረት እንከሎ ሓሙሽተ ክ/ጦራት ኣሰሊፉ'ኻ እንተነበረ ድሕሪ ወፍሪ ቀይሕ-ኮኾብ ብሰለስተ ክ/ጦራት ጥራይ ክሽፈን ተገብረ። ናቕፋ ግንባር ካብ ሩባ ቀልሓመት ክሳብ ሩባ ፈልከት ዝበጽሕ ናይ 165 ኪ.ሜ ንዉሓት፣ ካብ ሩባ ባሸሬ ክሳብ ቀይሕ-ባሕሪ ዝዝርጋሕ ናይ 60 ኪ.ሜ ስፍሓት ብድምር ኣብ 14,850 ትርብዒት ኪሎሜትር ዝተደኮነ ግዙፍ ግንባርዩ። ነዚ ግንባር ክኸላኸል ዝተመደበ ሰለስተ ክ/ጦር ጥራይ ስለዝነበረ እዚ ሓድሽ ሽመትን ኣወዳድባን ዕላዊ ምስኮነ ጸላኢ ዘየቋርጽ ዳሕሳስ ክገብር ጀመረ።

ላዕላዋይ ኣካል መንግስቲ ኣብ መስከረም 1987 ዓም ኣብዪ ጌጋ ፈጸመ። *<<ኣብ 1987 ዓም ሻዕብያ ዝገበሮ ወትሃደራዊ ምንቅስቃስ ዛሕቲሉዩ፣ ሰራዊቱ እንዳመሃረዩ፣ ተረጋጊኡዩ ወዘተ>>* ብምባል ኣብ ኤርትራ ክ/ሓገር ዝርከቡ 22 ጀነራላትን 18 ኮረኔላት ኣዲስ ኣበባ ስታፍ ኮሌጅ ናይ ኣዛዝነት ስታፍ ትምህርቲ ክወስዱ ኣዘዘ። እዚ ተግባር ብጌጋ ዘይኮነ ብመደብ ከምዝተፈጸመ ንኣንባቢ እንዳሓበርኩ መንቐሊኡን ስንክሳሩን ኣብ ዝቕጽል ምዕራፍ ክገልጽ'የ። በዚ መሰረት ኣብ ኤርትራ ክ/ሓገር ዝነበሩ ኣዘዝቲ ተኣኪቦም መስከረም 1987 ዓም ኣዲስ ኣበባ ክኣትው እንከለው ካብ 2ይ ኣብዮታዊ ሰራዊት ኣዘዝቲ ኣብ ኤርትራ ዝተረፉ ክልተ ጀነራላት ጥራይ ነበሩ።

ወትሃደራዊ ኣቓውማ ናደው ዕዝ:

ሓደ ኣጋር ክ/ጦር
ክልተ ተራራ ክ/ጦር
ሓደ ሜ'ካ/ብርጌድ
ሓደ ናይ መድፍዕ ብርጌድ
ሓደ ታንከኛ ሻለቃ

ናደው ዕዝ ዝዓጠቖም ኣጽዋራት:

10 ቢኤም 21

15 130 ሚሜ መዳፍዕ
35 122 ሚሜ መድፍዕ
83 ታንክ
67 ጸረ-ነፈርቲ(*ዙ-23*)
40 ቢቲኤን ጸረ-ታንክ
5 ቢቲኤን 60
96 82 ሚሜ መድፍዕ

ኣብዚ ዓመት ኣብ ናደው ዕዝ ስርዓት ኣልቦነት ክነግስ ጀመረ። ናይዚ ዝርጋን ሓንዳሲ 22ኛ ተራራ ክ/ጦር ነበረ። 22ኛ ተራራ ክ/ጦር ኣርባዕተ ብርጌዳት ዝሓዘዩ: 48፣ 49፣ 50፣ 51 ተ/ብርጌድ። ኣንባቢ ኣብ 2ይ ምዕራፍ ወፍሪ ቀይሕ-ኮኾብ ከምዝዝክሮ 48ኛን 49ኛን ብርጌድ ኣብ መርገመት ደዱቦም ኣብ ጸላኢ ዘሰኸሕ ህልቒት ዘውረዱ ክፍልታትዮም። ናይዚ ሕዉከት ሓንዳሲ 50ኛ ተ/ብርጌድ ነበረ። መንቐሊ ናይዚ ሕውከት ኣብ ሞንጎ ኣዛዚ ብርጌድን ናይ ፖለቲካ ኮሚሳር ዝነበረ ምዉጣጥን ምስትንዓቕን ነበረ። ናይ ፖለቲካ ኮሚሳር ንሰራዊት ኣኪቡ *<<ዝሓለፈ ዓሰርተ ዓመት ፍታሕ ኣብ ዘይርኸቦ ኹናት ተጠቢስኩም፣ ሰንኪልኩም፣ ዓሪቕኩም>>* ብምባል ሓላዪ ተመሲሉ ናደው ዕዝ ከይዋጋእ፣ ንኣዛዚኡ ከይምዕዘዝ ናይ ስርዓት-ኣልቦነት ስሚ ዘርአ።

በዚ ዘረባ ዝተሰመመ ናይ 50ኛ ተ/ብርጌድ 503ኛ ሻለቃ ናብ ክፍሊ ምግብና ኣትዩ በብወርሂ ዝዕደል ናይ ሰራዊት ራሽን ክዘምት ጀመረ። ሕሉፍ ሓሊፉ ቐለብን ስንቕን ጽኢነን ሕይወቱ ዘውሕሳሉ ቓፍላያት ከም ጸላኢ ኣድብዩ ክወረንን ክዘምተን ጀመረ። ነዚ ዝርጋንን ዕልቕልቕን ዝጠጀአ ናይ 50ኛ ተ/ብርጌድ 503ኛ ሻለቃ ኮሚሳር ዝነበረ ፍቃዱ ዓለሙ ዝበሃል ናይ ሕውከት ሓዋርያ ነበረ። *<<ዝዓረገ ኣንበሳ መጸወቲ ወኻሩ ይኸዉን>>* ከምዝበሃል ናይ 22ኛ ተራራ ክ/ጦር ኣዛዚ ኮ/ል ግርማ ተፈሪ ብታሕትዎት መኾንናት ክድፈር ዝብሎን ዝገብሮን ኣይነበረን። ሻዕብያ ነዚ ዘይርኸብ ዕድል ተጠቒሙ ናብ ሕዛእቶም ተጸጊኡ ዳሕሳስ ጀመረ።

ኣማስዩኡ ላዕላዋይ ኣካል መንግስቲ ኣዝዩ ድንጉይ መቕጻእቲ በየነ። ናይዚ ዝርጋን መሓንድስ ዝነበረ ናይ 50ኛ ተራራ ብርጌድ ፖለቲካል ኮሚሳር ሻምበል ሲራክ ምስ 50 ሰዓብቱ ኣብ ጥቅሲ ተሞቕሐ። ጥቅሲ ናይ ዅናት መዓዲ ከምዝኾነት እንዳተፈልጠ ናብ ኸረን ምግዓዝ እንዳተኻእለ እዞም ዕሱራት ኣብዚ ስፍራ ስለዝተዓስሩ ካብ ማእሰርቲ ሓንደበት ኣምሊጦም ንጸላኢ ኢዶም ሃቡ። ንጸላኢ ኢዶም ካብ ዝሃቡ ናይ ስለላ፣ ናይ ወትሓደራዊ ወፈራ መኾንናት ስለዝነበሩ ጸላኢ ኣሻሓት ከፊሉ ዘይረኽቦ ምስጢር ብጻዕዳ ሸሓነ ኣብ ገዝኡ ተቐረበሉ።

በዚ መገዲ ናይ ወገን ድፋዕ ድዅምን ብርቱዕን ጎነ፣ ናይ ቶኽሲ ኣቅሚ፣ ዕዝን ሰንሰለትን እኹል ዝርዝራዊ ሓበሬታ ምስረኸበ ሻዕብያ ኣብ ናቅፋ ግንባር መጥቃዕቲ ፈንዩ ኣፍዓበትን ኸረንን ክሕዝ ተበገሰ። ቅድሚ'ቲ መጥቃዕቲ ናብ ግንባር መጽዮም ባሕላዊ ምርኢት፣ ሳዕስኢት ዘርኣዩ ናይ ምብራቅ ዕዝ ከፍሊ ባህሊ ኣብ ናቅፋ ግንባር ሕዳር 1987 ዓም ምርኢት ኣርእዮም ናብ ኣስመራ ክምለሱ እንከለው ሻዕብያ ኣብ ሓብረንቖቓ ኣድብዩ ብረት ዘይዓጠቑ፣ ሰላማውያን ሰባት ከቢድ ቶኽሲ ከፊቱ 17 ንጹሃን ዜጋታት ብጭካነ ረሸነ። 13 ሰባት ድማ ብጽኑዕ ቖሲሎም ካብዚ ሓደጋ ወጹ።

ናይ ሻዕብያ ወንበዴ በዚ ፋሺስታዊ ጭፍጨፋ ትንፋሶም ካብ ዝመንጠሎም ንጹሃን ሓንቲት ብምዑዝ ድምጻ ህዝቢ ኢትዮጵያ ዝፈልጣ ንግስት ኣበበ ነበረት።

ቅድሚኡ ኣብ ትግራይ ክ/ሃገር ዘጋጠመ ናይ ድርቒ ሓደጋ ንምሕጋዝ ናይ ረድኤት ስርናይ ዝጸዓና ትሸዓተ ናይ ሕቡራት መንግስታት በጣሓት ብዓዲ-ቀይሕ ናብ ዓድግራት እንዳምርሓ እንከለዋ ሻዕብያ ሙሉ ብሙሉእ ኣንደደን። ካብቲ ዝገርም ነገር ንህዝቢ ትግራይ ድሕነት ይቓለስ እየ ዝብል ንነብሱ *<<ወያኑ>>* ኢሉ ዝሰምየ ጨራሚ ሓገር ብዛዕባ'ዚ ፍጻመ ርጡብ ሓበሬታ እኻ እንተሓለዎ ብጨቕ ኢሉ ክዛረብ ዘይምድፋሩ'ዩ።

ታሕሳስ 5 1987 ዓ.ም. ምክትል ኣዛዚ 2ይ ኣብዮታዊ ሰራዊት ብ/ጀ ዉብቱ ጸጋይ ነዚ ዝስዕብ ዕቱብ መጠንቐቕታ ናብ ናደው ዕዝ ኣሕለፈ: *<<19ኛ ተራራ ክ/ጦር ኣብ የማናይ ክንፊ ናደው ዕዝ ምስ 22ኛ ተራራ ክ/ጦር ናብ ሓሙሽተ ኪሎሜትር ዝጽጋእ ጋግ ብቕልጡፍ ዓጽዩ ሪፖርት ክገብር።>>* ኣብ ናደው ዕዝ ዕግርግርን ስርዓት

ኣልቦነትን ሳዕሪሩ ካብ ምንባሩ ብተወሳኺ ኣዛዚ ናደው ዕዝ ንሰራዊቱ ብዕቱብ ስለዘይቆጻጸር እዚ ትዕዛዝ ጸማም እዝኒ ተዋህቦ።

ታሕሳስ 8 1987 ዓ.ም. ንግሆ ሰዓት 04:00 ጸላኢ ኣብ የማናይ ክንፊ ናደው ዕዝ ዝተሰለፈ 22ኛ ተራራ ክ/ጦር መጥቃዕቲ ፈነወ። ቅድሚ ሒደት ሳምንታት ናብ ሻዕብያ ዝኾብለሉ ናይ 22ኛ ተራራ ክ/ጦር 50ኛ ተ/ብርጌድ 503ኛ ሻለቃ ፖለቲካ ኮሚሳርን ምስኡ ዝኾብለሉ ናይ ክፍሊ መራኸቢ ኣባላት ናይ ጸላኢ ሓሙሽተ ብርጌድን ሓደ ሜኻናይዝድ ሻለቃ መሪሖም ናይ ወገን ክፉት መኸላከሊ መስመር ኣርኣዩዎም። እዚ ክፉት መስመር ናይ 2ይ ኣብዮታዊ ሰራዊት ኣዛዚ *<<ብቕልጡፍ ዓጺኹም ሪፖርት ግበሩ>>* ብምባል ዝኣዘዞ ስፍራ ነበረ።

መጥቃዕቲ ጸላኢ ጽዒቑ ናብ ጥቅሲ ቐጸለ። በዚ ኹነታት ዝተተባበዐ ናይ ሻዕብያ ወንበዴ መጥቃዕቱ ቐጺሉ ንኣምባ ኣብ ዝገዝዑ ብራኽ ነጥብታት፡ 1742፣ 1852 ካብ 19ኛ ተራራ መንዚዑ ተቖጻጸረ። ድሕሪ ኣርባዕተ መዓልቲ 19ኛ ተራራ ክ/ጦር ካብ ኣስመራ ብዝመጸ ነፈርቲ ኹናት ተሓጊዙ ኣብ ዝኸፈቶ ጸረ-መጥቃዕቲ ጸላኢ ዝተቖጻጸሮም ስፍራታት ኣምሊሱ መኸላከሊ መስመሩ ኣዉሓሰ። እዚ መጥቃዕት ክካየድ እንከሎ ናደው ዕዝ ኣዛዚ ኣይነበሮን። ብ/ጀነራል ታሪኹ ዓይኔ ሓሚሙ ኣስመራ ኣብ ሕክምና ኔሩ። ኣብዚ መጥቃዕቲ ሻዕብያ 269 ዉግኣትን 125 ምዉታትን ተገዚሙ መጥቃዕቱ ደው ከብል ተገደ። ናደው ዕዝ እውን ኣብ ዉሽጡ ዝቦቖሉ ከሓድቲ ጸላኢ መሪሖም መጽዮም ዘውረዱሉ ጉድኣቱ ከቢድ ነበረ።

ናይ ታሕሳስ መጥቃዕቲ ምስፈሸለ ኣብ የማናይ ክንፊ ናደው ዕዝ ዝነበረ 22ኛ ተራራ ክ/ጦር ናይ ዝርጋንን ስርዓት ኣልቦነትን ምልክት ስለዝኾነ ካብዚ ተኣፋፊ ግንባር ተላኢሉ ናብ መንጥር ዕዝ(*መለብሶ*) ተዛወረ። ንዑ ተኪኡ 14ኛ ክ/ጦር የማናይ ክንፊ ናደው ዕዝ ተረኸበ። ኣብ ወርሂ ታሕሳስ ዘጋጠመ ዉድቐት ንምዕዛብ፣ ጠንቁ ንምፍላጥ፣ ጓድ ፕሬዚደንት መንግስቱ ሃይለማርያም ኣብ ወርሒ ለካቲት 1988 ዓም ናብ ኣፍዓበት ኣቕነዐ። ናብ ኩሎም ክፍልታት ኣምሪሑ ወትሃደራት ዘሎዎም ሽግር ነጊሮም ክነግሩዎ ኣተባበዐ። ኩሎም ክፍልታት ጸብጺብኻ ዘይውዳእ ምዕዝምዛምን መረረን ኣስሙዑ። ጠለባቶም ኣማሊኡ፣ ሎሚ ዘሎ ሰራዊት ብኣርባዕተ እጽፊ ከምዝውስኾ ቓል ኣትዩ ኣስመራ ተመልሰ።

ነዚ ዉድቕት ተሓተቲ እዮም ዝበሃሉ መኾንናት ኣብ ኣስመራ ፋይሎም ክግለጽ፣ ጥፍኣቶም ክዝርዘር ጀመረ። ኣብ ኤርትራ ክ/ሓገር ካብ ዘለው ኣዘዝቲ ዝለዓለ ጥፍኣት ኣጥፊኦም ዝተባሕሉ: ብ/ጀነራል ታሪኹ ዓይኔን ናይ መከት ዕዝ ኣዛዚ ብ/ጀነራል ከበደ ጋሼን ነበሩ። መቕጻእቲ ናይዞም መኾንናት ንምዉሳን ካቢነ ሚኒስተራትን ኣዘዝቲ ሰራዊት ክዘራርቡ እንከለው ብሓለቕቶቱ ዝጽላዕ ጀነራል ታሪኹ ዓይኔ ብጡረታ ይገለል ምስበሉ ፕሬዚደንት መንግስቱ:

<<*እዚ ሰራዊት ከንደዚ ኣዕዘምዚሙ ነዚ ጉዳይ ብፎኩስ መቕጻእቲ እንተሰጊናዮ ካብ ርእስና ዝወርድዶ ይመስለኩም*>> ብምባል ተቓወመ። በዚ መሰረት ብ/ጀነራል ታሪኹ ዓይኔ ኣብ ዝባን ኣስመራ ኤርፖርት ዓዲ-ጓዕዳድ ኣብ ዝበሓል ጸቢብ ሜዳ ተረሸነ። ናይ መከት ዕዝ ኣዛዚ ብ/ጀ ከበደ ጋሼ ኣብ ቅድሚ ሰራዊት ማዕረጉ ተቐንጢጡ ካብ ስራሕ ተሰናበተ።

እዚ ስጉምቲዚ ኣብ ግንባር ንዘለው ኣዘዝቲ ከቢድ መልእኽቲ'ዩ ኣሕሊፉ። <<*ብጻይኻ ከላጸ ጭሕምኻ ማይ ልኸ*>> ከምዝበሃል <<*በብሓደ ከይረገፍና ገለ ንግበር*>> ዝብል ስምዒት ሳዕረረ። ነዚ ዝርጋንን ሕዉከትን ይኸታተል ዝነበረ ጸላኢ ናይ ወገን ሰራዊት ካብ ዘሰለፎ ክልተ ዕጽፊ ሰራዊት ኣሰሊፉ መጋቢት 17 1988 ዓም መጥቃዕቲ ጀመረ።

ቅድሚ'ቲ መጥቃዕቲ ን'ሜ/ጀ ረጋሳ ጅማ ተኺኡ ናይ 2ይ ኣብዮታዊ ሰራዊት ኣዛዚ ኮይኑ ዝተሾመ ብ/ጀ ዉበቱ ጸጋይ ነዚ ዝስዕብ መልእኽቲ ኣመሓላለፈ <<*ነበርቲ ናይቲ ከባቢ ብዝሃቡና ሓበሬታ መሰረት ክልተ ብርጌድ ዝኸዉን ናይ ጸላኢ ሰራዊት ኣብ ገለብ ዓስኪሩ ኣሎ። ዘይተኣደነ ኣጽዋር ኣብ ኣግማል ጽዒኖምዮም መጽዮም። ዕላምኦም ንናደው ዕዝ ብዝባኑ ሓሪምም ጽርግያ ኣፍዓበት-ኸረን ምዕጻው ይመስል። ኣድላዪ ዳህሳስ ጌርኹም ኣብ ዉሽጢ 48 ሰዓታት ኣፍልጡኒ።*>> ናደው ዕዝ እዚ መጠንቐቕታ ምስበጽሖ ዝገበሮ ንጣብ ነገር ኣይነበረን። ከምቲ ዝተባህለ ጸላኢ ንጽባሒቱ ኣጥቀዐ።

ምዕራፍ ሰማንያን ሓደን

ናይ ናደው ዕዝ ውድቐት: ናይ ኸተማ ኣፍዓበት ምትሓዝ

መጋቢት 17 ሰዓት 04:00 ኣጋወጋሕታ ጸላኢ ወትሩ ብዘጥቐዐሉ የማናይ ክንፊ ናደው ዕዝ(*ገምገም ሸንጥሮ*) መጥቃዕቲ ከፈተ። ኣብዚ ስፍራ ዝዓረደ ን22ኛ ተራራ ክ/ጦር ተኺኡ ካብ መለብሶ ግንባር ዝመጸ 14ኛ ክ/ጦር ነበረ። ብተወሳኺ 29ኛ ዘርኣይ ደረስ ሜኻ/ብርጌድ መከላኸሊ መስመር ሒዙ ይርከብ። ድሕሪ ሓደ ሰዓት ጸላኢ ብሰለስተ ኣንፈት ጽዑቕ መጥቃዕቲ ፈነወ። መጥቃዕቱ ከምዚ ዝስዕብ ኔሩ:

1) ኣብ የማናይ ክንፊ ናደው ዕዝ ዝዓረዱ 14ኛ ክ/ጦርን 29ኛ ዘርኣይ ደረስን ኣጥቂዑ ነቲ ስፍራ ምስተቐጻጸረ ናብ ኹብኩብ ምግስጋስ። ድሕሪዚ 14ኛ ክ/ጦርን 29ኛ ዘርኣይ ደረስ ምስቶም ንኣምባ ሸንጥሮ ኣብ ዝገዝዕ ብራኸ ነጥቢ 2002 ዝዓረዱ 19ኛ ተራራን 21ኛ ተራራ ክ/ጦር ከይራኸቡ ጸጋማይ ጎኖም ምቑራጽ

2) ንኣምባ ሸንጥሮ ኣብ ዝገዝዕ ብራኸ ነጥቢ 2002 መከላኸሊ መስመር ዝመስረቱ 19ኛ ተራራን 21ኛ ተራራ ክ/ጦርን ናይ ፊተፊት መጥቃዕቲ ምፍናዉ: ነዚ ዕማም ሓደ ክፍለጦር ኣሰሊፉ'ሎ

3) እቲ ሳልሳይን ናይ መወዳእታን ናብ ኣፍዓበት ተወርዊሩ ናይ ናደው ዕዝ ክፍሊ ሎጂስቲክስ ታንከታት፣ መዳፍዕ፣ ቢኤም ከቢቡ ክማርክ ዝተበገሰ: ብተወሳኺ እዞም ተወንጨፍቲ ኣጽዋራት ካብ ኣፍዓበት ናብ ኸረን ከይስሕቡ ኣብታ ሰንካም ናይ መስሓሊት ፓስ ዘድቢ ክልተ ብርጌድ

ሻዕብያ ፈለማ ኣብ የማናይ ጫፍ ናደው ዕዝ ኣብ ዝፈነዎ መጥቃዕቲ ንጣብ ዉጽኢት ክረክብ ኣይኸኣለን። 29ኛ ዘርኣይ ደረስ ኣብ ገምገም ንነዊሕ ዘመን ምስ ሻዕብያ ብታንከታት ስለዝተጨፋጨፈ ኣብዚ ግጥም ኣየናሕሰየሉን። ሻዕብያ ዘይተኣደነ ጉድኣት ወረዶ። 29ኛ ዘርኣይ ደረስ ጸብጺብካ ዘይዉዳእ ሰብን ኣጽዋርን ማረኸ። ሻዕብያ ብሜኻናይዝድ ዝግበር ዉግዕ ስለዝበርትዖ ኣቓልቡኡ ናብ 14ኛ ክ/ጦር ገበረ።

29ኛ ዘርኣይ ደረስ ድኹም ጎኒ ጸላኢ ምስስተብሓለ ናይ ታንኪታቱን መዳፍዑን ኣፈሙዝ ናብ 14ኛ ክ/ጦር መከላኸሊ መስመር ጠውየ። መሬት ብሬሳ ወንበዴ ኣዕለቕለቐ። ብርሃን ንጸላም ምስብረየ ካብ ኣስመራ 2ይ ሬጅመንት ዝተበገሳ ነፈርቲ ኹናት ንጸላኢ እንዳረኣያ ከርግፎኦ ጀመራ። ጸላኢ ኣብዚ ዉግዕ ዘሰለፎ ሰራዊት ሰለስተ ክ/ጦር'ዩ። ምስ ናደው ዕዝ ክነጻጸር እንከሎ ብክልተ ዕጽፊ ይዛይድ።

ኣብ ሳልስቱ ሻዕብያ ኣብ ሕዛእቲ 29ኛ ዘርኣይ ደረስ ዝጀመሮ መጥቃዕቲ ብናሕሪ ቐጸሎ። ኣብዚ ዕለት ጸላኢ ፈለማ ንሩባ ቀምጭዋ ምስሓዘ ድሕሪኡ ንጥቅሲ ተቐጸጸረ። 14ኛ ክ/ጦር ናብ ኹብኩብ ተመሊሱ መከላኸሊ መስመር መስረተ። ኣንባቢ ከምዝዝክሮ 14ኛ ክ/ጦር ኣብ ወርሂ ሕዳር 1984 ዓ.ም. ኣብ ዓረዛ ብትብዓት ተዋጊኡ ጎሮሮ ጸላኢ ዝለኾተ ክፍሊ ስለዝኾነ ኣደ ክፍሉ መከት ዕዝ ይሕበነሉ'ዩ። ይኹን እምበር 14ኛ ክ/ጦር ኣብ ግንባር ብተደጋጋሚ ተወጊኦም ዝተመልሱ፣ ቓፍላያት ዝዕጅቡ ወትሃደራት ዝተኣኻኸቡሉ ክፍሊ'ዩ። 14ኛ ክ/ጦር ኣብዚ ተኣፋፊ ስፍራ ዝዓስከረ ቅድሚ ኣርባዕተ ወርሒ ኣብ 22ኛ ተራራ ክ/ጦር ዝተላዕለ ዝርጋን ስዒቡ ዝተወሰኑ ኣባላቱ ናብ ጸላኢ ከዲዖም፣ ንጸላኢ መሪሖም ድሕሪ ዘውረድዎ ጉድኣት ነበረ። ኣብ ዉሽጢ 22ኛ ተራራ ክ/ጦር ዝተፈጥረ ዘሕፍር ክስተት ብኣጉኡ እንተዝቑጸ ኔሩ ሩባ ቀምጨዋ ከም ብዋዛ ኣይምተደፍረን።

14ኛ ክ/ጦርን 29ኛ ዘርኣይ ደረስ ሜኻ/ብርጌድ ካብ ገምገም ክስሕቡ ተገብረ። 29ኛ ዘርኣይ ደረስ ሜኻ/ብርጌድ ካብ ገምገም ሽንጥሮ ምስሰሓበ ናብ ማዕሚደን ማርሳ ጉልብብን ኣብ ዝወስድ ናይ ሓሌብ ሽንጥሮ ዓስከረ። ጸላኢ የማናይ ክንፊ ናደው ዕዝ ኣዝዩ ከቢድ ዋጋ ከፊሉ ምስልቀቐ ጠመቱኡ ናብ ጸጋማይ ክንፊ ናደው ዕዝ ማለት 19ኛ ተራራን 21ኛ ተራራ ክ/ጦር ዝዓረዱሉ ሩባ ኣምባን ባሸሬን ገበረ። ኣብዚ ቦታ ዝዓረዱ ናይ ወገን ክፍልታት ዝሓለፈ ሽድሽተ ዓመት ዝተዋደቑሉ መሬት ጥራይ ዘይኮነ ውሕሉል ልምዲ ዘኻዕበተሉ ስፍራ ስለዝኾነ ስጋ ከም ዝረኣየ ዝብዒ እንዳኽነፍነፈ ዝመጾም ናይ ወንበዴ ዕስለ ክዓጽዱዎ ጀመሩ።

ናብ ኣምባን ባሸሬን ዘቓርብ መሬት ሓጎጽጎጽ ዝበዝሖ ዓሚዩቕ ሽንጥሮ ስለዝኾነ ሻዕብያ ከንደልፍጽ እንከሎ ናይ ወገን ሰራዊት ዕጥቑ ኣስጢሙ ተጸበየ። ጸላኢ 19ኛን 21ኛ ተራራ ክ/ጦር ኣብ ዝርኸቡሉ ስፍራ ማለት ሩባ

ባሸሬን ኣምባን ክበጽሕ እንከሎ ናይ ጸሓይ ብርሃን እኻ እንተነበረ መጥቃዕቱ ቐጺሉ። ነፈርቲ ኹናት ነብሱ ዘቓለዐ ጸላኢ ካብ ሰማይ ምስረኣያ ከም ምቑዕ ናይ ሓደን እንስሳ ሓዲነን ኣርገፎኦ። እቲ ዉግእ ንኣስታት ሸሞንተ ሰዓት ምስቐጸለ ሻዕብያ ብሉጻት ተዋጋዕቱ ከፊሉ ቀዳማይ መኸላኸሊ መስመር ተቖጻጸረ። 19ኛ ተራራ ክ/ጦር ምስ 21ኛ ተራራ ክ/ጦር ናብ ኹብኩብ ስሒቡ መኸላከሊ መስመር መስረተ።

ጸላኢ ብዝረኸቦ ዓወት ሰኺሩ እግሪ እግሮም ብምስዓብ ኣብ ኹብኩብ መጥቃዕቱ ቐጸለ። ናይ ወገን ሰራዊት ሓደ ስድሪ ምንቕ ከይበለ ብጽንዓት ስለዝተኸላኸለ ጸላኢ ዘሰክሕ መቕዘፍቲ ወረዶ። ናደው ዕዝ ናይ ሞትን ሕውየትን ጥምጥም ከካየድ እንከሎ ናይ ናደው ዕዝ ኣዛዚ ብ/ጀ ጌታሁን ሃይለ ነበረ። ብ/ጀ ጌታሁን ናይ ሆለታ ኣካዳሚ መበል 19 ኮርስ ምሩቕዩ። ጀነራል ታሪኹ ምስተቐትለ ምክትሉ ስለዝነበረ ነቲ ስልጣን ተረኺቡ።

መጋቢት 17 ጸላኢ ኣብ ናደው ዕዝ መጥቃዕቲ ምስከፈተ ናይ 2ይ ኣብዮታዊ ሰራዊት ኣዛዚ ብ/ጀ ዉበቱ ጸጋይ ካብ ኣስመራ መጺዩ ኣብ ኣፍዓበት ማዕከል መኣዘዚ መስረተ። ዉግእ እንዳጸዕጸዐ ምስኸደ ሓደ ናይ ጸላኢ ክ/ጦር 19ኛ ተራራን 14ኛ ክ/ጦር ካብ ዝሓዙዎ ሓድሽ መኸላኸሊ መስመር(*ኩብኹብ*) ብማዕከል ሰንጢቑ ናብ ኣፍዓበትን ኸረንን ምስተጸገዐ ብ/ጀ ዉበቱ ጸጋይ *<<ክልተ ኣጋር ክ/ጦራት ኣብ ዝባን ጸላኢ ኣትየን መጥቃዕቲ እንተዝወስዳ እቲ ምርኢት ክቕየርዩ>>* ብምባል ንሓለቓ ስታፍ ምክልኻል ሓገር መርዕድ ንጉሴን(*ሜ/ጀ*) ንኣላዪ መምርሂ ወፈራ(*ሄድ ኦፍ ኦፕሬሽንስ*) ደምሴ ቡልቶ(*ሜ/ጀ*) ሓበረ። ብ/ጀ ዉበቱ ጸጋይ ዘቕረቦ ሓሳብ ተግባራዊ ኣይተገብረን።

ሕጂ ሰዓት 09:00 ኮይኑሎ። መጋቢት 18: ኣፋዓበት። ናይ ወገን ሰራዊት ናብ ኣፍዓበት ይግስግስ ኣሎ። ናይ 2ይ ኣብዮታዊ ሰራዊት ኣዛዚ ብ/ጀ ዉበቱ ጸጋይ ናብ ኩብኹብ ይቓረብ ዘሎ ሰራዊት ገስጋሱ ደው ኣቢሉ መጥቃዕቲ ጸላኢ ክኸላኸለ ኣዘዘ። ኣብ 1985 ዓም ንዉቃው ዕዝ ዝተኸዐ በርጌድ ዕዝ ካብ ኣልጌና ግንባር ምልዓሉ ንጸላኢ ዓቢ ሩፍታ ሂቡዎ'ሎ። በርግድ ዕዝ ካብ ኣልጌና ብዘይጠቕም ምክንያት እንተዘይለዓል ኔሩ እዚ መጥቃዕቲ ገና ክጅምር እንከሎ ካብ ሩባ ፈልከት ተበጊሱ ኣብ 14ኛ ክ/ጦር መጥቃዕቲ ዝፈነወ ናይ ጸላኢ ዕስለ ብዝባኑ ደሲቑ ከይተበገሰ ምቖጸዮ ኔሩ።

ላዕላዋይ ኣካል መንግስቲ ብዝፈጸሞ ተደጋጋሚ ጌጋ ሻዕብያ ናብ ኣፍዓበት ዝኣትወሉ ዕድል ተኸፍተ። ሜ/ጀ መርዕድ ንጉሴ ምስ ኣላዪ ወፈራ ሜ/ጀ ደምሴ ቡልቶ ኣፍዓበት ምስበጽሑ ናይ ወገንን ጸላዕን ኹነታት ብ2ይ ኣብዮታዊ ሰራዊት ኣዛዚ ብ/ጀ ዉበቱ ጸጋይ መብርሒ ምስተዋሕቦም ናደው ዕዝ ናብ ኸረን ክስሕብ ወሰኑ። 19ኛ ተራራ ክ/ጦርን 21ኛ ተራር ክ/ጦር ከምኡ'ውን ኣብ የማናይ ክንፊ ናደው ዕዝ ዝነበረ 14ኛ ክ/ጦር መኻይኖም፣ ናይ ነዊሕ ርሕቐት ኣጽዋርም ካብ ኹብኩብ ናብ ኣፍዓበት ዝወስድ ሽንጥሮ ሒዞም ክስሕቡ ተዓዘ። ኣብዚ ሽንጥሮ ዝግበር ምንቕስቓስ በብተራ እምበር ብሓደ ጊዜ ኣይከኣልን።

ጸላኢ ነዚ ኣጸቢቑ ስለዝፈልጥ ጸረ-ታንክ(*ላውንቸር*) ዝዓጠቑ ወትሃደራት ኣዋፈረ። እዞም መኻይንን መዳፍዕን ኹብኩብ(*የተሰፋዬ-በር*) ሓሊፎም ናብ ኸተማ ኣፍዓበት ዝወስድ መገዲ ምስጀመሩ ሰዓት 02:30 ድሕሪ ቀትሪ ኣብ ቅድሚት ዝነበረ መኪናን ድሕሪኡ ዝነበረ ቦጥ ብላዉንቸር ተወቕዓ። ጸላኢ ዝተረፈ መኻይንን ኣጽዋርን *<<ከወርሶ'ዩ>>* ዝብል ሕልሚ ነበሮ። ናደው ዕዝ ትምኒት ጸላኢ ኣጸቢቑ ስለዝፈልጥ ሻዕብያ ነዞም ኣጽዋራትን መኻይንን ከይተንከፎም ነፈርቲ ኹናት መጽየን ክድብድባ ጸውኢት ገበረ። እዞም ኣጽዋራት ኣብ ዉሽጢ ደቓይቕ ናብ ሓመድ ምስተለወጡ ሕልሚ ጸላኢ ከም ዛዕዛእታ ረገፈ።

ኣብ ደንደስ ኸተማ ኣፍዓበት ዝግበር ዉግዕ ጸዕጺዑ ኢድ ብኢድ ምትሕንናቕ ምስጀመረ: ናደው ዕዝ ኣብ ሎጂስቲክስ ዴፑኡ ዘሎ ከቢድ ብረት ነጊፉ ለይቲ ሰዓት 03:00 ናብ ኸረን ከግዕዞ ጀመረ። ግዝግዛ ትጉዕዝ ሓዲሮም ኣጋ ወጋሕታ መስሓሊት በጽሑ። መስሓሊት ምስበጽሑ: ናይ ናቅፋ ግንባር ኹናት ቅድሚ ምጅማሩ ናይ 2ይ ኣብዮታዊ ሰራዊት ኣዛዚ ዝሰደዶ መጠንቐቕታ ጋሕዲ ኮነ፡ ኣብ ገለብ ዝተራእዩ ክልተ ናይ ጸላኢ ብርጌዳት ንመስሓሊት ኣጽዮም ናደው ዕዝ ምስ ኣጽዋሩ ከይሓልፍ ዓገቱዎ። ኣብዝሓ ኣጽዋር ኣብ ኢድ ጸላኢ ዓለበ።

መጋቢት 19 ሰዓት 03:00 ድሕሪ ቐትሪ ኣፍዓበት ኣብ መንጋጋ ጸላኢ ወደቐ። ናይ ወገን ሰራዊት ሩባ ቀልሃመት ሓሊፉ ነቲ ዓሚዩቕን ጸቢብን ናይ ግዝግዛ ሽንጥሮ ሒዙ ናብ ኸረን ቐጸለ። 21ኛ ተራራ ክ/ጦር ካብ ኩሎም ተፈልዩ ናብ መተንፋስ ሽንጥሮ ሰሓበ። ናይ ናደው ዕዝ ግዝያዊ ማዕከል መኣዘዚ ኣብ

ግዝግዛ ተመስረተ። ኣብ ፍጹም ስኻር ኣትዩ ዝሕንደድ ጸላኢ ኣብ ግዝግዛ ምምኻት ማለት ብኢድካ ማይ ክትዓሙኽ ከም ምፍታንዩ። እዚ ጉዳይ ከምዘየዋጽእ ዝተረደዐ ናይ 2ይ ኣብዮታዊ ሰራዊት ኣዛዚ ብ/ጀ ዉበቱ ጸጋይ ናይ ወገን ሰራዊት ናብ ኸረን ክቕጽል ኣዘዘ።

መጋቢት 20 1988 ዓም ሻዕብያ ኣፍዓበት ዝነበረ ሰራዊቱ ኣኽቲቱ ንቀልሃመት ሓሊፉ ግዝግዛ ዝበጽሐ ናይ ወገን ሰራዊት ኣብ መስሃሊት ምስዘሎ ሰራዊቱ ከቢቡ መጥቃዕቱ ቐጸለ። ናይ ወገን ሰራዊት ንመስሓሊት ምሕላፍ ስለዝሓርበቶ እቲ ዝሓሸ መማረጺ ግዝግዛ ምብራቕ <<ገለብ>> ናብ ዝበሃል ንዑስ ወረዳ ምስሓብ ነበረ።

መስሓሊት ዙርያ ኣብ ዝተገብረ ዉግእ ናይ 19ኛ ተራራ ክ/ጦር ኣዛዚ ኣድማሱ መኾንንን ናይ 14ኛ ክ/ጦር ኣዛዚ ብ/ጀ ተሾመ ወ/ሰንበት ንስለ ወላዲት ሓገሮም ኣብ ኣፋፌት መስሓሊት ተሰውኡ። መብዛሕቱኡ ሰራዊት ብገለብ ተጠውዩ ናብ ኸረን ክኣትዉ እንከሎ ዝተወሰነ ድማ ካብ ግዝግዛ ዝገርም ነኻል ፈጢሩ ኸረን ኣትወ።

ኣብዚ ዉግዕ ሻዕብያ ሃረር ዝበሎ ግን ድማ ዘይረኸቦ ን2ይ ኣብዮታዊ ሰራዊት ኣዛዚ ብ/ጀ ዉበቱ ጸጋይ ምምራኽ ነበረ። ብ/ጀ ዉበቱ ኸረን ክበጽሕ 20 ኪሜ ጥራይ ተሪፉዎ እንከሎ ካብ መስሃሊት ንግዝግዛ ቐጺሉ ድሕሪ ብዙሕ መዓልታት ኸረን ብሰላም ኣትወ።

ብ/ጀ ዉበቱ ጸጋይ

ናቅፋ ግንባር ክፈርስ እንከሎ ኣብ ወትሃደራዊ ታሪኽና ተራእዩ ዘይፈልጥ ፍጻመ ተኸሲቱ'ዩ። ሻዕብያ ኣብ ታሪኹ ንመጀመሪያ ጊዜ 30 ኪ.ሜ ናይ ምዉንጫፍ ኣቕሚ ዘለዎ 130 ሚ.ሜ መድፍዕ፣ ኣብ ሓደ ጊዜ 40 ሮኬት ኮሊሱ ልዕሊ 20 ኪ.ሜ ዝውርወር ቢኤም-21 ወነነ። እዚ መርድዕ ኣብ ዉሽጢ ኣብዮታዊ ሰራዊት ምስተላበዐ ናይ ወገን ሰራዊት ሞራል ምሂር ተተንከፈ። ሓገራት ኣዕራብ ንሰላሳ ዓመት ነዚ ኹናት ከንበድብዱ ብጀካ ፎኲስ ብረት፣ ሞርታር፣ ላውንቸር ንጸላኢ ናይ ነዊሕ ርሕቐት ተወንጫፊ ኣዕጢቖም

ኣይፈልጡን። እዚ ፍጻመ ኣብ ዝስዕቡ ክፍልታት ንሪኦም ወትሓደራዊ ትራጀዲታት ከመይ ከምዝፈጠረ ክንዕዘብ ኢና።

ድሕሪዚ ፍጻመ እንግሊዛዊ ጸሓፊ ታሪኽ ባዝል ዴቪድሰን ንቢቢሲ ነዚ ዝስዕብ ቓል ሓበ: *<<ኹናት ዲዬን-ቤንፉ ምስ ኹናት ኣፍዓበት ዝመሳሰልዩ፣ ድሕሪ ሕጂ እቲ ኹናት ተወዲኡ'ዩ።>>* ኣብ ናቕፋ ግንባር ዝተገብረ ዉግዕ ምስ ግጥም ዲዬንቤንፉ ዘራኽብ ንጣብ ነገር ከምዘይብሉ እዞም ዝስዕቡ ኣርባዕተ ነጥብታት ምስክራት እዮም:

ሀ) ኣንጻር መግዛእቲ ፈረንሳ ዝቃለሰ *<<ቬት-ሚንሕ>>* ኣብ ዉግእ ዲዬንቤንፉ 63,000 ወትሓደራት ከሰልፍ እንከሎ ፈረንሳ 13,000 ወትሓደራት ኣሰሊፋ ኔራ። ኣብ ናቕፋ ግንባር ዝተገብረ ናይ መወዳእታ ጥምጥም ናደው ዕዝ 15,000 ዝገማገም ሰራዊት ነበሮ። ናይ ጸላኢ ሰራዊት ሰለስተ ክ/ጦር ብድምር 20,000 ዝገማገም ኔሩ

ለ) ናይ ናቕፋ ግንባር(*ናደው-ዕዝ*) መከላኸሊ መስመር 165 × 60 እዩ: ናይ ዲዬንቤንፉ መኸላኸሊ መስመር 16 × 7 ኔሩ

ሐ) ውግእ ዲዬን-ቤንፉ ንኣስታት 57 መዓልታትዩ ተኻዪዱ። ኣብ ናቕፋ ግንባር ዝተግብረ ዉግእ ንሰለስተ መዓልታት ጥራይ'ዩ

መ) ድሕሪ ኹናት ዲዬን-ቤንፉ ፈረንሳውያን ካብ ቬትናም ጠቕሊሎም ከወጹ ተገዱ። ኣብ ናቕፋ ግንባር ድሕሪ ዘጋጠመ ዉድቐት ኣብ ዝስዕብ ክፍሊ ኢሰራን ሸውዓተን ኣንባቢ ዝምልከቶ መዘና ዘይብሉ ናይ ምክልኻል ኹናት ኣብ ኽረን ንክልተ ኣዋርሕ ተኻዪዱ'ዩ

ናይ ናደው ዕዝ ውድቐት ኣብ ማዕኸልና ዝተላሕጉ ኣዘዝቲ ሰራዊት ዝተዋስኡሉ ብምንባሩ እቲ ሓዘን ድርብ'ዩ። ህዝቢ ኢትዮጵያ እዚ ሓቒ ክጋሃደሉ እንከሎ ብሓዘን ከምዝሕቆን ዝፍለጥ እኻ እንተኾነ: *<<ህዝቢ ከይሓዝን፣ ብሕይወት ዘየለው መኾንናት ከይውቐሱ>>* ምእንቲ እዚ ሓቒ ተዓቢጡ ክተርፍ ኣይደልን።

ኣብ መስከረም 1987 ዓም *<<ናይ ስታፍ ኮሌጅ ስልጠና>>* ብዝብል ሰበብ 22 ጀነራላትን 18 ኮረኔላትን ብሓለቓ ስታፍ ትዕዛዝ ካብ ኤርትራ ክ/ሓገር ናብ ኣዲስ ኣበባ ክኸዱ ከምዝተገብረ ንኣንባቢ ገሊጸ'የ። እዚ ትዕዛዝ ምስመጸ ናይ 2ይ ኣብዮታዊ ሰራዊት ም/ኣዛዚ ብ/ጀነራል ዉበቱ ጸጋይን ካልኦት ብዙሓት

መኾንናት *<<ጸላኢ ከምዘጥቕዕ ጽጹይ ሓበሬታ ኣሎ>>* ዝብል ተደጋጋሚ መጠንቐቕታ'ኳ እንተቐረቡ ምሕጽንቶኦም ጸማም ዕዝኒ ተዋሕቦ። ጸማም ዕዝኒ ዝተዋህቦም ናይ ዕሉዎ መንግስቲ ዉጥን ይጻፈፍ ብምንባሩ'ዩ።(*ክፍሊ ኢሰራን ትሽዓተን ተመልከት*)

<<ዕሉዎ መንግስቲ ምስ ናደው ዕዝ ውድቐት እንታይ የራኽቦ?>> ዝብል ሕቶ ኣንበብቲ ከምዝሓቱ ይግምት። ዕሉዎ መንግስቲ ዝሓንደሱ ጀነራላት ኣብ ኢጣልያ ምስ ሻዕብያ ሹመኛታት ብተደጋጋሚ ዘትዮም ኣብ ስምምዕ በጺሖም ነበሩ። እቲ ስምምዕ ናይ ሻዕብያ ወንበዴ ኹናት ደው ኣቢሉ ሓድሽ ኣብ ዝምስረት መስጋገሪ መንግስቲ ከምዝሳተፍ ቓል ኣትዩ። በዚ ምክንያት ሓገርናን ህዝብናን ኣሚኑ ኣብ ዝለዓለ ስልጣን ዘቐመጦም መኾንናት: *<<ጸላኢ ከጥቕዕ ተቐራሪቡ'ሎ፣ ኣዘዝቲ ይጽንሑ>>* ዝብል ተደጋጋሚ ምሕጽንታ ነጺጎም ኣብ ኹናት ዝተሞኾሩ ጀነራላት ብስታፍ ኮሌጅ ስልጠና ኣመሳሚሶም ኣዲስ ኣበባ ክምለሱ ኣዘዙ።

ክፍሊ ኢሰራን ሸውዓተን

ናቅፋ ግንባር(ናደው-ዕዝ) ምስፈረሰ ወንበዴታት ኸተማ ኸረንን ኣስመራን ብፍጹም ስኻር ከቖጻጸሩ ዝፈጸሙዎ ዕብዳን

<<ናይ ምድምሳስ ዉግእ: ምኸዛን ብሉጻት ክፍልታት ሰራዊት፣ ናይ ከበባን ጎናዊ መጥቃዕቲ ስልቲ ምንዳፍ ይሓትት>>

ጀነራል ካርል ቮን ክሎስዊትዝ

ኸረን ዙርያ ሓድሽ ግንባር ክምስርት ምድላዋቱ ዘጻፈፈ ናይ ወገን ሰራዊት ኣብ መስሓሊት ተረጊጦም መዉጽኢ ዝሰኣኑ ወትሃደራት ንምድሓን ኣብ ልዕሊ ጸላኢ መጥቃዕቲ ፈነወ። ናይ ናደው ዕዝ ኣባላት ሒደት ብመስሓሊት ፈንጢሶም ኸረን ክኣትው መብዛሕቲኦም ብገለብ ጌሮም ኣብ ሩባ ዓንሰባ ተኣኻኸቡ። ኣብ ኸረን ክምስረት ይቐራረብ ዘሎ ሓድሽ ዕዝ(*ግንባር*) መግቢ፣ ማይ፣ ሕክምና ኣዳልዩ ተቐበሎም። ናይ ሻዕብያ ወንበዴ ኸረን ክኣትው ክምዝተዳለወ ሓበሬታ ስለዝነበረ 2ይ ኣብዮታዊ ሰራዊት ቐልቡን ሓሙን ኸረን ኣብ መንጋጋ ጸላኢ ከይትወድቕ ምድሓን ነበረ።

በዚ መሰረት ኣብ ወርሂ መስከረም ናብ ኣዲስ ኣበባ ስታፍ ኮሌጅ ዝተላእኹ 22 ጀነራላትን 18 ኮረኔላት ብቕልጡፍ ናብ ግንባር ክምለሱ ተዓዙ። ም/ኣዛዚ 2ይ ኣብዮታዊ ሰራዊት ሜ/ጀ ሁሴን ኣሕመድ ብፍጹም ስኻር ናብ ኸረን ዝግስግስ ናይ ወንበዴ ዕስለ ኣብ መስሓሊት ክዓግቶ ተዓዘ። 2ይ ኣብዮታዊ ሰራዊት ኣብዚ ጊዜ ዘጋጠሞ ፈታኒ ሽግር ዋሕዲ ሰራዊት ነበረ። በዚ ምኽንያት መንጥር ዕዝ ካብ መለብሶ ናብ ኸረን ክስሕብ ተዓዘ። ብተወሳኺ ካብ ሓጋዝ ጀሚሩ ሓገርና ምስ ሱዳን ትዳወበሉ ተሰነይን ከባቢኡን ዝተዘርገሐ ሰራዊት ብቕልጡፍ ስሒቡ ኸረን ክተኣኻኸብ ተገብረ። ኣብዚ ጊዜ ዝተፈጸመ ሓደ ዘስደምም ክስተት ነበረ።

ምዕራባዊ ቆላ ዝነበረ ሰራዊት ጠቕሊሉ ናብ ኸረን ክስሕብ እንከሎ ብኢትዮጵያዊነቱ ንኻልኢት ዘይማታእ ህዝቢ ባረንቱ *<<ንመን ኢኹም ገዲፍኩምና ትኸዱ?>>* ብምባል ብከቢድ ሓዘን ሓተተ። እቲ ወትሓደራዊ ትዕዛዝ ከምዘይቕየር ምስበርሀሉ *<<ሓዲግኩምኒ ኣይትወጹን>>* ብምባል ኣብ ኣረብያ ተወጢሑ ምስ ኣብዮታዊ ሰራዊት ናብ ኸተማ ኸረን ገዓዘ። ህዝቢ

ባረንቱ ንወላዲት ሓገሩ ዘለዎ ዓሚዩቕ ፍቅሪ ብወለዶታት እንዳተዘከረ ዝነብር ዕጹብ ህዝቢ'ዩ።

ካብ ምዕራብ ኸረንን ካብ ምዕራባዊ ቆላን ዝሰሓበ ሰራዊት ኣብ ኸረን ምስተኣኻኸበ እዞም ክፍለጦራት 607ኛ ኮርን 608ኛኮርን ተሰምዩ። ካብዚ ብተወሳኺ ንጹል ክፍልታት፣ ሜኻናይዝድ ብርጌዳት ነበሩ።

ኣብ ኸረን ግንባር ዝተሰለፈ ናይ 2ይ ኣብዮታዊ ሰራዊት ክፍልታት:

1) ኣብ ተሰነይ ዝነበረ 2ይ ሜኻናይዝድ ክ/ጦር

2) ድሕሪ ወፍሪ ባሕረ-ነጋሽ ካብ ኣልጌና ናብ ምዕራባዊ ቆላ ዝገዓዘ 23ኛ ክ/ጦር

3) 16ኛ ሰንጥቕ ሜኻ/ብርጌድ ካብ ኣቆርደት

4) ኣብ ትግራይ ክ/ሓገር ዝነበረ ብኮ/ል ሰረቀ ብርሃን ዝምራሕ 3ይ(*ኣምበሳው*) ክ/ጦር

5) 102ኛ ኣየር ወለድ ክ/ጦር

*6) 18ኛ፣ 21ኛ፣ 22ኛ ተራራ ክ/ጦር

*7) 2ይ ዋልያ ኣጋር ክ/ጦር፣ 14ኛን 15ኛን ክ/ጦር

ካብ 1 ክሳብ 3 ዝረቓሕኩዎም ክፍልታት ሕጹጽ ትዕዛዝ በጺሕዎም ክልተ መዓልትን ለይትን ተጓዒዞም ኸረን ኣትዮም'ዮም። ኣብ ቁጽሪ ሽድሽተን ሸዉዓተን ዝተጠቕሱ ክፍልታት ኣብ መወዳእታ ወርሒ ሚያዝያ ጸላኢ ናይ ከበባ መጥቃዕቲ ከምዝፍንው ጽንጽንታ ምስተሰምዐ ዝመጹ'ዮም። ክብ ኢለ ዝገለጽኩዎም ክፍልታት መብዛሕትኦም ኣብትሕቲ 607ኛ ኮር ክስለፉ እንከለው ከም ሪዘርቭ ዝተሓዝኡ ኣጋር፣ ተራራ ክ/ጦራት፣ ሜኻናይዝድ ብርጌዳት ኣብትሕቲ 2ይ ኣብዮታዊ ሰራዊት ተሰሊፎም ብጠቕላላ ሓደ ሚእቲ ሽሕ ዝበጽሕ ናይ ወገን ሰራዊት ኣብ ኸረን ግንባር ተሰለፈ።

ነዞም ክፍልታት ናይ ምምራሕ ሓላፊነት ዝተሰከመ ም/ኣዛዚ 2ይ ኣብዮታዊ ሰራዊት ሜ/ጀ ሁሴን ኣሕመድ ነበረ። ኣብ ኸረን ግንባር ዝዓስከረ ናይ ወገን ሰራዊት ማዕከል መኣዘዚኡ ኸረን ሰሜን ምብራቕ ኣብ ዝርከብ ጎቦ ላሉምባ መስረተ። ጸላኢ ኣብ ኸረን ግንባር ዘሰለፎ ብዝሒ ሰራዊት ካብ ጸጉሪ ርእሲ

ይበዝሕ ኢለ ከሰግሮ። 2ይ ኣብዮታዊ ሰራዊት ናይ ጸላኢ ማዕበላዊ መጥቃዕቲ ክምክት ዝሓንጸጾ መደብ እዚ ዝስዕብ ኔሩ፡

23ኛ ክ/ጦርን 2ይ ሜኻ ክ/ጦር ናይ ጸላኢ መጥቃዕቲ ክኸላኸሉ፣ 3ይ ክ/ጦርን 102ኛ ኣየር ወለድን ከም ሪዘርቭ ክምደቡ። እዚ ወትሃደራዊ ንድፊ ኣብ መእተዊ ናይዚ ክፍሊ ዝጠቐስኹዎ ኣስተምህሮ ጀነራል ካርል ቮን ክሎስዊትዝ ዝተኸተለ ወትሃደራዊ ንድፊ'ዩ። ኣብዮታዊ ሰራዊት ዘተሓሳስቦ ጉዳይ ናይ ህዝቢ ኸረን ኩነታት ነበረ። ናይ ሻዕብያ ወንበዴ ሰላማዊ ሰብ ተመሲሉ ናብ ኸተማ ኸረን ኣትዩ ከቢድ ዝርጋን ክፈጥር ስለዝኽእል፣ ኣብ ምንቕስቓስ ህዝቢ ዕቱብ ቖላሕታ ተገብረ። በዚ መሰረት ካብ ኸተማ ኸረን ኣብ ዘዉጽኡ ሰለስተ ማዕጾታት ኬላታት ተመስረተ።

ጸላኢ ወሳኒ ዝበሎ መጥቃዕቱ ብሸነኽ መስሓሊት ጀመረ። ንሓያለ መዓልታት ድሕሪ ዘካየዶ ዉግእ ንመስሓሊት ዝገዝኡ በረኽቲ ጎቦታት ካብ ወገን ሰራዊት መንጢሉ ናብ ቅድሚት ገስገሰ። ድሕሪዚ ናብ ሩባ ዓንሰባን ሓባብን ተጸጊኡ ኣብ ሰሜናዊ ምብራቅ ኸረን መከላኸሊ መስመር ዝመስረቱ 23ኛ ክ/ጦርን 2ይ ሜኻናይዝድ ክ/ጦርን ኣጥቀዐ። መጥቃዕቱ ከም መስሓሊት ክሰልጦ ኣይኸኣለን።

ናይ ሻዕብያ ወንበዴ ብመስሓሊት ኣንፈት ዝፈተኖ መጥቃዕቲ ኸንቱ ምስኮነ ካልዕ ሜላ መሓዘ። ጽርግያ ኣስመራ-ኸረን ኣብ ሓሊብመንትል ቖሪጹ ክዓጽዎ ፈተነ። ሓሊብ መንትል ካብ ኸረን ሓሙሽተ ኪሎሜትር ተፈንቲታ ትርከብ ናይ ገጠር ቀበሌ'ያ። ድሕሪዚ ዝተወሰኑ ታንክታትን ኣርመራትን ኣሰሊፉ ኣብ ኸረን ግንባር ዝዓስከረ ኣብዮታዊ ሰራዊት ዝባኑ ከጥቕዖ ጀመረ። ኣብዚ እዋን ኣብ ጥቃዕ መዕርፎ ነፍርቲ ኸረን ማለት ኣብ ደንደስ ጎቦ ላሉምባ ዝነበረ 2ይ ሜኻናይዝድ ክ/ጦር ብቕልጡፍ ካብ መከላኸሊ መስመር ወጽዩ ንጸላኢ ዓገቶ።

ብተወሳኺ ብኮ/ል ሰረቀ ብርሃን ዝምራሕ 3ይ(*ሓምበሳው*) ክ/ጦር ተደሪቡ ናይ ኣጋር ሽፋን ሓበ። ደቡባዊ ምብራቅ ኸረን ማለት ካብ ኣስመራ ናብ ኸረን ዘእትው ስፍራ ሓዉሲ ሜዳ ስለዝኾነ ንሜኻናይዝድ ዉግዕ ምቹዩ። ሜካናይዝድ ሰራዊት ጥራይ ዘይኮነ ነፈርቲ ኩናት ካብ ኣስመራ 2ይ ሬጅመንት ነፊረን ንጸላኢ ጨፍጪፈን፣ ሻዕብያ ኸረንን ኣስመራን ናይ ምብሓት ሕልሙ ናብ መሪር ሓዘን ቐየረ'ኦ።

ህልቒት እንዳቐጸለኻ እንተኾነ ጸላኢ ብሸነኽ ደቡብ ምብራቕ ኸረን ዝጀመሮ መጥቃዕቲ ኣየቋረጸን። ለይቲ ዝጀመሮ መጥቃዕቱ ክሳብ ኣጋ-ወጋሕታ ቐጸለ። ኸረን ኣብ ከቢድ ሓደጋ ወደቐት። ም/ኣዛዚ 2ይ ኣብዮታዊ ሰራዊት ሜ/ጀ ሁሴን ኣሕመድ ላዕላዋይ ኣካል ኸረን ኣብ ሓደጋ ወዲቓ ስለዘላ ረዳት ጦር ብቕልጡፍ ክሰደደሉ ጠለበ። ኣብ ጥቓ ዓዲ-ተከሌዛን ኣብ ሓብረንቆቓ ዝዓረደ ናይ 102ኛ ኣየር ወለድ ክ/ጦር ክልተ ብርጌዳት ናብ ኸረን ተወርዊሮም ንጸላኢ ዝባኑ ክሰልቑዎ ጀመሩ። ጸላኢ ኣየር ወለድ ብርጌዳት ከዓግቶም እኻ እንተፈተነ ኢዶም በርቲዕዎ ብሕድማ ናብ መስሓሊት ተጸርገፈ።

ጸላኢ ካብ ወርሂ መጋቢት ኣትሒዙ ኣብ ኸረን ዝፈነዎ መጥቃዕቲ ብጀካ ህልቒትን ስንክልናን ፍረ ስለዘየፍረየሉ ኣብ መጀመሪያ ሚያዝያ 1988 ዓ.ም. ናይ ኸረን ዉግዕ ንግዚኡ ደው ኣበሎ። ድሕሪዚ ጠመቱኡ ናብ ኣስመራ ኣበለ።

በዚ መሰረት ጸላኢ ኣስመራ ሰሜን፣ ሰረጀቃ ምብራቕ ንሰሜናዊ ባሕሪ ኣብ ዝገዝኡ ጎቦታት ናይ ኹሎም ጎቦታት ንጉስ *<<ርእሲ-ዓዲ>>* ጠመቱኡ ኾነት። ርእሲ-ዓዲ ካብ ኣስመራ ቐረባ ስለዝኾነ ኣብ ርእሲ-ዓዲ ዝደየበ ወንበዴ ኣስመራ ግልህ ኢሉ ስለዝረኣዮ ዝመረጾም ቦታት ብመዳፍዕ ምድብዳብ፣ ንህዝቢ ምርዓድ ይኽእልዩ። ብተወሳኺ ሰሜናዊ ባሕሪ ሒዙ ናብ ሰለሞና ሸንጥሮ ምስበጽሐ ንደቡብ ተጠውዩ መትኒ ህይወት ኣብዮታዊ ሰራዊትን ህዝቢ ኣስመራን ዝኾነ ጽርግያ-ኣስመራ-ምጽዋ ኣብ ሰባ-ሶስት(*ጋሕቴላይ*) ከዓጽዎ ይኽእልዩ።

እዚ ኹነታት ሰላሳ ዓመት ኣዕጽምትን ደምን ኢትዮጵያዉያን ዝተጸፍጸፈሉ ናይ ኢትዮጵያ ሓድነት ፍጻሜ ዘግሕድ ስለዝኾነ መንግስቲ ኢትዮጵያ ብቕልጡፍ ቖራጽ ዉሳነታት ክሕልፍ ተገደ። በዚ መሰረት ኣብ ምብራቃዊ ክፉል ሓገርና ሓረርጌ ክ/ሓገር ዑጋዴን ኣውራጃ ዝርከብ ቀዳማይ ኣብዮታዊ ሰራዊት ካብ ከብሁ ክልተ ክ/ጦራትን፣ ናይ መድፍዕን ቢኤምን ሻለቃታት ነክዩ ብቕልጡፍ ናብ ኣስመራ ክልዕኽ ተዓዘ።

ናይ ቀዳማይ ኣብዮታዊ ሰራዊት 10ይ ክ/ጦር ትዕዛዝ ተቐቢሉ ካብ ዑጋዴን ኣብ ዉሸጢ ሓሙሽተ መዓልቲ ኣስመራ ኣትወ። መሬት ንዓይኒ ምስሓዘ መጥቃዕቲ ጀመረ። 1ይ ኣብዮታዊ ሰራዊት ኣብ ሰለሞና ግንባር ዝዓረደ ጸላኢ ሰሊቑ ኣብ ዉሸጢ ሓደ ሰዓት ካብ ሰሜናዊ ባሕሪ ባሕጉጉ ኣዉጽኦ። ሻዕብያ

ጓሳ ከምዘይብለን ኣባጊዕ ብትንትን ኢሉ ናብ ሰለሞና ኣውራጃ ቖላ ስፍራ ብህድማ ተጸርገፈ። ነዚ ዘደንቕ መጥቃዕቲ ኣብ ጸላኢ ዘውረደ ካብ ምብራቃዊ ክፉል ሓገርና ዑጋዴን ዝመጸ ብብ/ጀ ከተማ ኣይተንፍሱ ዝምራሕ 10ይ ክ/ጦር ነበረ። 10ይ ክ/ጦር ንጸላኢ ብፍጥነት ስለዘጥቖዖ ጸላኢ መንፈሱ ኣኪቡ ዝሓስቡሉ ጊዜ ኣይነበሮን።

ኣንባቢ ከምዝዝክሮ 10ይ ክ/ጦር ቅድሚ 10 ዓመት ካብ ምብራቅ ኢትዮጵያ ምስመጸ ኣብ 2ይ ምዕራፍ ወፈራታት ግ/ሃይል ኣብ ማዕሚደ ምስ ወንበዴታት መሪር ምትሕንናቕ ኣኻዪዱ'ዩ። ኣብ ርእሲ-ዓዲ ዘደየበ ወንበዴ ስለዘይወረደ ላዕላዋይ ኣካል መንግስቲ ካብ ምዕራባዊ ክፉል ሓገርና ከፋ ክ/ሓገር *<<ጥቁር ኣንበሳ ሻለቃ>>* ናብ ኣስመራ ለኣኸ። ጥቁር ኣምበሳ ሻለቃ ብእምባትካላ፣ ጋሕቴላይ ጌሩ ናብ ርእሲ ዓዲ ገስገሰ፣ 10ይ ክ/ጦር ድማ ካብ ሰሜናዊ ባሕሪ ተወርዊሩ ንወንበዴ ካብ ርእሲ ዓዲ ከጽድፎ ተበገሰ። ናይ ሻዕብያ ወንበዴ ነዚ መጥቃዕቲ ክምክት ስለዘይከኣለ ካብ ርእሲ-ዓዲ ወሪዱ ናብ ሳሕል ኣውራጃ ሓደመ። ርእሲ ዓዲ ኣብ ዝተገብረ ዉግእ ህዝቢ ኣስመራ ልዕሊ ዓሰርተ ዓመት ሰሚዕዎ ዘይፈልጥ ድምጺ ቶክስን ጠያይትን ምስምዑ ባሕታ ፈጢሩሉ።

ናይ ሻዕብያ ወንበዴ ኣብ ርእሲዓድን ከባቢኡን ዝጀመሮ ዉግእ ብዘይፍረ ምስተረፈ ኣቀዲሙ ዝጀመሮ ናይ ኽረን ዉግእ ቐጸሎ። ኣብ መወዳእታ ሚያዝያ 1988 ዓም ደው ዝበለ ናይ ኽረን ግንባር ጥምጥም ዳግም ከምዝጅምር ምልክታት ተራእየ። ጸላኢ እኹል ምቕርራብ ምስገበረ ግንቦት 13 1988 ዓም ንኽረን ሓንሳብን ንሓዋሩን ክቖጸጸር ሰዓት 04:00 ኣጋወጋሕታ መጥቃዕቲ ጀመረ። መጥቃዕቱ ብሸነኽ መስሓሊት እኻ እንተነበረ ሓደ ኣዝዩ ሓደገኛ መደብ መዲቡ'ሎ። ካብ ኽረን ናብ ሓጋዝ ኣብ ዘውጽእ ጽርግያ ካብ ጥንቁልሓስ ደቡብ ተፈንቲቱ ኣብ ዝርከብ *<<ፎርቶ>>* ተሰምየ ዳገት ክልተ ብርጌድን ሓደ ኮማንዶ ሻለቃ ኣሰሊፉ፣ ኣብ ፎርቶ ዝዓረደ ናይ ወገን ሰራዊት ደምሲሱ ለይቲ ንኸተማ ኽረን ክኣትው ሓሊሙ።

እዚ መጥቃዕቲ ኣዝዩ ሓደገኛ ዝገብሮ ካብ ፎርቶ ንሸነኽ ምብራቅ *<<ሸፍሸፊት>>* ዝበሃል ከውሊ ዝበዝሖ ሸንጥሮ ኣሎ። ብሸፍሸፊት ናብ ኽረን ሶሊኻ ምእታው ይከኣል'ዩ። ናይ ሻዕብያ ወንበዴ ንፎርቶ ኣልቂቑ ናብ ሸፍሸፊት ክውርወር ብልዑል ናህሪ የጥቅዕ ኣሎ። ኣብ ጥርዚ ፎርቶ ዝዓረደ

ናይ ወገን ሰራዊት ቑጽሩ ዉሑድ እኳ እንተነበረ ናብ ፎርቶ ዘጽግዕ ባብ ብፈንጂ ስለዝረገጦ ናይ ወንበዴ ዕስለ ብፈንጂ ክጥጠቕ ጀመረ። ብዙሃት ተዋጋዕቱ ድራር ፈንጂ ጌሩ ናብ ፎርቶ ተቓረበ። በዚ መገዲ ጸላኢ ድሕሪ ሂደት ሰዓት ናብ ማዕከል ኸተማ ኸረን ኣትዩ ጠያይቲ ክጅቕጅቕ ጀመረ።

ኣብ ሕምብርቲ ኸተማ ኸረን ወንበዴታት ኣትዮም ንህዝቢ ኸረንን ኣብ ግንባር ዝዋደቐ ኣብዮታዊ ሰራዊት ራዕዲ ክነዝሑሉ ምስጀመሩ፡ ናይ ኸረን ግንባር ኣዛዚ ሜ/ጀ ሁሴን ኣሕመድ ኹነታት ካብ ቑጽጽሩ ወጻኢ ቅድሚ ምኳኑ ንክፉእ ጊዜ ዘዳለዎ ሪዘርቭ ሓይሊ 18ኛ ተራራ ክ/ጦር ከጥቅዕ ብኮድ ትዕዛዝ ሓበ። 18ኛ ተራራ ካብ መዕርፎ ነፈርቲ ኸረን ለይቲ ብመኻይን ተበጊሱ ማዕከል ናይታ ኸተማ ሰንጢቑ ናብ ሓጋዝ ዘውጽእ መገዲ ሒዙ ሸፍሸፈት በጽሐ። 18ኛ ተራራ ክ/ጦር ቶኽሲ ኣይኸፈተን። ንጸላኢ ኣብ ከብዲ ኢዱ ኣውዲቑ ዝዓጽደሉ ስልቲ መሓዘ።

18ኛ ተራራ ብሸፍሸፈት ጠኒኑ ዝኣትው ናይ ወንበዴ ሰራዊት ፊተፊት ኸረን ተፈናቲቶም ኣብ ዝረኣዩ ጎቦታት ዉሑድ ሓይሊ ኣስፊሩ ከርግፎ እንክሎ ኣብዛሓ ሓይሉ ጼጋምይ ጎኑ ኣስፊሑ ናብ ዝባን ጸላኢ ኣትዩ ንጸላኢ ካብ ድሕሪት ዓጽዎ። እዚ ወትሃደራዊ ስልቲ ናይ ጎኒ መጥቃዕቲ(*ፍላንክ ኣታክ*) ወይ ድማ ናይ ከበባ መጥቃዕቲ(*ኤንቨሎፐመንት ማኑቨር*) ይበሃል።

ኤንቨሎፐመንት ማኑቨር ተዋጋኢ ሰራዊት ናብ ሕዛእቲ ጸላኢ ጠኒኑ ዝኣትወሉን ፊትንፊት ዝዋጋእ ጸላኢ መጥቃዕቲ በርቲዕዎ ንድሕሪት ክምለስ እንክሎ ከም ቆጽሊ ዝረግፈሉ ወትሃደራዊ ጥበብ'ዩ። ከብ ኢለ ዝገለጽኩዎ ወትሃደራዊ ንድፊ ብጊዜ ሰሌዳ መሰረት እንተዘይተጻፊፉ ዘጥቅዕ ሰራዊት መምለሲ መገዲ ስለዝነውሖ ድራር ጸላኢ ክኸውን'ዩ። ጸላኢ ዝተደገሰሉ ጥፍኣት ኣየስተብሃለን። ኣብ ፊተፊት ምስ ዝርከብ ዉሱን ሓይሊ ክታኾስ ምስጀመረ፡ 18ኛ ተራራ ክ/ጦር ኣብዛሓ ሓይሉ ኣሰሊፉ ጸላኢ ናብ ዝተበገሰሉ ሸፍሸፈት ምስበጽሐ ዝባን ጸላኢ ግልሕልሕ ኢሉ ተራእዩ። ታንክታት ኣርመራት ዝባኑ ጋሕ ኣብ ዘበለ ጸላኢ ሓዊ ክተፍኣ ጀመረ። ጸላኢ ንድሕሪት ምስጠመተ ብዝባኑ ከምዝተቖርጸን ኣብ ሙሉዕ ከበባ ከምዝወደቐ ደንጉዩ ተሰወጦ። ኣብ ፎርቶ ዝርከብ ማዕከል መአዘዚ ናይ ሻዕብያ ራድዮ ፍሪኩወንሲ ጠሊፉ ሓበሬታ ከጣልል ፈተነ። ናይ ጸላኢ ሬድዮ ዋጭዋጭታን ጫውጫውታን ነጊሱዎሎ። ኣዘዝቶም ክካሰሱ፣ ክዉጭጩ፣ ክጭድሩ

ይስማዕ። በዚ ኹነታት ዝተገረመ ናይ ኸረን ግንባር ኣዛዚ ሜ/ጀ ሁሴን ኣሕመድ ንሬድዮ ኦፐሬተር: *<<ምስ ብ/ጀ በሃይሉ ክንዴ(ኣዛዚ 18ኛ ተራራ) ቐልጢፍካ ኣራኽበኒ>>* ምስበሎ ጀነራል በሃይሉ ኣብ መስመር ኣትወ: ጀነራል ሁሴን:

<<*ጸላኢ ዝጀመርካዮ ስራሕ ኣይፈትወልካን፣ ስራሕኻ ቐጽሎ።>>* ጀነራል በሃይሉ ተቐቢሉ *<<ኣብ ከብዲ ኢደይ ይወድቕ ኣሎ።>>*

ናብ ኸረን ዝተጸገአ ናይ ወንበዴ ዕስለ ብ18ኛ ተራራ ክ/ጦር ይዕጸድ ኣሎ። 18ኛ ተራራ ከም በቕሊ እንዳሃለለ ዝመጸ ናይ ሻዕብያ ወንበዴ *<<እንኻዕ ብደሓን መጸኻ>>* ብምባል ዓጺዱ ኣርገፎ። ብሸፍፊት ግንባር ዝኣትወ ናይ ሻዕብያ ሰራዊት ናብ 5,000 ዝገማገምዩ። ኹነታት ሓዲኡ ሬሳ ክቕበር እንክሎ ብኣሻሓት ዝጽብጸብ ሬሳ ተጸፍጺፉ ነበረ።

ኣብ ኸረን ናይ ኢሰፓ ቀዳማይ ጸሓፊ: *<<ኣብ ሸፍሸፊት ዝተዛሕዘሐ ሬሳ ንጥዕና ጉዳኢ ስለዝኾነ ወዲኻ ቕበር>>* ዝብል ትዕዛዝ ምስሃበ ህዝቢ ኸረን ወጽዩ ክቐብር እንክሎ ነዚ ህልቒት ተመልኪቱ'ዩ። ኣብ መስሓሊት ግንባር ዘለዎ ዉግእ ቐጺሉሎ።

ጸላኢ ንኸረን ብመዳፍዕ ክድብድብ ጀመረ። ሰላማዉያን ሲቪላት ቤቶም ተባረሰ። ናይ ወገን ሰራዊት ዘተኣማምን ድልዱል ባንከር ስለዝሃደመ ካብ ደብዳብ መዳፍዕ እኻ እንተደሓነ ህዝቢ ኸረን ዝበጽሖ ኣካላዊ ጉድኣት፣ ናይ ኣእምሮ ጭንቐትን ራዕድን ተንካፊ'ዩ። ሶሉስ ግንቦት 17 1988 ዓ.ም. 2ይ ኣብዮታዊ ሰራዊት ናይ መወዳእታ መጥቃዕቱ ፈንዩ ናይ መስሓሊት ገዛኢ ዕምባታት ተቖጻጸረ።

ኣብዮታዊ ሰራዊት ዓሰቢ ጽንዓቱ ስለዝረኸበ ክፍንጥዝ ጀመረ። ካብ ኣስመራ ዝመጹ ጋዜጠኛታት ብኣሻሓት ዝቑጸር ናይ ጸላኢ ሬሳ፣ ምሩኻት፣ ዝተማረኸ ኣጽዋር፣ ወዘተ ብካሜሮኦም ሰነዱ። ከረንን ኣስመራን ክቖጻጸር ብከቢድ ስኻር እንዳተሓንደደ ዝመጸ ናይ ሻዕብያ ሰራዊት: ክልተ ኮራት እንዳመርሐ ኣብ መስሓሊት ዓጊቱ ዕብዳን ጸላኢ ዘዝሓለ ሜ/ጀ ሁሴን ኣሕመድ ነበረ።

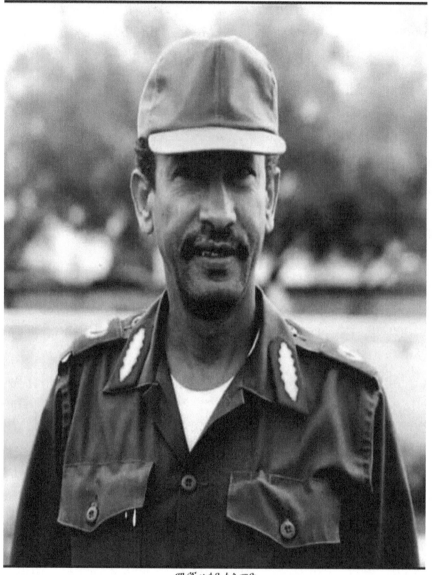

ሜ/ጀ ሁሴን አሕመድ

ምዕራፍ ሰማንያን ክልተን

ናይ ሞት ብይን ዝተበየነሉ ሰራዊት

1988 ዓም ብኽምዚ ዘሕዝን መገዲ ቅድሚ ምዝዛሙ ካልእ ዝኸፍዐ ፍጻመ ኣጋጠመ። ብስም ኣማኽርቲ ካብ ሶቭየት ሕብረት ዝመጹ ጀነራል መኾንናት *<<ኣፍዓበት ዳግም ንምቁጽጻር ዝኽእል ውሑሉል ስትራቴጂ ስለዝነደፍና ኣብ ሓጺር ጊዜ ዓወት ክንግዝም ኢና>>* ብምባል ናይ ደገ ኣማኽርቲ ናይ ምምላኽ ሕማቕ ባህርያት ዘለዎም ላዕለዎት ሰበስልጣናት ኣእሚኖም ናይ ጥፍኣት ስርሖም ጀመሩ።

እቲ መደብ ከምዚ ዝስዕብ ነበረ:

102ኛ ኣየር ወለድ ክ/ጦር ብኣዛዚኡ ብ/ጀነራል ተመስገን ገመቹ ኣላይነት ካብ ምጽዋ ተበጊሱ፣ ሽዕብ ሓሊፉ፣ ማርሳ-ጉልቡብ ምስበጽሐ ገጹ ንምዕራብ ጠውዩ ናይ ሓሌብ ሽንጥሮ ሒዙ ኣፍዓበት ክቖጻጸር

እዚ ወፈራ ዝተመደበ ኣብ ወርሒ ግንቦትዩ። ንኣንባቢ ከምዝገለጽኩዎ ናይ ቀይሕ-ባሕሪ ኣዉራጃ ካብ ሚያዝያ ክሳብ ጥቅምቲ ከም ሓዊ ዝሽልብብ ሓሩርን ሃፈጽታን ዝነገሶ ስፍራ'ዩ። ዝንቀሳቐስ ሰብ ብወቕዒ ጸሃይ(*ሳን ስትሮክ*) ተወቒዑ ከምዝወድቕ እሙን'ዩ። ራሽያዉያን ነዚ መደብ ሓንጺጾም ካብ ላዕለዎት ኣካላት መንግስቲ ቐጠልያ መብራህቲ ምስተዋህቦም ነዚ ዕብዳን ክፍጽሙ ተዳለው። ሰለስተ ክ/ጦራት ብጥምረት ከምዝሳተፉ ኣብ ንድፊ ሰፊሩ'ሎ። ቅድሚ ሒደት ኣዋርሕ ካብ ምብራቅ ኢትዮጵያ ናብ ኤርትራ ክ/ሓገር ዝመጸ 10ይ ክ/ጦር፣ ኣብ ኤርትራ ክ/ሓገር ብተወርዋሪነት ንብዙሕ ዓመታት ዘገልገለ 102ኛ ኣየር ወለድ ክ/ጦርን ቅድሚ ዝተወሰኑ ኣዋርሕ ኣብ ዓሰብ ፈርዩ ስልጠኑኡ ኣብ ቐረባ ዝዛዘመ 3ይ ሜኻናይዝድ ክ/ጦር ነበሩ።

ብዛዕባዚ ወፈራ ዝፈልጡ ኢትዮጵያዉያን ፕሬዚደንት መንግስቱ ሓይለማርያም፣ ሜ/ጀ ደምሴ ቡልቶ፣ ሜ/ጀ መርዕድ ንጉሴ ጥራይ ነበሩ። 102ኛ ኣየር ወለድ ክ/ጦር ግዙፍ ወፈራ ከምዝጽበዮ ምስፈለጠ ብተወርዋሪነት ካብ ዝነበረሉ ኸረን ግንባር ተበጊሱ ናብ ምጽዋ ኣዉራጃ ጉዕዞ ጀመረ። ከም ኸረን ልኡም ኣየር ኣብ ዝዉንን ኸተማ ዝነበረ ሰራዊት ብሓደ መዓልቲ

ተነቓኒቖ፣ ኣብ ምጽዋ ኣዉራጃ ተዋጊኡ፣ ዉጽኢት ከረኽብዩ ዝብል ገምጋም ዕባዳኖም ዘርእይዩ። ብዝኾነ እቲ ወፈራ ተጀሚሩ።

ናይ ወገን ሰራዊት አሰላልፋ:

1. ሰለስተ ኣርመራት ኣብ ቅድሚት
2. ሓደ ታንከኛ ሻለቃ
3. 10ይ ክ/ጦር
4. ካልኣይቲ ታንከኛ ሻለቃን ሜኻናይዝድ ሻለቃን
5. 102ኛ ኣየር ወለድ ክ/ጦር
6. 3ይ ታንከኛ ሻለቃ

ናይ ወገን ሰራዊት ካብ ምጽዋ ተበጊሱ ንሽዕብ ገስጋስ ጀመረ። ኢን ምስበጽሐ ናይ ሻዕብያ ታንክታት ቅድሚት ኣብ ዝተሰለፋ ኣርመራት ቶኽሲ ክዝንቡ ጀመሩ። ናይ ጸላኢ ሓሳብ ኣብ ኢን ረጊእኻ ምክልኻል ዘይኮነ ገስጋስ ምኹላፍን ምድንጓይን ስለዝነበረ ነፈርቲ ኹናት ካብ ኣስመራ 2ይ ሬጅመንት ኢን ምስመጸ ቶኽስታቱ ኣቋረጸ። በዚ መገዲ ናይ ወገን ሰራዊት ብፍጥነት ተሓምቢቡ፣ ማርሳ ጉልቡብ ሓሊፉ፣ ኣብ ድርኩኺት ማዕሚደ በጽሐ።

ንጽባሒቱ 10ይ ክ/ጦርን 2ይ ታንከኛ ሻለቃ ብጥምረት ተላፊኖም ንማዕሚደ ተቖጻጺሮም ናይ ሓሌብ ሽንጥሮ ሒዞም ኣፍዓበት ክኣትው ተዓዘ። 102ኛ ኣየር ወለድ ክ/ጦር ማዕሚደ ንሸነኽ ጸጋም በቲ ሃዉ ዝበለ ኣጻምዕ ጌሩ ኣፍዓበት ክኣትው ተወሰነ። ናብ ማዕሚደ ዝተወርወረ ናይ 2ይ ታንከኛ ሻለቃ ኣርመራት ኣብ ደንደስ ማዕሚደ በጺሐን ንቅድሚት ገስጋስ ምስቐጸላ ጸላኢ ነቲ ቦታ ፈንጅታት ሻቁጡሉ ብምንባሩ ብፈንጂ ተወቕዓ። ን2ይ ታንከኛ ሻለቃ ብኣጋር ዝዓጀበ 10ይ ክ/ጦር ናብ ማዕሚደ ጠኒኑ ክኣትው ከቢድ ተጋድሎ ኣካየደ። 10ይ ክ/ጦር ብኸቢድ ኒሕ ክተሓናነቕ እንክሎ ብማይ ጽምዕን ሓሩርን ተፈትሐ።

ብዙሓት ወትሃደራት ብማይ ጽምኢ ተሎኽሲሶም ምዉዳቕ ጀመሩ። ካብ ማዕሚደ ብሸነኽ ምዕራብ ነቲ ኣጻምዕ ተኸቲሉ ናብ ኣፍዓበት ዝቐጸለ ናይዚ

ታሪኽ ማዕከል 102ኛ ኣየር ወለድ ክ/ጦር ካብቲ ኣጻምዕ ወጽዩ ናብቲ ተረተር ምስተጸገዐ ብ/ጀነራል ተመስገን ገመቹ ነዚ ዝስዕብ ሕጹጽ መልእኽቲ ናብ ላዕላዋይ ኣካል ኣመሓላለፈ: *<<ሰራዊተይ ከቢድ ጽምኢ ማይ ኣጋጢሙዎ፣ ናይ ቕለብን ጠያይትን ሕጽረት ኣለኒ፣ እዚ ሰራዊት ዝመጸሉ ከባቢ ካብ ዝተጸበናዮን ካብ ንቡር ንላዕሊ ከቢድ ሃፈጽታ ስለዘሎ መብዛሕቱኡ ሰራዊተይ ብዘሰክሕ መገዲ ይሕሰ'ሎ>>* ኣብ ምጽዋ ዝነበረ ናይ ወገን ክፍሊ ናብ ላዕላዋይ ኣካል ከመሓላልፈሉ ሓተተ። ን'ጀነራል ተመስገን ፈለማ ዝመለሰሉ ራሽያዊ ጀነራል ፒትሮቭ ነበረ። ኣብ ኹናት ኢትዮጵያን ሶማልን ድሕሪኡ ኣብ ኤርትራ ክ/ሓገር ዝነበረ ጀነራል ፔትሮቭ(*ደሃር ፊልድ ማርሻል*) ኣይኮነን።

ጀነራል ፒትሮቭ ዝሃቦ መልሲ: *<<ጸብጸብካ ተራ ሰበብዩ። ፍርሕኻ ከትሓብእ ዘቕረብካዮ ምኽኒትዩ። ነዚ ምኽኒት ገዲፍኻ ናብ ቅድሚት ኣይቕጽልን እንተይልካ ናይ ፕሬዚደንት መንግስቱ ሓይለማርያም ሰይፍ ኣብ ክሳድካ ከትዓልብ'ያ። ስለዚህ ሕጂ ለይቲ ካብ ዘለኻሉ ሰፍራ ተበጊስካ ናብ ሽቶኻ ተበገስ።>>* ሩስያውያን ከምዚ ዓይነት ድፍረትን ግብዝነት ዘማዕበሉ ካብቲ ፕሬዚደንት ጀሚሩ ብሓፈሻ ምሑራት ኢና ንብል ኢትዮጵያዉያን ጸዓዱ ናይ ምምላኽን ምምእዛዝን ሕሱር ባህሪ ስለዘለና'ዩ።

ነዚ ናይ ሬድዮ ዝርርብ ሜ/ጀ መርዕድ ንጉሴን ሜ/ጀ ደምሴ ቡልቶን ይሰምዕዎ እኳ እንተነበሩ ትኽ ትንፋስ ዓርኮም ብሓደ ምኹሕ ሩስያዊ ንሞት ክፍረድ እንከሎ *<<ኣይፋል!>>* ናይ ምባል ትብዓት ኣየጥረዩን። ኣንባቢ ከምዝዝክሮ ኣብ 1983 ዓም ኣልጌና ዝሰፈረ ዉቃው ዕዝ ብኸምዚ ዓይነት ናይ ሩስያውያን ምትእትታው ናብ መለብሶ ክግዕዝ ምስተገብረ ኣልጌና ግንባር ኣብ ሽድሽተ ወርሒ ፈሪሱ *<<ተሓታቲ መንይዩ?>>* ብዝብል ኣጉል ምርመራ ኣዛዚ ዉቃው ዕዝ ተኸሲሱ ብዘይንጣብ ጥፍኣት ንማእሰርቲ ተፈሪዱ'ዩ።

ብ/ጀነራል ተመስገን ኣማራጺ ስለዘይነበሮ ብሕርቓን ተሃሚኹ ሰራዊቱ ንቅድሚት ክቕጽል ኣዘዘ። ንጽባሒቱ ንግሆ 102ኛ ኣየር ወለድ ክ/ጦር ኣብ ዝባን ኣፍዓበት ብራኸ ነጥቢ 211 በጽሐ። ኣብ ጫፍ ሽቶኦም ኸተማ ኣፍዓበት እኳ እንተበጽሑ ብሰሪ ንዳድን ሃፈጽታን ብዙሃት ኣባላት ኣየር ወለድ ብማይ ጽምኢ ክወድቑ ጀመሩ። ብተወሳኺ ናይ ጸሃይ ንዳድ ክልኹስሶም ጀመረ። ብ/ጀ ተመስገን ሰራዊቱ ዳግማይ ናይ ሬድዮ ርክብ መስሪቱ ንሰራዊት ማይ ክለኣኽ ሕጹጽ መልእኽቲ ኣመሓላለፈ። በዚ ኹነታት ተሰፋ ዝቖረጹ ገለ

ወትሃደራት ነብሶም ከጥፉኡ ጀመሩ። ማይ ብክልተ ሄልኮፕተር ካብ ምጽዋ ተጻዒኑ መጸ።

ኣንባቢ ከበርሀሉ ዝግባዕ ነጥቢ፡ 102ኛ ኣ/ወለድ ክ/ጦር ክሳባ'ዛ ሰዓት ምስ ጸላኢ ዘካየዶ ግጭት ኣይነበረን። ጸላኢ ሰለስተ ኣየር ወለድ ብርጌዳት ይኸብዎ ከምዘለው ኣይፈልጥን ኔሩ፡ እዘን ክልተ ሄሊኮፕተር ምስመጻ ከም መንቐሒ ደወል ኣቃልሓ።

ጸላኢ ሓይሉ ኣኪቡ ኣብ ብራኸ ነጥቢ 211 ዝሓኾሩ 7ይን 8ይን ኣየር ወለድ ብርጌዳት መጥቃዕቱ ፈነወ። ብማይ ጽምእን ንዳድን ክሰሓጉ ዝጸንሑ ክልተ ብርጌዳት ብዘደንጽው መገዲ ንሻዕብያ ጸፊያም መለሱዎ። ጸላኢ በዚ ከይተዳህለ ካብ ግንቦት 20 ናብ ግንቦት 21 ኣብ ዝወግሕ ለይቲ ኣብ 7ይን 8ይን ኣየር ወለድ ብርጌዳት ሸዉዓተ ተደጋጋሚ መጥቃዕትታት ፈነወ። ንጣብ ዉጽኢት ከይረኸበ ማይ ዓሚኹ ተመልሰ። እዞም ክልተ ናይ ኣየር ወለድ ብርጌዳት መጥቃዕቲ ጸላኢ ክምክቱ'ዮም ዝብል ትጽቢት ዝነበሮ ሰብ ኣይነበረን። ናይ ወገን ሰራዊት ኣብ ልዑም ኹነታት ኣየር ብእኹል ብዝሒ ሰራዊት ነዚ መጥቃዕቲ እንተዝጅምር ኔሩ ዝሓፍሶ ዓወት ካብ ማንም ዝተሰወረ ኣይኮነን። ግድን ኣብዚ ጊዜ ክኸዉን ኣለዎ እኳ እንተተባህለ ቅድሚ ሒደት መዓልታት ኣብ ኸረን ግንባር ግዙፍ ዓወት ዝተጎናጸፈ 607ኛ ኮር በቲ ርሱን ሞራሉ ካብ ደቡብ ናብ ሰሜን ከጥቅዕ ምዕዛዝ ይከኣል ኔሩ።

ንጽባሂቱ ንግሆ ግንቦት 21 ጸላኢ ብዙ-23ን ታንክታት፣ ኣርመራት ተጠናኪሩ 7ይን 8ይን ብርጌድ የማነ-ጸጋም ተፈናቲተን ኣብ ዝዓረዳሉ ብራኸ ነጥቢ 211ን ኣብ ሞንጎ'ዞም ክልተ ብርጌዳት ዘሎ ማዕከላዊ ስፍራ ኣጥቂዑ ጊዝያዊ መኸላኸሊ መስመር ኣፍረሰ። ድሕሪዚ 7ይን 8ይን ኣየር ወለድ ብርጌድ ንድሕሪት ክስሕቡ ጀመሩ። ነዚ ጎቦ ምዉራድ ምስጀመሩ ኣዛዚኦም ብ/ጀ ተመስገን ገሙቹ ካብ ጸላኢ ብዝተተኾሰ ጥይት ይቐስል። ጀነራል ተመስገን ምስተወግአ ኣብ ኢድ ወንበዴታት ወዲቑ ስሙን ስም ወላዲት ሓገሩን ከሕስር ስለዘይመረጸ ንሓገሩ ዝኣተዎ ረዚን ቃል-ኪዳን ዓቒቡ ንነብሱ ሰወአ።

ካብዚ መዓት ዝተረፈ ናይ ኣየር ወለድ ጦር ብምክትል ኣዛዚኡ ኮ/ል ካሳዬ ታደሰ ተመሪሑ ማዕሚደ ምስበጽሐ ብትእዛዝ ላዕላዋይ ኣካል ኣብ ማርሳ ግልቡብ ሰፈረ። ነዚ ዘሕዝን ታሪኽ ዘዘንተወ ም/ኣዛዚ 102ኛ ኣየር ወለድ ክ/ጦር ኮ/ል ካሳዬ ታደሰ ሬሳ መራሒኦም ከማልኡ እኳ ከምዘይኸኣሉ

ብ/ጀ ተመስገን ገመቹ

ብኽቢድ ምረትን ምስትንታን ገሊጹ። ብ/ጀ ተመስገን ገመቹ እዚ ወፈራ ምስተሓበሮ ህልቖት ከምዘጋጥሞ ነብሱ ዝነገሮ ይመስል ነዚ ዝስዕብ ኑዛዜ ንሜ/ጀ መርዳሳ ሌሊሳ ተናዚዙ ነበረ: <<*እዚ ዘሕዝን ክስተት ቅድሚ ምፍጣሩ ኣነን ተመስገንን ኣብ ሽዕብ ኣብትሕቲ ሓንቲት ገረብ ሓዲርና ኔርና። ኣብዚ ሰዓት ዝስዕብ ሓደጋ ተኸሲዑ ዝተራእዮ ተመስገን፣ ኣብ ኢዱ ዝሃዞ ሓደ ዝተለበጠ ሰታሪት ኣውጺዩ ምስሓበኒ: <<ብጃኻ ንዓኻ ብልቢየ ዝኣምነኻ። ነዚ ደብዳበ ንሰበየተይ ለኣኽለይ። ሓደራ'ኻ! ኣነ ካብዚ ዉግእ ብሕይወት ኣይምለስን! ኣይትጠራጠር! መፈጸምታይ ይፈልጦ'የ! ንኣኻ እውን እግዚኣብሄር ይሓልውካ! ንዓና ካብ ጸላኢ ንላዕሊ ተፈጥሮ ከስዕረናዩ።>>*

ጀነራል ተመስገን ክወፍር እንከሎ ኣቀዲሙ ዝጽበዮ መቕዘፍቲ ይፍልጥ ኔሩ። ካብ ወላዲት ሓገሩ ዝዓብይ ነገር ስለዘየለ ቓሉ ኣኽቢሩ ብማንም ብምንም ዘይትትካእ ሕይወቱ ሰወአ።

ክፍሊ ኢስራን ሸሞንተን

ላዕላዋይ ኣካል መንግስቲ ኣብ ሽረ ዝፈጸሞ ዘሕዝን ቕለትን ኣብ መፈጸምታ ዘጋጠመ ትራጀዲ

ኣብ 1980 ዓም ወርሂ ለካቲት ናይ ኤርትራ ክ/ሓገር ጸጥታ እንዳተዘርገ ምስኸደ ኣብ ትግራይ ክ/ሓገር ዝንቀሳቐስ ህወሓት መጋቢት 25 1988 ዓም ንኸተማ ኣኽሱም ኣጥቂዑ ተቖጻጸረ። ቅድሚ ሒደት መዓልታት ካብ ኣዲስ ኣበባ ስታፍ ኮሌጅ ዝተመልሰ ናይ 16ኛ ክ/ጦር ኣዛዚ ብ/ጀ ለገሰ ኣበጀ ዙርዩኡ ብጸላኢ ተኸቢቡ ኣብ ዝነበረሉ ፈታኒ እዋን <<ኢደይ ንወንበዴ ኣይህብን>> ብምባል ኣብዛ ታሪኻዊት ኸተማ ነብሱ ሰወአ። ኣቀዲሙ ናይ 2ይ ኣብዮታዊ ሰራዊት ናይ ወፈራ መኾንን ዝነበረ ም/ኣዛዚ 16ኛ ክ/ጦር ኮ/ል ኣሳምነው በዳኔ ብጸላኢ ተማረኸ።

በዚ መገዲ ወያነ ካብ ማይጨው ክሳብ ሽረ ዘሎ ናይ ኣውራጃ ኸተማታት ተቖጻጺሩ ናይቲ ክፍለሐገር ርዕሰ ኸተማ መቐለ ዙርዩኡ ኣብ ከበባ ኣውደቐ። ናይ ኢትዮጵያ ኣብዮታዊ መንግስቲ ኣብ ክልቲኡ ክ/ሓገራት ዘሎ ናይ ጸጥታ ኹነታት ስለዘተሓሳሰቦ ዶ/ር ፋሲል ናሆም ዝመርሖ ኮሚቴ ናይ ሕጹጽ ጊዜ ኣዋጅ ዕማመ ከቕርብ ብፖለቲካዊ ቤት-ጽሕፈት ኢሰፓ ተዓዘ። በዚ መገዲ ግንቦት 13 1988 ዓም ኣብ ኤርትራ ክ/ሓገርን ትግራይ ክ/ሓገርን ናይ ሕጹጽ ጊዜ ኣዋጅ ተደንገገ።

ሕጹጽ ጊዜ ኣዋጅ ምስተደንገገ ትግራይ ከም ዕስለ ሓመማ ካብ ዝወረሩዋ ወንበዴታት ሓራ ክትወጽእ ምእንቲ <<ወፍሪ-ዓድዋ>> ተሰምየ ወትሃደራዊ ወፈራ ተሓንጸጸ። ነዚ ወፈራ ዝመርሕ 3ይ ኣብዮታዊ ሰራዊት ኣብ ትግራይ ክ/ሓገር ርዕሰ ኸተማ መቐለ ተመስረተ።

ብ/ጀ ለገሰ ኣበጀ

3ይ ኣብዮታዊ ሰራዊት ኣብትሕቲኡ 604ኛ ኮር ኣብ ትግራይ፣ 605ኛ ኮር ኣብ ወሎ፣ 603ኛ ኮር ኣብ ጎንደር ኣሰሊፉ ይርከብ። 604ኛ ኮር ኣብትሕቲኡ ኣርባዕተ ክ/ጦራት ኣሰሊፉሎ: ንዓሰርተ ኣርባዕተ ዓመት ወንበዴታት እንዳኻደደ ናይቲ ክ/ሓገር ጸጥታ ዝሃለወ 16ኛ ክ/ጦር፣ 9ይ ክ/ጦር፣ 4ይ ኮማንዶ ክ/ጦርን 103ኛ ኮማንዶ ክ/ጦር። ናይ 604ኛ ኮር ኣዛዚ ብ/ጀ ኣዲስ ኣግላቸው ነበረ። ክልቲኦም ክ/ጦራት ማለት 16ኛን 9ይ ክ/ጦር ነፍስወከፎም ሓሙሽተ ብርጌድ ክሕልዎም 4ይ ኮማንዶን 103ኛ ኮማንዶ ክ/ጦር ኣርባዕተ ብርጌዳት ነበሮም። 4ይ ኮማንዶ ክ/ጦርን 9ይ ክ/ጦርን 15 ኪሜ ዝውንጨፍ ናይ 122 ሚሜ መድፍዕ ሻለቃ ጦር ተመዲቡሎም ኣሎ።

603ኛ ኮር ኣብትሕቲኡ 17ኛ ክ/ጦርን 7ይ ክ/ጦር ኣሰሊፉ'ሎ። ናይ 3ይ ኣብዮታዊ ስራዊት ኣዛዚ ሜ/ጀ ሙላቱ ነጋሽ፣ ም/ኣዛዚኡ ብ/ጀ ክንፈገብርኤል ድንቁ ነበረ። ይኹን እምበር ሕጹጽ ጊዜ ኣዋጅ ምስተደንገገ ኣብዮታዊ

መንግስቲ ኣብ ክልቲኡ ክ/ሓገራት ላዕለዎት ኣዘዝቲ ስለዝሾመ ኣብ ትግራይ ክ/ሓገር ዘሎ ሰራዊት ዝምራሕ ብመጋቢ ሓምሳ ኣለቃ ለገሰ ኣስፋው ነበረ። መጋቢ ሓምሳ ኣለቃ ማለት: ናይ ሓደ ሻምበል ጦር ሎጂስቲክስ: ጥይት፣ ነዳዲ፣ ቐለብ ዝሰፍር ወትሃደር ማለት'ዩ። ን604ኛ ኮር ክመርሕ ዝተሾመ ዉልቀሰብ ወትሃደራዊ ልምዱ ነዚ ይመስል።

ወያነ ካብ ማይጨው ክሳብ ሽረ ተዘርጊሑ ሓድነት ኢትዮጵያ ብጽኑዕ ኣብ ዝተፈታተነሉ ጊዜ ዝነበሮ ናይ ሓይሊ ኣሰላላፋ ካብ 35,000 ክሳብ 40,000 ዝገማገም ነበረ። ኣወዳድቡኡ ብ15 ብርጌዳት፣ 4 ናይ ታንክን መድፍዕን ሻለቃታት፣ ሓደ ኮማንዶ ብርጌድ ነበረ። 604ኛ ኮር ብኣዛዚኡ ብ/ጀ ኣዲስ ኣግላቸው ተመሪሑ፣ ካብ ማይጨው ክሳብ መቐለ ኣስፋሕፊሑ፣ ንመቐለ ዙርያኣ ዝኸበበ ናይ ወንበዴ ዕስለ ክጸራርጎን ልዕሊ ኹሉ መትኒ ሕይወት 3ይ ኣብዮታዊ ሰራዊት ዝኾነ ጽርግያ ኣዲስ ኣበባ-መቐለ ክኸፍት ተበገሰ። ድሕሪኡ ናይ መሰቦ ዳገት ደዩቡ፣ ናብ ኣስመራ ዝወስድ ጽርግያ ንሰሜን ገዲፉ፣ ኣብ ዓብዪ ዓድን ዓድዋን ዝተላሕገ ወንበዴ ነቓቒሉ ዓድዋ ክኣትው ተዓዘ።

ቀዳማይ ምዕራፍ በዚ መገዲ ምስዛዘመ ኣብ 2ይ ምዕራፍ ወፍሪ ዓድዋ: 16ኛ ክ/ጦር ንሽረ እንዳስላሰ ተረኺቡ ክቖጻጸር ናይ 604ኛ ኾር ክልተ ክ/ጦራት 9ይ ክ/ጦርን 4ይ ኮማንዶ ክ/ጦር ኣብ እንዳባጉና ንወያነ ኣኻዲዶም ክስልቑዎ ኣብ ተመሳሳሊ ጊዜ 603ኛ ኮር ብኣዛዚኡ ብ/ጀ ሓይሉ በረዋቅ እንዳተኣልየ ካብ ጎንደር ናብ ሁመራ ኣምሪሑ ካብ ሁመራ ደቡብ ምዕራብ ናይ ደጀናን ካዛን ማዕከል ሎጂስቲክስ ወያነ ከባድም ተዓዘ።

ናይ ትግራይ ክ/ሓገር ኣመሓዳሪ መጋቢ ሓምሳ ኣለቃ ለገሰ ኣስፋው ወፍሪ ዓድዋ ቅድሚ ምጅማሩ ሮብዕ ሰነ 22 1988 ዓም *<<ወንበዴታት ኣብ ሓውዜን ኣኼባ ይገብረሉ'ለው>>* ዝብል ዘይጽጹይ ሓብሬታ ክነዝሕ ጀመረ። ነዚ ሓበሬታ ናብ ኣስመራ 2ይ ሬጅመንት ኣመሓላሊፉ ደብዳብ ነፈርቲ ክገብሩ ኣዘዘ። ሰነ 22(*ሰነ 15*) ሮብዕ ብምንባሩ ካብ ምብራቅን ደቡብን ትግራይ ዝመጹ ዓደግቲ ኣብ ሓዉዜን ዝራኸቡሉን ኣመት ዕዳጋ ዝገብሩሉ ዕለት'ዩ።

2ይ ሬጅመንት ነዚ ትዕዛዝ ምስተቐበለ ሓሙሽተ ፓይሎታት ካብ ኣስመራ ኣበገሰ። እዞም ፓይሎታት ሰላማዊ ህዝቢ ብቡምባ ጨፍጪፎም ኣብ ዉሽጢ ሰዓታት 2,500 ሰባት ኣጽነቱ። ካብዞም ሓሙሽተ ፓይለታት ሓደ ኮ/ል

የሺጥላ መርሻ ነበረ። ኮ/ል የሺጥላ: <<*ካብ ሰማይ ምንቕስቓስ ሰባት ምስረኣና ወንበዴታት ድዮም ሰለማዉያን ዜጋታት ክንፈሊ ኣይከኣልናን*>> ብምባል ኣብ ሓደ መራኸቢ ብዙሃን ብፍጹም ክሕደት ክዛረብ ተኣዚበ'የ። መጋቢ ሓምሳ ኣለቃ ለገሰ ኣስፋው በዚ ትዕዛዝ ልዕሊ ክልተ ሽሕ ሰላማዊ ህዝቢ ምስጨፍጨፈ ንሰራዊት ኣኺቡ:

<<*ወንበዴታት ኣብ ሓውዜን ተኣኪቦም እንከለው ብሓይሊ ኣየር ተደምሲሶም'ዮም ሕጂ ተረፍመረፍ ጥራይ እዩ ዝጸበየኩም። ኣጆኹም! ቐልጢፍኩም ወድእዎም*>> ብምባል ንጹሃን ዜጋታት ዘጽነትሉ ተግባር ምስ ዓወት ጸብጺቡ ጦር ሰራዊት ኣበገሰ። እዚ ተግባር ሳዕቤኑ መሪር ነበረ። ደቑ ንወያነ ከይሕብ ይበቅቕ ዝነበረ ናይ ትግራይ ክ/ሓገር ሓረስታይ ሕነ ንጹሃን ክፈዲ ደቑ ብዘይብቒ ክሕብ ጀመረ።

ሰነ 27 1988 ዓም 604ኛ ኮር ካብ መቐለ ሰሜን ምዕራብ 25 ኪሜ ኣላሳ ዝሰፈረ ናይ ወያነ ዕስለ ደምሲሱ ወንበዴታት ከም በዓቲ ዝዕቖቡሉ ሃገር ሰላም ተቖጻጸረ። ናይ ወያነ ሹመኛታት ህዝቢ ተምቤን መሬት ክፍሕር ኣገዲዶም ትሕቲ መሬት ዝተዘርገሐ ካብ ነፈርትን ከቢድ ብረትን ዘጽልል <<*ዓዲ-ግዛእቲ*>> ዝበሃል በዓቲ ኣብዚ ስፍራ ሓኒጾም ነበሩ። ድሕሪ'ዚ 604ኛ ኮር ዓድዋን ኣኽሱም ክቖጻጸር ተዓዘ። ወያነ ኣብ ሞንጎ ዓድዋን ተምቤንን ዝርከብ <<*ኣምደም*>> ተሰምየ ጎቦ ዓሪዱ ናይ ከበባ መጥቃዕትን ዉሱን ናይ ድብያ ፈተነታት ኣካዪዱ ገስጋስ ኣብዮታዊ ሰራዊት ክቕጺ ፈተነ።

ኣብዮታዊ ሰራዊት ብዝፈጸሞ ዘደንቕ ተጋድሎ ናይ ደምን ኣዕጽምትን መስዋዕትነት ከፊሉ ኣብ ጎቦ ኣምዶም ዝሰፈረ ናይ ወያነ ዕስለ ነቓቒሉ ናይ ታሪኽና ኣርማ ናብ ዝኾነት ኸተማ ዓድዋ ብዓወት ኣትወ። ናይ ጥንታዊ ስልጣነና መሰረት ዝኾነት ኸተማ ኣኽሱም'ዉን ካብ መንጋጋ ጸላኢ ሓራ ወጸት። ድሕሪዚ ካብ ዓድዋ ክሳብ ሰለኽለኻ ዘሎ ስፍራ ሰጣሕ ጎልጎል ስለዝኾነ ወያነ መጥቃዕቲ ኣብዮታዊ ሰራዊት ዝኸላኸለሉ ገዛኢ ስፍራ ስለዘየለ ኣብ ሩባ ተከዘ ጫፍ ደጀናን ካዛን ናብ ተሰምየ ናይ ሎጅስቲክ ማዕከሉ ሓደመ።

ናይ ወገን ሰራዊት ኣብዚ ጊዜ ኣብዩ ስሕተት ፈጸመ። ዝተጎናጸፎ ዓወት ፍጹም ጌሩ ወሲዱ ጸላኢ ሕድማ ምስጀመረ ኣብ ዓድዋን ኣኽሱምን ሰራዊት ከየስፈረ ተጠቓሊሉ ኣብ ሽረ ዓስከረ። ሽረ እንዳስላሰ ምስ ዒላበርዕድ ተመሳሳሊ ተፈጥሮኣዊ ኣቐማምጣ ኣለዎ። ብጸፋሕቲ ጎቦታት ዝተኸበ ዓሚዩቕ

መሬት'ዩ። ላዕላዋይ ኣካል መንግስቲ ቅድሚ ትሽዓተ ዓመት ኣብ ዒላበርዕድ ዝተፈጸመ ስሕተት ከይተማህረሉ ነዚ ተግባር ምድጋሙ ዝገርምዩ። ቀዳማይ ምዕራፍ ወፍሪ ዓድዋ ኣብዚ ተዛዘመ።

2ይ ምዕራፍ ወፍሪ ዓድዋ ኣቀዲመ ከምዝገለጽኩዎ ኣብ ልዕሊ ጸላኢ ናይ ከበባ መጥቃዕቲ(*ኤንቨሎፕመንት ማኑቨር*) ምፍናው ነበር። ብመሰረት ዝወጸ ወትሓደራዊ ንድፊ 604ኛ ኮር ን16ኛ ክ/ጦር ኣብ ሽረ ተጠባባቒ ጌሩ 9ይ ክ/ጦርን 4ይ ኮማንዶ ክ/ጦርን ካብ እንዳባጉና ተበጊሶም ኣብቲ ከባቢ ዘሎ ወንበዴ ጸራሪጎም ናብ ደጀና ቐጸሉ። 603ኛ ኮር ካብ ጎንደር ናብ ደጀና ተወርዊሩ ካብ ስሜን ናብ ደቡብ ከጥቕዕ መደበ።

እዚ ትዕዛዝ ን603ኛ ኮር ኣዛዚ ብ/ጀ ሃይሉ በረዋቅ ምስተዋህቦ ነቲ ሓሳብ ከምዝድግፎ ይኹን እምበር እዋኑ ክረምቲ ስለዝኾነ ኣብ ወርሂ ሓምለ ሩባ ተኸዘ ስለዘዕለቕልቕ ንዝተወሰነ ጊዜ ተወንዚፉ ድሕሪ ክረምቲ ክትግበር ዕቱብ መዘኻኸሪ ኣቕረበ። ፕሬዚደንት መንግስቱ ሃይለማርያም ኣብ ጎንደር ኣብ ዝገበሮ ምብጻሕ ነዚ ሓሳብ ኣቕሪቡ፣ ኣጠንቒቑ እኳ እንተነበረ መጋቢ ሓምሳ ኣለቃ ለገሰ ብዝሃቦ ትዕዛዝን መፈራርሕን እቲ ዘይተርፍ ዉድቐት ከምዝመጽእ እንዳፈለጠ ተበገሰ።

603ኛ ኮር፡ 17ኛ ክ/ጦርን 7ይ ክ/ጦርን ኣሰሊፉ ካብ ጎንደር ተበጊሱ ዳንሻ ምስበጽሐ ኣንፈቱ ንስሜን ምብራቅ ጠውዩ ናብ ደባርቅ ኣምረሐ። ድሕሪዚ ሩባ ተኸዘ ስጊሮም ኣብ ደንደስቲ ሩባ ካዛን ደጀናን ዝተኸዘነ ናይ ወያነ ዕስለ ብዝባኑ ክስልቕዎ ጀመሩ። ወያነ ኣብ ማዕኸል መኣዘዚኡ ዝበጽሐ ግዙፍ ሰራዊት ምስጠመተ ተሰናበደ። ፈለማ ን603ኛ ኾር ተኸላኪሉ ክምክቶ ፈተነ። ናብ እንዳባጉና ዝተበገሰ 604ኛ ኾር ዘዕግብ ዉጽኢት ኣይረኸበን።

ጸላኢ ን604ኛ ኮር ከምዝዓገቶ ተገንዚቡ፣ ኣብ ኸበባ እንዳወደቐ ከምዝኾነ ተረዲኡ ካብ እንዳባጉና ሓይሊ ነክዩ ኣብ ደጀናን ካዛን ይከላኸል ናብ ዝነበረ ሰራዊት ምስለኣኸ ጸላኢ ድርዒ ረኺቡ ናብ መጥቃዕቲ ተሰጋገረ። በዚ መገዲ ኣብ 603ኛ ኮር 17ኛ ክ/ጦርን 7ይ ክ/ጦርን ጸረ-መጥቃዕቲ ፈነወ። ኣብዞም ክፍለጦራት ዝተመደቡ ካብ ጎንደር ክ/ሓገር ዝተሰለፉ ሓረስቶት ስለዝነበሩ መኸላከሊ መስመሮም ሓዲጎም ናብ ዳንሻ ወሓዙ። ማዕከል መኣዘዚ 603ኛ ኮር ነዚ ዝሃምም ሰራዊት ደው ከብሎኻ እንተፈተነ ውጽኢት ኣይረኸበሉን።

ወያነ እግሪ እግሮም ተኸቲሉ ዳንሻ በጽሐ። በዚ መገዲ 603ኛ ኮር ናብ ሁመራ ሰሓበ።

ወያነ ኣብ ማዕከል መአዘዚኡ ዝተፈነወሉ መጥቃዕቲ ከምዝመከተ ምስረጋገጸ ገጹ ናብ እንዳባጉና ጠውዩ ኣብ ልዕሊ 604ኛ ኮር መጥቃዕቱ ከፍንው ምስወሰነ ላዕላዋይ ኣካል መንግስቲ ኹነታት ከምዝተበላሸወ ተረዲኡ ናይ 604ኛ ኮር ክልተ ክ/ጦራት ሽረ እንዳስላሴ ክኣትው ኣዘዘ። 603ኛ ኮር ምስ 604ኛ ኮር ተላፊኑ ዝፈነዎ ናይ ከበባ መጥቃዕቲ ኹነታት ኣየር ክሳብ ዝልወጥ ተወንዚፉ ኣብ ጥቅምትን ሕዳርን እንተዝፍጸም ኔሩ ክልቲኦም ክፍልታት ሽቶኦም ዝወቕዑሉን ዓንደ-ሑቕ ጸላኢ ዝሰበረሉ ኹነታት ምተፈጥረ ኔሩ።

ሓደ ናይ ወያነ ኣዛዚ ሰራዊት ምስክርነቱ ክሕብ *<<እዞም ክልተ ኮራት ብክልተ ኣንፈት ናብ ደጀና ኣትዮም እንተዘጥቕዑ ኔሮም እቲ ዉጽኢት ሕሱም ምኾነ ኔሩ። ኣይምቕበሩናን ግን ካብዚ ሰዕረት ክንሰርር ብዙሕ ዓመት ምወሰደልና ኔሩ ዳርጋ ከም ብሓድሽ ከም ምጅማር ምኾነ።>>*

3ይ ምዕራፍ ወፍሪ ዓድዋ ምስተኾልፈ ኣብዮታዊ መንግስቲ 604ኛ ኮር ጠመቱኡ ናብ ሰሜን ሽረ ጌሩ: ኣብ ዓዲ-ሃገራይ፣ ጻዕዳ ምድርን ዓዲ ገዛሞ ዝዓስከረ ናይ ወያነ ዕስለ ክምሕቖ ኣዘዘ። ወያነ ኣብ ዓዲ-ሓገራይ 8 ብርጌዳት፣ ሓደ ታንከኛ ሻለቃ፣ ሓደ መድፋዕ ሻለቃ፣ ክልተ ኮማንዶ ሻለቃ ከዚኑ ነበረ። 3ይ ኣብዮታዊ ሰራዊት ብዘደንቕ ቖራጽነት ምስ ወንበዴታት ተረጋሪጉ ዓዲ-ገዛሞ ካብ ከብዲ ኢድ ጸላኢ መንጠለ።

ናይ ወያነ ዕስለ በዚ ደረጃ ተጠናኺሩ እንከሎ መሬት ዝለቐቐ ናይ ወገን ሰራዊት ኣብ መጻወድያ ክኣትወሉ ምእንቲ ነበረ። 3ይ ኣብዮታዊ ሰራዊት ዝረኸቦ ዓወት ዘሰፈሐ መሲሉዎ ገስጋሱ ንቕድሚት ቐጸለ። ጸላኢ ኣብ ዘጻወደሉ መጋርያ ኣትዩ ብኹሉ ኣንፈት ጠያይቲ ከበራረየሉ ጀመረ። ናይ ወገን ሰራዊት ኣብዩ ጉድኣት ወረዶ። ድሕሪዚ 604ኛ ኾር ተጠቓሊሉ ሽረ እንዳስላሴ ክኣትው ላዕላዋይ ኣካል መንግስቲ ኣዘዘ።

ናይ 604ኛ ኾር ናይ ውድቐት ታሪኽ ዝጅምር ኣብዚ ጊዜ'ዚ እዩ። ብኣርባዕተ ክ/ጦራት ዝቖመ ግዙፍ ኮር ኣብ ሽረን ሰለኽለኻን ክኸዘን ላዕላዋይ ኣካል ዝወሰኖ ውሳነ ዝገርም፣ ዘሕዝን ወትሃደራዊ ድንቑርናዩ። ናይ 3ይ ኣብዮታዊ ሰራዊት ማዕከል መአዘዚ መቐለ እዩ። 604ኛ ኮር ቐረብ ሎጂስቲክስ፣ ረዳት

ጦር፣ ሓለኽቲ ነገራት ዝረከብ ካብ መቐለዩ። ካብ መቐለ 300 ኪ.ሜ ርሒቑ፣ ዓድዋን ኣኽሱምን ራሕሪሑ፣ ኣብ ሽረ ክዕስክር ምስተፈርደ ናይ ሞት ብይን ተበየነሉ።

ዝባኑን ጎኑን ንጸላኢ ዘቃለዐ ሰራዊት ንጎናውን ከበባን መጥቃዕቲ ዝተሳጠሐ ጥራይ ዘይኮነ ናይ ሎጂስቲክስ መስመሩ ኣብ ዝኾነ ሰዓት ብጸላኢ ስለዝዕጾ ህላዌኡ ኣብ ጽቡቕ ድልየት ጸላኢ ጥራይ ዝውሰንዩ። ጀነራል ካርል-ቮን ክሎስዊትዝ ብዛዕባ ኣቐማምጣ ሰራዊት ክገልጽ: *<<ከም መትከል ከተሓዝ ዘለዎ: ሓደ ሰራዊት መኸላከሊ ጥርዙን ጎኑን ብፍጹም ሓድነት ክህልዎ ኣለዎ፣ በዚ መገዲ ጸላኢ ብነጻነት ካብ ምሕላፍ ክኸላኸሎ ይከኣል።>>*

ኣብ ሽረ ዝተኸዘነ 604ኛ ኮር መዓልታዊ ዘድልዮ ቐረብ ሎጂስቲክስ *<<ከመይ ክቀርብዩ?>>* ዝብል ሕቶ ምስተላዕለ ካብ ኤርትራ ክ/ሓገር መክት ዕዝ ብቓፍላይ እንዳዓጀበ መዓልታዊ ከቕርብ ተወሰነ። መከት ዕዝ ካብ ኤርትራ ክ/ሓገር ሩባ መረብ ሰጊሩ፣ ንዓድዋን ኣኽሱምን ሓሊፉ ክመጽእ እንከሎ ንጸላኢ ተደጋጋሚ ድብያ ምቹዕ ኾነ። ሓደ እዋን ቐለብን ዕጥቕን ጽዒኑ ካብ ኣስመራ ናብ ሽረ ይመጽእ ዝነበረ ቓፍላይ ኣብ ሽረ ሎጂስቲክስ ኣብጺሑ ክምለስ እንከሎ ኣብ ድብያ ጸላኢ ወደቐ። ብ/ጀ እሸቱ ገ/ማርያም ዝሓዘት መኪና ብጸረ-ታንክ ታቓጺላ ህይወቱ ሰዓነ።

ህይወት መኾንናት እንዳመንጠለ ዝቕረብ ቐረብ ሎጂስቲክስ ስለዘየዋጽእ መንግስቲ ነፋሪት ትዓልበሉ ናይ እንዳስላሴ ኤርፖርት ክጽገን ኣዘዘ። 604ኛ ኮር ቀረብ ሎጂስቲክስ ዝቕርበሉ በነፋሪት ክኸዉን ተመደበ። ናይ ሓደ ኮር ሕይወት ኣብ ሓንቲት ንኡስ ሜዳ ክንጥልጠል ምርኣይ ዘደንጽውዩ። ኣብዮታዊ መንግስቲ ነዚ ዘሕዝን ተግባር ኣብ ክንዲ ዝፍጽም ካብ 604ኛ ኮር ክልተ ክ/ጦር ነክዩ እዞም ክ/ጦራት ብሻለቃ ደረጃ ተበቲኖም ካብ ምጉላት ክሳብ ሰለኽለኻ ዘሎ ስፍራ እንተዝሰፍሩሉ ቐጺልና ካብ ንሪኦ መሪር ትራጀዲ ነብሱ መድሓነ ኔሩ። ብመጋቢ ሓምሳ ኣለቃ ዝዕዘዝ ኮር ኣብ ታሪኽ ዓለም ተራእዩን ተሰሚዑን ስለዘይፍለጥ 604ኛ ኮር መሪር ዕጫ ምቕባል ዕጩኡ ኾነ።

604ኛ ኮር ብነፋሪት ሎጂስቲክስ እንዳቐረበሉ ብቅድሚት ብድሕሪት ብየማን ብጸጋም እንዳተኸበ ናይ ተፈጥሮ እስረኛ ኮይኑ ትሽዓተ ወርሒ ሓሊፉ። ላዕላዋይ ኣካል መንግስቲ ጌጉኡ ደንጉዩ ተረድኦ። ነገራት ምስተበላሸወ ኣብ

ኣኽሱምን ዓድዋን ሰራዊት ምኽዛን ከምዘድሊ ስለዝተረደአ 9ይ ክ/ጦርን 103ኛ ኮማንዶ ክ/ጦር ኣብ ኣኽሱምን ዓድዋን ሰፊሮም ሎጂስቲክስ ካብ መቐለን ኣስመራን ከዉሕዝ ምእንቲ ናይ መኪና ጽርግያ ክኸፍቱ ኣዘዘ።

ጀነራል ከሎስዊትዝ ናይ ከምዚኦም ዓይነት ወፈራታት ከንቱነት *<<ኣዝዩ ዝደንጎዩ>>* ብምባል ይግለጾም። 9ይ ክ/ጦርን 103ኛ ኮማንዶ ክ/ጦር ካብ ሽረ ተበጊሶም ኣኽሱም ከኣትው ተዓዚዙ። ብዘይዝኾነ መኻልፍ ናይ ኣኽሱም መዕርፎ ነፈርቲ ተቖጻጸሩ። 9ይ ክ/ጦርን 103ኛ ኮማንዶ ክ/ጦርን ካብ ሽረ ተበጊሶም ንኣኽሱም ከኣትው እንከለው ናይ ጸላኢ ሰራዊት <<ኣፍ-ጃሕጃሕ>> ኣብ ዝበሃል ጸዳፍ ጎቦ ዓስኪሩ እንዳጠመቶም ከምዘይጠመቶም ኣሕለፎም። ኣፍ-ጃሕጃሕ ናብ ሽረ ኣውራጃ ተእትዉን ተውጽእን ጸባብ ማዕጾ'ያ።

ጸላኢ ነዞም ክልተ ክ/ጦራት ምስሕለፎም ሓይሉ ኣኪቡ ኣብ ሽረ እንዳስላሰ ዝተረፉ 16ኛ ክ/ጦርን 4ይ ክ/ጦርን ናብ ኣኽሱም ዝመጹ 9ይ ክ/ጦርን 103ኛ ኮማንዶ ክ/ጦር ለካቲት 15 1988 ዓም ጽዑቕ መጥቃዕቲ ፈነወ። ናይ ትግራይ ክ/ሓገር ኣመሓዳሪ መጋቢ ሓምሳ ኣለቃ ለገሰ ኣስፋው፡ ዉግዕ ቅድሚ ምጅማሩ ን3ይ ኣብዮታዊ ሰራዊት ኣዛዚ ሜ/ጀ ሙላቱ ነጋሽ ኣብ ሽረ ማዕከል መአዘዚ 3ይ ኣብዮታዊ ሰራዊት ክምስርት ኣዘዘ።

ሜ/ጀ ሙላቱ ነዚ ትዕዛዝ ንሒፉ ካብ ሽረ ብሄሊኮፕተር ናብ መቐለ ተመልሰ። ኣንባቢ ከምዝዝክሮ ኣብ ኤርትራ ክ/ሓገር ኣብ ወፍሪ ቀይሕ-ኮኾብ ናይ ከርከበት ግንባር ውድቐት ምስጋጠመ እዚ መኾንን ናይ 21ኛ ተራራ ክ/ጦር ኮ/ል ዉብሸት ማሞን ናይ መብረቕ ዕዝ ኣዛዚ ብ/ጀ ቁምላቸው ደጀኔ ተሓተቲ እዮም ብምባል ናይ ሞት በዩኑሎም ነበረ። ነዚ ኹነታት ኣገራሚ ዝገብሮ ብሕማም ኩሊት ዝሳቐ ምኽትሉ ብ/ጀ በረታ ጎምራው ካብ ኣዲስ ኣበባ መጽዩ ኣመራርሓ ክሕብ ኣዚዙ ኣብዚ ወሳኒ ሰዓት ምሕዳሙ ነበረ።

ለካቲት 15 ዝጀመረ ናይ ወያነ መጥቃዕቲ ንሰለስተ መዓልታት ቐጺሉ። ኣብ ክልተ ዝተጎዝየ 3ይ ኣብዮታዊ ሰራዊት ስኑ ነኺሱ ክኸላኸል ፈተነ። ጸላኢ ነፋሪት ትዓልበሉ ሜዳ ስለዘጽነዐ እዚ ሜዳ ድራር ዓረር ኮነ። ሎጂስቲክስ ኾነ ረዳት ጦር ዝቐርበሉ መገዲ ተቖጽየ። በዚ መገዲ 604ኛ ኮር ንሰለስተ መዓልታት ምስ ጸላኢ ተሓናኒቑ ለካቲት 18 1988 ዓም ወያነ ንሽረ ተቖጻጸረ። ናይ 604ኛ ኮር ኣዛዚ፣ ናይ ሆለታ ገነት 16ኛ ኮርስ ምሩቕ ብ/ጀ ኣዲስ ኣግላቸውን ናይ 3ይ ኣብዮታዊ ሰራዊት ናይ ወፈራ መኾንን ብ/ጀ ሃይሉ ከበደ

<<ኢድና ንወንበደ ኣይንህብን>> ብምባል ኣሰር ጀጋኑ ኣቦታቶም ሰዓቡ። ም/ኣዛዚ 604ኛ ኮር ብ/ጀ በረታ ጎመራውን ብዙሓት ወትሃደራት ተማረኹ። ብ/ጀ በረታ ጎመራው ናይ ሓረር ኣካዳሚ 3ይ ኮርስ ምሩቕን ኣብ ሕንዲ ብኢኮኖሚክስ ናይ ኤም.ኤ. ዲግሪ ዘለዎ ብወትሃደራውን ኣካዳሚያውን ፍልጠት ዝዋሕለለ መኾንን'ዩ። ብ/ጀ በረታ ጎመራው ኣብ ሸረ ብሕሱም ቓንዛ ደም እንዳተሓልበ ኣብ ኢድ ወንበዴታት ወደቐ። ምስተማረኸ ናይ ኤርትራ ካብ ኢትዮጵያ ምንጻል ኣመልኪቱ ብዘርእዮ ተቓውሞ ናይ ወያነ ወንበዴታት

ብ/ጀ ኣዲስ ኣግላቸው

ኣብ ቤት-ማእሰርቲ ዳጒኖም፣ ብሕማም ኩሊት ተሳቒዩ ክመውት ፈረዱዎ።

ኹነታት ከምዘኸተመ ዝተገንዘቡ ናይ ሰራዊት ኣባላት ካብ ሽረ ናብ ጎንደር ምስተበገሱ ናይቲ ከባቢ ሚሊሽያ ኣጥቂዖም። ክልተ ወርሒ ተጓዒዞም ኣብ ወርሒ ሚያዝያ ጎንደር ዝኣተው ወትሃደራት ሒደት ጥራይ ነበሩ።

ብ/ጀ በረታ ነመራው

ናይ ኢትዮጵያ ኣብዮታዊ መንግስቲ ባዕሉ ብዝፈጸሞ ዘሕዝን ቕለት ናይ ትግራይ ክ/ሓገር ለቐቑ ክወጽእ ወሰነ። እዚ ዉሳነ ዝተዋሕበ ናይ ሽረ ዉግእ

ካብ ማዕዶ ኮይኖም ብፍላይ ኣብ መቐለን ከባቢኡን ተኣኪቦም ነቲ ሓልሓልታ ዝሞቑ ናይ ድሕነት ኣባላት: *<<ኣብ ሽረ ግንባር ወንበዴታት ጥራይ ዘይኮኑ እቲ ሓረስታይ ማዕረ ጸላኢ ቕናቱ ኣሰጢሙ፣ ፍጹም ኢ-ሰብኣዊ ብዝኾነ ጭካነ ንኣብዮታዊ ሰራዊትና ተማዒቱዎ>>* ብምባል ሰማሚ ዲስኩር ከነዝሑ ምስጀመሩ ኣብዮታዊ መንግስቲ ቅድሚ ሓደ ዓመት ዝፈጸሞ ጌጋ ክይኣኽሎ ካልኣይ ጌጋ ክፍጽም ወሰነ።

ናይ ትግራይ ክ/ሓገር ሙሉዕ ብሙሉዕ ንወንበዴታት ኣረኪቡ፣ 3ይ ኣብዮታዊ ሰራዊት ናብ ሰሜን ወሎ ክግዕዝ ኣዘዘ። ናይዚ ዉሳነ ዉጽኢት እንታይ ከምዝኾነ ኣብ ዝስዕቡ ምዕራፋት ክንዕዘብ ኢና።

ክፍሊ ኢስራን ትሸዓተን

ብዕሽሉ ዝተቖጽየ ናይ ግንቦት 1989 ዓ.ም. ፈተነ ዕሉዋ መንግስቲ

ኣብ ታሪኽ ሓገርና ክልተ ዘይሰለጡ ዕሉዋ መንግስታት ተኻዪዶምዮም። ኣብ ታሕሳስ 1960 ዓ.ም. ዝተፈተነ ዕሉዋ መንግስቲ ኢትዮጵያዉያን ሓድሕድና ሰይፍ ክንማዘዝ፣ ደም ክንፋሰስ ዝገበረ'ኻ እንተነበረ ህዝቢ ኢትዮጵያ ኣብ ልዕሊኡ ዝተጻዕነ ሕሱም መስፍናዊ ሰርዓት ከለሊ፣ መንቋሕቋሒታ ክረክብ ሓጊዙዎዩ። ኣብ ግንቦት 1989 ዓም ዝተኻየደ ዕሉዋ መንግስቲ ግን ሓድሕድና ደም ክንፋሰስ ጥራይ ዘይኮነ ሓገርና ዘፍረየቶም ብሉጻት መኾንናት፣ ናይ ሓይሊ ኣየር ክኢላታት፣ ሰብ ጽሩራት ዝመንጠለ ብሓፈሻ ሎሚ ኣቲናሉ ንዘለና ፍጹማዊ ድኽትን ዘሕፍር ሕስረትን ዘሳጠሐ ትራጀድያዊ ትርኢትዩ።

ናይ ግንቦት 1989 ዕሉዋ መንግስቲ መንቐሊኡ፣ መበገሲኡ ብዙሕዩ። ንድፊ ናይዚ ዕሉዋ ዝተወጠነ ብሜ/ጀነራል ደምሴ ቡልቶን ሜ/ጀ ኣበራ ኣበበን ነበረ። ጊዚኡ መፋርቕ 1980 ዓምዩ። ናይ ዉቃው ዕዝ ኣዛዚ ሜ/ጀ ኣበራ ኣበበ ኣብ 1983 ዓም ካብ ኣዛዝነቱ ተላዒሉ ዉቃው ዕዝ ንምክትሉ ኣረኪቡ ኣብ ምብራቓዊ ክፋል ሓገርና ሓረርጌ ክ/ሓገር ዑጋዴን ኣውራጃ ናይ ቀዳማይ ኣብዮታዊ ሰራዊት ም/ኣዛዚ ኮይኑ ምስተሾመ ናይ ቀዳማይ ኣብዮታዊ ሰራዊት ኣዛዚ ሜ/ጀ ደምሴ ቡልቶ ነበረ። ናይ ሓረርጌ ክ/ሓገር ኣመሓዳሪ ኮይኑ ድሕሪ ሒደት ዓመት ንክልቲኦም ዝተጸምበሮም ሜ/ጀ መርዕድ ንጉሴ ነበረ።

ሜ/ጀነራል ደምሴን ሜ/ጀ ኣበበን ኣብ ሓረር ሰለስተ ዓመት ብሓባር ሰሪሖምዮም። ኣብ ስራሕ ዘመኖም ናይ መሳርሕቲ ምሕዝነት ጥራይ ዘይኮነ ተመሓዚኻ መንግስቲ ንምግልባጥ ዘኽእል ዕምነትን ምድግጋፍን ኣማዕበሉ። ኣብ ሞንጎዚ ሰለስተ ዓመት ዝተኸሰተ ካልዕ ክስተት ኔሩ።

ኣንባቢ ኣብ ክፍሊ ኢስራን ዓርባዕተን ከምዝዝክሮ ሓምለ 1985 ዓም ባረንቱ ብወንቤደ ምስተታሕዘት ኣብዮታዊ መንግስቲ ኣብ ወፍሪ ቀይሕ-ባሕሪ ባረንቱ ካብ መንጋጋ ጸላኢ ንምውጻዕ ናይ 50 መዓልታት ግጥም ምስጀመረ ሜ/ጀ ደምሴ ቡልቶ ካብ 1ይ ኣብዮታዊ ሰራዊት ሓደ ክ/ጦር ሒዙ ናብ ኤርትራ ክ/ሓገር ምስመጸ ምስ ኣዛዚ ሓይሊ ኣየር ሜ/ጀ ፋንታ በላይ ከመሓዘውን ከተዓራረኽን ከምኡ'ውን መንግስቲ ናይ ምግልባጥ ዉጥን ኣተንቢሁ ሓድሕዶም ክላዘቡን ክመያየጡን ጀመሩ።

ድሕሪ ወፍሪ ቀይሕ-ባሕሪ ዝተኣወጀ ወፍሪ ባሕረ-ነጋሽ ብከፊል ዓወት ምስተዛዘመ ሜ/ጀ ፋንታ በላይ ምስ ሜ/ጀ ደምሴ ቡልቶ ናብ ሓረር ተመሊሱ መንግስቲ ከመይ ከምዝግልብጡ ክዝትዩ፣ ክመኸሩ ዓመታት ሓሊፉ። ኣብ ኣርባዕተ ጀነራላት ዝተሓጽረ መንግስቲ ናይ ምግልባጥ ዉጥን ምስ ጊዜ እንዳሰፍሐ ኣብ ኣብዮታዊ መንግስቲ ቕሬታን መረረን ዝጠነሱ ከም ሜ/ጀ ቁምላቸው ደጀኔ ዝበሉ ክኢላታት ተጸምበሩዎ።

ኣንባቢ ከምዝዝክሮ ኣብ ቀይሕ-ኮኾብ ኩለመዳያዊ ኣብዮታዊ ወፈራ ኣብ ከርከበት ግንባር ዝተሰለፈ ሙብረቕ ዕዝ ብዙሕ ከይሰጎመ ምስተቖጽየ ላዕላዋይ ኣካል መንግስቲ ዝለኣኾ ብሜ/ጀ ሙላቱ ነጋሽ ዝእለ ናይ ኢንስፔክሽን ጉጅለ *<<ናይ ከርከበት ግንባር ውድቕት ተሓታቲ ሜ/ጀ ቁምላቸው ደጀነዩ>>* ብምባል ናይ ሞት ብይን ምስበየነሉ፣ ኣስመራ ኣብትሕቲ ገዛ ማሕዩር ከምዝሰፈረን ጀነራል ቁምላቸው ኣብ 1977-78 ዓም ኣስመራ ዙርያ ኣብ ዝተካየደ መሪር ምትሕንናቕ ዘበርከቶ ተራ ተራእዩ ብመጠንቐቕታ ተሓሊፉ'ዩ። በዚ መገዲ ኣብ ኣብዮታዊ መንግስቲ ኣስናኖም ዝሕርቐሙ ሰባት መምዮም ምስወደቡ *<<ናይ መንግስቱ ሓይለማርያም ምሕደራ ሓመድ ኣዳም ክነልብሶ ኢና>>* ዝብል ቃል-ኪዳን ኣሰሩ።

እዚ ከም ዓለባ ሳሬት ዝተጠናነገ መንግስቲ ናይ ምንዳል ዉጥን ናብ ላዕለዎት ሓለፍቲ ደዪቡ ኣብዚ ጊዜ ናይ ኤርትራ ክ/ሓገር ሕጹጽ ጊዜ ኣዋጅ ኣመሓዳሪ ሌ/ጀነራል ተስፋይ ገብረኪዳን፡ ናይ ድሕነት ሚኒስተር ኮ/ል ተስፋይ ወ/ስላሴ ተጸምበሩዎ። ዕላማ ናይዚ ዕሉዋ መንግስቲ፡ *<<ናይ መንግስቱ ሓይለማርያም ምሕደራ ከተመ ምግባር፣ ንፕሬዚደንት መንግስቱ ሓይለማርያም ኣብ ዝጥዕም ጊዜ ምቕታል፣ ምስ ተቃወምቲ ውድባት ሰላም ምውራድ፣ ዘተ ምክያድ >>* ወ.ዘ.ተ.

ሶሉስ ግንቦት 15 1989 ዓም ፕሬዚደንት መንግስቱ ሓይለማርያም ናብ ምብራቅ ጀርመን ከምዝገይሽ ምስተሰምዐ ፕሬዚደንት መንግስቱ ሓይለማርያም ዝሳፈረላ ነፋሪት ኣብ ኣየር እንከላ ንምሕምሻሽ ኣዛዚ ሓይሊ ኣየር ኢትዮጵያ ብ/ጀነራል ሰለሞን በጋሻው ትዕዛዝ ተዋህቦ። ግንቦት 15 1989 ዓም ፋዱስ ፕሬዚደንት መንግስቱ ሓይለማርያም ብልሙድ ፕሮቶኮል ሚኒስተራት፣ ላዕለዎት መኾንናት፣ ካብ ኣዲስ ኣበባ መዕርፎ ነፈርቲ ኣፋነውዎ። ኣብዚ ጊዜ ንፕሬዚደንት መንግስቱ ዝጸዓነት ነፋሪት ኣብ ኣየር እንከላ ክሕምሻሽ ዝተኣዘዘ ብ/ጀነራል ሰለሞን በጋሻው በዚ ትዕዛዝ ሰከሐ።

ካብ ፕሬዚደንት መንግስቱ ሓይለማርያም ብተወሳኺ ኣብዛ ነፋሪት ዝደየቡ ካፒቴናት፣ ናይ በረራ ኣሳሰይቲ፣ ገያሾ ብዘይኣበሶኦም ናይ ሞት ብይን ተበዩኑሎም ኣሎ። ብ/ጀነራል ሰለሞን ዉሽጡ ሓቒዩዎ ነዚ ሓሳብ ሰረዞ። ናይ ፕሬዚደንት መንግስቱ ሓይለማርያም ነፋሪት ብዘይጸገም ናይ ኢትዮጵያ ክሊ ኣየር ሓሊፋ ኸደት።

እዞም ሰበስልጣናት ንፕሬዚደንት መንግስቱ ሓይለማርያም ኣፋንዮም ናብ ቦትኦም ምስተመልሱ ኣብ ሕምብርቲ ርዕሰ ኸተማና ኣዲስ ኣበባ ኣብ ቐጽሪ ምክልኻል ሚኒስተር ዕሉዋ መንግስቲ ዝወጠኑ ጀነራላት ተኣኪቦም ዘተ ጀመሩ። ሜ/ጀ ኣበራ ኣበበ ኣብቲ ቐጽሪ ዝነበሩ ኣባላት ስታፍ ኣኪቡ *<<ካብ ሎምዓቲ ጀሚሩ ፕሬዚደንት መንግስቱ ሓይለማርያም ካብ ስልጣን ተኣልዮ'ዩ>>* ዝብል ትሑስቶ ዘለዎ ወረቐት ኣንበበሎም። ናይ ዘውትር ስርሖም ኣብ ባይቶ መንግስቲ(*ፓርላማ*) ዘጻፍፉ ናይ ሲቪል ሰበስልጣናት ኣብ ምክልኻል ሚኒስተር ዝካየድ ዘሎ ኣኼባን ሜ/ጀ ኣበራ ኣበበ ንኣባላት ስታፍ ኣኪቡ ዘንበቦ ወረቐት ጽንጽንታ ሰምዑ።

ኣብ ኸተማ ኣዲስ ኣበባ ብፕሬዚደንት መንግስቱ ሓይለማርያም ጥራይ ዝእዘዝ *<<ሓለዋ ብርጌድ>>* ዝበሃል ሓደ ሜካናይዝድ ብርጌድ ኣሎ። እዞም ሲቪል ሰበስልጣናት ነዚ ጽንጽንታ ምስሰምዑ ኣኼቦኦም ኣቋሪጾም ናብ ሚኒሊክ ቤተመንግስቲ ኣምሪሖም ናይ ፕሬዚደንት መንግስቱ ተሓጋጋዚ ሻምበል መንግስቱ ገመቹ ናይ ሓለዋ ሜካናይዝድ ብርጌድ ኣሰሊፉ ንቐጽሪ ምክልኻል ሚኒስተር ክኸብብ ኣዘዙ። *<<ጉድኣት ተዝበጽሕኸ መን ሓላፊነት ይወስድ?>>* ብምባል ምስሓተተ ም/ፕሬዚደንት ፍስሃ ደስታ *<<ኣነ ሓላፊነት ክወስዶ>>* ብምባል ቐጠልያ መብራሕቲ ምስሃቦ ኣብ ሓጺር ደቓይቕ ናይ ምክልኻል ሚኒስተር ቐጽሪ ብታንክታትን ኣርመራትን ተኸበ።

ሚኒስተር ምክልኻል ሜ/ጀነራል ሓይለጊዮርጊስ ሃብተማርያም ናብቲ ቐጽሪ ኣትዩ ነዞም ጀነራላት ከዘራርቦም ንሽምግልና ተላእኸ። ጀነራል ሓይለጊዮርጊስ ናብ ዉሽጢ ኣዳራሽ ኣትዩ ጀነራል መርዕድ ዝመርሖ ኣኼባ እንዳተኻየደ ስለዝበጽሐ: *<<እዚ ኣኼባዚ ዘይሕጋዊ ስለዝኾነ ብቕልጡፍ ደው ይበል>>* ዝብል ትዕዛዝ ሒቡ ካብቲ ኣዳራሽ ወጸ። ካብቲ ኣዳራሽ ክወጽእ እንከሎ ሜ/ጀ ኣበራ እግሪ እግሩ ተኸቲሉ ኣርከቦ። ድሕሪኡ ናይ ኢድ ሽጉጥ ኣውጺዩ ቶኩሱ ቐተሎ። ሜ/ጀ ኣበራ ካብ ቐጽሪ ምክልኻል ሚኒስተር ነጢሩ ክወጽእ

ምስፈተነ ነቲ ቐጽሪ ዝኸበቡ ኣባላት ሜኻናይዝድ ብርጌድ ብተደጋጋሚ ቶኩሶም ምስስሓቱዎ ንግዚኡ ተሰወረ።

ካብቲ ዝገርም ክፋል ነዚ ግብሪ ፈጺሙ ምስተሰወረ ፊተፊት ሚኒስተር ምክልኻል ኣብ ዝርከብ ፓፓሲኖስ ሕንጻ ኣትዩ ሓንደበት ሊፍት ከስቐል ዝረኸቦ ሰብ ብሸጉጥ ኣፈራሪሑ፣ ክዳኑ ከውጽዕ ኣዚዙ፣ ክዳኑ ምስቐየረ ተሰወረ።

ድሕሪ ቐትሪ ካብ ደብረዘይት ዝተበገሰት ነፋሪት ናብ ሚኒሊክ ቤተመንግስት ደኒና፣ ዝዘብሕ ደሃይ ጨሪሓ፣ ናብ እንጦጦ ተሓምበበት። ዳግም ምስተመልሰት ኣብ ማዕከል ኸተማ ወረቓቕቲ በቲና ናብ ደብረዘይት ተመልሰት። ትሑስቶ ናይዚ ጽሑፍ ጸረ-መንግስቲ መልእኽትታት ኔሩ። ኹነታት ሕንቅልቕሊተይ ብዝመስል መገዲ ተንጠልጢሉ ሓይሊ ናብ መን ከምዝዛዝው ኣብ ዘይተጋህደሉ ጊዜ ኣብ መንበሪ ቤት መስቱኡ ተሰቲሩ፣ ነዚ ኹነታት ክኸታተል ዝጸንሐ ሌ/ጀ ተስፋይ ገ/ኪዳን ንጹህ ተመሲሉ ነዚ ዕሉዋ ኣብ ምፍሻል ዝተጸምዱ መሳርሕቱ ተጸምበሮም።

ኣጋ ምሸት ምስኮነ ኣብ ሚኒሊክ ቤተ-መንግስቲ ዝተኣኻኸቡ ሲቪል ሰበስልጣናት: ኣብ ቐጽሪ ሚኒስተር ምክልኻል ዝተኣከቡ መኾንናት ብሰላም ኢዶም ክሕቡ ብመጉልሒ ድምጺ ክንገሮም፣ ኣይፋል እንተይሎም ግን ሜካናይዝድ ብርጌድ ናብቲ ቐጽሪ ነጢሩ ኣትዩ ናይ ሓይሊ ስጉምቲ ክወስድ ኣዘዙ። ሻምበል ገመቹ ብመጉልሒ ድምጺ ጻዉኢት ምስገበረ ኹሎም መኾንናት ኢዶም ክሕቡ ጀመሩ። ሜካናይዝድ ብርጌድ ነፍስወከፍ ቤ/ጽሕፈት ኣብ ምፍታሽ እንከሎ ድምጺ ቶኽሲ ተሰምዐ።

እዚ ደሃይ ናብ ዝተሰምዐሉ ኣንፈት ጉያ ጀመሩ። ናብቲ ቦታ ምስበጽሑ ኣዛዚ ሓይሊ ኣየር ጀነራል ኣምሃ ደስታን ጠቕላሊ ኣዛዚ ስታፍ ጀነራል መርዕድ ንጉሴ ናይ ኢትዮጵያ ባንዴራ ተጎልቢቦም ነብሶም ቐቲሎም ተሰጢሑም ረኣዩ። ጀነራል ኣምሃ ትንፋሱ'ኻ እንተሓለፈ ጀነራል መርዕድ ግን ነብሱ ክቐትል ፈቲኑ ትንፋሱ ከይወጸ ከሰሓግ ጸንሖም።

ናይ ሓለዋ ብርጌድ ኣባላት ነዚ ኹነታት ብሬድዮ ሚኒሊክ ቤተ-መንግስቲ ናብ ዝርከብ ኣብዮታዊ ወፈራ መምርሒ ጸብጻብ ምስቕረቡ ሌ/ጀ ተስፋይ ገ/ኪዳን <<ወድኣዮ>> ዝብል ትዕዛዝ ሃበ። ሌ/ጀ ተስፋይ ነዚ ትዕዛዝ ዘሕለፈ

ጀነራል መርዕድ እንተድሒኑ እቲ መዘዝ ናብ ነብሱ ከምዝዘጥጥ ስለዝተረደአ ነበረ።

ኹነታት ከምዚ ኢሉ እንከሎ ካብ ኣስመራ ክልተ ሚእቲ ኣየር ወለዳት ሒዙ ኣዲስ ኣበባ ዝመጸ ሜ/ጀ ቁምላቸው ደጀኔ ናብ ማዕከል መአዘዚ ምድር ጦር ኣትወ። ጀነራል ቁምላቸው ዝተዋህቦ ትዕዛዝ *<<ኣየር ወለድ ሰራዊት ንጀነራል ኣበራ ኣበበ ኣብ ቐጽሪ ሚኒስተር ምክልኻል ኣረክቡ>>* ዝብል ነበረ። ብተደጋጋሚ ናብ ጀነራል ኣበራ ደዊሉ መልሲ ምስሰኣነ ናብ ምድር ጦር ብቐጥታ ኣምረሐ። ምምጻእ ኣየር ወለድ ምስተፈልጠ ሓለዋ ብርጌድ ዉሱን ሓይሊ ነክዩ ከማርኾም ምስተበገሰ ብጌጋ ምስ ኣየር ወለድ ሰራዊት ተሓናፊጹ ኣደዳ ምምራኽ ኾነ። እዚ ምስተፈልጠ ተወሳኺ ታንክታት ናብ ምድር ጦር ተሰዲዱ ኣየር ወለድ ኣብ ፍጹም ከበባ ከወድቕ ተገብረ። ሜ/ጀ ቁምላቸው ናይቲ ኹነታት ከንቱነት ስለዝተረደአ ካብ ሰራዊቱ ሓንደበት ተፈልዩ፣ ተሰወረ።

ፈተነ ዕሉዋ መንግስቲ ብከምዚ ዝስዕብ መገዲ ምስተቖጽየ ምሸት ሰዓት 11:00 ካብ ባይቶ መንግስቲ መግለጺ ተዋሕበ። ትሕስቱኡ: *<<ሎምዓቲ ብጀነራል መኾንናት ዝተፈተነ ዕሉዋ መንግስቲ ፈሺሉ፣ ጀነራል ኣምሃ ደስታን ጀነራል መርዕድ ንጉሴን ነብሶም ቐቲሎም፣ ጀነራል ኣበራ ንጀነራል ሓይለጊዮርጊስ ቐቲሉ ተሰዊሩ፣ ጽባሕ ሮብዕ ግንቦት 16 ፕሬዚደንት መንግስቱ ሓይለማርያም ናብ ኣዲስ ኣበባ ክምለሱ'ዮም።*
>>

ናይ ኣዲስ ኣበባ ዕሉዋ መንግስቲ ምፍሻሉ ምስተገልጸ ኣብ ኤርትራ ክ/ሓገር ናይ 2ይ ኣብዮታዊ ሰራዊት ኣዛዚ ሜ/ጀነራል ደምሴ ቡልቶ: *<<ዝተጀመረ ዕሉዋ መንግስቲ ከምዝቕጽል>>* ሓበረ። ጀነራል ደምሴ ቡልቶ ሶሉስ ግንቦት 15 ምሸት ሰዓት 07:00 ካብ ኣስመራ ኣብ ዝፍነው ሬድዮ ቐሪቡ: *<<ነዛ ሓገርን ህዝባን ኣብ ዘይውዳእ ኹናት ዝሸመመ፣ ናይ ኣሻሓት ኢትዮጵያዉያን ሕይወት ምጥፋእ ምክንያት ዝኾነ ናይ መንግስቱ ሓይለማርያም መንግስቲ ሓንሳብን ንሓዋሩን ካብ ስልጣን ተኣልዩ። ሻዕብያን ህወሓትን ዝተጀመረ ለዉጢ ብምድጋፍ ኣብ ጎንና ደው በሉ>>* ዝብል መግለጺ ሓበ። ንጽባሒቱ ሮብዕ ንግሆ ናይ ሻዕብያ ሬድዮ ንክልተ ሳምንት ዝጸንሕ ምቑራጽ ቶኽሲ ከምዝገበር ሓበረ።

ኣብዚ ጊዜ ኣብ ኤርትራ ክ/ሓገር ናይ 2ይ ኣብዮታዊ ሰራዊት ኣሰላልፋ ምርኣይ ኣድላዪ ይመስለኒ። ኣንባቢ ከምዝዝክሮ ቅድሚ ሓደ ዓመት ናይ ኸረን ኹናት

ምስተዛዘመ ኣብ 30 ዓመት ኹናት ተራእዩ ዘይፈልጥ ኣብ ኤርትራ ክ/ሓገር ሓደ ዓመት ሙሉዕ ድምጺ ቶኽሲ ኣይተሰምዐን። ሻዕብያ ናይ ናቕፋ ግንባር ኣፍሪሱ ኸረንን ኣስመራን ክቖጻጸር ኣብ ዝፈተኖ ጠገለ ዘይብሉ ናይ ዕብዳን ኹናት ኣቕሙ ፈሊጡ ተኣዲቡ ነበረ። ኣብ ዉሽጢዚ ሓደ ዓመት ዝተገብረ ዉግእ እንተሓልዩ ብ/ጀ ተመስገን ገመቹ ዝመርሖ 102ኛ ኣየር ወለድ ክ/ጦርን ብ/ጀ ካሳዬ ጨመዳ ዝመርሖ 3ይ ሜኻናይዝድ ክ/ጦር 90 ታንክታት ኣሰሊፎም፣ ምጽዋ ሰሜን ብሸዕብ ጌሮም ኣብ ማዕሚደን ሃሌብ ሽንጥሮ ዘካየዱዎ ዉግእ ጥራይ'ዩ። እዚ ዉግእ ዉጽኢቱ እኻ እንተዘይጸበቐ ብናይ ወገን ሰራዊት ተበግሶ ዝጀመረ ወፈራ ኔሩ።

ኣብዚ ጊዜ ኣብ ኤርትራ ክ/ሓገር ዝተሰለፈ 2ይ ኣብዮታዊ ሰራዊት ኣርባዕተ ኮራት ነበሮ። ሓደ ኮር ብልሙድ ክልተ ክ/ጦራት ዝሓዘ እኻ እንተኾነ እዞም ኮራት ግን ሰለስተ ኣጋር ክ/ጦራትን ሓደ ናይ መድፍዕን ሓደ ናይ ታንከኛ ሻለቃ ኣማእኪሎም ነበሩ፡ ዝዓስከሩሉ ግንባር ብቕደም ሰዓብ ነዚ ይመስል:

1) 606ኛ ኮር:- ኣብ ምጽዋ፣ ኣካላጉዛይን ሰራዬን ኣውራጃ ኣዛዚኡ - ብ/ጀነራል እንግዳ ገ/ኣምላኽ

2) 607ኛ ኮር:- ኸረን ግንባር ኣዛዚኡ - ብ/ጀ እርቅይሁን ባይሳ

3) 608ኛ ኮር:- ኸረን ግንባር ኣዛዚኡ - ብ/ጀ ነጋሽ ዱባለ ነበረ

4) 609ኛ ኮር:- መንደፈራ ዞርያ ኣዛዚኡ - ብ/ጀ ገብረመድህን መድህኔ

ካብዚ ብተወሳኺ 102ኛ ኣየር ወለድ ክ/ጦር ብተወርዋሪነት ኣብ ኣስመራ ቃኘው ሰፊሩ'ሎ። ብ/ጀ ተመስገን ገመቹ ኣብ ሓሌብ ብጅግንነት ነብሱ ምስሰወአ ጀነራል ሰለሞን ደሳለኝ ኣዛዚ ኮይኑ ተሾመ። ሮብዕ ንግሆ ናይ 2ይ ኣብዮታዊ ሰራዊት ኣዛዚ ሜ/ጀ ደምሴ ቡልቶ ካብ ኸረን ግንባር ናይ 607ኛ ኮር ኣዛዚ ብ/ጀ እርቅይሁን ባይሳን ናይ 608ኛ ኮር ኣዛዚ ብ/ጀ ነጋሽ ዱባለ፣ ብተወሳኺ ናይ ክ/ጦር ኣዘዝቲ ናብ ኣስመራ ክለኣኹ ን2ይ ኣብዮታዊ ሰራዊት ም/ኣዛዚ ሜ/ጀነራል ሁሴን ኣሕመድ ኣዘዘ። እዞም መኾንናት ኣስመራ በጺሖም ንምሽቱ ኸረን ተመልሱ። ኣብዚ ዕለት ፕሬዚደንት መንግስቱ ሓይለማርያም ካብ በርሊን መጽዮ ድሕሪ ብዙሕ ፈተነ ብወትሃደራዊ ሬድዮ ምስ ወትሃደራዊ ድሕነት ኣባላት ማለት ሻምበል ሲሳይን ሻምበል መስፍን ገ/መድህን ተራኸበ። እዞም ክልተ ሰባት ንፕሬዚደንት መንግስቱ *<<ነዞም*

ጀነራላት ከንድምስሶም ተዳሊና ኣለና>> ምስበሉዎ *<<ከም ፍቃድኹም ይኹን>>* ብምባል ዊንቶኦም ከገብሩ ኣፍቓደሎም። እዞም ክልተ መኮንናት ናይ 102ኛ ኣየር ወለድ ኣባላት'ዮም። ንኣደ ክፍሎም 102ኛ ኣየር ወለድ ክ/ጦር ጥራይ ዘይኮነ ኣብ ኣስመራ ዘሎ ሰራዊት ብሙልኡ ከምኡ'ዉን ንጀነራል ደምሴ ቡልቶን መሳርሕቱን ኣብ ቃኘው ዝሕልው ሜኻናይዝድ ክ/ጦር ከይተረፈ ኣእሚኖም ኣብ ጎኖም ኣሰለፉ።

ነዚ ክገብሩ ዝደፋፍኦም ሓደ ሻምበል ኣየር ወለድ ከይተነገሮም ናብ ኣዲስ ኣበባ ካብ ምብጋሱ ብተወሳኺ ሬድዮ ጠሊፎም ክሰምዑ ናይ 2ይ ኣብዮታዊ ሰራዊት ወፈራ መኾንን ብ/ጀ ታደሰ ተሰማ ቅድሚ ክልተ ዓመት ኣብ ኣኽሱም ዝተማረኸ ናይ 16ኛ ክ/ጦር ም/ኣዛዚ ኮ/ል ኣሳምነው በዳኔ ብሬድዮ ተራኺቡ ብዛዕባ ዕሉዋ መንግስቲ ኢሂን ምሂን ክብሉ ካብ ምስምዖም ብተወሳኺ ብ/ጀ ታደሰ ተሰማ ምስ ናይ ወያነ ሰራዊት ኣዛዚ ዝገበሮ ዝርርብ ምስጠለፉ *<<ለኻ ዝኹሉ ዘመን ኢደዳ ሰዕረትን ሀልቒትን ዝገበሩና ኣዘዝትና'ዮም>>* ብምባል ንኣየር ወለድ ሰራዊት ኣሰሊፎም ተሃናም ከውጽኡ መደቡ።

በዚ መሰረት ኣቀዲሞም ብዝገበሩዎ ስምምዕ መሰረት ንጀነራል ደምሴ ቡልቶን መሳርሕቱን ዝሕልው ሜኻናይዝድ ክፍሊ ካብ ቃኘው ለቒቑ፣ ንመራሕቱ ገዲፉ ምስከደ ሓሳቦም ክትግብሩ ተበገሱ። ጀነራል ደምሴ ዝኣምኖ ሰራዊት ገዲፉዎ ከምዝኸደ ኣስተብሂሉ፣ መኪኑኡ ኣበጊሱ ክወጽእ ኣብ ማዕጾ ምስበጽሐ ኣየር ወለድ ጠያይቲ ኣዝኒቦም ቐቲሎሞ። ቐቲሎሞ ተዝዓግቡ ምጸበቐ። ናይ ጀነራል ደምሴ ሬሳ ኣብ ድሕሪ መኪና ኣሲሮም ኣብ ዉሽጢ ካንሸሎ ክጎትዎ ጀመሩ።

ድሕሪዚ ናብ ቐጽሪ ቃኘው ኣትዮም ዝረኸቡዎ ጀነራል ብዘሰክሕ ኣገባብ ብካራ ክዝልዝሉ ጀመሩ። ንኣዛዚኦም ብ/ጀ ሰለሞን ደሳለኝ ናብ ዓዲ-ጓዕዳድ ወሲዶም ብዘሰቕቕ ጭካነ ናዉቲ ከብዱ ዛሕዝሑ። እዞም ወትሃደራት ነዚ ዘሰቕቕ ግብሪ ብፍጹም ኢ-ሰብኣውነት ዝፈጸሙ ፕሬዚደንት መንግስቱ ሓይለማርያም ብወትሃደራዊ ራድዮ ቐጠልያ ብርሃን ስለዝወልዓሎም ነበረ።

በዚ መገዲ ዝተፈተነ ዕሉዋ መንግስቲ ዝኾነ ዓይነት ዉጽኢት ከየምጸአ ተቖጽዩ ተሪፉ። ኣብ ሓገርና ዘስዓቦ መዘዝን መዓትን እዝን እትን ኢልካ ዘይጽብጸብ ስለዝኾነ ስምብራቱ ኣብ ዝቕጽል ምዕራፋት ክንሪኦ ኢና።

ምዕራፍ ሰማንያን ሰለስተን

ናይ ግንቦት 1989 ዓም ፈተነ ዕሉዋ መንግስቲ ንምንታይ ፈሺሉ

<<*ትዕድልቲ ቆራጽነት*>> ኢለ ዝሰመኹዎ መጽሓፍ ከጽሕፍ ኣብ ዘካየድኩዎ ምርምር ዝበጻሕኩዎ ርኽበት ከምዝእንፍቶ እዞም ጀነራላት ዕሉዎ መንግስቲ ከውጥኑ ዝደረኾም ወይ ድማ ዝደፋፍኦም ምኽንያት እዞም ዝስዕቡ እዮም:

1) <<*ኢትዮጵያ እንግዳአ ዘይጸሮ፣ መኸተምቱ ኣብ ዘይፍለጥ ኹናት ተቖርቚራ ሕላዉነታ ኣብ ምልከት ሕቶ ወዲቑሎ*>>

2) <<*ኣብ ኣብዮታዊ ሰራዊት ዝተኣታተወ ስሉስ ሰንሰለት(ትራያንጉላር ኮማንድ) ኣዛዚ፣ ፖለቲካዊ ካድር፣ ወትሓደራዊ ድሕነት ሰለስቴና ማዕረ ስልጣን ምውናንና ንሕና ኣዘዝቲ ስራሕና ብግቡዕ ከይንሰርሕ ከእለትና ጸንቒቕና ከይንጥቀም ኣሲሩናዩ*>>

3) <<*ንሕና ጀነራላት ናይ ኢትዮጵያ ኢኮኖሚ ኹናት ናይ ምስኻም እንግዳዕ ከምዘይብሉ ንርዳዕ ኢና፣ ኢትዮጵያ ንኹናት መዓልታዊ ሓደ ሚልዮን ዶላር ተውጽዕ ኣላ፣ በዚ መገዲ ብዙሕ ክትቕጽል ኣይትኽእልን፣ ናይ ኤርትራ ኹናት መፍትሒ ፖለቲካዊ ፍታሕን ዘተን ስለዝኾነ ፖለቲካዊ ፍታሕ ከወሓቦ ኣለዎ*>>

እዞም ከብ ኢሎም ዝተገልጹ ነጥብታት ኣበር ዘይወጾም ጥረ ሓቕታት እዮም። ነዚ ኹነታት ምልዋጥ ኣድላይነቱ እንተተኣሚኑሉ ብምንታይ ዓይነት ስርዓት እዩ ክልወጥ? እዚ ስርዓት ብህዝብን ሰራዊትን ተቐባልነት ኣለዎዶ? መንግስቲ ናይ ምግልባጥ ሓሳብ እንተዘይሰሊጡ ኣብ ሓገርና ዝስዕብ መዘዝ፣ ኣብ ነብስና ዝወርድ ሓስያ እንታይዩ? ዝብሉ ነጥብታት ኣይመመዩምን ከብል ይደፍር።

ለውጢ ሰባት ስለዝተመነዩ ወይ ድማ ስለዝተማህለሉ ዝመጽእን ዝትግበርን ክስተት ኣይኮነን። ለውጢ ናይ ባዕሉ ቐመር ወይ ድማ ፎርሙላ ዝውንን ናይ ታሪኽ ተረኽቦ'ዩ። ናይ ኣመራርሓ ሳይንስ(*ሊደርሺፕ-ሳይንስ*) ለውጢ ሰለስተ ረቛሒታት ከምዘለዎም ይድንግግ:

1) ትክክለኛ ሰብ

2) ምቹዕ ጊዜ

3) ትክክለኛ ቦታ

እዞም ጀነራላት ካብዞም ስለስተ ረቋሒታት ሓዲኡ'ኻ ኣየማልኡን።

1) ግንቦት 1989 ዓም ፈተነ ዕሉዎ መንግስቲ ዝተሳተፉ መኾንናት ትክክለኛ ሰባት ኣይነበሩን። ህዝብና ን15 ዓመት ኣብ ወትሃደራዊ ምሕደራ ስለዝወደቐ ናይ ወትሃደራት ንግስና ሰልቺዩዎ ካብ ወትሃደራዊ ምሕደራ ክላቐቕ ይደሊ ኔሩ ደኣምበር ካልኦት ወትሃደራት ኣብ ልዕሊኡ ክነግሱ ምንዮቱ ኣይነበረን።

2) ናይ ኢትዮጵያ ሰራዊት ብፍላይ ካብ ሻለቃ ክሳብ ተራ ወትሃደር ዘሎ ናይ ሰራዊት ኣባል ካብ ፈጣሪኡ ቐጺሉ ንፕሬዚደንት መንግስቱ ሓይለማርያም ዘፍቐርን ዘምልኽን ጥራይ ዘይኮነ ብፍቕሪ ጓድ ፕሬዚደንት መንግስቱ ሃይለማርያም ዝተሃሞኸ ኔሩ። ነዚ ሓቂ ዘራጉደልና ናይ ሕብረት ሶቭየት መንግስቲ ዕሉዋ መንግስቲ ከኻይድ ሓሊኑ ኣማኻሪ ብዝብል ምስምስ ናብ ግንባር ዝለኣኾም መኾንናት ኣብ መጽናዕቶም ዝረኸቡዎ ርኽበት'ዩ:

<<*ኣብ ነፍስወከፍ ድፋዕ ኣቲና ዝተዓዘብናዮ ሓደ ወትሃደር ናይ ቅድስቲ ድንግል ማርያም ስእልን ናይ ኮረኔል መንግስቱ ሓይለማርያም ምስሊ የማነ-ጸጋም ጠቒዑ ሪኢና።*>> ናይ ክሬምሊን መንግስቲ ነዚ ርኽበት ምስረኸበ ንፕሬዚደንት መንግስቱ ሓይለማርያም ገልቢጡ ናይ ባንቡላ መንግስቲ ናይ ምምስራት ሕልሙ ሰረዘ። እዞም ጀነራላት ዕሉዋ መንግስቲ ኣብ ዝፈተኑሉ እዋን ኣብዮታዊ ሰራዊት ዝነበሮ ኣተሓሳስባን ማሕበራዊ ንቕሓትን በዚ ደረጃዩ ኔሩ።

3) እዞም ጀነራላት ነዚ ፈተነ ዕሉዋ ኣብ ምቹዕ ጊዜ ኣይተግበሩዎን። ቅድሚ ሓደ ዓመት ኣብ ኣፍሪካ ብብዝሒ ሰራዊቱን ዘመናዊ ኣጽዋሩን ዝኣበየ፣ ንዓሰርተ ዓመት ነዊሕን መሪርን ጥምጥም ዝተኻየደሉ ናይ ናቅፋ ግንባር ዝፈረሰሉ፣ ብዙሕ ተኣምር ክሰርሕ ትጽቢት ዝተነብረሉ ናደው ዕዝ ተበታቲኑ፣ ኣብ ከብሒ ዝተኸዘነ ዉሑድ ቑጽሪ ዘይብሉ ዘመናዊ ኣጽዋር ገዝሚ ወንበዴታት ዝኾነሉ፣ ናይ ወገን ሰራዊት ዝለዓለ ናይ ሞራል ዉድቐት ዝተገዝመሉ ጊዜ ኔሩ። እዚ ወቕቲ ዕሉዋ መንግስቲ እትረፍ ክትፍን ክትሓስቦ'ውን ዝዕድም ኣይኮነን።

ብተወሳኺ ኣብዚ ዓመት ላዕለዎት ናይ መንግስቲ ኣካላት ፍጹም ኣብ ዘይምልከቶም ጉዳይ ጣልቃ ኣትዮም ናይ 3ይ ኣብዮታዊ ሰራዊት 604ኛ ኮር ካብ ማዕከል መአዘዚ'ኡ(*መቐለ*) 300 ኪሜ ማሕዲጉ፣ ቐረብ ሎጂስቲክስን ረዳት ጦር ከበጽሖሉ ኣብ ዘይክእል ስፍራ ኣርባዕተ ክ/ጦራት ኣብ ሰለኽለኻን

ሽረን ከኸዘን ኣዚዙ፣ ኣብ መፈጸምታ ብጸላኢ ተኸቢቡ ከድምሰስ ዝተፈርደሉ ዓመት ነበረ።

ብሰሪዚ ፍጻመ ናይ ኢትዮጵያ ኣብዮታዊ መንግስቲ ናይ ትግራይ ክፍለሓገር ብወለንቱኡ ንወንበዴታት ዘረከበሉ፣ መፈጸምቱኡ ዘቖላጠፈሉ ዓመት ጥራይ ዘይኮነ ኣብ ኤርትራ ክ/ሓገር ንዓሰርተታት ዓመታት ናይ ኢትዮጵያ ሓድነት ክሕልው ዝተዋደቐ 2ይ ኣብዮታዊ ሰራዊት ካብ ማዕከል ሓገር ብመሬት ተባቲኹ፣ ኣብ ደሴት ክሰፍርን ኣብ ኣዘዝቱ ናይ ክሕደት ስምዒት ክሓድሮ ዝጀመረ ኣብዚ ጊዜ ኔሩ።

ነዚ ሓቂ ከዝርዝር እንከለኹ ኣንባቢ: *<<እዞም ጀነራላት በዚ ክሳድካ ዝሰብር ኹነታት ተደፋፊኦም ዝነደፉዎ መደብ'ዩ>>* ክምዝብል ይግምት። ኣብ ልዕሊ ጸላኢ ልዕልና'ኻ ከየረጋገጽካ መንግስቲ ምግልባጥ ማለት ንብዙሕ ዓመታት ዓዕሚቑ ዝሰረተ መንግስታዊ ቕርጽን ኣቓውማን ምንዳል፣ እቲ ዘይተርፍ ስዕረት ምቕልጣፍ ማለትዩ። እዞም ጀነራላት ዕሉዋ መንግስቲ ቅድሚ ምፍታኖም ወትሃደራዊ ምርኢት ዝልዉጥ ወፈራ ተዘኻይዱ ምጸበቐ ኔሩ። ኣይገበሩዎን።

ንነብሱ *<<ናይ ኢትዮጵያ ነጻ መኾንናት ማሕበር>>* ኢሉ ዝሰምየ ኣብ ሕዛእቲ ሻዕብያ ዝቦቖለ፣ ናይ ሰሜን ኣሜሪካ ኢምፔሪያሊዝም ዝናብዮ ምትእኽኻብ ናይዚ ዕሉዎ መንግስቲ ፈታውራሪ ኔሩ። ናይ ኢትዮጵያ ነጻ መኾንናት ማሕበር ናይ ወጻኢ ጉዳይ ሓላፊ ሻለቃ ዳዊት ወ/ጊዮርጊስ: *<<ትዕድልቲ ቖራጽነት>>* ኢለ ዝሰመኹዎ መጽሓፈይ ኣብ ዝጽሕፈሉ ጊዜ: *<<እቲ ዕሉዋ መንግስቲ እንተዝሰልጥ ኔሩ እንታይ ኔሩ መደብኹም?>>* ኢለ ምስሓተትኩዎ: *<<ድሕሪ 15 መዓልታት ናይ መሰጋገሪ መንግስቲ ክቖውም ኔሩ፣ ሻዕብያ ናይዚ መሰጋገሪ መንግስቲ ኣባል ክምዝኸዉን ቓል ኣትዩ'ዩ>>* ዝብል መልሲ ሓበኒ።

ሓደ ጎሪላ ናብ ስምምዕን መዓዲ ዘተን ዝቐርብ ሚዛን ሓይሊ ተመንጢሉ፣ ዕድል ክምዝሃረሞ ክግንዘበ እንከሎ ጥራይ'ዩ። ንኣንባቢ ክምዝገለጽኩዎ ናይ ሻዕብያ ወንበዴ ካብ ዝተፈጥረላ ዕለት ኣትሒዙ ሪኡዎ ዘይፈልጥ ኣጽዋር ዝወነነሉ፣ ኤርትራ ካብ ኢትዮጵያ ንምንጻል ዘድልዮ 70% ኣጽዋር ኣብ ዝዓጠቐሉ ጊዜ፣ *<<ኢትዮጵያዊ ኣይኮንኩን>>* ብምባል ንዘመናት ዝተዋገኣሉ ዕላማ ክሒዱ ናይ ኢትዮጵያ መሰጋገሪ መንግስቲ ኣባል ክኸዉን ዘገድዶ ኹነታት የለን። ነዞም መኾንናት ጽቡቕ ናይ ምትሕብባር መንፈስ ዘርኣዮም ካልእ ዝሓሰቦ ነገር ስለዝነበረ'ዩ።

ኣብ ቐጽሪ ምክልኻል ሚኒስተር ኢዶም ዝሃቡ ጀነራላት ብሚኒስተር ፍትሒ ወንድኣየሁ ምሕረቱ ጸቕጢ ቤት-ፍርዲ ቐሪቦም ሓደ ዓመት ጉዳዮም ምስተራእየ ናይ 15 ዓመት ብይን ተበየነሎም። ድሕሪዚ ፕሬዚደንት መንግስቱ ሓይለማርያም ከምቲ ልሙድ ጣልቃ ኣትዮ: *<<ምስ ጨረምቲ ሓገር ዝተመሳጠሩ፣ ኣብዮታዊ ሰራዊት ስዕረት ክጉልበብ ዝገበሩ፣ ናይ ሓገርና ሓድነት ዘፍረሱ ሰባት ማዕረ ሰራቒ ዶርሆ ከመይ ይፍረዱ?>>* ብምባል ግንቦት 19 1990 ዓም 12 ጀነራላት ናይ ሞት ፍርዲ በየነሎም።

በዚ መገዲ መንግስቲ ዝቐተሎም 12 ጀነራላት፣ ጀነራል ኣበበ ዝቐተሎ ሚኒስተር ምክልኻል ሓይለጊዮርጊስ ሃ/ማርያም፣ ነብሶም ዝቐተሉ ክልተ ጀነራላት፣ ኮ/ል ተስፋይ ናይቲ ዕሉዋ ተኻፋሊ ስለዝነበረ ምስጢር ከይወጽእ ምእንቲ ኣብ ማዕከላዊ ዝቐተሎ ሜ/ጀ ፋንታ በላይ፣ ኣብ ኤርትራ ክፍለ-ሓገር ብጃምላ ዝረገፉ ጀነራል መኾንናት ብድምር 36 ጀነራላት ኾኑ። ካብ ኮረኔል ክሳብ ሻለቃ ማዕረግ 40 መኾንናት ተቀትሉ። ትሕቲ ሻለቃ ማዕረግ ዘለው 64 መስመራዊ መኾንናት ምስተረሸኑ ብድምር ናይ 140 መኾንናት ትንፋስ ተመንጠለ። እዚ ዘሰቕቕ ትራጀዲ ዝወረደና ሓገርና ዙርያኣ ብኹናት ተኸቢባ ብረመጽ ኣብ ትልብለበሉ እዋን ነበረ።

ናይ 1989 ዓም ፈተነ ዕሉዋ መንግስቲ ታሪኽ ቅድሚ ምዝዛመይ ናይዚ ዕሉዋ መሓንድስ ዝነበረን ኣብ ወሳኒ ሰዓት ገበን ፈጺሙ ዝሓደመ ሜ/ጀ ኣበራ ኣበበ ፍጻሜ፣ ናይ ጀነራል መርዕድ ንጉሴ በዓልቲ ቤት(*ናይ ሻዕብያ ሓፋሽ ውድባት ኣባል*) ገነት መብራህቱ ተግባር፣ ከምኡ'ዉን ሜ/ጀ ቁምላቸው ደጀኔ ኣብ መፈጸምታ ዘጋጠሞ ዕጫ ገሊጸ ነዚ ምዕራፍ ክዛዝም።

ሜ/ጀ ኣበራ ነዚ ገበን ፈጺሙ ምስተሰወረ ኣብ መንበሪ ቤት ሓትንኡ ተሓቢኡ ነበረ። ዳል ሓትንኡን ሰብኣያ ማለት ናይ ሆለታ ኣካዳሚ 20 ኮርስ ምሩቕ ኮ/ል መኾንን ሓሓሊፎም ንሓትንኡ ይበጽሑወን ነበሩ። ኮ/ል መኾንን ናይ ሜ/ጀ ኣበራ ኹነታት ምስፈለጠ ንዝፈልጦም መሳርሕቱ ሓቢሩ ምስ ፕሬዚደንት መንግስቱ ሓይለማርያም ከራኽቡዎ ተማሕጺኑ ሓሳቡ ሰመረ። ዝፈልጦ ምስጢር ንፕሬዚደንት መንግስቱ ሓይለማርያም ምስተናዘዘ ንጀ/ል ኣበራ ኣበበ ንምሕዳን ምስ ኣዲስ ኣበባ ፖሊስ ሰራዊት ኣዛዚ ያደቴ ጉርሙ ክሰርሕ ኣዘዞ።

ኮ/ል መኾንን ጀ/ል ኣበራ ኣበይ ከምዘለዎ እንዳመልከተ ናብቲ መንበሪ ቤት ፓላይስ ሒዙ ከደ። ናይ ደገ ማዕጾ ከፊቶም ናብ ገዛ ምስኣተው ጀ/ል ኣበራ ብመስትያት ነጢሩ ናብ ናሕሲ ደዪቡ ካብ ናሕሲ ናብ ናሕሲ እንዳጠነረ ዳግም ከስወር ምስፈተነ ካብቶም ፓላይስ ብዝተተኮሰ ጥይት ትንፋሱ ሓሊፉ። ኮ/ል መኾንን ነዚ ግብሪ ስለዝፈጸመ ካብ መንግስቲ ብውሕዱ ናይ ጀነራል ማዕረግ *<<ከረከብ'ቦ>>* ዝብል ትጽቢት'ኳ እንተነበሮ መንግስቲ 5,000 ብር ጥራይ ኣግዚሙ ኣፋነዎ።

ሜ/ጀ መርዕድ ንጉሴ ፍልማዊት ሰበይቶም ብሕማም ምስሞተት ካልኣይ ዝተመርዓውዋ በዓልቲ ቤቶም ናብዚ መዘዝ ከምዘእተወቶም ይግለጽዩ። ሻዕብያ ኣብ ኣስመራን ናይ ኣውራጃ ኸተማታትን ዝዘርገሖ *<<ሓፋሽ ውድባት>>* ዝበሃል ናይ ኸተማ መሓውር ብኣባልነት ጥራይ ዘይኮነ ናይ መንግስቲ ደጋፊ ኣብ ምቕታል ከምዝተሳተፈት ዝንገረላ ገነት መብራህቱ፡ ጀነራል መርዕድ ንሕክምና ናብ ኢጣልያ ከኸዱን ምስ ሻዕብያ ከዛተዩ መገዲ ከምዘጻፈፈት ንኣንባቢ ምግላጽ ኣድላዪ ይመስለኒ።

ዕሉዋ መንግስቲ ከኻየድ እንከሎ ኣዲስ ኣበባ ስለዝነበረት ምስ ካልኦት ጀነራል መኾንናት ተኣሲራ ናይ ሞት ብይን ኣብ ምጽባይ እንከላ ኣብ ዝስዕብ ከፍሊ ዘዘንትዎ ናይ ምጽዋ ኹናትን ካብ ሻዕብያ ኣምሊጡ ዝመጸ ሓምሳ ኣለቃ ዝሰረቖ ሰነድ ምስተነበ መንግስቲ ናይ ሞት ብይን ከደናጎ ወሲኑ፣ እቲ ብይን ምስተወንዘፈ ኣብዮታዊ መንግስቲ ስለዝወደቐ ምስ ካልኦት ጀነራላት ካብ ማዕሰርቲ ተለቒቓ'ያ።

ሜ/ጀ ቁምላቸው ደጀኔ

ሜ/ጀ ቁምላቸው ሰዓት 11:00 ምሸት ካብ ባይቶ መንግስቲ ዝተዋህበ መግለጺ ምስሰምዐ ተሰወረ። ነዚ መጽሓፍ ኣብ ዝጽሕፈሉ እዋን ሜ/ጀ ቁምላቸው ብሕማም ህይወቱ እኻ እንተሓለፈ፡ *<<ካብ ኢትዮጵያ ናብ ኬንያ ኣትዩ ድሕሪ ክልተ ሳምንት ኣሜሪካ መጽዩ ተጸምቢሩና>>* ብምባል ሻለቃ ዳዊት ሓቢሩኒ'ዩ። ሜ/ጀ ቁምላቸው ካብ ኢትዮጵያ ዝወጸሉ መገዲ ኣዘራራቢ'ዩ። ካብ ኣሜሪካ ዝመሓላለፍ ናይ ኣሜሪካ ራድዮ ቐሪቡ ክዳን እንዳቐያየረ ብእግርን መኪናን እንዳበራረየ ኬንያ ምእታው እኻ እንተገለጸ ኣብቲ ጊዜ ብሓደጋ ኣየር ኣብ ኢትዮጵያ ዝሞተ ኣባል ባይቶ ኣሜሪካ ሬሳ ኣብ ምንዳይ ዝነበረ ናይ ኣሜሪካ ሄሊኮፕተር ኣብ ገጠራት ኮለላ ከካይድ እንከሎ ንጀነራል ቁምላቸው ከምዝተማልአ ይገልጽ። ብዝኾነ ሜ/ጀ ቁምላቸው ኣደዳ ቕትለት ካብ ምኻን ድሒኑ ምስ ፈተዉቱንን ስድራኡን ክራኸብ በቒዑ'ዩ።

ክፍሊ ሰላሳ

ትሽዓተ መዓልትን ለይትን ዝተኻየደ ናይ ምጽዋ መሪር ናይ ምክልኻል ተጋድሎ

ካብ ግንቦት 1988 ዓም ኣትሒዙ ሻዕብያ ኣብ ኸረን ግንባር ድሕሪ ዘውረዶ ኣሰቓቒ ቕዝፈት ብቕሉዕ ዝፈተኖ መጥቃዕቲ ኾነ ወረራ ብዘይምንባሩ ናይ ኤርትራ ክ/ሓገር ንኣስታት ክልተ ዓመት ዘይንቡር ተዛማዲ ሰላም ነጊሱዎ ነበረ። ጸላኢ ክልተ ዓመት ሙሉዕ ድምጹ ኣጥፊኡ ኣብ ናቕፋ ግንባር ዝማረኾም ናይ ነዊሕ ርሕቐት ተወንጨፍቲ ኣጽዋራት ብሰብ ሞያ ተሓጊዙ ጽዑቕ ስልጠናን ልምምድን ጀመረ። ስልጠንኡ ምስጻፈፈ ናብ ኸረን ግንባር ምምላስ ዳግም ኣደዳ ጥፍኣት ከምዝገብሮ ገምጊሙ ገጹ ናብ ምብራቕ ጠውዩ ኢትዮጵያ ካብ ቅድሚ ልደተ ክርስቶስ ኣትሒዛ ትውንኖ ናይ ምጽዋ ኣሕጉራዊ ወደብ ኣጥቂዑ ክቆጻጸር ወሰነ።

ሕልሙ ክሰምር ምእንቲ ናይ ኢትዮጵያ ሓይሊ ባሕሪ ሕጹይ መኾንናት ዝምረቑሉ ዕለት መሪጹ ለካቲት 8 1982 ዓም ፍርቂ ለይቲ ካብ ምጽዋ 86 ኪ.ሜ ርሕቐት ዝርከብ ሽዕብ ተሰምየ ናይ ሕርሻ መንደር ዝዓስከረ ናይ 6ይ ነበልባል ክ/ጦር 505ኛን 33ኛን ነበልባል ብርጌድ ኣጥቀዐ። ብተወሳኺ ካብ ሽዕብ ንደቡብ ምዕራብ ተጠውዩ ኣብ ሰለሞና ግንባር ካብ ጋሕቴላይ(*ሰባ-ሶስት*) ሰሜን 30 ኪ.ሜ ርሒቑ ዝሰፈረ ናይ 6ይ ነበላባል ክ/ጦር ሰለስተ ንጹል ብርጌዳት 21ኛ፣ 83ኛ፣ 113ኛ ነበልባል ብርጌዳት ኣጥቀዐ። ናይ ምጽዋ መሪር ምትሕንናቕን ዘጨንቕ ምውጣጥ ቅድሚ ምዝንታወይ ኣብ ምጽዋ ኣውራጃ ብፍላይ ኣብ ኤርትራ ክ/ሓገር ድማ ብሓፈሻ ዝነበረ ናይ 2ይ ኣብዮታዊ ሰራዊት ኣሰላልፋ ምግላጽ ኣድላዪ ይመስለኒ።

ቅድሚ ክልተ ዓመት ኣብ ኸረን ግንባር ዝተመስረቱ ክፍልታት ሓደ ክፍሊ ከይተነከዮም ከምዘለው ስለዝቐጸሉ ኣንባቢ ኣብ ኸረን ግንባር ዝዓስከረ ናይ ሰራዊት ዝርዝር ኣብ ክፍሊ ኢስራን ሸውዓተን ክምልከት ይኽእል። ኣብ ኣስመራ ዙርያ ብፍላይ ኣብ ከበሳታት ድማ ብሓፈሻ ዝተመደበ ናይ ኣብዮታዊ ሰራዊት ክፍሊ መከት ዕዝ ነበረ። ኣብ ናቕፋ ግንባር ድሕሪ ዘጋጠመ ውድቐት ኣብዮታዊ ሰራዊት ውዳቤኡ ናብ ኾራት ስለዝተቐየረ መከት-ዕዝ 606ኛ ኮር ተሰምዩ ብኣዛዚኡ ብ/ጀ ጥላሁን ክፍሌ ይዕዘዝ።

ኣብ ምጽዋ ኣውራጃ ሓደ ሜኻናይዝድ ክ/ጦርን ሓደ ኣጋር ክ/ጦር ተመዲቡ ነበረ። ምጽዋ ዙርያ ዝዓስከረ ሜኻናይዝድ ክፍሊ 3ይ ሜኻናይዝድ ክ/ጦር ነበረ። 3ይ ሜካናይዝድ ክ/ጦር ኪሎማ ኣብ ዝበሃል ዓሰብ ዙርያ ኣብ ዝርከብ ጎልጎል ብፍልማዊ ኣዛዚኡ ብ/ጀ ካሳዬ ጨመዳ ዝሰልጠነ ፈጣን ክፍሊ'ዩ። ኣብ 1989 ዓም ዝተፈተነ ዕሉዋ መንግስቲ ተኸቲሉ ብ/ጀ ካሳዬ ጨመዳ ተጠርጢሮም ስለዝተኣስሩ ንየም ተኪኡ ብ/ጀ ዓሊ ሓጂ ኣብዱላሂ ተሾመ።

ኣብ ምጽዋ ኣውራጃ ዝዓስከረ ኣጋር ክ/ጦር 6ይ ነበልባል ክ/ጦር ይበሃል። 6ይ ነበልባል ክ/ጦር ኣብ ትግራይ ክ/ሓገር እንደርታ ኣውራጃ <<*ኲሓ*>> ኣብ ትበሃል ሓውሲ ኸተማ ብኮ/ል ታሪኹ ዓይኔ(*ደሓር ብ/ጀ*) ኣብ 1978 ዓ.ም. ዝተመስረተ ክፍሊዩ። 6ይ ነበልባል ክ/ጦር ኣብትሕቲኡ 21ኛ፣ 33ኛ፣ 83ኛ 112ኛ ነበልባል ብርጌዳት ዝሓዘዩ። ኣብዚ ጊዜ ናይ 6ይ ነበልባል ክ/ጦር ኣዛዚ ብ/ጀ ተሾመ ተሰማ(*ናይ ምጽዋ ቴድሮስ*) ነበረ። ጀነራል ተሾመ ማዕከል መኣዘዚኡ ኣብ ኣፋፌት ምጽዋ ዝርከብ ፎርቶ ዝበሃል ስፍራ መስሪቱ ነበረ። ፎርቶ ካብ ምጽዋ ናብ ኣስመራ ኣብ ዘውጽእ ጽርግያ ንሸንኽ ጸጋም ዝርከብ ካብ ጽፍሒ ባሕሪ 600 ሜትሮ ብራኸ ዘለዎ ጎቦዩ። ናይ ፋሺስት ኢጣልያ ሰራዊት ናይ ኤርትራ ክ/ሓገር ኣብ ዝወረረሉ ዘመን ካብ ኢትዮጵያዉያን ነገስታት ዝፍነወሉ መጥቃዕቲ ክኸላኸል ብስሚንቶን ኣእማንን ዝነደቖ ዱልዱል ድፋዕዩ።

ናይ 6ይ ነበልባል ክ/ጦር መኸላከሊ መስመር ካብ ሰለሞና ክሳብ እምበርሚ ዝተዘርገሐዩ፡ ብልሙድ ኣጸዋውኣ <<*ሰለምና ግንባር*>> ተባሒሉ ይጽዋእ። ንኣንባቢ ከምዝገለጽኩዎ ሰለሞና ካብ ጋሕቴላይ ሰሜን 30 ኪሎሜትር ርሕቐት ዝርከብ ስፍራ ክኸዉን እምበርሚ ካብ ጉርጉሱም መናፈሻ ብናተይ ግምት 15 ኪሜ ርሕቐት ዝርከብ ምድረ-በዳ'ዩ። 6ይ ነበልባል ክ/ጦር ክልተ ማዕከል መኣዘዚታት ኣለዎ። ቀዳማይ ማዕከል መኣዘዚ'ኡ ምጽዋ ሰሜን ምዕራብ 86 ኪሜ ርሕቐት ሸዕብ ኣብ ዝበሃል ናይ ሕርሻ መንደር መስሪቱ'ሎ። ካልኣይ ማዕከል መኣዘዚ'ኡ ሰለሞናዩ። ኣብ ሰለሞና ሰለስተ ነበልባል ብርጌዳት መኸላኸሊ መስመር መስሪቶም ኣለው።

6ይ ነበልባል ክ/ጦር ብተወርዋሪነት ዝተመደበሉ 29ኛ ዘርኣይ ደረስ ሜኻ/ብርጌድ ኣብ ጋሕቴላይ ብተጠንቐቕ ይርከብ። ካብዚ ብተወሳኺ 27ኛ ሜኻ/ብርጌድ ዝበሃል ክፍሊ፡ ምጽዋ ደቡብ 30 ኪሜ ኣብ ዙላ ወደብ

ዓስኪሩሎ። ናይ ምጽዋ መሪር ምትሕንናቕ ቅድሚ ምጅማሩ ኣብዮታዊ ሰራዊት ዝነበሮ ኣሰላልፋን ኣወዳድባን ካብ ገለጽኩ ናይ ጸላኢ ኣሰላልፋን ቖርጽን ብዝምልከት እቲ ኹናት ምስጀመረ ዝተማረኹ ናይ ሻዕብያ ወንበዴታት ዝሃቡዎ ቓል ተመርኲስ ከምዝገልጽ እንዳሓበርኩ ናብቲ ኹናት ክኣትው።

ለካቲት 8 1982 ዓም ፍርቂ ለይቲ ሻዕብያ ኣብ ሽዕብ ናይ መጀመሪያ መጥቃዕቱ ምስፈነወ ኣብ ሽዕብ ዝነበሩ ክልተ ብርጌዳት ዝመርሕ ኮ/ል ኣፍወርቂ ተኸለ *<<ሻዕብያ ኣብ ማዕከል መአዘዚና ናይ ከቢድ ብረት መደራግሕ የዝንብ ኣሎ፣ ናይ ኢጋር ዉግእውን በርቲኡ'ሎ፡ ስለዚህ ረዳት ጦር ብቕልጡፍ የድልየኒ'ሎ>>* ብምባል እቲ ዉግእ 30 ደቓይቕ ምስገበረ ን'ሓለቓኡ ጀነራል ተሾመ ተሰማ ሓበረ። ጀነራል ተሾመ ኣድላዪ ደገፍ ከምዝገብሩሉ ቓል ኣትዩ ናይ ሬድዮ ርክብ ምስወደአ ድሕሪ ፍርቂ ሰዓት ዘሕዝን መርድዕ ተሰምዐ። ጸላኢ ኣብ ዝፈነዎ ናይ ኸበባ መጥቃዕቲ ናይ 6ይ ነበልባል ክ/ጦር ማዕከል መአዘዚ ብላውንቸርን ናይ ኢድ ቡምባን ከምዝተደብደበ፣ ናይ ጠያይቲ መኻዚኖ ብሓዊ ተባሪዑ ኣጽዋር ክፍንጀር ከምዝጀመረ፣ ጸላኢ ማዕከል መአዘዚ ተቖጻጺሩ ንኣዛዚኡም ከምዝማረኸ ዝሕብር መርድዕ ተሰምዐ።

ካብ ሰለሞና ክሳብ እምበርሚ ዝተዘርገሐን ንብዙሕ ዓመታት ዘይተደፍረ ጽኑዕ ዕርዲ ኣብ ዉሽጢ ሰዓታት ሓደሽደሽ ኢሉ ዝብል መርድዕ መሪር ዝበሃል ቓል እንተሓልዩ መሪር እንተዝብሎ ምግናን ኣይመስለንን። ናይ 6ይ ነበልባል ማዕከል መአዘዚ ኣብ ኢድ ጸላኢ እኻ እንተወደቐ 21ኛ፣ 83ኛ፣ 113ኛ ነበልባል ብርጌዳት ምስ ጸላኢ ምጥምጣም ብፍላይ ናይ ኢድ ብኢድ ዉግዕ ኣየቋረጹን። ኣጋ ወጋሕታ ምስቐረበ 29ኛ ዘርኣይ ደረስ ካብ ጋሕቴላይ ተበጊሱ ናብ ሰለሞና ተወርዊሩ ናይ ሜኻናይዝድ ድጋፍ ክሕብ ጀነራል ተሾመ ኣዘዘ። ናይ 29ኛ ዘርኣይ ደረስ ብርጌድ ኣዛዚ ኣብ ሰለሞና ግንባር ምስበጽሐ ናይ ወገን ሰራዊት ተፈቲሑ፣ ጠገለ ብዘይብሉ መገዲ ንድሕሪት ይምለስ ከምዝሎ ሓበረ።

ኣንባቢ ከምዝዝክሮ 29ኛ ዘርኣይ ደረስ ሜኻ/ብርጌድ ምስ ሻዕብያ ናይ ነዊሕ ዘመን ሌላ ኣለዎ። ቅድሚ 12 ዓመት ኣብ ምጽዋ ዙርያ ጥምጥም ፈለማ ምስተላለዩ፣ ቀጺሉ ኣብ ኣልጌና፣ ድሕሪኡ ኣብ ገምገም ንሻዕብያ ኢዱ

ኣጥዒሙ፣ ሻዕብያ ካብ ሳሕል ኣውራጃ ከይወጽእ ዓቢጡ ተስፋ ዘቑረጾ ሰራዊትዩ።

29ኛ ዘርኣይ ደረስ ድሕሪ ሒደት ደቓይቕ ኣብ ሞንጎ ጋሕቴላይን ሰለሞናን ዝርከብ <<ማይ-ዋጓ>> ዝበሃል ስፍራ በጺሑ ናይ ሻዕብያ ከቢድ ብረት ደብዳብ ብታንክን መድፍዕን መልሲ ክሕብ ጀመረ። 29ኛ ዘርኣይ ደረስ ገስጋስ ጸላኢ ከገትእ ዝኸኣሎ ኩሉ ይገብር ኣሎ። ብዘይኣጋር ሰራዊት ከም ሜኻናይዝድን ኣጋርን ኮይኑ ናይ ኢድ ብኢድ ዉግዕ ቐጸለ።

ዓርቢ ለካቲት 9 ንግሆ ጀነራል ተሾመ ምስ ም/ኣዛዚ 2ይ ኣብዮታዊ ሰራዊት ሜ/ጀ ሁሴን ኣሕመድ ተራኺቡ ብዛዕባ እቲ ኹነታት ምስረደኦ ጀነራል ሁሴን 18ኛ ተራራ ክ/ጦር ካብ ኸረን ናብ ጋሕቴላይ ከምዝሰደሉ ቓል ኣትዩ ሬድዮ ርክብ ተዓጽወ። ጀነራል ሁሴን ካብ ኣስመራ 2ይ ሬጅመንት ነፈርቲ ኹናት ኣበጊሱ ስለዝነበረ ናብ ሰለሞና ግንባር መጽየን ኣብ ሰለሞና ዝሃልል ናይ ሻዕብያ ወንበዴ ክዓጽዶ'ኦ ጀመረ። ናይ ጸላኢ ታንክታትን መዳፍዕን ቓል ቓል በለ። ድሕሪዚ 29ኛ ዘርኣይ ደረስ ናይ ኣጋር መጥቃዕቲ ክኸፍት ጀነራል ተሾመ ኣዘዘ። 29ኛ ዘርኣይ ደረስ ኣብ ዝፈነዎ መጥቃዕቲ ሻዕብያ ከይተዋገዐ ንድሕሪት ሰሓበ። ናይ 29ኛ ዘርኣይ ደረስ ኣባላት በዚ ፍጻመ ሞራሎም በሪኹ ኣሰር ጸላኢ ክስዕቡ ጀመሩ።

ሻዕብያ ዝኾነ ዓይነት ምክልኻል ከይገበረ ሰለስተ ኪሎሜትር ንዉሽጢ ተደፊኡ ዝኣትወ ን29ኛ ዘርኣይ ደረስ ብዝባኑ ኣትዩ ክኸቦ ስለዝመደበ ነበረ። ብዙሕ ታንክታት ከሲሩ ሓሳቡ ግብራዊ ጌሩዩ። ድሕሪዚ ናይ 29ኛ ዘርኣይ ደረስ ሜኻናይዝድ ኣባላት ነቲ ኸበባ ሰይሮም ከወጹ ከቢድ ጥምጥም ኣካየዱ። ሒደት መኾንናትን ወትሃደራትን ብኣዛዚኦም ተመሪሖም ከቢድ መስዋዕትነት ከፊሎም ነቲ ከበባ ሰይሮሞ ወጹ። ሰዓት 02:00 ድሕሪ ቐትሪ ካብ ምጽዋ ናይ 3ይ ሜኻናይዝድ ክ/ጦር ክልተ ሜኻናይዝድ ብርጌዳት ረዳት ክኾኑ ናብ ጋሕቴላይ ተቓረቡ። ሻዕብያ ሓይሉ ኣኻኺቡ ስለዘጥቀዐ ኣብ 3ይ ሜካናይዝድ ክ/ጦር ክልተ ብርጌዳት ጉድኣት ወረደ። ክልቲኦም ሜኻናይዝድ ብርጌዳት ጋሕቴላይ ምስበጽሑ ገሊኦም ናብ ኣስመራ ዝወስድ ዳገት ክድይቡ እንከለው ገሊኦም ድማ ናብ ምጽዋ ኣቕንዑ። በዚ መገዲ ናይ 2ይ ኣብዮታዊ ሰራዊትን ናይ ህዝቢ ኣስመራ መትኒ ህይወት ጽርግያ ኣስመራ - ምጽዋ ለካቲት 7 1990 ዓም ድሕሪ ቀትሪ ሓንሳብን ንሓዋሩን ኣብ ኢድ ጸላኢ ወደቐ።

ድሕሪዚ ሻዕብያ ቐንዲ ስግኣቱ ኣብ ምጽዋ ዝተኣኻኸበ ኣብዮታዊ ሰራዊት ዘይኮነ ካብ ኣስመራ ዝውርወር ረዳት ጦር ብምንባሩ ጽርግያ ኣስመራ-ምጽዋ ኣብ ጋሕቴላይ ምስቖረጸ ገጹ ናብ ኣስመራ ጠውዩ ፈለማ ኣብ ታሕታይን ላዕላይን ደንጎሎ ዝነበረ ናይ 6ይ ነበልባል ክ/ጦር 112ኛ ነበልባል ብርጌድ ኣጥቀዐ። 112ኛ ነበልባል ብርጌድ ናይ ጸላኢ ሜካናይዝድ ክፍሊ ይበልጾም ስለዝነበረ ክደፍኡዎ ኣይከኣሉን። ናይ ነበልባል ብርጌዳት ኣባላት ናይ ህይወት መስዋእቲ ክኸፍሉ እንከለው ናይቲ ብርጌድ ኣዛዝን ሂደት ወትሃደራት ጊንዳዕ ሓሊፎም ብቐጥታ እምባትካላ ናብ ዘሎ ናይ ወገን ሰራዊት ተጸምበሩ።

በዚ መገዲ ወንበዴታት ካብ ሳሕል ኣውራጃ ተበጊሶም ኣብ ሓደ መዓልቲ ውግዕ ኣብ ኣፋፌት ኣስመራ(*ደንጎሎ-40 ኪሜ*) ምስበጽሑ ናይ 2ይ ኣብዮታዊ ሰራዊት ሞራል ዝፈታተን ኹነታት ተፈጥረ። ናይ ደንጎሎ ምትሓዝን ናይ 112ኛ ነበላባል ብርጌድ ማዕከል መኣዘዚ ምድምሳስ ኣብ ምጽዋ ምስተሰምዐ ከቢድ ስንባደ ተፈጠረ። ጀነራል ተሾመ ለካቲት 7 ምሸት ኣብ ዙላ ዝሰፈረ 27ኛ ሜኻናይዝድ ብርጌድ ንጽባሂቱ ምጽዋ ክኣትው ኣዘዘ።

18ኛ ተራራ ክ/ጦር ካብ ከረን ተበጊሱ ኣማስዩኡ ኣብ ጊንዳዕ ምስ ሻዕብያ ይፋጠጥ ኣሎ። ናይ ሻዕብያ ወንበዴ ኣብ ምጽዋ መጥቃዕቲ ከምዝኸፍት ቅድሚ ሓሙሽተ መዓልቲ ሓበሬታ ተረኺቡ ኔሩ። እቲ ሓበሬታ በየናይ ኣንፈት፣ ኣሰላልፉኡ፣ ኣወዳድቡኡ፣ ወዘተ ዝገልጽ ኣይነበረን።

ኣብዚ ዕለት ኣብ ዝተገብረ ዉግዕ ኣብ ሰለሞና ግንባር ዝተማረኸ ናይ ሻዕብያ ሻምበል ኣዛዚ ንምሸቱ ምጽዋ መጽዩ ነዚ ዝስዕብ ቓል ሃበ:<<*ለካቲት 6 1990 ዓም ሓሙሽተ ኢጋር ብርጌዳት፣ ክልተ ሜኻናይዝድ ብርጌዳት፣ ሓደ ኮማንዶ ብርጌድ፣ 70 ታንክታት፣ 3 ናይ መድፍዕን፣ 4 ናይ ጸረ-ነፈርቲ ቫለቃታት ኣሰሊፍና ሰዓት 03:00 ድሕሪ ቀትሪ ካብ ኣፍዓበት ተበጊስና ሽዕብ ምስበጻሕና ናብ ክልተ ተጎዚና ጉዕዞና ቐጺልና።*

እቲ ቀዳማይ ክፍሊ ኣብ ሽዕብ ዘሎ ናይ 6ይ ነበላባል ማዕከል መኣዘዚ ምሰፍረስ ናብ ወቒሮን እምበርሚን ገስገሰ። ናይ መወዳእታ ሸቱኡ ጉርጉሱም ቤተመንግስትዩ። እቲ ካልኣይን ኣብዛሓ ሰራዊት ዘምረሐ ሽዕብ ደቡብ ምዕራብ ናብ ገድገድ ነበረ። ካብ ገድገድ ብሰለስተ ኣንፈት ናይ 6ይ ነበላባል: 21ኛ፣ 83ኛ 113ኛ ነበልባል ብርጌዳትን ብሓፈሻ ናይ ሰለምና ግንባር ድፋዕ ኣጥቀዐ። እቲ ፈለማይ ክፍሊ ካብ ገድገድ ደቡብ ምዕራብ ናብ ዓዲሹም ተወርዊሩ ናይ 6ይ ነበላባል ብርጌድ ጸጋማይ ክንፊ ቖሪጹ ናይ ጎኒ መጥቃዕቲ ይፍንው።

እቲ ካልኣይ ካብ ገድገድ ተበጊሱ ሰሓጢት ሓሊፉ ናይ ዶግዓሊ ከርሰ-ምድሪ ማይ ዝቖጻጸር። እቲ ሳልሳይ ድማ ብቐጥታ ናብ ማዕከል መአዘዚ 6ይ ነበልባል ብርጌድ(ሰለሞና) ተወርዊሩ ምስቲ ብዓዲ ሹም ዝቐረጸ ሓይሊ ተሓጊዙ ማዕከል መአዘዚ ዝድምሰስ ከምኡ'ዉን ናብ ጋሕቴላይ ቐጺሉ ጽርግያ ምጽዋ-ኣስመራ ኣብ ጋሕቴላይ ዝቐርጽ ነበረ። >> ናይቲ ኹናት ዕላማን ሸቶን: *<<ጽርግያ ምጽዋ-ኣስመራ ዓጺኻ ናይ ህዝብን ሰራዊትን ጎሮሮ ምድፋን ቀዳማይ ዕላማ ክኸዉን እቲ ካልኣይ ዕላማ ናይ ምጽዋ ኣሕጉራዊ ወደብ ምቑጽጻር።>>*

እዚ ምሩኽ ናይ ሻዕብያ ወንበዴ 70ኛ ብርጌድ ሻምበል ኣዛዚ ነበረ። ቓሉ ብጽሑፍ ምስስፈረ ጀነራል ሁሴን ናብ ኣስመራ ክመጽእ ስለዝኣዘዘ ኣስመራ ተላእኸ። ናብ ቀዳም ለካቲት 10 ዘውግሕ ለይቲ ሻዕብያ ዶግዓሊ ኣጥቂዑ ከምዝተቖጻጸረ ዘርድእ መርድእ ተሰምዐ። ምጽዋ ብዘይዶግዓሊ ህይወት ዘይብላ ምድረ-በዳ'ያ። ኣብ ምጽዋ ዝቕመጥ ህዝብን ኣብዮታዊ ሰራዊትን ጎሮሩኡ ዘጥልል ካብ ዶግዓሊ ብሻምበቆ ብዝዝርጋሕ ማይዩ። ብተመሳሳሊ ናይ 6ይ ነበልባል ክ/ጦር 505ኛ ብርጌድ ኣብ እምበርሚ ከቢድ ምትሕንናቕ ክገብር ሓዲሩ ኣብ መወዳእታ ሓይሊ ጸላኢ ስለዝበርተአ ናብ ጉርጉሱም ሰሓበ። ጸላኢ ናይ ወገን ሰራዊት ከዳህልል ሓሲቡ ኣብ ግዝግዛ ኣብ ተመሳሳሊ ሰዓት መጥቃዕቲ ፈነወ። ናይ ሻዕብያ ወንበዴ ዶግዓሊ ምስተቖጻጸረ ብቀጥታ ናይ ምጽዋ መዕርፎ ነፈርቲ ብመዳፍዕ ክቕጥቕጦ ጀመረ። በዚ ደብዳብ ክልተ ሰበኸሳግም ተወለድቲ ሳሆ፣ ምስ ኣግማሎም ሞቱ።

ጀነራል ተሾመ ነዚ ኹነታት ንምክትል ኣዛዚ 2ይ ኣብዮታዊ ሰራዊት ሜ/ጀነራል ሁሴን ኣሕመድ ምስሓበረ ካብ ኣስመራ ነፈርቲ ኹናት መጽየን ኣብ ዶግዓሊ ዘንደልፍጽ ናይ ወንበዴ ዕስለ ብቡምባ ክሓርሶ'አ ጀመራ። ናይ ዶግኣሊ ሜዳ ብትኪ ተዋሕጠ። ናይ ወገን ሰራዊት ናይ ጸላኢ ሬድዮ ጠሊፉ ክሰምዕ: ናይ ሻዕብያ ኣፕሬተራት ዝጥቐሙሉ ናይ ኮድ ቑጽሪ ጠሊሙዎም: *<<ነፈርቲ ኹናት ወዲእናና>>* ዝብል ኣውያት ተሰምዐ።

ቀዳም ለካቲት 10 ፍርቂ ቀትሪ 27ኛ ሜካናይዝድ ብርጌድ ካብ ዙላ ናብ ምጽዋ ተጠቓሊሉ ኣትዩ ንመጥቃዕቲ ድልው ኮነ። ሰዓት 04:30 ድሕሪ ቑትሪ ካብ ምጽዋ ናብ ኣስመራ ዝወስድ ጽርግያ ሒዞም ኣብ ዶግኣሊ ዘውዘኽዝኽ ናይ ሻዕብያ ወንበዴ ከዓጽዱዎ ተበገሱ። ኣብ ዶግዓሊ ሰጣሕ ሜዳ ምስበጽሑ ምስ ጸላኢ ኢድ ብኢድ ገጢሞም ለካቲት 10 ሰዓት 06:30 ድሕሪ ቑትሪ ዶግዓሊ ዳግም ኣብ ኣብዮታዊ ሰራዊት ምቑጽጻር ኣትወት። ኣብ ዶግዓሊ 600

ናይ ሻዕብያ ሬሳ ኣብ ዶግዓሊ ተዛሕዚሑ ተራእየ። 27ኛ ሜኻ/ብርጌድ ኣብዚ ዉግዕ ዘስተብሃሎ ቑምነገር መብዛሕቶኦም ናይ ሻዕብያ ተዋጋእቲ ትሕቲ ዕድመ ቖልዑን ኣዋልድን ምንባሮም'ዩ።

ድሕሪ ፍርቂ ሰዓት ናይ ሻዕብያ ወንበዴ ናይ ኮማንዶን ሜኻናይዝድ ብርጌድ ኣሰሊፉ ጸረ-መጥቃዕቲ ፈነወ። ናይ 3ይ ሜኻናይዝድ ክ/ጦር ታንከኛ ብርጌዳት ምስ 27ኛ ሜካናይዝድ ብርጌድ ተላፊኖም ክገትእዎ እኻ እንተፈተኑ ኣይሰለጦምን። ድሕሪ ናይ ኣርባዓን ሓሙሽተን ደቓይቕ ዉግእ ዶግዓሊ ኣብ ኢድ ጸላኢ ዓለበት። ካብዚ ዉግእ ዝወጹ ናይ 27ኛ ሜኻናይዝድ ኣባላት ተጠቓሊሎም ምጽዋ ኣተው። ናይ ምጽዋ ሕላዉነት ከምዘኽተመ እኹል ምልክታት ስለዝተራእየ ጀነራል ሁሴን ወትሕደራዊ ዶኩመንትታት፣ ናይ ኢሰፓ ሰነዳት፣ ገንዘብ ብመራኽብ ተጻዒኑ ካብ ምጽዋ ናብ ዳሕላክ ደሴት ክግእዝ ኣዘዘ።

ናብ ለካቲት 11 ዘውግሕ ለይቲ ሰዓት 04:00 ሻዕብያ ብሰለስተ ኣንፈታት ካብ እምበርሚ፣ ዶግዓልን ጊንዳዕን ናይ ኣጋርን ሜኻናይዝድን መጥቃዕቲ ፈነወ። ናይ ምጽዋን ሰለሞናን ኣውራጃ ብትኪ ተጎልበበ። ኣጋወጋሕታ ኹነታት ተቐያየረ። ናይ ሻዕብያ ከቢድ ብረት ኣብ ጥዋለት፣ ምጽዋ ሆስፒታል(*ግራር*)፣ ርእሲ ምድሪ፣ ፎርቶ፣ ምጽዋ ቤተ-መንግስቲ ከም በረድ እንዳዘነበ ንሰላማውያን ዜጋታት ክቐዝፍ ጀመረ። ኣብ ምጽዋ ሆስፒታል ዝተፈጸመ ዘሰኽሕ ትርኢት ናይ ሻዕብያ ፋሺስታዊ፡ ኣረሜንያዊ ሕብሪ ስለዘርእይ ነዚ ፍጻመ ክገልጽ ይደሊ።

ምጽዋ ሆስፒታል ኣብ ሰለስተ ደብሪ ሕንጻ ዝተደኮነ ሕሙማን ዘዕቕሉ 150 ኣራት ዝሓዘ ሆስፒታልዩ። ለካቲት 11 ካብ ሰዓት 07:00 ናይ ንግሆ ኣትሒዙ ናይ ሻዕብያ ወንበዴ ብዘዝንቦ ናይ ከቢድ ብረት ቶኽሲ ብሓዊ ተሃሞኸ። ኣብ ዉሽጢ ዝነበሩ ሕሙማን መብዛሕቶኦም ነብሶም ነዲዱ ትንፋሶም ሓለፈ። ኣብዚ ሳልስቲ ተወጊኦም፣ ኣብ ኮሪደር ደቒሶም ዝነበሩ ናይ ኣብዮታዊ ሰራዊት ኣባላት ብቓንዛ እንዳንደልፈጹ ካብቲ ሓዊ ከምልጡ እኻ እንተፈተኑ ኣይከኣሉን። ብሓዊ ተሸልቢቦም ሞቱ።

ጸላኢ ናብቲ ሆስፒታል ዝተኮሶ ናይ መድፍዕ ጥይት ጭራም የማናይ ኢዳ ዝወቕዓ ናይ ምጽዋ ሆስፒታል ነርስ ኢዳ ካብ መንኩባ ተፈልዩ፣ ጠልጠል ኢሉ ትሕዞን ትገብሮን ጨኒቑዋ ኣዉያት ጀመረት። ፈለማ ናብ ቐጽሪ ሓይሊ

ባሕሪ ኢትዮጵያ ክትኣትው ፈተነት። ቕሩብ ምስኸደት መገዲ ነዊሑዋ ናብቲ ሆስፒታል ተመልሰት። ብጥቓኣ ዝሓልፉ ወትሃደራት: *<<ርድኡኒ በጃኹም፣ ሓግዙኒ፣ ማይ ሓቡኒ>>* ብምድፍናቕ ሓተተት። ኩሎም ነብሶም ከድሕኑ ይጓየዩ ስለዝነበሩ ዘቕለበላ ኣይነበረን።

ሓንቲት ኣደ ብነጸለአን ኣእዳዋ ክኣስራላ ፈተና። ኢዳ ካብ መንኩባ ተላቒቑ መሊዑ ኣይተቖርጸን። እዘን ኣደ ክኣስራላ ፈቲነን ኣይከኣላን። ሓንደበት ሓደ ዶክተር መጽዩ ኣእዳዋ ካብ መንኩባ ብመቐስ ክቖርጾ ፈተነ። ድሕሪኡ ነቲ ዝፈስስ ደም ብነጸላ ጠጠው ክብሎ ፈተነ። እዛ ነርስ ዝወረዳ ቓንዛ ምጻሩ ስኢና ኣዉያታ ቐጸለት: *<<ኣደ ማይ፣ ማይ ሃባኒ: በጃኽን።>>* እተን ኣደ ማይ ብጆግ ቐዲሐን ምስሓባኣ ብጸጋማይ ኢዳ ክትሰቲ ፈተነት። እቲ ዶክተር ማይ ከይትሰቲ እንዳነደረ ኣጠንቀቓ። እዘን ኣደ ብኢደን ደጊፈን ማይ ኣስተያኣ። ድሕሪኡ ክትድቕስ ተጎዝጒዘት። ብው ንብው ንሓዋሩ ደቐሰት። እተን ኣደ ከተስእዋ ፈተኑ: ኣይከኣሉን። ሓንሳብን ንሓዋሩን ትንፋስ ሓለፈ።

ነዊሕ ጨጉሪ፣ ከደራይ ሕብሪ ትውንን መንእሰይ እንጀራ ክትምእርር ካብ ገዝኣ ምስወጸት ብሻዕብያ ከቢድ ብረት ተቐዚፈት። እዚ ዛንታ ከም ኣብነት ቐንጪለ ዘቕረብኩዎ ፍጻመዩ። ሻዕብያ ኣብ ህዝቢ ምጽዋ ብዘዝነቦ ከቢድ ብረት ዝረገፉ ንጹሃን ጸብጺብ ስለዘይውድኦም ገዝኦም ይቑጸሮም ኢለ ክሰግሮ።

ሻዕብያ ሓድሽ ሓይሊ እንዳቐያየረ ብዝፈነዎ መጥቃዕቲ ለካቲት ፲ ንግሆ ንፎርቶ ተቘጻጸረ። ለካቲት ፲ ናይ ምጽዋ መሪር ምትሕንናቕን ጥምጥምን ዝተኻየደሉ መዓልቲ ነበረ: ካብ ሰዓት 08:00 ክሳብ ሰዓት 10:00 ኣብ ዝነበረ ጊዜ ሻዕብያ ሜካናይዝድ ክ/ጦርን ናይ ኮማንዶ ክ/ጦርን ኣሰሊፉ ዕዳጋ ክኣትው ዘየቋርጽ መጥቃዕቲ ኸፈተ፣ ኣብዮታዊ ሰራዊት ክሳብ መወዳእታ ካልኢት ተዋደቐ። ኣብዚ መሪር ጥምጥም ልዕሊ 900 ዝኾኑ ናይ ኣብዮታዊ ሰራዊት ወትሃደራት ክስውኡ እንከለው ልዕሊ ሓደ ሽሕ ዝኾኑ ናይ ሻዕብያ ወንበዴ ተዋጋእቲ ወዲቖም'ዮም። ናይ 6ይ ነበልባል ክ/ጦር ኣባላት ኣገደስቲ ሰነዳት ኣንዲዶም፣ ናብ ጥዋለትን ግራርን ሰሓቡ። ጀነራል ተሾመ'ውን ኣብ ቤት-ጽሕፈቱ ዝነበረ ናዉቲ ኣኪቡ ጥዋለት ኣትወ። ናይ 606ኛ ኮር ኣዛዚ ብ/ጀነራል ጥላሁን ክፍለን ናይ 3ይ ሜካናይዝድ ክ/ጦር ኣዛዚ ብ/ጀ ዓሊ ሓጂ ናብ ግራር ኣምርሑ።

ናብ ጥዋለት ዝኣትወ ኣብዮታዊ ሰራዊት ናይ ስርናይ ከሻ ጸፍጺፉ፣ ጊዝያዊ ድፋዕ ነደቐ። ናብ ግራር ደሴት ዝኣትወ ኣብዮታዊ ሰራዊት ካብ ጨው ፋብሪካ ዝወጸ ናይ ጨው ከሻታት ጎዝጒዙ መኸላከሊ መስመር ሃደመ። ናይ ሻዕብያ ከቢድ ብረት ናብ ጥዋለት ከም በረድ ክዘንብ ጀመረ። ናይ ምጽዋ ኸተማ ናይ መሬት ኣቐማምጣ ኣብ ዝገለጽኩሉ ምዕራፍ ስድሳ ኣንባቢ ከምዝዝክሮ ጥዋለት ህዝቢ ምጽዋ ዝነብረሉ፣ ገዛውትን ኣባይትን ዝተደኮነሉ ስፍራዩ። ቅድሚ 13 ዓመት ሻዕብያ ብሞርታርን ብላውንቸርን ይጭፍጭፎ ዝነበረ ህዝቢ ድሕሪ 13 ዓመት ብትሕስቶ ማዕቢሉ ብመዳፍዕ ይቕጥቕጦ'ሎ።

ሻዕብያ ኣብ ጥዋለት ዝፈጸሞ ደብዳብ

ናይ ሻዕብያ ወንበዴ ኣብ ህዝቢ ምጽዋ ፍሉይ ቒምታን ጽልእን ዝሓደሮ ኣብ ጊዜ ፌዴሬሽን ናይ ምጽዋ ኣውራጃ ተወለድቲ ምስ ኢትዮጵያ ፍጹማዊ ሓድነት ይጠልቡ ካብ ምንባሮም ብተወሳኺ ምስ ሓጼ ሓይለስላሴ ብዝነበሮም ጥቡቕ ርክብ ኣብ ኤርትራ ክ/ሓገር ፖለቲካ ጸለዉትን ተሰማእትን ብምንባሮም'ዩ። ኣብዮታዊ ሰራዊት ናብ ጥዋለትን ግራርን ምስስሓብ ሻዕብያ ገሲጋሱ ተቐጽየ፣ ብፍላይ ናብ ጥዋለት ምእታው ሕማም ሕርሲ ኮኖ። ንኣንባቢ

ከምዝገለጽኩዎ ናብ ጥዋለት ዘእትው ኮዝዌይ ሓደ ኪሎሜትር ንዉሓት ዘለዎ፣ የማነ-ጸጋም ብባሕሪ ዝተኸበ ጽርግያዩ።

ጥዋለት ብቐሊሉ ስለዘይትድፈር ዘለዎ ሓይሉ ኣኻኺቡ ለካቲት 11 ሰዓት 11:00 ቅድሚ ቐትሪ ናብ ግራር ደሴትን ቐጽሪ ሓይሊ ባሕሪ ከኣትው ፈጣን መጥቃዕቲ ፈነወ። ኣብዚ መጥቃዕቲ መብዛሕተአን ናይ 3ይ ሜኻናይዝድ ክ/ጦር ታንክታትን ናይ 27ኛ ሜኻናይዝድ ታንክታት ከምኡ'ዉን ናይ 6ይ ነበልባል ታንከኛ ሻለቃ ታንክታት ኣብ ኢድ ጸላኢ ምስወደቓ ናይ ወገን ሰራዊት ናብ ቐጽሪ ሓይሊ ባሕሪ ኣትወ። ኣብዚ ጊዜ ዘጋጠመ ሓደ ዘስካሕኽሕ ትርኢት ነበረ።

ኣብ ታንክ ተወጢሖም ናብ ቐጽሪ ሓይሊ ባሕሪ ኢትዮጵያ ካብ ዝኣትው ታንክታት ክልተ ናይ ሻዕብያ ታንክታት ናይ ወገን ተመሲሎም ምስ ወገን ሰራዊት ተሓናፊጾም ናብቲ ቐጽሪ ኣተው። ድሕሪኡ መትረየስ ኣብ ታንክ ሶኺያም ናብ ወትሓደራት ጠያይቲ ከዝንቡ ጀመሩ። ካብ ምጽዋ ወደብ ናይ ሰራዊት ስድራቤት ኣባላት፣ ቖልዑ፣ ኣዴታት፣ ዉግኣት፣ ሲቪል ሰበስልጣናት ጽዒና ናብ ዳሕላክ ደሴት ትጓዓዝ ዝነበረት መርከብ ቶኩሶም ምስቓጸሉ ብኣሻሓት ዝቑጸሩ ንጹሃን ኢትዮጵያዉያን ኣብ ቀይሕ-ባሕሪ ጠሓሉ። ነዚ ፍጻመ ዝረኣዩ ኣባላት ሓይሊ ባሕሪ ብሕርቓን ነደዱ። ኣብዮታዊ ሰራዊትን ኣባላት ሓይሊ ባሕሪ ተሓጋጊዞም ኣብ ዝፈነውዎ መጥቃዕቲ እዞም ወንበዴታት ኣብ ዉሽጢ ታንኮም ነደዱ። ኣብዘን ታንክ 12 ናይ ሻዕብያ ወንበዴታት ኔሮም: ሓደ ካብኦም ብሕይወት ኣይወጸን።

ሰዓት 01:00 ድሕሪ ቐትሪ: ጸላኢ ሰለስተ ታንክታት ኣሰሊፉ ናብ ጥዋለት ዘእትው ኮዝዌይ ሓሊፉ ጥዋለት ክኣትው ፈተነ። ነዘን ታንክታት ቅድሚ ምብጋሱ ናይ መዳፍዕ ደብዳብ ኣብ ቅድስቲ ማርያም ቤተክርስታይን፣ በረድ ፋብሪካን ቀይሕ-ባሕሪ ሆቴል ኣዝኒቡ ኩሎም በብሓደ ባደሙ። ድሕሪ'ዚ እዘን ሰለስተ ታንክ ናብ ጥዋለት ጉዕዞ ፈለማ። ኣብ መገዶም መጥቃዕቲ ከየጋጥሞም ናብ 30 ዝገማገሙ ታንክታት ካብ ጫፍ ዕዳጋ ናብ ጥዋለት ብዘይምቑራጽ ይትኩሱ'ለው። ካብዘን ዝተበገሳ ሰለስተ ታንክታት ሓዲኣ 600 ሜትሮ ምስተጓዕዘት ካብ ኣብዮታዊ ሰራዊት ብዝተተኮሰ ጥይት ነዲዳ እቲ ኮዝዌይ ተዓጽወ። ኣብ ዉሽጢ ታንክ ዝነበሩ ወንበዴታት ምስ ታንኮም

ነደዱ። ካብቲ ዝገርም ነገር እዛ ታንክ ክትዉቓዕ እንከላ ንጎኒ ስለዝተጠውየት ናብ ጥዋለት ዘእትው ኮዝዌይ ሙሉ ብሙሉእ ተዓጽወ።

ናብ ለካቲት 12 ኣብ ዘውግሕ ለይቲ ናይ ሻዕብያ ወንበዴ ኣብ ጥዋለትን ቖጽሪ ሓይሊ ባሕሪ ክልተ ሰዓት ብዘይምቁራጽ ደብዳብ ከቢድ ብረት ኣዝነበ። ኣብ ጥዋለት ዝነብር ህዝቢ ካብ ገዝኡ ብስምባደ ናብ ደገ ወጽዩ ካብዚ ሓዊ ክድሕን እኳ እንተፈተነ ሓሳቡ ኣይሰመረሉን። ኣደዳ ከቢድ ብረት ጸላኢ ኮነ። እዚ ደብዳብ ንክልተ ሰዓታት ምስቐጸለ ሰዓት 06:00 ሻዕብያ ናብ ቖጽሪ ሓይሊ ባሕሪ ክኣትው ብሜካናይዝድን ኣጋርን ከቢድ መጥቃዕቲ ፈነወ። ኣመጻጽኡ ኣዝዩ ሓደገኛ እኳ እንተነበረ ጀነራል ተሾመ፡ ናይ ሓይሊ ባሕሪ ኣባላት መራኽብ ዉግእ ተጠቒሞም ክዋግኡ ስለዝኣዘዘ መሪር ናይ ምክልኻል ተጋድሎ ተኻየደ።

ካብ ዕዳጋ ናብ ቖጽሪ ሓይሊ ባሕሪ ኣብ ዘእትው ክልተ ኪሎሜትር ንዉሓት ዘለዎ ሜዳ ሻዕብያ ቅድሚ 13 ዓመት ዘጋጠሞ መቕዘፍቲ ዳግም ይወርዶሎ። ናይ ወገን ሰራዊት ነዚ ነዊሕ ሜዳ *<<ናይ ሞት ቖጽሪ>>* ኢሉ ይጽውዮ። ናብዚ ስፍራ ዝቕልቐል ወንበዴ ብዘይጥርጥር ኣደዳ ሞት ክኸዉንዩ።

ካብ ኣስመራ 2ይ ሬጅመንት ዝመጸ ኣርባዕተ ነፈርቲ ኹናት ፈለማ ንዕዳጋ ሓሊፈን ናብ ቀይሕ-ባሕሪ ምስኸዳ ገጸን ጠዉየን ብምምላስ ኣብ ዕዳጋ ዘውዘኽዘኽ ናይ ሻዕብያ ወንበዴ ክዓጽዶ'አ ጀመራ። ናይ ምጽዋ መሬት በዘን ነፍርቲ ተናወጸ። እልቢ ዘይብሉ ናይ ሻዕብያ ታንክታት ነደደ።

ጸላኢ ብከቢድ ብረት ደብዳብ ተጎልቢቡ፣ ናብ ቖጽሪ ሓይሊ ባሕሪ ዘጽግእ ሜዳ ኣፋሪቑ፣ ንዉሽጢ ክኣትው ተቓረበ። ሰዓት 10:00 ናይ ንግሆ ቖጽሪ ሓይሊ ባሕሪ ተቖጻጸረ። ናይ 606ኛ ኮር ኣዛዚ ብ/ጀ ጥላሁን ክፍሌን ናይ 3ይ ሜኻናይዝድ ክ/ጦር ኣዛዚ ብ/ጀ ዓሊ ሓጂ ብጸላኢ ተማረኹ። ሻዕብያ ካብ ዝፍጠር ኣትሒዙ ሪኡዎ ዘይፈልጥ ዓወት ብምንባሩ ክፍንጥዝ ጀመረ። ኣብዚ ጊዜ ካብ ኣስመራ 2ይ ሬጅመንት ዝተበገሳ ነፈርቲ ኹናት ቅድሚ ሎሚ ተፈቲኑ ዘይፈልጥ ደርማስ ቡምባ ኣብ ቖጽሪ ሓይሊ ባሕሪ ደርበያ። ታሕጓሱን ተሓኑን የውጽእ ዝነበረ ናይ ወንበዴ ዕስለ ዘሰቕቕ ህልቒት ወረዶ።

ኣብዚ ዕለት ሻዕብያ ቖጽሪ ሓይሊ ባሕሪ ኢትዮጵያ ምስተቖጻጸረ ናብ ርእሲ-ምድሪ ክኣትው መጥቃዕቲ ከፊቱ ጀነራል ተሾመ ኣብ ጥዋለትን ርእሲ ምድርን

ዘሎ ሰራዊት ኣወሓሒዱ ስለዝመከቶ ሓሳቡ ሕልሚ ኮይኑ ተሪፉ። ቐጽሪ ሓይሊ ባሕሪ ኢትዮጵያ ካብ ርእሲ ምድሪ ዝፈልዮ 500 ሜትሮ ስፍሓት ዘለዎ ባሕሪ ጥራይዩ። ናብ ሶሉስ ለካቲት 13 ኣብ ዘውግሕ ለይቲ ሰዓት 04:00 ጸላኢ ኣብ ጀላቡ ዝተሶኸዑ መትረየሳት ኣብ ርእስ ምድርን ጥዋለትን ብዘይምቑራጽ ኣዝነበ። ህዝቢ ምጽዋ ኣደዳ ቕዝፈት ኮነ። ብተወሳኺ ንከተማ ምጽዋ መልክእን ግርማን ዝህቡ ኣባይቲ ሰማንያ ሚእታዊት ባዲሞም ምጽዋ መኽዘን ሬሳ ኮነ። ድሕሪ ቐትሪ ካብ ኣስመራ ብነፈርቲ ዝተጻእኑ 107 ናይ ስፓርታኬድ[40] ኣባላት ኣብ ዳህላክ ደሴት በጺሆም ብመራኽብ ኣብ ርእሲ-ምድሪ ወረዱ። ናይ ስፓርታኬድ ኣባላት ዝጸኣነት መርከብ ርእሲ-ምድሪ ምስቐረበት ሻዕብያ ንግዚኡ ዝግ ኣቢሉዎ ዝነበረ ከቢድ ብረት ደብዳብ ቐጸለ። ነዛ መርከብ ከጥሕራ ፈተነ። ናይ ስፓርታኬድ ኣባላት ብሰላም መሬት ረጊጾም።

እታ መርከብ ንጣር ጉድኣት ከይወረዳ ናብ ዳሕላኽ ተመልሰት። ኣብዮታዊ መንግስቲ ብነፈርትን መራኽብን ሰራዊት ኣብ ክንዲ ምስዳድ ብመሬት ረዳት ጦር ዘየቕረበሉ ምኽንያት መመሊሱ ዝገርምዩ። ናይ ኣብዮታዊ ሰራዊት መትኒ ሕይወት ጽርግያ ኣስመራ-ምጽዋ ተዓጽዩ'ኳ እንተኾነ እልቢ ዘይብሉ ሰራዊት ኣብ ዓሰብ ተኸዚኑ እንከሎ ብዉሕዱ ሓደ ክ/ጦር ንጢያን በይሉልን ሓሊፉ፣ ካብ ድቡብ ናብ ሰሜን ንምጽዋ ተዘጥቕዕ ኣብ ጥዋለትን ርእሲ-ምድርን ዘሎ ሰራዊት ናይ ዉግእ ሞራል በሪኹ ምክልኻሉ ዘትርረሉን ናይ ሻዕብያ ሕልሚ ዝበነሉ ኹነታት ምተፈጥረ ኔሩ። ኣይተገብረን!

ለካቲት 12 ምሸት ናይ ሻዕብያ ወንበዴ ኣብ ቐጽሪ ሓይሊ ባሕሪ መጉልሒ ድምጺ ኣብ መኪና ሶኺዑ *<<ኢድኩም ሃቡ>>* ዝብል ስነ-ኣእሙሮኣዊ ኹናት ክነዝሕ ጀመረ። ጀነራል ጥላሁን ክፍለን ጀነራል ዓሊ ሓጂን ናይ ሻዕብያ ሓለፍቲ ዝደረሱዎ ድርሰት እንዳንበቡ ዝተቐድሐ ድምጺ ንኣብዮታዊ ሰራዊት ኣስመዐ። ትሑስቶ ናይቲ ድርሰት *<<ብመሬት ይኹን ብባሕሪ ዝመጻልኩም ረዳት ጦር ስለዘየለ ጽባሕ ንግሆ ኢድኩም ሓቡ>>* ዝብል ነበረ።

ንጽባሂቱ ሮብዕ ለካቲት 14 ምጽዋ ፍጹም ጸጥታ ነጊሱዎ ካብ ቀይሕ-ባሕሪ ዝነፍስ ጠሊ ዝሓዘ ኣየር ብግመ ደፊኑዎ ነበረ። ሰዓት 04:30 ድሕሪ ቐትሪ

---

40 ስፓርታኬድ ብሰሜን ኮርያ ወትሃደራዊ መኾንናት ዝተኣለሙ ናይ ኢድ ብኢድ ዉግእን ፍሉይ ዉግእ ዝመልኹ ተዋጋእቲዮም

ምስኮነ ማንም ከይተጸበዮ ሻዕብያ ኣብ ጥዋለት ናይ ከቢድ ብረት ደብዳብ ጀመረ። ክሳብ ሰዓት 11:00 ናይ ምሸት ደብዳብ ቐጸለ። ነበርቲ ጥዋለት ኣካሎም ጎደለ፣ ዓይኖም፣ መሓውሮም ተመንጠለ። ናይ ኣብዮታዊ ሰራዊት ኣባላት'ውን ከቢድ ሃስያ ወረዶም። ካብቲ ዘሰደምም ነገር ሻዕብያ ናይ ከቢድ ብረት ጠያይቲ ዝማረኸ ናይ ምጽዋ ኹናት ምስጀመረዩ።

ናይ ወገን ሰራዊት ፎርቶን ዕዳጋን ገዲፉ ናብ ጥዋለትን ግራር ከኣትው እንከሎ 30 ሽሕ ቶን ዝምዘን ናይ 2ይ ኣብዮታዊ ሰራዊት ናይ ከቢድ ብረት መኽዘን *<<ኣማተረ>>* ኣብ ዝበሃል ስፍራ ንብዙሕ ጊዜ ተኸዚኑ ነበረ። ጥሪ 1990 ዓም *<<እዚ ናይ ከቢድ ብረት መኽዘን ናብ ኣስመራ ክኽየድ ኣለዎ>>* ተባሂሉ ተወሲኑ 100 በጣሓት ነዚ ስራሕ ተመዲበን ኣብ ዉሽጢ ክልተ ሰሙን ከግዕዞ'ኦ ተወሰነ።

ሽለልትነት: ሕመቕ መግለጺኡ ዝኾነ ላዕላዋይ ኣካል መንግስቲ *<<ኣብ ዉሽጢ ኣርባዕተ ወርሒ ቀስ ኢሉ ክመላለስዩ>>* ብምባል ኣደናጎየ። ናይ ወገን ሰራዊት ናብ ጥዋለት ክስሕብ እንከሎ ጀነራል ተሾመ እዚ መኽዘን ከቢድ ብረት ክቓጸል ን6ይ ነበልባል ክ/ጦር ሓላፊ ሎጂስቲክስ ትዕዛዝ ሒቡ እኻ እንተነበረ ከንድዱዎ ምስወሰኑ *<<ናይ መዳፍዕ ጠያይቲ እንተተፈንጂሩ ከቢድ ሓደጋ ይፈጥርዩ>>* ብምባል ንጸላኢ ዛሕዚሖሞ ጥዋለት ኣትው። ሻዕብያ እዚ ሽሻይ ኣብ ጻዕዳ ሽሃነ ምስጸንሖ ናብ ወገን ሰራዊት ኣዝነቦ።

ሓሙስ ለካቲት 15 ድሕሪ ቐትሪ ናይ ሲቪል ክዳን ዝለበሱ ክልተ ሰባት ጻዕዳ ባንዴራ ኣብ ኣፈሙዝ ሶኺያም ካብ ዕዳጋ ናብ ጥዋለት ዘእትው ኮዝዌይ ሒዞም ጥዋለት በጽሑ። እዞም ክልተ ሰባት ቅድሚ ሳልስቲ ኣብ ቐጽሪ ሓይሊ ባሕሪ ኣብ ዝተገብረ ዉግእ ዝተማረኹ ናይ 6ይ ነበላባል ክ/ጦር ኣባላት ነበሩ። ናብ ጀነራል ተሾመ ዝተላእኸ ደብዳቤ ካብ ሻዕብያ ሒዞም መጹ። ኩሎም ኣዘዝቲ ተኣኪቦም እቲ ደብዳቤ ተነበ። ትሑስቱኡ *<<ናይ ሻዕብያ ወንበዴ ኣብ ሓጺር መዓልታት ከቢድ ዓወት ከምዝተጎናጸፈ፣ ኤርትራ ካብ ኢትዮጵያ ትንጸለሉ መዓልቲ እንዳቐረበ ከምዝመጸ፣ ጀነራል ተሾመን ምስኡ ዘለው ኣዘዝቲ እዚ ደብዳቤ ምስበጽሖም ኣብ ዉሽጢ 24 ሰዓት ኢዶም ንሻዕብያ ክሕቡ>>* ዘጠንቕቕ'ዩ። ንጽባሒቱ ዓርቢ ለካቲት 16 ክሳብ ኣጋ ምሸት ምጽዋ ተዛማዲ ሰላም ነጊሱዎ ኣርፈደ። *<<ኢድኩም ሓቡ>>* ዝብል ናይ ወንበዴ ህደዳ ዘቕለበሉ ሰብ ኣይነበረን።

ሰዓት 06:00 ናይ ምሸት ሻዕብያ ናብ ጥዋለት ከምዘይኣትው ተገንዚቡ ገጹ ናብ ርእሲምድሪ ጠውዩ ወረራ ፈጸመ። ጀነራል ተሾመ 500 ወትሃደራት

ኣኪቲሉ ርእሲ ምድሪ በጽሐ። ጀነራል ተሾመ መራሒ ክንሱ ከም ሓደ ተራ ወትሃደር *<<ኣጆኹም! ንቕድሚት>>* ብምባል እንዳተኮሰ ናብ ጸላኢ ተጸገአ። ወትሃደራቱ ብከቢድ ፍናን ጠያይቶም እንዳጀቕጀቑ፣ ቡምባ ከም በረድ ናብ ጸላኢ እንዳኸዓው ሰዓቡዎ። ናይ ሻዕብያ ወንበዴ ኣብ ሓጺር ደቃይቕ ዘይተጸበዮ ቕዝፈት ወረዶ። ኣብዚ መሪር ናይ ኢድ ብኢድ ምትሕንናቕ ካብ ጀላቡ ዝወረዱ ናይ ሻዕብያ ወንበዴታት ኣብ ርእሲ-ምድሪ ሓንሳብን ንሓዋሩን ተቐብሩ።

ጀነራል ተሾመ ንብዙሕ መዓልታት ዝተመነዮ ሕነ-ምፍዳይ ስለዝፈጸመ ብፍጹም ደስታ *<<ድሕሪ ሕጂ እንተዝመዉት ዝስማዓኒ ነገር የለን፡ ስም ዘለዎ ዉግእ ተዋጊአ>>*በለ። ጸላኢ ሓደሽቲ ጀላቡ ኣኸቲሉ ናብቲ ወደብ ተጸጊኡ ከውርዶም ምስፈተነ ኣብዮታዊ ሰራዊት ብዝሃቦ ናይ ቶኽሲ መልሰ-ግብሪ ኩሎም ተዋጋእቱ ኣብ ቀይሕ-ባሕሪ ምስ ጀላቡኦም ሰጠሙ። ኣብዚ ዕለት ናይ ሻዕብያ ወንበዴ ኣብ ዘካየዶ ናይ ከቢድ ብረት ደብዳብ ናይ ምጽዋ ጥንታዊ ቤተ-መንግስቲ ፈራረሰ።

ቀዳም ለካቲት 17 ንግሆ ሰዓት 04:00 ጸላኢ ካብ ባሕርን መሬትን ናይ ከቢድ ብረት ደብዳብ ናብ ጥዋለት ከዝነብ ጀመረ። ኣብ ጥዋለት ዝተረፍረፈ ናይ ሰላማውያን ዜጋታት ሬሳ ፈቖዱኡ ተዘርዩ ይረኣሉ። በዚ እረፍቲ ዘይህብ ደብዳብ ተጎልቢቦም ወንበዴታት ናብ ጥዋለት ኣትው። ናይ ሻዕብያ ወንበዴ ጥዋለት ምስረገጸ ኣብዮታዊ ሰራዊት ሰፊሩሉ ዝነበረ ናይ ምጽዋ ቤተ-መንግስቲ ቐጽሪ ከኣትው ኣብ ዝገበሮ መጥቃዕቲ ኣብዮታዊ ሰራዊት መሪር ናይ ኢድ ብኢድ ዉግእ ኣካዪዱ ገስጋሱ ገትአ።

ቀዳም ንኣብዮታዊ ሰራዊት ከም ዕረ ትመረር መራር ዕለት ነበረት። ጀነራል ተሾመ ኣብ ርእሲ-ምድሪ ዝተወሰኑ ኣባላት ሰራዊት ኣኪቡ ናይ መወዳእታ ኑዛዜ ኣስመዐ። ህዝቢ ኢትዮጵያ ነዚ ኑዛዜ ወትሩ ክዝክሮን ክሓስበሉን ምእንቲ ብኸምዚ ዝስዕብ ከቕርቦየ: *<<ኣነ ዝግብኣኒ ሓደራ ፈጺመ'የ። ካብ ለካቲት 8 ኣትሂዙ ክሳብ ለካቲት 17 ንትሸዓተ መዓልታት መሪር ምትሕንናቕ ጌረየ። ናይ ሻዕብያ ርኹስ ዕላማ ንምግታእ ዘይገበርኩዎ ጻዕሪ የለን። ድሕሪዚ ግን ንነብሰይ ኣጥፊአ ንኢትዮጵያዉያን ጀጋኑ ኣብነት ካብ ምኻን ወጻኢ ካልእ ምርጫ የብለይን፡፡ ናይ ህዝቢ ኢትዮጵያ ኣፍ-ደገ ባሕርን ኣሕተራዊ ወደብን ኣብ ዝኾነት ኸተማ ምጽዋ ኣብ ደንደስ ቀይሕ-ባሕሪ ደው ኢለ ሽጉጠይ ክሰቲ ተዳልየ'ለኹ። ብእውነት ኣነ ሎሚ ብሞት እኻ እንተተሰዓርኩ ኣብ ታሪኽን ኣብ መጻኢ ናይ ኢትዮጵያ ወለዶታት ገጽ ኣይሰዓርን። ናይ*

ሓጼ ቴድሮስ ዕጫ ብምርካብይ ብጣዕሚ ይኾርእ'የ። ከም ጀነራል ጥላሁን ከፍሌን ጀነራል ዓሊ ሓጂ ብሻዕብያ ተማሪኸ ናይ ሻዕብያ መራሕቲ ዓይኒ ምርኣይ ግን ናይ ሞት ሞትዩ።

ሓጼ ቴድሮስ ኣብ ኢድ እንግሊዛዉያን ወዲቖም ካብ ዝዋረዱ ሞት መሪጾም ኣብ መቅደላ ነብሶም ኣጥፍኡ። ኣነ ድማ ብግደይ ካብ ህዝቢ ኢትዮጵያ ዝተዋህበኒ ናይ ጀነራልነት ማዕረግ ከየድፈርኩ ንህዝበይን መንግስተይን ብዝኣተኹዎ ቃል ኪዳን መሰረት ኣቕመይ ዝፈቐዶ ተዋጊአን ኣዋጊአን ንሻዕብያ ዓጺደዮ'የ። ሕጂ ግን ሕይወተይ ከጥፍእ ዝተረፈኒ ሂደት ደቓይቕ'የን። ብቀይሕ-ባሕሪ ከኣትው ብዙሕ ጊዜ ወረራ ዝፈጸሙልናን ብተደጋጋሚ ዘሕፈርናዮምን ፊትንፊት ዘይኽኣሉና ናይ ኢምፔሪያሊዝም ሃይላት ኣዕራብ ናይ ሻዕብያ ጊዝያዊ ዓወት ምስሰምዑ ከፍንጥዙ እዮም። ናይ ኢትዮጵያ ተፈጥሮኣዊ ወሰን፣ ንዘመናት ብኣቦታትና ናይ ደም ዋጋ ተሓፊሩ ዝጸንሀ ኣፍ-ደገ ባሕርና ንምእጻው፣ ቀይሕ-ባሕሪ ኢትዮጵያዊ ባሕሪ ኣይኮነን ብምባል ኣብ ምድሪ ተረጊጥና ከንተርፍ ተሓሲቡ ይኸውን። እዚ ናይ ሞት ሞትዩ።

ይኹን! ምንም ከገብር ኣይከእልን። ኩሉ ነገር ካብ ቑጽጽረይ ወጺኢዩ። ካብ መቓብር ወጽየ ከረጋግጽ እኻ እንተዘይኽኣልኩ ዝወሰደ ጊዜ ይውሰድ ህዝቢ ኢትዮጵያ ባሕሪ ኣልቦ ኾይኑ ብኢምፔሪያሊዝምን ኣሳሰይቶምን ተሰኒፉ ኢዱ ኣጺፉ ኮፍ ኣይከብልን።

እዚ እንተኾይኑ'ማ ናይ ሓጼ ዮሓንስ ናይ ቀይሕ-ባሕሪ ተጋድሎ፣ ናይ ራእሲ ኣሉላ ኣዕጽምቲ ከምኡ'ውን ናተይን ናይ ኣብዮታዊ ሰራዊት ኣባላት ኣዕጽምትን ደምን ንኢትዮጵያዉያን ወለዶታት ክፋረዶም'ዩ። ኣፍ-ደገ ባሕሪ ዘይብላ ሓገር ሞይቱ ካብ ዝተቐብረ ዉልቀሰብ ኣይትፍለን። ቀይሕ-ባሕሪ ዘልኣለማዊ ቤተይ ከኸዉን ወሲነ'የ። ዝኾነ ሰብ ናባይ ከይጽጋእ>> ድሕሪ ምባል ዝባኑ ንቀይሕ-ባሕሪ ሒቡ፣ ኣብ ሽንጡ ዝዓጠቖ ሽጉጥ ናብ ኣፉ ኣጸጊዑ ነብሱ ኣሕለፈ።

ብ/ጀ ተሾመ ተሰማ - ናይ ምጽዋ ቴድሮስ

ነዚ ዘደንቕ ጅግንነት ዝረኣዩ 150 መኮንናት ገጽ ሻዕብያ ካብ ምርኣይ ነብሶም ሰውኡ። ብኮ/ል በላይ አስጨናቂ ዝምራሕ ሰራዊት ንጥዋለት ሰንጢቑ ክወጽእ ፈቲኑ ስለዘይሰለጦ ኮ/ል በላይ አስጨናቂ ነብሱ ብባንዴራ ጎልቢቡ፣ ነብሱ ሰወአ። በዚ መገዲ ካብ ቅድሚ ልደተ ክርስቶስ ኣትሒዙ ናይ ኢትዮጵያ ኣፍ-ደገ ባሕሪ ዝነበረት ኸተማ ምጽዋ ለካቲት 17 1990 ዓም ሓንሳብን ንሓዋሩን ኣብ መንጋጋ ጸላኢ ዓለበት። ንወላዲት ሓገሮም ክብርን ሓድነትን ብዝኣተውዎ ቃል ኪዳን ክቡር ደሞምን ኣጽሞምን ዝጸፍጸፉ ብሉጻት ኢትዮጵያዉያን ብዘካየዱዎ መሪር ተጋድሎ ሻዕብያ ኣብ ጊንዳዕ ክግታእ'ኻ እንተተኻእለ ኣስመራ ብከቢድ ብረት ክትድብደብ ጀመረት። ነዚ ክፍሊ ቅድሚ ምዝዛመይ ሓደ ሓቂ ንኣንባቢ ክገልጽ።

ናይ 2ይ ኣብዮታዊ ሰራዊት ኣዘዝትን ላዕለዎት መኾንናትን ኣብ ኤርትራ ክ/ሓገር ዘሎ ኩነታት ንምግምጋም ኣብ 1989 ዓም መጨረሻ 130 መኮንናት ኣብ ቃኘው ተኣኪቦም ነበሩ። ኣብዚ ኣኼባ ኩሎም መኾንናት ዝተሰማምዑሉ ነጥቢ: ናይ ሻዕብያ ወንበዴ ናይ ሳሕል ኣውራጃ ሙሉዕ ብሙሉዕ ተቖጻጺሩ ናቶም ኣስመራ ናይ ምሕላው ጉዳይ ናይ ጊዜ ጉዳይ ጥራይ ከምዝኾነ፣ ኣብ ሓጺር ጊዜ ኩነታት ከምዝቕየር ኣብ ምትእምማን በጽሑ። ናይ 2ይ ኣብዮታዊ ሰራዊት ም/ኣዛዚ ሜ/ጀ ሁሴን ኣሕመድ: <<*ሻዕብያ ካብ ሳሕል ኣውራጃ ተበጊሱ፣ ኸተማ ናቕፋ ሓሊፉ፣ ኣፍዓበት ምስተቖጻጸረ ንነብሱ ከም ሓደ ወንበዴ ዘይኮነ ከም ሓደ ሓያል መንግስቲ ቖጺሩ'ሎ። ስለዚህ እዚ መንፈስ ክስበር ኣብ ኣፍዓበት ክድምሰስ ኣለዎ።* >> በዚ ሓሳብ ኩሎም ኣዘዝቲ ተሰማሚዮም፣ መጋቢት 1990 ዓ.ም. መጥቃዕቲ ክጅምር መዓልቲ ቖጸራ ምስተገብረ ወንበዴታት ብሓደ ወርሒ ስለዝቐደሙ ናይ 30 ዓመት ኹናት ፍጻሜ ተቓረበ።

ክፍሊ ሰላሳን ሓደን

ናይቲ ፍጻመ መጀመሪያ

ናይ ምጽዋ ኣሕጉራዊ ወደብ ተታሒዙ ወንበዴታት ኣብ ጊንዳዕ ምስተገትኡ ዝተፈጥረ ናይ ኤርትራ ክ/ሓገር ኹነታት ቅድሚ ምዝንታወይ ኣብ ማዕከል ሓገር ዝነበረ ኹነታት ንኣንባቢ ምግላጽ ኣድላዪ ይመስለኒ። ኣብዮታዊ መንግስቲ ናይ ትግራይ ክ/ሓገር ብወለንትኡ ለቒቑ ንወያነ ምሰረከበ ናይ ኢትዮጵያ ሕዝባዊ ዲሞክራስያዊ ሪፓብሊክ *<<ኢሕድሪ>>* ኣኼባ ኣብ ዝተቐመጠሉ መስከረም 1989(*ጳጉሜ 1981ዓም*) ወያነ ናይ ትግራይ ክ/ሓገር ምስ ወሎ ክ/ሓገር ኣብ ዝዳወበሉ ናይ ራያ ኣውራጃ ርእሰ ኸተማ ማይጨው መኸላኸሊ መስመር ዝመስረተ ናይ 3ይ ኣብዮታዊ ሰራዊት 605ኛ ኮር መጥቃዕቲ ፈነወ።

3ይ ኣብዮታዊ ሰራዊት ዝኾነ ዓይነት ምክልኻል ከይገብረ ካብ ማይጨው፣ ንቆቦ ሓሊፉ ወልድያ በጽሐ። ኣብ ወልድያ ደው ተዝብል ምጸበቐ። ወልድያ ሓሊፉ ናብ ደሴ ምስቐረበ ኹነታት ካብ ቑጽጽር ወጻኢ ኮነ። ኣንባቢ ከስተብህሎ ዝግባዕ ነጥቢ: ኣብዮታዊ መንግስቲ ንትግራይ ክለቕቕ ዝወሰነሉ ምኽንያት 604ኛ ኮር ኣብ ሽረ ዘጋጠሞ ውድቐትን *<<ህዝቢ ምስ ጸላኢ ኮይኑ ጨፍጪፉና>>* ዝብል መሰረት ኣልቦ ክሲ ሰሚዑ ብዝወሰኖ ዘሕዝን ዉሳነዩ። ብኣንጻሩ ወያነ ሽረ ምስተቖጻጸረ *<<ናይ ትግራይ ክ/ሓገር ሙሉዕ ብሙሉእ ክቖጻጸር ብዉሕዱ ክልተ ዓመት ከወስደለይ'ዩ>>* ዝብል ገምጋም ነበሮ። በዚ መገዲ ኣብዮታዊ መንግስቲ ንወያነ ኣብ ጻዕዳ ሽሓኒ ኣብዩ ሒያብ ኣግዘሞ።

ወያነ ናብ ወልድያ ከምዝቐረበ ምስተሰምዐ ናይ ኢትዮጵያ ኣብዮታዊ መንግስቲ ካብ ኤርትራ ክ/ሓገር ሰራዊት ክንኪ ወሰነ። በዚ መሰረት 102ኛ ኣየር ወለድ ክ/ጦር ካብ ኣስመራ ወልድያ ኣትወ። 102ኛ ኣየር ወለድ ኣብ ወልድያ ኹነታት ክልውጥ ፈቲኑ ኣይሰለጦን: ኣዛዚኡ ኮ/ል ጌታሁን ክፍሌ ኣብ ዉግእ ተሰወአ። እንደገና ካብ ኤርትራ ክ/ሓገር ሓይሊ ምውሳድ ስለዘድለየ ብግኑን ዝንኡ ዝፍለጥ 3ይ(*ኣምበሳው*) ክ/ጦር ናብ ማዕከል ሓገር መጸ። 3ይ ክ/ጦር ናብ ደሴ ምስመጸ 3ይ ኣብዮታዊ ሰራዊት ብፍላይ 605ኛ ኮር ናይ ዉግዕ ፍናኑ ተበራቢሩ ንጸላኢ ካብ ደሴ 30 ኪ.ሜ. ደፊዑ ኣብ

ኲታበርን ሓይቕን ዓበጦ። ናይ 605ኛ ኮር ኣዛዚ ጥላሁን ኣርጋው ካብ ማይጨው ከሳብ ወልድያ ተደፊኡም ምስመጹ ብካልእ ኣዛዚ ተተከአ።

ኣብዚ ጊዜ ጸላኢ ኣንፈቱ ንምዕራብ ጠውዩ ሳይንት ኣማራን ሳይንት ቦረናን ዝበሃሉ ስፍራታት ተቖጻጺሩ ንደቡብ ብምቕጻል ናይ ወሎ ክ/ሓገር ምስ ሸዋ ክ/ሓገር ዘዳውቦ ናይ ወረኢሉ ኸተማ ምስበጽሐ ብቐጥታ ናብ ሰሜን ሸዋ ጠነነ። እዚ ዘሕዝን ከስተት ከሳድካ ዝሰብርዩ እንተበልኩ ነቲ ኹነታት ዝገልጾ ኣይመስለንን። ህዝቢ ኢትዮጵያ *<<ሰማልያ ወሪራትካ>>* ከበሃል ደቐይ፣ ሰበይተይ ከይበለ ኩሉ ራሕሪሑ፣ ሓገሩ ዓቚቡ ከብቕዕ ኣብ ሰሜናዊ ጫፍ ሓገርና ኣልጌና-ቃሮራ ዝጀመረ ሓገር ናይ ምግንጻልን ምቑርማምን ዉግእ ከይዱ ከይዱ ኣብ ማዕከል ሕምብርቱ ሰሜን ሸዋ ደብረሲናን ደብረብርሃንን በጺሑ ስቓታ ምምራጹ ከቢድ ጌጋ ነበረ።

ኣብዮታዊ መንግስቲ ኣብ ኤርትራ ክ/ሓገር ዝጀመረ ኹናት ናብ ማዕከል ሓገር ተዛሚቱ ናይ ኢትዮጵያ ሓድነት ፍጻሜ ከምዝተቓረበ ምስተረደአ ኣብ ኣብዮታዊ ሰራዊት ነዚ ዝስዕብ ምትእርራይ ገበረ:

1) ቀጽሪ- 1: ሰሜን ሸዋን ወሎን: ኣዛዚኡ ሜ/ጀነራል ከፈለኝ ይብዛ

2) ቀጽሪ- 2: ምብራቅ ጎጃምን ምብራቅ ጎንደርን: ናይ 3ይ ኣብዮታዊ ሰራዊት 603ኛ ኮር: ኣዛዚኡ ሜ/ጀ ኣስራት ብሩ

3) ቀጽሪ- 3: ኤርትራ ክ/ሓገር: ሌ/ጀ ተስፋዬ ገ/ኪዳን

ናይ ወያነ ዕስለ ሰሜን ሸዋ ምስረገጸ ኣብ ሰራዊት ኢትዮጵያ ልዑል ናይ ዉግእ ዝና ዘለዎ 3ይ(*ኣምበሳው*) ክ/ጦር ኣብ ሰሜን ሸዋ ፍሉይ ስሙ *<<ካራ ምሽግ>>* ኣብ ዝበሃል ስፍራ ዝተላሕገ ናይ ወያነ ሰራዊት ትንፋስ ዘይሕብ መጥቃዕቲ ክፍንወሉ ተወሰነ። ካራ ምሽግ ናይ ወሎ ክ/ሓገር ምስ ሸዋ ክ/ሓገር ካብ ዘዳውቦ ኸተማ ወረኢሉ ደቡብ ከምኡ'ውን ናይ ሸዋ ክ/ሓገር መንዝ ኣውራጃ መሓልሜዳ ወረዳ ምዕራብ ዝርከብ ስፍራ'ዩ። 3ይ ክ/ጦር ብኣዛዚኡ ኮ/ል ሰረቐብርሃን ገብረ ግዛብሔር እንዳተመርሐ ካብ መሓል ሜዳ ተበጊሱ፣ ናይ መራኛ ገዛእቲ መሬታት ተቖጻጺሩ ኣብ ካራ ምሽግ ዝተላሕገ ናይ ወያነ ዕስለ ዘየላቡ መጥቃዕቲ ከፈተሉ። ወያነ መሬት ከም ኣፍ ዑንቒ ጸበቦ።

ነዚ መጥቃዕቲ ክገትእ ብዘይምቑራጽ ጸረ-መጥቃዕቲ እኻ እንተፈተነ ክሰልጦ ኣይከኣለን። ብዙሓት ተዋጋእቱ *<<ትግራይ ሓንሳብ ናጻ ስለዝወጸት ንምንታይ ኢና*

ንመዉት>> ብምባል ናብ ትግራይ ክ/ሓገር ክምለሱ ጀመሩ። ኣንባቢ ክፈልጦ ዝግባእ ነጥቢ 3ይ ክ/ጦር ነዚ መጥቃዕቲ ክፍጽም እንከሎ ካብ ማዕከል መአዘዚኡ መሓል ሜዳ ናብ ሕዛእቲ ጸላኢ ጠኒኑ ስለዝኣትው እቲ ወፈራ ቅድሚ ምጅማሩ ኮ/ል ሰረቀብርሃን ንሓለቃ ስታፍ ሓገርና ሌ/ጀ ኣዲስ ተድላ *<<ናብ ሕዛእቲ ጸላኢ ክንኣትው ብዝባና ክንቖረጽ ስለንክእል ዝባና ዝኸላከል ጠንካራ ክፍሊ ይመደብ>>* ዝብል መጠንቐቕታ ኣጥቢቖ ሒቡ ነበረ።

ኮ/ል *ሰረቀ ብርሃን ገብረግዛብሔር*

ኮ/ል ሰረቀብርሃን *<<ካብ ዝባና ከይንቐረጸ>>* ክብል ናይ ፒንሰር ኣታክ(*ናይ ክልተ-ጎኒ መጥቃዕቲ*) ኣድላዪነት ንምብራህ ዝተጠቕመሉ ኣገላልጻዩ። ብሕቱኡ መሰረት 3ይ(*ኣምበሳው*) ክ/ጦር ካብ ደቡብ ናብ ሰሜን ዝገብሮ መጥቃዕቲ ዝድግፍ ካብ ወረኢሉ ተበጊሱ ናብ ካራ ምሽግ ዝውርወር ሓደ ክፍሊ ተመደበ። ላዕላዋይ ኣካል ካብ ወረኢሉ ክወፍር ዝመደቦ ክ/ጦር ብዉግእ ብዙሕ ልምድን ብቅዓትን ስለዘይነበሮ ብጸላኢ ተደፊኡ ናብ ወረኢሉ ተመልሰ።

3ይ ክ/ጦር ከምዝተጸበዮ ንበይኑ ተሪፉ ኣደዳ ከበባ ዝኾነሉ ኹነታት ተፈጥረ። ጸላኢ ነዚ ኩነታት ኣስተብሂሉ ኣብ ዝፈነዎ መጥቃዕቲ 3ይ ክ/ጦር ከቢድ ጉድኣት ወረዶ። ጸላኢ ኣብ ካራ ምሽግ ድሕሪ ዝረኸቦ ዉጽኢት ገስጋሱ ናብ ማዕከል ሓገር ኣስፊሑ፣ ሩባ ጃማ ሰጊሩ፣ ንርእሰ ከተማና ኣዲስ ኣበባ ብቐረባ ኣብ ዘዳውቦ ናይ ሸዋ ክ/ሓገር ሰላሌ ኣውራጃ ለሚ ኸተማ በጽሐ። ካብ ኣዲስ ኣበባ ናብ ኣስመራ ኣብ ዝወሰድ ጽርግያ ድማ ደሴ ንድሕሪት ገዲፉ ናይ ደብረሲና ግዙፍ ዕምባ ብሸንኽ ምዕራብ ኣብ ዘዳውቦ ሰላድንጋይን መዘዞን ዓስከረ። ኣብዚ ጊዜ ናይ ኢትዮጵያ ሓድነት ፍጻመ ከምዝተቓረበ ተጋሕደ። ኣንባቢ ኣብዚ ክንጽረሉ ዝግባዕ ሓቂ: ወያነ ኣብ ግንቦት 1989 ዓ.ም. ዝተፈተነ ዕሉዎ መንግስቲ ምስፈሸለ ላዕለዎት ኣዘዝቲ ሰራዊት ብመንግስቲ ተሃዲኖም ምስጸነቱ ናይ ኢትዮጵያ ኣብዮታዊ ሰራዊት ብዘይኣዛዚ መኾንን ምትራፉን ናብ ሕምብርቲ ሓገርና ዝገብሮ ገስጋስ ናይ ሰጣሕ ጎልጎል ግልብያ ከምዝኾነ ስለዝበርሀሉ ኣብ 1989 ዓ.ም. ክረምቲ ካብ መቐለ ናብ ዓዲ-ግራት ኣብ ዝወስድ ጽርግያ ኣብ ታሪኹ ንመጀመሪያ ጊዜ ናይ ሜኻናይዝድ ሰራዊት ከምስርት ልምምድ ጀመረ።

ብተመሳሳሊ ቅድሚ ዝተወሰነ ዓመት ንነብሱ *<<ኢፒኣርፒ>>* ኢሉ ዝሰምየ ውድብ ምስተበተነ ኣብ በዓቲ ወያነ ዘዕቘሉ ንነብሶም *<<ኢህዲን>>* ኢሎም ዝሰመዩ ምእዙዛት ኣኺቡ ካብ ኤርትራ ክ/ሓገር ወጻኢ ንኩሎም ብሄረሰባት ዝሓቑፈ *<<ኢሕኣዴግ>>* ዝበሃል ውድብ መስሪተ ብምባል ከቢድ ስነ-ኣእሙራዊ ኹናት ክነዝሕ ጀመረ። በዚ መገዲ ወያነ ንነብሱ ናይ ጭቑን ብሄረሰባት ተጣባቒ ጌሩ *<<ናይ ትግራይ ሓራ'ሪ ዘይኮንኩ ናይ ኢትዮጵያ ሓራ'ሪ እየ>>* ብምባል ብፍጹም ድፍረት ናብ ማዕከል ሓገርና ክዘምት እንከሎ ካብ ህዝቢ ዝገጠሞ ንጣር ተቃውሞ የለን ክብል ይደፍር።

ወያነ ኣብ ሰሜን ሸዋ ዝጀመሮ ወፈራ ብዝተወሰነ ሓይሊ እንዳሓለወ ጠመቱኡ ናብ ምብራቅ ጎጃምን ምብራቅ ጎንደርን ጌሩ ኣብ ልዕሊ 3ይ ኣብዮታዊ ሰራዊት 603ኛ ኮር መጥቃዕቲ ፈነወ። በዚ መጥቃዕቲ ታሕሳስ 1989 ዓ.ም. ናይ ባሕርዳር-ጎንደር ጽርግያ ኣብ ወረታ ሰንጢቑ ኣንፈቱ ናብ ወረታ--ወልድያ ናይ ገጠር መገዲ ጠዉዩ፣ ናይ ደብረታቦር ከተማ ተቖጻጸረ። ኣብዮታዊ መንግስቲ ናይ ባሕርዳር -ጎንደር ጽርግያ ምዕጻውን ናይ ደብረታቦር ምትሓዝ ስለዘሰንበዶ ካብ ኤርትራ ክ/ሓገር 15ኛ ክ/ጦር ናብ ባሕር ዳር ክመጽእ ኣዘዘ። 15ኛ ክ/ጦር ናይ ባሕርዳር-ጎንደር ጽርግያ ኣብ ሓሙሲት ዓጽዩ ኣብ ዝኸፈቶ ጸረ-መጥቃዕቲ ታሕሳስ 23 1982 ዓም ንደብረታቦር ተቖጻጸረ። ኣብዚ ዉግእ ብዙሓት ናይ ወያነ ተዋጋእቲ ኣደዳ ህልቒት ኮኑ፣ ናይ ሻለቃ ኣዘዝቲ ዝርከቡዎም ፍሉጣት ተዋጋእቲ ብ15ኛ ክ/ጦር ተማረኹ። ናይ ወያነ ሰራዊት ኣማራጺ ስለዘይነበሮ ካብ ደብረታቦር 43 ኪ.ሜ፣ ካብ ከምር ድንጋይ ንደቡብ ማሕዲጉ ኣብ ዝርከብ ካብ ጽፍሒ ባሕሪ ኣርባዕተ ሽሕን ሓደ ሚእትን ሰላሳን ሜትሮ ብራኽ ዘለዎ <<*ጉና*>> ናብ ዝበሃል ገዛኢ ስፍራ ሓኾረ።

ኣብዚ ጊዜ ብዙሓት ናይ ወያነ ተዋጋእቲ <<*ንሕና ቓል ዝኣተና ትግራይ ነጻ ንምውጻእ ደኣምበር ናብ ማዕከል ኢትዮጵያ ክንዘምት ኣይኮነን*>> ብምባል መኸላከሊ መስመሮም ገዲፎም ናብ ትግራይ ክሃሙ ጀመሩ። ናይ ወገን ሰራዊት ነዚ ዓወት ኣስፊሑ ኣብ ጉና ዝሓኾረ ጸላኢ ክምንጥሮ እንዳኻኣለ ኣብ ዘለዎ ክረግእ ተገብረ። ኣብ ምብራቅ ጎንደር ዝሰፈረ ጸላኢ ሕንከት ተጎልቢቡ፣ ርእሱ ደርሚሙ ኣብ ዝነበረሉ ሰዓት ኣብ ዝሓለፈ ምዕራፍ ዘዘንተኹዎ ናይ ምጽዋ ምትሕንናቕ ስለዝጀመረ 15ኛ ክ/ጦር ብቕልጡፍ ናብ ኤርትራ ክ/ሓገር ክምለስ ተወሰነ። በዚ መሰረት 15ኛ ክ/ጦር ኣስመራ ተመሊሱ ኣብ ጊንዳዕ ግንባር ዓስከረ።

ናይ ወያነ ዕስለ 15ኛ ክ/ጦር ከምዝተመልሰ ሓበሬታ ረኺቡ፣ ናይ ምጽዋ ኹናት ምስብቓዐ ድሕሪ ትሸዓተ መዓልቲ ለካቲት 26 1990 ዓ.ም. ካብ ጉና ወሪዱ ኣብ ደብረታቦር መጥቃዕቲ ፈነወ። ብዘይንጣብ መኻልፍ ደብረታቦር ተቖጻጺሩ የማናይ ክንፊ ባሕርዳር ኣብ ሓደጋ ኣውደቐ። ወያነ ካብ መስከረም ክሳብ ለካቲት ሽድሽተ ወርሒ ኣብ ደብረታቦር ግንባር ከዕስክር እንከሎ ብዙሓት ተዋጋእቱ ካብ ምኽፋሉ ብተወሳኺ ኣብ ደብረታቦር ግንባር ካብ ዘሰለፎም ሽድሽተ ክ/ጦራት ኣርባዕተ ናይ ክ/ጦር ኣዘዝቲ ከፊሉ'ዩ።

ናይ ወገን ሰራዊት ኣብ ደብረታቦር ምስተወቐዐ ናይ ጸላኢ መጥቃዕቲ ጽዒቑ ካብ ባሕርዳር ናብ ጎንደር ኣብ ዝወስድ ጽርግያ ወረታን ኣምደበርን ተቐጻጸረ። 603ኛ ኮር ዕዝን ቑጽጽርን ኣፍሪሱ ብፍጹም ስርዓት ኣልቦነት ክስሕብ እንከሎ ባሕርዳር ምስ ጎንደር ዘራኽብ እንኮ ድልድል ኣፍረሶ። ናይ ወገን ሰራዊት ምስተረጋገአ ኣብ ዳንግላ ዳግም ተወዲቡ ጸረ-መጥቃዕቲ ፈነወ። ንወረታን ሓሙሲትን ተቖጻጺሩ ኣብዞም ስፍራታት መከላኸሊ መስመር መስረተ። ንወረታን ሓሙሲትን ንምልቓቕ ኣብ ዝተገብረ ዉግእ ቅድሚ ሓደ ዓመት ዝተፈተነ ዕሉዎ መንግስቲ ዘፍሸለ ፍሉይ ሓለዋ ብርጌድ ካብ ሚኒሊክ ቤተመንግስቲ ተበጊሱ ኣብ ወረታ ተሳቲፉዩ። ኣብ ደብረታቦር ግንባር ድሕሪ ዘጋጠመ ውድቐት ናይ 603ኛ ኮር ኣዛዚ ብ/ጀ ኣበበ ሓይለስላሴ ተላዒሉ ብብ/ጀ ዋሲሁን ንጋቱ ተተከአ።

ናይ 1990 ዓም ክረምቲ ተወዲኡ ወርሂ መስከረም ምስተቐልቀለ ናይ ወያነ ዕስለ ኣብ ድበረታቦር ዘሰለፎ ሰራዊት ኣኸቲቱ ባሕርዳርን ደብረማርቆስን ክቖጻጸር ብሰለስተ ግንባራት መጥቃዕቲ ፈነወ። ሳልስቲ ኣብ ዝወሰደ ዉግእ ሓሳቡ ተግባራዊ ጌሩ ባሕርዳር ተቖጻጸረ። ባሕርዳር ምስተታሕዘት 603ኛ ኮር ዕዝን ቁጽጽርን ኣፍሪሱ፣ ካብ ባሕርዳር ናብ ኣዲስ ኣበባ ዝወስድ ጽርግያ ሒዙ ናብ ቡሬ ሰሓበ። ናይ 3ይ ኣብዮታዊ ሰራዊት 603ኛ ኮር ታንከኛ ክፍሊ ድማ ኣንፈቱ ንሰሜን ጠውዩ ጎንደር ኣትወ። ቡሬ ምስበጽሕ ናብ ኣዲስ ኣበባ ዝወስድ ጽርግያ ንጸጋም ገዲፉ፣ ኣንፈቱ ንየማን ጠውዩ፣ ናይ ጎጃም ክ/ሓገር ምስ ወለጋ ክ/ሓገር ዘዳውቦ ሩባ ኣባይ ስጊሩ፣ ኣብ ወለጋ ክ/ሓገር ፍሉይ ስሙ *<<ጊዳ-ኪረሙ>>* ኣብ ዝበሃል ስፍራ ዓስከረ። ናይ ወያነ ሰራዊት ጽርግያ ባሕርዳር- ኣዲስ ኣበባ ሒዙ ናብ ርዕሰ-ከተማና ክግስግስዩ ዝብል ትጽቢት እኻ እንተነበረ ወያነ 603ኛ ኮር ዘርኣዮ መገዲ ተኪቲሉ ሩባ ኣባይ ስጊሩ ናብ ወለጋ ክ/ሓገር ድቕድቕ በለ።

ኣብዚ ጊዜ ፕሬዚደንት መንግስቱ ሃይለማርያም ኣመራርሓ ንምሃብ ናብ ጊዳ-ኪረሙ ኣቕነዐ። ወያነ ኣብ ጊዳ-ኪረሙ ንሳምንታት ክዕገት እኻ እንተኻኣለ ብዘጋጠሞ ውድቐታት ፍናኑ ዝቐሃመ 603ኛ ኮር ገስጋስ ጸላኢ ክገትኦ ኣይከኣለን።

ክልተ ሰለስተ ጊዜ ብጸላኢ ዝተማረኹን ኢዶም ዝሃቡን ወትሃደራት ናብ ሰራዊት ክጽምበሩ ስለዝተገብረ ናይ 603ኛ ኮር ናይ ዉግዕ መንፈስ በኪሉዎ።

ኣብ ጊዳ ኪረሙ ናይ ጸላኢ ደብዳብ መዳፍዕ ስለዝጸዓቐ ኣዘዝቲ ሰራዊት ፕሬዚደንት መንግስቱ ሃይለማርያም ናብ ኣዲስ ኣበባ ክምለስ ደፋፍኦዎ። ድሕሪዚ ወያነ ሓይሉ ናብ ክልተ መቑሉ እቲ ፈለማይ ናይ ነቀምት-ኢሊባቡር ገጽ ሒዙ ናብ ምዕራብ ኢትዮጵያ ክሃምም እንከሎ መብዛሕትኡ ሰራዊቱ ካብ ጊዳ- ኪረሙ ተበጊሱ፣ ሻምቦ ሓሊፉ ኣምቦ ክሳብ ዝበጽሕ ናይ ሰጣሕ ጎልጎል ግልብያ ከምዝጋለበ ንኣንባቢ እንዳገለጽኩ ኣብ ዝመጽእ ክፍሊ ናይ ኣምቦ ኹነታትን ናይ ኢትዮጵያ ሓድነት ፍጻሜ ከምዘዘንትው ቓል እንዳኣተኹ ናይ ኤርትራ ክ/ሓገር ኣብዚ ጊዜ ዝነበረሉ ኹነታት ናብ ዘዘንትው ዝቕጽል ምዕራፍ ሰማንያን ዓርባዕተን ክሰግር።

ምዕራፍ ሰማንያን ዓርባዕተን

ሻዕብያ ብደቀመሓረ ጌሩ ኣስመራ ክቆጻጸር ዝገበሮ ፈተነን ዝወረዶ ቕዝፈት -- ሕዳር 1990 ዓም

<<*ሓቀኛ ዓወት ወትሩ ደም ኣልቦዩ*>>

ሳን-ዙ

ኣብ ኤርትራ ክ/ሓገር ናይ ሻዕብያ ወንበዴ ለካቲት 1990 ዓም ምጽዋ ኣጥቒዑ ምስተቖጻጸረ ናብ ኣስመራ ዝገብሮ ገስጋስ ኣብ ጊንዳዕ ተገቲኡ ምትራፉ ንኣንባቢ ገሊጸ'የ። ኣብ ጊንዳዕ ግንባር ዝተሰለፈ ኣብዮታዊ ሰራዊት ሓደ ስድሪ ምንቅ ምባል ምስከልኡ ኣብ ኣስመራ ኤርፖርት ደብዳብ መዳፍዑ ቐጸለ። ኣብዮታዊ ሰራዊትን ናይ ኤርትራ ክ/ሓገር ህዝቢ ስንቕን ሓለኽትን ዝቐርበሉ እንኮ መገዲ ካብ ማዕከል ሓገር ብመገዲ ኣየር ኢትዮጵያ ብምንባሩ ኣስመራ ኤርፖርት ብደብዳብ ከቢድ ብረት ተናወጸ።

ኩነታት ከምዚ ኢሉ እንከሎ ኣብ 1990 ዓም ክረምቲ ናይ ሻዕብያ ወንበዴ ካብ ጊንዳዕ ናብ ኣስመራ ዝገብሮ ገስጋስ ብኣብዮታዊ ሰራዊት ተጋድሎ ስለዝተቖጽየ ኣንፈቱ ጠውዩ፣ ካብ ጊንዳዕ ደቡብ ምዕራብ ናብ ዓላን ጋዴንን ዘቓርብ ናይ 30 ኪ.ሜ. ኮሪደር ሒዙ፣ ካብ ዓላ ብቐጥታ ናብ ሰገነይቲ ተወርዊሩ ኣብ ኣካለጉዛይ ኣውራጃ ዝዓስከረ ናይ 2ይ ኣብዮታዊ ሰራዊት 607ኛ ኮር መጥቃዕቲ ከፈተ። በዚ መጥቃዕቱ 607ኛ ኮር ፈለማ ካብ ዓዲ-ቐይሕ ስሒቡ ኣብ ሰገነይቲ ተኣኻኸበ። ናይ ጸላኢ መጥቃዕቲ ምስቐጸለ 607ኛ ኮር እንደገና ንሰገነይቲ ገዲፉ ኣስመራ ደቡብ 34 ኪ.ሜ. ኣብ ደቀመሓረ ተሓጽረ። ናይ ሻዕብያ ሕዛእቲ ንጎኒ ተመጢጡ፣ ካብ ሰገንይቲ ሰሜን ምዕራብ ናብ ዓላን ጋዴንን ብምስፋሕ ምስ ንቦ ደብረ-ቢዘን ገጢሙ ናይ ኣስመራ ህላውነት ኣብ ከቢድ ሓደጋ ወደቐ።

በዚ ኹነታት ዝተሰራሰረ ጸላኢ ናይ ኣስመራ ኤርፖርት ደብዳብ ካብ ምጽዓቑ ብተወሳኺ *<<2ይ ኣብዮታዊ ሰራዊት ቐረብ ዝቐርበሉ ብሓደ መዕርፎ ነፍርቲ ጥራይ ስለዝኾነ ብዘይዉግእ ኢዱ ክሕብ>>* ብምባል ስነ-ኣእሙሮኣዊ ኹናት ክነዝሐ ጀመረ። ንኣንባቢ ከይገለጽኩዎ ክሓልፍ ዘይደሊ ነጥቢ: ድሕሪ ግንቦት 1989 ዓ.ም. ናይ 2ይ ኣብዮታዊ ሰራዊት ኣዛዚ ዝነበረ ሜ/ጀ ዉብሸት ደሴ ኣብዚ

ጊዜ ካብ ስልጣኑ ተላዒሉ ብምክትሉ ሜ/ጀ ጀነራል ሁሴን ኣሕመድ ስለዝተተከአ ኣዛዚ 2ይ ኣብዮታዊ ሰራዊት ጀነራል ሁሴን ኣሕመድ ነበረ። 607ኛ ኮር ደቀመሓረ ዙርያ ተሓጺሩ ኣብ ዝነበረሉ ጊዜ ዝገርም ፍጻመ ተኸስተ።

ናይ ሻዕብያ ወንበዴ ሕዳር 1990 ዓ.ም. ብደቀመሓረ ኣስመራ ከኣትው ሓሊሙ ንብዙሓት ኣዋርሕ ዝተለማመደሉ መጥቃዕቲ ብሸነኽ ደቀመሓረ ፈነወ። ኣብ ደቀመሓረ ካብ ዝቕመጡ ፈተዉቲ ሓገር ናይ ጸላኢ ሓሳብ ዝእንፍት ሓበሬታ ዝረኸበ ናይ 2ይ ኣብዮታዊ ሰራዊት 607ኛ ኮር ንጸላኢ ብከቢድ ሕንጡይነት ተጸበዮ። በዚ መሰረት ናይ ሻዕብያ ወንበዴ ብክልተ ኣንፈት ማለት ደቀመሓረ ደቡብ ናብ ሰገነይትን ዓዲ-ቐይሕን ዝወስድ መገድን ደቀመሓረ ሰሜን ምብራቅ ናብ ዓላን ጋዴንን ብዝወስድ ኣንፈት ገስጊሱ መጥቃዕቱ ፈነወ። 607ኛ ኮር ብኣዛዚኡ ብ/ጀ ገብረመድህን መድህኔ ተመሪሑ፣ ናይ ጸላኢ መጥቃዕቲ ጽቡቕ ጌሩ ምስመከተ: ኣብ ደቀመሓረ ግንባር ሪዘርቭ ተዳልዩ ዝነበረ 23ኛ ክ/ጦር ኣብ ልዕሊ ሻዕብያ ጸረ-መጥቃዕቲ ፈነወ።

ሻዕብያ ዘሰቕቕ ቕዝፈት ወረደ። 4,000 ተዋጋእቱ ምዉታትን ዉግኣትን ምስኮኑ ኣፋፌት ኣስመራ በጺሑ ኣስመራ ናይ ምእታው ሕልሙ ከም ቆጽለመጽሊ ቀምሰለ። ኣብዚ ዉግእ ዘጋጠመ ዘደንጽው ክስተት ገሊጸ ነዚ ታሪክ ከዛዝም። 607ኛ ኮር ናይ ሻዕብያ መጥቃዕቲ ተኸላኺሉ ምስፍሻለን ናብ ጸረ-መጥቃዕቲ ሰጊሩ ንሻዕብያ ከርግፎን ከጽንቶን ምስጀመረ ኣቀዲመ ንኣንባቢ ከምዝገለጽኩዎ ናይ 607ኛ ኮር ኣዛዚ ብ/ጀ ገብረመድህን መድህኔ ከኸዉን ብወገን ጸላኢ ነቲ ኹናት ዝመርሖ ምንኣስ ሓው ነበረ። ብ/ጀ ገብረመድህን መድህኔ ኣብ ኤርትራ ክ/ሓገር ኣካለጉዛይ ኣውራጃ ዝተወልደ: ብሓንቲት ኢትዮጵያ ዝኣምን ታሪክ ዘይርስዖ ደፋር ኢትዮጵያዊ መኾንንዩ።

ክፍሊ ሰላሳን ክልተን

ናይ ኢትዮጵያን ኤርትራን ሓድነት ፍጻመ

ናይ 2ይ ኣብዮታዊ ሰራዊት መኸላኸሊ መስመር ኣብ ደቀመሓረ ዙርያ ተሓጺሩ ኣብ ዝነበረሉ ጊዜ ሕዳር 1990 ዓም ጸላኢ ኣብ ደቀመሓረ ድሕሪ ዘጋጠሞ ቅዝፈት ብዘይካ ደብዳብ ከቢድ ብረት ዝኾነ ዓይነት ፈተነ ኣየካየደን። ናይ ሻዕብያ ወንበዴ ኣብ ደቀመሓረ ድሕሪ ዝወረዶ ህልቒት ስዒቡ ኣስመራ ብቐሊሉ ከምዘይረግጻ ስለዝተረደአ ካብ መጋቢት 1991 ዓ.ም. ጀሚሩ ኣብ ዓሰብ ኣውራጃ መጥቃዕቱ ኣጽዓቐ። ሓድሽ ግንባር ስለዝተመስረተ ካብ 2ይ ኣብዮታዊ ሰራዊት 17ኛ ክ/ጦር፣ 21ኛ ተራራ ክ/ጦርን 22ኛ ተራራ ክ/ጦር ከምኡ'ዉን ክልተ ፍሉያት ብርጌዳት ናብ ዓሰብ ተላእኹ። ናይ ማዕከል ሓገር ኹነታት ግን ካብ ኤርትራ ክ/ሓገር ዝኸፍአ መትሓዚ ዝተሳእኖ ኔሩ። ኣብ ክፍሊ ሰላሳን ሓደን ናብ ዘቋረጽኩዎ ኣርእስቲ ክምለስ።

ናብ ኣምቦ ዝተጸገዐ ናይ ወያነ ሰራዊት ንምምካት ብሜ/ጀ ጌታቸው ገዳሙ ዝምራሕ ሰራዊት ኣምቦ ዙርያ መኸላኸሊ መስመር መስረተ። ጸላኢ ኣብ ኣምቦ መጥቃዕቱ ከይጀመረ ናይ ወገን ሰራዊት ንድሕሪት ክምለስ ምስጀመረ ነዚ ኹነታት ንምግታእ ጓድ ፕሬዚደንት መንግስቱ ሃይለማርያም ብሄልኮፕተር ናብ ኣምቦ ኣምረሐ። ኣብዚ ጊዜ ካብ ኤርትራ ክ/ሓገር ከም ብሓድሽ ሰራዊት ምንካይ ስለዘድለየ 14ኛ ክ/ጦር ካብ ኣስመራ ናብ ኣዲስ ኣበባ ክለኣኽ ን2ይ ኣብዮታዊ ሰራዊት ኣዛዚ ሜ/ጀ ሁሴን ኣሕመድ ትዕዛዝ ተዋህበ። ጀነራል ሁሴን[41] እዚ ትዕዛዝ ዝፈጠረሉ ተዘዝታ ክገልጽ: *<<ኣብ መወዳእታ ኣዝዩ ዝገረመና ነገር ካብ ኣዲስ ኣበባ 120 ኪ.ሜ. ሰሜን ምዕራብ ኣምቦ ዝበጽሐ ጸላኢ ንምግታእ ካብ ኤርትራ 14ኛ ክ/ጦር ክለኣኽ ላዕላዋይ ኣካል ትዕዛዝ ሓበ። ኤርትራ ከይትንጸል ዉግእ ተሪፉ ኣዲስ ኣበባ ከይትተሓዝ ተብተብ ኮነ።>>* 14ኛ ክ/ጦር ካብ ኣስመራ ኣዲስ ኣበባ ክሳብ ዝበጽሕ ኣምቦ ተታሕዘ። ስለዚህ 14ኛ ክ/ጦር ካብ ርዕሰ ከተማና ኣዲስ ኣበባ 40 ኪሜ ሰሜን ምዕራብ ርሕቐት ኣብ ሆለታ ገዛእቲ ዕምባታት ክሰፍር ተገብረ።

ኩነታት ከምዚ ኢሉ እንከሎ ሰንበት ግንቦት 19 1991 ዓም ንግሆ ሰዓት 10:00 ሻዕብያ ኣብ ደቀመሓረ ግንባር ኣብ 10ይ ክ/ጦር መኸላኸሊ መስመር

41 ሁሴን ኣሕመድ(ሜ/ጀ)፣ መስዋዕትነትና ጽናት (ኣዲስ ኣበባ፣ ጥር 1997 ዓም)

መጥቃዕቲ ፈነወ። ኣንባቢ ከምዝዝክሮ 10ይ ክ/ጦር ብኣዛዚኡ ብ/ጀ ከተማ ኣይተንፍሱ ኣላዪነት ካብ ምብራቅ ኢትዮጵያ ናብ ኤርትራ ክ/ሓገር ዝመጸ ቅድሚ ሰለስተ ዓመት ኣብ ርእሲ-ዓዲ ዝተኸፍተ ዉግእ ረዳት ንምኻን ነበረ። እዚ መጥቃዕቲ ቅድሚ ምጅማሩ ካብ ብዙሓት ፈተውቲ ሓገር ጸላኢ ሰንበት ንግሆ ከምዘጥቅዕ እኹል ሓበሬታ ስለዝተረኽበ ኣብዮታዊ ሰራዊት ንጸላኢ ጥዑይ ጌሩ መከቶ። ሪዘርቭ ኮይኑ ዝተመደበ 19ኛ ተራራ ክ/ጦር ብቕልጡፍ ናብ ማዕከል መአዘዚ 609ኛ ኮር ደቀመሓረ ተወርዊሩ ሰንበትን ሶኒን ንጸላኢ ሓደ ስድሪ ምንቕ ምባል ከልአ። ሶሉስ ንግሆ ኣብ ሓገርና ፍሉይን ዘሰንብድን ክስተት ኣጋጠመ።

ናይ ሓገርና ርእሰ-ብሄር ጓድ ፕሬዚደንት መንግስቱ ሃይለማርያም ሓገር ለቒቑ ናብ ዝምባብዌ ከምዝተሰደደ ፋዱስ ኣብ መራኸቢ ብዙሃን ተገልጸ። እዚ ዜና ኣብ ደቀመሓረ ግንባር ንዝተሰለፈ ኣብዮታዊ ሰራዊት ዝተሰወረ ኣይነበረን። ነዚ መርድእ ምስተረድአ ኣብ ነብሱ ዝሑል ማይ ተኻዕወ። ካብ ሶሉስ ንግሆ ጀሚሩ ኣብ ጸጋማይ መኸላኸሊ መስመር ዝተሰለፉ 10ይ ክ/ጦር፣ 16ኛ ሰንጥቅ ሜኻ/ብርጌድን 2ይ ሜኻናይዝድ ክ/ጦር መጥቃዕቱ ከጽዕቕ ዘርፊደ ጸላኢ ጸጋማይ መኸላኸሊ መስመር ኣፍረሶ።

ድሕሪዚ ናይ 130 ሚሜ መድፍዕ ኣጸጊኡ ኣስመራ ኤርፖርት ክሓርሶ ጀመረ። ሻዕብያ ናይ ደቀመሓረ መኸላኸሊ መስመር ምስሰበሮ ፍናኑ ተነሃሂሩ ገስጋሱ ናብ ኣስመራ ቐጸለ። ኣብ ማዕከል ሓገር ዘሎ ኹነታት ከምዝሕብሮ ኣዲስ ኣበባ ኣብ ፍጹም ከበባ ወዲቓ'ያ። ኣዲስ ኣበባ ተታሒዛ ማለት ካብ ኩሎም ጫፋት ኢትዮጵያ ዝወፈሩ ጀጋኑ ኢትዮጵያዉያን ኣብ ኤርትራ ንሰላሳ ዓመት ኣዕጽምቶም ዝዘርኡሉ ናይ ዉክልና ኹናት ኣኺቲሙ ማለትዩ።

ናይ ደቀመሓረ ግንባር ሶሉስ ግንቦት 21 1991 ዓም ምስፈረሰ ናይ 2ይ ኣብዮታዊ ሰራዊት ኣዛዚ ሜ/ጀ ሁሴን ኣሕመድ ንሓለቓ ስታፍ ሌ/ጀ ኣዲስ ተድላ ምስጢራዊ ቴሌግራም ፈነወ። ትሕስቶ ናይዚ ቴሌግራም:

<<ናብ ዓሰብ ዝለኣኽናዮም ከፍሊታት ናባና ዝምለሱሉ ኩነታት ስለዘየለ ድሕሪ ሎሚ 2ይ ኣብዮታዊ ሰራዊት ንወላዲት ሓገሩ ዝፍጽሞ ተጋድሎን ናይ ኤርትራ ኹናት ኣብዚ ዕለት ኣብቒዑ እዩ>>

በዚ መሰረት 2ይ ኣብዮታዊ ሰራዊትን ስድራቤቱን ካብ ኣስመራ ብኸረን ናብ ምዕራባዊ ቆላ ዝወስድ ጽርግያ ሒዞም ሱዳን ክኣትው ናይ 2ይ ኣብዮታዊ ሰራዊት ኣዛዚ ሜ/ጀ ሁሴን ኣሕመድ ኣዘዘ።

ሓሙስ ግንቦት 23 1991 ዓም ጀነራል ሁሴን ምስ 18 መሳርሕቱ ካብ ኣስመራ ብሄሊኮፕተር ናብ ሳውዲ ዓረብያ ኣምረሐ። ናይ 2ይ ኣብዮታዊ ሰራዊት ኣባላት ኣብ ህዝቢ ኣስመራን ኣብ ንብረቱን ንጣብ ጉድኣት ከየዉረዱ ነቲ ነዊሕ ጉዕዞ ጀሚሮም ካብ ጥምየት፣ ማይ-ጽምኢ፣ ናይ ጸላኢ ድብያ ዘምለጡ 80,000 ኣባላት ሰራዊትን 100 ታንክታት ሱዳን ኣተው። ኣብ ምዕራባዊ ጫፍ ኣስመራ ኣብ ሓለዋ ዝነበሩ ወትሃደራት ዝወረዶም ዕጫ ኣዝዩ ዘሰቕቕ ኔሩ።

እዞም ወትሃደራት ኸረን ናብ ዘውጽእ ማዕጾ ክበጽሑ ጊዜ ስለዘየፍቐደሎም ብመንሱራ ኣቆርደት ክኣትው መገዲ ጀመሩ። ገረገር ምስበጽሑ ብዙሓት ኣባላት ብማይ-ጽምኢ ክሰሓጉን ክወድቑን ጀመሩ። ሓደ-ርብኢ ዝኸውን ሰራዊት ኣብ ገረገር ብተፈጥሮ ተሰኒፉ ምስተረፈ ዝተረፉ ነዚ ኣጻምዕ ወጽዮም ኣቆርደት ምስበጽሑ ምስ ወገን ተጸምበሩ። ናብ ተሰነይ ዘእትው ድልድል ምስተጸግው ጸላኢ ነቲ ድልድል ብፈንጂ ኣፍረሶ። ካብ ድብያ ጸላኢ ተሪፎም ሱዳን ዝኣተው ወትሃደራት ምስቶም ጽርግያ ኣስመራ-ኸረን ተኸቲሎም ዝመጹ ናይ ኣብዮታዊ ሰራዊት ኣባላት ኣብ ሱዳን ተጸምቢሮም ድሕሪ ስለስተ ወርሒ ናብ ዓዶም ተመልሱ።

ጊዝያዊ ፕሬዚደንት ኮይኑ ዝተሾመ ሌ/ጀ ተስፋይ ገ/ኪዳን ኣብ ማዕከል ሓገር ዘለው ኣባላት ሰራዊት ክሳብ ሎሚ ዝፈጸሙዎ ዉዕለት ኣመስጊኑ ብረቶም ኣውሪዶም ናብ ገዝኦም ክኣትው ኣዘዘ። ጀነራል ተስፋይ ነዚ ትዕዛዝ ዝሓበ ናይ ሰሜን ኣሜሪካ ኢምፔሪያሊስት መንግስቲ ኣምባሳደር ምስዝነበረ ሮበርት ሑዳክ ተዛትዩ ሰራዊት ብረቱ ከቕምጥ እንተኣዚዙ ኣብ ኢጣልያ ኤምባሲ ናይ ዕቑባ መሰል ከምዝወሃቦ ቓል ስለዝኣተውሉ ነበረ። ብተወሳኺ ሰበስልጣናት መንግስቲ ከይሃድሙ ኩለን ኬላታት ኣብትሕቲ ጽዑቕ ሓለዋ ክሕለው ኣዘዘ። እዚ ክፍጸም እንከሎ ኣብ ለንደን ኣምባሳደር ሀርማን ኮሕን ሸማግለ ኮይኑ ዝመርሖ ዘተ ይካየድ ነበረ።

ድሕሪዚ ዘተ ሀርማን ኮሕን ኣብ ዝሓቦ ጋዜጣዊ መግለጺ: *<<ዝስዕብ ሓደጋ ንምግታእን ዝነገሰ ወጥሪ ንምሕዳእን ምስ ኩሎም ወገናት ብዝገበርናዮ ስምምዕ ሰራዊት ኢህኣዴግ ኣዲስ ኣበባ ክኣትዉ ኣፍቂድና ኢና።>>* ሀርማን ኮሕን ምስ ኩሎም

ወገናት ብዝበጸሕናዮ ስምምዕ'ኻ እንተበለ ንመንግስቲ ኢትዮጵያ ወኪሉ ኣብቲ ዘተ ዝተሳተፈ ቀ/ሚ ተስፋይ ዲንቃ ነዚ ዕማመ ነጺጉ ነቲ ኣኼባ ረጊጹ ወጺዩ ነበረ። በዚ መገዲ ናይ ሰሜን ኣሜሪካ ኢምፔሪያሊዝም ናይ ኢትዮጵያ ሰራዊት ከበታተን፣ ግዝኣታዊ ሓድነትና ክፈርስ፣ ጎሮሮና ክድፈን ድልዱል ዕምነ-ኩርናዕ ኣንበረ።

ንኣንባቢ ከይገለጽኩዎ ክሓልፍ ዘይደሊ ነጥቢ ፕሬዚደንት መንግስቱ ሃይለማርያም ካብ ሓገር ክወጽእ ባይታ ዝጸረጉን ዝነደቑን ናይ ኣሜሪካ ኢምፔሪያሊስት መንግስቲ ዝወከሎም ሰለስተ ዉልቀሰባት ምንባሮምዩ። እቲ ታሪኽ ከምዚ ዝስዕብዩ :

እስራኤል ኣብ ኢትዮጵያ ዝርከቡ ፈላሻታት ክወጹ ምስ ፕሬዚደንት መንግስቱ ሃይለማርያም ትሕስቱኡ ንጹር ኣብ ዘይኮነ ስምምዕ በጽሐ። ድሕሪዚ ኣብ መጀመሪያ ኣዋርሕ ናይ 1990 ዓም ዝተወሰኑ ፈላሻታት ናብ እስራኤል ምግዓዝ ጀመሩ። እዚ መስርሕ ምስጀመረ *<<ፈላሻታት ብኣጸዋር ይሸየጡን ይልወጡን ኣለው>>* ዝብል ወረ ኣብ ማዕከን ዜና ተነዝሐ። እዚ ዘረባ ኣብ ኣሜሪካ ኢኮኖሚ ልዑል ጽልዋ ንዘለዎም ኣይሁድ ኣሜሪካዉያን ኣሰናበደ። ናይ ሰሜን ኣሜሪካ ኢምፔሪያሊዝም ንኣይሁዳዉያን ምኽሳር ዘዉርደሉ ጉድኣት ስለዝተረደአ: ፍታሕ ክረክብ ምእንቲ ሴናተር ሩዲ ቦስችዊዝ ንፕሬዚደንት መንግስቱ ሃይለማርያም ክምሕጸን ገበረ።

ሴናተር ሩዲ ምስ ጓድ ፕሬዚደንት መንግስቱ ሃይለማርያም ኣብ ዝገበሮ ምይይጥ ምስ እስራኤል ብሰንኪ ዘጋጠሞ ምስሕሓብ ንፈላሻታት ከየጥቆያም ምስተማሕጸኖ መንግስቱ ኣብ ልዕሊ ፈላሻታት ኢዱ ከምዘየልዕል ቓል ኣትወ። ኣብዚ መገሻ ምስ ሴናተር ሩዲ ዝመጸ ዳይሬክተር ሓገራዊ ባይቶ ጸጥታ ሮበርት ፍሬዘር ኣብ ግምባራት ዝግበር ኹናት ተስፋ ስለዘይብሉ መንግስቱ ካብ ስልጣን ወሪዱ ኣብ ዝደልዮ ሓገር ዕቑባ ሓቲቱ ብሰላም ክነብር ሓሳብ ኣቕረበሉ። ድሕሪዚ ናይ ሰሜን ኣሜሪካ ኢምፔሪያሊስት መንግስቲ ፕሬዚደንት መንግስቱ ሃይለማርያም ካብ ስልጣን ወሪዱ፣ ኣብ ወጻኢ ሓገር ዕቑባ ክሓትትን ብፍቕሩ ዝለለው ሰራዊት ድማ ብዘይመራሒ ተሪፉ፣ ዕጥቑ ክፈትሕ ምእንቲ ነዚ ሓላፍነት ንሰለስተ ሰባት ኣረከበ:

1) ሀርማን ኮሀን: ኣብ ሚኒስትሪ ወጻኢ ጉዳያት ኣሜሪካ ምክትል ጉዳያት ኣፍሪካ

2) ሮበርት ፍሬዘር: ኣባል ሓገራዊ ባይቶ ጸጥታ

3) ሮበርት ሁዳክ: ኣምባሳደር ኣሜሪካ ኣብ ኢትዮጵያ

ኣሜሪካዉያን ነዚ ዉጥን ንምትግባር ሚያዝያ 29 1991 ዓም ሴናተር ሩዲ ቡሸዊትዝ፣ ሚስተር ሮበርት ፍሬዘር፣ ሚስተር ኣይቨን ሄክስ ዝርከቡዎም ልዑኻት ናብ ኣዲስ ኣበባ መጽዮም ፍሉይ መልእኽቲ ናብ መንግስቱ ሃይለማርያም ኣብጽሑ። ኣብዚ ርክብ ሮበርት ፍሬዘር ምስ ተቓወምቲ ውድባት ዝተጀመረ ዝርርብ ክዕወት ምእንቲ መንግስቱ ሃይለማርያም ካብ ስልጣን ክወርድ ከምዘለዎ፣ ኣብ ጊዜ ስልጣኑ ብዝፈጸሞ ገበን ከምዘይሕትት፣ ኣብ ዝደለዮ ሓገር ዕቑባ ሓቲቱ ክነብር ከምዝኽእል ገሊጹ። እዚ ዘተ እንዳተኻየደ እንከሎ እስራኤል ንፕሬዚደንት መንግስቱ ሃይለማርያም መሰል ዕቑባ ከምትህብ ብመራኸቢ ብዙሃን ኣቓለሐት።

ፕሬዚደንት መንግስቱ ሃይለማርያም ምስ ሮበርት ፍሬዘር ድሕሪ ዘካየዶ ዘተ ብስደት ክነብረላ ዝመረጸ ሓገር ንነጻነቶም ኣብ ዝገብሩዎ ተጋድሎ ዘይነጽፍ ሓገዝ ዘበርከተሎም ዝምባቡዌ ነበረት። ግንቦት 20 1991 ዓም ናይ ዝምባቡዌ ሚኒስተር ፍትሒ ኤነርሶ ማንጋግዋ ካብ ፕሬዚደንት ሙጋቤ ዝተላእኸሉ ደብዳበ ሒዙ ናብ ኣዲስ ኣበባ ኣምረሐ። በዚ መገዲ ግንቦት 21 1991 ዓም ኣብ ብላቴን ክፍሊ ስልጠና ዝስልጥኑ ናይ ዩንቨርስቲ ተመሓሮ ከመርቕ ብዝብል ምስምስ ፕሬዚደንት መንግስቱ ሃይለማርያም ሓንሳብን ንሓዋሩን ካብ ኢትዮጵያ ወጽዩ ናብ ዝምባቡዌ ኣምረሐ።

<u>*ናይ ሰሜን ኣሜሪካ ኢምፔሪያሊዝም መንግስቱ ሃይለማርያም ከነፍጽ ንምንታይ ደልዩ?*</u>

ሓደ ሰራዊት ብዘይ መራሒ ክተርፍ እንከሎ ፍናኑ ከምዝቕምስል ሞራሉ ከምዝርኹመሽ ናይ ኢምፔሪያሊስት ኣሜሪካ ሊቓውንቲ ኣጸቢቖም ይርድኡ'ዮም። ናይ ኢትዮጵያ ኣብዮታዊ ሰራዊት ምስ ፕሬዚደንት መንግስቱ ሃይለማርያም ዘለዎ ጥቡቕ ናይ ስነ-ልቦና ምትእስሳር ካብ መቖናቕንቶም ሕብረት ሶቭየት ዝኣኽሎም ሓበሬታ ኣዋህሊሎም'ዮም። መንግስቱ ሃይለማርያም እንተደኣ ተዓልዩ ኣብዮታዊ ሰራዊት ከምዘይዋጋእ፣ ከምዝብተን፣ ዝድግፉዎም ናይ ተቓወምቲ ሓይላት ብዘይንጣር ዕንቅፋት ኣዲስ ኣበባን ኣስመራን ከምዝቖጻጸሩ ስለዝተረድኡ ነዚ ዉዲት ከስልጡ ቐናቶም ኣስጢሞም ዓየዩ። ሌ/ጀ ተስፋይ ገ/ኪዳን ግንቦት 27 ኣማስዩ ድሕሪ ዝሓቦ መግለጺ: ኩሎም ወትሃደራት ብረቶም ሒዞም ናብ ኣዲስ ኣበባ

ኣተው። ንጽባሒቱ ግንቦት 28 1991 ዓም ናይ ኢህኣዴግ ሰራዊት ኣዲስ ኣበባ ተቖጻጸረ።

መሰጋገሪ መንግስቲ ምስተመስረተ፡ ከዛዘም ቅሩብ ሒደታት ጥራይ ዝተረፎ ናይ ኣምቦ ሆርማት ኬሚካልን ፈንጅን ፋብሪካን ነቲ ፋብሪካ ዘድልዩ ጥረ ናዉቲ ዝተኸዘነሉ ኣብ ርዕሰ-ከተማና ኣዲስ ኣበባ ፍሉይ ስሙ *<<ሸንሌ ሜዳ>>* ዝሰፈረ ባዕታታት ናይ ሰሜን ኣሜሪካ ኢምፔሪያሊዝም ካብ ሕንዳዊ ዉቅያኖስ ብዝተኮሶ ክሩዝ ሚሳይል ኣባሪዑ ኣብቲ ከባቢ ዝቕመጥ ሰላማዊ ህዝቢ ኣርገፈ። ብተወሳኺ ንነብሱ *<<ኢህኣዴግ>>* ዝብል ስም ሂቡ *<<ናይ ኢትዮጵያ ሓራሪ'ዩ>>* ብምባል ዝሕጭጭ ምትእኽኻብ ንሻዕብያ ወጢጡ ናብ ኣዲስ ኣበባ ስለዘምጽኦ ሻዕብያ ናይ ሓገርና ዕቑር ናይ ኣጽዋርን ናይ ፈንጅን ዴፖ ኣንደዶ። ካብዚ ብተወሳኺ ናይ ኣሜሪካ ኢምፔሪያሊስት መንግስቲ ብዝፈጸሞ ኢድ ኣእታውነት ኣብ ዓለም ተራእዩን ተሰሚኡን ዘይፈልጥ *<<ናይ ኤርትራ ጉዳይ ዳግም ናብ ዓለም መንግስታት ማሕበር ቐሪቡ ከረአ>>* ዝብል ኣጀንዳ ፈጢሩ ኤርትራ ናይ ውድብ ሕቡራት ሓገራት ኣባል ክትከውንን ከም ነጻ ሓገር ክትፍለጥ ተገብረ።

ኣንባቢ ኣብዚ ከስተውዕሎ ዝግባዕ ኣብዩ ነጥቢ፡ ታይዋን ካብ ቻይና ካብ ትንጸል 42 ዓመት ኣቑጺራ ብውድብ ሕቡራት ሓገራት ከም ሓገር ኣይትፍለጥን። ብተመሳሳሊ ጎረቤትና ሶማሊ-ላንድ ኣብ 1991 ዓም ካብ ሶማል ምስተነጸለት ክሳብ ሎሚ ኣሕጉራዊ ኣፍለጦ የብላን። ናይ ሰሜን ኣሜሪካ ኢምፔሪያሊዝም *<<ቪቶ ፓወር>>* ብዝብል ፍሉይ ስልጣን ከም ድልየቱ ዝዘውሮ ናይ ዓለም መንግስታት ማሕበር ንሰላሳ ዓመት ደም ዘፋሰሰ ናይ ኤርትራ ጉዳይ ኣብ ዉሽጢ ክልተ ዓመት መፍትሒ ክሕበሉ እንክሎ ኣብ ዉሽጡ ዘሎ ሽፈጥን ዓሎቕን ዘብርህዩ።

ምዕራፍ ሰማንያን ሓሙሽተን

ናይ ኢትዮጵያ ኣብዮታዊ ሰራዊት ከመይን ንምታይን ወዲቑ?

ናይ ኢትዮጵያ ሰራዊት ኣብ 1932 ዓም ምስተመስረተ ብዙሕ ፍጻመታትን ምዕባለታትን ሰጊሩ ኣብ 1974 ዓም ብኣወዳድባ፣ ብሓይሊ-ሰብ፣ ብጽፈት ኣጽዋር ኣብዩ ዕብየት ኣምጽዩ፣ ካብ ኣርባ ሽሕ ሰራዊት ናብ ሰለስተ ሚእቲ ሽሕ ሰራዊት በሪኹ ካብ ደቡብ ኣፍሪካን ግብጽን ቐጺሉ ኣብ ኣፍሪካ ሳልሳይ ግዙፍን ሕፉርን ሰራዊት ነበረ። ዝቐመሉ ዕላማ ግዝኣታዊ ሓድነታ ዝተሓለወ፣ ሕፍርቲ፣ ኽብርቲ ሓንቲት ኢትዮጵያ ምፍጣር ነበረ። ድሕሪ ሓምሳ ዓመት ኣብ 1991 ዓ.ም. ዝወደቐሉን ዝተበተነሉን ጠንቒ ንብዙሕ ዓመታት ዝተኸዘኑ ፖለቲካዊ፣ ወትሃደራዊ፣ ምምሕዳራዊ መልክዓት ዝነበሮም ሽግራት ስለዘይተፈትሑ ነበረ።

ኣብ 1977- 1978 ዓም ሓገርና ካብ ዉሽጥን ካብ ደገን ክትሕቖን እንከላ ሕላዉነታ ኣብ ምልክት ሕቶ ዝወደቐሉ ምስጢር ኣብ ሓጼ ሓይለስላሴ መንግስቲ ዝነበሩ ላዕለዎት መኾንናት *<<መስፍናውያን፣ መጺይቲ ሓገር>>* ወዘተ ዝብሉ ክስታት ለጊቡዎም፣ ካብ ስርሖም ምስተኣልዩ ኣጸቦ ኣዘዝቲ ስለዝተፈጥረ ነበረ።

ካብዚ ብተወሳኺ ናይ ኢትዮጵያ ሰራዊት ብዝሒ ኣርባ ሽሕ ጥራይ ብምንባሩ ካብ ዉሽጥን ካብ ደገን ዝፍንወልና ሓደጋ ንምምካት ዘኽእል ብቑዕ ቕርጺ ኣይወነናን። ኣብ 1977 ዓም ህዝቢ ኢትዮጵያ *<<ጻዉዒት ወላዲት ሓገር>>* ተቐቢሉ ናብ ግንባር ምስሃመመን ኣብ ጸላእቱ ኹለመዳያዊ ልዕልና ምስረጋገጸ ውድቐት ከም ብሓድሽ ዝሳዕረረ ላዕለዎት ኣካላት መንግስቲ ብዝተኸተሉዎ ነቓጽ መርገጺ ነበረ። ናይ ኢትዮጵያ ሰራዊት ዉድቐት መንቐሊኡን ጠንቑን እዞም ዝስዕቡ ትሽዓተ ነጥብታት እዮም:

1) ናይ ላዕለዎት ኣዘዝቲ ነቓጽ ወትሓደራዊ ንድፊ:

ናይ ላዕለዎት ኣካላት መንግስቲ ንቕጽናን ድርቕናን ኣብነት ዝኾነና ካብ ጥሪ 1979 ዓ.ም. ኣትሒዙ ኣብ ናቕፋ ግንባር ንዓሰርተ ዓመት ዝተኻየደ ወትሃደራዊ ምፍጣጥን ምውጣጥን ነበረ። ሓደ ወትሃደራዊ መጥቃዕቲ ዉጽኢት ከየምጸአ ምስተረፈ ነቲ ወትሃደራዊ ንድፊ ኣብከንዲ ምፍታሽ ተመሳሳሊ ናይ መጥቃዕቲ ስልቲ ክደጋገም ስለዝኣዘዙ ናይ ወገን ሰራዊት ኣዕጽምትን ደምን ብዘይኣግባብ ረጊፉ'ዩ። ፈለማ 508ኛ ግ/ሓይል ደሓር ናደው ዕዝ ተሰምየ ግዙፍ ሰራዊት ጥሪ 1979 ዓም ኣብ ኣፋፌት ኸተማ ናቕፋ ምስበጽሐ ካብ ጥሪ ክሳብ ሓምለ 1979 ዓም ናብታ ከተማን ናብ ኣዶብሓ

ሸንጥሮ ከውርወር ብወትሃደራዊ ሳይንስ <<*ኣትሪሽን ዋርፌር*>> ተሰምየ ንድፊ ተግቢሩ ንጸላኢ ከጭፍልቕ ንሸውዓተ ወርሒ ዘየቋርጽ መጥቃዕታት ከፊቱዩ። እዞም ወፈራታት ካብዘይምስላጦም ብተወሳኺ ናይ ወገን ሰራዊት ብዙሕ ሓይሊ ሰብ ስለዝሰኣነ ላዕላዋይ ኣካል ነቲ ኹነታት ገምጊሙ ኣብ ወርሒ ሓምለ ናብ መኸላኸሊ መስመር ኣትዮም ንቑሕ ምክልኻል(*ኣክቲቭ ዲፌንስ*) ከካይዱ ኣዘዘ።

ወገን ኣብ መኸላከሊ መስመር ምድራቱ ናይ ድኻም ምልክት ከምዘኾነ ዘስተብሃለ ጸላኢ ሚያዝያ 1980 ዓ.ም. ብዝፈነዎ ጸረ-መጥቃዕቲ ከሳብ ኹብኩብ ከምዝደፍኦም ኣብ ክፍሊ ኢስራ ንኣንባቢ ገሊጸ'የ። ላዕለዋይ ኣካል መንግስቲ ኣብ ወገን ሰራዊት ዝወርድ ጉድኣት ኣስተብሂሉ፣ ነዚ ወትሓደራዊ ንድፊ ገምጊሙ፣ ኣብ ክንዲ ዝእረም ኣብዮታዊ ሰራዊት ሓንሳብ ናቕፋ ከጥቕዕ፣ መሊሱ ኣብ መኸላኸሊ መስመር ክኣትዉ ተቐያያሪ ትዕዛዛት እንዳሃበ ነዚ ዕቑር ሓይሊ ሰብን ዘመናዊ ኣጽዋርን ኣባኺኑ ኣብ መወዳእታ ዘሕዝን ዕጫ ወሪዱዎ'ዩ።

<<*ኣትሪሽን ዋርፌር*>> ብዉሕዱ ከሳብ ወፍሪ ቀይሕ-ኮኾብ ከም ዶክትሪን ምስተኸተሎ ቀይሕ-ኮኾብ ምስፈሸለ ክብ ኢለ ዝገለጽኩዎ ወትሃደራዊ ንድፍን ኣብ መሬት ኣሰፋፍራ ዳግመ ምትዕርራይ ምግባር ኣድላዪ ኔሩ። ብናተይ ዕምነት ኣብዮታዊ መንግስቲ ካብ ወፈራታት ግብረ-ሓይል ከሳብ ወፍሪ ቀይሕ-ኮኾብ ዝነበረ ሰለስተ ዓመት 508ኛ ግ/ሓይል(*ናደው ዕዝ*) ኣብ ናቕፋ ግንባር ዝነበሮ ጻንሒት ፍረ ዘይምፍራዩ ተገንዚቡ ናቕፋን ናይ ኣዶብሓን ሸንጥሮ ንምሓዝ ዝገብሮ መጥቃዕቲ ገቲኡ፣ ንኸተማ ኣፍዓበት ከቢቦም ኣብ ዝገዝኡ ናይ ሮራ- ጸሊም ተረተራት ጠንካራ መኸላኸሊ መስመር መስሪቱ፣ ወንበዴታት ናብ ኸረንን ኣስመራን ከይቕልቀሉ ረጊጡ ኣብ ሳሕል ኣውራጃ ክዓብጦም ምተገበአ ኔሩ።

በዚ መገዲ ናቕፋ ንምሓዝ ተደጋጋሚ መጥቃዕትታት ኣብ ክንዲ ምኽፋት ካብ ናቕፋ ዝዉሕዝ ናይ ወንበዴ ዋሕዚ ኣብ ኣፍዓበት ረጊጡ፣ ሓይሊ ሰቡን ዘመናዊ ኣጽዋሩን ዓቒቡ፣ ወንበዴታት ኣብ ሳሕል ኣውራጃ ተዓቢጦም ተፈጥሮኣዊ ሞት ምቐደሞም ኔሩ። ካብዚ ብተወሳኺ ናይ መክት ዕዝ ክፍልታት ካብ ጋሕቴላይ(*ሰባ-ሰስት*) ናብ ሰለሞና ኣብ ዝወስድ ናይ ገጠር መገዲ ቐጻሊ ዳሕሳስ ጥራይ ዘይኮነ ቋሚ መኸላኸሊ መስመር መስሪቶም

ወንበዴታት ናብ ከበሳ ዝኣትዉሉ ባብ ምርጋጥ ኣድላዪ ኔሩ። በዚ መገዲ ናይ ሳሕል ኣውራጃ ደሴት ኮይኑ ንወንበዴታት ዝውሕጥ ናይ ሻዕብያ መካነ-መቓብር ምኾነ ኔሩ።

2) ናይ ታሕተዎት መኾንናት ጣልቃ ምእታው:

ናይ ኢትዮጵያ ሰራዊት ውድቐት ካልኣይ ጠንቒ ሰራዊት ናይ ምምራሕ ልምዲ ዘይብሎም ታሕተዎት መኾንናት ንፓርቲ ብዘለዎም ተኣማንነት ሰራዊት ክመርሑ ስለዝተገብረዩ። ካብ ኮርፖራል ክሳብ ሻምበል ዘለው ናይ ፓርቲ ኣባላት ኣብ ሰራዊት ዘዉረዱዎ ውድቐት ንምዝርዛር: ናይ ዒላበርዕድ ህልቐት፣ ሓምለ 1979 ዓም ኣብ ሮራ-ጸሊም ብሉጻት መኾንናት ድራር ሑጻ ዝኾኑሉ ፍጻመ፣ ኣብ 1989 ዓም 604ኛ ኮር ኣብ ሽረ ክድምሰስ ዘሕለፉዎ ዘሕዝን ዉሳነ ተጠቓሲዩ። በዚ ጥራይ ከይተሓጽሩ ንጣር መሰረት ዘይብሉ ወረ ብምንዛሕ ኣብዮታዊ መንግስቲ ናይ ትግራይ ክ/ሓገር ለቐቑ ክወጽእ ብምግባር ወንበዴታት ዘይተጸበዩዎ ፍረ ከሓፍሱ ኣብዪ ሕያብ ኣግዚሞሞም እዮም ።

3) ምምሕድራዊ በደልን ሕሱም ኣድልዎ:

ኣብ 1977 ዓም *<<ጸዉዒት ወላዲት ሓገር>>* ምስተኣወጀ ሓረስታይ ህዝብና *<<ኣብ ሓጺር ጊዜ ናብ ማሕረስካ ክትመለስ ኢኻ>>* ተባሂሉ ናብ ሰራዊት ምስወሓዘ ብሚልሽያ ደረጃ ተወዲቡ ካብ ምዱብ ሰራዊት ዝተፈልየ ኣተሓሕዛ ክግበረሉ ጀመረ። ዝኸፈሎ ደሞዝ ምስ ምዱብ ሰራዊት ዝወዳደር ኣይነበረን፣ ብመገቢ እዉን እንተኾነ ሚሊሽያ ሰራዊትን ምዱብ ሰራዊትን ዝምገቡዎ መግቢ ሓደ ዓይነት ኣይነበረን። ሚሊሽያ ሰራዊት ጥሕንን፣ ኮረሾን ክዕደሎ እንከሎ ደሞዙ 20 ብር ጥራይ ነበረ። ካብዚ ተበጊሱ እቲ ሓረስታይ ናይ ደቒ-ሕድርትና ስምዒት ከማዕብል ካብ ምጅማሩ ብተወሳኺ ብቀበሌ ሹመኛታት ተፈሪሙ ካብ ዓዱ ዝለኣኸሉ ደብዳቤ ሕሰምን መኸራን ስድራቤቱ ስለዝገልጽ ሞራሉ ክትንከፍ ጀመረ። ብተወሳኺ ናይ ጸላኢ ፕሮፖጋንዳ ሕሰሙ ዘርዚሩ ስለዘቕርበሉ ናይ ዉግእ ፍናን ጥራይ ዘይኮነ ተስፋኡ ቀምረረ።

ኣብ 1983 ዓም ብሄራዊ ኣገልግሎት ተደንጊጉ ተመሃሮ ናይ ክልተ ዓመት ኣግልግሎት ፈጺሞም ናብ ትምህርቶም ከምዝምለሱ ምስተደንገገ ካልእ ዘይፍትሓውነት ጥራይ ዘይኮነ ስለስተ ዓይነት ኣቓውማን ቑመናን ዘለዎ፣ ካብ

ሓድነቱ ፍልልያቱ ዝዓዝዘ ሰራዊት ተፈጥረ። ንብሄራዊ ኣገልግሎት ዝምልመሉ ተመሃሮ ትሑት መነባብሮ ካብ ዘለዎም ስድራቤታት ዝወጹ ብምንባሮም ብሄራዊ ኣገልግሎት ንደቒ ሓፋትምን ንደቒ ሰበስልጣናት ከምዘይምልከት ኣስተብሂሎም እዞም ተመሃሮ እግሮም ዓውደ ግንባር ምስረገጸ ናብ ዓዶም ዝምለሱሉ መዓልቲ ክሓቱ ጀመሩ። ብተወሳኺ መብዛሕቶኦም ደቒ ወትሃደራት ብምንባሮም እዚ ተግባር ኣብ ዉሽጢ መንግስቲ ዘነገሰ ዘይፍትሓዊ ኣሰራርሓ ገላሊሁ ዘርእይ ካልእ መርትዖ ነበረ።

4) ኣብዮታዊ ሰራዊት ኣብ ግንባር ዘርእዮ ጉድለታት፡

ናይ ሓገርና ተፈጥሮኣዊ ኣቐማምጣ ንደባይ ዉግእ ዝመቸእ'ዩ። ብሰርዚ ንጸላኢ ዝምዕምዕ ንወገን ዘጽለግልግ ኹነታት ስለዝተፈጥረ ኣብ ኩሎም ወፈራታት ታንከታት፣ መዳፍዕ ናብ ድሕሪት ተሪፈን ኣጋር ሰራዊት ንቕድሚት ክዘምት ይግበር ኔሩ። ኣብዚ ጊዜ ጸላኢ ጸረ-መጥቃዕቲ ከፊቱ ናይ ወገን ሰራዊት መኸላከሊ መስመሩ ገዲፉ ንድሕሪት ክምለስ እንከሎ እዞም ታንከታትን መዳፍዕን ብተደጋጋሚ ኣብ ኢድ ጸላኢ ይወድቑ ነበሩ። ኣብ ኢድካ ዝርከብ ኣጽዋር ኣብሪስካ ንድሕሪት ምስሓብ እንዳተኻእለ ንጸላኢ ሕያብ ኣግዚምካ ምምላስ ንቐታሊኻ ጎቲም ካራ ምቕባል ማለት'ዩ።

ብስነስርዓት ዝሰልጠነ ምዱብ ሰራዊት መጥቃዕቲ ጸላኢ በርቲዕዎ ካብ መኸላከሊ መስመሩ ክስሕብ እንከሎ ቅድሚ ኩሉ ንከቢድ ብረት ቖላሕታ ሒቡ፣ እንተኽኢሉ ምግዓዝ፣ እንተዘይኽእሉ ድማ ምንዳድ፣ ምብራስ መባእታዊ ድንጋገ ወትሃደራዊ ሳይንስዩ። እዚ ክስተት ኣቀዲመ ካብ ዝጠቐስኩዎም ነጥብታት ንላዕሊ ንኣብዮታዊ ሰራዊት ውድቐት ልዑል ተራ ተጻዊቱዩ። ብፍላይ ናይ ኤርትራ ተቃዋሚ ናይ ኣጽዋር ጸብለልታ ዘርኣየሉ ምስጢር ኣብዮታዊ ሰራዊት ሕዉኽ ዉሳነን ተግባርን ብተደጋጋሚ ይፍጽም ብምንባሩዩ። 2ይ ኣብዮታዊ ሰራዊት ኣብ ኢድ ጸላኢ ከቢድ ብረት ከይወድቕ ጥንቓቐ ዝገበረሉ ኣብነት እንተሓልዩ መጋቢት 1984 ዓም ውቃው ዕዝ ካብ ኣልጌና ናብ ማርሳ ተኸላይ ክስሕብ እንከሎ ጥራይዩ። ኣብዚ ጊዜ ኩሎም ኣባላት ሰራዊት ታንክን መዳፍዕን ኣብ ኢድ ጸላኢ ከይወድቕ ናብ ቀይሕ-ባሕሪ ኣስጢሞም ክስሕቡ እንከለው ነዚ ተግባር ብቖራጽነት የወሓሕድ ዝነበረ ናይ ውቃው ዕዝ ም/ኣዛዚ ኮ/ል ከበደ ተሰማ ብጸሓይ ንዳድ ወዲቑ ብጸላኢ ተማሪኹዩ።

5) ኣብ ጦር ኣካዳሚ ናይ ሕጹይ መኾንናት ስልጠና ምስራዝ:

ኣብ ጊዜ ሓጼ ሓይለስላሴ ዝጀመረ ናይ ሕጹይ መኾንናት ስልጠና ደርግ ምስመጸ ብስሩዕ ክቕጽል ኣይኸኣለን። ካብ ኣካዳሚ ዝምረቑ ሕጹይ መኾንናት ማለት ካብ ም/ትልንቲ ክሳብ ሻለቃ ማዕረግ ዝውንኑ ታሕተዎት መኾንናት ናይ ሓደ ሰራዊት ድኹዒ ስለዝኾኑ ኣብ ጊዜ ኹናት ብጣዕሚ ተደለይቲ እዮም። ኣብ 30 ዓመት ናይ ዉክልና ኹናት ዝተሳተፉ መኾንናት ኣቀዲሞም ኣብ ሓጼ ሓይለስላሴ ዘመን ዝተመረቑ ክኾኑ ካብኦም ብሞትን ስንክልናን ክፍለዩ እንከለው ንዕያም ዝትክእ መኾንን ስለዘይነበረ ምክትሎም ከመርሕ ይግበር ኔሩ። እዚ ኣካይዳ ኣብ ዝተፈላለየ ግንባራት ንዘጋጠመ ውድቕት ልዑል ተራ ተጻዊቱዩ።

6) ናይ ሕብረት ሶቭየት ኣዕናዊ ተራ:

ካብ 1977 ዓም ኣትሒዙ ኣብ ወትሃደራዊ ጉዳያት ናይ ምምኻር ስልጣን ተረኪቦም ምስ ኣብዮታዊ ሰራዊት ዝተላለዩ ራሽያዉያን ንኣብዮታዊ ሰራዊት ውድቕት ልዑል ተራ ተጻዊቶም'ዮም። መጀመሪያ: ናይ ሶቭየት ኣማኸርቲ ተባሂሎም ዝመጹ ጀነራላት ድሕሪ 2ይ ኹናት ዓለም ዝተወልዱ ኹናት ብክልስ ሓሳብ ደኣምበር ብግብሪ ዘይፈልጡ ካብ ምንባሮም ብተወሳኺ ናይ ደባይ ዉግእ ተሞክሮኦም ድሩት ብምንባሩ ጠንቂ ተደጋጋሚ ውድቕታት ኔሮም። ኣብ 1983 ዓም ወንበዴታት ናብ ቀይሕ-ባሕሪ ከይቕልቐሉ ረጊጡ ዝሓዞም ዉቃው ዕዝ ናብ ምዕራብ ኸረን መለብሶ ክዛወር ኣለዎ ብምባል ንኣዛዚ ስታፍ ኣእሚኖም ናይቲ ግንባር ኣዛዚ ኣጥቢቑ እንዳተቓወመ ዝፈጸሙዎ ተግባር ኣብ ሓጺር ጊዜ ውድቕቱ ተራእዩ። ድሕሪ'ዚ ወንበዴታት ከም ድልየቶም ናብ ቀይሕ-ባሕሪ ክቕልቀሉ ጥራይ ዘይኮነ ዉቃው ዕዝ ምስ ናደው ዕዝ ዝራኸበሉ ሩባ ፈልከት ሓሒ ስለዝበለ ኣብ የማናይ ክንፊ ናደው ዕዝ ብተደጋጋሚ ኣብ ዝፈነውዎ መጥቃዕቲ ድሕሪ ኣርባዕተ ዓመት ሕልሞም ሰሚሩዮ።

7) ስሉስ ሰንሰለት:

ኣብ 1975 ዓም ናይ ሓደ ሰብ ኣዝዝነት ተሪፉ ብወትሃደራዊ ኣዛዚ፣ ብፖለቲካ ኮሚሳር፣ ብወትሃደራዊ ድሕነት ዝምራሕ ናይ ስሉስ ሰንሰለት(*ትራያንጉላር ኮማንድ*) ኣመራርሓ ምስተኣታተወ ሓድሽ ኹነታት ማዕበለ። እዚ ኣሰራርሓ

ፈለማ ናይ ቦልቼቪክ ሊቓውንቲ ኣብ ራሽያ ዘተኣታተውዎ ኣሰራርሓ ነበረ። መንቐሊኡ ኣብ ኣዛዝቶም ዕምነት ስለዝሰኣኑ ዕሙን ካድረ ብምምዳብ ስግኣቶም ንምእላይ ዝመሃዙዎ ስልቲዩ። ኣብ ሓገርና ስሉስ ሰንሰለት ምስተኣታተወ ክልተ ጥቕምታት ነበሮ። እቲ ቀዳማይ ጥቕሚ: ናይ ፖለቲካ ካድረታት ብዘካየዱዎ ጎስጓስ ሰራዊት ካብ መሃይምነት ክላቐቕ ሓጊዙዩ። ናይ ፖለቲካ ካድረታት ናይ ሓገርና ናይ ሓድነት ታሪኽ ምስ ወትድርና ኣላፊኖም ስለዝምህሩ ናይ ሰራዊት ማሕበራዊ ንቕሓት ክብ ኢሉ'ዩ። ብጀኩኡ ግን ብዙሕ ጸገማት ነበሮ። ብፖለቲካ ኮሚሳርነት ዝምደቡ ዉልቐሰባት ናይ ኮርፖራልን ትሕቲ ኮርፖራል ማዕረግ'ዮም ዝውንኑ። እዞም ሰባት ምስ ጀነራል መኾንናት ክሰርሑ ምስተገብረ ብልምዲ፣ ብዕድመ፣ ብሞያን ብቕዓትን ስለዘይመጣጠኑ ብፍላይ ናይ ፖለቲካ ኮሚሳራት ብዝሓድሮም ነብሰ-ምትሓት ናይ ጀነራላት ትዕዛዝ ክዕንቕጹ፣ ስልጣኖም ከርእዩ ኣዕናዊ ተግባር ይፍጽሙ ነበሩ።

ናይዚ ትራጀዲ ኣብነት ዝኾነና ኣብ 1978 ዓም ኣብ ባረንቱ ተኸቢቡ ምስ ህዝቢ ባረንቱ መሪር ናይ ምክልኻል ተጋድሎ ዝፈጸመ 16ኛ ብርጌድን ኣዛዚኡ ኮ/ል ኣስማማው ይመር ነበረ። ካብ ዕለታት ሓደ መዓልቲ ናይ ፖለቲካ ኮሚሳር ኮይኑ ዝተመደበ ኮርፖራል ብዝሓደሮ ነብሰ-ምትሓት ሰዓብቱ ኣሰሊፉ ናብ ቤት-ጽሕፈቱ ኣትዩ ንኮ/ል ኣስማማምው ቶኲሱ ቐተሎ። ንነገሩ ንሱ እዉን ኣይተረፎን። እዚ ፍጻመ ስሉስ ሰንሰለት ኣብ ኣብዮታዊ ሰራዊት ዘሕደሮ ጸሊም ነጥቢ ዘርእይ'ዩ።

8) ናይ ግንዛቤ ጉድለት:

ላዕላዋይ ኣካል መንግስቲ ናይ ሰላሳ ዓመት ናይ ዉክልና ኹናት ወንበዴታት ዝኣወጅዎ ኹናት ጌሩ ስለዝርድኦ ካብ ኣፍንጫኺ ኣርሒቕካ ዘይምጥማት ጸገማት ይረአ ነበረ። ኣብዚ መጽሓፍ ኣብ ነንበይኑ ምዕራፋት ንኣንባቢ ከምዝግለጽኩዎ ንሕና ኢትዮጵያዉያን ን500 ዓመታት ኣብ ኤርትራ ክ/ሓገር ናይ ደምን ኣዕጽምትን ግብሪ ከፊልና ኢና። ኣብ ነፍስወከፍ ግጥም ዝገጠሙና ኣብ ኤርትራ ክ/ሓገር ዝቦቐሉ ወንበዴታት ዘይኮኑ ባሕሪ ሰጊሮም ዝመጹ ኣዕራብ፣ ናይ መግዛእታን ዓሌትነትን ሓይላት፣ ኢምፔሪያሊዝም፣ ዓለምለኻዊ መድሓርሓርቲ ነበሩ። እዞም ሓይልታት ናይ ትማሊ ግብሮም ከደግሙ ናይ ዓለም ኹነታት ስለዘየፍቕደሎም ትማሊ ዝተፈጥሩ፣ ናይ ፖለቲካ ውሕጅ

ገፋፊጡ ዘምጽኦም ውድባት ኣዕጢቖም ዘዝምቱልና ናይ ዉክልና ኹናት ብምንባሩ ንዲፕሎማስያዊ ስራሕ ፍሉይ ኣተኩሮ ምሓብ ኣድላዪ ኔሩ። ካብዚ ብተወሳኺ ከምቲ ናይ ዓለምና ወትሃደራዊ ክኢላ ጀነራል ካርል-ቮን ክሎስዊትዝ *<<ማሕጸን ኹናት ፖለቲካ'ዩ>>* ከምዝብሎ ፖለቲካዊ ፍታሕ ምንዳይ ወሳንን ኣድላዩን ኔሩ።

ንኣብነት ኣብ ታሕሳስ 1977 ዓም ብፕሬዚደንት ኤሪክ ሆኔከር ምንጎኝነት ኣብዮታዊ መንግስትን ሻዕብያን ኣብ ምብራቅ ጀርመን ክዛተዩ እንከለው ሻዕብያ ናይ ኣውቶኖሚ መሰል እኻ እንተነጸጎ ድሕሪ ክልተ ዓመት ክላዘብ ቕሩብ ከምዝኾነ ብሬድዮ ኣፍሊጡ ነበረ። ብተወሳኺ ኣብ 1980 ዓም ኣብ ሰለስተ እማመታት ህዝበ-ወሳነ ክካየድ ጸዉዒት ኣቕሪቡ ኔሩ። ኣብዮታዊ መንግስቲ ናይ ኤርትራ ጉዳይ ዉስብስብነት፣ ናይ ብዙሓት ሓገራት ኢድ ኣእታዉነት ክግንዘብ ስለዘይኽኣለ ኣብ መወዳእታ እቲ ዘይተርፍ ውድቖት ተገዚሙ'ዩ።

9) ሻጥርን ሸፈጥን፡

ናይ ኢትዮጵያ ሰራዊት ንቅድሚት ደፊኡ፣ ጠቃሚ ስፍራታት ተቖጻጺሩ፣ ዓወት ክጎናጸፍ እንከሎ፣ ብኣንጻሩ ጸላኢ ከቢድ ጉድኣት ክወርዶ እንከሎ ናይ ወገን ሰራዊት ሸቱኡ ክሳብ ዝወቕእ ንቅድሚት ክግስግስ እንዳከኣለ ናብ መኸላኸሊ መስመር ክምለስ ብተደጋጋሚ ስለዝእዘዝ ጸላኢ ክሰርር ዕድል ረኺቡዩ። ንኣብነት ሚያዝያ 1983 ዓም ኣብ ልዕሊ ወያነ ዝተኸፍተ ናይ መጀመሪያ ወፈራ ብኣብዮታዊ ሰራዊት ልዕልና እንዳቖጸለ እንከሎ ብፍላይ ማዕከል መአዘዚኦም ደደቢት ናይ ወገን ሰራዊት ምስተቖጻጸሮ ናይ ሩስያ ጀነራል *<<ናብ ናቕፋ ንውፈር>>* ብምባል 17ኛ ክ/ጦርን 3ይ*(ኣምበሳው)* ክ/ጦር ናብ ናቅፋ ግንባር ከምርሑ ምስተገብረ እቲ ወፈራ ከይተዛዘመ ደው ምባሉ ሕንቅልቕሊተይ'ዩ። እዚ ስንክሳር ጊዜ ከፈትሖ እዩ ካብ ምባል ወጻኢ ዝብሎ የብለይን። ንኣንባቢ ከይገለጽኩዎ ክሓልፍ ዘይደሊ ነጥቢ ኣብዮታዊ መንግስቲ ወዲቑ ላዕለዎት ኣዘዝቲ ሰራዊት፣ ጀነራላት ኣብ ዝተኣስሩሉ ጊዜ *<<ደርግ ከወድቕ ዝኽኣለና ፔርና ኢና>>* ብምባል ይግዕሩ ምንባሮምዩ።

መዛዘሚ

ናይ ዓለምና ወትሃደራዊ ጠቢብ ሳን-ዙ: *<<ሓቀኛ ዓወት ደም ኣልቦዩ>>* ይብል። እዚ ማለት ሽቶኻ ኽትወቅዕ ደምን ኣዕጽምትን ኣይትኽፍልን ማለት ኣይኮነን። ንፉዕ ስትራቴጂስት ናይ ውግእ ስትራቴጂ ክነድፍ እንከሎ ካብ ኩሎም ስምዒታት ሓራ ኮይኑ፣ ድልየት ጸላኢኡ ኣለልዩ፣ ክልተ ሰለስተ ስጉሚ ንጸላኢ ቐዲሙ፣ ኣብ መወዳእታ ብዝተሓተ ደም ምፍሳስን ብዝዋሓደ ትንፋስን ሓቀኛ ዓወት ከምዝጎናጸፍ ንምግላጽዩ። ኣብ ሰላሳ ዓመት ናይ ዉክልና ኹናት ፍጻመ ሻዕብያ ናይ ኤርትራ ክ/ሓገር ካብ ኢትዮጵያ ክንጽል እኻ እንተኻኣለ ነዚ ክፍጽም ዝኸፈሎ ዋጋን ኣብ መፈጸምታ ዝረኸቦ ዉጽኢት ጨሪሱ ዝቐራረብ ኣይኮነን። ሻዕብያ ዝረኸቦ ዉጽኢት *<<ፓይሪክ ቪክትሪ>>* ኢልና ክንገልጾ ንኽእል። *<<ፓይሪክ>>* ኣብ ጥንታዊ ዓለም ናይ ጥንታዊት ግሪኽ ናይ ኤፒረስ ንግስነት መራሒ ሓጼ ፓይረስ[42] ስም ዝተወሰደ ኣበሃህላ ክኸውን ሓይልኻ ነጊፍካ፣ ሰብካ ኣርጊፍካ ትረኽቦ ፍረ-ኣልቦ ዉጽኢት ማለት'ዩ። ሓጼ ፓይረስ ንሮማ ከምበርክኽ ኣብ ዝወልዖ ኹናት ሰቡ ጸንቒቑ፣ ኣቕሙ ነጊፉ ሓሳቡ እኻ እንተስለጠ ወፈሩኡ ከንቱ ነበረ።

ኣንባቢ ኣብ ዝተፈላለየ ክፍልታት ናይዚ መጽሓፍ ከምዝተዓዘቦ ጸላኢ ኣብ ሓደ ለይቲ 4,000 ሰብ፣ ኣብ ሓደ ውግእ 5,000 ሰብ እንዳከፈለ'ዩ ገንጸሊ ዕላምʼኡ ኣስሊጡ። ነዞም ጠገለ ዘይብሎም ዋጋታት ክኸፍል እንከሎ ሕልሙ ኤርትራ ካብ ኢትዮጵያ ምንጻል ጥራይ ኣይነበረን: *<<ኢትዮጵያ ትበሃል መስፋሕፍሒት፣ ጨቋኒት፣ ኣብ ቐርኒ ኣፍሪካ ናይ ኢምፔሪያሊዝም ኣርማ ዝኮነት ሓገር ካብ ኤርትራ ክ/ሓገር ነቓቒለ ንበይነይ ኣስተርሕየ ከነብር'የ>>* ካብ ዝብል ኣጉል ሕልሚ ነበረ።

ንሕና ኢትዮጵያዉያን ን500 ዓመት ብቀይሕ-ባሕሪ ማዕጸና ከወሩና ዝመጹ ኣዕራብ፣ ናይ ኢምፔሪያሊዝም ሓይላት ገጢምና ናይ ደምን ኣዕጽምትን ዋጋ ዝኸፈልና መስፋሕፋሕቲ ስለዝኾና፣ ኹናት ስለዝምእመኣና ኣይነበረን። ናይ ኤርትራ ክ/ሓገር ጥንታዊ ክፋል ኢትዮጵያ ከምዝኾነት ኣሚና ዝኸፈልናዮ ዋጋʼዩ። እዚ ታሪኽ ተረሲኡ ትማሊ ዝተፈጥሩ፣ ናይ ፖለቲካ ዉሕጅ ገፋፊጡ ዘምጽኦም፣ ናይ ሻዕብያ መኻንንንቲ ካብ ኤርትራ ክ/ሓገር ሓንሳብን ንሓዋሩን

---

42 ሓጼ ፓይረስ ፈለማ ኣብ ሄራክልያ ድሕሪኡ ኣብ ኣስኩለም ምስ ሮማዉያን ቁሳራት ገጢሙ ምስሰዓረ ኩሎም ጀነራላቱ ሞይቶም ንሱ ቖሲሉ ኹናት ምስተዛዘመ <<ድሕሪ ሎሚ ሓደ ግጥም ምስ ሮማዉያን እንተደጊምና ካብ ምድረ-ገጽ ክንሕከኽ ኢና>> ብምባል ናይዚ ዓወት ከንቱነት ምስገለጸ ናይዞም ዓወታት ከንቱነት ብስሙ ፓይሪክ ቪክትሪ ይበሃሉ

ነቒልናኩም እኻ እንተበሉ ዝፈጸሙዎ ግፍዒ ካብ ነብሶም ሓሊፉ ናብ ደቆም ስጊሩዩ። ንበይንና ክንነብረላ ዝበሉዋ ግዝኣት ሎሚ ናይ ደቖም ክትከውን ኣይክኣለትን።

ኣብ ኢትዮጵያን ኤርትራን ዝተፈጥሩ ሓድሽ ወለዶታት ወለዶም ዝኸዱሉ ኣዕናውን ኣብራስን ጎደና ዝሓደገልና ከቢድ ስምብራትን ዘይሃስስ ቑስሊ ኣስተብሂሎም፣ ካብ ጌጋታት ወለዶም ተማሂሮም ድሕሪ ሎሚ ብ'ብኽያትናን ቓንዛናን ዝሰራሰሩ ኣዕራብ፣ ናይ ሰሜን ኣሜሪካ ኢምፔሪያሊዝም መፍቶን መጋበርያን ከይኮኑ ብርቱእ ጥንቓቐ ክገብሩ ኣለዎም። ካብ ኣነነት፣ ትምክሕቲ፣ በለጽን ውድድርን ወጽዮም ክልቲኦም ዝረብሑሉ ንድፊ ነዲፎም፣ ኣቦታቶም ኣብ ዝተዋስኡሉ ናይ ህልቒትን ደም ምፍሳስን ታሪኽ ዕምኒ ኣንቢሮም፣ ክልቲኦም ዝስስኑሉ መዓዲ ክፍጥሩ ትምኒተይዩ።

ናይ 30 ዓመት ናይ ዉክልና ኹናት ምስተዛዘመ ኣብ ኤርትራ ዝተወልዱን ዝፈረዩን ወገናትና ካብ ስምዒት ናጻ ኮይኖም ኤርትራ ኣካል ኢትዮጵያ ኔራ ዝተነጸለት ግዝኣት ከምዝኾነት፣ ክትንጸል እንከላ ብክልተ መሻርኽቲ ድላይ ዝተገብረ ስምምዕ ናይ ኢትዮጵያ ጥቕሚ ኣሕሊፉ ከምዝሃበ፣ ኢትዮጵያ ካብ ቅድሚ ልደተ-ክርስቶስ ኣትሒዙ ናብ ደገ ትወጸሉ ናይ ቀይሕ-ባሕሪ ኣፍ-ደገ ማዕጾ ከምዝዓጽዎ ተረዲኦም ወለዶም ካብ ዝኸዱሉ ናይ ሕልኽን ንቕጽናን ጎደና ወጽዮም፣ ምስ ኢትዮጵያዊ ወገኖም ኣብ እንካን ሃባን ጸሚዶም፣ ረቢሖም ንዓዶም ክርብሑ ይግባእ።

ኢትዮጵያዉያን ቅድሚ ኩሉ ክሰርእዎ ዝግባእ ፍልማዊ ጉዳይ: ኢትዮጵያ ካብ 1991 ዓም ኣትሒዙ ወዲቓትሉ ዘላ ናይ ሰሜን ኣሜሪካ ኢምፔሪያሊዝም ናይ ኢድ ኣዙር ግዝኣትን ዉርደትን ሓንሳብን ንሓዋሩን ኣውጽዮም ኣብ መቓብር ኢምፔሪያሊዝም ሕቛፍ ዕምባባ ምንባርዩ። ናይ ኣሜሪካ ኢምፔሪያሊስት መንግስቲ ኣብ ሓገርና ዝካየዱ ነፍስወከፍ ንጥፈታት፣ ዕዮታት፣ ፕሮጀክታት ማይክሮ ማኔጅ ምግባር ጥራይ ዘይኮነ ካብ ህዝቢ ዓለም ሕሜት ክድሕን ምእንቲ ዝጥቐመሉ ከም ዓለም ባንክ ዓይነት መታለሊ ጽላል ተጠቒሙ፣ ሓገርና ጅሆ ሒዙ፣ ኣብ ኢትዮጵያ ሰበስልጣናት ዝሾመሉን ዘውርደሉን ክሳድካ ዝስብር መዋእል በጺሕና ኣለና። እዚ ኹነታት ንዓና ኢትዮጵያዉያን ጥራይ ዘይኮነ ጸለምቲ ኣፍሪካዉያን ዝሕበኑሉ ናይ ነጻነት ታሪክና ሓመድ ኣልቢሱ ክብረትና ገፊፉዩ።

ፋሺስት ኢጣልያ ንኢትዮጵያ <<ካልኣይቲ ኢጣልያ>> ክገብራ ከምዝፈተነ ናይ ኣሜሪካ ኢምፔሪያልዝም ነዚ ሕልሚ ከተግብር ይሰርሕ ኣሎ። ናይዚ ግብሩ ጽቡቕ ኣብነት ዝኾነና ካብ 1990-2000 ዓ.ም. ንምክልኻል ጥንስን ምንጻልን ሽድሽተ ቢልዮን ዶላር ኣብ ኣፍሪካ ምስልዑዩ። ንቐያሕቲ ሕንዳውያን ከጽንቱዎም ሕጊ ጽሒፎም፣ ኣመሳሚሶም ኔሮም ኣብ ሓጺር ጊዜ ካብ ምድረ ገጽ ዘጥፋእዎም።

ስለዚህ ኣብዚ ዘመን ዝፈረዩ ኢትዮጵያዉያን ወለዶታት ፍልማውን ዘይዋገዩሉን ተግባር ናይ ኣሜሪካ ኢምፔሪያሊዝም ኣብ ልዕሌና ዝሰርሖ ትያትር ከተመ ምግባርዩ። ነዚ ከይንገብር ድኽነትናን ድሕረትናን ኣየፍቕደልናን ዝብል ሙግት ኣጉልዩ። ናይ ኣውሮፓ መስፋሕፋሕቲ ዙርያና ኽቢቦም፣ ዶብና ጥሒሶም ክወሩና እንከለው ኣቦታትና ምስ ኣዕራብን ኢምፔሪያሊዝምን በብዕብረ ክፋጠጡን ክዋጠጡን ዝበቕዑ ሓፋትም ስለዝኾኑ ኣይኮነን። ሰብኣዊ ጸጋኦም ኣለልዮም፣ ዕምባን ሽንጥሮን ሓገሮም ኣሚኖም፣ ልዕሊ ኹሉ ኣብ ልቦም ዝሰረተ ፍቕሪ ሓገር ዉርደት ከይቕበሉ ስለዝገበሮም ነበረ።

ኢትዮጵያዊ ሓድሽ ወለዶ ካብዚ እኹል ትምህርቲ ወሲዱ ሎሚ ናይ ጉዳይና ገባሪት ሓዳጊት ዝኾነት ኢምፔሪያሊስት ኣሜሪካ ፊተፊት ኣብ ክንዲ ምግጣም ናይ ዓለምለኻዊ ኢምፔሪያሊዝም ጸር ዝኾኑ ከም ፌደራላዊት ሩስያን ህዝባዊት ቻይናን ዝዓመሰሉ ሓገራት ዘይብተኸ ምህዝነት መስሪቱ ናይ ኢምፔሪያሊዝም ሕላወ ክነድል ኣለዎ። ብተወሳኺ ኣዕራብ ናብ ጎዶቦና መጽዮም ዝፍጽምዎ ቕለት ዝምክቶ ምስ ጸለምቲ ኣፍሪካዉያን ኣሕዋቱ ዘይብተኽ ሕዉነታዊ ጽምዶ ክምስርት እንከሎ ስለዝኾነ ምስ ኬንያ፣ ዩጋንዳን ደቡብ ሱዳንን ጽቡቕ ሕዉነታዊ ዝምድና ምምስራት ወሳኒዩ። በዚ መገዲ ነጻነቱ ምስረጋገጸ ከም ቐንጭን ቑማልን ደሙ ዝመጽዮ ዓሌታውነት ወይ ድማ ናይ ብሄረሰብ ስምዒት ሓመድ ኣዳም ከልብሶ ይግባእ።

ናይ ብሄረሰብ ስምዒት ማለት ዛዕዛዕታ ንግሆ ማለትዩ። ዛዕዛዕታ ንግሆ ኣጋወጋሕታ ምንቕ ክይትብል ረጊጡ ዝሕዝ ናይ ተፈጥሮ መሰናክል እኻ እንተኾነ ድሕሪ ሒደት ሰዓታት ግን ከም ቆጽለመጽሊ ቀምሲሉ ህላውነቱ የኽትምዩ። ናይ ብሄረሰብ ስምዒት ዕምሪ ዝሕልዎ ናይቲ ብሄረሰብ ኣባላት ዝጸልእዎ፣ ዝፈርሕዎ ዉልቐሰብ፣ ምትእኽካብ፣ ማሕበረሰብ ወይ ድማ

ብሄረሰብ ህላዉነቱ ክሳብ ዘሎ ጥራይዩ። እዞም ረቋሒታት እንተዘይተማሊኦም ናይ ብሄረሰብ ስምዒት ከም ዛዕዛዕታ ንግሆ ይረግፍ ጥራይ ዘይኮነ ናይቲ ብሄረሰብ ኣባላት ካብ ብሄረሰብ ንታሕቲ ወሪዶም ብእንዳ፣ ትሕቲ-እንዳ(*ሳብ ከላን*)፣ ኣውራጃ፣ ንኡስ ኣውራጃ ፣ ቀቢላ፣ ማይ-ቤት ወዘተ ክባልዑን ክጣቐሱን ይጅምሩ።

ናይ ብሄረሰብ ፖለቲካ *<<መሰል ርእሰ-ዉሳኔ>>* ብዝብል ማራኺ ቓል ኻሓሒሎም ንህዝቢ ሩስያ ዝጠበሩ ናይ ቦልቼቪክ ሊቓዉንቲ ኣብ ጥቕምቲ ኣብዮት *<<ቲሳሪስት-ኣዉቶክራሲ>>* ተሰምየ ዘውዳዊ ስርዓት ምስውደቑ ኣብ ፖለቲካ ፕሮግራሞም ዘስፈሩዎ ናይ ብሄራት መሰል ርዕሰ-ዉሳኔ ካብ ምንጻግ ሓሊፎም *<<ቓልኩም ኣኽብሩ>>* ኢሉ ዝሞገቶም ህዝቢ ጆርጅያ ብዘሰቕቕ መገዲ ኣጽኒቶሞ'ዮም። እዚ ፍጻመ ናይ ብሄረሰብ ስምዒት ሰባት ብቐሊሉ ካብ ምእካብን ምውዳብን ወጻኢ ንሓገር ዘይጠቕም ጸረ-ስልጣነን ጸረ-ምዕባለን ከምዝኾነ ዝእንፍትዩ።

ህዝቢ ኢትዮጵያ ነዚ ሓቒ ከረጋግጽ ነብሱ ቤተ-ፈተነ ወይ ድማ ላብራቶሪ ክገብራ የብሉን። ሓደ ዓይነት ብሄረሰብን ሓደ ዓይነት ቋንቋን ጥራይ ዘይኮነ ሓደ ሓይማኖት ዝውንኑ ጎረቤትና ሶማላዉያን ብእንዳን ትሕቲ-እንዳን ክጨፋጨፉን ክሳየፉን ዘመናት ኣሕሊፎም ሎሚ ናይ ዓለምና ናይ ህልቒት መደብር ኮይኖም ይርከቡ። ኢትዮጵያዉያን መንእሰያት ናይ ብሄረሰብ ስምዒት ኣብ ጋህሲ ቐቢሮም፣ ኣብ መቓብር ዓሌታዉነት ሕቋፍ ዕምባባ ኣንቢሮም: ንሓንቲት ሕፍርቲ፣ ኽብርቲ ኢትዮጵያ ክተግሁን ክዋደቑን ይግባእ እንዳበልኩ ናይ ቐራጽነትና ትዕድልቲ ጉዕዞ ኣብዚ ይዛዝም።

ናይ ህይወት ጉዕዞ

ኣብ ኢትዮጵያ ርዕሰ-ከተማ ኣዲስ ኣበባ ኣብ 1990 ዓም ተወሊደ። ናይ መባዕታን ካልኣይን ደረጃ ትምህርተይ ኣብ ኣዲስ ኣበባ ተኸታቲለ። ላዕላዋይ ደረጃ ትምህርተይ ኣብ ኣሜሪካ *ጆርጅ ሜሰን ዩንቨርሲቲ* ብክልኒካል ሳይንስ ዲግሪ ተመሪቐ። ሎሚ ኣብ ስደት ኣብ ኣሜሪካ ክፍለግዝኣት ቨርጂንያ ክነብር ኣብ ፖለቲካዊ ጉዕዞ ኢትዮጵያ ብዕቱብ ይሳተፍ'የ።

ሰናይ ከሰተ

መዝገበ ቃላት

ምርጋጥ: ምዕጻው፣ ምኹላፍ

ዝዋሕለለ: ፍልጠት ዘጥረየ፣ ስፔሻላይዝ ዝገበረ

ክሉስ: ብርክት ዝበሉ ሕብረተሰባትን ናይ ቋንቋ ስድራቤታትን ተሓናፊጾም ዘቑሙዎ ምትእክኻብ

ምንጭታት:

ኣብ ሓገርና ዝተዳለው

አለቃ ታዬ፣ የኢትዮጵያ ሕዝብ ታሪክ (አዲስ አበባ፣ 1964 ዓም)

ላጺሶ ዴሌቦ፣ የኢትዮጵያ ረጅም የሕዝብና የመንግስት ታሪክ (አዲስ አበባ፣ 1982 ዓም)

ተክለጻዲቅ መኩርያ፣ የኢትዮጵያ ታሪክ ከአፄ ይኩኖ አምላክ እስከ አፄ ልብነድንግል (አዲስ አበባ፣ 1983 ዓም)

ተክለጻዲቅ መኩርያ፣ አፄ ቴድሮስና የኢትዮጵያ አንድነት (አዲስ አበባ፣ 1981 ዓም)

ተክለጻዲቅ መኩርያ፣ አፄ ዮሐንስና የኢትዮጵያ አንድነት (አዲስ አበባ፣1982 ዓም)

ተክለጻዲቅ መኩርያ፣ አፄ ሚኒሊክና የኢትዮጵያ አንድነት (አዲስ አበባ፣ 1983 ዓም)

ተክለጻዲቅ መኩርያ፣ የግራኝ አሕመድ ወረራ (አዲስ አበባ፣ 1966 ዓም)

ሁሴን ኣሕመድ(ሜ/ጀ)፣ መስዋዕትነትና ጽናት (አዲስ አበባ፣ ጥር 1997 ዓም)

ሁሴን ኣሕመድ (ሜ/ጀ)፣ እሬትና ማር (አዲስ ኣበባ፣ ጥቅምት፣ 2009 ዓም)

ዉበቱ ጸጋዬ (ብ/ጀ)፣ ሁሉም ነገር ወደ ስሜን ጦር ግንባር (2012 ዓም)

ተስፋይ ሃብተማርያም (ብ/ጀ)፣ የጦር ሜዳ ዉሎ (አዲስ ኣበባ፣ የካቲት፣ 1997 ዓም)

ታደሰ ቴሌ ሳልቫኖ፣ ኣይ ምጽዋ (አዲስ አበባ፣ ሰኔ፣ 1997 ዓም)

ስንታየሁ ካሳ (ዶ/ር)፣ ካሳ ገብረማርያም (ህዳር፣ 2009)

ካሳዬ ጨመዳ (ብ/ጀ)፣ የጦር ሜዳ ውሎዎች ሲቃ፣ (ነሓሰ፣ 1999 ዓም)

ማሞ ለማ (ሻለቃ)፣ የወገን ጦር ትዝታዬ(አዲስ አበባ፣ 2001 ዓም)

ፍስሃ ደስታ(ኮ/ል)፣ ኣብዮቱና ትዝታዬ (ሓምለ፣ 2007 ዓም)

ሃይሉ በረዋቅ (ብ/ጀ)፣ ዋ ስንቱን ላንሳው (2009 ዓም)

ዘውዴ ረታ፣ በቀዳማዊ ሓይለስላሴ መንግስት የኤርትራ ጉዳይ፣ (አዲስ አበባ፣ 1992 ዓም)

መንግስቱ ሃይለማርያም(ሌ/ኮ)፣ ትግላችን: የኢትዮጵያ ህዝብ የትግል ታሪክ ቅጽ-1 (ታሕሳስ፣ 2004 ዓም)
መንግስቱ ሃይለማርያም(ሌ/ኮ)፣ ትግላችን: የኢትዮጵያ ህዝብ የትግል ታሪክ ቅጽ-2 (መጋቢት፣ 2008 ዓም)
ማሞ ዉድነህ፣ ኣሉላ አባነጋ፣ (አዲስ አበባ፣1982 ዓም)
ገነት አየለ፣ የሌተናል ኮሎኔል መንግስትዩ ሃይለማርያም ትዝታዎች(አዲስ አበባ፣1994 ዓም)

ኣብ ወጻኢ ሓገር ዝተዳለው

Sun-Tzu. The Art of War (2014).
Robert Greene. The 33 concise strategies of War (2006).
Robert Greene. The 48 Laws of Power (2000).
Christopher Clapham. Haile Selassie's Government (Tsehai Publishers 2012).
Miles Copeland. The game player: The confessions of the CIA's original political operative.(1989).
Harold Marcus. (1975). The Life and Times of Menelik II: Ethiopia 1844-1913
The Revolution: Born of a Shifta, produced a shifta system
Carl Von Clausewitz. On War (1832).
Paul B. Henze. Layers of Time. (2000).
Paul B. Henze. Ethiopia in Mengistus' Final Years - The Derg in Decline - Volume 1 (2007).
Paul B. Henze. Ethiopia in Mengistus' Final Years - The Derg in Decline - Volume 2 (2007).
Gebru Tareke. The Ethiopian Revolution - War in the Horn of Africa (2009).